中国土木建筑百科辞典

城镇基础设施与环境工程

中国建筑工业出版社

图书在版编目(CIP)数据

中国土木建筑百科辞典.城镇基础设施与环境工程/李国豪等著.
北京:中国建筑工业出版社,2001
ISBN 978-7-112-02193-2

Ⅰ.中⋯ Ⅱ.李⋯ Ⅲ.①建筑工程-词典②建筑工程-城镇
基础设施与环境工程-词典 Ⅳ.TU-61

中国版本图书馆 CIP 数据核字(2000)第 80214 号

中国土木建筑百科辞典

城镇基础设施与环境工程

*

中国建筑工业出版社出版、发行(北京西郊百万庄)

各地新华书店、建筑书店经销

北京市景煌照排中心照排

北京中科印刷有限公司印刷

*

开本：787×1092毫米　1/16　印张：34¼　字数：1228千字
2013年1月第一版　2013年1月第一次印刷
定价：**130.00**元

ISBN 978－7－112－02193－2

(9069)

版权所有　翻印必究

如有印装质量问题，可寄本社退换

(邮政编码100037)

《中国土木建筑百科辞典》总编委会名单

3

城镇基础设施与环境工程卷
编委会名单

主 编 单 位：清华大学
　　　　　　哈尔滨建筑大学
主　　　编：顾夏声　王宝贞
副 主 编：严煦世　张自杰
　　　　　　钱　易　郝吉明
编　　　委：(以姓氏笔画为序)

王大中	王占生	王民生	王宝贞	王洪铸
王继明	井文涌	叶书明	曲善慈(常务)	朱锦文
刘希曾	刘欣远	刘慈慰	许以傅	孙慧修
严煦世	杜鹏飞	李国鼎	李金根	李献文
杨铖	杨铨大	张天柱	张中和	张自杰
张希衡	陈志义	陈培康	陈愉林	林荣忱
金友昌	郝吉明	胡玉才	俞　珂(常务)	姜安玺
姚雨霖	姚国济	贺　平	顾夏声	钱　易
徐鼎文(常务)	高士国	黄君札	黄铭荣	戚盛豪
章非娟(常务)	蒋展鸥(常务)	蔡启林	颜　虎	潘德琦
薛士达	薛　发	魏秉华		

撰 稿 人：(以姓氏笔画为序)

马广大	王大中	王民生	王志盈	王继明	王维一	尹光宇	邓慧萍
石兆玉	冯冀燕	朱锦文	朱锦琦	刘永志	刘君华	刘逸龄	刘善芳
刘慈慰	刘馨远	许以傅	孙慧修	杜鹏飞	李先瑞	李国鼎	李金根
李金银	李猷嘉	杨宏伟	肖而宽	肖丽娅	吴　明	何其虎	张中和
张亚杰	张自杰	张希盛	张希衡	张晓健	张善文	张端权	陆继诚
陈运珍	陈翼孙	罗祥麟	岳舜琳	金奇庭	周　红	项恩田	郝吉明
段长贵	俞　珂	俞景禄	闻　望	姜安玺	姚雨霖	姚国济	贺　平
夏正潮	顾泽南	徐康富	徐嘉森	涂锦葆	曹兴华	盛晓文	崔树生
屠峥嵘	彭永臻	蒋展鹏	蔡启林	潘德琦	薛世达	薛　发	戴爱临
魏秉华							

5

序　言

　　经过土木建筑界一千多位专家、教授、学者十个春秋的不懈努力，《中国土木建筑百科辞典》十五个分卷终于陆续问世了。这是迄今为止中国土木建筑行业规模最大的专科辞典。

　　土木建筑是一个历史悠久的行业。由于自然条件、社会条件和科学技术条件的不同，这个行业的发展带有浓重的区域性特色。这就导致了用于传授知识和交流信息的词语亦有颇多差异，一词多义、一义多词、中外并存、南北杂陈的现象因袭流传，亟待厘定。现代科学技术的发展，促使土木建筑行业各个领域发生深刻的变化。随着学科之间相互渗透、相互影响日益加强，新兴学科和边缘学科相继形成，以及日趋活跃的国际交流和合作，使这个行业的科学技术术语迅速地丰富和充实起来，新名词、新术语大量涌现；旧名词、旧术语或赋予新的概念或逐渐消失，人们急切地需要熟悉和了解新旧术语的含义。希望对国外出现的一些新事物、新概念、新知识有个科学的阐释。此外，人们还要查阅古今中外的著名人物，著名建筑物、构筑物和工程项目，重要学术团体、机构和高等学府，以及重要法律法规、典籍、著作和报刊等简介。因此，编撰一部以纠讹正名，解讹释疑，系统汇集浓缩知识信息的专科辞书，不仅是读者的期望，也是这个行业科学技术发展的需要。

　　《中国土木建筑百科辞典》共收词约6万条，包括规划、建筑、结构、力学、材料、施工、交通、水利、隧道、桥梁、机械、设备、设施、管理，以及人物、建筑物、构筑物和工程项目等土木建筑行业的主要内容。收词力求系统、全面，尽可能反映本行业的知识体系，有一定的深度和广度；构词力求标准、严谨，符合现行国家标准规定，尽可能达到辞书科学性、知识性和稳定性的要求。正在发展而尚未定论或有可能变动的词目，暂未予收入；而历史上曾经出现，虽已被淘汰的词目，则根据可能参阅古旧图书的需要而酌情收入。各级词目之间尽可能使其纵横有序，层属清晰。释义力求准确精练，有理有据，绝大多数词目的首句释义均为能反映事物本质特征的定义。对待学术问题，按定论阐述；尚无定论或有争议者，则作宏观介绍，或并行反映现有的各家学说、观点。

　　中国从《尔雅》开始，就有编撰辞书的传统。自东汉许慎《说文解字》刊行以来，迄今各类辞书数以万计，可是土木建筑行业的辞书依然屈指可数，大型辞书则属空白。因此，承上启下，继往开来，编撰这部大型辞书，不惟当务之急，亦是本书总编委会和各个分卷编委会全体同仁对本行业应有之奉献。在编撰过程中，建设部（现住建部）科学技术委员会从各方面为我们创造了有利条件。各省、自治区、直辖市建设部门给予热情帮助。同济大学、清华大学、西南交通大学、哈尔滨建筑大学、重庆建筑大学、湖南大学、东南大学、武汉工业大学（现武汉理工大学）、河海大学、浙江大学、天津大学、西安建筑科技大学等高等学府承担了各个分卷的主要撰稿、审稿任务，从人力、财力、精神和物质上给予全力支持。遍及全国的撰稿、审稿人员同心同德，精益求精，切磋琢磨，数易其稿。中国建筑工业出版社的编辑人员也付出了大量心血。当把《中国土木建筑百科辞典》各个分卷呈送到读者面前时，我们谨向这些单位和个人表示崇高的敬意和深切的谢忱。

在全书编撰、审查过程中，始终强调"质量第一"，精心编写、反复推敲。但《中国土木建筑百科辞典》收词广泛，知识信息丰富，其内容除与前述各专业有关外，许多词目释义还涉及社会、环境、美学、宗教、习俗，乃至考古、校雠等；商榷定义，考订源流，难度之大，问题之多，为始料所不及。加之客观形势发展迅速，定稿、付印皆有计划，广大读者亦要求早日出版，时限已定，难有再行斟酌之余地，我们殷切地期待着读者将发现的问题和错误，一一函告《中国土木建筑百科辞典》编辑部（北京西郊百万庄中国建筑工业出版社，邮编100037），以便全书合卷时订正、补充。

《中国土木建筑百科辞典》总编委会

8

前　言

　　《中国土木建筑百科辞典》城镇基础设施与环境工程卷，经上百位专家学者数年的辛勤努力，终于问世了。它是迄今为止中国覆盖面较广、所收词目较多的一部城镇基础设施与环境工程辞书。

　　城镇基础设施与环境工程既是一个具有长远历史的行业，又是一个正在迅速发展、影响社会经济和人体健康的新领域。它包括了城镇给水排水、工业给水排水、城镇集中供热、城镇燃气、城镇信息系统设施、市政工程施工、市政专用机电设备等传统城镇基础设施，还包括固体废物处理与处置、城市大气污染与控制、城市环境检测和城市环境规划与管理等现代社会广泛关注的设施与系统。

　　在进入 21 世纪之际编写这本辞书，我们希望它能充分反映由于人们生活水平的提高、环境保护意识的日益增强，城镇基础设施建设和环境工程行业已成为中国实施可持续发展战略的重要方面，因而备受全社会所关注。环境生态、信息、生物、材料等新技术的迅速发展，使城镇基础设施与环境工程这个行业的价值、内容与特征产生一系列相应变化的事实，成为本行业从业人员与关心这个行业的人们的一部有用的工具书。

　　本辞书是全书编委和全体编撰人员共同劳动的智慧结晶，也是社会各界大力支持的结果，在编写过程中得到了许多专家学者在提供材料与咨询上的帮助，也得到了清华大学、哈尔滨工业大学、同济大学、重庆大学等单位领导的关怀与支持，我们谨此表示诚挚的谢意。

　　限于编者的水平，在词目选择及释文内容上如有欠妥乃至错误之处，竭诚欢迎读者批评指正。

城镇基础设施与环境工程卷编委会

凡　例

组　卷

一、本辞典共分建筑、规划与园林、工程力学、建筑结构、工程施工、工程机械、工程材料、建筑设备工程、城镇基础设施与环境保护、交通运输工程、桥梁工程、地下工程、水利工程、经济与管理、建筑人文十五卷。

二、各卷内容自成体系；各卷间存有少量交叉。建筑卷、建筑结构卷、工程施工卷等，内容侧重于一般房屋建筑工程方面，其他土木工程方面的名词、术语则由有关各卷收入。

词　条

三、词条由词目、释义组成。词目为土木建筑工程知识的标引名词、术语或词组。大多数词目附有对照的英文，有两种以上英译者，用"，"分开。

四、词目以中国科学院和有关学科部门审定的名词术语为正名，未经审定的，以习用的为正名。同一事物有学名、常用名、俗名和旧名者，一般采用学名、常用名为正名，将俗名、旧名采用"俗称"、"旧称"表达。个别多年形成习惯的专业用语难以统一者，予以保留并存，或以"又称"表达。凡外来的名词、术语，除以人名命名的单位、定律外，原则上意译，不音译。

五、释义包括定义、词源、沿革和必要的知识阐述，其深度和广度适合中专以上土木建筑行业人员和其他读者的需要。

六、一词多义的词目，用①、②、③分项释义。

七、释义中名词术语用楷体排版的，表示本卷收有专条，可供参考。

插　图

八、本辞典在某些词条的释义中配有必要的插图。插图一般位于该词条的释义中，不列图名，但对于不能置于释义中或图跨越数条词条而不能确定对应关系者，则在图下列有该词条的词目名。

排　列

九、每卷均由序言、本卷序、凡例、词目分类目录、正文、检字索引和附录组成。

十、全书正文按词目汉语拼音序次排列；第一字同音时，按阴平、阳平、上声、去声的声调顺序排列；同音同调时，按笔画的多少和起笔笔形横、竖、撇、点、折的序次排列；首字相同者，按次字排列，次字相同者按第三字排列，余类推。外文字母、数字起头的词目按英文、俄文、希腊文、阿拉伯数字、罗马数字的序次列于正文后部。

检 索

十一、本辞典除按词目汉语拼音序次直接从正文检索外，还可采用笔画、分类目录和英文三种检索方法，并附有汉语拼音索引表。

十二、汉字笔画索引按词目首字笔画数序次排列；笔画数相同者按起笔笔形横、竖、撇、点、折的序次排列，首字相同者按次字排列，次字相同者按第三字排列，余类推。

十三、分类目录按学科、专业的领属、层次关系编制，以便读者了解本学科的全貌。同一词目在必要时可同时列在两个以上的专业目录中，遇有又称、旧称、俗称、简称词目，列在原有词目之下，页码用圆括号括起。为了完整地表示词目的领属关系，分类目录中列出了一些没有释义的领属关系词或标题，该词用 ［ ］ 括起。

十四、英文索引按英文首词字母序次排列，首字相同者，按次词排列，余类推。

目　录

词目分类目录

说　明

一、本目录按学科、专业的领属、层次关系编制,供分类检索条目之用。

二、有的词条有多种属性,可能在几个分支学科和分类中出现。

三、词目的又称、旧称、俗称、简称等,列在原有词目之下,页码用圆括号括起,如(1)、(9)。

四、凡加有[　]的词为没有释义的领属关系词或标题。

1

2

4

5

8

9

13

15

17

19

28

31

33

A

ai

埃菲尔铁塔　Eiffel Tower

1889 年建成于法国巴黎。塔高 321m。起初只作为当时科学技术发展的时代象征。1921 年后装无线电天线才成为无线电通信塔。其后又加设了电视发射天线。塔上设有餐厅、游览平台及技术房间等，有上下电梯可达到观光平台。塔底边为 80m×80m 的四边形，为全部铆接钢结构。用钢约 8500t。近年来，对其进行了整修，去掉一些不必要的杆件。　　　　（薛　发　吴　明）

立面

霭　mist

属于气体中液滴的悬浮体系这样一种不严格的名称。在气相中它相当于能见度小于 2km，但大于 1km。液滴直径大于 $40\mu m$。　（马广大）

爱模里穆尔电视塔　Emley Moor television tower

1971 年建在英国约克郡。塔高 330m，钢筋混凝土圆锥形筒壳，高度为 274.32m。钢天线杆长 56.08m，由两个不同断面的三角形格构构件组成。底部边宽为 2.21m，上部边宽为 0.99m，高 25.6m。在标高 263.6m 处设有向外悬挑的电视发射机房，外径为 14m。　　　　　（薛　发　吴　明）

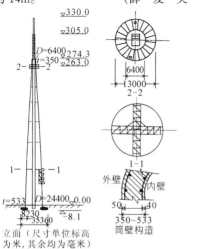

立面（尺寸单位标高为米，其余均为毫米）

an

安全阀　safety valve，pressure relief valve

当介质压力超过规定值时，阀门自动开启，排放释压；当压力恢复到规定值，又自动关闭的一种压力释放装置。按其结构形式分为弹簧式安全阀、重锤式安全阀、杠杆式安全阀和带先导阀的安全阀。按其开启形式又分为微启式安全阀和全启式安全阀。

（肖而宽）

安全放散阀　safety relief valve

液化石油气储罐内压力超过规定值时能自动放散的安全阀。固定储罐上采用弹簧封闭全启式安全阀。容积为 $100m^3$ 或 $100m^3$ 以上的储罐应设置两个或两个以上的安全阀。安全阀放散管管径不小于安全阀的公称直径。放散管应高出固定储罐顶 2m 以上，高出地面 5m 以上，其放散口应设置防雨罩。安全阀与储罐之间必须装设阀门。

（薛世达　段长贵）

安全回流阀　safety return valve

当液化石油气泵出口压力超高时使液化石油气自动回流的安全阀。在用泵灌装钢瓶的系统中，由于灌瓶量经常变动，特别是短时间内突然停止灌装时，会引起泵体和管路系统的振动和其他事故。因此，在泵出口管上设此阀，当压力过高时将活门顶开，使液态石油气流回储罐。

（薛世达　段长贵）

氨吹脱氮法　ammonia stripping for nitrogen method

在碱性条件下吹脱污水中溶解氨气的脱氮过程。通常污水中所含氮主要以溶解氨气或铵离子状态存在。当污水 pH＝7 时，氮全部为铵离子；当 pH＝12 时，氮全部为溶解氨气。利用这一规律，加石灰将污水 pH 值调整到 11 以上，经吹脱塔鼓风吹脱氨，在常温下可去除氮达 90% 以上。在低温地区，此法效率大为降低，且污水中碳酸钙有在填料上结垢的问题，故其应用受到一定限制。　（张中和）

氨氮　ammonia nitrogen

是指以游离氨（NH_3）和铵盐（NH_4^+）形式存在的氮。两者的比例取决于水温和 pH。水中的氨氮主要来源于生活污水、某些工业废水（如焦化废水、合成氨厂废水）以及农田排水。它也是水中有机氮化合物微生物分解的产物。测定氨氮有助于评价水体受污染的程度。氨氮的测定方法有纳氏比色法、气相分子吸收法等。前者操作简便、灵敏,但水中钙镁等金属离子、颜色、浑浊及醛酮等均会干扰测定,需作相应预处理;后者要使用专门仪器或原子吸收仪,可达到良好的效果。氨氮含量较高时,可采用蒸馏-酸滴定法。氨氮中的游离氨(NH_3)部分严格说来是在水中形成的水合氨($NH_3 \cdot nH_2O$)。水合氨是一种与水松散结合的非离子化氨分子,简称"非离子氨(unionized ammonia)"。通常认为非离子氨对水生生物的毒性比离子铵(ammonia ion)强,鱼类对非离子氨较敏感。非离子氨的浓度除取决于总氨氮浓度外,还与水温和 pH 有关,目前尚无直接测定的方法。它可对总氨氮、水温和 pH 测定后,通过计算求得。 (蒋展鹏)

氨化 ammonification

有机氮化合物在微生物的分解作用下转化为氨的过程。在污水生物处理过程中的生物脱氮应首先完成氨化过程,并形成氨氮(NH_3),氨在污水中主要以铵离子—NH_4^+ 的形式存在。

(彭永臻 张自杰)

氨监测仪 ammonium ion analyzer

根据氨离子选择电极与参比电极共浸在溶液中时,产生的两电极间的电位差和溶液中的氨离子浓度呈一定关系的原理制作的氨离子浓度监测仪器。测量范围 $0.1 \sim (1 \sim 10)$ mg/L,精度 ±10% 读数,响应时间 $5 \sim 10$min,有在线连续监测和实验室仪器两大类。 (刘善芳)

氨瓶 ammonia drum

灌装液氨的圆柱形钢瓶。组成、规格与氯瓶相同(参见氯瓶,186 页)。成品氨瓶外表涂装黄色,耐压均为 3MPa。 (李金根)

氨吸收法脱硫 desulfurization by ammonium absorption method

用氨吸收烟气中 SO_2 的烟气脱硫方法。氨属于碱金属吸收剂,它和 SO_2 反应形成 $(NH_4)_2SO_3$,反应的一部分母液循环使用,多余部分用硝酸(或磷酸)酸化,得到硝酸铵或磷酸铵化肥和高浓度 SO_2 副产品。因而该法是一个有前途的脱硫方法。

(张善文)

铵钠并联除碱系统 ammonium-sodium parlallel dealkalization system

铵钠离子分别在各自的交换器内,进行软化和降低碱度的系统。其按原水水质情况,调节进入铵离子交换器和钠离子交换器水量的比例来控制软化水的碱度。再生时,硫酸铵和食盐溶液的配制等均需设有各自的设备,因而系统较复杂,设备较多,操作也较双层床复杂。适用于:原水中钠离子含量占阳离子(钙、钠、镁离子)总量的百分比 > 25%;钠离子含量占总硬度的百分比 > (30% ~ 35%)时。

(潘德琦)

铵钠离子交换软化除碱 ammonium-sodium ion exchange softening dealkalization

水中的一部分钙、镁离子与铵离子交换,变成易溶性的铵盐,重碳酸盐硬度转变为重碳酸铵盐,非碳酸盐硬度转变为硫酸铵和氯化铵,在锅炉中,铵盐遇高温会分解成酸类,再与钠离子软化水的碱中和,而达到软化除碱的处理方法。由于反应中产生氨和二氧化碳,对热力系统中的金属设备起腐蚀作用,所以交换后的软化水,在进入锅炉之前宜经过热力除氧,从而除去氨和二氧化碳。常用的有铵钠双层床和铵钠并联两种系统。 (潘德琦)

铵钠双层床 ammonium-sodium double-layer bed

铵、钠型离子交换剂在同一交换器内进行软化除碱的装置。再生时,用一定比例的硫酸铵和食盐的混合液。即只需按原水水质情况配制一定比例的硫酸铵和食盐的混合溶液来控制软化水的碱度。系统较简单,操作方便。原水中钠离子含量占阳离子(钙、镁、钠离子)总量的百分比 < 25%;钠离子含量占总硬度的百分比 < (30% ~ 35%),软化水残余碱度大于 0.25mmol/L;碳酸盐硬度占总硬度的百分比大于 80% 时适用。 (潘德琦)

岸边电缆 shore end cable

海底电缆的上岸部分的电缆。其结构有多层钢带屏蔽,以提高对外界干扰的防卫能力。

(薛发 吴明)

岸边式取水 bank side intake

直接从岸边进水井进水口取水。取水构筑物由进水井和泵站两部分组成。适用于河岸较陡,主流近岸且有足够水深,水质及地质条件较好,水位变幅不大的情况。按照进水井与泵站的合建与分建,可分为合建式与分建式两类。 (王大中)

暗槽敷管法 laying pipes by trenching underground

不在地面挖槽而在地下敷设管道的一种施工方法。当地面开挖沟槽严重影响交通,危害或破坏建筑物,或是现实情况不容许明槽施工时可以采用。有顶管法和盾构法两种,前者适用于预制管道的敷设,后者适用于块材的砌筑作业。由于需要在管道内部进行挖土和清运以及其他的一些运输工作,因此所敷设的管道直径不得小于 900mm。但若管径

较小的金属管道在顶进中四周土壤可通过挤压而勿需运出时,亦可使用顶管法施工。　　　　　　(李国鼎)

暗杆闸阀　non-rising stem gate valve

　　阀杆螺母安装在阀腔内的启闭件中,阀杆只作旋转运动不升降,螺母带动启闭件(闸板)沿阀杆中心线上下移动实现开关的闸阀。此阀由于螺母与阀杆螺纹部分与介质直接接触,易腐蚀且不易润滑,不能由阀杆判断阀的开启度,但结构紧凑,阀的高度比明杆闸阀低,重量也较轻。用于安装高度受限制的地方。暗杆闸阀又分为暗杆楔式单闸板闸阀、暗杆楔式双闸板闸阀、暗杆平行式双闸板闸阀。楔式双闸板,是把两块闸板组合成一个楔形闸板,关闭时各自向阀体的一个密封面楔紧密封,其自位性好,但不适用于黏度高和含有固体杂质的介质。其驱动方式有手动、伞齿轮传动、电动等。　　　　　(肖而宽)

∞

奥尔伯式氧化沟　Orbal oxidation ditch systems

　　由两个或多个同心椭圆组成的曝气渠道的氧化沟。其工艺为原污水沿渠道多点投入,可按传统法、生物吸附法和阶段曝气法运行。每个渠道相当于一个完全混合反应器,各渠道相互串联,产生完全混合和推流的效果。直径为 1.5m 水平旋转的曝气盘向混合液供氧,并使其在渠道内循环流动。渠道深度为 2～4m,污泥龄为 20～30d,BOD 容积负荷 0.2～0.3 kgBOD/(m³·d),处理水中 BOD 和氨氮含量很低,水质稳定。　　　　　(戴爱临　张自杰)

奥氏气体分析仪　Orsat gas-analysis apparatus

　　根据选择性化学吸收法按容积测定烟气成分的

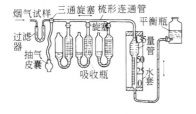

仪器(如图)。它包括一个量管、三个吸收瓶和一个平衡瓶。测定时从烟道中抽取 100ml 烟气试样,依次进入三个吸收瓶,先分析 CO_2 和 SO_2,再分析 O_2,最后分析 CO。所用吸收剂分别为苛性钾溶液、没食子酸的碱溶液和氯化亚铜的氨溶液。　(马广大)

奥斯坦金电视塔　Octankin television tower

　　奥斯坦金(Остакин)电视塔 1967 年建成。位于莫斯科,占地 20km²,塔高 533.3m,塔身高 385.5m,钢天线架高 147.7m。塔上建筑一共 44 层。设游览平台 4 个,餐厅三个,餐厅地板以每小时 1～3 圈速度旋转。垂直交通设 8 部电梯。塔身为预应力钢筋混凝土圆锥筒体。±0.00 处,直径为 60m,标高385m 处的直径为 8.2m。

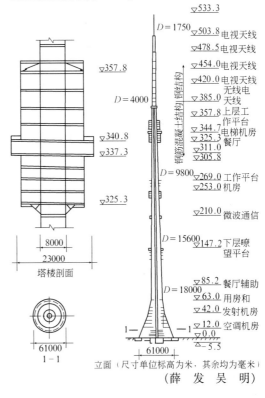

立面（尺寸单位标高为米,其余均为毫米）
　　　　　　　　　　　　　　　　(薛　发　吴　明)

B

ba

八字式出水口 bellmouth outlet

将雨水管渠作成八字形式的出口。其构造如图。

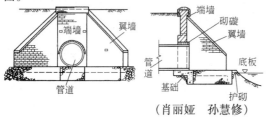

（肖丽娅 孙慧修）

巴氏计量槽

见巴歇尔计量槽(页)。

巴歇尔计量槽 Parshall measuring flume

简称巴氏计量槽。由巴氏发展的测量明渠中污水流量的一种咽喉式计量槽。如图,由收缩段、喉部和扩张段组成。喉部有一较大坡度的底,喉部后扩张段有较大的反坡。当水流至喉部时,产生临界水深的急流,流至后面的扩大段时,便产生水跃。在其他条件相同时,水深仅随流量而变化,量得水深后,便可按有关公式求得其流量。计量槽应设在渠道的直线段上,而且槽的轴

线应与渠道中心线一致。这种计量槽的优点是水头损失小,不易产生沉淀,精确度可达95%～98%。缺点是施工技术要求较高,尺寸如不准确,将影响测量的精确度。当喉宽为0.25m时,$H_2/H_1 \leqslant 0.64$ 为自由流,大于该值为潜没流;当喉宽为 0.3～2.5m 时,$H_2/H_1 \leqslant 0.70$ 为自由流,超过该值为潜没流,设计时应尽可能做到自由流。当计量槽为自由流时,只需记录上游水深;而当其为潜没流时,则需同时记录上下游的水深。在上下游均应设置观测井。在自由流条件下,计量槽计算流量为

$$Q = 0.372b(3.28H_1)^{1.569b^{0.026}}$$

Q 为污水流量(m^3/s);b 为喉宽(m);H_1 为上游水深(m)。 （孙慧修）

靶式流量仪 target type flowmeter

根据流体流过管道的阻力圆盘时,产生的作用力与流体流速有一定关系的原理制作的流量测量仪器。测量范围:2～800m^3/h,精度 2 级,量程比 3:1,方根刻度。适用于测量黏性、脏污或腐蚀性介质。其结构简单,价格便宜,但压力损失大,输出信号与介质重度 γ 有关,且靶上有杂物时,精度下降。

（刘善芳）

bai

摆臂式格栅除污机 semi-rotary bar screen spotter

由曲柄摇杆机构带动长臂式除污耙作弧形摆动,上向运行除污的一种弧形格栅前清式机械除污设备。固定在摆臂端头的耙齿自槽底插入栅隙,沿弧形栅面将栅渣梳出栅顶。当齿耙与格栅脱开时,由刮污板将耙齿上的栅渣推入集污容器外排。之后回程运行,耙齿脱离栅条,下向回程运行至槽底。长臂摆动一周,清污一次。此种传动方式空间占用少,但受摆臂长度限制,多应用在较浅格栅渠内。

（李金根）

ban

板框式反渗透器(除盐) framework reverse osmosis apparatus

又称压滤机式反渗透器。在透水性多孔板的两面粘贴反渗透膜,以此作为最小单元,将众多单元组成的除盐装置。含盐水在压力作用下,沿膜与膜之间的间隙流过,并透过反渗透膜成为淡水,再经多孔板汇集。它装置牢固、能承受高压、占地面积小;但液流流态较差、易产生浓差极化,并且费用较高。

（姚雨霖）

板框型旋转滤网 framework travelling band screens

把滤网、托网叠合后制作在板框内成一组件安装于柔性传动链条上,多块板框组合成带状回转体,用以拦截较深流道内水体中漂流固体杂质的旋转滤网。网可用金属丝编织而成,也可用耐腐蚀板(塑料板、不锈钢板)钻孔成网板。 （李金根）

板框压滤机 chamber filter press

由多个滤板和滤框交替排列而组成的一种间歇式的污泥脱水机械。由滤布包覆的滤板与滤框在主

梁上相间排列(板框式)或凹形滤板依次排列(厢式)而组成,用压紧装置把板和框压紧,构成众多压滤室。被加压的污泥进入滤框后,滤液在压力作用下通过滤布,从滤板的孔道排出,达到脱水目的。板与框脱开后,泥饼用压缩空气吹除,滤布清洗后再投入使用。按结构,压滤室分为板框式和厢式;排液方式有明流和暗流;压紧方式有手动、电动、液压;卸料有人工和自动。由于脱水率高,过滤面积选择范围宽,对物料适应性强,结构简单,操作方便,运行稳定,应用较为广泛,但不是连续运行,处理量小,滤布消耗大,因此应用受到制约。　　　　　(李金根)

板式地锚　anchor plate
　　一种形状如平板埋于土中的地锚。它主要靠前方土的压力来抵抗纤绳的拉力。多数情况下是由钢筋混凝土制成、埋置于一定深度的土地中。
　　　　　　　　　　　　　　(薛发 吴明)

板式电除焦油器　plate electrical detarrer
　　用金属平行板作沉淀极,板间导线作电晕极的电除焦油器。沉淀极为许多平滑的(或波浪形)金属片制成的,电晕极导线被上下框架拉紧对准两片中心距位置,框架由顶部绝缘箱吊挂。此类电除焦油器外壳为长方体,底部为锥体。根据电极布置不同可分为立式和卧式两种。沉淀极上焦油自流到锥形底。为增加焦油流动性设蒸汽夹套加热。板式电除焦油器装置简单,但效率低。
　　　　　　　　　　　　　　(曹兴华 闻望)

板式换热器　plate heat exchanger

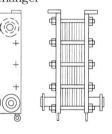

　　两种流体在多层平行板间空隙中流动换热的表面式换热器。板片一般压制有人字形沟槽,两种流体分别在板片两侧流动。该换热器传热系统系数很高,结构紧凑。但流动阻力较大,而且流过易结垢和带有杂质的水时,容易堵塞。
　　　　　　　　　　　　　　(盛晓文 贺平)

板式塔　plate column
　　用塔板实现吸收或蒸馏分离操作的塔。由塔内沿塔高装有若干层塔板(或称塔盘)而构成。在塔内,液体靠重力作用由上逐板向下流至塔底,并在各板面形成流动液层,气体则靠压强差推动,由下向上依次穿过各塔板液层至塔顶,气液两相逐级接触传质,使气体组分得以分离。常用的有:筛板塔、泡罩塔、浮阀塔和浮动舌形塔等。　(姜安玺)

半地下油库　semi-underground oil storage
　　露出一部分在地面上存放大油桶的房间。
　　　　　　　　　　　　　　(薛发 吴明)

半机械化自动化灌瓶　semi-mechanized and se-mi-automatic cylinder filling
　　运输机运送钢瓶并采用自动灌装秤的液化石油气的灌瓶操作。当钢瓶灌装量达到规定数量时,自动切断液化石油气管路,从而提高灌装量的准确性并加快灌装速度。灌装嘴的装卸与钢瓶阀门的开闭由人工进行。目前有利用机械、气动、电子、射流元件和放射性同位素等方法自动切断气源。
　　　　　　　　　　　　　(薛世达 段长贵)

半均相膜　semi-homogeneous membrane
　　将离子交换树脂和黏合剂同溶于溶剂中再制得的离子交换膜。从宏观方面来看好像是均匀的,但是它们之间并没有化学结合,这种膜称为半均相离子交换膜。这类膜的优点是制造方便,电化学性能较异相膜为好,但较均相膜差。　(姚雨霖)

半通行地沟　crawl duct
　　工作人员可弯腰通行及在其内部完成一般检修用的地沟。地沟内留有高度约 $1.2\sim1.4m$,宽度不小于 $0.5m$ 的人行通道。操作人员可以在半通行地沟内检查管道和进行小型修理工作。但更换管道等大修工作仍需挖开地面进行。当无条件采用通行地沟时,可用半通行地沟代替,以利于管道维修和准确判断故障地点,缩小大修时的开挖范围。
　　　　　　　　　　　　　(尹光宇 贺 平)

bao

包裹分拣室　package sorting room
　　进行包裹邮件(目前大多数邮件为邮袋)的开拆,分拣的房间。　　　　(薛发 吴明)

包裹库　package warehouse
　　用于存放、等待领取包裹的房间。主要设备为自动取包机,按其外形分为直线形和圆柱形两类。包裹库的布置应考虑与采用自动取包设备相适应。
　　　　　　　　　　　　　　(薛发 吴明)

薄膜式淋水装置　film deforsting device
　　热水以水膜状态流动,以增加水同空气的接触表面积,提高热交换能力的淋水装置。与点滴式淋水装置比较,其构造简单,通风阻力小,水量损失少,冷却效果好,是目前使用较多的淋水装置。可分为平膜式、凹凸形膜板和网格形膜板式等几类。凹凸形膜板又有梯形波状、斜波交错状、折波状、点波状等,网格形膜板有水泥格网板、蜂窝填料、塑料格网板等。通常膜板采用竖向或稍倾斜布置。随着膜板结构形式的革新和发展,大体可分为连续式膜板及间断式膜板。该淋水装置可用木板、水泥、塑料等制作。　　　　　　　　　　(姚国济)

薄膜式蒸发器 film type evaporator

在加热壁面形成液体薄膜,使水快速汽化的一种高效蒸发设备。有长管式、旋片式和旋流式等类型。长管式(如图)的加热室内垂直安装一组长管,管内下半部通入待加热的液体,管外用高温蒸汽加热。液体沸腾时产生的蒸汽泡冲破液层迅速升腾,抽吸和卷带液体上升,在上部管内壁形成薄膜,并迅速汽化。二次蒸汽从气水分离室的顶部排出,浓缩液则由分离室底部排出。长管式的特点是蒸发面积大,蒸发速度快,液柱及溶质造成的沸点升高值均很小,适用于蒸发无结晶析出的中等黏度(0.05Pa·s)以下的溶液。旋流式的结构类似于水力旋流器,液体沿切线方向进入外包蒸汽加热夹套的加热室,在其内壁面上形成螺旋式下降的薄膜,使之快速蒸发汽化。适于蒸发有结晶析出的溶液。旋片式的加热室内有高速旋转的叶片,借以形成薄膜。适于蒸发黏度大及易引起容器锈蚀的溶液。

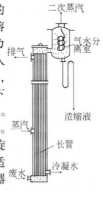

（张希衡 刘君华 金奇庭）

饱和常数 saturation constant

又称半速率常数(half-velocity constant)。在数值上等于微生物比增长速率最大值一半时的底物浓度。用 K_s 表示。为活性污泥反应动力学常数之一。单位为 kg/m^3。 （彭永臻 张自杰）

饱和电量 satuation charge

因电场荷电过程颗粒所带电量的极限值。在均匀的外电场中,假定球形粒子所带电荷仅影响其自身邻近的电场,则粒子的饱和电量为

$$q_s = 3\pi\varepsilon_0 E_0 d_p^2 \frac{\varepsilon}{\varepsilon+2}$$

ε 为颗粒的相对介电常数(与真空条件下的介电常数相比较);ε_0 为真空介电常数;E_0 为电场强度;d_p 为粒子直径。颗粒的相对介电常数 ε 的变化范围为 $1\sim100$,如硫磺约为 4.2,石膏约为 5,石英玻璃为 $5\sim10$,金属氧化物为 $12\sim18$。粒径 d_p 以平方出现于公式中,是影响饱和电量的主要因素。

（郝吉明）

饱和度 saturability

在固定床吸附操作中,床层中吸附剂的实际吸附量与该操作条件下的总吸附容量之比。若整个床层吸附剂全部饱和的吸附质浓度为 Z_t(kg 吸附质/kg 吸附剂),在破点时整个床层吸附剂所吸附的吸附质浓度为 Z_s(kg 吸附质/kg 吸附剂),则在此时整

个床层吸附剂饱和度为 $S = \dfrac{Z_s}{Z_t}$。 （姜安玺）

饱和度曲线 saturation curve

在以饱和度为横坐标,薄层所在高度为纵坐标的图上,将同一时刻,不同高度的各薄层树脂的饱和度点绘而得的曲线。它表示某一时刻时器内树脂层内新鲜树脂与失效树脂在数量上的分布。该曲线具有明显的时间性。根据它的形状及变化,可对交换器树脂层内部工况进行分析。 （刘馨远）

饱和器 saturator

用硫酸水溶液(母液)吸收煤气中的氨以生成硫酸铵结晶的设备。一般是用钢板焊制的圆筒,具有顶盖和锥底,内衬防酸层。也可用铸铁、玻璃钢或不锈钢制造。煤气与氨蒸气进入饱和器的中央煤气管,经泡浮伞在母液中鼓泡而出。泡浮伞浸没深度不小于200mm。脱氨后的煤气由饱和器去捕酸器。饱和器中部溢流口与满流槽相接,保证饱和器液面高度。器底正下方设有喷射器,用以引入循环母液并增加搅拌作用。用泵由饱和器底部的结晶管抽出带部分母液的晶粒送至结晶槽。高位酸槽不断地向饱和器补充消耗的硫酸。 （曹兴华 闻 望）

饱和器法生产硫铵 semi-direct sulphate ammonia production with saturator

在饱和器中用稀硫酸(母液)吸收煤气中氨和浓缩后的氨蒸气以生产硫酸铵的操作。煤气预热至 $60\sim70℃$,与氨蒸气一起进入饱和器。器内母液酸度为 $4\%\sim8\%$,操作温度 $50\sim55℃$。离开饱和器后煤气中含氨量小于 $50mg/Nm^3$,经捕酸器后去终冷。饱和器内生成的硫酸铵溶于母液中,过饱和后析出硫酸铵结晶沉淀于底部。器底晶粒与部分母液用泵送至结晶槽,结晶沉淀后经分离,干燥等操作制成硫酸铵。 （曹兴华 闻 望）

饱和区 zone of saturation

又称平衡区。当污染气体进入固定床吸附器进行吸附处理时,经过一定时间,在吸附床层中出现的一个吸附能力为零的区。即为离开该区污染气体中吸附质的浓度等于进入该区污染气体中吸附质的浓度,此时该区吸附已达饱和。吸附饱和区随污染气体进入床层时间的延长而增大,最后整个吸附剂床层全部变为饱和区,而吸附终止。

（姜安玺）

饱和溶解氧浓度 saturated concentration of dissolved oxygen

又称氧的饱和度。在温度一定和大气压条件下,氧在液体中的最大溶解度。用 C_s 表示。单位为 mg/L。影响 C_s 值的主要因素:①水质:C_s(自来水) $>C_s$(污水);②水温:水温上升 C_s 值下降;③压

力:压力增加,C_s 值增大。标准大气压力下,20℃蒸馏水中的 C_s 值为 9.17 mg/L。

(戴爱临　张自杰)

饱和指数　saturation index

又称郎格利尔指数。为水实测 pH 值与同一种水碳酸钙饱和平衡时 pH 值的差值。能定性地预测水中碳酸钙沉淀或溶解的倾向。是郎格利尔提出的以水中碳酸钙的溶解平衡为基础的一种参数。

$$I_L = pH_0 - pH_s$$

pH_0 为水的实测 pH 值;pH_s 为水在碳酸钙饱和平衡时的 pH 值。$I_L > 0$,结垢;$I_L = 0$,不腐蚀、不结垢;$I_L < 0$,腐蚀。

(姚国济)

保护隔离区　protected area

电台的生产区外的一定范围空旷地带,不准外部人员进入。

(薛　发　吴　明)

保护接地　protective earthing

为了保证通信设备和工作人员的安全,使其免受强电流和雷电流伤害而设的接地。一般在中性点不接地系统中采用。

(薛　发　吴　明)

保温方式　method of insulation

形成保温层的施工方法。常用的保温方式有涂抹式、预制式、填充式、灌注式、缠绕式和喷涂式等。

(尹光宇　贺　平)

保温结构保护层　protective cover of insulation construction

保温层外面的防护层。其功能是防止保温层的机械损伤和水分侵入。有时它还兼有美化保温结构外观的作用。保护层是保证保温结构性能和寿命的重要组成部分。保护层需具有足够的机械强度和必要的防水性能。管道敷设方式不同,对保护层性能的要求各异。常用的保护层有金属保护层(镀锌薄钢板、薄铝板、铝合金板等),玻璃钢保护层,石棉水泥保护层和其他防水卷材制作的保护层。

(尹光宇　贺　平)

保温热力计算　thermal calculation of insulation

其任务是计算管路散热损失、供热介质沿途温度降、管道表面温度及环境温度(地沟温度、土壤温度等),从而确定合理的保温层厚度。供热管道敷设方式不同,计算内容不同,计算方法有所差别,但都是依据传热基本方程式进行的。传热基本方程为 $Q = \Delta t / \Sigma R (W/m)$,$Q$ 为每米管路的热损失(W/m);Δt 为传热温度差(K);ΣR 为传热途径的一系列热阻之和(m·K/W)。管道热损失计算中除考虑管路沿程热损失之外还应计入不保温附件的局部热损失。一般局部热损失采用局部热损失系数的方法进行估算。

(尹光宇　贺　平)

保证照明　standby lighting

正常供电中断时,利用自备油机供电下的照明。

(薛　发　吴　明)

报底贮存室　warehouse for telegram stub

供贮存一定期限内电报报底的房间,以供发报人或其他用途的查询。

(薛　发　吴　明)

暴雨分析　storm analysis

通过对降雨资料的收集和整理,推求出雨水管渠系统设计中所需的暴雨公式。根据气象方面的有关规定,凡 24h 的降雨量超过 50mm 或 1h 的降雨量超过 16mm 的都称为暴雨。暴雨分析的要素有降雨量、降雨历时、暴雨强度、降雨面积、降雨频率和重现期等,它们是描述当地暴雨的特性。

(孙慧修)

暴雨强度　rainfall intensity

又称降雨强度。单位时间内的降雨量。以 mm/min 计。其表达式为

$$i = \frac{H}{t}$$

i 为暴雨强度(mm/min);H 为降雨量(mm);t 为降雨历时(min)。在工程上,它常用单位时间内单位面积上的降雨体积(q)来表示。q 与 i 的换算关系式为

$$q = 166.7i$$

q 为降雨体积(L/$10^4 m^2 \cdot s$);i 为暴雨强度(mm/s)。它是描述暴雨的重要指标,强度愈大,降雨就越猛烈。不同降雨重现期、不同降雨历时和暴雨强度之间关系,是表示暴雨的特征。三者关系可用暴雨强度曲线或暴雨强度公式来表达。在无自动雨量计的地区,暴雨强度公式可用湿度饱和差法或最大日降雨量法推求,作为雨水管渠设计的依据。

(孙慧修)

暴雨强度公式　rainfall-intensity equation

又称暴雨公式,雨量公式。是表示降雨重现期 T、降雨历时 t 和暴雨强度 i 之间关系的数学式。它是雨水管渠计算雨水流量的依据。中国常用的暴雨强度公式的形式为

$$q = \frac{167A}{(t+b)^n} = \frac{167A_1(1+C\lg T)}{(t+b)^n}$$

q 为暴雨强度〔L/($10^4 m^2 \cdot s$)〕;T 为降雨重现期(a);t 为降雨历时(min);A 为雨力或时雨率(mm/min),随重现期而变,即 $A = A_1(1+C\lg T)$,A_1 是重现期为 1a 时的雨力。A_1、C、b、n 为地方常数,根据统计方法进行计算确定。关于具有 10a 以上自动雨量记录的地区,暴雨强度公式的编制方法,见《室外排水设计规范》GB50014—2006 附录一。中国有些地区也常用下列公式形式:

当 $b = 0$ 时,　　$q = \dfrac{167A_1(1+C\lg T)}{t^n}$

当 $n=1$ 时，　　　$q = \dfrac{167A_1(1 + C\lg T)}{t + b}$

在无自动雨量计记录或自动雨量计记录少于 5a 的地区,其暴雨强度公式的推求可采用湿度饱和差法或最大日降雨量法。　　　　　　（孙慧修）

暴雨强度频率　rainfall intensity frequency

又称降雨强度频率,降雨频率,暴雨频率。在一定长的统计时间内,等于或大于某暴雨强度的降雨出现的次数,以％计。其计算式为

$$P = m/n \times 100\%$$

P 为暴雨强度频率（％）, m 为某一暴雨强度值出现的次数,它是将一群降雨历时相同的暴雨强度按从大到小次序排成数列,相等或超过某一暴雨强度值出现的次数即 m 值; n 为观察资料的总项数,它是降雨观测资料的年数 N 与每年选入的平均雨样数 M 的乘积。若按年最大值法选样即每年只选一个雨样,则 $n = N$,此时 $P = \dfrac{m}{N} \times 100\%$,称年频率式。若平均每年选入 M 个雨样(一年多次法选样),则 $n = NM$,此时 $P = \dfrac{m}{NM} \times 100\%$,称为次频率式。从式可知,频率小的暴雨强度出现的可能性小,反之则大。该公式是按几率相加定理得出,是假设降雨观测资料年限非常长,代表降雨的整个历时过程。但实际上 n 是有限的,不能反映整个降雨规律,它在水文计算上常称为经验频率。在水文计算中一般采用的暴雨强度频率公式为 $P = \dfrac{m}{n+1} \times 100\%$ 。该式也称均值公式或维泊尔公式,用于水文计算偏安全,观测年限资料越长,频率出现的误差就会愈小。

（孙慧修）

暴雨强度曲线　rainfall-intensity curve

又称降雨强度曲线,暴雨频率曲线,暴雨重现期曲线。表示不同重现期的不同降雨历时和暴雨强度的关系曲线。在普通方格坐标纸上绘制的暴雨强度曲线,即 i-t-P 曲线如图,横坐标为降雨历时 t ,

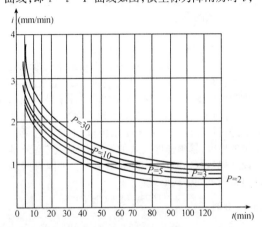

纵坐标为暴雨强度 i 。每条曲线已经不代表一场真正的降雨。从曲线可知,暴雨强度随历时的增大而减小。这条曲线基本上属幂函数类型。

（孙慧修）

爆破膜　bursting membrane

有压管路由于停泵、关阀等产生直接或间接水锤,在水柱拉断点附近设置一薄金属膜片,当高压水锤产生时,膜片破裂,释放能量,以保护电机、水泵和管道安全的水锤消除装置。膜片需批量制作,每批均应抽样实测,达到设计要求方可使用。

（肖而宽）

爆炸极限浓度范围　concentration scope of explosive limits

混合气体中含有的氧和可燃组分能引起爆炸的浓度范围。对空气来说,含氧浓度是一定的,因此任何可燃组分能引起爆炸的浓度范围就为该可燃物的此浓度范围,分有下限和上限两个值,即在空气中该可燃物浓度低于其下限或高于其上限均不发生爆炸。

（姜安玺）

bei

北京环境气象监测桅杆　Beijing environment and weather monitoring mast

1977 年建成。高 325.5m,是中国目前最高桅杆。桅杆边宽为 2.7m,三角形断面。共设五层拉线。

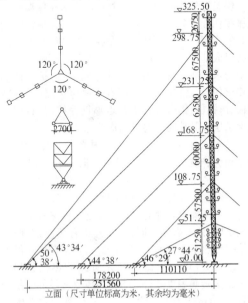

立面（尺寸单位标高为米,其余均为毫米）

（薛　发　吴　明）

北京月坛电视塔　Yuetan television tower, Beijing

1965 年建成。塔高 185m,底宽为 25m,三边形结构。133m 以上是天线架。所有塔柱及 106m 以下的横杆分别采用 3φ50～3φ70 及 3φ20～3φ25 的三角形圆钢组合截面,106m 以上的横杆采用 φ108×5～φ121×5 的钢管。塔的外形呈折线型,总耗钢量为 104t。

（薛　发　吴　明）

贝日阿托氏硫细菌　Beggiatoa trevisan

在新版的伯杰氏细菌学鉴定手册属第二部分滑动细菌中的贝氏硫菌科。为好氧或微氧化能自养菌,呈较长的丝状体,分散不相连结,无衣鞘,丝状体为许多圆柱形细胞紧密排列成链,运动方式为匍匐状滑行,在活性污泥中穿插行,生长旺盛者方向多变,呈横裂法增殖,速度缓慢,世代时间为 24h,能够氧化 H_2S 而取得能量,并将硫元素以硫粒形式积蓄于体内,能够代谢溶解单体有机化合物,由于缺乏水解高分子物质的酶系统,因此难以利用高分子物质,当污水呈厌氧状态而含有 H_2S 时,则导致贝氏菌的大量增殖。属于贝氏硫细菌属的有六种,代表种为白色贝氏硫菌(Beggiatoa alba)。

（戴爱临　张自杰）

背耙式格栅除污机　back-raked bar screen spotter

两平行环形链条牵引的扒集栅渣机构设在格栅下游侧的一种平面格栅后清式机械除污设备。由于栅片间隔依靠齿耙夹持,故格栅井不宜过深、过宽。整机结构有两种:一种与前置链式相同,多块齿耙等距固定在环链上,随环链回转清污。另一种构造是齿耙为伸缩式,齿耙与链条铰接,各自运行不同的轨迹,上行段齿耙轨道与链条轨迹平行,齿耙向外伸出栅片梳扒污物,越过栅的圆弧顶后卸污,卸污后齿耙进入下行段,齿耙导轨后移,与链条同一轨迹,齿耙依导轨导向回缩,占用链条空间。到达底部,又由导轨导向,齿耙外伸扒污。链条运行一周清污多次。

（李金根）

背压式汽轮机　back-pressure turbine

排汽压力高于大气压力,无凝汽器装置的汽轮机。由于排汽直接供热,没有凝汽器中的冷却损失。它是纯粹的热电联合生产的汽轮机,其生产的热、电量间互相制约不能独立调节。一般是按热负荷来调节。在热负荷(供热量)变化时,电功率波动剧烈。当流量偏离设计值较多时,机组相对内效率显著下降。为使机组尽可能在经济的设计工况附近运行,背压式汽轮机应带基本热负荷,多用于热负荷全年稳定的企业自备热电厂或区域性热电厂中的热负荷稳定部分。

（蔡启林　贺　平）

ben

本段流量　directly gathered flow of pipeline section

从设计管段沿线街区排入的生活污水量。该流量沿线是变化的,管段起点流量为零,到管段终点增加到全部流量。在管道水力计算时,通常假定本段流量集中在起点进入本设计管段。按下式计算:

$$q = Fq_0K_z$$

q 为设计管段的本段流量(L/s);F 为设计管段服务的街区面积(×10^4m^2);K_z 为生活污水量总变化系数;q_0 为单位面积的本段平均流量,即比流量(L/s×10^4m^2),按下式计算:

$$q_0 = \frac{np}{86400}$$

n 为居住区生活污水排水定额〔L/(人·d)〕;p 为人口密度(人/10^4m^2)。

（孙慧修）

beng

泵　pump

把原动机的机械能作用于液态介质,使之获得压力能、速度能,达到提升和输送介质目的的设备。以前泵只用作提水工具,故泛称水泵。随社会生产发展,泵的应用范围不限于此,除可输送常温液体外还可输送高温液态金属、低温液态气体和带固体颗粒(煤、矿石、泥浆、混凝土、鱼、菜等)的液流。根据作用原理分为三大类:一、叶片泵:依靠叶片旋转的离心力,将能量传递给介质,使介质提升和输送,如离心泵、混流泵、轴流泵和旋涡泵等。二、容积泵:利用工作室容积,连续地周期性充排介质,使之提升和输送。如活塞泵、柱塞泵、齿轮泵、螺杆泵等。三、其他类型泵:1.仅改变液体位能的泵如水车、螺旋泵等。2.利用介质能量输送同一或另一介质的泵如射流泵、水激(锤)泵等。

（李金根）

泵(E)型叶轮曝气机　E type vertical shaft aerator

叶轮形状与轴流泵叶轮相似的一种垂直提升表面曝气机。叶轮由平板、叶片、上、下压水罩、导流锥和进水口等组成。水在叶轮旋转的离心抛射和提升作用下导入空气进行充氧,同时水体产生上下循环回流混合。该种叶轮充氧量及动力效率高,提升能力强,但制造稍复杂。运转时要确保一定的淹没深度防止脱水。按充氧的需要可采用定速、多速或无级调速的方法。

（李金根）

泵房　pump house

系装设水泵机组(水泵和发动机)、管路与辅助设备的构筑物。在泵房中除水泵机组以外,还设有水泵的吸水管路与压水管路、管路上设有的各种阀门、辅助泵、引水装置、起重设备、计量仪表以及配电、控制设备等。它的主要作用是满足取水和送水要求,为水泵机组及操作人员提供适宜的工作条件,保证机组正常运行。它又分为水源泵房、送水泵房、增压泵房、管井泵房等类型。　　　(王大中)

泵吸式吸泥机　pump type suction dredger

吸泥管路用泵进行抽吸与排放管组成吸泥系统的吸泥机。结构与虹吸式雷同。泵若采用液下泵或潜水排污泵则不设引水装置,其他排污泵需引水。另有单泵、单吸口装置,设于沿大车跨距横向移动小车内抽吸池底污泥的方法,污泥排入大车污泥槽内,流至车外排泥渠道,大车负责纵向移动,该种形式又称为扫描式吸泥机。　　　　　　(李金根)

泵吸式移动冲洗罩设备　pumping suction type movable hood washing equipment

滤料洗后水用泵吸排除的移动冲洗罩设备。多格小阻力滤池的一种冲洗设备。罩体移至需要冲洗的滤格上,到位后启动泵(液下泵或潜水泵),抽除罩内水体,形成罩内外水压差。滤格内水体,逆向流动自下而上对砂层进行清洗,洗后水用泵吸排至池外排水沟。按滤格布置,单排滤格,罩体设在大车上;多排滤格罩体设在小车上,大车纵向行驶,小车横向移动。冲洗步骤可按编制的程序控制,逐格定时自动冲洗。一般罩体移动速度为 $0.5\sim1m/min$,个别也有采用 $6m/min$,冲洗强度 $15L/(m^2\cdot s)$,冲洗时间 $5\sim7min$,过滤周期 $12\sim20h$。　(李金根)

泵站机器间　pump station machine room

泵站中设置水泵及其他机组的工作间。其他机组可能包括真空泵、通风机、备用柴油发电机、污水坑水泵、起重设备等。当采用立式污水泵时,机器间上层为电机间,下层为水泵间,布置较卧式泵紧凑。　　　　　　　　　　　　　　　(张中和)

泵站建造　constructing of pumping station

又称水泵站建造。指修建用于提升水位的构筑物。为给水、排水工程中的重要组成部分。其功能在于提升水位,输运和调节水量,被称为工程的心脏。泵站内主要组成分为:运转部分、动力装置、控制仪表、起重设备及值班室。按工作性质分为给水泵站、排水泵站两大类。由于水泵站的类型及设备多种多样,本身结构不尽相同,它们的施工方法需因地制宜,根据设计要求作出比较方案加以选定。一般而言,施工步骤是:土方及基础设施;底部土建工程;隔断墙及上部建筑施工;水泵及动力装置安装;管线连接及检查;试运行及调整验收。(李国鼎)

泵站配电间　pump station power distribution room

操纵泵站所有电气设备的工作间。根据泵站规模和标准不同,配电间的大小及设施的繁简也各异。小型泵站或组装式抽水设施只需一块配电盘,可不设配电间。　　　　　　　　　(张中和)

bi

逼近度　degree of approach

又称冷却幅高。冷却塔冷却后的水温与环境湿球温度的差值。是衡量冷却塔效率的指标,差值愈小,冷却效率愈高,但冷却塔的基建投资也愈大。
　　　　　　　　　　　　　　　　　(姚国济)

比表面积　specific surface area of media

单位体积滤料所拥有的总表面积。单位为 m^2/m^3 滤料。滤料表面是生物膜附着的部位,因此,比表面积能够在一定程度上影响生物滤池的生物膜量,也就是能够影响生物滤池的净化功能。因此是表示生物滤池滤料性质的一项重要指标。塑料波纹板的比表面积为 $85\sim187m^2/m^3$;列管式蜂窝为 $220m^2/m^3$;而一般炉渣则为 $100m^2/m^3$。
　　　　　　　　　　　　(戴爱临　张自杰)

比电导

见电导率(60页)。

比电晕功率　specific corona power

每分钟处理 $1000m^3$ 实际状态的气体所消耗的功率(W)。其变化范围为 $1760\sim17600W/(1000m^3\cdot min)$,有效电晕功率的增加会提高电除尘器的除尘效率。对于高性能的燃煤飞灰电除尘器,99.5% 的除尘效率要求 $7000W/(1000m^3\cdot min)$ 的比电晕功率。　　　　　　　　　　　　　(郝吉明)

比电阻

见电阻率(67页)。

比集尘面积　specific collection area

电除尘器的总集尘板面积与每分钟所处理气体体积之比。常以 $m^2/(m^3\cdot min)$ 表示。它是确定电除尘器大小和费用时普遍采用而又最为重要的参数。比集尘面积与集尘效率和有效驱进速度的关系由多伊奇方程确定。捕集燃煤电厂飞灰的电除尘器的比集尘面积为 $300\sim2400m^2/(1000m^3\cdot min)$。
　　　　　　　　　　　　　　　　　(郝吉明)

比例泵

见计量泵(149页)。

比摩阻　specific friction loss

单位管长的沿程阻力损失。通常以 $R(Pa/m)$ 表示。当室外热水网路水温已定和流动状态在阻力平方区条件下,比摩阻 $R(Pa/m)$、流量 $G(t/h)$ 和管径 $d(m)$ 三者之间的关系可用下式表示:

$$R=AG^2/d^{5.25}$$,A 为计算系数。实际工程中,多按上式制定实用的计算图表以简化计算。进行热水网路水力计算时,当管段流量已知时,可根据现行规范采用推荐的平均比摩阻 40～80Pa/m 来确定主干线的各管段管径。　　　　　　　　（盛晓文　贺　平）

比湿

见湿空气的含湿量(254 页)。

比压降　specific pressure drop

单位管长的阻力损失,也就是单位管长的沿程阻力损失和局部阻力损失之和。热水回路中管路的任意两过水断面间的比压降由两过水断面的能量损失与两过水断面间的管长之比得出。反映在水压图上就是任意两点间的水力坡度。

　　　　　　　　　　　　（盛晓文　贺　平）

闭合差　error of closure

在环状管网任意一个环路的水力计算中,顺时针水流方向的各管段水头损失(正值)与逆时针水流方向的各管段水头损失(负值)的代数和不等于零的正或负的差值。　　　　　　　　（王大中）

闭式满管回水系统　closed and wet condensate return system

凝结水干线无蒸汽含量(纯凝结水),且从用热设备排出后至返回热源总凝结水箱之间始终为满管流动的凝水回收系统。这一系统,是靠在用热设备处装设二次蒸发箱和在总凝结水箱处把凝结水干线的插入管做成回形管形式。从用热设备后的疏水器排出的高压凝结水在二次蒸发箱中引出二次蒸汽,然后靠位能差的作用,将低压凝结水排至凝结水干线。为防止二次蒸汽窜入低压凝结水管道,常将低压凝结水先通过多级水封,再排入凝结水干线。设置回形管可保证凝结水干线的满管流动(如图)。闭式满管回水系统,由于二次蒸汽的合理利用,不但提

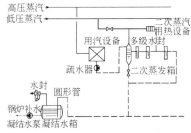

高了热利用率,而且较好地解决了高、低压凝结水共网合流问题。其次,由于避免了汽、水两相流动,可以减小凝结水管直径。闭式满管流动,可防止空气侵蚀,延长管道寿命,是一种较理想的凝结水回收系统。其缺点是系统复杂,管理运行要求高。

　　　　　　　　　　　　（石兆玉　贺　平）

闭式凝结水回收系统　closed-type condensate return system

不与大气相通的凝结水回收系统。闭式凝结水箱通过安全水封与大气隔绝。这种系统避免了凝结水向大气的再蒸发(二次蒸汽),提高了热能利用率;同时防止了管道的空气侵蚀,有利于系统寿命的延长。由于这些优点,尽管其结构比开式系统复杂,但在较大系统中,仍然多采用这种系统。

　　　　　　　　　　　　（石兆玉　贺　平）

闭式热水供热系统　closed-type hot-water heat-supply system

热用户从供热管道中只取用热量而不消耗热媒(即热水)的系统。亦即热媒在系统中周而复始循环,而与大气封闭,故而得名。它优点是:由于严密性引起的漏损不大,因而系统补给水量少,可节省大量水处理设备与投资;可采用多种系统连接形式,满足各类用热负荷要求;系统成熟,运行可靠。它是目前应用最广泛的供热系统形式。缺点是有时需要加设换热器。系统比较复杂。　（石兆玉　贺　平）

闭式水箱安全水封　water-seal at closed condensate tank

设在闭式凝结水箱上,防止水箱超压的一种安全装置。当箱内蒸汽压力超过安全水封的水封高度时,排出蒸汽,直到箱内压力降低到水封所限定的压力为止。安全水封还可防止空气进入水箱,当水箱满水时,又兼作溢流管。　　　　　（盛晓文　贺　平）

闭水试验　leakage test

又称泄漏试验。重力流管道在敷设过程的接口作业完工后进行的质量自检项目之一。试验方法按图示的装置进行。在试验管段两端用水泥砂浆砌筑并堵紧,管段的低端连接进水管,高端连排水阀门,架设的试验用水筒所盛水位高度为试验规定水头。当管内注水后,继续向水筒中加水,使筒内水面达到要求位置,记录 30min 内筒中水位下降的出水值,据此估算每 km 管段 24h 的泄漏量,以低于允许值(与管材性质及管径大小有关,可自设计规范中查出)为合格。

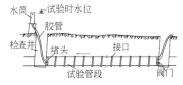

　　　　　　　　　　　　（李国鼎）

避雷器　lightning arrester

用来限制过电压的电器设备。雷电过电压、操作过电压的数值远远超过工作电压。超过一定数值时,使接于导线和地之间的避雷器动作,释放过电压电荷,保护设备绝缘,使电网正常供电。它分为阀式、管式、氧化锌三大类。　　　　　　（陈运珍）

bian

变频调速　frequency convert speed control

通过改变定子供电频率和电压来调节电动机转速的一种调速方法。交流电动机的转速 n 与频率关系式为

$$n = \frac{60 f_1}{p}(1 - S)$$

f_1 为定子供电频率；p 为极对数；S 为转差率。因此，当极对数不变时，改变频率 f 可以达到调速的目的。具有恒转矩，无级调速，可逆或不可逆，效率高等特点；但系统较复杂，价格较高。　（陆继诚）

变压器　transformer

利用电磁感应原理，用来变换交流电压和电流来输送、分配交流电能的电器。一般分为电力变压器、特种变压器两大类。按用途分为升压变压器、降压变压器、配电变压器、联络变压器和厂用电变压器等。特种变压器是根据冶金、矿山、化工、交通等不同要求、提供各种特种电源或作其他用途。特种变压器可分为整流变压器、试验变压器、矿用变压器、船用变压器、中频变压器、大电流变压器及电炉变压器等。　　　　　　　　　　　　　（陈运珍）

变压式氮气定压　pressurizaton by nitrogen gas under variable pressure

利用氮气压力维持热水网路定压点压力在允许范围内变化的措施。定压装置的主要设备是氮气罐。它下部容水，上部贮存一定质量和压力的氮气。作用到系统定压点上的氮气压力取决于罐内的水位。系统水量增加（减少），罐内水位升高（降低），则氮气压力升高（降低）。容许的压力变化范围取决于热水供热系统水压图的要求。

（盛晓文　贺　平）

biao

标准活性污泥法

见传统活性污泥法（33 页）。

标准塔　bore-sight tower

又称信标塔。卫星通信大型地球站的附属测试设备。设置于距地球站天线 $10 \sim 20$ km 远的场区。它模拟卫星转发器的主要功能，在地球站建成并经室内测试达到性能指标后，用于对地球站进行跟踪精度，天线波瓣宽度，旁瓣性能以及收发信机性能等许多项目的野外测试。一般情况下，安装有一定电平的信号发生器、发射机、接收机及频率转换器、天线等。　　　　　　　　　　（薛　发　吴　明）

表观产率　observed yield coefficient

又称可变观测产率系数。表示在某一运行条件下，利用单位质量的底物所净增长的微生物量。用 Y_{obs} 表示。它不是动力学常数，而是污泥龄 θ_c 的函数，是一个无单位的可变系数，计算公式为

$$Y_{obs} = Y/(1 + K_d \theta_c)$$

Y 为产率系数；K_d 为微生物衰减系数；θ_c 为污泥龄。

（彭永臻　张自杰）

表面冲洗设备　surface washing equipments

对滤池表层滤料予以强烈冲刷，加强水流对颗粒的剪切力和颗粒相互接触碰撞，使截留的污物与滤料剥离的设备。有固定式和旋转式两种。

（李金根）

表面负荷　surface loading of biofilter

生物滤池的单位表面积在单位时间内所承受的 BOD 量。常用单位为 gBOD/（m^2 滤池表面·d）。高负荷生物滤池的表面负荷通常介于 $1\,000 \sim 2\,000$ g/（m^2·d）之间。　　　　（彭永臻　张自杰）

表面负荷率

见溢流率（341 页）。

表面过滤速度

见气布比（212 页）。

表面冷凝器　surface condenser

用间壁把热废气和冷却介质（通常用水）分开，使被冷凝的污染物可直接回收利用的装置。常用的有浮头式、淋洒式和螺旋板式三种。　（姜安玺）

表面曝气

见机械曝气（142 页）。

表面曝气设备　surface aeration equipment

利用旋转的叶轮或叶片对曝气池水体表面进行搅拌，使池内混合液与空气充分接触，同时又使池内产生循环流动和紊流，进行混合与氧转移的设备。一般由电动机、传动装置和曝气器组成。按整机安装方式有固定式和浮筒式；按电动机转轴的安装位置有卧式和立式；按速度调节性能分无级变速、多速和定速等。常用的有水平推流式表面曝气机和垂直提升表面曝气机。　　　　　（李金根）

表面式换热器　surface heat exchanger

又称间接式换热器。加热介质与被加热介质不直接接触，而通过金属表面进行热量交换的换热设备。集中供热系统中常用的表面式换热器主要有汽-水换热器、水-水换热器和用于通风系统的空气加热器等。汽-水换热器主要有各类管壳式换热器和容积式换热器等。水-水换热器主要有容积式换热器、分段式水-水换热器和板式换热器等。与混合式换热器比较，表面式换热器运行管理方便可靠，汽-水换热器的凝结水能保持清洁回收，因此应用比较广泛。　　　　　　　　　（盛晓文　贺　平）

bing

冰冻线　frost line

　　土壤的冰冻深度。该值与埋设管道地区的气温和土壤性质有关。设计时采用的土壤冰冻深度为多年平均值,而非最大值。中国东北及西北地区土壤冰冻很深,如海拉尔市最大冰冻深度可达 3.4m。大孔性土壤的冰冻深度一般较大,而砂质土壤和黏土的冰冻深度较大孔性土壤小。　　　　　（孙慧修）

并联电力电容器　parallel power capacitor

　　主要用于补偿电力系统感性负荷的无功功率,以提高功率因数、改善电压质量、降低线路损耗的电力电容器。也可与感应电动机定子绕组并联,构成自激运行的异步发电装置。并联电容器装置通常由主电容器、串联电抗器、放电线圈、熔断器、断路器、继电保护和控制屏等部分组成。按电压可分为高压并联电容器装置和低压并联电容器装置;按相数分为三相和单相;按安装场所分户外式和户内式。
　　　　　　　　　　　　　　　　　（陈运珍）

并联分区供水系统

　　见分区供水系统（82 页）。

病毒病菌固体废物　virus and germ-waste

　　来自医院的含有大量病菌、病毒、寄生虫卵的医疗废弃物。包括医疗废弃的纸、废药、药棉、废组织、塑料、金属、玻璃等,均携带有大量病原体,包括传染病原体。有效的处理方法是消毒和焚烧,对于有毒有菌废物采用燃煤式焚烧炉处理,在中国已有实例,可将病菌全部杀死,医疗废弃物可减重＞90％,达到无害化、减量化处理。焚烧炉温度要控制在 900～1000℃才可保证处理效果。此外,医院污水处理过程中产生的污泥亦属于此类废弃物,可采用石灰消毒法及高温堆肥法处理。　　　　（俞　珂）

bo

波纹板滤料　plastic high-specific surface medium

　　又称弗洛柯滤料。由塑料薄板热压制成波纹状的滤料。有三角形、梯形及水波纹形断面。其特点是比表面积大、空隙率高、重量轻、性能稳定。常用于高负荷生物滤池、塔式生物滤池和生物接触氧化装置。主要规格有:块体尺寸 1m×1m×0.5m 左右,比表面积 85～190 m²/m³,空隙率 90％～98％。
　　　　　　　　　　　　　（戴爱临　张自杰）

波纹管补偿器　bellows expansion joint

　　用单层或多层薄壁金属管制成的具有轴向波纹的管状补偿设备。工作时,它利用波纹变形进行管道热补偿。供热管道上使用的波纹管多用不锈钢制造。这种补偿器的优点是占地小,不用专门维修,但价格较高。波纹管补偿器按波纹形状主要分为 U 形和 Ω 形两种;按补偿方式分为轴向、横向和铰接等形式。轴向补偿器可吸收轴向位移,按其承压方式又分为内压式和外压式。外压式承压能力较高。横向式补偿器可沿补偿器径向变形,常装于管道中的横向管段上吸收管道伸长。铰接式补偿器可以铰接轴为中心折曲变形,类似球形补偿器,需成对安装在转角管段进行管道热补偿。　　（尹光宇　贺 平）

波形补偿器　bellows compensator

　　呈波形由波节组成的补偿装置。在埋地燃气管道上,多用钢制波形补偿器。为防止其中存水锈蚀,由套管的注入孔灌入石油沥青。补偿器的安装长度,应是螺杆不受力时补偿器的实际长度,否则将使管道或管件受到不应有的应力。　　（李猷嘉）

玻璃管转子流量仪　glass tube rotor flowmeter

　　根据流量变化时,锥形玻璃管内的浮子高度随之变化使环隙面积和对应流量相应的原理制作的流量测量仪器。测量范围:气体,16～1,000,000L/h,液体,1～40,000L/h,量程比可达 10：1,精度 2.5级,刻度近似线性。适用于检测压力低于 1.6MPa,温度低于 120℃的除氢氟酸以外的任何非浑浊的气体或液体的测量。其结构简单,但精度低。
　　　　　　　　　　　　　　　　　（刘善芳）

玻璃纤维　glass fiber

　　由熔融玻璃拉成的纤维。直径数微米至数十微米。质脆、较易折断,但抗拉强度高、耐高温、耐蚀、隔声和绝缘性能都好。经纺织加工可制成玻璃纤维布或纤维带等;也可与塑料、水泥等制成玻璃钢、玻璃筋混凝土等复合制品。玻璃纤维滤料是目前应用最广的无机纤维滤料。用芳香基有机硅或氟树脂的溶液浸渍处理,提高了纤维的耐磨性、疏水性和柔软性,且表面光滑易于清灰,延长了使用寿命。
　　　　　　　　　　　　　　　　　（郝吉明）

玻璃纤维及玻璃棉　glass fibre and glass cotton

　　以玻璃为原料加工制成的纤维状或棉状保温材料。分为中级纤维、短棉和超细棉等品种。管道保温常采用玻璃纤维制品或玻璃棉制品。制品黏合剂为沥青时,耐温 250℃,黏合剂为酚醛树脂时,耐温 350℃。采用耐高温黏合剂时,耐温达 600℃。制品密度为 60～150kg/m³ 时,常温导热率约为 0.04～0.05W/(m·K)。　　　　　（尹光宇　贺 平）

播出中心机房　machine hall of broadcast center

　　又称播控中心机房。负责各套节目的播出控制,并兼有插入字幕、道歉和时间信号功能的机构所在场所。一般是一套节目设置一个播出中心机房。

（薛 发 吴 明）

播控中心 broadcasting center

广播系统中，承担广播节目的制作（包括录音、复制、剪辑等）及将节目传送到发射台等任务的场所。播控中心里设有播音室、录音室、复制剪辑室、节目控制室、总控制室、电缆室以及供电、空调等设施。

（薛 发 吴 明）

播控中心机房

见播出中心机房(13页)。

播音室 broadcast studio

在声学特性上经专门设计和处理的，供播出和录制广播节目用的专用房间。它需要有较好的隔声条件，并进行必要的隔振处理，以防固体传声。一般室内应做隔声隔振套房。套房与主体结构之六面体间均应为弹性连接。套房室内墙面和顶板按照混响时间及扩散声场的要求，设置各种不同的吸声材料和扩散体。套房与控制室相隔墙应设隔声观察窗。套房应安装隔声门。

（薛 发 吴 明）

伯杰细菌学鉴定手册

国际上普遍采用有一定权威性的细菌分类鉴定工具书。该手册不断地修订、充实和完善，现已出到第八版(1974年)。在这一版中建立了一个与动植物界有同等位置的原核生物界，其中分为两个门。兰藻门——具有叶绿素 α 和藻兰素，营光合作用。细菌门——根据菌体的形态、革兰氏染色反应、营养类型、运动方式、需氧或厌氧等特征，将细菌分为十九类：①光合菌；②滑行细菌；③鞘细菌；④芽殖细菌；⑤螺旋体；⑥螺菌及弧形菌；⑦革兰氏阴性需氧杆菌和球菌；⑧革兰氏阴性兼性厌氧杆菌；⑨革兰氏阴性厌氧细菌；⑩革兰氏阴性球菌及球状杆菌；⑪革兰氏阴性厌氧球菌；⑫革兰氏阴性无机营养细菌；⑬产甲烷细菌；⑭革兰氏阳性球菌；⑮芽孢杆菌和球菌；⑯革兰氏阳性无芽孢杆状细菌；⑰放线菌及有关的菌；⑱立克次氏体；⑲厚体。上述各类再分为若干目、科、属。在各部分中详述了各级分类单位、分类特征和鉴别方法，并加了必要的评注和照片，书后还附有菌种保藏机构目录等。 （戴爱临 张自杰）

柏林电视塔（原东德） Berlin(east district) television tower

1969 年建成。塔高 365m，塔身高 250m，钢天线杆 115m。塔身为钢筋混凝土圆锥形筒。塔楼为直径 32m 的圆球形，设有电视台技术室，在207.5m 高处设有 200 个固定坐位咖啡厅兼餐厅，餐厅之下有俯览城市的封闭回廊。电梯井道为钢结构。塔内设两部快速电梯和一部专用梯，还设有专供检修和紧急使用的楼梯。

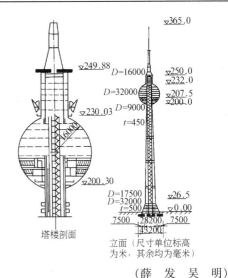

塔楼剖面　　立面（尺寸单位标高为米，其余均为毫米）

（薛 发 吴 明）

bu

补偿器 expansion appliance, compensator

又称伸缩器，伸缩节，膨胀节。调节管段账缩量的设备。利用构件材料变形胀缩量的补偿器有弯管补偿器（如 Π 形补偿器、S 形补偿器、Ω 形补偿器等）、波纹管补偿器等。利用构件机械运动吸收热伸长的补偿器有套管补偿器和球形补偿器等。常安装在阀门的下游，利用其伸缩性，可方便阀门的拆卸和检修。燃气管道上常用的有波形补偿器，橡胶-卡普隆补偿器等。 （尹光宇 贺 平 李猷嘉）

补给水泵定压 pressurization by make-up water pump

利用热水网路补水泵补水来保证网路定压点压力恒定（或只在允许范围内变化）的措施。根据补水方法不同，分为补给水泵连续补水定压和补给水泵间歇补水定压两种。对常用的闭式热水供热系统，补给水量应根据系统渗漏量与事故补水量来确定。一般取允许渗漏量的 4 倍。补给水泵的扬程，应根据水压图的要求确定。该定压方式设备简单、管理方便，但只能在保证电力供应条件下才能正常工作。补给水泵定压是国内目前最常用的一种定压方式。

（盛晓文 贺 平）

补给水泵间歇补水定压 pump pressurization by intermittently running make-up water pump

利用补给水泵间歇补水维持热水网路定压点压力在允许范围内变化的措施。补给水泵的启闭一般是由电接点压力表上的触点开关控制的。该定压方式节约电能，但压力不稳定。宜在漏水量小的热水供热系统应用。 （盛晓文 贺 平）

补给水泵连续补水定压 pump pressurization by continuously running make-up water pump

利用补给水泵连续补水维持热水网路定压点压力恒定的措施。通过压力调节器的作用,自动控制补水量,从而维持补水点的压力恒定。该定压方式工作稳定可靠,但消耗电能较多。常用于热电厂和较大型区域锅炉房供热系统。

(盛晓文 贺 平)

补水泵 make-up water pump

热水供热系统中用来补充水量,维持恒压点压力值恒定的水泵。一般采用电动离心泵。

(屠峥嵘 贺 平)

不掘土球式地锚 spheric earth anchor under undisturbed soil layer

采用特殊的施工方法(例如,机械扩孔、爆扩等)置于未开挖的土层下面的地锚。土层结构未破坏,施工方便,地锚尺寸较小,比较经济。

(薛 发 吴 明)

不均匀系数法 method of nonuniform factor

确定城镇燃气管道小时计算流量的方法。居民和商业的小时计算流量为

$$Q = \frac{Q_y}{365 \times 24} K_1^{max} K_2^{max} K_3^{max}$$

Q 为小时计算流量(Nm^3/h);Q_y 为年用气量(Nm^3/a);K_1^{max}、K_2^{max}、K_3^{max} 分别为月、日、时高峰系数。

工业企业的小时计算流量可按各工业用户用气量的变化叠加后确定。采暖负荷可按该地区采暖室外计算温度求得的小时用气量,即为其小时计算流量。

(王民生)

不通行地沟 unpassable duct

净空尺寸仅能满足敷设管道的起码要求,人不能进入的管沟。地沟横截面较小,只保证管道施工安装的必要尺寸。其造价较低,占地较小,是城镇供热管道经常采用的地沟形式。它的缺点是管道检修时必须掘开地面。

(尹光宇 贺 平)

不完全处理活性污泥法

见高负荷曝气法(94 页)。

不完全分流制排水系统 incompletely separate drainage system

仅有污水排水系统而无独立的雨水排水系统的分流制排水系统。雨水沿地面、街道边沟、明渠等渠道直接排入水体。

(罗祥麟)

布水装置 distribution device of biofilters

使污水均匀地喷洒在生物滤池滤料表面的设备。分有固定喷嘴式和旋转式布水装置。前者由投配池、布水管和喷嘴组成,在投配池内安装有虹吸装置,借助虹吸作用通过固定喷嘴将污水周期地喷洒到滤池表面;后者由固定竖管和转动的布水横管所组成,在横管上按一定距离开有孔径为 10～15mm

的溢水孔口,污水以 0.25～0.8m 的压力流入固定竖管、布水横管,最后从孔口射出,由于喷水反作用力的推动,使横管绕池中心固定竖管旋转,污水得以均匀地喷洒到滤池表面。普通生物滤池一般采用固定喷嘴式布水装置;而高负荷生物滤池和塔式生物滤池则采用旋转式布水装置。

(戴爱临 张自杰)

布宜诺斯艾利斯瞭望桅杆 Buenos Airse belvedere

奥地利一家公司承建,高 200m,六方单层拉线的桅杆。为六边形的空间桁架。在高度 124m 处,设直径为 36m,面积 800m^2 的瞭望大平台,可容纳1000人。

(薛 发 吴 明)

步进式刮砂机 step-by-step harrower

用耙板逐步将砂推移出水面外排的一种提砂机。在砂槽内 15°斜坡上,耙架下有众多的等距垂直耙板,耙架受连杆机构传动,在斜坡上作匀速推砂,每推移一次上升一段耙板的间隔距离,如人走路般前进,逐步把砂推移出水面,砂夹带的水沿斜坡流走,砂继续被推移至排砂口外排,排出的砂含水率较低。

(李金根)

步进制交换局 step-by-step telephone office

安装步进制交换机的电话局。其特点是交换机按用户所拨号码(按键号码)的位数逐级一步一步地找到被呼叫用户的机件,把电话接通。

(薛 发 吴 明)

部分氧化法 partial oxidation process

在高温条件下使原料油与气化剂——蒸汽及氧气(或空气)反应的油制气方法。反应所需热量来自炉内部分原料油的燃烧(氧化)。它分有间歇式或连续式、常压或加压、用或不用催化剂等不同类型。操作温度各有不同,低者为 700～900℃,高者达到 1 200～1 400℃。原料油在高温下迅速雾化,然后一部分油蒸气和氧气发生燃烧反应为:$C_nH_{2n+2} + (1.5n + 0.5) \cdot O_2 \longrightarrow nCO_2 + (n+1)H_2O$;生成气与另一部分油蒸气发生转化反应为:①$C_nH_{2n+2} + nH_2O \longrightarrow nCO + (2n+1)H_2$,②$C_nH_{2n+2} + nCO_2 \longrightarrow 2nCO + (n+1)H_2$;还有一小部分油蒸气发生热裂解反应,生成 CH_4 等。产品气的组成视操作条件不同而异。高温反应时,H_2 和 CO 较多;反应温度较低时,CH_4 和其他低级烃增多。发热量约为 12～20MJ/m^3。

(闻 望 徐嘉森)

C

cai

采暖年用气量　annual gas demand of heating

建筑物以燃气作采暖热源的年用气量。与建筑物体积、耗热指标和采暖期长短等因素有关,年用气量为

$$Q_y = \frac{Vq_v n_1(t_1 - t_2)}{H_1 \eta}$$

Q_y 为年用气量(Nm^3/a);V 为使用燃气采暖的建筑物体积(m^3);q_v 为民用建筑的耗热指标〔$kJ/(m^3 \cdot h \cdot ℃)$〕;n_1 为采暖期(h);$(t_1 - t_2)$ 为采暖室内计算温度与采暖期室外平均温度之差(℃);H_1 为燃气低发热值(kJ/Nm^3);η 为采暖系统效率。　　（王民生）

can

残液回收　heavy residues recovery

回收钢瓶中残留物的操作。用户使用的钢瓶中的液化石油气,会有少量残液,主要是含 5 个或 5 个以上碳原子的重碳氢化合物。在重新灌瓶之前,应将这些残液倒出并回收到残液储罐中。常用的方法有正压法回收残液和负压法回收残液。残液回收操作可在手动倒空架或残液倒空转盘进行。残液倒空架是金属框架结构,有单瓶位和多瓶位倒空架。用专用夹具固定钢瓶,用手工或其他传动方法使倒空架翻转,使钢瓶倒立。残液倒立转盘机组是由旋转平台、主轴上瓶器、卸瓶器、辊道和传送带等组成。

（薛世达　段长贵）

cao

操作平台　operating platform

操作、维修距地面较高管道之设备、附件的架空平台。对于跨越障碍物(河流、沟壑)的架空管段,有时在管道的一侧或两侧设检修便桥。平台或便桥的外侧设防护栏杆,以保证操作人员的安全。

（尹光宇　贺　平）

槽船运输　tanker transportation

用特制的槽船运输液化石油气。槽船一般分为常温压力式槽船和低温常压式槽船。常温压力式槽船上的储罐罐壁厚,自重大,所以运载能力较小,主要用于沿海及内河运输。低温常压式槽船上的储罐用耐低温钢材制造并设可靠的制冷装置,以保证安全运行。这种槽船装载能力大,多用于远洋运输。

（薛世达　段长贵）

槽电压　applied voltage

电解槽两极上实际所加的电压。它由理论分解电压、超电压以及克服溶液、电极、导线接点等电阻的电压降等项相加而成。其大小对电能消耗有重要影响。降低其值的主要途径是降低超电压和溶液、电极等的电阻。　　（金奇庭　张希衡）

槽式配水系统　trough type distribution system

冷却塔中由敞开的水槽及喷头组成的重力配水系统。由主配水槽、配水槽、溅水喷嘴组成。一般用于大型冷却塔的配水或水质较差的场合,这种系统给水压力要求较低,有可能利用生产设备回水的剩余压力,维护清理方便;但配水槽所占面积较大,增加通风阻力,槽内容易沉积污物,施工复杂。根据水分配均匀情况及施工运行管理方便等条件,配水槽有树枝状和环状两种布置形式。树枝状适用于小型冷却塔,环状布置配水较树枝状均匀,适用于大型冷却塔。配水槽可采用木材、钢筋混凝土、玻璃钢制作。　　（姚国济）

ce

侧沟型一体化氧化沟　flank-shape integral oxidation ditch

在氧化沟的旁侧并列建两座交替作为沉淀沟和曝气沟运行的侧沟的曝气-沉淀一体化氧化沟(如图)。在侧沟上也按设曝气转刷。其中一座按沉淀沟运行,转刷停止转动,污泥沉淀、澄清水排放,另一座仍按曝气沟运行。经过一段时间后,两座侧沟交替运行。按曝气沟运行,转刷转动,先行沉淀的污泥浮起,作为回流污泥进入混合液。

（张自杰）

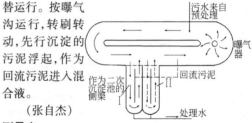

测量室

见总配线室(374 页)。

测量台 test desk

装有测试设备的交换台。能与电话线路或电话局设备连接,以便进行测量。可以测试局内线路上断线、沿线障碍等,也可与用户通话。国内生产的测量台尺寸约为 921mm(长)×820mm(宽)×750mm(高),可根据需要并列几个。布置时应使总配线架至测量台的联络电缆最短。测量台四周与墙及配线架的距离要求为:测量台正面与墙标准距离 1200mm,最少 1000mm,背面与墙标准距离 800mm;侧面与墙标准距离 800mm;测量台正面与总配线架(平行)标准距离 2000mm;测量台正面与总配线架(垂直)标准距离 1800mm。 （薛 发 吴 明）

测压管水头线 piezometric head line

热水网路中管段各点的测压管水头高度的连线。管道上任意一点的测压管水头高度 $H_p(m)$,包括该点相对于某一基准面的位置高度 $Z(m)$ 与该点的测压管水柱高度 $P/\rho g(m)$ 之和,即 $H_p = Z + P/\rho g,(m)$。P 为该点压力(Pa);ρ 为水的密度(kg/m^3)。测压管水头线也可通过总水头线和相应的流速水头之差求得。由于各管段流速水头差值很小,所以工程上一般可利用管段两端的测压管水头线之差来表示该管段的阻力损失值。

（盛晓文 贺 平）

ceng

层燃炉 layer burning furnace

又称火床炉。燃料层铺在炉排上进行燃烧的炉子。常见的有手烧炉、风力-机械抛煤机炉、链条炉、往复炉排炉、振动炉排炉等。手烧炉运行中,加煤、拨火、清渣都是手工劳动,劳动强度大。手烧炉中燃料燃烧有周期性,在加煤后容易冒黑烟,锅炉热效率较低。风力-机械抛煤机炉在炉膛前方加装了加煤的机械设备,减轻了劳动强度,但拨火、清渣仍然没有机械化,造成的飞灰损失也较大。链条炉、往复炉排炉、振动炉排炉三种炉型的炉子运行时炉排都在运动,煤由前方(或后方)进入,在炉排上完成预热、点燃、燃烧和燃烬阶段,最后形成灰渣离开炉膛。三种炉型的炉子不同程度上实行了燃料燃烧的机械化,减轻了劳动强度和便于对燃烧进行控制和调节,尤其是链条炉和往复炉排炉是当前工业锅炉中用得较多的炉型。

（屠峥嵘 贺 平）

cha

差压式流量仪 differential pressure flowmeter

又称节流式流量仪。利用流体经过孔板、喷嘴、文丘里管、毕托管、阿米巴管等节流装置后,造成流道的局部收缩,流速加大,静压降低,产生和流量有一定关系的前后压力差原理制作的流量测量仪器。测量范围:0.6～250kPa,量程比 3∶1,精度 1 级,方根制度。用于测量液体和气体的流量。其结构简单,价格较便宜,信号可远传,但有一定的压力损失并需要在节流装置前留约 20 倍直径的较长直管段。

（刘善芳）

差压式液位计 differential pressure level meter

根据力平衡原理,将物位变化而引起的差压变化经感测元件产生相应的力,经转换后,输出标准电信号来测量液位的仪器。测量范围:<2.5MPa,精度:1 级。适用于连续控制和远距离变送的场合。

（刘善芳）

查核问询室 inquiry office

又称查询室。为用户对发、收电报有关事项及遗失、误发、误译、错投等问题提供服务的房间。

（薛 发 吴 明）

chan

缠绕式保温 wound insulation

用柔软的保温制品缠绕捆扎在管道或设备上形成保温层。如石棉绳、石棉布、纤维类保温毡都采用此施工方法。特点是操作方便、便于拆卸。

（尹光宇 贺 平）

产甲烷菌

见甲烷菌(150 页)。

产率系数 yield coefficient

又称合成系数。在合成代谢中,代谢单位质量底物所合成增长的微生物量。对于特定的污水是一个无量纲的常数。用 y 表示,为活性污泥反应动力学常数之一。它不包括由于微生物内源呼吸而减少的生物量,在一定程度上能定性地反映微生物的增长速度和增长时需要的能量。

（彭永臻 张自杰）

产氢产乙酸菌 hydrogen and acetic acid beacteria

参与厌氧消化三阶段过程第二阶段的细菌。在厌氧条件下,它将产甲烷菌不能利用的除 CO_2、H_2、乙酸和甲醇以外的有机酸和醇类,转化为 H_2、CO_2 和乙酸。它具有产氢和产酸双重功能。它在水解和发酵细及产甲烷菌之间的共生关系,起到了联系作用,而且不断提供出大量的 H_2,作为产甲烷菌的能源,以及还原 CO_2 生成 CH_4 的电子供体。所以它在厌氧消化过程中具有极为重要的作用。已分离出的该菌有沃尔夫互营单胞菌、嗜角皂互营单胞菌、沃转互营杆菌、布氏梭菌、嗜碳暗杆菌等种属。

（孙慧修）

产酸菌 acid-producing bacteria

又称酸性腐化菌,水解菌。在污泥消化过程的酸性发酵阶段中,参与有机物分解的兼性菌菌群的统称。多属于异养型兼性菌菌群。酸性腐化菌对pH值、有机酸及温度的适应性很强,世代时间短,数分钟到数小时即可繁殖一代。这一菌群在污泥消化过程的酸性发酵阶段,将高分子有机物分解成低分子的中间产物,即乙醇、有机酸、有机盐等。兼性厌氧菌的分解产物或代谢产物,几乎都具有酸性,因而使污水或污泥迅速呈酸性。 (肖丽娅 孙慧修)

chang

长柄滤头 filter disc with long handle

进水(气)管较长的滤头。快滤池气水冲洗的附属设备之一。滤头装设在滤板上,头表面布满均匀孔隙利于均匀出流,其进水(气)管较长,深入到滤板下的气层和水层,在各层范围内的管壁上均有孔眼,让有压空气或水通过。可单独气冲,也可单独水冲,也可气水同时冲。 (李金根)

长度阻力损失

见沿程阻力损失(326页)。

长话机械室 equipment room of long-distance exchange

安装长途电话各种型号的长、市话的中继设备、承担由载波机到长话交换台及市话的中间接口设备或长途电话自动交换的房间。分为人工长话机械室和自动长话机械室。宜设在电信枢纽建筑的中间楼层。 (薛发 吴明)

长话交换室(长途台) room of toll switchboard

通过长途电话交换设备将市内用户和长途电路沟通,完成长途电话通信的技术房间。分为人工长话交换机房,半自动长话交换机房和全自动长话交换机房。全自动长话机房面积指标约 $0.45m^2$/路,若采用全电子程控交换设备,此指标可缩小,半自动长话交换机房约 $0.4m^2$/席。 (薛 发 吴 明)

长输管线 long distance transmission pipeline

将燃气从起点站输送至城镇燃气门站的综合构筑物。根据气源情况,一般可由起点压气站、输气管线、中间调压计量站、中间压气站、燃气分配站、管理维修站、通信与遥控设备、电保护装置及其他附属装置等组成。当输气管线采用清管工艺时,在中间站内设置清管球收发装置。中间压气站的数目、压缩比及经济管径要经过技术经济计算确定。 (刘永志 薛世达)

长途电话大区中心局 inter-provincial toll switching center

本大区内各省(市,自治区)之间长途电话转接中心的长途电话局。设在省会的大区中心局也兼作省中心局。 (薛发 吴明)

长途电话地区中心局 district toll switching center

设在地区政治中心所在地的长途电话局。是本地区(自治州、盟)内各市(旗)之间长话转接中心局。 (薛 发 吴 明)

长途电话局 toll telephone office

安装长途电话交换机及相应配套电信设备的建筑物、构筑物群体所构成的建筑空间及环境。 (薛 发 吴 明)

长途电话省中心局 provincial toll switching center

本省(市、自治区)内各地区之间长途电话转接中心局。一般设在省会城市。 (薛 发 吴 明)

长途电话县中心局(站) county toll telephone central office

设在县城的电话局。既是长话网的最低一级长话中心局,又是农话网的最高汇接中心局,也是县城市区内的市话局。 (薛 发 吴 明)

长途电话营业厅 selling space of long-distance exchange

供用户办理、等候长途电话,通话的房间。一般设有有良好隔声条件的电话间。当设有 4 个或 4 个以上的电话间时,宜设单独候话室。 (薛 发 吴 明)

长途电路 toll link

连接两个分别处于不同地区电话局之间的电路。 (薛 发 吴 明)

长途对称通信电缆 symmetrical cable for long distance communication

传输音频信息,适用于长距离通信用的电缆。它的品种有低绝缘星绞高频对称通信电缆、低绝缘星绞低频对称通信电缆、低绝缘低频综合通信电缆、泡沫聚乙烯绝缘高低频综合通信电缆、铝芯单四线组高频对称电缆,还有泡沫聚乙烯低频通信电缆、低绝缘高低频综合通信电缆等。 (陈运珍)

长途枢纽站

见电信综合局(66页)。

长途通信建筑 toll communication building

又称长途通信枢纽建筑。长途电话局、长途电报局、电信综合局、长途通信枢纽站、国际通信局(站)、数据通信局(站)的总称。是满足电信业务需要的机房。也是与人民的生活保持密切联系的公共建筑。 (薛 发 吴 明)

长途通信枢纽建筑

见长途通信建筑(18 页)。

常年性热负荷　year-round heating load

常年用热用户的热负荷。如生活热水热负荷和生产工艺热负荷。前者与人们生活水平、生活习惯和居民成分有关;而后者取决于生产状况。常年性热负荷受气候条件影响较小,在全年中变化较小,而在一天内变化较大。　　　　　(盛晓文　贺　平)

常温层　layer of constant temperature

不受太阳辐射热影响,终年温度不变的地层。地球表层的热量主要来自太阳辐射,受其影响,地球表层约 15～30m 的厚度范围内,温度随昼夜、四季的交替发生明显的变化。从地表向内,影响逐渐减弱,一年中最高与最低的温度差逐渐减小,到一定的深度,便不受太阳热的影响。

(蔡启林　贺　平)

常温消化　hypothermal digestion

在 5～15℃ 条件下进行的污泥消化工艺。例如双层沉淀池(又称隐化池),其污泥区中进行的消化作用即属常温消化,不需加热和人工搅拌,周期约需 60～120d,可收集污泥气。效率低,但管理简单。

(张中和)

常用照明

见一般照明(337 页)。

敞开式循环给水系统　opened recirculating cooling water system

吸热升温后的冷却水,主要依靠水的蒸发作用,将水温降至规定要求,再循环使用的给水系统。是常用的冷却水系统。一般由冷、热水池,循环水泵站、冷却构筑物及循环管道组成,有时还需设置水质稳定处理装置。系统损失的水量,由新水补充。

(姚国济)

chao

超纯水

见高纯水(94 页)。

超导电磁分离器　super-conductivity electromagnetic separator

利用超导金属线圈产生的磁场力分离水中磁性污染物的处理设备。分离器本身的构造和普通电磁分离器基本相同。超导材料大致可分为两类:①超导合金(如 Nb-Ti, Nb-Zr 等)。②金属间化合物(如 Nb_3Sn, V_3Ga 等)。超导体容许通过的电流密度比常规导体高 2～3 个数量级。超导线圈能用很小的体积产生极高的磁感应强度(2T 以上),具有很高的处理容量和分离能力。其运转中消耗的功率极低。为了维护超导磁分离器的正常工作,必须为超导材料提供超低温(例如 10～20K)的冷却系统,技术上比较困难。一般采用液氮或液氢冷却系统。

(何其虎　张希衡　金奇庭)

超电压　overvoltage

又称过电压。是电解时实际所需分解电压超过理论分解电压的差值。它是为克服电极反应的活化能和局部电极浓差效应"反电势"所需额外的外加电压。它使槽电压增大,电能消耗增多,通常对生产不利,应尽量降低;但有时可利用它以控制电解产物。其大小与电极材料、电流密度、搅拌强度(或水流速度)及温度、溶液组成等有关。

(金奇庭　张希衡)

超负荷　excess loading

实际进入处理系统的污水流量或污染物质浓度在一段时间内超过该系统设计的负荷。一般超负荷运行将导致处理效率下降,甚至正常运行遭致破坏。

(彭永臻　张自杰)

超高压燃气管道　excess high pressure gas pipelines

输送压力 P(表压)大于 1.6MPa 的燃气管道。一般是指天然气的长输管线。　　　(李猷嘉)

超过滤　ultrafiltration

简称超滤。以较低压力(一般小于 $1.0MPa/cm^2$)为推动力,借助较大孔径(约 3～50nm)的半透膜,用以分离分子量较大的溶质,主要是胶体、大分子化合物、微生物和悬浮物等的方法。在水处理中,常用于深度除盐系统和废水处理。　　(姚雨霖)

超滤膜溶质去除率　removal rate of solute adhering to ultrafiltration membrane

通过超滤膜截留去除的溶质浓度与原水溶质浓度的比值。以百分数表示。它与膜的微孔半径和去除溶质分子的直径有关。计算去除率时原水溶质浓度已知,滤后水中溶质浓度可按下式计算:

$$C_{ip} = C_{if}\left[2\left(1-\frac{d}{2r}\right)^2 - \left(1-\frac{d}{2r}\right)^4\right]$$

$$\left[1 - 2.104\left(\frac{d}{2r}\right) + 2.09\left(\frac{d}{2r}\right)^3 - 0.95\left(\frac{d}{2r}\right)^5\right]$$

C_{if} 为原水溶质浓度;C_{ip} 为超滤后水中溶质浓度;d 为待去除溶质分子直径;r 为膜的微孔半径。

(姚雨霖)

超滤器　ultrafilter

以超滤膜为主要部件所组成的过滤装置。它的型式有平板式、管式、卷式、中空纤维式等。其构造与反渗透器相类似。由于超滤膜的特性差别较大,在选用时应根据膜特性(如分离极限、化学稳定性、热稳定性等)和用户对水量、水质要求,通过技术经

济比较确定。　　　　　　　　　　（姚雨霖）

超滤系统　ultrafiltration system

以超滤器为主体组成的水处理系统。分为间歇式超滤系统和连续式超滤系统。　　（姚雨霖）

超声波流量仪　ultrasonic flow meter

利用超声波来测量流体流量的仪器。主要有利用超声波速度差法的仪器和利用超声波多普勒法的仪器两大类。前者利用超声波在水中的传播速度由于流体的影响而变化的原理来进行测量的。其测量方法简单,安装维护方便,适用于测量浊度 2000～5000 度的流体流量,精度一般可达 ±1.5%FS,但流体中不能含有过多的气泡和固体颗粒。后者利用超声波换能器向流体中悬浮粒子发射频率为 f_1 的连续声波时,被悬浮粒子反射的超声波频率 f_2 与 f_1 的差值,即频移与液体流速有关的原理来测量的。但仪表精度不太高。一般用于较污浊的流体的监视计量上。　　　　　　　　　　（刘善芳）

超声波物位计　ultrasonic level meter

根据物位变化时,超声波从发射器发射起经测量面反射,至接收器接收到的时间随之变化的原理制成的测量液位的仪器。输出标准电信号。测量范围:0.5～30m,精度:±0.4%～1.4%,适用于对声波没有散射作用的有腐蚀性、毒性、易燃及易挥发性介质的物位的测量。其精度高,但价格贵。

　　　　　　　　　　（刘善芳）

che

车间燃气管道　gas pipeline of shop

从车间的管道引入口将燃气送到车间内各个用气设备的管道。车间燃气管道包括干管和支管,管道一般为枝状,沿支柱或沿墙敷设。环网只用于特别重要的车间。通向用气设备的分支管上应设总阀门。车间管道内燃气的压力取决于燃烧器所需的压力,如用气设备前装有调压器,则可大于燃烧器前的压力。　　　　　　　　　　（李猷嘉）

chen

沉淀　sedimentation, settling

又称沉降。水(或污水)中悬浮颗粒依靠重力作用与水分离的过程。当颗粒密度大于 1 时可下沉;小于 1 时则上浮。水处理中有两种沉淀情况,即自由沉淀和拥挤沉淀。前者在沉淀时,颗粒的形状、大小及密度等不变,颗粒沉淀的轨迹为直线。在颗粒数非常少且颗粒无聚结性质时呈现自由沉淀。拥挤沉淀则发生在水中为凝聚性颗粒且有一定浓度时,如高浓度水的沉淀。颗粒在沉淀过程中,彼此相互干扰,悬浮颗粒整体以等速下沉,沉淀一定时间后出现分层现象:上层为清水,中间为过渡层,底层是压缩层。根据投加凝聚剂与否,它又可分成不投加化学药剂的自然沉淀,以及投加药剂经过混合、絮凝后的混凝沉淀。混凝沉淀过程中,颗粒的密度、形状以及沉速随时间而变化。水处理中常加混凝剂来分离水中的胶体颗粒和悬浮颗粒,以降低水的浑浊度和色度等。为提高效果,有时还加助凝剂。用沉降法处理污水的构筑物有沉砂池和沉淀池,沉砂池是沉淀池的一种。　　　　　　（邓慧萍　孙慧修）

沉淀池　sedimentation tank

借助重力分离水中悬浮颗粒的净水构筑物。按池中水流方向的不同分为平流式沉淀池、竖流式沉淀池和辐流式沉淀池。竖流式池和辐流式池通常是圆形池和方形地,平流式池大多是矩形池。按浅层沉淀原理有斜板(管)沉淀池、沉淀与污泥消化合建的双层沉淀池。按工艺布置的不同分为初次沉淀池和二次沉淀池等。沉淀池可以间歇运行,但一般为连续运行。水流缓慢地流过池子时,重颗粒下沉为污泥,轻颗粒上浮成浮渣。污泥和浮渣可以用机械排除,也可以用水力排除。　　（邓慧萍　孙慧修）

沉淀管　sediment tube

安装在管井下部用以沉淀随地下水进入井内的砂粒和其他沉淀物的装置。其长度一般为 2～10m,依井的深度大小相应采取大值或小值。

　　　　　　　　　　（王大中）

沉淀溶解平衡　equilibrium of precipitation and dissolution

在饱和溶液中,固体的溶解速度与离子形成该固体的沉淀速度相等,达到该物质的沉淀与溶解反应的平衡状态。未饱和溶液和过饱和溶液中都未达到沉淀与溶解的平衡。在未饱和溶液中,溶解速度超过沉淀析出速度,固体将全部溶解。在过饱和溶液中,沉淀析出速度超过溶解速度,使沉淀物不断析出,溶液中离子浓度逐渐降低,直至沉淀与溶解达到平衡,成为饱和溶液。

溶度积常数:难溶电解质的饱和溶液中,组成沉淀的各离子浓度的乘积在一定温度下是常数,以符号 K_{sp} 表示。K_{sp} 数值的大小与物质的溶解度有关,它反映了难溶化合物的溶解能力。难溶盐在溶液中是否产生沉淀,可以根据溶液中离子积的大小,与溶度积常数比较来判别。例如,对于沉淀与溶解反应为

$$M_mN_{n固体} \rightleftharpoons mM^{n+} + nN^{m-}$$

式中 $M_mN_{n固体}$ 表示难溶电解质,M^{n+} 是带 n 个正电荷的阳离子,N^{m-} 是带 m 个负电荷的阴离子。再以 [　] 表示摩尔浓度,则:①当 $[M^{n+}]^m[N^{m-}]^n$

$< K_{sp}$ 时,为未饱和溶液(无沉淀析出);②当 $[M^{n+}]^m [N^{m-}]^n = K_{sp}$ 时,为饱和溶液(处于沉淀与溶解平衡状态);③当 $[M^{n+}]^m [N^{m-}]^n > K_{sp}$ 时,为过饱和溶液(有沉淀析出)。

同离子效应:根据溶度积原理,将某种含有 N 离子的药剂投入水中,增大溶液中 N^{m-} 的浓度,使上式的沉淀溶解平衡向左方移动,一部分 M^{n+} 和 N^{m-} 将转为 $M_m N_n$固体沉淀析出,以保持离子积等于溶度积常数。以此方法可达到降低水中有害离子 M^{n+} 的目的。

分步沉淀:若溶液中有数种离子都能与加入的同一种离子生成沉淀,可以通过溶度积原理来判别生成沉淀的顺序。随着这种离子的投加,一般情况下,溶度积常数较小的难溶盐先发生沉淀,溶度积常数较大的难溶盐后发生沉淀。但是当溶度积差别不大,或离子浓度相差较大时,也可能同时发生沉淀,或者改变沉淀次序。　　　　　(张晓健)

沉淀时间 settling time

又称沉降时间。在重力作用下,悬浮固体的一颗粒在水(污水)中下沉至指定水深时经过的时间。以 min 或 h 表示。时间短表示易于沉淀去除,时间长表示沉淀去除较困难。　　　　(孙慧修)

沉淀试验 settleability test

对水(污水)中悬浮固体沉淀性能的一种测定。根据试验绘制出沉淀效率与沉淀速度或沉淀时间的关系曲线,即沉淀曲线,可用以研究颗粒的沉降规律。根据污水沉淀的类型有自由沉淀、絮凝沉淀和区域与压缩沉淀的沉淀试验。　　　(孙慧修)

沉淀速度 settling velocity

又称沉降速度。在重力作用,悬浮固体的一颗粒在水(污水)中的竖向下沉速度。以 mm/s 或 mm/min表示。速度快表示易于沉淀去除,速度慢不易于沉淀去除。　　　　　　(孙慧修)

沉淀通量 settling flux

又称间歇固体通量。系由悬浮固体的沉降而产生的固体通量。单位为$kg/(m^2 \cdot h)$。以 G_B 表示,其表达式为 $G_B = UC$,U 和 C 分别为悬浮固体的成层界面沉速和浓度,其中悬浮固体的成层界面沉速是其浓度的函数。　　　(彭永臻　张自杰)

沉淀效率 efficiency of sedimentation

又称沉淀率。在沉淀过程中,沉淀去除的悬浮固体量,以百分数表示。如以 c_0 及 c_1 分别表示原污水与沉淀出水的悬浮物浓度(mg/L),则沉淀效率 η 表达为 $\eta = \dfrac{c_0 - c_1}{c_0} \times 100(\%)$。它可以表示沉淀池沉淀效果的优劣。　　　　(孙慧修)

沉降

见沉淀(20 页)。

沉降直径 sedimentation diameter

又称斯托克斯直径。为在同一流体中与颗粒的密度相同和沉降速度相等的球的直径。一般用 $\overline{d}_s$ 表示。根据斯托克斯定律,沉降直径的定义式为

$$\overline{d}_s = \left[\frac{18\mu v_s}{(\rho_p - \rho)g} \right]^{1/2}$$

μ 为流体的粘度;ρ 为流体的密度;ρ_p 为颗粒的真密度;v_s 为在重力场中颗粒在该流体中的终末沉降速度;g 为重力加速度。　　　　(马广大)

沉井法施工 sinking well construction method

在近岸或低洼地修建泵站或取水构筑物的一种施工方法。先在施工地点按设计图纸用混凝土及钢筋混凝土浇筑成具有适当高度的井筒形结构,在其底部四周装有具刃脚的锥状物,供切土下沉,折模后在筒内挖土由井口运出。依照筒体自重或顶端施加的荷载,筒身可沿侧面剪切下沉。当筒顶降至地面以下,再增加筒身高度,继续挖土及下沉,直到设计所需标高,然后进行封底。此法占用施工面积较小,土方开挖量少,施工方便安全,在挖土较深或有地下水的地层作业时,不需加设支撑,常用于取水泵站、地下泵房、油库工程中。沉井也可制成方形或矩形结构,以圆形较普遍。　　　　　(李国鼎)

沉泥井建造 buildup catch basin

污水或废水中含有较多泥砂等物质,在泄流入排水管道之前,需设沉泥井的建造。当污废水流入井内,流速降低,使泥砂沉淀,以免淤积堵塞管道。建造时在井位开槽挖土,挖至井深时平整地基浇筑混凝土基础,在基础上砌圆形砖井,井径常用1250mm,当砌高到 600mm 时预留进出管孔洞,管径较大时要发券,继续上砌并装设爬梯,上部收缩为700mm 井盖座,四周用混凝土固定。井内壁抹水泥砂浆厚 20mm,进出水管穿井壁处以砂浆填实防渗。遇有地下水时,井外亦需抹水泥砂浆面至地下水位以上 250mm,井底地基铺碎石后再浇筑混凝土基础。井经检验合格后,分层填土夯实。运用时井内淤泥需用人工掏挖。　　　　(王继明)

沉砂池 grit chamber

去除水中比水的相对密度大(相对密度 2.65)、能自然沉降的较大(大于0.2mm)粒径砂粒或杂粒的构筑物。由水流沉淀区和沉砂室两部分组成。按造型常分为长方形和圆形两种。按水流方式分为平流式沉砂池、竖流式沉砂池、曝气沉砂池、旋流式沉砂池。污水的沉砂量可按每立方米污水 0.03L 计算;合流制污水的沉砂量应根据实际情况确定。砂斗容积不应大于 2d 的沉砂量,采用重力排砂时,砂斗斗壁与水平面的倾角不应小于 55°。除砂宜采用机械方法,并经砂水分离后贮存或外运;采用人工排砂时,排砂管直径不应小于 200mm,并应考虑防堵措

施。它主要为保护后序机械设备和污水与污泥处理构筑物的正常运行。 (魏秉华)

沉砂量 grit quantity

污水进入沉砂池,在设计停留时间内,单位体积的污水中,分离沉降的砂量。常用 L/m^3 污水表示。与污水中含砂数量、砂粒大小、砂粒沉降速度和沉砂池的构造等有关。污水的沉砂量可按 $0.03L/m^3$ 污水计算;合流制污水的沉砂量应根据实际情况确定。是设计沉砂室和贮砂池容积的重要参数。 (魏秉华)

沉砂室 grit chamber

沉砂池内贮存污水沉降砂子聚集的容积。底部设有沉砂斗。为了便于除砂,采用锥形。 (魏秉华)

沉箱法施工 sinking caisson construction method

在河床深水区建造取水构筑物或类似工程的一种施工方法。沉箱本体为在施工地点附近的岸边选定一处场地,在这里预制成型一无底的箱并具刃脚的钢筋混凝土构件,箱的下部空间为工作室,上部接主体结构。通过浮运或借助水上起重设备将此箱吊运至设计选定地点的上空,并使之沉于水底,其刃脚则与外间土层接触并压实。再以压缩空气将箱内积水排出而形成密闭空间,在高压下进行挖土作业,弃土沿中心通道运出,沉箱受自重作用而下沉,如此继续,直至达到设计标高,然后用混凝土浇筑封底,此时的沉箱即为该项工程的基础部分。此法的主要特点是勿需修筑围堰,占地面积较少,土方开挖量小。但需配备必要的水下机械设备和潜水技术人员,河底遇有岩石,尚有水下爆破作业,因此一般造价较高。 (李国鼎)

衬胶蝶阀 rubber-lined butterfly valve 或 rubber coated butterfly valve

指阀体内腔或蝶板衬橡胶的蝶阀。阀体上衬胶形式有:(1)阀体内衬一个可拆卸的软胶套;(2)阀体内衬一个可拆卸的带骨架的胶套;(3)在阀体内表面粘贴上一层橡胶(rubber coated)。此外,为了提高耐蚀性也在蝶板上衬橡胶材料,其材质根据介质腐蚀性来确定。这种阀门的连接形式多为对夹式,蝶板多为中心板式,为了减少摩擦也有做成双偏心式的。若阀体、蝶板等内腔全部衬胶,则称为全衬胶蝶阀。 (肖而宽)

cheng

撑杆 brace

又称撑木。装在导线张力合力方向的同侧,对电杆起支撑加固作用的斜杆。 (薛发 吴明)

撑架拉线 guy with strut

装设有撑架的拉线。一般用于受地形限制,"距/高"小于 1/2 的地方。 (薛发 吴明)

撑木

见撑杆。

成床

见起床(212页)。

承托层 supporting media for biofilter

装填在生物滤池渗水装置上部粒径较大的一层滤料。起着承托其上部工作层滤料的作用。普通生物滤池的承托层多是粒径为 60~100mm 的碎石或卵石。而高负荷生物滤池的承托层滤料的粒径为 70~100mm,厚度一般为 0.2m。 (戴爱临 张自杰)

城建渣土 urban construction waste residue

指市政维修或建设中拆除、清理和施工时产生的混凝土碎片及其他类似的废弃物,不包括一般居民居室的内部装修所产生的渣土。在中国,环卫部门规定城建渣土不得混入城市居民生活垃圾中,也不负责清运,在国外,一般列为产业废弃物。 (俞珂)

城市大气污染与控制 air pollution and control in cities

由于人类的生产过程和生活活动,使得排放到城区大气中的物质浓度及持续时间足以对人的舒适感、健康,对设施和环境引起不利影响时,利用法制、行政和各种技术原理及工程措施控制和改善城市大气环境质量的措施。包括城市大气污染控制和污染物控制两部分。城市大气污染物种类繁多,按其形态分为颗粒和气体状态两大类。前者主要包括降尘、飘尘、或悬浮颗粒物等;后者主要包含硫化物、含氮化物、碳氢化物、碳氧化物和卤素化物五种。这些污染物来源于燃料(煤、汽油、柴油、煤气、天然气等)燃烧、工业生产过程和交通运输工具等。中国根据悬浮颗粒物(TSP)、SO_2、NO_X 和 CO 四种量大的污染物统计表明:燃料燃烧污染约占 70%;工业生产过程造成的污染约占 20%;交通工具造成的污染约占 10%。而直接燃烧的燃料中煤炭约占 70%。可见煤炭是大气污染的最重要污染源。城市大气污染控制的措施有:制订法规,中华人民共和国大气污染防治法已于 1988 年 6 月 1 日起实施,通过行政命令和经济制裁严加管理,使所有污染物排放量降低到不致造成大气污染的程度;利用最佳气象条件,通过大气稀释、扩散,以及污染物的物理、物理化学和化学作用,使污染物达到自净;通过对燃料脱硫、除炭和控制燃料燃烧条件,使排出的污染物尽可能的少;对燃烧后以及工业过程等排放的污染物,采用不同的处理设施进行处理,对 TSP 则可用机械式(重力、惯性、旋风等)、过滤式(布袋)、湿式气体洗涤器(文丘里、水膜)和电除尘器等。对气态污染物则宜用吸收、吸附、催化、冷凝和燃烧等方法。另外,集中供热、供煤气、造林绿化以及采取综合防治等都是经济、有效的控制大气污染的方式。　　　　（姜安玺）

城市风　urban wind

由城市热岛效应引起的从郊区流向市区的地面层气流。它容易被大范围的风所掩盖;在和风天,只能在城市的背风区出现;在静风时,表现较明显,尤其在夜间,风呈涌泉式不断从四郊吹来,风速可达 2m/s。城市风使市郊工业区排放的污染物向市中心集中,加重城区的大气污染。　　　　（徐康富）

城市环境保护规划　urban environmental protection planning

见城市环境规划。

城市环境规划　urban environmental planning

又称城市环境保护规划。为了改善和解决因城市工业发展、人口膨胀而造成的环境问题,所进行的以合理工业布局、工业结构调整、城市功能分区、有效组织城市交通运输和城市环境保护基础设施的建设为主要内容的一系列战略部署。它的原则是有效合理地开发利用自然资源、创造良好的城市生活居住环境。它的基本任务和内容通常包括:①识别城市当前和未来所面临的主要环境问题,并分析其原因;②分析城市自然资源条件,计算水资源和土地资源的承载能力,制定合理的自然资源及环境容量的开发利用计划;③结合资源和环境条件,合理确定城市的性质、结构和规模;④进行合理的城市环境功能分区,并合理布局工业;⑤根据城市性质和环境条件,制定合理的城市环境保护目标和污染控制目标,创造良好的生存环境,以保障城市居民的身心健康;⑥制定城市环境保护基础设施的开发计划,并进行技术经济分析和合理空间布局。城市环境规划与城市总体规划、经济社会发展计划紧密结合,相互渗透。它是协调城市发展建设与环境保护的重要手段。城市的发展建设不但要有经济发展目标、城市建设目标,同时也必须有明确的环境保护目标。它的主要任务是协调发展与环境的关系,促进生产,保护环境;使经济发展目标与环境目标统一,经济效益与环境效益统一。制定城市环境规划既要遵守生态规律,也要遵守经济规律。要研究城市生态系统的结构、功能、调节能力和环境容量。研究城市的代谢作用和城市化对生态的影响。

（杜鹏飞）

城市环境监测　monitoring for municipal environment

对城市及其周边地区大气、水(包括地表水、地下水)、土壤、城市垃圾和固体废物以及噪声、放射性等环境质量状况的监视和检测。它是城市环境保护工作的基础,是城市环境管理的重要手段之一。只有做好对城市环境的连续监测、定时监测和严格的管理相结合,才能准确地反映环境质量状况,才能有针对性地加强对城市环境的监督管理。根据监测任务的目的,它通常分有三种:①监视性监测(如对大气、水体、污染源等的定期、常规监测);②特定目的监测(如污染事故监测、仲裁性监测等);③研究性监测(如污染物在环境中的迁移转化规律研究、污染治理技术的开发研究等)。它的对象可分为以下三类:①污染源所排放和散发的各种污染物;②各环境要素(大气、水体、土壤等)的各种指标、参数和变量;③由环境污染所产生的对人群、生物和环境的影响。

（蒋展鹏）

城市环境监测方法　method of municipal environmental monitoring

对各种环境污染物或环境指标、参数和变量的分析和测定方法。该方法主要分有化学分析法、仪器分析法、生物检测法和遥测遥感监测法等四类。①化学分析法是以特定的化学反应为基础的分析方法,常用的有重量分析法和容量分析法(包括酸碱滴定法、络合滴定法、沉淀滴定法和氧化还原滴定法)。这类方法的准确度高,所需仪器设备简单,适合较高含量组分的测定;但灵敏度较低,选择性较差,操作较繁琐。②仪器分析法是以物质的物理或物理化学性质为基础、采用不同仪器进行分析测定的方法。根据分析原理和仪器的不同,可分为光学分析法(包括可见与紫外分光光度法、红外吸收光谱法、原子发射光谱法、原子吸收光谱法、荧光光度法、化学发光法、原子荧光光谱法等),电化学分析法(有电导分析法、电位分析法、电解分析法、库仑滴定法、极谱法、溶出伏安法、离子选择性电极法等),色谱分析法(有气相色谱法、液相色谱法、高效液相色谱法、薄层色谱法、离子色谱法等),质谱法,中子活化分析法和大型仪器的联用技术(如气相色谱-质谱联用、液相色谱-质谱联用、气相色谱-傅利叶红外光谱联用、电感耦合等离子体-质谱联用等)。仪器分析法的灵敏度、准确度、分辨率高,选择性强,适合多组分和微量、痕量组分的测定,响应快速,易实现连续自动分析,缺点是仪器价格较贵及对使用者技术要求较高。③生物检测法是利用植物和动物在污染环境中所产生的各种反映信息来判断环境质量的方法。例如水环境受到污染,会导致群落群众生物种类的减少;植物叶子的枯黄和脱落,可指示受到有害气体的污染等。生物检测法能直接反映出环境质量对生态系统的综合影响,但由于生物学过程比较复杂,影响因素较多,结果可比性差,通常应与化学分析法、仪器分析法配合使用。近年来,分子生物学技术发展很快,也有将它应用于环境监测中的。④遥测遥感监测法是通过收集环境的电磁波信息对远距离的环境目标进行环境质量状况监测、识别的方法。它是一种不直接接触目标物,不需要采样便可监测环境中污染物的种类、分布及迁移情况,核定污染范围,以及进行生态环境的监测和区域性跟踪测量的技术。遥测遥感监测法可分为感应遥测(包括摄影遥感技术、红外扫描技术、相关光谱技术)和激发遥测(激光雷达技术、差分吸收光谱技术)两类。除以上监测方法外,一些操作简便、快速、便于携带、成本低廉、能满足一定准确度和灵敏度的快速简易监测技术也是环境监测中经常应用的。它们有:目视比色法、试纸比色法、检气管法、纸层析和薄层层析法等。对于不同的环境污染物和不同的监测指标,不同的含量水平以及不同的监测要求,所采用的监测方法是不同的,应根据具体情况合理选择使用。 (蒋展鹏)

城市环境监测系统 system of municipal environmental monitoring

完成一项城市环境监测任务所需进行的全工作流程。这种监测系统的一般工作流程包括:①根据监测任务和目的进行现场调查,收集水文、气象、地理、人口分布、社会经济发展、污染源情况等信息资料,确定具体监测对象。②制定总体监测技术方案(包括监测项目、监测网点、监测时间与频率、监测方法等),最佳的监测方案应当是以科学的方法、简便的方式取得有效的工作结果,应具有可行性和经济性。③样品采集(包括布点采样、采样时间与方式、样品预处理、样品运输与保存等)。使样品具有代表性是样品采集必须遵守的重要原则。④实验室分析测试,应尽可能选用标准分析方法或统一分析方法。一般来说,对含量高的污染物,选用准确度高的化学分析法;对含量低的污染物,宜选用仪器分析法;定性分析则可选用简易法或生物检测法。⑤数据处理。⑥监测信息的报告和利用。由于监测误差可能存在于环境监测的全系统中,因此必须对全工作流程的每个环节都要做好质量保证和质量控制。

(蒋展鹏)

城市环境卫生系统规划 municipal solid waste system planning

见固体废物处理处置系统规划(107页)。

城市环境自动监测系统 automatic monitoring system for municipal environment

由若干个监测子站和一个中心监测站组成的环境监测系统。各监测子站采用自动监测仪器和技术,经计算机等数据处理和信息传输手段,将监测结果与数据汇总到中心监测站进行数据处理、统计和显示,并向城市环境保护行政主管部门报告环境质量状况和向社会发布环境质量信息。在监测目的范围内的污染区、自净区和对照区以及城市的不同功能区(如工业区、商业区、居民区等)、某些特殊位置(如自然保护区、饮用水源)均应设立监测子站,通常要求设置在地理条件好、交通方便、水电设施齐备的地方。目前,不少城市已建立大气质量自动监测系统和水质自动监测系统。大气质量自动监测系统的监测子站内通常设有测定气象参数(如气温、气压、风向、风速、湿度及日照等)和空气污染物(如 SO_2、NO_x、CO、O_3、总悬浮颗粒物、可吸入颗粒物和总碳氢化合物等)的仪器。水质自动监测系统的监测子站内则通常设有测定水温、pH、电导率、溶解氧、浑浊度、高锰酸盐指数、总有机碳、总氮、氨氮、总磷及必要的水文、气象参数(如流量、流速、水深、气温、风向、风速、雨量等)的仪器。 (蒋展鹏)

城市环境综合整治规划 comprehensive treatment planning of urban environment

综合考虑一个城市的人口、资源、能源、环境的相互影响而制订的环境污染综合整治目标和措施。城市环境规划的对象主要是大气、水、噪声、固体废弃物和绿化等5个方面。规划的内容主要包括:①城市环境质量的目标,通常包括二氧化硫、氮氧化物、总悬浮颗粒物等大气环境质量指标;饮用水源水质达标率、城市地表水中化学需氧量(COD)、氨氮、溶解氧等水环境质量指标;区域环境噪声、交通干线噪声等声环境质量指标。可以根据城市的特点,增减环境质量指标。②城市环境污染控制的目标和措施,目的是保障环境质量目标得以实现。通常包括烟尘控制区覆盖率、工艺尾气达标率、汽车尾气达标率、工业废水处理率、工业废水处理达标率、工业固体废物综合利用率、工业固体废物处理处置率等工业污染控制指标的目标和措施,以及城市污水处理率、城市噪声控制区覆盖率、城市固体废物无害化处理处置率等城市生活污染控制指标的目标和措施。③城市市政基础设施建设的指标和措施,通常包括城市气化率、民用型煤普及率、生活垃圾清运率、人均绿地面积等指标的目标和措施。上述内容应纳入到一个整体系统进行多目标的分析、评价和决策中,从而提出耦合社会-经济-环境协调发展的城市环境综合整治规划方案。 (杜鹏飞)

城市集中供热普及率 coverage factor of centralized heat-supply

在城市中已实行集中供热的供热面积与需要供热的建筑面积之百分比。它是评价城市集中供热规模的标准之一。 (李先瑞 贺 平)

城市垃圾 municipal refuse

城镇居民生活中及为其提供服务的活动中废弃的各种废物。包括生活垃圾、商业垃圾和市政维修或建设中产生的城建渣土，而不包括工业所排出的各种固体废物。　　　　　　　　　（俞　珂）

城市垃圾与固体废物监测　municipal solid wastes monitoring

对有毒与有害废物的特性监测、城市垃圾与固体废物特性的监测等监测措施。通过该监测以及时、准确、全面地掌握城市垃圾与固体废物的物理化学特性和生物毒性，明确其对环境的危害和对人体健康的威胁，为城市垃圾与固体废物的减量化、无害化和资源化等处理处置方法与管理提供科学的依据。有毒与有害废物的特性监测包括急性毒性测定、易燃性测定、腐蚀性测定、反应性测定(撞击感度、摩擦感度、差热分析、爆炸点和火焰感度的测定)、遇水反应性的测定(升温试验与释放有毒与有害气体试验)，具体监测方法可参考有关的规范与标准。城市垃圾与固体废物特性的监测主要包括固体废物浸出液的测定，即测定其浸出液中重金属及其化合物的含量，监测方法同水质监测；生活垃圾特性测定，即样品的预处理、粒度测定、淀粉测定和热值测定，有关测定方法可参考相应的规范标准；垃圾渗滤液的测定，主要监测悬浮性固体（SS）、化学需氧量（COD）、生物化学需氧量（BOD_5）和大肠菌等，监测方法同水质监测；有害物质毒性试验，主要包括急性毒性、亚急性毒性和慢性毒性测定，测定的项目主要有半致死量、最小致死量、绝对致死量和最大耐受量等，测定的方法可采用灌胃、喂饲和吞服等。监测的步骤主要有污染物质的调查、布点方法、采样方法、分析方法和质量控制。　　　　（杨宏伟）

城市燃气管网系统　gas distribution system of networks

由低压、中压和高压燃气管网，燃气储配站和调压站等组成的综合设施。分一级系统、两级系统、三级系统和多级系统等。　　　　　　　（李猷嘉）

城市生活垃圾　municipal domestic refuse

在城市日常生活中或者为城市日常生活提供服务的活动中产生的固体废物以及法律、行政法规规定视为城市生活垃圾的固体废物。由市政环卫部门负责清扫、收集、运输和处理、处置。不包括市政修建渣土、食品加工工业、集中供热、供暖锅炉燃烧等废渣。由于城市燃料结构和居民生活习惯及消费水平不同，垃圾组成及产量不同，目前，我国城市生活垃圾人均年产量在300～500kg左右。燃气率和消费水平高的城市，垃圾中煤灰等无机成分较低，纸、塑料、织物、厨房废物及各种有机组分较高，垃圾热值也较高，一般在(1000～1500)×4.1868 kJ/kg。实行垃圾分类收集有利于垃圾的无害化处理，其主要

是卫生填埋、堆肥和焚烧等方法。

（俞　珂）

城市生态规划　urban ecological planning

利用城市的各种自然环境信息、人口与社会文化经济信息，根据城市土地利用生态适宜度的原则，为城市土地利用决策提供可供选择方案的方法。城市生态规划在荷兰、德国、波兰等国开展较多，其规划程序与内容大致如下：①制订规划研究的目标；②根据生态细目收集资料和进行生态分析，确定系统各部分之间的关系；③对城市土地利用进行生态适宜度分析，确定对各种土地利用的适宜度，如居住、交通、绿地、工业、商业、文化设施、菜地、林地等；④根据适宜度分析提供的城市土地利用方案进行评价，以为决策提供优选的方案；⑤制定实施规划的计划和具体实施措施；⑥执行规划和根据执行的结果进行调整。由于生态规划充分考虑了环境因素，在规划中可以避免因土地利用与布局不合理所造成的环境问题，已成为城市规划发展的新趋势。但是，由于实践的时间较短，它的方法、原则、内容等都有待于深入研究和在实践中完善。　　　（杜鹏飞）

城市污水处理厂厂址的选择　site selection for municipal sewage treatment plant

指打算建立的城市污水处理厂的地址选择。厂址的选择应符合城镇总体规划和排水工程总体规划的要求，并应根据下列因素综合确定：①在城镇水体的下游；②在城镇夏季最小频率风向的上风侧；③有良好的工程地质条件；④少拆迁，少占农田，有一定的卫生防护距离；⑤有扩建的可能；⑥便于污水、污泥的排放、利用和处置；⑦厂区地形不受淹没，有良好的排水条件；⑧有方便的交通、运输和水电条件。厂址的选择通常通过综合的技术经济比较后，选择最优方案来确定。　　　　　　　（孙慧修）

城市污水回用　municipal sewage raclamation

又称城市污水再利用，城市污水重复利用。将城市污水经过处理，使其达到某种使用的水质要求，作为水资源而加以利用的给水系统。它可回用于工业、农业、渔业和城市低质用水等领域，其费用

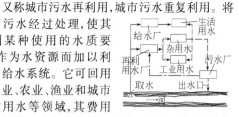

一般都低于开发新水源。污水回用实现污水资源化，既可节省水资源，又使污水无害化，起到保护环境、防止水污染和缓解水资源不足(尤其缺水地区)的重要作用。城市污水回用系统如图。它是城市污水的处理水作工业用水和杂用水回用系统的一种方式。能耗低、投资省、工艺简单、运行成本低、处理出水水质好的污水处理技术和工艺流程，是污水资源化当前研究的重要课题。　　　　　　　　（孙慧修）

城镇集中供热 city centralized heat-supply

从城镇集中热源,以蒸汽或热水为介质,通过供热管网向整个城镇中某一地区的用户供应生产和生活用热。集中供热也称为区域供热。集中供热始于1877年。当时美国纽约的洛克波特建成了第一个区域性锅炉房向附近14家用户供热。20世纪初,一些国家兴建了热电厂,实现热电联产,利用蒸汽汽轮机的抽汽或排汽供热。第二次世界大战后,原苏联·欧洲一些国家的集中供热事业发展较快,城镇集中供热普及率较高。中国城镇集中供热,自第一个五年计划开始有很大的发展。先后在长春、吉林和北京等城市建立了热电厂,向附近工业与民用用户供热。自20世纪70年代以来,以区域锅炉房为热源的集中供热,也得到重视和有长足的发展。所有城镇集中供热系统都包括热源、热网和热用户三大组成部分。集中供热的热源主要是热电厂和区域锅炉房。工业余热、地热以及核能等也可作为供热热源。供热管网可分热水管网和蒸汽管网两种。热用户是应用热能的场所,是供热系统的终端。热用户主要是工业和民用建筑的采暖、通风、空调和热水供应以及工厂生产工艺热用户。集中供热具有节约能源、改善环境、保证生产和提高人民生活水平的主要优点。大型凝汽式机组的热效率一般不超过40%,而热电联产的综合热效率可达85%左右,区域锅炉房的锅炉热效率可高达80%以上,分散的小型燃煤锅炉的热效率,只有50%～60%。集中供热的高效净化烟气和集中处理灰渣和贮运,能改善市容和环境卫生,减轻大气污染。集中供热要求有较高的管理水平和自控设施,有利于更好地保证供热质量,保障生产和提高人民生活水平。它是城镇基础设施之一。积极发展城镇集中供热,是中国城镇能源建设的一项重要技术政策。 (贺 平 蔡启林)

城镇集中供热管网 city centralized heat-supply network

简称热网。由城镇集中供热热源向热用户输送和分配供热介质的管线系统。热网由输送干线、输配干线、支线等组成。在大型热网中,有时为保证管网压力工况,集中调节和检测供热介质参数,设置中继泵站或控制分配站。热网布局主要根据热负荷分布情况、发展规划、街区现状以及地形、地质条件等确定。一般热网布置成枝状。为了提高管网供热的可靠性,有时在干线之间设置连通管线。多热源供热时,有时干线布置成环状,使热源可以相互备用,并提高管网输配的可靠性。

(尹光宇 贺 平)

城镇集中供热热应用 heat utilization in city cen-tralized heat-supply system

在城镇集中供热系统中,通常以蒸汽或热水作为供热介质,从热源向各热用户输送热能,供应工业和民用建筑的采暖、通风、空调和热水,以及生产工艺过程等用热。蒸汽作为供热介质,可使用高压蒸汽或低压蒸汽,热水可用高温水或低温水。热力站是热网与热用户的连接场所,按规模大小可分为区域热力站、集中热力站和用户引入口。热用户是热能应用的具体场所。按用户用热的性质不同,可分为采暖、通风、空调、热水供应和生产工艺等热用户,工厂中生产过程热能应用方式繁多,主要用于加热、烘干、蒸煮、清洗、制冷和动力等过程上。不同用户的供热热负荷的特点、计算方法和应用公式也各不相同。正确确定热用户的设计热负荷和合理利用热能,是系统降低基建投资和节约能源的最重要技术途径。 (贺 平 蔡启林)

城镇集中供热热源 heat source of city centralized heat-supply system

简称热源。将天然的或人造的能源形态转化为符合供热要求的热能装置。将煤、石油、天然气等矿物燃料的化学能转换为热能的热电厂和区域锅炉房,是世界各国城镇供热的主要热源形式。热电厂和区域锅炉房合理布局和联合运行供热,是发展城市集中供热的主要技术措施。核裂变产生巨大能量,可用来发电和供热。目前世界上已有十余座核电站实行抽汽供热,核供热堆正处于兴建阶段。核供热能节约大量矿物燃料,减轻城镇运输压力,是解决当代能源问题的重要途径之一。但其初投资大,建设期长,技术要求高。中国尚处于试验阶段。地热能是指陆地地表下约5 000m深度内的岩石和淡咸水的总含热量。它的开采利用可以替代矿物燃料,减少城镇大气污染,是一种有发展前途的新能源。根据地热田类型和温度等级可用于发电和直接供热。工业余热是工业企业生产过程中未被利用的余热。主要形式有工业设备排出的乏汽,烟气,冷却水和溶渣显热等。中国能源利用率低,余热资源很大,合理利用这部分能量为集中供热热源可显著提高企业能源利用率和经济效益。电能是高品位的能源,直接用于供热㶲损大,只有在电力充分(如水力资源发电)地区才能用作集中供热热源。太阳能目前只限于热水供应和单幢建筑物采暖。 (蔡启林 贺 平)

城镇集中供热系统 city centralized heat-supply system

由热源、热网和热用户三部分组成的供热系统。热源是集中供热系统的热能制备和供应中心。主要是热电厂和区域锅炉房。热电厂的供热系统亦称为"热化系统"。核能、地热能、工业余热也可作为集中供热系统的热源。热网是由热源向热用户输送和分配供热介质的管线系统。集中供热系统可以用水或蒸汽作为供热介质,因此有两类供热系统,即热水供热系统和蒸汽供热系统。根据供热介质流动的形式,供热系统又可分为封闭式和开放式两种。前者的热用户只利用供热介质所携带的部分热量,而供热介质本身则带着它剩余的热量返回热源端重新增补热量;后者的热用户不仅利用了供热介质所携带的部分(甚至全部)热量并消耗部分(甚至全部)供热介质,而剩余的供热介质和它所含有的余热返回热源端。当供热介质全部在用户消耗完时则成为只供不回的单管式系统。热用户是集中供热系统的终端。热网的热量在热用户引入口(又称热力点或热力站)转移给局部用热系统中(有时也包括供热介质)。当局部用热系统通过表面式换热器与热网相连时,热网供热介质与局部系统供热介质之间没有水力学关系,热网内的压力不会传到局部系统内,称为"隔绝式(间接式)连接";当局部用热系统直接或通过混合装置与热网相连时,局部系统内压力与热网内压力的关系由水力学规律所规定,称为"直接式连接"。城镇集中供热系统的三个组成部分是不可分割的整体,技术上彼此联系,经济上互相影响,因而设计和选择集中供热系统应根据热用户的具体条件,寻找它们的最佳组合。 (蔡启林 贺 平)

城镇排水系统 urban sewer system

收集居住区、建筑小区、工矿企业、公共建筑等排水,并输送至污水处理厂处理或再生处置污水和雨水的设施以一定方式组合成一整套的排水工程系统。根据排水方式的不同分为分流制排水系统、合流制排水系统和混合制排水系统。每个排水系统设有:汇集居住区、建筑小区、工矿企业、公共建筑物的排水支管;汇集各支管的排水干管;汇集两个或两个以上干管的主干管和排水泵站、污水处理厂、排出口等组成。管道附属构筑物有检查井、截流井、溢流井、跌水井、倒虹管等。 (魏秉华)

城镇燃气分配站

见城镇燃气门站。

城镇燃气门站 city gas gate station

又称城镇燃气分配站。指长输管线的终点站与城镇或大型燃气用户输配系统的起点站。对长输管线输送的燃气进行除尘、调压、加臭和计量后送入城镇燃气分配管网。站内还设有清管球接收装置、检测仪表、通讯联络、照明等设施。根据气源和城镇情况,可设一个或多个门站。城镇门站应尽可能靠近城市和负荷集中区域并考虑地形、地质、交通运输、安全防火等因素,一般布置在城市主导风向的下风向。 (刘永志 薛世达)

城镇燃气气源 source of city gas

供应城镇的气体燃料的来源。主要有天然气、人工燃气和液化石油气。人工燃气包括干馏煤气、气化煤气、油制气和生物气等。作为城市燃气必须通过一定的净化和质量调整措施,以满足输配系统和用户使用对燃气质量的要求(见燃气净化和城市燃气质量),并保证连续安全供应。由于城市燃气的负荷随时变化,气源厂及输配系统应适应这一变化。通常气源厂建有基本的、半基本的和机动的三种生产设备,分别用于长年稳定生产,按季节变化而开、停以及按日不均衡性而开、停的三种情况。气源的选择,要因地制宜。 (闻 望 徐嘉淼)

城镇燃气输配系统运行管理 operation and maintenance of city gas distribution system

合理地组织燃气的输送和分配,并保证供气系统安全可靠运行的措施。基本任务为:按照预测的用气量和用气变化曲线建立气源、输配系统和用户之间正常的供气制度和水力工况;根据各类用户不同的使用要求,经济合理地分配燃气;按照检修制度,定期检查输配系统的运行情况,查明并及时清除影响正常运行的隐患(如漏气)和故障,进行定期的修理和维护,保证系统正常安全运行;进行对管网、站室和设备事故的紧急处理和修理。 (王民生)

城镇燃气需用量 city gas demand

城镇燃气用户在单位时间内所需燃气的用量。有年用气量、月用气量、日用气量及小时计算流量。根据不同类型用户的数量、用气量指标、气化百分率和不均匀用气情况等均需计算得出。它是规划气源供气能力和设计输配系统的重要依据。也是确定输配系统近期和长期各类供气方案技术经济计算的重要原始资料。 (王民生)

城镇燃气用户 city gas consumer

使用城镇燃气的用户。通常分为居民住宅、商业和工业企业三类用户。居民用户燃气主要用于炊事和日常生活用热水;商业用户(含公共建筑),用于炊事和供热水外,还用于生产。上述两类用户是供气的基本对象。工业企业用户主要用于生产工艺,应优先供应使用燃气可使产品产量及质量有较大提高,用气量又不太大,而自建燃气站又不经济的企业。以燃气作采暖热源,因为是季节性负荷,具有突出的不均匀用气的特点,故只有在技术经济论证为合理时才能采用。 (王民生)

城镇污水厂

见城镇污水处理厂。

城镇污水处理厂 municipal sewage treatment plant

简称城镇污水厂。为使城市污水达到排入某一水体或再次使用的水质要求,对其进行人工强化处理的过程的场所。它包括对城市污水处理过程中产生的污泥的处理加工过程。城市污水中除含有大量有机物及病菌、病毒外,由于工业的高度发展,工业废水的水量占城市污水总量的比例日益增大,水质复杂和径流污水的污染日趋严重,使城市污水含有各种类型、不同程度的各种有毒、有害污染物,造成处理的复杂化及一定的难度。其规模按污水流量(以 $10^4 m^3/d$)可分为六档:小于 0.5、0.5～2.2、2.2～5.5、5.5～10、10～50 和大于 50(第二至第四档的下限值含该值,上限值不含该值)。其出水污染物最高允许排放浓度(日均值)及污泥控制标准等,详见现行《城镇污水处理厂污染物排放标准》中有关规定。　　　　　　　　　　　　　(孙慧修)

城镇污水污泥　city sewage sludge

城镇污水处理中产生的固液混合物。主要含水分、有机物、细菌及少量有毒、有害物质,其成分多少视所处污水处理阶段而异。它是现代化城市的几种主要废物之一,如不经处理,任意弃置,就必然导致二次污染形成公害,故必须给予必要的处理(包括综合利用),使其有机物质稳定化,无害化,并争取利用。　　　　　　　　　　　　　　(张中和)

城镇总体规划　city overall planning

在一定时期内对城市各项发展建设的综合平衡、统筹安排、合理布局的方案,是城镇规划的一部分。它在区域规划指导下,依据城镇发展战略,协调城镇经济结构、社会结构、环境结构的关系,使空间布局能够融合城镇经济、社会、环境和艺术结构的有机综合体,将城镇发展战略纳入城市机体的生产劳动、居住、休憩和交通运输四大功能的空间布局,使城镇发展战略空间化、时序化、艺术化。城镇总体规划是城镇发展的总蓝图,是指导分区规划、详细规划和城镇设计的纲领。其主要内容是:以国民经济计划和区域计划为依据,按照城镇自身建设条件和自然与社会环境的特点,因地制宜地拟定城镇发展方向、规模及建设标准,合理安排城市工业、商业、交通运输、仓库、居住、公共建筑、园林绿化、道路广场、市政公共设施、安全防灾等用地,进行统筹规划,估算城镇建设总投资及实施规划的步骤与措施,使其各得其所、协调发展,使城镇发展经济合理,从而创造一个有利生产、生活方便的环境。城镇缺乏总体规划,会导致各种建设项目混乱、布局不合理、公用设施不配套,加大城镇建设盲目性。城镇总体规划需经上级政府批准后实施。　　　　　　(孙慧修)

程序控制交换局　stored program control-telephone office

又称程控局。采用程序控制交换机的市内电话局。交换机的话路接续和控制设备全部由电子器件构成,其特点是体积小、重量轻、接续速度快、工作稳定、使用寿命长、维护方便。机房一般应要求防尘、保持温度和湿度的相对稳定,面积应满足安装及维护设备的要求。机房内应安装烟雾报警器,温、湿度测试仪。交换机室应紧临空调室与总配线室同层相

邻或上下层对应设置,与传输室应尽量靠近。

　　　　　　　　　　　　　　(薛 发 吴 明)

chi

池式配水系统　pond type distribution system

冷却塔中,底部开孔或安装喷嘴的浅水池组成的配水系统。由配水管、流量控制阀、消能箱、配水池、配水孔或配水管嘴组成,一般用于横流式冷却塔的配水。具有给水压力低,布水系统简单,清理方便的优点。在大型横流式冷却塔中为改善池式配水喷溅效果,配水池底部可安装配水管嘴。为保持池内水流平稳,水深应大于溅水喷嘴内径或配水池底孔直径的 6 倍,并有适当超高,以在可能超过设计水量时不产生溢流。池底宜水平设置,池顶宜设盖板,以免在光照下滋生微生物、藻类,也可防止灰尘、杂物进入。　　　　　　　　　　　　　　　(姚国济)

齿轮泵　gear pump

通过一对互相啮合的齿轮的旋转输送液体的泵。齿轮与泵体之间只有微小的间隙,使被输送的液体不易漏过。齿轮转动时将液体从齿轮分开的一侧吸入,而由齿轮啮合的一侧压出。该泵分外啮合齿轮泵和内啮合齿轮泵。具有结构简单、工作可靠,能输出高的工作压力等特点。适合输送黏度较高的液体。但排液量不能很大,制造时工艺要求较高,齿形的刚度要高,应使其内部泄漏减少到最少。

　　　　　　　　　　　　　　(刘逸龄)

齿轮流量仪　gearing flowmeter

根据齿轮每转一周,就有一定量的流体通过的原理制作的流量测量仪器。是一种容积式流量仪。测量范围:0.05～120 m^3/h,精度 0.5 级,量程比 10∶1。适用于测不含泥砂介质的流量。其计量稳定,精度高,但价格较贵。　　　　　(刘善芳)

齿耙　rake

清除格栅上截留污物用的带齿耙子。常用金属制成。齿的宽度和间距应与格栅栅条尺寸相配合,齿的长度应与栅条的宽度和被截留污物多少相适应。用长螺栓与齿耙座固定,并可使其前后左右稍能移动。　　　　　　　　　　　(魏秉华)

chong

充气维护室　charge maintenance room

安装电缆充气、信号控制和遥测等线路的房间。它应与电缆进线室水平相邻或叠层相邻。主要设备为气泵、消声器、墙式配电箱及空气管路。充气维护量较小的电信枢纽建筑中,可将充气设备安装在电缆进线室内,不单独设充气室。充气维护室应解决

好消声问题,不应对机房有噪声干涉。

（薛 发 吴 明）

充氧曝气设备 oxygenation aeration equipment

依靠机械运动,让空气和水充分接触,达到向水中充氧的设备。常用的有表面曝气设备、鼓风曝气设备、射流曝气设备和纯氧曝气设备。

（李金根）

冲击负荷 shock loading

进入处理系统的污水流量、污染物质的浓度在短时间内迅速增高,导致处理系统相应的负荷突然增大,并大大地超过了其所能承受的能力的负荷。在这种情况下,将不同程度地降低其净化功能,处理水质恶化,严重时能够破坏处理系统的正常运行,使其净化功能受到损害。在生物处理中,不同的工艺过程对它的承受能力也有很大差异。

（彭永臻 张自杰）

冲洗井 flushing manhole,flushing well

当污水管道内的水流流速不能保证自清流速时,为冲洗淤积的沉淀物而设置的检查井。即用蓄积在井中的水冲洗极易发生淤塞的管渠。常设在支管的起端。分人工冲洗井和自动冲洗井。前者构造简单,即为具有一定容积的检查井。该井的出流管道上设有闸门,井内设有溢流管。冲洗水可利用上游管道来的污水或自来水。该井一般适用于管径小于400mm管道上,冲洗管道长度一般为250m左右。

（肖丽娅 孙慧修）

冲洗井建造 build up flushing well

排水管道系统中邻近最上段的特种功能冲洗井的施工。其内部可储存一定水量,用以去除上游流量较小或坡度较缓的管段中积存的沉淀物,以防管线受到阻塞,特别在管道投付使用的初期常需施加清洗。此式井体的结构与一般窨井相同,其用材有砖和混凝土两种,冲洗井内壁须用水泥砂浆抹平。冲洗方法有二种做法,即人工启动式和自动式。前者在出流管口设阀门,并在其上方设溢流口以免水深过高。冲洗水可用上游来水或自来水,使用自来水时,供水水管的出口应高出溢流管口,以防供水管受到污染。自动式者大多装置虹吸设备,以自来水作水源,其构造较复杂,造价较高。 （李国鼎）

冲洗强度调节器 back-washing flowrate regulator

滤池虹吸式反冲洗流量控制器。快滤池随截污量增多逐渐阻塞,需要反冲来再生滤料时,对反冲洗虹吸排水管口开启度进行调整,确保滤池滤料达到既冲洗干净,又不跑料的足够强度,冲洗后,滤料得以再生,恢复过滤性能。 （李金根）

重播室 rebroadcast studio

又称节目控制室。播送在磁带和唱片上录制的节目及播音员的插话,以保持广播节目连续播出的房间。通常安装有数台磁带放音机和唱片放唱设备。节目控制室的输出信号经总控制室传送到发射台。

（薛 发 吴 明）

重复利用给水系统 reused water supply system

工业生产中某些车间或设备使用后的水,直接或经过适当处理,用于其他车间或设备后再行排放的给水系统。这种系统具有一水多用、节省新水的特点,在保证水量、水质满足生产需要,并技术经济比较合理时,宜于采用。 （姚国济）

chou

抽风式冷却塔 pump-out cooling tower

通风机安装在塔顶,冷空气由塔下或水平方向进入,热水由上向下移动,经热交换后的湿热空气由塔顶抽出的冷却塔。图示是机械通风冷却塔的一种。具有塔内空气分布比较均匀,热空气回流小,配水高度较低,冷却效果较好的优点,一般多采用这种形式。但通风机处于湿热空气中工作,容易损坏。

（姚国济）

抽汽式汽轮机 extraction turbine

相当于背压式和凝汽式汽轮机的组合。进入汽轮机的蒸汽流一部分在抽汽点被抽出供热;另一部分则继续膨胀至排汽点。由于抽汽点是可调节的,抽汽量大小可根据需要变化,因而汽轮机所发出的功率以及凝汽器流量也相应地有所变化。当抽汽量最大时,进入凝汽器的蒸汽很少,汽轮机的工作十分接近背压式汽轮机的工作,当抽汽量为零时,这种汽轮机的工作无异于凝汽式汽轮机的工作。故其热、电能生产有一定的自由度,适应性较大。但其整机热经济性不如背压式汽轮机,其凝汽发电部分的相对内效率低于同参数,同容量的凝汽式汽轮机。

（蔡启林 贺 平）

臭鼻症

见萎缩性鼻炎(292页)。

臭氧 ozone

氧的同素异构体。分子式为O_3。气态臭氧呈淡蓝色,密度为$1.658g/L$,有特殊臭味。液态臭氧呈深蓝色,相对密度$1.71(-183℃)$,沸点$-112℃$,易爆炸。固态臭氧为紫黑色,熔点是$-251℃$。常温下分解缓慢,高温下迅速分解成氧气;受到撞击、摩擦时发生爆炸而分解。液态氧受放电作用可变成液态臭氧,空气中有电火花生成时有臭氧产生。工业上用的臭氧发生器利用无声放电法从空气中制得臭氧。化学工业中用作强氧化剂。水处理中，臭氧作为氧化剂主要用于水的消毒，有时也用于去除水中酚、氰等有毒污染物以及水的脱色、除臭和除异味等。

臭氧也是大气中的光化学反应形成的二次污染物。世界卫生组织和许多国家已把臭氧(O_3)或光化学氧化剂(O_3、NO_2、PAN 及其他能使碘化钾氧化为碘的氧化剂的总称)的水平作为判断大气环境质量的标准之一。中国已在《大气环境质量标准》中规定了总氧化剂(O_3)的浓度限值和监测分析方法。它对人体最主要的危害是刺激眼睛和上呼吸道黏膜，引起眼睛红肿和喉炎。浓度较高和接触时间较长时，还会损害中枢神经，导致思维紊乱或引起肺水肿等。还可引起潜在性的全身影响，如诱发淋巴细胞染色体畸变，损害酶的活性，引起溶血反应，影响甲状腺功能，使骨骼早期钙化等。长期吸入氧化剂会影响体内细胞的新陈代谢，加速人的衰老。它还对植物和器物的损害也是严重的(见光化学烟雾，115 页)。

(王志盈　张希衡　金奇庭　马广大)

臭氧层 ozone layer

臭氧在大气中主要的分布区，其高度在 15～30km 之间的大气层。氧气受紫外线照射发生光解而生成臭氧，而臭氧又离解为氧分子。大气中臭氧的含量和分布主要是由该可逆过程的动平衡所决定的。臭氧能强烈吸收紫外线，保护人类免受太阳紫外辐射之害。但它的含量甚少，容易受到破坏。在南极上空已发现臭氧浓度异常稀薄的臭氧洞，引起了科学界和舆论界的关注。　　(徐康富)

臭氧发生器 ozonizer

工业上用无声放电法制取臭氧的设备。由空压机、空气干燥净化器、电流变压器、发生器单元、电压调压器以及电气控制柜组成。按电极的构造不同，它分管式及板式两种。卧管式(如图)是一种圆筒形的封闭容器，由两块管板分成三部分。器内管板之间水平装设不锈钢管多根。制得的臭氧化气由另一端排出。每根金属管构成一个低压电极(接地)，管内装一根同轴的玻璃管作为介电体，玻璃管内侧面喷镀一层银和铝，与交流电源相联。玻璃管一端封死。原料气由一端进入，当通过玻璃管与金属管之

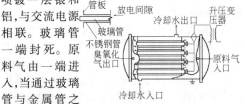

间的间隙(约 2～3mm)时，发生无声放电，其中的氧转化为 O_3。原料为空气时，产生臭氧浓度约为

1.5%～3%(体积)；原料为富氧空气时，约为 4%～6%；原料为纯氧时，约为 6%～10%。用于水厂消毒、脱色、除臭、深度净化等。

(王志盈　张希衡　金奇庭　李金根)

臭氧损伤 damage by ozone

臭氧使有机材料氧化而使结构和性能变坏的现象。臭氧是强氧化剂，能和很多有机材料反应(如橡胶、纺织品和染料以及一些油漆等)，反应中使高聚物的大分子结构发生断链，造成分子量和抗拉强度降低；反应中也会使高聚物大分子结构发生交联，造成某些聚合物的刚性增加，而变脆。臭氧还会使一些织物褪色，使棉花和其他纤维素破坏，加速油漆漆膜的侵蚀，使金属和一些无机材料氧化，从而遭受破坏。　　(张善文)

臭氧危害 damages of ozone

大气中臭氧对植物产生的危害。当大气中臭氧浓度≥0.1ppm 时，使植物生长受到抑制和早期衰老，最初叶孔受损，继之叶子上表面最小叶脉间产生小斑点，其颜色可由浅褐色到深褐色，甚至为浅紫色或浅红色，严重时，叶子的大部分表面呈褐色或淡黄色或青铜色，叶子下面海绵组织中的细胞也会受到损害。　　(张善文)

臭氧消毒 disinfection by ozone

在水中注入臭氧起到迅速氧化水中有机物、亚铁、亚锰，有效地去除水的异味、臭和色度以及杀菌、灭活病毒和杀灭孢子体作用的消毒。臭氧是氧的同素异形体，由 3 个氧原子组成臭氧分子 O_3。它的氧化电位在天然元素中仅次于氟。臭氧在水中氧化要比氯快 300～3 000 倍，在极短的接触时间 5～10min，即可完成消毒作用。水中维持剩余量低，一般仅0.1～0.2mg/L。处理后水无氯嗅或氯酸嗅，并有新鲜可口的感觉。水温和 pH 值变化对臭氧消毒的影响不大。臭氧只能在使用现场制造，耗电量大，成本较高。而且对它在消毒水过程中所产生的副产物过氧化物和臭氧化物可能有毒性影响等问题，甚至会产生致癌突变物。因而臭氧消毒使用较少。臭氧生物活性炭净水工艺则使用逐渐增多。

(岳舜琳)

臭氧中毒 intoxication by ozone

大气中的臭氧在紫外线作用下，与烃类和氮氧化物进行光化学反应，形成有强烈刺激作用的光化学烟雾、刺激人的眼睛，引起红眼病，对鼻、咽喉、气管和肺部产生刺激所引起的中毒。实验表明，当臭氧浓度为 0.3ppm 时，能引起鼻腔或脑部的刺激作用，肺功能降低。在臭氧浓度为 1.25ppm 的空气中呼吸 1h，出现喉头干燥、头痛、呼吸出现异常；2h 感到胸痛，烦躁不安；当臭氧增加到 5～10ppm，则全身疼痛，开始出现麻痹症，并可产生肺肿大以致出血。

臭氧对人的长期危害能导致慢性气管炎、细支气管炎、肺气肿、肺纤维化以及支气管哮喘,加速肺肿瘤的发展。　　　　　　　　　　　　　　　(张善文)

chu

出水管　outflow tube

连接水泵出水口与泵组出水总管的一段管路。它一般设有异径管、止回阀与阀门等配件。其管径应按以下流速计算:当管径小于 250mm 时,为 1.5～2.0m/s;当管径等于或大于 250mm 时,为 2.0～2.5m/s。出水管应尽可能短和减少弯头等配件。
　　　　　　　　　　　　　　　　　　　(王大中)

出水口　outfall

又称出水口渠头。指污水、雨水从排水管渠排入水体时的构筑物。其设置的位置和形式,应根据污水性质、下游用水情况、水体的水位变化幅度、水流方向、河流情况、地形变迁和主导风向等因素而确定。它与水体岸边连接处应采取防冲、加固等措施,一般可用浆砌块石做护墙和铺底。在受冰冻影响的地区,应考虑用耐冻胀材料砌筑,其基础敷设在冰冻线以下。其形式有淹没式出水口、江心分散式出水口、一字式出水口、八字式出水口等。
　　　　　　　　　　　　　　(肖丽娅　孙慧修)

出水口建造　constructing of outlet

排水道系统出水排入水体部位出水口的施工。一般布置在河道的岸边,也可伸入水体中,其出口形式和出口位置与出水水质、水量和接纳水体的流向、水位高低及变化幅度、下游用水以及岸边冲淤情况等有关,设计时需征得有关主管和航运部门的同意。污水管道的出水口常为淹没式,其标高多在常水位以下。出水口的建设可采用围堰法进行。雨水管道的管底标高多设在常水位以上。出水口与河道连接处一般采用砌石修造并按圬工要求做护坡或挡土墙。
　　　　　　　　　　　　　　　　　　　(李国鼎)

初沉污泥　primary sludge

又称一沉污泥。由初次沉淀池底排出的污泥。其成分为原污水中的沉淀物,含水量一般为 95%～97%。
　　　　　　　　　　　　　　　　　　　(张中和)

初次沉淀池　primary sedimentation tank

又称初步沉淀池,一次沉淀池。污水处理系统中去除悬浮固体的第一次沉淀构筑物。它是一级处理去除悬浮物的主要构筑物。在一级处理的城市污水处理厂 SS 去除率为 40%～55%,BOD_5 去除率为 20%～30%。初次沉淀池用作处理城市污水时,其沉淀时间单独沉淀法为 1.5～2.0h;二级处理前为 0.5～2.0h。
　　　　　　　　　　　　　　　　　　　(孙慧修)

初级污水处理厂

见一级污水处理厂(338 页)。

除尘机理　particle collection mechanisms

除尘装置去除含尘气体中颗粒物所基于的捕集机理。常用的除尘机理有重力沉降、惯性力沉降、拦截捕获和电力沉降等。除此之外,还有热泳力、扩散泳力、磁场力和辐射力等沉降机理。人们正在探索、开发的新型高效除尘器基于多种沉降机理的协同作用。
　　　　　　　　　　　　　　　　　　　(郝吉明)

除尘器　dust separator

见除尘装置。

除尘效率　particle collection efficiency

又称分离效率。表示除尘器除尘效果的技术指标。可以总除尘效率或分级除尘效率表示。总除尘效率指同一时间内除尘器捕集的粉尘量与进入粉尘量之百分比,反映除尘装置除尘程度的平均值。对于高效除尘器,总除尘效率不能明显地表达除尘器性能的差别,有时用通过率表示,系指同一时间内从除尘器出口逸散的粉尘量与进入的粉尘量之百分比。分级除尘效率系指除尘器对某一粒径 d_p 或粒径范围 Δd_p 内粉尘的除尘效率,表示除尘效率随粒径的变化。根据分级除尘效率和粉尘粒度分布可计算总除尘效率;根据实验测得的总除尘效率和分析出的除尘器入口和出口的粉尘粒径分布,可计算分级除尘效率。
　　　　　　　　　　　　　　　　　　　(郝吉明)

除尘装置　dust-collecting facility

又称除尘器。将烟尘进行捕集净化的装置及其附属设施。其作用是降低烟气的含尘量,减轻烟囱中排出的灰尘对大气的污染。根据捕集机理,目前常用的除尘装置可分为重力沉降式除尘器——烟气沉降室、机械式除尘器(惯性分离式除尘器、离心式除尘器等)、电除尘器、超声波除尘器、过滤式除尘器(袋式除尘器)、湿式洗涤除尘器等。为了提高对微粒的捕集效率,近来陆续出现了高梯度磁分离器、荷电袋式过滤器、荷电液滴洗涤器等综合几种除尘机制的一些新型除尘器。另外,使净化后烟气向外扩散稀释的烟囱,附属在除尘器上为输送烟气而安装的通风管道及鼓风机等也经常包括在除尘装置之列。
　　　　　　　　　　　　(郝吉明　屠峥嵘　贺　平)

除二氧化碳器(离子交换法)　carbon dioxide remover(ion exchange)

离子交换除碱软化或除盐系统中的脱除二氧化碳气的装置。在氢离子交换过程中,处理水中产生大量的游离碳酸,如不除去,将产生腐蚀,增加强碱树脂的负荷以及影响除碱效果,为此必须除去二氧化碳。按装置的构造分有填料式,淋水盘式,喷雾式等。在水处理中较为广泛采用的是鼓风填料式除二氧化碳器。
　　　　　　　　　　　　　　　　　　　(潘德琦)

除碱软化　dealkalization softening

用化学或离子交换法去除水中碳酸盐硬度的同时,去除碱度的处理过程。常用的方法有软化水加酸处理法、石灰法、石灰-纯碱法、石灰-氯化钙法、石灰-钠离子交换系统,氢-钠离子交换串联系统,氯-钠离子交换并联系统,氯-钠串联系统,电渗析钠离子交换系统等。其主要是防止锅炉金属的苛性脆化和减少排污量。　　　　　　　　　(潘德琦)

除焦油　detarring

脱除粗煤气中焦油的操作。焦炉煤气中焦油含量一般约为100g/Nm³。煤气除焦油分阶段进行:首先在集气管经循环氨水喷洒,冷却至80～90℃,可使50%～60%焦油从煤气中分离;随后在初步冷却器中,又有部分焦油冷凝后分离;若使用离心式鼓风机尚可再分离部分焦油,此后煤气中只残存雾状焦油,含量约2～5g/Nm³;焦油雾可通过离心除焦油机或电除焦油器进行最终清除,达到城市煤气质量要求。　　　　　　　　　(曹兴华　闻　望)

除磷　phosphorous removal

去除污水中富营养化污染源磷的过程。含磷污水会使水体中藻类过度繁殖,水质变坏。当原水受磷污染时,水处理的难度加大,费用增高。化学混凝法是现有除磷方法中最有效的一种。随着生物除氮技术的进展,生物除磷法也达到实用化。

　　　　　　　　　　　　　　(张中和)

除砂设备　grit chamber scraper

污水处理厂清除污水中夹带大量无机颗粒如砂、砾石、煤渣、金属屑(这里通称砂)等的设备。常用的沉砂清除机械有平流沉砂池除砂设备、曝气沉砂池除砂设备、旋流沉砂池除砂设备、方池除砂设备。其中有的除砂设备具有刮砂、提砂功能。有的须由刮砂机和提砂机、砂水分离机配套。均适用于城市合流制污水和工业废水的处理。　(李金根)

除水器　dewaterer

收集冷却塔出塔气流中水滴的装置。由一排或二排倾斜布置的板条和弧形叶板组成。可减少逸出水量损失和对周围环境的影响。　　　(姚国济)

除污器　strainer

供热管道中用以清除和过滤管道中杂质和污垢的设备。网路水通过除污器,流速降低,同时由于过滤网的阻挡,使管道水中杂质和污垢沉积下来。除污器一般安装在用户入口的供水管和热源总回水管入口处。　　　　　　　　(盛晓文　贺　平)

除盐　desalination

用物理、化学的方法,除去或降低水中溶解性盐类含量以供饮用或生产使用的过程。其方法有蒸馏、膜分离、离子交换、冷冻、溶剂萃取以及水合物法等。其中离子交换法国内常用,膜分离法一般作为预处理设施与离子交换法综合使用制取纯水。蒸馏、冷冻及反渗透法主要用于海水及苦咸水的淡化。

　　　　　　　　　　　　　　(潘德琦)

除盐率　desalination ratio

原水经过处理后,去除的含盐量与进水含盐量的比值。单位以%表示。　　　　　(姚雨霖)

除盐水

见脱盐水(287页)。

除油井建造　buildup grease trap

在肉类加工厂、饮食餐馆、食堂等排水流入排水管道之前,需设除油井的建造。用以除去水中油脂,防止其凝固后堵塞管道。池采用矩形,池底上做混凝土基础,上砌砖墙,砌至底上300mm时,在出水端距墙前350mm处,两侧墙壁上砌突出墙面的凹槽,用以插放隔板,槽高700mm。当墙至600mm高时留进出管孔,继续上砌到1 300mm处设置厚为250mm钢筋混凝土圈梁,然后砌到池顶。顶上浇筑钢筋混凝土盖板座,高出地面180mm,最后盖钢筋混凝土盖板,板上有700mm出入孔,井内壁及井底用防水砂浆抹面。进水管用丁字管伸入水面下400mm,上口用热沥青煮后的木塞塞住,出口前凹槽插入聚苯乙烯板玻璃钢护面的隔板。如有地下水时,井外壁抹防水砂浆并高出地下水位250mm以上。经检验合格覆土分层夯实完成。除油池也可用钢筋混凝土浇筑,国家有标准图可供参考使用。

　　　　　　　　　　　　　　(王继明)

储罐供应　distribution by containers

设置液化石油气储罐向居民小区,住宅群供气的方法。由于用气量较大,故采用储罐并用管道供气。储罐可设置在地上,也可设于地下。地上储罐操作管理方便,但在居民区易受场地及安全距离限制。根据用气量大小及供气距离远近不同,可采用强制气化,也可采用自然气化,可为低压输气,也可为中压输气。　　　　　　(薛世达　段长贵)

储气罐　gas holder

储存燃气的容器。其功能:①用气低峰时储存燃气,以补充用气高峰时不足的燃气量;②当停电,维修管道,制气或输配设备发生暂时故障时,供应一定量燃气;③混合不同组分燃气,使其均匀。它一般用钢材制成圆筒形和球形。根据储气罐内燃气压力不同可分为高压储气罐和低压储气罐。低压储气罐又有湿式和干式。

　　　　　　　　　　　(刘永志　薛世达)

储气量计算　calculation of storage capacity

决定用气低峰储存的燃气补充用气高峰供气不足燃气量的计算。一般按计算月最大日或计算月平均周的燃气供需平衡曲线确定,亦可按日用气量、工业与民用气比例、气源可调量、用气不均匀情况和运行经验等综合确定。低压罐站的有效容积等于储罐有效容积之和；高压储气罐的有效容积按下式计算：

$$V = V_c \frac{P - P_c}{P_0}$$

V 为储气罐有效储气容积（m^3）；V_c 为储气罐的几何容积（m^3）；P 为最高工作压力（MPa）；P_c 为储气罐最低允许压力（MPa），其值取决于罐出口处连接的调压器最低允许进口压力；P_0 为大气压力（MPa）。　　　　　　（刘永志　薛世达）

储气设施　installation of gas storage

　　储存燃气的设备和措施。分为三类：①地下储气：利用地下严密的多孔岩层或洞穴储气，储气量很大。夏季注入，冬季采出。造价和运行费用低，可用以平衡月不均匀用气和部分日不均匀用气。但不应用来平衡采暖日不均匀用气和小时不均匀用气，因急剧改变采气强度，会使储库投资和运行费用增加，很不经济。②燃气液态储存：将燃气液化后加以储存，如液化天然气和液化石油气。液态天然气的体积约为气态的1/600，液态石油气的体积约为气态的1/250，故液态储存省钢材、占地少，尤其适用于大量陆地储存和海上运输。储存方式有常温压力储存、降温降压储存和低温常压储存。液化后储存于绝热良好的金属贮罐、预应力钢筋混凝土贮罐或冻结式地下储槽中。用气时液化石油气和天然气气化方便，负荷调节范围广，适用于调节各种不均匀用气。③贮气罐及管道储气：贮气罐有低压湿式罐、低压干式罐、圆筒形高压贮气罐和圆球形高压贮气罐。管道储气是指利用高压长输干管的末段进行储气，和在用气城镇附近埋设一组或数组平行管束，它们不承担输气任务，专作储气之用。这类储气设施只能用来平衡日不均匀用气和小时不均匀用气。　　　　（王民生）

chuan

穿孔旋流絮凝池　piercing tangential flow flocculator

　　一种在若干格串联的水室内，其进水及出水隔墙的左侧或右侧的上方或下方，各开有孔口（一般为方孔），每室孔口位置的布置需使进水、出水相互错开，使流入的水流形成旋流，从而达到水流同投入的混凝剂能进行絮凝反应过程的絮凝池。孔口的布置是关键。布置不当不能形成旋流，而产生短路，降低速度梯度。孔口应尽可能贴近侧壁。孔口之 h/b 值一般为 2:1；其宽度 b 约为

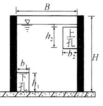

孔口布置

$\left(\frac{1}{3} \sim \frac{1}{4}\right)B$；高度 h 约为 $\left(\frac{1}{3} \sim \frac{1}{4}\right)H$（见图）。穿孔旋流絮凝池的一般指标：穿孔流速采用 $0.5 \sim 0.6 m/s$ 递减到 $0.2 \sim 0.3 m/s$；反应时间为 $15 \sim 20 min$；G 值 $70 \sim 20 s^{-1}$；串联格数 $1 \sim 10$ 格，一般为 $3 \sim 4$ 格。　　　　　　　　（张亚杰）

穿透点　breakthrough point

　　又称破点。在固定床吸附操作中，当所处理的污染气体连续稳定进入，吸附剂床层沿进气方向不断为吸附质（污染物）饱和，传质区匀速前移，当其吸附波的前沿到达床层出口端，并在出口气流中刚好发现有吸附质漏出时的点。用固定床吸附器净化气体，破点出现时，应停止使用，进行再生。　　　　　　　　　　　　　　　（姜安玺）

穿透曲线　breakthrough curve

　　在固定床吸附操作时，从吸附床破点开始到出、入口气流中吸附质浓度相等为止的这段出口气流中吸附质浓度随时间变化的曲线。它和吸附波形状相似，呈镜像关系。由于它易于测定和标绘，可用来反映床层吸附负荷曲线形状，从而确定其床层传质区长度。　　　　　　　　　　　　　　　　（姜安玺）

传统活性污泥法　conventional activated sludge process

　　又称标准活性污泥法，普通活性污泥法。污水与回流污泥全部在矩形曝气池进口端进入，沿池纵长方向向下游呈推流流动至出口端的活性污泥法运行方式（如图）。它是推流曝气的一种标准形式。本

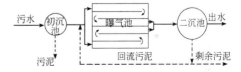

法在运行上需要：①在系统上设初次沉淀池去除呈悬浮物状的污染物；②向污水与回流污泥的混合液进行曝气以充氧和使污水与污泥充分接触；③设二次沉淀池以便处理水与活性污泥分离；④从二次沉淀池排出的污泥部分回流曝气池，部分作为剩余污泥排出系统外。本法对城市污水采用的设计及运行参数：曝气时间 $4 \sim 6h$；污泥龄 $3 \sim 5d$；BOD 负荷 $0.2 \sim 0.4 kg/(kgMLSS \cdot d)$ SVI 值介于 $60 \sim 120$；MLSS 值 $1\,500 \sim 2\,500\ mg/L$；回流污泥率 $25\% \sim 75\%$；气水比 $3 \sim 9$；BOD 总去除率可达 $90\% \sim 95\%$。在该法有机物浓度沿曝气池逐渐降低，降解有机物的推动力较大，因而有机物的降解速率和处理效果都较高，而且不产生污泥膨胀现象。本法缺点是曝气池进口处需氧量大于供氧能力，出口处需氧量又小于供氧量，为了避免在曝气池首端形成厌氧状态，有机负荷一般不能高，曝气池池体庞大，占

地多,此外对冲击负荷适应性也较差。

(张自杰)

传真机室 facsimile equipment room

安装真迹传真机、图像传真机、新闻传真机等传真设备的房间。传真是将发报一方的原件真迹通过电路传送给收报一方。　　　　(薛发 吴明)

传质波 mass transfer wave

见吸附波(308 页)。

传质单元高度 unit height of mass transfer

在填料塔设备中,计算填料层高度时,把填料层总高度分成若干单元的高度。它表示气流经过这段填料层前后吸收质浓度变化恰好等于该段层内以气相(或液相)中吸收质浓度差表示的总推动力平均值,其大小由载气、吸收剂流量、填料性能等决定。

(姜安玺)

传质单元数 unit number of mass transfer

在气体净化固定床吸附操作中,传质区中传质单元高度的倍数。它是把传质区分成若干单元,气流每通过一个单元,吸附质浓度变化等于以浓度差表示的平均总传质推动力。这样整个传质区的传质单元数,可由吸附质在整个传质区浓度变化与以浓度差表示的平均总传质推动力之比来求得。它反映吸附过程的难度,过程平均推动力越小,任务要求气体浓度变化越大,则所需传质单元数越多。

(姜安玺)

传质前沿 mass transfer forward position

见吸附波(308 页)。

传质区高度 height of mass transfer zone

在固定床吸附操作过程中,传质波形成后至穿透点出现前任何时间,正在进行吸附传质的那部分吸附剂床层的高度。理论上就是气流中吸附质浓度从入口浓度变化到零这段区间的床层高度。若吸附床层高度为 Z,传质区形成和全部移出床层所需时间和为 τ_E,传质区形成所需时间为 τ_F,传质区沿床层下移的距离正好等于传质区高度所需时间为 τ_a,则传质区高度 $Z_a = Z \dfrac{\tau_a}{\tau_E - E_F}$。　　(姜安玺)

船舶工业污染物排放标准(GB 4286 - 84) pollutant discharge standards of ship industry

根据中国环境保护法,为防治船舶工业废水、废气对环境的污染而制订的法规。城乡建设环境保护部于 1984 年 5 月 18 日发布。其内容共四条,有船舶工业污染物排放标准的分级、分类、标准值及其所用的监测分析方法等。适用于船舶工业的船厂、造机厂、仪表厂等。　　　　　　　　(姜安玺)

船型一体化氧化沟 ship-shape integral oxidation ditch

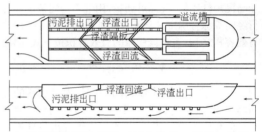

呈船形的沉淀槽设于氧化沟的一端的一种曝气-沉淀一体化氧化沟(如图)。本工艺恰似在氧化沟上放置一条船,混合液从其底部及两侧流过,在船的尾部设进水口,导入部分混合液,处理水由设于船的另一端的溢流堰收集排出、混合液在沉淀槽内的流向与在氧化沟内的流向相反,流速为后者的 60%。

(张自杰)

串级调速 cascade speed control

在绕线型异步电动机转子回路中串入附加电势进行电动机调速的一种方式。它利用可控硅装置控制电动机转子回路中串入与转子电势同频率的附加电势,并提高改变附加电势的幅值和相位来实现电动机的调速,同时将电动机的转差能量反馈回电网。

(许以傅 陆继诚)

串联分区供水系统

见分区供水系统(82 页)。

chuang

床层孔隙率 porosit of catalyst bed

用固定床催化反应器净化气体污染物时,床层中催化剂颗粒间空隙体积与催化剂床层体积(空隙体积 + 催化剂颗粒体积)之比。以 ε 表示。它和催化剂颗粒大小、形状、粗糙度等有关。　　(姜安玺)

创建国家环境保护模范城市规划 creating national envi-ronmental protection model city planning

为贯彻落实《中共中央关于加强社会主义精神文明建设若干问题的决议》和《国务院关于环境保护若干问题的决定》,组织实施经国务院批准的《国家环境保护“九五”计划和 2010 年远景目标》中提出城市环境保护“要建成若干个经济快速发展、环境清洁优美、生态良性循环的示范城市”的要求,国家环境保护总局在全国各城市开展创建国家环境保护模范城市活动。旨在通过这项创建活动,树立一批环境与社会、经济协调发展,环境优美的环境保护模范城市。根据《国家环境保护模范城市规划编制纲要》的要求,“创模”规划的基本结构及编制程序应包括以下内容或步骤:①全面分析城市社会经济发展和环境保护的现状与趋势。②分析城市发展状况与模范城市考核标准的差距,分析“创模”工作的可行性。

③确定"创模"规划目标,比较"创模"规划目标与城市总体发展规划以及其他已有的各种规划目标之间的相互关系。④根据"创模"规划的总体目标和阶段目标,确立"创模"的主要任务、工作机制。⑤围绕实现"创模"规划目标和落实主要任务,进一步制定专项规划。⑥针对专项规划制定详细的重点工程方案、投资方案和保障措施,形成行动计划。⑦对"创模"规划进行预期效益评价。⑧获取"模范城市"荣誉称号后的持续改进计划。⑨将上述 8 项中的所有内容编写成一个完整的"创模"规划文本。

(杜鹏飞)

创建国家环境优美乡镇规划 planning for national town or village with graceful environment

为贯彻落实国务院颁布的《全国生态环境保护纲要》,国家环境保护总局提出,要在进一步深化生态示范区创建活动的基础上,大力推动生态省、生态市、生态县建设和环境优美乡镇创建活动。创建环境优美乡镇是为了在现阶段推动农村环境保护工作,改善农村环境,提高农村生态文明水平和农民生活质量的一项工作。环境优美乡镇考核指标涉及农村经济、社会、环境各个方面,包括农民人均纯收入和农业生产环境等具体指标,与小康社会建设目标密切相关。因此,创建环境优美乡镇是解决"三农"问题、实现全面建设小康社会目标的时代要求。编制小城镇环境规划是搞好小城镇环境保护的一项基础性工作。为指导和规范小城镇环境规划的编制工作,国家环境保护总局和建设部制定了《小城镇环境规划编制导则》。规划的主要内容包括总论、基本概况、现状调查与评价、预测与规划目标、环境功能区划分、规划方案制定、可达性分析和实施方案等 8 个方面。

(杜鹏飞)

chui

吹气式液位计 blowing type level meter

根据插入液体内的气管内吹气压力随液位变化而变化的原理制成的测量液位的仪器。测量范围取决于供气压力,精度 2 级。适用于测量腐蚀性及黏性液体的液位。结构简单,但需要气源,并需防止气管阻塞。

(刘善芳)

吹脱池 air blow-off tank

又称曝气池。依靠空气与废水的接触使溶解的有害气体转移到空气中去的水处理构筑物。自然吹脱池依靠液体的表面曝气而脱除溶解气体,适用于溶解气体极易解吸、水温较高、风速较大、有开扩地段和不产生二次污染的情况,要求有足够长的停留时间和池表面积。强化吹脱池内装有一组压缩空气

管或在池表面上安装喷水管,以加强吹脱过程,这时,其停留时间和池表面积都可相应减小。

(王志盈　张希衡　金奇庭)

吹脱法 air blow-off method

用来脱除废水中的溶解气体和某些易挥发溶质的方法。其实质是:使废水与空气充分接触,废水中的溶解气体和易挥发的溶质穿过气液界面,向气相扩散,从而达到脱除废水污染物的目的。通常在吹脱池或吹脱塔中进行。若将解吸的污染物收集,便可达到回收目的。为使吹脱过程顺利进行,视情况不同常对废水进行诸如澄清、除油、调整 pH 值及加热等预处理。主要用于去除废水中的二氧化碳、氨、硫化氢、酚等污染物。使用该方法时要注意防止二次污染。

(王志盈　张希衡　金奇庭)

吹脱设备 air blow-off apparatus

用来脱除废水中的溶解气体和某些易挥发溶质的设备。吹脱是以解吸为主的转移过程,即使溶解于废水中的有害气体和易挥发物转移到与之接触的空气中去的分离过程。设备有吹脱池和吹脱塔。吹脱池中装有曝气管;吹脱塔可采用填料塔、筛板塔或泡沫塔。影响设备效率的因素很多,除了气液接触面积和方式,所采用的气液交换设备外,还有废水的性质、水温、pH 值、气液比等。

(王志盈　张希衡　金奇庭)

吹脱塔 air blow-off tower

脱除废水中溶解态易挥发物的塔体装置,主要有填料塔(如图)和筛板塔。前者的塔内填充惰性材料,如陶瓷环、塑料环、碎石、木条。废水自上淋下,气体自下而上流过,在填料表面进行气液接触。填料有很大的表面积,增进了气液二相的接触。后者是在塔内分层安装 5～10 块筛板,层间有一定距离。板上有直径 6～8mm 的筛孔,孔距 200～300mm。废水自上而下流过筛孔。自下而上鼓吹空气,速度为 2m/s 左右。空气能把流经筛孔的部分废水吹成泡沫状,从而大大增加气液二相接触面积,提高气液交换效率。利用吹脱塔处理含丙烯腈废水,吹脱效率可达 96%。

(王志盈　张希衡　金奇庭)

垂架式中心传动刮泥机 central-drive center drive scraper

又称支柱式中心传动刮泥机。带有中心竖架的中心传动刮泥机。沉淀池中心位置设有管式立柱(中心进水、周边出水流程,管式立柱兼作进水管),池边有工作桥直通柱顶平台,台上驱动机构传动下垂的中心竖架,带动刮臂机构、刮泥板及撇渣装置,进行池底刮泥,水面撇渣作业。刮板外缘线速度通

常不超过 3m/min,在恒定功率条件下,刮泥机的扭矩与转速成反比,故驱动机构传输的扭矩较大,此种传动方式在保温地区运行可不受雨雪冰冻的影响,适用于小于 60m 的辐流式沉淀池。 (李金根)

垂直进度图表 vertical schedule graph

施工进度计划的一种表达形式。在垂直坐标系中,横向坐标表示时间(小时、班、天、周、月等),竖向坐标表示计划完成的工程项目、施工段等,图中每一条直线表示一个生产队、组或个人逐步完成生产指标时,在空间上和时间上的展开情况。 (李国鼎)

垂直提升表面曝气机 vertical shaft lifting surface aerator

通过垂直的轴带动叶轮旋转的表面曝气设备。水在转动的叶轮作用下产生水跃,导入空气,同时叶轮的提升作用,使水快速地上下循环产生回流,液面不断更新接触空气,空气中的氧迅速溶解于水中。按叶轮构造形式分为泵(E)型叶轮曝气机、K 型叶轮曝气机、倒伞型叶轮曝气机、平板式叶轮曝气机。 (李金根)

chun

纯水 pure water

又称去离子水,深度脱盐水。去除水中悬浮物和无机物的阳阴离子杂质,又将水中难以除去的电解质去除至一定程度的水。水中剩余含盐量一般在 1.0mg/L 以下,25℃ 时,水的电阻率为 $1.0 \sim 10 \times 10^6 \Omega \cdot cm$。一般用膜分离、离子交换或将这些方法综合应用制取。 (潘德琦)

纯天然气

见气田气(216 页)。

纯氧 pure oxygen

废水处理中为加快化学氧化或生物氧化的速度,所采用的氧含量为 90% ~98% 的氧气。用以代替空气。制备纯氧有两种方法:①采用分子筛吸附分离器,在高压下吸附氮气,制得含氧 90% ~93% 的富氧空气,然后在低压下释放氮气,使分子筛得以再生,恢复吸附性能,分离器设两个,一个吸附时,另一个解吸再生,两个交替工作;②先把空气液化,再经蒸馏把氧和氮分离开,可得到 95% ~98% 乃至 99.5% 纯度的氧。在一定条件下,氧气能与许多物质发生剧烈的氧化反应(燃烧或爆炸),因此,制取和使用纯氧时,应特别注意安全措施。

(王志盈　张希衡　金奇庭)

纯氧曝气法 pure oxygen aeration process

用高纯度的氧代替空气进行曝气的一种供氧方式。为活性污泥法系统运行方式之一。其主要优点是:氧分压高,转移率也高,在曝气池能够维持较高的溶解氧浓度和较高的 MLVSS 浓度;提高有机物降解速率和 BOD—容积负荷;去除单位有机物量产生的剩余污泥量较少;污泥具有较好的沉降和浓缩性能。缺点是处理系统的设备构造复杂,运行费用较高。 (彭永臻　张自杰)

Ci

磁聚 magnetic aggregation

磁性颗粒通过磁性相吸聚集成较大颗粒的过程。废水处理中,可在永磁分离器前的进水渠道上设置磁场强度很大而磁场梯度很小的预磁场,使废水中的铁磁性悬浮物被磁化,但不被预磁场吸出。磁化颗粒离开预磁场后,依靠剩磁的作用而相吸变大,完成磁聚过程。通常可采用 0.05~0.1T 的预磁感应强度值。 (何其虎　张希衡　金奇庭)

磁力分离法 magnetic separation process

利用磁场力分离磁性悬浮物的废水处理方法。通过磁粉接种和投加絮凝剂,也可使非磁性悬浮物聚集成带有磁性的微粒而予以分离除去。磁场力等于磁场强度与磁场梯度的乘积。要获得优异的分离能力,必须同时兼有大的磁场强度和高的磁场梯度。磁场力可由永久磁铁、电磁线圈和超导电磁线圈产生。永磁分离器产生的磁场力较小,分离能力低,只能除去粒径较大的强磁性悬浮物;电磁分离器产生的磁场力很大,能分离粒径很小(微米级)的各类磁性悬浮物;超导电磁分离器是一种正在研制中的高效电磁分离器。磁力分离法用于轧钢废水、高炉煤气洗涤废水、炼钢炉(转炉、平炉及电炉)烟气洗涤废水中细小磁性氧化铁微粒的去除。结合磁接种和絮凝,还可去除 COD、色度、细菌等。磁力分离法具有分离能力高,处理能力大,占地少、管理方便等优点。缺点是设备成本高,运行费用较高。

(何其虎　张希衡　金奇庭)

磁力启动器 magnetic starter

加装有热继电器(作电机过载保护)的交流接触器。是一种较为完善的低压电磁开关,可用作控制电器和保护电器,通常用来控制异步电动机。

(许以傅)

磁石式市内电话局 magneto city telephone office

使用磁石式电话机,通过市内线路接通交换机后,要由交换机话务员用塞绳为用户接通电话的市内电话局。 (薛　发　吴　明)

磁水器 water magnetizer

利用磁场影响,进行水处理的设备。主要可分成永磁式磁水器和电磁式磁水器两大类。原水经过磁水器后,其化学成分并未改变,仍可生成沉淀,但由于水中钙、镁离子间,经磁场作用后,性态及结晶条件有所变化,使之生成松散状沉淀水垢或泥渣,通

过排污排出。　　　　　　　　　　（潘德琦）

磁性瓷　magnetic ceramics

具有优良的磁性的铁氧体。外观多呈黑色,机械性能(如质硬而脆)和化学性质(如不溶于酸、碱、盐等)与陶瓷颇多相似,制造工艺又多采用陶瓷工艺和粉末冶金工艺。　　　　（张希衡　金奇庭）

次氯酸钠发生器　producer for sodium hypochlorite

由两只电极(阳极和阴极)组成的食盐(NaCl)电解槽。NaCl 电解:

阳极反应:$2Cl^- \longrightarrow Cl_2 \uparrow + 2e$

阴极反应:$2Na^+ + 2e + 2H_2O \longrightarrow 2NaOH + H_2 \uparrow$

氯被 NaOH 吸收即生成次氯酸钠溶液。

（岳舜琳）

次氯酸钠消毒　disinfection by sodium hypochlorite

采用次氯酸钠在水中反应进行的消毒。次氯酸钠 NaClO 是将气体氯通入氢氧化钠 NaOH 的稀溶液中制成。

$$NaOH + Cl_2 \longrightarrow NaClO + NaCl + H_2O$$

含 NaClO10% ～12%,贮存于容器中浓度会逐步降低,次氯酸钠的水溶液含有 ClO^- 及 HOCl:

$$ClO^- + H_2O \Longleftrightarrow HClO + OH^-$$

ClO^- 及 HClO 都有杀菌作用。市场有 NaClO 溶液商品供应。　　　　　　　　　（岳舜琳）

次涡旋

见内涡旋(198 页)。

刺激性气体　irritant gas

对人体组织产生搔痒、炎症等疾患的气体。例如:二氧化硫、一氧化氮、二氧化氮、硫化氢、氮气、氯化氢、硫酸雾等,刺激呼吸道产生炎症,刺激眼睫膜,增加眼疾。光化学产物——臭氧、硝酸、过氧酰基硝酸盐和乙醛等,对眼、鼻、喉黏膜有强烈刺激作用,能引起红眼病、鼻炎、喉头炎以及不同程度的头痛、皮肤搔痒等。　　　　　　　　（张善文）

cu

粗格栅　coarse screen

在污水中截留较大漂浮物或其他杂质的设备。由栅条、栅框、加固件、机械清除装置等组成。用钢或铸铁制成。栅条间隙机械清除时宜为 16 ～25mm,人工清除时宜为 25～40mm。特殊情况下,最大间隙可为 100mm。一般每日截留污物量小于 $0.2m^3$,多用于人工除渣。　　　　（魏秉华）

醋酸纤维素超滤膜　cellulose acetate ultrafiltration membrane

以醋酸纤维素为主要原料制成的超滤膜。改变铸膜液组成和凝胶条件可得到不同性能的超滤膜。　　　　　　　　　　（姚雨霖）

醋酸纤维素反渗透膜　cellulose acetate reveres osmosis membrane

简称 CA 膜。是以醋酸纤维素为主体加入其他铸膜液制成的反渗透膜。膜厚约为 $100\mu m$。表面层外观有光泽,构造致密,称为表面致密层,细孔在 100Å 以下。该层与除盐有密切关系。下面为较厚的多孔层,层中细孔很大(约数千埃),起支持表面层作用,亦称为支持层。在反渗透装置中只有表面层与高压原水接触才能达到预期脱盐效果,决不能倒置。它主要制成平板式、管式、卷(螺旋)式。该膜透水速度快、除盐率高、价格便宜;但易遭微生物侵袭。使用时应注意原液 pH 值和对原液杀菌,以保持膜正常性能。　　　　　　　　　（姚雨霖）

cui

催化还原脱氮　denitrification by catalytic reduction

在催化作用下,利用还原剂将烟气中 NO_x 还原为无害的 N_2 而除去的过程。常用的还原剂有 NH_3 或天然气。若还原剂不仅与废气中 NO_x 反应,还与 O_2 反应,称非选择性催化还原;若还原剂仅与 NO_x 反应,则称选择性催化还原。选择性催化还原流程简单、设备少、温度低、还原剂用量少,被广泛采用。　　　　　　　　　　（张善文）

催化剂　catalyst

在催化净化气态污染物质时,一种加到反应体系中能改变反应速度、而本身在反应前后的量和化学性质都不改变的物质。能加快(或减慢)反应速度的为正(或负)催化剂。气体净化常用正催化剂,如钒、铬、锰、钙、钯等。　　　　　（姜安玺）

催化剂活性　catalyst activity

催化剂加快化学反应速度的效能。在不同的使用场合,催化剂的活性有不同的表示法。如在工业上通常指在一定温度、压力、污染物浓度和空间速度条件下,在单位时间内,污染物通过单位体积(或质量)催化剂进行反应时转化率的大小。显然,催化剂活性愈大,净化效率愈高。　　　（姜安玺）

催化剂选择性　catalyst selectivity

在催化反应中,当其反应能按热力学可能的方向同时发生几个不同反应时,某种催化剂只能加速某一特定反应,而对其他反应无作用的性质。催化剂的这种选择性可使化学反应朝着人们所期望的方向进行。　　　　　　　　　（姜安玺）

催化剂中毒 catalyst poisoning

催化剂的活性和选择性,由于微量外来物质的存在而下降或丧失的现象。实际上它是由于催化剂毒物与其活性中心发生某种作用,破坏或遮盖了催化剂的活性表面而造成的。 (姜安玺)

催化净化 catalytic purification

在催化剂的催化作用下,将废气中气态污染物质转化为无毒或比原来易于去除的物质,从而使废气得到净化的过程。它是气态污染物净化技术之一,是催化反应在环境工程方面的具体应用,如烟气脱硫、脱氮和有机污染物催化氧化等。

(姜安玺)

催化裂解法 catalytic cracking process

在热裂解法基础上,利用催化剂,促进蒸汽和烃类反应的油制气方法。常用镍系或氧化钙-氧化镁系等催化剂。分有间歇式和连续式两类装置,通常前者是在常压及温度为 $750 \sim 900℃$ 条件下进行反应,常用有三筒蓄热裂解装置等;后者常用石脑油为原料,在加压及温度为 $600 \sim 850℃$ 条件下反应,主要设备有管式炉等。在热裂解过程中生发的低级烃能与蒸汽进行广义的水煤气反应,如:

①$C_nH_{2n+2} \rightarrow C_mH_{2m+2} + C_{m'}H_{2m'} (m + m' = n)$

②$C_{m'}H_{2m'} + m'H_2O \rightarrow m'CO + 2 m'H_2$

③$C_mH_{2m+2} + C_{m'}H_{2m'} + nH_2O \rightarrow nCO + (2n+1)H_2$

等。由此生成的油制气,H_2、CO 和 CH_4 等组分居多,发热量在 $12 \sim 25MJ/m^3$ 之间。

(闻 望 徐嘉森)

催化裂解装置 catalytic cracking plant

用催化裂解法生产油制气的装置。分有间歇式和连续式。常用间歇式装置的主体由蒸汽过热器、空气预热器和反应器三筒组成。反应器内置催化剂,其他二筒内置耐火格子砖。生产中每一工作循环历时约为 8min,主要有四个阶段:①顶吹——用蒸汽使炉内残余裂解气吹净,废气自主烟囱排出;②鼓风加热——用空气使炉内积炭烧掉,并喷入加热油使催化剂层及格子砖升温,废气自主烟囱排出;③底吹——用蒸汽将筒内残存废气吹向副烟囱后放入大气;④制气——喷入原料油和反应用蒸汽使之在反应器中裂解、反应,生成燃气;它经蒸汽过热器和空气预热器,使之受热、升温和蓄热,然后进入燃气净化系统。通常每吨重油产燃气约为 $1 100 \sim 1 200m^3$(燃气低位发热量约为 $21MJ/m^3$),加热油占总用油量 $10\% \sim 18\%$,过程蒸汽量与制气油量之比约为 $0.9 \sim 1.2$。 (闻 望 徐嘉森)

催化燃烧 catalytic combustion

在催化剂存在时,使废气中可燃物质燃烧的氧化过程。由于催化剂的作用可使燃烧温度大大降低,使燃料消耗只为一般燃烧的 $40\% \sim 60\%$。它是催化净化法应用的一个方面,但要注意废气中不能含使催化剂中毒的物质。 (姜安玺)

催化燃烧法 catalyst combustion method

在催化剂作用下,使恶臭物质在 $150 \sim 400℃$ 进行燃烧的除臭过程。该过程燃烧温度低,节约燃料,缩小设备容积,可处理低浓度可燃物质。常采用镀镍丝为催化剂,以铁丝网或不锈钢作框架,但须注意气体中含有汞、铅、锌及卤素、腈、灰尘、有机金属化合物、有机硅化合物和硫化物时,会引起催化剂中毒。 (张善文)

催化燃烧法净化有机废气 purification organic waste gas by catalytic burning method

在燃烧过程中,采用催化剂使废气中可燃物在较低温度下氧化分解,从而使有机废气净化的技术。常用催化剂以铂、钯为活性组分,以镍、镍铬合金或氧化铬为载体。催化燃烧时应注意气体混合物易爆。 (张善文)

催化作用 catalytic action

在催化净化气态污染物质时,某化学反应在一定条件下具有一定反应速度,当向该体系加入某物质,可使这一化学反应速度改变的作用。使化学反应加速的作用为正催化作用;使化学反应减速的作用为负催化作用。 (姜安玺)

萃取操作 extracting operation

用不溶于水或难溶于水的萃取剂与废水充分接触,抽取废水中某些污染物的废水处理过程。因为单级萃取的萃取率较低,往往不能满足工艺要求。在实际操作中,常用的方法有:①多级逆流萃取。设置由多个萃取器组成的多级萃取系统,常采用间歇式操作。废水与萃取剂分别从系统的两端加入,在级间的流动方向相反。原废水在第一级中与多次萃取后的萃取剂相遇,使去再生的萃取剂中被萃取物的浓度达到最高。而在最后一级中,再生后的新鲜萃取剂与经过几级萃取后的低浓度废水相遇,使出水的浓度降至最低。所需要的萃取级数可由废水的特性与处理要求、萃取剂的种类、分配系数、溶剂比等因素来确定。②连续式逆流萃取。废水与萃取剂在逆向连续流动的过程中,进行接触传质。可获得比多级逆流萃取更高的萃取效果。 (张晓健)

萃取法 extraction process

通过向废水中投加不溶于水或难溶于水的溶剂(萃取剂),与水充分混合,一部分原来溶解在废水中的某些污染物(被萃取物)就会转溶到所加入的萃取剂中,直到被萃取物在萃取剂和水中达到溶解平衡,再利用萃取剂与水的密度差把两者分离开,水被排出,萃取剂则被再生,从而使废水得到净化,并回收废水中的有用物质的方法。在废水处理中,萃取法多用于处理浓度较高的工业废水,并回收其中所含的酚、苯、苯胺等有用物质。例如,焦化厂、煤气厂的高浓含酚废水的脱酚、制药厂废水回收氨基吡啶、洗毛废水回收羊毛脂等。因废水中常含有多种污染物质,其中一部分不能被萃取去除,以及萃取效率与经济因素等原因,萃取法多用做具有回收价值的高浓度废水的物理化学预处理。　　　　(张晓健)

萃取剂　extractant

实现萃取分离所用的溶剂。可以是单组分溶剂,也可以用多组分混合溶剂。废水处理所用萃取剂的条件有:①对被萃取物有较高的分配系数,以节省萃取剂用量,提高萃取效率;②不溶于水或难溶于水,以减少萃取剂的流失;③与水的物理、化学性质有较大区别,如与水有一定的密度差,通过重力分离,便于把萃取剂与水分离开;或溶剂-水-溶质之间的沸点差别大,便于用蒸馏或蒸发的方法回收溶剂等;④易于回收与再生;⑤化学稳定性好;⑥无毒,以免流失的少量萃取剂产生新的有毒废水。
　　　　　　　　　　　　　　(张晓健)

萃取剂再生　extractant regeneration

从用过的萃取剂中把被萃取物分离出来,使萃取剂可以重复使用。常用的再生方法有:①投加化学药剂,使被萃取物形成不溶于萃取剂的盐类。例如,用重苯萃取酚后,加入苛性钠,生成不溶于重苯的酚钠盐,沉淀分离,使萃取剂得到再生,回收的酚钠再加酸生成粗酚。②蒸馏(或蒸发),利用被萃取物与萃取剂的沸点差别进行分离。例如,单元酚的沸点为181~230℃,醋酸丁酯的沸点为116℃,醋酸丁酯萃取酚后进行蒸馏操作,使萃取剂得到再生,并直接回收酚。　　　　　　　　(张晓健)

萃取平衡　extracting equilibrium

在萃取过程中,被萃取物从水中向萃取剂中转溶,直到该溶质在水中和在萃取剂中的浓度不再改变,达到溶解平衡的状态。这种平衡状态称为萃取平衡。利用溶质在水中和在萃取剂中溶解性的差别,可使其不同等地分配在两个液相中。分配系数　当单级萃取达到萃取平衡时,某溶质(被萃取物)在萃取液中和在萃余液(水)中的浓度之比,即

$$K = y_B / x_B$$

K 是分配系数,y_B 和 x_B 分别是被萃取物 B 组分在萃取剂中和在萃余液(水)中的平衡浓度。在一定条件下,分配系数为一确定的常数。在实际废水的萃取中,分配系数往往不是常数,随着平衡浓度的改变,分配系数会有所变化。　　　　　(张晓健)

萃取设备　extraction equipment

用于萃取操作的传质设备。常用的萃取设备有:①搅拌萃取器:萃取器中设有旋浆式或涡轮式搅拌器,通过搅拌使两液相充分混合,接触传质,然后静置一段时间,使轻重液分层,再分别排出。此种设备结构简单,多用于多级逆流萃取,间歇操作,适用于处理间歇排出的少量废水。②萃取塔:有往复筛板塔、转盘塔、脉动塔、筛板塔等。塔体均为直立圆筒形,轻相(废水与萃取剂中密度较小者)从塔的下部进入,由塔顶溢出;重相(废水与萃取剂中密度较大者)从塔的上部加入,由塔底导出;两者由密度差在塔内做逆向流动。塔的中间部分是萃取工作段,进行传质。塔的两端是分离段,用于两相之间的分离。在萃取过程中,通常是一相呈液滴状态分散于另一相中。因此在塔两端的分离段中,进行分散液滴的凝聚分层和重力沉降(或上浮)分离。往复筛板萃取塔:塔中装有一根纵向轴,轴上装有若干块穿孔筛板,由塔顶电动机传动的偏心轮带动做上下往复运动,借此搅动液流,使萃取剂和废水充分混合,强化传质过程。结构如图 a。此种萃取塔可用于焦化厂、煤气厂高浓含酚废水的脱酚处理等。转盘萃取塔:在工作段中,每隔一定距离装有一环状隔板,把

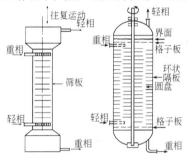

(a)　　　　　(b)

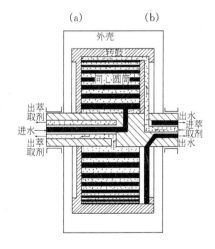

(c)

工作段分隔成一系列的小室,每室中心有一圆盘作为搅拌器,这些圆盘安装在位于塔中心的立轴上,由塔顶的机械装置带动旋转。通过转盘的转动,把萃

取剂分散成细小的液滴,强化传质过程。结构如图 *b*。③离心萃取机:具有离心机结构的萃取设备。如图 *c* 为圆筒式离心萃取机。转鼓内装有多层同心圆筒,每层筒壁上都有许多小孔。萃取剂(轻相)从外层的同心圆筒进入,废水(重相)由内层的同心圆筒进入。在转筒高速旋转产生的离心力的作用下,两相逆向运动,萃取剂由外向内,废水由内向外。当

两相液体逆向穿越每层萃取筒的小孔时,互相混合,充分接触。而在同一层圆筒中,离心力又把两相分离开。这样,通过多次的对流混合与分离,完成萃取处理。离心萃取机特别适用于两相密度差较小或易乳化的物系,可用于洗毛废水萃取,以回收羊毛脂等。　　　　　　　　　　　　　　　　(张晓健)

D

da

大口井 large open well

又称宽井。集取浅层或埋藏深度较浅的含水层地下水的一种垂直于地面向下的筒状孔洞。一般构造如图。井径通常为 3～8m,不大于 10m;井深不大于 20m。其纵剖面通常有圆筒形、截头圆锥形及阶梯圆筒形。井身通常用钢筋混凝土浇筑或用预制钢筋混凝土圈、预制混凝土块、砖、石等材料砌筑。进水方式有井壁进水、井底进水或井壁和井底共

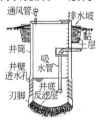

同进水。井壁进水是在井壁上设置进水孔,也有设置透水井壁。进水孔内通常填装一定级配的滤料。透水井壁是由无砂混凝土现浇或预制块砌筑。井底进水应在井底敷设反滤层,以防止取水时进砂和保持含水层渗透稳定性。为避免地表污水从井口或沿井外壁侵入含水层而污染地下水,井口通常高出地表 0.5m 以上,并在井口周围建有宽度为 1.5m 的排水坡,若表层土壤渗透性较强,排水坡下面还填有厚度不小于 1.5m 的黏土层。大口井与取水泵房可以合建也可以分建,也有几座大口井用虹吸管相连通后合建一个泵房的。　　　　　　　(朱锦文)

大气环境 atmospheric environment

地表上空与人类活动密切相关的气层空间。也是大气污染物活动的主要场所。作为一种自然环境,它按自身固有的自然规律发展变化;但人类活动会使大气中的某些微量组分发生很大的变化,从而对人体健康和地球生态产生有害影响。这些微量组分称为大气污染因子,其含量的大小是衡量大气环境质量优劣的依据。通常人们关心的是地面层百米高度以下大气污染物的浓度。在酸雨等区域污染研

究中涉及的高度范围扩展至整个对流层,而在温室效应和臭氧层保护等全球性问题研究中则要上扩至平流层。　　　　　　　　　　　　　　(徐康富)

大气环境监测 monitoring for ambient air quality, atmospheric environmental monitoring

对环绕地球周围气体质量的监视和检测。一般认为,大气的厚度达 1000～1400km,其中,对人类和生物生存有重要影响作用的是近地面约 10km 厚度的对流层大气,通常把这层大气称为空气。它的质量约占大气总质量的 95% 左右。城市环境监测的大气监测主要就是对空气的监测。空气监测的目的在于了解和掌握环境污染的状况,进行空气质量评价,并为空气质量的预测预报积累资料,也为卫生标准和环境保护法规的制订和修改、治理措施的确定以及环境污染纠纷的仲裁等提供科学依据。空气监测按监测对象来源可分为:空气污染源监测、环境空气质量监测和室内空气质量监测;按空气中污染物存在的物理状态可分为:颗粒状污染物质监测和气态状污染物质监测。　　　　(蒋展鹏　徐康富)

大气环境目标值 atmospheric environment requirement

参照大气环境质量标准,结合当地经济承受能力和功能区的性质对控制网点选定的一组污染物浓度许可值。作为地区大气环境保护规划的目标,其大小可以不同于大气环境质量标准。　　(徐康富)

大气环境质量背景值 ambient air quality background

大气污染因子在未受到人为污染影响时的正常含量。它由自然过程产生,与区域的土壤组成、地表性质和气象条件有关。实际上总受到广域大气污染的影响,通常在人为干扰少和相对原始的清洁区采集一定数量的样品进行分析,按样品值的出现频率和分布规律取统计值,作为判定相关地区受污染程度的对比数据。　　　　　　　　(徐康富)

大气环境质量标准 ambient air quality standard

由国家或地方立法部门颁发的大气污染物在一定时间和空间范围内的容许含量。有国家标准和地方标准两类。后者是根据当地的特殊情况,对国家标准中尚未明确的部分加以补充。这类标准原则上反映了人和生态系统对大气环境质量的综合要求,也反映了社会为控制污染危害在技术上实现的可能性和经济上可承受的能力。中国对不同的大气环境质量区,按年日平均、日平均和任何一次采样三种时间尺度,分别制定出三个等级。 （徐康富）

大气环境质量管理 atmospheric environmental quality management

为了保证人类生存与健康以及环境生态正常循环所必须的大气环境质量而进行的各项管理工作。它包括组织制订大气环境质量标准和大气污染物排放标准,组织有关部门和行业之间的协调,大气污染源的监控,大气环境质量监测、评价、预报和大气污染趋势预测以及编制大气环境保护规划等。概括地说,通过全面协调经济发展与大气环境保护的关系,综合运用法律、行政、经济、技术和教育等手段,限制人类损害大气环境质量的活动。 （徐康富）

大气环境质量评价 ambient air quality assessment

在大气环境监测、大气污染源调研和大气扩散参数测定的基础上,通过建立大气污染模型和污染物浓度分布计算,从现状或趋势上对大气环境质量的优劣及其对人体健康和生态影响进行剖析和定量判定或预测的过程。常分为回顾评价、现状评价和影响评价三种类型。后者在中国环境保护法中已成制度化。凡属将要开发兴建或扩建的重大工程项目,都要进行大气污染影响预测,并就预测结果进行评价,提出合理的防治对策,结合当地居民和有关部门及企业的意见,编写环境影响报告书,供环保主管部门审议。 （徐康富）

大气环境质量区 region of ambient air quality

按执行同级大气环境质量标准划分的区域。它的类别与大气环境质量标准等级相对应。一类区为国家规定的自然保护区、风景游览区、名胜古迹和疗养地等,一般执行一级标准。二类区为城市规划中确定的居民区、商业交通居民混合区、文化区、名胜古迹和广大农村等,一般执行二级标准。三类区为大气污染程度比较重的城镇和工业区以及交通枢纽、干线等,一般执行三级标准。 （徐康富）

大气环境质量指数 quality index of air environment

表明大气环境质量的一种数量尺度。是大气污染监测评价的主要方法。其内容包括选择能反映本地区大气污染状况的一种或几种主要污染物,把其实测浓度除以该污染物的环境质量标准,得到无量纲相对值进行加权处理,计算出污染指数,并对其数值进行分级和给予一定质量评语。它不仅可反映一种主要污染物,而且也可反映多种污染物结合对大气环境质量的影响。该指数种类繁多,对表示大气环境质量各有优缺点。 （姜安玺）

大气环境自净能力 self-purification capacity of atmospheric environment

通过大气扩散稀释、大气化学转化、重力沉降和雨水洗脱等作用而使大气污染物毒性和浓度自然降低的能力。这种能力随大气污染物浓度的增加而提高,因而在定量上有着不确定性。实际上,常以大气环境目标值下污染物的自然衰减量作定量依据。 （徐康富）

大气环流 general atmospheric circulation

水平尺度在 1 000km 以上、时间尺度在一周以上的大气运动。包括季节性变化的季风和行星风系等,如中国大部分地区夏季盛行的东南风、冬季盛行的西北风和较高层次上的偏西风。它们反映了大气运动的基本状态,制约着规模较小的气流运动,也决定了大气污染物对全球性污染的影响范围。 （徐康富）

大气结构 atmospheric structure

气象学上按照大气温度垂直分布和垂直运动情况划分成的大气层次。包括对流层、平流层、中间层和热成层等(如图)。其中对流层和平流层与大气污染的关系极为密切。其余的高层大气尚没有普遍承

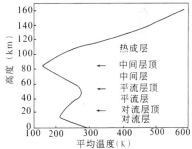

认的术语。 （徐康富）

大气扩散 atmospheric diffusion

大气污染物因受湍流混合作用而逐渐分散稀释的现象。大气扩散运动的不规则性与分子扩散相似,但不是单分子运动,而以分子的集合——空气微团参与运动,且在速度上比分子扩散大 5~6 个数量级,因而能使大气污染物很快地稀释扩散。 （徐康富）

大气圈 atmosphere

由地球引力作用而聚集在地球周围的大气层。其上界高度一般按高层大气物理现象——极光出现的最大高度定为1 200km;其基本组分氮气和氧气分别占大气质量的75.5%和23.1%。由于受风和大气湍流的作用,从地面直到80km高空,大气组分的混合比相当稳定,特称为均质层。质量的垂直分布则随高度增加而显著减少,99%质量的大气存在于29km以下的大气层中,其中一半以上集中在5.6km高度以下的大气层。这种由长期天体演变形成的大气层是地球生态系统的保护圈。它吸收太阳有害辐射,输送水分和太阳能,为人类和地球生态系统提供了生存所必需的环境,也为大气污染物的扩散稀释和转化提供了空间。 (徐康富)

大气湍流 atmospheric turbulence

附加在大气平均运动之上的一种不规则骚动。其中各种量是时间和空间的随机变量,在统计上能以相异的平均值来表示。它又分为机械湍流和热力湍流两种。如气流随地形起伏而升降或风速随高度增加而增大所引起的垂直方向的湍流以及气流绕过障碍物所产生的水平方向的湍流都属前者;因气温随高度递减而产生的垂直方向的湍流则属于后者。这类湍流大大地加速了大气中物质和能量的交换,使大气污染物最终得到充分的混合而稀释。 (徐康富)

大气温度层结 atmospheric temperature profile

大气温度随高度分布的气象学术语。通常采用每升高100m的平均温度降低值——平均温度直减率来表示。在对流层中一般取值为0.65℃/100m;在有风的阴天会出现气温几乎不随高度变化的等温现象;而在晴朗和小风的夜间,还会出现气温随高度增加而上升的逆温现象。 (徐康富)

大气稳定度 atmospheric stability

大气在垂直方向稳定性的度量。用以表示空气是否安于所在的层次,是否易于发生垂直运动。通过大气温度直减率与绝热直减率大小的比较,可判断大气稳定性的三种基本类型。若前者小于后者,因某种偶然原因而上升的气块,其温度因绝热膨胀而低于四周的空气,故有下沉回到原来高度的倾向,大气是稳定的;反之是不稳定的;而当两者相等时,上升的气块可停留在任一高度上,大气则呈中性。实用的分级法有修订的帕斯奎尔稳定度分级法、温度梯度法和风向标准差法。总之,温度直减率越大,大气越不稳定,越有利于污染物扩散。 (徐康富)

大气污染常规分析指标 indicator of normal analysis for air pollution

每年在指定的各段期限内定时定点进行重复监测的项目。即大气污染常规监测的项目。按中国

《大气环境质量标准》规定,现阶段常规监测的项目有总悬浮颗粒物、二氧化硫、氮氧化物、一氧化碳和总氧化剂的浓度。根据当地的具体情况,有些城市和地区对降尘、总烃、铅和氟化物的浓度也进行常规监测。这类指标如实定量地反映了大气环境质量及其发展趋势,是环境管理决策的重要依据。 (徐康富)

大气污染防治法规 laws and regulations of air pollution prevention and treatment

防治大气污染和保护大气环境的手段,是调整人们在利用自然资源和保护大气环境的活动中所发生的社会关系的法律、规范的总称。如《中华人民共和国大气污染防治法》、《制订地方大气污染物排放标准的技术原则和方法》、《工业企业设计卫生标准》等。这些法规不仅具有作为上层建筑的法律的一般属性。还具有不同于一般法律的综合性、技术性和社会性。它的综合性在于包括行政、技术、经济和教育等;它的技术性在于防治需要工程、技术和其他自然科学等的措施,因此它不得不把大量技术规范和操作规程囊括其中;它的社会性在于它所保护的是人类共同需要的生存条件,所以符合全人类和全民的利益。该法规的目的是使国民经济发展和环境保护同步进行。 (姜安玺)

大气污染防治规划 atmospheric pollution prevention and control planning

见大气污染控制规划。

大气污染化学 atmospheric pollution chemistry

为环境污染化学的一个分支,主要研究大气污染物在地球大气圈中迁移转化的基本规律。研究的内容包括大气污染物在环境中的来源、扩散、分布、循环、形态、反应、归宿等各个环节。研究目的是为大气环境质量评价、分析监测和污染物控制治理等方面的工作提供科学依据。这是一门新兴学科,它的范畴还没有公认的明确界限。 (马广大)

大气污染控制规划 integrated control planning of atmospheric pollution

又称大气污染防治规划。对某一特定区域,根据环境质量的总体要求,对改善大气质量的各种防治污染的技术措施在时间上和空间上的合理安排。包括能源结构、工业发展、城市建设布局与各种治理设施的安排。通常采用的主要防治措施有:①合理调整城市建设布局,特别是工业布局和生态防护绿地的布局,防治结构性污染;②改善能源结构,改进燃烧技术,减少污染物的排放,包括对燃料进行预处理以减少燃烧时污染物的产生,改进燃烧装置和燃烧技术,采用无污染或少污染的生产工艺,节约能源、资源,加强企业管理,减少事故性排放,妥善处理

废渣以减少地面扬尘等;③加强污染控制基础设施的建设,治理污染物,主要是利用各种除尘器去除烟尘和各种工业粉尘,采用气体吸收塔处理有害气体,回收利用废气中的有用物质或使有害气体无害化;④发展植物净化,主要是城市和工业区有计划、有选择地扩大绿化面积;⑤利用大气环境自净能力,即依据大气层空气动力学和热力学规律,确定烟囱高度,合理利用大气的稀释扩散和自净能力。

(杜鹏飞)

大气污染控制技术 technology of air pollution control

在研究大气污染化学和大气污染扩散的基础上,根据"大气环境质量标准"和"废气排放标准",充分利用气体、液体、固体燃料及燃烧特性和气态污染物、颗粒污染物等的处理原理,进行工程分析、设计、建造、安装、调试和运行某种型式的装置,以使污染物排放量降低到不致污染大气所使用的技术。包括对燃料组成、特性及完全燃烧条件的研究,以及通过对燃料脱硫、除灰和控制燃烧条件,使 TSP、SO_x 和 NO_x 等污染物尽量减少;还包括颗粒物的具体去除技术,如对机械式、过滤式、湿式以及电除尘器等的基本原理、装置结构、性能和效率的研究;也包括气态污染物的净化,具体涉及净化气态污染物经常采用的吸收、吸附、催化、汽凝和燃烧等方法的原理、设备构型、运行条件和效率。中国大气污染严重,近期主要是 TSP 的控制问题。 (姜安玺)

大气污染危害 damage of atmospheric pollution

当分散在空气中的有害气体和颗粒物的量超过空气自净能力时,在一定持续时间内对生物及非生物产生的危害。正常情况下,大气中的多种气体和颗粒物的含量相对稳定,当少量污染物排入大气时,经大气向远处输送,使污染物被稀释冲淡,同时有些污染物经历了复杂的物理、化学及生物作用生成新物质,经沉降落入地面,大气能够重新得到净化;当排入大气的污染物超过大气自净能力时,则导致对人类健康、动植物、材料、甚至大气特性和环境因素产生显著不良影响。 (张善文)

大气污染物 atmospheric pollutant

又称空气污染物。由于人类活动或自然过程排入大气的并对人或环境产生有害影响的那些物质。通常主要是指由于人类的生产活动和生活活动排入大气的那些有害物质。大气污染物的种类很多,按其存在状态可概括为两大类:气溶胶污染物和气态污染物。 (马广大)

大气污染物对材料的影响 atmospheric pollutant's effect on material

大气中气体污染物或颗粒物,通过磨蚀、化学浸蚀和电化学腐蚀,对材料产生长期且经常性的作用。影响材料质量,缩短使用寿命,造成很大经济损失。不同材料的主要污染物和损坏类型以及其他影响因素也不同。 (张善文)

大气污染物对气象的影响 atmospheric pollutant's effect on meteorology

大气污染物对大气能见度、降水规律、地球平均温度、大气臭氧量等的影响。排放于大气中的气溶胶粒子或能与大气反应产生气溶胶的气体,吸收和散射可见光,使大气能见度降低,影响美学,危及交通安全;大气污染影响降水规律,从而影响农业生产;酸雨危害动植物,使河流,湖泊酸化,使建筑物腐蚀;大气中二氧化碳增加导致地球平均温度升高;大气中碳氢化合物、有机氯化合物的累积,能使大气臭氧相应减少,可能引起全球气候的变化。

(张善文)

大气污染物对人体健康的影响 damage of air pollutants to human health

大气污染物中某些化学元素含量超过人体生理调节范围时,使人体和环境之间的平衡遭到破坏,从而使机体健康受到的影响。大气污染经常存在着 SO_x、NO_x、O_3、酸雾、颗粒物及其他有毒气体。在大气污染较低浓度时,对人体能刺激呼吸道,引起支气管收缩使呼吸道受阻,导致组织缺氧及呼吸道烟尘阻留和细菌繁殖,造成呼吸道发生感染性疾病,例如:慢性支气管炎、支气管喘息、慢性阻塞性肺病、肺气肿、肺源性心脏病等。大气污染严重时,则能对人体造成急性中毒。大气污染的光化学氧化剂对人的眼、鼻、喉黏膜、皮肤均有强烈刺激作用。大气污染物中存在着三十余种致癌物质,主要是多环芳烃及其衍生物。 (张善文)

大气污染物对植物的影响 atmospheric pollutant's effect on plants

大气污染物通过植物叶面进入植物体内或土壤破坏植物所需的营养物质,对植物产生代谢状态的改变和生长发育破坏的影响。由二氧化硫、氢氟酸、光化学烟雾、臭氧和乙烯,还有氯气、盐酸、硫化氢、氨等有毒有害气体以及一些颗粒物所构成的大气污染物,通过植物叶面上进行正常气体交换的气孔或孔隙进入植物体内,影响植物细胞的呼吸作用、渗透作用、光合作用和产生能量的化学反应,改变植物的代谢状态,损害细胞、组织,以及叶子和果实等器官。同时,空气污染物亦可通过土壤,破坏植物所需要的营养物质,影响植物的生长和发育,使植物衰败、死亡而导致植物种群消失,从而使生态体系和农业生产遭受破坏,其受害程度取决于污染物种类、浓度及

作用时间和温度等条件。　　　　　（张善文）

大气污染物综合排放标准（GB16297－1996） integrated emission standard of air pollutants

根据《中华人民共和国大气污染防治法》第七条的规定，在原有《工业"三废"排放试行标准和有关其他行业性国家大气污染物排放标准的基础上制定本标准。其技术内容与原有各标准有一定的继承关系，亦有相当大的修改和变化。它规定了 33 种大气污染物的限值，其指标体系为最高允许排放浓度、最高允许排放速率和无组织排放监控浓度限值。经国家环境保护局 1996 年 4 月 12 日批准，从 1997 年 1 月 1 日起实施。自实施之日起，被取代的原有各标准的废气部分即行废除。原有各标准包括 GBJ4－73《工业"三废"排放试行标准》、GB3548－83《合成洗涤剂工业污染物排放标准》、GB4276－84《火炸药工业硫酸浓缩污染物排放标准》、GB4277－84《雷汞工业污染物排放标准》、GB4282－84《硫酸工业污染物排放标准》、GB4286－84《船舶工业污染物排放标准》、GB4911－85《钢铁工业污染物排放标准》、GB4912－85《轻金属工业污染物排放标准》、GB4913－85《重有色金属工业污染物排放标准》、GB4916－85《沥青工业污染物排放标准》和 GB4917－85《普钙工业污染物排放标准》。　　　　　（徐康富）

大气污染预报 air pollution forecasting

利用地区大气污染模型，事先通报由气象条件变化或重大污染事故对大气环境质量即将产生的影响。以便有关部门及时采取应急措施加以避免或尽量减轻其危害。　　　　　（徐康富）

大气污染源 air pollution sources

造成大气污染的污染物发生源。通常指向大气环境排放有害物质或对大气环境产生有害影响的场所、设备和装置等。按污染物的来源可分天然大气污染源和人为大气污染源。　　　　　（马广大）

大气污染源调查 survey of atmospheric pollution sources

根据控制大气污染、改善大气环境质量的要求，对造成大气污染原因的调查。具体做法如对某一地区（一个城市或一个工业企业）造成大气污染的原因进行调查，建立各类大气污染源档案，在综合分析基础上选定评价标准，估量并比较各污染源对大气环境的危害程度及其潜在危险，确定该地区的重点控制对象（主要大气污染源和主要大气污染物）及其控制方法。　　　　　（马广大）

大气污染综合防治 integrated prevention of atmospheric pollution

从一个城市或地区的整体出发，采取以防为主和防治结合的方针，通过对经济发展和大气环境保护的统一规划和宏观调控，综合运用各种防治措施以保护和改善大气环境质量的一种基本途径。其主要内容有：加强植树造林绿化环境，开发区域大气环境容量；规划城市功能区和调整大气污染源布局，合理利用大气环境容量；调整能源结构和产品结构，开发和推广节能技术和生产新工艺，减少大气污染物的生成量；完善大气环境保护法规，加强环境管理，开发废物资源化的综合利用技术和污染物排放控制技术及装备，削减大气污染物排放量。　（徐康富）

大气污染总量控制模型 air pollution total quantity control model

用以求解总量控制优化方案的数学模型及计算程序。基本结构由反映削减量分配原则的目标函数、大气污染模型和环境约束条件三部分组成。视目标函数的不同，可分为单纯考虑排放控制的单目标规划模型和综合考虑能源和经济发展的多目标规划模型。视削减量分配方式的不同，又可分为平权削减、最少削减和最小费用削减三类。模型计算离不开当地的气象参数和污染源参数，以大气污染模拟计算作基础，利用单位排放量所造成的控制点浓度和（或）单位削减费组织规划模型，选用合适的数学方法求得满足约束条件的许可排放量的最优解。随着计算机技术的普及和发展，这类模型已成为区域大气污染综合防治工作的重要工具。

　　　　　（徐康富）

大型无线电收信台 large radio receiving station

用做国际无线电通信或类似规模的无线电收信台。　　　　　（薛　发　吴　明）

dai

带气接线 on-line bonding

将新建燃气管道与正在使用的燃气管道相连接的作业。因在带气的条件下进行切割、焊接或钻孔，属危险作业，故必须制定周密的操作方案，掌握接线方法，熟悉安全技术才能施工。在钢管、铸铁管和聚乙烯管上均可进行带气接线，有对接和三通连接等方法。对于较高压力的管道接线时应采取降压措施。　　　　　（王民生）

带式压滤机 belt filter press

一种有上下两道循环运行的滤布，环绕在按顺序排列的一系列辊筒上，对夹在滤布间的污泥实施挤压脱水的压榨过滤机。脱水共分三个区段；第一段为重力过滤区，污泥布施在滤布上，布的两侧设挡板，防止跑料。布上设有梳耙，把泥浆梳理均匀，游离水顺梳沟穿过滤带脱水；第二区段为楔形挤压区，两条滤带即将叠合前，滤带空间逐渐变小，形成楔形区段，布两侧设楔形挡板，防止跑料，滤布间对污泥开始施加挤压、剪切作用，压力逐渐加大，使之脱水；

第三区段为挤压压榨区,两滤带夹着初步脱水的泥饼通过多道水平辊轴的挤压压榨,完成脱水。在最后一道辊轴后,两滤布分开,泥饼卸落,滤布各自经清洗进入下一循环。污泥进入滤机前必须先与高分子絮凝剂混合反应。滤布必须具有良好的过滤性能、剥离性能、再生性能,还应有足够强度、变形小、耐磨损。运行中滤带须有纠偏装置,防止跑偏。整机结构简单,操作方便,能耗少,噪声低,污泥处理量大,可连续运作。但污泥臭味易外溢,滤带损耗高。

(李金根)

袋式除尘器 baghouse

依靠编织的或毡织的滤布作为过滤材料分离含尘气体中粉尘的除尘装置。滤布材料可采用天然纤维、合成纤维或玻璃纤维。粉尘通过滤布时因筛滤、碰撞、截留、扩散、静电作用等而被阻留、捕集。它的结构形式多种多样。按滤袋的形状可分为圆袋和扁袋;按含尘气体进气方式可分为内滤式和外滤式;按清灰方式分为简易清灰式、机械振打清灰式、逆气流反吹清灰式、脉冲喷吹清灰式及联合清灰式等。该除尘器具有除尘效率高、性能稳定可靠、操作简便、捕集的干粉尘便于回收利用等优点。多用于净化含微细粉尘的气体,广泛用于冶金、化工等作业中回收有价值组分含量较高的微尘。在微粒控制技术上占有重要位置。

(郝吉明)

dan

单侧曝气式接触氧化池 laterally aerated contact oxidation tank

填料在池的一侧充填,另一侧为曝气区的生物接触氧化池。污水首先进入曝气区,经曝气充氧后从填料上流下通过填料,处理水由曝气区外侧间隙上升流入沉淀池(如图)。

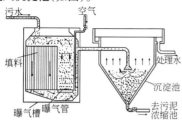

(张自杰)

单吊点栅网抓落器 single point grid hoop-up

由横梁、导向器、单吊钩、重锤等组成的栅网抓落器。吊钩及挂、脱装置设在抓落器重心线上,适用于宽度不大(高宽比大于1)、起吊力在 $1 \times 10^4 N$ 以下,且安装在较深取水构筑物的小型栅网的抓起或放落。

(李金根)

单管式热水供热系统 one-pipe hot-water heat-supply system

只有一根从热源送出的供水管,而无返回热源的回水管的热水供热系统。它属于开式热水供热系统。这种系统最大的优点是系统简单、投资节省。单管无溢流供热系统是长距离输地最简单的系统。当城市或供热区域的供暖、通风负荷用水量和生活热水供应负荷用水量接近一致时,最宜采用这种系统。

(石兆玉 贺 平)

单管式蒸汽供热系统 one-pipe steam heatsupply system

由热源引出一种供汽压力蒸汽的供热系统。当热用户需要不同能位的供热蒸汽时,在热入口通过蒸汽减压装置来实现。该蒸汽供热系统根据热用户的不同特点,可以设置有凝结水回收的系统,也可以是无凝结水回收的系统。凝结水不回收的系统能节省管网初投资,但不利于高能位蒸汽的合理使用。

(石兆玉 贺 平)

单级单吸悬臂式离心泵 single suction single stage centrifugal pump with overhung shaft

泵轴上只有一个单一吸入口叶轮,设置于轴悬臂端的离心泵。多数吸入口沿轴向,压出口向上,泵转子用两个位于轴端滚子轴承支承,分悬架式、托架式和直联式三种。其中托架式为两轴承函在托架内;悬架式为两轴承函设在悬架上;直联式为无水泵轴承函,叶轮直接安装在延长了的电机轴上。1975年国际标准化机构对 16bar 以下泵的主要尺寸和性能参数制订了国际标准,中国和世界上不少国家都贯彻执行了国际标准,有完整的系列产品。对于大型泵,为减少机组占地面积,节约基建投资,降低泵的标高,常采用立式单级、单吸结构。 (刘逸龄)

单级钠离子交换系统 single-grade sodium ion-exchange system

水软化通过一次钠离子交换器工作的系统。是常用的软化水处理系统。交换剂为磺化煤时,出水残余硬度较高;采用离子交换树脂时,出水水质硬度小于 2mg/L(以碳酸钙表示)。此系统流程简单,操作方便,但不能降低碱度,含盐量较原水稍有增加。适用于原水碱度低,总硬度较低,出水水质硬度要求不高时。 (潘德琦)

单级双吸中开式离心泵 horizontal single-stage double-suction volute pump

叶轮犹如两个单吸叶轮背靠背地对称布置铸成一体,并联工作的离心泵。相应泵体也是由两个对称布置的螺旋形吸水室和一个涡壳压水室组成,泵体与泵盖是通过轴心线水平面结合的,通常称之为水平中开式。该泵特点是理论上可认为工作时保持轴向水推力平衡;也可不动任何管路揭开泵盖检修泵内零件;与混流泵相比高效率范围广,关死轴功率小。由于卧式结构,机组占地面积大,为节约基建投资也可采用立式结构。　　　　　（刘逸龄）

单接杆　joint pole

由两根或两根以上电杆串接而成。一般用在需要升高电杆高度的地方。　　（薛发　吴明）

单孔排气阀　single hole air release valve

只有一个孔口作进、排气阀口的排气阀。分大口和小口两种。大口排气阀,适用于排吸大气量,当主管道没有压力水时浮球位于阀的底部,孔口是敞开的。在充水过程中,空气被排出、上升的水位把浮球托向阀座孔,接着管内水压力将阀出口密封;当管道里排水压力降到接近大气压时,浮球落下,空气自外界通入以防止管内造成真空。小口排气阀,浮球通常是紧靠在阀座小孔密封面上,当阀腔内的空气积累水位下降,直至浮球失去浮力自动离开阀座密封面时,阀门开启,阀内空气自小口排出,随之水位上升,将浮球浮起,重新密封。小口排气阀能在管线上排除水体不断逸出的空气。　　（肖而宽）

单瓶和双瓶供应　distribution by single or double gas cylinder installation

用瓶装液化石油气向居民用户供应的一种方式。有单瓶供应和双瓶供应。单瓶供应是由钢瓶、调压器、燃具和连接软管组成。一般将钢瓶置于厨房内。使用时打开钢瓶阀门,液化石油气经调压器降压至3000Pa左右进入燃具燃烧。钢瓶与燃具,采暖炉,散热器等的距离不小于1m,连接软管的长度不大于2m。双瓶供应时,其中一个钢瓶供气,另一个为备用钢瓶,互相轮换。双瓶供应时,钢瓶多置于室外的金属箱内。双瓶供应系统包括钢瓶、调压器、金属管道及燃具。　　（薛世达　段长贵）

单圈弹簧管压力表　single-ring spring pressure meter

根据弹簧管在压力作用下变形,自由端产生位移的原理制作的压力测量仪器。测量范围:$-0.1\sim$ 1000MPa,精度 $1.0\sim1.5$ 级。适用于测量对铜合金不产生腐蚀的气体、液体或蒸汽的压力及负压。其结构简单,价格低廉,并有防爆及电接点式等多个品种。　　　　　　　　　　　（刘善芳）

单向阀

见止回阀(359页)。

单项治理　part-treatment

见单源排放控制。

单效蒸发　single-effect evaporation

蒸发过程中,加热水蒸气的热能仅利用一次,二次蒸汽包含的热能不再利用的蒸发工艺。设备称单效蒸发器,由加热室、蒸发室、二次蒸汽冷凝器及贮液槽组成。系统多在负压下运行,优点是:①沸点低,温差大,传热效率高;②可利用低压蒸汽或废热蒸汽作热源,运行费用低;③操作温度低,热损失少,腐蚀轻。缺点是负压下排出浓缩液较困难。

（张希衡　刘君华　金奇庭）

单要素环境规划　single environmental element planning

指针对某一环境要素而开展的环境规划。环境要素通常包括水、气、声、固体废物、辐射等内容。按照环境要素的不同,可以分为水污染防治规划、大气污染防治规划、固体废物处理处置规划等。不同的环境要素所涉及的人类经济社会活动、污染物迁移转化规律以及环境保护活动均有所区别。因此,不同的单要素环境规划之间存在着一定的差异性。

（杜鹏飞）

单源排放控制　emission control for single source

又称单项治理。即对污染源及其排放的污染物按排放标准逐个逐项进行控制的方法。如对锅炉逐个进行消烟除尘,使其烟尘排放达标。

（徐康富）

单轴单级生物转盘　single stage single axle RBC

由一根转轴和一座氧化槽构成的生物转盘。

（张自杰）

单轴多级生物转盘　single axle multi-stage RBC

由一根转轴和多级氧化槽构成的生物转盘。图示为单轴四级生物转盘。

（张自杰）

单座阀燃气调压器　single-valve seat gas pressure regulator

以单座阀为调节机构的燃气调压器。按阀瓣材料性质可分为硬阀式和软阀式等;按阀瓣形状可分为盘形、锥形、塞形和孔口形等。常用作用户调压器和专用调压器。其特点是在不需使用燃气时可迅速切断供气,出口压力不致升得过高,使用安全可靠;但由于阀瓣两面受力不均衡,所以其入口压力变化对其出口压力影响较大。

（刘慈慰）

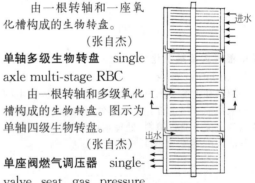

单轴多级生物转盘

淡室

见淡水室(47页)。

淡水 fresh water

水中含盐量有限量规定的水。生活饮用淡水，根据我国现行的《生活饮用水卫生标准》规定，水中硫酸盐、氯化物两项化学指标均不得大于 250mg/L;工业用淡水，常以水中含盐量和水的电阻率衡量，根据各工业部门对水质的不同要求给予具体规定。有脱盐水、纯水和高纯水之分。

(朱锦文 潘德琦)

淡水产量（电渗析器） yield of fresh water (electrodialysis apparatus)

又称淡水流量。单位时间内单台电渗析器所出淡水的数量。单位以 m^3/h 表示。要提高电渗析器的产水量，可适当增加并联的膜对数，加大流水道内水流线速度。

(姚雨霖)

淡水获得率

见原水利用率(350 页)。

淡水流量

见淡水产量。

淡水室 fresh water chamber

简称淡室。由隔板及两则交换膜形成的生产淡水的水室。该室内水中的阴、阳离子能分别透过阴、阳膜向室外迁出;同时两相邻室内水中离子却不能迁入。

(姚雨霖)

氮气定压 pressurization by nitrogen gas

利用氮气压力维持热水网路定压点压力恒定(或只在允许范围内变化)的措施。该定压装置的主要设备是氮气罐。它下部容水，上部贮存一定压力的氮气。当系统水受热(冷却或漏水)时，罐内水位上升(下降)，氮气被压缩(膨胀)，因而作用到系统定压点上的压力升高(降低)。定压方式有变压式氮气定压和定压式氮气定压两种。氮气定压运行可靠，并能适当防止系统出现汽化和水击现象;但设备复杂，并消耗氮气。目前在国内主要用于高温水供热系统。

(盛晓文 贺 平)

氮氧化物 nitrogen oxides

主要是一氧化氮(NO)和二氧化氮(NO_2),此外还有氧化亚氮(N_2O)、三氧化二氮(N_2O_3)、四氧化二氮(N_2O_4)、五氧化二氮(N_2O_5)的总称。用氮氧化物(NO_x)表示。从 20 世纪 60 年代开始被确认为大气主要污染物之一，主要来自矿物燃料燃烧及硝酸、氮肥、炸药、染料和金属表面处理等生产过程，其中燃料燃烧产生的占 80% 以上。全世界 NO_x 的人为排放量每年约为 5 300 万 t。自然源主要是土壤中的微生物作用、火山活动和森林火灾等，全世界每年发生量约为 16.8 亿 t。NO 毒性不太大，进入大气后可被缓慢氧化成 NO_2,当大气中有臭氧等强氧化剂存在，或有催化剂作用时，氧化速度皆会加快。NO_2 的毒性比 NO 高 4～5 倍，特别是当与其他气态污染物发生光化学反应，形成光化学烟雾后，会造成更大的危害。N_2O 是惰性气体，在大气中可存留数年之久。但被氧化后转变为硝酸，是造成酸雨的原因之一。进入平流层后，会消耗其中的臭氧，从而使达到地面的紫外线辐射量增加。

(马广大)

氮氧化物危害 damages of nitrogen oxides

大气中氮氧化物参与光化学反应与臭氧等混在一起，对植物产生的危害。它使植物较大叶脉间出现淡黄色或青铜色斑痕，有时也向叶缘发展，叶上、叶下均受损害。

(张善文)

氮氧化物污染控制 control of nitrogen oxide pollution

减少排放到大气中 NO_x 量的各项技术措施。控制燃料燃烧时 NO_x 的排放从三方面着手:①改善燃料，包括燃料转换、加入添加剂、燃料脱氮等;②改进燃烧方法，包括分段燃烧和烟气循环，使之降低燃烧温度，并使燃烧在偏离理论空气量下进行，从而减少 NO_x;③排烟脱硝，包括催化还原法、液体吸收法、吸附法等。目前主要采取上述②、③项措施。

(张善文)

dang

当量长度法 method of equivalent length

在水力计算过程中，将管段的局部阻力损失折算为沿程阻力损失等效值的计算方法。采用当量长度法计算管段阻力损失时，可依据热媒的流动状态和管径大小，把管段的总阻力系数折算成一个等效的长度(即当量长度),该当量长度与该管段的比摩阻的乘积应等于该管段的局部阻力损失。当粗略估算时，局部阻力当量长度 L_d 可按管段的实际长度 L 由公式 $L_d = \alpha L$ 计算。局部阻力当量长度与实际长度的比值 α,与管径大小和管道布置形式有关。

(盛晓文 贺 平)

当量阻力法 method of equivalent local resistance

在水力计算过程中，将管段的沿程阻力损失折算为局部阻力损失等效值的计算方法。采用该方法计算管段阻力损失时，可依据热媒的流动状态和管径大小，把管段的长度折算成一个等效的局部阻力系数(即当量局部阻力系数),该当量局部阻力系数与管段的流速水头的乘积应等于该管段的沿程阻力损失。

(盛晓文 贺 平)

挡土墙式地锚 retaining walled earth anchor

受力及形状类似于常用挡土墙的地锚。

(薛 发 吴 明)

dao

刀开关　knife switch

带有刀形动触头、底座上安有静触头的开关。主要用于成套配电设备中隔离电源，也可用于不频繁接通和分断电路。它可分单极、双极和三极。按结构可分为平板式和条架式；按操作方式可分直接手柄式、杠杆操作式和电动操作式；按转换方向可分为单投和双投。　　　　　　（陈运珍）

导电率

见电导率(60页)。

导轨与导轮　guide rail and roller

湿式储气罐钟罩和塔节升降的导向部件。直立式储气罐的立柱，既承受钟罩及塔身所受的风压，也是供导轮垂直升降的轨道。直接安装在水槽侧板上或在水槽周围单独设置。在导轨立柱上还设有与塔节数相同的人行平台，同时作为导轨立柱的横向支承梁。导轨立柱间设置斜撑将所受外力传到立柱上。在每节塔节的上部及下部装有导轮。上部导轮沿着装在导轨立柱上的导轨滑行，下部导轮沿着装在水槽侧板或各塔节侧板内面导轨滑行。导轮在构造上应能调节它与导轨的相对位置。螺旋储气罐的导轨是倾斜安装在罐身侧板上的工字钢，与安装在水槽和塔节顶部环形平台圆周上的导轮啮合并产生相对滑动，塔节或钟罩缓慢旋转升降。

（刘永志　薛世达）

导焦车

见拦焦车(173页)

导向支座　guiding support

只允许管道轴向伸缩，限制管道的横向位移的供热管道活动支座。其构造通常是在滑动支座或滚动支座沿管道轴向的管托两侧设置导向挡板。导向支座主要作用是防止管道纵向失稳，保证补偿器的正常工作。　　　　　（尹光宇　贺　平）

导演控制室

见导演室。

导演室　control room

又称导演控制室。导演用于组织电视节目的编排及播出的控制机构用房。内部设有导演控制台和若干图像监视器。艺术导演通过控制台组织电视节目的编排和播出。图像切换开关供导演选切图像。控制台上还装有通信和信号装置，以便协调电视台的工作。导演室应设独立入口，与演播室间宜设隔声门，与调音、调光、调像和灯控室间相通或相邻。

（薛　发　吴　明）

倒虹管　inverted siphon

穿越河流、山谷、洼地或地下构筑物呈 V 形或U 形排水管渠的管渠段。形如倒虹。该管线从入口至出口间皆承受正压力，不应与虹吸管混同。由进水井、下行管、平行管、上行管和出水井等组成(如图)。通过河道时，一般不少于两条管线。通过谷

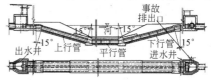

地、旱沟或小河时可采用一条管线。它在淤塞时清通较一般管道困难，应采取措施防止管中污泥的沉积。　　　　　　　　　　　　　（孙慧修）

倒虹管敷设　laying out of inverted siphon

管线在遇有障碍物(如河道、铁路、各种地下设施等)时按折线管段的敷设。倒虹管由进水井、管段及出水井三部分组成。其中的管段又可分为中间段(略具坡度的障碍物下面的管段)、下降段和上升段(分别具向下或向上斜坡)三部分。上升管段的向上倾角一般不大于 30°，以防污泥淤积。倒虹管的位置须满足设计要求。其敷设常分段进行，应考虑对交通影响最小的施工方案。可以先用暗槽法完成中间段，然后以明槽法进行两端的管道施工作业。总的说它的施工较为复杂，造价较高，应尽可能避免采用。　　　　　　　　　　　　　（李国鼎）

倒换电极法(电渗析器)　reversal electrode method(electrodialysis apparatus)

电渗析器运行时，定时倒换其正、负电极的运行方式。它可使浓室与淡室随之相应倒换，使阴膜两侧表面的水垢溶解与沉积相互交替，以利于消除和缓减水垢的生成。但倒换电极过于频繁时，会影响淡水质量。　　　　　　　　　　　（姚雨霖）

倒盆式扩散器　inverted aerator

形如倒置的盆的水下布散空气的一种充氧器材。盆下托一橡胶板，气从橡胶板四周吹出，喷流旋转上升，由于旋流剪切和紊流作用，使气泡尺寸变得较小，气液交换接触快，效果好，停气时，水压使橡胶板与倒盆密贴，无堵塞。用于好氧生物处理鼓风曝气。　　　　　　　　　　　　　（李金根）

倒伞型叶轮曝气机　inverted cone impeller aerator

又称辛姆卡型叶轮曝气机。叶轮构造如伞状的倒置浅锥体的一种垂直提升表面曝气机。叶轮的浅锥体外有直立叶片，自锥顶的轴伸端外缘，以切线方向对周边放射，叶片的尾端均布在圆锥体边缘的水平板上，并外伸一小段，与轴垂直。水被叶轮旋转时的离心作用，沿锥体外直立叶片提升，呈低抛射线状向外甩出，形成水跃，导入空气充氧，同时水体上下循环，回流混合。　　　　　　　（李金根）

道尔顿定律　Dalton's law

在分子间不发生化学反应的混合气体中,总压力等于各组分分压力之和;任一组分的分压力等于相同条件下该组分单独占据同一容积时所产生的压力。用公式表示为 $P = \sum P_i$,式中 P 为混合气体总压力,P_i 为组分 i 的分压力。这个定律是英国科学家道尔顿(John Dalton)于 1807 年提出的。

（张希衡　刘君华　金奇庭）

道路立交泵站　pump station for road interchange

抽升道路立交区雨水的设施。当平日地下水位较高时,也可附带排除洼区附近的地下水。这种泵站只有在当地雨水管网(或水体)较高,洼区雨水在一定降雨条件下不能自流排除时始采用。

（张中和）

道桥工程施工　road-bridge engineering construction

道路与桥梁及其附属设施所组成的有机体系的施工方法、施工组织与管理的总称。道路工程可分路基、路面、涵洞、排水系统、护坡等安全防护、绿化和交通监控及服务设施的施工。路基、路面施工,广泛采用机械化:土石方开挖、运输、压实采用多用途、大功率机械;路面(沥青路面、水泥混凝土路面)铺装采用自动化就地加工、一次完成的大型机械。道路工程圬工多采用现场浇灌混凝土、砌石以及预制构件拼装。桥梁工程分为基础、墩台、上部结构和附属工程的施工。基础分为扩大基础、桩基或钻孔灌注桩基础、管柱基础、沉井和沉箱基础的施工。桥梁横跨大河流时,水下基础施工一般采用管柱法或沉井法进行。桥梁墩台多采用就地浇筑与砌石,也可预制构件拼装。混凝土高桥墩,采用滑升模板就地灌筑。桥梁上部结构由钢材、钢筋混凝土、预应力混凝土或石料,通过预制、装配或现场浇筑或砌石而成。桥梁附属工程是指桥头引道及导流建筑物的施工,应保证质量,防止填土沉陷或冲刷。道桥工程施工应不断提高经济效益,最合理地使用人力、设备、材料和资金,加强环保、消防措施,采用先进的施工技术,科学地进行施工组织与管理。　（夏正潮）

de

德累斯顿电视塔　Dresden television tower

1964 年建成,高 247m,下部 167.15m 为钢筋混凝土塔身,天线杆为钢结构,高 79.85m 的德国德累斯顿电视塔。基础为锥壳支承于环板上。塔身为圆锥形筒体,从地面 9.4m 起直径从 21m 开始直线收缩到 94.6m 处的外径 7.1m。此处开始做成一个高脚杯式的塔楼,塔身再收缩到 4.20m,塔楼逐渐放大

到 31.8m。造型奇特而不同一般。

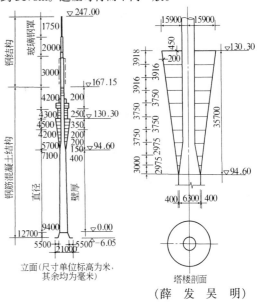

立面（尺寸单位标高为米,其余均为毫米）

塔楼剖面

（薛　发　吴　明）

deng

灯光控制室　light-control room, lighting booth

控制演播室各路灯光的强弱程度的场所。调光员通过调光控制台的各种开关、按键对各路灯光进行亮度的调整和亮度预选,使灯光的照度满足电视摄制的要求。较大的灯光控制室,不仅设有调光台,还有调光柜;小的演播室采用调光器或调光控制室。

（薛　发　吴　明）

等流时线　isochrone

在汇水面积内雨水流到集流点(雨水口,或管渠的某一断面处)所需集水时间相等的各点联成的线。即降落在集流线上的雨水径流流到集流点所需的集水时间相等。由于降雨、汇流等自然

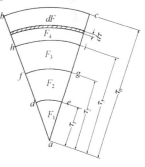

现象的复杂性,在汇水面积上它的位置不会是固定不变的。实际上是一条假想的线。可用它的原理推导出雨水设计流量公式。图为示意一块扇形流域汇水面积上汇流过程。a 为集流点。以 a 点为圆心所划的圆弧线 de、fg、$\cdots bc$,称等流时线。该图是假定汇水面积内地面坡度相等。　（孙慧修）

等体积直径　equivalent diameter

与颗粒体积相等的球的直径。一般用$\overline{d_v}$表示。若某一颗粒的体积为V,则$\overline{d_v}=(6V/\pi)^{1/3}$。

(马广大)

澄清 clarification

利用已凝聚的絮粒作为接触介质,去进一步与原水中的杂质颗粒相接触、吸附,以充分发挥混凝剂效用,提高泥水分离效果的一种净水方法。澄清池就是根据澄清原理,集混和、絮凝、沉淀三个作用于一体的净水构筑物。澄清池可分为悬浮泥渣(泥渣过滤)型和循环(回流)泥渣型二大类。悬浮泥渣型是将加药后的原水,从下向上穿过处于悬浮状态的泥渣层,使水中杂质和活性泥渣颗粒碰撞,并发生凝聚和吸附。随着泥渣颗粒逐渐增大,泥水分离的效果变佳。多余的陈旧泥渣则被及时排除。目前使用的悬浮和脉冲澄清池均属此类型。循环泥渣型是利用外力使泥渣在池内不断循环,以便更好发挥活性泥渣的接触、凝聚和吸附水中杂质的作用。泥渣在循环过程中颗粒变大、增密,沉速不断提高,从而改善了澄清效果。目前使用的机械搅拌澄清池和水力循环澄清池属于此种类型。 (陈翼孙)

di

低坝取水 low dam intake

当山区河流枯水期水深不能满足取水深度要求时,或者取水量占枯水流量的比例较大,且河水中推移质不多时,在河流上设置拦河低坝取水。通常坝高为1~2m,以期抬高水位与拦截足够的水量。它由拦河低坝、冲砂闸、进水闸或取水泵房等组成(如图)。低坝有固定式和活动式两种,固定式低坝一般为溢流坝形式,坝身材质通常是混凝土或浆砌块石;活动式低坝种类较多,其坝身用橡皮坝、浮体闸或翻板闸所替代,既能挡水也能泄水、冲砂。

(朱锦文)

低氮氧化物燃烧技术 low-nitrogen oxides burning technology

使燃料燃烧产生低含量氮氧化物的技术。生成低含量NO_x的原则是:①降低燃烧温度;②降低氧气浓度;③燃烧偏离理论空气量;④缩短烟气在高温区停留时间。常见的低氮氧化物燃烧技术有:排烟再循环、二段燃烧法、低NO_x燃烧器等。

(张善文)

低负荷生物滤池

见普通生物滤池(211页)。

低气压 low pressure

等压线闭合而中心气压低于四周的气压系统。

在气压梯度力和地转偏向力的作用下,在北半球低气压区内风沿反时针方向旋转,称之为气旋,其风速一般较大,并有明显的上升运动。大气层相应地呈不稳定或中性状态,因而有利于污染物的扩散稀释。

(徐康富)

低温储罐 low-temperature gasholder

低温储存液化石油气和液化天然气的容器。有金属低温储罐、预应力钢筋混凝土储槽和冻结土地下储槽。目前使用最多的是地上金属罐。金属低温储罐通常由内罐和外罐组成,内外罐壁间填充隔热材料。建罐应考虑罐底下地面土壤不因冻结膨胀使储罐损坏,可将地上储罐建成落地式和高架两种。落地式储罐底部用珍珠岩混凝土隔热;高架式是用立柱支撑罐体底盘,使其与地面分开。预应力钢筋混凝土低温储槽是以预应力钢筋混凝土做地下或半地下储槽的主要材料,低温性能好、不易损坏;耐久性好,不受地下水腐蚀,不变脆;严密性、液密性和抗震性都好,安全可靠、经济、节约投资。冻结土地下储槽是内罐采用"薄壁罐",以冻土壁和隔热盖形成严密的封闭空间作为外罐。 (刘永志 薛世达)

低温低浊度水 low temperature and turbidity water

处于温度、浊度均较低致使对混凝沉淀产生不利影响的原水。它的水质特性,无论从化学或动力学方面都对混凝沉淀效果产生不利影响。它的概念是针对其水处理对策有异于常规水处理工艺而提出的。

(朱锦文)

低温核反应堆 low-temperature nuclear reactor

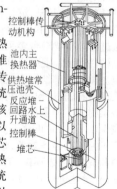

又称供热堆。单纯供热的核反应堆。在堆池里有堆芯、主换热器、控制棒及其传动机构。堆芯是反应堆系统的心脏,内以一定排列的核燃料元件棒组成,以便能以可控方式进行核裂变。堆芯几何形状必须使所产生的热既经济又方便地被冷却系统(即回路)带走。元件棒是以锆(或锆合金)作包壳的普通二氧化铀燃料。反应堆主要靠控制棒及可燃毒物棒控制反应性,一般采用含硼材料。有的供热堆,没有控制棒,用改变在燃料周围的主回路中硼酸含量的方法实现反应堆功率的一切调节。图中所示的是池式低温供热反应堆的内部结构。 (蔡启林 贺平)

低温甲醇洗法脱硫 Low temperature methanol scrubbing desulphurization

在高压低温条件下用甲醇吸收煤气中的硫化

氢。与此同时,可脱除二氧化碳、有机硫化物和氧化物等。吸收硫化氢后的甲醇富液温度升高,经减压再生后放出硫化氢,随后使甲醇贫液降温升压循环使用。通常操作温度在 $-10\sim-40℃$,压力在 $0.2\sim1.0$ MPa 较适宜。此法净化程度较高,但动力消耗较大。　　　　　　　　　　　　(曹兴华 闻　望)

低温水　low-temperature hot water

在热水供热系统中,水温低于 100℃ 的供热介质。与高温水作为供热介质比较,低温水供暖在相同的热负荷情况下,管径和散热面积较大,散热器的表面温度较低,卫生条件好些;与蒸汽比较,它又具有热损失小、便于调节等优点。目前我国低温水供暖系统很普遍,广泛用于供热规模较小的锅炉房供暖系统。采用降低凝汽式汽轮机冷凝器真空度的方法,使冷凝器作为加热器的城镇热水供热系统,也大多采用低温水作为供热介质。　　(盛晓文 贺　平)

低压成套开关设备　low-voltage switchgear assembly

由一个或多个低压开关设备和相关的控制、测量、信号、保护等设备以及所有内部的电气机械的互相连接与结构部件完全组装好的一种组合体。

(陆继诚)

低压储气罐　low-pressure gasholder

低压下储存燃气的储气罐。通常储气压力为 $1\sim5$ kPa。通过改变容器的容积进行储气,罐内压力变化较小。分为湿式储气罐与干式储气罐。前者系在小槽内放置直径不同的圆筒形塔节及钟罩,其随燃气进出而升降,并利用钟罩与塔节下部四周的水封隔断空气。后者是由圆柱形外筒及沿外筒内侧上下移动的活塞、底板及顶板组成,燃气储存在活塞下部,活塞上下移动而增减储气量,仅用作平衡日不均匀和时不均匀用气。　　　(刘永志 薛世达)

低压电器　low-voltage machine

交流电压在 1kV 及以下的电器设备。低压电器广泛应用于发电厂、变电所、工矿企业、交通运输、农业、国防工业、电力输配系统、电气传动、日用家电及自动控制等各行业中。随着电气化水平的提高,低压电器的需要量将急剧增长。它可分为低压配电电器和低压控制电器两大类。按动作方式又可分为自动切换和非自动切换电器两类。低压配电电器中可分为自动开关、熔断器、刀开关、转换开关等。低压控制电器可分为接触器、控制继电器、启动器、控制器、主令电器、电阻器、变阻器、电磁铁等。

(陈运珍)

低压管网计算压力降　allowable pressure drop of low pressure gas networks

计算低压管网时允许的压力损失。它是依据燃具的额定压力和燃具前压力的允许波动范围来确定。低压管道从调压站到最远燃具的管道允许阻力损失 ΔP_d(Pa)可按下式确定:

$$\Delta P_d = 0.75 P_n + 150$$

P_n 为低压燃具的额定压力(Pa)。　　(李猷嘉)

低压开关柜　low-voltage switchgear

一种柜(箱)型的低压成套开关设备。由低压开关、接触器、继电器以及其他辅助器件组成,用于对电能的分配、控制、测量和保护。低压开关柜按结构形式可分为固定式、抽屉式和插入式等类型。

(许以傅)

低压配电装置　low-voltage distributing apparatus

用于交流 50Hz(或 60Hz)、额定电压为 1200V 及以下、直流额定电压 1500V 及以下的配电装置。

(陈运珍 陆继诚)

低压燃气储配站　low-pressure gasholder station

设有低压储罐的燃气储配站。其作用是在用气低峰时,将多余的燃气储存起来;在用气高峰时,通过压缩机将燃气从低压储罐中抽出送到中压管网中。该储配站通常由低压储气罐、压送机室、辅助间(变电室、配电室、控制室、水泵室、锅炉房等)、消防水池、冷却水与循环水池及生活间(值班室、办公室、宿舍、食堂和浴室等)所组成。站区布置要紧凑,同时各构筑物、建筑物的布置者应符合国家有关安全、消防、防火等规范的要求。　　(刘永志 薛世达)

低压燃气管道　low pressure gas pipelines

城镇中燃气管道的输送压力 P(表压)小于或等于 0.005(MPa)的燃气管道。　　　　(李猷嘉)

低压燃气管道排水器　low pressure gas pipelines' drips

安装在低压燃气管道上的排水设备。这种排水器中积液的排除不能靠自喷,而是靠手摇泵等抽水设备排除。　　　　　　　　　　　(李猷嘉)

低压蒸汽　low-pressure steam

蒸汽供热系统中,表压力等于或低于 0.7×10^5Pa 的蒸汽。低压蒸汽供热介质,一般用于作用半径不大的供暖系统。与低温水供暖系统比较,低压蒸汽供暖系统的散热面积小些;蒸汽密度较小,所以在高层建筑中应用,可不考虑水静压力的影响;蒸汽的热惰性小,适于间歇供暖的用户。但其压力低,系统作用半径较小;供热调节一般只能采用间歇调节;系统的热损失也比低温水供暖系统大。

(盛晓文 贺　平)

低支架　low trestle

支架高度在管道下净高保持 2m 以下,并且不小于 0.3m 的地上敷设管道的支架型式。在很少有人通行的地段采用。其造价低,并便于维修管道。

(尹光宇 贺 平)

滴滤池 trickling filter

见普通生物滤池(211页)。

滴滤池布水器 distributor for trickling filter

滴滤池中均匀喷洒污水的装置。是生物滤池净化污水的主要设备。分固定和旋转式两类。前者一般为列管式布水器,由投配池、配水管网和喷嘴组成。间歇布水,喷洒周期一般为 5~15min。后者为可旋转的中心柱管立在圆形滤池中心,一字形(双臂)或十字形(四臂)旋臂(布水管)沿臂长等间距设置喷嘴,水幕状喷发压力污水,喷射反作用力使布水管反向旋转,使整个滤池表面均匀地喷洒污水。滤料(碎石、卵石、塑料)表面自然生长好氧性生物膜,降解污水中有机物,污水沿滤层下渗而净化。布水器所需水头在 0.5~1.0m,旋臂的转速按负荷高低而异。通常布水负荷 $15m^3/(m^2·d)$ 时,十字臂转速为 1r/min,一字臂为 2r/min;布水负荷 $20m^3/(m^2·d)$ 时,十字臂为 2r/min,一字臂为 3r/min;布水负荷 $25m^3/(m^2·d)$ 时,十字臂为 2r/min,一字臂为 4r/min。喷射压力决定着旋转的速度,旋臂与滤床表面距离约 15cm。

(李金根)

底部流槽式雨水调节池 stormwater balancing pond with floor trough

用底部流槽来调节雨水径流的调节池。这种调节池是将雨水干管接入池内,而在池内变成渐缩断面的明槽,一直缩小到等于出水管为止。当雨水径流量小时,雨水通过水槽流出;当雨水径流量大时,池内逐渐被高峰时的多余水量所充满,池内水位逐渐上升;随着径流量的减少直至小于下游干管的通过能力时,池内水位才逐渐下降,至排空为止。

(孙慧修)

底阀 bottom valve, foot valve

在水泵停止运行时防止吸水管内的水倒流,保持停泵后水泵抽吸时需要的水柱的止回阀。大多数底阀装在水面下吸水管底部,也有装在水面上吸水管的顶部。关闭件(阀瓣)有升降式和旋启式。

(肖而宽 王大中)

底栏栅取水 bottom barrier intake

通过拦河低坝顶部设有栏栅的引水廊道取水。由拦河低坝、底栏栅、引水廊道、沉砂地、取水泵站等部分组成(如图)。河水经过坝顶时,一部分流量通过拦栅流入引水廊道,经过沉砂池去除粗颗粒泥砂后,再由水泵站加压输出。其余的流量经坝顶溢流,并将大粒径推移质、悬移质、漂浮物及冰凌带至下游。它适宜在水浅、大粒径推移质较多的山区浅水河流,且取水量占河流枯水流量比例较大时采用。

(朱锦文)

底流通量 underflow flux

又称主体通量。系由沉淀池底部排泥导致的泥水共同下降而产生的固体通量。单位为 $kg/(m^2·h)$。以 G_U 表示,其表达式为 $G_U = VC$,V 为泥水的共同下降的速度;C 为悬浮固体的浓度。下降速度 V 与底流通量和沉淀池表面积有关。

(彭永臻 张自杰)

底物 substrate

又称基质。微生物生理活动所用的物质。它是生物化学常用的词汇。在污水生物处理领域内主要是指能够被微生物所利用或能为微生物所降解的那部分有机物。它不同于一般泛指的有机物,其浓度单位常用mg/L表示。

(彭永臻 张自杰)

底物比利用速率常数 specific substrate utilization rate constant

底物比利用速率对底物浓度的一级反应式中的比例常数。用 K 表示。活性污泥反应动力学常数之一。单位为 $m^3/(kg·h)$。其数值的大小能够说明该底物被微生物利用或降解的速度及难易程度。

(彭永臻 张自杰)

底物利用速率 substrate utilization rate

又称基质(有机物)利用速率。表示微生物在一定条件下,在单位时间单位反应器容积内对底物的利用速率。底物利用包括底物(有机物)的降解和由底物合成新的微生物细胞(有机物)这两个过程。它与泛指的有机物降解不同。在污水处理领域中,有机物的去除不仅包括有机物的降解和被利用部分,而且也包括呈悬浮状有机物被生物污泥吸附而从处理系统中排除的那部分(见有机物去除率,347页)。

(彭永臻 张自杰)

地表水 surface water

存在于地表面的江河、湖泊、水库和海洋等地表水体内的水。水量较为充沛,但水质易受环境污染,特别是城镇污水、工业废水和农田尾水(降水径流、灌溉余水)的污染。是城市和工厂的主要水源。①江河水:一般情况下水量丰富,但流量和水位变化大。水的浑浊度较高,硬度较低。有些河流在汛期含沙量很高,受潮水影响的河口段易受咸潮威胁。②湖泊和水库水:通常悬浮物少,浑浊度低,不同深度处的水温和水质不同。在浮游生物,特别是藻类的繁殖季节,水的色度增加,或发臭。高地水库(如北京密云水库、青岛崂山水库)常远离城市,不易受城市和农田的污染,易于保护,水质优良,是理想的水源。多用途(供水、航运、防洪、灌溉、养鱼、排水等)

水库,易受污染,水质较差。③海水:含盐量高,用作生活饮用水源时,需经过淡化或称之为除盐处理,有时可以直接作为工业冷却用水。　　　(朱锦文)

地表水取水构筑物　surface water intake building

从地表水源(江河、湖泊、水库和海洋)取水的设施。其位置和型式的选择直接影响取水水质和水量、取水安全可靠性、投资、施工及运行管理。选择地表水取水构筑物位置时,须考虑的基本要求有:①具有稳定的河床和河岸,靠近主流,有足够水深;②选择水质较好的地点;③有良好的地质、地形及施工条件;④靠近主要用水地区;⑤注意河流上人工构筑物或天然障碍物对取水口位置选择的影响;⑥避免冰凌的影响;⑦应与河流的综合利用相适应。它又分为固定式取水和活动式取水。　　(王大中)

地方参数　local parameter

又称暴雨的地方特性参数。指在暴雨强度公式 $i = \dfrac{A}{t^n} = \dfrac{A_1(1 + C\lg T)}{t_n}$ 中与当地气象条件有关的参数 A、A_1、C、n。A 为雨力或时雨率;A_1 为重现期为 1a 时的雨力;n 为暴雨衰减指数(mm/min)。将上式两边取对数得 $\lg i = \lg A - n\lg t$,表明暴雨强度曲线在双对数坐标纸上是一条直线,n 是该直线斜率。而 $A = A_1(1 + C\lg T) = A_1 + A_1 C\lg T = A_1 + B\lg T$,该式在半对数坐标纸上($A$ 为普通分格,T 为对数分格)也是一条直线,B 为斜率。根据这两式成直线的特点,故它常可用图解法或最小二乘法求得。　　　(孙慧修)

地沟　tunnel

地下敷设管道的围护构筑物。地沟承受土压力和地面荷载并防止水的侵入。地沟分砌筑、装配和整体等类型。砌筑地沟采用砖、石或大型砌块砌筑墙体,钢筋混凝土预制盖板。装配式地沟一般用钢筋混凝土预制构件现场装配,施工速度较快。整体式地沟用钢筋混凝土现场灌筑,防水性能较好。地沟的横截面常做成矩形或拱形。根据地沟内人行通行的设置情况,分为通行地沟、半通行地沟和不通行地沟。　　　(尹光宇　贺平)

地沟建造　build up underground channel

修建在建筑物地下专供在其内敷设地下管道的辅助性圬工构筑物。其结构由底、身、盖三部分组成。按照它的所在位置有室内、室外之分;按断面形式又分为不通行式、半通行式和通行式三种。不通行式地沟适用于敷设管径较小,数量少,容许打开盖板进行管道检修的场合。半通行式可蹲在沟内操作,供布设室内管线较短、数量较少及不需经常检修的室外管线,必要时可启开活动盖板进入沟内作短时间的作业。地沟的修建程序是:在平整并经夯实的原土上铺一层厚约 15cm 的三合土或素混凝土(根据土壤性质而定)做沟底;然后在其两侧(也可利用建筑物的墙基作为一侧)用砖砌成沟壁;再以预制的钢筋混凝土板作沟盖置于其上。若是位于室内,并向上再做地面。　　　(李国鼎)

地锚　earth anchor

用于将纤绳拉力传给地基,保证桅杆稳定的埋在地下的构件。可分为木制、钢筋混凝土制、钢制等。由地锚块、拉杆等组成。　　(薛　发　吴　明)

地锚拉杆　earth anchor tie rod

地锚块与拉线的连接构件。用金属制成。

(薛　发　吴　明)

地霉属　geotrichum

能导致活性污泥丝状菌性膨胀诱因的微生物。在微生物分类中被划为半知菌类。本菌无色呈圆柱状的丝状体,无性孢子繁殖,形成节孢子。当环境恶劣时,能形成休眠体的厚垣孢子,可抵抗热及干燥。此属能够利用复杂的有机物,易于利用氨基酸作为氮源,其增殖适宜的 pH 值介于 3~12 之间,当污水中 N、P 不足或 pH 值偏离时,此属仍能增殖,因此可能诱发污泥的丝状菌性膨胀。

(戴爱临　张自杰)

地面粗糙度　surface roughness

描述气流与地面摩擦程度大小的一个物理量。其值等于地面风速为零的高度。对平坦地形的空旷平原、农村和城市,通常取值范围分别为 1~3mm、10~30mm;对密集大楼取值为 100~300mm。

(徐康富)

地面风　surface wind

由地面测站在开阔地带 10m 的指定高度上所测得的风。一般用仪器连续测量和自动记录,取用 10min 内的平均风速。　　　(徐康富)

地面复合浓度　ground integrated concentration

由各个点源和面源在地面同一点上共同产生的一种污染物的叠加浓度。它是区域大气环境质量评价和规划所关注的重点对象。　　　(徐康富)

地面集水时间　ground inlet time

雨水从相应汇水面积的最远点地表径流到雨水管渠入口的时间。当街坊内不设雨水管渠时,雨水沿地面或浅沟流入街道边沟,然后经过街道边沟上的雨水口流入街道管。当街坊内设雨水管渠时,街坊内的雨水不经过街道边沟上的雨水口,而直接由街坊内管渠流入街道管。它受很多因素影响,但主要取决于水流距离的长短和地面坡度。在实际应用中,准确地计算较困难,一般采用经验数值 5~15min。选用过大,将会造成排水不畅,以致使管道上游地面经常积水;选用过小,又将使雨水管渠尺寸

加大而增加工程造价。当街坊内采用雨水暗管时,地面集水距离将缩短。　　　　　　(孙慧修)

地面浓度分担率 ground concentration contribution

一个污染源在某地面点单独产生的某种污染物的计算浓度与诸污染源在该点上的同种污染物的复合落地浓度计算值的百分比。　　　　(徐康富)

地面渗透 surface permeability

又称下渗。雨水从地面渗入土壤的现象。一次降雨的损失主要是地面渗透损失。雨水渗入土壤是重力与分子力共同作用的结果。在降雨开始时如土壤干燥,土壤分子力起主要作用;如果整个土壤已经饱和,则渗透完全是由于水的重力作用的结果。渗透的快慢用渗透率表示,即单位时间的渗透量(mm/h),其大小直接影响径流系数值或径流量。在城市中,大部分地面都是建筑面积或道路面积,为各种材料所覆盖,因此渗透率在很大程度上就决定于地面覆盖层的渗水性能。　　　　　　(孙慧修)

地面轴向浓度 axial surface concentration

在烟云轴线之地面投影上的污染物浓度。对高架连续点源,其大小和有效烟囱高度的平方成反比。　　　　　　(徐康富)

地面最大浓度 maximum surface concentration

由扩散参数随下风向距离变化而造成的高架连续点源的最大地面轴向浓度。在各种稳定度、风向和风速下都有相应的地面最大浓度。它们的大小和落地点范围是确定烟囱位置和高度的基本依据,通过令地面轴向浓度对下风向距离 x 的偏导数为零而求得。　　　　　　(徐康富)

地热能 geothermal energy

地热内部的热能。它的成因假说很多,但一般认为是由放射性元素蜕变时产生的。如目前仍然起作用的半衰期为 1 亿年~5 千亿年的放射性元素 U^{238}、U^{235}、Th^{232} 和 K^{40} 等。估计这些放射性元素,平均每年大约能产生 $2×10^{18}kJ$ 的热量。地球蕴藏着无比巨大的热能。据估计,如果把地球贮存的全部煤燃烧时放出的热量作为 100,那么地热能的总量则为煤的 1.7 亿倍。可见,地球是一个庞大的热库。　　　　　　(蔡启林　贺　平)

地热能供热 heat supply based upon geothermal energy

利用地热资源作为集中供热热源的供热方式。地热能供热比其他能源供热具有节省矿物燃料和不造成城镇大气污染的特殊优点,作为一种可供选择的新能源,其开发和利用正在受到重视。目前开采和利用最多的地热资源是水热资源,以它为热源的供热方式称为地热水供热。地热水开采系统有不回灌和回灌两种:不回灌系统只设开采井,抽出的地热水被送往用户,经利用后废弃;回灌系统设置开采井和回灌井,开采井抽出的水在用户放出热量后再返回回灌井,井与井之间保持一定距离,以免相互干扰。按利用方式分有直接利用和间接利用两种:前者是把地热水直接引入热用户系统;后者是通过表面式换热器,以地热水加热二次水,二次水进入热用户循环供热。地热水供热的经济性主要取决于从地热井提取的热量,即取决于利用温差的大小。为使地热井发挥最大经济效益,在设计上通常采取以下措施,扩大供热量和降低热成本:①实行多种用途的梯级利用和综合利用,以降低排放或回灌温度;②在系统中加蓄热装置,如热水池(箱)等,以调节短时期内的负荷变化;③在系统中设高峰加热设备,地热水只承担供热基本负荷,峰值负荷由燃用矿物燃料的锅炉或电力设备(包括电加热器或热泵)升温补足。　　　　　　(蔡启林　贺　平)

地热梯级利用 step utilization of geothermal water

在满足用户参数(温度、压力),流量和热量的要求前提下,地热水由高温到低温、串联供给两个或两个以上热用户。地热利用的一种模式。这样,可以尽量扩大地热利用温差,提高地热资源利用率,降低地热成本。但由于地热水温度逐级降低,用户的设备总投资要增加。因此,梯级利用要合理组织,以达到最佳的综合经济效益。由于地热梯级利用既要做到满足各用户的要求,又要实现低的排放(回灌)温度,就得分析各用户之间乃至不同季节的热量和流量的平衡,因而增加了技术的复杂性。

　　　　　　(蔡启林　贺　平)

地热异常区 abnormal geothermal area

地热增温率高于一般平均值的地区。该地区等温面隆起,间隔较小。地热异常区的圈定是根据资源的利用价值人为确定的标准。例如,中国华北地区划定地热增温率在 3.5℃/100m 以上为地热异常区,而天津划定地热增温率在 4.0℃/100m 以上为地热异常区。在地热异常区钻井容易获得较高温度的热水或蒸汽。　　　　(蔡启林　贺　平)

地热增温率 geothermal gradient

地壳常温层下每深 100m 的温度增加值。从常温层往下,由于地球内热(即地热能)的影响,温度随深度逐渐增加。其增加值,即地热增温率随地区不同,同一地区又随深浅而有不同。一般地说,从地表向下,平均每深 100m 温度升高 3℃,即平均地热增温率约为 3℃。　　　　　　(蔡启林　贺　平)

地热资源 geothermal resource

陆地地表以下 5 000m 深度内的岩石和淡热水的总含热量。这是目前技术条件所能利用的那一部分地热能。地热资源按其在地下的贮存形式,一般分为五种类型:即蒸汽、热水、干热岩体、地压和岩浆。前两种有时统称为水热资源。各国对地热资源的温度分级标准看法不一,但比较普遍的划分是大于150℃为高温,150～90℃为中温,小于90℃为低温。中国当前开发利用的地热类型主要是水热资源。　　　　　　　　　　　　（蔡启林 贺 平）

地热资源综合利用　comprehensive utilization of geothermal resource

不仅提取地热资源的热能,而且还提取其中有价值的成分和元素的利用模式。地热资源中除具有热能外,一般还存在有氯化钠、氯化钙等有用成分以及大量的稀有金属和元素。在开采过程中,一方面充分提取其热能;另一方面大量提取其有价值成分和元素,能最有效地利用地热资源。例如,在把地热水(蒸汽)的热能用于发电、采暖和空调、工艺过程、生活热水和水产养殖之后,还从其排放的高浓度卤水中提取氯化钠、碳酸锂以及溴、碘、硼、锶等稀有金属。　　　　　　　　　　　　　（蔡启林 贺 平）

地上燃气调压站　above-ground gas pressure regulating station

安置在地上特设的围护构筑物内的燃气调压站。其设置应尽可能避开城市的繁华街道,可设在居民区的街坊内或广场、公园等地。与地下燃气调压站比较,它具有操作管理方便,通风良好,较为安全等优点;缺点是占地上面积,寒冷地区还需采暖。其室内净高通常为3.2～3.5m,主要通道的宽度及两台燃气调压器之间的净距不小于1m。该燃气调压站的屋顶应有泄压设施,房门应向外开;同时应用自然通风和自然采光,通风换气次数每小时不应少于两次。室内温度一般不低于0℃,当燃气为气态液化石油气时,不得低于其露点温度。室内电器设备应采取防爆措施。　　　　　　（刘慈慰）

地上式消火栓建造　build up fire hydrant on ground

建造地上式消火栓的施工。此式消火栓目标明显,使用方便,但易于损坏。其装备由闸门井和地上消火栓两部分组成,井径用1200mm,建造与一般圆形闸门井雷同。井内由进水管、阀门、出水管引出井外,接连消火栓管口距阀门的距离L≥1500mm处弯上接装消火栓,消火栓采用为SS100/65型,此型栓具有三个接口,使最低接口距地面为450mm。埋入地下的法兰盘等管件须作防腐处理,弯向地面的弯管处用混凝土支墩牢固,冻线以下设有泄水口并填装R≥50mm的碎石,有利固定消火栓和排除少量渗水。地上消火栓用红色油漆涂刷,既有防腐作用又使目标明显。　　　　　（王继明）

地上油库　ground oil storage

地面上存放大油桶的小平房。

　　　　　　　　　　　　（薛 发 吴 明）

地下储气　underground gas storage

将高压燃气储存在地下的措施。优点是储气量大、省钢材、造价低、占地少、比较安全。地下储气的类型分枯竭油气田储气、含水层储气、地下洞穴储气。　　　　　（刘永志 薛世达）

地下洞穴储气　salt caverns and mineral caverns gas storage

利用废矿井、盐穴、人工洞穴储存燃气。要求盖层和矿井密闭,一般储气压力较低。盐穴储气库建造之前必须经过细微的地质勘探,确定储穴位置、深度、盐层厚度、面积、盐质等情况。建造时先将井钻到盐层后,把一组套管下入井内,通过地面泵将淡水由中心内管送入地下盐层,溶解后的饱和盐液由内管与溶解套管之间的管腔排出。遮盖液管送入遮盖液浮于盐水表面,以防止储库顶部被盐水冲溶。不断扩大遮盖液量和改变溶解套管长度,使储库高度和直径不断扩大,直至达到要求为止。

　　　　　　　　　　　　（刘永志 薛世达）

地下防雷线　underground drainage wire

又称地下排流线。在直埋电缆的上方相隔一定的距离,与电缆平行敷设的导线。它的作用是防雷保护电缆。　　　　　　（薛 发 吴 明）

地下煤气化　underground coal gasification

直接使埋藏地下的煤层进行有控制的气化,以生产煤气的过程。在气化前,建立所谓"地下煤气化炉"。可分为建井法和钻孔法两类。前者需挖凿竖井、暗井和平巷;后者则仅在地面钻孔操作,免去地下作业。建井法是在地面按一定距离选择两点,从各点出发垂直向煤层挖凿竖井,然后从竖井底部沿着倾斜煤层开挖暗井,最后在二暗井末端之间挖通一条平巷;由暗井和平巷包围的煤层即为地下煤气化炉的盘区。在平巷一端堆放木柴之类易燃物,点火后从竖井鼓入空气助燃,生成的热烟气加热盘区底部,直至达到气化温度。连续鼓入空气,和煤层接触反应,使之气化。在气化通道中,靠近鼓风的一端为氧化区,然后顺着气流方向依次为干馏区和干燥区,如同一个平卧的地面煤气发生炉。生成的煤气从另一竖井引出。经过一定时间,改变鼓入空气和引出煤气的方向,使整个盘区均匀气化。钻孔法是用钻具从地面垂直向煤层钻开若干孔道,用适当的方法使各相邻的二孔道末端之间的煤层贯通,然后使这通道受热和气化,并逐渐向周围煤层展开;贯通的方法有火力渗透、水力破碎、电力贯通和定向钻孔等。用空气为气化剂制成的煤气,其发热量约为4MJ/m³;用氧气可制得较高发热量的煤气。它实质是一种化学采煤法,可省去大量地下采掘工作,保证劳动安全,免去煤、灰运输工作,减轻地面污染;对于低质煤等开采价值不大的煤层尤其适用。

(闻 望 徐嘉淼)

地下排流线

见地下防雷线(55页)。

地下燃气调压站 underground gas pressure regulating station

设置在地下单独的构筑物内的燃气调压站。其不必采暖,不影响城市美观,在城市中选择位置比较容易;但操作管理不方便,难于保证其室内干燥和良好的通风,发生人身中毒危险的可能性较大。因此,只有当地上条件限制,且燃气管道进口压力低于次高压时,方可采用。气态液化石油气的调压装置不得置于地下,否则漏气后,密度大于空气的液化石油气不易排出。其室内净高不应低于2m,宜采用钢筋混凝土结构,在地下水位高的地区必须采取防水措施,同时必须设置两个出入人孔,孔盖应能防止地表水的浸入,寒冷地区应在孔盖处采取防冻措施。

(刘慈慰)

地下燃气管道布置 loation of underground gas pipes

确定地下燃气管道的平、立面位置。确定平面布置时要考虑到:管道应逐步联成环状;高、中压管道不沿车辆来往频繁的城市主要交通干线敷设,低压管道在征得有关部门同意后可沿交通干线敷设;不得在堆积易燃、易爆材料和具有腐蚀性液体的场地下通过;不宜与给水管、热力管、雨水管、污水管、电力电缆、电线电缆等同沟敷设,在特殊情况下,当地沟内通风良好,且电缆置于套管内时,可允许同沟敷设;在有有轨车辆通行的街道上,当街道宽度大于20m或管道单位长度内所连接的用户分支管较多,经技术经济比较后,可双侧敷设;埋地燃气管道应与街道轴线或建筑物前沿相平行;管道宜敷设在人行道或绿化地带内,尽可能避免在高级路面的街道下敷设;在空旷地带埋设时,应考虑城市的发展和未来的建筑物布置;为保证在施工和检修时互不影响,地下燃气管道与建筑物、构筑物基础以及其他各种管道之间的距离,应符合规范的要求。地下燃气管道的纵断面布置要考虑到:埋设深度宜在土壤冰冻线以下;埋设在车行道下时应通过压力计算且不得小于0.8m,在非车行道下时不得小于0.6m;输送湿燃气的管道应有一定的坡度,以利于排水;不得在地下穿过房屋或其他建筑物,不得平行敷设在有轨电车轨道之下,也不得与其他地下设施上下并置;不得穿其他管道本身,如因特殊情况需要穿过其他大断面管道(污水干管、雨水干管、热力管沟等)时,需征得有关方面同意,且将管道设在套管中;燃气管道与其他各种构筑物以及其他管道相交时,最小的垂直

净距离按有关规范执行。　　　(李猷嘉)

地下渗滤土地处理系统 subsurface infiltration land treatment systems

将污水有控制地投配到用砂石及改良土壤充填的具有良好扩散、渗滤性能的距地面约0.5m深处的地层中,污水在毛细管浸润和土壤渗滤作用下,向周围运动而达到处理和利用目的的污水土地处理工艺(如图)。污水在土层中扩散,表层土壤中含有大量的微生物,作物根区处于好氧状态,污水中的有机污染物得到比较彻底的降解,由于负荷低,净化效果非常良好。水肥充足,作物生长繁茂。原则上,在本系统内不宜种植供人食用的作物。该工艺对污水的预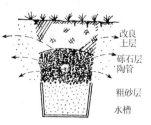处理要求低,一般多以化粪池作为预处理工艺,勿需考虑污泥的处理问题。此外,该工艺流程简单、运行管理方便、可靠,不滋生蚊蝇,不损害景观,适用于小规模的污水处理。该工况水力负荷取值为0.4～3.0m/a,处理水水质:BOD平均值为<2mg/L、最高值为<5mg/L;悬浮物平均值为<1mg/L、最高值为<5mg/L;总氮平均值为10mg/L、最高值为<20mg/L;总磷平均值为4mg/L、最高值为<10mg/L;大肠菌值平均值为$4×10^5$个/L,而最高值为<$4×10^6$个/L。　　　(张自杰)

地下式消火栓建造 build up fire hydrant under-ground

装设于地下井内消火栓的施工。具有防冻和不易损坏的优点,但目标不明显。地下式消火栓有两种形式即直通式和旁通式,直通式消火栓直接装于给水丁字管之上,栓顶距地面为300～500mm,井的做法与闸门井同。消火栓采用SA100/65或SA65/65型,具有DN100mm和DN65mm两个出口;旁通式为从配水管上水平接出支管,装在附近地位设置的消火栓井内,栓在井内以支墩支牢,井径为1200mm。　　　(王继明)

地下水 ground water

存在于地表面以下的含水层内的水。分有潜水(无压地下水)、承压水和泉水等。由于其特有的形成、埋藏和补给等特点,水质较清,水温稳定,一般硬度较高,有时含铁、锰、氟或盐量很高,水量一般不及地表水充沛,过量开采会造成地面沉降。是良好的生活饮用水水源。　　　(朱锦文)

地下水取水构筑物 ground water intake building

集取含水层中地下水的构筑物。由于地下水的

类型、埋藏条件等因素各不相同,因此集取方法和采用的构筑物形式各不相同,常用的有管井、大口井和渗渠(管)等。以开采地下水为目的,在地表面以下的地层中垂直向下开凿的孔洞称之为井。凿井必须凿至水质和水量均符合要求的含水层。凿井的深度取决于地下水的埋藏深度。在河床下或岸边的含水层中敷设集水渠(管)用来集取浅层地下水,称之为渗渠(管)。中国是认识和开发利用地下水资源最早的国家之一,为了满足生活用水的需要,早在4000多年前在四川省就开凿了盐井,是世界上在岩层中开凿的第一批深井。　　　　　　　　(朱锦文)

地下水人工补给　ground water artificial recharge

将地表水或作为冷热能源载体的重复利用水引渗或注入含水层,利用含水层储水以调节地下水储量或储能的工程措施。它是调整控制地下水资源的一种工程手段。主要功能:利用岩层的储水构造(孔隙、裂隙、溶洞),使其形成地下水库,有计划地调节地下水资源的采补关系,防止地下水枯竭;在含水层内建立淡水帷幕,防止海水或污水入渗;在一定的地质条件下,保持地下水位,防止地面沉降;利用地下水在含水层中流动缓慢和含水层保温性能好的特点,冬季将冷水或夏季将热水灌入含水层,使冷能或热能得以储存,冬灌夏用或夏灌冬用。这种储能方式已应用于工业与民用的空调、采暖、洗涤、锅炉等用水,比工业方式制冷、制热管理简便,经济效益好。人工补给措施:地面引渗法,利用地表土层透水性能较好的坑塘、沟渠、农田进行引渗补给地下水,为防止土层淤塞降低渗透性能,应注意引渗水源的混浊度和有机物含量。有条件的,尚需进行必要的清淤工作;注水回灌法,向管井、大口井、坑道等注水,对含水层进行回灌补给。回灌井可以专设,也可以灌采两用,其构造与管井相同。在回灌过程中,易出现堵塞现象,通常采用定时回抽方法恢复井的入渗功能,回抽时间间隔及其持续时间取决于回灌水水质、含水层渗透性、回灌水量大小以及回灌方法等。用于地下水人工补给的水源水质应以不引起地下水质下降并能够恢复复入渗能力为原则。　　　(朱锦文)

地下油罐　underground oil tank

埋在地下贮存柴油的铁制罐。工程中用3t和5t两种。　　　　　　　　　(薛　发　吴　明)

地下油库　underground oil storage

全部埋在地下,存放大油桶的建筑物。
　　　　　　　　　　　　　　(薛　发　吴　明)

地压地热资源　geopressured geothermal resource

以地压水的形式储于地表2~3km以下的深部沉积盆地中,并被不透水的页岩所封闭的地热资源。在这种深部沉积盆地内,沉积物不断形成和下沉,使早期地层受到愈来愈大的压力。封存在地层中的水就形成这种负荷的"支承",导致高压(可达几百个大气压),即"地压"。这种资源的地热水中常常溶解有大量的甲烷。于是地压地热资源含有三种能:高压流体所具有的势能,高温热水拥有的热能,以及甲烷的化学能。这是一种目前尚未被人们充分认识但可能是十分重要的地热资源。　　(蔡启林　贺　平)

地转风　geostrophic wind

所受气压梯度力和地转偏向力大小恰好相等的平衡流动。如在平直等压线的气压场中,空气沿等压线所作的直线运动。中国上空1000m以上的高层西风即属此例。　　　　　　　　(徐康富)

地转偏向力　coriolis force

由地球自转引起的使空气运动偏离气压梯度方向的力。在物理学上归属于柯氏力。它只作用于在旋转坐标系中运动的物体,方向与物体运动方向相垂直,因而只能改变运动方向。如使北半球的气流往右偏,使南半球的气流往左偏;赤道平面上的气流则不受此力的作用。　　　　　　(徐康富)

第比里斯电视塔　Tbilic television tower

原苏联第比里斯(Тбилиси)电视塔总高274.5m,塔身为空间直角三角形格构式结构。主柱为直立圆筒形,内设电梯,在标高163.8m下有一三角形斜撑。

立面(尺寸单位标高为米,其余均为毫米)

　　　　　　　　　　　(薛　发　吴　明)

第二代蜂窝移动通信系统　second generation cellular mobie communication system

提供语音为主并兼顾低速数据业务,数字调制,时分多址(TDMA)或码分多址(CDMA),工作在800/900/1800/1900 MHz频段,以GSM和窄带CDMA为典型制式的数字移动通信系统(简称G2)。优点是具有良好的抗干扰能力和实现数据通信,系统发展容量较大。G2系统结构和G1基本相同,由核心网、无线接入网和移动台三部分组成。核心网由多个交换中心(又称交换局)和传输电路构成,接入网由众多基站构成,每个基站覆盖一个蜂窝区(又称基站区),全部蜂窝区按照频率复用模型配置无线信道,一个交换中心连接多个基站。交换中心基于电路交换方式,负责处理呼叫、漫游、无线信道控制以及与不同归属的通信网互联互通。在业务上除提供语音业务外,提供 9.6kb/s 以下的数据通信。为了提供更多的数据业务,可采用数据分组无线系统(GPRS)新技术,从而将通信速率提高到 2MHz,并可与因特网(Internet)结合组成移动因特网,提供移动上网功能。中国主要采用 GSM 制式,1996 年开始建网,2000 年在个别城市采用少量窄带 CDMA 制式与 GSM 制式平行运行。2001 年,中国 GSM 系统容量已达到 2 亿户以上,不得不动用 1800MHz 频段,形成 900MHz 和 1800MHz 双频系统,以扩大系统容量。G2 在世界上已广泛应用,现正致力于进一步增加新的服务,增加数据传输能力和提高频带利用率,以期平滑过渡到第三代(G3)。

（张端权　薛　发）

第三代蜂窝移动通信系统　third generation cellular mobile communication system

全球漫游,提供语音及 2Mb/s 移动数据多媒体业务,数字调制,码分多址(CDMA)为主流接入方式,工作在 2GHz 频段的高速率移动通信系统(简称 G3)。由于第二代系统(G2)的业务单一,除语音外只能传送低速数据以及全球没有统一标准,不能实现全球自动漫游等原因,从而开发第三代系统,于1996 年国际电联(ITU)确定其名称为 IMT－2000,世界各国参与标准制定活动,目的在于形成全球统一标准、统一频率、实现全球漫游和提供多业务服务,中国也积极参与标准制定和开发工作,并取得一定成果。G3 系统柜架将以卫星移动通信网与地面移动通信网相结合,卫星系统作为 G3 的组成部分,形成一个对全球无缝覆盖的立体通信网。系统除引入宽带 CDMA 作为主流技术外,又引入智能天线,软件无线电技术等新技术,具有更高的频率利用率,具有更大系统容量。G3 系统由核心网、无线接入网和移动台(用户终端设备)三部分构成,核心网包括地面网络和卫星网络,主要完成呼叫处理、信道交换连接、漫游与控制等功能,以及与不同归属的通信网互联互通。接入网主要完成移动台接入和越区(蜂窝区)切换功能。移动台供用户通信使用,有手持式、便携式、车载式以及船上、飞机上的终端设备。到目前为止,G3 尚在开发过程中。中国联合通信有限公司于 2000 年开始在中国采用 G3 现阶段成果建设移动通信系统。称为 2.5G CDMA 系统,2001年底宣布在全国投入公用。　（张端权　薛　发）

第一代蜂窝移动通信系统　first generation cellular mobile communication system

提供单一语音业务,模拟调制,频分多址(FD-MA),工作在 450/800/900MHz 频段,以 TACS 和Amps 为典型制式的模拟蜂窝移动通信系统(简称G1)。系统结构由核心网、无线接入网和移动台(用户终端设备,包括手持机、便携式和车载式)三部分

组成。核心网由众多交换中心(又称交换局)及传输线路组成;接入网由无数基站组成,一个基站覆盖一个蜂窝区,蜂窝半径一般为 1.5～15km,在用户密集地区,其半径可能小于 1km。一个交换中心连接多个基站,交换中心负责处理呼叫、漫游、无线信道控制以及与不同归属的通信网互联互通。接入网负责接入移动台和越区(蜂窝区)切换等功能。整个系统的基站很多,而移动台又没有固定位置,为便于控制和交换,同一归属的通信网的核心网和接入网,通常又可划分为本网的服务区、交换区、位置区、基站区和小区,每个高层次的区域可包括多个低层次的区域,以便实现漫游。系统采用频率复用技术,按频率复用模型分配蜂区的信道,以提高频率利用率,并扩大系统容量。蜂窝区面积根据用户密集情况进行设计,用户密度大的地方蜂窝面积小,反之面积则大。小区是一个基站的 60°或 120°扇形天线所覆盖的范围。蜂窝区可包括一个或若干个小区。G1 系统可与固定通信网联网组成广大的公用通信网。中国主要采用 TACS 制式,1987 年 11 月首先在广东省投入运营,随后在全国进行大规模建设,1992 年在西北地区引进少量 Amps 制式。由于 G1 系统的发展容量不足以及不能提供数据业务等原因,到 2000年,该系统在中国已为第二代的数字蜂窝移动通信系统(简称 G2)所取代。　（张端权　薛　发）

dian

点波式淋水装置　droplet wave defrosting device

用多层点波塑料片、球顶相对组成的淋水装置。图示是淋水装置的一种。波峰排列方式对散热性能影响很大,波峰联线与水平倾斜角愈大,散热性能提高,通风阻力减小。可用厚 0.3～0.5mm 薄塑料板热压制成,这种装置组装较麻烦。　（姚国济）

◇凸出点◈凹入点

点滴式淋水装置　droplet defrosting device

水在溅落过程中,连续溅散成细小水滴进行散热的淋水装置。其散热效果与淋水装置中板条的断面形式、间距、水力负荷、空气流速等因素有关,与薄膜式淋水装置比较,构造较复杂,通风阻力大,水量损失多,冷却效果差。常用的板形有三角形、矩形、弧形、十字形等。常用的排列形式有倾斜式、棋盘式等。可用木板,石棉水泥板、钢丝网水泥板及塑料板制作。　（姚国济）

电报交换机房　telegram switch room

用于安装公众电报交换机和用户电报交换机的技术房间。有较严格的防尘要求。一般尚需设控制

室及维护区等辅助房间。电报交换机房宜靠近载波室。　　　　　　　　　　　　　　（薛发　吴明）

电报局(长途电报局)　telegraph center

装有用于接收、发射电报和传真电报、处理电报转换和给用户接通电报的必要设备，负责接待用户并完成电报业务操作的建筑空间及环境。如果为收发和投递电报而直接与用户发生联系的电报局就叫公众电报局。　　　　　　　　　（薛发　吴明）

电报营业厅　selling space of telegram office

受理电报业务，供顾客拟定、书写电报底稿使用的房间。设有书写台、座椅等。书写台和座椅宜使用固定家具。营业厅内明显处设置标准时钟和固定日历牌等。　　　　　　　　　　　（薛发　吴明）

电场荷电　electric field charging

离子或电子在电场力作用下作定向运动时与颗粒碰撞而使之荷电的过程。颗粒的粒径和介电常数、电晕电场的强度和离子或电子的浓度是影响电场荷电的主要因素。在时间 t 内颗粒因电场荷电过程获得的电量为

$$q_t = q_s \left(\frac{t}{t + t_0} \right)$$

q_s 是饱和电量；t_0 为荷电时间常数。在时间 $t \geqslant 10t_0$ 时，颗粒将获得饱和电量的 90% 以上。

（郝吉明）

电池室　battery room

又称蓄电池室。供安装蓄电池组，并能贮存一定数量的硫酸和蒸馏水的房间。在一般局站中，只有一个。但高层电信建筑中，可能有两个或数个。它的要求是耐酸、禁火、良好的通风以及防止酸气污染相邻房间等。电池设备重量较大，要求楼、地面标准荷载为 10kN/m^2，因此，凡设置一个电池室的局站，应将电池室置于房屋的底层。电池室的照明应有常用照明和事故照明两个系统。

（薛发　吴明）

电除尘器　electrostatic precipitator

利用静电力实现颗粒与气流分离的除尘装置。常按板式与管式、水平流式与垂直流式、干式与湿式等分类。不论形式如何，都是基于相同的基本原理，这些原理包括悬浮颗粒荷电、荷电颗粒在电场中捕集、将捕集在集尘极上的颗粒清除等三个主要步骤。其特点是气流阻力小，能处理高温、高湿气体，除尘效率可达 99%～99.9%，适于处理含尘浓度低、尘粒直径为 0.05～$50\mu\text{m}$ 的气体。主要用于处理烟气量大的场合。这种除尘器投资和维修费用较高，占地面积较大。粒子的电学性质对除尘效率有较大影响。　　　　　　　　　　　（郝吉明）

电除焦油器　static electrical detarrer

利用静电原理脱除燃气中焦油雾的装置。通常以金属导线为负极，因周围有火花放电现象故称电晕极。以金属圆管或板为正极，因积聚焦油沉淀故称沉淀极。接通高压直流电源后，两极间形成非匀强电场。燃气进入火花放电区后，分子发生电离，若正负离子附着在焦油雾滴上则形成荷电粒子，在电场力作用下向不同电极运动。在电晕极附近离子密集，荷正电粒子遇负离子发生中和机会多，而火花区外有大量荷负电焦油粒子向正极高速运动，碰撞后成中性焦油粘在极板上。沿极板沉淀的焦油在底部被蒸汽夹套加热而增加流动性，容易排出。根据沉淀极形式不同，可分为管式电除焦油器、同心圆式电除焦油器和板式电除焦油器等。

（曹兴华　闻望）

电磁阀　solenoid regulating valve

以电磁铁作为动力元件用以调节流量的电动执行器。从结构上分为直动式和先导式两种。对于直动式，当线圈通电产生磁场，直接吸起活动铁芯和与之相连的阀瓣，阀门开大，流量增加；反之亦然。对于先导式，是当线圈通电产生磁场后，先吸起活动铁芯，造成阀瓣上方的压力下降，使阀瓣上升，开大阀门，增加流量。当线圈断电，磁场消失，活动铁芯下落，阀瓣上方压力增大，阀瓣关小，流量减小。先导式的活动铁芯很小，即能推动主阀瓣的启、闭。具有体积小、重量轻和易系列化的优点。

（石兆玉　贺平）

电磁分离器　electromagnetic separator

依靠电磁线圈产生的磁场分离磁性颗粒的设备。构造如图。电磁线圈用以在分离容器内产生强大的磁场强度。容器内填塞的导磁不锈钢绒毛用以产生高的磁场梯度。电磁线圈周围为封闭的导磁轭铁。废水通过时，磁性污染物被强大的磁场力吸着在钢毛表面，使废水得以净化。吸着物很多时，停止通电，消去磁场，并用水逆向冲洗分离容器，即可恢复正常工作。电磁分离器兼有很强的磁场强度和很大的磁场梯度，故又称高梯度磁力分离器(HGMS)或高梯度磁力过滤器(HGMF)。其分离能力远比永磁分离器为大，能分离微米级的磁性微粒。运行的多数设备采用间歇工作方式，即分离和冲洗交替进行，但

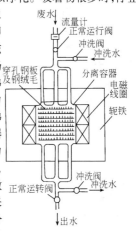

也有连续工作的电磁分离器。

(何其虎 张希衡 金奇庭)

电磁流量仪 electromagnetic flowmeter

根据导电液体切割交变磁场磁力线后产生的感应电势与流体流速成正比的原理制作的流量测量仪器。测量范围:0.5～11m/s,精度:0.5～1级,量程比10:1,适用于测量导电液体的流量。优点是无压力损失,精度高,可测有毒及腐蚀性介质。缺点是造价高。 (刘善芳)

电磁调速异步电动机 electromagnetic adjustable speed asynchronous motor

由鼠笼型异步电动机和电磁转差离合器组成的一种交流无级调速异步电动机。它可通过控制器进行较广范围的平滑调速,此种电动机结构简单,运行可靠,维修方便,适用于恒转矩和风机类负载。

(许以傅)

电导率 conductivity

又称导电率,比电导。为电阻率的倒数。单位以S/cm、μS/cm表示。电导率的大小,可反映含盐量的数值。 (潘德琦)

电导仪 conductivity analyzer

根据水被导电物污染后形成的电解质中的阴阳离子在溶液中的两电极间移动形成的电流大小正比于电导率的原理制作的测定水的电导率的仪器。测高电导时也有采用电极和溶液不接触的电磁诱导法原理制作的仪器。测量范围0～1至0～1000000 μS/cm,有连续监测和实验室仪器两大类,现场监测仪有耐高温、高压、强腐蚀和防爆等专用传感器可供选用。通过电导率的测定可以监测水的纯度。

(刘善芳)

电动机 electric motor

又称马达。把电能转变为机械能的机器。按适用电源的不同可分为直流电动机和交流电动机两类。其中交流电动机按运转情况分为同步电动机(又称同期电动机)和异步电动机(又称感应电动机)。 (李金根)

电动闸阀 motor driven gate valve

用电动机驱动的闸阀。一般它的驱动装置由电机、减速器、联轴器构成。减速器由蜗轮、蜗杆、齿轮(正齿轮、伞齿轮)构成,也有采用摆线针轮、柔性齿轮等传动件构成。个别情况也有采用直线电动机驱动。按环境要求又可分为普通型、户外型、防腐型、耐热型、防爆型或三合一型。电驱动可缩短启闭时间,减轻劳动强度。常用于启闭力矩较大、人难以接近、操纵距离远或很高、经常反复操作的场合。易于纳入自动化控制系统。 (肖而宽)

电动调节阀 motor regulating valve

以电动机作为动力元件来调节流量的电动执行器。当电动机通电后,通过减速器、蜗轮、蜗杆等机构,将旋转运动变为直线运动,带动执行机构的阀瓣上下移动。调节机构配有电动机正、反转开关和限位开关,可使阀门阀瓣自由升降。当位移超过限定值时,能自动切断电动机电源同时接通所需声、光信号,起保护作用。 (石兆玉 贺平)

电浮选

见电解浮上(62页)。

电杆 pole

将架空线路设备架设到一定高度的杆子或构筑物。按材质分为木电杆、金属电杆和钢筋混凝土电杆三种。按作用分为直线杆、耐张杆、转角杆、终端杆和分支杆等五种。电杆的埋设深度按杆长而定,一般可参照下表:

杆长(m)	8.0	9.0	10.0	11.0	12.0	13.0	15.0
埋深(m)	1.5	1.6	1.7	1.8	1.9	2.0	2.3

(薛发 吴明)

电感压力变送器 inductance pressure transmitter

根据压力变化时产生的机械位移引起电感变化的原理制成的将被测压力信号转换成标准电信号输出的仪器。测量范围:-0.1～60MPa,精度1.0～1.5级。适用于信号的远传和控制。 (刘善芳)

电化学法

见电解法(62页)。

电化学腐蚀 electrochemical corrosion

气体或固体污染物,在潮湿环境中和金属表面接触,形成自发原电池,当微电流通过时,金属遭受破坏或性能恶化的过程。原电池的阳极是受腐蚀的部位,阴极是腐蚀生成物堆集的部位。根据腐蚀部位的不同,可分为全面腐蚀和局部腐蚀。全面腐蚀是分布在整个金属表面上的腐蚀,金属具有等同腐蚀电位,腐蚀产物可以在整个金属表面上形成,可能具有一定的保护作用。局部腐蚀是主要集中在一定区域的腐蚀,腐蚀产物往往在阴、阳极外的其他部位上形成,不可能有一定的保护作用。局部腐蚀比全面腐蚀更危险。 (姚国济 张善文)

电话隔音间

见电话间(61页)。

电话会议室 conference telephone room

利用长途电话召开会议的较大房间。电话会议室不仅要收话还要播话,其对长途电话电路的质量标准和使用要求都比长途电话严格,对房间有一定的要求,要考虑最佳混响时间,一般在房间体积不大于 300m³ 的情况下，混响时间按 0.3～0.5s 设计，室内噪声级一般不超过 40dB。电话会议室的面积为平均每人 1.5～2.0m²。一般设有大会议电话室（100～150m²）和小会议电话室（40～80m²）。室内安装扬声器，配备桌、椅、沙发等会议用具，是提供电话会议人员进行电话会议的场所。

（薛 发 吴 明）

电话间 telephone room

又称电话隔音间。具有一定隔声效果用于客户通话的小房间。应有良好的隔声条件，内部墙面和顶棚应做隔声处理，并做好通风，封闭式电话间的净尺寸为 1～1.25m 正方形或长方形，高 2～2.2m。

（薛 发 吴 明）

电混凝

见电解凝聚（62 页）。

电机 electric engine

将电能转换成机械能或将机械能转换成电能的电能转换器的统称。将电能转换成机械能的电机称电动机。按电机功能，可分有发电机和电动机、变流机和控制电机。按电流类型可分为直流电机和交流电机。交流电机又可分为同步电机和异步电机。

（陈运珍）

电极 electrode

指由金属性导体和与其接触的电解质溶液组成的体系。有时仅指插入电解液的金属性导体。电解槽中的电极有阳极和阴极之分。它是电解槽的核心部件，电极反应就发生在电极的金属-溶液界面。通常应选择超电压低的电极材料，并尽量增大电极面积。电极形状多采用平板状（垂直或水平排列）及圆筒状，也有采用条状、网状、颗粒状（固定床或流化床）电极的。

（金奇庭 张希衡）

电极电位 electrode potential

又称电极势。是在电极与溶液接触时所产生的电势差。其绝对值很难测定，故常以标准氢电极电位为零作为比较标准，单位用伏特表示。影响电极电位的因素主要有：电极的本性，参与反应各物的浓度或分压、温度。其间关系可用 Nernst 公式表达为

$$E = E° - \frac{RT}{nF} \ln \frac{[还原型]}{[氧化型]}$$

E 为氧化态和还原态物质在某一定浓度时的电极电位；$E°$ 为标准电极电位；F 为法拉弟常数；n 为氧化态物质转变为还原态物质时所得到的电子数；R 为气体常数；T 为绝对温度；[还原型] 和 [氧化型] 分别为还原态物质和氧化态物质的浓度。对于水溶液中的氧化还原反应，可用有关电对（氧化型/还原型，如 ClO^-/Cl^-）的电极电位来衡量一种药剂（或污染物）的氧化性或还原性，$E°$ 值愈小，其还原型组分的还原性愈强，$E°$ 值愈大，其氧化型组分的氧化性愈强。例如，电对 Fe^{2+}/Fe 的 $E°$ 值为 -0.44V，而电对 Cu^{2+}/Cu 的 $E°$ 为 +0.36V，可知在标准状况下，铁屑比铜屑有更强的还原性。物质的电极电位可近似地衡量其失去电子的难易程度，其值越小，愈易失去电子，物质愈活泼；相反，则愈易得到电子。

（王志盈 张希衡 金奇庭）

电极反应（电渗析器） electrode reaction（electrodialysis apparatus）

电渗析器运行时，发生在电极表面上伴有电子转移的化学反应。它可保证电渗析器正常工作；但其危害是在电极表面生成小气泡，使阴极室极水呈碱性，易在阴极上生成水垢；使阳极室极水呈酸性，有腐蚀。为消除危害采用极水高速冲洗。 （姚雨霖）

电极清灰 removal of collected particles from electrodes

用机械振打等方法清除集尘板表面的粉尘层，使之落入下部灰斗的过程。用喷淋或溢流水冲洗极板的湿法过程，二次扬尘少。干式清灰方式有机械振打、压缩空气振打、电磁振打及电容振打等。目前应用最广的是挠臂锤振打方式。清灰效果取决于振打强度和振打频率。振打强度由除尘器容量大小、极板安装方式、振打方向、粉尘性质及温度等因素决定。振打频率视气体含尘浓度、粉尘黏性等而定。放电极也会附着一定的粉尘，也需进行清灰。

（郝吉明）

电极势

见电极电位。

电接触式液位计 electrical contact type level meter

根据在容器的不同高度安装两个或几个电极，当液位上升到达电极时，电路被接通的原理制作的测量液位的仪器。测量范围：<10m，精度：2.5 级。结构简单，测量部分无可动件，但不适用于非导电物质的测量，也不能作连续测量之用。 （刘善芳）

电接点水银温度计 electric contactor mercurial thermometer

带有电接点的水银温度计。制作原理与水银玻璃温度计相同，但温度计上部有一磁钢可调的电接点以调节温度极限值。当温度达到极限值时，电路接通，达到温度报警及控制的目的。测量范围 -30～+300℃，精度 ±0.5～5℃，但接点容量小，使用寿命短。 （刘善芳）

电解槽 electrolytic bath

又称电解池。由两个金属导体（称电极）分别插入电解质溶液（简称电解液），并与外电源（整流器）的正、负极分别连接而构成。是由电能产生电极反

应的装置。按电极与电源连接方式分单极性和双极性两种(如图)。双极性电极的中间电极靠静电感应

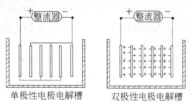

单极性电极电解槽　　　双极性电极电解槽

而产生双极性,它较单极性电解槽的电极连接简便,整流器费用较低,耗电量较少,但因电压较高,运行安全性较差,且维修较困难。若按槽中水流方式可分为翻腾式、回流式、竖流式及旋流式等。主要参数有极间距、极水比及单槽有效容积。

(金奇庭　张希衡)

电解池

见电解槽(61页)。

电解法　electrolytic process

又称电化学法。是直接或间接利用电解槽中的电极反应,去除废水中污物或使有害物质转化为无害物质而使废水净化的方法。电解时可直接利用阳极氧化作用或阴极还原作用,使废水中污染物氧化(如 CN^- 的阳极氧化)或还原(如六价铬的阴极还原、重金属离子在阴极还原析出);也可间接通过某些电极反应对污染物进行氧化(如阳极氧化产物 Cl_2 氧化 CN^-、去除色度)、还原(如铁阳极氧化溶蚀产物 Fe^{2+} 还原六价铬)、凝聚及浮上。实际处理中,阳极(或阴极)的直接氧化(或还原)与利用电极产物的间接氧化(或还原)往往同时发生作用。电解法主要用于处理含铬(Ⅵ)废水和含氰废水,还用于去除废水中的重金属离子、悬浮物、油类、色度及酚等毒性有机物。电解法处理废水的优点是:去除污染物范围广;不用或较少用化学药剂,操作管理较简便;主要操作条件为电流和电压,易于调节控制;处理效果稳定可靠,且便于回收纯度较高的有用物质(如 Au、Ag、Cu 等贵重金属);占地面积较小。但其电能消耗和金属电极(铁、铝)消耗量较大;沉淀泥渣尚无完善的处理方法。　　　　(金奇庭　张希衡)

电解浮上　electrofloatation

又称电浮选。借助水电解及有机物电解氧化在电极上析出的 H_2、O_2、CO_2 等微小气泡,使废水中疏水性杂质微粒附着在气泡上而一起浮升至液面,然后撇除的处理方法。废水进行电解浮上处理时,常同时兼有氧化、还原、凝聚的功能。其应用方式有四种:①采用惰性电极,直接利用电解浮上作用去除细分散悬浮固体和油状物;②先投药混凝,然后电解浮上(采用惰性电极);③先电解混凝(采用可溶蚀电极),然后电解浮上(采用惰性电极);④采用可溶蚀

电极,同时进行电解混凝与浮上处理。主要用于去除或回收悬浮固体、胶态杂质、油类及重金属离子,在印染废水、轧钢废水、造纸废水、食品加工废水等的处理上得到了应用。由于电解产生的气泡粒径小(约在 $10\sim60\mu m$,而减压释放产生的空气泡粒径约 $100\sim150\mu m$)、密度低(20℃时电解产生的气泡平均密度约 $0.5g/L$,而一般空气泡为 $1.2g/L$),因而具有较大的捕获容量和浮载能力,处理效果优于加压溶气气浮法,且泥渣含水率低、渣量少、工艺简单、设备占地少。主要缺点是电能耗量较大。

(金奇庭　张希衡)

电解副反应　side-reaction of electrolysis

伴随所利用的主要电极反应而发生的其他不必要的平行电极反应及次级化学反应。例如电解处理含铬(Ⅵ)废水时,主要利用铁阳极氧化溶蚀产物 Fe^{2+} 使六价铬还原为三价铬,但①废水碱性较大时,发生 OH^- 在阳极氧化析出 O_2 的平行电极反应;②废水中若有硝酸存在,发生氧化 Fe^{2+} 的次级化学反应。这使电解产物复杂,电流效率降低。

(金奇庭　张希衡)

电解凝聚　electrocoagulation or electroflocculation

又称电絮凝,电混凝。是以铝、铁等可溶蚀金属作电极进行电解,阳极溶蚀产物 Al^{3+}、Fe^{2+} 等离子经一系列水解、聚合及亚铁的氧化过程,发展成为各种羟基络合物、多核羟基络合物以至氢氧化物,凝聚吸附废水中胶态杂质及悬浮杂质而分离(沉淀或浮上)去除。实际应用中常与电解浮上联合处理废水,二者既可分设于两槽中进行,也可在一个槽中进行。为增加溶液电导及防止电极钝化,常投加食盐、盐酸等助剂。在废水处理中应用范围同电解浮上;还可用于分散的小型给水净化处理。由于电解可溶蚀阳极产生的絮体比投药法产生的具有更强的凝聚吸附作用,因而处理效果好、泥渣(浮渣或沉渣)量小(约为投药法的 $1/3\sim1/10$),且工艺简单、操作维修方便、设备占地少。主要缺点是金属材料(铝、铁)及电能耗量较大。　　　(金奇庭　张希衡)

电抗器起动　reactor starting

在电动机定子回路中串接电抗器作降压起动,然后将电抗器短路使电动机正常运行的一种起动方式。通常用于高压电动机。　　　(陆继诚)

电缆　electrical cable

用来传送电能和分配电能,传送信号电流、信号电压,被覆有绝缘层、保护层、屏蔽层的导体。按用途分为电力电缆、控制电缆、通讯电缆和射频电缆等。　　　　　　　　　　(陈运珍)

电缆标石　cable marking stake

用来标示直埋电缆的路由、走向及电缆接头点位置的标志物。　　　　　　（薛发　吴明）

电缆管道

见电信管道(66页)。

电缆进线室　cable inlet room

全部城市通信线电缆进到电信枢纽建筑内的一个集中的房间。所有外线电缆在此经过接线、分支后再引至机房的配线架或引入架上。它大都设在地下室或半地下室。沿建筑平面的横轴呈长条形布置,横贯建筑平面,两端均设电缆出入口。在小型电信楼及增音站中,也可以不做电缆进线室,而改用电缆地槽,按其埋置深度分浅槽型(8条电缆以下)和深槽型(12条电缆以上)。长途通信电缆进线室要求与载波机房有较直接联系。市话电缆进线室与总配线室应上下相邻。　　　　　　（薛发　吴明）

电缆载波增音站　cable carrier wave repeater station

以电缆作为传输线路的电缆载波通信的各类增音站。由于采用的电缆不同又分为对称电缆载波增音站和同轴电缆载波增音站。按功能又可分为枢纽站、分路站、有人值守站和无人值守站等。主机房的形式有:地上式、地下式、半地下式、嵌入式、地坑式等。地上式经济合理,被广泛采用。主机房是增音站的主体建筑,与明线载波增音站的区别需设进线室。载波室应尽量靠近进线室并与配电室相邻。
　　　　　　（薛　发　吴　明）

电缆转换箱

见海缆连接箱(120页)。

电力电缆　power cable

传送和分配电能的导体。其结构部件有导线、绝缘层和保护层,除 1～3kV 级的产品外,均需有屏蔽层。中低压电缆(35kV 及以下)有黏性浸渍低绝缘电缆、不滴流电缆、聚氯乙烯绝缘电缆、聚乙烯绝缘电缆、交联聚乙烯绝缘电缆、天然橡皮绝缘电缆、丁基橡皮绝缘电缆、乙丙橡皮绝缘电缆等。高压电缆有自容式光油电缆、钢管充油电缆、聚乙烯绝缘电缆和交联聚乙烯绝缘电缆等。新结构电缆有压缩气体绝缘电缆、低温电缆和超导电缆等。　（陈运珍）

电力电容器　power capacitor

在电力系统、工业生产设备、高压试验及现代科学技术中的应用的用于蓄积电能的基本元件。根据不同的使用要求,可分为并联电容器、串联电容器、电热电容器、耦合电容器、均压电容器、交流滤波电容器、直流电容器、储能电容器、标准电容器、防护电容器、脉冲电容器等。　　　　　（陈运珍）

电力室

见配电室(206页)。

电流互感器　current transformer

按电磁变换原理工作的互感器。其一次线圈串联在线路里,二次线圈接仪表和继电器。一次线圈内的电流,取决于线路的负载电流,与二次负荷无关。接在二次侧的电流表和保护系统控制回路的各类继电器的电流线圈阻抗都很小,所以在正常运行时,接近于短路状态。在运行中,必须避免二次线圈开路,否则,二次侧会感应出高电压,危及仪表和操作人员的安全。按用途分有测量用和保护用二类。测量互感器用在系统正常工作时测量电流和电能,要求一定的准确度,二次电流有一定的限制,使测量仪表能安全运转。保护电流互感器用在系统发生短路或其他故障时和继电器一起起保护作用。因此,要求有良好的过电流工作特性,具有足够的 10% 倍数。　　　　　　（陈运珍）

电流密度　current density

电极单位有效面积流过的电流。单位为 A/dm^2。有阳极电流密度和阴极电流密度之分。它直接反映了单位面积电极的反应速度,是电解法处理废水的重要参数。提高电流密度,可使电解槽处理能力提高,但超电压也随之提高,使槽电压上升,电能消耗增加。因此对特定电解处理系统,应选择其最佳的电流密度。　　（金奇庭　张希衡）

电流效率　current efficiency

电解过程中实际产量与按法拉第定律算得的理论产量之比。即电流效率 $= \dfrac{实际产量}{理论产量} \times 100\% = \dfrac{理论耗电量}{实际耗电量} \times 100\%$。根据阳极产物算出的称阳极(电流)效率;根据阴极产物算出的称阴极(电流)效率。电流效率小于 100% 是由于电解副反应的存在。影响其大小的主要因素有电解液组成、电极材料、槽电压及电解时间等。　　（金奇庭　张希衡）

电炉炼钢废水　electric furnace steelmaking wastewater

电炉炼钢过程中产生的废水。主要有两种:①对炉顶圈、炉门和电极夹持器等设备间接冷却时产生的净废水,经冷却后循环使用。②若采用湿法(如文氏管除尘器、旋风水膜除尘器等)对电炉烟气进行降温除尘时所产生的烟气净化废水,水质特点与转炉烟气净化废水相近,所含烟尘中除铁的氧化物外,还含有硅、锰、镍、铬的氧化物及碳素,其悬浮物含量高达 1 000～4 000mg/L,氟化物含量大致在 10～30mg/L,水质在一个冶炼周期内变化很大。该废水的处理常采用石灰中和-聚丙烯酰胺絮凝沉淀工艺,处理水循环使用。沉淀分离出的含铁尘泥脱水性能较差,且批量较小,目前尚未充分利用。
　　　　　（金奇庭　俞景禄　张希衡）

电路管理室 circuit administrative room

安装用于载波电路的调度、受理电路故障的申告,以及监视电路运行情况及其仪表设备的房间。主要设备有配线架、音频调度台、集中控制台、联络设备以及线、电路测量仪表。

（薛　发　吴　明）

电能效率 electrical energy efficiency

电解时理论上所需电能与实际所耗电能之比。即电能效率＝（理论所需电能/实际所耗电能）×100％,由于电能＝电压×电流×时间,因此此电能效率等于电压效率与电流效率的乘积。提高电能效率的主要途径是降低槽电压和提高电流效率。

（金奇庭　张希衡）

电气传动 electric drive

用以实现生产过程机械设备电气化及其自动控制的电气设备及系统的技术总称。 （陆继诚）

电气装备用电线电缆 cable for electrical equipment

电气装备安装连接用的电线电缆。包括各种电气装备内部的安装连接线,电气装备与电源间连接用的电线电缆,信号、控制系统用的电线电缆以及低压电力配电系统用的绝缘电线等。它的品种多,用途广,产量大,在工、农、交通、医疗、国防和人民生活等各方面,都是不可缺少的配套产品。它的品种分类有:通用电线电缆;信号、控制电缆;电机、电器用电线电缆;仪器、仪表用电线电缆;交通运转用电线电缆;地质勘探和采掘用电线电缆;直流高压软电缆等七类,共二十五个系列。 （陈运珍）

电器控制线路 electrical control circuit

又称逻辑控制线路。按开关量进行工作并完成一定的逻辑动作的控制线路。它分有触点的继电器控制线路和无触点的半导体器件或磁性逻辑元件组成的控制线路。 （许以傅）

电容式液位计 capacitive type level meter

根据液位变化时,引起由被测液、传感器导线总线及绝缘层组成的可变电容器电容量的线性变化的原理制成的测量液位的仪器。输出标准电信号。测量范围:0～100m,精度1.0～1.5级。结构简单,但电极黏附杂质会引起电容介电常数变化而造成误差。适用于液位信号的测量、远传和控制。

（刘善芳）

电渗析 electrodialysis

在直流电场作用下,利用离子交换膜,使液体中阴、阳离子作定向迁移且选择性地透过,从而使溶剂与溶质分离的方法。离子迁移动力是直流电场的作用,离子迁移速度较高且不随过程的进行而降低。

（姚雨霖）

电渗析部分循环式除盐系统 electrodialysis dividual cycle desalination system

电渗析器的淡水,一部分供用水设备直接使用;另一部分与原水混合后继续通过电渗析器进行除盐处理的系统。对于原水含盐量高或变化较大时,它可使运行稳定并能减轻极化现象。适用于除盐要求较高、处理水量较大时。 （姚雨霖）

电渗析法除盐 electrodialysis desalination

在电渗析器中,利用外加直流电场中离子的定向迁移和离子交换膜的选择透过性,对水进行淡化除盐的方法。它是膜分离技术之一,萌芽于20世纪初,50年代奠定了实用基础。它的除盐过程如图。

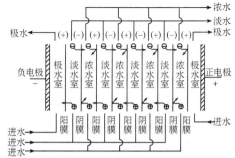

在直流电场作用下,含盐原水的阴离子移向正极,阳离子移向负极。由于离子交换膜所具有的选择透过性,偶数浓水室的阴、阳离子只迁入,不迁出,原水逐渐浓缩;奇数淡水室的阴、阳离子只迁出,不迁入,原水逐渐淡化而获得淡化除盐水。此法具有不耗药剂、能耗少、耗电量与除盐量基本成正比、设备简单、操作方便等特点。适用于将一般咸水（含盐量4 000～5 000mg/L）淡化成饮用水或用于高纯水除盐预处理。 （姚雨霖）

电渗析器 electrodialysis apparatus

由压板、电极托板、电极、极框、阴膜、阳膜、隔板甲、隔板乙等部件,按一定顺序组装并压紧的装置。其结构可分为膜堆、极区、紧固装置三大部分。其结构组成如下页图。一般在工业中用于提纯、浓缩等,在水处理中常用以淡化除盐。 （姚雨霖）

电渗析器的段 segment of electrodialysis apparatus

电渗析器中水流方向一致的并联膜堆。单台电渗析器通常用级和段说明其组装方式。通常有一级一段,多级一段,一级多段和多级多段等四种。

（姚雨霖）

电渗析器的级 gradation of electrodialysis apparatus

电渗析器中,一对电极之间的膜堆。

（姚雨霖）

电渗析循环式除盐系统 electrodialysis cycle desalination system

一定量的含盐水通过电渗析器多次循环除盐的间歇式处理系统。对含盐水浓度适应性较强,适用于水量小、除盐率要求较高时。 （姚雨霖）

电渗析直流式除盐系统 electrodialysis straight flow

含盐水通过电渗析器一次除盐的处理系统。具有连续制水、设备简单、占地面积小等优点;但对原水含盐量适应性较差。根据进水水质、出水水量和除盐率要求可分为单台直流式、多台串联式和多台串、并联组合式等除盐系统。 （姚雨霖）

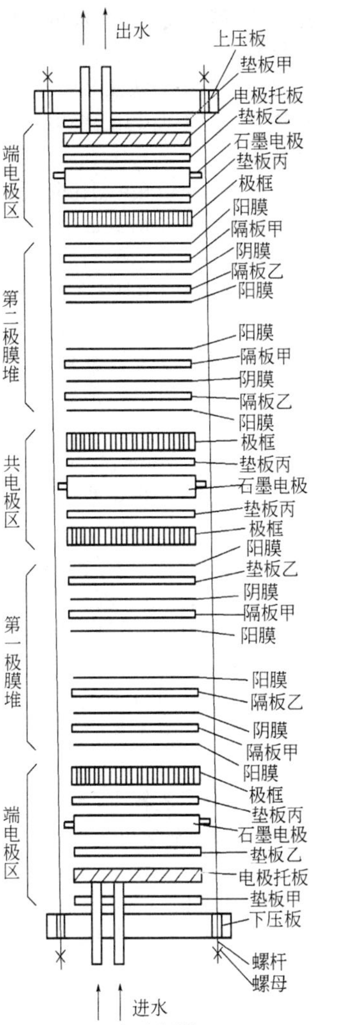

电视差转台 television secondary transiting station

靠无线电接收其他电视台的节目信号后,经简单处理、变更(加或减)载频后再发射的电视转播台。它设在能满意地收到信号,同时又能向阴影区发射的地方。 （薛 发 吴 明）

电视电影机房 machine hall for television and movie

用于播放电视电影的场所。设在播出区,装在16mm和35mm电视电影机。各种电视电影信号从电视电影机房送到新闻演播室或节目传送室。也可以送到播出控制室进行直播或由节目传送室转录成磁带节目保存。 （薛 发 吴 明）

电视发射塔 TV transmitting tower

用于安装电视发射天线的高耸结构物。大型的发射塔有几百米高。有时发射机也安装在塔内,距天线较近,减少能量损耗。它可由钢筋混凝土或钢

（图示标注：）
出水
上压板
垫板甲
电极托板
垫板乙
石墨电极
垫板丙
极框
阳膜
隔板甲
阴膜
隔板乙
阳膜
端电极区
第二极膜堆
阳膜
隔板甲
阴膜
隔板乙
阳膜
极框
垫板丙
石墨电极
垫板乙
极框
阳膜
垫板甲
阴膜
隔板甲
阳膜
共电极区
第一极膜堆
阳膜
隔板乙
阴膜
隔板甲
阳膜
极框
垫板丙
石墨电极
垫板乙
电极托板
垫板甲
下压板
端电极区
螺杆
螺母
进水
电渗析器

建造。 （薛 发 吴 明）

电视发射台 television transmitting station

用于安装电视发射机、发射天线及其各种附属设施组成的电视发射系统的建筑空间及环境。一般电视发射机房与电视中心建筑大多分开,应布置在发射塔附近或与发射塔合建,以缩短馈线和减少能耗,架设电视天线在平原多利用高层建筑顶端或建独立的电视塔,在山区则利用高山建台。 （薛 发 吴 明）

电视发射天线 television transmitting antenna

用于发射电视信号的天线。对它的一般要求是:①在水平面上为全向辐射;在垂直面上要求波束向下倾斜 $1°\sim2°$;②驻波系数 $\rho\leqslant1.1$,具有一定高度;③频带宽度 $\Delta f/f\geqslant20\%$,增益 G 在 $6\sim12dB$ 之间。 （薛 发 吴 明）

电视剧配音室

见配音编辑室(207页)。

电视室 television room

监视和完成通过微波电路转接由外地电视台播放、本地区接收的电视节目的房间。 （薛 发 吴 明）

电视收转台 television receiving and transiting station

把接收到的某一频道的电视信号(包括图像与伴音)先还原为视频图像信号与音频信号,然后再调制到另一频道的电视发射机,再发射的电视转播台。 （薛 发 吴 明）

电视台 television broadcasting station

播送电视节目的无线电台。包括电视中心、电视发射台和相应的附属设施。按播出方式可分为通过无线电波发射信号的广播电视台和有线传播的闭路电视台;按任务分为综合电视台和专业电视台。一般包括演播制作用房、后期制作用房、节目播出用房及节目传送用房等几部分组成。一般对录音室、演播室等技术用房有较高的隔声隔振要求和室内音质要求,微波机房和控制室需电磁波屏蔽。 （薛 发 吴 明）

电视微波机房 television microwave machine hall

设有微波发送和微波接收设备,用于短距离传送电视信号的场所。 （薛 发 吴 明）

电视中心 television center

能自制节目、自办节目、播出节目、并具有录播、直播、微波及卫星传送和接收等功能或部分功能的建筑空间及环境。 （薛 发 吴 明）

电视转播室 television repeating room

用于经微波电路转播电视,并监视电视转播质

量的房间。　　　　　　（薛　发　吴　明）

电台的生产区　work area of station

安装无线电通信设备的建筑群体区。发、收信机房是主体建筑。此外有变电站、发电机房、油库、机修室、锅炉房、水泵房、仓库、汽车库、水塔、冷却水池等。一般用墙围起来。应布置在整个场地比较适中的位置上，最好在天线场地的中央区，也应建造在地势较高处，以防洪水。区内建筑物在满足各种技术要求的条件下，应尽可能布置紧凑，以减少道路、管线长度，减少电力、热力损耗。

（薛　发　吴　明）

电信传输交换处理中心

见电信综合局。

电信管道　cable duct

又称电缆管道。由多（单）孔管（导管）人孔或手孔构成的用于敷设电缆的地下设施。是城市地下管网的重要组成部分。它的作用是保护电缆，便于施放、抽换电缆。材料有钢管、铸铁管、石棉水泥管、混凝土管等。　　　　　　（薛　发　吴　明）

电信建筑的电子计算机房　computer room at telecommunication building

电信建筑中用于安装自动转接公众电信的电子计算机的房间。分为主机房、生产辅助用房及办公用房。一般设在电信枢纽建筑内。要求防腐、防尘、防静电、远离振源及产生强大电波的工厂和发射台，并且对温度、湿度有较高的要求。

（薛　发　吴　明）

电信枢纽局

见电信综合局。

电信综合局　telecommunication railroad termind

又称电信枢纽局、长途枢纽站、电信传输交换处理中心。安装市话、长途（长话、电报、图像、数据、无线）等电信设备及其辅助设备的建筑物和构筑物的群体所构成的建筑空间及环境。包括这一群体基地范围内的所有建筑物、构筑物、堆积场地、地上地下管线、道路、绿化、围墙等。　　（薛　发　吴　明）

电絮凝

见电解凝聚（62页）。

电压互感器　potential transformer

按电磁感应和电容分区原理工作的互感器。按工作原理可分电磁感应原理和电容分压原理两类。供测量用的电压互感器，一般做成单相双线圈结构，其额定一次电压为系统的线电压，两端绝缘等级相同，对这种互感器的主要技术要求是保证必要的准确度。供接地保护用的电压互感器还具有一个第三线圈，叫做三线圈电压互感器。正常运行时，三相电压对称，第三线圈上感应的电压三相之和为零，一旦系统发生单相接地、中性点位移，第三线圈上出现零序电压。故第三线圈又叫零序电压线圈。零序电压作用到继电器上，引起继电器动作，从而对系统起保护作用。　　　　　　　　　　（陈运珍）

电压效率　voltage efficiency

电解时理论所需最小外加电压（理论分解电压）与实际外加电压（槽电压）之比。即电压效率＝（理论分解电压/槽电压）×100%。其值小于100%是由于存在超电压和电解液、电极、接点等的电压降。影响其大小的主要因素有电极材料、电流密度、电解液组成、电解槽结构、槽温及搅拌强度等。

（金奇庭　张希衡）

电晕电极　corona electrode

能使气体产生电晕放电的电极。常用在电除尘器中，主要包括电晕线、电晕框架、电晕框悬吊架、悬吊杆和支撑绝缘套管等。对电晕线的一般要求是：起晕电压低；放电强度高，电晕电流大；机械强度高，耐腐蚀；能维持准确的极间距；易清灰。常用电晕线的形式很多，有光滑圆线、星形线及芒刺线等。按电晕电极的极性可分为正电晕电极或负电晕电极，它们的工作情况基本相同。大多数工业电除尘器采用负电晕形式，以产生良好的电流-电压关系。正电晕电极产生的臭氧较少，多用于民用建筑的空气净化方面，也用于温度高于800℃以上的场合。

（郝吉明）

电晕电流密度　corona current density

描述电除尘器内某点电晕电流强弱和流动方向的物理量。其大小等于单位时间内通过垂直于电流方向单位面积的电量。电除尘器极间某点电晕电流的面密度（A/m^2）等于空间电荷密度、空间电荷的当量迁移率和场强的乘积。电晕电流密度和供电电压之间的关系（简称伏安特性）与电晕线形状和尺寸、极间距等因素有关。电除尘器实际运行时的电晕电流密度受气体组成、温度和压力，悬浮颗粒的空间电荷效应，捕集颗粒层的比电阻，电极表面清洁程度，高压装置的类型、设计和控制等因素的影响。大部分工业电除尘器的捕集效率随电晕电流密度增大而提高，集尘区的电晕电流密度变动于 $0.05 \sim 1.0$ mA/m^2 之间。　　　　　　　　（郝吉明）

电晕放电　corona discharge

自激放电的一种。将充分高的直流电压施加于一对电极上，其中一极是细导线，另一极为管状或板状，则形成非均匀电场，在细导线表面附近的强电场作用下，气体中原有电子或从金属表面放出的电子被加速，通过碰撞使气体分子电离产生新的自由电子和正离子，新自由电子被加速后又可引起气体分子碰撞电离,这种过程可在极短的瞬间重演无数次,在细导线附近产生大量的自由电子和正离子,此即为电晕放电。能放电的细导线称为电晕极。电离产生的正离子向电晕极移动(对负电晕形式而言),通过碰撞金属表面,释放出新电子,使电晕过程持续下去。离电晕极较远处,自由电子不能进一步引起电离,只能俘获在气体分子上,形成负离子。负离子密度可达 $10^7 \sim 10^8$ 个$/cm^3$。电晕特性取决于电极间距离和结构,气体组成、压力、温度,粉尘负荷和电特性。关于电晕特性的资料是评价除尘器操作特性的基础。　　　　　　　　　　　　　　(郝吉明)

电子编辑室 editec studio

进行剪辑节目磁带或光盘的场所。在此通过电子编辑器将节目素材剪辑成原版录像磁带。该室设有电子编辑器、录像机、监视器和配套的字幕叠加器。　　　　　　　　　　　　　　(薛发 吴明)

电子管贮存室 electric tube storage room

专门用于保管数量多、体积大的电子管的房间,为便于清洗电子管,室内设水池。

(薛发 吴明)

电子束照射法脱硫脱硝 desulfurization-denitrification by electron-beam irradiation method

在电子束照射下,加入 NH_3,使烟道气中 SO_x 和 NO_x 形成硫酸铵$[(NH_4)_2SO_4]$和硝酸-硫酸铵$[(NH_4)_2SO_4-2NH_4NO_3]$干粉收集除去。该法用于燃烧重油的烟道气,可除去 90％以上 SO_2,同时除去 85％以上 NO_x。　　　　　　　　　　(张善文)

电阻率(水溶液) electric-resistivity(aqueous solution)

又称比电阻。在一定的温度、电压为 1V,两个面积为 $1cm^2$ 的电极,间距为 1cm 时,水溶液的电阻值。单位以 $\Omega \cdot cm$、$M\Omega \cdot cm$ 表示。含盐量愈大,水的电阻率愈低,常作为水的纯度衡量指标。另外电阻率与水温有关,中国以 25℃ 为标准。　　(潘德琦)

玷污性损害 contaminative damage

大气中颗粒物对材料表观的损害。大气中的颗粒物沉降、吸附在材料、织物或用具表面,对材料的影响仅是弄污表面,造成美感上的损失;清除表面玷污的颗粒物更有可能增加磨损和缩短寿命;玷污的颗粒还可能和其他有害气体或液体污染物协同作用,导致永久性损伤。　　　　　　　　　(张善文)

die

跌水井 drop manhole

又称跌落井,落水井。用作连接管渠底标高相差较大的管渠和消除水流流速的一种检查井。井内有消能设施,设在管渠内水流流速需要缓冲或管渠底标高急剧变化的地点。目前常用竖管及矩形竖槽式和溢流堰式跌水井(如图)。前者用于管径等于或小于 400mm 的管道;后者用于 400mm 以上的管道。当上下游管底标高落差小于 1m 时,一般只将井底部做成斜坡,不采用专门的跌水措施。它在巨大的渠道内可用梯阶式渠道代替。　　　　　　　(肖丽娅　孙慧修)

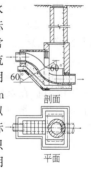

剖面

平面

跌水井建造 build up drop manhole

防止排水管内水的流速过高使槽底受到冲刷的跌水井的施工。通常布置在上下游管段交接处有较大落差的处所。常用的有竖管式、竖槽及阶梯式等,修建时可采用溢流堰的跌水方式,或在井内添装一段竖立的铸铁管和十字管(一般用丁字管)等配件,使上游管道与井底流槽相连接,这种装设适用于管径<400mm 的排水管线。　　　　　　(李国鼎)

蝶阀 butterfly valve

启闭件为盘形,阀瓣绕轴转动如蝴蝶展翅状的阀。其旋转角度一般为 60°～90°。蝶板形状多为圆盘形,亦有矩形或椭圆形的。种类较多。按用途和结构可分为:①密封型,可作截断阀用;②非密封型,用来调节流量。按连接形式可分为:双法兰式、单法兰式、无法兰的对夹式以及对焊式……按蝶板与旋转轴的设置可分为:中心对称式、偏置式(单偏心、双偏心、三偏心)、斜板式、杠杆式;按结构形式可分为衬里蝶阀、三通蝶阀、四通蝶阀;按密封面形式可分为橡胶密封蝶阀、四氟密封蝶阀、金属密封蝶阀等。驱动方式有手动、气动、液动、电动以及各种组合形式。为防止腐蚀,阀瓣常用工程塑料涂层包覆。蝶阀以其结构简单、结构长度(face to face)短、占地小、重量轻、启闭迅速、功率小、调节性能较好、低压时密封可靠、大口径的流阻较小等特点,应用范围较广,尤其在低压大口径阀门中占有重要地位。

(肖而宽　李猷嘉)

蝶式缓冲止回阀

见缓冲止回蝶阀(131 页)。

ding

顶管法

见顶管敷管法。

顶管敷管法 laying pipes by jacking

简称顶管法。一种勿需在地面开挖沟槽,直接在地下按设计要求进行管道敷设的施工方法。由于在工程期间不致影响地面交通和建筑物安全,特别当管线与铁路、公路交叉或需穿越桥涵、河道等障碍物时适用,还可节省大量土方的挖、填工程量。其施工程序是:先在计划顶管段的一端(设计管线的窨井位置)挖出工作坑,在坑底修筑基础并支设导轨,然后在工作坑管线一侧的坑壁,依据敷管外径尺寸,按设计标高挖出孔穴,将待敷设的一节管子安放在导轨上。再以侧置的后背于工作坑另一壁的千斤顶使此管节沿穴位推入土层中。与此同时,在管前方挖土并自后端运出,当此节管子推入土中之后,再接另一节管子重复操作,直到预计的敷设长度。施工中需注意控制管道的前进方向,这一点与挖土操作有关,要及时测量校正。此外还需注意接口处理、顶压设备选用、工作坑及后背的布设等问题。由于是在管内挖运土方,施工的管径不应小于900mm。

（李国鼎）

顶角杆

见转角杆(368页)。

定量泵

见计量泵(149页)。

定容储气罐

见高压储气罐(96页)。

定向直径

又称菲雷特直径。为各颗粒在投影图上在同一基线上的最大投影长度。一般用 d_F 表示。

（马广大）

定压点 pressurization point

在热水网路中循环水泵运行和停止工作时压力保持不变(或只在允许范围内变化)的点。通过定压点可以控制供、回水管动水压线和静水压线的位置,保持热网的压力维持在规定的范围内,使热网和用户系统安全可靠地工作。热网的定压点一般多设置在回水管路上或网路循环水泵的旁通管上。采有蒸汽定压方式时,定压点多设置在供水管路上。

（盛晓文　贺　平）

定压式氮气定压 pressurization by nitrogen gas under constant pressure

利用氮气压力维持热水网路定压点压力恒定的措施。分有排水定压式和排气定压式两种。系统定压点的压力由氮气罐内的氮气压力维持恒定。当系统水量增减使氮气容积变化而引起压力轻微变化(约为定压值的1%～5%)时,通过排水进入水箱和补给水泵向氮气罐补水,或通过排气进入低压贮气罐和压气机向氮气罐充气的方法,来维持氮气罐内压力恒定。该定压方式压力稳定,能源(水、氮气)可循环使用;但设备比变压式复杂,不如变压式使用广

泛。

（盛晓文　贺　平）

dong

动胶杆菌属 zoogloea

活性污泥中常见的占优势的细菌种属。在新版的伯杰氏细菌鉴定手册中,归属于第七部分革兰氏阴性好氧杆菌及球菌。本菌属早年是从研究活性污泥中分离出来的菌株,认为是菌胶团的形成菌属,而命名为 Zoogloea ramigera,现为能够在活性污泥中形成絮状体结构的泛称。伯杰氏手册列入了该属的二个属:生枝动胶杆菌和悬丝动胶杆菌。有关专家对前者进行了研究,其生物学特征是:形态为杆菌,菌体大小为 $1 \times 2 \sim 4 \mu m$,单鞭毛,能够运动,可生成 NH_3 等。

（戴爱临　张自杰）

动力配电箱 power distribution box

用于工业和民用交流 50Hz、500V 以下的动力系统中的配电箱。其安装方式有落地和挂墙两种。

（陈运珍）

动力学常数 biokinetic constants

活性污泥反应动力学模式中的底物利用速率常数、饱和常数、产率系数、微生物衰减系数及氧的利用系数等常数。对于特定的污水和具有与其相适应的微生物群体的活性污泥法处理系统,在温度和溶解氧浓度一定的条件下,这些常数的值是不变的。也即是在一定的环境条件下,动力学常数值主要取决于待处理污水的特征。

（彭永臻　张自杰）

动态交换 dynamic exchange

利用离子交换剂进行交换反应时,液体以一定流速穿过交换剂层的运行方式。由于反应产物能及时排除,水中离子与交换剂中同性离子的交换反应进行顺利,交换剂交换容量能充分利用。目前这种方式广泛采用。

（刘馨远）

动态再生 dynamic regeneration

再生液与失效离子交换剂之间,以一定流速穿过的再生方式。是离子交换剂再生方法之一。由于再生反应的离子生成物能及时排除,反应较彻底,再生效果较好,再生剂用量少。目前采用较多。

（潘德琦）

dou

斗槽式取水 paternoster intake

在岸边式(或河床式)取水构筑物之前设置斗槽的取水方式。斗槽是在岸边用堤坝围成或在岸内开挖而成。设置斗槽的目的是由于斗槽中的水流速较河中小,水中泥砂易于在斗槽中沉淀,且水中冰凌易

于上浮,故能较好地减少泥砂和防止冰凌进入取水口。适于河水含砂量大、冰凌严重、取水量大时采用。按照水流进入斗槽的流向不同又分为三种类型:①适于取表层水,因而避开大量泥砂的顺流式斗槽;②适于取底层水而避开冰凌的逆流式斗槽;③系由上述两种类型组合而成的双流式斗槽,适于河流含砂量大、且冰凌又严重时采用。 (王大中)

du

毒性阈限浓度

见毒阈浓度界限。

毒阈浓度界限 limit of toxic concentration

又称毒性阈限浓度。指在厌氧消化中的有毒物质的临界(毒性)浓度。厌氧消化过程某些物质的毒阈浓度:碱金属和碱土金属(如 Na^+、K^+、Ca^{2+}、Mg^{2+})为 $10^{-1} \sim 10^0$ mol/L;重金属(如 Cu^{2+}、Ni^{2+}、Zn^{2+}、Hg^{2+}、Cd^{2+}、Fe^{3+}、Fe^{2+})为 $10^{-5} \sim 10^{-3}$ mol/L;酸和碱(如 H^+、OH^-)为 $10^{-6} \sim 10^{-4}$ mol/L;胺类为 $10^{-5} \sim 10^0$ mol/L;有机物质为 $10^{-6} \sim 10^0$ mol/L;各种阴离子为 $10^{-5} \sim 10^0$ mol/L。有毒物质的毒阈浓度与厌氧消化处理构筑物的运行方式及驯化、拮抗等作用有关。例如多种金属离子共存时,对甲烷菌的毒性有相互对抗的作用,其毒阈浓度可提高。 (肖丽娅 孙慧修)

duan

锻锤废气余热利用装置 installation for utilizing waste heat of steam hammer

利用蒸汽锻锤废气的热量进行供热的装置。该装置的流程为:做功的废气通过填料收集器和链式机械除油器后,进入到汽-水换热器,水被加热后可用于工厂采暖。由于汽锤废气量波动大,故一般需设置二级换热器。当余热量不够时,新蒸汽送至二级换热器再加热网路水。 (李先瑞 贺平)

dui

堆积角

见粉尘安息角(83 页)。

对称式配水设备 symmetrical distribution apparatus

污水处理厂配水设备的一种形式(如图)。它可用于明渠或暗管,处理构筑物数目不超过 4 座,否则层次过多,管线占地过大。这种配水形式必须是完全对称的,如果一边管道或渠道过长,则水头损失较大,两边配水就不均匀。 (孙慧修)

对夹式蝶阀 wafer type butterfly valve

无连接法兰,靠两端设备或管路法兰螺栓拧紧而夹持和密封的蝶阀。通常为衬胶蝶阀。适用于水、气体和油品等介质。一般口径较小。 (肖而宽)

对流层 troposphere

地表以上具有明显对流运动的大气层。受地表和大气热交换的影响,对流作用夏强冬弱,并自赤道向两极减弱,层厚也有相应的变化。在低纬度地区平均层厚约为 16～17km,在中、高纬度地区分别为 10～12km 和 8～9km。层内集中了整个大气质量的四分之三和几乎全部的水汽,并具有强烈的垂直混合。它是天气现象演变和大气污染物活动的基本空间,因而也是对人类生活和生产影响最大的一个层次。 (徐康富)

对流扩散 convective diffusion

湍流流体内物质的传递,既靠分子扩散,又靠涡流扩散,两者合称为对流扩散。涡流扩散基本是一种混合过程。是由于旋涡中质点的强烈混合而进行传质,传递速度与浓度梯度成正比。在稳定条件下,传质速率为 $N = -(D + \varepsilon_g) A \dfrac{dC}{dn}$,$\varepsilon_g$ 为比例系数,余见分子扩散(82 页)。 (王志盈 张希衡 金奇庭)

对数增长期 logarithmic growth phase

微生物增长曲线呈直线上升的区段。在这个阶段,食料非常丰富,它和微生物量的比值(见 F:M 的比值)极高,食料不是微生物增长的限制因素,微生物比增长速率很高,呈直线上升趋势,底物的转化速率也最大。污泥增长速率与有机营养物无关,呈零级反应,而与生物量有关,呈一级反应关系。代谢速率快,需要大量供氧。 (彭永臻 张自杰)

对数正态分布 log-normal distribution

可用来描述大气中的气溶胶及各种生产过程产生的粉尘。个数筛下累积频率函数为

$$F(d_p) = \frac{1}{\sqrt{2\pi}\ln\sigma_g} \int_{-\infty}^{d_p} \exp\left[-\left(\frac{\ln d_p / d_{p50}}{\sqrt{2}\ln\sigma_g}\right)^2\right] d(\ln d_p)$$

d_{p50} 为个数中位直径;σ_g 为几何标准差。如果某种气溶胶颗粒的粒径分布符合对数正态分布,则其累积频率曲线在对数正态概率坐标中应为一条直线,而且 F 曲线与 G 曲线互相平行,几何标准差 σ_g 相等,中位直径按下式换算:

$$\mathrm{MMD} = \mathrm{NMD} \cdot \exp(3\ln^2\sigma_g)$$

σ_g 值可利用 F(或 G)曲线确定:

$$\sigma_g = \frac{d_{p84.1}}{d_{p50}} = \frac{d_{p50}}{d_{p15.9}} = \left(\frac{d_{p84.1}}{d_{p15.9}}\right)^{1/2}$$

$d_{p84.1}$ 为 $F = 84.1\%$(或 $G = 84.1\%$)对应的粒径;

$d_{p15.9}$为 $F=15.9\%$（或 $G=15.9\%$）对应的粒径。

（马广大）

对中和对坡 centering and slope checking

对中是使管道中心线与沟槽中心线在同一垂直平面内；对坡是使管底高程符合设计图纸上的标定高程。排水管道敷设中保证工程质量的重要工序之一。对中借以控制其平面位置，而对坡则是控制其空间高度。下管后的稳管时先对中，方法是在此管节内放进有两等分刻度的水平尺，并使此尺的水准泡居中。然后自沟槽顶端龙门板上中心钉连垂线，若垂线通过水平尺的两等分点，表明管节的位置符合设计要求。否则左右移动此管节，直到垂线居中为止。对中以后进行对坡，由于龙门板上中心钉顶端的横向连线的坡度与管道的设计坡度相同，因此，只要管内底线与中心钉的纵向连线有相同的垂直距离，表明高度符合设计要求。对中和对坡要逐一管节反复进行，直到二者达到允许的误差范围。

（李国鼎）

dun

盾构敷管法 laying pipes by shield

一种沿隧洞工程施工移植的暗槽敷设管道法。盾甲机构（简称盾构）为金属圆筒形结构，可以是整体焊接，也可用铸件拼装制成。其前端供进行挖土作业，后端作隧道式衬砌操作。依靠装置于筒内的成组千斤顶，借砌体作后背支撑而使构件整体向前推移。按照挖运土方式，其构造有手工和机械两种。手工挖土的盾构由切削、支撑和尾部组成（如图）。各

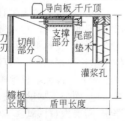

人工挖土盾构构造示意

部分之间设有隔板，用以固定千斤顶系列。此种装置的自重与直径有关，直径为 2.5m 和 3.5m 的盾构，重量分别在 5t 和 8t。盾构的长径比称作机动系数，其值愈小，表明机动性愈大，前进方向的偏差愈易校正。若是敷设给水、排水或其他煤气、电讯等管道时，可在已砌好衬体的隧道内按设计要求进行施工。

（李国鼎）

duo

多点进水法

见阶段曝气法(158 页)。

多段焚烧炉 multiple-stage incinerator

由多段耐火砖炉床，依次完成干燥、燃烧、冷却过程的污泥焚烧设备。炉体一般为立式圆筒型，由 6～12 段左右的耐火砖炉床和防止辐射散热的炉壁、作搅拌和推移污泥用的中心轴传动的搅拌耙、支承炉体的炉壳体及辅助燃烧装置等构成。脱水污泥从炉顶进入最上面的炉段，通过固定于中心轴的搅拌耙旋转，在各段炉床上受到搅动和破碎，并反复不断地向下掉落，依顺序完成干燥、燃烧和冷却的过程。在干燥过程中，通过与燃烧气体的对流接触，使脱水污泥干燥，废气含有大量水蒸气，温度约 250～350℃左右，从炉顶排出。燃烧过程中，辅助燃料与燃烧用空气一起从炉侧吸入 1000℃ 左右的助燃用热风，在 700℃～900℃ 下燃烧、脱水污泥。焚烧的灰分，在冷却过程中与新鲜空气对流接触，排出炉外。

（李金根）

多段组合式反渗透除盐系统 multiple segments combined reverse osmosis desalination system

将反渗透器第一段浓水作为第二段进水，依此方式，多段利用浓水并统一集取淡水的除盐系统（如图）。其淡水总量是各段淡水量之和。当原水含盐量不高，为获得较高水的回收率时可以采用。

第一段反渗透装置
进水
第一段浓水
第二段反渗透装置
第二段浓水
第三段反渗透装置
产水
第三段浓水

（姚雨霖）

多尔（Doer）沉砂池刮砂机

见方形沉砂池除砂机(77 页)。

多管式热水供热系统 multi-pipe hot-water heat-supply system

供热干线在二根以上的热水供热系统。常用的有三管式和四管式。三管式热水供热系统，其中两根为供水管，一根为回水管。两根供水管中，一根以可变水温满足供暖与通风负荷需要；另一根以不变水温向生产工艺设备和生活热水供应的换热器送水。经散热设备冷却后的低温水通过共有的总回水管返回热源。四管式系统，实际上是两个双管式系统，其中一个系统负责供暖、通风负荷供热；另一系统负责生活热水供应或生产工艺负荷供热。三管式系统是在有稳定的生产工艺和生活热水供应负荷下采用。四管制系统初投资和金属耗量大，只在小型系统采用。

（石兆玉 贺 平）

多管旋风除尘器 multi-pipe cyclone

由许多小型旋风除尘器（又称旋风子）组合在一个壳体内并联使用的除尘器组。旋风子可用耐磨铸铁铸成，直径变化范围为 100～250mm。该除尘器能够有效地捕集 5～10μm 的粉尘，可以处理含尘浓

度较高(100g/m³ 以上)的气体。常见的形式有回流式和直流式两种。前者的每个旋风子都是轴向进气,导流叶片使气流产生旋转运动;后者由直流式旋风子组合而成。该除尘器效率高、处理气体量大,但对旋风子的制造、安装和装配质量要求较高。目前国内定型生产的该除尘器的旋风子的筒体直径有150mm和250mm等数种,管数根据需要和布置方便决定。 (郝吉明)

多级串联式反渗透除盐系统 multiple series reverse osmosis desalination system

将第一级反渗透器的出水作为第二级反渗透器的进水,依此方式多次串联组成的除盐系统。当原水含盐量较高、对出水水质要求较高时采用。 (姚雨霖)

多级燃气管网系统 multi-stage gas network system

用多种压力的管道构成的管网系统。如:高压－中压 A－中压 B－低压等。一般适于特大城市。多级系统比较经济,因为大量燃气在高压下输送,可以减少燃气管网的金属用量,并连接大型用户,而居住和公共建筑与低压燃气管道连接又可以确保安全。 (李猷嘉)

多伦多电视塔 Toronto television tower

加拿大多伦多电视塔,1976 年建成,总高553m,预应力钢筋混凝土塔。钢筋混凝土部分高

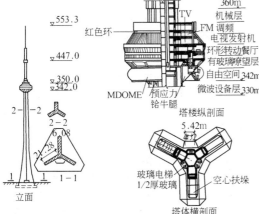

450m,上部钢结构部分高103m。塔身中心体为六角形。塔顶钢结构部分为五角形。塔楼标高为330～360m,共七层。分别为微波设备层、自由空间观察层、玻璃维护观察层、旋转餐厅、二层电视发射机房、机械装置层。标高451m处还有游览瞭望楼。 (薛 发 吴 明)

多特蒙德电视塔 Dortmund television tower

德国多特蒙德电视塔 1959 年建成。高219.6m。塔楼分三部分,标高167.45m为环形平台,加上内部空间作为技术设备控制室,下面两部分分别为办公室和餐厅。 (薛 发 吴 明)

多效蒸发 multiple effect evaporation

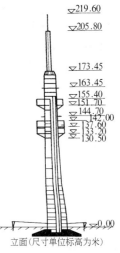

立面(尺寸单位标高力米)

前一级蒸发单元产生的二次蒸汽供后一级蒸发单元作为加热蒸汽使用的蒸发工艺。n 级蒸发系统中有 n 个蒸发单元,每一单元称为一效。二效蒸发器中,一级的热源为外供加热蒸汽,二级的热源为一级产生的二次蒸汽;余类推。工业上常应用二效或三效蒸发。多效蒸发的热能利用率高,单位蒸汽耗量少。例如,单效蒸发的单位蒸汽耗量为 1.1(产生 1t 蒸汽所需加热蒸汽的吨数),二效和三效的则分别为 0.57 和 0.4。四效及四效以上由于操作繁难而很少采用。多效蒸发器中,被加热蒸发的液体可分别进入各级蒸发单元(并联式),也可由前向后(顺流串联式)或由后向前(逆流串联式)依次通过各蒸发单元。前一级产生的二次蒸汽的温度必须高于后一级被加热液体的沸点温度,故应采用真空降压工艺,使压力逐级降低。环境工程中常用三效逆流串联工艺回收废碱液。 (张希衡 刘君华 金奇庭)

多伊奇-安德森方程

见多伊奇方程。

多伊奇方程 Deutsch equation

又称多伊奇-安德森方程。表征电除尘器捕集粉尘效率的方程式。它描述了集尘效率与集尘板面积、处理气体流量和粒子驱进速度之间的关系,指明了提高电除尘器除尘效率的途径,广泛应用于电除尘器的性能分析和设计中。其通用形式为

$$\eta = 1 - \exp\left(-\frac{A}{Q}\omega\right)$$

A 为集尘板面积;Q 为气体的体积流量;ω 为粒子的驱进速度。因驱进速度是粒径的函数,由此得到的除尘效率为分级除尘效率。当采用有效驱进速度时,可以得到平均除尘效率。 (郝吉明)

多轴多级生物转盘 multistage multi-axle RBC

多轴多级生物转盘

由多根转轴和多级氧化槽构成的生物转盘。图示为三轴三级生物转盘。 (张自杰)

惰性骨架 inertia lattice

由高分子长链和架桥物质所组成三维空间网状的惰性结构。它是离子交换树脂结构的一个组成部分。它为功能基团提供依附的处所(骨架中各组成单位之间依靠共价键相接),化学稳定性好。其内部有孔隙,允许离子较自由活动。 (刘馨远)

E

e

恶臭 offensive odor

难闻的臭味。迄今凭人的嗅觉即能感觉到的恶臭物质有 4000 多种,其中对健康危害较大的有硫醇类、氨、硫化氢、甲基硫、三甲胺、甲醛、苯乙烯、酪酸、酚类等几十种。有些恶臭物质随废水、废渣排入水体,不仅使饮水发生异臭异味,而且使鱼类等水生生物发生恶臭。恶臭物质分布广,影响范围大,已成为一些国家的公害。人经常闻到恶臭,会对呼吸系统、循环系统、内分泌系统和神经系统等产生危害。恶臭物质的臭味,不仅取决于它的种类和物质,也取决于它的浓度。浓度不同,同一物质的气味也会改变。例如将极臭的吲哚稀释成极低的浓度时,会闻到茉莉的香味。相反,高浓度的香水,也会给人不愉快的感觉。 (马广大)

恶臭控制 control of offensive odor

减少排放到空气中刺激人的嗅觉器官,引起人们厌恶或不愉快的恶臭物质的技术。分有高温燃烧法、常温氧化法、吸收法和吸附法。此外,还可采取密封法、稀释法或消解除臭法等。 (张善文)

er

二沉污泥 secondary sludge

由二次沉淀池底排出的污泥。其成分为主要含大量微生物的活性污泥。含水量一般为 99.2%～99.6%(活性污泥法)。二沉污泥一部分作为回流污泥,回流曝气池;一部分作为剩余污泥排出进行进一步的处理。 (张中和)

二次沉淀池 secondary sedimentation tank

又称最终沉淀池。接纳污水生物处理的出水,进行固液分离的沉淀构筑物。曝气池后的二次沉淀池通过沉淀活性污泥与污水分离;生物滤后的二次沉淀池通过沉淀生物污泥(脱落的生物膜)与污水分离。澄清后的污水作为处理水排出系统。小型污水处理厂常采用竖流式沉淀池,大、中型污水处理厂,宜采用辐流式或平流式沉淀池。当处理城市污水时,其沉淀时间在活性污泥法后为 1.5～4.0h;生物膜法后为 1.5～4.0h。 (孙慧修)

二次微粒 secondary fine particle

大气中的几种气态污染物和一次微粒通过化学和光化学反应而生成的固体或液体微粒。如硫酸盐微粒、亚硝酸盐微粒等。从某些地区大气中采样分析证明,硫酸盐是组成 50% 以上小于 $1\mu m$ 微粒的最丰富的二次微粒。大气中硫酸盐的浓度,一旦超过某一水平(约 $80mg/m^3$)时,就不再显得非常依赖于大气中 SO_2 的浓度,而是显得依赖于其他因素,诸如光化学烟雾的类型和密度、氨的浓度和催化剂的浓度等。所以 SO_2 的还原并不一定按比例产生硫酸盐的还原。这一结果在美国许多城市都观察到了,SO_2 的浓度虽已大为降低,而硫酸盐的浓度却保持不变。 (马广大)

二次污染物 secondary pollutant

又称继发性污染物。由一次污染物与大气中已有组分或几种一次污染物之间发生一系列化学或光化学反应而生成的物理和化学性状与一次污染物不同的新污染物。目前受到普遍重视的二次污染物主要有伦敦型烟雾和光化学烟雾(即洛杉矶型烟雾)。二次污染物对环境和人体健康的危害,通常要比一次污染物严重。二次污染物的形成机制往往很复杂,在光化学烟雾和酸雨的形成的研究中,二次污染物的研究是一个重要的内容。 (马广大)

二次蒸发箱(器) flash tank

用来分离并利用凝结水产生的二次蒸汽的设备。凝结水进入箱内,因压力骤然下降而产生二次蒸汽。二次蒸发箱是一个圆筒形罐体,其容积一般按每 $1m^3$ 每小时分离 2 000m^3 蒸汽量确定。分离出的二次蒸汽一般用于低压蒸汽供暖或热水供应上,设计表压力一般为$(0.2\sim0.4)\times10^5$Pa。运行中箱内压力取决于二次蒸汽用量和二次汽化量。为维持箱内必要的压力和防止超压,应在二次蒸发箱上设置自动补汽装置、压力表和安全阀。

(盛晓文 贺 平)

二次蒸汽 secondary steam, flash steam

蒸发设备中,被加热液体产生的蒸汽。多属于低压(水)蒸气。单效蒸发设备中,二次蒸汽经冷凝后排出,不再使用。多效蒸发设备中,前一级蒸发器产生的二次蒸汽供后一级蒸发器的加热蒸汽使用,这样可提高蒸汽的热效率。蒸发废液时产生的二次蒸汽多含有挥发性污染物,如要排空或冷凝后排放,应防止引起二次污染。

蒸汽供热系统中,凝结水在流动过程或进入扩容器而使其压力下降到低于凝结水温度对应的饱和压力时,部分凝结水重新汽化而形成的蒸汽。在系统设计和运行过程中,应注意尽可能减少二次蒸汽生成量和合理利用其热量。

(张希盛 刘君华 金奇庭 盛晓文 贺 平)

二段燃烧法 two-step burning method

按两阶段供给不同比例空气量的低NO_x燃烧技术。二段燃烧炉如图。第一次供给的一段空气约为理论空气量的80%～85%,在缺氧条件下燃烧,温度低,生成NO_x少;第二次供给的空气约为理论空气量的20%～25%,过量的空气与烟气混合,完成整个燃烧过程。该法既能有效的控制NO_x的生成,又保证完全燃烧,是较好的一种低NO_x燃烧工艺。

(张善文)

二沟式交替运行氧化沟 alternately operated oxidation ditch with D shape

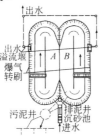

又称D型氧化沟。设两座并列氧化沟,按交替充作曝气沟和沉淀沟方式运行的氧化沟(如图)。本工艺是由容积相同的A、B二沟所组成,串联运行,交替地作为曝气沟和沉淀沟,一般以8h为一周期。当沉淀沟改变为曝气沟运行时,已沉淀的污泥自动地与污水相混合,不需要专设污泥回流装置。本工艺污水处理效果良好。主要缺点是曝气转刷的利用率较低,仅为37.5%。必须具有自动控制系统,根据已预定的程序控制进出水方向的变动、溢流堰的启闭和曝气转刷的开动、关

闭等。

(张自杰)

二级厂

见二级污水处理厂。

二级处理 secondary treatment

大幅度地去除污水中呈胶体和溶解状态存在的有机污染物质(BOD)及其他污染物质(重金属、氰化物等)的处理工艺。一般分有生物处理法、化学与物理化学处理法。而生物处理法被广泛采用。在城市污水处理中,各种形式曝气池和二次沉淀池组成的活性污泥处理系统,以及由各种生物滤池、生物转盘和生物接触氧化池组成的生物膜法处理系统是它常用的流程。此外,各种形式稳定塘及土地处理系统,在条件适宜的地区得到应用。厌氧-好氧处理工艺也正在开发中。经其处理出水BOD_5含量一般为20～30 mg/L,出水水质可达到排放标准。目前,在发达国家已普及采用。

(孙慧修)

二级钠离子交换系统

见双级钠离子交换系统(262页)。

二级生物滤池 two-stage bio-filter

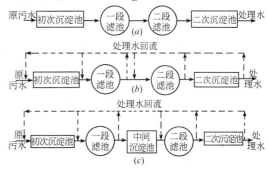

(a)、(b)、(c)为不同组合的系统

由两座高负荷生物滤池串联组成处理系统的处理工艺(如图)。当原水浓度较高,而对处理水质要求亦高时采用,本系统有多种组合方式。这一系统构筑物较多,占地面积大,负荷率不均是本系统的另一弊端。

(戴爱临 张自杰)

二级污水处理厂 secondary sewage treatment plant

简称二级厂。城市污水经一级处理后,用生物处理法继续去除污水中呈胶体和溶解性有机物的净化过程的污水处理厂。城市污水经二级处理后,当采用生物膜法时,其SS可去除60%～90%,BOD_5可去除65%～90%;当采用活性污泥法时,其SS可去除70%～90%,BOD_5可去除65%～95%。通过二级处理后,城市污水的BOD_5值可降至20～30mg/L,一般可达到排放水体和农田灌溉的要求。美国环保局对二级处理水规定BOD_5及SS都应达

到 30mg/L,即所谓的 30-30 水质标准。

（孙慧修）

二极法 two electrodes and the ammeter for soil resistivity measurement

由两个电极和电流表构成的测定电阻率的方法。电源是干电池(3V),供给直流电。极杆和极尖分别由木杆和钢制成,阴极极尖尺寸较大,以减少极化作用。两极用穿在极杆内的导线与电池相联。电流表有两种刻度,25mA 和 100mA。测定土壤电阻率时,两极插入土壤的深度与管道的基础深度相等。土壤电阻率由测得的电流按下式计算:

$$\rho = K\frac{E}{I}$$

ρ 为土壤电阻率($\Omega \cdot m$);E 为干电池组的电压(V);I 为电流(A);K 为测量仪器的常数,每台仪器的常数均需事先在实验室中标定。 （李猷嘉）

二相流化床 two phase fluidised bed

又称液动流化床。在流体动力作用下使生物膜载体流化的处理床。以氧或空气作氧源,污水与回流水在充氧设备中与之混合并充氧,水中溶解氧浓度可分别达 30mg/L 和 9mg/L。经过充氧的污水从底部进入生物流化床体,有机污染物广泛地与载体上的生物膜相接触,进行降解

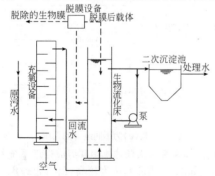

反应,处理后污水从上部流出进入二次沉淀池,经沉淀排出(如图)。并设脱膜装置,间歇工作,脱膜后的载体再次返回流化床体,脱除的生物膜按剩余污泥处理。 （张自杰）

二氧化硫损伤 damage by sulfur dioxide

大气中二氧化硫对材料的损伤。二氧化硫在大气中和固体颗粒物表面接触转化成亚硫酸盐或硫酸盐,在没有湿降水的情况下沉降到金属表面或与金属表面碰撞,使金属磨蚀,破坏建筑材料,使纸张、毛皮变脆和失去光泽;二氧化硫溶于水成亚硫酸或硫酸,与材料中的钙反应,使建筑材料遭受化学浸蚀;二氧化硫在曝露的材料表面水膜中直接溶解,则能形成电化学腐蚀。 （张善文）

二氧化硫危害 damages of sulfur dioxide

二氧化硫气体进入植物叶片的细胞中,影响细胞内膜(尤其是叶绿素体膜)的可透性和结构,抑制光合作用,并使叶绿素酶等受到的伤害。阔叶植物,最初在大叶脉之间或沿着叶缘出现淡绿色或淡黄色点或块,并且面积逐渐增大;严重时,叶绿素迅速消失,出现细胞破坏,组织坏死,受害部分留下淡黄色或红褐色的伤痕。针叶植物则不同,受二氧化硫损害针叶变成红褐色,一般从叶尖向叶基发展,严重者,会使嫩叶完全坏死。主要敏感植物有紫花苜蓿、油松、雪松等。

（张善文）

二氧化硫中毒 intoxication by sulfur dioxide

二氧化硫主要通过呼吸道侵入人体,强烈刺激上呼吸道,造成支气管不畅,呼吸道受阻的中毒。长期持续作用,造成肥厚性鼻炎、慢性萎缩性鼻咽炎、慢性气管炎、慢性支气管炎、支气管喘息。若侵入小支气管和肺泡时,一部分被血液吸收危害全身,同时引起慢性肺纤维性改变,弥漫性肺气肿,使肺部血管阻力增加,心脏负担加重造成肺心病。二氧化硫形成的酸性气溶胶,吸入人体,对人体健康影响更为严重。 （张善文）

二氧化氯发生器 producer of chlorine dioxide

由三个玻璃钢贮槽及联络用塑料管组成制取二氧化氯的装置。一个贮槽贮存 $NaClO_2$ 溶液,一个为稀酸溶液,用泵将两者送入第三个贮槽混合,即生成 ClO_2 溶液。贮酸槽也可用加氯机代替。

（岳舜琳）

二氧化氯消毒 disinfection by chlorine dioxide

采用二氧化氯在水中反应进行的消毒。二氧化氯在室温下是一种黄绿色有刺激性的气体,分子式为 ClO_2,有极不愉快的嗅味,在水中的溶解度为 301g/L。气态 ClO_2 易发生爆炸,特别是在温度 30℃以上,以及受日光直射或有机物和铁锈等物存在的情况下,更易爆炸。一般用空气、CO_2 或氮气等将 ClO_2 稀释至 10% 的浓度,即使高温也不易爆炸,而液态 ClO_2 更易爆炸。二氧化氯用作消毒剂不及氯普遍。它兼有除铁、锰、酸和杀藻效果;不会与水中氨氮形成氯胺而使消毒效果下降,不受高至8.5的 pH 影响,与水中有机物作用形成的卤化有机物,如氯仿、四氯化碳等数量较少。ClO_2 在水处理中的反应产物为 ClO_2^-,这种亚氯酸盐的毒性已有不少研究成果。二氧化氯可以由亚氯酸盐溶液与硫酸或盐酸溶液混合反应而成或者通过氯气氯化 $NaClO_2$ 溶液也可产生 ClO_2。

$$10NaClO_2 + 5H_2SO_4 \longrightarrow 8ClO_2 + 2HCl + 4H_2O + 5Na_2SO_4$$

或 $10NaClO_2 + 5HOCl + 5HCl \longrightarrow 10ClO_2 + 10NaCl + 5H_2O$

（岳舜琳）

F

fa

发电标准煤耗率　specific fuel consumption chargeable to power output

每发 1kW·h 电需要的标准煤量(g),即 $b_e=123/\eta_e[g/(kW\cdot h)]$, η_e 是发电热效率, $\eta_e=w/Q_e$,其中 w 是发电量(kW·h); Q_e 是发电热耗量(kW·h)。　　　　　　　　　（李先瑞　贺　平）

发电设备年利用小时数　annual utilization hours of generator

热电厂年发电量与同期内发电机组额定容量之和的比值。即 $h_e=$ (热电厂的年发电量)/(机组额定容量之和)。它是确定供热机组年发电量,计算供热工程经济效益的依据之一。

（李先瑞　贺　平）

发热量　heat value

又称发热值。为单位质量或容积的燃料完全燃烧所放出的热量。对于固体和液体燃料,以质量计,单位为 kJ/kg;对于气体燃料,以标准状态 (273.15K, 1atm)下的容积计,单位为 kJ/m_N^3。有高位和低位发热量之分。高位发热量包括了燃烧产物中的水汽全部凝结成为液态水所放出的汽化潜热。但在实际烟气中的水汽通常不会凝结,则燃料的发热量为低位发热量。　　　　　（马广大）

发热值

见发热量。

发生炉煤气　producer gas

以煤或焦炭为原料,以空气和蒸汽为气化剂通入煤气发生炉内制得的煤气。它是最常用的一种气化煤气,以移动床气化法生产。生产工场称为煤气发生站。发生炉的气化过程(如图):气化原料从炉上方投入炉内。整个燃料层由炉算托住。气化剂从炉算下方进入,经炉算均匀分配,与燃料层接触而发生气化反应。生成的煤气由燃料层上方引出。残留的灰渣由炉算下方排出。这种气固两相逆流操作的发生炉,能充分利用灰渣的热量来预热气化剂,又能充分利用从气化层上升的煤气显热来加热燃料,使之干燥和热解,从而提高了炉子热效率;而且燃料中的挥发分不经过高温裂解,使煤气发热量增高。出炉煤气中包含 CO、H_2、CO_2、N_2、CH_4、C_2H_4、H_2S、H_2O、氰化物和焦油蒸气等。经冷却和净化后的煤气发热量约为 $5.0\sim6.5MJ/m^3$,视原料性质和操作条件不同而异。

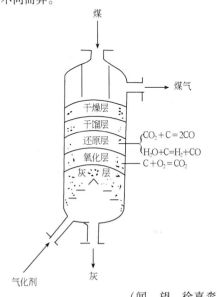

（闻　望　徐嘉森）

发信机房　transmitter room

安装无线电通信主机——发信机的建筑物或房间。主要的技术房间有发信机大厅、监控室、天线交换室、水冷室、试验室、电子管贮存室、电源房间、生产辅助用房等。一般要求专用变压器室、风机室、电力室靠近发信机大厅,监控室要求布置在发信机大厅中心。发信机房内管线比较密集,要求管线的路径简捷明了,便于检修;合理使用建筑空间、节约建筑面积与层高。　　　　　（薛　发　吴　明）

发展热负荷的预测　prediction of the growth of heating load

根据规划期内工业、农业、各类房屋建筑的发展,预测出工业、农业、采暖、通风、空调和生活热负荷的数量、性质、分布情况和用热时间,确定近期和远期集中供热系统的发展规模,选定集中供热系统的热源,选择供热机组和合理分配供热设备。

（李先瑞　贺　平）

阀　valve

又称阀门。旧称凡尔。指管道、水泵或其他装置上用以调节、控制介质流量、压力和温度等参数,截断或改变介质流向,以及防止回流的机械设备。一般由阀体、启闭件、密封副、阀杆、驱动装置等组成。种类繁多,总的可分为自动阀门、驱动阀门两大类:靠介质本身的能使启闭件自行动作的叫自动阀门。如止回阀、安全阀、减压阀、疏水阀、排气阀等。靠手或驱动装置操纵启闭的阀门叫驱动阀门。如闸阀、截止阀、节流阀、蝶阀、球阀、旋塞阀、夹管阀、隔膜阀等。 (肖而宽)

阀式避雷器 valve arrester

最基本的元件是火花间隙和非线性工作电阻式(阀片)组成的避雷器。其系列有低压阀式避雷器、高压配电用阀式避雷器、电站用阀式避雷器、电站用磁吹阀式避雷器、全封闭磁吹避雷器、保护旋转电机用磁吹阀式避雷器、直流磁吹阀式避雷器。 (陈运珍)

法兰克福电视塔 Frankfurt television tower

1978年5月建成。塔高331m。塔身为圆锥形,高295m,底部外径20m,向上逐步缩小,至顶部外径为3m。其上为36m带玻璃钢保护罩的钢结构发射天线。在标高249.84m至295.14m范围内挑设七层微波平台。211m标高以上设六层倒圆锥形塔楼,用于技术房间及旋转餐厅、瞭望台。 (薛发吴明)

法兰盘连接 flanged connection

采用带螺栓的法兰盘连接塔柱节或桅杆节使之接长的工艺。法兰盘是两块各自连接于不同构件的具有一定厚度的钢板,形状有圆形、三角形、六边形等。连接时用螺栓将其拧紧。 (薛发吴明)

fan

凡尔

见阀(75页)。

反电晕 back corona

在集尘极板上发生的电晕放电现象。捕集高电阻率粉尘时,随着极板上沿积粉尘层的不断加厚,粉尘层和极板之间造成一个很大的电压降,以致引起粉尘层空隙中的气体被电离,发生电晕放电。与放电极发生的现象类似,也可见到亮光,也产生成对的离子和电子。正离子穿过极间区域向放电极流动。反电晕既消耗能量,又严重影响电除尘器的性能,使除尘效率下降。 (郝吉明)

反滤层 bottom of large open well inverted filter

除大颗粒岩层及裂隙含水层外,在一般含水层中的大口井,为防止取水时井底涌砂和保持含水层渗透稳定性而在井底设置的人工级配滤层。一般为3~4层,成锅底状,滤料自下而上逐渐变粗,每层厚

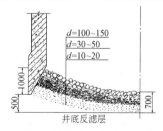

井底反滤层

度为200~300mm(如图)。含水层为细、粉砂时,反滤层的层数和厚度需适当增加。反滤层厚度在井底中心位置相对较薄,井底内周边由于取水时渗透压力较大,易涌砂,周边反滤层厚度通常加厚30%~50%。多数大口井主要依靠井底进水,若反滤层铺设厚度不均匀或滤料不合规格都有可能导致堵塞和翻砂,使井的出水量下降。 (朱锦文)

反渗透除盐 reverse osmosis desalination

以大于含盐水渗透压的压力为推动力,借助半透膜截留含盐水中盐分,将水分离出来的一种膜分离方法。由于分离过程中水流向与自然渗透相反,故名反渗透。在水处理中,通常可用以分离10Å以下无机离子和有机低分子。它的除盐系统有反渗透-离子交换除盐系统、多级串联式反渗透系统、多段组合式反渗透系统等。 (姚雨霖)

反渗透-离子交换除盐系统 reverse osmosis-ion exchange desalination system

反渗透与离子交换除盐方法联合组成的除盐系统。特点在于扩大除盐系统对进水水质的适用范围、简化离子交换系统、提高出水水质、延长离子交换器运行周期、降低酸碱药剂耗量和减少废液排放量。其组合方式有:①制取除盐水时,经常采用反渗透-复床除盐系统;②制取高纯水时,则可采用反渗透-复床-混合床除盐系统。各系统中均应有预处理设备。 (姚雨霖)

反渗透膜 reverse osmosis membrane

允许溶剂通过,不允许溶质通过的不对称半透膜。是反渗透分离装置的关键部件。主要有纤维素类膜和非纤维素类膜两类。前者中最广泛应用的是醋酸纤维素膜;后者以芳香聚酰胺膜为主。其他还有动态膜等。 (姚雨霖)

反渗透器(除盐) reverse osmosis apparatus

以反渗透膜为主要部件组成的产水装置。它的产水量是膜的纯水透过系数的函数,应有足够的膜面积,并尽可能提高膜的填充密度。反渗透器的形

式有板框式、管式、卷(螺旋)式和中空纤维式等。

（姚雨霖）

反洗(离子交换器)　back wash (ion-exchange apparatus)

原水以一定流速由容器底部进入,向上冲洗离子交换剂层,松动压紧结团的离子交换剂层,同时及时清除积存在其中的杂质、碎粒和气泡的工艺过程。是离子交换器运行过程中的一个阶段。为再生创造良好条件。（潘德琦）

反硝化

见脱硝(287 页)。

fang

方形沉砂池除砂机　sand remover for Doer settling tank

又称多尔(Doer)沉砂池刮砂机。方形沉砂池用的除砂设备。夹带大量无机颗粒的水进入方池后,砂粒以重力沉降下沉,池内有中央置入式旋转刮砂机,其旋向与一般刮砂机不同,耙板把沉砂向池的外周推移,卸入池边集砂坑内,坑内砂即滑移至隔墙外的砂槽中,槽内螺旋提砂机或步进式刮砂机将砂刮至池外。（李金根）

芳香聚酰胺反渗透膜　aromatic polyamide reverse osmosis membrane

以芳香聚酰胺,芳香聚酰胺-酰肼等为主要制膜材料制成的膜。一般宜于制成中空纤维膜。对二价和一价离子的脱盐率较高,也能脱除有机物和二氧化硅。其机械性能、抗压密、抗污染性能良好,化学性能稳定,适用 pH 值范围大,因此它发展较快,但价格较贵。（姚雨霖）

防潮门　tide gate

又称防潮闸门。设置在排水管渠出口处为防潮水倒灌的单向启闭的阀门。当排水管渠的出水口通入受潮汐影响的水体而高潮水位又高于出水口时,为防止潮水倒灌,常在出水口上游的适当位置设置有防潮门的检查井。临河城市的排水管渠,为防止高水位时河水倒灌,也时也设置防潮门。它可设在出水口的口上或设在上游排水管渠的口上。它是具有一个悬挂在自由旋转的水平铰上的挡水板的闸门(如图)。涨潮时它靠下游潮水压力关闭,使潮水不会倒灌入排水管渠。当上游排水管渠来水时,水流顶开防潮门排入水体。当排水管渠中无水时,它靠自重密闭。

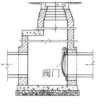

（孙慧修）

防冻排污阀　unfreezable drain valve

防止储罐排污时水分冷结的设施。可用特制的有两个阀口的阀门。当出口的小阀口开始结冰时关闭进口的大阀口,以避免小阀口因结冰关闭不严而漏气。也可在排污管上安装两个阀口直径不同的阀门来代替。此外,也可在储罐排污口安装截止阀后再安装一个排污箱,其下部连接一个排泄阀。在排污箱外面用蒸汽伴热,防止排污阀门结冰。

（薛世达　段长贵）

防护电容器　protective capacitor

长期在工频交流电压下运行,能承受较高的大气过电压的设备。接于线地之间、降低大气过电压的波前陡度和波峰峰值,配合避雷器保护发电机和电动机。（陈运珍）

防护距离标准　preventive distance standards

无组织排放有害气体(或颗粒状物质)的生产区厂房或车间的边界和居住区边界之间,为保护居民健康而预留的一定距离。防护距离为 5、50、100、200、300、400、600、800、1000(m)八级。各类企业的防护距离参阅"制订地方大气污染物排放标准的技术原则和方法"进行计算。（姜安玺）

防雷接地　earthing of lightning arrester

为防止建筑物或通信设施受到直击雷、雷电感应和沿管线传入的高电位等引起的破坏性后果,将雷电流安全泄掉的接地系统。

（薛发　吴明）

防止真空阀　anti-vacuum valve

防止由于过量抽出液化石油气或气温急剧下降时储罐内形成真空的阀件。储罐设计时应考虑完全真空时的刚度。但对大型低温储罐,考虑上述要求必然使罐壁厚度增加很多,因此要设防止储罐真空的设备。当储罐内将形成真空时,与此阀相连的其他储罐或容器内的液化石油气将活门顶开而进入罐内,以保证储罐内为正压。

（薛世达　段长贵）

纺织废水　textile mill waste

纺纱织布过程中产生的各种废水。主要包括天然纤维(棉、麻、丝、毛)纺织生产的空调废水、毛纺厂的洗毛废水、丝绸工业的缫丝废水、化学纤维工业在纺丝及其前后处理过程中产生的废水等。空调废水除含有悬浮物外,很少含有有机污染物,不含颜色,经过过滤与降温措施后,可以回用。缫丝工厂的综合废水,BOD_5 含量约为 $100 \sim 300 mg/L$,悬浮物为 $50 \sim 200 mg/L$,含氮量(包括氨氮和硬朊物质)与 BOD_5 的比值为 $1:3$ 至 $1:10$,油脂含量约为 $15 mg/L$。毛纺厂的洗毛废水有机物浓度很高,并含有大量羊毛脂,需要妥善回收与处理。

（张晓健）

放灰线

见挖沟放线(287页)。

放空时间 emptying time

放空雨水调节池内的水所需要的时间。放空时间的大小直接影响调节池下游雨水干管的口径大小和工程造价。放空时间短时,下游干管口径大;放空时间长时,下游干管口径小。它是按照水力学中变水头下的非稳定出流进行计算。一般放空时间不超过24h,按此确定池出水管的管径。 (孙慧修)

放气阀 vent valve

热水供热管道或凝结水管道为排出管内空气装设的阀门。放气阀也是管道放水时防止吸入空气的必要装置。在管道坡向改变的高点处以及分段阀门关闭时的管道高点安装放气阀。放气阀出口一般装设弯管,将放气时带出的热水导向安全方向。

(尹光宇 贺 平)

放气井建造 buildup air relief valve chamber

在给水管网的抬高点处需设放气井的建造。放气井用来排除高点集聚的空气,以免阻碍水流,保持管网的正常运行。排气阀有单口及双口之分,视需要选用。井用圆形砖砌,其建造方法与阀门井同。管路通过井中装设丁字管,管中口向上直接安装排气阀,用法兰接口。 (王继明)

放射性沉降物 radioactive dustfall

在大气层核试验过程中,裂变产物、没有反应的裂变物质及中子活化产物在爆炸所形成的高温下以气态形式存在于爆炸火球中,随着温度逐渐下降,绝大部分气态物质凝结成为细小的放射性颗粒返回地面,称为放射性沉降物。沉降中的氚、^{14}C、^{90}Sr、^{137}Cs等放射性核素,污染土壤、水源和植物表面,通过各种生物循环,随着食物、水进入人体形成内辐射。

(马广大)

放射性固体废物 radioactive solid-waste

放射性核素含量超过国家规定限值的固体废弃物。产生于核燃料生产、加工过程、核电站运行过程中以及核研究机构、医院等使用单位。如尾矿渣、废旧设备、仪器、防护用品废树脂、蒸发残渣等。核燃料生产包括铀矿石开采、铀提取、精制及燃料元件制造、辐照后的核燃料后处理等一系列操作过程。产生的具有放射性的固体废弃物可分为高放长寿命、中放长寿命、低放长寿命、中放短寿命和低放短寿命等五类。根据各类放射性废弃物的放射性强度和半衰期长短选择不同的处理、处置方法。 (俞 珂)

放射性监测 radioactivity monitoring

全称为放射性物质的监测。又称辐射监测。是对环境中放射性核素放射出的射线强度和放射性污染状况进行测量及对测量结果分析和解释的过程。环境放射性监测应在辐射源的设施边界以外环境中进行。环境放射性监测的目的是为了判断和评估环境中辐射及放射性物质的存在水平及它们对人可能造成的危害,及时发现异常情况,以便采取安全措施,防止对附近居民造成有害影响,保证环境安全。环境放射性监测分为工作场所监测、流出物监测、个人监测、应急监测、污染源监测和本底监测(本底调查)等。根据测量的项目,可分为放射性总活度测量、放射性核素测量、氡气及其子体的测量、表面污染测量和γ辐射剂量率的测量等。根据测量的对象,可分为水体、空气、土壤、岩石、建材、底泥、废渣和生物等的放射性核素测量。放射性测量的常用方法有核物理方法和放射化学法。放射性测量是测定各环境要素中的放射性核素比活度,即单位质量的某种物质的放射性活度。放射性活度即在给定时刻,处在特定状态的一定量的某种放射性核素的活度A,放射性活度的国际单位制专用名称为贝可(Bq),$1Bq=1$ 衰变/s,常用的单位是居里(Ci),$1Ci=3.7\times10^{10}Bq$。 (杨宏伟)

放射性物质的监测 radioactive materials monitoring

见放射性监测。

放水阀 drain valve

热水供热管道或凝结水管道为排出管内介质装设的阀门。管道坡向改变的低点处以及分段阀门关闭时的管道低点装设放水阀。其直径由所负担放水管段的长度、管道坡度及要求的放水时间决定。城镇集中供热管道一般要求在 $3\sim7h$ 内将放水管段排空,以利于事故状态下迅速抢修恢复运行。

(尹光宇 贺 平)

fei

飞灰 fly ash

由燃料燃烧产生的烟气所带走的分散得较细的灰分。鉴于我国的用词习惯,对于由燃料燃烧产生的烟和飞灰,如果不需严格区分,可以统称为烟尘。

(马广大)

非对称式配水设备 non-symmetrical distribution apparatus

是污水处理厂配水设备的一种形式(如图)。为一简单形式的配水槽,易修建,造价低,但配水很难达到均匀。在场地狭窄处也有采用。 (孙慧修)

非蜂窝移动通信系统 non-cellular mobile communication system

除标准的蜂窝移动通信系统外的其他移动通信系统。主要有对讲系统、无线寻呼、专用移动无线电方式的特种移动通信系统,以及集群调度移动通信系统、卫星移动通信系统、GPS无线定位系统等。对讲电话是最简易的移动通信,一般采用同频单工网,工作在高频、甚高频频段,移动台间建立直接链路进行通话,通话距离可达数公里至数十公里。特种移动通信系统是用于陆地、水上、空中、地下、水下、深空等不同环境的一些功能特异的通信系统。如专用无线电系统,主要提供无线电调度专用,有封闭型和半封闭型专用网,结构上有无级网和分级网。集群调度通信系统是近代应用最广的专用移动通信系统,提供调度指挥通信功能。卫星移动通信系统,是利用通信卫星作为中继站,实现地球表面的移动用户与移动用户之间,以及与固定用户之间的通信。GPS无线定位系统,是利用从多颗低轨道卫星组成的星座中所同时收到的其中若干颗星的信号,通过一定算法,从而得到所测目标(如车辆等)的位置、速度以及时间的信息。　　　　(张端权　薛　发)

非极性 nonpolarity

在共价键中,共用电子对在两原子间完全对称,电子云密度在两原子周围对等分布,正、负电荷重心完全重合,这时分子不表现出极性,偶极矩等于零,这种分子为非极性分子。如 H_2、O_2、Cl_2、N_2、CH_4 等气体分子都是非极性分子。　　(戴爱临　张自杰)

非丝状菌性污泥膨胀

见高黏性活性污泥膨胀(95页)。

非完整井 non-complete penetration of well

井底高于不透水层的管井或大口井(如图)。大口井的非完整井有只从井底进水的,也有井壁、井底同时进水的。

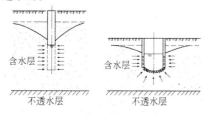

含水层　　　　　　含水层

不透水层　　　　　不透水层

非完整管井　　　　非完整大口井
　　　　　　　　　　　　　　(朱锦文)

非选择性催化还原催化剂 catalyst of nonselective catalysis-reduction

用催化还原法净化含 NO_x 气体时,还原剂(H_2、CO、CH_4 等)在一定温度和催化剂作用下,把 NO_x 还原成 N_2,同时与废气中 O_2 发生氧化反应,为非选择性催化还原法所用的催化剂。常用的有贵金属铂、钯;贱金属 CuO-Al_2O_3、CuO-Cr_2O_4-Al_2O_3 等。
　　　　　　　　　　　　　　(姜安玺)

非氧化型杀生剂 non-oxidizing microbiocide

没有氧化能力,但具有杀菌、灭藻作用的药剂。有季胺盐、二硫氰基甲烷、大蒜素、α-甲胺基甲酸萘酯丙烯醛,水杨醛等。当所用缓蚀阻垢剂为可氧化物质、冷却水中泄漏有还原剂,致使氧化型杀生剂剂量极高时使用。
　　　　　　　　　　　　　　(姚国济)

菲雷特直径

见定向直径(68页)。

肥厚性鼻炎 hypertrophic rhinitis

以黏膜及黏膜下组织肥大为特征的慢性鼻炎。大气污染或环境气候恶化,使鼻腔上皮细胞纤毛脱落变为复层立方上皮,纤维组织增生,多数浆细胞和淋巴球浸润,血管壁增厚,分泌腺增生肥厚,鼻甲骨肥厚。其临床症状:间歇性或交替性鼻闭塞,鼻分泌物增多,并呈黏液性或粒状脓性,有时引起嗅觉减退、头痛、头昏。
　　　　　　　　　　　　　　(张善文)

废物固化 solidification of waste

主要基于物理(兼或有物理和化学)的方法,将废物掺合并包容在密实的惰性基材中,使其稳定化的一种废物处理方法。固化基材可以是水泥、沥青、塑料、玻璃、陶瓷等材料。固化技术首先是从处理放射性废物发展起来的,近年来已进入工业化应用阶段,可处理多种有毒有害废物,如电镀污泥、砷渣、氰渣、铬渣等。对固化处理的要求是:①浸出率低,指固化体中有害物质对水源污染程度小;②增容比低,即指所形成的固化体积与被固化有害废物体积之比要尽量低,以降低处理成本。经过科技人员的努力,实践证明,采用水泥固化处理各种含有有害重金属的污泥十分有效。沥青固化具有一定的辐射稳定性,适用于处理中、低放射水平的蒸发残渣。玻璃固化主要用于高放射废物,因其稳定性能好。

　　　　　　　　　　　　　　(俞　珂)

沸石 zeolite

天然或人工合成的,有一定离子交换能力,具有多孔结构的铝硅酸盐物质。沸石有两类:天然沸石,属铝硅酸盐矿物,化学组成大致为 $Na_2O \cdot A_2O_3 \cdot nSiO_2 \cdot mH_2O$,呈规则的空间晶格形态(晶格上有部分四价硅离子被三价铝离子取代,故缺少正电荷,此不足的电荷由钠、钾离子等补足,后者成为可交换离子,使其具有离子交换能力);合成沸石是用碳酸钠、氢氧化钾、长石、高岭石等混合熔融后制成的,结构不规则,性质与天然沸石相近,交换容量稍高。沸石属弱酸性阳离子交换剂,适用 pH 值范围较窄,化学稳定性不高。应用有所限制。　　(刘馨远)

沸腾层煤气化

见流化床煤气化(183页)。

沸腾炉 fluidized bed boiler, fluidized-bed combustor

又称流化床。燃料在炉室中被由下而上送入的空气流托起，并上下翻腾（犹如水沸腾时一样）进行燃烧的炉子。它介于固定火床燃烧与煤粉悬浮燃烧之间的一种新型燃烧方式（如图）。具有引燃条件十分好，燃烧热强度高，床层中煤燃尽率高，

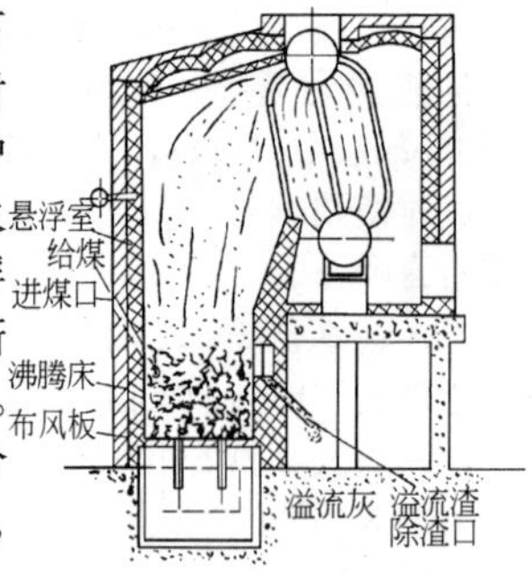

煤种适应面广，能燃烧各种低热值的劣质煤或挥发分很低的无烟煤等特点。由于属于低温燃烧（床层温度在 900℃ 左右），使氮氧化合物生成量大大减少。若在煤中添加石灰石或白云石，还可使烟气中二氧化硫含量减少。主要问题是热效率低，一般在 60% 左右，运行电耗大，烟尘排放浓度高等。这种炉型尤其适用于矿井附近煤矸石较多的地方，有用以发电的所谓"坑口电站"。

（马广大　屠峥嵘　贺　平）

费用-效益分析　cost-benefit analysis

用来识别和度量一项活动或规划的经济效益和费用的系统方法。其基本任务是分析计算规划活动方案的费用和效益，然后通过比较评价从中选择净效益最大的方案提供决策。费用-效益是典型的经济决策分析框架，将其引入到环境规划中，可作为一项工具手段进行环境规划的决策分析。环境费用-效益分析的基本程序：①明确问题：弄清楚规划方案中各项活动所涉及环境问题的内容、范围和时间尺度，从而为规划方案的环境影响识别奠定基础；②建立环境质量与受纳体的响应关系：确定一项环境资源的功能，在环境功能分析确定基础上，对环境质量与环境受纳体的影响进行识别确定；③备选方案环境影响分析：针对不同规划方案进行改善环境质量的定量化影响估计是环境效益或损失计算的前提，其有效程度取决于人为活动对环境质量及受纳体影响关系的识别确定；④备选方案的费用效益计算：将规划方案的定量化损失/效益统一为货币形式的表达方式，实质上是将决策的多种目标统一为单一经济目标的过程，在规划方案的制定中，投资、运行费用以及有关经济费用构成为费用效益计算内容，而对规划方案的非经济效益（损失），则需要借助于货币化技术方法进行估计计算；⑤备选方案的费用效益评价及选择：当完成备选方案的费用、效益货币化计算后，就可通过适当的评价准则进行不同方案的比较，完成最佳方案的筛选。它的评价准则：①净效益最大：净效益是总效益现值扣除总费用现值的差额，若规划方案得大于失，方案可以接受；否则，方案不可取。对于多个满足净效益大于零的方案，可按净效益最大的准则进行备选方案的筛选。②费效比最小：费效比即总费用现值与总效益现值之比，如果费效比小于 1，表明方案的社会费用支出小于其所获得的效益，方案可以接受；反之，费效比大于 1，则方案费用支出大于社会效益，方案应予拒绝。

（杜鹏飞）

fen

分层取水　stratified intake

固定式取水构筑物在不同水深处相应设多个进水口，可分别取不同水深、水质较好地表水的取水方式。适于水库取水或河流水位变幅较大、洪水期历时较长、水中含砂量较高的情况，此时关闭下部进水孔，开启上部适当高度的进水孔可避免洪水期引入靠近河底含砂量较大的水。　　（王大中）

分段阀门　sectioning valve

热水供热管线为减少检修时的放水量和缩短事故状态下排水和充水时间将管线分段而设置的阀门。分段阀门还用来切除故障管段使正常管段有可能继续供热，从而起到提高管网供热可靠性的作用。输配干线一般每隔 1 000～1 500m 设一个分段阀门；输送干线一般每隔 2 000～3 000m 设一个分段阀门。蒸汽供热管线一般不设分段阀门。

（尹光宇　贺　平）

分段式水-水换热器　sectional water-water heat exchanger

由几根壳管结构的直管段和弯管串接组成的壳管式换热器。每段的外壳设波形膨胀节以适应热补偿。各段与弯管用法兰连接。为便于清除水垢，被加热水宜在管束内流动，加热水在壳体内管束间流动。　　　　　　　　　　（盛晓文　贺　平）

分割－功率关系　cut-power relationship

除尘洗涤器的分割直径（即捕集分级效率等于 50% 时颗粒的直径）与输入洗涤器的动力之间的关系。在工业装置上对各种洗涤器的连续性能测试，结合数学模型，已导出一些洗涤器的明确表达关系。经常以气流通过洗涤器的压力损失代表输入洗涤器的功率。因此，若已知操作时压力损失，则可利用分割－功率关系预测洗涤器的除尘性能。

（郝吉明）

分割粒径　cut diameter for particles

分级除尘效率 $\eta_i = 50\%$ 时对应的粒径 d_c。是除尘器性能的简明表示。单位密度的粒子的分割直径 d_{ac} 称为空气动力学分割粒径。　　（郝吉明）

分割直径法　cut-diameter method

以分割直径确定颗粒从气流中分离的难易程度和洗涤器性能的方法。许多湿式除尘器的穿透率可表示为

$$P_t = \exp(-A_e d_{pa}{}^{B_e})$$

A_e 和 B_e 为常数；d_{pa} 为颗粒的空气动力学直径；P_t 为颗粒的穿透率。如果所研究颗粒的直径大于 $1\mu m$，或者颗粒的物理直径符合对数正态分布，可把穿透率与颗粒的物理直径关联，即

$$P_t = \exp(-A_p d_p{}^{B_e})$$

A_p 为常数。对于对数正态分布，上述方程式已得出解析解。P_t 对 $\left(\dfrac{d_{pc}}{d_{pg}}\right)^{B_e}$ 作图，同时以 $B_e \ln \sigma_g$ 作参数，得到一组曲线。其中 d_{pc} 为除尘装置的分割直径，d_{pg} 和 σ_g 分别为颗粒的质量中位径和几何标准偏差。假如由分割－功率关系确定了分割直径，利用这些曲线，即可得到除尘器的总穿透率。

（郝吉明）

分级除尘效率　grade collection efficiency

除尘器对某一粒径 d_p 或粒径范围 d_p 至 $d_p + \Delta d_p$ 内粉尘的除尘效率。它表示除尘效率随粒径的变化。对多数除尘装置，分级除尘效率为指数函数曲线，可表示为

$$\eta_i = 1 - \exp(-a d_p^m)$$

η_i 为分级效率；a 和 m 为常数，a 和 m 对不同的除尘器有不同的数值。a 值越大，分级效率则越高；m 值越大，则粒径 d_p 对 η_i 的影响越大。通过测量除尘器的总除尘效率以及除尘器进、出口烟尘的粒径分布，可以计算出除尘器对某一粒径粉尘的分级除尘效率。它能更好地说明某一除尘器的性能。

（郝吉明）

分阶段变流量的质调节　centralized control with flow varied by steps

在供热系统运行期间，运行流量的调节。它不是随外温连续变化，而是分阶段作数次变化，但保持了量调节的优点；在每一个运行阶段，运行流量维持不变，又体现了质调节的特点。各阶段不同的运行流量，靠不同台数的运行水泵实现。根据供热系统的规模，可分二个或三个运行阶段。这种调节方法兼有质调节、量调节的长处，在国内得到广泛应用。

（石兆玉　贺　平）

分解代谢　catabolism

又称分解作用，异化作用（dissimilation）。微生物将从其周围环境吸取的和自身的各种复杂的有机物质在酶的催化作用下分解为简单化合物的过程。其中包括氧化、脱氢、电子转移等。有时又称为降解作用。分解代谢是产生能量的过程，所产生的能量用于合成代谢，分解的最终产物一般作为废物（污水

生物处理中的 CO_2、H_2O 等无机物及其他代谢产物）排出体外。

（彭永臻　张自杰）

分解电压　decomposition voltage

使某电解质溶液连续不断地发生电解所需的最小外加电压。记作 E 分。可从实测的电压-电流曲线确定（如图）。从理论上讲分解电压的极小值在数值上应等于电解产物构成的原电池的电动势，称理论分解电压，其大小与电解产物、电解条件有关，可由能斯特（Nernst）公式算得。

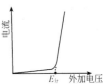

确定分解电压的电压电流曲线

（金奇庭　张希衡）

分离效率

见除尘效率（31 页）。

分离因数　separation factor

离心分离中，污染物颗粒所受离心力（F）和所受净重力（P）的比值。以 α 表示，$\alpha = F/P$。一定颗粒所受重力为定值，分离因数愈大，表明所受离心力愈大，分离效果愈好。

（何其虎　张希衡　金奇庭）

分流制　separate system

用不同管渠系统分别收集和输送各种城镇污水和雨水的排水方式。一般指雨水和污水分别用各自的管渠排除系统，雨水直接排入水体，污水排入污水处理厂处理后排入水体。分为完全分流制和不完全分流制。常用于新建地区的排水系统。

（魏秉华）

分流制排水系统　separate sewer system

将生活污水、工业废水和雨水分别用两个或两个以上各自独立的管渠排除的排水系统。由于排除雨水方式的不同，它分为完全分流制和不完全分流制两种排水系统。

（罗祥麟）

分路站　access station

微波中继线路中设在分支路口的增音站。除了可进行信号的放大、转发外，还可将一部分电话或电视信号从该站分出，以解决该站所在地或附近城镇的通信或电视转播。其中既有落地话路又有转接话路的接力站也称主站。

（薛　发　吴　明）

分汽缸　steam distribution header

在蒸汽热力站中对不同用户分配蒸汽的部件。按用户使用压力要求，分汽缸总管和分支引出管上应设置减压阀和截断阀。分汽缸底部设经常疏水装置排除分汽缸积水。此外，还应设置安全阀和检测

压力、温度的仪表。　　　（盛晓文　贺　平）

分区杆　S-pole

又称交叉区连接杆,S杆。两个相邻交叉区连接的电杆或者是一个交叉区终了的电杆。

（薛　发　吴　明）

分区供水系统　separate water supply system

按地区位置、用水条件或地形高低形成不同分区域的供水系统。如城镇的几个区域相距较远或用水条件不同(如工业用水)或因地形高差形成高低区域都可采用分区供水系统。采用由同一水厂供水的分区(或分压)供水的系统,称为并联分区供水系统;采用加压泵站(或减压设施)从一个分区系统取水向另一分区供水的系统,称为串联分区供水系统。

（王大中）

分区式排水系统　zoned drain system

在地势高低相差很大的地区,在高地区和低地

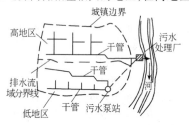

区分别敷设独立排水管道的系统。由干管、排水泵站、污水处理厂、出水口等组成。高地区排水常靠重力直接流入污水处理厂,低地区排水用水泵提升至高地区干管或污水处理厂。具有充分利用地形排水、节省电力等特点。常用于城镇地区分流制的污水排除。　　　　　　　　　（魏秉华）

分散式排水系统　separated drain system

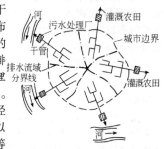

排水流域干管呈辐射状分散布置,并各成单独的系统。由干管、排水泵站、污水处理厂、出水口等组成。具有干管短、管径小、管道埋深浅以及污水就近灌溉等特点,而排水泵站及污水处理厂需设几座。常用于地形平坦的大城市、周围有河流的城市以及中心地区地势高、且又向四周倾斜的城市。　　（魏秉华）

分散油　suspended or floating oil

水中以悬浮油粒或浮油状况存在的油。在无上下扰动的水力条件下,密度小于水的悬浮油粒在浮力的作用下将浮到水面形成浮油,密度大于水的重

质油粒将沉到水底。悬浮油粒的浮沉速度可用自由沉淀的 Stokes 公式来计算。采用重力分离原理的隔油池通常可以去除直径大于 $150\mu m$ 的悬浮油粒。

（张晓健）

分水缸　supply water distribution header

在热源或热水热力站处,向热水网路或用户分配热水的部件。通常由无缝钢管制成。连接在分水缸的总管和分支配水管上应设置必要的截断或调节阀门。分水缸上还应设置安全阀、检测温度和压力的仪表。　　　　　　　（盛晓文　贺　平）

分压供水系统　pressure divided water supply system

因用户水压要求的不同而分的供水系统。如城镇中某些高层建筑区或某些工业企业要求较高的供水压力,此时可设置高于城镇常压的分压供水系统;比按高压的统一供水系统节约能源。　　（王大中）

分压梯度　partial pressure gradient

由理想气体组成的混合气体中,每种气体都有各自的分压力,总压力等于分压力之和。其表达式为

$$P = P_1 + P_2 + P_3 + \cdots\cdots = \sum P_i$$

P 为混合气体的总压力;P_1、P_2、P_3……为各种气体的分压力。混合气体中,若各部分分压不等时,气体分子总是自动地由分压值高处向分压值低处扩散,分压差值越大,扩散过程进行得越快。在扩散过程中,它是单位长度上气体分压的变化值,以 $\dfrac{dP_i}{dx}$ 表示(P_i 为气体分压,x 为扩散路程的距离)。气体扩散速度与该梯度成正比,即为 $v = -D\dfrac{dP_i}{dx}$(D 为扩散系数)。　　　　　　（戴爱临　张自杰）

分支杆　branching pole

设在线路导线分支处的电杆。电杆在分路方向为耐张型,应能承受支线路导线的全部拉力。通常加有拉线。　　　　　　　（薛　发　吴　明）

分支人孔　branching manhole

设在管道路由分支点上的人孔。

（薛　发　吴　明）

分质供水系统　water-quality separate water supply system

为满足不同用户对水质的要求,按水质分的供水系统。对于水质要求较低的用水(如某些工业用水)可设置单独的给水系统;城镇的居住区则以生活饮用水的水质设置给水系统;对于非生活饮用的喷洒道路、环境绿化或洗车等杂用水用户可设置中水给水系统。　　　　　　　　　　（王大中）

分子扩散　molecular diffusion

溶质分子在流体中的浓差扩散运动。分子扩散有两种情况：①当流体作为整体处于相对静止状态时，只要流体内部组分在各部位上分布不均匀，也就是说有浓差存在，则由于分子运动的结果，组分的分子将扩散开来，直到组分在流体内各处的浓度相等为止；②在作层流运动的流体中，与流动方向垂直的截面上若存在浓度差，则在此平面上的物质也会借助于分子运动从浓度高处移向浓度低处。分子扩散的速率与物质的性质、传质面积、浓度差和扩散距离有关。这一关系可用费克(Fick)定律表示为：$N = \dfrac{G}{t} = -DA\dfrac{dC}{dn}$。$N$ 为扩散组分的分子传质速率(kmol/s)或(kmol/h)；G 为扩散物质量(kmol)；t 为时间(s)或(h)；负号表明传质方向与浓度增加方向相反；A 为传质面积(m²)；C 为扩散组分浓度(kmol/m³)；n 为扩散距离(m)；D 为物质分子扩散系数(m²/s)或(m²/h)。

（王志盈　张希衡　金奇庭）

分子扩散系数　coefficient of molecular diffusion

在静止或作层流运动的介质中，物质的扩散只是由分子本身的热运动完成的扩散。分子扩散是在溶液中从浓度(或气体分压)高处，向浓度(或分压)低处扩散。浓度(或分压)的差值为扩散过程的推动力。分子扩散速度(v)与浓度(或分压)梯度$\left(\dfrac{dc}{dx}\right)$成正比。即为 $v = -D\dfrac{dc}{dx}$（c 为物质浓度；x 为扩散路程的距离；D 为分子扩散系数)。该系数是比例常数，它表征物质在介质中的扩散能力，主要与扩散物质和介质的性质及温度有关，可通过试验求定。如温度20℃时，氧(O_2)在水中的扩散系数为 $7.5 \times 10^6 \ m^2/h$。

（戴爱临　张自杰）

分子筛　molecular sieve

一种人工合成的具有筛选分子作用的水合硅铝酸盐(泡沸石)或天然沸石。其化学通式为($M_2'M$)$O \cdot Al_2O_3 \cdot xSiO_2 \cdot yH_2O$，$M'$、$M$ 分别为一价、二价阳离子如 K^+、Na^+ 和 $Ca2^{2+}$、$Ba2^{2+}$ 等。它在结构上有许多孔径均匀的孔道和排列整齐的孔穴，不同孔径的分子筛把不同大小和形状分子分开。根据 SiO_2 和 Al_2O_3 的分子比不同，得到不同孔径的分子筛。其型号有：3A(钾 A 型)、4A(钠 A 型)、5A(钙 A 型)、10Z(钙 Z 型)、13Z(钠 Z 型)、Y(钠 Y 型)、钠丝光沸石型等。它的吸附能力高、选择性强、耐高温。广泛用于有机化工和石油化工，也是煤气脱水的优良吸附剂。在废气净化上也日益受到重视。

（姜安玺　曹兴华　闻　望）

分子筛吸附脱除氮氧化物　remove nitrogen oxide by molecular sieve adsorption

用分子筛吸附剂吸附去除烟气中 NO_x 的技术。分子筛有氢型丝光沸石、氢型皂沸石、脱铝丝光沸石及 13X 型等。一般采用二、三个吸附器，交换吸附和再生。当含 NO_x 废气经冷却、除雾后进入吸附器，吸附达到饱和，切换吸附器，将饱和的吸附剂进行升温，经解吸、干燥和冷却等步骤，使吸附剂再生，循环使用。该法净化 NO_x 效率高，吸附量大，且可回收利用 NO_x。

（张善文）

粉尘　dust

又称灰尘。在气体介质的悬浮体系中，在自身重力作用下能发生沉降，但在某一段时间内也能保持悬浮状态的固体颗粒。通常是由于固体物质的破碎、研磨、分级、运输等机械过程形成的。颗粒的形状往往是不规则的，粒径的范围可以从亚微米颗粒一直延伸到肉眼可见的宏观颗粒。根据国际标准化组织(ISO)的定义，将在气体悬浮体系中粒径小于 $75\mu m$ 的固体颗粒称为粉尘；将在大气中或烟气中传输的固体颗粒(在英国指粒径大于 $75\mu m$ 的)称为粗尘(grit)。在除了英语之外的某些语言(如法语)中，对于英语名称"dust"和"grit"采用同一个名称。根据我国的用词习惯，可以把"dust"和"grit"统称为粉尘。

（马广大）

粉尘安息角　repose angle of particle

又称静止角，堆积角。粉尘通过小孔连续地落到水平板上时，堆积成的锥体母线与水平面的夹角。是粉尘的动力特性之一。许多粉尘安息角的平均值约为 35°～40°，与粉尘种类、粒径、形状和含水率等因素有关。对同一种粉尘，粒径愈小，安息角愈大；表面愈光滑和愈接近球形的粒子，安息角愈小；粉尘含水率愈大，安息角愈大。它是设计除尘设备(如贮灰斗的锥体)和管道(倾斜角)的主要依据。

（郝吉明）

粉尘比表面积　specific surface of particle

单位量粉尘所具有的表面积。用来表示粒子群总体的细度。粉尘的量可用净体积(不包括空隙内的气体体积)、堆积体积或质量做基准。以粉尘净体积为基准的球形粒子的比表面 a(cm²/cm³)可表示为

$$a = \frac{S}{V} = \frac{\pi d_p^2}{\dfrac{\pi}{6}d_p^3} = \frac{6}{d_p}$$

S 为粒子的表面积；V 为粒子的体积；d_p 为粒子的直径。它往往与粉尘的润湿性和黏附性有关。

（郝吉明）

粉尘比电阻　dust electrical resistivity

粉尘导电性的表示方法。与金属导线相同，也用电阻率表示，但粉尘的电阻率与测定时的条件有关，仅是一种可以相互比较的表观电阻率，简称为比电阻，单位为欧姆·厘米($\Omega \cdot cm$)。粉尘的导电机制

有两种,取决于粉尘和气体的温度与成分。在高温(约高于 473K)下,粉尘导电主要靠尘粒自身内的电子或离子进行的所谓容积导电,在这种情况下的粉尘比电阻称为体积比电阻;在低温(约低于 373K)下,则主要靠尘粒表面吸附的水分和化学膜进行的所谓表面导电,此时的粉尘比电阻称为表面比电阻;在中间温度范围内,粉尘比电阻是体积比电阻和表面比电阻的合成,其值最高。它对电除尘器的选择、设计和操作有重大影响。 (郝吉明)

粉尘比阻力系数　specific resistance coefficient of dust

捕集于滤料上的粉尘层对气流的阻力与织物上捕集粉尘重量间的关系。是粉尘的主要特性,由试验测定。如果粉尘的粒径分布、堆积密度和离散颗粒密度已知,可根据模式估算。对大多数工业粉尘,比阻力系数的大致范围是 $10\,000\sim130\,000\text{s}^{-1}$。 (郝吉明)

粉尘负荷　dust loading on fabric

单位过滤面积的滤料上积附粉尘的量。它正比于滤饼的厚度。在袋式除尘器操作中,它随时间而增加。若已知进入除尘器的气体含尘浓度 C_{mv} 和过滤速度 V_o,可用下式估算粉尘负荷 C_{ma}:

$$C_{ma}=C_{mv}V_o t$$

t 为自上次清灰后袋式除尘器的操作时间。粉尘负荷是影响压力损失的主要因素,因而也影响袋式除尘器的清灰制度。 (郝吉明)

粉尘含水率　water content of particulate

粉尘中所含水分质量与粉尘总质量(水分质量 m_w 加干粉尘质量 m_d)之比。即

$$w=\frac{m_w}{m_w+m_d}\times100\%$$

粉尘中均含有一定量的水分,包括附着在粒子表面的和包含在凹坑处及细孔中的自由水分,以及紧密结合在粒子内部的结合水分。干燥作业时要除去自由水分和部分结合水分,其余部分作为平衡水残留。工业方法测定的水分,是指总水分与平衡水之差。测定方法根据粉尘种类和测定目的选择。最基本的方法是将一定量(约 100g)的尘样放在 378K 的烘箱中干燥,恒重后再进行称量,烘干前后尘样质量之差即为所含水分量。 (郝吉明)

粉末活性炭-活性污泥法　activated sludge-powdered activated carbon process

在曝气池中投加粉末活性炭的活性污泥法。为活性污泥法系统的变型之一。活性炭具有很大的比表面积和吸附性能,可将有机物(含准降解物质及色素)、溶解氧和微生物富集在孔隙中,这样能够延长它们的接触时间,提高有机物的降解速率。因此,具有良好的脱色、除臭、改善处理水水质和耐冲击负荷

的功能。此外,还能改善污泥的沉降性能,抑制污泥膨胀。但其运行费用高于传统活性污泥法。 (彭永臻　张自杰)

粪大肠菌群　fecal coliform

粪大肠菌群是总大肠菌群中的一部分,是指在 44.5℃ 温度下能使乳糖发酵产酸产气的革兰氏染色阴性的无芽孢杆菌。它是因受粪便污染而引起的。在此较高的培养温度下,不利于来自自然环境的非粪便污染大肠菌群的生长。如果水中发现有粪大肠菌群,就反映出水体近期受到粪便污染,比总大肠菌群又更重要的卫生学意义。有些先进的饮用水标准中规定每 100 mL 水中不得检出粪大肠菌群。粪大肠菌群的检验方法有多管发酵法和滤膜法。 (蒋展鹏)

feng

风　wind

大气水平运动的统称。用风向和风速来表示。在风向的角度表示法中,以正北为 0°,角度大小按顺时针方向取值。风速大小取决于气压梯度力和摩擦力,风向则受地转偏向力和惯性离心力的影响。这四个力的综合作用是从不平衡到平衡、再到不平衡而不断交替变化的,实际流场十分复杂。太阳辐射的不均匀,高低纬之间和不同性质地表之间热量收支的不平衡是形成风的根本原因。它不但对热量和水分的输送以及天气演变起着重要作用,对大气污染物浓度的水平分布也有决定性的影响。 (徐康富)

风吹损失　wind lossage

水在冷却过程中,因空气带走和吹出水滴而损失的水量。与冷却构筑物型式、风速、淋水装置、配水形式、冷却水量等因素有关。以循环水量的百分数表示。一般冷却池为 1.5%～3.5%,冷却塔为 0.1%～1.5%。 (姚国济)

风机和泵类负载　the load of blower and pump

在各种风机、水泵、油泵中,随着叶轮的转动,空气、水、油对叶片的阻力在一定转速范围内大致与转速的平方成正比的负载。 (许以傅)

风冷　forced air cooling

用强制气流冷却发射机中的发热元件。发射机的功率很大,其中一些部件在使用中如不及时冷却就会烧毁,除电子管进行水冷外,整个发信机还必须要通风冷却。一般要求冷风机室靠近所对应的发信机。功率应满足发信机的冷却要求。 (薛　发　吴　明)

风玫瑰　wind rose

一个地区在某时段内风向分布的统计图。一般

在风向角度表示法的基础上,按 22.5°角度均分成的 16 个方位来统计各风向出现的频率。有的则表示某一风向下各档风速的发生频率。　　　(徐康富)

风速廓线　wind speed profile

风速随高度变化的曲线。在行星边界层中,由于流动空气所受的摩擦力随高度增加而减小,故风速随高度上升而增加。在地面边界层中,除紧接地面之数米厚的一层外,风速增加的速率较大,往上则逐渐变小。风速的这种变化是确定烟囱出口处风速的一个基本依据,也是选择烟囱高度所需考虑的一个因素。　　　(徐康富)

风速廓线模式　wind speed profile model

风速廓线的数学表达式。常用的模式有对数律和指数律两种。后者又称幂律。前者是在切应力不变的假定下求得的,相应的大气湍流运动主要取决于动力因子的作用,便于通过风洞实验模拟而建立风速廓线模式。它适用于中性层结的风速计算,也可用于非中性层结时近地面层的风速估算。指数律属经验公式,通过实测某一高度上的风速和选择各种稳定度下相应的实验指数值,在广泛的条件下均可应用,但在紧靠地面附近,特别是在中性层结时,不如对数律准确。　　　(徐康富)

风向联合频率　joint frequency of wind direction

在某一时段内,一种风速在某种稳定度和风向下出现的概率。其大小由气象常规监测数据的统计结果来确定,通常按帕斯奎尔分级法所划分的 6 种稳定度、16 种方位风向、六档风速、外加静风,进行统计,用于计算该时段内的污染物平均浓度。
　　　(徐康富)

封发室　registration room

进行邮件登记,然后进行投递的房间。
　　　(薛发吴明)

封信台　platform for enclosing envelope

又称浆糊台。营业厅内设置有浆糊盒及毛刷等,供客户封装信件用的台子。
　　　(薛发吴明)

蜂窝淋水装置　honeycombed packing

用塑料或浸渍绝缘纸等制成的六角形管状蜂巢体的淋水装置。具有散热表面较大、重量轻、通风阻力小的优点,但成品运输不便,只适宜于安装现场制作,纸质蜂窝淋水装置质脆,使用不当,容易损坏。常用的蜂窝淋水装置:其孔径为 20mm,高度为 150～200mm,平面尺寸为 800mm×800mm,干表观密度为 18～20kg/m³。在相同高度下,用小厚度块体多层错开放置,冷却效果较大厚度单层设置好。该淋水装置仅适用逆流式冷却塔,直接搁置在钢支架上。

各层块体垂直连续叠放。　　　(姚国济)

蜂窝式滤料　surfpace (honeycomb medium)

又称蜂窝式填料。由玻璃钢、塑料或纸质制成蜂窝状的滤料。断面呈蜂窝状,可作为塔式生物滤池、高负荷生物滤池和生物接触氧化装置的填料。主要规格:内切圆直径 19～40mm,比表面积 110～200m²/m³。　　　(戴爱临　张自杰)

蜂窝移动通信基站　base station of cellular mobile communication system

又称基地台。负责控制接收和发送无线电信号,组成与移动台之间的双向通信的设施。是蜂窝移动通信系统的无线接入网的基本单元。基站设备有两种组合方式:一种是具有收、发信设备和基站控制设备,具有一定的智能,可分担移动通信交换机的部分功能。另一种是仅有收发信设备和与交换机相联的接口,由交换机进行集中控制。收、发信设备用来建立与基站所覆盖的蜂窝区内的移动台之间的通信联系,控制设备具有通信保持、信道转移、基站间越区切换、对收、发信设备监控等多种功能,并具有与交换机联接的接口。收、发信设备和控制设备可以合装在同一地点,也可以分设。基站一般设在蜂窝六边形的中心或六边形的顶角。基站覆盖的范围为基站区(通称蜂窝区),基站区半径一般为 1.5～15km,在用户密集的地区,其半径可能小于 1km。为了提高基站通信效率和容量,基站区可分成若干小区,小区是一个基站的 60°或 120°扇形天线覆盖的区域。收发信天线和安装天线的铁塔也是组成基站不可缺少的设施。　　　(张端权　薛发)

蜂窝移动通信交换中心　exchanging center of cellular mobile communication system

又称交换局。蜂窝移动通信系统核心网的关键设施。主要由移动通信交换机、原籍位置寄存器(HLR)、访问位置寄存器(VLR)和其他如监权等控制设备组成。移动通信的特征在于移动,对移动台的定位和跟踪,以及随时保持最佳的接入点,是系统的基本功能。移动台在移动过程中要不间断地进行通信连接,在停止通信的待机期间也要保持与系统不间断的联系,实现控制信息的传递,系统必须不断地更新用户的位置信息。移动通信交换机是交换中心的核心设备,一般采用程控数字交换机,其功能是处理呼叫、漫游、无线信道控制,并实现无线与市话网、长途网,以及其他不同归属的移动通信网的互联互通。各基站通过有线或无线中继电路与交换机相连。原籍位置寄存器(HLR)存储本地注册的所有用户信息。访问位置寄存器(VLR)存储非原籍的漫游来访的所有用户信息,并及时更新位置信息。通常一个移动通信网的位置管理系统由一个 HLR 以及若干个 VLR 组成。为了跟踪移动台,通常将一个移动通信网的服务区分成若干个位置区,一个位置区可包括若干个基站区。移动台在一个位置区中可以自由移动而无需进行登记,越区即发生位置更新信息,送到 VLR,同时转告 HLR。一个交换中心可由一个或若干个位置区组成。 (张端权 薛 发)

蜂窝移动通信无线中继站 wireless relay station of cellular mobile communication system

又称直放站。是双向的射频同频宽频带线性放大接力设备。它分别接收和转发来自基站和移动台的信号,常用以消除蜂窝移动通信网中由于地形或人为障碍引起的阴影区、盲区或死角,以及解决隧道、地铁等地下建筑物中的通信困难,而不是代替基站的功能。中继站也可用作系统覆盖区的延伸。中继站的位置选择,除根据一般技术条件进行外,要注意邻近应无同类型的无线通信系统可能产生的信号干扰。 (张端权 薛 发)

蜂窝移动通信系统 cellular mobile communication system

由众多蜂窝小区(六边形)构成大面积覆盖的无线电通信系统。是大容量的为公众服务的陆地移动通信系统。1983 年,美国 Amps 模拟蜂窝移动电话通信系统首联成功。随后英国建立 TACS 系统,成为世界上第一代蜂窝系统(简称 G1)的两种主要制式。1989 年发展了第二代数字蜂窝移动通信系统(简称 G2),以 GSM 为主要制式。目前正向着第三代高速数字移动通信系统(简称 G3)演进,国际电联(ITU)定名为 IMT－2000。该系统结构一般由核心网、无线接入网和移动台(用户终端设备)三部分组成。核心网由多个交换中心和传输线路组成,无线接入网由众多基站所覆盖的蜂窝组成。核心网完成呼叫处理、信道交换连接与控制功能,以及实现与其他不同归属的通信网的互联互通,无线接入网完成移动台的接入和越区(蜂窝区)切换等功能。移动台是供用户使用的终端设备,一般有车载式、便携式和手持式(手机)。该系统主要使用 800/900/1800MHz 频段,早期也使用 450MHz 频段。通常把全部无线信道划分成多个不同的组,每个蜂窝使用其中一组,同一组信道不能在相邻的蜂窝使用,以避免信号干扰,但可以在适当距离的蜂窝重复使用。频率复用是蜂窝系统的特点,可以提高频谱利用率、扩大系统容量。蜂窝的面积有大有小,根据用户密集的情况进行设计。蜂窝半径一般为 1.5～15km,在用户相当密集的地方,半径可能小于1km,随着用户不断增加,蜂窝可进行分裂重组。该系统的技术走势是从电路交换到分组交换,高速数据化,与因特网(Internet)结合,源源不断地增加新的业务服务。陆地蜂窝移动通信系统与卫星移动通信系统结合可以实现无缝覆盖,是个人通信的初步阶段。中国于1987 年开始建设第一代蜂窝系统。主要采用 TACS 制式。1996 年开始建设第二代蜂窝系统,主要采用 GSM 制式,TACS 制式逐步退网,2001 年中国 GSM 系统容量达到约 2 亿户。目前正在向第三代蜂窝系统发展,第一步建设所谓 2.5 代的系统。

(张端权 薛 发)

蜂窝移动通信系统的管理 administration of cellular mobile communication system

多电信运营公司的通信网络中,对蜂窝移动通信系统的管理方式。有外部管理和内部管理之分。外部管理是由城市有关主管部门进行的管理,主要是对不同归属的通信网络的互联互通、通信质量、通信资费等的监督和协调,对通信网络在建设及维修过程中与城市各种建筑物发生的矛盾的协调,以及对通信网络发展规划与城市建设规划的协调等方面的管理。内部管理是电信运营公司对其所属通信系统的管理,主要包括组织管理、业务管理和技术管理。组织管理是根据系统和设备的特点,落实管理人员职责分工;业务管理主要包括话务管理、业务量管理、移动台管理和计费;技术管理主要包括对系统运行情况的日常监控和对系统内设备的定期测试和维修,对移动台故障的检测,以及对某些蜂窝接入质量和某些地区无线覆盖不佳等情况定期检查,及时进行优化网络结构等工作。

(张端权 薛 发)

蜂窝移动通信系统的结构 structure of cellular mobile communication system

一般由核心网、无线接入网和移动台(用户终端设备)三部分组成的通信系统结构。核心网和无线接入网又可以细分为系统区、服务区、交换区、位置区、基站区、小区六个区域:①系统区由 1 个或几个服务区组成,它可以容纳全部制式相同的移动通信网。②服务区由 1 个或几个不同归属的移动通信网组成,由一个国家或一个国家的一部分,也可以由几个国家组成。③交换区是一个移动通信交换中心(又称交换局)所覆盖的网络中的全部或一部分范围,可以由一个或几个位置区组成。④位置区可由几个基站区组成,移动台在该区内可以自由移动而无需更新位置登记。⑤基站区是一个基站所覆盖的范围,又称蜂窝区。蜂窝区面积根据用户密度大小来设计,其半径一般为 1.5～15km,用户密集地区可能小于1km,蜂窝半径 30～300m 的称为微蜂窝,一般设置在大楼的楼层内。⑥小区是一个基站的 60°或 120°扇形天线覆盖的区域。基站区(包括小区)是无线接入网的基本单元。一个电信运营公司所经营的公用移动通信网可能由多个交换中心组成,一个或多个不同归属的通信网组成服务区,也就是说,一个移动通信服务区内可能有多个电信运营公司提供经营服务,各自的通信网的核心网由各自所属的交换中心的交换区和位置区组成。交换中心是移动通信网的关键设施,负责处理呼叫、漫游,无线信道控制,以及与不同归属的通信网互联互通。本系统的多个交换中心用中继电路联结起来,一般采用网状拓扑结构、星状拓扑结构或混合拓扑结构。网状结构的系统中的所有交换中心各各相连,星状结构在系统中设立汇接交换中心,辐射式地与汇接区内的其他交换中心分别相连。不同运营公司所属的移动通信网一般通过接口局进行互联互通,接口局可以单设或由各自所属的一个或几个交换中心兼任。

(张端权 薛 发)

蜂窝移动通信系统的设计   design of cellular mobile communication system

蜂窝移动通信系统设计的原则是充分利用有限的频率资源,设计出覆盖面积、容量、通信质量符合要求的,经济合理的通信系统。通常的设计步骤是:在选定频段和选定制式之后,基本上依以下次序进行。①设定本系统服务区的覆盖面积,然后分区调研无线电波传播损耗特性,必要时进行实地测量。②进行用户预测,在预测的用户分布图上划分蜂窝区(基站区),在用户密度小的地区的蜂窝面积大,反之面积小。③给各个蜂窝区分配无线信道组,进行频率复用模型设计。一般可在数字地图上进行计算机辅助设计。④根据用户数量及其分布,设计移动交换中心及选择设备,选择交换中心地点。交换中心包括交换机,原籍位置寄存器(HLR),访问位置寄存器(VLR)以及监权等控制设备,同时设计交换中心与基站连接的中继电路,一个交换中心连接多个基站。⑤设计系统服务区内交换中心的数量及其拓扑结构,中继方式及中继电路。⑥设计与固定公用通信网以及其他不同归属的移动通信网的互联互通,一般是选择其中的一个交换中心负责互联互通,必要时建立专门的接口局负责互联互通。⑦必要时考虑一些特殊业务与增值业务,以及其他一些特殊需求的接入方式。

(张端权 薛 发)

蜂窝状硬性填料   honeycomb rigid carriers

用聚氯乙烯塑料、聚丙烯塑料、环氧玻璃钢等制成蜂窝形状的填料。为生物滤池常用滤料和接触氧化法常用填料。其优点有:①比表面积大,每立方米填料的表面积可达133~360m²;②空隙率高,一般都在98%左右;③质轻强度高。缺点是易于堵塞。其结构如图。

(张自杰)

弗伦德利希方程   Freundlich equation

由许多吸附等温线总结出来的经验公式。为应用广泛的吸附等温方程之一。其表达式为 $\frac{x}{m} = kP^{*1/n}$, $\frac{x}{m}$ 为吸附平衡时,吸附剂吸附吸附质的量;P^* 为吸附质在气相中的平衡分压;k、n 为常数,通常 $n > 1$。该方程表明在吸附平衡时,吸附质在吸附剂上的量与在气相中平衡分压之间的关系,适用于气相中吸附质组分为中等浓度(或分压)的情况。

(姜安玺)

弗洛柯滤料   Flocor filter media

见波纹板滤料(13页)。

氟化物   fluoride

含氟化合物的总称。主要是氟化氢(HF)和四氟化硅(SiF_4)。来自铝的冶炼、磷矿石加工、磷肥生产、钢铁冶炼和煤的燃烧等过程。陶瓷、玻璃、塑料、农药、铀分离等工业也排放含氟化合物。HF 气体能很快与大气中水分结合,形成氢氟酸气溶胶。SiF_4 在大气中与水汽反应形成水合氟化硅和易溶于水的氟硅酸。降水可将大气中的氟化物带到地面。许多种无机氟化物在大气中都能很快被水解,并通过冷凝或成核过程降落下来,还能被一些植物转化为毒性更大的有机氟化物,如氟乙酸盐、氟柠檬酸盐。氟有高度生物活性,对许多生物具有明显毒性。严重的氟污染能直接危害动、植物。氟化物在人体内会干扰多种酶的活性,抑制骨磷化酶或与体液中的钙离子结合成难溶的氟化钙,导致钙、磷代谢紊乱等。

(马广大)

氟化物控制   control of fluorochemicals

减少排放到大气中的氟化物的技术措施。含氟废气指含有氟化氢和四氟化硅的废气,其处理方法可分为两类:湿法是用水或碱溶液作吸收剂吸收氟化物;干法是以固体物质(如氧化铝)吸附氟化物。工艺上常采用固定床或流动床。   (张善文)

氟危害   damages of fluorine

氟气体进入植物叶片,使受害部分生斑、变色、枯萎或死亡的危害。针叶植物,开始在当年生针叶的尖上和边缘形成枯斑,逐渐向基部发展,最终其受害部分具有红褐色外观;阔叶植物,中毒更为敏感,最初在叶尖或叶缘的组织出现浸水的灰绿色渍斑,受伤害的组织迅速死亡,叶子由淡褐色变为深褐色。主要的敏感植物有唐菖蒲、海桐、玉簪等。

(张善文)

氟污染效应   fluorine pollution effect

氟、氟化氢和四氟化硅气体能刺激黏膜、引起皮肤炎甚至腐蚀穿孔,造成骨变形。空气中氟化氢浓度达 $0.03\sim0.06mg/m^3$ 时,可致儿童氟斑牙;达 $1\sim2mg/m^3$ 时,可引起慢性氟中毒,表现为体重减轻,上下肢长骨疼痛,重者全身衰弱、骨质疏松、骨质增生、自发性骨折。 (张善文)

浮杯 float-cup doing machine

利用浮体在溶液中的固定浸没深度或液位差达到恒位出流目的的小型湿式投加系统中的计量投加设备。浮杯外形大多为圆锥体,藉浮子浮力浮于药液的液面上,杯底有进液孔和排液孔,按杯内水位与排液孔口的液位差及孔口大小(液位和孔口尺寸均可调)计量。排液孔接柔性软管重力出流。结构形式有淹没式、孔塞式和锥杆式,水位差调节主要靠配重。国家标准图编号S346,有各种浮杯的系列图和性能表。

(李金根)

浮标式液位计 floating mark type level meter

根据浮子随液位变化升降,引起机械联动装置位移的原理制成的测量液位的仪器。测量范围:$0\sim40m$,精度0.2级。适用于测水库水位及开口容器液位。 (刘善芳)

浮船取水 floating pontoor intake

置于水体中的浮船吸取河、湖或水库内水的取水。在船舱中装有取水设备并用连络管与岸上输水管相连(如图)。按船舶动力分有自航式和非自航式(停泊式)两种。自航式为机动船只,船舱中安装有

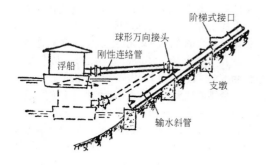

内燃机联动水泵机组及自航动力设备,亦有将取水设备的动力装置兼作自航动力使用的。它可适应河道主流摆动,故多用于游荡性河段取水。非自航式(停泊式)不配备自航动力设备,在使用上比自航式广泛。它的特点:施工简便,建设周期短;随水位涨落而升降;适应河道主流多变、河床变迁或由于其他原因而引起的取水地点的变更等。但随水位涨落需要拆换接头,移动锚链,收放缆绳和输电线路,特别是洪水季节,操作频繁,劳动条件差。因其漂浮于水体中,受风浪、急流、航运、漂木、浮筏等因素影响较大。常因管理失严而发生一些意外事故。

(朱锦文)

浮动床(离子交换法) floating bed(ion exchange)

又称浮床。运行时依靠水力,整体托起离子交换剂层,进行离子交换的装置。是对流再生离子交换器形式之一。浮动床树脂不能在交换器内通过反洗膨胀清洗,必需定期擦洗以清除树脂层中的污垢。按擦洗时树脂是否移出体外,又可分为体外擦洗浮动床和体内抽气擦洗浮动床。 (潘德琦)

浮阀塔 valve(plate)tower

塔体构造和泡罩塔相同,仅是以浮阀代替泡罩的一种板式塔。浮阀为一圆形薄片,下有三个支腿。支腿伸入塔板的阀孔里,圆片盖压在阀孔上。工作时,气体或蒸汽以一定压力冲启阀片,在阻止液体沿阀孔漏下的同时,冲入液层鼓泡接触,进行传质。根据浮阀的重量,适当控制气体或蒸汽的流量,可调节浮阀的开启度,能在较宽的范围内实现稳定的操作。浮阀塔有以下优点:①生产能力大;②操作弹性好;③气液接触充分;④构造简单;⑤安装容易;⑥造价较低。环境工程中,可用以汽提废水中的挥发性污染物,吸收废气中的有害气体。

(张希衡 刘君华 金奇庭)

浮球式液位计 floating ball type level meter

根据液位变化时,液面上浮球升降,引起联动机械轴转角变化的原理制成的测量液位的仪器。测量范围:$0\sim5m$,精度2.5级。适用于密度大、黏稠或含有颗粒杂质的液体液位的测量和控制。

(刘善芳)

浮上浓缩 flotation thickening

用溶气或真空等浮上法降低污泥处理前含水量的工艺。一般比重力浓缩效果更好。 (张中和)

浮筒式液位计 floating bucket type level meter

根据液位变化时,浮筒位置变化引起机械联动扭管转角变化或平衡杠杆变化的原理制成的测量液位的仪器。输出标准电信号。测量范围:$0\sim16m$,精度0.5~2.5级。适用于测量容器内的液位和信号的远传及控制。 (刘善芳)

浮头式壳管换热器 shell-and-tube heat exchanger with sliding head plate

连接管束的管板一端与外壳固定,另一端带有封头(浮头)的管板不与外壳相连的壳管式换热器。浮头在外壳内可自由伸缩以适应热补偿。浮头、管板和管束可从壳体中整体拔出,以便清洗。它是应用较普遍的一种换热器。 (盛晓文 贺 平)

浮选

见气浮(213页)。

辐流式沉淀池　radial flow sedimentation tank

又称辐射式沉淀池,辐射流沉淀池,径向流沉淀池。水流的流向从池中心向池周边流动,或从池周边向池中心流动的沉淀池。按水流方向不同有①外向式辐流沉淀池(或称普通辐流沉淀池),是中心进水,周边出水,池呈圆形或正方形;②内向式辐流沉淀池(或称向心式辐流沉淀池),是周边进水,但出水可设在池中心或池半径 R 不同处。设在池中心,是周边进水,中心出水;设在 R 处,是周边进、出水。出水最佳位置设在 R 处,其池子容积利用系数达 93.6%,也可设在 $\frac{R}{3}$ 或 $\frac{R}{4}$ 处,其容积利用系数分别 87.5%及 85.7%。外向式辐流沉淀池,容积利用系数约 48%。辐流沉淀池直径(或边长)6～60m,最大可达 100m,池周水深 1.5～3.0m。池直径与有效水深比宜为 6～12。可用作污水的初次沉淀池或二次沉淀池。也可用作原水的澄清。用作原水澄清时,原水由池中心底部进水管进入配水筒,再经配水筒上部的窗口,经过格栅整流,沿径向流向池的周边。清水通过池周的出水孔流入环形集水槽后,流出池外。下沉在池底的沉泥由绕池心缓缓回转的刮泥机刮到池中心的泥斗中,再由排泥管排出池外。

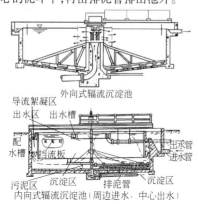

外向式辐流沉淀池

内向式辐流沉淀池(周边进水,中心出水)

（孙慧修,邓慧萍）

辐射监测　radiation monitoring

见放射性监测(78 页)。

辐射井　radiating well

由集水井与设置在含水层中单层或多层辐射状集水管组成取水构筑物。有两种形式:①辐射管与不封底的集水井(即井底进入的大口井)同时进水;②仅由辐射管集水,集水井封底不进水(如图)。前者适用于较厚的含水层,后者适用于较薄的含水层。可以用于集取地下水、河床渗透水或河床潜流水。其产水量的大小,不仅取决于水文地质条件,在很大的程度上取决于施工技术与施工质量。因此,其产水量难以进行较准确的计算,现有的理论计算方法,计算结果常与实际情况有很大出入。由于诸多因素常使辐射管集水能力迅速衰减。近些年来,中国很少采用此形式取水。　　（朱锦文）

辐射逆温　radiation inversion

因地面辐射冷却使下层空气比上层冷却快而造成的逆温。辐射逆温一般始于日落,随着夜深地表温度不断下降,逆温逐渐向上扩展,黎明时达最强。日出后,地面受太阳辐射而增温,逆温自下而上逐渐地消失。在谷地和盆地,辐射逆温较强,有时可持续数天而不消失。　　　　　　　　　　（徐康富）

辐射散热　radiating heat by radiation

以电磁波形式散失的热量。无需传热介质的作用。除冷却池外,对冷却构筑物的影响不大,一般可忽略不计。　　　　　　　　　　　　　（姚国济）

辐射式沉淀池

见辐流式沉淀池。

腐蚀　corrosion

由于受周围介质的作用,材料遭受破坏或性能恶化的过程。在循环冷却水系统中,主要是金属在水中的腐蚀。金属在水中的腐蚀是电化学腐蚀。常见的腐蚀类型有溶解氧腐蚀、电偶腐蚀、缝隙腐蚀、点腐蚀和微生物腐蚀等。采用动态模拟试验法和挂片法判断。循环冷却水系统控制腐蚀的方法有药剂法、阴极保护法、阳极保护法、表面涂耐蚀层及改进设备材质等。　　　　　　　　　　　　（姚国济）

腐蚀深度　depth of corrosion

金属表面被腐蚀的深度。用平均腐蚀深度和孔蚀深度表示。平均腐蚀深度为金属表面完全均匀的腐蚀,不能反映真实的腐蚀情况。孔蚀深度为金属表面某些部位呈现小坑的深度。孔蚀容易造成设备和管道穿孔,危害最大。　　　　　（姚国济）

腐蚀速度　velocity of corrosion

一般有两种表示方式:①单位时间内单位表面积上金属被腐蚀的重量,单位以 $g/(m^2 \cdot h)$ 表示。亦称重量腐蚀速度。一般指均匀腐蚀,用以比较不同侵蚀性介质对金属的腐蚀程度。②金属被腐蚀的深度。表示金属被腐蚀的危害,单位以 mm/a 表示。用以估算金属或设备在腐蚀条件下的使用年限。

（姚国济）

腐蚀抑制剂

见缓蚀剂(132页)。

负荷开关 load swith

能接通、承载、分断正常电路条件下的电流的开关。分有一般用途负荷开关和高分断能力负荷开关。 　　　　　　　　　　　　(陈运珍)

负压法回收残液 heavy residues recovery by negative-pressure method

使残液罐内或钢瓶内形成负压以回收残液的方法。其中,一种是抽出残液罐上部空间的气相液化石油气,以降低残液罐中的压力,使钢瓶中的残液流入残液罐。残液罐的真空度一般不低于 2000Pa。另一种方法是用泵抽出残液罐中的残液,送入喷射器,利用喷射器工作时形成的负压将钢瓶中的残液抽送至残液罐。 　　　　　(薛世达 段长贵)

负载特性 load characteristic

生产机械的负载转矩 M_1 随转速 n 而变化的特性$[M_1 = f(n)]$。通常有三种类型:①恒转矩负载,M_1 总是保持恒定或大致相同;②风机、泵类负载,$M_1 = Kn^2$;③恒功率负载,$M_1 = K/n_1$。 　　　　　　　　　　　　(许以傅)

附加压头 compensation for elevation

管段两端的标高差值较大时,由燃气和空气密度之差造成的压头。对高程差变化甚大的管段,还应考虑大气和燃气的密度在高程上的变化。不考虑大气和空气密度在高程上的变化时,附加压头为

$$\Delta P = g(\rho_a - \rho_g)H$$

ΔP 为附加压头(Pa);H 为管段终端和始端的标高差值(m);ρ_a、ρ_g 为空气与燃气的密度(kg/m³)。 　　　　　　　　　　　　(李猷嘉)

复床除盐系统 composite bed desalination system

阳、阴离子交换器串联使用的除盐系统。有单级复床和双级复床两种。单级复床一般用于出水水质电导率 $5\sim10\mu S/cm$,双级复床用于出水水质电导率 $0.2\sim1\mu S/cm(25℃)$,剩余二氧化硅小于0.02 mg/L。系统内的设备主要有强酸阳床、弱酸阳床、强碱阴床、弱碱阴床及除二氧化碳器等,根据进水的水质,出水水质以及各种设备的工艺特点组成不同的系统。 　　　　　　　　　　(潘德琦)

复床混合床除盐系统 composite mixed bed desalination system

在复床后串联混合床的组合除盐系统。常用于纯水或高纯水处理系统。当要求处理水的纯度较高或进水水质较差时采用。其出水一般电导率为 0.1 $\sim0.5\mu S/cm(25℃$ 时)。 　　　　(潘德琦)

复方缓蚀剂 complex corrosion inhibitor

两种或几种缓蚀剂组成的药剂。利用各药剂间的协同效应。当用量相同时,缓蚀效果较单一药剂要高。有铬酸盐-聚磷酸钠,铬酸盐-锌,聚磷酸钠-锌,氨基甲叉膦酸盐-锌等。由于它有增效作用,且可节约药剂,目前已广泛使用。 　　(姚国济)

复合膜 composite membrane

把超薄膜(表面致密层)紧密地贴在耐压很强的多孔支持层上制成的膜。由于其表面致密层与支持层材质不同而得名。它是为了解决醋酸纤维素膜的透水量随膜厚增加而降低、运行中多孔支持层易被压缩使膜透水性能下降的缺点而发展起来的。它的脱盐率高,透水性能好,且长期保持稳定。 　　　　　　　　　　　　(姚雨霖)

复热式焦炉 combination oven

既可使用富煤气又可使用贫煤气加热的焦炉。通常富煤气是焦炉自产的发热量较高的干馏煤气(俗称回炉煤气),经过管道侧喷或下喷进入焦炉燃烧室。发热量较低的贫煤气通常采用高炉煤气或发生炉煤气。 　　　(曹兴华 闻望)

复氧化物 complex oxide

含有两种或两种以上阳离子的复合型氧化物。属于离子型晶体,晶格构型有三类:尖晶石型、钛铁矿型和钙钛矿型。尖晶石为 $MgAl_2O_4$,该类的通式有 $M^{11}M_2^{111}O_4$、$M^{IV}M_2^{11}O_4$、和 $M^{VI}M_2^1O_4$,M 代表金属离子,右上角码代表价数。属于尖晶石型的有 $MgAl_2O_4$、$FeFe_2O_4$、$FeCr_2O_4$、$SnCo_2O_4$、$TiZn_2O_4$、Na_2MoO_4、Ag_2MoO_4 等。钛铁矿为 $FeTiO_3$,该类的通式为 $M^{11}M^{IV}O_3$,如 $FeTiO_3$,及 $MgTiO_3$ 等。钙钛矿为 $CaTiO_3$,该类的通式是 $M^{11}M^{IV}O_3$,但也有 $M^{111}M^{111}O_3$ 及 $M^1M^VO_3$ 等,如 $CaTiO_3$,$BaTiO_3$,$LaGaO_3$,$NaNbO_3$ 等。 　(张希衡 金奇庭)

复制室 dubbing copying

又称转录复制室。用于把已经录制好的节目磁带经过编辑、合成等多种后期制作手段,加工制作并复制成成品节目。通常广播电台的录音原版应妥善保存。因此,播出用片及与其他电台交换用的节目磁带,需要由原版中复制出来。一般要求复制室具有较好的隔声效果,通常设置隔声隔振套房,入口应设声闸。复制室与复制编辑室之间宜设隔声观察窗。空白磁带库与节目磁带库应设在货流主入口处,并应与复制室、编辑室、审听室联系方便。 　　　　　　　　　　(薛发 吴明)

副控室 supplementary control room

控制节目录制的房间。其内设有隔声设备,成音及成像的控制及混合设备、监听各种声音的监听器及监视各种画面来源的监视器。连接摄影场。 　　　　　　　　　　(薛发 吴明)

腹杆　web member

塔桅结构中,主柱以外的杆件。由于它的布置方式不同,分为单斜杆、斜杆、横杆、小字交腹杆式、米式、K 式等。腹杆布置很重要,要考虑受力是否合理,挡风面积的大小等。　　　（薛　发　吴　明）

覆土

见沟槽回填（104 页）。

覆土厚度　backfill depth

地表与沟道内埋管的管顶距离。管道的埋深愈小愈好,但沟道的覆土厚度需有一最小覆土厚度的限值。此值取决于:地区冰冻线以下;路面行驶车辆对管顶压应力的散布程度;满足分支管线埋深的连接高度需要。当考虑此三者得出三个不同的限值时,取其中最大者即为允许的最小覆土厚度。　　　（李国鼎）

覆土压实　backfill consolidation

又称沟道回填。管道施工完毕并经质量检查后的一道工序。在覆土过程须注意夯实,夯实度的要求是:槽底至管顶 0.5m 处的土层应大于 90%,管道两侧应大于 95%,上层土要求大于 85%。压实的方法有人工与机械两种,下层土基本用人工压实。若在道路上施工,土方回填后须隔一段时间俟覆土的坍落平稳后方可进行路面的修复工作。

（李国鼎）

G

gai

改良蒽醌二磺酸钠法脱硫　desulphurization with improved A.D.A

又称改良 A.D.A 法脱硫。用蒽醌二磺酸钠的碱性水溶液（简称 A.D.A）加入偏钒酸钠和酒石酸钾钠（简称改良 A.D.A）作为吸收剂脱除煤气中的硫化氢。此法的主要设备是吸收塔、反应槽和再生塔。煤气中硫化氢在吸收塔中被碱液吸收生成硫氢化钠,在反应槽中硫氢化钠与偏钒酸钠迅速反应,生成亚钒酸钠并析出硫。在反应槽中亚钒酸钠被 A.D.A 氧化生成偏钒酸钠和还原型 A.D.A,后者在再生塔中被鼓入空气中的氧再生,分离出硫泡沫后经液面调节器去吸收塔循环使用。硫泡沫经分离后加工成产品硫。此法具有容硫量大,反应速度快和吸收剂碱变小的特点。

（曹兴华　闻　望）

钙硫比　Ca/S molar ratio

流化床燃烧脱硫工艺中,脱硫剂（$CaCO_3$ 或 $CaCO_3 \cdot MgCO_3$）用量以脱硫剂消耗 Ca 的摩尔数和燃料中去除 S 的摩尔数之比。其表达式为

$$\frac{Ca}{S}\text{摩尔比} = \frac{\text{脱硫剂消耗量} \times \text{脱硫剂中 Ca 的含量(\%)}/40.1}{\text{燃料消耗量} \times \text{燃料中 S 的含量(\%)}/32}$$

当流化速度一定时,脱硫率（被脱硫剂吸收的 SO_2 与燃烧生成的 SO_2 的百分比）随 Ca/S 增大而增大。Ca/S 为 2～3 时,就可获得较好的脱硫率。

（张善文）

gan

干打管　cement pipe with dry process

又称砂浆管。按一定比例（1:2 或 1:3）拌和水泥和砂子,掺入适量的水,使之达到一定状态,装入管模中,分层夯实,然后脱模,适当养护,达到一定强度的电信管道。　　　（薛　发　吴　明）

干法熄焦　dry quenching

利用惰性循环气体将赤热焦炭冷却的过程。循环气体可用二氧化碳、氮气及焦炭燃烧废气等。赤热焦炭的热量传给循环气体,循环气体又将热量传给热交换设备。焦炭温度从 950～1050℃ 降至 150～200℃。风机鼓入的循环气体,连续通过赤热焦炭后被加热至 600～800℃ 经热交换设备回收热能后循环使用。冷却过程要缓慢而且均匀,以保证焦炭不会产生新的裂纹。　　（曹兴华　闻　望）

干法熄焦余热利用装置　installation for utilizing waste heat of hot burnt coke

回收炽热焦炭余热的一种装置。干法熄焦指的是从炼焦炉中推出的炽热焦炭用惰性气体熄火。在熄焦室内,惰性气体进入 950～1 000℃ 的焦炭层,被加热到 750～800℃。然后将其送入到余热锅炉内,锅炉产生的蒸汽可用于发电或城市供热。采用这种方法,每吨焦炭可产生参数约为 0.4MPa,440℃ 的蒸汽 0.4～0.45t。　　　（李先瑞　贺　平）

干馏煤气　carbonization gas

煤在隔绝空气（氧）条件下受热分解产生的气

体。除煤气外,还得到焦炭和多种有价值的化学产品。干馏在工业上以成焦最终温度分类,一般将最终温度在 900℃ 以上的称高温干馏,600℃ 以下的称低温干馏,介于两者之间的称中温干馏。城市煤气多用高温干馏制取。干馏制气炉型主要有焦炉、连续式直立炭化炉、立箱炉和水平炉等。根据制气炉型不同,干馏煤气分为焦炉煤气、连续式直立炉煤气、立箱炉煤气和水平炉煤气等。

(曹兴华 闻 望)

干球温度 dry-bulb temperature

用一般温度计测得的室外空气温度。是设计冷却设备所需要的主要气象资料之一。 (姚国济)

干热岩地热资源 rocky geothermal resource

地下普遍存在的渗透性很差的热岩石的泛称。不采取特殊的技术措施就不能经济地回收这种岩石体的热量。开发干热岩地热资源,必须在致密高温内人工制造(水力破碎或爆炸)裂隙系统,再注入冷水,迫使其通过人工裂隙系统受热升温,通过钻井吸取到地表。近几年来,美国、瑞典、日本、意大利等国都在积极开展干热岩体的利用试验。

(蔡启林 贺 平)

干式变压器 dry-type transformer

无绝缘油,靠空气为绝缘介质的变压器。具有体积小、重量轻、结构简单、安装维修方便、没有火灾和爆炸危险等特点。分为三类:①开启式:器身与大气相连通。②封闭式:器身外有封闭的外壳,使之与外部大气不相连通。③浇注式:用环氧树脂或其他树脂浇注做成产品的主、纵绝缘。开启式干式变压器适用于洁净而比较干燥的室内环境;封闭式干式变压器适用于较恶劣的环境之中;浇注式干式变压器适用于高层建筑、地下铁道等防火要求较高的场所。 (陈运珍)

干式储气罐 dry gasholder

用钢制圆筒(或多边)形外壳及内部装有与外壳内侧四周密封可以上下移动活塞组成的低压储气罐。筒下部由底板密封,筒上部有顶板活塞,根据储气量多少,改变高度,为使活塞移动稳定,设有导向装置。根据活塞与筒内壁的密封方式分为稀油密封干式储气罐、油脂密封干式储气罐、柔膜密封干式储气罐。其特点是罐内气体压力基本稳定,寒冷地区冬季不需保温;但安装要求精度高,施工复杂。

(刘永志 薛世达)

干式投加机 dry-material feeder

定时、定量投放松散的易溶解的固体药剂的设备。高度结晶的凝聚剂、助凝剂、漂白粉、石灰,经粉碎成松散的粉粒状后,置于干投机料斗内,通过给料装置定时、定量从出料口投加。投加方式有的直接投入水体,也有的投入溶解槽,配制成额定浓度的溶液湿投。具有给料均匀、运转可靠、驱动功率和占地面积小、操作管理方便、易于实现自动控制等特点,但安装调试较复杂,不适用于易潮解结块的药剂。

(李金根)

干投法 dry method for dosing chemicals

水厂混凝剂以固体形式的投加方法。该法必须把混凝剂磨成粉状,然后以转盘或漏斗投配入水体。由于混凝剂易于黏结和具有腐蚀性,所以粉末干投机械的制造和材料方面需符合技术要求。由于干投设备的限制,以及加注量难于准确控制,干投法使用较少。 (顾泽南)

干箱(氧化铁法)脱硫 dry box desulphurization

用固体脱硫剂氧化铁在干箱中进行化学吸收脱除煤气中的硫化氢。其吸收和再生的基本反应为

$$3H_2S + Fe_2O_3 \longrightarrow Fe_2S_3 + 3H_2O$$

$$2Fe_2S_3 + 3O_2 \longrightarrow 2Fe_2O_3 + 6S$$

通常煤气中含氧量约为 0.5%,故可使脱硫剂连续再生。脱硫后煤气中含硫化氢 $10 \sim 20mg/Nm^3$。脱硫剂可采用天然沼铁矿或人工氧化铁,配制时掺一定量木屑和少量熟石灰,进箱需含水分 $30\% \sim 40\%$。常用的干箱为长方形槽,箱体材质可用铸铁、钢板或钢筋混凝土。箱内水平木箅子上装脱硫剂,厚度为 $400 \sim 450mm$,通常 $3 \sim 4$ 层。箱盖与箱体为水封连接或用耐酸橡胶垫圈螺栓压紧密封。 (曹兴华 闻 望)

甘醇 ethylene glycol, ethanediol

乙二醇类有机化合物。作为脱水吸收溶剂,常用的是二甘醇和三甘醇,其分子结构式分别为

CH₂—CH₂—OH 和 CH₂—O—CH₂—CH₂—OH

O   CH₂—O—CH₂—CH₂—OH

CH₂—CH₂—OH

作为脱水溶剂,甘醇类共同特点是浓溶液不会固化,一般操作温度下煤气中有硫、氧和二氧化碳存在时溶液仍稳定,有很高的吸湿性。三甘醇能获得更大的露点降;但当有轻质烃液体存在时,有发泡倾向。

(曹兴华 闻 望)

杆面型式 modality of pole wire

电杆上安装导线的数量及规格(包括线担回路及弯脚回路),用以规定导线的排列位置及其相互距离等。 (薛 发 吴 明)

杆上工作台 pole balcony

架空线路中,装在电杆上便于维护人员进行工作的设施。多为一个平台,设有围栏。

(薛 发 吴 明)

感应电动机

见异步电动机(340 页)。

gang

刚性接头　rigid joint

管口连接的方法中,不能承受弯曲,即不能抵抗一定的挠曲的接头。例如水泥绷带法或抹浆法都属于这种接头。采用这种接头的管道,为了防止由于地基不均匀沉陷而对管道造成的不利影响,一般须做基础。　　　　　　　　　　（薛　发　吴　明）

刚性斜杆　rigid diagonal member

以受压力为主的斜杆。　　（薛　发　吴　明）

刚性支架　rigid trestle

地上敷设管道的不能承受弯曲的支架形式。其特点是柱脚与基础嵌固连接;柱身刚度大,柱顶变位小,不能适应管道的热位移,因而承受管道的水平推力(摩擦力)较大。但其构造简单,工作可靠,采用较多。　　　　　　　　　　（尹光宇　贺　平）

钢电杆　steel pole

采用型钢、钢管或组合断面钢材做成的电杆。机械强度大,使用年限长,且便于运输,但耗钢量大,价高,易生锈,常用于高压架空线路上或大跨越处。
　　　　　　　　　　　　　　（薛　发　吴　明）

钢管　steel pipe

以钢为材质成型的管。它能承受较大的应力,有良好的塑性、便于焊接。与其他金属相比,在相同敷设条件下,管壁较薄,可节省金属,但耐腐蚀性较差。焊接钢管中有直焊缝钢管,称水、煤气输送钢管。管径6～150mm,管长4～12m,壁厚2～4.5mm。同一管径的管材,管壁有厚薄之分,薄壁管比普通管的壁厚减薄0.75mm,加厚管又比普通管的壁厚增加0.5～1mm。此外,还有直缝卷焊钢管与螺旋卷焊钢管两类,前者管径为200～1 800mm,后者管径为219～1 000mm。管长3.8～18m。材料以低碳钢为主。也有采用低合金钢的。国外敷设燃气管道已使用耐高压的大口径管材,干管直径可达2m以上。选用钢管时,当直径在150mm以下,一般采用水、煤气输送钢管;大于150mm,多采用螺旋卷焊钢管。用于敷设电信管道的钢管一般都采用水、煤气输送钢管,埋入土中必须经过防腐处理。采用套管螺纹连接或焊接连接。　　　　　　　　（李猷嘉　薛　发　吴　明）

钢管接口法　steel pipes joining method

钢质管道接头部位的连接方法。此种管道一般按对接方式相连,根据钢管的造型有平头和法兰盘头两种结构。平头钢管一般采用电弧焊接口,做法是:将焊口两端清除干净。在接口位置保留一空隙的错口量(按规定范围),然后进行焊接操作,最后对内外壁及焊缝作防腐处理。对口径较小的钢管(<50mm)多采用管端套丝扣,选用适当的管

件相连。法兰盘接口的钢管要求接口面平整,接触严实,操作时在两法兰间用垫圈填牢,再加螺栓拧固。　　　　　　　　　　　　　　（李国鼎）

钢筋混凝土电杆　reinforced concrete pole

又称混凝土电杆,水泥电杆。用水泥、砂、石子和钢筋制成的电杆。按配筋方式有普通钢筋混凝土电杆和预应力钢筋混凝土电杆。按横截面形状有环形、方形、工字形、双肢形等。使用的环形电杆有锥形杆(锥度1:75,梢径15～35cm,长6～15m)和等径杆(直径30～40cm,长4.5～9.0m)两种。多采用离心法生产。具有节省钢材和木材,使用年限长等特点。使用较广泛。但因重量大,运输不便,所以在交通不便的地区使用受到限制。

　　　　　　　　　　　　　　（薛　发　吴　明）

钢筋混凝土管　reinforced concrete pipe

由钢筋混凝土材料制成圆形断面的管。为了抵抗外部压力,混凝土管直径大于400mm时,一般应配加钢筋制成钢筋混凝土管,其长度在1～3m之间,可就地取材,制造方便。除用作自流排水管道外,该管和预应力钢筋混凝土管亦可用作水泵站的压力管和倒虹管。抵抗酸、碱浸蚀及抗渗性能差。其制造法有捣实法、振荡法和离心法。管口有承插式、企口式和平口式。　　　　　　（孙慧修）

钢瓶阀门　gas cylinder valves

液化石油气钢瓶的开闭设备。阀门的基本形式可分为角阀和直阀。角阀的上部装手轮和传动部件,下部与钢瓶瓶嘴螺纹连接,中部为阀座和液化石油气的出入口。角阀有内压母式和外压母式。通常角阀手轮为铝合金,密封圈和密封垫用耐油橡胶制作,活门垫的材料为尼龙,其余部件均为铅黄铜制品。也有一种带安全阀的角阀。当钢瓶内压力异常升高时自动排放液化石油气。直阀是一种背压关闭型直通式截止阀。直阀上部与直阀专用的调压器相连接。直阀适用于钢瓶的自动化灌装。用直立的灌装接头将阀口顶开即可灌装,提起灌装接头后阀即关闭。　　　　　　　　（薛世达　段长贵）

钢瓶检修　overhaul of gas cylinders

钢瓶的检查和修理。钢瓶在每次灌装前应进行外观检查,将有缺陷,漆皮严重脱落,附件损坏以及根据使用日期需要定期检查和试验的钢瓶,送检修车间详细检查和修理。对钢瓶除平时一般检查之外,还需定期进行全面检查。钢瓶检查的主要内容是检查钢瓶的重量和容积,检查钢瓶阀门,修理和更换钢瓶底座护罩,钢瓶的水压实验和气密性实验等。　　　　　　　　　　　　（薛世达　段长贵）

钢丝绳牵引式刮泥机　cable flight scraper

设有刮泥板的池底钢结构小车,由钢丝绳牵引

移动,把沉淀污泥刮集至排泥槽内的一种沉淀池排泥设备。刮泥小车有在钢轨上移动,也有用导向靠轮在混凝土走道上移动。车上刮板有平直板固定式、弧形板固定式和平直板翻动式。牵引卷扬有卷筒式、无级绳式和摩擦轮式,按编制的刮泥程序运行。适用于平流沉淀池、斜管沉淀池、机械搅拌澄清池排除沉泥。 (李金根)

钢丝刷 steel wire brush

带有钢丝刷机械清通排水管渠的工具。用以清通较松软的污泥。其构造如图。

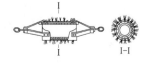

(孙慧修)

钢铁冶炼与轧钢废水

见黑色金属冶炼与压延废水(124 页)。

港口工程施工 harbor engineering construction

系港口水域、陆域、进港航道和陆上进港道路工程的施工方法、施工组织和管理的总称。主要分为港口水域(港外锚地及港内水域)与进港航道的疏浚、航标及防护建筑(护堤、防波堤等)、码头的施工、系船和防冲设备及陆上进港道路(铁路、公路)、设施、设备的施工等。由于大部分工程(如疏浚、防护建筑物、码头等)是在水上施工,要求船机多,作业面窄,干扰大,并受到风、浪、水流、水位、水深等自然条件的影响。为克服这些不利因素,施工中常采取以下措施:采用装配式及浮运结构并提高装配程度;发展深基大跨度结构;设计、制作全天候大型、新型的水上施工机械;科学地组织施工等。施工前,对拟建工程项目编制施工组织计划;注意主体工程和对工程起控制作用的项目的施工;尽量确保全年性施工;提高机械化程度;做到人力、物力综合平衡;注重环保;勤俭节约、降低成本。施工中提高管理水平,建立、健全管理体制,进行计划、技术、工程质量、安全、成本的管理。 (夏正潮)

杠杆式安全阀 lever safety valve

变更重锤的质量或调节重锤在杠杆上的位置,从而使力矩发生改变,以平衡阀瓣上的介质压力,并使之密封的安全阀。重锤质量通常不超过 60kg。

(肖而宽)

gao

高纯水 absolute pure water

又称超纯水。水中的矿化物几乎完全除去,又将水中不离解的胶体物质、气体及有机物均去除至最低程度的水。水中剩余含盐量应在 0.1mg/L 以下,25℃ 时,水的电阻率应在 $10 \times 10^6 \Omega \cdot cm$ 以上。理论上纯水(理想纯水)电阻率为 $18.3 \times 10^6 \Omega \cdot cm$ (25℃)。常用的制取方法有离子交换、灭菌、膜分离等方法。 (潘德琦)

高分子絮凝剂 polymer or polyelectrolyte

具有较高分子量的一种絮凝剂。其分子量一般在数万至数百万之间,也有高至数千万,为链状结构,在絮凝体的形成过程中起"架桥"作用。一般在水中投加较少的剂量,即可形成强韧的絮体,起快速沉淀作用。它可分为两大类:①天然高分子絮凝剂:阴离子型的如淀粉类的玉米淀粉、蛋白类的碱性动物胶和藻类的海藻酸钠;阳离子型的如酸性动物胶;非离子型的如树胶类的阿拉伯胶。②合成高分子絮凝剂:阴离子型的如聚丙烯酰胺的部分水解产物;阳离子型的如聚丙烯酰胺和它的衍生物;非离子型的如聚丙烯酰胺。 (王维一)

高负荷曝气法 high-rate aeration process

又称高速曝气法,不完全处理活性污泥法。采用高额负荷值的活性污泥系统的一种运行方式。其主要特征是 BOD-污泥负荷值很高,因而微生物比增长速率和底物比利用速率也很高,系统在低污泥龄、低 MLSS 浓度条件下运行。此外,去除单位有机物的需氧量较少,运行费用低;但出水质量较差和悬浮物也较多。对城市污水,本法所采用的各项设计与运行参数为:BOD-污泥负荷 1.5～5.0 kgBOD/(kgMLVSS·d);污泥龄 0.2～2.5d;MLSS 浓度 200～500 mg/L;曝气时间 1.5～3.0h;污泥回流比 0.05%～0.15%。本工艺在对处理水水质要求低时采用。 (彭永臻 张自杰)

高负荷生物滤池 high-rate bio-filter

负荷高,有处理水回流的生物滤池。它是改进普通生物滤池运行弊端而开创的第二代生物滤池。为避免生物膜过度生长和滤料堵塞,采取处理水回流措施,控制进水 BOD_5 浓度在 200mg/L 以下,并提高滤池的表面水力负荷达到 $10～36 m^3/(m^2 \cdot d)$,BOD 容积负荷大于 $1.8 kg/(m^3 \cdot d)$。池表面多呈圆形,以粒径 40～100mm 的碎石或卵石为滤料,厚度不大于 2m,现多采用蜂窝管状或波纹板塑料滤料。由旋转布水器布水。由于水量负荷高,生物膜连续受到冲刷,不断地脱落与更新,使生物膜经常保持活性,并避免堵塞的发生。在生活污水和有机性工业废水处理中采用较多。 (戴爱临 张自杰)

高功放室 high-power amplification room

又称 HPA 室。装有高功率放大设备的房间。高功率放大设备发热比较大,需要冷却。

(薛发 吴明)

高架构筑物施工 constructing of high-level

structure

在环境工程的基本建设装备中修建一些属于相对独立的高于地平面可达 20～30m 以上的高架构筑物。如水塔、烟囱之类。针对这种建筑特点,需要组织多工种相互配合的联合作业方式方能有效地实现工程要求并减少工程费用。由于它们的结构多样,使用的建筑材料品种复杂,在进行施工之前应作好周密的施工组织设计和细致的人力物力安排。

(李国鼎)

高矿化水

见苦咸水(170 页)。

高炉冲渣废水 blast-furnace slag granulating wastewater

将具有一定流量和压力的水,送至冲渣点急剧冷却高炉排出的熔渣,使其碎裂成粒状(称为高炉水渣)过程中产生的废水。含有大量细小的炉渣颗粒和可溶性物质。其组成随炼铁用原料、燃料成分及用水成分的不同而异,主要污染物含量范围:悬浮固体 400～700mg/L;硫化物 10～30mg/L;硫酸盐 100～150mg/L。一般经沉淀处理去除其中的大部分悬浮物后,由泵送至冲渣点循环使用。

(金奇庭　俞景禄　张希衡)

高炉煤气洗涤废水 blast-furnace gas cleaning wastewater

高炉煤气经湿式除尘器(洗涤塔,文氏管等)净化时排出的废水。含有大量烟尘(铁矿粉、熔剂粉和焦粉等),并溶解部分无机物及少量酚、氰等有害物质,典型含量范围:悬浮固体 200～3600mg/L,总固体 800～4 000mg/L。氰化物小于 15mg/L,酚少于 2mg/L,BOD_5 为 10～50mg/L。处理方法通常是经沉淀、冷却及水质稳定后,实现循环使用。沉淀泥渣经浓缩脱水后为滤饼,含有大量的含铁物质,可作为烧结原料回收利用。

(金奇庭　俞景禄　张希衡)

高锰酸盐指数 permanganate index

又称耗氧量,高锰酸钾耗氧量。在一定的条件下,水中各种有机物质与外加的强氧化剂 $KMnO_4$ 作用时所消耗的氧化剂量。结果用氧的 mg/L 来表示。此法测定比较快速,但不能代表水中有机物质的全部含量。一般来说,在测定条件下水中不含氮的有机物质易被高酸锰钾氧化,而含氮的有机物就较难分解。因此,它适用于测定较清洁的或污染不严重的水,而成分较复杂的有机工业废水则常测定化学需氧量(COD)。

(蒋展鹏)

高黏性活性污泥膨胀 high viscocity bulking

又称非丝状菌性污泥膨胀。由于在活性污泥中积蓄了大量的高糖类黏性物质所导致产生絮体密度低、而沉降性能很差的活性污泥现象。产生高黏性膨胀的活性污泥,其中相当数量的微生物的表面,为大量高黏性多糖类物质所覆盖,这种物质呈亲水性,与水的结合力很强,难于与水分离,即使投加一定数量的电解质也难于分离。某些微生物根据其培养条件,在菌体外积蓄高黏性多糖类物质,即所谓黏液发酵,动胶杆菌就是这种微生物。此外如产碱杆菌属、假单胞菌属中的某些种也具有这种性能。

(戴爱临　张自杰)

高气压 high pressure

等压线闭合且中心气压高于四周的气压系统。在高压区里,风向与低气压相反并向外发散,称之为反气旋。反气旋中心的空气作大范围下沉而形成下沉逆温层,从而阻止污染物向上扩散。故在准静止反气旋控制时容易造成大气污染事件。

(徐康富)

高斯扩散模式 Gaussian dispersion model

在一组特定条件下的湍流统计理论模式。应满足的条件为:风向和风速时时、处处保持不变;在顺风的 x 轴向只考虑风的输送作用,y 和 z 轴向浓度分布为正态分布;污染物连续而均匀地排放,扩散空间不受限制,且在扩散过程中形态不变,数量不减。该模式虽不能直接用于估算地面浓度,却又是正态烟云实用模式的基础。　(徐康富)

高速曝气法

见高负荷曝气法(94 页)。

高梯度磁力分离器 high gradient magnetic separator

分离容器内填塞不锈钢钢毛,能产生很高的磁场梯度的电磁分离器。

(何其虎　张希衡　金奇庭)

高位水池 elevated collecting basin

建于高地的贮水构筑物。如处于水源地与水厂之间的输水管线上,可贮存原水,防止输水管事故或检修导致的断水。某些工业企业也可利用高位水池贮存生产安全用水。连接二级泵站出水管或配水管网的高位水池可代替水塔,此时不但可以增大贮水容积,也省去水塔的高架结构。　(王大中)

高温水 high-temperature hot water

在中国城镇热水供热系统中,水温高于 100℃ 的供热介质。不同的国家,规定的高温水的温度界限是不同的。如日本采用 150℃,德国采用 110℃ 等。与低温水作为供热介质比较,高温水系统的管径小、便于长距离输送、散热设备较少;与蒸汽作为供热介质比较,高温水系统运行调节方便、系统热损失小。根据我国设计经验,当以热电厂为热源时,宜采用高温水。设计供水温度宜取 110～115℃,回水

温度约为 70℃。对大型的区域锅炉供热系统,也可采用高温水。　　　　　　　　　(盛晓文　贺　平)

高温水供热系统　high-temperature hot water heat-supply system

供水温度超过 100℃ 的热水供热系统。这种系统由于供水温度高,供回水温差大,循环流量小,可减小系统管径,节省初投资并提高系统对各类热负荷的适应性。与之相应的是系统结构复杂,管理运行技术要求高,一般在中、大型集中供热中使用。

　　　　　　　　　(石兆玉　贺　平)

高温消化　thermophylic digestion

在 50~55℃ 条件下进行的污泥消化工艺。它可杀死几乎全部寄生虫卵和病原菌,周期可短达 10d 左右,但产气只略高于中温消化,管理复杂,费用高,故应用较少。　　　　　　(张中和)

高压成套开关设备　high-voltage swichgear assembly

由一个或多个高压开关设备和相关的控制、测量、信号、保护等设备以及所有内部的电气机械的互相连接与结构部件完全组装好的一种组合体。

　　　　　　　　　(陈运珍　陆继诚)

高压储气罐　high-pressure gasholders

又称定容储气罐。在高压下储存燃气的储气罐。其几何容积固定不变,靠罐内压力的变化来储存燃气。无活动部件,结构比较简单。按其形状有圆筒形储气罐和球形储气罐两种,可储存气态燃气或液态燃气。通常设有进出口管、安全阀、人孔、梯子、平台及压力表等附属装置和仪表。储气压力一般为 0.4~1.6MPa。

　　　　　　　　　(刘永志　薛世达)

高压开关柜　high-voltage swichgear

由高压断路器、高压接触器以及继电器等其他辅助器件组成的一种柜(箱)型的高压成套开关设备。用于对电能的分配、控制、测量和保护。按结构形式可分为固定式、手车式和中置式等类型。我国常用的高压开关柜的电压等级有 3kV、6kV、10kV、35kV。　　　　　　　　　　(陆继诚)

高压配电装置　high-voltage distributing apparatus

用于额定电压为 1kV 以上的配电装置。

　　　　　　　　　　　　(陆继诚)

高压燃气储配站　high-pressure gasholder station

设有高压储罐的燃气储配站。一般长输管线输送的高压燃气用高压储罐储存。气源为低压时采用高压储罐或低压储罐要经过技术经济比较后确定。燃气由干管送入站内,通过除尘、加臭、计量及一级调压进入储罐。如果输入燃气的压力较低,则在除尘、计量后,由压缩机加压,经冷却除油后,进入一级调压器调压,再入储罐。当用气量大于供气量时,燃气不进储罐而直接经二级调压计量后,送入城市燃气输配管网。在城市用气高峰时,储罐中的燃气靠自身压力进入二级调压器,经计量后,进入燃气输配管网。该储配站的布置及站内建、构筑物都应符合防火安全和方便管理等要求,严格遵守有关国家标准的规定。

　　　　　　　　　(刘永志　薛世达)

高压燃气管道 A　high pressure gas pipelines A

燃气管道的输送压力 P(表示)大于 0.8MPa 而小于 1.6MPa 的燃气管道。　　　　(李猷嘉)

高压燃气管道 B　high pressure gas pipelines B

燃气管道的输送压力 P(表压)大于 0.4MPa 而小于 0.8MPa 的燃气管道。　　　　(李猷嘉)

高压蒸汽　high-pressure steam

蒸汽供热系统中,表压力高于 $0.7×10^5$Pa 的蒸汽。高压蒸汽作为供热介质,广泛用于工厂的生产工艺用热,也常用于工厂的供暖通风系统。与热水作为供热介质比较,高压蒸汽供热系统一般具有管径较小、用热设备面积较小、节省初投资的优点。但由于管道温度高,凝结水又难以全部回收,系统的热损失因此较大;用于供暖系统中卫生条件较差。

　　　　　　　　　(盛晓文　贺　平)

高支架　high trestle

支架高度使管道下净高保持 4m 以上的地上敷设管道的支架形式。在跨越公路、铁路和其他障碍物时采用。　　　　　　　(尹光宇　贺　平)

高、中压燃气管道排水器　high or medlum pressure drips

安装在高、中压管道上的排水设备。由于管道内压力较高,积液在排水管旋塞开启后能自行喷出。为防止剩余在排水管中的积液冬季冻结,设有循环管,利用燃气的压力使排水管中的积液仍回到集水器。为避免燃气中焦油及萘等杂质的堵塞,可适当加大排水管与循环管的直径。　　　(李猷嘉)

高桩拉线　guy with stub, stub stay

又称水平拉线。经过高拉桩再落地的拉线。由正拉线和副拉线组成。一般用于受地形限制不便做普通拉线的地方,如用于跨越公路、渠道和交通要道处。拉线穿过公路时,对路面中心的垂直距离不应小于 6m。　　　　　　　　(薛　发　吴　明)

高浊度水　high turbidity water

含泥沙量一般为 $10~100kg/m^3$,有清晰的界面分选沉降的含泥沙水。在给水工程中,其概念并不是简单地指含泥沙量或浑浊度的大小,而是与一定的泥沙沉降特性相联系的。当含泥沙量达到一定量时,水中泥沙沉降将形成整体下沉,在上部清浑水之间形成较明显的界面,称之为浑液面。因此,也可将其理解为在泥沙沉降过程中,产生浑液面并具有界面下沉特征的浑水。　　　　　　　　　　　(朱锦文)

ge

格惠炉　Glorer-West continuous vertical retort

由英国格惠公司设计的连续式直立炭化炉。是以生产城市煤气为目的的炉型。其炉体结构与伍德炉相似。格惠炉炭化室上、下断面均为椭圆形,无死角,以减轻结垢、托料造成的危险,减少通炉次数和空炉烧垢工作。但给筑炉带来困难,增加了型砖数量、投资偏高。　　　　　　　　　(曹兴华　闻　望)

格网　manual-operated meshscreen

滤网设在迎水面,托网设在背水面,两种网叠合后置于方格形的框架内,用以拦截水流中比网目尺寸大的漂流的固体杂质和水生物的设备。　(李金根)

格网除污设备　mesh screens

截除比格栅体积小的一些水生动、植物以及受到环境污染不溶于水的悬浮物的除污设备。滤网按清洗方法分为人工清洗的格网和自动冲洗的旋转滤网;按截留杂质颗粒的大小分为格网、筛网、鼓网和微滤机。　　　　　　　　　　　　　(李金根)

格栅　bar screen,manual-operated bar screen

用截面形状为矩形、方形、圆形、梯形、流线形的钢条作栅条,按规定间距排列成类似篱笆,具有足够强度,用以拦截水中大于栅距的漂浮物和其他杂物的隔污设备。设在污水处理系统或水泵前,起到保护其后续处理构筑物或水泵机组正常运行的作用。按清除方式可分为人工清除格栅和机械清除格栅。按栅条间空隙大小可分为粗格栅、细格栅。按栅条动作可分为固定格栅和旋转格栅。栅条间距从几毫米至250mm。其形状有直线板框形平面格栅、弧形格栅和圆环形鼓形格栅。直线板框形平面格栅安装通常与水平夹角布置成65°~90°倾角。
　　　　　　　　　　　　　(李金根　魏秉华)

格栅除污设备　bar screens

用栅条截除水中较大尺寸的漂浮物和其他杂物的除污设备。格栅上截留污物的清除,有用人工手动耙除,也有用电动、液压驱动。除污方式有栅前清除的前清式、栅后清除的后清式、栅条载污上移自行卸污的自清式三种。其中前清式扒污传动方法主要有旋臂式、摆臂式、绳索牵引式、链牵引式、伸缩臂式、网算式等;后清式主要有背耙式;自清式主要有栅条移动式、阶梯式。　　　　　　　(李金根)

格栅间　screen room

利用格栅(或筛网)在泵前去除污水中粗大杂质的工作间。格栅的栅条间隙有粗细之分,一般从100mm到10mm,视泵的叶轮间隙大小而定。栅渣的清除有人工和机械之分。格栅间的工作台上设滤除栅渣水分的格算。工作台台面高程须高出溢流水位,以防淹没。它设有起吊设备,以便移运栅渣。格栅间上部结构可为凉亭式,亦可为封闭屋顶。后者一般有通风设施。　　　　　　　　　(张中和)

隔板(电渗析器)　septum(electrodialysis apparatus)

用以隔开、支撑阴、阳膜,其本身又构成水流通道的硬质薄板。为工艺需要,板上有进、出水孔、流水道、布水道等。按加工工艺可分为填隔式和冲模式两种;按隔板中水流状况可分为有回路和无回路隔板两类。为形成淡水室和浓水室,隔板还分成甲、乙两种。　　　　　　　　　　　　(姚雨霖)

隔板絮凝池　baffle type flocculating basin

俗称往复式絮凝池。为一般常规的水平或垂直式水力絮凝反应池。即在流水渠中加装了横折或竖折挡板,使加药混合后的水流形成近似于正弦形弯曲(如图)。池内挡板或隔板的间距的安置使水流的速度梯度值分布呈逐步递减由$200s^{-1}$到$30s^{-1}$。底部还有一定的坡度以保持水深。此种形式的池可在相当宽广的流量范围内得到合理的成效。与机械絮凝器相比,絮凝时间由于更为均匀的剪力场,故而常只需要前者的一半。隔板可由各种建筑材料一般可由砖砌成或薄形钢筋混凝土预制板构成。它们的间距应考虑到清理、检修维护,宽度宜不小于0.5m,这一间距常对小规模水厂带来困难。絮凝池一般采用降速反应,流速2.0~0.2m/s,设计总停留时间一般采用20min,$G·t$总值指标采用10^4~10^5为宜。　(张亚杰)

隔膜阀　diaphragm valve

阀体装有隔膜,关闭件固定在隔膜上,成为挠性体的阀门。外力推动隔膜启闭阀门,阀座可以是堰式、直通式。隔膜通常是橡胶也可采用金属或其他材料。根据介质的性状和工况要求可变更隔膜和衬里材料,可适用于食品、卫生、严重腐蚀介质和含有泥浆或颗粒的介质。驱动方式有手动、电动、气动和液动。　　　　　　　　　　　　　(肖而宽)

隔网(电渗析器)　mesh(electrodialysis apparatus)

使隔板流水道中水流发生湍流的网状填料。主要用以减薄界面层厚度和提高极限电流密度。常用的有编织网、冲模式网和鱼鳞网等。　　(姚雨霖)

gong

工厂引入管和厂区燃气管道 inlet service and pipelines in area of industrial enterprises

将燃气从城镇燃气管道引入工厂及分送到各用气车间的管道。每个工厂企业通常只设一个引入口,引入管上设总阀门,总阀门设在厂界外易于接近和便于维修的地方并尽可能靠近城市燃气分配管道。厂区管道可采用地下或地上敷设,取决于车间的分布位置、架空管道构筑物的特点、道路下地下管道和构筑物的密集程度等因素。 (李猷嘉)

工程合同 contract of construction works

建设工程勘察设计合同和建筑安装工程承包合同的总称。由工程的建设单位、设计单位、勘察单位和承建单位或承建单位之间,为完成一定的勘察设计任务或建筑安装工程,明确双方责任和权利而签订的协议,以固定经济关系,明确任务,加强协作,保证工程如期按质、按量完成工程建设。工程合同内容包括:工程性质和范围、建造工期、造价、质量要求、技术资料交付时间、材料、制品及设备供应责任、拨款、结算、交工验收和双方相互协作等具体事项以及违反合同时应付的经济赔偿规定等。合同中各项规定必须十分明确,并受国家法律保护,缔约双方以平等地位签订。在签订后若因改变建设规模、生产工艺,影响建设工期或造价时,应根据批准文件签订补充合同。 (李国鼎)

工业除臭 industrial deodoration

对工业(如脂肪提炼与加工)排除臭味的控制技术。最有效的手段是焚烧和湿式多级涤气法。焚烧法对低气量高浓度臭味尤其有效。湿式涤气法对控制大气量、低浓度臭味则特别有效。由于焚烧法燃料费用高,湿式多级涤气法将发展成为最经济的办法。涤气器的类型则根据臭味成分和废气流的性质选择,包括空气洗涤器、填料塔、文丘里洗涤器或这些设备的组合。此外,常用的方法有吸附、臭氧化等。 (张善文)

工业大气污染源 industrial sources of air pollution

在工业生产过程中排放大气污染物的各种场所和设施。如资源和能源的开发和加工、燃料的燃烧和利用以及排放大气污染物的各种工业生产场所、设备和装置等。它是大气污染物的主要来源之一,一般属于固定大气污染源,排放大气污染物的种类几乎无所不包,排放点较集中,排放浓度较高,易造成局部地区的严重大气污染,因而对环境危害较大。 (马广大)

工业废水处理厂 industrial wastewater treatment plant

又称工业废水处理站。以处理某种工业废水为对象的污水处理厂。处理后的水可再利用或排入水体,或排入城市排水系统。若某些工业废水不经单独处理容许直接排入城市排水管道时,就不需要设置废水处理厂,直接排入城市排水管道,在城市污水处理厂进行集中处理。排入水体时,处理后的水质应达到现行《城镇污水处理厂污染物排放标准》和《污水综合排放标准》中的有关要求。污水排入城市排水管道时,污水水质应满足现行《污水排入城市下水道水质标准》。工业废水的处理方法大体可分为物理法、化学法、物理化学法和生物法。某种工业废水处理方法的选择可参考已有的相似工厂的工艺流程确定,如无资料可参考时,可通过试验确定。 (孙慧修)

工业废水设计流量 designed industrial wastewater flow

生产过程中排入污水排水系统的最大工业废水量。以L/s计。可按下式计算:

$$Q = \frac{mMK_z}{3600T}$$

Q 为工业废水设计流量(L/s);m 为生产过程中每单位产品的废水量标准(L/单位产品);M 为产品的平均日产量;T 为每日生产时数(h);K_z 为总变化系数。工业废水量标准指生产单位产品或加工单位数量原料所排出的平均废水量,也称为生产过程中单位产品的废水量定额。在设计新建工业企业时,可参考与其生产工艺过程相似的已有工业企业的数据确定。现行《污水综合排放标准》对部分行业最高允许排水定额作了规定。工业废水量的变化取决于工厂的性质和生产工艺过程,其日变化一般较少,所以日变化系数可取为1.0。其时变化系数可实测。某些工业废水量的时变化系数为:冶金工业1.0~1.1;化学工业1.3~1.5;纺织工业1.5~2.0;食品工业1.5~2.0;皮革工业1.5~2.0。 (孙慧修)

工业固体废物 industrial solid waste

工业、交通等生产活动中所产生的固体废物。通常按各工业部门或来源进行分类如:能源(燃煤灰渣)、矿业、冶金、化工、机械(金属加工废屑)、建材、食品加工等产生的废渣、废石、粉尘、碎屑等固体废物。随着工业生产的发展,工业废物数量日益增多。工业部门多,废物种类各异,成分复杂,处理和利用的方法和途径也不同,某些工业废物已被加工为多种产品或作为生产原料,所以它在某种意义上可视为"二次资源"。如国外一些发达国家高炉渣、钢渣已全部被利用。消极堆存不仅占用大量土地,还易污染环境,尤其是属于危险固体废物更不得任意排放,否则将对人群健康或环境造成严重危害。目前,工业废物的管理,大多以工业部门为主,自行处理、处置和利用,发展趋向是专业化承包处理和处置。

(俞　珂)

工业给水系统 industrial water supply system

供工业企业生产、生活及消防用水的给水系统。工业给水系统中,消防用水一般与生活或生产用水合并为生活,消防给水系统或生产、消防给水系统。生产给水系统按水的供应和利用情况,可分为直流给水系统,循环给水系统及重复利用给水系统,或上述混合组成的给水系统;按水质、水压、水温情况不同,又可分为多种系统,如软化水给水系统,除盐水给水系统,净循环给水系统,浊循环给水系统,高压给水系统,中压给水系统及低温给水系统等。

(姚国济)

工业企业年用气量 annual gas demand of industry

工业企业用于产品生产的年用气量。可根据各种工业产品已有的用气量定额及其年产量计算;在缺乏产品用气定额的情况下,可将其他燃料的年用量,根据不同的低发热值和燃烧设备热效率进行折算、或按用电量折算;也可根据工业窑炉炉底面积或炉膛容积的最大热强度,并考虑数台工业窑炉的同时工作系数等因素来计算。

(王民生)

工业企业燃气管道 gas pipelines of industrial enterprises

厂区燃气管道的总称。由工厂引入管、厂区燃气管道、车间燃气管道、工厂总调压室或车间调压装置、用气计量装置和炉前管道等构成。

(李猷嘉)

工业企业设计卫生标准(TJ 36 - 79) hygiene standards of industry and interprise design

为防治环境污染和所引起的公害,以改善劳动环境条件、使工业企业设计符合卫生要求所制订的规定。该标准由卫生部、国家基本建设委员会、国家计划委员会、国家经济委员会和国家劳动总局于1979年9月30日颁发。其内容分四章80条,包括大气、水源和土壤的卫生防护、废渣处理、车间及辅助用室卫生要求以及有关污染物的允许浓度的规定等。

(姜安玺)

工业热力站 industrial heat substation

集中供热系统供热管网与工厂热用户的连接场所。它的主要服务对象是工厂的生产工艺、供暖、通风、空调、制冷和热水供应等热用户。外网的蒸汽首先进入站内的分汽缸,根据不同热用户要求的工作压力、温度,经减压阀(或减温器)调节后分别输出。工厂采用热水供暖时,可利用汽-水换热器或蒸汽喷射器,将蒸汽热量转换给热水。凝结水回收设备是工业热力站不可缺少的组成部分,主要包括凝结水箱、凝结水泵、二次蒸发箱、疏水点等。根据工业热力站的供热范围和供热质量要求的不同,站内应设置必要的计量、检测、控制热网和通向热用户的供热介质流量、温度和压力参数的仪表。

(贺　平　蔡启林)

工业"三废"排放试行标准(GBJ 4 - 73) tryout standards of "3 - waste" discharge in industry

为保护环境,防治污染、保障人民健康和生态平衡,而制订的环保法规。于1973年11月17日由国家计划委员会、国家基本建设委员会和卫生部联合颁发。其内容分四章19条,包括废气、废水、废渣(简称"三废")的防治和允许排放标准等的规定。它是中国较早期颁布的环境保护法规之一。其中废气部分现已废除,被《大气污染物综合排放标准》(从1997年1月1日起实施)取代。 (姜安玺)

工业型煤 industrial briquette

工业上使用的型煤。具下列性质的煤适于制成这种型煤:①结构疏松、机械强度低的煤,如泥煤、年青褐煤;②热稳定性差的煤,如烟煤;③粉状煤,如无烟煤;④无黏性或弱黏性煤,如无烟煤、部分烟煤。制造这种型煤方法有:①加压成型,如泥煤等具有黏性,不需要外加黏结剂;②黏结成型;③热压成型,以无烟煤粉为主体加入弱黏性煤及黏结剂,在加热到塑性范围内成型。

(张善文)

工业用水定额 water consumption norm

在一定时期内,针对不同的生产工艺和装备制订的相对合理的单位用水量。一般用单位产品的用水量表示。为给水设计的基础资料。用于工业用水规划、设计、水资源控制利用,并作为同类企业管理水平考核的一项指标。各种工业都有各自的生产用水定额,如生铁为 $65 \sim 220m^3/t$,轧钢为 $200 \sim 250m^3/t$,炼油为 $45m^3/m^3$,水泥为 $1 \sim 7m^3/t$,火力发电为 $8 \sim 10m^3/1\,000kW$ 等。 (姚国济)

工业用水水质标准 industrial water quanlity standard

工业生产对用水中杂质允许含量所制定的标准。不同的生产工艺及用途,均有不同的水质要求。如一般工业冷却循环水对悬浮物含量、硬度和水温有一定要求,纺织工业对水中硬度、铁、锰等限制严格,电子工业系用纯水或高纯水等。 (姚国济)

工业余热供热 heat supply based upon industrial waste heat

以工业耗能设备回收的余热作为热源的集中供热方式。分有固态余热、液态余热和气态余热三种方式。余热资源大致可分为:①各种工艺设备排出的高温烟气余热,如冶金炉、加热炉、工业窑炉、燃料汽化装置等都排出大量的高温烟气;②冷却水和冷却蒸汽的余热,如焦炉产生的荒煤气经列管式初冷器被水冷却后,冷却水温达 50～55℃;③废气废水的余热;④化学反应余热;⑤可燃废气的载热性余热等。中国工业余热资源的潜力很大,如冶金行业可利用的余热资源约占燃料消耗量的三分之一;化工行业可利用的余热资源约占燃料消耗量的 15% 以上。由于工业余热与生产工艺密切相关,余热数量和参数波动很大,因此,余热利用是有一定限度的,一般应通过技术经济论证确定是否利用余热供热。在有条件的地方,利用余热资源供热具有明显的经济效益、社会效益和环境效益。

（李先瑞 贺 平）

工作交换容量 work exchange capacity

在离子交换中,一个工作周期内平均单位体积的树脂提供的可交换离子的数量。单位常以 mol/m^3 湿树脂表示。离子交换器水质开始超标时,器内交换剂层内尚有部分新鲜交换剂未及利用,因此,工作交换容量的数值总是小于总交换容量。它与交换器构造、原水水质和运行条件等有密切关系,是交换器技术性能、经济效益的重要指标。

（刘馨远）

工作接地 earthing of operation

电信系统中利用大地作为回电路的接地。通常在供电的中性点接地系统中采用。

（薛 发 吴 明）

工作座席 operating position

又称工作位置。通常为一名话务员控制的人工电话交换台的部分。 （薛 发 吴 明）

公共建筑用水 public building water

根据公共建筑设备和使用人数所需的用水。单位以 L/(人·d)、L/(人·班)表示。 （魏秉华）

公共取水龙头建造 buildup public drinking tap

在尚未建设室内给水管道设备的建筑附近,需设公共取水龙头的建造。供附近居民取水之用。为保护供水设备及防冻考虑,须建造地下井。井径采用 1000mm、深 1000～1500mm 砖砌,距底 200mm 处留进水管孔及 900mm 处留管卡固定孔,装设爬梯。井为直壁,在井上浇筑厚 100mm 混凝土板并预留井盖座及水管穿过套管。井内装设供水管、阀门和水表。在距井壁 150mm 上弯,并装防冻阀直通地面,地上高 900mm 装取水龙头,竖管用管卡牢固,水表和弯头处设支墩。井外龙头下设 700mm × 700mm、深 150mm 的混凝土排水池,池水由地下渗出。寒冷地区应加保温防冻设施。 （王继明）

供暖面积热指标 space-heating load data per unit floor area

每平方米建筑面积需要的供暖设计热负荷。单位一般为 W/m^2。各类建筑物的供暖面积热指标,是根据大量实测数据和理论分析计算整理得出的。城镇或街区进行总体规划时,根据建筑物的类型和规划居住人口数,可概算出各类建筑物所需的面积;因而采用供暖面积热指标概算建筑物的供暖设计热负荷,要比供暖体积热指标法更为简便、实用。目前中国城市热网设计规范也推荐使用供暖面积热指标法。 （盛晓文 贺 平）

供暖期平均供暖热负荷 average space-heating load during heating period

对应于供暖期平均室外温度时的供暖热负荷。可由下式确定:$Q_{pj} = Q_j(t_n - t_{pj})/(t_n - t_w)(kW)$。$t_n$、$t_w$ 为供暖室内、室外计算温度;t_{pj} 为供暖期平均室外温度;Q_j、Q_{pj} 为供暖设计热负荷及供暖期平均供暖热负荷(kW)。Q_{pj} 与供暖期小时数的乘积表示整个供暖期的总负荷值。 （盛晓文 贺 平）

供暖期平均室外温度 mean outdoor temperature during heating period

供暖期内室外的逐日日平均温度总和除以供暖期天数而得的平均值。该温度可由当地气象资料或有关手册中得出。依据供暖期平均室外温度可计算出供暖期平均供暖热负荷,并由此方便地计算出整个供暖期总的供暖热负荷。 （盛晓文 贺 平）

供暖热负荷 space-heating load

在供暖季节,为达到要求的室内温度,供暖系统在单位时间内需向建筑物供给的热量。它的大小主要取决于建筑物的围护结构状况和室外温度。当室外温度达到供暖室外计算温度时,需向建筑物供给的热量达最大值。此时的热负荷称供暖设计热负荷。它是设计供暖系统最基础的数据。整个供暖期的总热负荷,一般可根据供暖期平均热负荷和供暖天数确定。根据供暖热负荷随室外温度变化状况,调节供热量,是供热系统运行管理的一项重要任务。

（盛晓文 贺 平）

供暖设计热负荷 design space-heating load

当室外温度为供暖室外计算温度时,为保证要求的室内温度,供热系统在单位时间内向建筑物供给的热量。它是根据建筑物的热平衡计算确定的。在制定城镇供热规划或设计其供热系统时,由于缺乏建筑物的具体资料,一般可通过供暖体积热指标或供暖面积热指标来估算建筑物的供暖设计热负荷。 （盛晓文 贺 平）

供暖室内计算温度 inside room temperature for heating design

在采暖房间内,适应人们生活和生产活动要求而规定的室内温度。一般是指距地面 2m 以内人们活动区的平均温度。它与房间的用途、人们生活习惯、生活水平等因素有关。我国有关规范规定:对一般住宅建筑可采用 16～18℃。

(盛晓文 贺 平)

供暖室外计算温度 outdoor temperature for heating design

在计算供暖设计热负荷时所采用的室外温度。各国规定该温度的方法,大多按围护结构热惰性或不保证天数的原则来确定。我国有关规范规定:"供暖室外计算温度应采用历年平均每年不保证五天的日平均温度"。

(盛晓文 贺 平)

供暖体积热指标 space-heating load data per unit building volume

在室内外温度差为 1℃ 时,每立方米建筑物外围体积的供暖热负荷。单位一般为 $W/(m^3 \cdot ℃)$。各类建筑物的供暖体积热指标值,是根据理论计算和大量实测数据进行统计归纳得出的。其值的大小主要与围护结构及外形尺寸有关。在制定城镇供热规划及其供热系统设计时,供暖体积热指标是估算建筑物供暖设计热负荷的一个概算指标。

(盛晓文 贺 平)

供气量 air requirement

曝气设备在单位时间内应向活性污泥系统提供的空气量。是重要的活性污泥系统设计与运行参数。单位为 m^3/h。它与曝气池的需氧量和氧的转移效率有关。

(彭永臻 张自杰)

供热标准煤耗率 specific fuel consumption chargeable to heat output

每供 1GJ 热量需要的标准煤量(kg),即 $b_h = 0.034/\eta_h(kg/GJ)$,$\eta_h$ 是供热热效率。

(李先瑞 贺 平)

供热不足量 insufficient amount of heat supply

当系统处于某事故工况时,与系统断开而失去供热的那部分用热的用热量。可以根据网路图分析系统状态来求得。由于供热系统的功能质量特征函数与系统的每一种状态相对应,功能质量特征函数就等于计算用热量减去供热不足量。所以,供热不足量是决定实际系统的功能质量指标的因素。

(蔡启林 贺 平)

供热堆

见低温核反应堆(50 页)。

供热工程投资估算 capital cost estimation of heating project

计算供热工程热源、热网和热力站所需投入资金的总和。是衡量不同方案经济性的主要指标,是确定供热工程建设投资的主要依据。

(李先瑞 贺 平)

供热管道保温 insulation of heating pipe

减少供热管道及其附件、设备等向周围环境散失热量的措施。保温的作用是:节约热能;保证用户需要的供热介质参数;使管道表面温度不致过高以免烫伤操作人员。供热管道保温的一般做法是在管道(或附件、设备)外面包覆保温结构。保温结构通常由保温层和保护层构成。保温层是保温结构的主体。它由导热率低,具有一定机械强度,在使用温度范围内不变形、不变质,可燃性小,不腐蚀管道的保温材料构成。保温层厚度采用经济保温厚度,或由允许热损失、供热介质参数要求、规定的表面温度、要求的地沟(土壤)温度等技术条件确定其厚度。保护层需具有足够的机械强度和可靠的防水性能,以使保温层保持良好的性能并使保温结构具有一定的寿命。供热管道附件、设备的保温结构一般做成可拆卸的形式。

(尹光宇 贺 平)

供热管道阀门 valve of heat-supply pipeline

供热管道中开闭管路和调节供热介质流量的设备。在供热管道中起开闭作用的阀门形式有截止阀、闸阀、蝶阀和球阀。截止阀关闭严密性较好,易于修理,但阀体长,介质流动阻力大,关闭费力。产品公称通径一般不大于 200mm。闸阀的优缺点与截止阀相反,常用于公称通径大于 200mm 的管道。蝶阀阀体长度很小,在国内热网工程上应用逐渐增多。球阀介质流动阻力小,关闭严密,有较好的调节性能,但价格较高。止回阀用于不允许供热介质反向流动的管段。当介质反向流动时止回阀可自动关闭。常用的止回阀有升降式、旋启式和蝶式等形式。需要调节供热介质流量时,在管道上要安装专用的调节阀。

(尹光宇 贺 平)

供热管道敷设 installation of heating pipeline

将供热管道及其部件按设计条件组成整体并使之就位的工作。供热管道有地下和地上两种敷设方式。地下敷设不影响市容和交通,它是城镇集中供热管道广泛采用的敷设方式。地下敷设又分地沟敷设和直埋敷设两种类型。地沟敷设管道安装于地沟内,管子及其保温结构受地沟保护,可靠性较好;但造价高、占地大。直埋敷设管道直接埋设于土壤中,对其保温结构的承载能力和防水性能要求较高;但造价较低、占地小、施工方便。近些年直埋敷设技术发展迅速,出现了预制保温管直埋敷设、无补偿直埋敷设等新技术,直埋敷设应用日渐广泛。地上敷设亦称架空敷设,管道架设于支架上,其造价较低,便于检查和维护、检修,适用于工厂区、郊区和地下敷设困难的地区。

(尹光宇 贺 平)

供热管道及其附件 heat-supply pipeline and its fittings and accessories

供热管线输送供热介质的部分。工作中管道除承受供热介质压力、重力和风力(指地上敷设管道)

等荷载外,还承受由温度变化引起的荷载。钢管强度高,且可采用承载能力大、严密性好的焊接连接,所以钢管在供热管线中被广泛采用。从耐腐蚀考虑,供热管线也使用石棉水泥管、玻璃纤维增强塑料(玻璃钢)管,但这些管道耐温较低。管道附件包括三通、弯头、阀门以及放气、放水、疏水、除污等装置。这些附件是构成供热管线和保证供热管线正常工作的重要组成部分。　　　　　　(尹光宇　贺　平)

供热管道热补偿 compensation of thermal expansion of heating pipeline

防止管道升温时由于热伸长或温度应力引起管道变形或破坏所采取的措施。主要的热补偿方法是利用管道弯曲管段的变形吸收热伸长或装设专用的补偿器。利用管道本身具有的弯曲管段(如"L"形或"Z"形管段)进行热补偿称自然补偿。专用的补偿器有多种形式,如弯管补偿器,套管补偿器,波纹管补偿器,球形补偿器等。　　　　(尹光宇　贺　平)

供热管道热伸长 heating elongation of heating pipeline

供热管道由于供热介质温度升高而引起的热膨胀。为此,供热管道一般都进行热补偿,以吸收管道的热伸长,降低管道温度应力,防止管道纵向失稳,从而保证管道的正常工作。　(尹光宇　贺　平)

供热管网的水力工况 hydraulic condition of heating network

表示供热管网各管段流量和节点压力分布的整体工作状况。通过供热管网的水力工况计算或测定,可确定网路各管段的流量及其压力损失,以保证或检验各热用户的水力工况是否满足要求。在水力计算的基础上绘制的热水网路的水压图,可以清晰而形象地反映网路各点的压力状况,从而可进一步确定用户的连接方式和选择设备。热水网路的定压方式是保证网路恒压点压力维持不变(或只在允许范围内变化)的重要手段。当热水网路的循环水泵特性或一些管段的阻力特性变化时,可利用热水网路水力工况的计算原理,来确定各管段流量的再分配和压力的变化状况。掌握供热网路的水力工况,分析其变化规律,对热网的运行管理有着重要的作用。　　　　　　　　　　(贺　平　蔡启林)

供热管网干线 main line of heating network

自热源至各热力站(或热用户)分支管处的所有管线。其中自热源至最远用户支线处的干线称主干线。主干线以外的干线称支干线。

　　　　　　　　　　　(尹光宇　贺　平)

供热管网支线 branch line of heating network

自供热管网干线引出至一个热力站(或一个热用户)的管线。　　　　(尹光宇　贺　平)

供热管线 heat-supply pipeline

输送供热介质的管道及其沿线的管路附件和附属构筑物的总称。根据敷设方式分地上敷设和地下敷设两种类型。其构造包括:供热管道及其附件、保温结构、补偿器、管道支座以及地上敷设的管道支架、操作平台和地下敷设的地沟、检查室等构筑物。城镇热力网管线一般通过热负荷区的中心地带,敷设于施工及运行管理方便,对交通干扰较小的街道上。　　　　　　　　　(尹光宇　贺　平)

供热锅炉 heating boiler

供应生产工艺、热水供应、采暖通风及空气调节等不同用途热用户需要的热能的锅炉装置,包括蒸汽锅炉和热水锅炉。供热蒸汽锅炉生产蒸汽,额定蒸发量的范围为 0.1t/h 到 65t/h,工作参数从 0.4Mpa 到 2.5Mpa。中国锅炉行业生产供热蒸汽锅炉执行《工业蒸汽锅炉参数系列》GB1921—80 的规定。供热热水锅炉生产热水,额定供热量范围自 0.21×10⁶kJ/h 到 418.68×10⁶kJ/h,进、出锅炉热水温度有 95/70℃、115/70℃、……180/110℃ 等数种规格,中国现在已经制订《热水锅炉参数系统》(GB3166—82)。　　　　　(屠峥嵘　贺　平)

供热介质 heating medium

又称热媒,载热体。城镇集中供热系统中用以传送热量的中间媒介。城镇供热系统普遍采用热水或蒸汽作为供热介质,从热源携带热量,通过管网送至用户。以热水作为供热介质,分高温水和低温水两种。蒸汽分为高压蒸汽和低压蒸汽两种。选择供热介质及其参数,既要满足用户的需要,也要符合供热系统经济运行的要求。对于生产工艺用热,多以高压蒸汽作为供热介质,其压力值应满足用户最高使用压力的要求。对集中供热系统使用低品位热能的用户,如供暖、通风等用热,宜采用热水作为供热介质。　　　　　　　　　(贺　平　蔡启林)

供热汽轮机 cogeneration turbine

同时承担供热和发电两项任务的汽轮机。它包括背压式(B型)和抽汽式(C型—单抽汽式,CC型—双抽汽式)两类。大型供热汽轮机主要装在城镇中心热电厂,一面向大电网供电,一面向邻近城镇工厂、机关和住户供应蒸汽或热水。中、小型供热汽轮机一般由一个对电力和热能都有需要的工厂单独使用,成为企业自备热电厂。企业热电厂也可以把剩余电并入电网,剩余热供应附近工厂、机关和居民。供热汽轮机必须在一定的装置系统中工作,才能同时完成供热和发电两项任务。

　　　　　　　　　　　(蔡启林　贺　平)

供热热负荷 district heating load

城镇供热系统的用户在单位时间内所需的热

量。是制订城镇供热规划和设计供热系统的重要依据,也是供热系统技术经济分析的重要原始资料。集中供热系统的热负荷主要有:供暖热负荷、通风热负荷、空调热负荷、生活热水供应热负荷和生产工艺热负荷等。表示各种用户热负荷的方法有多种,主要有最大热负荷、最小热负荷、平均热负荷和年热负荷等。最大热负荷是指用户在全年中的最大小时用热量,是设计供热系统设备管道的依据。最小热负荷是指用户在全年中的最小小时热量。计算用户的年总用热量,可采用平均小时热负荷的指标。为了清晰地表示各种热用户热负荷随室外气温或时间的变化状况,可以用种种形式的热负荷图表示。

(贺 平 蔡启林)

供热调节 regulation of heat-supply

为保持供热与需热之间的平衡,对供热系统的水力工况、热力工况和运行时数进行的调整措施。系统运行前,对其结构(水力阻力特性)进行调整(如调节阀门),使流量分配达到设计值,称为初调节。初调节是系统启动过程的重要环节。一般有比例调节法、补偿法、预定计划法、阻力系数法、模拟分析法和模拟阻力法等。调整热媒参数和运行时间,是在系统运行期间进行,称为运行调节。目的是调整供热量,以适应因外温和用热规律变化而引起的需热量变化。运行调节按调节地点分为三种:在热源处的调节为集中调节;在热力站或用户热入口处的调节为局部调节;在用热设备处的调节为单独调节。运行调节按调节参数分有质调节、量调节、分阶段变流量的质调节、质-量并调和间歇调节等。对于多种类型热负荷共网运行,通常做法是按主要热负荷(如供暖负荷)进行集中调节,其他热负荷(如生活热水供应、通风、空调和生产工艺等热负荷)进行局部调节和单独调节。

(石兆玉 贺 平)

供热系统的销售收入、税金和利润 sales income、tax and profit of heat-supply system

销售收入和利润是供热企业经营活动的财务成果。是供热工程偿还贷款及回收投资的主要资金来源。供热销售收入 = 售热量×售热价(元/a)。毛利润 = 销售收入 - 工厂成本;实现利润 = 毛利润 - 工商税;税后利润 = 实现利润 - 所得税;净利润 = 税后利润 - 调节税。

(李先瑞 贺 平)

供热系统的选择 selection of heat-supply system

供热系统的形式、供热介质和参数的选择,热网走向和敷设方式的选择。是确定集中供热投资,影响集中供热经济效益的关键问题。一般应通过技术经济论证后确定合理的供热系统。

(李先瑞 贺 平)

供热系统的自动控制 automatic control of heat-supply system

依靠设备、仪表使供热系统的运行参数自动按照设定值运行的调节控制方式。供热调节自动化,分常规仪表控制和微计算机控制两种,有时采用两种控制方式的结合。常规控制是用常规模拟调节器将传感器输入的测量信号作控制计算后,交执行机构(各种调节阀)完成预定控制。微机控制的特点是由微机程序计算代替常规模拟调节器。其优点是同时控制的调节对象多,可实现复杂的控制规律;运行可靠;价格性能比优于常规仪表控制。因此,近年来得到迅速发展。微机检测控制系统分直接数字控制系统(亦称 DDC 系统)和分级控制系统(亦称分布式控制系统)。单独对热力站或用户热入口控制,常用直接数字控制系统。对整个热网的控制,一般用分布式控制系统。信息通信系统常用无线电、光缆、电缆、电话线等。用于测量系统的仪表,有各种温度计、流量计、压力表以及相应的传感器。近年来出现的热量计,通过流量、温差的测量、运算,直接显示热量。执行器,有温度调节阀、压力调节阀、流量调节阀等。直接作用式调节阀,其特点是调节过程不依赖外来动力。它结构简单,运行可靠,但灵敏度较低,适用于中小型系统。非直接作用式调节阀,是借助外来动力(液压、气动和电动)实现调节。这种调节阀可以保证较宽的调节范围,进行复杂的调节方式。

(石兆玉 贺 平)

供热系统的综合评价 comprehensive evaluation of heat-supply system

供热系统分析中的一个重要环节。它是利用模型和各种资料,用技术经济的观点对各可行性方案,考虑成本和效益的关系,权衡各方案的利弊得失;从系统的整体观点出发,综合分析问题,选择出适当而且可能实现的最优方案。利用评价因素可评定一个系统或不同系统之间的优劣。评价因素反映"有用性"、"重要性"或"可接受性"价值的综合概念。供热系统的评价因素主要有:性能、可靠性、实用性(安装、维修)、进度、成本、寿命、技术水平、适应性、能量消耗和环境性来反映它们的顺序。

(蔡启林 贺 平)

供热系统的最优化分析 optimal analysis of heat-supply system

根据供热系统数学模型求解并得出其目标的最优解答。"最优"的含义是根据一些标准来判断的。有关判断标准的数量、程度不同,会得出不同的最优解答。供热系统目标的最优化,主要用于解决区域供热的最优规划、最优设计、最优控制和最优管理问题。最优化的计算通常是求极值,在供热系统中经

常是考虑到效益最大(极大值)或是成本最低(极小值)。 （蔡启林 贺 平）

供热系统分析 system analysis of heat-supply system

设计人员使用科学的分析方法和工具,对供热系统的目的、环境、费用、效益等进行充分的调查和研究,收集、分析和处理有关的资料和数据,通过建立模型和对模型的试验,计算和分析比较的过程。从而给出的综合资料和评价,作为决策者选取方案的主要依据。由此可见,供热系统分析的目的是通过比较集中供热各个可行方案的功能、费用、可靠性、效益等各项技术经济指标,从而得出供决策的资料和信息,以便决策者作出正确的决策。主要工具是电子计算机,通过它完成供热系统所需的大量信息的收集、处理、分析、汇总、传递和贮存等任务。主要方法是最优化方法,如规划论(包括线性规划、非线性规划、整数规划、动态规划等)、图论、排队论等。使用最优化方法求解系统的各种模型。集中供热是一个技术比较复杂、投资费用较大、建设周期较长,且存在不确定的相互矛盾因素的系统。只有做好供热系统分析,才能保证获得良好的设计方案。 （蔡启林 贺 平）

供热系统分析的要素 basis factor of system analysis of heat-supply system

供热系统分析的基本组成部分。包括供热的目的、方案、费用和效益、模型以及评价标准。供热的目的是建立供热系统的根据,也是系统分析的出发点。供热方案是企图实现供热目标的途径和办法,为实现同一目的一般有多种可行方案(或称替代方案),以供比较和选择。供热费用和效益是建立供热系统所需要的投资和投入运行后可获得的收益。供热模型是对于供热系统本质的描述,是可行方案的表达形式。通常是建立数学模型来计算和预测各可行方案的费用、效益和其他信息。评价标准是衡量供热方案优劣的标准,以此确定各替代方案的选择顺序。此外,有时还把"结论"和"建议"作为供热系统分析的后续要求。 （蔡启林 贺 平）

供热系统可靠性 reliability of heat-supply system

供热系统在规定的条件和规定的时间内,完成规定功能的能力。具体地说,就是在规定的运行周期内,按规定的运行参数,以规定的介质品质向用户提供一定的流量,能保持不间断运行的概率。设计和建立一个可靠的系统有两种方法可供选择:一是提高系统各元部件的质量;二是在系统中设置备用的元部件。 （蔡启林 贺 平）

供热系统可靠性指标 reliability index of heat-supply system

实际系统的功能质量指标与理想系统的功能质量指标的比值。供热系统可靠性指标的公式为

$$R_{xt}(t) = \frac{Q(t)}{Q_0} = 1 - \sum_{j=1}^{i} \frac{\Delta Q_j}{Q_0} \frac{\omega_i}{\sum \omega_i}(1 - e^{-\sum \omega_i t})$$

ΔQ_j 为 j 事故工况的供热不足量(KJ/h);ω_i 为 i 元部件的故障流参数(1/a);t 为供热持续期(a);Q_0 为系统总供热量(KJ/h)。如果计算出的可靠性指标 $R_{xt}(t)$ 小于规定值,则说明系统可靠性不够,应采用有备用的系统或其他措施来提高其可靠性。目前中国尚没有供热系统可靠性指标的标准。前苏联规定:由街区锅炉房和区域热力站组成的供热系统应不低于 0.85;由热电厂组成的供热系统应不低于 0.90。 （蔡启林 贺 平）

供水量 amount of water supply

城镇和农村供水对象要求所需的水量。分有平均日供水量和最高日供水量,单位为 m^3/d 平均、m^3/d 最高;最高日平均时供水量和最高日最高时供水量,单位为 m^3/h。 （魏秉华）

供水系统 water supply system

由水源取水构筑物、输水管、水净化处理构筑物、水塔水池等调节构筑物、加压构筑物及配水管网组成的根据用水要求向城镇或工业企业供水的设施。又分为统一供水系统、分区供水系统、分质供水系统及分压供水系统等。 （王大中）

共电极(电渗析器) common electrode(electro-dialysis apparatus)

又称中间电极。设在两个或两个以上膜堆组成的电渗析器中间的电极。其目的是减少电渗析器所需供电电压,并兼有改变水流方向作用。 （姚雨霖）

共电式市内电话局 common-battery telephone office

安装共电式交换设备,通过市内线路连接共电式电话机,由话务员接通双方电话的市内电话局。 （薛 发 吴 明）

gou

沟槽回填 trenching backfill

又称土方填筑,还土,覆土。开槽敷设管道或其他土方作业的后期工序。填土应分层压实,必须达到一定的密实度,满足强度和稳定性要求,必要时可取样测定。一般使用原土,其内不得含有粒径大于 3cm 的砖块或石块,小粒径石子的含量不应超过 10%。凡属淤泥土、液态粉砂、细砂、胶黏土不能作

回填土用。完工后的沟槽土面略呈拱形,常取 15cm 的余填高度,以防地面下陷影响。　　　(李国鼎)

沟槽排水　trench draining

在敷管期间保持沟槽底部处于无水、半干燥或干燥状态的临时性措施。有明沟排水和降低水位两种方法。前者的施行较简单,适用于水量较小,沟内有地下水或雨水进入的场合;后者备有专门的排水装置,须在土方开挖之前,先在施工地段将其布设就绪,俟该地段地下水位降低以后再进行挖土等作业,故工程期较长,费用较高。　　　　　　(李国鼎)

沟槽土方工程　trench earth work

在敷设管道或修建给水排水构筑物的施工期间需要完成的土石方工程。包括将施工地段的自然地面进行平整达到设计要求的地平面状态;在经过平整的场地上进行沟槽的放线和开挖,达到设计标高;在坑槽内完成基础部分的作业或敷设管道;进行土方的回覆与压实,恢复原平面。组织土方的施工作业主要有土方开挖、土方量转运及回填三阶段,需要注意调配,减少远距转运,达到高工效、低运量、低造价的目的。　　　　　　　　　　(李国鼎)

沟道回填

见覆土压实(91 页)。

沟渠建造　build up channel

在施工现场以砖、石、混凝土或钢筋混凝土修筑的排水构筑物。目前当管道断面尺寸不能满足设计要求,或是选用管材有困难时仍普遍采用。沟渠的上部称作渠顶,其下部与基础部分相连称作渠底,两壁称作渠身。通常选用钢筋混凝土作渠底材料,并做成曲面以利流水。取预制的钢筋混凝土构件作渠顶盖板(或用砖石料砌成拱券),而以砖料或石料砌筑渠身。沟渠的建造可以按工序将沟段分成若干工作量大致相等的工段组织平行流水作业。其砌体的施工要求有:注意基础部分确保不发生沉陷或裂痕;灰浆须满铺满挤,骑缝交错;拱形渠顶的修造须支设胎模由两侧同向中心均匀砌筑;回填土须均匀并分层夯实避免发生拱顶变形。　　　(李国鼎)

gu

骨骼形松土器　skeleton-like loosener

带有骨骼形耙条机械清通排水管渠的工具。用以耙松和推走管渠内的淤泥。其构造如图。

　　　　　　　　　　　(孙慧修)

鼓风机　blower

用机械能将一定量空气转变为具有压力能气流的设备。在好氧生物处理污水中常用的鼓风机有罗茨鼓风机、离心鼓风机。　　　(李金根)

鼓风曝气

见空气扩散曝气(168 页)。

鼓风曝气设备　blowing aeration equipments

鼓风曝气活性污泥法处理污水时送入空气的设备。由空气加压设备、水下扩散器和连接两者的管道阀门等组成。空气加压设备有鼓风机、空气压缩机;水下扩散器有扩散板、扩散管和扩散盘。
　　　　　　　　　　　(李金根)

鼓风式冷却塔　blast cooling tower

通风机安装在塔底旁侧,将冷空气吹入塔中,与由上向下移动的热水进行热交换的冷却塔(如图)。其风机受湿热空气的影响较小,工作条件较好,维护方便,塔的构造也较简单;但使用大风机时,需加高塔身,容易引起回流。一般在水量较小,且水中含有腐蚀气体时采用。

　　　　　　　　　　　(姚国济)

鼓式除尘器

见旋筒式水膜除尘器(321 页)。

鼓形格网　rotary drum screen

滤网包络在圆柱形鼓状框架旋转体上,用以截留流道水体内漂流的固体杂质的旋转滤网。网板形状有板框形、外凸三角形。过滤网可用金属丝编织的网,也可用耐腐蚀金属板钻孔成的网板,也可用工程塑料挤压成的网板。鼓网多用在给排水和冷却水工程中。　　　　　　　　　(李金根)

鼓形格栅除污机　double entry drum screen

又称转鼓。由装有栅网的旋转柱体组成的机械除污设备。转鼓主体为钢结构,轮辐支撑与主轴轮毂连接形成鼓形体,外周覆以栅板,鼓与渠道间用氯丁橡胶板密封,大半个鼓浸没于水下,污水从两侧进入中心,通过栅板流出。污物被截留在栅板内侧,旋转时被提升至顶部被设在 12 点部位喷嘴的压力水冲洗到集污斗内,排出机外。　　　(李金根)

固定床(离子交换法)　fixed bed (ion-exchange)

离子交换剂相对固定在一个容器内,完成交换、反洗、再生、清洗等操作过程的装置。是离子交换单元装置中最基本的一种形式。依照原水与再生液的流动方向,又可分为顺流再生固定床与逆流再生固定床。操作简单,工作可靠,但离子交换剂装量多,不能连续运行。　　　　　　(潘德琦)

固定床煤气化

见移动床煤气化(339 页)。

固定床吸附　adsorption of fixed bed

吸附剂床层固定在吸附器中某一部位,含吸附质(污染物)气流通过床层,吸附剂进行吸附,达到饱

和时,停止使用而进行再生的过程。是吸附操作方式的一种。其吸附器形式多样。 (姜安玺)

固定螺旋曝气器 fixed screw aerator

又称静态曝气器。以固定螺旋旋转、混合、切割气流的水下布散空气的一种充氧器材。有双螺旋和三螺旋两种,一般每台由三节组成,当水深较浅(3m)时,也可两节。双螺旋每节都有两个圆柱形通道(又称二通道),三螺旋每节都有三个圆柱形通道(又称三通道),每个通道内都有180°扭曲的固定螺旋叶片,同一节中叶片旋向相同,两相邻两节的叶片旋向相反,节与节相错60°或90°,并有椭圆形过渡室,每个固定螺旋曝气器用支架固定在池底,空气从曝气器底部进入,气流经旋转、混合、反向旋流和多次切割,气泡不断变小,气液不断掺混,接触面积不断增大,从而提高了氧的转移率,动力效率高、耗电少、阻力小,提升和渗混效果好,结构简单。可用玻璃钢、塑料等材质制作。用于好氧生物处理鼓风曝气。 (李金根)

固定式表面冲洗设备 fixed surface washing equipment

固定安装在滤池滤料层表面上对滤料表面层进行辅助冲洗的设备。装置一般为一组列管式冲洗设备,列管喷嘴的下缘离砂面2.5～5cm,喷嘴数量按喷嘴作用范围布置,冲洗速度为1.4～2.8m/h,工作压力0.07～0.2MPa,压力水通过喷嘴束射对表层滤料进行擦洗,使截留污物与滤料剥离。 (李金根)

固定式高压开关柜 stationary high-voltage switchgear

由固定安装的柜体构成的高压成套配电装置。其特点是结构简单、制造方便。所有一、二次元件均固定安装在柜体内部和前面板上。 (陈运珍)

固定式取水 fixed intake

用固定式取水构筑物自地表水源取水。该取水方式安全可靠、维护管理方便且适用范围广;但投资较多,水下工程量较大、施工期较长。按取水点位置和构造特点,大体分为岸边式取水、河床式取水和斗槽式取水三种类型。 (王大中)

固定性固体 fixed solids

水样中经蒸发干燥后的固体在一定的温度下(通常用550～600℃)灼烧后残余物质的质量。它可代表无机物质的多少。 (蒋展鹏)

固定支座 fixing support,fixed support

供热管道上限制管道轴向位移的支座。固定支座主要用于将管道划分成若干补偿管段,分别进行热补偿,从而保证各个补偿器的正常工作。固定支座工作中承受管道伸缩摩擦力,补偿器变形力以及固定支座两侧管道内压力的不平衡力等。固定支座的构造型式很多,如夹环式、焊接式、挡板式等。同时能够承受垂直力、剪力和弯矩的塔楼支座亦称固定支座。 (尹光宇 贺平 薛发 吴明)

固硫剂 curing agent

煤燃烧中加入能生成碱性氧化物的物质。加入石灰石,分解出氧化钙,和二氧化硫酸性氧化物生成亚硫酸盐或硫酸盐,进入煤渣,避免二氧化硫进入大气。 (张善文)

固态排渣鲁奇炉 Lurgi dry ash gasifier

由德国鲁奇煤及石油工程公司开发的加压移动床固态排渣的煤气化炉。可使用褐煤、次烟煤、烟煤和无烟煤。炉径由1.1,2.0,3.7m等几种,最大达5m。典型操作压力2～3MPa。炉内燃料与气体逆向运动。加料和排灰通过自动操作的锁斗进行。气化黏结性烟煤时须设置搅拌器,以破除煤粒之间的黏结。适于处理高灰熔点、含灰分40%以下、含水分35%以下的煤,粒度范围6～50mm。用空气(或氧)和蒸汽的混合物作气化剂,生产低(或中)热值煤气,作合成燃料、工业燃料、动力燃料、城市煤气,或进一步改制成代用天然气。用美国匹兹堡8号强黏结性烟煤用氧和蒸汽作气化剂在压力2.4MPa下进行气化试验,得到干煤气组成为:H_2 39.0%,CO 18.0%,CH_4 8.5%,C_2H_6 0.7%,C_2H_4 0.3%,CO_2 31.1%,N_2 2.4%;高位发热量为10.7 MJ/m^3。粗煤气中含焦油、轻油、酚及其他热解产物,须净化并回收这些副产物。 (闻望 徐嘉森)

固态余热利用 utilization of waste heat in solid phase

主要指工业炉中排出的熔渣和被加热到极高温度的工艺产品——焦炭和各种金属铸锭所带有物理热等进行供热的方式。如钢铁厂高炉排出炉渣的温度高达1500℃。从炼焦炉中推出的赤焦含有的热量约为结焦过程总耗热量的50%。可利用这些余热作为集中供热热源,如首都钢铁公司利用炉渣水淬过程中放出的热量供51万 m^2 宿舍和办公楼采暖。 (李先瑞 贺平)

固体废物 solid waste

在生产建设、日常生活和其他活动中产生的不再需要或没有使用价值而被排弃的污染环境的固体、半固体或泥浆物质。它是一相对的概念,有一定的时空条件,某一过程产生的固体废物,往往可以成为另一过程的原料或转化为另一种产品。从保护环境,合理利用资源的角度,应视固体废物也是一种资源。由于来源不同,其构成、性状、危害性各异。其分类方法很多,国内外为便于管理一般可分为:城市垃圾、矿业固体废物、工业固体废物、农业废弃物、放射性固体废物、危险(有害)固体废物、含病毒病菌固体废物和污泥等类。随意排弃可能酿成对大气、地面水和地下水以及土壤等环境的多方面污染,固体废物污染已成为当今人们关注的环境问题之一。

(俞 珂)

固体废物处理 treatment of solid waste

将固体废物转变成适于运输、利用、贮存和处置的过程或操作。一般有三种办法:焚烧、热解、堆肥。焚烧法是将可燃固体投入高温炉燃烧,可消灭各种病原体,并可回收利用热能;但废物中的一些物质在燃烧时会产生有害气体污染大气,必须附设防止污染大气的设备,如设置气体净化器,此法常用于处理城市生活垃圾。热解是利用有机废物的热不稳定性,在无氧或缺氧条件下受热分解的过程,从而可回收燃料。国外利用热解法处理固体废物已达到工业规模。堆肥化是在控制条件下,使来源于生活垃圾中的有机废物发生生物稳定作用的过程,制得的成品有很高的肥效,叫做堆肥。堆肥用于农业可达到改良土壤,增加产量的效用。 (俞 珂)

固体废物处理处置系统规划 planning of solid waste disposal and treatment system

又称固体废物管理系统规划,城市环境卫生系统规划。对一定区域内的固体废物及其发生源、收集、运输和处理途径、处置场所和设施、设备、管理机构等构成的复杂系统所进行的合理安排。它是对固体废物系统中的各个环节、层次进行整合调节和优化设计,进而筛选出切实的规划方案,以达到在资源利用最大化、处置费用最低化的条件下,满足环境经济持续发展的共同要求,从而使整个固体废物处理处置系统良性运转。它有三个层次:操作运行层、计划策略层和政策制定层。固体废物包括生产建设、日常生活和其他活动中产生的污染环境的固态、半固态废弃物质。按来源一般将其分为工业固体废物、矿业固体废物、城市固体废物(生活垃圾)、农业固体废物和放射性固体废物五类。中国从固体废物管理的需要出发,将其分为工业固体废物、危险废物和城市生活垃圾三类。法律规定了全过程管理的原则,即对产生、排放、收集、储存、运输、处理和处置固废的全部环节进行全面规划和管理。对于危险废物,中国有严格的法定管理程序,一般从如下四个方面入手:①制定危险废物判别标准;②建立危险废物清单;③建立关于危险废物的存放与审批制度;④建立关于危险废物的处理与处置制度。 (杜鹏飞)

固体废物处置 disposal of solid waste

又称最终处置。指某些固体废物虽经处理和利用仍遗留下无法回收的固体残渣,这些残渣又富集了大量有毒有害成分,为了控制其对环境的污染而采取的技术措施。是解决固体废物最终归宿的手

段,其目的和技术要求是使固体废物在环境中最大限度地与生物圈隔离,避免或减少其对环境的污染与危害,达到"安全处置"的要求。早期的处置方法是无控地将固体废物排入水体、露天堆放或就地焚烧,其后果是污染组分进入水体、空气和土壤中,20世纪60年代后期,人们对由此酿成的污染问题和公害事件有所认识,开始采用"安全处置"方法。如对城市垃圾采用卫生填埋处置,对危险固体废物采用安全土地填埋处置,对放射性固体废物可采用工程库、尾矿坝、贮留池等地下处置法。 (俞 珂)

固体废物堆肥 compact of solid waste

利用细菌、真菌、酵母菌和放线菌等微生物使废物(垃圾)中的有机物发生生物化学反应而降解(消化)的处理方法。处理与利用有机固体废物的一种方法,多用于城市生活垃圾的处理。最终形成一种类似腐殖质土壤的物质,由于此种处理后产物可以用作肥料而得名。按细菌发酵分解作用原理可分为好氧(需氧)法和厌氧法。好氧状态垃圾分解的速度快,并且能够产生高温,因此又得名为高温快速堆肥法。由于最初发酵阶段的高温(60～77℃)可以保证灭活垃圾中所有的病原菌,目前国内外在堆肥中多采用好氧(高温、快速)堆肥工艺。按照堆肥的堆制方法又可分为露天堆制法和机械化堆肥法。后者1933年首先在丹麦出现的达诺(Dano)法就是利用转仓完成的动态好氧堆肥的机械化工艺,其后发展众多各类的机械化堆肥设备,在中国也研制有立式、间歇、移动床层堆肥装置。 (俞 珂)

固体废物焚烧 incineration of solid waste

将固废中的可燃物进行深度氧化,即燃烧,从而达到减少废物的重量和体积,降低废物危害性的处理工艺。一个好的焚烧炉可减少体积95%,并且可杀灭病原菌,故常用焚烧作为固体废物的最终处置方法。焚烧的主要产物是二氧化碳、水蒸气和灰分,焚烧产生的有害物是含硫、氮、卤素和重金属的化合物,因此还需配备空气污染控制装置。焚烧操作过程中必须控制好以下三个因素,它们对焚烧的效果起着重要的作用,即:①废物在焚烧炉内与空气保持接触的时间;②废物与空气之间的混合情况,即物料或介质的湍流情况;③进行反应的温度。它们之间是独立作用而又相互影响。废物焚烧炉类型有多段炉、回转窑焚烧炉、流化床焚烧炉、多室焚烧炉等。

(俞 珂)

固体废物管理系统规划 solid waste management system planning

见固体废物处理处置系统规划。

固体废物热解 pyrolysis of solid waste

热的作用下,利用固体废物中有机物对热的不稳定性,在无氧或缺氧条件下受热分解的过程。热

解的产物是可贮存、可输送的气体燃料及液体燃料，而固体废物则达到减量，变为干净的、惰性的便于处置的状态。本法属于物理化学的一种废物处理方法，也称为缺氧燃烧，多用于有机含碳固体废物的处理。热解过程是一个复杂的化学反应过程，生成的气体有 H_2、CH_4、CO、CO_2、H_2S、NH_4 等，生成的液体有焦油、芳烃等，固体为炭黑、炉渣等。国外 20 世纪 80 年代已建成废轮胎、废塑料、废电缆的热解工厂及处理城市垃圾的热解工厂。中国在农业废物的热解燃气装置方面也取得显著成果，小型热解气化炉已定点生产。 （俞 珂）

固体废物污染环境防治法 solid wastes pollution prevention and control law

中国制定的《中华人民共和国固体废物污染环境防治法》自 1996 年 4 月 1 日起执行。该法规定：对固体废物应本着减少固体废物的产生，充分合理利用固体废物和无害化处置的原则；国务院环境保护行政主管部门对全国固体废物污染环境的防治工作实施统一监督管理；建设项目的环境影响报告书确定需要配套建设的固体废物污染环境防治设施，必须与主体工程同时设计、同时施工、同时投产使用；国家禁止进口不能用作原料的固体废物，限制进口可以用作原料的固体废物；城市生活垃圾处置设施、场所，必须符合国务院环境保护主管部门规定的环境保护和城市环境卫生标准；制定危险废物名录，统一危险废物鉴别标准，产生危险废物的单位应申报登记。并制定了单位或个人违反本法规定需承担的法律责任，本法有六章共 187 条。1995 年 10 月 30 日第八届全国人民代表大会常务委员会第十六次会议通过。 （俞 珂）

固体燃料 solid fuels

包括煤、焦炭、页岩、矸石和其他燃料（如木屑、稻糠、甘蔗渣、薪柴等）的总称。中国目前仍以煤为主要燃料。煤的分类方式很多，按可燃基挥发分 V^r 的含量，可粗略地分为：泥煤，V^r 在 70% 以上；褐煤，V^r 在 40% 以上；烟煤，V^r 在 20% 以上；无烟煤，V^r 在 10% 以下（贫煤的 V^r 为 10%～20%）。燃料的燃烧特性与其组成成分有关。固体和液体燃料由碳、氢、氧、氮、硫及灰分、水分组成。碳是煤中最主要的可燃元素，含量约为 40%～95%，泥煤含量最少，无烟煤含量最多。煤中氢的含量约占 4%～5%，氢含量高的煤较易着火，发热量也高。氧和氮是不可燃元素。各种煤中氧的含量差别很大，无烟煤中只有 1%～2%，泥煤中高达 40%。煤中氮的含量不多，一般为 0.5%～2.5%，燃烧时会部分地转化为氮氧化物（NO_x）。煤中硫的含量约为 1%～8%，以有机硫和黄铁矿硫（FeS_2）形态存在的可以燃烧，称为挥发硫；以硫酸盐（$CaSO_4$、$FeSO_4$ 等）形态存在的硫不能燃烧，通常计入灰分内。可燃硫燃烧后生成硫氧化物（SO_x），会腐蚀燃烧设备和污染大气。煤中的灰分和水分皆是不可燃成分，在各种煤中的含量变化很大，对燃烧是不利的。各种煤的发热量差别很大，低的约为 8 000kJ/kg，高的可达 30 000kJ/kg。为了便于煤量计算，规定低位发热量为 29 300kJ/kg 的煤作为标准煤。 （马广大）

固体通量 solids flux

单位时间内通过浓缩池或沉淀池的特定平面单位面积的固体质量。单位为 $kg/(m^2 \cdot h)$。二次沉淀池运行时的总固体通量是沉淀通量和底流通量之和。据此，求定其极限通量 G_L，然后通过它来确定二次沉淀池能够使进入的固体顺利通过，并使底流（回流）污泥经浓缩达到预期浓度所需要的表面积。

（彭永臻 张自杰）

固体吸附法脱水 dehydration with solid adsorption

用多孔固体吸附剂吸附燃气中的水分。通常为物理吸附，吸附过程是可逆的，可用改变温度、压力等参数方法改变平衡方向以达到吸附剂的再生。此法特点是：脱水深度大，干燃气含水量低于 1ppm，露点低于 -50℃，对进料气体温度、压力和流量变化不敏感，无严重腐蚀和发泡现象；但投资和操作费高，气体压降大，吸附剂易中毒和破碎。常用的吸附剂有活性铝土矿、硅胶、活性氧化铝和分子筛等。

（曹兴华 闻 望）

固-液分离 solids-liquid separation

污水中固体和液体分离的过程。广义的概念，既包括固体污染物在初次沉淀池内的沉淀分离，也包括生物污泥（活性污泥及生物膜）在二次沉淀池的沉淀和在气浮池内的上浮。 （张自杰 彭永臻）

故障流参数 number of breakdown probability

又称故障率。元部件工作到某一时刻 t，在单位时间内发生故障的概率。是元部件的一个重要的可靠性指标，是计算由该种元部件组成的系统的可靠性指标的基础数据。供热系统的管道和设备的故障流参数可根据运行中记录下来的故障统计数据求得。如果在监视 Δt 年期间，N 段被监视管段中的每一管段出现 m_i 次故障，则故障流参数为 $\omega = \left(\sum_{i=1}^{n} m_i \right) N \Delta t$。 （蔡启林 贺 平）

gua

刮泥机 sludge scraper

把沉降于沉淀池、浓缩池池底的污泥刮送至排泥口（斗、槽）的机械设备。按池形区分有平流沉淀池的行车式刮泥机、链板式刮泥机、提耙式刮泥机、钢丝绳牵引刮泥机、螺旋输送刮泥机等。辐流式沉淀池有中心传动刮泥机、周边传动刮泥机、钢丝绳牵引无极绳刮泥机等。采用刮泥机主要为使获得污泥浓度比机械吸泥方式高,其固含量可达 3%～5%。刮泥速度以控制在池底污泥不被搅起的速度,通常平流池刮泥机速度不大于 1.2 m/min,辐流池刮泥机周边线速度不超过 3 m/min。　　　　（李金根）

guan

关于防治煤烟型污染技术政策的规定　on stipulation of technical policy of preventing and harnessing pollution with coal smoke mode

为防治煤烟型污染而制订的法规。以煤炭为主的能源构成是中国长期的能源政策。为控制大气污染、开发煤炭资源的综合合理利用、以取得经济效益、环境效益和社会效益的统一而制订的本规定。国务院环境保护委员会于 1984 年 10 月 4 日发布。其内容共四条,包括煤炭加工、分配和利用的技术政策;城市集中供热和煤气化的技术政策;燃烧设备和烟气净化技术政策等。　　　　　　　（姜安玺）

管道保温材料　insulating material of pipe

构成管道保温层的绝热材料。根据国家标准 GB8175《设备及管道保温设计导则》规定,保温材料在使用温度下导热率应不大于 0.12W/(m·K);密度不大于 400kg/m³;硬质保温制品抗压强度不小于 300kPa。目前常用的管道保温材料有石棉、膨胀珍珠岩、膨胀硅石、岩棉、矿渣棉、玻璃纤维及玻璃棉、微孔硅酸钙、泡沫混凝土、聚氨酯硬质泡沫塑料等。
　　　　　　　　　　　　　　（尹光宇　贺　平）

管道除污器　strainer

供热管道汇集和排除管内杂质、污物的装置。水泵及换热器等设备入口处以及供热管道竣工冲洗时装设除污器。管网中带有过滤网的除污器,在管道冲洗完毕正常运行时,一般将滤网拆除,以减小管道的运行阻力。　　　　　　（尹光宇　贺　平）

管道储气　line-packing

利用高压输气管道储气的方法。实际应用的有两种类型:高压燃气管束储气和长输管线末段储气,都是平衡一日中小时不均匀用气的手段。前者用埋在地下的一组或几组钢管在高压下储气。利用燃气的可压缩性及其高压下和理想气体的体积偏差(在 1.6MPa,15.6℃条件下,天然气比理想气体体积小 22%左右)进行储气;后者利用长输管线末段管道在高压下储气。当夜间用气量小于管道供气量时,剩余的燃气就积存在管道内,使管内压力升高,到凌晨时,管道内压力达到最大允许值。白天,当用气量高于供气量时,储存的燃气经管道输入城镇管网,管道内压力下降。　　　　　（刘永志　薛世达）

管道粗糙度　pipe roughness

在流体的阻力计算中,以管道内壁粗糙突起高度表示壁的粗糙程度。它是影响摩擦系数 λ 值的一个重要的因素。粗糙突起的绝对高度称绝对粗糙度,以 K(m)表示。绝对粗糙度与管道内径的比值称相对粗糙度,以 K/d 表示。　　　（盛晓文　贺　平）

管道的埋设深度　buried depth of sewer

简称管道埋深。管道的管底内壁到地面的距离。管道的管顶外壁到地面的距离称管道覆土厚度。是管道埋设深度的两个含义。它对管道工程造价、施工期等影响很大。埋深愈大,则造价愈高、施工期愈长、施工愈困难。在平坦地形地区,自流排水管道的埋深越来越深,所以对最大埋深应有限值。管道埋深的最大值称为最大允许埋深。该值应根据技术经济指标及施工方法而确定。一般在干燥土壤中,不超过 7～8m;在多水、流砂、石灰岩地层中,一般不超过 5m。埋深小,造价低,施工期短,但并不是愈小愈好,它也应有限值。它的最小限值称最小允许埋深或最小覆土厚度。该值与水温、流量、管道坡度、土壤冰冻线、地面荷载及管道衔接等因素有关。
　　　　　　　　　　　　　　　　　（孙慧修）

管道的衔接　pipe joining of different diameters

各种不同直径的管道在检查井内不同高程的连接。衔接方法有水面平接和管顶平接两种。水面平接是上游管段终端水面与下游管段起端水面的标高相同。管顶平接是上游管段终端管顶与下游管段起端管顶的标高相同。无论采用哪种衔接方法,下游管段起端的水面和管底标高均不得高于上游管段终端的水面和管底标高。衔接如图。
　　　　　　　　　　　　　　　　　（孙慧修）

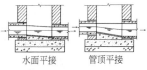
水面平接　　管顶平接

管道的最小埋设深度　minimum buried depth

管道埋设深度的最小允许限值。决定该值的因素有:①必须防止管道中的水冰冻和因土壤冰冻膨胀而损坏管道;②必须防止管壁因地面荷载而受破坏;③必须满足连接支管与街道管衔接的要求。对每一具体管道,从上述三个不同因素出发,可以得到三个不同的管道埋设深度或管道覆土厚度值,取其中最大一个值,就是该管道的最小埋设深度或最小覆土厚度。由于污水水温较高,即使在冬季一般也不会低于 4℃,所以没有必要将整个污水管道都埋在土壤冰冻线以下,但也不能将管道全部埋在冰冻线以上,否则将会因土壤冰冻膨胀而损坏管道基础,从而损坏管道。无保温措施的生活污水管道或水温与生活污水接近的工业废水管道,其管底可埋设在冰冻线以上 0.15m。管道最小覆土厚度,应根据外部荷载、管材强度和土壤冰冻情况等条件,结合当地埋管经验确定。在车行道下一般不宜小于 0.7m。在冰冻层内埋设雨水管道,如需防止冰冻膨胀破坏管道措施时,可埋设在冰冻线以上。 (孙慧修)

管道动态混合器

见管道搅拌机。

管道防腐 corrosion prevention of pipelines

延长管线(特别是金属管道)使用期限,延续其正常输水能力的措施之一。管道产生腐蚀的原因有化学、生物学、电化学等,与管材性质及所处环境位置有关。防腐的方法除了选材上使用耐蚀性材料(如不锈钢、水泥制品、塑料)外,通常对金属管道是在其内、外壁涂刷防腐层。对给水铸铁管,在成品出厂前已在管内、外壁涂有沥青防腐层。对钢管的外皮,一般常用沥青玛碲脂(石油沥青与矿物质填充料加热混合)涂刷。对于水泥衬里的做法是先将管内壁清除干净,然后以喷浆机将水泥砂浆均匀喷涂于管内壁上,经养护后即可使用。 (李国鼎)

管道敷设 pipe laying

又称埋管,排管。给水管、排水管、煤气管、暖气管等的埋设施工全过程。给水或输送煤气、蒸汽、石油等的管道一般采用铸铁管并多以承插口相连(但由于承插口不利涨缩作用且保温困难,故此式接口很少用于供热管道),锻压的有缝或无缝钢管以焊接接口,由于通过的介质水、气或油具有一定压力,这种流体的固有运输能力不受管道铺放位置高度的明显影响,因此,排管的定位和坡降要求不十分严格,但对于依靠本身重力流动的排水管,它们的中心位置和具体高程必须依照设计所标明的参数准确在现场落实并反复校核,以保证施工质量。管道的敷设方法有开槽式与不开槽式两种,后者常在特殊情况(如穿越铁路线或建筑物等)时采用。主要的施工程序包括下管、稳管、定位、接口、质量检查及稳体工程验收等。 (李国鼎)

管道覆土厚度 depth of cover

管道的管顶外壁到地面距离。它与管道埋设深度为表示管道埋深的两种方式,都能说明管道埋设深度。 (孙慧修)

管道基础 pipe foundation

简称管基。管节与地基之间的设施。当地基强度不足以承受其上部压力时,通过基础可增加受力面积,使荷载均匀地向地基传递。管基的适用材料有土、砂、煤屑、混凝土和钢筋混凝土,前三者为柔性基础,后二者属刚性。若是地质较差或有地下水时可在基础的下方增设碎石垫层。在排水管线上使用较广。 (李国鼎)

管道基座 cradle bedding

简称管座。管道基础与管节下侧之间的垫座。通过管座可使二者连成整体以增加管道刚度。管座的中心包角中(如图)有 90°、135° 和 180° 等数种。在较少车辆行驶的道路下,一般采用 90° 的包角,当覆土较深(>2~4m)或路面过车较多时则增大角度。管座的材料多用素混凝土或水泥砂浆,先在基础两侧支设模板,俟浇筑的混凝土或砂浆初凝后再抹成钝角。 (李国鼎)

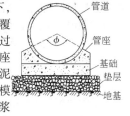

管道搅拌机 on-line mixer

又称管道动态混合器。在工艺流程的管线中,除由流动的工艺流体供给能量外,需要采用旋转搅拌叶轮的外加能量进行混合的混合器。管道搅拌机体积小、介质停留时间短、单位体积功率较高,搅拌机可使混合室内各处浓度与流出液浓度相同,当改变投加浓度,则进料与混合室内介质,在瞬间可达互相混匀。 (李金根)

管道接口 pipes joining

又称管子接头。管道敷设中管节间及管节与管件间连接的通称。接口的做法随管材端部构造形式而异。用于室外管线的管子,其管端结构主要有承插式(一端为承端钟口、另端为插端平口)、平口式(两端均为平口)、企口式(一端为阳口、另端为阴口)和法兰式(两端均带法兰盘)等多种。小口径金属或塑料管常用螺丝接口,承插(即钟栓)式管道的接口部分以承插相连,并系以插口端置于另一管的承口端内,平口管呈对接式,企口管呈套筒式,法兰盘管用柔性垫圈和螺栓作成接口。以上各式接口的空隙部分都要填密封实,以防渗漏,用柔性材料油麻与沥青玛碲脂、橡皮环或青铅填封的接口称为柔性接口,用油麻与铅或膨胀水泥、水泥砂浆、石棉水泥浆填封的接口称为刚性接口。对接式或企口式均用刚性接口,在其外侧先用钢丝网铺套作骨架,再用水泥砂浆涂抹成护圈,完成接口后,通过检验,方能覆土回填。 (李国鼎)

管道清洗 flushing of pipelines

敷设管道完竣后投付使用前的清洗过程。无论对给水、排水或蒸汽等管道,此过程均属必要,其目的在于去除遗留于管内的石子、土块、木屑或焊渣等杂物以防任何堵塞情况的发生。清洗工作对重力流管道在闭水试验合格后进行,对承压管道系统则是当管内杂物较多时可在水压试验前完成。管道在清洗前需将系统内各种附件如阀门芯、流量孔板等拆除,待清洗合格后再装上。若管线分支较多,宜采用分段清洗法进行。选用的清洗水质与输水管的用途有关,应使用清水以系统内可能达到的最大压力或流量施加清洗,直到出口处目测的水色和透明度与入口一致为合格。对饮用水管,还需进行水质检查和消毒工作,对于蒸汽管,一般要用蒸汽吹洗,对于压缩空气管一般用压缩空气进行,其他工艺性管道的清洗则按设计要求完成。　　　　(李国鼎)

管道容量 pipe capacity

又称管孔容量。一条电缆管路中总的管孔数目。正常情况下按着规划的末期需要,根据合理的管群组合取定。　　　　(薛　发　吴　明)

管道施工质量 quality of constructing pipes

敷设管道工程的技术优劣评价。在埋管覆土前,由施工单位对所敷设的管道系统进行质量检查,并作出评价,为交工验收作准备。施工质量表现在外观和试验结果两方面。在外观上包括施工管段的直线性和接口情况;所埋设管段的轴线与高程是否与设计图纸要求相符;管线上不同功能窨井的位置和配备的零件装设是否齐全,如有变更情况应提出依据。所指的试验结果是承压管段的压力试验或重力流管段的闭水试验结果,必须在规定的指标范围。管网还需进行冲洗和消毒。只有在发现的任何缺陷作出妥善处理之后方能认为施工质量是合格的。

(李国鼎)

管道限定流速 limited velocity in pipe

为了保证供热网路的正常运行,根据经验确定的管道热媒的最大允许流速。当管内流速超过一定值时,将可能产生噪声、水击或其他一些不利影响。限定流速值与热媒种类、管径大小以及使用条件等因素有关。蒸汽管道比热水管道的限定流速大,大管径的管道限定流速较大,要求环境比较安静的地方,其管道限定流速要小些。　　　　(盛晓文　贺　平)

管道应力计算 stress calculation of heating pipe

计算供热管道由内压力、外部荷载和热胀冷缩引起的力、力矩和应力,从而确定管道的结构尺寸,采取适当的补偿措施,保证设计的管道安全可靠并尽可能经济合理。管道在各种荷载作用下呈复杂应力状态,它的失效或破坏需借助一定的强度理论和失效准则来判定,常用的强度理论有最大剪应力理论(第三强度理论)和形状改变比能理论(第四强度理论)。目前我国在管道应力计算中多采用最大剪应力强度理论。管道应力验算最早采用弹性失效准则;随着经验的积累和理论发展进而采用极限分析法;近代由于应力分析理论和实验技术的发展又进一步采用应力分类法和相应的应力验算方法。例如:由内压、持续外载引起的一次应力采用极限分析法;由热胀冷缩引起的二次应力以安定分析法限定;

对于应力集中引起的峰值应力采用疲劳分析限制。

(尹光宇　贺　平)

管道运输 pipeline transportation

用管道输送液态液化石油气。适用于输送量很大或运输量不太大而运距较近的情况。这种运输方式管理简单,运行安全,运行费用低。但一次投资大,金属耗量多,无法分期建设。此运输系统由起点站储罐、起点泵站、计量站、中间泵站、终点站储罐及运输管道组成。输送距离较短时,可不设中间泵站。在输送过程中,管道内任何一点的压力必须高于管道中液化石油气所处温度下的饱和蒸气压,以免在管道中形成气塞。输送管道的设计压力按管道始端的最高工作压力确定。泵的扬程应大于管道总阻力损失,管道起、终点高程差引起的附加压力及管道终点余压三者之和。管道终点余压可取 $0.2 \sim 0.3$ MPa。　　　　(薛世达　段长贵)

管道支架 pipeline trestle

地上敷设管道的支承构筑物。它承受来自管道的重力荷载和水平荷载。支架有多种形式:按外形分有管枕、支墩、单柱、双柱、单层、双层、空间刚架和塔架等形式;按构成材料分有木结构、钢结构、钢筋混凝土结构和砖石结构;按力学特点分有刚性支架、柔性支架和铰接支架;按高度又分低支架、中支架和高支架。为了加大支架间距,有时采用一些辅助结构,如在相邻的支架间附加纵梁、桁架、悬索、吊索等,从而构成组合式支架。　　　(尹光宇　贺　平)

管道支座 pipe support

供热管道的支撑部件。它的作用是支撑管道和限制管道位移。支座工作中承受管道重力和由内压、外载、温度变化引起的作用力,并将这些荷载传递到管线的构筑物上。根据支座对管道位移的限制情况,分为活动支座和固定支座。活动支座允许管道在温度变化时伸缩移动。固定支座限制管道位移并能承受管道的推力。　　　(尹光宇　贺　平)

管道总阻力损失 total resistance head in pipe

流体沿管道流动时,因流体分子之间及其与管壁间的摩擦而产生的能量损失和流体流过管道附件因流动方向或速度改变而产生的能量损失之和。亦即沿程阻力损失与局部阻力损失之和。单位为 Pa。管段的总阻力损失等于管段的折算长度与比摩阻的乘积,也可以用管段长度与比压降的乘积表示。

(盛晓文　贺　平)

管段 pipe sector

节点与节点之间的管线。管网由若干管段组成。每一管段的流量包括两部分:一部分是沿管段配出的沿线流量;另一部分是转输到后续管段的转输流量。每一管段中,沿线流量因沿线配水,流量沿管段水流方向逐渐减少,到管段末端等于零。而转输流量则沿整个管段不变。管网的水力计算,是通过对各个管段的管径和水头损失计算完成的。

(王大中)

管段途泄流量 bleed-off discharges

管段沿途泄出的流量。燃气通过管段时,沿途有用户连接,因而沿管段长度流量不断变化。

(李猷嘉)

管段转输流量 transit flow of pipe

向下游管段输送的流量。此流量在管段中为定值。 (王大中)

管盒法 laboratory tests of a weighed metal conpon in the soil box

使钢管试件与土样间在通电后形成腐蚀电解电池,经一定时间,测量钢管重量损失,以确定土壤腐蚀性的一种方法。试验时先将土样按规定要求压碎、烘干、磨碎和过筛,再用蒸馏水润湿土样至饱和。用直径 19mm,长 100mm,重约 165g 的钢管作试件,试件擦洗干净后,称重至 0.01g 的精度,试件上端连导线,下端用橡皮塞支承;试件放在直径为 80mm,高 120mm 的金属盒内,其中充满土样,盒底与导线相连,导线接电压为 6V 的干电池,电池的正极与试件相连,负极与金属盒相连,形成电解电池。试验期间回路内的电流值可能改变,但电压应保持稳定。24h 后从盒内取出试件,用金属刷清除腐蚀产物后,用酒精冲洗,干燥后称重,根据试验前后试件称重的数据,算出重量损失,以此判定土壤的腐蚀等级。

(李猷嘉)

管基

见管道基础(110 页)。

管井 pipe well

通常是用凿井机械开凿至含水层中,集取一层或数层地下水的垂直于地面的孔洞。它是地下水取水构筑物中采用最广泛的一种形式,其一般构造见图。井壁管的作用是加固井孔防止坍塌,并可隔绝水质不良的含水层,井壁管下部或其间遇有良好含水层处敷设过滤器(滤水管),地下水经过过滤器流入井内。通常在过滤器外侧周围填以规定尺寸的砾石,以增加出水量并防止含水层中的砂粒带入井内。在稳定的岩石地层中取水时,根据地质条件也可以不设井壁管和过滤器。管井底部设有深约 3~5m 的沉砂管,以备井水中的砂粒在沉砂管中沉淀。井管内安装深井泵、潜水泵或卧式泵的吸水管。采用深井泵或潜水泵时,安装水泵部分的井管内径应大于水泵最大部位 100mm;若拟置入卧式泵吸水管时,井管内径应大于吸水喇叭口或底阀最大部位外径 100mm。井管上口的外围在一定深度内通常填以黏土等不透水材料封塞,以防止地面污水沿井壁外侧渗入地下,污染井水。管井的直径范围一般为 100~1 000mm,井深可达 1 000m。随着凿井技术的发展,直径 1 000 mm 以上或井深在 1 000m 以上的管井已有使用,这对扩大地下水开采利用范围、提高单井出水量,提供了有利条件。较深的管井,在满足需求的出水量和水泵安装条件的情况下,可采用几段不同直径的井管。井管和过滤器的材料有钢管、铸铁管、塑料管、玻璃钢管、钢筋混凝土管和混凝土管等。

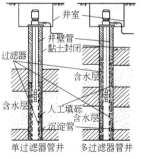

井室
井壁管
黏土封闭
过滤器
含水层
含水层
人工填砾
含水层
沉淀管
单过滤器管井 多过滤器管井

(朱锦文)

管井泵房 deep well pump house

又称深井泵房。设有深井水泵自管井内抽取地下水,送水至净水构筑物或用户的泵房。一般水泵机组和管路布置较为简单,深井水泵处于管井内,立式电机处于地坪以上,平面尺寸较小。泵房可布置成圆形或矩形;地上式或半地下式。除一般泵房设有的电气、起重、排水和计量等辅助设备外,还应设有除砂器,有时为供给饮用水还设有消毒装置。

(王大中)

管井开凿 boring of drilled well

在地层中使用专门的钻凿工具钻孔,最后安装滤水管和井管的全过程。按施工方法分人工钻孔和机械钻孔两种。前者赖以开凿松散岩层,深度在 30m 以内的浅井;后者多应用于开凿深井。机械凿井使用的机具主要有钻机、钻头、钻杆、扩孔器、套管及打捞工具等六类,各类中又根据工程需要有大小不等、形状相异的多种钻具。凿井工程程序包括:在确定的井眼位置挖出探坑、支设钻架、装设钻杆及钻头并按探孔中观察的土层情况选择适用钻头依次进行钻孔、加泥浆、取土、接杆,循环操作直至凿到设计深度,然后使用井架、管卡等特种工具进行滤水管和管井的安装,经过用砾石回填并封固井管外圈,最后洗井及扬水试验,俟出水清澈,即可交付使用。

(李国鼎)

管井下管法 drilled well pipe lining method

在凿井完工后的钻孔中装置管节的过程。其安装工序为:下管、回填砾石滤层、封固。下管一般利用钻井的井架、管卡等特种工具。操作时先在地面按取水层准确位置及储水层厚度将管节顺序排列组合(滤水管在其最前端)并编上号码,然后依次将各管节首尾相连地下于凿孔内。回填的砾石颗粒一一般为含水层中砂质颗粒的8～10倍,回填厚度应超过储水层数米。自回填的砾石层开始在井管外圈先用黏土捏成泥丸投进,再以黏土填入并捣实作为封固,最后再用黏土加以填实。　　　(李国鼎)

管井找中法　drilled well centering method

钻井操作中控制管井及滤水管准确落于井孔中心位置的方法。可采用如图所示的木制或金属制找中器,用铁丝捆扎在管端,随管节而下行,如此可保证下管质量。　　　(李国鼎)

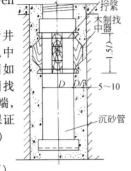

管孔容量

见 管道容量(111 页)。

管路定线　laying out of pipe line

设计给水管道及排水沟道系统时,在区域范围或城镇总平面图上确定管路的流经路线。排水沟道分有支管、干管和总干管。直接接纳房屋、小区和工厂排水的称支沟管路,接纳支沟来水的称支干管,通向污水厂或出水口的干沟称总干沟。在确定工业废水管路时,应以各车间计划敷设的管路系统为依据,使各车间所排的各种废水都能分别排入相应的系统。在绘制排水系统的施工图纸时,管路应布设在街道排水量较大,地下管线较少的一侧,避免设在车行道上,在平面图中,排水管与其他管线的净间距一般不小于 1～1.5m。　　　(李国鼎)

管内空隙容量　free space in storm sewers

又称自由容积。在雨水管渠设计中,各管段的雨水最大流量是不可能在同一时间内发生,而在管渠中产生没有充满水的无水空间。雨水管渠中各管段的雨水设计流量是按照相应于该管段的设计暴雨强度即最大流量计算的,但在一般情况下,各管段的最大雨水流量不大可能在同一时间内发生。即任一管段发生设计流量时,其他管段都不是满流(特别是上游管段),所以可以设想利用此上游管段存在的空隙容量,使一部分水量暂时贮存此空间内,起到调节管内最大流量的作用,从而降低高峰流量,减小管渠断面尺寸,降低工程造价。即采用延缓管内雨水流行时间的办法,迫使上游管段产生压力流,使雨水设计流量缩减。雨水管渠为暗管时,才能利用这部分空隙容量。　　　(孙慧修)

管群组合　assembly of pipes

按实际生产的各种孔道数目的水泥管,相互按一定规划排列的合理形式。一般情况下,水泥管道由四个孔和六个孔的管子,相互排列成一定的形体,除断面为正方形外,通常要求管道高度大于宽度,且不超过两倍,这主要是考虑到受力的需要及节省开挖尺寸。　　　(薛发 吴明)

管式避雷器　tube arrester

灭弧间隙装在产气材料制成的灭弧管内、与隔离间隙相串联,没有阀片的避雷器。它分有纤维管式避雷器和无续流管式避雷器。　　　(陈运珍)

管式电除焦油器　pipe-type electrical datarrer

以许多金属圆管为沉淀极,以金属导线布置在管中心轴上为电晕极的电除焦油器。其外壳为圆柱形,下部为带有蒸汽夹套的锥形底。沉淀管固定在上、下两个栅板上;电晕极导线为上、下两框架拉紧,框架为顶部绝缘箱所悬吊。沉淀极与壳体相联,与电晕极绝缘。绝缘箱内保持洁净,温度维持 90～100℃以防止焦油,蒸汽及萘等凝结。燃气自侧下方引入,通过栅板进入各沉淀管并向上流过,除焦油后燃气从侧上方(或顶部)引出。沉淀极捕集的焦油自流落入锥形底,由于蒸汽夹套加热增加了焦油流动性而顺利排出。　　　(曹兴华 闻望)

管式反渗透器(除盐)　tubuler reverse osmosis apparatus (desalination)

以管式膜为主要部件组成的除盐装置。有内压管式和外压管式两种,常用内压管式,如图所示。将许多单根的管状膜以串联或并联方式衬在相应的耐压微孔管套内壁,含盐水在压力推动下,从管内透过膜并经套管的微孔壁渗出管外成为淡化水,再由外壳收集引出。内压管式进水流态好、装卸方便、易清洗;但单位体积内膜表面积较小。

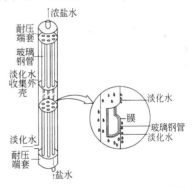

(姚雨霖)

管式静态混合器　static mixer

在工艺流程的管线中,用流体的能量作为混合能源的混合器。把不同形状的静止导流叶片,安设于投药点后的管道中,工作介质流动过程中产生切割分流、交叉混合、反向旋流,使该管段内任何两个横截面处同一瞬时的浓度虽不一定相同,但在任一截面上,整个截面各处的浓度则是完全均匀的。给排水工程应用的管式静态混合器,其导流叶片的结

构,应根据雷诺数确定。常用叶片形式有椭圆形、螺旋形、复合形等。 (李金根)

管式配水系统 duct type distribution system

冷却塔中由输水干管、配水管和喷头组成的配水系统。具有通风阻力较小,水量调节方便的优点;但所需压力较大,配水不够均匀,尤其在水量发生变化时,不能充分发挥淋水装置的散热能力,影响冷却效果。其布置形式,有树枝状和环状两种。树枝状一般用于小型冷却塔,环状一般在冷却塔面积较大时使用,布水均匀性较好。 (姚国济)

管网 pipe network

将输水管线送来的经过净化的水,分配给城镇用水户的管道系统。在配水管网中,各管线所起的作用不同,分有配水干管、配水支管和接户管。配水管网的布置形式,根据城镇规划、用水户分布及对供水安全可靠程度的要求,可布置成枝状管网或环状管网。 (王大中)

管网供气 distribution by network

对城镇或居民区以管道供应气态液化石油气的方式。由于用气量很大,故在大型气化装置内使液化石油气强制气化,然后沿输管系统向各类用户供气。为防止液化石油气在管道冷凝,应根据温度条件确定适当的压力级制及调压方式。

(薛世达 段长贵)

管网平差 pipe network balancing

在环状管网水力计算中,为消除各环路水头损失的闭合差,通过调整流量分配再进行计算的过程。在并联管路中,水流由一个节点沿两条管线流至另一个节点时的水头损失应是相等。所以在一个环内,如以顺时针水流方向的各管段水头损失为正值,以逆时针水流方向的各管段水头损失为负值,则两者的代数和应等于零。但初步流量分配不当时,往往不能使各个环路正、负水头损失之和为零,所以产生了环路水头损失闭合差。为此要将各管段分配的流量进行调整,以使闭合差等于零或使其收敛在规定的允许范围内。但此时要同时保证每一节点流量之和(即流入节点与流出节点的流量之和)等于零。 (王大中)

管网水力计算 pipe network hydraulic calculation

以最高日最高时用水量计算出管网中各管段的管径和水头损失,再从控制点所需自由水头和管网水头损失确定水泵扬程或水塔高度的计算过程。管网水力计算的内容和步骤包括:①计算管网中干管总长度;②计算干管比流量;③计算干管沿线流量;④计算节点流量;⑤将集中流量就近分配到节点上;⑥将供入管网的流量沿各节点进行分配,确定各管段的计算流量;⑦利用经济流速和计算流量,确定管

段的管径;⑧计算各管段的水头损失。环状管网则要求闭合差在允许范围之内,否则进行管网平差。再根据最不利点和用户要求的自由水头,结合一条最不利干管线路的水头损失之和计算出二级水泵站水泵扬程或水塔高度。在进行管网水力计算时,还要用其他水量、水压条件进行校核,这些水量、水压条件是:消防流量和水压;最大转输流量和设计水压;最不利管段损坏时的事故用水量和水压。

(王大中)

管线施工验收 acceptance check of pipe lines

已竣工的管道工程在交付使用前须经由主管单位、工程负责单位、卫生机关等组成专门的验收组,由施工承担单位办理验收移交。验收时应提交的文件包括:批准的工程设计及说明书;施工图,施工检查记录、变更设计文件;回土前管段的试验结果等。对已完工的工程,须按施工图纸作实地核查,所有误差缺陷应在一定范围。管线的直段使用灯光法(一端置蜡烛,一端置镜)检查。管径大于1.0m的混凝土、钢筋混凝土或砖砌下水道须进入管内检查,注意断面尺寸是否正确,内壁是否平滑,砌缝和接口位置有无漏水,是否有小孔隙或质地不匀称,以及干管中有无垃圾、碎石和污泥渣等。埋深低于水位线以下的管段应检查其泌水情况等,有关的验收结果均应用文件格式保存下来。 (李国鼎)

管子接头

见管道接口(110页)。

管座

见管道基座(110页)。

惯性除尘器 inertial dust separator

使含尘气流冲击挡板或使气流方向急剧转变,

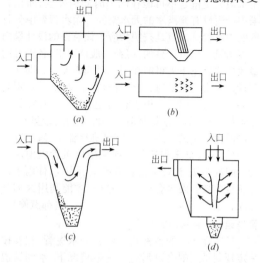

入口 出口 入口 出口
(a) *(b)*

入口 出口 入口
出口
(c) *(d)*

借助惯性力作用将尘粒从气流中分离的除尘装置。其结构形式多种多样,大致分为碰撞式和回转式两

类(如图,其中(a)和(b)分别为单级碰撞型和多级碰撞型,(c)和(d)为回转型,(d)又称百叶窗型)。气流速度愈高,气流方向转变角度愈大,转变次数愈多,除尘效率则愈高,但压力损失也愈大。适用于捕集粒径 $10\sim20\mu m$ 以上的尘粒。因易堵塞,对黏结性和纤维性粉尘不适用。宜用作多级除尘中的第一级。其压力损失依结构类型而异,一般为 $300\sim700Pa$。这类除尘器的除尘效率一般为 $50\%\sim70\%$。　　　　　　　　　　(郝吉明)

惯性飞轮 inertial flywheel

电机水泵驱动系统内设置一惯性飞轮以消除突然停泵造成水锤的装置。正常运行时,能量储于飞轮,与系统同速运转;当突然停泵,驱动机构停止运转,飞轮依惯性拖动水泵继续运转,直至储能耗尽。相应管道内水体流速缓慢降低,无突变,不致发生水柱拉断,从而回冲压力不高,不产生对电机、水泵和管道的破坏作用。　　　　　　　　(肖而宽)

惯性碰撞 inertial impaction

集尘机理的一种现象。含尘气体在运动过程中遇到障碍体(纤维、液滴等)时发生绕流,但粒径较大的粒子因其惯性继续保持其原来的运动方向,与障碍体碰撞而被捕集;粒径较小的尘粒将发生绕流继续流向前方而使粗细粒分离。这种机理已应用于除尘设备设计和大气颗粒物分级采样器。决定惯性碰撞集尘效率的因素主要有:①气体流速在捕集体(即障碍体)周围的分布,该分布随气体相对于捕集体流动的雷诺数而变化;②粒子运动的轨迹,可由斯托克斯准数表征;③粒子对捕集体的附着,通常假定为 100%。在多数除尘设备中,它是大颗粒捕集的主要途径。　　　　　　　　　　　　(郝吉明)

灌瓶转盘 circular filling machine

机械化灌瓶装置。常用转盘构造如下:转盘是一个沿主轴旋转的圆盘形金属结构承重台,台面上装有若干个自动灌瓶秤,空心主轴通过固定管道向转盘上的液化石油气管及压缩空气管供应液化石油气及压缩空气,后者用于气动灌装接头,钢瓶放在自动灌瓶秤后,可人工或自动的连接灌装接头并打开阀门,转盘旋转一周后,正好达到规定的灌装量,这时卸下灌动接头并关闭阀门。

　　　　　　　　　　(薛世达　段长贵)

灌注式保温 poured insulation

用流动状态的保温材料以灌注方法形成保温层。如在直埋敷设管道的沟槽中灌注泡沫混凝土进行保温。又如在套管或模具中灌注聚氨酯硬质泡沫塑料,发泡固化后形成管道保温层。其特点是保温层为连续整体,有利于保温和对管道的保护。

　　　　　　　　　　(尹光宇　贺　平)

guang

光度计 photometer

根据光源通过试样时,被吸收的量和试样中的分析物浓度呈一定关系的原理制作的一种光谱成分分析仪器。试样有液体、固体、气体之分,光源可为电磁波谱中的紫外光、可见光或红外光,也有根据试样吸收光源电磁辐射能时,有些物质会产生荧光光子发射,其荧光强度和试样内物质浓度呈一定关系的原理制作。荧光光度计灵敏度比吸收光度计灵敏度高,一般可测到 ppb 级。　　　(刘善芳)

光化学烟雾 photochemical smog

又称洛杉矶型烟雾。系在阳光照射下,大气中的氮氧化物(NO_x)、碳氢化合物(HC)和氧化剂之间发生一系列光化学反应而生成的蓝色烟雾(有时带有紫色或黄褐色)。其主要成分有臭氧(O_3)、过氧乙酰硝酸酯(PAN)、酮类和醛类等。通过模拟实验,已初步明确 NO_x 和 HC 相互作用主要有以下过程:①大气中 NO_2 的光致分解是光化学烟雾形成的起始反应。②HC 被 HO、O 等自由基和 O_3 氧化,导致醛、酮、醇、酸等产物及重要的中间产物——RO_2、HO_2、RCO 等自由基的生成。③过氧自由基引起 NO 向 NO_2 的转化,并导致 O_3 和 PAN 等的生成。这些基本反应可以用最简化的化学反应方程表示。

反应种类	反应式
基本无机反应	1. $NO_2 + h\nu \longrightarrow NO + O$ 2. $O + O_2 + M \longrightarrow O_3 + M$ 3. $O_3 + NO \longrightarrow NO_2 + O_2$
HC 消耗反应	4. $HC + O \longrightarrow 2RO_2$ 5. $HC + O_3 \longrightarrow RO_2$ 6. $HC + HO \longrightarrow 2RO_2$
NO 氧化反应	7. $RO_2 + NO \longrightarrow NO_2 + RO$
自由基消耗反应	8. $HO + NO \longrightarrow HNO_2$ 9. $HO + NO_2 \longrightarrow HNO_3$ 10. $RO_2 + NO_2 \longrightarrow PAN$
其他反应	11. $HNO_2 + h\nu \longrightarrow HO + NO$ 12. $NO + NO_2 + H_2O \longrightarrow 2HNO_2$

此外,大气中的 SO_2 会被 HO、HO_2 和 O_3 等氧化成硫酸和硫酸盐气溶胶,成为光化学烟雾中的重要成分。HC 中挥发性小的氧化产物也会凝结成液滴气溶胶,而使大气能见度降低。光化学烟雾成分复杂,但对动、植物和材料有害的是 O_3、PAN 和丙烯醛、甲醛等二次污染物。人和动物受到的主要伤害是眼睛和黏膜受刺激、头痛、呼吸障碍、慢性呼吸道疾病恶化、儿童肺动能异常等。植物受到 O_3 的损害,开始时表皮褪色,呈蜡质状,经过一段时间后色素发生变化,叶片上出现红褐色斑点。PAN 使叶子背面呈银灰色或古铜色,影响植物生长,降低对病虫害的抵抗力。O_3、PAN 等还能造成橡胶制品老化、脆裂,使染料褪色,并损害油漆涂料、纺织纤维和塑料制品。

（马广大）

光化学氧化剂危害　damages of photochemical oxidant

大气中的氮氧化物和碳氢化物,在阳光紫外线照射下,发生十分复杂的光化学反应,产生二次污染物的危害。这些由光化学反应产生的具有氧化能力的二次污染物,如臭氧、硝酸、过氧酰基硝酸盐和乙醛等,统称为光化学氧化剂。它们悬浮在空气中,超过一定浓度即形成烟雾状的光化学烟雾,使受害植物叶子的正面出现小斑点,反面呈古铜色或银灰色。

（张善文）

光纤通信　optical fiber telecommunication

用光纤作为传输媒介,用激光作为传送信息运载工具的通信。光纤通信系统由光终端机、光缆和相关电信设备组成。具有信息量大、抗干涉和保密性强的特点。适用于多路通信、电视和高速数据传输。

（薛　发　吴　明）

光泳现象　photophoresis

光照在粒子内部引起温度梯度,在粒子周围的气体中也会出现相同的温度梯度,致使粒子产生热泳运动的现象。属热泳现象的一种特殊情况。光泳力取决于光照强度和波长,以及粒子大小、形状和组成等因素。它是粒子与其周围气体相互作用的结果,不会在真空中产生。

（郝吉明）

广播中心　broadcasting center

广播电台能自制节目、自办节目、播出节目,并具有录播、直播、微波及卫星传送和接收等功能或部分功能的广播电台。

（薛　发　吴　明）

广播系统设施　broadcasting system

用于发传信息而为一般公众能直接接收的系统设施。分为有线和无线广播两大类。两者均可传送声音和图像。只传送声音的称为"声音广播",同时送传送图像和声音的称为"电视广播"。不过一般习惯上将声音广播,称为广播电台,而将电视广播直接称做"电视台",有线广播主要由播出机构及有线传输、分配系统组成。

（薛　发　吴　明）

广州电视塔　Guangzhou television tower

1965 年建成。塔高 200m,塔底外接圆直径 50m,断面为八边形,呈双曲线型。由 $\phi70 \sim \phi75$ 圆钢组合构件组成。标高 127m 以上是电视发射天线。设计总耗钢量为 588.3t。标高 50.6m 和 98.4m 处设有总面积为 $594m^2$ 的游览平台各一个,塔架中央设有梯井架一个,有容量为 14 人快速电梯一部。

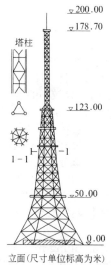

立面(尺寸单位标高为米)

（薛　发　吴　明）

gui

规划目标期　plan phases

见规划期。

规划期　plan phases

又称规划目标期。是指相对于规划基准年而划分的规划时间跨度。通常近期指 5a,中期为 5～10a,远期为 10～20a。根据具体规划任务的不同,它可能会有所区别。针对每个规划期,规划工作应提出明确的目标和战略步骤;针对近期目标,往往还要求提出比较具体的规划措施和项目清单。

（杜鹏飞）

硅肺病　silicosis

长期吸入游离二氧化硅粉尘而引起的肺疾病。其症状是肺纤维组织增多、肺弹性减退,并可出现限制性通气功能障碍等。病变进一步发展,引起弥漫性结节性纤维化和慢性支气管炎并发肺气肿,呼吸功能损害进一步加剧,并出现阻塞性通气功能障碍。

（张善文）

硅胶　silica gel

硅酸钠与硫酸反应生成的水凝胶,洗去硫酸钠后干燥制成的外观呈坚硬透明的颗粒状物质。其分子式为 $SiO_2 \cdot nH_2O$,是高度多孔的物质,孔径平均为 $20 \sim 30$Å,一般硅胶中残余水量约为 6%,在 954℃ 下灼烧 30min 即可除去。硅胶与液态水接触很易炸裂,产生粉尘,增加压降,降低有效湿容量。

（曹兴华　闻　望）

硅胶吸附脱除氮氧化物　remove nitrogen oxide by silica-gel adsorption

用硅胶作吸附剂吸附去除 NO_x 的技术。含 NO_x 废气经除尘和喷淋冷却后,以硅胶吸附,待饱和后,加热脱附再生。硅胶对 NO_x 的吸附随 NO_x 的分压增加而增加,随温度升高而降低,在超过 200℃ 时硅胶干裂,限制了它的应用范围。

（张善文）

gun

滚动支座　roller support

由安装(卡固或焊接)在管子上的钢制管托与设置在支承结构上的辊轴、滚柱或滚珠盘等部件构成供热管道活动支座。它可降低管道伸缩位移时的摩擦力。辊轴、滚柱式支座,管道轴向位移时,管托与滚动部件间为滚动摩擦,摩擦系数在 0.1 以下;但管道横向位移时其间仍为滑动摩擦。滚珠盘式支座,管道水平各向移动均为滚动摩擦。它需进行必要的维护,使滚动部件保持正常状态。

（尹光宇　贺　平）

guo

锅炉本体　boiler body

锅炉的基本组成部分。包括汽锅、炉子、蒸汽过热器、省煤器和空气预热器。供热锅炉除工厂生产工艺上有特殊要求外,一般较少设置蒸汽过热器;省煤器是广泛设置的尾部受热面;产热量较大的锅炉才设置空气预热器。汽锅是锅筒(又称汽包)、管束、水冷壁、集箱和下降管等组成的一个封闭汽水系统。炉子是煤斗、炉排、除渣板、送风装置等组成的燃烧设备。蒸汽过热器用于加热蒸汽,使从饱和温度上升到过热温度。省煤器用于预热进入锅筒的给水。空气预热器用于预热送入炉膛的新鲜空气。

（屠峥嵘　贺　平）

锅炉大气污染物排放标准(GB 13271-91)　emission standard of air pollutants for coal burning boilers

为贯彻《中华人民共和国环境保护法》和《中华人民共和国大气污染防治法》,促进锅炉行业科技进步,减少锅炉污染物排放,防治大气污染而制定的标准。它规定了主题内容和适用范围,说明了引用的标准和术语,以及技术内容和监测方法等主要控制燃煤产生的烟尘和 SO_2 对大气的污染。该标准于 1992 年 5 月 18 日由国家环境保护局和国家技术监督局联合发布,1992 年 8 月 1 日起实施,代号为 GB 13271-91 用它代替 GB 3841-83《锅炉烟尘排放标准》。

（姜安玺）

锅炉的热效率　boiler efficiency

送进锅炉的燃料全部完全燃烧所能发出的热量中用来产生蒸汽或加热水的热量所占的百分数。$\eta_{kl} = q_1 = Q_1/Q_r \times 100\%$,$Q_r$ 为每千克燃料带入锅炉的热量;Q_1 为有效利用热量。$Q_1 = Q_{gl}/B$(kJ/kg),Q_{gl} 为锅炉每小时有效吸热量(kJ/h);B 为每小时燃料消耗量(kg/h)。供热的蒸汽锅炉一般都是定期排污,在热平衡试验期间不进行排污,则蒸汽锅炉每小时有效吸热量 Q_{gl} 为 $Q_{gl} = D(i_q - i_{gs}) \times 10^3$ (kJ/h);D 为锅炉蒸发量(t/h);i_q 为蒸汽焓值(kJ/kg);i_{gs} 为锅炉给水焓(kJ/kg)。热水锅炉每小时有效吸热量 Q_{gl} 为 $Q_{gl} = G(i_2 - i_1) \times 10^3$(kJ/h);$G$ 为热水锅炉每小时加热水量(t/h);i_1、i_2 为热水锅炉进水及出水的焓值(kJ/kg)。

（屠峥嵘　贺　平）

锅炉对流受热面　convective heating surface of boiler

流动着的热烟气直接冲刷的受热面。烟气的热量主要通过对流换热传递给受热面,再传递给受热面另一侧的工质。这样的受热面有:水管锅炉中的对流管束,火管锅炉的烟管、锅筒受烟气冲刷的部分、省煤器、蒸汽过热器和空气预热器等。

（屠峥嵘　贺　平）

锅炉房的辅助设备　auxiliary equipment of boiler plant

为了完全可靠、经济有效地供热,使锅炉房的生产过程能持续不断地正常运行而设置的四个辅助系统:①运煤、除灰系统,是为锅炉提供燃料和送出灰渣的设备;②送、引风系统,是为锅炉中燃料燃烧提供所需要的空气和排出燃烧产物——烟气的设备;

③水、汽系统(包括排污系统),内含给水设备、水处理设备、分汽缸、排污管、排污降温池等设施;④仪表控制系统,是为了科学地管理锅炉房设备,达到安全、经济运行所装置的仪器、仪表。

(屠峥嵘 贺 平)

锅炉房设备 equipment of boiler plant

锅炉本体和锅炉房的辅助设备的总称。锅炉本体是锅炉的基本组成部分。为了保证锅炉房的生产过程能持续不断地正常运行,达到安全可靠、经济有效地供热尚需设置辅助设备。锅炉房的辅助设备包括:①运煤、除灰系统;②送、引风系统;③水、汽系统(包括排污系统);④仪表控制系统。

(屠峥嵘 贺 平)

锅炉辐射受热面 radiative heating surface of boiler

灼热的火床或火焰能直接辐射到的受热面。火床或火焰的热量主要通过辐射换热传递给受热面,再传递给受热面中的工质。属于辐射受热面的有水管锅炉中的水冷壁,火管锅炉中火床上方的炉胆及烟、水管锅炉中的水冷壁和锅筒的不绝热部分。

(屠峥嵘 贺 平)

锅炉给水泵 boiler feed-water pump

一种向锅炉输送高温高压液体的水泵。是利用除氧器贮水箱内的静水头灌入水泵吸入端,水泵运行输出高压水,通过加热器或直接向锅炉给水。按照锅炉不同参数,分亚临界锅炉给水泵(压力≤22.5MPa)和超临界锅炉给水泵(压力≥22.5MPa),泵的扬程都要在1800~3800m,甚至更高。按照设备的布置有100%容量机和50%容量机的构成形式。泵的结构有节段式和筒体式两种。筒体式泵体是双层结构,在内外壳体的空间充满保持压出压力的高压水,这样内壳体仅受外压,在流体压力作用下泵体结合面密封性很好,外壳体承受等于压出压力的内压,而且因为是单纯的圆筒形,设计、制造、检修都较方便,因此目前200MW以上的机组,所用的锅炉给水泵基本上都采用筒体式结构。泵的驱动形式有:①电动机直接驱动;②电动机+增速齿轮箱;③电动机+液力偶合器+增速齿轮箱;④专用汽轮机;⑤主透平+离合器+液力偶合器。供热锅炉常用的给水泵有汽动(往复式)给水泵、电动(离心式)给水泵和蒸汽注水器等。

(刘逸龄 屠峥嵘 贺 平)

锅炉排污 blowdown of boiler

为防止炉水中含盐量及碱度等指标超过规定值,在运行中将部分高浓度炉水排出,并补充等量的给水的措施。排污方法有:①连续排污,主要排除炉内表层高浓度水,也称表面排污;②定期排污,主要排除炉内底部沉积的水渣,也称底部排污。

(刘馨远)

锅炉排污量 blowdown content of boiler

锅炉运行中,为保持锅炉水的水质符合要求,单位时间内或一次所需排出的炉水数量。连续排污时,其数值等于锅炉蒸发量与排污率的乘积,单位以 m^3/h 表示;定期排污时,单位以 $m^3/$次表示。

(刘馨远)

锅炉排污率 blowdown ratio of boiler

连续排污时,单位时间内所排出的炉水数量与锅炉蒸发量之比值。其数值则按下式计算:

$$\varphi = \frac{a}{A-a}$$

φ 为排污率;A 为炉水含盐量或碱度的标准值;a 为给水含盐量或碱度。

(刘馨远)

锅炉水除碱 alkalinity removal of boiler water

从锅炉给水中除去形成碱度的碳酸盐和重碳酸盐的过程。锅水碱度过高,易引起金属壁苛性脆化,造成裂管爆锅事故;产生汽水共腾现象,使蒸汽湿度加大,破坏蒸汽品质,造成过热器积垢。锅炉水除碱有氢-钠离子交换、铵-钠离子交换、部分钠离子交换、石灰软化等方法,在除去硬度的同时除去碱度。

(屠峥嵘 贺 平)

锅炉水除氧 oxygen removal of boiler water

从锅炉给水中除去氧气的过程。锅水中含氧会导致金属壁的溃疡状腐蚀,损坏管道和锅筒。锅炉水除氧有热力除氧、真空除氧、解吸除氧、化学除氧、树脂除氧等方法。

(屠峥嵘 贺 平)

锅炉水处理 boiler water treatment

除去和减少锅炉给水水源中原水内的杂质使锅炉给水达到给水标准以保证锅炉安全、经济运行的工艺过程。锅炉给水取自天然水(源自江河湖海和地下)或水厂供应的自来水,这些原水都程度不同地含有各种杂质,如悬浮物、油类、形成硬度的钙镁盐、形成碱度的碳酸盐和溶于水中的氧气、二氧化碳气等。锅炉给水要求除去和减少这些杂质,达到给水标准,避免因锅炉给水含有较多的杂质,降低锅炉效率,破坏受热面,甚至发生锅炉爆炸等严重事故。锅炉水处理包括锅炉水软化、锅炉水除碱、锅炉水除氧等。

(屠峥嵘 贺 平)

锅炉水软化 softening of boiler water

从锅炉给水中除去形成硬度的钙镁盐类的过程。锅炉水软化可分为锅外水软化和锅内水软化。锅外水软化有:①化学软化,包括石灰软化,石灰-纯碱软化等;②离子交换软化,包括钠离子交换软化、氢-钠离子交换软化、铵-钠离子交换软化等;③物理软化,包括磁化法和高频水性改变法等。锅内水软化有:①加纯碱 Na_2CO_3 处理;②加磷酸盐处理;③加防垢剂处理;④石墨水处理;⑤柞木水处理;⑥烟秸水处理等。

(屠峥嵘 贺 平)

锅炉水质标准 boiler water quality criteria

为保证锅炉安全经济运行,对锅炉给水及炉水水质所作的法定要求。标准中根据锅炉炉型、工作压力的不同,分别列出给水和炉水应有的水质项目及其数据。此标准是锅炉房设计与运行管理的依据。

(刘馨远)

锅炉蒸汽(或热水)参数 parameter of steam or hot water boiler

蒸汽锅炉产生的蒸汽的参数是指锅炉出口处蒸汽的额定压力(表压力)和温度。锅炉如仅生产饱和蒸汽,一般只标明蒸汽压力;生产过热蒸汽的锅炉,则需要标明蒸汽压力和温度。热水锅炉产生的热水的参数是指锅炉进出口处热水的额定温度。

(屠峥嵘 贺 平)

国家及地方两控区污染防治规划 national and regional pollution prevention and control plan of bi-control areas

鉴于酸雨和二氧化硫污染危害居民健康,腐蚀建筑材料,破坏生态系统,造成巨大的经济损失,已成为制约中国社会经济发展的重要环境因素,中国已将控制酸雨和二氧化硫污染纳入《中华人民共和国大气污染防治法》,1998 年 1 月国务院批复了酸雨控制区和二氧化硫污染控制区(以下简称"两控区")划分方案,并提出了"两控区"酸雨和二氧化硫污染控制目标。在《国民经济和社会发展"十五"计划纲要》中,明确提出 2005 年"两控区"二氧化硫排放量比 2000 年减少 20%。"两控区"包括 175 个地级以上城市和地区,面积约 109 万 km^2,占国土面积的 11.4%。其中酸雨控制区总面积 80 万 km^2,占国土面积 8.4%;二氧化硫污染控制区总面积约 29 万 km^2,占国土面积 3%。"两控区"内总人口约占全国人口的 39%。"两控区"国内生产总值约占全国国内生产总值的 67%。"两控区"包括了四个直辖市和 21 个省会城市,全国 16 个沿海开放城市中有 11 个在"两控区"内,深圳、珠海、汕头、厦门四个经济特区全部在"两控区"内。酸雨污染控制区中的华东、华南酸雨区是中国经济增长速度最快的地区,也是中国对外开放的窗口,中国重要粮食生产基地长江中下游平原和四川盆地的大部分地区处于酸雨污染控制区内;二氧化硫污染控制区包括了中国环渤海经济圈的大部分城市以及中西部能源基地的重要工业城市。总之,"两控区"人口集中,工业发达,城市繁荣,在中国国民经济中占有举足轻重的地位。国家环境保护总局组织编制了《国家及地方两控区污染防治规划》,根据国民经济和社会发展"十五"计划纲要,提出"两控区"酸雨和二氧化硫污染控制的目标、实施方案及保障措施,并将二氧化硫排放量削减方案进行逐级分解和落实。

(杜鹏飞)

国家生态市(县)建设规划 eco-city construction planning

生态市(县)建设是生态示范区建设的延续和发展,是生态示范区建设的最终目标。已命名的国家级生态示范区及社会、经济、生态环境条件较好的地区,可对照指标体系的要求,结合当地的实际情况,开展生态市(县)创建工作。国家环境保护总局对生态市(县)规划提出明确要求:①要坚持因地制宜,从本地实际出发,发挥本地资源、环境、区位优势,充分整合各种资源,实施分类指导。②要突出当地特点,扬长避短,开拓工作思路,走出具有当地特色的可持续发展的新路子。③要与当地国民经济与社会发展规划(计划)相衔接,与相关部门的行业规划相衔接。创建生态省的省份所辖市、县编制规划时,还应与生态省建设规划相衔接。④要提高规划的可操作性,建设目标、任务应具体化,工作措施应尽可能做到工程化、项目化、时限化,任务分解到各有关部门、县(区)、乡镇。生态市(县)规划的编制,可以由所在地人民政府委托有关科研院所承担,也可以组织自身技术力量开展编制工作。参与编制规划的单位和人员应当具有相关规划编制经验,熟悉生态市(县)建设的要求。规划编制过程中,既要有经济、社会、环境、资源等领域的专家参与,也要有当地政府有关部门的管理人员和实际工作者参加,确保规划的科学性、前瞻性和可操作性。规划编制完成后,编制单位应当广泛征求当地政府各有关部门的意见,并经政府常务会议审议后,由省级环境保护部门组织专家进行论证。论证、修改后的规划经当地人大审议通过后,颁布实施。

(杜鹏飞)

国家生态示范区建设规划 national ecological demonstrate region construction planning

生态示范区是以生态学和生态经济学原理为指导,以协调经济、社会发展和环境保护为主要对象,统一规划,综合建设,生态良性循环,社会经济全面、健康持续发展的一定行政区域。生态示范区是一个相对独立,对外开放的社会、经济、自然的复合生态系统。生态示范区建设可以乡、县和市域为基本单位组织实施。生态示范区建设的根本目的,是实现区域经济社会的可持续发展:一方面要求大力发展经济,以满足广大人民不断提高的物质文化生活的需要;另一方面要求合理开发利用资源,积极保护生态环境,保护人类赖以生存和发展的物质基础,最终实现经济社会与生态环境的协调发展,走可持续发展的道路。因此,生态示范区建设规划是一个生态环境保护与社会经济发展相互协调的规划,制定时需要依据生态学和生态经济学的原理,规划由当地人大审议通过,或以当地党委、政府决议的形式确定下来,使之具有法律和行政的约束力,保证生态建设融入当地经济社会的整体发展中。在制定生态示范区建设规划过程中必须遵循以下原则:①环境效益、经济效益、社会效益相统一原则;②因地制宜的原则;③资源永续利用原则;④政府宏观指导与社会共同参与相结合原则;⑤国家倡导、地方为主的原则;⑥统一规划、突出重点、分步实施原则。　　　　　　(杜鹏飞)

过电压

见超电压(19页)。

过量空气系数 coefficient of excess air

实际空气量与理论空气量之比值。一般用 α 表示。α 值是燃烧设备运行的重要指标,其值大小与燃料种类、燃烧方式及燃烧设备的完善程度等有关。α 值太大会增加烟气的排烟热损失;α 值太小,则不能保证燃料完全燃烧。实际选用的 α 值:层燃锅炉为 1.3~1.5;煤粉炉为 1.15~1.25;燃油和燃气炉约为 1.1~1.2。　　　　　　(马广大)

过滤除尘器 particle collector by filtration

使含尘气体通过过滤材料以实现分离气体中固体粉尘的一种高效除尘设备。分内部过滤和表面过滤两种方式。前者把松散的滤料(如玻璃纤维)以一定体积填充在框架或容器内,作为过滤层,气体通过过滤层时颗粒物即被过滤层所截留。后者是采用织物等较薄滤料,将最初在表面的粉尘层(初层)作为过滤层进行微粒的捕集。内部过滤器主要用于通风及空调工程的进气净化,表面过滤器(如袋式除尘器)主要用于工业排气的净化,常用的有布袋或多孔材料除尘器,其除尘效率一般为 90%~99%。它的优点是结构简单、投资省、见效快、处理量大,且能捕集 1μm 以下的粒子;缺点是不适用于温度高、湿度大的含尘气体。　　　　　　(郝吉明)

过滤管 filter tube

又称过滤器,滤水管。安装于地下水含水层中用以集水和保护填砾与含水层稳定的管井组件。它的形式和构造对管井的出水量和使用年限有很大影响。对过滤管的基本要求是应有足够的强度、抗腐蚀性、良好的透水性和保持人工填砾与含水层的渗透稳定性。常用的过滤管有以下几种类型:①适用于裂隙岩、砂岩或砾岩含水层的钢筋骨架过滤管;②适用于粗砂、砾石、卵石、砂岩、砾岩和裂隙含水层的圆孔、条孔过滤管;③适用于卵石、砾石、中砂和粗砂含水层的缠丝过滤管及包网过滤管;④在缠丝过滤管外围填充人工反滤层的,适用于砂质含水层的填砾过滤管。　　　　　　(王大中)

过滤速度 superficial face velocity

气体通过滤料的平均速度。单位为 m/min 或 cm/s。工程上使用比负荷的概念,指每平方米滤布每小时所过滤的气体量。过滤速度或比负荷皆表示袋式除尘器处理气体的能力,是重要的技术经济指标。它的选择随气体性质、清灰方式和要求的除尘效率不同而异,一般选用 0.6~4.0m/min。经济上考虑,选用的过滤速度高时,除尘器体积、占地面积和钢耗量都小,但压力损失和耗电量却会增大。从滤尘机理上看,过滤速度的大小影响惯性碰撞作用和扩散作用。过滤细粉尘时应取较小滤速。　　(郝吉明)

H

hai

海底电缆 submarine cable

敷设于海洋中各种电缆总称,能承受海水的巨大压力。　　　　　　(薛　发　吴　明)

海底电缆登陆站 submarine cable landing station

用于大陆与大陆,大陆与岛屿或岛屿与岛屿之间的多路载波通信系统中在海缆引上大陆或大岛屿处所设置的增音站。这种站建在海边,距海岸几十米到 2~3km 处。它与陆上电缆载波站相似,包括主机房、自备发电机房,车库、办公室、食堂等。站址附近应有足够水量的淡水水源。

　　　　　　(薛　发　吴　明)

海缆连接箱 submarine cable connection box

又称电缆转换箱。海底增音机和海底电缆之间的过渡连接装置。除有短段连接电缆外,尚包括方向接头等多种设备。其功能除作为连接电气信号和电力传输外,还具有一定的抗拉、抗扭转、抗弯折等

性能。　　　　　　　　　　　（薛　发　吴　明）

海陆风　sea-land breeze

由大陆表面和海洋水面的热力差异所形成的地方性风。白天，陆地增温较快，海面上较重的冷空气流向大陆而形成海风；陆地上的暖空气向上抬升并从上层流向海洋。夜间情况正相反，下层是由温降幅度大的陆地吹向海面的陆风，上层则由海洋吹向陆地。海风厚度可达 1km，典型风速 4～7m/s，可深入内陆几十公里。陆风风速一般只有 2m/s 左右，高层反向气流则更弱。在内陆大面积水体附近也有类似的湖风系统。　　　　　　　（徐康富）

海水　sea water

覆盖在地球表面海洋水域中的水。总共约为 13 亿 6 千万 km³，而占地球表面 71% 的海洋聚集着地球上全部水量的 97.2%。海水量大，但因含盐量过高，而不能直接供生活饮用。其含盐量在 33 000～38 000mg/L 之间，平均为 35 000mg/L；对受河流影响的近海可低至 20 000mg/L；而近赤道的红海则高达 43 000mg/L；中国沿海总含盐量为 27 000～33 000mg/L。海水中的盐分主要是氯化钠、氯化镁、硫酸钠及少量的硫酸钙，其腐蚀性强，硬度较高，对碳钢的腐蚀率可达 0.5～1.0mm/a。如未经处理只宜作为工业冷却用水。经淡化处理后，可作为生活或工业用水。淡化主要方法有蒸馏法、离子交换法、电渗析法、反渗透法、冷冻法、溶剂萃取法、水合物法等。　　　　（朱锦文　潘德琦）

海洋处置　marine disposal

将污泥用管道或船舶运往深海倾弃的方法。由于环境污染，此法已不推荐使用。　　（张中和）

海洋中继站　marine relay station

用于将海底同轴电缆改为微波电路的安装相应设备而设置在大陆架边缘处一种半潜半浮式的圆筒形结构物。因为海底电缆在浅海区的可靠性差，因此，在某些工程中不用海缆直接登陆。

（薛　发　吴　明）

han

含氮化合物测定　determination of nitrogen

水中各种含氮化合物的测定。含氮化合物含量是一类重要的水质指标。氮是营养元素，是造成水体富营养化现象的主要原因之一。水中含氮化合物的测定项目因其化学形态和组成的不同，可分为有机氮、氨氮、凯氏氮、亚硝酸盐氮、硝酸盐氮和总氮等各项。它们的测定不但可以判断水体污染的程度，还有助于判断水体受动物性粪便污染的历程和水体自净的状况。如果水中的含氮化合物主要是有机氮和氨氮，则可认为此水新近受到粪便污水污染。由

于污水中常含有病原细菌，所以在卫生学上是危险的。如果含氮化合物大部分以硝酸盐氮的形式存在，则可认为污染已久，水体自净过程已基本完成，对卫生影响不大。当然，严格的细菌学检验对于保障水体卫生安全是同样必需的。　　（蒋展鹏）

含磷化合物测定　determination of phosphorus

对水中含磷化合物的测定。磷是生物生长必需的元素之一，但与氮素一样，也是造成水体富营养化现象的主要原因。天然水中一般磷含量不高，化肥、农药、合成洗涤剂等工业废水和生活污水中会含有较多的磷。水体受污染后，磷含量过高（＞0.2 mg/L）时会导致藻类过度繁殖、水质恶化。因此，磷是评价水质的一个重要指标。水中含有的磷绝大多数以各种形式的磷酸盐（包括正磷酸盐——PO_4^{3-}、HPO_4^{2-}、$H_2PO_4^-$ 和缩合磷酸盐——焦磷酸盐、偏磷酸盐、多磷酸盐等）存在。此外，也有有机磷化合物。水中磷的测定按其是否能通过 $0.45\mu m$ 的滤膜而分为溶解性磷和悬浮性磷，两者之和就是总磷。总磷也可分为无机磷和有机磷。测定时先将水样经 $0.45\mu m$ 的滤膜过滤，其滤液分成两份：一份供溶解性正磷酸盐的测定；另一份经消解后可测得溶解性总磷。另取同一水样不过滤，直接经消解后使全部磷转变为正磷酸盐，可测得总磷。常用的消解法有：过硫酸钾消解法、硝酸-硫酸消解法、硝酸-高氯酸消解法等。正磷酸盐的测定法有钼酸铵分光光度法、氯化亚锡比色法和离子色谱法。

水中磷的测定结果可用 PO_4^{3-} 的 mg/L 表示，也可以 P 的 mg/L 计。

1 mg PO_4^{3-}/L = 0.34 mg P/L

1 mg P/L = 3.06 mg PO_4^{3-}/L

（蒋展鹏）

含水层储气　water aquifer storage

利用含水砂层储存燃气。地质构造是由含水砂层及其上有一个不透气的背斜覆盖层组成。含水砂层就是储气的岩层，它的渗透性很重要。渗透性高，排水时能够很快压回，并可回收部分注气能量，燃气扩散时水位呈平面形。岩层渗透性越小，工作气与垫层气的比例就越小，燃气扩散时水位呈弧形。含水砂层地质结构深度要求在 400～700m。此外覆盖层应为背斜层，平面覆盖层结构不好，垫层气量太多。根据采注气的需要，地面应设过滤、压缩、冷却、脱水、脱硫、调压等设施。　　（刘永志　薛世达）

含盐量　saline content, salinity

又称矿化度。水中的溶解盐类，阴阳离子含量的总和。单位以 mg/L 表示。是衡量水的纯度的一个指标。　　　　　　　　　　　（潘德琦）

含油废水　oily or greasy wastewater

石油、化工、钢铁、机械、运输、洗毛、食品、屠宰、油脂加工等生产过程中排出的含有油类污染物的废水。所含的油类根据其化学成分分为两大类：第一类是原油和矿物油的液体部分，属碳氢化合物；第二类是动物和植物的脂肪，由不同链长的脂肪酸和甘油形成的甘油三酸酯组成。含油废水具有多种危害。挥发性油类存在火灾、爆炸的危险。含油废水排入天然水体后，水面形成的油膜会妨碍空气中的氧传递进水中，易使水体产生厌氧状态。油类黏附在鸟类羽毛和鱼鳃上将影响它们的正常生理功能。某些油类还是动植物和微生物的细胞膜组分类脂化合物的溶剂，具有生物毒性。根据油类在水中的存在形态，可分为：分散油（悬浮油粒和浮油）、乳化油和溶解油三类。去除含油废水中的分散油主要采用重力分离法，去除乳化油多采用气浮法，溶解油的去除较困难，需采用生物法。　　　（张晓健）

汉堡电讯塔　Hamburg communication tower

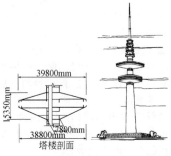

德国汉堡电讯塔，1968 年建成，塔高 284m，塔身高 204m，钢天线杆高 80m。塔身为钢筋混凝土圆锥筒体，底部直径 16.5m，顶部直径为 6m。两个塔楼为扁平的铁饼形。上塔楼为主要技术层。下塔楼分为三层，设餐厅、咖啡厅和封闭的游览平台。
　　　　　　　　　　　　　　（薛　发　吴　明）

汉诺威电视塔　Hannovec television tower

德国汉诺威电视塔高 80m。用两个椭圆形管柱，中间用蝶形联系块连接，使其共同工作。

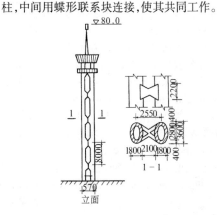

　　　　　　　　　　　　　　（薛　发　吴　明）

hao

好氧生物处理　aerobic biological treatment

又称需氧生物处理，好氧氧化。利用好氧微生物（主要是好氧菌）在有氧的条件下，分解污水中有机物质的过程。习惯上称污水好氧生物处理为生物处理。污水生物处理的最终产物是二氧化碳、水、氨、硫酸盐和磷酸盐等。处理彻底时，还可产生硝酸盐。这些都是稳定的无机物质。目前，主要用于去除污水中溶解的和胶体的有机物质。但同样也能处理含酚、腈、醛等有毒物质的工业废水。有机物的好氧分解过程如图示：

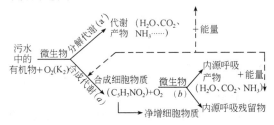

污水中的溶解性有机物通过细菌的细胞壁和细胞膜为细菌吸收；固体的和胶体的有机物先附着在细菌体外，由细菌所分泌的外酶分解为溶解性物质再渗入细菌细胞。细菌通过自身的生命活动——氧化、还原、合成等过程，将一部分被吸收的有机物氧化成简单的无机物，并放出细菌生长、活动所需要的能量，而将另一部分有机物转化为生物体所必需的营养质，组成新的细胞物质，产生更多的细菌。当有机物充足时，细胞物质大量合成，内源呼吸不显著。它分有活性污泥法、生物膜法、氧化塘法、土地处理系统和污泥好氧消化法等。

　　　　　　　　　（肖丽娅　孙慧修）

好氧塘　aerobic pond

塘水较浅，水中藻类生长繁茂，主要由藻类光合作用供氧，塘水全部呈好氧状态，由好氧微生物降解有机污染物的一种稳定塘。形成菌藻共生体系是本工艺的主要特征，细菌对有机物进行分解，生成 CO_2 等代谢产物为藻类所利用，藻类光合作用所产生的氧溶解于水又为细菌所利用。本工艺在自然条件方面的要求是：气候温暖、阳光充足；建塘地址地势较高、风力较强。对入流污水的要求是应经过良好的以沉淀为主的预处理。根据施加的有机物负荷，本工艺可分为三种类型：①高负荷好氧塘，有机物负荷高达 $80\sim160\ \mathrm{kgBOD}/(10^4\mathrm{m}^2\cdot\mathrm{d})$，停留时间 $4\sim6\mathrm{d}$，塘水深 $0.3\sim0.5\mathrm{m}$，BOD 去除率可达 $80\%\sim95\%$；②普通好氧塘，有机物负荷 $40\sim120\mathrm{kgBOD}/(10^4\mathrm{m}^2\cdot\mathrm{d})$，停留时间 $10\sim40\mathrm{d}$，塘水深可达 $1.0\mathrm{m}$，BOD 去除率也是 80%～95%；③深度处理好氧塘,主要用于处理二级生物处理的出水,使污水达到高度处理效果,其有机物负荷很低,一般<5 kgBOD/($10^4$$m^2$·d),停留时间 5～20d,水深也是 1.0m 左右,BOD 去除率为 60%～80%。此外,在兼性塘后经常串联好氧塘,使污水得到进一步的处理,在这种情况下,有机物负荷取值 40～60 kgBOD/($10^4$$m^2$·d),水力停留时间 4～12d,水深<1.0m,出水 BOD 值一般不高于40mg/L,但进水 BOD 值应在 100mg/L 以下。美国专家奥斯沃尔德(Oswald)曾对本工艺进行过科学研究和调查研究工作,结果提出了本工艺的氧平衡计算法。此外还有维纳-威廉(Wehner-Wilhelm)计算,但最常用的还是有机物表面负荷法。该工艺的缺点是占地面积大,不宜用于大量污水的处理。此外,在处理水中含有大量的藻类,在排放前应加以去除,以免造成二次污染。这也是一项很实际的缺点。

(张自杰)

好氧消化　aerobic digestion

对污泥持续进行曝气而不供给外来营养的消化工艺。污泥中的好氧菌逐步进入内源消化阶段,最后趋于稳定。此法简单易行;但耗能大,且不能回收污泥气。　　　　　　　　　　　　　(张中和)

好氧氧化

见好氧生物处理(122 页)。

耗氧量　oxygen consumed（OC）

见高锰酸盐指数(95 页)。

耗氧速率

见氧利用速率(331 页)。

he

合成代谢　anabolism

又称合成作用,同化作用(assimilation)。微生物不断地从其周围环境吸取营养物质合成为它自身细胞物质的过程。在此过程中需要吸收能量,能量一般取自微生物本身的分解代谢,又可分为还原吸热与酶合成过程。　　　　　(彭永臻　张自杰)

合成纤维滤料　synthetic fiber

用合成的高分子化合物作原料,经化学和物理方法加工而制得的纤维过滤材料的统称。主要有聚酰胺纤维、聚酯纤维、聚丙烯腈纤维、聚乙烯醇缩甲醛纤维等品种。聚酰胺纤维滤料宜在温度为 353K 以下的场合使用,耐磨性能好,耐碱不耐酸。聚丙烯腈纤维滤料耐温性能好,但耐磨性差,耐酸不耐碱。聚酯纤维滤料耐热耐酸性能好,耐磨性仅次于聚酰胺纤维滤料,长期使用温度为 400K 以下。

(郝吉明)

合流泵站　combined stormwater pump station

设于合流制排水管道上的排水抽升设施。类似雨水泵站,但由于旱流时城市污水流量较小而持续,且水质较污浊,故一般除设雨水泵供雨季使用外,还设污水泵抽引旱流。根据管网的设计截流倍数,一般将旱流与初雨径流排入污水处理厂,而将超过截流倍数的合流污水抽升排入水体。

(张中和)

合流制　combined system

用同一管渠系统收集和输送城镇污水和雨水的排水方式。一般常指雨水和污水合流。雨天流量大时,部分排水截流从溢流井直接排入水体、部分排入污水处理厂;晴天只有污水流量全部排入污水处理厂,经处理后排入水体或再生利用。　　(魏秉华)

合流制排水系统　combined sewerage system

将生活污水、工业废水和雨水混合在同一管渠内排除的排水系统。最早出现的合流制排水系统,是将排除的混合污水不经处理直接排入就近水体,使受纳水体严重污染。常采用的是截流式合流制排水系统。　　　　　　　　　　(罗祥麟)

河床式取水　river-bed intake

从河心进水口取水方式。取水构筑物通常由位于河心的取水头部、进水管(自流进水管、虹吸进水管)、集水井和泵站四部分组成。河水经取水头部的进水孔,沿进水管流入集水井,然后由水泵抽走。集水井与泵站可合建或分建。该类型取水方式适于河岸较平坦,枯水期主流距岸边较远,岸边水深不够或水质不好而河心有足够水深或较好水质的情况。由于集水井与泵站建于河岸,可免受洪水冲刷和流冰冲击。但取水头部和进水管经常淹没在水下,遇有泥砂淤积、水草和冰凌堵塞时清理较困难。按照是否设进水管和进水管形式不同,又分为自流进水管取水、虹吸进水管取水、水泵吸水管直接吸水和不设进水管的桥墩式取水。　　　　　(王大中)

河道冷却　cooling by river

利用河道水面散失热量,并与上游河水混合,降低冷却水水温的一种冷却方式。是水体冷却的形式之一。一般根据工程的具体条件,利用物理模型试验或数学模型计算,确定河段水面的冷却能力,取水温度和河段的水温分布,并结合技术经济分析,选择取水和排水工程的最优布置方案。　　(姚国济)

核能供热　heat supply based upon utilization of nuclear energy

以核裂变产生的能量为热源的城镇集中供热方式。国际上利用现有核电站或其他反应堆的余热供热已有多年的历史,其中原苏联、美国、法国、原西德、瑞典、瑞士等国都有反应堆用于城镇供热的实例。但由于这种核电站反应堆具有可能发生堆芯熔化事故的概率,不允许建在居住密集区附近,需要敷设很长的热网管线,使投资和热损失增高,致使难于为城市供热。不少国家正在研究、开发和建造专门用于供热的反应堆。其中一种为池式供热堆,已投入运行的有加拿大的 slowpoke——Ⅲ池式自然循环小型轻水堆;正在开发研究的有瑞典的 ASEA—ATOM 公司的 SECURE 加压池式供热堆。另一种为壳式供热堆,正在建造之中的有俄罗斯的 AST—500 型微沸腾自然循环多层保护的反应堆,德国也正在研究同样类型的反应堆。中国清华大学核能研究所改造了原有的池式实验反应堆,于 1983 年 11 月成功地向所内三幢面积共 1000 余平方米的建筑物供暖;热功率为 5MW 的微沸腾自然循环壳式供热试验堆也于 1989 年冬投入试运行。

(蔡启林　贺　平)

核能供热厂　nuclear heating plant

安装低温核反应堆的热源,作为单纯供热的工厂。输出 100℃ 左右的热水进入城镇供热网。这种装置的经济功率为 100~200MW,供应基本负荷,而在峰值负荷期间则和传统的锅炉联合供热。由于该反应堆的工作参数低,安全性能好,可以建在城市中心附近。其供热系统一般有三个不同的水回路,各回路把热量传给下一回路。一回路水和堆芯接触,通过在反应堆容器内的一回路主热交换器把热量放给中间水回路,中间回路水把热量带出反应堆容器传给二次热交换器,并由它把热量交给三回路,即热网水循环回

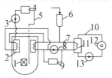

1—反应堆的反应区;2—内装式换热器;3—清洗系统用泵;4—清洗过滤器;5—清洗回路;6—中间回路的容积补偿器;7—中间回路;8—循环泵;9—中间回路清洗过滤器;10—热网;11—热网加热器;12—热用户;13—热网水泵

路传输至热力站。由于中间回路是一个独立的、密封的回路,压力高于第一回路,确保一回路放射性水不漏入热网,热用户安全有绝对保证。图示是核能供热厂原则性热力系统。　　(蔡启林　贺　平)

核能热电厂供热系统　heat-supply system based upon nuclear cogeneration plant

和普通的热电厂原理相似,只是用核反应堆代替燃用矿物燃料的锅炉的供热系统。右图是建在瑞士 Beznau 核热电厂供热系统的流程。这种热电厂要占很大地上面积以容纳反应堆和辅助装置,必须位于有冷却水供应和运输方

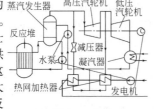

便的地方。由于存在发生堆芯熔化事故而危害群众的概率,必须建在远离要服务的供热地区。

(蔡启林　贺　平)

荷电时间常数　charging time constant

颗粒荷电量达到饱和电量的一半时所需要的时间。其表达式为

$$t_0 = \frac{4\varepsilon_0}{N_0 ek}$$

ε_0 为真空介电常数;e 为电子电量;N_0 为离子或电子浓度;k 为气体离子的迁移率。t_0 随离子浓度而变化,与场强和粒径无关。不同气体的离子其迁移率也有所变化,但通常并不明显,大约是 2×10^{-4} $m^2/(s \cdot v)$。当 $N_0 = 5 \times 10^{14}$ 个离子$/m^3$ 时,$t_0 = 0.002s$。　　　　　　　　　　　　(郝吉明)

hei

黑龙江电视塔　Heilongjiang television tower

总高 336m,全钢结构。上部天线段高 117m。塔身为正八边形抛物线。标高 180~214m 为八层塔楼,总计建筑面积 3600m^2。

(薛　发　吴　明)

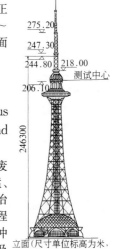

立面(尺寸单位标高为米,其余为毫米)

黑色金属冶炼与压延废水
wastewater from ferrous metal smelting, forging and rolling

又称钢铁冶炼与轧钢废水。在黑色金属(泛指铁、锰、铬及铁基合金,专指钢铁)的冶炼与轧制(或锻压)加工过程中,因冷却设备、洗涤废气、冲洗表面酸洗废液、水淬炉渣及冲运铁皮等而产生的废水。按水质分为净废水和浊废水两大类。对炼铁高炉、炼钢炉、轧钢加热炉及铁合金炉等工业设备进行间接冷却所产生的废水,一般仅水温升高而不含其他污染物,称净废水,将其冷却并投加水质稳定剂后可循环使用。而用水与物料(如高炉煤气、转炉烟气、钢锭、钢材等)直接接触所产生的废水,含有较多的悬浮物、油、酚、氰、酸等污染物,称浊废水,在回收有用物质或去除污染物后,方可重复使用或排入水体。常用的处理方法有沉淀、气浮、氧化、中和、过滤及磁力分离等。

(金奇庭　俞景禄　张希衡)

黑乌德直径

见投影面积直径(285 页)。

heng

亨利定律　Herry's law

阐明气体在一种液体中的溶解度与该气体压力之间的定量关系的定律。一般表达式为 $P_A = K_A X_A$，P_A 为气体 A 在气相中的分压，以大气压计；X_A 为气体 A 在溶液中的溶解度，以摩尔分率计；K_A 为亨利系数，量纲为大气压/摩尔分率。在 $P_A < 0.1\text{MPa}$ 时，K_A 不受分压 P_A 的变化的影响。在 $P_A > 0.1\text{MPa}$ 时，K_A 与 P_A 有关；在此情况下，K_A 值只能在相应的分压范围内应用。水处理中 P_A 一般小于 0.1MPa，K_A 仅是温度的函数。该定律严格地说适用于理想气体稀溶液及气体与溶剂之间不发生化学反应的场合，对多数常温下的气体稀溶液亦可适用。水处理中涉及的大多数是大气条件下的稀溶液，故亦可适用。

（王志盈　张希衡　金奇庭）

恒沸液　azeotropic mixture, azeotrope

蒸馏操作是以液体混合物各组分的挥发度不同为依据的，若某沸点时被分离组分在液相中的摩尔分率和达气液平衡时在气相中的摩尔分率相等，即两组分在两相中的比率相等，表明该沸点时蒸馏分离无法完成。在此沸点时的混合液称为恒沸液，组分称为恒沸物。在混合液沸点-组成图中，恒沸状态表现为 x 和 y 曲线相交于一点；在混合液 y-x 图中，则表现为曲线与对角线重合。

（张希衡　刘君华　金奇庭）

恒功率负载　constant power load

生产机械负载转矩与转速成反比，使功率恒定的负载。负载大，阻转矩也大，采用低速；负载小，阻转矩也小，采用高速，使功率恒定。　（许以傅）

恒位箱

见平衡池(208 页)。

恒温型疏水器　thermostatic steam trap

利用蒸汽和凝水的温度差别通过温度敏感元件动作实现阻汽疏水的装置。主要有双金属片式、波纹管式和液体膨胀式等。其共同特点是：漏汽量小，凝水可过冷却排出，安装位置不受限制；但不适于环境温度较高处采用。　（盛晓文　贺平）

恒转矩负载　constant torque load

生产机械在任何转速下，负载转矩总是保持恒定或大致恒定的负载。这类负载多数呈反阻性，即负载转矩的极性随转速方向的改变而改变，总是起反阻转矩作用，如轧机、运输机等。也有位能性的，负载转矩的极性不随转速方向的改变而改变，如电梯、提升机、起重机的提升机构等属于此类。

（许以傅）

横担

见线担(313 页)。

横道图

见水平进度图表(268 页)。

横杆　horizontal member

沿塔桅周边基本上成水平方向的杆件。它也是塔桅结构中的主要受力杆件之一，有时也与横膈兼用。

（薛发吴明）

横膈　cross strut

沿塔桅结构的竖向，每隔一定距离设置的塔体内部水平构件。它的作用是保证塔身的几何形状不变和塔柱有良好的工作条件。可以是杆件结构、刚性圈梁、预应力拉条等。

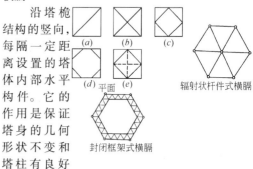

（薛发吴明）

横流式冷却塔　crossflow type cooling tower

热水由塔顶向下，空气与水流方向正交，进行热交换的冷却塔。图示是冷却塔的一种形式。由于空气侧方向流过，通风阻力较小，淋水密度增大时，对风机的影响不大，同时由于进风口与淋水装置同高，减小了塔的高度，降低了塔的造价。淋水装置顶至底部与塔的垂直中轴线具有收缩倾角。收水器安装在塔的中央。

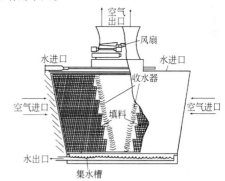

（姚国济）

衡器　blance

氯(氨)瓶专用称重用具。衡器上设钢瓶架，液氯(氨)随蒸发重量而逐步减轻，衡器的刻度至某一称重，即指示瓶内液氯(氨)耗用情况。衡器常用有移动式杠杆增砣秤、数字式台秤、字盘式台秤、电子式台秤，大型水厂也有采用地衡。　（李金根）

hong

虹吸进水管　syphon intake pipe

利用虹吸作用将河床式取水头部进水导入集水井的管道。由于虹吸高度最大可达7m,故可以大大减少管道埋深,减少敷设管道的土石方量,缩短工期,节约投资。适用于河漫滩较宽、河岸为坚硬岩石、埋设自流进水管开挖大量土石方而不经济或管道需穿越防洪堤的情况。虹吸管在低水位启动时先要抽真空,启动较慢,运行管理不便。虹吸管必需保证不漏气,对管材及施工质量要求高,与自流进水管相比可靠性较差。应设置至少两条虹吸管,当一条虹吸管停止工作时,其余管道的通过流量应满足事故用水量要求。　　　　　　　　　（王大中）

虹吸控制阀

见滤前水位恒定器(186页)。

虹吸式吸泥机　siphon-suction dredger

利用池内外水位差,以虹吸原理,将池内沉淀污泥排放至池外排泥渠内的设备。整机由驱动机构、桁架虹吸管路系统和抽吸真空装置组成,或与潜水泵组合成泵吸虹吸式。适用于平流沉淀池和斜板斜管沉淀池。　　　　　　　　　　　（李金根）

虹吸式移动冲洗罩设备　siphon suction type movable hood equipment

滤料洗后水用虹吸方式排除的移动冲洗罩设备。多格小阻力滤池的一种冲洗设备。罩体与虹吸管连成一个密闭的整体,虹吸管出口下垂至池外排水沟,全套设备设在可移动的行车上。至需冲洗的滤格上,罩合后即与其他滤格分隔,经抽吸真空形成虹吸,滤格内水体逆向流动,自下而上对砂层进行洗净,洗后水经虹吸管排除。冲洗步骤,由编程器控制,定时逐格冲洗。罩移动速度,通常为 $1.0\sim1.5$m/min,冲洗强度 15L/($m^2\cdot s$),冲洗时间 $5\sim7$min,过滤周期 $12\sim20$h。　　　（李金根）

hou

后处理　post-treatment

为保证纯水或高纯水输送至终端使用时仍符合水质要求所采用的处理方法。根据纯水水量、水质要求不同,处理方法有:①设一台终端混合床或微孔滤膜过滤器,或者它们两者串联;②有混合床与微孔滤膜过滤器的小循环系统;③带有超滤的终端装置;④封闭循环后处理系统。　　　（姚雨霖）

后氯化　post-chlorination

在沉淀过滤以后进行加氯的反应。氯是一种黄绿色气体,当冷却至 -34.05℃ 或在 15℃ 时加以

0.6MPa(6 个大气压)则形成琥珀色液体。在自来水厂中,原水经加混凝剂反应,生成绒体,再经沉淀、过滤后,需加入适量的氯,进行消毒。氯在水中形成次氯酸 $HClO$,能渗透过细菌的细胞壁,破坏细菌体内起新陈代谢作用的酶,使细菌被杀灭,以保障饮水者的安全。如遇水中有氨存在,则会生成氯胺,氯胺也有消毒作用,但较次氯酸为弱。后氯化的加氯量一般要求与水接触 30min 后,至少仍留有余氯 0.50mg/L。　　　　　　　　　　（岳舜琳）

候播室

见演员休息间(327 页)。

候话间　waiting telephone room

又称候话厅。供已登记了长途电话,而等待接通会话的客户临时休息的房间。

（薛　发　吴　明）

hu

弧形闸门　door arched penstock

钢结构圆弧形门叶,用支臂铰支于铰座上启闭的闸门。一般铰心就是弧面的圆心,故水压力总是通过铰心,启闭闸门阻力小。按其铰心轴位置不同有横轴弧形闸门和竖轴弧形闸门。弧形闸门都是焊接钢结构,弧形门与门槽的密封都用橡胶止水条,按工况条件,橡胶止水条分有各种不同的形式。其驱动装置均用电机。　　　　　　　　　（肖而宽）

互感器　voltage and current transformer

电力系统中供测量和保护用的重要设备。可分为电压互感器和电流互感器。电压互感器将高电压变成标准的低电压(100V 或 $100/\sqrt{3}$V);电流互感器将高压系统中的电流或低压系统中的大电流,变成低压的标准的小电流(5A 或 1A),用以给测量仪表和继电器供电。其作用:①与测量仪表配合,对线路的电压、电流、电能进行测量。与继电器配合,对电力系统和设备进行过电压、过电流、过负载和单相接地等保护。②使测量仪表、继电保护装置和线路的高电压隔开,保证人身和设备的安全。③将电压和电流变换成统一的标准值,以利于仪表和继电器的标准化。　　　　　　　　　　（陈运珍）

戽斗排砂　discharge sand by bucket

靠戽斗将沉砂池内沉砂排至池外的排砂方法。

（魏秉华）

hua

滑动支座　sliding support

由安装(卡固或焊接)在管子上的钢管托与下面

的支承结构构成的供热管道活动支座。它承受管道的垂直荷载,允许管道在水平各向滑动位移。根据管托横截面的形状,有"U"形槽式、丁字式和弧形板等形式。管托与支承结构间的摩擦面,一般设计成钢对钢摩擦,摩擦系数约为 0.3。为了降低摩擦力,有时在管托下放置减摩材料,如聚四氟乙烯塑料等,可使摩擦系数降低到 0.1 以下。

(尹光宇 贺 平)

化粪池建造 constructing septic tank

处理建筑生活污水化粪池的施工。在建筑物附近无城市排水管或有排水管而不允许直接排入时,均需要设置化粪池,经初步处理后排入城市下水管或水体中。排入水体时,须经环保部门的同意。一般采用矩形池,小型者也可采用圆形,水泥砂浆砖砌,池径不小于 1m。砌筑方法与圆形检查井类似,但在池的设计水面深处留有进出管孔,再上砌渐收缩池径,直到标准池盖。池内壁及底均用防水砂浆抹面,进出管与池壁孔间隙用砂浆填实,矩形池用砖砌或钢筋混凝土浇筑,砖砌池在地基较好时,先浇混凝土基础,上砌池壁及隔墙,池壁砌到水深处留进出管孔,隔墙距池底半深处留过水孔,顶上留通气孔,当砌到池顶后,上盖预制钢筋混凝土板或现浇筑板,板上每间池室上部有检查孔,孔上盖有铸铁井盖,池内全部以防水水泥砂浆抹面。若有地下水时,池外亦需抹面,高出地下水位 250mm,池底还须作混凝土地基。进出管与池壁孔间隙用水泥砂浆填实,进出口丁字管伸进水下 400mm。钢筋混凝土池需作混凝土基础,再浇筑钢筋混凝土底板,板上浇筑池墙及池内隔墙,池墙上进出管与隔墙上过水孔和通气孔与砖砌池同,惟进出管可以浇筑于墙上,丁字管伸水下 400mm。池顶浇筑盖板,每间均有出入孔,上盖铸铁井盖,池内全部以水泥砂浆抹平,经检查合格后,覆土夯实。

(王继明)

化工固体废物

见化学工业固体废物。

化合氯 combined chlorine

当水中有氨氮、铵盐或有机氮存在时,加氯后生成几种氯胺。其反应式为

一氯胺 $NH_3 + Cl_2 \longrightarrow NH_2Cl + HCl$

二氯胺 $NH_3 + 2Cl_2 \longrightarrow NHCl_2 + 2HCl$

三氯胺 $NH_3 + 3Cl_2 \longrightarrow NCl_3 + 3HCl$

形成氯胺的形式和量与水的 pH 值和氯对氨的比有关。在一般的情况下,水的 pH 值在 7.0 以上,则一氯胺占优势。其缺点是杀菌力缓慢,需较长的接触时间和较高的余氯浓度才能完成饮用水消毒的目的。优点是稳定性好,能保持较长的时间,起持续杀菌作用。水厂根据水质和净水条件,选择适当的消毒工艺。

(王维一)

化学沉淀法 chemical precipitation process

向水中投加化学药剂,使之与水中的溶解物质生成难溶于水的化合物,沉淀析出,使水得到净化的方法。给水处理中,化学沉淀法可用于水的软化处理,去除钙、镁硬度。废水处理中,可去除重金属离子,如汞、镉、铅、锌等。化学沉淀法的处理系统一般包括:投药、混合、反应、沉淀、沉渣处置等部分。用于废水处理的化学沉淀法,根据所用沉淀剂的不同,可分为:①氢氧化物沉淀法:多以石灰为沉淀剂,产生的氢氧根离子与水中的金属离子(以符号 M^{n+} 表示)生成难溶于水的 $M(OH)_n$,沉淀去除。可用于去除多种金属离子。②硫化物沉淀法:以硫化钠或硫化氢为沉淀剂。因为金属硫化物一般比金属氢氧化物更难溶于水,此法特别适用于处理用氢氧化物沉淀法仍不能达到排放标准的含汞、含镉等废水。③其他沉淀法,如碳酸盐沉淀法、钡盐沉淀法等。 (张晓健)

化学动力学控制 control of chemical dynamics

反应过程总速度决定于化学反应速度的反应过程。在多相催化反应中,过程总阻力由外扩散、内扩散和化学反应三部分阻力组成。当反应物在催化剂颗粒内表面反应阻力较大,速度较慢,而内、外扩散阻力均很小,则过程总速度主要受化学反应的动力学控制。 (姜安玺)

化学法脱硫 desulfurization by chemical method

以化学反应为主要单元操作的脱硫工艺。实际上在化学反应之前,往往先进行 SO_2 的吸收或吸附。该脱硫法很多,如石灰法(又可分为干法和湿法)、双碱金属法、韦氏再生法等。 (张善文)

化学腐蚀 chemical corrosion

由于和周围介质直接进行化学反应,金属遭到破坏或性能恶化的过程。 (姚国济)

化学工业固体废物 chemico-industrial solid waste

简称化工固体废物。化学工业生产过程中产生的种类繁多的固体工艺渣和浆状废弃物。如硫铁矿烧渣、纯碱白灰渣、合成氨煤造气炉渣、化学矿山尾矿渣、蒸馏釜残渣、废母液、废催化剂等。此外,还有除尘设备产生的粉尘;废水处理产生的污泥;报废的旧设备及化学品容器等。它的特点是产生量大,一般生产每吨产品产生 $1\sim3t$ 固体废物;危险废物种类多,对人体健康和环境危害大;此外,化工生产过程中事故泄漏造成的危害也是很严重的,亦是不可忽视的问题。 (俞 珂)

化学耗氧量(COD)测定仪 COD analyzer

测定水和废水中的无机物和有机物耗氧能力的仪器。化学耗氧量是评价水中有机污染物相对含量

的一项综合指标。高值 COD 常用重铬酸砷化学分析滴定法测定,低值 COD 常用高锰酸钾化学分析滴定法测定。也有用恒电流库仑与滴定的电化学分析法测定,其优点是快速、简便,重现性好,测量范围:0~10、100、1000mg/L,精度 5%。有化验室测定和自动测定仪两大类。　　　　　　(刘善芳)

化学混凝除磷法　chemical coagulation phosphorus removal

用投加混凝剂沉淀去除污水中磷酸盐的过程。常规混凝沉淀工艺可去除磷 95%。在生化系统中投加混凝剂,可不另建混凝沉淀设施,投药点可在初次沉淀池前,也可在曝气池中,磷的去除率可达 75%~85%。用常规法费用较高,但可靠性和灵活性均较好。　　　　　　　　　　　(张中和)

化学浸蚀　chemical erosion

大气中的污染物(如 H_2S、SO_2、Cl_2 等)直接和材料发生化学反应引起的材料损伤过程。如硫化氢和银反应生成黑色硫化银;与氧化铅反应生成黑色硫化铅。被损伤的金属在外形、色泽以及机械性能方面都发生变化,以致机械设备、仪器仪表的精密度和灵敏度乃至寿命大大降低。　　　　(张善文)

化学清洗　chemical cleaning

利用酸、碱、有机螯合剂,分散剂等化学药剂,溶解、清除附在金属表面的污垢、水垢等的方法。有酸洗、碱洗、氨洗、污泥剥离、溶剂清洗等。适用于金属表面处理要求高的设备清洗。　　　(姚国济)

化学未完全燃烧热损失 q_3　heat loss due to chemical incomplete combustion

排烟中含有尚未燃尽的 CO、H_2、HC 等可燃气体所造成的热损失。它与燃料特性、燃烧设备结构及其内部温度、过量空气系数大小等因素有关,所占比例较小。如对于机械炉排炉一般为 0.5%~2%,煤粉炉和油、气炉一般为 0~1%。　(马广大)

化学吸附　chemical adsorption

在吸附过程中,吸附剂与吸附质之间靠化学键力而造成的吸附。其特征为化学反应也是放热反应,且放热量大,与一般的化学反应热相当;其吸附速度随温度升高而增加,宜在较高温度下进行吸附操作。它有显著的选择性,吸附稳定,脱附困难,所以它是不可逆过程。它和物理吸附很难分开,往往相伴发生;同一物质可能在较低温度下进行物理吸附,而在较高温度下进行化学吸附。　(姜安玺)

化学吸收　chemical absorption

气相的吸收质与液相吸收剂接触并发生吸收时,伴有明显的化学反应发生的吸收过程。即气相中吸收质首先由气相主体扩散至气-液相界面,随后再由界面向液相主体扩散,同时与液相吸收剂或其活性组分发生化学反应。多用于气体净化,如用硫酸吸收氨、用碱液吸收硫化氢等均属此类。

　　　　　　　　　　　　　　　　(姜安玺)

化学需氧量　chemical oxygen demand（COD）

在一定严格的条件下,水中各种有机物质与外加的强氧化剂 $K_2Cr_2O_7$ 作用时所消耗的氧化剂量。结果用氧的 mg/L 来表示。它是水样中加入重铬酸钾,在强酸性条件下,加热回流 2h(有时还加入催化剂),使有机物质与重铬酸钾充分作用被氧化的情况下测定的,因此该法可将水中的绝大部分有机物质氧化,但对于苯、甲苯等芳烃类化合物则较难氧化。严格说来,化学需氧量也包括了水中存在的无机性还原物质,但通常因废水中有机物的数量大大多于无机性还原物质的量,因此在一般情况下,它可以用来代表废水中有机物质的总量。

在有些文献、书刊中,化学需氧量和耗氧量亦统称为耗氧量或化学耗氧量,极易混淆和引起歧义。两者的测定虽然都是使有机物质与强氧化剂作用,但所用强氧化剂的种类、测定的条件均不相同,测定结果数值也相差很大。为避免差错,有时亦称化学需氧量为重铬酸钾化学需氧量或重铬酸钾耗氧量。

　　　　　　　　　　　　　　　　(蒋展鹏)

化学氧化还原法

见氧化还原法(331 页)。

话传室　phonogram office

用电话(或设小交换机)传递电文的通报方式叫话时电报,为此设置的房间叫话传室。这个房间要求有安静的环境,防止外来噪声干扰话传。

　　　　　　　　　　　　　(薛　发　吴　明)

huan

还土

见沟槽回填(104 页)。

还原剂　reducing agent

能还原其他物质而自身被氧化的物质。也就是在氧化还原反应中失去电子的物质。废水处理中常用的还原剂有:①活泼金属,如 Fe、Zn、Al 等;②低价态金属离子(如 Fe^{2+})及低价态非金属离子及其含氧酸根离子(如 S^{2-}、SO_3^{2-}、HSO_3^-);③中性分子(如 SO_2 等);④电解槽阴极。废水处理中,可用还原剂处理有毒金属离子(如将 Hg^{2+} 还原为金属汞、还原 Cr^{6+} 为 Cr^{3+})。　　(王志盈　张希衡　金奇庭)

环丁砜法脱硫　desulphurization with sulfolane

用环丁砜和烷基醇胺混合水溶液吸收煤气中硫化氢。与此同时尚能净化二氧化碳、有机化合物、重饱和烃和芳烃。环丁砜化学名称为 1,1 二氧化四氢噻吩。烷基醇胺可采用一乙醇胺或二异丙醇胺。脱硫在高压、低温下进行。吸收酸性气体后的富液经减压阀蒸解析出硫化氢得到再生，经加压、冷却后送回吸收塔循环使用。为了保证吸收剂对硫化氢的吸收能力，在原料液含饱和烃与芳烃超过允许含量时，必须先除去烃类后再脱硫。

（曹兴华）

环境承载力 environmental capacity

又称环境承载能力。某一时刻环境系统所能承受的人类社会、经济活动的能力阈值。它是环境系统功能的外在表现，即环境系统具有依靠能流、物流和负熵流来维持自身的稳态，有限地抵抗人类系统的干扰并重新调整的自组织能力，它反映了人类与环境相互作用的界面特征。从指标分析的角度，它包含三个方面的内容：①资源供给指标，如水资源、土地资源和生物资源等；②社会影响指标，如经济实力、污染治理投资、公用设施水平和人口密度等；③污染容纳指标，如污染物的排放量、绿化状况和污染物净化能力等。它的概念起源于环境容量，起初仅限于环境对人类活动产生污染物的消纳能力，在科学研究与实际应用中它的内涵逐渐扩展，更接近于生态承载力的概念，即从资源、人类社会、纳污环境这一综合系统出发，以新陈代谢的视角解剖整个系统的运行过程。在实际运用中有时与环境容量不加区别，有时存在与生态承载力的混用，但环境容量和生态承载力之间有着本质的区别。 （杜鹏飞）

环境承载能力 environmental capacity

见环境承载力。

环境费用 environmental costs

为维护一定的环境质量而支付的各项直接费用和间接费用的总和。主要包括污染控制费用和污染经济损失。在一定的源强分布下，它是和一定的环境质量相对应的。对环境质量的要求越高，所需付出的污染控制费用就越大，所产生的污染经济损失则越小。定量反映这种关系的控制费用曲线和污染经济损失曲线会有一个交点，在此交点附近，所需的环境费用较小。主要由这两种曲线叠加而成的环境费用曲线也存在着一个环境费用最低点。此最低点和上述交点所对应的环境质量区间，通常视为可接受的环境质量范围。 （徐康富）

环境功能区划 zoning of environmental functional district

依据社会经济发展需要和不同地区在环境结构、环境状态和使用功能上的差异，对区域空间进行的合理划分。它研究各环境单元的承载力（环境容量）及环境质量的现状和发展变化趋势，揭示人类自身活动与环境以及人类生活之间的关系，是环境规划与管理的一项基础工作。由于其自然条件和人为利用方式不同，每个地区所执行的环境功能不同；每个地区执行的功能不一样，对环境的影响程度也不一样；对环境影响程度不一样，要求不同地区达到同一环境质量标准的难度就不一样。因此，考虑到环境污染对人体的危害及环境投资效益两方面的因素，在确定环境规划目标前常常要先对研究区域进行功能区的划分，然后根据各功能区的性质分别制定各自的环境目标。功能区是指对经济和社会发展起特定作用的地域或环境单元。事实上，环境功能区也常是经济、社会与环境的综合性功能区。在环境规划中进行功能区的划分，一是为了合理布局；二是为确定具体的环境目标；三是为便于目标的管理和执行。对于未建成区或新开发区、新兴城市等，环境功能区划对其未来环境状态有决定性影响。

（杜鹏飞）

环境管理信息系统 environmental management information system

一个对环境管理信息收集、传送、储存、加工、维护和使用的人－机系统。它服务于环境管理部门，从全局出发辅助环境管理。建立环境管理信息系统的目的旨在利用现代化技术手段，反映和预测环境污染状况、环境质量变化及规律，实现环境数据管理的规范化和计算机化，提高环境监测数据的利用率。实现环境监测、环境管理和环境决策的科学化。它的功能通常包括：①为环境管理部门提供数据和信息存储方法——基础数据库系统；②提供环境管理的数据统计、报表和图形编制方法；③建立环境污染的若干模型，为环境管理决策提供支持；④提供环境保护部门办公软件。传统管理信息系统（MIS）是伴随着企业管理的需求而不断发展，因此在数据库管理和数据模型方面具有优势，发展也比较成熟；但空间分析操作和信息显示、表现方面较为困难，而空间分析和空间数据管理正是地理信息系统（GIS）的优势。环境工作者可以利用 GIS 进行空间数据的分析和运算，揭示不同信息间的相互关系，更好地解决现实中的环境问题。根据中国当前的经济因素、技术条件、人员素质和实际工作的需要，建设地方性、专题性和技术性的管理信息系统是符合当前环境管理的实际需要。它可以充分考虑到当地的具体的、典型的环境情况，抓住主要矛盾，重点处理当前主要环境问题，有效地解决环境问题。 （杜鹏飞）

环境规划 environmental planning

为使一个特定区域的环境与社会经济协调发展，把"社会-经济-环境"作为一个复合生态系统，依据社会经济规律、生态规律、地学原理，通过对其发展变化趋势进行研究,而对该区域内未来一段时期的人类自身活动和环境所做的时间和空间上的合理安排。其实质是一种克服人类经济社会活动和环境保护活动盲目性和主观随意性的科学决策活动。它的研究对象是"社会-经济-环境"这一大的复合生态系统,在空间尺度上,可以大到整个国家,也可以小到一个区域(城市、省区、流域);在内容上,有城市环境规划、流域污染治理规划、城市生态规划等。它的任务在于使该系统协调发展,维护系统良性循环,以谋求系统最佳状态。它具有整体性、综合性、区域性、动态性、信息密集和政策性强等特点。其主要内容是合理安排人类自身活动和环境。其中既包括对人类经济社会活动提出符合环境保护需要的约束要求,还包括对环境的保护和建设做出的安排和部署。它是在一定技术经济条件下对一定区域的经济社会发展与环境保护做出的整体优化,必须符合一定历史时期的技术、经济发展水平和能力。按照环境规划所涉及的环境要素的多少,可以将其划分为单要素环境规划与综合环境规划两大类。

　　　　　　　　　　　　　　　(杜鹏飞)

环境规划目标　targets of environmental planning

　　对环境规划对象(如区域、城市和工业区等)未来某一阶段环境质量状况的发展方向和发展水平所作的规定。它是环境规划的核心内容之一,既体现了环境规划的战略意图,也为环境管理活动指明了方向,提供了管理依据。它应体现环境规划的根本宗旨,即:要保障国民经济和社会的持续发展,促进经济效益、社会效益和生态环境效益的协调统一。它必须与一个地区的经济社会发展水平和环境发展水平相适应。既不能过高,也不能过低,要做到经济上合理、技术上可行、社会上满意。只有这样,才能发挥它对人类活动的指导作用,也才能使环境规划纳入国民经济和社会发展规划成为可能。它的种类很多,一般按规划内容可以将其划分为环境质量目标和污染物总量控制目标两大类;按规划目的则可以划分为环境污染控制目标、生态保护目标和环境管理目标三类。此外,还有按规划时间分为短期(年度)、中期(5～10a)、长期(10a以上)目标;按空间范围分为国家、省区、县市各级环境目标等。对特定的森林、草原、流域、海域、山区也可规定其相应的目标。从总体看,上一级环境目标是下一级环境目标的依据,而下一级目标则是上一级目标的基础。

　　　　　　　　　　　　　　　(杜鹏飞)

环境规划学　science of environmental planning

　　在20世纪初期伴随着日益严峻的环境问题而出现的、以研究环境规划基本理论和方法为主要任务的环境科学的分支科学之一,是一个重要的新兴交叉学科。它将系统科学、规划学、预测学、社会学、经济学以及计算机和最优化等技术手段与环境科学相结合,应用到环境保护领域。侧重于研究环境规划的理论与方法学问题,是应用性、实践性很强的学科。它的主要研究内容包括:①理论性问题,如:环境规划的概念、研究内容、指导原则,环境规划指标体系等;②方法学问题,如:社会-经济-环境系统模拟、预测,环境功能区划,环境规划的目标制定与评价,环境规划方案评价和筛选等;③综合性问题,如:环境规划信息系统的开发;④其他,如:环境规划的社会公平问题,不同的政治、经济、管理体制下的环境规划及其实施问题,公众参与问题等。它产生于20世纪60年代末70年代初,当时环境规划作为预防环境问题产生的有效手段之一,开始得到社会的承认,并在实践中不断得到发展和完善,提出来一系列亟待解决的理论与方法学问题,促进了环境规划学的诞生。目前,环境规划学获得了迅速发展,环境科学与工程、计算机技术、3S技术的发展,为环境规划提供了更加优越的工具和手段,在国家重大环境决策中发挥着越来越重要的作用。　　(杜鹏飞)

环境经济效益　environmental economic benefit

　　由污染防治措施的实施所减少的污染经济损失。这种相对效益和控制费用一起构成了环境项目效益分析的两个基本方面,藉以选择合适的环境目标和相应的控制方案。　　　　　(徐康富)

环境空气质量标准(GB 3095)　quality standard of air environment

　　根据《中华人民共和国环境保护法》的规定,为控制和改善大气环境质量,保护人民健康和生态安全,促进经济发展而制订的大气环境保护法规。由国务院环境保护领导小组于1982年4月6日颁布。其内容分四条,包括大气环境质量标准分级和限值、大气环境质量区的划分及其执行标准的级别、大气污染物的监测方法以及该标准的实施和管理方面的规定等。1996年修订的《环境空气质量标准》GB 3095－1996规定了二氧化硫(SO_2)、总悬浮颗粒物(TSP)和可吸入颗粒物(PM_{10})等9种污染物的浓度限值。　　　　　　　　　　　(姜安玺)

环境容量　environmental capacity

　　在保证其基本结构和功能不发生不可恢复的改变的前提下,某一特定的环境单元,所能容纳的污染物排放量。是反映环境自然净化能力的一个复杂的量,其数值可表征污染物在环境中的物理、化学变化及空间机械运动性质,实际应用中常以污染物的允许排放量作为它的简化表达。按照环境要素的不同,可以分为大气环境容量、水环境容量和土壤环境容量等。在使用中,有时与环境承载力不加区分。

(杜鹏飞)

环境卫生监测　environmental sanitary monitoring

对环境卫生基本情况的监测。通过该监测以掌握环境卫生的基本情况,为预防和控制疾病,保护居民健康提供科学依据。它的主要内容包括:公共场所卫生监测、化妆品卫生监测、城市集中式供水的卫生监测、二次供水系统的卫生监测、自备集中式供水的卫生监测、分散式供水的卫生监测、医院污水处理的卫生监测、生活垃圾场的卫生监测、室内环境危害因素监测。监测的主要项目包括有毒与有害物质的监测和微生物、病毒的监测。

(杨宏伟)

环境物理监测　environmental physical pollution monitoring

对物理(或能量)因子热、声、光、电磁辐射、振动及放射性等强度、能量和状态的测试。主要包括噪声、振动、辐射、光污染、热污染等多种监测因子。

(杨宏伟)

环境因素　environmental factors

微生物生理活动的条件。对曝气池混合液中微生物所处的周围环境条件有:温度、pH值、溶解氧浓度、营养物浓度、有毒物质浓度、氧化还原电位及F∶M值等。这些因素与微生物的代谢功能、酶的活性有着密切关系,对曝气池的正常运行和有机污染物的降解都有重要的影响。

(彭永臻　张自杰)

环境影响评价制度　system of environmental impact assessment

将环境影响评价工作作为国家或地方某种法律形式所做的规定。它带有强制性,就是对环境有重大影响的开发建设项目必须做出环境影响评价报告,评价开发该项目对自然环境、社会环境、经济环境的影响程度,提出减轻危害的措施。中国于1986年颁发"建设项目环境保护管理办法"中明文规定了"凡从事对环境有影响的建设项目都必须执行环境影响报告书的审批制度",并对环境评价内容、评价单位资格和责任做了明确规定。

(姜安玺)

环绕式排水系统　around drain system

排水流域的干管分散布置,沿城镇周围再敷设截流主干管,将污水送至污水处理厂的系统。由干管、主干管、排水泵站、污水处理厂、出水口等组成。

常用于城镇分流制污水集中排除,建造规模较大的污水处理厂。

(魏秉华)

环枝状燃气管网　combined branch and loop gas networks

兼有环状和枝状的燃气管网。通常管网的主干管道采用环状而次要管道采用枝状;用户集中、供气量大、可靠性要求高的管网采用环状,其他地方的管网可采用枝状。

(李猷嘉)

环状管网　pipe network grid system

将配水干管布置成环状的一种配水管网。这种配水管网,当任意一段管道损坏时,可将这段管道用阀门与其相连接的管道分隔开,而不影响管网其余管线的供水,所以被停水的用户较少,供水安全可靠程度较高。但环状管网的管线总长度相对较长,造价较高。

(王大中)

环状管网水力计算　hydrodynamic calculation of looped networks

采用平差方法对环状管网所进行的水力计算。按水力学原理,每个管环的压力损失代数和应等于零;如果不等于零,就要调整各管段的燃气流量,一再复算,直至符合要求。因不准管环压力损失的代数和出现差值,故称管网平差。环状管网各管段的压降分配也有一个优化问题,因此,常应用电子计算机和数学模型进行环状管网的水力计算。

(李猷嘉)

环状燃气管网　looped gas networks

燃气管道各支管末端互相联结、整个管道系统构成若干闭合环的管道系统。环状管网的经济性较差而可靠性较好。

(李猷嘉)

缓冲用户　interruptible customer

为了调节城镇用气不均匀性而选择的间歇性燃气用户。大型工业企业、火电站和锅炉房等,都可作为城镇燃气供应的机动用户。夏季用气低峰时,把余气供给它们,而冬季高峰时这些用户改烧固体或液体燃料,用此方法以平衡城镇用气的月不均匀性和部分日不均匀性。

(王民生)

缓冲止回蝶阀　butterfly buffering check valve

又称蝶式缓冲止回阀。形同蝶阀,其蝶板直接绕固定轴作旋启运动的止回阀。开启时,利用介质的作用力将蝶板开启,并带动缓冲缸运动;关闭时,液压缸阻尼,使蝶板按规定的程序关闭。一般分快慢关两阶段。

(肖而宽)

缓冲作用　buffering

厌氧生物处理构筑物中的消化液所具有的缓冲作用。因为消化液中含有因有机物在消化降解过程产生的重碳酸盐(HCO_3^-)和碳酸(H_2CO_3),所以它是一种缓冲溶液。在厌氧消化过程中,如果酸性消化的速度超过碱性消化的速度时,有机酸就会积累,使 pH 值降低,不利于碱性消化,但消化液是一种缓冲溶液,具有抵抗这种使介质的 pH 值少量下降的影响,pH 值比较稳定,保持甲烷菌的弱碱性消化条件。为此,要求在厌氧生物处理构筑物中的碱度保持在 2 000mg/L 以上,最高为 3 000mg/L。同时,为了使碱性消化能顺利地进行,有机酸含量应维持在2 000mg/L 左右或以上。

(肖丽娅　孙慧修)

缓垢剂

见阻垢剂(375 页)。

缓蚀剂　corrosion inhibitor

又称腐蚀抑制剂。能减缓或降低金属腐蚀作用的药剂。按抑制电极反应的种类,可分为阳极型缓蚀剂,阴极型缓蚀剂及两极型缓蚀剂;按药剂的化学性质,可分为无机缓蚀剂及有机缓蚀剂;按成膜机理,可分为钝化膜型缓蚀剂,沉淀膜型缓蚀剂及吸附膜型缓蚀剂。　　　　　　　　　(姚国济)

换气井　vent shaft

设有通风管以排除有害气体的检查井。用于排除管渠中易燃、易爆、有毒、有害的气体。在管道中沉积的有机物厌气发酵时产生的甲烷、硫化氢、二氧化碳等气体,为了防止这些气体产生爆炸甚至引起火灾以及保证检修工人的操作安全而设置的。其构造如图。

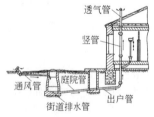

(肖丽娅　孙慧修)

换热器　heat exchanger

实现两种温度不同的流体进行热量交换的设备。换热器按热交换方式分为表面式(间接式)换热器和混合式(直接接触式)换热器两大类型。在城镇供热系统中,常用的换热器有汽-水换热器、水-水换热器和空气加热器等。换热器是集中供热系统热源和热力站中一个重要设备。它可用于热源处加热热网水和锅炉给水,也可用于热力站加热供暖用户的循环水和热水供应用户的自来水。它的计算包括热力计算、阻力计算和强度计算。

(盛晓文　贺 平)

换热器的热力设计计算　design heating calculation of heat exchanger

根据换热器的要求传热量、加热介质和被加热介质的参数确定换热器传热面积的计算。单位面积的传热量取决于换热器的传热温差和传热系数。传热温差一般按换热流体的对数平均温差计算,也可按算术平均温差计算。对于水加热器,水的流速是影响传热系数的主要因素之一。流速越大,传热系数越大,但流动阻力也增大。常用的壳管式换热器推荐管内水流速为 1～3m/s,管外水流速为 0.5～1.5m/s。

(盛晓文　贺 平)

换热器的热力校核计算　proof heating calculation of heat exchanger

已知换热器传热面积来确定换热器传热能力的计算。在校核计算中,两种流体的进口、出口温度不是全部已知值,无法首先确定其传热温差和传热系数。因此,一般要采用试算法确定出加热介质与被加热介质热量相等时的工况,由此确定换热器的换热能力和相应的未知温度参数值。除上述试算法外,换热器热力校核计算也可用传热学的效能-传热单元法(ε-NTU 法)的原理进行计算。

(盛晓文　贺 平)

换热器对数平均温差　logarithmic mean temperature difference of heat exchanger

换热器热力计算中,以对数形式表示的换热流体之间的平均温差。以公式形式表示为 $\Delta t = (\Delta t_d - \Delta t_x)/\ln(\Delta t_d/\Delta t_x)(℃)$,$\Delta t_d$、$\Delta t_x$ 分别为换热器入口及出口处流体的最大、最小温差。

(盛晓文　贺 平)

换热器算术平均温差　arithmetic mean temperature difference of heat exchanger

换热器热力计算中,以简单的算术平均值的形式表示的换热器流体之间的平均温差。以公式表示:$\Delta t = (\Delta t_d - \Delta t_x)/2(℃)$,$\Delta t_d$、$\Delta t_x$ 为换热器入口、出口处流体的最大、最小温差。当 $\Delta t_d/\Delta t_x \leqslant 2$ 时,算术平均温差的误差<4%。

(盛晓文　贺 平)

换向机　reversing machine

控制焦炉燃烧系统气流换向的动力设备。上升气流和下降气流每隔20min 或 30min 换向一次。上升气流时,煤气换向阀门和空气盖板开启而废气铊关闭;下降气流时相反。上述阀门、盖板和铊杆分别与富煤气拉条、贫煤气拉条、空气拉条和废气拉条相连。换向机通过传动轴分别带动上述拉条。传运过程必须按先关闭煤气,然后交换空气和废气,最后开启煤气的顺序进行。换向机按传动方式分为机械传动与液压传动两种。

(曹兴华　闻 望)

huang

黄磷工业污染物排放标准（GB 4283－84） effluent standards for of pollutants from phosphor industry

根据中国环境保护法，为防治黄磷工业生产排放的废水、废渣和废气对环境的污染而制订的法规。城乡建设环境保护部于 1984 年 5 月 18 日发布。其内容共四条，包括黄磷工业污染物排放标准的分级、标准值及其依据的监测分析方法等。适用于黄磷生产厂或车间。　　　　　　　　　　（姜安玺）

磺化煤 sulphonating reagent

用浓硫酸对褐煤、烟煤进行磺化处理所得的产物。是离子交换剂的一种。由于磺化，引入大量磺酸基，可进行有效的离子交换，属强酸性阳离子交换剂。它制作简单，原料价廉，化学稳定性，机械强度尚好，但与离子交换树脂比，有较大差距。目前仍有应用。　　　　　　　　　　（刘馨远）

hui

灰尘

见粉尘（83 页）。

灰渣泵 ash pump

可供电站中水力除灰和矿山输送含有砂石混合液体的卧式单级单吸悬臂式离心泵。由于灰渣在流道中通过，因此磨损严重，所以泵体内配置一个带有环形流道的护套作为易损件更换，叶轮带有背叶片以减小填料函处的压力，叶轮和护板之间有间隙，可通过轴上的调整螺母来调整，以保持稳定的性能。　　　　　　　　　　（刘逸龄）

挥发酸 volatile acids

含有六个或少于六个碳原子的脂肪酸。可溶于水，并在大气压力下能被蒸汽蒸馏出来。这种挥发性酸通常以醋酸的当量来表示。
　　　　　　　　　　（肖丽娅　孙慧修）

挥发性固体 volatile solids

又称灼烧减重。水样中经蒸发干燥后的固体在一定的温度下（通常用 550～600℃）灼烧而失去的重量。它可以约略代表水中有机物质含量的多少，因为在此温度下，有机物质将全部被分解成二氧化碳和水而挥发，而无机盐类的分解和挥发则很少。
　　　　　　　　　　（蒋展鹏）

回流比 recirculation ratio of biofilter

作为稀释水的处理水回流量与进入生物滤池污水量的比值。以 R 表示。是高负荷生物滤池的一个无单位的设计与运行参数。在原污水有机物浓度较高的情况下，可以通过加大回流比来降低进水浓度和提高水力负荷，防止滤池的堵塞。
　　　　　　　　　　（彭永臻　张自杰）

回流式旋风除尘器 reverse-flow cyclone

含尘气流由一端进入作旋转运动而与尘粒分离，净化后的气流又旋转返回到与进气口相同端排出的一种旋风除尘器。筒式、旁路式、扩散式等结构形式都属此类。筒式即普通的旋风除尘器，制造方便，阻力较小，但除尘效率也较低。旁路式旋风除尘器的顶盖和进气口之间保持一定的距离，且设有旁路分离室，排气管插入较短（如图），旁路气流能去除部分较细尘粒，提高了除尘总效率。扩散式旋风

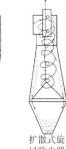

旁路式旋　　扩散式旋
风除尘器　　风除尘器

除尘器具有 180°蜗壳式入口，锥体倒置，并在下部设有圆锥形反射屏（如图），可大大减少内涡旋从灰斗旋转上升时夹带的粉尘，从而可提高除尘效率，加大处理气量。　　　　　　　　　　（郝吉明）

回转反吹扁袋除尘器 reverse-flow-flat baghouse

含尘气流沿筒体切向进入，离心力将粗粉尘分离后，进入滤袋过滤（外滤式），净化后气体由上箱体引出的一种袋式除尘器。图示为其外壳为圆筒形，梯形扁袋沿圆筒辐射式布置。滤袋清灰采用回转臂反吹风方式，反吹风量约占过滤风量的 15% 左右，回转臂靠装在除尘器顶盖

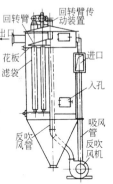

上的电机和减速器带动。滤料为工业涤纶绒布时，过滤速度为 1～3m/min，除尘效率在 99% 以上，压力损失为 800～1200Pa。回转反吹扁袋除尘器能充分利用空间，单位空间的过滤面积大，但内、外圈滤袋的反吹时间不同，各滤袋的阻力和负荷皆有差别，滤袋易损伤。　　　　　　　　　　（郝吉明）

回转式固液分离机

见栅条移动式除污机（354 页）。

回转型焚烧炉 rotary kiln

又称回转窑。由内衬耐火材料的卧式圆筒回转体与筒体头部和尾端衔接的给料罩和燃烧罩组成的污泥焚烧设备。炉筒内分为干燥带和燃烧带两个

段,靠炉筒的倾斜(与地面呈 $3°\sim5°$ 倾角)和回转运动($2\sim5r/min$),使供给的脱水污泥按顺序进行干燥和燃烧的过程。从进料口(高端)进入的脱水污泥,在干燥带与热空气接触并受到翻滚、热分解和搅拌干燥,由燃烧罩喷嘴供给辅助燃料,使污泥与燃烧气体对流接触而在燃烧带进行翻转和燃烧,经冷却的焚化灰从燃烧罩下部排出。 (李金根)

汇兑台 platform for currency mail

办理将通用的币值从本地区邮寄到另外一个地方的某一客户或者取出从其他地方邮寄给本地区某一客户钱款的营业柜台。 (薛 发 吴 明)

汇水面积 catchment area

又称集水面积,流域面积,集水流域面积,汇流面积,径流面积。雨水管渠汇集雨水的面积。以 10^4m^2 或 km^2 计。雨水管渠的汇水面积较小,属于小汇水面积,在该面积上的降雨是均匀分布。所谓小汇水面的范围,有的认为当地形平坦时,可以大至 $500\sim300km^2$;当地面复杂时,有时限制在 $30\sim10km^2$ 以内。 (孙慧修)

会议电话设备室 conference telephone equipment room

又称汇接室,控制室。用于安装为电话会议服务的设备的房间。其主要设备有汇接机、扩音机,以汇接、调测和监控电话会议室的情况。

(薛 发 吴 明)

hun

浑浊度 turbidity

水中的不溶解物质对光线透过时所产生的阻碍程度。由于水中有不溶解物质的存在,使部分光线被吸收或被散射,而不能全部呈直线穿透通过水样。因此,浑浊现象是水的一种光学性质。浑浊度的大小不仅与不溶解物质的数量、浓度有关,而且还与这些不溶解物质的颗粒大小、形状和折射指数等性质有关。它的标准单位是:在蒸馏水中含有 $1mg$ SiO_2/L 称为 1 个浑浊度单位或 1 度。其中对所用的二氧化硅的纯度和粒径有一定的规定。最早用来测定浑浊度的仪器是杰克逊烛光浊度计,由此测得的浑浊度称为杰克逊浊度单位(JTU, Jackson Turbidity Units)。近年来,光电浊度计得到了广泛的应用。光电浊度计是依照光的散射原理而制成的。根据丁道尔效应,散射光强度与悬浮颗粒的大小和总数成比例,即与浑浊度成比例,散射光强度愈大,表示浑浊度愈高。但光电浊度计(也称散射浊度计)与烛光浊度计在光学系统上是有差别的,前者测得的是浑浊物质对光线在一个特定方向(主要是和入射

光成 90° 直角)的散射光强度;而后者是浑浊物质对光线通过时的总阻碍程度,包括吸收和散射的影响。因此,即使光电浊度计经过烛光浊度计的校准,两者所测得的结果很难彼此完全一致。这种在光电浊度计上测得的浑浊度另称为散射浊度单位(NTU, Nephelometric Turbidity Units)。为了尽可能使在光电浊度计上测得的浑浊度与二氧化硅浑浊度标准单位相近,一种由一定浓度的硫酸肼($(NH_2)_2\cdot H_2SO_4$)和己撑四胺($(CH_2)_6N_4$)混合而成的化合物(称为甲脒聚合物,Formazin Polymer)配制的浑浊液用来作为测定散射光强度的标准参考浑浊液。因此有些文献中又将散射浊度单位称为甲脒浊度单位(FTU)。把这种浓度标准参考浑浊液的浑浊度规定为 40 度 NTU,它恰好与用烛光浊度计测得的 40 度 JTU 大致相同,即 40 度 FTU = 40 度 NTU≈40 度 JTU。所以,用散射浊度单位和用烛光浊度单位所测得的结果相差不多,但不完全一致,在测定报告中应予以注明。在水质监测中,浑浊度的测定通常仅用于天然水和给水。至于生活污水和工业废水,由于含有大量的悬浮状污染物质,因而它们大多数是相当浑浊的。一般只作悬浮固体的测定而不作浑浊度的测定。但在用化学法处理废水时,有时也用浑浊度的测定来控制化学药剂的投加量。 (蒋展鹏)

混床

见混合床。

混合 mixing

水处理中向原水投加混凝剂后要求与水体分子达到完全均匀的混和及进行化学反应的必要和重要的条件过程。在混合过程中必须使系统中的混凝剂浓度和 pH 值保持均匀一致,否则因胶体吸附混凝剂为不可逆反应,将使药剂投加量增加,降低凝聚效果,所以采取分散多点投药和进行强烈的搅拌使药剂迅速均匀地扩散到水体中去非常重要。由于铝盐或铁盐混凝剂的反应速度非常快,其形成氢氧络合物所需时间约为 $10^{-10}s$;高分子聚合物混凝剂的时间也只有 $10^{-2}s$ 到 $1s$ 左右。所以颗粒吸附所需时间也分别仅为 $10^{-4}s$ 到几秒,为此延长混合时间是没有必要的。水的混合过程须满足:①保证药剂均匀扩散到整个水体中去;②将水体进行强烈的搅动;③混合的时间过程应相当短促。 (张亚杰)

混合层 mixing layer

逆温层下界面以下,能发生强烈湍流混合的大气层。逆温层高度即为混合层厚度或高度。层内污染物受逆温层的阻挡,只能在地面和混合层顶之间扩散和反射。在经过三次反射之后,污染物的垂直分布可视为是均匀的。 (徐康富)

混合床(除盐) mixed bed (desalination)

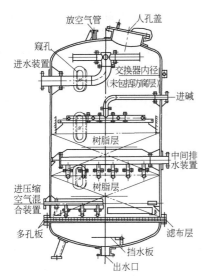

又称混床。阴阳二种离子交换树脂按一定比例混合,装在同一个交换器内进行离子交换的装置。图示是目前纯水制备单元装置之一。工作时每一对阴树脂与阳树脂颗粒类似一组复床,进入水中的氢离子与氢氧离子立即生成电离度很低的水分子,不存在反离子的影响,交换反应能进行得彻底,出水纯度高,但再生过程较复杂,且再生效率低,再生后树脂的工作交换容量也较复床低,主要用于高纯水系统的后处理。　　　　　　　　　　　　(潘德琦)

混合搅拌机　agitator for flush mixing

又称瞬时混合器。使投加的凝聚剂迅速地混匀的搅拌机。由于凝聚剂投入水中,在不到一秒钟的时间里就会发生水解,同时聚合作用也开始产生,整个凝聚过程只要几秒钟。因此,搅拌强度是决定混合效果的关键,应满足搅拌速度梯度达 $100 \sim 1000$ s^{-1} 的要求。按混合槽的几何形状、容积及结构决定混合用搅拌器的选择形式和转速,常用的有平直桨、涡轮、管式静态混合器等。　　　　　(李金根)

混合式锅炉房　mixed type boiler plant

又称蒸汽-热水锅炉房。锅炉房内装有蒸汽锅炉与热水锅炉,或装设蒸汽-热水两用锅炉。分别由蒸汽网路和热水网路向用热设备供应蒸汽和热水,以满足生产、生活用热所需。两套网路装置与蒸汽锅炉房、热水锅炉房的网路装置相同。

　　　　　　　　　　　　　(屠峥嵘　贺　平)

混合式换热器　mixed heat exchanger

又称直接接触式换热器。加热介质与被加热介质直接接触进行热量交换的换热设备。集中供热系统中常用的混合式换热器主要有蒸汽喷射器、淋水式加热器、喷管式加热器和水喷射器等。与表面式换热器比较,混合式换热器设备紧凑、传热效率高。对于汽水直接混合的换热器,往往要增大热源的水

处理量。运行管理中,也可能由于调节不善,产生振动和噪声。　　　　　　　　　(盛晓文　贺　平)

混合水泵　mixing pump

在热水热力站中,将用户的回水与热水网路的高温水混合至要求的温度后送往用户的水泵。混合水泵的流量应等于其抽引的回水量。该回水量可根据热网与用户的供、回水温度确定的混合比求出。混合水泵的扬程应满足二次网路与用户的阻力损失。混合水泵可以提供较大的流量和扬程,多用于整个街区建筑的供暖系统,或用于供回水压差不足以保证水喷射器正常工作的用户。

　　　　　　　　　　　　　　(盛晓文　贺　平)

混合污泥　mixed sludge

由初沉污泥与二沉的剩余污泥混合而成的污泥。　　　　　　　　　　　　　　(张中和)

混合液 y-x 图　y-x diagram of mixture

定压下进行的蒸馏操作,混合液的沸点随组成

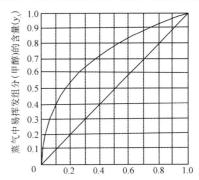

甲醇-水混合液的 y-x 图(常压)

而变。以 x 和 y 分别表示组分 A 在液相中的摩尔分率和与之达平衡时在气相中的摩尔分率,则在不同沸点时都有对应的 x 和 y 值的关系曲线,称为混合液 y-x 图(如图)。图中对角线代表 $x=y$ 时的直线。易挥发组分的 y-x 曲线在对角线上方,难挥发组分的 y-x 曲线则在对角线下方。易挥发组分的 y-x 曲线离对角线愈远,表明该组分在气相中的摩尔分率比在液相中的摩尔分率愈大,愈易从液相中挥发出来。　　　　(张希衡　刘君华　金奇庭)

混合液沸点-组成图　temperature-composition diagram of mixture

定压下进行的蒸馏操作,混合液的沸点随组成而变。以 t 表示混合液的沸点,以 x 和 y 分别表示组分 A 在液相中和气相中的摩尔分率,可用沸点-组成图(t-x-y 图)表示三者之间的相应关系(如图)。例如,沸点为 86℃ 时,$x=0.15$,$y=0.5$,即组分A在液相中的摩尔分率远小于在气相中的摩尔

分率,表明组分A在此温度时易于从液相转移到气相而予以分离。环境工程中,可应用混合液沸点-组成图以确定合适的从废水中汽提挥发性污染物的操作温度及分离程度。

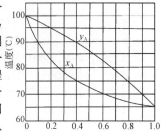

甲醇-水混合液的沸点-组成图(常压)

(张希衡　刘君华　金奇庭)

混合液挥发性悬浮固体　MLVSS, mixed liquor volatile suspended solids

混合液悬浮固体中的有机成分。不包括其中的无机固体含量,单位为mg/L。即

$$MLVSS = Ma + Me + Mi$$

与混合液悬浮固体(MLSS)相比,其表示活性污泥中微生物数量的准确度更高一些。在用活性污泥动力学进行定量计算时,多使用MLVSS。但MLVSS所表示的微生物数量仍为相对值,因为其中包括附着的有机物Mi和衰死的微生物(Me)。

(彭永臻　张自杰)

混合液悬浮固体　MLSS, mixed liquor suspended solids

又称混合液污泥浓度。曝气池内混合液的悬浮固体浓度。常用单位为mg/L。它表示曝气池内活性污泥总量。是由4部分组成:具有活性的微生物(Ma)、微生物内源代谢的残留物(Me)、附着在活性污泥上的污水中呈悬浮状的有机物(Mi)和无机物(Mii)。其表达式为

$$MLSS = Ma + Me + Mi + Mii$$

由于本项指标测定方法简便,工程上经常将其作为活性污泥中微生物含量的相对指标。

(彭永臻　张自杰)

混合照明　mixed lighting

一般照明和局部照明相结合的照明方式。除特殊需要的地区,提供较高的照度标准外,其他采用较低的照度标准。　　　　　　(薛　发　吴　明)

混合制排水系统　mixing drainage system

一个城镇地区同时采用合流制和分流制两种的排水系统。通常出现在旧城镇地区已建有合流制排水系统,随着城镇地区规模的扩大,又增建分流制排水系统。　　　　　　　　　　　　(魏秉华)

混流泵　mixed flow pump

叶片的进口边和出口边倾斜于轴线,液流介乎于轴向和径向之间离开叶轮进入涡壳或导叶进行能量转换的泵。对于高比转数的混流泵也有称为斜流泵或对角线流泵。与轴流泵相比其高效范围宽,功率曲线平坦,小流量范围内没有不稳定区域,其扬程比轴流泵高,汽蚀性能较轴流泵优越。结构形式有立式、卧式、斜式三种基本形式,安装方式有单层楼板安装和双层楼板安装。叶轮有叶片式和整体铸造式。为了实现在很广的范围达到经济性运转的目的,叶片式叶轮除固定叶片外,也设计成可调叶片式,调节叶片的机构分机械式和油压式。油压式调节是利用油压装置中出来的压力油,通过分配阀,送到伺服油缸,以操纵叶片的旋角。泵的轴承多采用以水润滑的硬质橡胶轴承,也有采用润滑脂或润滑油润滑的青铜轴承。作为一种特殊结构形式可设计成多级混流泵。口径500mm以下的涡壳式混流泵一般已有系列产品,其结构已标准化,是单级单吸悬臂式的一种形式。大型立式涡壳泵,其涡壳除金属铸件外,一般用钢板或混凝土制造,径向支承轴承有青铜滑动轴承,也有推力轴承,可装在泵上,也可设在电动机内。由于该泵的扬程范围很广,某些情况下可弥补离心泵和轴流泵在性能上的不足。

(刘逸龄)

混凝剂　coagulant

又称絮凝剂(flocculant)。用于水中的一种化学净水剂。大多数的混凝剂是铝盐和铁盐。它们在水中电离为高价的阳离子,能中和水中带阴电荷的胶体和悬浮颗粒,从而破坏它们的稳定性,促使这些杂质生成带阳电荷的水合氧化物絮凝体,通过机械的分离法,如沉淀和过滤等过程来去除杂质。常用的化学混凝剂有明矾、硫酸铝、聚合氯化铝、硫酸亚铁、硫酸高铁、三氯化铁和聚合硫酸铁等。

(王维一)

混凝土电杆

见钢筋混凝土电杆(93页)。

混凝土和钢筋混凝土管接口法　concrete and reinforced concrete pipes joining method

用混凝土或钢筋混凝土制做成型的管节的接头部分连接法。依照它们的接口方式有平口、企口及承插式三种。平口和企口管的连接有刚性接法和柔性接法之分。刚性接口的水泥砂浆法是在接口处用1:3水泥砂浆抹成圆弧形或梯形断面,然后进行湿法养护;另一种钢丝网水泥砂浆法是在其管座上预埋钢丝网条,稳管后先用1:2.5水泥砂浆抹第一遍再兜起钢丝网,平放在两管接头处铺上的砂浆面上,然后抹第二遍砂浆,使之呈凸形弧面并进行湿法养护。其柔性接口的做法又分为石棉沥青法、沥青麻布法和沥青砂浆法等。前一法以沥青、石棉、细砂混合制成卷材,绕在管口上;沥青麻布法以沥青和麻布

相间按 7 层敷涂;沥青砂浆法以沥青、石棉粉、砂浆拌和,通过模具在接口处浇筑成型。承插式管的接口方法亦有刚性与柔性之分。前者的做法是半干式拌和水泥(或膨胀水泥、或石棉)砂浆,在插口端先用麻(或扎绳)做成阻挡圈放进插口,然后向缝隙内填以略呈湿润的上项接口材料,加以击实使紧密,再进行湿式养护。后者的做法是先在管的承插口接头处涂一层冷底子油,再向缝隙内塞油麻并用模具在隙间灌进沥青砂浆;另一种柔性接口的沥青油膏法是在接口处浇筑沥青、松节油、石棉灰和滑石粉的拌和料。

(李国鼎)

混凝土管　concrete pipe

由混凝土材料制成圆形断面的管。其制造方法有捣实法、压实法和振荡法三种,通常在专门的工厂预制。管径一般小于 450mm,长度多为 1m。其原材料易得,可利用简单的设备制造。各地广泛采用排除污水和雨水。耐腐蚀性差,既不耐酸也不耐碱。管口通常有承插式、企口式和平口式(如图)。

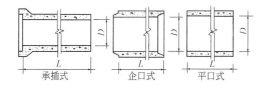

承插式　　企口式　　平口式

(孙慧修)

混凝土窨井建造　build up concrete manhole

用混凝土材料修建窨井的施工。分有两种方法:①预制标准件(包括井身、井颈及圆锥形收口)运往现场装配;②用固定式或活动式模板就地浇筑。前法可以缩减工期,后法可以保证质量。在管径>700mm 的排水管线上,其窨井的矩形操作室部分,一般在现场用混凝土浇筑而成,上部用一块带孔的钢筋混凝土预制板(也可以在现场支模浇筑)覆盖,并供人进入。为防地下水浸蚀,井底自地下水位以上 0.5m 的内外表面均涂刷沥青或抹防水砂浆层,以使用耐酸水泥浇筑更为有利,井内流槽用砖砌或耐酸陶质管敷设。

(李国鼎)

混响室　reverberation chamber, reverberation room

为了改善录音过程中的音响效果,人为增加混响或制造回声,使之有较长混响时间和扩散声场的房间。一般混响时间要求 3～5s 或更长,声扩特性要好,应做适合的隔声、隔振处理。室内可设活动吸声结构材料,以改变混响时间。

(薛　发　吴　明)

huo

活动式取水　movable intake

又称移动式取水。在水位涨落幅度较大(10m以上)的河流中取水而设置的可移动取水。主要有浮船取水和缆车取水两种,个别的还有浮吸式和井架式。它具有投资少、建设快、易于施工(无复杂的水下工程和大量的土石方工程)、有较大的适应性和灵活性、能经常取得含砂量较少的表面水等特点。但是,在水位涨落时,需要做相应移动,操作管理较繁杂,且易受水流、风浪、航运等因素的影响,取水的安全可靠性较差。

(朱锦文)

活动支座　movable support

供热管道上允许管道伸缩位移的管道支座。活动支座按构造和功能分为滑动、滚动、弹簧、悬吊和导向等支座型式。

(尹光宇　贺　平)

活化硅酸　activated silica

将硅酸钠用硫酸或其他化学剂,中和其部分碱度,形成的一种无机阴离子型高分子聚合电解质。可作为助凝剂之用,能提高混凝效果,在低水温季节更为有效。硅酸钠活化步骤为:①将硅酸钠稀释至含二氧化硅为 $1.5\%～1.75\%$ 溶液,加硫酸中和其 $80\%～85\%$ 的碱度;②中和后的硅酸钠溶液须进行适当时间的陈化;③陈化后的溶液再进一步稀至含二氧化硅为 $0.5\%～1.3\%$,即可投加使用。它作助凝剂之用时,其投加量控制在为硫酸铝剂量的 10% 左右为宜;投加过多或水温较高时使用,有时会发生相反的效果。

(王维一)

活性基团　activate group

离子交换剂中化学性质活泼的一个结构组成部分。它可解离成两部分:①固定基团,通过共价键与惰性骨架相连;②解离下来的可交换离子,依靠静电吸力与固定基团相吸引,是离子交换树脂与外界同性离子进行交换反应的基础。据其解离能力的大小,树脂可分为强性和弱性离子交换树脂;据可交换离子电荷的性质,树脂可分为阳离子和阴离子交换树脂。

(刘馨远)

活性铝土矿　activated bauxite

以三水氧化铝为主且含铁低的铝土矿为原料,用磁铁分离和加热活化的固体脱水剂。其主要成分为 $Al_2O_3 \cdot 3H_2O$ 或 $Al(OH)_3$,约在 $150℃$ 时,三水氧化铝开始失去结晶水,表面积增大;在 $315～370℃$ 时分解最快,表面积达 $100～125m^2/g$,活性最好。其优点是成本低,有液态存在时不会破碎,能提供一定露点降;缺点是湿容量低。

(曹兴华　闻　望)

活性生物滤池 activated biofilters

简称 ABF 工艺。活性生物滤池和完全混合活性污泥法串联的处理工艺。其工艺流程是:初次沉淀池出水流入集水井,与从二次沉淀池和活性生物滤池回流的混合液相混合,然后再用泵将这种混合液提升至活性生物滤池顶部往下喷洒,滤池处理水分为两股,大部分流向完全混合式曝气池,其余的返回集水井,从曝气池出来的混合液经二次沉淀池分离后,处理水排放,分离的活性污泥大部分回流到集水井;另一部分作为剩余污泥而排出系统。该工艺的主要优点是运行稳定,且比较灵活;但工艺过程较复杂。 (张自杰 彭永臻)

活性炭吸附苯 debenzolizing with active carbon adsorption

利用活性炭为吸附剂,对焦炉煤气中苯作选择吸附的操作。活性炭吸附苯工艺系统简单,脱除效率高,通常分为间歇式和连续式两种。在同一设备中脱苯与再生两者间歇操作的间歇式;在不同设备中连续吸附脱苯、连续再生的操作为连续式。活性炭含苯接近饱和时,进行精馏法脱吸附再生并回收产品粗苯。与洗油脱苯相比耗蒸汽、耗动力都少,但活性炭成本高。 (曹兴华 闻望)

活性炭吸附法脱硫 desulfurization by active carbon adsorption method

在氧气和水蒸气存在下,利用活性炭将 SO_2 吸附于表面上,生成 H_2SO_4,再用洗涤法或加热,使活性炭再生的脱硫方法。该法可得到硫酸产品。

(张善文)

活性污泥沉降性能 settling characteristics of activated sludge

活性污泥的沉降和浓缩性能。良好的沉降性能是正常发育的活性污泥应具有的特性。活性污泥在二次沉淀池内的沉降经历短暂的个体自由沉淀和絮凝沉淀,主要处于成层沉淀与压缩状态。它用"污泥指数"(SVI)和"污泥沉降比"(SV)两项指标表示。它的性能的优劣对二次沉淀池的正常运行和处理水的质量都有重要的影响。 (彭永臻 张自杰)

活性污泥的活性 activated sludge viability

活性污泥吸附和降解有机污染物的功能和效率。是污水生物处理领域的一种概念。它既包含活性污泥中微生物相对数量的因素,也包含微生物的生理状态因素。 (彭永臻 张自杰)

活性污泥的净化机理 purification mechanism of activated sludge

活性污泥通过生化反应降解污水中有机物的过程。它和污水混合后,首先对呈胶体及悬浮状态的有机污染物产生凝聚与吸附作用和水解作用,继之,

又在透膜酶的作用下,有机污染物进入微生物体内,并在各种胞内酶的催化作用下,对其进行分解代谢和合成代谢。经分解代谢将一部分有机物氧化分解,最终形成 CO_2、H_2O 及 NH_3 等稳定的无机物,并向新细胞的合成提供所需的能量,另一部分有机物则通过合成代谢,被合成为微生物的新细胞。在二次沉淀池内净化后的污水与活性污泥分离后而排放。在整个净化反应过程中,有机污染物作为微生物的能源与营养源而被分解与利用的。

(彭永臻 张自杰)

活性污泥的培养与驯化 cultivation and acclimatization for activated sludge

使曝气池内拥有一定数量并具有降解有机污染物功能的微生物种群而采取的技术措施。是活性污泥处理系统运行投产前必经的步骤。其方法是:向曝气池内投放污水或种污泥,并进行曝气充氧,每天定时排出上层清液并注入新鲜污水,经过一段时间后,污水中即出现絮状的活性污泥,并逐渐增加。如需要用某种污水培养起来的活性污泥处理另一种污水,则还需使污泥逐步适应被处理污水的环境条件,这就是活性污泥的驯化。其过程是逐日加大另一种污水的投放比例,直到完全由这种污水所取代。完成培养驯化过程的标志是:污泥量达到一定程度(SV = 10% ~ 20%);生物相稳定;并具有明显的净化污水的功能等。 (彭永臻 张自杰)

活性污泥的评价指标 assessment index of activated sludge

评价和表示活性污泥量和质的指标。表示活性污泥浓度的指标:混合液悬浮固体浓度(MLSS)、挥发性悬浮固体浓度(MLVSS);表示污泥沉降性能的指标:污泥 30min 沉降率(VS);以及表示活性污泥综合性能和活性的指标:污泥(容积)指数(SVI)、污泥龄生物固体平均停留时间,SRT 和生物相等。活性污泥的质和量是决定其净化功能的重要因素。

(彭永臻 张自杰)

活性污泥的吸附 adsorption of activated sludge

当污水和经再生良好的回流污泥相混合接触后,污水中的非溶解性有机污染物较快地被活性污泥所吸附,使污水中的有机物在接触初期能够以较快的速度被去除的作用。又称有机污染物的初期去除。这是由于活性污泥中的菌胶团比表面积很大,而且表面为多糖类黏质层,才使之具有较强的吸附能力,但是只有再生良好的污泥处于内源呼吸阶段的微生物才具有这种功能。 (彭永臻 张自杰)

活性污泥法 activated sludge process

使微生物群体"聚居"在一种生物污泥上,采取一定的技术措施,使生物污泥在反应器-曝气池内呈

流动的悬浮状态,与污水广泛接触,并创造条件保证微生物的生理活动需要,借助于微生物新陈代谢功能降解,去除污水中有机污染物的一种污水的生物处理法。这种生物污泥就是活性污泥。本法在当前污水处理领域中是应用最为广泛的技术之一。本处理法系统是由曝气池、二次沉淀池、空气扩散系统、污泥回流系统所组成。进入曝气池的污水必须经过必要的预处理,作为接种污泥,从二次沉淀池连续回流活性污泥与污水同步进入曝气池。此外,从空压机站送来的压缩空气,通过铺设在曝气池底部的空气扩散装置,以细小气泡的形式进入污水中,其作用除向污水充氧外,还使曝气池内的混合液处于剧烈的混合搅拌状态,使活性污泥与污水充分接触,活性污泥的降解反应得以正常进行。混合液在二次沉淀池进行固液分离,经过沉淀浓缩的污泥从池底排出,其中一部分作为种污泥回流曝气池,另一部分污泥作为剩余污泥排出池外,剩余污泥在量上等于增长的污泥,这样,使曝气池内的活性污泥浓度保持在一个较为恒定的范围内。活性污泥净化反应结果,有机污染物得以去除,活性污泥本身繁衍增长,污水则得以净化。除传统的活性污泥处理系统外,还有阶段曝气法等一系列运行方式。　　　　(张自杰)

活性污泥法传统脱氮工艺　activated sludge process mode of denitriding

又称三级活性污泥法工艺流程。以氨化、硝化和反硝化三项反应过程为基础建立的活性污泥法脱氮工艺(如图)。第一级曝气池的主要功能是去除BOD、COD,使有机氮转化为 NH_3、NH_4^+,即完成氨化过程。第二级为硝化曝气池,在这里完成硝化过程,NH_3 及 NH_4^+ 氧化为 NO_3^-—N 硝化反应要消耗碱度,因此向曝气池内投碱,以防 pH 值下降。第三级为反硝化反应器,在缺氧的条件下,NO_3^-—N 还原为气态 N_2,逸往大气,投加甲醇(CH_3OH)作为外投碳源。在本系统的后面,为了去除由于投加甲醇而产生的 BOD 值,设后曝气池。本系统的优点是有机底物降解、硝化、反硝化,分别在各自的反应器内

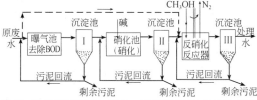

进行,各自回流污泥,因此,反应速度快而且比较彻底,处理效果良好。缺点是处理设备多、造价高、管理不便等。　　　　(张自杰)

活性污泥法的运行方式　operation regimes of activated sludge process

为提高活性污泥法系统的处理效率,降低运行费用和更好地适用于不同条件与水量,在传统活性污泥法系统的基础上开创的一系列各具特色的运行方式。其中包括对曝气池形式、混合液在池内的流态与混合特征、曝气形式、负荷分配的改进以及将净化功能扩大到脱氮除磷等方面的改进与相应的运行方式等。　　　　(彭永臻　张自杰)

活性污泥法反应动力学　reaction kinetics of activated sludge process

活性污泥法降解有机物的速率及环境因素对速率的影响,并揭露其反应机理,定量地描述活性污泥法污水处理系统运行的规律。其实质是通过统一的数学模式及其衍生式,概括地表示底物降解速率、微生物增长速率与需氧速率三者间的定量关系。米切利斯(Michaelis)和门坦(Menten)于 1913 年提出的微生物酶促反应方程式以及 1949 年莫诺,J.(Monod,J.)提出的微生物比增长速率与底物浓度之间的关系式,是活性污泥反应动力学的理论基础。此后,关于这方面的研究不断深入。在前人的研究成果的基础上,劳伦斯,A.W.(Lawrence,A.W.)和麦卡蒂,P.L.(MiCarty,P.L.)、埃肯费尔德,W.W.(Eckenfelder,W.W.,JR.)以及麦金尼,R.E.(Mekinney,R.E.)等学者分别提出了不尽相同的活性污泥反应动力学模式。目前,这一问题的研究仍在深入地进行与发展中。　　　　(彭永臻　张自杰)

活性污泥法运行的稳定状态　steady-state of activated sludge process operation

活性污泥系统运行时,各参数保持稳定,而不随时间变化的运行状态。稳定状态是对活性污泥法进行动力学分析和建立模式的基础。但应说明,在实际的污水处理系统运行中,理想的绝对的稳定状态是不存在的。　　　　(彭永臻　张自杰)

活性污泥接种培驯法　seeding cultivation and acclimatization for activated sludge

从城镇污水处理厂或工业废水处理站,引进活性污泥作为种污泥,进行培养和驯化的方法。用于接种的污泥应是污水处理厂的新鲜污泥,运输和存放时间不宜过长,以免产生厌氧腐化现象。长距离输送时,可以干燥的污泥作为菌种。此法所需时间短,有条件的地方宜采用。　　　　(戴爱临　张自杰)

活性污泥解体　breakdown of activated sludge

曝气池内活性污泥絮状体颗粒破碎、丧失活性的一种现象。当曝气池长时间在低负荷下运行,加之过量曝气,微生物的营养平衡遭破坏,其数量和种属锐减,泥粒细碎而质密,SVI 值较低,污泥无活性,处理效果下降。污水中含有毒物质时,也会导致产生这种现象。它可通过采取调整进水量、供气量和

污泥回流量及控制毒物等措施消除。

（戴爱临　张自杰）

活性污泥静态培驯法　batch cultivation and acclimatization for activated sludge

间断进水和曝气的活性污泥培驯法。其操作过程是：进水、曝气→静止沉淀（1～2h）→排放上部澄清液→加入新鲜污水→再曝气，重复上述操作，直至曝气池混合液中污泥的沉降比达到15％～20％，再开动污泥回流设备，并启用二次沉淀池，连续进、出水转入动态运行。　　　　　（戴爱临　张自杰）

活性污泥生物絮凝作用　biological flocculation mechanism of activated sludge

曝气池中呈分散状态的活性污泥由于生物作用凝聚在一起并形成个体较大并易于分解的絮状体污泥的过程。生物絮凝作用的好坏直接影响二次沉淀池的出水质量。至今其作用机理尚未完全清楚，为此产生了许多学说，例如含能学说、黏液学说、纤维素学说以及细菌聚合物学说等。但是，目前普遍认为生物絮凝作用主要是由微生物的生理状态所控制，在F:M值很低或处在内源呼吸期，这种作用才能有效地产生。　　　　　（彭永臻　张自杰）

活性污泥系统的试运行　test run of activated sludge system

活性污泥培驯成熟后，为了确定最佳运行条件与参数，应进行活性污泥系统的试运行。试运行期间主要考察项目有：混合液污泥浓度（MLSS）、空气量、回流比、进水方式、吸附再生比例、回流窗口的开启程度、剩余污泥量等。对于工业废水处理站，还需确定N、P等营养物质的投加量。试运行完成后，即可投入正常运行。　　　　　（戴爱临　张自杰）

活性污泥系统的运行管理　operation and maintenance of activated sludge system

对已建成并投入运行的活性污泥处理系统进行日常性的维护管理。主要内容有：①进行日常的水质监测，掌握设备的运行情况；②对设备进行定期维修，及时排除故障，以保证设备正常运行；③评估系统的工作情况，制定改进方案及技术措施。运行管理的主要任务是：对系统进行科学管理，保证设备正常工作，降低消耗，使出水水质指标达到设计要求和国家规定的标准。正式运行投产前，要进行活性污泥的培养与驯化和试运行。

（戴爱临　张自杰）

活性污泥异步培驯法　asynchronous cultivation and acclimatization for activated sludge

对活性污泥先培养后驯化的培训法。当采用曝气池处理某种含有某种特异物质的工业废水时，通常先以生活污水培养活性污泥，或从运行的曝气池中引入活性污泥，然后再对污泥进行适应该工业废水特征的驯化。直至活性污泥微生物完全适应该种工业废水，并对该种特异物质具有明显的降解功能为止。这种方法需时较长，但比较稳妥可靠。

（戴爱临　张自杰）

活性污泥种污泥　seed of activated sludge

作为菌种接种到曝气池的污泥或载有所需菌种的其他类型污泥。污水处理厂的新鲜剩余污泥及其干污泥是良好的种污泥。此外，干化场的湿污泥、排水渠道两侧的积泥，均可作为种污泥。

（戴爱临　张自杰）

活性氧化铝　activated aluminium

主要组分是部分水化的、多孔的和无定型的氧化铝。一般选用低铁的铝土矿做原料，经粉碎并用苛性钠碱加热熔融后，再将得到的铝酸钠溶液中和并浓缩，加入晶种后慢慢冷却结晶，将过滤后的滤饼烘干，在500～600℃下焙烧后的三水氧化铝即变为多孔、高吸附性能的活性氧化铝。其孔隙率高达65％，表面积最高的可达380m²/g。它含湿高，干燥后的气体露点可达－73℃；但再生时耗热量较高。

（曹兴华　闻望）

火床炉

见层燃炉（17页）。

火炸药工业硫酸浓缩污染物排放标准（GB 4276－84）　effluent standards for pollutants from sulphuric acid concentration in propellant and explosive

根据中国环境保护法，为防治火炸药工业硫酸浓缩污染物对环境污染而制订的法规。国家城乡建设环境保护部于1984年5月18日发布。其内容共四条，包括火炸药工业硫酸浓缩污染物排放标准的分级、标准值及其监测分析方法；各厂硫酸浓缩的主要工艺条件和酸渣处置要求等。适用于大炸药制造厂。　　　　　（姜安玺）

霍尔压力变送器　Holl pressure transmitter

根据压力变化引起霍尔元件在磁场中位移产生霍尔电势的原理制成的将被测压力参数转换成0～20mV的电信号输出的仪器。测量范围：－0.1～40MPa，精度1.5级。适用于测量对钢和铜不起腐蚀作用的液体、气体和蒸汽的压力或负压。　　　　　（刘善芳）

J

ji

机动气源

见调峰气源(281页)。

机墩 pier

铁架下部扩大的、用于稳定铁架,并将其重量分散传递到楼(地)面的铁件。 (薛 发 吴 明)

机旁按钮箱 local push button box

又称就地按钮箱。内部和面板上仅安装按钮、信号灯及端子排而没有开关设备的机旁控制箱

(陆继诚)

机旁控制箱 local control box

又称就地控制箱。安装在机组旁的控制箱。

(陆继诚)

机台照明 bench lighting

将照明用灯安装在台式设备的机台上,使机台达到操作所要求的照度标准的照明。由于台式设备都是竖立安装,它们的各种开关、插孔和指示装置都装在机架垂直面上,因此被照面均为垂直面,其计算点多在 $1\sim1.4m$ 之间。 (薛 发 吴 明)

机械除尘器 mechanical collector

用机械力(重力、惯性力、离心力等)将尘粒从气流中除去的装置。适用于含尘浓度高和颗粒粒度较大的气流。特点是结构简单,基本建设投资和运行费用较低,气流阻力较小,但除尘效率不高。按除尘力的不同可设计成重力沉降室、惯性除尘器和离心力除尘器(旋风除尘器)。广泛用于除尘要求不高的场合或用做高效除尘装置的前置预除尘器。

(郝吉明)

机械化除灰系统 mechanical system of ash removal

及时地将燃料燃烧产生的灰渣从锅炉的渣斗中清除,并输送到储渣场或储渣斗,最后运出厂外的各种机械设备所组成的系统。锅炉房采用的机械运煤设备,一般也可以用来转运灰渣。结合除灰的特点尚可采用:①卷扬机牵引有轨小车;②刮板输送机;③螺旋出渣机;④马丁出渣机;⑤斜轮式出渣机。

(屠峥嵘 贺 平)

机械化输煤系统 mechanical system of coal transportation

将煤从煤场输送到炉前贮煤斗的各种机械设备所组成的系统。它的功能有煤的垂直、水平运输,装卸、破碎、筛选、磁选和计量等。运煤装置常用的有:①电动葫芦吊煤罐;②单斗提升机;③多斗提升机;④埋刮板输送机;⑤胶带输送机;⑥抓斗吊车;⑦斗式铲车等。破碎装置常用的有:①颚式破碎机;②双齿辊破碎机;③锤式破碎机;④反击式破碎机等。筛选装置常用的有:①固定筛;②摆动筛;③振动筛等。磁选装置常用的有悬挂式分离器和电磁皮带轮两种。计量装置常用的有地秤、皮带秤和核子秤等。

(屠峥嵘 贺 平)

机械化自动化灌瓶 mechanized and automatic cylinder filling

从空瓶卸车到灌瓶后的实瓶装车外运的全过程均为机械化自动化操作。其中包括用叉瓶器从运瓶汽车卸空瓶,运输机运瓶,倒残瓶,灌瓶,实瓶灌装量复检,气密性实验,运送钢瓶到装车台及装车外运等均为机械化自动化操作。灌瓶是由机械化灌装转盘完成的。残液倒空由残液倒空转盘完成。

(薛世达 段长贵)

机械回水系统 forced condensate return system

在凝结水干线中,凝结水返回热源总凝结水箱,是靠水泵强制输送的凝结水回收系统。通常是在一个或几个用热设备处设置分凝结水箱。从用热设备或二次蒸发箱排出的凝结水先进入分凝结水箱(闭式、开式皆可),再由水泵送回总凝结水箱。这种系统能提高凝结水回收率,但增加了投资和运行费用,一般在余压、重力方式不足以将凝结水送回热源时采用。系统形式见图:

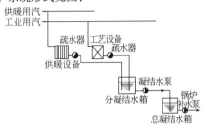

(石兆玉 贺 平)

机械混合层 mechanically mixed layer

见行星边界层(316页)。

机械搅拌澄清池 accelerator clarifier

利用机械的搅拌提升作用,完成泥渣回流和接触反应的澄清池。该澄清池属泥渣循环澄清池。适用于大、中型水厂。池子多呈圆形,在池的中心竖轴线上设有绕立轴转动的双层叶轮。加药混合后的原水进入下层反应室,与几倍于原水量的循环泥渣(一般为3~5倍)在下层搅拌叶轮的搅动下进行接触反应,然后经上层泵叶轮提升至上层反应室继续反应,以结成较大的絮粒,然后通过导流室进入分离室进行泥水分离。清水由设在池面的集水槽收集;沉泥通过伞形板与池壁间形成的缝隙回流至下层反应室,供循环用。循环泥渣层浓度应控制在3~10 g/L范围内,多余的泥渣进入浓缩室。根据澄清池及原水浊度大小,浓缩室一般设1~4个。

(陈翼孙)

机械搅拌澄清池搅拌机 vertical flocculator

又称机械加速澄清池搅拌机。用于给水排水处理过程中的澄清阶段的搅拌机。机械搅拌澄清池是集混合、絮凝、沉淀等处理过程于一座构筑物内。原水投加混凝剂后进入第一反应室,通过搅拌桨叶搅拌,使之与回流泥渣混合,加强颗粒间的接触和碰撞,由泵形叶轮提升到第二反应室絮凝形成较大的絮粒团,再经折流至澄清区,泥水分离,清水上升,泥渣从澄清区下部再回流到第一反应室。搅拌机桨叶旋转速度,有无级变速、多速和定速三种,其中无级变速可根据原水浊度、水量、pH、温度和投加药量的变化而调整,达到理想的处理效果。常用机械搅拌澄清池搅拌机,有叶轮与泵轮整体型及各自单独调速型。

(李金根)

机械排泥 mud draining by machine

用机械吸泥或刮泥排除净水构筑物内沉淀污泥的方法。适用于原水浊度较高,排泥较频繁的水厂。机械排泥效果好,一般不需要定期放空清洗,并减小劳动强度。但必须加强维护,保证运行正常。排泥机械形式很多,有用于平流、斜管、斜板沉淀池和澄清池等各类排泥机械。按机械构造可分为桁架式、牵引式、中心悬挂式;按排泥方式可分为吸泥机和刮泥机等。桁架式吸泥机适用于原水悬浮物含量3000mg/L以下的沉淀池排泥。如果沉淀池内装有斜板或斜管时,可采用钢丝绳牵引的刮泥机。为避免水下设置刮泥桁车、导轨等易出故障而影响正常运行,可采用中心悬挂式刮泥机。 (邓慧萍)

机械曝气 mechanical aeration

又称表面曝气。曝气机械在液体表面的强烈搅动,不断地更新液体与空气的接触表面以及卷进和吸入部分空气,从而使空气溶解于液体过程的曝气。机械曝气系统由传动设备和曝气器组成。空气中的氧是通过下列三项作用而转移到混合液中去的:①曝气装置转动,水面上的污水不断地以水幕状由周边抛向四周形成水跃,使空气卷入;②曝气装置转动,起到提升液体的作用,气液接触界面不断更新,不断使空气中的氧向混合液转移;③曝气装置转动其后侧形成负压区,吸入部分空气。现在通行的机械曝气装置按传动轴的安装方向可分为竖轴式及卧轴式二种。在竖轴式曝气装置中通用的有:泵型叶轮曝气装置(器);倒伞型叶轮曝气装置;K型叶轮爆气装置及平板型叶轮曝气装置等,常用于小型曝气池。属于卧轴式机械曝气装置主要是转刷曝气装置,多用于氧化沟。

(彭永臻 张自杰 戴爱临)

机械清除格栅 mechanical mode of bars cleaning

用机械设备自动清除栅渣的设备。污水过栅流速宜采用0.6~1.0m/s。格栅栅条间隙分粗、细两种。当设在污水处理系统前,格栅栅条间隙宜为16~25mm。特殊情况下,最大间隙可为100mm。除转鼓式格栅除污机外,安装角度宜为60°~90°。一般适用于每日截留污物量大于0.2m³。常用的有履带式机械格栅和抓斗式机械格栅两种。

(魏秉华)

机械清洗 mechanical cleaning

机械清除金属表面沉积的污垢、水垢的方法。有水喷射清洗、喷砂清洗、空气搅动清洗、管道清洗器清洗和海绵球自动清洗等。适用于金属表面处理要求不高或构造简单的设备。 (姚国济)

机械通风冷却塔 mechanical draft ventilation cooling tower

依靠风机控制塔内气流的冷却构筑物。按风机安装位置不同,分为抽风式和鼓风式两类。抽风式冷却塔风机安装在冷却塔上部通风筒内,鼓风式冷却塔风机安装在冷却塔下部旁侧。与自然通风冷却塔相比,具有冷却效率高,占地面积小,一次投资少的优点;但动力消耗较大,需要经常维护管理。

(姚国济)

机械脱水 mechanical sludge dewatering

利用机械使污泥脱水的方法。在污泥脱水前,一般用加絮凝剂等方法调治污泥,使其脱水率提高。常用的有真空滤机、带式压滤机、板框式压滤机及离心机等。虽需设备和动力,管理也较复杂;但脱水较快,占地较少,不受气候限制,脱水效果有保证。

(张中和)

机械未完全燃烧热损失 q_4 heat loss due to unconsumed carbon in the refuse

未燃尽的燃料颗粒所造成的热损失。是燃煤锅炉的主要热损失之一,通常仅次于排烟热损失。它与燃料特性、燃烧方式、过量空气系数、炉膛结构及运行工况等因素有关。如对于机械炉排炉一般为6%~15%,煤粉炉为3%~8%,正常燃烧条件下的油、气炉接近于零。 (马广大)

机械下管法 lowering pipe by machine

使用机械将置于沟边的管节下放到已做好管道基础的沟槽内的一种敷设方法。备选用的机械有汽车式或履带式起重机、移动式下管机或其他起重设备。所选用的装置应具有合适的起重装备,足够的起重量,并能将堆积在沟槽附近的管节起吊并转运降落到沟槽的中心位置。移动式起重机在下管时沿槽边行驶,其向槽一面的外轮距槽边至少1m,以防槽壁塌陷。下管作业一般采用单根逐一起落吊运,再按流水作业进行后续的稳管、对中、对坡及接口抹带等工序。当管材及其接口强度符合起重要求(例如焊接的给水或煤气钢管)也可在地面将管节连成长串,借助于沿沟长布设的多台起重装置相约自沟边吊起,同时下放进槽内。 (李国鼎)

机械型疏水器 mechanical steam trap

依靠凝水水位变化,作用于机械部件控制凝水排水阀孔自动启闭的疏水装置。主要有浮桶式、钟形浮子式、浮球式、倒吊桶式等形式。其性能可靠,但机械部件多、维修量大、重量和体积一般也较大。 (盛晓文 贺 平)

机械絮凝池 mechanical flocculating basin

一般采用水平轴桨板式或垂直轴桨板式絮凝搅拌机。由若干组串联而成,并由若干室串联设置反应过程的絮凝池。串联水室一般三到四室,各室之间需设有穿孔隔墙,目的为减少短流。穿孔隔墙布置也有两种:一是过水断面上均匀开孔;另一是参照穿孔旋流絮凝池布置上下交叉对角开孔。后者在机组发生故障时仍可保留一定的絮凝效果。穿孔总面积须使穿孔流速小于下一道桨板的线速。规模大的水厂机械絮凝池还可采取由几组桨板并联工作的方式。搅拌机的构造可分为直板式、斜板式与网式等多种。直板为最常用的一种。每块宽度约为100~300mm。斜板又称变径板,斜度按需要选用。网桨板由支架立框及加强筋组成,由尼龙编成网状,网距约30~40mm,网桨絮凝器能较均匀分布消散能量。水平轴式及垂直轴式搅拌机的代表性 G 值各为 $30s^{-1}$ 及 $80s^{-1}$。搅拌室一般分为三室,采取降速水流方式。直接过滤、接触过滤及阳离子聚合物者实用最大 G 值为 $75\sim100s^{-1}$ 能取得有效搅拌、最佳能耗与高效。应用螺旋桨或透平式垂直轴絮凝机最大外缘线速应<2m/s;桨板式絮凝机的桨板面积应小于过水室断面的 20%~25% 以下为避免水体旋转;桨板

与水室面积比约为15%;桨板外缘线速为0.25~0.75m/s。总停留时间需20min左右,$G \cdot t$ 总值 $10^4 \sim 10^5$。另外用机械式絮凝器最好能有变速驱动,有二三档已够。机械部分长期浸在水中腐蚀生锈对维护带来麻烦。 (张亚杰)

机械振动清灰袋式除尘器 baghouse with shake cleaning

利用机械装置造成周期性振动以清除积附在滤袋上的粉尘的袋式除尘器。图示为机械振动清灰的三种形式,其中(a)为沿垂直方向运动的形式,可以定期提升滤袋框架,亦可利用偏心轮装置振打框架;(b)为沿水平方向运动的形式,又可分为上部摆动和腰部摆动两种方式;(c)为扭曲振动方式,即利用机械传动装置定期将滤袋扭转一定角度,使粉尘脱落。这类袋式除尘器的过滤气速一般采用0.6~2.0m/min,相应压力损失为800~1200Pa。振打清灰一般用于底部开口顶部密封的内滤式滤袋。由于经常受机械力的作用,滤袋损坏较快,滤袋的检修与更换工作量大。

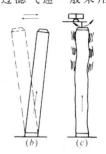

(a) (b) (c)

(郝吉明)

机械制造业废水 machine manufacturing wastewater

在各种机械设备和仪器仪表的生产过程中,由于冷却设备与工件、洗涤净化烟气、清洗工件表面、清洗设备和生产场地,以及设备漏泄与工艺废液的排放等而产生的废水。污染源主要有铸造、锻压、热处理、机械加工、表面处理(酸洗、电镀、涂装等)等生产车间,以及煤气发生、乙炔发生、压缩空气、供热锅炉、工业窑炉等动力站房。按水质分为净废水和浊废水两大类。设备间接冷却所产生的净废水,一般只受到热污染,经冷却及水质稳定后即可循环使用。而用水与原材料或工件直接接触所产生的浊废水,含有悬浮物、油类、乳化液、酸、碱、重金属离子(铅、铬、镍、铜、锌、银、汞等)、氰、酚等污染物。水质和水量因生产工艺和生产方式不同而有很大差异。从废水中回收有用物质和去除污染物的方法主要有混凝沉淀、重力沉降与浮上、过滤、化学沉淀、氧化还原、中和、电解、离子交换、超滤及生物处理等。处理后废水尽可能重复利用。

(金奇庭 涂锦葆 张希衡)

机械钻孔法 drilled well by driller

使用凿井机具在选定地层中钻孔,以管井抽取地下水的方法。钻机为凿井的主要设备,可分为冲击式和旋转式两类。如图中(a)为绳索式冲击钻

机,特别适用于在松散的砂砾与半岩石地层中凿井;(b)为钻杆式冲击机,由发动机供给动力,通过传动机提升钻具作上下冲击动作以破坏岩石层;(c)为旋转式钻机,钻进速度快,适用于在坚硬的岩层中钻孔。

(李国鼎)

基地台

见蜂窝移动通信基站(85页)。

基辅电视塔 Kijev television tower

原苏联基辅(киев)电视塔,建于1973年,塔高380m,其中塔身高度239.5m,为正八边形,其外接圆直径20m,为空间桁架组成的塔身,在标高40m到73m处伸出四条空间桁架结构的支腿扩展到地面,塔底脚间距为90m,在标高75m处设有一层微波机房、瞭望台等。240m以上为圆筒形天线部分,电梯井道设在塔中央,直径为4m。塔身采用高强度焊接钢管。

(薛 发 吴 明)

极板间距 distance between collecting electrodes

板式电除尘器中同性极板之间的距离。对电除尘器的电场性能、除尘效率和钢耗影响较大。在通常采用60~70kV变压器的情况下,极板间距一般取23~38cm。极板间距还与粉尘浓度和比电阻及除尘器大小有关。近年来,在超高压宽间距电除尘器中,极板间距可增大至40~80cm。 (郝吉明)

极化沉淀 polarization precipitation

电渗析器运行时,在淡室一侧首先发生极化现象的同时,水解离出的氢氧根离子穿过阴膜进入浓室,致使阴膜浓室侧pH值升高产生沉淀的现象。

这些沉淀附在阴膜表面,从而增加膜电阻、增大电耗、减少膜的有效面积、影响出水水质,甚至影响电渗析的正常运行。 (姚雨霖)

极框(电渗析器) electrode framework (electrodialysis apparatus)

放在电极和相邻交换膜间的硬质板框。其厚度较隔板为大,用以使极水畅流、支承离子交换膜、排除电极反应产物和冷却电极。 (姚雨霖)

极区电压(电渗析器) electrode zone voltage (electrodialysis apparatus)

电渗析正常运行时,为了进行电极的氧化还原反应所需要的电压。 (姚雨霖)

极水比 the ratio between electrode area and electrolyte solution volume

浸入溶液中的电极板有效面积与电解槽中有效水容积(即电解时有电流通过的电解液体积)之比。常用单位$(dm)^2/L$。它是表示电解槽放电面积大小的一个重要参数。在一定的槽容积和总电流强度下,极水比应尽量地大,以增加放电面积,减小电流密度,从而降低超电压,提高电压效率。

(金奇庭 张希衡)

极水室 polar water chamber

简称极室。用以排除电极反应产物的水室。由极框、电极和阳膜(或抗氧化膜)所组成。 (姚雨霖)

极限电流法(电渗析器) limit electric-current method (electrodialysis apparatus)

在电渗析器运行时,使其工作电流密度在极限电流密度以下的一种运行方式。它可以防止极化、减少沉淀的生成。因工作电流不能提高,故设备能力往往得不到充分利用。对在原水中硬度离子含量较低的非碳酸盐水质可略超极限电流运行,但同时要采取缩短倒换电极时间与酸洗等辅助措施。

(姚雨霖)

极限电流密度 limit electric-current density

在电渗析器内,产生极化现象时的电流密度。单位以mA/cm^2表示。为避免产生极化现象,电渗析器的工作电流密度一般应控制在极限电流密度以下。其数值通常采用电压-电流法来测定。

(姚雨霖)

极限固体通量 limiting flux

又称限制通量。对某一特定污泥,在由于排泥导致产生的下降速度一定的条件下,固体(污泥)能够顺利地通过二次沉淀池的最大固体通量。它决定二次沉淀池接受悬浮固体量的能力。确定二次沉淀池表面积的极限通量方法是:先求出能够满足浓缩污泥浓度所需要的回流比R,然后再根据二次沉淀池的设计固体通量不能大于极限通量 G_L, 即 $Q(1+R)X/A \leqslant G_L$, 来确定二次沉淀池表面积 A 为

$$A = \frac{RQ}{g(h-1)}\left(\frac{x(1+R)h-1}{R}\cdot\frac{1}{h}\right)^h$$

Q 为污水流量; g 和 h 为表示污泥成层界面沉速和浓度之间关系的经验常数。　(彭永臻　张自杰)

极限碳酸盐硬度　limit carbonate hardness

循环冷却水所允许的最大碳酸盐硬度值。当冷却水的碳酸盐硬度经循环浓缩若干倍、超过极限碳酸盐硬度时, 即将产生结垢。极限碳酸盐硬度一般根据相似条件的模拟试验确定, 求得极限碳酸盐硬度后, 可按下式判断循环水是否发生碳酸钙沉淀。

$NH_z > H_{jz}$ 结垢

$NH_z \leqslant H_{jz}$ 不结垢

N 为循环水的浓缩倍数; H_z 为补充水碳酸盐硬度; H_{jz} 为循环水极限碳酸盐硬度。　(姚国济)

极性　polarity

在共价键中, 共用电子对在二原子间不对称, 偏向电负性较强的原子一方。电子云密度也在该原子核周围较大, 分子将表现出极性, 这种化学键称为极性键。在极性键分子中, 正负电荷重心不相重合, 分子内一部分呈负电性, 另一部分呈正电性, 这种分子称为极性分子。极性分子键的极性强度用偶极矩度量。偶极矩 μ 等于电子电荷 e 与偶极长度 l 的乘积, 即为 $\mu = el$ (绝对静电单位, Cm)。水的 μ 值为 1.84, HCl 的 μ 值为 1.03。　(戴爱临　张自杰)

集尘极　collecting electrode

电除尘器中接地的电极。荷电颗粒在电场中在库仑力作用下被驱往集尘极表面, 放出所带电荷且沉积在集尘极上。集尘极的结构形式直接影响除尘效率、金属耗量和造价。一般要求是: 集尘极表面的电场强度和电流分布均匀, 火花电压高; 有利于粉尘在极表面的沉积, 又能顺利落入灰斗, 二次扬尘少; 极板的清灰性能好; 形状简单, 易于制造; 刚度好, 在运输、安装和运行中不易变形。分为圆管式和板式两类。板式电极又包括平板形、型板 (如 Z 型、C 型、波浪型等) 和箱式电极 (如鱼鳞板式)。　(郝吉明)

集成规划　integration planning

考虑了环境规划所具有的多主体、多层次、多目标和多时段的特点, 对环境、社会、经济在内的各个子系统进行综合考虑, 在系统分析的基础上进行规划的综合集成。目的在于运用系统分析和系统工程的理论和方法, 协调优化社会经济、环境保护、资源利用之间的关系, 保护环境, 促进社会经济发展。它可以使规划有更高的可行性和可靠性。在该规划过程中需要充分识别规划系统内部要素之间的关系、规划系统与其他系统的相互关系、系统与相关利益集团之间的相互关系, 综合运用不确定性分析、GIS 等技术, 在多个层次上建立集成化的规划策略。

(杜鹏飞)

集群调度移动通信系统　trunked scheduling mobile communication system

简称集群系统。提供调度指挥通信功能的一种高级的专用移动通信系统。是近代应用最广的专用调度系统。其所以称为集群, 是基于多信道共享, 集中地为众多用户服务, 可自动选择信道进行动态优化分配, 实现集中调度、集中管理, 是频率利用率最高的无线电通信方式。提供多种调度通信功能: 具有单呼、组呼、全呼、私密呼叫、紧急呼叫、限时通话、自动重发、迁忙排队、多级优先、信道监视、中继监视等, 为常规专用通信和公用通信一般不提供的特殊功能, 适于处理紧急或突发事件的调度指挥通信的需求。该系统结构一般由调度台、交换 (控制) 中心、基站和移动台组成。通常采用大区制、高天线、大功率发射。单区覆盖半径可达 15～50km, 工作在 350/800MHz。系统信道数可从 1 条到几十条, 用户数从数十到数千户。根据用户数量和分布状态, 可采用多信道共享单基站或多基站单区, 或多基站多区等灵活组网方式, 多区多基站可组成块状、链状和块链状等适应用户分布状态的覆盖面积, 并可互联成广域网, 以及与固定通信网互通。多个不同隶属的部门亦可以建立共用的集群调度系统, 各部门可以有各自的专用调度台, 共建交换 (控制) 中心、基站、天线等网络设施, 实现网络资源共享: 共享信道、共享设备、共享业务、共享覆盖范围等。20 世纪 80 年代, 集群系统开始引入中国, 主要是模拟系统, 最早用于铁道调度, 目前已由模拟集群向数字集群过渡, 已广泛应用于水利、防汛、电力、石油、煤矿、公安、交通等部门。专用调度共网方式在中国得到发展, 若干城市已建起共用集群调度通信系统, 为政府机关、能源、城市交通、码头、工矿企业、消防、警察等多部门提供调度指挥通信工具。

(张端权　薛发)

集水池　reservoir

泵站中用以收集来水, 供水泵吸水的构筑物。它多与格栅间合并, 二者与泵房可合建, 亦可分建。为了均化来水水量, 减少水泵启停次数, 集水池应有一定容积。污水泵站集水池容积不应小于最大一台泵 5min 出水量; 雨水泵站集水池容积不应小于最大一台泵 30s 的出水量。　(张中和)

集水时间　time of concentration

又称汇水时间, 集流时间。雨水从雨水管渠相应汇水面积最远一点流到管渠某一断面处的时间。

在城镇中,雨水地面径流经雨水入口及雨水管渠最后汇入江河。雨水管渠的集水时间由地面集水时间和管内雨水流行时间两部分组成。地面集水时间指雨水从相应汇水面积的最远点地表径流到雨水管渠入口的时间。管内流行时间指雨水在管渠中的流行时间。 （孙慧修）

集中供热 central heating

在一定的地区范围内,选择地理位置合适的供热基地,将燃料的化学能转化成热能,通过热力管道供用户使用。若供热给各个建筑物采暖,即称联片采暖。这种供热方式,较之多点分散供热,能提高能源的利用率,亦能减轻并便于防治烟气污染。
（徐康富）

集中供热成本 cost of heat supply

为生产和输配热能所发生的各项经营费和折旧费之和。供热成本分为销售成本、工厂成本和直接生产费用。销售成本指的是热源通过热网向用户售热的成本。工厂成本指的是热源向热网供热的成本。直接生产费用指的是热力系统在产热过程中所需的直接生产费用。 （李先瑞 贺 平）

集中供热工程初步设计 preliminary design of heat-supply project

根据供热工程设计任务书的要求所作的具体实施方案。应能满足项目投资包干、招标承包、材料、设备订货、土地征用和施工准备等要求。其内容:①设计说明书;②主要工程数量和主要材料数量表;③工程概算;④设计图纸等。 （李先瑞 贺 平）

集中供热工程贷款偿还年限 loan repayment period of heat-supply project

用项目投产后的实现利润归还基建贷款本息的年限,是从企业角度评价集中供热工程经济效益的指标。用于偿还贷款本息的资金有:交纳所得税之前的实际电热利润;按规定比例用于还贷的基本折旧费;应上交财政的基本建设其他收入。偿还应包括贷款本金及利息。 （李先瑞 贺 平）

集中供热工程的环境效益 favorable effect of heat-supply project on environment

通过集中供热采用高效率大锅炉、机械化自动化程度高、有较为完备的监测手段和控制仪表,还采用了高烟囱和高效率的除尘设备以及烟气脱硫装置,有效地减轻城市的大气污染的情况。
（李先瑞 贺 平）

集中供热工程的经济效益 economical benefit of heat-supply project

分为直接经济效益和间接经济效益。前者指的是热电厂(锅炉房)和热力公司的赢利,后者指的是整个国民经济的总体效益。如节煤量、降低热价和综合利用灰渣等。 （李先瑞 贺 平）

集中供热工程的敏感性分析 sensitivity analysis of heat-supply project

研究在经济评价中起作用的各种因素(投资费用、燃料费用、施工年限、热负荷、电负荷、热价、电价和设备利用小时数等)发生变化时对贷款偿还年限和内部收益率的影响,以此比较不同方案的集中供热工程的优劣的分析。 （李先瑞 贺 平）

集中供热工程的社会效益 social benefit of heat-supply project

首先表现在它的规划效果,表现在对整个城市的影响。它向人们提供了清洁的二次能源,有利于建设清洁、优美和卫生的城市;它提高了供热质量,发展了生产,改善了人民的生活条件;此外,它还节省了城市用地,缓和了供热区域内的电力紧张状况。
（李先瑞 贺 平）

集中供热工程施工图设计 construction design of heat-supply project

根据初步设计的要求所做的详细的施工图设计。它包括绘制热源、热网和热力站的施工详图和编制出必要的施工说明;提出征地、房屋拆迁和迁移障碍物等的数量;编制工程预算等。当与初步设计有较大变动时,应修正初步设计和概算,报上级批准后实施。 （李先瑞 贺 平）

集中供热工程投资回收年限 repayment period of capital cost of heat-supply project

用集中供热项目在正常生产年份的全部经济收益(年毛利润＋年折旧费)抵偿全部基建投资需要的年限,是从国家角度以静态方法评价集中供热工程经济效益的指标。计算公式如下:投资回收年限＝(基建投资＋流动资金)/(年毛利润＋年折旧费)
（李先瑞 贺 平）

集中供热热价 heat rates of heat-supply

单位热量的价格。指的是热源厂销售给热力公司或热力公司销售给热用户的供热价格。单位为元/kJ或元/t蒸汽。收费方法有:计量法和面积法。
（李先瑞 贺 平）

集中供热系统的调节与控制 regulation and control of heat-supply system

用人工和自动化装置调整和控制供热系统的水力工况、热力工况和运行时间,以维持供热系统按照用热规律所需的参数运行,满足用户的热需要。集中供热系统的调节有系统运行前的初调节和系统运行期间的运行调节。前者的任务是调整系统结构(水力特性)使供热网流量分配达到设计值;后者的任务是按照用热变化规律,调整供热量以保证满足热用户的实际需要,始终保持供热与用热之间的热平衡。集中供热系统调节可以通过人工或自动化装置实现控制。人工的调节控制通常是以调节阀门开启程度来完成,它不需要复杂的仪表设备,系统简单,投资小,适合于小型的供热系统。自动化装置有常规仪表控制和微计算机控制两种。常规仪表控制是以常规模拟调节器将传感器输入的测量信号作控制计算后,由执行机构完成预定控制;微计算机控制是由微机程序计算代替常规模拟调节器。与常规仪表控制相比,它可以同时控制多个调节对象,可实现复杂的控制规律,近年来得到较快发展。自动化装置的执行机构是各种调节阀,如温度调节阀,压力调节阀,流量调节阀等。它们的外来动力可以是液压、气动和电动。自动化装置,特别是微计算机控制能够实现在线控制,具有控制精度高、对象多、范围宽等优点,适用于大、中型供热系统。微计算机能实现最优化控制,是城镇集中供热系统调节与控制的发展方向。　　　　　　　　　(蔡启林　贺　平)

集中供热系统工程设计　design work of heat-supply system

根据设计任务书确定的设计原则、技术标准、工程规模、工程数量、工程概算、材料数量等的要求编制初步设计、施工图设计的过程。具体内容是查勘和选定热源厂、热网和热力站位置;选择供热机组、水处理、运煤和除灰、检测及控制等系统;确定管道布置及敷设方式;进行热网的水力计算,管道支架和补偿器的计算,管道应力计算和管道保温及防腐结构的计算;选定热力站形式和确定工程概算和材料数量等,并按照规定编制设计文件。设计要体现国家有关的方针、政策,切合实际,技术先进和经济合理等要求。　　　　　　　　　(李先瑞　贺　平)

集中供热系统规划与设计　planning and designing work of heat-supply system

集中供热规划是对城市范围内的各种供热方式作出长期的全面合理的安排计划。它应与城市性质、规模和发展相适应,并与该城市的各项基础设施相协调。它是发展城市集中供热的依据。供热规划的内容:供热现状和热负荷的调查;现有热源的调查;热源的选择;供热系统的选择;明确热电厂在电力系统中的作用;投资估算和经济效益分析;环境效益分析;最后确定实施规划的步骤和措施。集中供热系统设计是供热工程基本建设的必要步骤,其设计文件是工程建设的基本依据。做好设计工作不仅能在建设工程中取得好的经济效果和社会效益,而且在建成投产后也能取得好的使用效果。步骤和内容:供热工程项目的审批要做好项目建议书、设计任务书(相当于可行性研究报告)。设计任务书批准后,所有新建、改建、扩建和技术改造的供热工程都必须编制初步设计、施工图设计两个阶段的设计文件。　　　　　　　　　(李先瑞　贺　平)

集中供热系统可行性研究　feasibility study of heat-supply system

对拟议的集中供热建设项目进行技术经济的论证,为投资决策提供依据,是工程建设前期工作的一个重要阶段。主要作用:作为建设项目投资决策的依据;编制初步设计文件的依据;筹划资金的依据和与有关部门签订协议的依据。主要任务:在调查热负荷和气象、地质、交通运输和燃料供应等之后,对多种供热方案进行技术经济论证,推荐出技术上先进、经济上合理的最佳供热方式,并提出供热项目的总投资,发电、供热成本,投资回收年限,投资收益率和工程建设周期等测算数据等。
　　　　　　　　　(李先瑞　贺　平)

集中供热系统形式　model of heat-supply system

集中供热的输热方式。根据供热介质分:以热水作为热媒的,谓热水供热系统;以蒸汽作为热媒的,谓蒸汽供热系统。按照输热管道数目分:只设一根输送管道,为单管式供热系统;设有送出和返回二根输热管道,为双管式供热系统;由二根以上组成的送出和返回的输热管网,为多管式供热系统。就热水供热系统而言,如果热用户仅利用其热量,水仅作为载热体在系统内循环流动,即在热源端被加热后由管道送出,在用户端被冷却后经管道返回,称为闭式热水供热系统;如果热水在热量被利用同时或之后,水体的全部或部分被利用(例如有直接式热水供应的热用户),而水的全部或部分不返回热源,则称为开式热水供热系统。闭式热水供热系统,属双管式供热系统,是城镇集中供热应用较普遍的一种形式。就蒸汽供热系统而言,敷设凝结水回收管道的,谓带凝结水管道的蒸汽供热系统;不敷设凝结水管道的,谓无凝结水管道的蒸汽供热系统。带凝结水管道的蒸汽供热系统是常用的一种形式;无凝结水管道的蒸汽供热系统只是在凝结水被污染而无回收价值或经济上不值得回收的场合才采用。
　　　　　　　　　(蔡启林　贺　平)

集中控制台　centralization control desk

又称中央控制台。用来控制和操作几组机组设备,在一定范围内能够比较完整地完成某个功能的一组控制台。集中控制台通常安置在控制室内。
　　　　　　　　　(陆继诚)

集中流量　concentrated flow

指从工业企业或其他产生大量污水的公共建筑

排入本设计管段的污水量。 （孙慧修）

集中热力站 centralized heat substation

简称热力站。集中供热系统中供热管网与工厂或街区的热用户的连接场所。它的作用是调节供向该区所有热用户的供热介质和参数，或进行热能转换，并根据热力站供热范围和供热质量的不同要求，设置必要的代表，对热网和通向热用户的供热介质的流量、温度、压力等参数进行计量、检测或调控。它分为工业热力站和民用热力站两大类。该热力站是中国目前城镇供热系统中普遍采用的一种形式。

（贺 平 蔡启林）

给水泵站建造 constructing of water supply pumping station

用于城镇与工业给水提升水位泵站的施工。给水泵站是给水工程中的重要部分。在水泵站内装有清水泵及其动力装置；检查及计量仪表；连接管系统；调节阀，辅助设备（电气、控制、充水）等。泵站建筑包括：机器间、操作间、辅助间等。对小型给水泵站可将此三者组合在一处。按照水泵的设置位置（即机器间布设），泵站可分为地面式、半地下式、地下式及水下式四种，其选取与供水量大小、机组台数及建筑占用面积有关。该泵站建造采用方法及施工过程与距水源地距离、泵站本身结构、所在地点的地质水文情况、工程期限、建筑材料供需条件等有关。由于工种比较复杂，施工前应有周密的施工组织设计。 （李国鼎）

给水加压站建造 constructing water booster house

增高引入管水压力而建造的水泵站的施工。视用水要求和建筑情况，泵站可设于室外或建筑物内。施工分为泵房、水泵机组、管路设备、电气设备和其他附属设备等。泵房参见泵站建造(10页)。机组先建水泵基础、预留地脚螺栓孔，抹平基面进行养护，在孔中准确地固定地脚螺栓，填入混凝土，凝固后，即可稳定水泵机组，对中找平，严格检验，务使机组轴灵活转动；如需要隔振时，要在地面上设置隔振设施，如隔振弹簧、橡胶隔振垫等，小型泵可用单层垫，大型泵可用多层垫，垫层间需用 5~6mm 镀锌钢板隔开，其间用胶粘连，使隔振垫受力均匀；站中管路材料可用钢管或铸铁管以法兰连接，便于装卸，水泵吸水管端，装设短管、阀门，再由短管接入贮水池，吸水管在池内的高度，应保证消防贮水不被生活用水所动用。在池壁与吸水管间用石棉水泥接口法封固。在水泵出水管上装设短管、止回阀、阀门后接到出水干管，几台水泵为并联到出水干管，干管由两路接到外线，分别装设水表，减振器，以降低振动及噪声，要求隔振防噪高时，还需在建筑上采取措施。电气安装应由专业施工队按有关规程进行。泵站还应设值班室、修理间及适宜的起重设备，以利维修，保证水泵的正常运行。 （王继明）

给水排水工程施工 constructing of water supply and sewerage engineering

将设计服务于给水排水工程项目进行建设的施工。包括各种管道（承压管或重力管）、取水构筑物、净化水装置、污（废）水处理装置及泵站等按施工程序进行建造、敷设及安装，使其能正常运转，发挥各自设计要求的功能，从而保障城市生产发展、市场繁荣，提高居民生活水平。 （李国鼎）

给水排水构筑物施工 constructing structures of water supply and drainage

给水排水系统中各种组成部分的设备及装置的建造。给水排水构筑物包括：进水构筑物、净水工程的各种净化设备、排水管系统中的各种窨井、污（废）水（含雨水）处理工程的各种治理装置，以及水泵站构筑物等。无论是它们的新建、修建、改建、拆除和迁移的一系列施工过程：例如挖土、浇筑混凝土、砌筑砖砌体、安装管道管件等，每一施工过程的实施均属土建工程的一部分，直到全部完成。构筑物施工的特点是：施工对象的多样性、施工进程的流动性、受自然条件的影响大以及生产组织和管理工作的复杂性。 （李国鼎）

给水排水管道施工 constructing of water supply and drainage pipe lines

给水排水管道服从于给水管网、建筑给排水、排水管网及水泵站四部分的需要进行建设的施工。其建造可实现给水及排水的提升、输配、储存、调剂和使用功能。管道网络中各管节的就位与连通使整个系统得以运转。给水管常用金属管节敷设，本身为压力流性质，输水不受管道具体位置的影响，管节的敷设对定位无严格要求；排水管大多使用成型的金属或非金属管节，大型的沟渠可以在现场砌筑成型，且基本是重力流性质，须按照设计控制平面及高程位置。施工方法有开槽和不开槽两种，前者最为常用。当开槽严重影响交通，危害或破坏建筑物或现场条件不容许时采用后者。 （李国鼎）

给水水源 water-supply source

取地表水或地下水作城镇生活、农村生活和工业给水的水源。 （魏秉华）

给水系统附属构筑物建造 constructing appurtenant structures of building water supply system

给水管道系统上附属的构筑物建造。包括水表井、闸门井、消火栓井、水泵接合器、放气井、洒水栓井及公共取水龙头等部分。大型建筑物用水量大，水压高,还需建设增压泵房和水池及水箱等。这些构筑物对给水系统的正常运行和维护管理工作有极重要的作用,应给予重视,构造参见有关部分。

（王继明）

计量泵 metering pump, proportioning pump

又称比例泵,定量泵。可以根据工艺要求,实现流量调节和精确计量的特殊类的泵。是普通往复泵的特殊变型,其主要差别是计量泵排量可以调节、排量准确及排量不随压力、黏度和流体的其他物理性质而变化。这样就可使这种泵成为计量装置,在连续流程中可作为最终控制元件使用,经常应用于两种以上液体必须加以配比的地方或是混合比必须加以控制的地方。流量的控制与调节是通过每次行程的位移量或改变行程速度来实现的。所以计量泵可以说由工作机(泵)、测量仪器(行程刻度)和调节机构(行程数、行程长度)三者组成。因其结构特点可以用来输送具有腐蚀性的或有毒的液体,在炼油、炼钢、造纸、食品等工业部门中均有采用,而在化工、制药工业中则用得更多。该种泵大致分柱塞式、隔膜式、回转式、波纹管式和蠕动式。 （刘逸龄）

计量堰 measurement weir

具有顶和两侧以诸如 V 形、矩形或梯形之类的几何形状为边界的装置,用于测量污水流量。液体表面暴露于大气中。流量与堰顶上游水深、堰顶相对于下游的水面位置及堰孔的几何形状有关。一般采用非淹没薄壁堰。这种计量设备工作比较稳定可靠,但为防止堰前渠底积泥,一般设在处理系统之后。常用的有三角堰和矩形堰(如图)。前者用于流量小于 100L/s;而后者用于流量大于 100L/s。

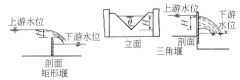

矩形堰的流量计算公式为

$$Q = m_0 bH \sqrt{2gH}$$

Q 为过堰流量(m^3/s);H 为堰顶水深(m);b 为堰宽(m);m_0 为流量系数,通常采用 0.45。

三角堰的流量计算公式为

当堰口角度 $\theta = 60°$时, $Q = 0.826 H^{5/2}(m^3/s)$;

当堰口角度 $\theta = 90°$时, $Q = 1.43 H^{5/2}(m^3/s)$。

（孙慧修）

技术控制室 technology control room

监视整个电视台机器设备工作状况的场所。内装有波形监视器和矢量示波器的技术控制台,台面上有供选看视频系统各点信号的视频选择开关以及通话信令等。 （薛 发 吴 明）

季节性热负荷 seasonal heating load

与气象资料密切相关的,只在全年中某些季节需要的热负荷。如供暖、通风、空调等热负荷。其特点是与室外温度、湿度、风速、风向和太阳辐射等因素有关。室外温度是最主要的影响因素。季节性热负荷在全年中变化很大。 （盛晓文 贺 平）

继电－接触器控制 relay-contactor control

由继电器、接触器等低压电气元件组成的电动机控制的一种方式。能实现对电动机控制所规定的逻辑功能。 （许以傅 陆继诚）

继发性污染物

见二次污染物(72 页)。

jia

加氯机 chlorinators

能保证液氯消毒时的安全和计量正确的液氯投加设备。液氯蒸发成氯气,通过加氯机减压、过滤、计量并与水充分混合后投加至加注口。加氯机由分离器(过滤器)、转子流量机、控制网、测压表和水射器等组成。常用加氯机有转子加氯机、真空加氯机、随动式加氯机等。 （李金根）

加氯间 chlorination house

为水厂加氯设备和装置而设的房间。加氯设备,可将液体氯通过蒸发器转化成气体,再通过加氯机将水处理所需的氯,准确及时地投加入水中。现代化加氯间配备自动加氯机,可自动调节加氯量。如遇液氯钢瓶泄漏,自动报警装置能发出警报,以便及时作安全处理。 （岳舜琳）

加氯量 chlorination dose

水厂的单位水量计算的用于消毒水实际所加的氯量。一般用 kg/km^3 或 mg/L 为单位。它包括预氯化加氯量和后氯化加氯量,应满足水的需氯量或规定需氯量并保持水中有一定的剩余氯。

（岳舜琳）

加氢裂解法 hydrocracking process

在加压条件下,原料油和氢气直接反应,制取富甲烷、乙烷气体的油制气方法。原料油可以是石油原油或其制品,如石脑油等。反应过程放热,目前工业方法不用催化剂,操作温度高于 700℃。当使用原油时,可采用焦粒流化床加氢反应器,使床温均匀;原料中不能蒸发的残渣附着在焦粒上,定期排出。当使用石脑油时,可采用气体循环加氢反应器,利用喷嘴射出反应物的动能带动周围气体循环,达到与流化床相似的功能。 （闻 望 徐嘉森）

加热蒸汽 heating steam

又称原蒸汽,一次蒸汽。是蒸发器的热源(水)

蒸汽。温度随压力的增高而升高,如 1atm 和 5atm 的蒸汽,温度分别为 99.1℃ 和 151.1℃;热熔值分别为 414.9kJ/kg 和 637.3kJ/kg。单效蒸发器中,一般应用压力较低的蒸汽;多效蒸发器中,则应用较高压力的蒸汽。加热蒸汽冷凝后回流到锅炉重复使用。

(张希衡 刘君华 金奇庭)

加热装卸 loading and unloading by heating

用加热气化液化石油气使倒空器升压以卸出液态液化石油气的操作。部分液化石油气在气化升压器内气化,气化后的气体进入倒空容器使容器内压力升高,在压差作用下液态液化石油气卸入灌装容器。多用于寒冷季节以加快装卸速度。通常根据经验取所需要的气体量为倒空容器几何容积的 2～3 倍,然后再按卸车时间计算出气化升压器所需的换热面积。 (薛世达 段长贵)

加压泵房

见增压泵房(353 页)。

加压气化煤气 gas from pressurized coal gasification

在加压状态下以煤气化方法产生的煤气。理论和实验都证明提高煤气化炉内压力,可同时增大甲烷产率(相应提高煤气发热量)和气化强度。例如以褐煤为原料,以氧和蒸汽为气化剂,在移动床气化炉内进行试验,当气化压力为 0.1、2.0、4.0MPa 时,得到的净煤气甲烷含量依次为 2.7、17.8、38.8%;净煤气低位发热量依次为 12.3、16.1、22.4MJ/m³;气化强度依次为 420、1500、2200kg/m²·h。故自 20 世纪 70 年代以来兴起的各种第二代煤气化法都沿着加压方向发展。其中称动床加压气化——鲁奇法最先实现工业化。气流床加压气化——德士古法已在 20 世纪 80 年代实现工业化。流化床加压气化——高温温克勒法已达到示范厂规模。

(闻望 徐嘉森)

加压输水 pressurized water supply system

用承压管道以压力流方式输水。适用于水源地地形低于水厂(或给水区)的情况,根据地形高差、管线长度和管道承压能力等具体情况,可能须在中途设置加压泵站。 (王大中)

加重装置 ballast weights

增加低压储气罐内气体压力的设施。储气罐内气体的压力取决于钟罩与塔节的自重。为提高燃气压力,一般是在顶板上或在钟罩里面下部加重块。小容量储气罐把混凝土块放在导轮座上;大容量储气罐则用铸铁块或混凝土块放在钟罩顶板外圆周处,顶板上直接放混凝土块时钢板易受腐蚀,需作支架。把重块加在钟罩内面下部的方法由于不方便并无法调节,很少采用。低压干式罐的加重块是加在升降活塞的四周。 (刘永志 薛世达)

甲烷菌 methane bacteria

又称产甲烷菌。参与厌氧消化三阶段过程第三阶段的菌种。是甲烷发酵阶段的主要细菌,属于严格的厌氧菌,主要代谢产物是甲烷。它在自然界尤其在沼泽、池塘、湖泊污泥的底泥中存在非常多。该菌常见的有索氏甲烷杆菌、甲酸甲烷杆菌、热自养甲烷杆菌、反刍甲烷杆菌、运动甲烷杆菌、马氏甲烷球菌、万氏甲烷球菌、甲酸甲烷八叠球菌、巴氏甲烷八叠球菌等种属。据报导,到目前已得到确证的甲烷菌有 14 种 19 个菌株,分属于 3 个目 4 个科 7 个属。该菌特性:在严格厌氧条件下,能以氢气、甲酸、乙酸为原料形成甲烷,不具有分解高分子有机物的能力;具有某种性质的生物排它性,所以在该菌大量繁殖的地方,其他微生物的种类和数量就会受到抑制;最重要的养料是作为能量供给来源的碳和蛋白质的氮;外界条件是隔绝阳光和空气,而且水分、pH 值、温度都要适宜。最佳 pH 值为 6.8～7.2,有机酸浓度在 2 000～3 000mg/L 以下。生存温度为 0～80℃,低温、中温、高温细菌的最佳温度分别为 15、30、55℃ 左右;世代时间较长,一般约 4～6d 繁殖一代,所以新建的或一度停用厌氧消化反应器需要有很长的起动时间;专一性强,每种甲烷菌只能代谢特定的底物,所以在厌氧条件下,有机物往往分解不完全。 (孙慧修)

甲烷消化

见碱性发酵(153 页)。

架空电缆 aerial cable

架设在杆路上的电缆。一般架挂在吊线上或采用自承式结构。 (薛发 吴明)

架空燃气管道布置 location of over ground gas pipes

确定地上管道的位置。可采用支架敷设,沿栈桥、永久性建筑物的墙或屋顶敷设;在不影响交通的情况下,还可采用沿地面的低支架敷设。管道的末端应设放散管。为避免由于温度变化所产生的内应力破坏管道,应设置补偿器。架空管道应间隔 300m 左右设接地装置。输送湿燃气时应有一定的坡度,低点设排水器;管道的支架,应采用难燃或非燃材料制成。管底至人行道路、厂区道路路面及厂区铁路轨顶应分别保持 2.2m、4.5m 及 5.5m 的垂直净距。低支架敷设时管底至地面的垂直净距一般不小于 0.4m。燃气管道与给水、热力、压缩空气、氧气等管道共架敷设时,与其他管道的水平净距应不小于 0.3m。当管径大于 300mm 时,水平净距应不小于管径。与输送酸、碱等腐蚀性物质的管道共架敷设时,燃气管道应放在这些管道的上层。 (李猷嘉)

架空线路 open wire

又称架空明线。用电杆架设的离开地面有一定高度的裸金属导线构成的电路部分。这种导线是用于连接连板机或电话机至交换机或者连接任意两个交换机。一般架空线路指架空明线，有时也指架空电缆或架空光缆。用做架空明线的导线有铜线、铜包钢线、铁线、铝线等。与地下电缆相比，架空明线的优点是架设比较方便。　　　　（薛　发　吴　明）

假单胞菌属　pseudomonas

活性污泥细菌中常见的占优势的细菌种属。在新版的伯杰氏细菌学鉴定手册中，属于第七部分革兰氏阴性好氧杆菌和球菌。多数为专性好氧菌，少数能以反硝化作用进行厌氧呼吸。营养型为化能异养菌，少数是能够利用一氧化碳作为能源的自养菌。菌体较小，宽度在 $1\mu m$ 以下，能够在 $4\sim45℃$ 间增殖，最佳温度为 $30℃$。细菌为革兰氏阴性杆菌，无芽孢，极生鞭毛，个别种无鞭毛。该菌属是一个庞大的家族，伯杰氏手册列举了 149 个种，代表菌种为铜绿假单胞菌。　　　　（戴爱临　张自杰）

假想化合物　presumed chemical compound

按优先生成沉淀的顺序，整理原水水质资料，最终人为列出的水中化合物。一般用以拟定水处理方法，书写反应式以说明软化过程及水质变化等。

（刘馨远）

jian

间接式换热器

见表面式换热器（12 页）。

间接作用式燃气调压器　indirect-acting gas pressur regulator

燃气出口压力变化使辅助调节装置（如指挥器）动作，接通能源（可为外部能源，亦可为被调介质），通过传动机构带动调节机构对燃气压力进行调节的燃气调压器。通常使用的有雷诺式调压器、T 型调压器和曲流式调压器等。其特点是调压性能好，出口压力稳定，适用范围广；但结构较复杂，造价较高。

（刘慈慰）

间歇法制水煤气工作循环　intermittent generator cycle

用间歇鼓风法生产水煤气的操作过程。第一步使炉中部分燃料在吹入的空气作用下燃烧，使燃料层升温蓄热；第二步用蒸汽吹入炉内燃料层，生成水煤气。由于反应吸热，料层温度逐渐下降，到某一限度时，停止吹入蒸汽，重新送入空气，开始另一制气循环。为了保证煤气质量、节约原料和操作安全等原因，一般采用六个阶段的工作循环：①吹空气阶段：加热料层，吹出气由烟囱排出；②蒸汽吹净阶段：

蒸汽由炉下部进入料层，使残余吹出气从烟囱排出；③第一次上吹制气阶段：蒸汽仍由炉下部进入料层，在炉内发生水煤气反应，制成水煤气，送入净化系统；④下吹制气阶段：蒸汽从炉上部进入料层，利用上部料层的高温进行制气，制成水煤气从炉下部引出，送入净化系统；⑤第二次上吹制气阶段：气体及流动路线同第一次上吹制气阶段；如果省略本阶段而直接使空气从炉下部进入炉内进行吹扫，则必使空气和下部残留的水煤气混合，会发生爆炸；⑥空气吹净阶段：停送蒸汽而送入空气，使废存于炉内及管道中的水煤气吹入水煤气净化系统；每一循环时间约为 7min；当用自动控制阀切换时，可缩短至 3～4min。在小型水煤气发生炉生产过程中，常取消④、⑤阶段而采用四阶段循环。　　（闻　望　徐嘉森）

间歇式超滤系统　batch ultrafiltration system

向料槽内间歇供给料液，超滤器出液不收集、浓缩液连续循环的超滤系统。当浓缩液的体积浓度达到一定时排出，更换另一批新料液。　　（姚雨霖）

间歇式活性污泥法　batch activated sludge process

又称序批式活性污泥法。间歇运行的活性污泥法。在活性污泥法开创初期是间歇运行的，而不是现行活性污泥法的各种系统和运行方式都连续进水和出水的连续运行方式。近十年来，它发展很快，如 SBR 系统便是其典型的例子。

（彭永臻　张自杰）

间歇调节　control by intermittent operation

供水温度和运行流量一定，只改变每日的供热时数，以适应供热负荷变化的运行调节方式。这种调节方式，多采用于局部调节。当供热负荷种类较多时，为了满足生活热水供应负荷的要求（水温要求 $60\sim65℃$ 之间），热网供水温度不能随室外温度的升高继续降低，此时局部供暖系统，可采用间歇调节。每日供暖总时数，随室外温度的升高而减少，按下列公式计算 $n = 24(t_n - t'_w)/(t_n - t''_w)$，$n$ 为每日供暖时数（h/d）；t''_w 为开始间歇调节时的室外温度（℃）；t_n 为室内温度（℃）；t'_w 为设计外温（℃）。

（石兆玉　贺　平）

监控燃气调压器　monitoring gas regulator

与工作燃气调压器串联安装的燃气调压器。其作用是，当出口压力超过允许值时，自动将出口压力调节至允许范围之内。其给定出口压力略高于工作燃气调压器的给定出口压力，因此，一般情况下，其调节阀是全开的；当工作燃气调压器失效，出口压力超过允许值时，则其投入运行，将出口压力维持在允许范围之内。　　　　　　　（刘慈慰）

监控室　monitoring room

负责全部发信机的监测、测量和调度工作的房间。设有监控桌和天线互换器控制柜。须用玻璃隔断与机房隔开。室内应布置较多的电缆沟，以敷设监控室与机房大厅密集的联系电缆。

（薛　发　吴　明）

兼性-好氧两级活性污泥法　facultative-aerobic two stage activated sludge process

第一级呈兼氧状态，第二级呈好氧状态两级串联的活性污泥系统。为活性污泥法系统变型之一。该系统第一级有机负荷高，保持低浓度溶解氧，细菌和低级霉菌的混合菌种占优势，出水有机物浓度仍然很高，但其去除速率大，称"粗处理"阶段，第二级与第一级串联，其有机负荷较低，曝气量较大，溶解氧充足，好氧细菌和原生动物占优势，污泥易于沉淀，出水水质较好，称"精处理"阶段。该法虽然设有两组曝气池和二次沉淀池，但由于第一级中混合液浓度可高达 8～15 g/L，并且 BOD-污泥负荷亦高，所以整个建设费用并不一定高于传统活性污泥法。

（彭永臻　张自杰）

兼性菌

见兼性厌氧菌。

兼性塘　facultative pond

塘水较深，上层为好氧区，底层为沉淀污泥厌氧区，介于二者之间者是兼性区，污水净化是由分别在各层存活的好氧、兼性和厌氧细菌共同完成的一种稳定塘。这是使用最广泛的一种稳定塘。本工艺能够直接接纳原污水，可以处理一级处理水和二级处理水，也能够接纳经厌氧塘处理后的出水。根据对排放水质的要求，在本工艺之后能够接续曝气塘和深度处理塘。该工艺的水深介于 1.2～2.5m 之间，有机物表面负荷一般与地理位置有关，在中国北方地区可低至 10～20 kgBOD/(10^4m²·d)，南方可高达 100 kgBOD/(10^4m²·d)，水力停留时间也介于较大的范围内为 25～180d，水力停留时间在北方不应少于冰封期。本工艺处理水的水质随季节而异，在一般情况下 BOD 值可低于 40 mg/L，低温季节将明显提高。占地面积小是本工艺最实际的优点。对该工艺最常用的设计计算法是有机物表面负荷计算法。

（张自杰）

兼性厌氧菌　facultative anaerobes

又称兼性菌。不论有氧存在与否均能繁殖的细菌。乳酸菌、酵母菌等属于这一类。研究表明，当水中溶解氧高于 0.2～0.3mg/L 时，兼性菌利用氧气进行新陈代谢；但当溶解氧低于上述数值时，它就同厌氧菌一样生活时不需要氧气。自然界中大部分产酸菌都是兼性菌。污泥消化池中的产酸菌过去一般认为是该种菌，但据 Toerien 和 Mab 等人研究表明

是专性厌氧菌占绝对多数。　　（孙慧修）

检查井　manhole

俗称窨井。又称检查窨井，普通窨井。用来检查和清通管渠，并起连接管段作用的竖井。通常设在管渠交汇、转弯、管渠断面尺寸或坡度改变、高程改变等处以及相距一定距离的直线管渠段上。如在直线管段上，根据不同管渠断面尺寸，它的最大间距对污水管道为 40～120m；对雨水管渠和合流管渠为 50～120m。它一般为圆形，由井底（包括基础）、井身和井盖（包括井座）三部分组成（如图）。通常将检查井称为普通检查井；跌水井、水封井、冲洗井、防潮门井、换气井、溢流井等又称特殊检查井。

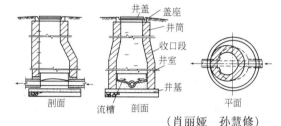

剖面　　流槽　剖面　　平面

（肖丽娅　孙慧修）

检查井建造　build up inspection well

排水管道系统中常见的一种窨井的施工。专供通沟及连接管段之用。一般由井基和井底、井身、井盖和盖座三部分组成。井底为连接上下游管道的流槽，槽底呈半圆形或弧形，两侧为直壁与下游管顶持平或略低，槽顶两肩相里略带坡度。井身的平面呈圆形或方形（正方或长方），有两种形式，不需下人的浅式，井径一般为 500～700mm；需下人的深式，高度在 1.8m 以上，井身的下部供操作，使用砖结构时多为圆形（管道直径>500mm 时多为方形），若采用混凝土浇筑则多为方形。井身上部呈圆形或方形，直径或边长常用 700mm，在井身上下之间的衔接部分，通常做成锥形，也可采用预制钢筋混凝土构件与上盖相连。井盖及盖座多为圆形铸件，直接搁置在井口上，再用水泥砂浆加固。　　（李国鼎）

检查室　inspection well

检查、操作和维修地下敷设管线之设备、附件的构筑物。它还用来汇集和排除渗入地沟或由管道放出的水。检查室设有人员进出的人孔。供热管道为了安全和通风，检查室一般设置两个或两个以上的人孔。　　　　　（尹光宇　贺　平）

减量曝气法

见渐减曝气法(154 页)。

减速增长期　declining growth phase

微生物增长曲线呈曲线上升趋势的区段。随着微生物增长，有机底物浓度逐渐降低，食料与微生物量的比值下降，以及代谢产物的积累，微生物比增长

速率开始下降,在这个阶段,底物浓度已成为微生物增长的制约因素。但微生物的绝对数量仍在增长。微生物增殖速率与残存的有机底物量呈比例关系,为一级反应。本阶段后期衰微生物衰亡和增殖两相抵销,活性不再增长。　　　　（彭永臻　张自杰）

减压阀　pressure reducing valve, reducing valve

通过启闭件的节流,将进口压力降至某一需要的出口压力,并能在进口压力及流量变动时,利用介质本身的能量保持出口压力基本不变的阀门。属调节阀的一种。目前国产减压阀主要有活塞式、波纹管式和薄膜式等。选择时,可根据流体压力和要求减压后的压力及流量来确定减压阀的阀孔面积。
　　　　（肖而宽　盛晓文　贺　平）

剪接室　treatment room

专供剪接员执行工作的一个房间和环境。内设有所需各种剪接影片或录像带工具,通常分设为影片剪接室和录像带剪接室。　　（薛　发　吴　明）

简单蒸馏　simple distillation

粗分离混合液中易挥发组分的一级蒸馏操作。在气液平衡条件下,易挥发组分在气相中的摩尔分率远大于其在液相中的摩尔分率。利用这一特性,通过简单的一次蒸馏操作即可将大部分易挥发组分从混合液中分离出来,并通过冷凝或吸收将其回收。应用的设备有填料塔和板式塔(如筛板塔、浮阀塔和泡罩塔等。)　　（张希衡　刘君华　金奇庭）

碱度　alkalinity

水接受质子的能力。这个能力的大小可以由水中所有能与强酸发生中和作用的物质的总量来量度。就是水中所有能与强酸相作用的物质的总量。这类物质应包括各种强碱、弱碱和强碱弱酸盐,也包括有机碱等。天然水中碱度的存在主要是由于重碳酸盐、碳酸盐和氢氧化物而引起的。其中重碳酸盐是水中碱度的主要形式。　　　　（蒋展鹏）

碱度计　alkalinity analyzer

根据酸碱平衡原理用试剂滴定法来检测溶液中含碱量的仪器。测量范围:$0 \sim 50$、100、$200ppm$,重现性 $\pm 2\% FS$,响应时间 $10min$ 左右。　　（刘善芳）

碱类处理　alkaline treatment

向炉水中投加碳酸钠、氢氧化钠,主要去除水中碳酸盐硬度和非碳酸盐硬度中镁硬度的方法。是锅炉用水内处理的一种方法。它还能提供大量羟基,使碳酸钙微晶保持稳定,不致生成水垢。一般用于低压锅炉水处理中。　　　　　　（刘馨远）

碱式硫酸铝法脱硫　desulfurization by basic aluminium sulfate method

用碱式硫酸铝吸收烟气中 SO_2 的烟气脱硫工艺。其化学反应式为

$$Al_2(SO_4)_3 \cdot Al_2O_3 + 3SO_2 \longrightarrow Al_2(SO_4)_3 \cdot Al_2(SO_3)_3$$

将此吸收液氧化,即为

$$Al_2(SO_4)_3 \cdot Al_2(SO_3)_3 + \frac{3}{2}O_2 \longrightarrow Al_2(SO_4)_3 \cdot Al_2(SO_4)_3$$

再用石灰石中和,以再生碱式硫酸铝,即为

$$Al_2(SO_4)_3 \cdot Al_2(SO_4)_3 + 3CaCO_3 + 2H_2O \longrightarrow$$
$$Al_2(SO_4)_3 \cdot Al_2O_3 + 3CaSO_4 \cdot 2H_2O \downarrow + 3CO_2 \uparrow$$

过滤,将碱式硫酸铝与石膏分离后返回吸收系统,同时得到优良的石膏副产品。　　　　（张善文）

碱式氯化铝

见聚合氯化铝(164 页)。

碱性发酵　alkaline fermentation

又称碱性消化,碱性分解,甲烷消化。指有机物在厌氧条件下消化降解过程中的第二阶段。即在专性厌氧菌(参与的细菌统称甲烷菌)作用下,将酸性发酵阶段的中间产物和代谢产物进一步分解矿化,即被分解成水溶性的无机物和气体,如甲烷、CO_2 及氨等。氨以强碱性的亚硝酸铵(NH_4NO_2)形式留在污泥中,而它中和了酸性发酵阶段产生的酸性,创造了甲烷菌生存所需的弱碱性环境。经碱性发酵后的污泥已不再发出臭气,污泥中胶体状的结合水易于脱出,称这种污泥为熟污泥或消化污泥,呈黑色粒状结构,无恶臭,肥份易为植物吸收,为良好的农肥。所产污泥气可收集利用。
　　　　（肖丽娅　孙慧修　张中和）

碱性腐蚀

见苛性脆化(166 页)。

碱性消化　alkaline digestion

见碱性发酵。

建筑给水排水系统附属构筑物建造　constructing appurtenant structures of water supply and drainage system

在给水排水管道系统上的小型地下构筑物的建造。可分给水构筑物和排水构筑物两类。其作为控制调整水流情况、除去水中过量有碍物质、充分发挥管网供水排水效能,是保证管道系统正常运行的重要设施,必须精心施工,确保工程质量。　　（王继明）

建筑给水排水系统施工　constructing water supply and drainage system for building

服务于建筑物全部的给水排水系统的施工。在大型建筑物中,给水排水系统是比较复杂的,工程内容包括两大部分:①为建筑庭院的给水排水管道工程,其中有给水、排水、热水、消防、雨水及中水管道等系统的安装敷设和有关的附属构筑物如水表井、闸门井、消火栓井、水泵接合器、检查井、洒水栓井、

贮水池、热水锅炉房、中水处理站以及水景等的建造;②为建筑物内部的给水排水系统施工,包括各种卫生器具的安装和上述各种管道系统及其相应的有关附属构筑物,如增压泵站、污水提升泵站和水池水箱等的安装施工。这些管道工程系统是建筑物的重要组成部分,是保证用户生活、工作、安全、卫生和舒适的重要组成部分。因此必须严格按照图纸及设备安装施工规程要求,应用合格材料和设备,精心施工,确保工程质量。　　　　　　　　（王继明）

建筑给水系统施工　constructing water supply system for building

将城市配水管引到建筑给水系统的装接施工。其包括有配水管引水节点、引入管、水表井、供水管网及加压站等,是供应建筑生活、生产、消防及其他等用水的水源,选用合格设备材料,严守操作规程,精心施工,确保工程质量。　　　　（王继明）

建筑排水系统附属构筑物建造　constructing of appurtenant structures of drainage system

在排水管道中的小型地下构筑物的建造。建筑排水系统附属构筑物分为检查井、沉泥井、除油井、水封井、污水井、溢流井、降温池、污水闸门井等。这些设备具有防止管道产生淤积堵塞、阻止有害气体流通、分流过量污水量及降低污水温度等作用,是保证排水管道正常运行的重要设施。为此应在管道适宜位置建造这些附属设备。　　　（王继明）

建筑排水总管敷设　laying building sewer

建筑区排水管网总排水管的敷设。也即为总检查井通往街道排水管间的一段排水管,一般采用开槽敷设管法。按设计地位放线、开槽、不扰动地基原状土、平整槽底,按一定坡度作管道基础,视地质条件及使用情况做枕基或通基。管材用混凝土管以水泥砂浆抹带或钢丝网水泥砂浆抹带90°~135°基础座;也可用陶土管水泥砂浆接口。通过闭水试验合格,分层覆土夯实。　　　　　　（王继明）

建筑中水　intermediate water supply in buildings

民用建筑或建筑小区使用后的各种排水(如生活污水、冷却水等),经适当处理后回用于建筑或建筑小区作为杂用水的给水系统。它是实现污水资源化,既可节省水资源,又使污水无害化,起到保护环境,防止水污染,缓解水资源不足的重要作用。建筑中水工程设计,应根据建筑物原排水的水质、水量和中水用途,选择中水水源,确定中水工程的处理工艺和规模。为确保使用安全,严禁中水进入生活饮用水系统。中水水源可取自生活污水和冷却水,应首先选用优质杂排水。医院污水不宜作为中水水源。用于厕所冲洗便器、城市绿化和洗车、扫除用水

水质标准,应按现行《生活杂用水水质标准》执行。用于水景、空调冷却等其他用途时,其水质应达到相应的水质标准。多种用途的中水水质标准应按最高要求确定。　　　　　　　　　　　　（孙慧修）

建筑总检查井建造　buildup building sewer manhole

建筑排水管网最后总汇集的检查井的施工。该井一般用圆形砖砌,或钢筋混凝土制作,井径不小于1m,其施工方法可参考一般检查井的建造。
　　　　　　　　　　　　　　　　　（王继明）

渐减曝气法　tapered aeration process

又称减量曝气法。适应曝气池内对溶解氧要求始端供氧高逐渐降低的一种活性污泥系统运行方式。其工艺流程基本同传统活性污泥法。区别在于在池前端空气扩散装置布置较为密集,供气量较多,沿池长空气扩散装置逐步减少,供气量亦行降低。这种工艺能够在一定程度上缓解传统活性污泥法曝气池首端供氧不足,末端供氧过剩的不均衡状态,这样能够提高污水的处理效果,改善经济效益。

　　　　　　　　　　　（彭永臻　张自杰）

jiang

江心分散式出水口　dispersed cutfalls along river profile

长距离伸入水体的分散出口。即将污水沿河床断面分成若干点排

出,使污水和河水混合更加充分。这种出水口构造较复杂(如图)。　　　　　　（肖丽娅　孙慧修）

江心式取水　river centre intake

取水构筑物建于江心,在进水井壁上设有进水孔,从江心取水的方式。适宜在大河、含砂量大、取水量大、岸坡平缓且岸边无建泵站条件的个别情况下采用。由于取水构筑物建在江心,缩小了河道过水断面,容易造成附近河床冲刷,故要求基础深,施工困难。此外自取水构筑物至河岸要建造较长的引桥,其造价较高;对航运有影响;还要防止放木、冰凌的冲击。　　　　　　　　　　　（王大中）

浆糊台

见封信台(85页)。

降尘　dustfall

又称自然降尘。单位面积上单位时间内空气中自然沉降于地面的颗粒物总量。其粒径多在$10\mu m$以上。采用的测定方法是重量法,即将空气中可沉降的颗粒物沉降在装有乙二醇水溶液做收集液的集

尘缸内,经蒸发、干燥、称重后,计算降尘总量,结果以 $t/(km^2 \cdot 30d)$ 计。一个地区大气中的降尘量大小,反映了该地区受粉尘污染的程度。

（蒋展鹏　马广大）

降温池建造　buildup lowering temperature tank

排出的废水温度超过40℃时,需建造的冷却水池。降温池降温常用于废水冷却。池型可分为隔板式和虹吸式两种,一般用矩形砖砌或钢筋混凝土浇筑。施工时,放线开槽挖土,当挖到一定深度时,平整槽底素土夯实,浇筑混凝土基础。当有土质差或有地下水时挖土需支撑及排水,地基垫卵石层后再浇筑混凝土基础。基础上砌砖墙,如池体较大须做钢筋混凝土圈梁加固,在检查口下部装设爬梯,继续上砌留进出水及冷却水管孔洞后直达池顶。顶上做混凝土盖板座,盖用预制钢筋混凝土板,小型的也可现场浇筑,盖上设有检查孔及通气管。池内以砖墙分成两间,中间用隔板分隔,以利水流混合及散热,池壁底均用水泥砂浆抹厚20mm,进出及冷却水管穿池壁孔处以水泥砂浆封固。虹吸式降温池可不设隔板,出水设于池底,由高1200mm虹吸管排水,其他部分与隔板式类同。钢筋混凝土池在无地下水时,素土夯实浇筑混凝土基础,其上浇筑池体,包括池底、池墙、隔墙及池盖板等,大型高温池周还要设置栏杆,以策安全。　　　　　（王继明）

降压脱附　falling-pressure desorption

降低饱和吸附剂周围的压力,使气相中吸附质(污染物)分压降低,从而使吸附剂上平衡吸附量降低,吸附质从吸附剂上脱附下来的过程。当脱附压力降到大气压以下的为真空脱附,为使吸附剂上的残余负荷减至最少,往往采用真空脱附。它的操作周期短,但需有降压设备或真空系统。

（姜安玺）

降雨历时　duration of rainfall

降雨过程中的任意连续时段。以 min 计。记载该时间的方法有两种:一种是用普通雨量计记录的降雨时间,这种方法只能记载一日或一次降雨的时间,它不能反映出降雨随时间的变化过程,因此不能作为暴雨强度的计算时间;另一种是用自动雨量计记录的降雨时间,它不仅能记录全部降雨时段,还可以记录其中个别的降雨时段,能反映出降雨随时间的变化,因此可用作计算暴雨强度时间。

（孙慧修）

降雨量　rainfall

降落在不透水平面上的雨量。通常以降雨深度(mm)表示,或用单位面积上的降雨体积($L/10^4m^2$)表示。该值可从雨量计上直接读到。工程上一般降雨量都包括单位时间的含义在内,如年降雨量、月降雨量和日降雨量等。　　　　　（孙慧修）

降雨面积　rainfall area

降雨所笼罩的面积。以 10^4m^2 或 km^2 计。任何一场降雨在其降雨面积上各地点的大小都不一样,表现了降雨量分布的不均匀性,这是由于复杂的气候因素和地理因素在各方面互相影响所致。因此,工程设计所需的雨量资料都有一个时空分布问题。城镇或工厂的雨水管渠或排洪沟的雨水汇水面积较小,一般小于 $100km^2$,最远点的集水时间一般不超过 60min 到 120min,认为较小汇水面积内的气候和地理等条件差导较小,一般认为降雨是全面均匀笼罩的,即假定在整个小汇水面积内降雨是均匀分布的,因此可用点雨量代替面雨量。　（孙慧修）

降雨深度　rainfall depth

降落在不透水平面上的雨水水层厚度。以 mm 表示。它是降雨量的一种通用的表示方法。

（孙慧修）

降雨重现期　rainfall recurrence interval

又称暴雨重现期,暴雨强度重现期,降雨强度重现期。在一定长的统计时间内,等于或大于某暴雨强度的降雨出现一次的平均间隔时间。以 a 计。例如暴雨重现期为 20a,表示某一暴雨强度平均每 20a 发生一次。显然,重现期(T)与频率(P)互为倒数关系,即 $T = 1/P$。应当指出,所谓重现期百年一遇,并不是说正好一百年中出现一次,事实上也许一百年出现好几次,也许一次都不出现。这个意思只是表示每个年份中的出现可能性为 1%,同时,只有在很长的时期内重现期才能表达出来。

（孙慧修）

jiao

交叉区连接杆

见分区杆(82 页)。

交换带理论　theory of exchange belt

以饱和度曲线逐时移动为依据,为解该交换器内部工况而引伸出的理论。其基本内容有:①器内交换剂层沿原水流水向可分成失效层、工作层和保护层。②在运行过程中,失效层逐渐变厚,保护层逐渐变薄,而工作层则保持一定厚度,并以一定速度整体向出水方向移动。③工作层的下端点,即饱和度曲线的端点,推移到交换剂层端面时,出水水质开始恶化,运行应停止。④工作层的厚度与原水水质硬度、流速呈正相关关系,与交换器集布水装置布水均匀性呈负相关关系。　　　　　　（刘馨远）

交换局

见蜂窝移动通信交换中心(85 页)。

交换塔（移动床） exchange tower (moving bed)

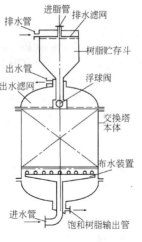

又称交换柱。是完成离子交换反应的装置。它是移动床最基本装置之一。其结构形式如图示。由漏斗、塔身组成一整体，塔身上部有平顶式出水滤网和浮球阀，下部有配水系统，运行中进水和排水兼用。通水时借助水力将整个树脂托起成床，进行离子交换。　　　　（潘德琦）

交联度 degree of cross-linkage

树脂原料中，架桥物质的重量占原料总重量的百分数。水处理常用交换树脂的交联度约 7%～8%。它对离子交换树脂的一些性质有影响。如随着交联度提高，耐热性、结构稳定性改善，但重量交换容量、含水率、交换速度等有所降低。

（刘馨远）

交流电动机调速 ac motor speed control

通过改变极对数、控制电源频率以及改变某些参数如定子电压、转子电压等，调节电动机转速的方式。　　　　（许以傅）

交流电机 alternating current engine

产生或应用交流电的电机。分有同步电机和异步电机。　　　　（陈运珍）

交流滤波电容器 alternating current filter capacitor

为了防止高次谐波对通信及电器设备的危害，在大功率的高次谐波源附近装设的装置。它把高次谐波就地消除。　　　　（陈运珍）

交替生物滤池 alternative bio-filter system

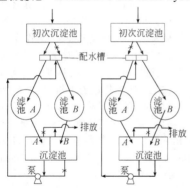

进水和出水方向周期变换组成二级高负荷生物滤池的处理工艺。该滤池的特点是使两座滤池交替地作为一级滤池和二级滤池（如图）。按本流程运行能够均匀分布进水负荷，避免出现一级滤池负荷过高，因生物膜生长过快堵塞滤料而二级滤池负荷过低的现象，有效地提高了滤池的利用率和处理效果。

（戴爱临　张自杰）

交替运行氧化沟 alternately operated oxidation ditch

设 2 座或 3 座并列交替充作氧化和沉淀运行的氧化沟。分二沟系统及三沟系统。二沟交替运行氧化沟由容积相同的 A、B 2 座组成，串联运行交替作为曝气池及沉淀池，勿需另设污泥回流系统。三沟交替运行氧化沟，两侧的 A、C 二沟交替作为曝气池和沉淀池，中间的 B 沟则一直作为曝气池，原污水交替池进入 A 沟及 C 沟，而处理水则相应地从 C 沟及 A 沟流出。交替运行氧化沟系统应安装自动控制系统，以控制进、出水的方向以及曝气转刷的开启等。中国邯郸市引入丹麦技术建成了一套规模为 100 000 m^3/d 的三沟交替运行氧化沟系统，处理效果良好，并具有脱氮和除磷功能。　　　　（张自杰　戴爱临）

交通运输大气污染源 transportation sources of air pollution

在交通运输过程中排放大气污染物的各种交通运输设施和设备。如机动车、飞机、船舶、机车等。这些交通运输工具在繁忙的交通线上构成了大气污染线源。交通运输污染源的排放地点是不断运动的，因而也称为移动大气污染源。排放的主要大气污染物有一氧化碳、氮氧化物、碳氢化合物、二氧化硫(含硫燃料)、铅化合物(加铅汽油)、苯并(a)芘、烟尘(燃煤机车)、石油和石油制品及有毒有害的运载物等。它是大气污染物的主要来源之一，是形成光化学烟雾污染的主要根源。　　　　（马广大）

胶皮刷 rubber brush

带有胶皮刷形机械清通排水管渠的工具。用以清通较松软的污泥。其构造如图。

（孙慧修）

胶体脱稳 destabilization of colloidal particles

为使胶体颗粒通过碰撞而消除和降低胶体颗粒稳定因素的过程。给水处理中胶体颗粒的脱稳分为两种情况：一种是通过投加混凝剂的作用改变了颗粒双电层结构，颗粒彼此聚集；另一种是通过投加混凝剂的媒介作用，使它们彼此聚集。所以胶体的脱稳方式与混凝剂品种、投加量、胶体颗粒的性质及介质环境等多种因素有关。一般有：①双电层压缩：水中投加电解质时，使扩散层厚度减小，ζ 电位降低，减小斥力即能进行聚集。②吸附和电荷中和:如投加铝盐或铁盐混凝剂时,溶液 pH 值降低,药剂水解产物带有正电荷,从而与胶体带负电荷的相互接近吸附,相互聚集。③沉析物的网捕:当金属盐和氢氧化物的投加量达到足以沉析时,水中胶体颗粒可被这些沉析物在下沉中所网捕或卷扫捕获而同时脱稳沉淀。④吸附架桥作用:参见吸附架桥(309 页)释文。

（张亚杰）

胶体稳定性　stability of colloidal particles

　　粒度微小的胶体有很大的比表面,因而相间界面自由能也很大,按此它们能彼此聚集成较大颗粒,从溶液中分离出来;但事实与此相反,原因由于其结构和电荷特性所致而呈稳定。据双电层释文所述,胶体颗粒的电荷特性可使两个带有同号电荷的颗粒彼此接近到扩散层交联时,将产生静电斥力。斥力大小随着颗粒间距减小而增加。这一斥力的存在成了同号电荷颗粒不能彼此聚集的主要原因。另一个因素是水化作用。由于胶体颗粒带有电荷,可在表面形成一个水化膜,阻碍颗粒间相互聚集。胶体系统除了静电斥力和水化膜作用而具有抗聚合的稳定性外,同时还存在着胶体颗粒受范德华力(Van der Waal force)和颗粒的布朗运动碰撞和吸引作用。在这两种稳定与不稳定作用系统中胶体的稳定是相对的。

（张亚杰）

焦炉　coke oven

　　以生产焦炭为主要目的的煤干馏装置。除焦炭外,还生产煤气和多种有价值的化学产品。其形状为长方体,其上半部为炭化室与燃烧室,下部为蓄热室,中部为斜道区,底部两侧有分烟道与烟囱相接。一座焦炉通常具有几十孔炭化室。每两座焦炉共用一套焦炉机械,一个料仓、熄焦塔、晾焦台和烟囱。通常它为竖向加煤及水平推焦,出焦的一侧称焦侧,设置推焦机的一侧称机侧。根据炭化室容积不同,分成小型、中型和大型焦炉;根据燃烧室立火道连接方式不同,分成两分式焦炉、跨顶式焦炉和双联式焦炉;根据蓄热室布置方式不同,分为纵蓄热室式与横蓄热室式焦炉;根据加热燃气是一种或两种,分成单热式与复热式焦炉;根据加热燃气引入位置不同,分成侧喷式或下喷式焦炉。　（曹兴华　闻　望）

焦炉机械　coke oven machine

　　完成焦炉装煤、平煤、出焦、拦焦、熄焦和燃烧系统换向等操作的机械设备。其主要设备有装煤车、推焦车、拦焦车、熄焦车和换向机等。通常两座焦炉共用一套焦炉机械。在完成上述主要操作同时,推焦车与拦焦车还负责炉门摘挂;推焦车还负责平煤孔盖升起及炭化室顶石墨清除等工序。推焦车,拦焦车,熄焦车之间的操作要联锁。

（曹兴华　闻　望）

焦炉冷却水余热利用装置　installation for utilizing waste heat of cooling water in coke oven

　　利用焦炉冷却水余热进行供热的装置。在炼焦过程中产生的焦炉煤气首先被喷成细雾状的氨水从 650～700℃冷却到 80～85℃,然后进入初冷却器,在此,利用集中供热系统 50～55℃的回水将煤气冷却到 60～65℃和热网供水升温到 65～70℃,之后,在二段初冷器内,冷却水系统将煤气冷却到 35～40℃。　（李先瑞　贺　平）

焦炉煤气　coke oven gas

　　煤在焦炉中干馏产生的气体。每吨煤的产率约为 $330Nm^3$。主要成分约为:氢气 57%,甲烷 25%,一氧化碳 6% 以及少量碳氢化合物、二氧化碳和氮气等。低位发热量约为 $18MJ/Nm^3$。

（曹兴华　闻　望）

焦炉燃烧室　combustion flue

　　由耐火砖砌筑的供加热煤气与空气混合并进行燃烧的空间。它提供干馏所需热量。位于焦炉炉体上半部,大体为长方体,其长轴与焦炉长轴垂直。通常用竖向隔墙将燃烧室分成许多立火道。根据立火道连接方式不同,可把焦炉分成两分式、跨顶式和双联式等。　　（曹兴华　闻　望）

焦炉炭化室　oven chamber

　　由耐火砖砌筑的干馏煤料的密闭空间。位于焦炉炉体上半部,与燃烧室依次相间排列,顶部设有 2～3 个加煤孔、1～2 个粗煤气导出口;下部接斜道区,前后设有炉门。炭化室大体为长方体,长轴与焦炉长轴垂直。炭化室长多为 7 000～15 000mm,高为 2 500～5 500mm,平均宽度为 350～450mm。为推焦方便,焦侧比机侧宽,两者尺寸差称锥度,通常为 20～70mm。　　（曹兴华　闻　望）

焦炉蓄热室　regenerator

　　用耐火砖砌筑的用高温废气预热空气或贫煤气的空间。位于焦炉炉体下部。蓄热室长轴与焦炉长轴平行为纵向布置;两轴垂直为横向布置。它由小烟道、箅子砖和上部空间组成。小烟道一端与对应的废气盘相接,引进空气或贫煤气,引出废气。上部空间摆满型砖,燃烧废气将型砖加热;热型砖可把空气或贫煤气预热到 1 000℃左右,通过顶部两排斜道送入对应的立火道。　（曹兴华　闻　望）

铰接支架　hinged type trestle

　　地上敷设管道的支架形式之一。其特点是柱脚与基础沿管道轴向为铰接,横向为固接,因此柱身可随管道的伸缩而摆动,支柱仅承受管道的垂直荷载,柱子横截面和基础尺寸可以减小。

（尹光宇　贺　平）

铰支座　hinged support

只能传递垂直力而不能承受弯矩的桄杆支座。
（薛　发　吴　明）

搅拌池　mixing chamber

水处理工艺中溶解固体或配制液态药剂的容器。一般配有搅拌设备,用药量小的工程,也可以人工搅拌。搅拌池体积大小根据水厂规模、搅拌液浓度和搅拌次数而定。搅拌液浓度大可使池体积减小,但浓度过大将使溶液温度提高,增加了搅拌池的温度应力和腐蚀性能,从而损坏池体。实际应用中,根据经验,三氯化铁浓度为 10%～15%,硫酸铝、硫酸亚铁为 10%～20% 左右。搅拌次数,大中型水厂可考虑一日 3～6 次,以一班一次为宜,小型水厂用人工搅拌可考虑一日一次。该池的高程布置一般有地下式和高架式两种,近年来以地下式的为多。池底应有坡度和设有排渣管。地下式重力排渣困难时可采用在池底部设集渣坑,用泵抽吸排渣。该搅拌池一般设置两座,以便调换备用。　　（顾泽南）

搅拌机　agitators, mixing apparatus for chemicals

在介质中搅动,使固态溶解或不同介质之间的混溶,或使流体产生运动防止沉淀以满足工艺流程不同工序需要的混合设备。水厂溶药搅拌有水力、机械、气流和水泵等四种方式。①水力机械搅拌:利用水力所组成的机械,可使水与药剂在溶液池内造成旋流达到溶解的目的,一般有水轮式和旋转式搅拌机两种。②机械搅拌:由驱动装置、搅动轴、叶轮等部件组成。叶轮由驱动装置通过搅拌轴传动。有减速和全速两种。减速搅拌机转速一般为 100～200r/min,全速搅拌机转速一般为 1 000～1 500r/min。主要由动力、轴杆、叶片和传动、减速等装置组成。③气流搅拌:利用压缩空气进行搅拌,将压缩空气自下而上通入溶解池内,借气泡上升鼓动水体而起搅拌作用。④水泵循环搅拌:利用提升药液的水泵,将药液仍回入溶解池而达到搅拌目的。四种搅拌方式中,以机械搅拌采用最多;水泵循环搅拌由于效率较低而采用较少。给水排水搅拌机械,多用在溶药搅拌、均质搅拌、絮凝搅拌、混合搅拌、充氧搅拌、消化搅拌等。　　（顾泽南　李金银）

jie

阶段曝气法　step-aeration process

又称逐步负荷法,多点进水法等。回流污泥在曝气池进口端进入,而污水沿池纵长方向分多点进入,然后流向出口端的活性污泥系统运行方式。它是普通曝气法的一种改进方式。这种运行方式可以产生下列各项效益:①有机负荷在全池分布均衡;

②氧的供需均衡;③增强了承受冲击负荷的能力;④减轻了二次沉淀池的负荷;⑤提高了处理能力,在同一的处理程度条件下,本法较传统法的处理水量可提高一倍。对城市污水本法常采用的各项设计与运行数据是:曝气时间 4h;污泥龄 3～5d;BOD 污泥负荷 0.2～0.4 kg/(kgMLSS·d); MLSS 1 500～3 000mg/L;SVI 值 100～150;BOD 总去除率可达 85%～95%。该法是应用广泛的一种工艺。
（彭永臻　张自杰）

阶梯式格栅除污机　stepped meshscreen

又称步进式格栅除污机。截污栅制成锯齿形台阶,叠合成栅面斜置 45°梯状的一种自清式机械除污设备。污物自下而上逐级提升,截污栅分动片和静片,各自成组互相间隔排列,动片受曲柄连杆机构的传动,摆动回绕升幅量略大于一个台阶,每摆动一次,把下一台阶静片上栅渣提升一个台阶,逐级升至顶端最后一级,卸入栅后容器内。其特点是每摆动一次就有一级洁净栅段投入运行,达到自清。由于受栅片台阶宽度限制,超过阶宽的栅渣提升困难,故仅适宜作第二道细的不太深的格栅。　（李金根）

接触冷凝器　contact condenser

冷却介质(通常用冷水)与热废气直接接触换热所用的装置。它是冷凝法常用的一种冷凝设备。在该设备中,废气中蒸气污染物冷凝,其冷凝液与冷却介质以废混合液形式排出。排出的废液要进行处理,以防止二次污染。　　（姜安玺）

接触散热　radiating heat by contact

在水冷却过程中,水面与较低温度的空气接触,通过传导和对流而将热量散失的一种方式。
（姚国济）

接触时间　contact time of biofilter

又称停留时间。指污水在生物滤池内与滤料接触的时间。也是污水在滤池内的停留时间。以 t 表示。埃肯费尔德,W·W·(Eckenfelder, W.W., JR)认为这与滤池的特性、滤池深度和水力负荷等因素有关,并提出用下式计算:

$$t = \frac{CD}{q^n}$$

C 和 n 为滤料的特性参数;D 为滤池深度;q 为水力负荷。　　（彭永臻　张自杰）

接触稳定法

见吸附再生法(310 页)。

接触厌氧法

见厌氧接触消化(328 页)。

接待室　reception room

用于服务国际电报和国际长途电话业务的专用房间。　　（薛　发　吴　明）

接地 earth, earthing, earthing device, earthing system

又称接地装置,接地系统。电信设备和电源设备与大地之间组成电气连接并使电荷通地扩散的器件。分为工作接地、保护接地、辅助接地(测量接地)、防雷接地等。 (薛 发 吴 明)

接地底座 earthing base

无与大地电气绝缘要求的塔桅结构,直接与基础埋件相连接的塔桅底座。 (薛 发 吴 明)

接地电缆 grounding cable, earth cable

海底电缆系统中连接电源远供设备和接地装置的电缆。 (薛 发 吴 明)

接地体 earth electrode

又称接地电极,接地器。直接与土壤(大地)接触的金属导体式导体群。它可以是各种形状的(管线、条形、线形)、单个的(极)或多个极复合的金属导体的人工装置,也可以是非专为接地而设的通到大地的金属导体(例如连接大地自来水管)。

(薛 发 吴 明)

接户管敷设

见引入管敷设(342页)。

接力段 relay section

微波中继通信线路中,相邻微波站之间的一段线路。其长度由微波机的功率与天线高度决定。两个站的相对天线之间不应存在视线障碍。即两相对天线之间不应有阻碍微波传播的高耸建筑物、构筑物或自然地貌。 (薛 发 吴 明)

接闪器 lightning arrester, lightning protector

又称避雷器。将由于雷电在电信线路或天线中所产生的高压电流引导入大地扩散掉,以保护通信设备或电缆以及工作人员安全的保护器件。

(薛 发 吴 明)

节点 node

在管网中连接两条或几条管线的管线端点。枝状管网〔图(*a*)〕各管线的连接点1、2、3、……,即节点。环状管网〔图(*b*)〕各管线的连接点1、2、3、……,即节点。利用将环状管网节点连接管线的流量分配到有关的节点上,形成节点流量这一做法,可简化管网的水力计算过程。 (王大中)

节点流量 node flow

环状管网节点上所有连接管线的沿线流量总和的二分之一。可按下式计算:

$$Q_j = \frac{1}{2} \Sigma Q_y$$

Q_j 为某节点流量(L/s);Q_y 为管线的沿线流量(L/s)。 (王大中)

节段式多级离心泵 stepped multilevel centrifugal pump

实际上等于把几个叶轮装在一根轴上,泵壳前后串列,成为串联工作的多级离心泵。其特点是每个叶轮直径和转速保持相同,则流量不变,但扬程及轴功率随级数增加而成比例地递增。每一节段内包含一个叶轮和相应的导叶。第一级吸入段叶轮一般是单吸的,某种情况下,为改善泵的汽蚀性能,也可制成双吸的进水方式,可以是径向进水,也有轴端进水。为平衡轴向水推力,取后一级出水段,装有平衡盘。泵的整个转子在工作中可左右串动,平衡盘自动将转子维持在平衡位置上,或把成对叶轮布置成背靠背对置形式。泵的优点是可以增加级数以满足系统扬程的要求,达到经济运行的目的。

(刘逸龄)

节流式流量仪

见差压式流量仪(17页)。

节目播出用房 broadcast houses

节目播出区内所有用房。包括直播的播音室(含新闻播音室)、播出控制室、重播录制和复制节目的控制室、电缆室、播出机房及其他辅助用房。播出区内含新闻中心,二者均各自组成独立的功能分区,两区之间既应联系方便,又要互不干扰。播出控制室应靠近总控制室和公用设备室。

(薛 发 吴 明)

节目控制室

见重播室(29页)。

结晶法 crystallization process

通过蒸发浓缩或降温冷却使溶液达到过饱和,并结晶析出溶解态污染物的废水处理方法。主要设备包括蒸发器和结晶器,以及为强化蒸发过程而应用的真空降压和降沸点冷却系统。过饱和程度愈高,搅拌愈快,愈不利于大晶粒的形成。悬浮杂质多时,晶核多而晶粒小,并影响晶体强度。废水处理中,结晶法常用于从钢铁酸洗废液中回收 $FeSO_4$,从化工废液中回收 Na_2SO_4,以及从含氰废水中回收 $Na_4[Fe(CN)_6]$。 (何其虎 张希衡 金奇庭)

结晶母液 crystalline liquid

晶体形成后予以分离,剩下的残液即称之为结晶母液。 (何其虎 张希衡 金奇庭)

结晶设备 crystallizer

又称结晶器。废水处理中用于进行结晶操作的设备。一般是将饱和溶液冷却或蒸发使达到一定过饱和程度而析出晶体。主要可分为两大类:①去除一部分溶剂的结晶器;②不去除溶剂的结晶器。可在常压或减压下操作。此外,结晶器也可分为间歇操作式和连续操作式,以及搅拌式和不搅拌式等。

（何其虎　张希衡　金奇庭）

截流倍数 interception ratio

又称截流系数。合流排水系统在降雨时截留的雨水量与设计旱流污水量的比值。应根据旱流污水的水质和水量及其总变化系数、水体卫生要求、水文和气象条件等因素经计算确定,中国多数城市一般采用1~5。

（魏秉华）

截流式合流制排水系统 intercepting combined drain system

经改进的合流制排水系统。在受纳水体附近建造一条截流干管,同时在截流干管处设置溢流井,并设置污水处理厂。晴天时污水经溢流井、截流干管进入污水处理厂处理后排入水体。初降雨时,径流雨水进入管道与污水混合,混合污水经溢流井、截流干管进入污水处理厂处理后排入水体。随着降雨量的增加,雨水径流也增加,当混合污水的流量超过截流干管的输水能力一定倍数后,就有部分混合污水由溢流井溢出,经溢流管直接排入水体,污染水体。

（罗祥麟）

截流式排水系统 intercepted drain system

排水流域的干管与水体垂直正交的方向布置,沿河岸再敷设截流主干管,将污水送至污水处理厂的系统。由干管、截流主干管、污水处理厂、出水口等组成。对减轻水体污染、改善环境卫生条件起到积极作用。常用于地形坡向河岸（水体）地区的分流制污水排水、区域排水和截流式合流制排水等系统。

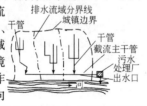

（魏秉华）

截留 direct interception

当颗粒随气流绕过障碍体运动且与障碍体表面的距离小于颗粒半径时,颗粒表面与障碍体表面接触而引起颗粒被捕集的现象。是许多除尘装置捕集颗粒的重要除尘机理。截留效率取决于截留参数R,其定义为颗粒直径与捕集体直径之比。对于惯性大的粒子,因截留引起的捕尘效率为R（对于圆柱形捕集体）或R^2（对于球形捕集体）。当粒子的斯托克斯准数接近零时,对于绕过圆柱体的位流,截留

效率为$1+R-\dfrac{1}{1+R}$;对于绕过球体的位流,截留效率为$1+R-\left(\dfrac{1}{1+R}\right)^2$。　　　（郝吉明）

截留井

见雨水口（348页）。

截止阀 globe valve;stop valve

依靠启闭件的升降以达到启闭和节流目的的阀门。启闭件由阀杆带动,沿阀座中心线上下移动。其类型有标准型截止阀,角式截止阀、直通式截止阀、直流式截止阀、柱塞式截止阀。密封面形式有平面密封、锥面密封、球形密封。由于开、闭力较大,结构长度较长,其口径限制通常在$DN250$以下;密封面间摩擦力小,开启高度低,加工难度小,故应用较广。其缺点是流阻较大。　　　（肖而宽　李猷嘉）

解吸 desorption

使吸收剂中所吸收的气体污染物质（吸收质）释放出来的过程。它是吸收的逆过程。一般用于惰性气体或水蒸气与吸收剂逆流接触过程中。

（姜安玺）

jin

金属管转子流量仪 metal tube rotor flowmeter

工作原理与玻璃管转子流量计相同由变送器和转换器组成的测量流体液量的仪器。测量范围:气体,$0.4\sim3000\text{m}^3/\text{h}$,液体,$12\sim100,000\text{L/h}$,量程比$5:1\sim10:1$,精度,$1.5\sim2.5$级,刻度近似线性。选用防腐材质后,可测腐蚀性液体,可输出$0\sim10\text{mA}$直流信号,供远程调节、显示。　（刘善芳）

金属氧化物吸着法 metal oxide sorption method

采用Mn、Zn、Fe、Cu等金属氧化物作为低浓度SO_2的吸着剂处理烟气中SO_2,然后再加热使吸着剂再生,并释放出高浓度SO_2的脱硫方法。高浓度SO_2便于加工成硫的各种副产品。该法不产生其他副产物,无二次污染。　　　　　（张善文）

紧急切断阀 urgent shutoff valve

防止管道阀门破裂或发生事故时储罐内液化石油气大量流出的安全阀件。设在储罐气相管和液相管出口处。分为液动式、气动式、电动式和手动式。油压式紧急切断阀是利用油泵将加压的油沿油管送入阀内油缸,克服弹簧力推动带阀芯的缸体下降,使阀门开启。当发生事故时使油卸压,阀芯紧压在阀座上,将液化石油气切断。为使紧急切断阀在发生火灾时能自动关闭,在油路系统上设置易熔合金塞,当火灾发生温度升高,易熔合金塞熔化,油缸中油泄出,紧急切断阀关闭。气动式紧急切断阀是利

用压缩空气使阀门开启和关闭。电气式紧急切断阀是利用电磁铁的吸力使阀门开启和关闭。

（薛世达　段长贯）

近似积分法　approximate calculus method

又称辛普逊法。将冷却塔热力计算基本方程中积分式 $\int \dfrac{dt}{i'' - i}$ 分项计算,等分水温差,再求相应于水温的焓差,求解冷却数的一种近似计算方法。其近似解为

$$N = \frac{1}{K} \int \frac{dt}{i'' - i} = \frac{dt}{3K} \left(\frac{1}{\Delta i_0} + \frac{4}{\Delta i_1} + \frac{2}{\Delta i_2} + \frac{4}{\Delta i_3} + \cdots + \frac{2}{\Delta i_{n-2}} + \frac{4}{\Delta i_{n-1}} + \frac{1}{\Delta i_n} \right)$$

dt 为等分水温差值,Δi_0、Δi_1、Δi_2……分别为水温 t_2、$t_2 + \dfrac{\Delta t}{n}$、$t_2 + \dfrac{2\Delta t}{n}$……的焓差。对计算精度要求不高,且 $\Delta t < 15℃$ 时,可进一步简化为

$$N = \frac{\Delta t}{6K} \left(\frac{1}{\Delta i_1} + \frac{4}{\Delta i_m} + \frac{1}{\Delta i_2} \right)$$

Δt 为进、出水温差;Δi_m 为平均水温的焓差;K 为蒸发水量带走热量的系数。　　（姚国济）

进风口(冷却塔)　air flow inlet

冷却塔的空气进口。其形状和面积大小,对淋水装置面积上的气流分布与空气阻力有很大影响。进风口面积大,进口风速小,塔内空气分布均匀,气流阻力也小,但需增加塔体高度、造价和经常运转费用。反之,风速分布不均匀,进风口涡流区大,影响冷却效果。逆流塔进风口与塔截面积之比:一般机械通风冷却塔,不小于0.5;风筒式冷却塔不小于0.4。也可以在进风口上部装设导风板,以减少进口涡流。横流塔进风口高度等于整个淋水装置的高度。　　（姚国济）

进局(站)电缆　entrance cable

由外线(明线或电缆)引至局(站)内的电缆。

（薛发　吴明）

浸没燃烧蒸发器　submerged combustion evaporator

一种直接接触式蒸发器。主体为一空心圆筒容器,中下部装有被加热液体。热源为高温烟气。将燃料(煤气或油)和空气混合后导入燃烧室燃烧,产生的高温烟气从浸没于溶液中的喷嘴喷出。由于气液两相的温差很大,加之气液翻腾鼓泡,接触充分,故传热效率极高,蒸发强度很大。产生的二次蒸汽和燃烧尾气从器顶的烟道排出。浓缩液从器底排出。优点为:①传热效率高(90%～95%);②因烟气的存在降低了溶液的沸点;③设备简单紧凑;④受腐蚀部件不多。缺点是溶液受烟气污染及排放的废气中存在有害成分。在环境工程中,可用于浓缩废酸液。

（张希衡　刘君华　金奇庭）

jing

经济保温厚度　economical thicknees of insulation

保温结构投资的年折算费用与年热损失费用之和为最小值时的保温层厚度值。投资年折算费用计算时,如为贷款应考虑偿还贷款本金及利息等因素;当为国家投资时应计及国家规定的投资偿还年限、折旧、维修费用等项目。　　（尹光宇　贺平）

晶核(种)　crystal nucleus

当溶液达到过饱和后,多余的溶质即结晶析出。最初所析出的小晶粒称之为晶核,晶核生成后,再围绕晶核长大成为晶体。有些溶质容易生成晶核,但有些溶质比较难于生成晶核。在后一情况下,缓慢搅动过饱和溶液,能促使晶核的形成。有时为了加速结晶过程,还可以向溶液接种晶核,即将同种晶粒或结构类似的晶体微粒投入过饱和溶液中去,使溶质围绕接种晶核迅速成长。

（何其虎　张希衡　金奇庭）

精处理塘

见深度处理塘(246页)。

井点降低水位法　lowering water table by well point

又称井点排水,简称井点法。在埋管或其他基础工程施工期间使沟槽底部始终处于地下水位线以下,保持干燥、半干燥或无水状态的一种临时性工程措施。根据土层性质与降低水位要求,供选用的方法有轻型、喷射、电渗及深井泵等多种,其中以轻型井点法适用面较广。该法供使用的一套装置主要由滤针、直管、弯头、总管和抽水系统等组成。具体做法是在计划施工地段的沟槽四周、或是在其一侧或两侧的土层中等距离埋进若干根直径约 5～10cm、长约 6～8m 的镀锌钢管。在此管的一端套装有长约 1.7m 的滤针,滤针周壁钻有许多直径在 1.5mm、呈梅花形分布的小孔,外层用油绳或铅丝缠绕,再包以金属或塑料滤网,还包有棕皮防护罩,将这样构成的一些滤管单元用弯头及橡皮软管与总管相连,再连于抽水系统。采用离心泵或真空-离心的联合机组作抽水设备。前者的地下水位降落深度在 2～4m;后者的操作较复杂,但水位可下降 5.5～6.5m。若在各井点钻孔中的地表 1m 以下深度用黏土将直管四周密封住,则降低水位的范围还可增大。

（李国鼎）

径流量　runoff

又称地面径流量,地表径流量。降雨量扣除因

植物截留、蒸发、填洼和下渗等损失后的雨量。降落在地面的雨水只有一部分沿地面流入雨水管渠。它等于降雨量乘以径流系数。 （孙慧修）

径流系数 runoff coefficient

一定汇水面积径流量与降雨量的比值。其值常小于1。降落在地面上的雨水，由于植物截留、蒸发、填洼和下渗等原因而损失一部分，降雨量扣除损失的雨量即为径流量，也称地面或地表径流量。它因汇水面积的地面覆盖情况、地面坡度、地貌、建筑密度的分布、路面铺砌等情况的不同而异。此外，还与降雨历时、暴雨强度及暴雨雨型有关。目前在雨水管渠设计中，它通常采用按地面覆盖种类确定的经验数值。由各种地面覆盖组成的径流系数 ψ_{ar} 按下式计算：

$$\psi_{ar} = \frac{\sum F_i \psi_i}{F}$$

ψ_{ar} 为汇水面积的平均径流系数；F_i 为汇水面积上各类地面的面积（$10^4 m^2$）；ψ_i 为相应于各类地面的径流系数；F 为全部汇水面积（$10^4 m^2$）。有的地区采用综合径流系数，它根据城市建筑稀密程度而定。

（孙慧修）

静电增强洗涤器 electrostatically augmented scrubber

借助静电力作用增强除尘效果的除尘器。荷电的优点在于可捕集亚微米级粒子。可采用的类型包括粉尘荷电-液滴不荷电洗涤器、粉尘荷电-液滴荷电洗涤器等。性能预测可靠性差，需要由中间试验确定。洗涤器的腐蚀和电压绝缘是主要问题。目前尚处于研究阶段。 （郝吉明）

静态混合器 motionless or static mixer

在封闭的管渠内装有静止或固定的导流叶片，利用水流本身的能量产生成对分流，同时又有交叉及旋涡反向旋转，以达到和增强水与投入混凝剂的混合效果的设备。内置叶片可由金属或非金属材料制成。它具有使水流扩散速度快的最大特点，并能使两种或两种以上固、液、气不同介质在瞬间达到有效的混合。其混合度与固定叶片的级数或段数成正比。目前国内它分有两种类型：SMM 型和 Komax 型（如图）。两种混合器在水流速度 1 m/s 左右，通过三、四级叶片后混合效果即能达到 90% 以上。当然级数越多混合度越高，但水头损失较大，不甚经济。

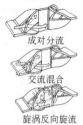

成对分流

交流混合

旋涡反向旋流
Komax 型

SMM 型

（张亚杰）

静态交换 static exchange

利用离子交换剂进行交换反应时，液体与交换剂之间相对速度为零的运行方式。此时，水中离子与交换剂中同性离子的交换反应将处于平衡状态中，反应产物不能及时排除，交换剂交换容量不能充分利用。这种方式现已少用。 （刘馨远）

静态曝气器

见固定螺旋曝气器（106 页）。

静态再生 （static regeneration）

再生液与失效离子交换剂之间，相对流速为零的再生方式。是离子交换剂的再生方法之一。由于再生反应的离子生成物不能及时排除，故反应不彻底，再生效果差，再生剂用量多。目前很少采用。

（潘德琦）

静止角

见粉尘安息角（83 页）。

jiu

旧金山电视塔 San Francisco television tower

美国旧金山电视塔建于 1973 年，总高度 298m，建在海拔 254m 的山顶上。塔架平面为正三角形，塔柱和横杆均为大直径高强度圆钢组成格构式构件，斜杆采用预应力高强度圆钢，总用钢量为 1640 × 10^3 kg。塔身的三边角锥形构架，在第三横杆处逐渐

立面（尺寸单位标高为米）

放大成倒锥形直至烛台式四副调频天线。在三根塔柱的西面一根内，还附设能容纳两人的小型电梯一台，以 31m/min 的速度运行。美国烛台式塔架和天线杆的出现，主要是利用天线并列，从而降低塔桅的高度，并为塔桅结构创造了轻巧而别致的造型。

（薛 发 吴 明）

就地按钮箱 local push button box

见机旁按钮箱（141 页）。 （陆继诚）

就地控制箱 local control box

见机旁控制箱（141 页）。

ju

居民生活及商业年用气量 annual gas demand of domestic and business

居民生活年用气量根据用气量指标、居民数、居民气化百分率计算；商业年用气量根据商业设施标准、用气量指标及气化百分率计算。居民气化百分率是城镇居民使用燃气的人口数占城镇总人口的百

分数。因有些陈旧或待拆的建筑物不符合安装燃气设备的条件或居民点离管网过远或有些采用电气炉灶的用户也不需供气,故居民气化率通常低于100%。　　　　　　　　　　　　　　（王民生）

居民生活用气量指标　index of domestic gas demand

又称居民生活用气量定额。居民每人每年的用气量标准。其影响因素有住宅内用气设备的类别和设置水平、公共生活服务网点的完善程度、居民生活水平和习惯、每户平均人口数、地区气象条件、燃气价格、住宅内有无集中采暖和供热水设备等。通常根据对典型用户用气情况进行调查、统计和测定,通过综合分析得到平均用气量,作为用气量指标。当缺乏用气量实际统计资料时,可根据当地实际的其他燃料消耗量、居民生活习惯和气候条件等具体情况,参照相似城市用气量指标及有关规范确定。　　　　　　　　　　　　　　（王民生）

居民生活用水　domestic water

城镇和农村居民日常生活所需的用水。单位以 L/(人·d)表示。　　　　　　　　　　（魏秉华）

居住小区排水系统　residential quarter sewage system

居住小区的排水工程设施。居住小区排水体制应根据城镇排水体制、环境保护要求等因素综合比较确定。当城镇排水系统为分流制、小区或小区附近有合适的雨水排放水体、小区远离城镇为独立的排水体系时,宜采用分流制排水系统。当居住小区内的排水需进行中水回用时,应设分质分流排水系统。其污水排放应符合现行的《污水排放城市下水道水质标准》和《污水综合排放标准》规定的要求。其污水处理设施的建设,应由城镇排水总体规划统筹确定。　　　　　　　　　　　　　（孙慧修）

局部泵站　local pump station

在城市排水管网中,抽升局部系统(地区、建筑或建筑群、洼地)的分支排水抽升设施。
　　　　　　　　　　　　　　　　（张中和）

局部照明　local lighting

在通信机房内特定地区,将照明用灯具安装在机架或监控桌上的照明方式。
　　　　　　　　　　　　（薛　发　吴　明）

局部阻力损失　local resistance head

流体流经管道的阀门、弯头、三通、补偿器等附件时,因流动方向或速度改变而产生的能量损失。它等于局部阻力系数与流体的速度水头的乘积。即 $\Delta P_j = \xi \rho v^2/2 (Pa)$,$\rho$ 为流体密度(kg/m³);v 为流体流速(m/s);ξ 为局部阻力系数。

（盛晓文　贺　平）

局部阻力与压力损失　flow resistance of fittings and pressure loss

气流在固体边界的断面形状、尺寸或纵方向发生急剧变化时产生的惯性阻力及黏性阻力。局部阻力的压力损失为

$$\Delta P = \Sigma \xi \frac{W^2}{2} \rho$$

ΔP 为计算管段的局部阻力压力损失(Pa);$\Sigma \xi$ 为计算管段局部阻力系数的总和;W 为燃气流速(m/s);ρ 为燃气密度(kg/m³)。

计算燃气管道时,亦可用当量长度来计算局部阻力的压力损失,局部阻力的当量长度 L_2 为

$$L_2 = \Sigma \xi \frac{d}{\lambda}$$

在进行燃气分配管网的水力计算时,一般不计算局部阻力,而按增加燃气管段长度的 5% ~ 10% 作为计算长度进行计算。对于街坊内庭院管道和户内管道以及厂区燃气管道的局部阻力必须进行计算,但也可用当量长度法求算。　　　（李猷嘉）

局前人孔(站)　vawlt manhole

建筑在电话局(站)前面,将局外电缆汇集引入局内的人孔。　　　　　（薛　发　吴　明）

聚氨酯硬质泡沫塑料　hard foamed polyurethane plastic

以聚醚树脂为主要原料与甲苯多异氰酸酯、催化剂、发泡剂、泡沫稳定剂等反应制成的半硬质多孔保温材料。其特点是质轻、吸水率很低、保温性能优越,可喷涂和灌注成型,但耐温较低,一般不超过 130℃。其密度在 40 ~ 65kg/m³ 时,常温导热率为 0.03~0.04W/(m·K)。管道保温要求聚氨酯硬质泡沫塑料压缩 10% 时抗压强度不小于 200kPa。

（尹光宇　贺　平）

聚丙烯腈超滤膜　polyacrylonitrile ultrafiltration membrane

以聚丙烯腈为主要纺丝液成分经加工制得的超滤膜。例如,用组成为丙烯腈-甲基丙烯酸甲酯 (96:4)共聚的纺丝液制得的中空纤维素膜,适用于超滤。　　　　　　　　　　　　（姚雨霖）

聚丙烯酰胺　polyacrylamide

20 世纪 60 年初发展较快的一种有机高分子絮凝剂。英文简称为 PAM,国内称为 3 号絮凝剂。它的分子结构式为 $\left[-CH_2=CH- \right]_n$,$n = 2$ 万至 9 万之间。聚丙烯酰胺是非离子型,水解后成为阴离子型,如与胺基或其他基团共聚,可成为阳离子型。目前市售商品大多是透明胶状液体,近年亦有固体

产品。目前水处理用的聚丙烯酰胺一般是阴离子型，即加适量氢氧化钠进行水解，使部分酰胺基变为羧基，水解度的大小与加入氢氧化钠量成正比，从经验知以 33% 的水解度效果最好。聚丙烯酰胺中含有少量未聚合的丙烯酰胺单体，这种单体具有毒性。因此给水用聚丙烯酰胺需符合卫生学的规格。

（王维一）

聚砜超滤膜　polysulphone ultrafiltration membrane

由双酚 A 和 4,4'—二氯二苯砜缩合制成的工程塑料膜。它的特点是化学稳定性、热稳定性、机械性能良好。　　　　　　　　　　　（姚雨霖）

聚合硫酸铁　polyironsulphate

一种盐基性无机高分子混凝剂。英文简称为 PFS，它的通式为 $[Fe(OH)_n(SO_4)_{3-n/2}]_m$，式中 $n = 0.5 \sim 1.0$ 之间，$m > 10$。1976 年日本首先制成本品，它的外观为棕褐色黏稠液体，溶液中存在多种高价和多核络离子，它们具有很强的中和胶体电荷的能力，使之脱稳，并水解形成有较大吸附能力的絮状体，因此是一种有效的水处理药剂。其规格，目前尚无国家标准。北京市标准计量局 1987 年 9 月 20 日颁布的聚合硫酸铁北京市企业标准为：①Fe^{3+} 含量 $>165g/L$；②黏度（20℃，cP）为 $11 \sim 15$；③密度（20/20℃）为 $1.45 \sim 1.5$；④杂质含量（Fe^{2+}）$<0.1g/L$。

（王维一）

聚合氯化铝　polyaluminium chloride

又称为碱式氯化铝，羟基氯化铝。一种盐基性无机高分子的混凝剂。英文简称为 PAC。它的通式为 $[Al_2(OH)_nCl_{6-n}]_m$，式中 $1 \leqslant n \leqslant 5$，$m \leqslant 10$。它含有的 OH 基起架桥络合作用，因此盐基度是一种重要的质量指标，决定产品的化学结构和特性，其定义是与铝化合的 OH 当量数和铝的当量数百分比。它用作水处理混凝剂的优点为：①对处理各种不同水质的源水适应好，都有较好的混凝效果；②适宜的 pH 值幅度广；③因为盐基度较高，处理水的 pH 值和碱度下降较小。中国规定给水用的液体聚合氯化铝的指标为：1) 密度为 1.19；2) 氧化铝（Al_2O_3）$\geqslant 10.5\%$；3) 盐基度为 $45\% \sim 65\%$；4) 重金属合乎卫生学规格。　　　　　　　　　（王维一）

juan

卷（螺旋）式反渗透器（除盐）　spiral roll reverse osmosis apparatus (desalination)

由几个卷式膜组件串联所组成的装置。卷式膜组件是在两层反渗透膜中间夹入一层透水多孔支持层，并密封膜的三面边缘，再在膜下铺设一层进水隔网，然后沿着钻有孔眼的中心管卷绕（膜/透水多孔支持层/膜/进入隔网），即形成一个组件（如图）。将其装入圆筒形耐压容器中，进水通过隔网空间沿着膜表面流

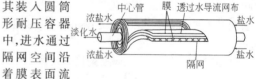

动，在此过程中，透过膜的淡水经透水多孔支持层螺旋形地流向中心管，并由中心管导出系统外。它单位体积内膜表面积大、结构紧凑、体积小；但易堵塞、清洗困难，要求预处理严格。　　　　（姚雨霖）

jue

绝对湿度　absolute humidity

单位体积湿空气中所含水蒸气的重量。单位以 kg/m^3 表示。其数值等于水蒸气在其分压力及湿空气温度时的密度。即为

$$\rho_q = \frac{P_q}{R_q T}10^4 = \frac{P_q}{47.06\,T}10^4\,(kg/m^3)$$

ρ_q 为水蒸气密度（kg/m^3）；P_q 为水蒸气分压力（0.1 MPa）；R_q 为水蒸气气体常数；$R_q = 47.06 kg \cdot m/(kg \cdot ℃)$；$T$ 为空气绝对温度（K）。　（姚国济）

绝对厌氧菌

见专性厌氧菌（367 页）。

绝热催化反应器　thermally insulated reactor of catalysis

进行催化反应时，不与外界进行任何热量交换的反应设备。是固定床催化反应器一种。分有简单绝热催化反应器和多段绝热催化反应器两种，一般外形多为圆筒状。在催化净化气态污染物时，因污染物浓度低，反应放热量少，故多用简单绝热催化反应器。　　　　　　　　　　　　　　（姜安玺）

绝热直减率　adiabatic lapserate

气块在上升过程中与外界无热量交换时的温度直减率。对干空气和未饱和的湿空气，其理论值为 0.985℃/100m，特称为干绝热递减率。实际应用时常取值为 1℃/100m。对湿度饱和的空气，因冷凝要释放潜热，故湿绝热直减率较小。　　（徐康富）

绝缘层防腐法　coating protection

采用绝缘层以增加金属管道和土壤之间的过渡电阻，减小腐蚀电流的防腐方法。绝缘层应满足下列基本要求：与钢管的黏结性好，保持连续完整；电绝缘性能好，有足够的耐压强度和电阻率；具有良好的防水性和化学稳定性；能抗微生物侵蚀；有足够的机械强度、韧性及塑性；材料来源充足，价格低廉，便

于机械化施工。常用的有沥青绝缘层防腐法和塑料绝缘层防腐法。　　　　　　　　（李猷嘉）

绝缘底座 insulating base

无线电塔桅结构本身作为天线的一部分时要求它本身须与大地电气绝缘时的底座。按照绝缘体的形状有钟形和鼓形两种。　（薛　发　吴　明）

绝缘子 insulator

安装在纤绳上的一种瓷性绝缘材料器件。用它将纤绳分段，降低金属纤绳造成的天线发射功率的损耗。　　　　　　　　（薛　发　吴　明）

jun

均相膜 homogeneous membrane

由具有离子交换基团的高分子材料直接制成的薄膜，膜中聚电解质和成膜高分子材料之间发生了化学结合，而成为一体，或者是高分子成膜材料本身具有离子交换基团而构成膜状聚电解质。是膜内化学组成均一的离子交换膜。它的电化学性能和物理性能好，成为离子交换膜发展的重要方向。

（姚雨霖）

均压线 cable bond

把一条管道或地沟中的全部电缆的护套（包括其他邻近金属管线）连接起来的导线，它的作用是使它们相互间的电位均衡，提高电缆的防蚀及防雷能力。　　　　　　　　（薛　发　吴　明）

竣工决算 actual budget of a completed project

反映基本建设项目实际造价和投资效果的文件。建设项目或单项工程在竣工之后，必须及时编制竣工决算，由建设单位负责完成。其中应包括：从筹建到竣工验收的全部建设费用。例如建筑工程费用，安装工程费用，设备、工具、器材等的购置费用和其他费用等。所需文件包括：竣工工程概况表，竣工项目财务决算表，交付使用财产表等。决算既是施工单位承建工程经济效果的最终核实，也是建设单位财务资产的基本资料。　　　　（李国鼎）

K

ka

卡罗塞式氧化沟 Carrousel oxidation ditch system

由相互毗邻的连续封闭渠道组成，在转弯处安装低速表面曝气机，驱动混合液以一定速度循环流动，并为微生物供氧的氧化沟。其工艺特点是：采用曝气机以增加渠道深度，减少占地面积。运行参数：停留时间为 $18\sim28h$，污泥龄为 $25\sim30d$，BOD 去除率可达 95%，NH_3-N 可降到 $1\,mg/L$，出水水质良好。　　　　　　（戴爱临　张自杰）

卡姆契克塔 Kamzik television tower

前捷克斯洛伐克的电视塔。塔高 200m，塔筒为钢筋混凝土，高 90m，宽 7m 见方，外面用断面为四边形、立面为空间桁架结构来加固，外形独特（结构见右图）。　　　　　　（薛　发　吴　明）

kai

开沟支撑 trenching support

防止沟槽侧壁土壤在开挖时坍塌的一种临时挡土设施。由木质或钢材撑板及撑杠组合而成，赖以

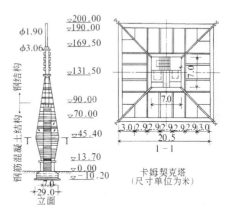

卡姆契克塔
（尺寸单位为米）

承托土层的侧向压力。其组合形式有横撑、竖撑和板桩撑数种，前二者又有疏撑和密撑之分。疏撑在撑板间有一定距离，根据布设分单式、井字式等；密撑的撑板间铺设紧密。支撑布设的样式选择主要与土压力和土壤的疏密性质有关。开挖较深的沟槽时，也可在其上部安设疏撑而在其下部安设竖式密撑。　　　　　　　　　　　（李国鼎）

开式凝结水回收系统 open-type condensate return system

与大气相通的凝结水回收系统。其优点是系统较为简单。缺点是凝结水和热量损失多；空气侵入，

腐蚀管道。开式凝结水回收系统一般在较小型的蒸汽供热系统中采用。 （石兆玉 贺 平）

开式热水供热系统 open-type hot-water heat-supply system

热用户不仅从供热管道中取用热量，而且还消耗热媒(热水)的系统。这种供热系统，热网总供水流量一定大于其总回水流量，它与大气是相通的。该系统结构简单、投资省、有利于低能位余热的利用。缺点是系统补水量大。水处理设备费用高；水质卫生条件不易满足要求；系统的漏损水量难以检测。 （石兆玉 贺 平）

凯氏氮 kjeldahl nitrogen

以凯氏法测得的含氮量。它包括了氨氮与有机氮之和。 （蒋展鹏）

kan

坎宁汉滑动校正系数 Cunningham correction factor

当努森数大于 0.1 时，粒子在空气中运动将发生滑动现象，即粒子运动所受到的空气阻力变小。为描述这种情况，对斯托克斯定律引入校正系数。该系数 C 可由下式估算：

$$C = 1 + \frac{2\lambda}{d_p}\left[1.257 + 0.4000\exp\left(-1.10\frac{d_p}{2\lambda}\right)\right]$$

λ 为气体分子的平均自由程；d_p 为粒子直径。C 的值与气体温度、压力和颗粒大小有关。当温度高、压力低、颗粒小时，C 值较大。 （郝吉明）

kang

抗氧化膜(电渗析) oxidation-resistant membrane(electrodialysis)

耐氧化性能良好的离子交换膜。为了减少或防止离子交换膜受极水腐蚀，在靠近极室的第一张膜宜采用抗氧化膜。 （姚雨霖）

ke

苛性脆化 caustic embrittlement

俗称碱性腐蚀。炉体金属在高浓度氢氧化钠作用下，所产生的晶间腐蚀，并使塑性钢材发生脆性破坏的现象。为防止苛性脆化，要进行除碱处理以及锅炉定期排污。 （潘德琦）

颗粒层除尘器 granular-bed filter

利用颗粒状物料(如硅石、砾石等)作填料层的内滤式除尘装置。滤尘机制与袋式除尘器相似，主要靠筛滤、惯性碰撞、截留及扩散作用等，使粉尘附着于颗粒滤料及尘粒表面上，过滤效率随颗粒层厚度及其上沉积粉尘层厚度的增加而提高，压力损失亦随之提高。颗粒层除尘器具有结构简单、维修方便、耐高温、耐腐蚀、效率高、占地面积小、投资省的优点。我国目前使用的颗粒层除尘器有塔式旋风颗粒层除尘器和沸腾床颗粒层除尘器。对于前者，含尘气流经旋风除尘器预净化后引入带梳耙的颗粒层，使细粉尘被阻留在填料表面或颗粒层空隙中。填料层厚度一般为 100~150mm，滤料常用粒径 2~4.5mm 石灰砂，过滤气速为 30~40m/min，清灰时反吹空气以 45~50m/min 的气速按相反方向鼓进颗粒层，使颗粒层处于活动状态，同时旋转梳耙搅动颗粒层。反吹时间 15min，反吹周期 30~40min，总压力损失为 1.7~2.0kPa，总除尘效率在 95% 以上。反吹清灰的含尘气流再返回旋风除尘器。这类除尘器常采用 3~20 个筒的多筒结构，排列成单行或双行。每个单筒可连续运行 1~4h。沸腾颗粒层除尘器不设梳耙清灰，反吹清灰风速较大(50~70m/min)，使颗粒层处于沸腾状态。 （郝吉明）

颗粒的大小 particle size

气溶胶颗粒的大小不同，其理化性质不同，对人和环境的影响也不同，所以是气溶胶颗粒的基本特性之一。如果颗粒是球形的，则可用球的直径作为颗粒大小的代表性尺寸。实际的颗粒大多具有不规则的形状，则需按一定的方法确定一个表示颗粒大小的代表性尺寸，作为颗粒的直径，可以给出各种不同的粒径定义：用显微镜法观测时可以给出定向直径、投影面积直径等；用筛分法测定时可以给出筛分直径；用光散射法测定时可以给出等体积直径；用沉降法测定时可以给出沉降直径、空气动力学直径等。 （马广大）

颗粒的粒径分布 particle size distribution

又称颗粒的分散度。表示气溶胶中不同大小的颗粒所占的比例。一般是以某一大小的颗粒的个数或质量所占比例的形式给出的。用任一方法对一气溶胶颗粒试样进行分析，可以得出按不同粒径间隔给出分级数据。若令 n_i 为第 i 间隔观测到的颗粒个数；Σn_i 为观测的颗粒总个数，则在第 i 间隔中颗粒发生的频率为

$$f_i = \frac{n_i}{\Sigma n_i}$$

并有 $\Sigma f_i = 1$。而累积频率为

$$F_j = \frac{\sum_{i=1}^{j} n_i}{\sum_{i=n}^{} n_i} \text{ 或 } F_j = \sum_{i=1}^{j} F_i \text{ 且 } F_n = 1$$

其中 F_j 是小于第 j 间隔中最大粒径的所有颗粒发

生的频率,称为筛下累积频率。以 $p=dF/d(d_p)$ 定义的函数称为频率密度,简称频度,是粒径 d_p 的连续函数,按定义为

$$F = \int_0^{d_p} p \cdot dd_p \text{ 和 } \int_0^\infty p \cdot dd_p = 1$$

F 曲线或 P 曲线皆为一光滑的曲线。F 曲线呈 S 形,有一拐点,p 曲线多呈偏斜的钟形,有一极大值,在该处应满足:

$$\frac{d^2 F}{dd_p{}^2} = \frac{dp}{dd_p} = 0$$

类似的可以定义按颗粒质量计的质量频率 g_i,质量筛下累积频率 G 和质量频率密度 q。粒径分布函数 F(或 G)或 p(或 q),一般可用半经验方程来描述,常用的有对数正态分布函数。罗辛-拉姆勒分布函数等。　　　　　　　　　　　　　　　　（马广大）

颗粒的形状　particle shape

采用定量地表示颗粒的形状。在研究气溶胶颗粒的性质和动力学行为时,为简化理论模型,一般皆把颗粒假定为球形。但是,实际的颗粒大多是不规则的形状,所以需要采用一些表示颗粒形状的因子来描述理论与实际现象之间的关系。定量地表示颗粒的形状或与形状有关的因素的方法有两类:一类是形状指数,即将颗粒的形状以数值表示出来,目的在于相互比较;另一类是形状系数,将与颗粒形状有关的因素加以概括,并用一系数表示出来,目的在于描述颗粒的某一性质与某一现象之间的关系,而不是表示颗粒的形状。　　　　　　　　（马广大）

颗粒雷诺数　Reynold's number of particle

表示气流中颗粒运动特征的无量纲准数。可由下式表示:

$$\mathrm{Re}_p = \frac{d_p U \rho_g}{\mu_g}$$

d_p 为颗粒直径;U 为颗粒相对于流体的运动速度;ρ_g、μ_g 分别为流体的密度和黏度。颗粒雷诺数的数量级一般为 $10^{-4} \sim 10^2$。　　　（郝吉明）

颗粒污染物

见气溶胶污染物(215 页)。

颗粒物控制技术　control technology of particulate matter

减少和降低颗粒物向大气排放的技术措施。工业废气中的颗粒物,一类是在固体物质的粉碎、筛分等机械过程中产生的。这类颗粒物粒度大,化学成分与原固体物质相同。另一类是在燃烧、高温熔融和化学反应等过程中产生的。这类颗粒物粒度小,同生成它的物质在化学性质上是不同的。改进生产工艺和燃烧技术,减少颗粒物的产生是控制颗粒物对大气污染的有效措施。对已经产生的一次颗粒物的控制主要是采用除尘器。地面扬尘、岩石风化和火山爆发等是大气中颗粒物的天然源,绿化造林是减少地面扬尘的重要途径。对二次颗粒物只能控制其前体物质。　　　　　　　　　　　　　（郝吉明）

颗粒物粒度　particulate size

表征颗粒物粒径大小的参数。一般大气中飘尘的粒度小于 $10\mu m$,降尘的粒度大于 $10\mu m$。不同粒度颗粒物的物理性质(如光学的、电磁学等)和化学成分有很大的不同,因此颗粒物的特性随其粒度的不同而异。一般城市中排入大气的污染物,大部分集中在小粒度颗粒物中,一些有毒有害物质,如镉、铅、镍和苯并芘等致癌物集中在粒度为 $0.01 \sim 2\mu m$ 的颗粒中;天然来源的(包括扬尘、风沙等)则多数为大于 $2\mu m$ 的颗粒。因此,根据大气颗粒物粒度的分布可判别其污染的来源及其危害。颗粒物粒度及其分布也是选择除尘装置的主要依据。　（郝吉明）

颗粒物特征　characteristics of particulate matter

与大气污染及控制关系密切的颗粒物的物理及化学性质。主要包括颗粒物粒径与粒径分布、颗粒的密度、比表面积、含水率、荷电性、导电性、安息角、黏附性及爆炸性等。颗粒物的这些性质,是研究颗粒的分离、沉降和捕集的机制,选择、设计、使用除尘装置的基础。也是研究颗粒物对人体健康、大气能见度和气候影响的基础,当然,颗粒物的浓度和化学组成也是应考虑的因素。　　　　　（郝吉明）

颗粒状污染物质　particulate pollutant

又称颗粒物。存在于空气中粒径在 $0.01 \sim 100\mu m$ 之间的固体和液体微粒。它们与空气构成的分散体系(分散相是微粒,分散介质是空气)称为"气溶胶(aerosol)"。根据分散相微粒是固体或液体的不同,气溶胶可分为固体气溶胶和液体气溶胶。前者又称烟或尘,如煤烟、粉尘;后者则称雾,如酸雾等。粒径大于 $10\mu m$ 的颗粒物在一定的气象条件下能靠其自身的重力作用降落到地面而从空气中除去,因而称为降尘;小于 $10\mu m$ 的颗粒物则可以在空气中较长时间的飘游而称之为飘尘。根据颗粒物在空气中的重力沉降特性,空气监测项目有总悬浮颗粒物、可吸入颗粒物和降尘等。　　　（蒋展鹏）

可变电阻器起动　rheostatic starting

在转子回路中串联可变电阻并通过分级短接该电阻的切换触头从而增加起动转矩、减小起动电流的一种起动方式。具有起动电流小、起动转矩大的特点。用于绕线型电动机的起动。

（许以傅　陆继诚）

可变观测产率系数

见表观产率(12 页)。

可沉固体 settleable solids

将1L水样在一圆锥形玻璃筒内静置1h后所沉下的悬浮物质数量。以 mL/L 表示。通常用于污水和废水的固体测定。 （蒋展鹏）

可隆型干式罐

见油脂密封干式储气罐（345页）。

可吸入颗粒物 inhaleable particle（IP），respirable particles

空气动力学当量直径≤$10\mu m$的颗粒物（常记作 PM_{10}）。它可长期飘浮在空气中，并能通过鼻和嘴进入人体呼吸道，特别是其中小于 $2.5\mu m$（$PM_{2.5}$）和小于 $1\mu m$（PM_1）的细微颗粒物会进入支气管、肺甚至肺泡、血液系统，引发呼吸道疾病和心血管疾病，对人体健康危害大，引起人们普遍关注。常用的测定方法是重量法，原理与测 TSP 相同，结果以 mg/m^3计，但采样时要用粒径切割器将大颗粒物分离。 （蒋展鹏 张善文）

克拉考电视塔 Krakaw television tower

位于波兰。塔高 70m，用二片凹形构件，中间用之字形楼梯联合起来，形成整体工作。

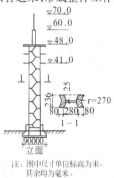

注：图中尺寸单位标高为米，其余均为毫米。

（薛发 吴明）

kong

空气操作线 air manipulative line

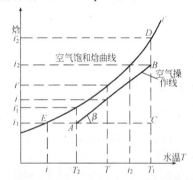

反映冷却塔中空气熔与水温变化的直线（如图）。在热熔为纵坐标，水温为横坐标的图上，以出塔水温 T_2 与进塔空气熔 i_1 的交点为起点，水量与风量的比值为斜率，引一直线，与进塔水温 T_1 的交点为终点，二点间的连线即为空气操作线。它反映塔内水温与空气熔的变化关系。已知某处水温，即可查出该处水面上空气的熔值，为近似计算提供方便。 （姚国济）

空气动力学直径 aerodynamic diameter

为在空气中与颗粒的沉降速度相等的单位密度（$\rho_p = 1g/cm^3$）的球的直径。一般用 $\overline{d_a}$ 表示。与沉降直径的换算关系为：$\overline{d_a} = \overline{d_s}\rho_p^{1/2}$。 （马广大）

空气阀

见排气阀（202页）。

空气扩散曝气 diffused air aeration

又称鼓风曝气。由空气压缩设备送出的压缩空气通过一系列管道和空气扩散装置进入液体中的过程。空气扩散曝气系统由空气加压设备，管道系统和扩散装置三部分组成。空气以微小气泡形式从空气扩散装置逸出，进入混合液中，使空气中的氧向混合液转移，并使污水强烈搅拌，是活性污泥处理系统最常采用的曝气方式。 （彭永臻 张自杰 戴爱临）

空气驱动生物转盘 pneumatic driving gear of RBC

利用空气浮力驱动盘片旋转的生物转盘。沿盘片外周等距离地设空气罩，在转盘下侧设曝气管，在管上均等地安装空气扩散器，空气从扩散器均匀地吹向空气罩，产生浮力使盘片转动（如图）。

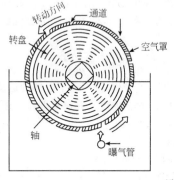

（张自杰）

空气提升器 air raiser

将空气通入提升管，利用管内外液体的密度差而提升污水或污泥的设备。用于活性污泥回流，常设于二次沉淀池的排泥井中或曝气池的进泥井处，将二次沉淀池的污泥提升回流到曝气池。这种回流设备结构简单，运行管理方便，通入的空气还能补充活性污泥中的溶解氧，但效率较低，适用于中小型鼓风曝气池。 （彭永臻 张自杰）

空气污染物

见大气污染物(43 页)。

空气压缩机 air compressor

把一定体积的空气进行压缩,使这部分空气体积缩小,并储有能量的动力机械。有单缸和多缸,缸的容积和压力亦不同,以适应各种工况的需要。

(李金根)

空气氧化法 air oxidation

利用空气中的氧作氧化剂氧化水和废水中易氧化污染物的一种处理方法。氧的氧化性强,且 pH 值降低,氧化性增强(酸性时,$E_A^\circ = 1.23V$;碱性时,$E_B^\circ = 0.40V$)。但用氧进行的氧化反应活化能很高,反应速度慢,使得在常温、常压、无催化剂时,空气氧化法反应时间很长,限制了它的应用范围。在水处理中,主要用于处理含硫废水,以及从水中除去铁(II)、锰(II)。在高温(200~300℃)、高压(30~150atm)下强化空气氧化过程,可处理有机污泥和高浓度有机废水,此法常称作湿式氧化法或湿发法。

(王志盈 张希衡 金奇庭)

空气预热器 air preheater

利用锅炉尾部低温烟气的热量预热燃烧所需的空气的装置。它可以降低排烟温度,减少排烟热损失,提高送入炉内空气温度,改善炉内燃烧条件,减小气体不完全燃烧热损失和固体不完全燃烧热损失,提高理论燃烧温度,增强传热效果,使锅炉热效率增大。中国目前生产的空气预热器有管式和回转式两种,在工业锅炉中一般采用垂直布置的管式空气预热器。

(屠峥嵘 贺 平)

空燃比 air-fuel ratio

为每千克燃料完全燃烧理论上所需的空气质量(kg)。一般用 AF 表示。AF 值可直接由燃烧反应方程式求得。例如,纯碳燃烧的 AF 值为 11.5,甲烷(CH_4)燃烧的 AF 值为 17.2。 (马广大)

空隙率 porosity

单位体积滤料间所占空隙容积的百分率。是表示滤料性能的一项重要指标。滤料要求具有一定的空隙率,使空气能够在滤料之间通畅地流动,以保证向滤料表面的生物膜供氧,一般不得低于 45%。波纹板、蜂窝、列管等塑料滤料的空隙率都在 94% 以上。

(戴爱临 张自杰)

孔板流量计 orifice plate flowmeter

又称差压流量计,节流流量计。是目前工业上用得最广泛的一种测量流体流量的间接计量式仪表。作用原理是流体通过突然缩小的管道断面时,使流体动能发生变化而产生压力降,其大小与流速有关,压力降可由差压计测得。与管道连接的突然缩小的节流部件,在燃气计量中,主要是用孔板。差压计与孔板两侧的测压点由两根导压管相连,由差压计测得的压力降计算流量,或通过变换器直接读出流量,还可记录或累计流量值。 (王民生)

控制出水塘 controlled discharge pond

根据自然气候条件和塘水水质状况,人为地控制塘水排放的时间、水量的一种稳定塘。实质上这也是一种具有独特运行方式的稳定塘。在冬季,塘水冰封,或水温降低,生物降解功能下降,塘水不能满足排放要求,不宜排放,塘主要起着贮存污水的作用。气候转暖,水温上升,生物降解功能得到恢复,塘水水质达到排放标准,即行排放。为了准备塘的冬贮容量,在冰封前必须将塘水完全排出或大部排放。而这时由于经历了 7、8、9 三个月的温暖季节,生物降解作用旺盛,塘水的各项指标均达最低值,因此加大排放量是有可能的。为了满足上述各项要求,对这种稳定塘在系统和塘体构造上,进、排水方式,进出口的构造与位置等都应有所特殊的考虑,如采取多级塘的串联方式,进水宜采用潜水方式,而且进水口应设在冰冻层以下、污泥层以上处。此外,还应对在冰融后塘水达不到排放标准时,考虑采取一定的技术措施,如增大塘表面积或塘的深度以增加污水的停留时间和在最后一级稳定塘增设曝气装置或在稳定塘后增建氧化沟等。多以兼性塘充作控制出水塘。 (张自杰)

控制点 controlling point, control point

又称评价点。按功能区的代表性和绘制污染物浓度分布等直线图等所要求的地域分布人为布设的网点。通常由大气环境监测网点扩充而成。点上的监测数据用以验证大气污染模型,其计算浓度则用于识别重点源、分析大气污染影响和选择控制方案。

在排水区域内,对管道系统的埋深起控制作用的地点。如各条管道的起始点,大都是该管道的控制点。在这些控制点中离出水口最远的一点,通常是整个管道系统的控制点。具有相当深度的工厂污水出水口或某些低洼地区的管道起点也可能是整个管道系统的控制点。控制点的管道埋深,将影响整个管道系统的埋深。减少控制点管道埋深的方法有加强管材强度、提高地面高程(如填土),或设置水泵站提高水位等。 (徐康富 孙慧修)

控制屏 control panel

有独立的支架,支架上有金属或绝缘底板或横梁,各种电子器件和电器元件安装在底板或横梁上的一种屏式的电气控制设备。通常用来控制和操作开关和机组设备。 (陆继诚)

控制设备 controlgear

主要用来控制用电设备的开关电器,以及这些开关电器和与其相关联的控制、测量、保护及调节设备的组合的统称。也可指由这些开关电器和设备以及有关的互连件、附件、外壳和支承构件组成的成套设备。　　　　　　　　　　　（许以傅　陆继诚）

控制台　control desk

各种电子器件和电器元件安装在带有水平或斜面的台式结构内的一种电气控制设备。通常用来控制和操作一组或几组机组设备。　　　（陆继诚）

控制危险废物越境转移及其处置的巴塞尔公约　the Basel convention on the control of transboundary movements of hazardous wastes and their disposal

本公约于 1989 年 3 月 22 日在瑞士的巴塞尔市制定，由 116 个国家和地区参加了会议，会议选出大会主席、主席团成员，设立了总务委员会、起草委员会、全权证书委员会。大会通过的《巴塞尔公约》共二十九条。公约以保护人类健康和环境为目的，确认任何国家皆享有禁止来自外国的危险废物和其他废物进入其领土或在其领土内处置的主权权利，并确认禁止危险废物的越境转移及其处置的权利。阐述了废物应在产生国的国境内处置的原则。本公约对于危险废物定出范围；给出定义；规定了各缔约国的义务和权利，可以采取适当的法律或行政措施以期实施本公约的各项规定。危险废物的越境转移应仅在不致危害人类健康和环境并遵照本公约有关规定的情况下才予以许可，中国作为缔约国参加了大会。1992 年中国代表团出席了缔约国第一次会议，1994 年中国代表团出席了缔约国第二次会议，中国在公约的制定、实施等多项工作中做出不懈的努力。　　　　　　　　　　　　　　　（俞　珂）

控制箱　control box

各种电子器件和电器元件安装在一个防护用的箱形结构内，其本体安装在墙或支架上的一种电气控制设备。通常用来控制和操作一组机组设备。　　　　　　　　　　　　　　　（陆继诚）

控制站　master station

有一国际电话电路经过，并负责该电路良好传输状态的增音站。　　　　　（薛　发　吴　明）

ku

枯竭油气田储气　disused field storage

利用枯竭的油气田储存天然气。主要优点是不需要重新勘察，地下地质情况较清楚，比较可靠。可利用原有的井和地面上的设备采气和注气，比较经济，简单易行。建设前必须准确地掌握地层的孔隙度、渗透率、有无水浸现象、构造形状和大小、油气岩

层厚度、有关井身、井结构的准确数据和邻近地层隔绝的可靠性等。对长期开采过枯竭的油气田，这些参数都是已知的，故容易实现。

　　　　　　　　　　　（刘永志　薛世达）

枯水流量保证率　low water flow assurance rate

河水低流量出现的一种几率限值。进行给水工程规划设计时，掌握取水河流枯水期径流过程的概率特性是必要的基础工作。河流的枯水径流量大小及其各年间的变动，直接关系到取水量的安全保证。规划、设计工作通常根据拟取水量、河床条件、相关水文资料及可能的取水构筑物形式，确定需要的径流枯水流量。其保证率的概念，是指等于及大于该流量值在河流中出现的几率。取用河水作为城市供水水源时，其设计枯水流量的保证率，应根据城市规模和工业大用户的重要性选定，一般采取 90% ～ 97%。　　　　　　　　　　　　　　　（朱锦文）

枯水位保证率　low water level assurance rate

河水低水位出现的一种几率限值。在取水工程设定位置的河床断面处，枯水位的量值及其各年间的变动，直接关系到取水构筑物的有效取水深度，是选定取水构筑物形式与构造的重要因素之一。根据拟取水量、河床条件、取水构筑物形式等因素，确定需要的保证率。其保证率的概念是指等于及大于该量值出现的几率。　　　　　　　　　（朱锦文）

苦咸水　mineralize water, bittern water

又称矿化水，高矿化水。在地表水或地下水中的总含盐量大于 1 000mg/L 的水。pH 值大于 7。水味的苦咸来自水中含有的各种盐类：当水中含有较多的硫酸镁和硫酸钙时水呈苦涩味；当水中含有较多的氯化钠时，水则呈咸味。它作为生活饮用水时需经淡化处理，要求含盐量低于 500mg/L；作为工业用水，进行淡化处理时，应根据各工业部门对水质的具体要求，确定淡水含盐量标准。

　　　　　　　　　　　（朱锦琦　潘德琦）

kua

跨越杆　cross-over pole

架空线路跨越河流、山谷、铁路、公路及障碍物等处作为特殊建筑的电杆。较正常线路电杆要高且负载较大。　　　　　　　　（薛　发　吴　明）

kuai

快递件室　express room

对快递邮件进行分拣、封发、投递的房间。

　　　　　　　　　　　（薛　发　吴　明）

快速混合器 rapid mixer

一种能实现原水投加混凝剂或其他药剂,使之进行快速接触混合过程的工艺设备或容器。其目的要使混凝剂迅速均匀地扩散到水体的全体水分子中去。这种设备或容器一般要求它能产生预期的水的紊流程度。可以应用各种不同的机械和水力原理装置而构成。例如在水室内可装有各种形式的螺桨、叶轮或透平混合器等已成为普遍的构造形式。水室的大小和设备实质上要能够产生水的振颤,并具有短促的停留时间。有的混合器甚至把螺桨、叶轮等直接装入管渠内而省了水室。快速混合的时间是短促的,一般范围在10s至2min,而所需要的水流速度梯度 G 值指标一般在 $700s^{-1}$ 到 $1\,000s^{-1}$,流速自 1.5 到 3.0m/s 或以上。 (张亚杰)

快速排气阀 high speed air vent valves

能迅速排除管道或容器内气体的排气阀。属于自动阀类。在阀腔内设置一导向托架,其上方设有与大排气口接触密封的密封口,其下方设置一小排气口,并在导向托架下面设置一浮体,浮体随水面升降而垂直上下运动。当充水时,浮体借浮力浮起并托起导向托架,将腔内空气自大排气口排出,直至导向托架上的密封口将大排气口关闭密封时止,使水不致流出。在管线正常运行时,水中空气缓慢析出,逐渐积聚在阀腔内,腔内水面下降,浮体随之下降,此时小排气口开启,将积聚的空气排出,腔内水位随之上升小排气口又封闭,如此往复。只有当阀腔内为负压时,浮体与导向托架由于无浮力及内压的支承向下坠落,从而吸入大量空气,防止管线和阀门在真空下被压瘪。这种阀门由于流道畅通,排气量较双口排气阀为大,故名快速排气阀。该阀与管道间须设置隔离阀,以便于检修和养护。 (肖而宽)

快速渗滤土地处理系统 rapid infiltration systems of land treatment

将污水有控制地投配到具有良好渗滤性能的土地表面,污水在向下渗滤的过程中,在生物氧化、过滤以及氧化还原等作用下得到净化的一种污水土地处理工艺。该工艺目标是污水处理与回收并举。污水处理的效果良好,可以去除几乎全部的 BOD、悬浮物和大肠菌等污染物。如负荷适宜,污水能够达到硝化阶段。处理水的回收途径有:①直接用于补给地下水;②用地下暗管或竖井收集,并设贮水池加以贮存,在农作物生长季节用于灌溉或作其他用途。该系统是采用淹水/干燥交替运行方式,以使在渗滤表面干燥期恢复好氧条件。其水力负荷根据土质条件而介于较大的范围内,一般为 5~120m/a;有机负荷为 3.6×10^4 kgBOD/(hm² · a)、150~1 000 kgBOD/(hm² · d)。处理水水质为 BOD 平均值 5 mg/L、最高值为<10 mg/L;悬浮物平均值为 2 mg/L、最高值为<5 mg/L;总氮平均值为 10 mg/L、最高值为<20 mg/L;总磷平均值为 1 mg/L、最高值为<5 mg/L;大肠菌群平均值为 1×10^2 个/L、最高值可达<2×10^3 个/L。 (张自杰)

kuan

宽间距电除尘器 wide space precipitator

板间距超过 30cm 的板式电除尘器。是一种正在研究和发展的新型电除尘器。它一方面可保持电除尘器的良好性能;另一方面又降低了造价便于维护。这项技术源于欧洲、日本率先实用化。现在工业上应用的宽间距电除尘器,大部分间距在 400~600mm,也有的达到 860mm。最佳设计条件和制造条件尚待研究。由于建立电除尘器内的电场,需要高压供电设备;而随着电压的增加,驱进速度也会增加。因为板间距加宽,所需板面积减少,因此可减少投资。在正常条件下,它可在与普通电除尘器相同的电流密度下操作,火花趋势较小。该电除尘器现象与公认的电除尘器理论是矛盾的,虽提出若干理论予以解释,但尚未得到公认。 (郝吉明)

宽井

见大口井(40 页)。

kuang

矿化度

见含盐量(121 页)。

矿化水

见苦咸水(170 页)。

矿井气 mine drainage gas

以游离状态和吸附状态贮存于煤层及其围岩孔隙中在开采煤矿时涌出的天然气。早期采矿时涌出的矿井气,使空气污染,并常造成爆炸灾害,后来各国予以抽取利用。中国 1952 年在辽宁省抚顺煤矿实现工业化利用,并首次用作民用燃气气源;后来其他一些矿区城镇相继建成以矿井气为城市燃气气源的供应设施。从煤层或其围岩中直接涌出或抽出的原生矿井气,含甲烷高达 80% 以上;它流入并积聚在某些空间,如采空区或废巷道等,称为次生矿井气,由于有空气混入,甲烷含量降低。作为城市燃气气源的矿井气,其甲烷含量一般应在 35% 以上。 (闻 望 徐嘉森)

矿业固体废物 mining solid waste

露天矿山和坑内矿山在采矿、选矿过程中产生的固体废弃物。主要包括采矿废石和尾矿。各种金属和非金属矿石均与围岩共生,在开采矿石过程中,必须剥离围岩,排出废石。采得的矿石必须经过选矿、洗矿以提高品位,其排出物统称尾矿。一般情况下,露天矿所产生的固体废物量要比坑内矿山多,如露天煤矿开采因矿脉构造不同剥采比[如(煤矸石＋剥岩废石):煤炭]一般在(3~4):1,甚至达到10:1;提取各类金属因品位不同也要排弃大量的矿业废物。随着富矿的日益减少,越来越多地使用贫矿,使矿业废弃物数量迅速增加,目前全世界每年约排放 350 亿 t,大量矿业废物堆存,污染土地、空气、水域和地下水,或造成滑坡、泥石流等灾害,矿业废物的无害化处理和综合利用是固体废物的处理与利用的重要课题。　　　　　　　　　　　　　　　　　　(俞　珂)

矿渣棉　mineral wool

矿渣为主要原料经熔化用离心法或喷吹法制成的棉状保温材料。目前可制成较细的纤维,对皮肤刺激性强的问题基本解决。管道保温一般采用矿渣棉制品,如板、管壳、保温带等。其耐温随黏合剂而定,沥青为黏合剂时,耐温 250℃,酚醛树脂为黏合剂时,耐温 400℃,采用耐高温黏合剂时,耐温达 650℃。制品密度为 $80~180kg/m^3$ 时,常温导热率约为 $0.04~0.05W/(m\cdot K)$。　　　(尹光宇　贺　平)

kuo

扩散板　diffusion plate

用多孔性材料如多孔陶瓷、多孔性合成树脂、尼龙等制成方形或长方形薄板。是好氧生物处理鼓风曝气水下布散空气的一种充氧器材。具有孔隙小、气泡细、氧转移率高,但阻力大、易堵塞。　　　　　　　　　　　　　　　　　　(李金根)

扩散参数　diffusion parameters

正态浓度分布的标准差。x 和 y 轴向水平分布的标准差 σ_x 和 σ_y 称为水平扩散参数,z 轴向垂直分布的标准差 σ_z 称为垂直扩散参数。它们的大小随下风向距离和地面粗糙度的增大而增大,也随大气稳定度级别的降低而增大。具体数值或通过大气扩散实验实测求得,或凭经验方法估算:通过稳定度分级,利用 Pasquill-Gifford 经验曲线或 Briggs 扩散参数公式求得。　　　　　　　　　　　　(徐康富)

扩散沉积　diffusion deposition

由于气体分子的无规则运动,微小粒子几乎可以自由地穿过流线,部分粒子撞击在捕集体上而被从气流中除去的集尘过程。扩散沉积效率取决于佩克莱特数 Pe(由惯性力产生的迁移量与扩散迁移量之比)和基于捕集体定性尺寸的雷诺数 Re_c。只有当 Pe 值非常小时,扩散沉积导致的颗粒捕集才是重要的。　　　　　　　　　　　　　　　(郝吉明)

扩散硅压力变送器　expansive silicon pressure transmitter

利用硅压阻效应,将压力变化引起的位移转换成标准电信号输出的仪器。测量范围:0~25MPa,精度 0.5 级。适用于信号的远传和控制。仪表的精度高,长期稳定性好,并有一定的耐腐蚀性能。　　　　　　　　　　　　　　　　　　(刘善芳)

扩散荷电　diffusion charging

由于离子和颗粒作不规则热运动、相互间碰撞而使颗粒荷电的过程。该过程不需要外加电场,作为一级近似,也与颗粒的化学组成无关。荷电速度取决于离子种类与浓度、气体性质和温度。当颗粒获得电荷后,自生电场可使荷电速度减小。在时间 t 内,颗粒由扩散荷电而获得的电荷数可表示为

$$n = \frac{d_p kT}{2e^2}\ln\left[1 + \frac{\pi d_p \overline{C_i}e^2 N_i t}{2kT}\right]$$

d_p 为颗粒的直径;$\overline{C_i}$ 为离子平均热运动速度;N_i 为离子浓度;k 为波尔兹曼常数;T 为气体温度。即使存在外加电场,对于粒径小于 $0.2\mu m$ 的颗粒,扩散荷电仍是颗粒荷电的主要途径。　　　(郝吉明)

扩散盘　diffusion disk

又称盘式散流曝气器。用优质合成橡胶制成的圆盘状气体布散胶板。胶板上开有致密的开闭式孔眼,气泡直径小,有较高的传质速率,充氧效率高。池底布盘合理则池水溶解氧均匀,是好氧生物处理鼓风曝气水下布散空气的一种充氧器材。可适用各种池型和水深,尤其是鼓气时孔眼张开,停气时自动闭合,不易堵塞。但受盘径的制约,服务面积相对不足,为此池底布管、布盘密度大,降低了系统的安全性,加大了维修和清池的难度,且停气后胶盘表面还会堆满污泥。　　　　　　　　　　(李金根)

扩散器　diffusion

好氧生物处理鼓风曝气的水下布散空气以充氧的装置。与鼓风机配套。其性能良莠将直接影响生物处理的效果以及氧转移率和动力效率。常用的有扩散板、扩散盘、固定螺旋曝气器、微孔隔膜式曝气器、倒盆式扩散器等。　　　　　　　(李金根)

扩散泳现象　diffusionphoresis

由于气体分子分布不均匀而引起的粒子净运动。气体介质中挥发性液体的冷凝或蒸发引起向着或离开液体表面的气体分子流,造成气体对粒子相对两面的分子碰撞不同并使粒子迁移,其方向在冷凝时向着液体,在蒸发时离开液体。如果扩散气体分子的分子量与载气分子的分子量不同,由于气体动量迁移过程的影响,也会导致小粒子的迁移。　　　　　　　　　　　　　　　　　　(郝吉明)

L

la

拉波特效应 labuotes effect

与大气污染有关的一种特殊现象。拉波特为位于美国印第安纳州的大型钢铁企业城市。人们发现,离城市不远的下风向地区,降水量比其他四周地区要多。其原因由于工厂、发电站、汽车和取暖锅炉等,向大气中排放大量烟尘和废气,形成大量大气微粒,随风飘向下风向地区。这些微粒具有水凝结核或冰结核的作用,促使云滴或冰晶的生成,从而使大工业城市不远的下风向降雨或降雪增多。这种现象被称为拉波特效应。

(郝吉明)

拉乌尔定律 Raoult's law

各种组分分子间作用力完全相等、溶解时无容积效应和热效应的假想溶液,称为理想溶液。理想溶液服从拉乌尔定律:当在某温度下达到气液平衡时,易挥发组分的蒸气分压 P_A 等于相同条件下该组分单独存在时的饱和蒸气压 $P°_A$ 和溶液中组分 A 的摩尔分率 X_A 的乘积,即 $P_A = P°_A X_A$。它是法国人拉乌尔(Francois Marie Raoult 1830~1901)在1880年提出的。在环境工程中,可用于汽提法中易挥发组分的分离计算。

(张希衡 刘君华 金奇庭)

拉线 guy stay

稳固电杆的附加金属缆绳及其附属设施。用于电杆基础不牢固、电杆的负载超过其安全强度或电杆受力不平衡之处。按用途和结构可分为:用于耐张终端和分支杆的尽头拉线;用于转角杆的转角拉线;用于跨越公路、渠道和交通要道的水平拉线(高桩拉线);承受风荷载的防风拉线等。一般位于受力方向的反侧。拉线材料有镀锌铁线和镀锌钢绞线。拉线与电杆的夹角不宜小于45°,受地形限制时,不应小于30°。

用于帮助桅杆直立的受力绳索也称拉线(参见纤绳,218页)。

(薛发 吴明)

拉线塔

见桅杆(292页)。

lai

来去报处理室

见译电缮封室(341页)。

lan

拦焦车 coke guide

又称导焦车。将炭化室焦炭导入熄焦车的机械设备。拦焦车行走在焦侧平台上,由导焦槽、摘挂炉门装置及车体行走机构所组成。导焦槽和摘挂炉门装置可以组成整体,也可以分开。因为导焦槽易磨损,分开便于检修。分开的导焦槽是由摘炉门装置带动行走的。

(曹兴华 闻望)

缆车式取水 cable car intake

建造于岸坡上的缆车吸取河流或水库表层水的取水。主要由泵车、坡道、输水斜管和牵引设备组成。通过卷扬机绞动钢丝绳牵引设有水泵机组的泵车,使其沿着斜坡上的轨道随着水位的涨落而上下

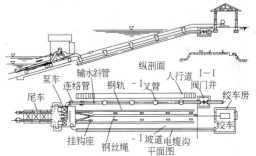

移动取水(如图)。其特点基本与浮船式取水构筑物相同。与浮船式相较,稳定性好且操作管理较方便,但机动灵活性较差。适用于水位变化较大,无冰凌和漂浮物较少的河流或水库。 (朱锦文)

lang

郎格利尔指数

见饱和指数(7页)。

廊式微波天线平台 corridored microwave antenna platform

通信建筑上部1~2层的周边围护结构取消,形

成空廊,用于安装微波天线的建筑物。

(薛发吴明)

朗格谬尔方程 Langmuir Equation

根椐分子运动理论和假定吸附表面均匀、吸附分子间没有作用力、吸附层为单分子层、在一定条件下吸附和脱附可以建立动态平衡而导出的方程。是常用的吸附等温方程之一。其表达式为 $\frac{x}{m}=(\frac{x}{m})^0 \frac{bP^*}{1+bP^*}$,$\frac{x}{m}$ 为吸附平衡时吸附剂上吸附吸附质的量;$(\frac{x}{m})^0$ 为全部表面的活性点被吸附质占满时的饱和吸附量;P^* 为吸附平衡时气相中吸附质的分压,b 为常数。它表示在吸附平衡时,被吸附剂吸附的吸附质的量与该吸附质在气相中分压的关系。该方程适用范围较广,但由于有的假定并非与实际完全相符,尚有一定局限性。

(姜安玺)

lao

劳伦斯-麦卡蒂模式 Lawrence-Maccarty's Kinetic models

1970 年劳伦斯-麦卡蒂(Lawrence-Maccarty)提出的活性污泥反应动力学模式。他们首先接受了莫诺(Monod)一相说的论点,认为莫诺模式是成立的。又提出了一系列论点:在活性污泥反应系统中与任何时间增量(Δt)相对应的生物浓度增量(Δx)和底物浓度变化量(Δs)都与系统中原有的生物浓度(X)是正比关系;单位生物量的底物利用率(U)为一常数;污泥龄的概念应是单位重量生物量在活性污泥反应系统中的平均停留时间,而建议易名为生物固体平均停留时间(θ_c)等。劳伦斯-麦卡蒂模式是通过二个基本方程式表示的。第一个基本方程式所表示的是:活性污泥微生物净增殖速率与底物利用率之间的关系为

$$\frac{1}{\theta_c}=YU-K_d$$

第二个基本方程式所表示的是:底物利用速率与曝气池内微生物浓度及底物浓度之间的关系为

$$\left(\frac{ds}{dt}\right)_u=\frac{KX_aS}{K_s+S}$$

Y 为生物的产率(mg 生物量/mg 被利用的底物);K_d 为微生物自身氧化率,称为衰减系数;U 为底物的比利用速率;θ_c 为生物固体平均停留时间;X_a 为反应系统中原有的生物浓度;S 为活性污泥微生物周围的底物浓度;K 为单位生物量的最大底物利用速率(t^{-1});K_s 为半速度系数,其值等于 $U=\frac{1}{2}K$ 时

的底物浓度,$\left(\frac{ds}{dt}\right)_u$ 为底物的利用速度。

对整个系统就生物量和底物进行物料平衡,在过程中引入基本方程式,则可得出有一定实际价值的各项关系式:①处理水 BOD 值 S_e 与 θ_c 之间的关系为

$$S_e=\frac{K_s(1+K_d\theta_c)}{\theta_c(YK-K_d)-1}$$

②曝气池内生物量 X_a 与各项参数的关系为

$$X_a=\frac{\theta_c Y(S_o-S_e)}{t(1+K_d\theta_c)}$$

t 为反应时间;S_o 为原污水的 BOD 值。
③回流的 R 与 θ_c 值之间的关系为

$$\frac{1}{\theta_c}=\frac{Q}{V}\left(1+R-R\frac{X_r}{X_a}\right)$$

Q 为污水流量;V 为曝气池容积;X_r 为回流污泥浓度;R 为回流比。它是以完全混合式曝气池为基础建立的,经过某些修正也适用于推流式曝气池。本模式有一定的理论意义与实用价值,广为污水处理工程界人士所接受。

(张自杰 彭永臻)

lei

雷汞工业污染物排放标准（GB 4277－84） pollutant emission standards of mercury fulmina industry

根据中国环境保护法,为防治雷汞工业污染物对环境的污染而制订的法规。国家城乡建设环境保护部于 1984 年 5 月 18 日发布。其内容共四条,主要有雷汞工业污染物排放标准的分级、标准值及其所依据的监测分析方法;同时也规定了主要原料汞的消耗定额等。适用于雷汞生产厂。 (姜安玺)

雷兹纳指数

见稳定指数(295 页)。

leng

冷冻法 freezing method

通过冷冻,使混合液的温度降到其中某组分的凝固点温度以下,使该组分凝结成固体,再用固液分离的方法分离开,是一种组分分离的方法。可用于食品浓缩、油品脱蜡、海水淡化、污泥调质等。

(张晓健)

冷煤气发生站 cool gas generation plant

生产冷煤气的煤气发生站。从煤气发生炉出来的煤气经冷却和净化后以常温状态送至用户。根据原料的不同,有回收焦油的和不回收焦油的两种工艺流程:①以无烟煤、焦炭或低挥发分的贫煤为原料

的煤气发生炉气化时产生很少焦油,采取不回收焦油的工艺流程。从发生炉产生的煤气首先进入竖管冷却器,被热循环水喷洒,进行初步冷却和除尘,温度降至80℃左右;然后通过半净煤气管进入洗涤塔,被冷循环水喷淋,进行最终冷却和除尘,使温度降至35℃以下;最后经捕滴器除去细微液滴,进入净煤气总管,被排送机加压后送往各用户。此流程的特点是设备简单,操作方便,投资较少;污水中含有极少量酚,易于处理;煤气发热量较低,约5MJ/m³;因可使用排送机加压,故输距不受技术上限制。②以烟煤为原料的煤气发生炉气化时产生焦油蒸气,随同煤气一起排出。焦油冷凝下来会堵塞管道和设备,它又是一种化工原料,因而须捕集。为了便于焦油的加工利用,收得焦油的含水量不应超过5%。在这种回收焦油的冷煤气发生站工艺流程中要在半净煤气总管之后增设静电除焦油器,用以除去煤气中的绝大部分焦油。由于从竖管冷却器出来的热循环水中已含有不少焦油及酚,此类水的处理设施较复杂。 (闻 望 徐嘉淼)

冷凝法净化 purification of condensation method

利用物质在不同温度时具有不同饱和蒸气压的性质,采取降低系统温度或提高系统压力或既降温又升压使处于蒸气状态污染物冷凝而从废气中分离出来的过程。采用该法达到净化气体的目的,有时还可同时回收有机溶剂。 (姜安玺)

冷凝水泵 condensate pump

从冷凝器内吸出冷凝水的泵。它将冷凝水输送到除氧器内,在大型设备中,为了满足高纯度的给水的要求而设置了除盐装置,因此冷凝器的扬程也要提高,常常同时配置低压冷凝泵和高压冷凝泵。该泵的特点是冷凝水来自真空度很高的冷凝器,相当于直接吸入饱和水,很容易出现汽蚀和吸入空气问题,故对于汽蚀余量和轴封装置必须特别重视。大多泵的结构都采用立式结构以得到较高的倒灌高度,为了尽可能提高泵的耐汽蚀性能,对第一级叶轮作了特殊设计,也有在第一级叶轮之前再安置一个诱导轮。 (刘逸龄)

冷却池 cooling pond

依靠湖泊、水库和其他人工建造的封闭水体自然散热,以冷却水的构筑物。是水体冷却形式之一。按水深可分为浅水型冷却池和深水型冷却池;按补充水来源可分为径流式冷却池和注水式冷却池。 (姚国济)

冷却幅高

见逼近度(10页)。

冷却极限温度 limit temperature of cooling

在当地气温条件下,水可能被冷却到的最低温度。其理论值为湿球温度,在实际工程中,不可能降到该值。因为冷却后的出水温度,越接近它,冷却构筑物的尺寸将会增大很多,故水冷却后,出水温度总要较湿球温度为高,一般不小于3~5℃。 (姚国济)

冷却数 cooling index

冷却塔热力计算基本方程式为

$$\frac{1}{K}\int_{t_2}^{t_1}\frac{dt}{i''-i}=\beta_{xv}\frac{V}{Q}$$

上式左方,以焓差为推动力积分式积分所得的数值。一般用 N 表示为

$$N=\frac{1}{K}\int_{t_2}^{t_1}\frac{dt}{i''-i}$$

t_1、t_2 为进出水温度; i'' 为空气饱和焓; i 为空气焓; K 为蒸发水量带走热量的系数。 (姚国济)

冷却水池 cooling basin

水流冷却发射机中用于发热元件的散热、贮存水的水池。水贮存在一个钢筋混凝土池中,热交换后的热水喷向空气中,冷却后回落到池中。应布置在发信机房附近,与机房距离在20m以上,且位于机房夏季主导风向的下风,防止水珠飘入机房。

用于贮存大型油机冷却循环水,散发热量,使水冷却的池子。它分为设在室内和室外两种,应设能局部打开的盖板,以防污物落入。

(薛 发 吴 明)

冷却水余热利用 utilization of waste heat from cooling water

利用冷却水系统吸收工艺过程产生的余热进行供热的方式。当冷却水出口温度大于一定值时,才可能利用这些余热采暖、热水供应和温室加温等。钢铁、化学、石油、煤炭工业中可利用的冷却水余热量较多。有关调查资料表明,在可能利用的冷却水余热中,60~80℃的冷却水约占21%,大于80℃的约占17%。 (李先瑞 贺 平)

冷却塔 cooling tower

热水在塔内通过配水系统、淋水装置,溅成细小水滴或形成水膜,由上向下移动,与由下向上或水平方向流动的空气进行热交换而降低水温的设备或构筑物。与冷却池相比,具有水量损失较小,占地面积小,冷却效果好等优点。按塔的构造和空气流动的动力,分为自然通风冷却塔和机械通风冷却塔;按空气与水相对流动情况,分为逆流式冷却塔和横流式冷却塔。 (姚国济)

li

离心泵 centrifugal pump

由叶轮旋转产生离心力,作用于液体,使液体在叶轮内获得压力能和速度能,进而在泵体或导叶内将其一部分速度能转变为压力能,进行抽送液体的泵。一般按其结构特点进行分类:按工作压力区分有:压力低于1MPa的低压泵;压力在1~6.5MPa之间的中压泵;压力高于6.5MPa的高压泵。按工作叶轮数目区分有:泵轴上只有一个叶轮的单级泵;泵轴上有两个或两个以上叶轮的多级泵。按叶轮进水方式区分有单侧进水的单吸泵;双侧进水的双吸泵。按泵壳结合缝形式区分有:通过轴心线的水平中开泵;结合面与轴心线垂直的垂直结合面泵。按泵轴位置区分有泵轴为水平位置的卧式泵;泵轴为垂直位置的立式泵。按叶轮出水引向压出室方式区分有:出水直接进入螺旋蜗形泵壳的蜗壳泵;出水通过导叶进入下一级或流向出口管的导叶泵。按泵体设置场合区分有:泵体在水下而驱动机在水上的液下泵;驱动电机与泵体均在水下的潜水泵;泵和驱动电机直联设在管道中间的管道泵;泵设于地下深井内的深井泵。按介质用途区分有清水泵(包括锅炉给水泵、循环泵、冷凝泵等);杂质泵(包括污水泵、泥浆泵、渣浆泵、砂砾泵、料浆泵);石油化工流程泵(包括化工泵、流程泵、筒袋泵、油泵等);真空泵(包括水环式真空泵、叶片式真空泵等)。

(刘逸龄 李金根)

离心除焦油机 centrifugal detarring machine

利用离心力脱除焦油的机械。该机主轴上固接一圆盘,盘上设桨。高速旋转后,从两侧进入的煤气被桨带动高速转动,由于焦油雾滴质量远比煤气大,在离心力作用下撞击在壳体上,雾滴粘接在壳体上而与煤气分离。为增强清除焦油效率,主轴处设多孔转鼓,引入热氨水作洗涤液,从转鼓喷出后增加焦油雾滴碰撞和洗涤作用。洗液和焦油从底部流出。该机在除焦油的同时,可使煤气增压。

(曹兴华 闻望)

离心分离法 centrifugal separation method

利用离心力进行固液分离的废水及污泥处理方法。在离心力场中,密度大的组分被甩向外层,密度小的组分被推向内层,从而完成固液分离过程。根据产生离心力方法不同,可分为水旋分离和器旋分离。水旋分离是使废水沿切线方向高速进入固定圆筒状容器,造成混合液的旋转运动。设备称水力旋流器,简称水旋器,常用于分离废水中密度较大的细小悬浮物,如轧钢废水中的铁粒等。器旋分离是使容器高速旋转,带动器内混合液作旋转运动。设备有各种离心机,常用于污泥的脱水。

(何其虎 张希衡 金奇庭)

离心机 centrifuge

利用离心力进行固液分离的处理设备。按离心机的几何形状,有转筒式离心机、管式离心机、盘式离心机和板式离心机等。按分离因素,可分为高速离心机(分离因数 $\alpha > 3\,000$),中速离心机(分离因数 α 为 $1\,500 \sim 3\,000$),低速离心机(分离因数 α 为 $1\,000 \sim 1\,500$)。在废水处理领域内,离心机主要用于污泥脱水。离心脱水可以连续生产,操作方便,可自动控制,卫生条件好,占地面积小。但污泥的预处理要求较高,必须使用高分子聚合电解质作为混凝剂。除用于污泥处理外,离心机还用于分离回收洗毛废水中的羊毛脂等。

(何其虎 张希衡 金奇庭)

离心式鼓风机 centrifugal blower

利用离心力的作用来输送气体的鼓风机。系叶片式送风机械的一种形式。机壳内装有单级或多级叶轮,具有空气性能稳定,振动小,噪声低的特点。分多级低速、多级高速、单级高速等类型。结构上多级高速和多级低速采用电动机直接驱动,通过多级叶轮串联的方法逐级增压;单级高速和多级高速需通过增速机传动的方法提高风压。常用于鼓风曝气活性污泥法污水处理的送风机械。

(李金根)

离心式砂泵 sand pump

抽送砂浆类的液体(砂、砾石及浮游选矿物)单级单吸悬臂式离心泵。泵体通常设计成环状结构,为便于检修,在进水室上方备有摇臂机构,泵体的结构可以使吸水室和压水管转动到不同的位置,以保证运转中泵管路配置的要求,轴的端部密封是可向水封环供清洁封液的填料密封,将填料布置在泵的吸入端,减少了所要求的密封水的数量与压力。

(刘逸龄)

离心式杂质泵 trash pump

适用于输送液体中含有各种形状固体物的离心泵。在四大类杂质泵中以离心式杂质泵占有绝大多数,离心式杂质泵按不同用途又分为污水泵、泥浆泵、砂泵、吸泥泵和砂砾泵等。广泛用于冶金、矿山、煤炭、电力、石化、食品等工业和污水处理、港口河道疏浚等作业。按泵的结构大体上可分为卧式泵和立式泵。卧式泵多数是单级单吸悬臂泵;立式泵分为干式立式和湿式立式,干式立式泵的泵和电机不浸入液体中,湿式立式泵分工作部分潜入水中的液下式泵和泵与电动机全部潜入水中的潜水电泵。叶轮有闭式、开式、半开式三种,其叶片数较少。叶片数少可具有良好的通过较大固体颗粒的能力。泵采用的密封有普通填料密封和流体动力密封。后者采用一种副叶轮的装置,其优点是平衡轴向力,降低静密封处的压力,减少泵壳和叶轮的磨损,故寿命大大高于填料密封,很多杂质泵都采用这种优良的密封方式。泵壳有蜗壳式、同心式和不同心式三种结构。应用中主要要考虑耐磨、耐蚀和无堵塞性能,根据不同的介质选用多种材料,如硬镍 Cr15Mo3、高铬铸铁、锰钢、铬锰钢、高硅铸铁,还可用橡胶、塑料、陶瓷等耐磨非金属材料。 (刘逸龄)

离子交换法除盐 ion-exchange desalination

利用强酸性的氢型树脂去除水中各种阳离子(除氢外),再用强碱性氢氧型阴离子交换树脂去除水中各种阴离子(除氢氧离子外)的除盐方法。其基本反应方程式为

$$RH + NaCl \rightarrow RNa + HCl$$
$$ROH + HCl \rightarrow RCl + H_2O$$

常用的离子交换除盐系统有复床式、混床式、复床混合床除盐系统。 (潘德琦)

离子交换膜 ion exchange membrane

以离子交换树脂为主体材料制成的厚度为 $0.2 \sim 0.6mm$ 的薄膜。对溶液中离子具有离子选择透过性能,是电渗析器的重要组成部分。它的种类很多,按其选择透过性可分为阳离子交换膜、阴离子交换膜和特殊离子交换膜等;按膜体结构可分为异相膜、均相膜和半均相膜等。 (姚雨霖)

离子交换膜的性质(电渗析器) properties of ion exchange membrane(electrodialysis apparatus)

电渗析器离子交换膜所应具有的性质。主要有:①离子选择透过性高;②离子反扩散速度小;③透水性低;④膜电阻小;⑤具有一定机械强度;⑥化学稳定性好。 (姚雨霖)

离子交换器 ion exchange apparatus

又称离子交换柱(床、罐)。在水处理过程中,内装离子交换剂再生液的耐压容器。是离子交换水处理的单元装置。容器构造如图。容器内有进水、出水、配水系统,再生液布水系统,离子交换剂及其支承层;外部装有相应的管道及阀门,用以完成交换、反洗、再生、清洗等工序。交换器的尺寸,主要取决于产水量、流速、离子交换剂的类型及工作周期等因素。器内壁需要有防腐处理。它在软化,除盐水

处理系统中广泛采用。 (潘德琦)

离子交换软化法 ion exchange softening

采用离子交换技术去除钙、镁等离子的方法。当硬水通过阳离子交换剂时,水中的钙、镁离子,依靠其离子交换剂亲合力的优势,经过交换反应,被阳离子交换剂吸附,而交换剂内,原有的钠、氢等非硬度成分离子转入溶液,从而使水得到软化。其基本反应以下列方程式表示:

钠离子交换:

$$2RNa + \begin{matrix} \\ Ca \\ (Mg) \\ \\ \end{matrix} \begin{Bmatrix} (HCO_3)_2 \\ Cl_2 \\ SO_4 \end{Bmatrix} \rightarrow R_2 \begin{matrix} \\ Ca \\ (Mg) \\ \\ \end{matrix} + 2Na \begin{Bmatrix} HCO_3 \\ Cl \\ Na_2SO_4 \end{Bmatrix}$$

氢离子交换:

$$2RH + \begin{matrix} \\ Ca \\ (Mg) \\ \\ \end{matrix} \begin{Bmatrix} (HCO_3)_2 \\ Cl_2 \\ SO_4 \end{Bmatrix} \rightarrow R_2 \begin{matrix} \\ Ca \\ (Mg) \\ \\ \end{matrix} + \begin{matrix} 2H_2CO_3 \\ 2HCl \\ H_2SO_4 \end{matrix}$$

常用的离子交换软化系统有:单级钠离子交换系统、双级钠离子交换系统。应根据水量、原水水质要求和管理运行等因素选择合理的系统。 (潘德琦)

离子交换树脂 ion exchange resin

高分子聚合制成,由三维空间网状骨架和连接在骨架上的功能基团所组成的颗粒。其功能基团可解离出可交换离子,在一定条件下可与溶液中同性离子进行交换反应。1933 年在英国首先合成,以后发展迅速。其种类较多:按可交换离子的电荷性质分为阳离子交换树脂和阴离子交换树脂;按活性基团解离能力的大小分为强型和弱型离子交换树脂;按物理结构分为凝胶型和大孔型离子交换树脂等。因性能优越,在水处理、提纯、催化等多方面得到广泛应用。 (刘馨远)

离子交换选择系数 selective factor of ion exchange

将离子交换树脂 R－A,放在含有同性离子 B 的适宜浓度的溶液中,当交换反应达到平衡时的平衡常数。一般以 K_A^B 表示。在规定浓度及常温条件下,其数值的大小,能定量反映树脂对 A、B 两离子亲合力的差异或能优先吸附某类离子,故常称树脂的离子交换选择系数。 (刘馨远)

离子交换柱(床、罐)

见离子交换器。

离子迁移(渗析) ion-movement(dialysis)

在膜两侧溶液之间的化学势差的推动下,离子化物质或某定符号离子通过渗析膜的现象。化学势差起因于浓度差称为简单渗析(或简称渗析);起因于压力差称为压力渗析;起因于电位差称为电渗析。 (姚雨霖)

放空气管 挡水板 人孔盖
进水
进口
窥孔
交换器内径(未包括防腐层)
交换剂层
滤布层
多孔板
挡水板
出水口

离子色谱仪　ion chromatograph

利用混合物内各组分在固定相和流动相之间有不同的分配系数,造成各组分谱带移动速度的差别,可得到各组分分离的色谱图来分析混合物中各组分离子的仪器。是液相色谱的新分支。主要优点是测定快速、灵敏、选择性好,并且同时可测定多组分,可测量目前难以用其他方法测定的离子,尤其是阴离子。检测对象是:无机阳离子、无机阴离子和有机物。测定范围为 ppm-ppb 级。测定无机阳离子时,采用浓缩技术,其灵敏度相当于石墨炉原子吸收法。

(刘善芳)

理论空气量　theoretical air quantity

燃料燃烧所需要的氧气。通常是从空气中获得的。单位量燃料按燃烧反应方程式完全燃烧所需的干空气量称为理论空气量。单位质量固体或液体燃料燃烧所需要的理论空气量,是按其所含各种可燃元素的燃烧反应方程式计算的;单位容积气体燃料燃烧所需要的理论空气量,则是按其所含各种可燃气体的燃烧反应方程式计算。　(马广大)

理论塔板数　theoretical plate number of column

在塔设备的传质操作中,若气液两相在塔板上接触时间足够长,离开该板气液互成平衡的板数。它通常在设计中,表示对某一指定分离要求,所需理论塔板的数量。它是计算塔板效率的基础。

(姜安玺)

理论烟气量　theoretical quantity of flue gas

为在理论空气量下(即 $\alpha = 1$)燃料完全燃烧所生成的烟气体积。可以根据燃料中可燃质的燃烧反应方程式计算出来。　(马广大)

理想沉淀池　ideal settling tank

Hazen 和 Camp 为了表达离散颗粒的沉淀,提出的理想假设的沉淀池。即①池断面内的颗粒和流速均匀分布。②水流似活塞状流动。③颗粒沉到池底即认为已经去除。据此,可以得出在沉淀池停留时间内,颗粒下沉距离等于池的有效水深时,其最终沉速为

$$v = \frac{池水深}{停留时间} = \frac{池水深}{池容积/流量}$$
$$= \frac{池水深}{(池面积×池水深)/流量} = \frac{Q}{A}$$

因此,当处理的水量 Q 或沉淀池容积已定时,如沉淀池水平面积 A 越大,则颗粒的最终沉速越小,即可以去除更细小的颗粒,从而提高了去除率。沉淀池容积一定时,如平面积越大,则水深越浅,因此得出浅池提高效率的理论,促进了沉淀技术的发展,斜

管和斜板沉淀池的出现就是基于这一理论。

(邓慧萍)

理想混合反应器　ideal mixed reactor

新物料刚一进入即与原有物料发生瞬间混合,达到完全的最大返混的连续反应设备。物料在这种设备中是均匀的、任一位置的参数(温度、浓度等)都是相同的,并且等于其出口处物料的参数。沸腾床反应器接近这类反应器。　(姜安玺)

理想置换反应器　ideal displacement reactor

一种先后不同时间进入的粒子完全不发生返混(返混是指先后进入的粒子的混合或停留时间不同粒子的混合),后进入的粒子推着先进入的粒子依次像活塞式向前流动,并连续进行反应的设备。固定床催化反应器属于这类反应器。

(姜安玺)

立体交叉道路排水　drainage of interchanges

排除立交道路汇水区域内的地面径流和影响道路功能的地下水的排水。立交工程中位于下边道路的最低点,往往比周围干道约低 2～3m,形成盆地,且纵坡很大,则立交范围内地面径流很快就汇集到立交工程最低点,极易造成严重积水,若不及时排除雨水,便会影响交通,甚至造成事故。当立交工程最低点低于地下水位时,为保证路基经常处于干燥状态,使其具有足够的强度和稳定性,需要排除地下水。立交道路的排水形式应根据当地规划、现场水文地质条件、立交形式等工程特点确定。其汇水面积一般应包括引道、坡道、匝道、跨桥、绿地以及建筑红线以内的适当面积(约 $10m^2$ 左右)。

(孙慧修)

立箱炉煤气　small vertical coke oven gas

利用立箱炉生产的干馏煤气。立箱炉是一种间歇生产的直立式制气炉,炭化室和燃烧室架空设置。进炉煤料由炉顶加入炭化室,生成焦炭由下部定期排出。可从炭化室底部注入蒸汽,与赤热焦炭进行部分水煤气反应,从而增加立箱炉煤气产量。立箱炉有带阶梯式煤气发生炉和外设煤气发生炉两种。空气经换热室由热废气预热。中国投产的五孔、六孔立箱炉都是外设发生炉。　(曹兴华　闻望)

立轴式絮凝搅拌机　vertical paddle flocculator

促使絮凝池中胶体颗粒碰撞、吸附的搅拌轴为立轴的搅拌机。絮凝池分成多格顺水流排列,每格水池设独立的中央置入式立轴搅拌机,每轴按需要设 1～3 个叶轮,顺水流的各轴均各自有不同搅拌强度(搅拌速度递变值 G 在 20～70s^{-1} 之间逐级递减)。叶轮为框式,桨臂布置有一字形(双臂式)和十字形(四臂式),每臂设 1～4 块直板桨叶,组成不同回转

半径的叶轮,绕轴缓慢旋转,促使絮粒结成絮团,利于后续沉降。其最大特点,驱动机构设在池顶,便于养护检修,搅拌器适应水量、温度的变化。与卧轴相比由于各自独立,从经济角度不宜搞变速搅拌,同时叶轮外缘线速度高,轴中心缓慢,故池中心和方池四角有少量积泥,且水流逐格穿越,水头损失相对较大。　　　　　　　　　　　　　　　　(李金根)

沥青绝缘层防腐法 bituminous materials coating

采用沥青玻璃布做绝缘层的防腐方法。石油沥青与煤焦油沥青是埋地管道中应用最多和效果较好的防腐材料。煤焦油沥青具有抗细菌腐蚀的特点,有毒性。绝缘层由沥青、玻璃布和防腐专用的聚氯乙烯塑料布组成。常采用多层结构,其结构按绝缘等级而异。　　　　　　　　　　　　　　(李猷嘉)

沥青烟气 asphaltic smog

沥青融化、煤焦化及石油炼制中及燃料不完全燃烧时产生的烟气。它是含有以烃类混合物为主的多种化学物质的混合气体,其中含多环芳香烃类物质尤多,是以苯并芘为代表的强致癌物质。

　　　　　　　　　　　　　　　　(张善文)

沥青烟气净化 purification of asphaltic smog

减少沥青烟气排放量的技术。其方法有:①燃烧法:高温燃烧去除可燃性沥青烟气;②吸附法:固体粉末(如白云石粉)吸附沥青烟气;③电净化法:用栅板蒸喷电滤装置捕集沥青烟气中的煤尘及焦油微粒。　　　　　　　　　　　　　　(张善文)

粒子荷电 particle charge

含尘气体通过电极之间的高压电晕电场时,粉尘粒子带电的过程。它是电除尘过程的第一个基本过程,按其机理分为电场荷电和扩散荷电两类。对于直径大于 $0.5\mu m$ 的颗粒,电场荷电占主导地位;对于直径小于约 $0.2\mu m$ 的颗粒,扩散荷电占主导地位;粒径介于 $0.2\sim0.5\mu m$ 的颗粒,两种荷电过程都是重要的。简单地将电场荷电的饱和电量与扩散电的电量相加,能近似地表示两种过程综合作用时的荷电量。　　　　　　　　　　(郝吉明)

粒子扩散系数 diffusion coefficient of particle

表示粒子扩散程度的物理量。可由下式定义:

$$D_T = (-N_P)\Big/\frac{dC_p}{dZ}$$

N_p 为扩散速率,即单位时间通过单位面积扩散的粒子数量;$\frac{dC_p}{dZ}$ 为粒子浓度在 Z 方向上的浓度梯度,是扩散推动力;负号表示粒子扩散向着浓度减小的方向进行。扩散系数是粒径 d_p 的函数,即

$$D_T = \frac{kTC}{3\pi\mu_g d_p}$$

k 为波尔兹曼常数;T、μ_g 分别为气体的温度与黏度;C 为坎宁汉滑动校正系数。　　(郝吉明)

粒子驱进速度 migration velocity of particle

电除尘器中的荷电粒子在静电力和空气曳力作用下的等速运动速度。其大小与粒子荷电量、粒径、集尘区电场强度和气体黏度等因素有关。其方向与电场力的方向一致,即垂直于集尘极表面。当电除尘器内气体以层流状态流动时,粒子的驱进速度近似为

$$\omega = \frac{qE_P}{3\pi\mu d_p}$$

q 为粒子荷电量;E_p 为集尘区电场强度;μ 为气体黏度;d_p 为粒子直径。但电场中各点的场强并不相同,粒子荷电量的计算多是近似的,气流、粒子特性等的影响也未充分考虑,因此,上式只能给出近似结果。　　　　　　　　　　　　　　(郝吉明)

lian

连接板 web, web plate

塔桅构件竖向接长的构件。用于角钢结构的螺栓连接的杆件中。要求其强度大于原杆件。

　　　　　　　　　　　(薛 发 吴 明)

连续流活性污泥法 continuous flow activated sludge process

简称活性污泥法。一种连续进水和出水的活性污泥法总称。它主要是相对于间歇活性污泥法而言的,也是目前广泛采用的运行方式。

　　　　　　　　　(彭永臻 张自杰)

连续式串联超滤系统 continuous series ultrafiltration system

连续供给料液,第一级超滤器的浓液,除部分循环超滤外,其余浓液作为第二级超滤器的进液,依此方式,多次串联利用浓液的超滤系统。其透过液总量是各级透过液之和。本系统具有连续生产和水的回收率高的特点。　　　　　　　(姚雨霖)

连续式直立炉煤气 continuous vertical retort gas

用连续式直立炉生产的干馏煤气。根据炭化室横断面形状不同,连续式直立炉分为伍德炉与格惠炉。这类干馏炉以产煤气为主。炭化室底部连接排焦箱,在此喷入蒸汽,使焦炭冷却并产生水煤气,后者在炭化室内继续上升,将焦炭的余热带到上部,并混入干馏气中。干馏后焦炭温度约900℃,煤气产率约 $350Nm^3/t$。煤气组成约为(容积百分数):$y_{H_2}=56.0\%$,$y_{CO}=17.0\%$,$y_{CH_4}=18.0\%$,$y_{C_mH_n}=1.7\%$,$y_{O_2}=0.3\%$,$y_{N_2}=2.0\%$,$y_{CO_2}=5.0\%$。低位发热量约为 $14.6MJ/Nm^3$。　　(曹兴华 闻 望)

链板刮砂机　chain scraper

牵引环链的周长上设有多块刮砂板,在池底轨道上缓慢地将砂刮至砂坑内,或从斜坡往上推刮,至水面以上的排砂斗内的刮砂机。平流沉砂池刮砂机的一种形式。刮板根据池底宽度而定,链板牵引链有单链和双链两种。也有把链板改为斗,称链斗刮砂机。斗内有泄水孔,刮集至池的端头后垂直提升至池顶平台,翻倒入输砂机,一般链斗刮砂机均采用双链牵引。　　　　　　　　（李金根）

链板式刮泥机　chain flight scraper

牵引链的周长设有多块刮板,在池底缓慢地将污泥刮至排泥槽内的一种沉淀池排泥设备。除刮泥外也可布置成池底刮泥、水面上撇渣两用。刮板长度,根据水池宽度而定,因此链板式刮泥机分单列链（用于短刮板）和双列链（用于长刮板）两种。整机主要有驱动机构、牵引链、刮板、导向轮和张紧装置等组成。适用于平流沉淀池排泥。　　　　（李金根）

链斗刮砂机　chain and bucket scraper

见链板刮砂机。

链式格栅除污机　raked bar screen

两平行环形链条牵引的扒集栅渣机构,设在格栅上游迎水面侧的一种平面格栅前清式机械除污设备。其结构特点是:在环链上均布 6～8 套齿耙,耙齿间距与栅距密切配合,运行时耙齿自格栅下端插入栅片与间隙中上行,把栅面污物梳扒至平台上部卸料处,由卸料刮板将污物推卸入集污器内。环链运行一周,栅面清污 6～8 次。　　　（李金根）

链条传动生物转盘　chain drive of RBC

由电动机驱动,以链条传动装置带动各转盘转轴同时转动的生物转盘。生物转盘可为多轴多级,也可为单轴多级。　　　　　　　（张自杰）

链条炉　traveling-grate stoker-boiler

机械化程度较高的一种层燃炉,因其炉排类似于链条式履带而得名（如图）。它的燃烧工况稳定,热效率较高,运行操作方便,劳动强度低,烟尘排放浓度较低,因而在中等容量的锅炉中使用相当普遍。近年来还被推广到容量 2～4t/h 的小型工业锅炉中。它属于单面点火方式,运行时燃烧无自身扰动,燃烧过程是沿炉排长度方向分区段进行的,导致炉内气流沿长度方向分压流动,所以合理配风及进

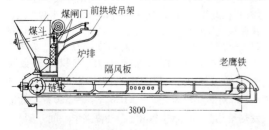

行燃烧调整至关重要,对煤种、煤的粒度、所含水分和灰分及熔点等皆有一定要求。　　　（马广大）

链条牵引式撇油撇渣机　chain type cariflocculator

由回转的链条带动安装在链条上的刮板撇除浮油浮渣的撇油撇渣机。整体构造与链板式刮泥机相同。一般要求主链周长有 3～5 块刮板即可。当刮板间距较大时,为减小链条的弧垂,可在两组刮板间加设装有托轮的定距轴。定距轴间距一般在 2m 左右。布置形式有水上运行式和水下运行式。水下运行式可布置成池底刮泥,水面撇渣;水上运行式为单纯撇渣（油）,刮板作单向直线运动,不必换向,因此,电源连接和控制较简单。链的材质有普通碳素钢、不锈钢和工程塑料等,适用于水平池撇除浮渣（油）。　　　　　　　　　　　　　（李金根）

liang

两分式焦炉　one-second flue coke oven

沿燃烧室全长将立火道分为走上升气流和下降气流两大部分的焦炉。上升气流与下降气流之间设有隔墙,顶部用水平焰道连接。每隔 20min 或 30min 换向。其结构特征:蓄热室横向布置,复热式和富煤气侧喷。此种焦炉结构简单,但由于顶部用一个水平焰道连接,故各立火道的阻力不均,气流量不同,加热温度较难控制。多用于中小型焦炉。

　　　　　　　　　　　　（曹兴华　闻望）

两级串联闭式热水供热系统　hot-water heat-supply system with two steps connection in series

生活热水供应热用户和供暖热用户采用串联连接的热水供热系统。生活热水供应热负荷,通过两级热交换器由热网热水把自来水加热到规定水温 60～65℃。图示:I 级加热器由热网回水加热;II 级加热器由热网供水加热。特点是两级生活热水加热器皆与供暖换热器 3 串联,因而得名。系统运行时,根据水温调节阀 5,调节进入 II 级加热器中的热网水量,以满足热水供应的水温要求。供暖热负荷的水量是通过 II 级加热器旁通管上的流量调节阀 2、温度传感器 1 调节的。4 为生活热水循环泵。该系统的优点是可减少系统循环流量,缩小管径,降低造价。但其前提必须是尽量不影响供暖负荷的供热,一般当生活热水供应平均热负荷不超过供暖平均热负荷的 60% 时采用。　　　（石兆玉　贺平）

两级混合连接热水供热系统 hot-water heat-supply system with two steps connection both in parallel and series

生活热水供应热用户和供暖热用户采用串、并联混合连接方式的热水供热系统。生活热水供应需热量，是由热网热水通过两级加热器把自来水加热到所需水温（60～65℃）来实现。如图所示：I级加热器由热网回水加热；II级加热器由热网供水加热。特点是I级加热器与供暖换热器3为串联连接；而II级加热器则与供暖换热器3是并联连接，因而得名。系统运行时，依靠水温调节阀5，改变进入II级加热器中的热网供水流量，实现生活热水供水温度的控制。供暖用户的水量由流量调节阀4调节。1为生活热水循环泵，2为旁通管阀门。该系统与闭式并联连接热水供热系统（生活热水热用户与供暖热用户为并联连接的系统）比较，能适当减少热网循环流量，降低其回水温度，当热源为热电厂时，经济效益较为明显。 （石兆玉 贺 平）

两级活性污泥法 Two stage activated sludge process

两座曝气池与相应的二次沉淀池串联运行的活性污泥法处理系统。这一系统当原污水浓度较高，采用一级活性污泥系统，其处理水质不能满足要求时或因地形关系必须将曝气池分为两级考虑时采用。通常一级曝气池负荷较高，出水水质中仍含有一定数量的有机物和游离细菌，作为二级曝气池中微生物的食料，二级曝气池负荷较低，在这里污水得到进一步处理。该法BOD去除率可达95%以上，处理效果稳定，出水质量良好。 （戴爱临 张自杰）

两级燃气管网系统 two-stage gas system

由两种压力的管道构成的管网系统。如：中压A－低压；中压B－低压。一般应用于中等城市。 （李猷嘉）

两级消化 two stage digestion

将两座污泥消化池做成串联的消化系统。其第一级消化池有盖，加热，搅拌，集气。第二级消化池可无盖，不加热搅拌，只供贮存和浓缩污泥，可得出较清的上清液。近年开发出另一种两级消化系统，其第一级属酸性消化；第二级则为碱性消化创造最佳环境条件，从整体上可缩短消化时间，减小消化池容积，是有前途的新工艺。 （张中和）

两亲分子 frother

各种表面活性物质的分子，具有非对称性的结构，分子呈链状，其一端含有亲水的极性基团，另一端是疏水或亲油亲气的非极性基团，具有一端亲水、一端亲油的分子。该分子进入水中后，亲水端受水分子的吸引留在水中，疏水端受水的排斥露出水面伸入空气中，这种作用的结果，使更多的该分子向表层集中，降低了水的表面张力，呈现强烈的表面活性。该分子表面活性的强弱与本身结构有关，烃链越长，憎水性越强，表面活性越大。皂类物质和ABS等都是表面活性物质。这些物质对污水的气浮分离效果有一定影响。 （戴爱临 张自杰）

两相厌氧消化 two-phase anaerobic digestion process

污水或污泥在厌氧消化过程中，将酸性消化阶段和碱性消化阶段分别在两个厌氧消化池中进行的工艺。前者称为酸性消化池；后者称为甲烷消化池。目的是使产酸菌和甲烷菌分别处于适合各自生长的最佳环境条件中，从而可提高厌氧消化速度、有机物分解程度和有机负荷；同时，可提高消化气中的甲烷浓度。它的主要优点是：可缩短消化时间，减少设备容积；可降低运行费用；能提高消化气的热值等。 （肖丽娅 孙慧修）

量调节 variable flow control

运行期间，供水温度始终保持不变，依靠运行流量的调节，适应供热负荷随外温变化的运行调节方式。显然，回水温度也将随运行流量的变化而变化。运行流量的调节，可用阀门调节或改变循环水泵的转速来实现。量调节的优点是省电。缺点是技术难度较大；运行流量过小，还会造成室内供暖系统的垂直失调。 （石兆玉 贺 平）

lie

列管式滤料 cloisonyle (plastic high-specific surface medium)

由玻璃钢、塑料或纸质制成断面为圆形的滤料。管内径一般为19～40mm，比表面积110～200m^2/m^3，密度20～44kg/m^3。常用于高负荷生物滤池、塔式生物滤池和生物接触氧化装置。 （戴爱临 张自杰）

列管式蒸发器 tubes type evaporator

由加热室和蒸发室组成的一种常见的蒸发器。加热室中装有一组管子，被加热液体在管内流动，加热蒸汽在管外流过。加热至沸点的液体气化而进入蒸发室,进行气液分离。蒸汽经分液器截留夹带的液滴后由顶部排出,液体流回加热室继续加热蒸发。根据被加热液体循环流动的方式不同,分自然循环式和强制循环式两种,前者利用不同液柱在不同温度时形成的重力差推动液体循环流动,如中心循环管式加热室的中央有一粗加热管,周围为细加热管组。中心管内单位液体的加热面小,温度低,液体向下流动;周围管组内的液体温度高,向上流动,形成自然循环。若循环管设于加热室外,叫外循环管式。强制循环式利用水泵的作用推动液体循环(如上页图)。　　　　　(张希衡　刘君华　金奇庭)

列架　rack

排成多列的步进制自动交换机的机架。

(薛　发　吴　明)

列架照明　rack lighting

将照明用灯安装在机架上,使机架附近达到所要求的照度标准。　　　　　　　(薛　发　吴　明)

列宁格勒电视塔　Leningrad television tower

原苏联列宁格勒(Ленинград)电视塔,建于 1962 年。总高度 316m,塔身高度 200m,为六边形格构式钢管结构,底部每边边长为 60m,在 200m 高处为 7.98m。塔身主柱采用低合金钢 H12 钢管,直径为 $\phi426 \sim \phi820mm$,壁厚 14mm,横杆也采用钢管。

(薛　发　吴　明)

立面

lin

林格曼烟气黑度　shades of gray of the Ringelmann stoke chart

用来测定排烟黑度的标准图(如图)。标准的图是长宽为 21cm×10cm 的六张图,图中黑线所占面积的比例分别为 0、20%、40%、60%、80% 和 100%,依次定为 0、1、2、3、4、5 级。测定时凭视觉观察烟气黑度,并与林格曼图进行比较,两者一致的即为烟气黑度的级别。中国的《锅炉烟尘排放标准》GB 3841-83,对锅炉排放的烟气黑度限值作了规定。

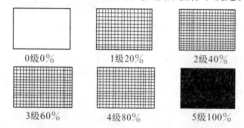

0级0%	1级20%	2级40%
3级60%	4级80%	5级100%

(马广大)

临界 pH 值　critical pH

在循环水的饱和溶液中,微溶性盐沉淀析出时的pH值。由实验测得,用 pH_s 表示。水的实测 pH 值超过 pH_s 时结垢,小于 pH_s 时则不结垢。临界 pH 值较饱和 pH 值高,意即允许冷却水在更高的钙离子浓度和碱度下运转。实际运行中,由于 pH 值、温度和水质等方面的波动,要考虑适当的安全因素。　(姚国济)

临界电压

见起始电晕电压(212 页)。

淋水式换热器　cascade heat exchanger

在承压壳体内,通过淋水板的细孔流下的水与蒸汽直接混合换热的换热器。用于热水供热系统时,淋水式加热器除换热功能之外,还可以代替热水供暖系统的膨胀水箱,利用壳体内蒸汽压力对系统定压。　　　　　　　　　　　(盛晓文　贺　平)

淋水式换热器定压　pressurization by steam cushion in cascade heat exchanger

利用淋水式换热器内的蒸汽压力维持热水网路某点压力恒定的措施。淋水式换热器是蒸汽与水直接接触换热的设备,其构造与筛盘式除氧器基本相同。淋水式换热器同时具有换热、蓄纳水量和定压的功能。　　　　　　　　　　　(盛晓文　贺　平)

淋水装置　packing

又称填料。安装在冷却塔内,用以增加水气接触面积,延长接触时间的一种填充装置。由木材、水泥、塑料或玻璃钢制成。水流通过这种装置被溅成细小水滴或形成极薄的水膜,促进水与空气的热交换,是冷却塔的重要组成部分。按其构造和功能,可分为点滴式淋水装置、薄膜式淋水装置及点滴、薄膜式淋水装置。它应选择具有较高的冷却能力、水与空气接触表面较大、接触时间较长、通风阻力较小、材料易得、亲水性强、耐久、价廉,且便于施工维修。　(姚国济)

磷的奢量吸收　luxury uptake of phosphorous

在生物除磷系统中,活性污泥中专性好氧菌在厌氧段受到抑制后,在有氧段超过代谢需要而吸收磷的现象。生物除磷工艺就是利用这一现象实现的。参见生物除磷法。　　　　　　(张中和)

磷酸钙的饱和指数　saturation index of phosphate

循环水 pH 值与磷酸钙饱和时 pH 值的差值。在投加聚磷酸盐药剂的循环冷却水系统中,聚磷酸盐在水中水解为正磷酸盐,磷酸根与钙离子结合,会生成溶解度很低的磷酸钙析出,附着在传热表面上,影响传热效果,且不易清除。磷酸钙析出与否,可用磷酸钙的饱和指数 I_P 判断。

$$I_P = pH_0 - pH_P$$

pH_0 为循环水的 pH 值;pH_P 为磷酸钙饱和时的 pH 值。当 $I_P > 0$,结垢;$I_P < 0$,不结垢。循环水中加入

聚磷酸盐阻垢剂后,可控制 $I_p<1.5$,以避免磷酸钙垢。　　　　　　　　　　　　　　　　　(姚国济)

磷酸盐处理　phosphate treatment

向炉水中投加磷酸盐,去除水中硬度,并使沉淀以泥渣形态存在的方法。是锅炉用水炉内处理的一种方法。常用的磷酸盐有磷酸三钠、磷酸氢二钠、六偏磷酸钠等,视对炉水的碱度变化要求而定。一般在碱类处理易产生苛性脆化时采用。　　(刘馨远)

磷酸盐软化法　phosphate softening

向硬水中投加磷酸盐,去除水中硬度的方法。是药剂软化法的一种。磷酸根可与水中钙、镁离子生成磷酸钙、磷酸镁的难溶性沉淀,使水软化。由于钙、镁磷酸盐的溶度积比碳酸钙、氢氧化镁更小,故出水剩余硬度更低。但其价格较高,常用作软水的深度处理。　　　　　　　　　　　　(刘馨远)

ling

零级反应　zero-order reaction

在高浓度有机底物条件下,有机物的降解速率与有机底物的浓度无关(呈零级反应关系),而与污泥浓度呈一级反应关系。即底物降解速率 $-\dfrac{ds}{dt}=K_1X,K_1$ 为常数,在数值上等于有机底物的最大比降解速率,X 为污泥浓度。在该条件下,即使再提高底物浓度,降解速率也不会再提高,因为此时微生物处于对数增殖期,其酶系统的活性位置都为有机底物饱和。　　　　　　　　(彭永臻　张自杰)

liu

流动床(离子交换法)　fluid bed(ion exchange)

离子交换剂在装置内连续流动,在不断循环过程中完成交换、反洗、再生、清洗等操作过程的装置。按其构造可分为重力式流动床及压力式流动床两种。其与移动床(离子交换法)相比,操作简单;但运行流速较低,树脂装量较多,出水水质较差。
　　　　　　　　　　　　　　　　　(潘德琦)

流化床

见沸腾炉(79页)。

流化床煤气化　fluidized bed coal gasification

又称沸腾层煤气化。在煤气化炉内煤粒群受高速气化介质推动而剧烈翻滚湍动,整个颗粒层发生膨胀且状似液体沸腾,由此使得气体和煤粒充分接触和反应的煤气化方式。由于气、固两相之间剧烈混合,床层温度较均匀。煤粒入炉后瞬间被加热到反应温度。煤中释出的任何挥发性成分被自下而上流动的含氢气体氢化分解或在高温下裂解,故出炉粗煤气中

几乎不含轻油、焦油和酚等物质,使煤气的净化和废水的处理都较简便,并大大减轻环境污染。通常原料的粒度在 10mm 以下,可直接使用煤矿机械化开采的粉煤。可使用各种煤,尤适用褐煤和长焰煤等高活性煤。可根据需要使用空气、空气和蒸汽混合物以及氧和蒸汽混合物等作气化剂。可在常压或加压条件下操作。目前典型炉型有温克勒炉和高温温克勒炉等,单台炉投煤量可达 600t/d 以上。温克勒炉在 0.12 MPa 压力下操作,氧耗率为 $0.42m^3$/kg 煤,蒸汽耗率为 0.18kg/kg 煤,气化温度约为 950℃,气化强度以 $(CO+H_2)$ 气体量计为 $2\ 120m^3$/(h·m²),碳转化率为 91%。高温温克勒炉在 1.0MPa 压力下操作,氧耗率为 $0.40m^3$/kg 煤,蒸汽耗率为 0.33kg/kg 煤,气化温度达到 1 000℃,气化强度比温克勒炉高 2.65 倍,碳转化率达到 96%。　　　(闻　望　徐嘉森)

流化床燃烧脱硫　desulfurization by fluid bed combustion process

煤在沸腾炉内,在流化状态下进行燃烧脱硫的过程。沸腾炉燃烧室的结构如图示。燃烧过程中加入白云石($CaCO_3\cdot MgCO_3$)或石灰石($CaCO_3$),在燃烧室内分解成 CaO、MgO,与烟气中 SO_2 结合生成硫酸盐随灰分排出,从而达到脱硫目的。　　　　　　　　　　　　　　　(张善文)

流化床式焚烧炉　fluidized-bed incinerator

又称流化焚烧炉。污泥颗粒的燃烧分解在状如沸腾液体的流态化固体颗粒层中进行的污泥焚烧设备。一般为立式中空圆筒炉,炉内装有砂粒,整炉分为空气室、流化层和超高段三个部分,炉本体则由内衬耐火砖的钢板壳体构成,在流化层底部布置空气分散板,依靠从空气室送入一定量的空气,砂粒开始像水沸腾那样在炉内流化,当空气量进一步增加,进入"气动传输状态",同时喷入辅助燃料进行加热,流化砂粒成为储存热量的介质或载体。脱水污泥由焚烧炉顶部进料,与流化层内的流化砂粒接触,在温度 750~850℃ 条件下,受到有搅拌效果的剧烈热传递,使砂粒和污泥混合流化,导致水分蒸发和污泥颗粒燃烧、分解,燃烧后的灰分约为 $50\sim300\mu m$ 的细小颗粒随燃烧气体从超高段排出。　　(李金根)

流量调节阀　flow regulating valve

依靠压差恒定控制流量恒定的自动执行器。流量调节阀实质上即是压差调节阀。直接作用式流量调节阀,其阀的出口端与调节段的始端相连,阀的膜盒通过信号管与调节段终端相连,阀瓣的两端分别承受着阀的出口端流体压力和膜盒压力即调节段压差的作用。当调节段压差恒定即其流量维持设定值

时,此压差被连接于阀瓣上的弹簧所平衡。当调节段压差增大,流量增加时,阀瓣上升,阀门关小,起到流量调节作用;反之亦然。　　（石兆玉　贺　平）

流体雷诺数　Reynold's number of fluid

流动流体的惯性力与黏滞力之比。以 Re 表示。当 Re<2100 时,黏滞力为主,流动为层流;当 Re>4000 时,流动为湍流。气体流动的雷诺数可用下式计算:

$$Re_g = \frac{DU_g\rho_g}{\mu_g}$$

D 为容器(管道)的定性尺寸;U_g 为气体流速,ρ_g、μ_g 分别为气体的密度和绝对黏度。　（郝吉明）

流体阻力系数

见曳力系数(333 页)。

硫沉降通量　sulfur deposition flux

单位时段内在单位面积的地表上产生的硫沉降量($g\cdot m^{-2}\cdot a^{-1}$)。其许可值一般根据硫氧化物的致酸能力,降水中硫酸根和亚硫酸根离子与氢离子的相关性,以及酸沉降对地区环境生态的影响来确定。它是目前国际上普遍采纳的一个酸沉降控制指标。

（徐康富）

硫化氢急性中毒　acute poisoning by hydrogen sulfide

硫化氢对人的呼吸道、眼黏膜的强烈刺激作用和对中枢神经所引起的中毒。硫化氢是神经性毒物,对人的嗅觉阈为 $0.012\sim0.03mg/m^3$,对呼吸道和眼黏膜有强烈刺激作用;当空气含量为 1ppm 时,可使人体立即中毒,继而痉挛,失去知觉而迅速死亡。急性中毒的后遗症是头痛、智力降低。

（张善文）

硫化氢污染控制　control of hydrogen sulfide pollution

减少排入大气中硫化氢的技术措施。该法的原理是根据硫化氢的弱酸性和还原性特点进行脱硫,可分为干法和湿法两大类。干法是利用 H_2S 的还原性和可燃性,以固体氧化剂或吸附剂脱硫,或直接燃烧;湿法按脱硫剂不同,又可分为液体吸收法和吸收氧化法。　　　（张善文）

硫酸高铁

见硫酸铁。

硫酸工业污染物排放标准(GB 4282-84)　pollutant discharge standards of sulfuric acid industry

根据中国环境保护法,为防治硫酸工业废气、废水对环境的污染而制订的法规。城乡建设环境保护部于 1984 年 5 月 18 日发布。其内容共四条,包括硫酸工业污染物排放标准的分级、标准值及其所依据的监测分析方法等。适用于硫酸生产厂或车间。

（姜安玺）

硫酸铝　aluminium sulphate

分子式为 $Al_2(SO_4)_3\cdot nH_2O$,含有不同数量的结晶水,n 等于从 6 至 27,当 n 等于 18 时,分子量为 666.41,密度为 1.61。它的外观是白色有光泽的结晶,易溶于水。是水处理中使用最普遍的混凝剂,有固体和液体两种。中国颁布的国家标准净水剂固体硫酸铝规定指标为:氧化铝(Al_2O_3)≥15.6%;其他金属氧化物(Fe_2O_3)≤1.0%;水不溶物≤0.15%;砷(As)≤0.0005%;重金属(Pb)≤0.002%。

（王维一）

硫酸铁　iron sulphate or ferric-sulphate

又称硫酸高铁。分子式为 $Fe_2(SO_4)_3$,分子量为 399.90,固体硫酸铁分无水盐和结晶水盐,结晶水盐的密度为 $2.937\sim3.097$。无水盐不易溶于水,因此不适于水处理,结晶水盐易溶水,但此种固体盐极易吸水而潮解,水溶液腐蚀性强。它的使用方法和混凝效果与三氯化铁相似;但使用不广。　（王维一）

硫酸亚铁　ferrous sulphate

俗称绿矾。分子式为 $FeSO_4\cdot 7H_2O$,分子量为 278.07,密度为 $1.895\sim1.898$,易溶于水中。如暴露于湿空气中,结晶物易被氧化,生成黄褐色的盐基性高铁化合物。用它作为水处理混凝剂时,应先氧化为高铁。氧化方法有两种:①将处理水的 pH 值调节至 8.0 以上,亚铁在此 pH 的水中易被溶解氧氧化为高铁。②加氯或漂白粉以氧化亚铁为高铁,硫酸亚铁与氯的比例采用 8:1。　（王维一）

硫氧化物　sulfur oxides

主要是二氧化硫(SO_2)和少量三氧化硫(SO_3)的统称。用 SO_x 表示。SO_2 是目前大气污染物中数量较大、影响面较广的气态污染物,主要来自矿物燃料燃烧、含硫矿石的焙烧、冶炼和硫酸、磷肥的生产等。90% 以上集中在北半球的城市和工业区。全世界 SO_2 的人为排放量每年约 1.5 亿 t,其中矿物燃料燃烧产生的占 70% 以上。自然产生的 SO_2 数量很少,主要是生物腐烂生成的 H_2S 在大气中氧化而成。SO_3 常和 SO_2 一同排放,数量仅为 SO_2 的 1%~5%。SO_3 很不稳定,能迅速与水结合成为硫酸。SO_2 在大气中一般只存留几天,除被降水冲洗和地面物体吸收一部分外,都被氧化为硫酸雾和硫酸盐气溶胶。硫酸盐在大气中可存留一个星期以上,飘移至 1000km 以外,造成远距离污染或广域污染。

（马广大）

硫氧化物控制　control of sulphur oxides

减少排放到大气中硫氧化物的技术措施。大气中硫氧化物(SO_x),主要来自燃料燃烧后排出的废气,以 SO_2 和 SO_3 形式存在,而 SO_3 的寿命极短 (10^{-6}s),它与水蒸气迅速反应生成硫酸。为控制大气中 SO_2 污染,一方面对燃料(如煤和重油)脱硫;另一方面是对烟气脱硫。烟气脱硫方法很多,常见的有物理法脱硫和化学法脱硫,还有生物法脱硫等。

（张善文）

lou

漏氯检测仪　Cl_2 leakage detection system

利用电子检测仪输出电流与探测器检测到空气中含氯量成正比,且达到限定值时发出报警原理设计的检测空气中含氯量的仪器。包括远程控测器和电子检测仪,检测器内装有传感器。优点是灵敏度高,可连续不断检测 1～8 个点的氯气含量。

（周　红）

lu

炉内处理　in-furnace treatment

向锅炉给水中投加药剂,把原来能生成水垢的杂质处理成易于排出的水渣的方法。是一种传统、简单的锅炉水处理方法。可分为碱类处理和磷酸盐处理。常用药剂有碳酸钠、氢氧化钠和磷酸盐等。此法不能彻底防止水垢生成,且使用范围受锅炉压力、炉型、单位水容量等条件的制约。　（刘馨远）

炉排可见热强度　visual heat intensity of fire grate

单位面积的炉排在单位时间内所燃烧的燃料的放热量。可按下式计算: $q_R = BQ_{dw}^y/R$ [kJ/($m^2 \cdot$ h)], B 为炉子的燃料消耗量(kg/h); Q_{dw}^y 为燃料的低位发热量(kJ/kg); R 为炉排的有效面积(m^2)。

（屠峥嵘　贺　平）

炉膛容积可见热强度　visual furnace intensity

单位炉膛容积内在单位时间中所燃烧的燃料的放热量。可按下式计算: $q_v = BQ_{dw}^y/V_l$ [kJ/($m^3 \cdot$ h)], B 为炉子的燃料消耗量(kg/h); Q_{dw}^y 为燃料的低位发热量(kJ/kg); V_l 为炉膛容积(m^3)。

（屠峥嵘　贺　平）

炉渣滤料　slag medium for biofilter

选用强度较高的高炉炉渣作为原料,经破碎筛选而成的滤料。一般只用于工作层滤料,粒径 50～80mm,密度 900～1200 kg/m^3,比表面积 55～70 m^2/m^3,空隙率 40%～50%。　（戴爱临　张自杰）

录音室　recording studio

在磁带、录音胶片或光盘上录制节目的播音室和机房的总称。

（薛　发　吴　明）

lü

铝盐混凝剂　aluminium-salt coagulant

以钾明矾、硫酸铝等为主的混凝剂。该混凝剂种类包括钾明矾、铵明矾、硫酸铝、三氯化铝、铝酸钠以及聚合氯化铝与聚合硫酸铝等。这类混凝剂在正常的情况下,有良好的净水效果,去浊、去色能力强,但对低温原水,由于它形成的絮凝体密度不大,颗粒不易沉淀。近年发展的聚合氯化铝改进了这方面的缺点,形成的絮体较结实,沉淀快速,有替代硫酸铝的趋势。　（王维一）

履带式机械格栅　crawler-type mechanical bars

用链条传动方式驱动齿耙沿格栅栅条循环运动,清除栅渣的设备。由驱动装置、张紧装置、滑板、齿耙、栅条等组成。　（魏秉华）

绿矾

见硫酸亚铁(184 页)。

氯氨消毒法　disinfection by chloramine

当氯和氨同时加入水中或水中原含有氨时,加氯后生成氯氨进行消毒的方法。为氯化消毒法的一种。按水的 pH 值,水温,水中存在的氨量或加入的氨量,和加氯量多少形成一氯胺(NH_2Cl)、二氯胺和三氯化氮(NCl_3)等化合性余氯。氯氨消毒法产生的化合性余氯特点:①消毒能力较自由性余氯差;②要求较长的接触时间;③不易逸散;④不易产生氯臭。此法减少产生氯臭,也相对减少了三卤甲烷(THMs),同时有利于在配水管网中保持有必需的余氯量。采用的氯氨比大致为 4∶1(重量比)。采用的氨为氨水或硫酸铵。　（顾泽南）

氯化钙　calcium chloride

分子式为 $CaCl_2$ 的无机盐。氯化钙的水溶液为吸水剂,其制造成本低,脱水耗量小(通常为0.16～0.6g/Nm^3)。缺点是遇水乳化,产生电解腐蚀,当煤气中含硫化氢时将发生沉淀。固体氯化钙也可作为干燥剂。　（曹兴华　闻　望）

氯化石灰

见漂白粉(208 页)。

氯化物　chloride

包括氯气(Cl_2)和氯化氢(HCl)气体的总称。主要来自氯碱工业和化工生产的氯化工序及饮用水的氯消毒过程等,还来自用氯作原料的漂白粉和颜料等生产过程。氯气的主要毒害作用是由于它较易溶于水而生成次氯酸,次氯酸又分解成盐酸和新生态氧。人一旦摄入这些有害物质,就会引起上呼吸道黏膜炎性肿胀、充血和眼黏膜刺激等症状。氯与氮氧化物等化合物相遇时,毒性会增加。在高温条件下与一氧化碳作用,还可形成毒性更大的光气。当氯的浓度较高或接触时间较长时,会引起呼吸道深部病变,发生支气管炎、肺炎和肺水肿等病症。

(马广大)

氯离子分析仪　chlorine ion analyzer

又称盐度计。根据溶液中两电极间因离子移动生成的电流大小正比于氯离子浓度的原理制作的测定水中氯离子浓度的仪器。测量范围:0~(10000、20000、40000)ppm,精度 ±3%~±5% FS。连续监测仪表有标准电信号输出,可供远传。

(刘善芳)

氯钠离子交换除碱系统　chlorine-sodium ion exchange dealkalization system

将氯型强碱阴离子交换树脂和钠型强酸阳离子交换树脂串联的系统。是除碱软化水处理系统之一。适用于碱度高而总含盐量少的原水。系统设备简单,操作方便,再生剂采用食盐,运行安全可靠。

(潘德琦)

氯瓶　chlorine drum

灌装液氯的圆柱形钢瓶。由瓶体、针阀、盖帽等组成,规格有 40L、84L、100L、400L、500L、800L 和 1000L,小瓶耐压 3MPa,大瓶耐压 2MPa。成品钢瓶外表涂装草绿色,以示毒品,通常氯瓶设计使用年限为 12a,使用温度≤60℃。　(李金根)

氯气危害　damages of chlorine gas

大气中的氯气对植物的危害。氯气易溶于水生成次氯酸,次氯酸又分解成盐酸和初生态氧,危害植物。受伤害的植物,叶片呈卷曲状,可引起密集的脱绿斑点,分布在叶脉间,但受伤组织与健康组织无明显界限,严重时全叶失绿漂白。主要敏感植物如柳树、楸树、海桐。　　　　　　(张善文)

氯氧化法　chlorination

又称氯化法。是利用氯系氧化剂(氯气、次氯酸钠、漂白粉、次氯酸钙及二氧化氯等)处理水和废水的方法。氯易溶于水,并迅速水解生成次氯酸。次氯酸为一种弱酸,在水中的存在形态与 pH 值有关。由于 HClO 比 ClO⁻ 有更强的氧化性,因此在酸性条件下,氯系氧化剂具有更强的氧化性。在水处理中主要用于①给水中去除某些有机物;②给水及废水的消毒;③氧化破坏废水中的氰化物、硫化物、酚、氨氮及色度。其优点是设备简单、占地少、操作简便、处理效果稳定可靠等。但药剂储运及投配比较麻烦,采用漂白粉时泥渣量大。使用氯和次氯酸盐处理含酚废水时,易生成有强烈臭味的氯化酚,这时宜采用二氧化氯作氧化剂。

(王志盈　张希衡　金奇庭)

滤饼　dust cake

过滤介质表面积附的粉尘层。它的形成有助于提高除尘效率,但也会使压力损失增大。它的筛分作用使微细粒子的透过率减小。它对压力损失的影响取决于滤饼厚度和粉尘比阻力系数。当滤饼增厚致使压力损失达到限定值时,必须消除滤饼,其方法有多种,但都属于振打和逆气流反吹两大范畴。

(郝吉明)

滤池冲洗设备　filter surface washing equipments

滤池过滤一个周期,滤料截污后渗透性下降,水流阻力增大,需要用一定强度的水流对滤料进行再生清洗的设备。冲洗设备主要有两种:单纯用水反冲设备和用气和水进行反冲的设备。　(李金根)

滤池蝇　filter flies

体形较小,飞行能力较弱,从产卵、成蛹、幼虫到成虫等繁殖生育过程都在生物滤池内生长的苍蝇。一般只在滤池周围飞行,影响环境卫生。高负荷生物滤池滤池蝇较少。　　　(彭永臻　张自杰)

滤料　filter media, filtration medium

装填在各种类型生物滤池池体内的填料。其表面为生物活性污泥好氧微生物生长繁殖并形成生物膜的部位。它的材质和规格对滤池的净化功能有直接影响,对其要求是:质轻、高强、耐磨损、抗腐蚀,有较高的比表面积和较大的空隙率。普通生物滤池一般采用实心拳状滤料如碎石、卵石、矿渣或炉渣等。而高负荷生物滤池和塔式生物滤池多采用蜂窝状、列管状或波纹板状的聚氯乙烯塑料滤料。

作为过滤层或过滤膜的介质。是过滤除尘器的主要组成部分之一。除尘器性能在很大程度上取决于滤料的性能。对滤料的一般要求是:①容尘量大,清灰后能保留一定的永久性容尘;②透气性好,过滤阻力小;③抗皱折性及耐磨、耐温、耐腐蚀性能好;④吸湿性小,容易清除粘附性粉尘;⑤成本较低。滤料种类较多,按材质分为天然纤维、合成纤维和无机纤维等三类。应根据含尘气体的特征,如粉尘和气体性质(温度、湿度、粒径和含尘浓度等)选择滤料。

(戴爱临　张自杰　郝吉明)

滤料工作层　working filter media

装填在承托层上部直到生物滤池表面的滤料。其表面上密布生物膜,是生物滤池净化功能的主体。普通生物滤池工作层的高度介于 1.3~1.8m 之间,粒径 30~50mm;采用颗粒滤料的高负荷生物滤池工作层高度不超过 1.8m,粒径则介于 40~70mm 之间。塔式生物滤池工作层的总高度根据塔高确定,为便于检修,每层滤料的高度一般不大于 2m。

(戴爱临　张自杰)

滤前水位恒定器　water level sustaining device

又称虹吸控制阀(siphon control valve)。快滤池滤前水位与滤池出水虹吸管排出水位之间落差的控制器。在滤池洁净时,滤层水头损失较小,过滤顺畅,滤前水位下降也快,恒定器浮子随水位下降,进气孔口开大,不断增加空气量,导致虹吸管气阻增大,虹吸出水管口径被空气占据而缩小,出水流量相应减少,滤前水位恒定在滤层水头损失落差最小值进行过滤。随滤床截污量增加,逐渐堵塞,滤前水位上升,恒定器浮子使进气孔口关小,不断降低空气量直至零,虹吸管气阻减小,出水口径扩大,直至虹吸管满流,滤前水位被控制在滤层水头损失落差最大值运行,此时必须对滤池反冲洗、滤料再生。

(李金根)

滤水管

见过滤管(120页)。

滤水管装置法　well screen lining method

把管井结构中最重要部分滤水管,装在井的前端的方法。滤水管的作用在于:保证地下水由储水层进入管井、防止岩层中碎屑与水同时进入管井内影响出水质量、保护井壁免受坍塌破坏。滤水管的形式需根据储水层特性采用不同的构造。对于松散岩层可用孔径15～20mm的穿孔管,在卵石及中颗粒砂层,则使用穿孔管式缠丝滤管或杆式骨架缠丝滤管。在滤水管底部留有1.5～2m的一段管节作沉砂管,其上部与管井相连。在钻孔中落管时,滤水管首先自钻机降入孔内,以后顺序降入连接管段。如采用多层进水则每层均需装设滤水管,并须按段分隔,以免串水,如此可增加管井的出水量。

(李国鼎)

luan

卵石滤料　pebble medium for biofilter

一般选择外形规整无裂纹的河流石滤料。经筛选、洗净使用,其尺寸和规格同碎石滤料。一般用于普通生物滤池。　　　(戴爱临　张自杰)

lun

伦敦水晶宫塔　Crystal Palace tower, London

高度216m,在134m高度的塔架上部,叠建三个24m天线杆,标高206m以上装设10m高的V波段天线杆。塔架平面为四边形,其基底处宽36.6m,向上到标高131m处的边宽缩小为4.42m。

立面(尺寸单位为米)

均由180mm×180mm×22mm的角钢制成,标高134～156m,截面边宽2.9m。

(薛发吴明)

伦敦无线电塔　London radio tower

塔高177.00m。顶端竖立一根钢天线杆,总高189.20m。塔身是钢筋混凝土圆柱形筒状结构,塔身底部直径为9.5m,顶部直径6.1m。筒壁厚度在底部为0.6m,顶部为0.3m,塔身有3层挑出悬挑平台。塔内装有升降机、通风管道及电梯设备等。塔顶设有餐厅和瞭望台,塔身和基础总重量为13 000t。为了加强塔身稳定性,在标高24.4m处布置一天桥,作为与毗邻电报大楼相接的系杆。

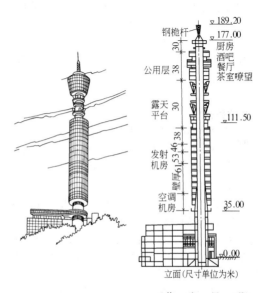

立面(尺寸单位为米)

(薛发吴明)

伦敦型烟雾　London-type smog

大气中的SO_2等硫氧化物,在有水汽、含有重金属的飘尘或氮氧化物存在时,发生一系列化学或光化学反应而生成的硫酸雾和硫酸盐气溶胶。这一反应的机制很复杂,大体上可归纳为三种:①光化学氧化:在阳光照射下,SO_2氧化为SO_3,随即与水结合成硫酸,进而形成硫酸盐气溶胶。大气中的NO_x和HC的光化学反应产生的氧化性自由基,也可氧化SO_2,称为间接光化学氧化,其氧化速率显著高于前者。②液相氧化:SO_2溶解在水滴中再氧化为硫酸。在有锰、铁、钒等金属离子或强氧化剂臭氧、过氧化氢(H_2O_2)存在时,氧化速率增大。③颗粒物表面反应:SO_2被颗粒物吸附后再氧化。这种反应受湿度、pH值、金属离子等的影响。SO_2氧化成的硫酸和硫酸盐气溶胶,称为二次微粒,其粒径大部分在$2\mu m$以下〔参见二次微粒(72页)〕。它的危害要比SO_2大得多,对人呼吸系统的刺激更强,使大气能见

度降低,腐蚀金属、建筑材料和其他物品,并且造成酸雨。　　　　　　　　　　　　　　　　（马广大）

luo

罗茨鼓风机　Roots blower

通过两个形状特殊、旋转方向相反的转子的回转,从内部的工作容积不断产生变化,从而吸入或排出气体的鼓风机。系容积回转式鼓风机。机壳内装有两个相互啮合的转子,转子的断面形状为渐开线的∞形,以相同的转速作相反旋转,使空气沿转子与机壳的空间,从吸入口向排出口输送,在输送过程中,随空间逐渐变狭,而使出风压力升高。其最大特点是压力在允许范围内加以调节时,流量变动较小,压力选择范围宽,输送气体基本不含油质,但噪声大,需采取消声、隔声措施。常用做好氧生物处理鼓风曝气的送风机械。

（李金根）

罗茨流量计　Roots flowmeter

直接计量式的流量计。主要由三部分构成:①外壳由铸铁、铸钢或铸铜制成,有入口管和出口管;②由不锈钢、铝或铸铜做成的两个8字形转子;③带减速器的计数机构通过联轴器与一个转子相连,转子转动圈数由联轴器传给减速器及计数机构。此外在流量计的进出口处安装差压计,以计量压力差。这种流量计的加工精度要求较高,转子和外壳内表面之间只有很小的间隙,才能保证计量精度。其优点是体积小,流量大,能在较高的压力下工作。目前主要用于工业及大型商业用户的气体计量。

（王民生）

罗托阀　Roto valve

见提升旋转锥阀(278页)。

罗辛-拉姆勒分布　Rosin-Rammler distribution

可用来描述比较粗的粉尘和雾滴分布。质量筛下累积频率函数为

$$G = 1 - \exp(-\beta d_p^n)$$

β、n 为常数。对上式取两次对数,整理后得:

$$\lg\left(\ln\frac{1}{1-G}\right) = \lg\beta + n\lg d_p$$

所以将粒径分布测定数据按 d_p 和 $\ln\dfrac{1}{1-G}$ 坐标,标绘在双对数坐标纸上成一直线,从而可以确定常数 β 和 n。　　　　　　　　　　　　（马广大）

逻辑控制线路

见电器控制线路(64页)。

螺杆泵　screw pump

通过采用一根、二根、三根或五根螺杆互相啮合的空间容积变化来输送液体的泵。是容积泵的一种。可以比喻螺杆为一螺钉,充满在螺旋槽内的液体为一个螺母,当螺钉转动而不轴向移动时,螺母就轴向移动,所以螺杆转动时,液体就不断地从吸入口被带到排出口。螺杆泵的流量连续均匀,泵的转速可以很高,允许输送液体的黏度变化范围大,排出压力高,并具有自吸性能,对输送介质不产生脉动或紊流,振动和噪声很少。　　　　　　　　（刘逸龄）

螺旋板式换热器　spiral plate heat exchanger

由两张平行金属板卷制的两个螺旋通道组成的表面式换热器。加热介质和被加热介质分别在螺旋板两侧流动。该换热器结构紧凑、传热系数高,但不便清洗。当用于热水供热系统时,应保证循环水的清洁,以免结垢和堵塞。　（盛晓文　贺　平）

螺旋泵　screw trough pump

又称阿基米德螺旋泵。根据阿基米德原理制造的泵。由泵轴、螺旋叶片、上支座、下支座、导槽和传动机构组成,其特点是流量大、扬程低、省电;提升高度可按照实际使用需要决定;可按进水水位的高度自行调节排水量,其流量的输送范围可从零至最大,只要流量没有超过泵的设计流量,不管液体的流量多大,泵都能自动地将流来的液体输送上去,只要叶片接触到水面就可把水提上来,不必设置集水井及封闭管道。主要用于污水泵站的提升原污水及活性污泥和回流污泥,也可用于市区排涝和低洼地区的排涝灌溉,通常泵壳是敞开布置的,避免了一般水泵易产生的汽蚀现象,由于两个相邻叶片之间距离很大,凡是在叶片中通得过去的东西均能被提升上去。当敞开布置提升污水时,污水被叶片搅拌有臭味逸出,为了克服这个缺点,可设计成全封闭式泵壳。其中有一种转鼓式螺旋泵其传动装置分恒速、有级变速和无级变速三种,其中有级变速一般分为三种不同转速,以取得不同的提升高度。　　　（刘逸龄）

螺旋泵排砂　screw grit removal

靠螺旋泵提升作用,将沉砂池内的沉砂排至池外的排砂方法。　　　　　　　　　　（魏秉华）

螺旋储气罐　spirally-guided gasholder

钟罩和塔节靠倾斜安装在罐身侧板上的导轨与安装在平台上的导轮相对滑动升降的湿式储气罐。罐身受内部气体压力作用,缓慢旋转而上升或下降。由进出气管、水槽、塔节、钟罩、导轨、平台、顶板、顶架等组成。比直立式储气罐节约钢材 15% ~ 30%,但不能承受强烈风压,故在风速太大地区不宜采用。目前中国可设计制造几何容积为 $5\,000\,m^3$ ~ 35 万 m^3 各种容积的低压湿式螺旋罐。　　（刘永志　薛世达）

螺旋排泥机

见螺旋输送刮泥机。

螺旋式除砂机　spirals

用螺旋推送沉砂至排出口的机械。刮砂和提砂均可采用。一般在平流池底沿纵向等距铺砌集砂槽,间距受砂安息角控制。每槽设一台螺旋除砂机,驱动机构与出口设在池外,沉砂由螺旋推送至排出口定时排放。由于砂的磨损,螺旋外缘磨损较大,须镶嵌耐磨条如硬质合金、工程塑料等,以延长使用寿命,并当磨损后可方便及时更换。较多应用于工业污(废)水处理。

（李金根）

螺旋输砂机　spiral sand conveyer

用螺旋提砂或输砂的一种机械。分有轴螺旋和无轴螺旋,安装角度从水平安装到30°斜置均可(理论上螺旋垂直亦可输送)。有轴螺旋的力传递由轴管承担,故叶片较薄,通过压延制成外周薄靠轴管处厚的叶片,符合悬臂受力条件。无轴螺旋,整个受力都通过叶片传递,既要同心,又要承受扭、拉复合应力,螺旋长度较长,故叶片较厚,即便采用厚叶片其刚度仍不足,需靠导槽承托,其螺距运行一段时间后会疲劳伸长,但最大优点是当超负荷时,输送介质会翻越螺旋高度由下一螺旋承担。有轴螺旋虽无螺旋叶片伸长弊端但超负荷时易堵。应依工况条件选用。两种螺旋其输砂、输栅渣效果均甚满意。

（李金根）

螺旋输送刮泥机　screw scraper

又称螺旋排泥机。主要由螺旋轴、首尾轴承座、穿墙密封装置、导槽、驱动装置等组成的一种沉淀池排泥机械。由于有效流通断面较小,水池底需要设集泥导槽,既可刮泥,也可刮砂。螺旋输送刮泥机的布置形式,可水平布置,也可倾斜布置(倾角应小于30°),当水平输送距离过长,螺旋轴中间可设吊轴承。适用于平流沉淀池、斜管(板)沉淀池。

（李金根）

洛波克电视塔　Lopik television tower

荷兰洛波克电视塔,该塔高370m,是钢筋混凝土与拉线式桅杆的混合构筑物。标高100m以下为外径10.9m,壁厚300mm的圆柱形钢筋混凝土筒体结构。100m以上为圆形钢管天线杆,用四层三方拉线锚固。

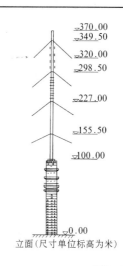

立面(尺寸单位标高为米)

（薛　发　吴　明）

洛杉矶型烟雾

见光化学烟雾(115页)。

洛阳电视塔　Luoyang television tower

总高272m,全钢结构。标高170m以下为塔架部分,单斜杆九边形。标高155m处有一直径24m的球形主塔楼。标高153.70m处有九个直径为6m的小球。

（薛　发　吴　明）

络离子的掩蔽性　screening characteristic of complex ion

简单离子进入络合物的内配位区后,它虽然仍存在溶液中,但其原有的特性已不再显示,好似在络合后特性被掩蔽起来的现象。这种性质用途较多。水质分析中可将某些离子用络合剂掩蔽起来,防止它对测定过程的干扰;利用络合剂将水中钙、镁离子掩蔽,虽有合适的阴离子存在,也不能生成难溶性沉淀,以利水质稳定处理等。

（刘馨远）

落床(移动床)　bed fail(moving bed)

移动床离子交换树脂失效时,进行减压排水,使树脂层下落到配水管系以下的空间部位,并补充新鲜树脂的工序。是移动床交换装置周期性工序之一。

（潘德琦）

M

ma

马达　motor

见电动机(60 页)。

码头工程施工　wharf engineering construction

各种码头的施工方法、施工组织与管理的总称。分为重力式、桩式、斜坡式和浮码头的施工,大多数情况下,是用水下方法在水域中施工,不用围堰和排水,而且不少是在受浪、水流、冰等作用的非防护水域中进行。重力式码头常采用大型预制构件(如混凝土块、沉箱和扶壁等)作为码头的主体部分,配备大型的水上和陆上的超重设备在水域进行安装施工,同时组织挖泥船水下挖泥作业和潜水工作等。桩基施工是桩式码头的关键性工程。临近岸边的桩基工程,采用搭设栈桥,由陆上打桩架打桩;远离岸边情况,一般采用打桩船打桩;若施工地点风浪较大,有条件时,可以考虑海上自升式施工平台进行打桩作业。桩式码头上部结构大多采用预制构件,由起重机械安装。斜坡式码头施工由基槽开挖、回填和抛石、水下基床整平、实体斜坡道的倒滤层和面层、钢筋混凝土构件制作、吊运及安装等工作组成。在内河港口,重力式码头一般在现场浇筑混凝土或浆砌块石而成。码头施工组织与管理见港口工程施工(94 页)。

　　　　　　　　　　　　　　　　　(夏正潮)

mai

埋管

见管道敷设(110 页)。

埋管法

见明槽敷管法(见 193 页)。

麦克尔焓差方程　Merkel enthalpy potential equation

在冷却塔热力计算中,以空气焓差为推动力表示的热力学关系式。公式为

$$dH = \beta_{xv}(i'' - i)d_v$$

dH 为散热量;β_{xv} 为容积散质系数;i'' 为空气饱和焓;i 为空气焓;d_v 为冷却塔内淋水装置薄层的体积。本公式是 1925 年麦克尔(Merkel)提出的,是推导冷却塔热力计算基本方程式的基础。

　　　　　　　　　　　　　　　　　(姚国济)

脉冲澄清池　pulsating clarifier

原水间歇地穿过悬浮泥渣层,造成悬浮泥渣层周期性的膨胀与压缩反应的澄清池。属悬浮泥渣型澄清池。该澄清池由两部分组成:上部为进水室与脉冲发生器,下部为澄清池。脉冲发生器的形式很多,分有真空式、虹吸式、切门式等,其作用是让连续的进水(加过混凝剂的),转变为周期性的蓄水和放水,使澄清池中悬浮泥渣层有规律地上下运动,形成周期性的膨胀和收缩,这样可使颗粒的接触、碰撞更趋频繁,悬浮层浓度分布更趋均匀,防止短流的产生与污泥在池底的沉积。澄清池中央的配水井将脉冲发生器与池底(池底为平底)的配水干渠连通,干渠两侧连接多根均布的穿孔配水支管,其上设置人字形挡水板,使水流在板下产生剧烈的涡流,以实现充分的混和,继而通过人字板间的缝隙导流,进入悬浮泥渣室。多余的泥渣进入泥渣浓缩室,泥渣室一般置于配水干渠之上。清水则穿过悬浮泥渣层,在池面处用集水槽收集后出流。

　　　　　　　　　　　　　　　　　(陈翼孙)

脉冲荷电电除尘器　pulse-charging precipitator

在放电极上通过重复施加很陡的负高压电压进行荷电的电除尘器。具有高效节能的特点。与常规电除尘器相比,其性能的改进是由于①增加了尘粒的荷电量;②增加收尘极附近的电场强度;③改进电流分布;④具有电流控制能力。对这些因素目前尚不能进行定量分析,仅能给出定性解释。按施加脉冲电压的宽度可分为毫秒脉冲、微秒脉冲和毫微秒脉冲等三种;按两电极脉冲荷电方式可分为直流电晕重叠型和直接型。前者使用两个独立的电源,即在恒定的高压直流电平上再叠加高压脉冲,脉冲电压和主电源可以分别独立调节。直接型的脉冲电源不是置于脉冲电压器和耦合电容器之间,而是直接与电除尘器的放电极连接。利用高压脉冲上升前沿陡、脉冲宽度窄、对电场作用时间短的特点,可使脉冲幅度做得很高,使气体充分电离,有可能使尘粒带上更多电荷,但又不会使电场发生像常规供电那样的闪络击穿。脉冲电源的最主要参数是上升时间、峰值电压、脉冲宽度和脉冲频率。采用高压脉冲荷电电除尘器是目前捕集高比电阻粉尘的最有效手段之一。脉冲电源的造价高是影响脉冲方式得到广泛应用的最主要原因。

　　　　　　　　　　　　　　　　　(郝吉明)

脉冲喷吹袋式除尘器　pulse-jet baghouse

利用压缩空气的脉冲产生冲击波,使滤袋振动,致使积附在滤袋上的粉尘层脱落的袋式除尘器。图示为脉冲喷吹袋式除尘器:采用上部开口、下部密封的外滤式滤袋,袋内安置笼形支撑结构防止滤袋压扁。毡制滤袋常采用脉冲喷吹清灰。脉冲喷吹清灰的控制参数为脉冲压力 400～700kPa(4～7atm),脉冲持续时间 0.1～0.2s,脉冲周期 60s。过滤速度由气流的含尘浓度决定,一般为 2～4m/min,压力损失约为 1200～1500Pa。该除尘器过滤负荷高,滤袋磨损小,运行安全可靠。

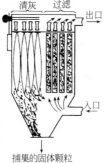

清灰　过滤　出口　入口　捕集的固体颗粒

(郝吉明)

man

曼型干式罐 Mann type dry gasholder

见稀油密封式干式储气罐(311 页)。

慢速渗滤土地处理系统 slow infiltration systems of land treatment

将污水以低负荷投配到种有作物的土地表面,污水向下渗滤并流经土壤-植物系统,得到充分净化的污水土地处理工艺。污水在该处理系统中部分被作物所吸收,部分渗入地下,一般不考虑有处理水流出处理场地。由于污水通过土壤的渗滤速度慢,在含有大量微生物的表层土壤中停留时间长,水质净化效果非常良好。该工艺多以处理污水为主要目标,宜施用于多年生牧草和森林的灌溉系统。也可能是在干旱地区水肥利用的一项重要工艺目标。当用于种植谷物作物灌溉系统时,对污水量则应根据实际用水量考虑调蓄措施。该工况为水力负荷 0.5～5.0m/a;有机负荷取值 $2×10^3$ kgBOD/(hm²·a)、50～500 kgBOD/(hm²·d);处理水水质:BOD 平均值为<2mg/L、最高值为<5 mg/L;悬浮物平均值<1mg/L,最高值<5mg/L;总氮平均值 3mg/L,最高值<8mg/L;总磷平均值<0.1mg/L,最高值<0.3 mg/L;大肠菌群最高值为<$1×10^2$ 个/L。

(张自杰)

慢性阻塞性呼吸道疾病 chronicity obstruent respiratory disease

大气污染物刺激呼吸道黏膜,使呼吸道防御能力降低而引起的慢性炎症。如慢性支气管炎、肺气肿及支气管哮喘均具有共同的气道阻塞病理改变和阻塞性通气功能障碍。轻者表现慢性咳嗽或喘息;重者出现胸闷,气短加重。严重时出现呼吸衰竭等症状,如头痛、嗜睡、神态恍惚,最终可导致肺心病。

(张善文)

mao

锚式清通器 anchor scraper

带有锚形耙条机械清通排水管渠的工具。用以清除钻入管内的树根及破布等沉淀物。其构造如图。

(孙慧修)

帽型微波天线平台 capped microwave antenna platform

将微波天线平台的外形设计成帽状,戴在通信楼上,用于安装微波天线的建筑物。一般用在电信建筑高度与天线平台高度要求相差很少,例如二、三层时。

(薛发 吴明)

mei

煤粉炉 pulverized-coal boiler

又称室燃炉。使燃料在悬浮状态下燃烧的炉子。它不仅适用于煤粉(颗粒约为 0.05～0.1mm),更适用于液体和气体燃料。煤粉炉的主要燃烧设备是燃烧器和燃烧室(如图)。与层燃炉相比,由于煤粉的比表面积增大了几百倍,所以容易着火,燃烧速度快,适用的煤种多,既可烧中、次煤或低热值煤,也可烧黏结性较强的煤,燃烧效率也高。是现代燃煤锅炉的主要形式,特别适用于发电厂的大型锅炉,对于容量较大(≥35t/h)的工业锅炉,也常常采用。煤粉炉的设备比较复杂,需要配备磨煤设备和相应的除尘设备,燃烧工况的组织比较复杂,影响燃烧稳定性的因素较多。由于是悬浮燃烧,所以排烟中飞灰含量高且细,需要配备高效除尘装置。

燃烧器　燃烧室

(马广大)

煤气产率 gas yield of coal gasification

气化单位质量原料得到的煤气量。是气化过程指标之一,常以 1kg 原料气化得到的煤气体积(m³)表示。根据煤气中是否包含水分(蒸汽)分有湿煤气产率和干煤气产率。它与原料性质有关,在很大程度上决定于原料的水分、灰分与挥发分。同种原料中水分和灰分越少,使可燃组分的含量相应提高,于是煤气产率就越高。在逆流式移动床气化炉操作条件下,原料的挥发分越高,干煤气产率就越低;这是因为挥发分高的原料在气化过程中转变为焦油和化合水的部分多而转变为干煤气的部分少。以这种炉型为例,各种原料干煤气产率大致如下表所示。

常压逆流式移动床煤气化炉不同原料的干煤气产率

原料指标及 煤气产率	原料种类			
	无烟煤	烟煤	褐煤	泥煤
水分(wt. %)	5	6	19	33
灰分(wt. %)	11	10	17	5
挥发分(wt. %)	3	33	26	43
干煤气产率(m³/kg)	4.1	3.3	2.0	1.38

(闻 望　徐嘉淼)

煤气发生炉　gas producer

以煤、焦炭为原料,以空气和蒸汽为气化剂,在常压下生产煤气的移动床煤气化炉。按投料方法不同分有间歇人工投料和连续机械投料;按炉算形式分固定炉算、机械转动炉算以及无炉算的发生炉;按排渣方式分间歇人工排渣和机械连续排渣;以排渣状态不同分固态排渣和液态排渣;根据机械化程度分排渣和加料都用机械的机械化炉和排渣用机械、加料用人工的半机械化炉。有的机械化炉还带有机械耙松料层的装置。为使气化过程稳定并保持各项气化过程指标,须有合理的结构和正常的操作规程。中国生产的发生炉有内径为 1.0、1.5、2.0、2.4、3.0m等,气化强度 200～350kg/(m²·h)。大型煤气发生站使用的发生炉主要是 M 型煤气发生炉和 WG 型煤气发生炉。

(闻 望　徐嘉淼)

煤气发生站　gas generation plant

生产发生炉煤气的工场。通常站中有原料准备、煤炭气化、煤气净化、鼓风、煤气排送、蒸汽发生、废水处理及供电等工段。在煤炭气化工段根据用户对煤气的需求量和操作备用的需要设置两台或几台煤气发生炉。在煤气净化工段,根据原料性质和煤气质量要求的不同,设置相应的净化设备,如除尘器、冷却器、洗涤器、捕焦油器、捕滴器和脱硫器等。它分有热煤气发生站、冷煤气发生站等类型。

(闻 望　徐嘉淼)

煤气调压室

见燃气调压站(229 页)。

煤脱硫　desulfurization from coal

去除煤中硫的过程。其方法包括:①煤的选洗:将煤破碎,水洗除 FeS₂;②煤的溶剂精制:将煤破碎到 60 目,与易于加氢的芳烃如杂酚油、蒽油等有机溶剂混合制成煤浆,在 400～450℃高温和 10.0～14.0MPa 高压下进行溶解并加氢液化。可得到的液体产品为主的清洁燃料;③煤的气化,再脱除 CO_2 和 H_2S。

(张善文)

煤烟型污染　coal smoke pollution

主要由燃煤烟气造成的大气污染。其主要污染物为降尘、悬浮颗粒、二氧化硫、氮氧化物和一氧化碳等。通过煤的洗选、气化和液化以及加添加剂成型等,可显著减轻燃煤烟气污染。

(徐康富)

煤转化　transforming coal

根据充分利用能源且减少环境污染的观点,将煤转化成其他形式的燃料的技术。煤转化技术以化学转化为主,通常将固体煤转化成无污染的液态和气态燃料。采用的方法是煤气化,它包括燃烧和热解;常采用煤与溶剂或其他添加剂间的化学反应,将煤转化成气态或液态燃料。

(张善文)

酶　enzymes

活细胞产生的一种生物催化剂。所有的酶都是蛋白质,但不是所有蛋白质都是酶。生物体内新陈代谢过程中每一步的生化反应都由一定的酶来催化、促进,并使反应有序地进行转换。它具有极高的催化活性,催化反应速度比一般催化剂反应速度高 $10^6 \sim 10^{13}$ 倍。它的催化反应具有高度的专一性(特异性),对其所作用的物质(底物)有着严格的选择性,一种酶只能作用于一种化合物而产生一定的反应。它是蛋白质,对环境条件极为敏感。在高温、强酸或强碱、重金属等因素作用下都能使其变性而失活。它在活性细胞中产生,大部分酶只在细胞内起催化作用,在细胞内酶常与颗粒体结合,并有一定的分布。但有些酶分泌到细胞外发挥作用,如水解酶等,这类酶称为胞外酶。酶不断地进行自我更新,其催化活性又易于受环境条件的影响而发生变化,因而生物体能够通过各方面的因素对酶进行调节和控制,使其复杂的代谢活动有条不紊地进行。它的这种机制也应用在废水生物处理领域,采取人工措施,对生物体内的酶系统加以调节,从而使某种废水能够应用生物处理法进行处理。

(张自杰　彭永臻)

mi

米-门公式　Michaelis-Menton equation

1913 年米切利斯(Michaelis)和门坦(Menten)提出的含单-底物单-生化反应的酶促反应动力学公式。几十年来它已成为酶促反应研究的理论基础。该公式也是描述污水生物处理过程中的多底物和混合微生物的生化反应中的动力学关系的基础公式。其基本形式为

$$R = \frac{R_{max}[S]}{K_m + [S]}$$

R 为酶促反应中生成产物的反应速率;R_{max} 为其生

成产物的最大反应速率;[S]为底物浓度;K_m为米氏常数,又称饱和常数。　　　(彭永臻　张自杰)

密闭式循环给水系统　closed recirculating cooling water system

在密闭系统中,将吸热升温的冷却水,通过空气换热设备或水-水换热等设备降温,再循环使用的给水系统。由两个相互关联的系统组成。一个为完全密闭的循环水系统,另一个为用于对水冷却或去除水中热量的冷却器或热交换器。该系统所需补充水量很少,水质相当稳定,一般在冷却水水质要求较高的情况下采用。　　　　　　　　(姚国济)

密尔沃基电视塔　Milwaukee television tower

美国密尔沃基(Milwaukee)电视塔,建于1962年,总高度为329m,其中塔身高度为302m,截面为正三角形,塔架底部宽为34.8m,顶部宽为2.28m。天线高度为27m。为了便于维护和检修,塔中心设有两个乘坐的电梯。

(薛发　吴明)

立面

mian

面积负荷　surface loading of RBC

生物转盘单位盘片表面积在单位时间内能接受,并将污染物净化至预期程度的负荷。生物转盘的设计参数分有两种面积负荷:①有机污染物面积负荷,如BOD面积负荷,即单位盘片表面积在单位时间内能够接受,并将其降解至预期程度的有机污染物量(BOD),单位为gBOD/(m^2·d);②水量面积负荷,即单位盘片面积在单位时间内能够接受,并将其净化至预期的程度的污水量,单位为m^3/(m^2·d)。前者为常用,其计算公式为

$$F_A = \frac{QL_0}{A}$$

F_A为BOD面积负荷〔gBod/(m^2·d)〕;Q为污水量(m^3/d);L_0为原污水的BOD值(g/m^3)或(mg/L);A为盘片总面积(m^3)。　　　　　(张自杰)

miao

苗嘴

见投药管嘴(284页)。

min

民用热力站　civil heat substation

集中供热系统中供热管网与城镇街区的民用热用户的连接场所。它的主要服务对象是城镇街区居住建筑和公用建筑的供暖、通风和生活热水热用户。当高温水热水网路与供暖热用户直接连接时,一般应设置混水装置——混合水泵或水喷射器,以降低进入用户的供水温度。当网路与供暖热用户间接连接时,应设置表面式换热器换热。热力站内的热水供应系统有闭式和开式两种。闭式系统是由网路供热介质通过表面式换热器换热,将循环水加热。开式系统直接从热网取水,经供回水混合调到适宜温度后使用。视民用热力站的供热范围和供热质量要求的不同,站内应设置必要的计量、检测、控制热网和通向热用户的供热介质流量、温度和压力参数的仪表。　　　　　(贺平　蔡启林)

民用型煤　civil briquette

供居民用的型煤。是将煤粉或碎煤加水调制,摊成煤饼;将煤粉、碎煤加黏结剂(如黏土)制成煤球;将煤粉筛分后加黏土、石灰,加压成型如蜂窝煤等,自然风干或烘干后,供居民使用。　(张善文)

ming

明槽敷管法　laying pipes by trenching

又称明沟法,埋管法。在地面上按管线的设计位置开挖沟槽,再在其中敷装或建造给水、排水或其他市政设施(如暖气、煤气、电讯等)管道的一种施工方法。一般包括以下工序:测量放线,开槽做基础,必要时布设支撑和排水,下管、稳管同时建造窨井等构筑物,接口抹带,质量检查、断面检查(中心线的平面位置和高程)以及管段压力或闭水试验,最后进行覆土压实、扫尾工作(拆除支撑、修复路面、绘制竣工图等)。本法不受管材、管径和埋深的限制,施工技术较简单,使用面较广。　　　　(李国鼎)

明矾　alum

分子式为Al$_2$(SO$_4$)$_3$·K$_2$SO$_4$·24H$_2$O,分子量为473.39,外观是一种白色或黄白色透明结晶。常见的有钾矾、铵矾、绿矾和铬矾等几种,但习惯上所称的明矾是指钾矾。古代人早已知道用明矾来净水。中国明矾最大的产地是浙江省平阳的矾山铺和安徽省庐江的矾山镇。由于它在水中溶解度小和有效成分氧化铝含量低等缺点,目前大多数水厂均已不采用。但只有就近明矾产地的地区,仍用作混凝剂。

(王维一)

明杆闸阀　rising stem gate valve

又称升杆闸阀。开启时阀杆明露在阀体外部作升降运动的闸阀。阀杆螺母设在阀盖或支架上,当旋转螺母时阀杆不作旋转而是带动启闭件上下移动实现阀的开启或关闭。也有的阀杆螺母固定在支架上不动,靠阀杆作旋转运动同时还作上下移动,带动

闸板升降。这种阀门可由阀杆外露长度的变化指示阀门的开启高度,并且由于阀杆螺母及阀杆上的螺纹不与介质接触,不易受介质腐蚀、润滑条件好,但高度较高,用于高度不受限制或有腐蚀的地方。明杆闸阀按闸板数量来分,可分为单闸板、双闸板;按闸板形状分为:平行式和楔式。　　　（肖而宽）

明沟法

见明槽敷管法(见193页)。

明沟排水法　draining by open trench

埋管施工时保持沟底处于无水或半干燥状态的一种措施。适用于沟底有地下水涌出或地面雨水灌入致使施工条件恶化的场合。具体做法是在顺水道下流100～150m处挖出一深度低于沟底约30cm的集水井(最好选在管线的窨井位置),并在沟底的集水井一侧挖出一段宽、深约30cm×30cm的引水小沟,以3％～5％的坡度朝向集水井。在引水沟和集水井中间设进水口,其中铺有卵石以防淤塞。流入集水井中的地下水或雨水,通过装妥的水泵定时或不定时抽出,向地面的渠中排走。

　　　（李国鼎）

明渠流量仪　open channel flowmeter

根据明渠内流体高度和流量有一定数字关系原理设计的流量测量仪器,精度3级q。适用测液位变化幅度大于200mm的各种明渠流量。其信号可远传,但需要较长直管段,精度差。　　（刘善芳）

明线载波增音站　open-wire repeater station

传输线路采用架空裸线的载波通信线路中的各类站。它通常由主机房、油机发电机房和油库等组成。有时也包括线路维护单位房屋和料场。主机房是增音站的主体建筑。与电缆载波增音站的主要区别是不设进线室。　　　（薛发 吴明）

mo

模拟分析初调节　initial stage adjustment of heating system using simulation analysis method

应用计算机对实际的供热系统进行水力工况分析和模拟调节,使现场初调节变为一次性的有序调节。调节步骤为:①现场实测,确定系统实际水力工况;②应用计算程序确定理想工况;③通过模拟调节制定调节方案;④现场实施调节方案。经过几年的实际应用,证明该调节方法具有简单、可靠的优点。

　　　（石兆玉 贺平）

膜的极化现象　polarization phenomenon of mem-brane

电渗析器的工作电流超过极限电流时,在膜表面界面层中水分子开始电离,生成氢离子和氢氧根离子参加迁移的现象。离子在水中和膜内的迁移数是有差异的,在传递一定电量时,水中传来的离子数量少于膜内迁移数量。最初时不足量靠膜界面水中离子补充,从而造成膜面离子浓度下降,界面层两侧出现浓度差,此时依靠浓差扩散又可运来部分离子。稳定工作时,不足量恰好由扩散而来的补充量补偿。但不足量可随电流上升而增加,而扩散补充量与浓度差成正比,且当膜面浓度降为零时有一最大值。因此当增大工作电流达到某值时,增加后的不足量恰好等于扩散提供的补充量。此时如再提高工作电流,则产生极化现象。膜的极化现象首先发生在阳膜的淡室一侧。　　　（姚雨霖）

膜的老化(反渗透)　ageing of membrane (reverse osmosis)

由于氧化破坏作用,使基膜上的碳链断裂,膜的结构破坏,从而降低膜性能、缩短膜使用寿命的现象。　　　（姚雨霖）

膜的离子选择透过性　ion selective penetrability of membrane

阳膜允许阳离子通过而排斥阴离子;阴膜允许阴离子通过而排斥阳离子的现象。这是因为在水溶液中,膜内活性基团的异号离子解离下来,剩下的固定基团将形成电场,在外加直流电场作用下,它可使溶液中异号离子通过,而排斥同号离子。在实际上,由于膜制造工艺所限以及在外界条件(电流密度、流速、浓度等)变化的情况下,膜的离子选择透过性通常在90％以上,最高可达99％。一般来说,如果离子交换树脂的交换度大,交换容量也高,则膜的选择透过性就好。　　　（姚雨霖）

膜的水解(反渗透)　hydrolyzation of membrane (reverse osmosis)

膜在水中发生溶解的现象。醋酸纤维素反渗透膜是一种有机酸类化合物,常易水解,影响使用寿命。膜的水解速度与pH值和温度有重要关系。醋酸纤维素膜pH值长期使用范围4～7。芳香族聚酰胺类膜pH值长期使用范围5～9。　（姚雨霖）

膜的透水量(反渗透)　percolating water content of membrane (reverse osmosis)

单位时间内单位膜面积上透过的水量。单位以$g/(cm^2 \cdot s)$表示。计算公式为

$$Q_p = A(\Delta P - \Delta \pi^\circ)$$

Q_p为膜的透水量$[g/(cm^2 . s)]$;A为膜的透水系数$[g/(cm^2 . s)]$;ΔP为膜两侧含盐水与淡水的压力差(MPa);$\Delta \pi^\circ$为含盐水与淡水的渗透压差(MPa)。实际上,由于反渗透过程中,渗透压因含盐水不断浓缩而增加,故工作压力常比渗透压差大若干倍。

　　　（姚雨霖）

膜的透水系数（反渗透）　water percolating coefficient of membrane（reverse osmosis）

又称纯水透过系数。在单位压力作用下单位时间内单位面积上膜所透过纯水量的数值。单位以 $g/(cm^2 \cdot s \cdot MPa)$ 表示。它对了解和比较各种反渗透膜的特性以及选用水处理工艺是一个重要参数。

（姚雨霖）

膜的透盐量（反渗透）　saline percolating content of membrane（reverse osmosis）

在压力、温度、水量恒定时，单位时间内单位膜面积上膜所透过的盐量。公式为

$$J_s = B\Delta C$$

J_s 为膜的透盐量 $[g/(cm^2 \cdot s)]$；ΔC 为含盐水与透过水的浓度差 (g/cm^3)；B 为膜的透盐系数 (cm/s)。

（姚雨霖）

膜的透盐系数　saline percolating coefficient of membrane（reverse osmosis）

当膜两侧溶液浓度差为 $1g/cm^3$，每平方厘米膜面上，在 1 秒时间内所透过的盐量。它表示该膜的透盐能力。

（姚雨霖）

膜的选择透过率　selective penetration ratio of membrane

溶液中的异号离子进入实际膜中迁移数的增值与其进入理想膜中迁移数的增值之比。一般以 p 表示。见以下公式。

$$p = \frac{\overline{t_g} - t_g}{1 - t_g}$$

式中 p 为膜的选择透过率；$\overline{t_g}$ 为异号离子在膜内迁移数；t_g 为异号离子在溶液中的迁移数。它是用以比较、评价膜的离子选择透过性的一个定量指标。

（姚雨霖）

膜的压密现象（反渗透）　compacted phenomenon of membrane（reverse osmosis）

膜的压力增高时，透水量不按比例增高的现象。理论上透水量应随压力增大而直线增加。但实际中，由于高压作用膜表面致密层与其下支持层结合更紧密，表面致密层厚度增加，致使透水量不随压力增大而按比例增加。

（姚雨霖）

膜电位　membrane potential

将离子交换膜放在同种电解质不同浓度溶液之间，由于浓度差和膜的选择透过性作用，在膜两侧分别出现阳、阴离子过剩的现象，而导致膜两侧的表面电位的差值。单位以 mV 表示。它的高低可以判断膜的选择透过性。

（姚雨霖）

膜电阻（电渗析）　membrane electric-resistivity（electrodialysis）

电阻率与膜厚度的乘积。单位以 $\Omega \cdot cm^2$ 表示。

膜电阻高低对操作电压和电耗有很大影响。

（姚雨霖）

膜堆（电渗析器）　membrane stack（electro-dialysis apparatus）

电渗析器中两电极间堆叠在一起的膜对。

（姚雨霖）

膜对（电渗析器）　membrane couplet（electro-dialysis apparatus）

由阳膜、隔板甲、阴膜、隔板乙各一张组成的部件。它是电渗析器最基本的构造单元。

（姚雨霖）

膜盒压力表　membraneous box pressure meter

以膜盒为测量元件的压力测量仪器。测量范围：$-0.53 \sim +0.53 MPa（-4000 \sim +4000 mmHg）$，精度 2.5 级。灵敏度高，适于测量空气或对铜合金不起腐蚀作用的气体的微压及负压。　（刘善芳）

膜片压力表　membrane pressure meter

利用膜片作为测量元件的压力测量仪器。测量范围：$-0.1 \sim 60 MPa$，精度 2.5 级。用于测量有腐蚀性或黏性介质的压力或真空。　（刘善芳）

膜式曝气管

见微孔隔膜式曝气器（290 页）。

膜式燃气表　diaphragm gas meter

表内装有柔性薄膜，各计量室可随燃气的进入或排出而胀缩的直接计量式燃气表。计量室上方有滑阀，可使计量室与燃气表的进口或出口交替接通，当燃气进入一个计量室而使薄膜移动时，其相邻的计量室受压缩而排出燃气。这种反复交替的动作通过机械结构传递到记录装置，燃气通过量的累计值就被记录下来。膜式表除大量用于民用户计量外，也适用于燃气用量不大的商业及工业用户。但由于它体积较大，价格昂贵等缺点，限制了它在用气量较大的用户中的使用。　（王民生）

摩擦层　friction layer

见行星边界层（316 页）。

摩擦系数　friction factor

为了计算沿程阻力损失而用理论和实验结合的方法整理确定的一个无因次系数。它与管内热媒流动状态和管壁粗糙度有关。对不同流动状态，摩擦系数 λ 值的表达式也各不相同。对大多处于阻力平方区的室外管网，λ 值仅取决于管壁的相对粗糙度（管壁绝对粗糙度与管道内径的比值），而与管道通过的流量大小无关。　（盛晓文　贺平）

摩擦阻力损失

见沿程阻力损失（326 页）。

摩尔分率　mole fraction

又称摩尔分数。混合物中组分浓度的表示方

法。组分 A 的摩尔分率 $X_A = \dfrac{m_A}{\sum m_A}$，$m_A$ 为混合物中组分 A 的摩尔数，$\sum m_A$ 为混合物中各组分摩尔数之和。一般以 x 表示液体混合物中组分的摩尔分率，以 y 表示气体混合物中组分的摩尔分率。

（张希衡　刘君华　金奇庭）

磨蚀　fret

由固体颗粒物对材料的机械作用而引起的损伤。如大气中固体颗粒污染物不断碰撞或沉降在十分精致的织物表面，有些粒子渗透进材料的缝隙，通过经常擦洗，使表面受到损害，或使表面失去光泽，或造成表面剥削。

（张善文）

抹浆法　plastering method

在两节管子接口处，先包上 $5\sim10$cm 宽的纱布，然后抹上 10cm 宽、1.5cm 厚的水泥砂浆来连接水泥管道的方法。近年来，为了节省纱布，改用纸带代替纱布。　　　　（薛　发　吴　明）

莫诺动力学模式　Monod kinetic models

莫诺(Monod)于 1942 年提出的有关污水生物处理反应动力学方程式。其实质是将在污水生物处理过程中微生物增殖与有机底物浓度之间的关系用一个统一的数学式加以概括。亦称为一相说。1942 年莫诺用连续培养器的纯菌种对单一的有机底物进行细菌的增殖试验。以有机底物浓度为横坐标，以细菌比增殖速度为纵坐标，得出曲线形式。莫诺认为他所得出的结果和米切利斯(Michaelis)和门坦(Menten)所得的酶促反应动力学为基础的有机底物浓度与酶反应速度关系曲线在形式上是相同的。因此，莫诺认为可以通过经典的米-门公式的形式来描述底物浓度与微生物的增殖速度之间的关系，即

$$\mu = \mu_{max}\frac{S}{K_s + S}$$

μ 为细菌的比增殖速度；S 为有机底物的浓度；μ_{max} 为当有机底物浓度达饱和时的细菌的最大的增殖速度；K_s 为饱和常数，数值上等于 $\mu = \dfrac{M_{max}}{2}$ 时有机底物浓度。以后的试验证明，用异种微生物群体的活性污泥对单一有机底物进行细菌增殖试验也取得了符合莫诺提出的论点的结果。由于细菌的比增殖速度 μ 与有机底物的比降解速度 V 呈比例关系。因此，有机底物的比降解速度也可以用米-门公式的形式来加以表示，即

$$V = V_{max}\frac{S}{K_s + S}$$

V_{max} 为有机底物最大的比降解速度(t^{-1})；K_s 为饱和常数，与 $V = \dfrac{V_{max}}{2}$ 相对应的有机底物浓度。莫诺模式是米-门公式的发展，也是污水生物处理动力学的重要理论基础。

（彭永臻　张自杰）

mu

母钟　primary clock

走时比较准确，并能向子钟发出控制脉冲，带动子钟走时的时钟。可分为机械母钟及石英母钟。

（薛　发　吴　明）

母钟室　primary clock control panel

又称母钟控制台。使用电钟系统的电信建筑中，为安装母钟设置的专用房间。在电信系统中，为使各机房的时间统一、准确并便于计时，采用一个大的钟，用于带动、调整各机房的小钟，将这个大种称为母钟。一般设两个母钟，主母钟及备用母钟。现在发展的石英钟，其母钟不必单设房间。母钟室不应设在附近有机器噪声及振动大的房间。在母钟的控制屏上可以对每分路的子钟进行控制与调整。

（薛　发　吴　明）

木材加工业废水　timber products processing waste

在人造板(胶合板、刨花板、纤维板等)的制造、人造板装饰处理、木材的化学处理(如防腐与染色)等过程中产生的废水。在木材加工业中，人造板制造产生的水污染问题最为严重。胶合板生产中，在木材软化处理(水煮或汽蒸)时产生的废水，含有大量木材衍生物类的有机物，污染负荷大。涂胶机冲洗废水中含有大量有机物、悬浮物和残余胶粘剂(如酚醛树脂、脲醛树脂等)。湿法生产纤维板，每 t 板约产生 80t 废水，主要来自长网成型机，含大量纤维和有机物(糖类、木质素、甲醛等)，BOD_5 为 $750\sim1\,500$mg/L，COD 为 $1\,500\sim3\,000$mg/L。木材加工业水污染治理可综合采用下列方法：工艺改造(如湿法纤维板生产用水采用封闭循环)、综合利用、外排水无害化处理等。　　　　（张晓健）

木杆　wood pole

整根原木或者多块木材成束制成的用于架设线路的电杆。具有重量轻，施工方便的特点，但使用年限短，为节约木材，现在较少使用。一般埋入地下部分须做防腐处理或整个杆子用防腐油浸泡，后者又可称作注油杆。　　　　（薛　发　吴　明）

慕尼黑电视塔(德国)　Munchen television tower

1968 年建造，塔高 290.6m，其中塔身高 203m，

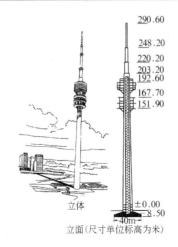

立体

40m

立面(尺寸单位标高为米)

天线杆高87m,七层塔楼,直径28.3m,其中三层为微波天线平台,在标高181.7m处设容量为230人的餐厅,餐厅地板可以以70min/r的速度绕塔轴旋转,餐厅之上有游览平台和敞廊。钢筋混凝土塔身。混凝土用量20700m³,钢筋2250t,型钢185t。

（薛　发　吴　明）

N

nai

耐腐蚀衬胶泵　corrosion resistance pump with rubber lining

与液体接触的零件均衬以橡胶的一种耐腐蚀离心泵。按其使用目的的不同而采用不同的橡胶,以耐磨性为主的泵,衬以软质橡胶,以耐腐蚀为主的泵,衬以硬橡胶,这种泵具有耐酸、耐碱性能,适用于多种腐蚀介质。例如连高级不锈钢都抗不了的盐酸泵和食盐电解用的盐水泵都能适应。衬胶泵的结构,其泵体为垂直剖分式,衬胶很方便。叶轮做成便于衬胶的开式结构,为了减小轴向力,叶轮上设有背叶片。

（刘逸龄）

耐腐蚀离心泵　corrosion resistance centrifugal pump

抽送硫酸、磷酸、盐酸等腐蚀性很强介质的离心泵。即使是同一种腐蚀性液体因其浓度和温度的不同,腐蚀性也有变化,因此需选用耐这些介质腐蚀的材料。按所用材质分为金属泵和非金属泵两大类。其中金属泵常用材质主要有奥氏体铬镍钢、高硅铸铁、钛合金及其他的特殊的合金铸铁;非金属泵常用的材料有各种工程塑料、不浸透石墨、陶瓷、衬胶等,在泵的结构上以过流部分尽可能不被腐蚀,以形状简单的单级单吸悬臂式离心泵居多,但是根据装置扬程可以设计成多级耐腐蚀泵,为了解决多级耐腐蚀泵中平衡机构的腐蚀问题,可设计叶轮为对置式以平衡轴向力。

（刘逸龄）

耐腐蚀塑料泵　corrosion resistance plastic pump

以工程塑料制造的耐腐蚀离心泵。为适应不同介质的输送,有多种材料可以选用,常用的工程塑料有环氧玻璃钢、氯化聚醚、聚三氟氯乙烯和聚丙烯。环氧玻璃钢对75%硫酸,尤其是50%硫酸和20%以下的盐酸在常温下耐腐蚀性很强,当温度提高,耐腐蚀性随之减弱。氯化聚醚能耐300多种化学药品的侵蚀(除发烟硫酸、发烟硝酸),即使在120℃或更高的温度下也能耐很多有机和无机化学药品,在耐腐蚀方面有特殊用途;聚三氟氯乙烯能经受大多数化学药剂的侵蚀,在180℃的酸、碱、盐溶剂中亦不被膨胀和侵蚀;聚丙烯的耐化学性比较突出,且随着结晶性的增加而有所提高,但低分子量的脂肪烃、芳香烃和氯化氨对它有软化和溶胀的作用。泵结构有托架式和直联式,叶轮与泵轴制成一体,省去了叶轮螺母,并使介质不与金属接触,从而解决了轴材选择的困难。机械密封都为外装式。　（刘逸龄）

nan

南通电视塔　Nantong television tower

1987年建成。塔高187.5m。塔身高124.5m,天线杆高54.5m。塔楼为分开的上下两层,上层为微波机房,下层为瞭望厅,上下两层屋面均可以做露天瞭望平台或设置微波天线。塔内设两台快速电梯。

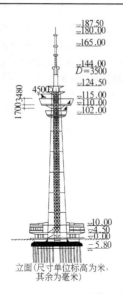

立面(尺寸单位标高为米,
其余为毫米)

(薛 发 吴 明)

nei

内部收益率 internal rate of return

供热项目在生产年限内资金流入的现值总额与资金流出的现值总额相等,即净现值正好等于零时的折现率,即 $\sum_{i=1}^{n}(p_t-p_c)/(1+i)^t=0$,$p_t$ 为第 t 年现金年流入量,p_c 为第 t 年现金年流出量,n 为项目的寿命(年)。求解式中之 i,即得内部收益率。

(李先瑞 贺 平)

内扩散控制 control of internal diffusion

反应总速度决定于微孔内扩散速度的反应过程。在多相催化反应中,过程总阻力由外扩散、内扩散和化学反应三部分阻力组成,当催化剂颗粒周围气流边界层极薄,表面上的化学反应极快,则外扩散和化学反应阻力可忽略,内扩散阻力最大,其速度最慢,则过程总速度就受反应物在微孔内扩散最慢的这一步控制。

(姜安玺)

内涡旋 vortex core

又称次涡旋。系旋风除尘器内旋转向上的内圈气流,并具有高速向外的径向运动。 (郝吉明)

内源呼吸期 endogenous phase

微生物增长曲线呈下降趋势的区段。在这个阶段,底物基本已消耗殆尽,微生物已不能从残存的底物中摄取足够的能量,只得分解代谢细胞本身内的细胞物质来维持生命活动,使微生物数量不断减少,一部分微生物并且逐渐死亡。本阶段微生物活动能力非常低下,絮凝体形成速率提高,其絮凝、吸附、降解以及沉淀的性能大为提高,处理水质良好,稳定度

提高。 (彭永臻 张自杰)

内源呼吸氧利用系数 oxygen utilization coefficient for endogenous respiration

又称微生物自身氧化需氧速率。表示在微生物内源呼吸阶段为了维持细胞的生命活动,单位数量的微生物在单位时间内的需氧量。用 b' 表示。为活性污泥反应动力学常数之一。单位为1/h。b' 值通过实验确定或参考同类废水的运行经验值确定。

(彭永臻 张自杰)

neng

能见度降低 reduction in visibility

白天在指定方向用肉眼正好能看见和辨别以地平天空为衬托的深色凸出物的最大距离的降低。由于存在于大气中的污染物,它影响人的视野,增加交通事故,并对环境美学产生不良影响。 (张善文)

能源 energy resources

可用于能量生产的自然资源。分为矿物燃料能源和非矿物燃料能源两大类。后者包括核能、地热能、水力、太阳能、生物能、潮汐能和风能等可再生性能源。前者包括煤、石油和天然气等耗竭性能源,它作为当今世界的主要能源而被开发利用,从而成了大气污染物的主要来源。 (徐康富)

能源结构 energy source composition

各种能源生产量(或消费量)占生产总能量(或总能耗)的百分比组成。它能反映大气污染物的来源和特征。中国的煤烟型大气污染即是由燃煤为主的能源结构所造成的。 (徐康富)

能源消费系数 energy consumption coefficient

社会生产单位产值所消耗的能量,即社会生产总能耗与社会生产总产值之比。其大小与产业结构和能源利用率有关。在一定的产业结构下能源利用率越高,系数值越小。它是衡量一个国家能源利用经济效果的重要指标。 (徐康富)

ni

泥浆泵 slurry pump

输送带有大量颗粒杂质的泥浆混合物的泵。通过固体颗粒大小的能力由过流部分截面所决定,过流截面大部分是环状压水式,有卧式单级单壳体和卧式单级双壳体结构,为了减少液体混合物对过流面的冲蚀,叶轮叶片间的流道有特殊的形状,叶轮两侧有时设置护板以控制一定的间隙。填料部分应输入高于壳体内压 0.05MPa 的压力清水。

(刘逸龄)

逆流式冷却塔　counter type cooling tower

热水由塔顶向下,空气由塔下部向上,逆向流动进行热交换的冷却塔(如图)。它能有效地利用接触面积,延长接触时间,加强蒸发冷却作用,充分发挥空气的蓄热能力,应用较广泛。一般在冷却水量大,冷却效果要求稳定,水质较清洁时采用。　　　　（姚国济）

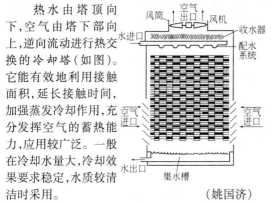

逆流再生　reverse-flow regeneration

再生液流经离子交换剂层的方向,由下向上与原水的流向相反的再生方式。是对流再生形式之一。再生剂比耗较低,再生效果好,出水水质可提高,目前应用较广。　　　　（潘德琦）

逆气流反吹袋式除尘器　baghouse with reverse-flow cleaning

利用逆流气体从滤袋上清除粉尘的袋式除尘

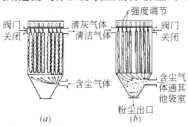

器。有反吹风和反吸风两种形式。脉冲喷吹式和气环反吹风式也属于逆气流清灰类型。图示为逆气流反吹袋式除尘器工作过程:(a)为正常的过滤过程;(b)为清灰过程。清灰时要关闭正常的含尘气流,开启逆气流进行反吹风。此时滤袋变形,积附在滤袋内表面的粉尘层破坏、脱落,通过花板落入灰斗。滤袋内安装支撑环以防止滤袋完全被压瘪。清灰周期0.5~3h,清灰时间3~5min(反吸式的吸气时间约为10~20s),视气体含尘浓度、粉尘及滤料特性等因素而定。过滤速度通常为0.5~1.2m/min,相应的压力损失为1000~1500Pa。该类除尘器结构简单,清灰效果好,维修方便,对滤袋损伤小,适用于玻璃纤维滤袋。　　　　（郝吉明）

逆温　temperature inversion

气温随高度递增的现象。相应的大气层称为逆温层。从成因上说,有辐射逆温、湍流逆温、平流逆温、下沉逆温和锋面逆温等多种。逆温的形成阻碍了大气垂直运动的扩展和污染物向上扩展,容易造成大气污染事件。逆温层下界面离地面的距离(即逆温层高度)越小,层厚越大,持续时间越长,所造成的污染就越严重。　　　　（徐康富）

逆止阀

见止回阀(359页)。

nian

年补充率　year compensation ratio

为弥补破碎、流失的树脂以保持交换器内交换树脂层的必要厚度,一年内所需补充的树脂数量占原有树脂总量的百分数。　　　　（刘馨远）

年负荷图　mouthly variation graph of heat consumption in one year

表示一年中不同月份热负荷变化状况的曲线。图中横坐标以月为单位,纵坐标一般以每月平均耗热量为单位。曲线下面积表示全年耗热量。年负荷图是供热系统规划的重要资料,也为确定运行制度、设备检修和人员调度等提供一定的依据。

　　　　（盛晓文　贺　平）

年计算费用　annual calculated cost

年运行费用和初投资的年补偿折旧费用之和。包括年运行费 c_i 和固定费 T_i。$Z_i = c_i + (1/\tau_H)T_i$,$T_i$ 为项目的投资(万元);τ_H 为标准偿还年限(a)。Z_i 为评价技术方案经济效益的主要指标。

　　　　（李先瑞　贺　平）

年节标煤量　annual amount of saved standard coal

集中供热方式每年比分散供热方式少消耗的标准煤量。它是衡量集中供热工程社会效益和经济效益的主要指标。供热方式不同,年节标煤量也不同。

　　　　（李先瑞　贺　平）

年节吨标煤净投资　net investment for saving of one ton standard coal annually

将热电联产或其他集中供热方式与热电分产或分散供热相比,扣除新增生产能力所需投资以后,每年节约一吨标准煤所需增加的投资。它是衡量供热工程社会效益的主要指标。该值是根据煤矿建设投资和燃料运输、供应等条件确定的,一般,不应高于煤矿开采1t标煤所需的总投资。

　　　　（李先瑞　贺　平）

年平均降雨量　average annual rainfall

多年观测所得的各年降雨量的平均值。是一个常用的描述某地或某地区的气象要素,如中国长江一带年降雨量在1 000mm以上;东南和华南各省约为1 500~2 000mm;黄河到青海高原一带为250mm左右;河西走廊及新疆一带约在100mm以下;新疆塔里木盆地东南缘的且末仅约 18mm。

（孙慧修）

年用气量　annual gas demand

城镇或供气区各类燃气用户一年内所需的总用气量。是居民生活及商业年用气量、工业企业年用气量及采暖年用气量之和,并考虑燃气未预见量后的的总用气量。　　　　　　　　　（王民生）

年最大日降雨量　annual maximum daily rainfall

多年观测所得的一年中最大一日的降雨量。

（孙慧修）

黏结剂　bonding agent

在型煤生产中,为保证成型和强度所加的结合材料。根据煤的灰熔点、结渣性、化学活性不同,可选用不同的黏结剂:石灰、工业废液(酸性纸浆、碱性纸浆、糠醛渣废液、酿酒废液、制糖废液、制革废液)、黏土、黏性煤(肥煤、气煤)、水泥、水玻璃、聚乙烯醇、沥青类和风化煤的腐殖酸盐溶液等。亦可将两种材料构成复合黏结剂,如黏土-纸浆煤球、水玻璃-黏土煤球等。　　　　　　　　　（张善文）

ning

柠檬酸盐法脱硫　desulfurization by citrate

利用柠檬酸盐溶液吸收,除去烟气中 SO_2 的技术。该法是在逆流吸收器中采用含有缓冲剂的柠檬酸盐溶液,高效吸收烟气中的 SO_2,吸收了 SO_2 的溶液离开吸收器在 65℃ 反应器中与 H_2S 反应,使 SO_2 完全转化成硫。再用悬浮法分离,得到硫浮渣。清液重新回到吸收器循环使用。　　　（张善文）

凝结水泵　condensate pump

吸送凝结水的水泵。设置在蒸汽供热系统热力站处的凝结水泵,其流量应按进入凝结水箱的最大凝结水量计算;扬程应按凝结水管水压图的要求确定,并留有必要的富裕值。凝结水泵不应少于两台,其中一台备用。　　　　　（盛晓文　贺　平）

凝结水回收率　percentage of returning condensate

整个蒸汽供热系统或用户可回收的凝结水量与整个系统或用户蒸汽量的百分比。由于蒸汽直接使用和管道渗漏,凝结水难以全部回收。凝结水是良好的锅炉补给水。尽量提高回收率,是系统安全运行、节约燃料的重要措施。　　（盛晓文　贺　平）

凝结水回收系统　condensate return system

将用热设备中的凝结水和蒸汽管道中的沿途凝结水收集起来,并返回热源的系统。凝结水水质好,是锅炉良好的补给水。提高凝结水回收率,不仅能

增强蒸汽供热系统的可靠性,而且可减少水处理装置,降低热损失,具有重要的经济意义。疏水器是凝结水回收系统的重要设备,其作用是隔汽排水。一般应装在用热设备的后面和蒸汽管道的最低点。为了提高凝结水回收率,必须正确安装、使用和维修疏水器,尽力避免凝结水被污染,合理选用凝结水回收系统形式。　　　　　（石兆玉　贺　平）

凝结水箱　condensate tank

在热源或蒸汽热力站中,容纳回收的凝结水的箱体。一般用 3～10mm 钢板制成,分开式水箱和闭式水箱两种。开式水箱连通大气,不承受压力。闭式水箱不通大气,但承受压力,一般应做成圆筒形。闭式水箱应设置安全水封和必要的补汽装置,以维持箱内压力稳定并防止空气进入。凝结水箱宜设有自动控制水位装置,以便于运行管理。热源和蒸汽热力站凝结水箱的容量一般分别按 20～40min 或10～20min 的最大小时凝结水量进行设计。

（盛晓文　贺　平）

凝析气田气　gas from condensate gas field

从含轻质油的气藏中采出的天然气。粗气中包含烃气和轻质油。前者主要是甲烷,其他烃组分总量为甲烷量的 1/10 左右;后者为沸点低于 300℃ 的汽油-煤油馏分,称为凝析油,密度为 $0.74～0.78g/cm^3$,主要是环烷-石蜡烃组分,在每立方米粗气中的含量一般超过 30g,有的达几百克,是有价值的工业原料和燃料,须分离出来。烃气经净化后供应用户。中国渤海湾盆地板桥油田某段凝析气藏采出的粗气中甲烷含量为 78%,其他烃总和为 15%～19%;凝析油密度为 $0.76g/cm^3$,含量为 $77g/m^3$。

（闻　望　徐嘉森）

nong

农村电话公社端局　commune telephone branch office

设在公社所在地,供本公社范围内用户电话交换的电话局。　　　　　　　（薛　发　吴　明）

农村电话汇接支局　rural telephone tandem office

又称农村电话支局,农话支局。设在县以下某些地点适中的镇、区或公社所在地,作为附近几个公社局中继线汇接中心的电话局。　（薛　发　吴　明）

农村电话支局

见农村电话汇接支局。

农话支局

见农村电话汇接支局。

农业大气污染源　agricultural sources of air pollution

在农业生产过程中排放大气污染物的农田、林场及各种农业生产场所和设施。如施田农药飞散到大气中，施用氮肥的分解产生的氮氯化物释放到大气中，土壤中微生物附着在细颗粒飘浮在空中，大气中的变应原(引起人体变态反应的物质)如花粉、真菌孢子、尘螨和毛虫毒毛等进入大气中，杨柳等绿化植物的种子成熟时在空中随风飘荡等，皆可造成大气污染。　　　　　　　　　　　　(马广大)

农业固体废物 agricultural solid-waste

农业生产、畜禽饲养、农产品加工以及农村居民生活排出的废弃固体物。可分为：①农业生产废弃物，如农田和果园中的秸秆、残株、杂草、落叶、果壳、藤蔓和树枝等；②禽畜养殖废弃物，包括禽畜粪便排泄物和禽畜围栏铺垫物；③农产品加工废弃物，包括肉食加工、制糖业产生的废弃物；④农村的生活废弃物。农业生产废物中 2/3 以上为秸秆，利用和处理农业废弃物的方法随废物的种类、产生场所和国家而不同，但将其作为饲料和肥料就全世界而言，直到今天情况仍然如此。近年来，农业废物对于环境的污染已引起人们的很大关注：如粪肥对水体的污染、富营养化问题；饲料添加剂中铜和其他重金属通过生物链对土壤造成的污染问题；施肥过量硝酸盐对地下水和动物危害问题；硫化氢毒害人畜的事故防范问题；禽畜废物传播微生物病害以及农业生态的平衡问题等。但如果管理和使用得当，农业废弃物通过综合利用可以作为"二次资源"获得新的使用价值。　　　　　　　　　　　　(俞　珂)

浓氨水生产 production of concentrated ammonia liquor

用水吸收煤气中的氨并浓缩成产品浓氨水的操作。在吸收塔中，控制塔后煤气温度为 25℃ 左右，使含氨煤气在填料塔中与喷淋水充分接触，洗氨后煤气中含氨量小于 50mg/Nm^3。洗氨后的热稀氨水经冷却后循环吸收，达到 0.5% 浓度后送蒸氨塔，用精馏方法浓缩成浓氨水。通常产品浓氨水含氨量为 18%～20%。　　　　　　　　(曹兴华　闻　望)

浓度控制 concentration control

通过限制排放口的污染物浓度值来控制污染物的排放。它是一种经典的浓度控制方式，许可排放浓度的大小一般参照现有控制技术的水平和企业总体上的经济承受能力来决定。其优点是容易监测，便于监督和管理；其缺点是许可排放量与排气量成正比，不能限制排放口的排放量。随着地区大气污染的增加，需对许可浓度值作出修正，以保证污染控制的有效性。采用这种控制方式的污染物有烟尘、铅、氟和氮氧化物等。　　　　　　　(徐康富)

浓度控制方式 method of concentration control

按现行排放标准控制和削减污染物的排放量。对不同的大气污染源和污染物，视制订排放标准的着眼点不同，又分为浓度控制、排污负荷控制和排污数量控制等。它体现了谁污染谁治理的原则，排放控制责任明确，便于实施，特别适用于大气污染的前期控制。　　　　　　　　　　　(徐康富)

浓度梯度 concentration gradient

在扩散过程中，溶质浓度在单位长度上的变化值。以 $\dfrac{dc}{dx}$ 表示(c 为溶质的浓度；x 为扩散路程的距离)。在溶液中，当各部分溶质的浓度不同时，物质的分子总是自动地由浓度高处向浓度低处扩散，浓度的差值越大，扩散过程进行得越快。扩散速度与该梯度成正比，即为 $v = -D\dfrac{dc}{dx}$(v 为扩散速度；D 为扩散系数)。　　　　　　(戴爱临　张自杰)

浓水室 concentrated water chamber

简称浓室。由隔板及两侧交换膜形成的产生浓水的水室。　　　　　　　　　　　(姚雨霖)

浓缩倍数 concentration times

蒸发浓缩时，原液量和浓缩后溶液量的比值。原液的溶质浓度愈高，能达到的浓缩倍数愈小。已知溶液的浓缩倍数愈大，溶液的溶质浓度愈大。

　　　　　　(张希衡　刘君华　金奇庭)

nu

努森数 Knudsen number

气体分子平均自由程与粒子半径之比。在 293K 和 1atm 情况下，空气分子的平均自由程为 $6.53×10^{-2}\mu m$，再据粒子的半径即可求得。利用努森数可以判别气体分子对颗粒运动的影响，即连续区、滑动区、过渡区和自由分子区。在标准状态空气中各个区间所对应的努森数和颗粒直径大致为：

区间	努森数	颗粒直径(μm)
连续区	<0.1	>1.3
滑动区	≤0.3	>0.4
过渡区	10～0.3	0.01～0.4
自由分子区	>10	<0.01

　　　　　　　　　　　(郝吉明)

P

pa

爬梯

见塔梯(275 页)。

帕斯奎尔稳定度分级法　Pasquill stability classes

根据太阳辐射、风和云量等常规气象资料划分大气稳定度等级的一种方法。它将大气稳定度分为强不稳定、不稳定、弱不稳定、中性、较稳定和稳定六级,依次表记为 A、B、C、D、E 和 F。确定等级时先由云量和太阳高度角查出太阳辐射等级数,再由辐射等级数和地面风速查出稳定度等级。该法不需作温度梯度和风向偏角等特殊的气象观察,便于推广应用。　　　　　　　　　　　　　　　　(徐康富)

pai

拍门　flap valve

类似止回阀的一种管路终端阀。管内压力大于拍门外的压力时,门自动开启;当拍门外的压力大于拍门内的压力时,门自动关闭。它的轴枢横设在上端,开门为旋启式。常设在轴流或斜流泵的出口,需要开阀启动场合。当设在江河、海口的排出口时,又称潮门,涨潮时,自动关闭,退潮时,自动开启。通常用铸铁制作,也有用钢材焊接。　　　　(肖而宽)

排管

见管道敷设(110 页)。

排涝泵站　drainage pump station

专为解决农田洼地涝害的雨水抽升设施。一般主要为农业服务。　　　　　　　　　　　(张中和)

排流保护法　stray current drainage protection

用排流导线将管道的排流点与电气化铁路的钢轨、回馈线或牵引变电站的阴极母线相连接,使管道上的杂散电流不经土壤而经过导线单向地流回电源的负极,从而保证管道不受腐蚀的一种保护法。又分为直接排流保护法和极化排流保护法,后者为防止回流点的电位不稳定和其数值、方向的经常变化而设有整流器,避免采用直接排流设备可能由于周期性改变破坏作用而使管道受到损害。

　　　　　　　　　　　　　　　　(李猷嘉)

排泥机械　sludge removal equipments

用机械方法排除给排水处理构筑物中沉降的污泥的设备。主要有吸泥机、刮泥机等。机械的结构形式随工艺条件和池型的结构而不同,一般分平流式和辐射式两大类。平流式通常有行车式、链板式及螺旋输送式等。辐射式又分中心传动式、周边传动式等。各类排泥机械都存在一定的局限性,设计时应视具体情况选用。　　　　　　　(李金根)

排气阀　air valve

又称空气阀。排除容器或管道内气体的阀门。通常安装在管道或设备顶部,借助水的浮力将空气排出并自动将启闭件关闭并密封,阻止水溢出。当负压时,启闭件以自身重力自动开启,吸入空气,输水管道尤其是长距离输水管道,沿地形起伏敷设,管内水体中夹带的气体积聚于管道高坡段,形成气阻,从而减小管道的断面积,输水不畅,影响输水量,严重时往往阻断供水,危害甚大。该阀主要用来:①当水进入主管道时要排除管中的空气,在管道完全充满水时,排气阀保持关闭,防止水泄漏。另外当主管道排水时排气阀开启,允许空气进入;②在管道正常承压的工作情况下,排除管道内因水体夹带或逸出而积聚的空气,同时又不允许水外泄和渗漏。它分有单孔大口排气阀、单孔小口排气阀、双孔排气阀、快速排气阀等。　　　　　　　　　(肖而宽)

排水泵站　pump stations of wastewater engineering

排水工程中抽升雨水和污水的设施及其附属构筑物和建筑物。一般包括集水池、格栅间、机器间(或分设为水泵间和电机间)、配电间、值班室、生活管理房屋等。按泵站在城市排水系统中的位置划分有总泵站、终点泵站、区域泵站、局部泵站、中继泵站、道路立交泵站等。按所抽升的介质划分有污水泵站、雨水泵站、合流泵站、污泥泵站、排涝泵站等。

　　　　　　　　　　　　　　　　(张中和)

排水泵站建造　constructing of drainage pumping station

城市排水系统(包括污(废)水及雨水)中赖以提升管道内水流高度的独立装置——排水泵站的施工。有污水泵站、雨水泵站和污泥泵站之分,统称排水泵站。其主要组成包括机器间(泵房)、变配电室、集水池(或集泥池)、格栅(污泥泵站不设)、值班室等。污水泵站的机器间与集水池多采用合建式,在二者之间加设不透水隔墙,借以保护机械设备的运行安全。其平面形状一般呈圆形或呈矩形,也可以是建筑物的下部为圆形而上部为矩形,以圆形结构对于采用沉井法施工更为有利。

（李国鼎）

排水管道平面图　plan of sewer system

反映排水管道平面布置的主要设计图。图中包含干管、主干管和地面建筑物的平面位置,管道长度、管径和坡度,检查井的编号与位置以及与其他地下管线或构筑物交叉点的位置和其他居住区街坊连接管或工厂废水排出管接入干管的位置和标高,管线图例及施工说明等。比例尺常采用 1：500～1：2 000。

（罗祥麟）

排水管道纵剖面图　profile of sewer system

反映排水管道纵剖面高程位置,并与排水管道平面图相对应的排水管道的主要设计图。图中标出地面高程线、管道高程线、检查井及沿线支管接入处的位置、管径、高程以及与其他地下管线或障碍物交叉的位置、高程,沿线钻孔位置及地质情况。图中还注明沿线检查井编号、管径、管段长度、地面标高、管内底标高、管道材料和基础类型等。比例尺常采用水平方向 1：500～1：2 000,垂直方向 1：50～1：100。

（罗祥麟）

排水管渠的材料　materials of sewers

制造排水管渠所用的材料。排水可用管道或渠道。对排水管道的材料要求:①必须有足够的强度,以承受外部的荷载和内部的水压;②具有抵抗污水中杂质的冲刷和磨损的作用,并应具有抗腐蚀的性能;③必须不透水,以防止污水渗出或地下水渗入;④管壁内壁应整齐光滑,使水流阻力尽量减少;⑤应就地取材,以节省运输费用等。常用的排水管道材料及制品有:混凝土管、钢筋混凝土管、陶土管、石棉水泥管、塑料管及其他材料等。大型排水渠道常用的建筑材料有砖、石、陶土块、混凝土块、钢筋混凝土块和钢筋混凝土等。合理地选择管渠材料,对降低排水系统的造价影响很大,应综合考虑技术、经济及其他方面如就地取材等因素来选择。

（孙慧修）

排水管渠的管理与养护　operation and maintenance of sewers

为了保证排水管渠及其附属构筑物的正常工作所进行的养护和管理。城镇排水系统的管理养护工作,一般由城市建设部门的专门机构如养护工程管理处等来领导,按行政区划设置的养护管理所负责。养护管理机构可分为管渠系统、排水泵站和污水处理厂三部分。管渠系统养护经常性的和大量的工作是清通排水管渠。

（肖丽娅　孙慧修）

排水管渠的清通　cleaning sewers

排水管渠使用过程中随时都可能有沉淀物沉淀、淤积,甚至堵塞管道,为了保证管渠的输水能力,应定期对管渠进行的清通。清通方法有水力和机械两种。

（孙慧修）

排水管渠的养护　maintenance of sewers

为了保证排水管渠的正常工作,所进行的养护工作。管渠系统的养护任务是:①验收排水管渠;②监督排水管渠使用规则的执行;③经常检查、冲洗或清通排水管渠,以维持其通水能力;④修理管渠及其附属构筑物,并处理意外事故等。养护的主要项目是检查、冲洗、清通和修理等工作。

（孙慧修）

排水管渠附属构筑物　sewer system appurtenances

为了排除污水和雨水,除管渠本身外,在管渠系统上所设置的构筑物。它包括雨水口、检查井、跌水井、水封井、倒虹管、冲洗井、防潮门、换气井、溢流井、出水口、污水排海出水口和排水泵站。泵站是排水系统上常见的建筑物。有时,它在管道系统上数量很多,占管渠系统造价相当比例。因此,应使构筑物建造合理,并能充分发挥最大作用,这是排水管渠系统设计和施工中重要课题之一。

（肖丽娅　孙慧修）

排水管渠机械清通　mechanical scour of sewers

用机械清通管渠淤塞的方法。当管渠淤塞严重,淤泥已黏结密实,用水力清通效果不佳时采用。机械清通操作示意(如图)。利用绞车往复绞动钢丝绳,带动清通工具将淤泥刮至下游检查井内。绞车的动力可手动或机动。清通工具种类繁多,有骨骼形松土器、弹簧刀式清通器、锚式清通器、胶皮刷、铁

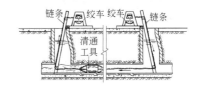

畚箕、钢丝刷、铁牛等工具。

（孙慧修）

排水管渠水力清通　hydraulic cleaning of sewers

用水对管渠进行冲洗清通淤塞的方法。通常在上游管道,由于流量不大常常需要冲洗。一般在街坊内的污水支管,每冲洗一次需水约 $2～3m^3$。该法操作简便、工效较高、工作人员操作条件较好,目前

已广泛采用。水力清通操作示意(如图)。水源可利用管道内污水自冲,或用自来水和河水。一些城市也用水力冲洗车(清通车)清通管渠。

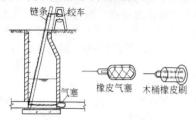

(孙慧修)

排水管系统建造 constructing building sewer system

由建筑的排出管到城市排水支管间排水系统的施工。即建筑的庭院排水管系统。其包括建筑排水总管、排水总检查井、排水提升泵站等,是排除建筑区内生活污水、废水和雨水的排除系统。

(王继明)

排水流域 drainage area

根据地形,按分水线所划分的区域。在地形起伏及丘陵地区,区域之间的分界线与分水线基本一致。在无显著分水线的平坦地区,可依据街区的布置适当划分,使各相邻区域管道系统的负荷能合理分配。

(罗祥麟)

排水渠道 sewer channel

当排水管径大于 1.5m 时,通常不采用预制的圆形管道而就地建筑的渠道。常用断面形式有圆形、矩形、半椭圆形等。渠道的建筑材料有砖、石、陶土块、混凝土块、钢筋混凝土块和钢筋混凝土等。采用钢筋混凝土时,要在现场支模浇制。砖砌渠道在国内外排水工程中应用较早。渠道施工方法有两类:①开槽施工法:适用于埋深不大,容许开挖的场合;②地下施工法:适用于埋深较大,不允许开挖的场合,通常用普通隧道法和盾甲法进行地下施工。渠道上部称渠顶;下部称渠底,常和基础做在一起;两壁称渠身。图为大型排水渠道的一种形式。

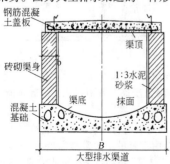

大型排水渠道

(肖丽娅 孙慧修)

排水提升泵站建造 constructing sewage lift house

在建筑排水管网埋设较深而不能自流排入城市排水管中时,所设排水提升泵站的施工。泵站内设有排水泵机组、管路设备、电气设备、集水池及其他设备。为了运行方便及改善卫生条件降低噪声,泵站多用地下式,机器房与集水池建于一处,中间用不透水墙分割开。泵采用立式或卧式污水泵,压力灌水,小型泵可用污水潜水泵。水泵吸水管上需设阀门,吸水管穿过集水井壁进到吸水坑上部,穿池壁处须用石棉水泥油麻接口封闭,以免渗漏。出水管装设止回阀、阀门等,通向出水检查井、排水总管流入城市排水支管。集水井进口处设格栅,格栅与水面呈 60°～70°角,栅底应比进水管底低 500mm 以上,栅顶设清渣平台,台宽大于 1m 并超出池最高水位 500mm 以上,清渣一般用手工。污水提升泵站建设较深,可将机器间分成两层,上层设置电机和电气设备,下层设水泵及管道,可使运行更为方便。泵站应设事故出水口,但要征得当地环保部门的同意。

(王继明)

排水系统 biofilter underdrains

设于生物滤池底部的排除处理水设施。它具有排除处理水和脱落的生物膜,并使滤料保持良好通风状态等各项功能的系统。它由渗水底板、集水沟和总排水沟所组成。渗水底板多为混凝土预制板,其上有缝隙用于排除渗水并起通风作用,缝隙的总面积不得小于滤池表面积的 20%,底板由垫块支承,距池底不小于 0.6m。池底以 0.01～0.02 的坡度坡向集水沟用于汇集污水,集水沟以 0.05～0.02 的坡度坡向总排水沟。为避免发生沉淀,总排水沟内流速应大于 0.6m/s,处理水最后通过总排水沟排出池外。

(戴爱临 张自杰)

排水系统布置形式 drainage system layout

一个城镇、居住区或工矿企业的排水管渠、排水泵站及污水处理厂等整个排水系统的平面布置形式。应根据地形、土壤条件、河流情况、竖向规划、污水处理厂位置、污水再生利用以及污水性质与污染程度等因素确定。通常以地形为主要因素考虑的布置形式可分为正交式排水系统、截流式排水系统、平行式排水系统、分区式排水系统、分散式排水系统、环绕式排水系统等。一个城镇排水系统,一般根据当地条件可采用几种布置形式,组成一个综合的布置形式。

(魏秉华)

排水系统总平面图 general plan of sewer system

根据一定比例的地形图绘制而成的包含排水系统全部工程设施的平面图。图中表示排水系统的地理位置,各种工程设施的平面位置、尺寸,以及它们与其他有关的地物(包括天然的、人工的、现存的和规划的)之间的平面关系等。

(罗祥麟)

排污负荷控制 discharge load control

通过限制单位产品生产的许可排污量来控制企业的排污总量。其单位许可排放量一般参照行业内有代表性的先进工艺和生产规模来制定,实质上是一种不受稀释排放影响的浓度控制方式。它较好地体现了排污权的公平分配,并将有助于促进新旧工艺技术的更替。

(徐康富)

排污收费 discharge collection

对超过国家规定的标准排放污染物,要按照排放污染物的数量和浓度,根据规定收取的排污费。根据中国环境保护法,1982年2月5日国务院发布"征收排污费暂行办法"明文规定了排污收费标准,从此开始了排污超标收费的制度。它的目的在于促进企业、事业单位加强经营管理,节约和综合利用资源。其所征收的排污费主要用于治理污染、改善环境。

(姜安玺)

排污数量控制 pollution amount control

又称 P 参数控制。参照许可落地浓度,选取相应的 $P(t \cdot m^{-2} \cdot h^{-1})$ 参数来控制污染源的排污量。它是中国政府参照 K 值控制推行的一种 SO_2 及电厂烟尘排放控制的方式。其许可排污量 $Q(t \cdot h^{-1})$ 也与 P 值成正比,和烟囱有效高度 $H_e(m)$ 的平方成正比。P 参数的选择与平均风速稀释系数,侧向风稀释系数,风向方位系数,排气筒密集系数以及经济技术系数等有关。

(徐康富)

排污损失 lossage of blowdown

在循环冷却水系统中,为控制因蒸发损失引起的浓缩过程,人为地连续或间歇排放的水量。与循环水水质和浓缩倍数有关。以循环水量的百分数表示。

(姚国济)

排污许可证 transferable discharge permit

由环境主管部门将总量控制规划按公平分配原则所确定的满足环境目标值的平权排放量以法定形式分配或拍卖给排污单位而颁发的证书。其特征是允许在同一地区内按环境影响等效的原则进行自由交易转让。实质上是将环境资源商品化,引入市场竞争机制,将污染控制导向总量控制优化方案的实施。

(徐康富)

排烟热损失 q_2 flue-gas heat loss

排出燃烧设备的烟气所带走的热量。是各项热损失中最大的一项,一般占 5%～12%。排烟温度越高,q_2 值越大。降低排烟温度虽然可以减小 q_2 值,但会使设备的受热面积增加,金属耗量增加。所以合理的排烟温度应通过技术经济比较来确定。

(马广大)

派送候工室 puncher rest room

送报员等候投递电报暂时休息的房间。内设有工作人员用的桌、椅等设备。

(薛 发 吴 明)

pan

盘片 disks

呈盘状的生物膜载体。为生物转盘主要组成部分。直径一般介于 1～5m,不小于 35% 的盘片直径浸没于氧化槽中的污水中,中心固定在转轴上。借助驱动装置以 10～20m/min 的周边线速缓慢旋转,其形状有平板、波纹板、网状板、波纹板与平板相间组合等。其材料应满足质轻、耐蚀、高强、价廉并易于加工的要求,一般多由聚氯乙烯塑料、聚苯乙烯泡沫塑料、玻璃钢或金属板制作,可加工成整片的,也可以为拼装式,呈单元组装,每单元 30～180 片。其安装于转轴上需用支撑拉杆加固,为了防止其变形错位,一般在转轴和拉杆上还套以定距环。

(张自杰)

盘式散流曝气器

见扩散盘(172 页)。

pao

抛煤机炉 spreader stoker-boiler

用机械或风力播散燃料的一种层燃炉。该炉有两种形式:一种是抛煤机固定炉排炉,适宜于容量小于 10t/h 的炉子;另一种是抛煤机链条炉排炉,多用在容量大于 10t/h 的炉子。抛煤机固定炉排炉为抛煤机和水平翻转炉排相组合的炉子,具有着火条件好(双面点火)、煤种适应面广、金属耗量少及初投资省等优点。但清渣次数多、劳动强度大,影响了燃烧效率,限制了锅炉容量的提高。此外,受热面磨损较严重,烟尘排放浓度较大。抛煤机链条炉排炉为抛煤机和链条炉排相组合的炉子,既保留了抛煤机固定炉排炉着火条件好、燃烧强度高及煤种适应面广等优点,又克服了人工清渣带来的繁重体力劳动,使加煤、除渣皆实现了机械化,且可使锅炉容量进一步提高。主要问题是飞灰量较大,受热面磨损较严重,烟尘排放浓度高。

(马广大)

泡沫混凝土 foamed concrete

以水泥或粉煤灰为主加入松香泡沫剂及水,经搅拌、蒸养制成的多孔保温材料。水泥泡沫混凝土使用温度不大于250℃,粉煤灰泡沫混凝土使用温度不大于350℃,密度为400~500kg/m³,常温热导率约为0.08~0.1W/(m·K)。 （尹光宇 贺 平）

泡沫塔 foam tower

在泡沫状态下操作的筛板塔。是孔板塔的一种。为了强化生产,可提高气流速度,使气体鼓泡而出时形成鼓泡层、泡沫层和雾沫层,促进气液两相接触更充分,相互作用也更良好。应用于蒸馏和吸收等操作。在除尘中应用的泡沫塔除尘器也简称泡沫塔。 （王志盈 张希衡 金奇庭）

泡沫塔除尘器 foam tower scrubber

简称泡沫塔。又称泡沫洗涤器。在设备中与气体相互作用的液体,呈运动着的泡沫状态的除尘器。泡沫能使气液之间有很大的接触面积,尽可能增加气液两相的湍流程度,保证气液两相接触表面有效的更新,达到高效净化气体中尘、烟、雾的目的。可分为溢流式和淋降式两种。在圆筒形溢流式泡沫塔(如图)内,设有一块或多块多孔筛板,洗涤液加到顶层塔板上,并保持一定的原始液层,多余液体沿水平方向横流过塔板后进入溢流管。待净化的气体从塔的下部

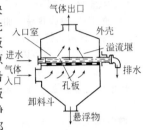

导入,均匀穿过塔板上的小孔而分散于液体中,鼓泡而出时产生大量泡沫。泡沫塔的效率,包括传热、传质及除尘效率,主要取决于泡沫层的高度和泡沫形成的状况。气体速度较小时,鼓泡层是主要的,泡沫层高度很小;增加气体速度,鼓泡层高度便逐渐减少,而泡沫层高度增加;气体速度进一步提高,鼓泡层便趋于消失,全部液体几乎全处在泡沫状态和雾沫状态;气体速度继续提高,则雾沫层高度显著增加,机械夹带现象严重,对传质产生不良影响。一般除尘过程,气体最适宜的操作速度范围为1.8~2.8m/s。当泡沫层高度为30mm时,除尘效率为95%~99%;当泡沫层高度增至120mm时,除尘效率为99.5%。压力损失为600~800Pa。

（郝吉明）

泡罩塔 bubble cap (plate) tower, bubble-cap column of absorption

又称泡帽塔,泡盖塔,泡罩吸收塔。气液传质设备的一种。塔体内设多层水平塔板,板上装设若干供空气或蒸汽通过的升气管,上盖泡罩,罩底缘刻有齿槽。塔板的一侧装设数根降液管(溢流管),管顶高出塔板面数厘米,以便在板面上积存一层液体;管底插入下层塔板的液层内,形成液封。各层塔板的降液管左右交替设置。运行时,液体由塔顶连续供入,水平流过上层塔板后,由降液管流到下层塔板,再逆向流过该塔板,如此反复折流,逐级下降,最终从塔底流出。气体或水蒸气由塔底供入,通过升气管,逐级上升,最终从塔顶流出。当气体或蒸汽从泡罩底缘的齿槽通过时,和液层充分接触,进行传质。

（张希衡 刘君华 金奇庭 姜安玺）

pei

配电室 power supply room

又称电力室。供安装整流器、配电屏等设备的房间。一般应与电池室同层相邻或叠层相邻。大型局站中,配电室分高压配电室、低压配电室和通信配电室。一般应有良好自然通风和采光,屋面防水措施要可靠。耐火等级不应低于二级。

（薛 发 吴 明）

配电箱 distribution box

由低压开关、接触器、继电器以及其他辅助器件组成的一种小型的低压成套开关设备。一般用于配电系统的末端。按结构形式可分为落地式、墙挂式和嵌入式等。按作用通常分为动力配电箱和照明配电箱。 （陆继诚）

配电装置 distributing apparatus

主要用于配电电路,对电路及设备进行保护以及通断、转换电源或负载的电器装置。 （陆继诚）

配气管道计算流量 design capacity of distribution pipelines

计算配气管道时确定的设计流量。根据各管段连接用户的情况,配气管道的计算流量可分为三种:①管段只有转输流量,因而管段的燃气流量为常数值,管段的计算流量就等于转输流量;②管段与大量用户相连,管段始端进入的燃气在输送过程中全部供给用户,这种管段只有途泄流量,其计算流量取总途泄流量的0.55倍;③管段上既有转输流量,又有途泄流量,管段的计算流量为转输流量加上0.55倍途泄流量。 （李猷嘉）

配水泵房

见送水泵房(273页)。

配水厂(站) water distribution station

由调节水池和送水泵房按用水量、水压要求将经净化的水送入配水管网的设施。用以增加管网高峰用水时的供水量。泵房内亦可设两套水泵,一套从调节水池抽水;另一套从管道抽水。 （王大中）

配水干管 distribution main pipe

将输水管送来的水分别输送到城镇各用水地区,并为沿线用户供水的一种管线。当配水采用环

状管网,配水干管可构成一个或多个环;当配水采用枝状管网,配水干管指其中之干管。配水支管或接户管接自配水干管。　　　　　　　　（王大中）

配水管与引水管节点建造　connecting joint of distributing and service pipes

在城市配水管上装接引入管节点的施工。首先确定节点位置,开挖工作坑,清净连接处,然后进行工作。装接方法视管径的大小,可分为两种:小径管采用管卡钻孔法,在接点上装设管卡,管卡由铸造的鞍座和管箍组成,鞍座下放上适当管孔的橡胶垫,以管箍卡紧于管上,鞍座上装阀门,阀门上安装打孔器,使钻头通过阀门直抵管壁,随即转动钻头进行钻孔,直到管壁被打穿,然后缓缓拉出钻头,当钻头拉到阀外时,管内水可将钻下的铁屑冲到管壁外,立即关闭阀门,拆下打孔器,节点接管工作完成。此法优点为在不停水情况下接管,亦称带水接管法,不影响配水管的正常供水。当管径较大时,可采用接装丁字管法,俗称接三通法,接管工作宜选在用水量最小时间内进行,一般选在清晨进行。先关闭给水管接点处两端的阀门断水,在管上截去较欲接装丁字管稍短的一段管,此时将有水自断管处流出,应随即排去,以利接管工作。首先在断管一端装入套管,另一端装上预先装备阀门的丁字管,拉回套管套在断管与丁字管上,对中找正并垫牢,然后将套管两端和丁字管上的三个管口,用铅接口法接好,经检查合格后,开启两端阀门,正常通水,接装工作完毕。并在节点处砌筑阀门井。此项工作由于破土开槽,施工时应设置施工警告标志,保证车辆行人安全。　　（王继明）

配水系统　distribution system

在冷却塔内,用以将水均匀洒布在整个淋水面积上的分配系统。一般有槽式、管式、管槽结合式、池式配水和旋转布水器等。保持配水均匀,对保证冷却效果,减少通风阻力,降低运行费用,具有重要作用。　　　　　　　　　　　　（姚国济）

配水支管　distribution branch pipe

将配水干管输送来的水,分配给接户管和消火栓的一种管线。配水支管多布置呈枝状,遍布城镇每条街道。　　　　　　　　　（王大中）

配线电缆　distribution cable

连接有分线设备的电缆。
　　　　　　　　　　　（薛　发　吴　明）

配线架　distribution frame

供终接一定数量的导线,并按各种需要顺序将这些导线连接在一起的架子。
　　　　　　　　　　　（薛　发　吴　明）

配音编辑室　dubbing studio

又称电视剧配音室。配合图像完成音频信号后期加工的场所。根据图像的要求可以配先期录制的音乐素材,也可以配对白、台词,还可以进行各种模拟音及其他音响效果的处理。既可以用于对各种自制节目的配音加工,也可用于对语言不同的节目进行译制。　　　　　　　　（薛　发　吴　明）

pen

喷管式换热器　jet pipe heat exchanger

被加热水流过喷管时,被从喷管管壁上许多斜向小孔进来的蒸汽直接加热的换热器。喷管式换热器体积小,制造简单、安装方便、调节灵敏。但传热量较小,一般用于热水供应系统。运行时蒸汽压力应高于上水压力。　　　（盛晓文　贺　平）

喷淋吸收塔　spray column of absorption

把液体吸收剂喷成细雾或雨滴而分散,并自上而下与自下而上的污染气流进行接触传质的吸收塔。是吸收传质设备的一种。　　（姜安玺）

喷射泵

见水射器(268页)。

喷水冷却池　spray cooling pond

热水通过有压管道上的喷嘴,向大气喷溅成水滴,增加水与空气接触面积和时间,从而降低水温的构筑物。具有设备简单、造价低、维护方便等优点;但有占地面积大,易受气象条件影响,水量损失多,水池附近形成水雾等缺点。当循环水量较小,工艺对冷却水温要求不严格,场地、环境条件允许时采用。　　　（姚国济）

喷涂式保温　sprayed insulation

保温材料通过喷涂设备喷射在管道、设备表面形成保温层。无机保温材料(膨胀珍珠岩、膨胀蛭石、颗粒状石棉等)和泡沫塑料等有机保温材料均可用喷涂法施工。特点是施工效率高,保温层整体性好。　　　　　　　　　（尹光宇　贺　平）

peng

膨胀水箱定压　pressurization by elevated expansion tank

利用高置水箱来保证热水网路某点压力恒定的措施。膨胀水箱利用水柱高度向系统定压,同时还可容纳系统水温升高而产生的膨胀水量。该定压方式设备简单,运行可靠,一般用于供热范围不大的低温水供暖系统。　　　　（盛晓文　贺　平）

膨胀珍珠岩　expanded pearlite

酸性火山玻璃质岩石——珍珠岩,经粉碎在1200~1380℃高温下瞬间焙烧,体积急骤膨胀形成的白色砂状保温材料。管道保温常采用水泥膨胀珍珠岩、水玻璃膨胀珍珠岩和憎水膨胀珍珠岩制品。这些保温制品耐温不低于600℃,密度在200~400kg/m³之间,常温热导率约为0.06~0.09W/(m·K)。沥青膨胀珍珠岩有较好的憎水性,耐温150℃,

密度为 $350\sim450kg/m^3$,常温热导率为$0.07\sim0.10$ $W/(m\cdot K)$。   (尹光宇 贺 平)

膨胀蛭石 expanded vermiculite

铁镁含水硅酸盐矿物——蛭石,经 $800\sim1100℃$焙烧体积膨胀形成的保温材料。管道保温常用水泥膨胀蛭石和水玻璃膨胀蛭石制品。其耐热达 $600℃$,密度为$350\sim500kg/m^3$,常温热导率为$0.08\sim0.12W/(m\cdot K)$,抗压强度为$300\sim600kPa$。

(尹光宇 贺 平)

piao

漂白粉 bleaching powder

又称氯化石灰。化学成分为 $Ca(ClO)Cl$ 的白色粉末状物质。将氯气通入消石灰而制得。有氯臭味,曝露于空气中易分解,遇水或乙醇也分解,宜封闭储存。它并非是单一的化合物,而是一种混合物,其中含有次氯酸钙、氯化钙和氢氧化钙等物。杀菌消毒有效成分是次氯酸钙,常以有效氯来表示,一般漂白粉中有效氯含量约 $30\%\sim35\%$。是价廉有效的消毒剂、杀菌剂和漂白剂。有酸或 CO_2 存在时,转化为 $HClO$,起消毒和氧化作用。其缺点是有效氯含量低和贮放时间久后有效氯容易降低,甚至会失效。由于投加方式较简单,毋需氯瓶和加氯机等设备,只要加水调制成悬浮液,经澄清后即可加入水中。水处理中用于水和废水的消毒和氧化 CN^- 等有毒物质。

(王维一 王志盈 张希衡 金奇庭)

漂粉精 calcium hypochlorite

漂白粉的精制品。其主要成分是次氯酸钙,并含有少量的氯化钙、氯酸钙和氢氧化钙等杂质,外观为白色粉状固体。它与漂白粉比较,其优点:①有效氯含量较高,一般可达 60% 以上;②杂质含量低,稳定性好,久藏不易分解;③容易调制水溶液,不溶物沉降快。   (王维一)

飘尘 airborne dust

大气中粒径小于 $10\mu m$ 的固体颗粒。它能较长期地在大气中飘浮。一个地区大气中飘尘的浓度值,反映了该地区受粉尘污染的程度。我国的《大气环境质量标准》中规定了它的浓度限制和监测分析方法。   (马广大)

pie

撇油撇渣机 grease-shimmer

对隔油池、平流沉淀池、气浮池液面的浮油、浮渣的撇除设备。撇除板有翻板式、升降式、链板式、带式。常用的有行车式撇渣机、链板式撇油撇渣机、绳索牵引式撇油撇渣机。   (李金根)

pin

频敏变阻器起动 frequency sensitive rheostat starting

在绕线型电动机转子回路中串接阻抗可随频率变化的变阻装置,从而增加起动转矩、减小起动电流的一种起动方式。频敏变阻器相当于一个等值阻抗,其阻值随着频率的减小而减小。电动机起动时随着转速的提高,转子回路的感应电流频率越来越小,频敏变阻器自动均匀地减小阻抗值,从而平滑地调节起动电流和起动转矩,实现电动机的无级起动。

(许以傅 陆继诚)

品接杆 double joint pole

旧称双接腿杆。由三根电杆组成"品"字形的排列的电杆。一般用于需要升高电杆高度,且强度较大的地方,如跨越铁路、河流等。

(薛 发 吴 明)

ping

平板式微孔滤膜过滤器 portable micro-pore membrane filter

由平面铺设的微孔滤膜组成的压力过滤装置。其构造分单层和多层两种。   (姚雨霖)

平板式叶轮曝气机 plate type vertical shaft aerator

叶轮呈板状的一种垂直提升表面曝气机。叶轮由平板、叶片、法兰构成,叶片长宽相等,与圆形平板径向线的夹角一般在 $0°\sim25°$ 之间,最佳角度为 $12°$。平板型叶轮构造最简单,制造方便,不会堵塞。

(李金根)

平衡池 balancing tank

又称恒位箱。为保持稳定的投药液位而设置有恒位器的容器。目前大多用硬质塑料板制作,硬塑板厚度在 $10\sim20mm$ 之间。池体大小视水厂生产能力和加注药液数量而定,一般在 $0.5m$ 左右的长、宽和高,池内可分成数格。池内设有保持液位的恒位器如浮球阀等。   (顾泽南)

平均焓差法 average enthalpy potential method

用冷却塔进、出水温差 Δt 与平均焓差 Δi_m 之比代替冷却塔热力计算基本方程式积分式 $\int \dfrac{dt}{i''-i}$,求解冷却数的一种近似计算方法。其近似解为

$$N = \frac{1}{K}\int_{t_2}^{t_1} \frac{dt}{i''-i} = \frac{1}{K}\frac{\Delta t}{\Delta i_m}$$

K 为蒸发水量带走热量系数；Δt 为水温差；Δi_m 为平均焓差，$\Delta i_m = \dfrac{\Delta i_c - \Delta i_z}{\ln \dfrac{\Delta i_c}{\Delta i_z}}$，$\Delta i_c = i_1'' - \delta_i'' - i_2$，$\Delta i_z = i_2'' - \delta_i'' - i_1$，$i_1$、$i_2$ 为冷却进出口空气焓（J/kg），i_1''、i_2'' 为水温为 t_1 和 t_2 时的饱和空气焓（J/kg）；δ_i'' 为修正值，$\delta_i'' = \dfrac{i_1'' + i_2'' - 2i_m''}{4}$，$i_m''$ 为平均水温 t_m 时的饱和空气焓。 （姚国济）

平均日供水量 daily average amount of water supply

按一年的日数（365 日），平均每日（即一昼夜）的供水量。单位为 m³/d 平均。 （魏秉华）

平均停留时间

见水力停留时间（266 页）。

平均直径 mean diameter

为了从总体上描述气溶胶颗粒大小的直径。一般采用平均直径。平均直径有许多不同的定义，较常用的平均直径有：

长度平均直径 $\overline{d}_L = \dfrac{\Sigma n_i d_{pi}}{\Sigma n_i} = \Sigma f_i d_{pi}$

表面积平均直径 $\overline{d}_s = \left(\dfrac{\Sigma n_i d_{pi}^2}{\Sigma n_i}\right)^{1/2} = (\Sigma f_i d_{pi}^2)^{1/2}$

体积平均直径 $\overline{d}_v = \left(\dfrac{\Sigma n_i d_{pi}^3}{\Sigma n_i}\right)^{1/3} = (\Sigma f_i d_{pi}^3)^{1/3}$

体积表面积平均直径 $\overline{d}_{vs} = \dfrac{\Sigma n_i d_{pi}^3}{\Sigma n_i d_{pi}^2} = \dfrac{\Sigma f_i d_{pi}^3}{\Sigma f_i d_{pi}^2}$

n_i 和 f_i 分别为粒径为 d_{pi} 的颗粒的个数和个数频率。 （马广大）

平流层 stratosphere

对流层以上至约 50km 高度的大气层。由于远离地面，其下层气温随高度变化很小而称为同温层。至 25km 以上，受臭氧层吸收紫外线的影响，形成气温随高度增加而上升的上部逆温层。层内空气垂直混合非常微弱，进入层内的硫酸盐等物质微粒的滞留期可长达两年，被誉为大气污染物的贮藏所。 （徐康富）

平流沉砂池除砂设备 scraper in horizontal-flow grit chamber

清除水的流态如河道水流的沉砂池中重力沉降的砂粒的机械。是最常用的除砂设备。过境污水和有机颗粒进入后续处理设施。平流池除砂机有链板刮砂机、链式刮砂机、提耙式刮砂机、行车式吸砂机、螺旋式除砂机。提砂机有步进式刮砂机、链斗提砂机、螺旋输砂机。 （李金根）

平流式沉淀池 horizontal flow sedimentation tank

给水水流沿水平方向流动的沉淀池。通常和絮凝池合建在一起，两池之间用穿孔花墙隔开，使进入沉淀池的水流均匀分布。穿孔墙上的孔口总面积不能过多以保证墙身强度，而每一孔口的流速须防止絮体破碎，以免影响沉淀效果。经絮凝的原水流入沉淀池后，沿沉淀池整个断面均匀分配。颗粒逐步下沉，沉淀水经出水槽流出。出水槽可采用平顶堰、三角堰或淹没孔口。过堰的流量不宜过大，以免将沉淀的颗粒随水流带出池外。池长和池宽的比率不小于 4。水中的颗粒沉于池底后，污泥不断堆积并浓缩，定期用水力或机械设施排出池外。平流式沉淀池应用很广，大型水厂中常被采用。

污水在池中沿水平方向流动的沉淀池。它由流入区、沉淀区、缓冲区、污泥区、流出区及排泥装置等组成。池呈长方形，池的长宽比不小于 4。池的长与有效水深比不小于 8，池中有效水深一般 2～4m。该池构造简单，沉淀效果好，工作性能稳定，使用广泛，但占地面积大。图为设有链带式刮泥机的平流式沉淀池。排泥方法：①静水压力法，利用池内静水位将污泥排出池外。初次沉淀池静水压力不应小于 1.5m；活性污泥法后二次沉淀池不应小于 0.9m；生物膜法后二次沉淀池不应小于 1.2m。池底有 0.01～0.02 坡度使池底污泥滑入污泥斗；②机械排泥法，如用链带式刮泥机或行走刮泥机等，将污泥刮入污泥斗。然后用静水压力法或泵排出池外，浮渣刮入浮渣槽排出池外。上述两种机械排泥法主要用于初次沉淀池。

（邓慧萍 孙慧修）

平流式沉砂池 advective grit chamber

水沿水平方向流动，沉降去除较大（大于0.2mm）砂粒或杂粒的构筑物。由进出水槽（设有闸板）、水流沉淀区、沉砂斗、排砂管或排砂设备等组成。最大流速应为 0.3m/s，最小流速应为 0.15m/s。最高时流量的停留时间不应小于 30s。有效水深不应大于 1.2m，每格宽度不宜小于 0.6m。按排砂方法分水力重力排砂、水射器排砂、螺旋泵排砂、抓斗排砂、戽斗排砂等。沉砂效果好、工作稳定、构造简单，且易于排除沉砂；但沉砂中常附着些有机物。通常用于城镇污水处理厂。 （魏秉华）

平炉炼钢废水 open-hearth steelmaking wastewater

平炉炼钢过程中产生的废水。主要有两种：①对炉门、水套、拱脚梁等设备间接冷却时产生的净废水，经冷却后循环使用。②平炉吹氧强化冶炼时，采用湿法（如文氏管除尘器、洗涤塔等）洗涤烟气所产生的烟气净化废水，水质特点与氧气转炉烟气净化废水相近，废水的处理方法亦雷同。参见转炉炼钢废水(368页)。　　　　（金奇庭　俞景禄　张希衡）

平面钢闸门　plate-type steel gate

用一块钢结构的平板形门叶，插在门框槽内，正面承受的水压力，经由门板传递至门框，门与框之间用止水橡胶密封，起堵水作用的闸门。按其启闭形式分为直升式、升卧式、横拉式、转轴式。各种形式的闸门都可用手动、气动、液动、电动等各种驱动方式操作启闭。　　　　　　　　　　　　（肖而宽）

平面筛网　flat filter

过滤面用横向设置细直的三角形断面的不锈钢丝编成网筛的水力筛网。属固定式筛网。筛面与水平成一倾斜角度，自顶部的60°逐渐减至45°。筛滤时，含纤维等杂质的污水均匀分布于筛面顺次下流，达到水与渣质分离。　　　　　　　　（李金根）

平权削减　weighting factor reduction

将大气污染模拟计算求得的复合地面浓度值之超标部分，按地面浓度分担率回摊给各污染源去削减。为使削减量分配较为公平，宜按未经任何削减的污染源原有排放量或按箱模型下平均浓度满足环境目标值时所对应的基础排放量计算地面浓度。通常按最大复合地面浓度或许可超标面积确定削减量。这种分配方式可将浓度控制方式中的排放控制责任转化为经济责任，按分摊的削减量征收控制费用或通过排污许可证制度将排污权推向市场进行交易，推动总量控制优化方案的实施。　（徐康富）

平台

见天线平台(280页)。

平行流水施工　parallel flow construction

又称平行流水作业。组织施工的一种先进方法。组织平行流水施工可采用的方式有：把整个工程的建造分为若干个施工过程或工序、分别由固定的工作队（小组或个人）负责完成；把一个施工对象尽可能地划分为劳动量大致相等的施工段，由固定的配备有必要机具的工作队（小组或个人）按照一定的工序、依次连续地由一个施工段转移到另一个施工段、重复地完成同类工作；把不同工作队（小组或个人）完成工作的时间，尽可能合理地搭接起来进行。合理组织平行流水施工可以保证各工作队（小组或个人）能连续均衡地展开施工，使各种资源的供应满足需要，同时有利于缩短工期、提高劳动生产率，降低工程费用，保证工程质量。　　（李国鼎）

平行式排水系统　parallel drain system

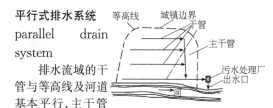

排水流域的干管与等高线及河道基本平行，主干管与等高线及河道成一定斜角布置的系统。由干管、主干管、污水处理厂、出水口等组成。适于排水流域地势向河流方向有较大倾坡的地区的布置形式，干管管道可免受冲刷。常用于城镇地区分流制的污水排除。　　　　　　　　　　　　　（魏秉华）

平行式双闸板闸阀　parallel double disc gate valve

具有两个闸板且密封面相互平行的闸阀。闸板间有密封的压紧装置。压紧装置有楔块式和弹簧式。阀门的密封一方面靠介质作用力另一方面靠闸板撑开机构的辅助压紧力。平行式双闸板阀有明杆式和暗杆式，小规格的以明杆式居多。平行式双闸板闸阀密封面加工制造比较容易，便于维修，但部件较多，易增加故障点。　　　　　（肖而宽）

评价点　assessment point

见控制点(169页)。

屏蔽电泵　canned motor pump

又称无填料泵。泵和电动机在同一根短轴上连成一个整体，杜绝液体外漏，电动机和转子分别用非磁性或高电阻率的耐腐蚀金属薄板(0.3～0.8mm)制成的套屏蔽起来的泵。该套称之为屏蔽套，转子在液体中，用循环管把泵出口和转子室后部连通，使一部分抽送的液体从泵出口端通向后轴承、转子、前轴承、叶轮轴并穿过泵体处向泵的吸入侧循环，这种循环的液流起到冷却电动机和润滑轴承的作用。广泛用于化工、原子能、纤维工业，特别适用于抽送高温、超低温液和有毒液体。　　　　　（刘逸龄）

瓶车　drum troll

夹持氯(氨)瓶做人工移位的专用运送工具。载重1.5t。有夹持器、车身、力车轮等组成。夹持器有夹钢瓶圆柱体，也有用吊钩夹持瓶的两端底壁。　　　　　　　　　　　　　　　（李金根）

瓶组供应　distribution by multiple gas cylinder installation

对用气量较大用户的多瓶供应方式。适用于建筑群、商业及小型工业用户供气。此种供应方式多采用50kg钢瓶。通常布置成两组，一组称使用侧；另一组称待用侧。两组交替更换和使用。瓶组供应系统分为设置高低压调压器的系统及设置高中压调压器的系统。前者适用于户数较少的场合，通常由调压器出口到用具之间的阻力损失在300Pa以下

(包括燃气表阻力损失在内);后者适用于用气量较大,输送距离较远的场合,采用中压管道输气,在燃具前设置中低压调压器。瓶组供应宜放置专用的自动切换调压器,以自动切换使用侧与待用侧钢瓶。

　　　　　　　　　　　　　(薛世达　段长贵)

po

破点

见穿透点(33页)。

pu

普通活性污泥法

见传统活性污泥法(33页)。

普通生物滤池　biological filter, trickling filter

又称低负荷生物滤池,滴滤池。负荷较低,多以实心块状材料(如碎石、卵石)为滤料的生物滤池。属第一代生物滤池。池体呈方形或矩形,池壁用砖石砌筑。滤料置于渗水底板上,厚度为 1.5~2.0m,多采用粒径为 30~100mm 的碎石或卵石。采用固定喷嘴式布水系统,污水通过喷嘴间歇地喷洒在滤池表面,并自上而下流过滤料,与滤料表面上的好氧生物膜接触,污水得到净化,净化水由池底排水系统排出。因滤池的负荷较低〔BOD 负荷 0.15~0.3kg/($m^3 \cdot d$)、表面水力负荷 1~3m^3/($m^2 \cdot d$)〕,生物膜厚度较大,且自然脱落,因此,滤料易堵塞。此外,占地面积大,大水量不宜采用,现已很少采用。

　　　　　　　　　　　　　(戴爱临　张自杰)

普通型钢筋混凝土电杆　reinforced concrete pole

未加预应力的普通钢筋混凝土制成的电杆。参见钢筋混凝土电杆(93页)。　(薛发　吴明)

曝气　aeration

使空气和污水密切接触,而溶解于水中,并使污水搅拌混合。它的作用有二:①向曝气池混合液提供微生物代谢所需要的溶解氧;②使混合液中的活性污泥经常处于悬浮状态,与污水充分接触混合。常常采用的技术有鼓风曝气、机械曝气和两者联合使用的鼓风机械曝气。　(戴爱临　张自杰)

曝气沉砂池　aerated grit chamber

水借曝气作用呈螺旋形流动,沉降去除较大(大于 0.2mm)砂粒或杂粒的构筑物。由进出水槽(设有闸板)、曝气装置、水流沉砂区、沉砂室、排砂管或排砂设备等组成。水平流速宜为 0.1m/s。最高时流量的停留时间应大于 2min。有效水深宜为 2.0~3.0m,宽深比宜为 1~1.5。处理每立方米污水的曝气量宜为 0.1~0.2m^3 空气。沉砂较纯净,附着的有

机物少,一般长期搁置不易腐败。常用于城镇污水处理厂。　　　　　　　　　　(魏秉华)

曝气池　aeration tank

利用活性污泥与人工曝气供氧净化污水的处理构筑物。是活性污泥处理系统的核心设备。在池内对混合液进行曝气、混合,有机污染物在活性污泥微生物的新陈代谢作用下进行降解。它按以下各项分类:①按混合液流态分为推流式、完全混合式和循环混合式 3 种;②按平面形状分为长方廊道形、圆形、方形和环状跑道形 4 种;③按曝气方式分为鼓风曝气池、机械曝气池和两者联合使用的机械-鼓风曝气池;④按与二次沉淀池之间的关系,可分为曝气-沉淀合建式和分建式两种。废水处理中的吹脱池(35页)亦称曝气池。　　　　　　　(张自杰)

曝气生物流化池　aeration biological fluid tank

简称 ABFT。由兰州捷晖生物环境工程有限公司开发的微生物、酶与载体自固定化技术的好氧生物反应器。固定微生物的载体平均密度与水的密度十分接近,载体在水中呈悬浮状,且不易流失;并具有比表面大、单位体积内生物负荷量大、接触均匀、传质速度快、水头损失小等特点。该池主要由池体、JHE 型生物载体、JW 型拦截网和 JADS 型曝气管等组成。池体以溢流式水流方式为主,池型主要有圆形和矩形两种,曝气方式为鼓风池底曝气;JHE 型生物载体系网泡状海绵由高分子材料合成,根据水质不同制成 10~20mm 的块状体,具有环氧基、伯胺基等反应性基团;JW 型拦截网系采用涤纶丝编制而成,用以控制生物载体在水中的位置和防止流失;JADS 型曝气软管系采用复合材料制成的软管,管壁上带有不同方向的切口。该流化池适用于炼油、化工、印染、皮革、造纸等废水和城市生活污水处理以及河湖微污染水体的原位就地修复。　(崔树生)

曝气生物滤池　aerated biofilters

采用人工鼓风,强化曝气的生物滤池。属高负荷生物滤池,滤层高度达 4m,采用人工塑料滤料,在底部排出处理水处应设水封装置以免空气外溢。本工艺处理效果良好。　　　　(张自杰　戴爱临)

曝气塘　aeration pond

塘水较深,通过人工曝气设备向塘内污水供氧的人工强化稳定塘。人工曝气设备多采用表面机械曝气装置,但也可以采用鼓风曝气装置。在人工曝气的条件下,藻类生长与光合作用受到抑制。按悬浮物质(包括生物污泥)在塘水中的状态,曝气塘可分为好氧曝气塘和兼性曝气塘两类。主要取决于曝气设备的数量和曝气强度。当曝气强度较大,足以使塘水中的悬浮物都处于悬浮状态,并向塘水提供足够的溶解氧时,即为好氧曝气塘,又称为完全混合曝气塘。当曝气强度仅能使部分悬浮物处于悬浮状

态;另一部分沉积于塘底,曝气装置提供的氧也不敷全部需要,则为兼性曝气塘,又称为部分混合曝气塘。它是人工强化的稳定塘,其净化功能、净化效果以及工作效率都高于一般的稳定塘,它在实质上与活性污泥法中的延时曝气法更为接近。该工艺的深度2~6m,水力停留时间2~10d,负荷量的取值为 $10\sim300$ kg/(10^3m$^3\cdot$d),BOD 去除率可达90%,多按串联方式运行,串联塘数3~4座。该工艺的设计计算可按负荷值进行,也可以按模式法进行。

(张自杰)

曝气原理 principle of aeration

空气中(气相)的氧向水中(液相)转移规律的理论。Lewis(刘易斯)和 Whitman(怀特曼)建立的氧转移的双膜理论是曝气原理的理论基础。在工程应用中,根据水质、水温、氧分压诸因素对氧转移的影响,提出了计算鼓风曝气池的供气量和表面曝气叶轮几何尺寸的修正公式。以上述理论为依据,不断研制开发新型的曝气设备,提高氧的转移率,减少电耗。

(戴爱临 张自杰)

曝气装置 aeration devices

促进将空气中的氧有效地转移到曝气池混合液中,并驱动污水剧烈搅动混合的装置。分为鼓风曝气、表面机械曝气及联合曝气系统等三种方式。鼓风曝气系统由空气压缩机(鼓风机)、空气管道及各种空气扩散装置组成,空气以微小气泡形式从空气扩散装置逸出进入混合液,搅动污水并使氧向污水中转移。表面机械曝气是通过曝气叶轮在水面的剧烈搅动,以达到充氧和搅动混合液的要求。联合曝气系统则是向混合液鼓入空气的同时又以叶轮在水下进行搅拌。

(戴爱临 张自杰)

曝气装置的动力效率 utility efficiency of aeration facilities

消耗一度电所能转移到液体中的氧量。以 E_p 表示。单位为kgO$_2$/(kW·h)。常用的空气扩散装置及表面曝气装置的 E_p 值:扩散板为 $1.6\sim2.0$kgO$_2$/(kW·h);穿孔管为 $2.3\sim3.0$kgO$_2$/(kW·h);固定双螺旋为 $1.5\sim2.5$kgO$_2$/(kW·h);表面曝气叶轮为 3kgO$_2$/(kW·h)左右。 (戴爱临 张自杰)

曝气装置的氧转移效率 oxygen transfer efficiency of aeration facilities

鼓风曝气系统转移到液体中的氧量占总供给量的百分数(%)。以 E_A 表示。常用的空气扩散装置 E_A 值:微气泡扩散板为 11%~12%;穿孔管为 6%~8%;固定双螺旋为 9.5%~11%;倒盆形曝气器为 6%~9%。

(戴爱临 张自杰)

Q

qi

期刊出售台 selling magazine counter

专门出售报刊、杂志的营业柜台(窗口)。

(薛发 吴明)

起床(移动床) bed rise(moving bed)

又称成床。通水时利用水力将配水管系以上的树脂层整体托起的工序。是移动床交换装置周期性工序之一。它使新鲜树脂与器内原有树脂不混杂,交换器出水端树脂层有较高的再生度,保障出水水质。 (潘德琦)

起动 starting

电动机从静止状态加速到工作转速的整个过程。包括通电、最初起动和加速过程,必要时还包括与电源同步的过程。 (陆继诚)

起始电晕电压 corona starting voltage

又称临界电压。电除尘器中开始发生电晕放电时的电压。与之相应的电场强度称为起始电晕场强或临界场强。它随电极的几何形状而变化。电晕线导线愈细,表面愈粗糙,则起晕电压愈低。气体组成决定着电荷载体的种类,不同种类气体离子在电场中的迁移率亦不同,导致电晕放电时伏安特性的差异。气体温度和压力的改变影响气体的密度,当气体密度增大时,起晕电压增高。温度和压力的变化也影响离子迁移率,从而也影响起晕电压。

(郝吉明)

气布比 gas-to-cloth ratio

又称表面过滤速度。单位时间处理含尘气体的体积与滤布面积之比。有毛气布比和净气布比之分。前者指袋式除尘器入口气体的总流量与除尘器的滤布总面积之比,后者指入口气体的流量与运行滤袋的滤布面积之比。对于小型袋式除尘器,两者差别较大。它是重要的设计参数,是决定除尘器性能和经济性的重要指标。从除尘器性能上考虑，它的选择要考虑除尘器类型、清灰方式、滤料种类、粉尘和气体性质等因素。 （郝吉明）

气浮 flotation

又称浮选。使水中悬浮物附着气泡而上升到水面，从而实现两者分离的水处理方法。气浮法特别适用于密度接近于水，而难以沉淀去除的悬浮物。例如藻类、纤维、油滴等。它按气泡产生的方式可分为：①依靠高速转子切割气泡的叶轮散气式；②通过微孔材料的小通道布气的微孔布气式；③利用水被电解时产生微气泡的电解式；④采用真空减压使气泡释出的真空式；⑤通过加压溶入空气，然后减至常压，使过量空气释出的压力式等。在城市给水中，几乎均采用加压式。实现气浮的主要条件是：①为防止冲碎絮粒需要有足够微细的气泡，通常要求直径在 $100\mu m$ 以下。②为确保絮粒的上浮，必须有足够的气泡量，使带气絮粒的密度小于水。③絮粒必须有足够的憎水性与粒径，以利于气泡的附着。④水中需要有一定的起泡物质，以提高气泡膜的强度，防止气泡自行并大与破碎。 （陈翼孙）

气浮池 flotation tank

泛指实现气浮分离的整套装置。由于在城市给水处理中，水量普遍较大，从节约能耗及提高处理效果出发，目前，均采用部分回流加压溶气式。其工艺流程如图。原水投加混凝剂后，进入反应池。经絮凝后的水自底部进入接触室，与溶气释放器释出的

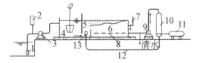

1—原水取水口；2—混凝剂投加设备；3—进水泵；4—反应池；5—接触室；6—分离室；7—排渣槽；8—集水管；9—回流水泵；10—压力溶气罐；11—空气压缩机；12—溶气水管；13—溶气释放器

微气泡相遇，絮粒与气泡进行充分接触黏附后，即在分离室内进行渣水分离。浮渣布于池面，并定期刮入排渣槽；清水由池底部集水管引出，进入后续处理设施。其中部分清水则由回流水泵加压，进入压力溶气罐，在罐内与空气接触、传质，完成溶气过程，并由溶气水管输往溶气释放器供气浮用。它通常为长方形或圆形。与沉淀池、澄清池相比，其池深浅，分离速度快，浮渣含水率低，池容积小，水流逗留时间短。 （陈翼孙）

气固相催化反应过程 catalytic reaction process of gas-solid phase

气相反应物在固相催化剂上进行反应的过程。

全程共分七步：①反应物从气相主体通过层流边界层向催化剂外表面扩散；②反应物通过催化剂微孔扩散到内表面；③反应物分子被催化剂表面化学吸附；④反应物分子在催化剂表面上发生化学反应；⑤反应产物脱附离开催化剂表面；⑥反应产物通过催化剂内孔到达外表面；⑦反应产物通过边界层进入气相主体。其中：①、⑦为外扩散过程；②、⑥为内扩散过程；③、④、⑤为化学反应过程。 （姜安玺）

气化过程指标 operation index of coal gasification

评价煤气化炉气化操作性能的指标。主要有煤气质量（组成和发热量）、煤气产率、气化强度、气化剂消耗率、气化效率、热效率及碳转化率等。它与原料性质、炉型以及气化过程操作条件等因素有关。 （闻 望 徐嘉森）

气化剂消耗率 specific consumption of gasifying agent

在煤气化过程中，气化单位质量原料所消耗的各种气化剂——空气（或氧气）和蒸汽量。是气化过程指标之一。有时为了对比各种气化方法，也以制造单位体积的煤气或纯一氧化碳和氢气所消耗的各种气化剂量来表示。它与原料种类及气化操作条件有关。煤中含碳率越高，它就越高。通入气化炉中的蒸汽量除满足气化反应需要外，还用以控制炉内温度，以防结渣。 （闻 望 徐嘉森）

气化煤气 coal gasification gas

煤在高温下与含氧及氢的气化剂（如空气、氧气、蒸汽等）反应生成的可燃气体。它的主要有效组分为氢、一氧化碳和甲烷。实行气化过程的设备称为气化炉或煤气发生炉。煤的气化反应主要包含：①部分燃烧，$C + \frac{1}{2}O_2 = CO$；②完全燃烧，$C + O_2 = CO_2$；③发生炉反应，$C + CO_2 = 2CO$；④水煤气反应，$C + H_2O = CO + H_2$；⑤加氢反应，$C + 2H_2 = CH_4$；⑥变换反应，$CO + H_2O = H_2 + CO_2$；⑦甲烷化反应，$CO + 3H_2 = CH_4 + H_2O$。这些反应都须在适当高温下进行，因而要供给热量，以推动反应进行；但对于加氢、变换、甲烷化反应，则不宜于温度过高，必须控制。煤气化方法、炉型及产品煤气的种类很多。按气化压力不同分常压气化和加压气化；按气化剂不同分空气煤气、半水煤气、水煤气、发生炉煤气及氧蒸汽煤气等；按对煤料供热方法分自热式和外热式；后者又有通过换热面的间接加热和通过气体、固体或液体（如高温熔融的炉渣、盐类或金属）的热载体直接和煤接触的加热等；根据煤料在炉内运动的状况分移动床气化、流化床气化和气流床气化等；按炉体构造分单段炉和二段炉等；根据灰渣排除方式分固态

排渣和液态排渣等。低热值煤气,如发生炉煤气和水煤气常作为调节城市燃气质量的掺混气。中热值煤气,如加压气化煤气,可直接作为城市燃气气源,或通过变换、脱碳和甲烷化等一系列后续工序制造高热值的煤气,如代用天然气。对于煤气化过程的实用性和经济性,可通过气化过程指标进行评价。

(闻　望　徐嘉淼)

气化器 vaporizer

液态液化石油气的气化装置。按载热体不同可分为蒸汽式、热水式、电热式和直火式等。蒸汽式和热水式气化器按结构形式可分为蛇管式、列管式、组合套管式等。蛇管式气化器构造简单,通常气化能力较小。组合套管式气化器结构紧凑,但气化能力较小。列管式气化器构造较为复杂,但气化能力较大。直火式气化器中,一种是烟气通过壁面与液化石油气换热,用于生产量非常大的气化装置中。另一种是烟气通过中间介质把热量传给液化石油气。电热式气化器用于生产量不大的情况下。

(薛世达　段长贵)

气化强度 gasification intensity

单位时间内煤气化炉单位横截面上气化的原料质量。某些场合也以单位时间内煤气化炉单位横截面上或单位床层体积中生成的煤气体积或煤气热含量来表示。是气化过程指标之一。为了发挥设备潜力,增加煤气产量,需要提高这一强度。主要措施是提高气化温度并相应提高鼓风速度。由于气化温度的提高受到原料灰熔点及炉衬热强度的限制;鼓风速度的提高受到带出物损失及床层允许压降的限制。因此,对于一定的炉型和气化原料,它均有个极限值

(闻　望　徐嘉淼)

气化效率 gasification efficiency

在煤气化过程中,所得煤气含热量与所耗原料含热量之比。是气化过程指标之一。由于气化过程中有一系列热损失,包括煤气、蒸汽、焦油蒸气、带出物和耙出物等离开气化炉时的显热和潜热损失,未燃尽的碳、硫和焦油等固态和气态化学物的化学热损失,以及炉体通过辐射、对流和导热等方式向周围散发的热损失等,使其恒低于1。

(闻　望　徐嘉淼)

气流床煤气化 entrained bed coal gasification

煤粉和气化剂以高速并流喷入煤气化炉内并剧烈混合,在高温下瞬间迅速反应的煤气化方式。采用粒径小于0.1mm的煤粉,在炉外干燥至含水分为2%~8%。以氧和少量蒸汽为气化剂。火焰温度最高达到2000℃,煤粉瞬间着火反应,其中灰烬约一半以上以液渣形态随气流撞到炉壁,借重力淌到下方淬冷水池中,成为玻璃状固体颗粒排出;其余灰烬

被粗煤气带出炉外。因出口煤气温度高达1350~1600℃,须设置余热锅炉或直接喷水急冷产生蒸汽,以回收余热。因炉温很高,煤中析出的烃类都被深度裂解,甚至甲烷也很少生成,故煤气的净化和废水的处理都很简便,环境污染低。煤气中CO和H_2的含量高。典型炉型有柯柏斯-托切克(Koppers-Totzek,简写K-T)炉,常压操作,单台炉投煤量可超过500t/d。它用烟煤气化得到煤气组成为:H_2 33.3%,CO 53.0%,CH_4 0.2%,CO_2 12.0%,(N_2+Ar)1.5%,H_2S<0.1%,O_2痕量;煤气产率为1.87 m^3/kg;气化效率>70%。20世纪70年代起,一些国家研究和开发加压的气流床煤气化炉,除上述干法投料外,还有湿法投料的方式,如德士古(Texaco)炉,已实现工业应用,操作压力4.3~8.3MPa,单台炉投煤量可超过1000t/d。　(闻　望　徐嘉淼)

气流动力流化床

见三相流化床(243页)。

气流分布 distribution of gas velocity

电除尘器入口断面上的气流速度分布。气流分布的均匀性对除尘效率影响很大。气流分布不均匀时,在流速低处所提高的除尘效率远不足以弥补流速高处效率的降低,因而使除尘总效率降低。评价气流分布均匀性的指标有几种。美国等通常采用相对均方根差σ作为评价指标,其定义为

$$\sigma = \sqrt{\frac{1}{mn}\sum_{i=1}^{n}\sum_{j=1}^{m}\left[\frac{V_{ij}-\overline{V}}{\overline{V}}\right]^2}$$

$\overline{V}$为断面各点流速的算术平均值;V_{ij}为把入口断面分成n行m列小矩形后每个小矩形中点的气流速度。气流分布完全均匀时,$\sigma=0$;$\sigma\leqslant10\%$时气流分布为优;$\sigma\leqslant15\%$时为良;$\sigma\leqslant25\%$时为合格。气流分布均匀性取决于除尘器断面与其进出口管道断面的比例和形状以及在扩散管内设置气流分布装置情况。

(郝吉明)

气流速度 precipitator gas velocity

含尘气体通过电除尘器的速度。常采用由气体总流量和电除尘器气流横截面积计算的平均值。气流速度与振打损失和再扬尘相关。对于特定类型的粉尘,气流速度的选取与气流分布的状态、极板结构、供电系统、电除尘器的尺寸等因素有关。

(郝吉明)

气膜 gas film

见气液边界层(217页)

气膜传质系数 mass transfer coefficient of gaseous film

根据双膜理论,在稳定条件下,单独按气膜的推动力和阻力写出的气膜吸收传质速率方程(即气膜传质速率=推动力/阻力)中阻力的倒数。以k_G表

示,单位为$mol/(m^2 \cdot s \cdot Pa)$,显然$k_G$的倒数,即表示气膜吸收传质阻力。它受温度、压力、气膜厚度及吸收质在气膜中分子扩散系数等因素影响。

(姜安玺)

气膜控制 control of gas film

根据双膜理论,某组分通过气膜的传质阻力大于通过液膜的传质阻力与总传质阻力近似于气膜传质阻力(液膜阻力可忽略)时,整个吸收过程受气膜的控制。显然这时某组分在气膜中的传质速率远小于在液膜中的传质速率。

(姜安玺)

气囊式水锤消除器 air bag type water hammer eliminator

钢制圆柱筒内设置橡胶气囊,管道内压力发生波动时压力增高,气囊体积缩小,内压相应增高,低压时,体积增大,气囊内压降低,从而消除了高压水锤的一种水锤消除器。气囊内应注入惰性气体,以减缓胶囊老化。可适用于任何类型水锤压力的消除。惟体积相对较大,大口径管道应用有困难。

(肖而宽)

气溶胶的布朗凝并 Brownian coagulation of aerosols

处于布朗运动的气溶胶颗粒互相碰撞、附着而生成为一个新的较大颗粒的过程,称为布朗凝并或热凝并。这在气溶胶中总是存在的,其结果导致随着时间增长,颗粒的尺寸增大,个数浓度减小。如果连续的碰撞发生在同一些颗粒上,最后生成更大的颗粒,则可能变成能受到其他力的作用。因此,凝并作用可以间接协助颗粒的捕集过程。在存在其他力,如范德华力、静电力等作用时,也能促进颗粒凝并,并附加在布朗运动上。

(马广大)

气溶胶力学 aerosol mechanics

研究气溶胶颗粒的生成、成分、浓度、大小和形状、物理和化学性质及动力学行为等基本原理的科学。研究内容所涉及的范围相当广泛,对人类的生活和生产活动及生活环境皆有重要影响。在自然界中云、雨、雾的形成及对气候的影响,风所造成的固体颗粒的迁移和沉积,风对植物花粉的传播,空气中微生物的散布,人类活动造成的大气污染的控制以及工业气溶胶的合理应用等的基本原理,都是气溶胶力学的研究内容。

(马广大)

气溶胶污染物 aerosol pollutant

又称颗粒污染物。固体颗粒、液体颗粒或两者在大气介质中的悬浮体系。作为气溶胶的特征,它应当是一种稳定的或准稳定的体系。所以典型的大气环境中存在的颗粒,其粒径绝大多数都不超过$1\mu m$。与之相应的一般遇到的有相当代表性的颗粒浓度范围为$25\sim250\mu g/m^3$。但是,空气中总会有扰动,正常水平的扰动,一般都能使粒径约为$10\mu m$的颗粒在空气中悬浮。在某些环境(如封闭性设备或管道中)或大气中,也能满足更大的颗粒对稳定性的要求,这仍属于动态稳定的情况。对光的屏蔽能力传统上也与气溶胶颗粒相关。现已确定,典型的大气气溶胶中对能见度影响最大的是粒径范围约为$0.1\sim1.0\mu m$的颗粒。一般说来,几乎任何准稳定的颗粒悬浮体系,都可以借助于延伸定义的方法对其进行描述。为了更详尽地叙述分散相的性质,还可以按颗粒的形成方法、典型的大小和自然存在状态,将气溶胶分为固体颗粒气溶胶(如粉尘、烟尘、烟、飞灰等)和液体颗粒气溶胶(如霭、雾等)。

(马广大)

气水比 air-water ratio, air-wastewater ratio

冷却塔热交换中,空气和水的重量比。相当于每千克热水冷却到预定温度所需空气的千克数。是冷却塔的重要参数之一。

进入曝气池的空气量和污水流量之比。过去曾作为供气量的设计参数,现已不常用。显然,污水有机物浓度越高,空气扩散装置的氧转移效率越低,它也越大。

(姚国济 彭永臻 张自杰)

气水冲洗设备 water with air back washing equipment

又称气水反冲设备。用空气对滤料进行辅助擦洗的水反冲洗设备。主要由长柄滤头、空气压缩机、压缩空气贮罐、稳压阀和水冲洗设备等组成。具有清洗效果好,反洗强度低的特点。

(李金根)

气水反冲设备

见气水冲洗设备。

气态污染物 gaseous pollutant

在常温常压下以气体分子形式或蒸气状态分散于空气中的污染物质。常见的有五大类(见下表):

污染物	一次污染物	二次污染物
含 S 化合物	SO_2、H_2S	SO_3、H_2SO_4、MSO_4
含 N 化合物	NO、NH_3	NO_2、HNO_3、MNO_3
C 的化合物	CO、CO_2	无
碳氢化合物	HC	O_3、过氧乙酰硝酸酯、醛酮
卤素化合物	HF、HCl	无

注:M 代表金属离子。

它们都具有能与空气随意混和、在空气中分布较均匀、运动速度与气流速度基本相同的特点。它们的扩散情况除与气象条件有关外,还与自身的密度有关,密度小的如 CH_4 易上浮扩散;密度大的如水蒸气易下沉扩散。气态污染物多种多样,空气环境监测时应根据监测的目的、优先监测的原则和监测范围内的实际情况确定监测项目。常规的环境空气质量监测项目有: SO_2 (二氧化硫)、NO_x (指空气中主要以一氧化氮和二氧化氮形式存在的氮氧化物,结果以 NO_2 计)、CO(一氧化碳)、O_3 (臭氧)、Pb(铅)、B[a]P(苯并[a]芘)和 F(氟化物)等。室内空气质量监测项目有:甲醛、苯、甲苯、二甲苯、氨等。如果是空气污染源监测,还应根据污染企业的原料、燃料、产品、副产品等具体情况增添相应的监测项目,如 CO_2、H_2S、HF、Cl_2、HCl、Hg 和其他有毒有机物(硝基苯、苯胺、吡啶、甲基对硫磷、丙烯腈等)。常用的测定方法有化学分析法和仪器分析法两大类。不同的监测项目有不同的具体方法,有的监测项目还规定了国家标准的监测方法。　　(蒋展鹏　马广大)

气态污染物控制技术　control technology of gaseous pollutants

根据气态污染物的性质和存在状态,采用适宜的机理、方法和装置,把它们从废气中分离出来,以达到净化废气目的所使用的技术。气态污染物在废气中以分子或蒸气状态存在,呈均相的混合物。根据物理的、化学的和物理化学的原理进行分离。目前国内外采用的技术主要有吸收、吸附、催化转化、冷凝和燃烧等五种。　　　　　　　(姜安玺)

气态余热利用　utilization of waste heat in gaseous phase

利用从各种工艺设备排出的高温烟气余热和废气余热等进行供热的方式。如利用冶金炉、加热炉、工业窑炉等排出的高温烟气,蒸汽锻锤废气的余热。工业窑炉排出的高温烟气可用蓄热式和表面式空气预热器或热管等装置予以回收。余热量大且较稳定时,也可通过废热锅炉,产生蒸汽后送入汽轮机发电和供热。化肥厂有些设备排出的可燃性废气,可送至废热锅炉;也可作为燃气轮机的燃料,燃气轮机的排气可送至废热锅炉内。

（李先瑞　贺　平）

气态余热量　amount of waste heat in gaseous phase

每年利用锅炉和工业炉排出到环境温度下的烟气余热量。锅炉和工业炉排出的烟气余热量与单位时间排出的烟气量 G_v (Nm^3/h)、烟气比热 C_p [kJ/($Nm^3·℃$)]、烟气温度 t_0 (℃)和年运行小时数 H (h/a)等有关。理论上全年可以利用的从锅炉和工业炉排出的烟气余热量,可按公式计算: $W = C_pG_v(t_0 - 20)H$。　　　　　（李先瑞　贺　平）

气体绝缘变压器　gas-insulated transformer

采用六氟化硫气体作为绝缘和冷却介质的变压器。　　　　　　　　　　　（陈运珍）

气体燃料　gaseous fuels

各种可燃气体和不可燃气体组成的混合物。可燃成分有 H_2、CO、CH_4、HC、H_2S 等,不可燃成分有 CO_2、H_2O、N_2、O_2 等。它是一种清洁的燃料,可分为天然气和人工煤气两类。天然气包括气田气和油田气,发热量很高(低位发热量为 40 000kJ/Nm^3 左右),是高热值燃料,同时又是宝贵的化工原料,一般不应作工业窑炉的燃料。人工煤气包括中热值的焦炉煤气、纯氧加压气化的煤制气、煤矿瓦斯和沼气等,低位发热量为 10 000~20 000kJ/Nm^3;以及低热值的水煤气、发生炉煤气、高炉煤气和转炉煤气等,低位发热量在 10 000kJ/Nm^3 以下。中热值煤气是城乡民用燃料的主体,低热值煤气中 CO 含量较高,不宜直接供民用,可作为工业窑炉的燃料。

（马广大）

气体污染物控制　control of gaseous pollutants

减少产生和排放到大气中气态污染物的技术措施。气体污染物主要来源于燃料燃烧,其控制方法可从两方面着手:一方面对燃料施行脱硫、脱氮;另一方面是对燃烧过程中产生的气体污染物进行净化。前者多处于研究阶段;后者常见的方法有吸附、吸收、催化转化、冷凝和燃烧等。　　（张善文）

气田气　gas from gas field

又称纯天然气。从纯气藏采出的天然气。主要组分为甲烷;其他烷烃含量很少,通常随分子量增大而递减,总含量一般不超过甲烷含量的 5%;烯烃含量极少,一般在 0.1% 以下;不含或少含凝析油,每立方米粗气中不超过 30g/m^3。因含油极少,加工处理较简便。中国四川某气田气组成: CH_4 为 98%,C_3H_8 为 0.3%,C_4H_{10} 为 0.3%,其他烃总和为 0.4%,N_2 为 1.0%,低位发热量为 36MJ/m^3。

（闻　望　徐嘉森）

气温　atmospheric temperature

在百叶箱中测得的离地面 1.5m 高度处的空气温度。用℃作单位来表示。在对流层内,大气的热量主要来自地面辐射,加上气压变化的影响,大气温度一般随高度增加而降低。

（徐康富）

气相催化氧化法脱硫　desulfurization by catalytic oxidation in gas phase

在固体催化剂存在下,将烟气中的低浓度 SO_2

氧化成 SO_3,再用水吸收 SO_3 成硫酸的脱硫方法。常用催化剂有硅藻土为载体的钒催化剂、以氧化铝为载体的铜催化剂或活性炭催化剂等。该法俗称"一转一吸"工艺。若对尾气再增加一次催化转化和吸收,则为"二转二吸"工艺能达到更好的净化效果,并增产硫酸。 (张善文)

气相色谱仪 gas chromatograph

根据载有被测混合物的气体流动相经过固定相时,因混合物内各组分的性质与结构不同,与固定相发生作用时,其滞留时间有长短,从而按先后不同次序从固定相中流出,经各类检测器可测出其信号,信号峰值下的面积大小,正比于对应组成的浓度,从而对物质进行分离和定量测定的仪器。是物质成分分析的主要仪器。检测精度为 ppm 级。采用浓缩技术并和质谱仪联用,可检测到 ppb～ppt 级,响应时间:几分钟。气相色谱仪比一般液相色谱仪检测速度快,但气化物约有 85% 由于挥发性不高或不够稳定而不适于使用。 (刘善芳)

气压 atmospheric pressure

单位面积所承受的空气柱的重力。即大气的压强。SI 单位为帕斯卡(Pa)。气压的大小当然与空气柱的温度和高度有关,因而随地区之间的气温和海拔高度的差异而变化。 (徐康富)

气压梯度力 pressure gradient force

单位质量空气在气压场中所受的作用力。习惯上仅指其水平分力,其铅垂分力基本上与重力相衡。气压梯度力是空气水平运动的惟一原动力。 (徐康富)

气液边界层 gas film

又称气膜。气、液接触界面,气相与液相之间存在的很薄的一层气体。按双膜理论,气液两相做相对运动时,在气、液接触界面的两侧,分别存在气体边界层和液体边界层,空气中的氧通过气体边界层向液相转移。 (戴爱临 张自杰)

气液界面 gas-liquid interface

在气、液两相系中相间接触的界面。按气体传质的双膜理论,它的两侧,分别存在着气体边界层和液体边界层,相间物质就是透过界面通过边界层进行传递的。传递速率与气液界面面积成正比。在污水处理工程上,为了提高鼓风曝气氧的转移率,不断研制新的曝气装置如微孔空气扩散器就是通过增加微气泡的数量和缩小气泡直径以增大气液接触面积,以达到高效节能的效果。 (戴爱临 张自杰)

气液平衡 gas-liquid equilibrium

气液二相处于平衡状态时,液相所溶解的气体达到饱和,此时液相中某种气体组分的浓度和它在气相中的分压有一个固定的关系。如果这个浓度和与之相对应的分压处于平衡,则气体向液相的转移速度和由液相向气相的转移速度相等,此时称为气液平衡。 (王志盈 张希衡 金奇庭)

汽车槽车运输 tank truck transportation

用汽车槽车运送液态液化石油气。有罐体固定在汽车底盘上的单车式和半拖式汽车槽车以及罐体靠附加紧固装置安放在卡车货箱内的活动式汽车槽车。有侧装侧卸式槽车和后装后卸式槽车。罐体上设有人孔、内装式弹簧安全阀、液相管和气相管阀门、紧急切断装置、液位计、压力表和温度计。汽车槽车设静电接地链,其上端与罐体相连,下端触地。汽车槽车运输能力较小,运费高,但灵活性较大,适用于运距短,运输量小的情况。中国常用汽车槽车的充装量为 1.75～9.5t。 (薛世达 段长贵)

汽车尾气污染 auto-exhaust gases pollution

由汽车尾气中含有的碳氢化合物、一氧化碳、氮氧化物、硫氧化物和铅烟等造成的大气污染。在阳光紫外线照射下它们可产生光化学烟雾,是最危险的大气污染物,著名的洛杉矶光化学烟雾事件主要是汽车尾气造成。 (张善文)

汽车污染净化 purification of automobile pollution

控制汽车尾气污染的技术措施。包括几方面:①改变燃料和燃烧添加剂:采用无铅汽油,用酒精代替汽油;②发动机内部控制:通过改变发动机的运行和设计参数,减少污染物排放,如降低燃烧室面积/容积比、降低压缩比、缩小燃烧室的激冷区、减小点火提前角、自动调节进气温度、改进化油器、汽油喷射、贫燃料燃烧等;③发动机外部控制:在排气系统中进行尾气后处理,如采用汽油机的热反应器、催化反应器、燃料反馈控制系统和蒸发控制装置,以及用于柴油机的颗粒物捕集器等。 (张善文)

汽-水换热器 steam-water heat exchanger

加热介质为蒸汽、被加热介质为水的换热设备。表面式汽-水换热器在城镇集中供热系统中应用最广,它主要有管壳式换热器和容积式换热器等形式。管壳式换热器中蒸汽一般在管壳内的管束间冷凝放热,而被加热水从管束内流过。容积式换热器兼起水箱储水功能,蒸汽在管束内流过,水在容器中被加热。在混合式汽-水换热器中,蒸汽与水直接接触换热,一般多用于直接加热生活热水、生产工艺过程直接加热以及锅炉房给水除氧等场合。 (盛晓文 贺平)

汽提法 stripping process

通过与水蒸气的直接接触至沸腾,使废水中的挥发性污染物按一定比例扩散到气相中去的一种废水物化处理方法。工艺原理分简单蒸馏和蒸汽蒸馏。采用的设备有填料塔和板式塔。板式塔又分泡罩塔、浮阀塔、筛板塔和舌形塔等,均具有较高的分离效能。应用于煤气站含酚废水中酚的回收,产品为 C_6H_5ONa;以及焦化厂含氰废水中氰的回收,产品为 $Na_4[Fe(CN)_6]$。

　　　　　　　　　（张希衡　金奇庭　刘君华）

汽提塔　stripping tower

　　用水蒸气直接加热液体混合物,使其中易挥发组分转移到气相中去的塔体蒸馏装置。汽提原理有简单蒸馏和蒸汽蒸馏两种。采用的塔体设备主要有两类:填料塔和板式塔,前者的塔体内分层填装各式填料;后者的塔体内装设多层塔板。液体混合物从塔顶淋下,水蒸气由塔底供入。两者在填料或塔板上进行接触传质,使液相中的易挥发组分转入气相,随水蒸气从塔顶排出,而液体则由塔底排出。常用的板式塔有筛板塔、泡罩塔及浮阀塔等。环境工程中,可用于脱除煤气站含酚废水中的酚和焦化厂含氰废水中的氰。　　（张希衡　金奇庭　刘君华）

汽提脱附　steam stripping desorptial

　　用基本不能被吸附的气体吹扫饱和的吸附剂床层,以降低吸附剂周围气相中吸附质分压,使吸附质脱附的方法。该法不须加热、冷却,减少能耗,但脱附效果较差。　　　　　　　　　　　（姜安玺）

qian

铅中毒　poisoning by lead

　　大气中的铅进入人体,所引起的中毒。大气中铅能经呼吸系统及消化系统进入人体,有机铅还可经皮肤吸收,当血液中铅含量$\geqslant 0.6$ppm 时,出现头痛、无力、记忆力衰退、失眠、手足有轻度麻木感、腹胀和尿铅增多等症状的中毒。有机铅在体内则可被肝脏转化为三乙基铅,产生弥漫性脑损伤,患者初期失眠、恶梦、头晕,严重时有明显精神症状。

　　　　　　　　　　　　　　　　（张善文）

前室　anteroom, antechamber

　　为防止和减少电池室的有害气体外溢到其他相邻房间或封闭式走廊时,在电池室出入口处设置的一个较小房间。　　　　　　（薛　发　吴　明）

潜热　latent heat

　　在温度、压力不发生变化的情况下,一种物质发生物态变化,单位质量的该物质吸收或放出的热量。该热量只反映物态的变化,温度并不发生变化。

　　　　　　　　　　　　　　　　（姚国济）

潜水电泵　submersible motor pump

　　泵与电机全部潜入水中的泵。潜水电机直接驱动,叶轮有单级也有多级,经常用作深井潜水泵。与深井泵相比,泵本身的效率差不多,但因为深井潜水电泵没有中间轴承摩擦损失,也不必担心轴承的振动问题,所以井越深功率损失越小。在深井潜水电泵中,泵在上面,电动机在下面,分为密闭充水式——电动机内封入清水,并使之与外部相通,充水式——外部的水经过滤器自由地在电动机内流通,泵侧有滑动轴承,承受径向力,电动机侧装有止推轴承,承受轴向力。大型潜水电泵多数是泵在下面,电动机在上面,通过电动机周围从上部出水,这种结构形式能够直到水位很低泵亦能运转,并且因电动机是由被抽送的水冷却,所以水位即使下降到电动机上半部露出水面,泵仍然可以连续运转。电动机内部与深井潜水电泵一样封入清水,其方法除上述两种方法外,还有用外部容器进行加压的加压式和把油封入电机内的充油式结构。　（刘逸龄）

浅层曝气法　Inka aeration

　　空气扩散装置设于曝气池的一侧,距水面约 $0.6\sim0.8$m 深度的活性污泥系统运行方式。本工艺(如图)是以下列论点作为基础开创的,即:气泡只有在其形成与破碎的一瞬间,有着最高的氧转移率,而与其在液体中上升高度无关。为了在曝气池内形成环流,在池中心处设导流板。空气扩散装置多采用由穿孔管组成的曝气栅。本法可使用低压鼓风机,有利于节省电耗,这种曝气法虽然供气量比普通曝气大 $4\sim5$ 倍,但动力效率仍达 $2\sim2.6$ $kgO_2/(kW\cdot h)$。主要用于处理中、小水量的食品加工废水处理。　（张自杰　戴爱临）

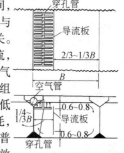

浅海电缆　shallow water cable

　　敷设于浅海区的海底电缆。电缆外部一般需要有强固的铠装保护层。　　　（薛　发　吴　明）

纤绳　anchor wire

　　又称拉线。用于帮助桅杆站立的受力绳索。采用多股高强钢丝绳,近年来也有尝试使用尼龙绳的。拉线与地面夹角多为 45°角,最大时不超过 60°角,拉线具有一定的初始应力。根据桅杆杆身断面形状,每层拉线三根或四根。杆身的高度不同,采用若干层拉线。　　　　　　　（薛　发　吴　明）

qiang

强化再生曝气法

　　见污泥再曝气法(298 页)。

强碱性离子交换树脂的工艺特性　technological

behavior of alkaline ion exchange resin

其工艺特性有：①强碱树脂的活性基团为季胺基($R \equiv N^+OH^-$)。在除盐过程中，如各阴离子均以酸根的形式存在，则强、弱酸离子均可去除。故强碱阴床往往设在强酸阳床之后。②再生时可用氢氧化钠，但活性基团解离常数较大，为顺利再生，要提高氢氧化钠溶液的浓度，故再生剂用量较多。

（潘德琦）

强酸性氢离子交换树脂的工艺特性　technological behavior of strong acid hydrogen ion exchange resin

其工艺特性有：①强酸树脂常含有磺酸基团($SO_3^-H^+$)，磺酸属强酸，原水经过时，全部硬度及钠盐均能去除，出水呈强酸性。终点标志是钠离子泄漏。②当树脂层内 R—H 转型为钙、镁、钠型树脂时，树脂层内钠型树脂仍有软化能力。如原水继续经过时，硬度虽还能除去，但碱度已不能去除，出水呈碱性，终点标志是硬度离子泄漏。③在软化除碱时，树脂按氢型工作，应以钠离子泄漏为终点。

（潘德琦）

强制气化　forced vaporization

用外部热源加热液化石油气使其气化的过程。通常是在专门的气化装置——气化器中进行。当液化石油气用量很大或生产工艺要求液化石油气发热量稳定时，常采用强制气化。其特点是：①对各组分的液化石油气，气化后的气体组分始终与原料液化石油气的组分相同；②在不大的气化装置中可气化大量液体，以满足大量用气的需要；③液化石油气气化后，如仍保持气化时的压力进行输送，则可能出现再液化现象，为防止再液化，必须使已气化的气体尽快降到适当压力或继续加热提高温度，使气体处于过热状态后再输送。　　　（薛世达　段长贵）

墙壁电缆　block cable

沿着墙壁架设的电缆。　　（薛　发　吴　明）

羟基氯化铝

见聚合氯化铝(164 页)。

qiao

壳管式换热器　shell-and-tube heat exchanger

由管束、管板和钢板外壳为主体组成的表面式换热器。它是供热系统中应用最广的一种表面式换热器。管壳式汽-水换热器，根据壳管的热补偿方式不同，有固定管板式、外壳带膨胀节式、浮头式壳管换热器和 U 形管式壳管换热器等。蒸汽在外壳内的管束间冷凝放热，被加热水从管束内流过。传热系数约为 8400～15 000kJ/(m²·h·℃)。分段式水-

水换热器也属于壳管式换热器的一种形式。其传热系数比汽-水换热器低，其值大小主要取决于加热水和被加热水的温度和流速。　（盛晓文　贺　平）

qie

切门　flashing gate

门板的启闭动作如切纸刀而得名。其密封面是圆形，门板呈椭圆形，驱轴为支点、销轴为力点，椭圆长轴与水平线交角约 30°，驱轴在上，销轴在下，销轴与密封面之间设楔形紧固装置，以提高密封效果。它通常设在排水检查井内的管口上，正向受压，口径在 400mm 以下，采用手动启闭。　　　（肖而宽）

qin

亲水性　hydrophilicity

固体表面对水的亲和能力。在固、液、气接触的三相系中，由固、液相的交界点 A 引液面切线，该线与固液界面之间的夹角称为润湿角(如图)。润湿角 θ 值的大小，决定固、液、气三相间界面张力的数值。当润湿角 θ<90° 时，固体与气体的界面张力大于固体与液体(水)的界面张力。固体与液体的亲合力大于固体与气体的亲合力，称这种固体具有亲水性。θ 角越小，固体的亲水性越强。例如，滑石的润湿角为 69°，则滑石是亲水的；石英的润湿角为 0°，是完全可润湿的；石蜡的润湿角为 106°，则是疏水性的。

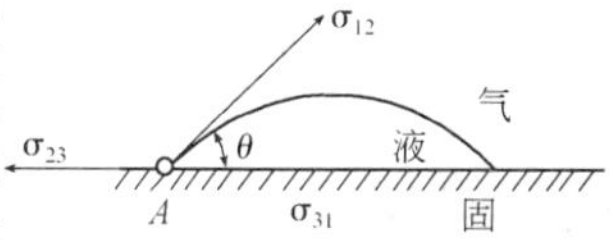

（戴爱临　张自杰）

qing

轻柴油洗萘　naphthalene scrubbing with light diesel oil

以轻柴油吸收煤气中萘的操作过程。由于轻柴油黏度小，流动性好，可在较低温度下进行洗萘，所以用它效果很好，也可用于煤气最终脱萘。洗萘后煤气中含萘量低于 50mg/Nm³。新柴油自贮槽经泵送至吸收塔顶由喷嘴喷洒，在与煤气逆流接触中吸收萘。含萘轻柴油经液封到贮槽循环使用。当柴油中含萘达到饱和后更换柴油。　　　（曹兴华　闻　望）

氢钠离子交换并联除碱系统　hydrogen-sodium ion exchange parallel dealkalization system

将氢离子交换器的酸性出水和另一部分钠离子交换器的碱性出水，混合除气，以达到除碱软化目的系统。运行中必须根据进水水质调整两种交换器进水量之比。适用于原水硬度碱度大,用户要求出水水质硬度小于 2 mg/L,碱度小于 17.5mg/L(均以碳酸钙表示)时。

（潘德琦）

氢钠离子交换串联除碱系统　hydrogen-sodium ion exchange series dealkalization system

将氢离子交换器的酸性出水与另一部分原水混合,脱气,再进入钠离子交换器进行除碱软化处理的系统。是除碱软化水处理的一种系统。由于全部原水都经过钠离子交换,从运行来看比较安全可靠。适用于原水硬度比较高,出水水质硬度小于 2mg/L,碱度小于等于25mg/L(均以碳酸钙表示)时。

（潘德琦）

氢钠双层床　hydrogen-sodium double-layer bed

离子交换器内,装有氢、钠型两种交换剂的软化除碱装置。再生时,先后分别用硫酸和氯化钠溶液进行再生。此法与氢钠离子交换并联、串联法比较,其设备简单,酸消耗量小,排水不带酸性。适用于处理水量较小,碱度只降低 0.5~0.9mmol/L 时。

（潘德琦）

清管球收发装置　scraper trap and scraper projector

发射和接收清管球的设备。为了清除长输管线中的水、泥土、焊渣、铁屑等污物,在投产前或运行过程中,通过发射清管球(或清管器)来实现。发射端的设备称为发球装置,接受端的设备称为清管球接收装置。前者设于长输管线的起点站或中间站,接收装置设于中间站或终点站。清管球由耐磨耐油的氯丁橡胶制成,有实心球($D_n \leqslant 200mm$)和空心球两种。大管用的空心球在使用前充水。球径为 1.03 倍干管内径。发球筒长度为筒径的 3 倍,接收筒长为筒径 5 倍,与地面成 8°~10°倾斜角。

（刘永志　薛世达）

清水池　clean water tank

调节一级泵站与二级泵站出水量不平衡的贮存经水厂净化后产水的水池。一级泵站通常在一天内均匀供水,即水厂产水昼夜是基本平均的;而配水管网的需水,也即二级泵站供水在一天内是变化的,常是昼多夜少,因此夜间产水必须贮存在清水池中以备昼间用水量大于产水量时之用。该池除了贮存调节水量外,还应存放消防用水和水厂内冲洗滤池、排泥等用水;应分两格或两只,以便清洗检修时不间断供水;它应有防止水的短流、滞流的措施和在任何时候防止消防用水被挪作它用以及防止水污染与防冻的措施;还应配有进水管、出水管、溢流管、泄空管、人孔和通气管等,且应装有水位计等仪表,池底要做成有坡度坡向集水坑,以便放空清扫。

（王大中）

清洗　cleaning

利用物理、化学方法清除沉积在金属表面上的污垢、水垢的工序。用以提高系统的冷却效率,延长运行时间,减少操作费用,节约能源,消除或改善垢下腐蚀,并为预膜化作好准备。

离子交换器正洗亦称为清洗。

（姚国济）

清洗塔（移动床）　washing tower(moving bed)

完成离子交换再生后,进行清洗工序的装置。是三塔式移动床装置之一。其结构形式见图示,重力式清洗塔上排水用溢流堰;进水分布管、塔体结构与再生塔相似。从再生塔输送来的已再生好的树脂,在清洗塔进行逆流清洗,树脂靠重力缓慢地下落,到达底部借助水位差,连续不断地被送到交换塔顶部的贮存斗内。在双塔式移动床中,清洗与再生塔合在一起。

（潘德琦）

情景分析　scenario analysis

对不同背景条件下社会经济发展可能及相关的污染物产生和削减情况进行模拟预测和分析比较,从总体上给出环境与经济发展的策略框架。它是政策和规划领域中的重要研究工具,近些年来也开始越来越多地应用于环境规划领域。情景是对一些有合理性和不确定性的事件在未来一段时间内可能呈现的态势的一种假定。情景分析是预测这些态势的产生并比较分析可能产生影响的整个过程,其结果包括:对发展态势的确认,各态势的特性,发生的可能性描述,并对其发展路径进行分析。与传统的趋势外推法相比,它在对随机因素的影响和决策者意愿的处理上具有更大的灵活性和实用性,与 Delphi 法相比,它更强调专家之间的观点差异,并试图解释这种不一致性,这也使得它更复杂和更完善。

（杜鹏飞）

氰离子分析仪　cyanogen ion analyzer

剧毒物质氰化物浓度的检测仪。根据离子电极法,即氰离子选择电极和参比电极间的电位差和水样中的氰离子浓度呈一定关系的原理制作。也有用电化学分析中的极谱法,即贵金属和参比电极之间的扩散电流和水样中氰离子浓度呈一定关系的原理制作的仪器。测量范围 0.03~3ppm($6 \sim 4PCN^-$),精度:优于 $\pm 0.1pPCN^-$,响应时间 2min。极谱法仪器在灵敏度和稳定性上均优于离子电极法仪器。

（刘善芳）

qiu

球阀 ball valve

用带圆形通孔的球体作启闭件并随阀杆转动以实现启闭动作的阀。主要用作切断、分配和改变介质流向,亦可作调节流量用。其流阻小(相当直管)、开启迅速。结构形式有:①浮动球球阀:利用介质压力将浮球压向阀座实现密封;②固定球球阀:球体是固定的,阀座是活动的,利用介质压力把浮动阀座压向球体达到密封,其中又分进口密封和出口密封两种;③弹性球球阀:球体是弹性的。驱动方式有手动、电动、液动和气动。适用于气体、液体、真空、低温、高温、高压及非磨蚀性泥浆。阀座可以是塑料和金属。 (肖而宽 李猷嘉)

球形补偿器 ball joint compensator

由球体及外壳组成的供热管道补偿器。球体与外壳可相对折曲或旋转一定角度,以此进行热补偿。球体与外壳间的密封元件性能良好,寿命很长。球形补偿器需成对安装于转角管段,其补偿能力视每对补偿器之间的距离而定,补偿量可以达到很大的数值。 (尹光宇 贺 平)

球形储气罐 spherical gasholders

圆球形的高压储气罐。通常由分瓣压制的钢板拼焊组装而成。罐的瓣片分布似地球仪。一般分为极板、南北寒带、南北温带、赤道带。有的罐其瓣片类似足球形,但安装复杂。支座一般采用赤道正切式支柱、拉杆支撑体系,以便把水平方向的外力传到基础上。进出气管一般安装在罐体下部,进气管延伸至罐顶附近;在罐顶及罐底各设一个人孔;储罐除安装就地指示压力、温度仪表外,还要安装远传控制仪表。在罐顶部设置安全阀,储罐还应设防雷静电接地装置;沿球罐上表面应均匀布置多个降温喷淋冷水喷头。中国城市燃气系统常用球罐的几何容积为 650、1000、2000、3000、4000、5000 和 10000m³。 (刘永志 薛世达)

球衣菌属 sphaerotilus kutzing

活性污泥膨胀的主要诱因细菌种属。在伯杰氏细菌鉴定手册中属第三类具鞘细菌类。单个细胞呈杆状或圆体状为衣鞘所覆盖并呈丝状体,菌体是无色的,衣鞘透明而有一定的黏性。单菌体从衣鞘裂口处游出,成为游泳体并牢固地粘在衣鞘外,生长发育,分裂成链,呈假分枝状。该菌属为专性好氧菌,适宜 pH 值为 5.8～8.1,适宜温度范围为 15～40℃,化能异养,呼吸代谢,以分子氧为电子受体,以醇类、糖和有机酸作为碳源和能源,碳水化合物含量高时增殖快,对氯无抵抗能力。 (戴爱临 张自杰)

qu

区域泵站 regional pump station

在城市排水系统中专门抽升一个区域排水的设施。此区域一般多为低洼地区;有时也可能由于该地区内废水性质雷同,需抽送至其他系统或污水处理厂(或预处理厂)进行统筹处理而设置。 (张中和)

区域沉淀 hindered sedimentation

又称拥挤沉淀,成层沉淀。当悬浮物浓度大于 500 mg/L 时,上清液与污泥层之间形成液-固界面,污泥层内的颗粒之间相对位置稳定,沉淀表现为界面下沉的沉淀过程。二次沉淀池的下部沉淀过程及浓缩池开始阶段沉淀过程便是典型例子。图为活性污泥在二次沉淀池中的沉淀过程。

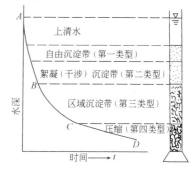

(孙慧修)

区域沉淀与压缩的沉淀试验 settleability test for hindered sedimentation and thickening

污水中悬浮物在区域与压缩沉淀时的沉淀试验。试验方法:取直径为 100～150mm 及高度为 1 000～2 000mm 的沉淀筒,将已知悬浮物浓度为 c_0 的污水,装入筒内(高度为 H_0),搅拌均匀后开始计时。沉速用上清液与污泥层之间界面下沉表达。界面下沉初始阶段,因浓度较稀,呈等速下沉(A 段)。界面继续下沉,浓度随之不断增加,则界面沉速逐渐

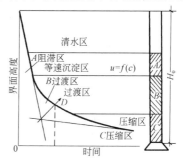

减慢,出现过渡段(B段)。界面继续下沉,浓度更浓,产生压缩区(C段)。在直角坐标纸上,以纵坐标为界面高度,横坐标为沉淀时间,作界面高度与沉淀时间关系曲线(如图)。曲线上任一点的切线斜率,即为该点对应界面的界面沉速。等速沉降段和压缩段的两切线交角的平分线与沉淀曲线相交的D点,是等速沉淀区与压缩区的分界点。与D点相对应的时间即压缩开始时间。

(孙慧修)

区域大气环境容量 regional atmospheric environmental capacity

区域大气环境对人为污染的承受能力。即在人类和生态不受害的前提下所许可的域内污染物的最大排放量。其大小与当地的气象条件、地形和环境生态等自然因素有关。实际上常以满足目标值的区域污染物许可排放量来代替,因而又与当地污染源的分布和削减量的分配原则有关。它的开发和合理利用,主要通过绿化和污染源布局调整来达到。

(徐康富)

区域大气污染模型 region air pollution model

又称区域空气质量模型。用于估算区域内污染物浓度分布的一组数学模型的总称或相应的计算机程序。它是一种区域内主要的点源和面源的复合浓度计算模式,由地区污染源资料、气象资料、烟云抬升组合模式和大气扩散组合模式等所组成。用以估算若干种典型气象条件下的污染物浓度分布或某时段内风向风速和大气稳定度联合频率下的平均浓度分布。模型的建立,先根据区域地形和大气流场特征选择合适的类型,再通过必要的大气扩散和烟云抬升试验作出修正,最终由网点上的实测数据加以验证。由于大气流场的复杂多变性,这类模型计算精度不高,通常以70%以上网点的计算浓度和实测浓度落在两倍误差范围内即为适用。 (徐康富)

区域锅炉房 district boiler plant

向一个区域的许多座建筑物供应生产和生活所需的热能的集中供热系统的热源。区域锅炉房内设置容量大、热效率高的蒸汽锅炉、热水锅炉,或二者兼有,并常附有换热器等设备以改变供热介质或参数。除了锅炉本体外,还设有锅炉房辅助设备,包括:①运煤、除灰系统;②送、引风系统;③水、汽系统;④仪表控制系统。区域锅炉房的热效率高于分散的小型锅炉房而低于热电厂,与热电厂比较,规模和场地的选择比较灵活,投资较少,建设周期较短,与小型分散锅炉房比较,可以减少环境污染源,节省燃料,且便于集中管理,提高供热质量,是适合目前中国国情的一种主要的集中供热的热源形式。

(屠峥嵘 贺平)

区域锅炉房供热 heat supply by district boiler plant

由锅炉房向一个区域的许多座建筑物供应生产和生活所需热能的集中供热方式。这种供热系统由三大部分组成:①热源:燃料在锅炉中燃烧,所具有的化学能转化为热能,从而将热媒加热成为热水或蒸汽的区域锅炉房;②热网:蒸汽或热水管网组成的热媒输配系统;③热用户:建筑物内生产和生活用热系统与设备。区域锅炉房设置容量大、热效率高的蒸汽锅炉或热水锅炉;较之分散的小型锅炉供热,提高了机械化和自动化的程度,便于集中管理、调节和控制,供热质量得到改善;节省燃料;减少对大气和环境的污染。

(屠峥嵘 贺平)

区域空气质量模型 region air quality model

见区域大气污染模型。

区域排水系统 zone patterns of drainage system

两个以上城镇地区的污水统一排除和处理的排水系统。由区域主干管、压力污水管道、排水泵站、区域污水处理厂等组成。由一个城镇地区内局部治理展伸至区域综合治理,便于开发水资源的综合利用以及控制水体的污染。可运用系统工程理论和方法,得出控制污染设计和管理的最佳方案。

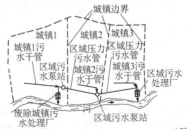

(魏秉华)

区域燃气调压站 district gas pressure regulating station

为一定区域内的用户服务的燃气调压站。通常是布置在地上特设的围护构筑物里。在不产生结冻、堵塞和保证设备正常运行的前提下,燃气调压器及附属设备(仪表除外)也可以设置在露天。由于城市燃气输配管网多为环状布置,由某一个燃气调压站供应的用户数是会变化的,故该燃气调压站不必设置流量计。

(刘慈慰)

区域热力站 district substation

在大型集中热水供热系统的主干线与分支干线连接处设置的热力站。它的作用是使从分支干线后面引出的管网和热用户构成一个相对独立的区域供热系统。该系统的水力工况和热力工况,可根据本区域的热负荷、供热距离和地势情况而自行确定和调节,无需与主干线的工况相一致。在多热源的大型集中热水供热系统网路上设置区域热力站,能提高供热系统的经济性、安全可靠性和供热质量;但需要有较先进的自控设施和较高的运行管理水平。

（贺　平　蔡启林）

曲臂式连接管

见摇臂式连接管(332 页)。

曲面筛网　curved filter

筛网条用三角形断面的细钢丝编成弯曲形筛面的水力筛网。与平面筛网功能相同,但提高筛滤效率。　　　　　　　　　　　　　　　　（李金根）

驱动装置　driving gear of RBC

驱动转轴带动盘片在生物转盘氧化槽内转动的装置。为生物转盘装置的组成部分。它包括动力设备、减速装置和传动装置。根据驱动动力的不同,分有电力驱动装置、空气驱动装置和水力驱动装置。

（张自杰）

渠道式配水设备
channelled type distribution apparatus

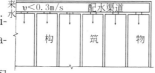

污水处理厂配水设备的一种形式(如图)。采用渠道向一侧配水的方式,对于大中型污水处理厂因其构筑物数目较多,采用此种配水方式更为合适。　　　（孙慧修）

取水泵房

见水源泵房(270 页)。

取水构筑物　intake building

从天然或人工水源中取水,并送水至水厂或用户的设施。由于水源存在的形式与状况不同,相应的取水构筑物对于给水系统的组成、布局、投资、经济效益和安全可靠程度具有重大影响。又分为地表水取水构筑物与地下水取水构筑物。　（王大中）

取水构筑物建造　constructing of intake structure

从河心或湖心取水时的构筑物的施工。由进水室和泵房两部分组成,可以合建在一起,也可分开建造成两个独立的建筑物而用水管相连通。依照所在位置,建于岸边的称作岸边式取水构筑物,其进水室临水一面的墙上设有进水口,若水位变化甚大时常设两排洞口,以便取含砂量较少的面层水,在洞口前侧设格网,后侧设闸门。建于河床或江心的分别称作河床式或江心式取水构筑物。分建的后二者的进水位和泵房用低于水力坡降线埋在土中的连通管相连,也可采用高于水力坡降线的连通管,但此时需在泵房中增设真空泵和附属设备。取水构筑物的施工通常依据其布设情况采用沉箱、沉井或围堰法组织设计。　　　　　　　　　　　　　　（李国鼎）

取水塔　intake tower

在深水湖泊或水库中设置的具有分层取水功能的塔形取水构筑物。不同季节,深水湖泊和水库中不同水深的水质差异很大。因此,它有几层不同水深的取水窗口,以便随季节变化,从不同的水深处,取到水质相对较好的水。在水库中,其形式有与坝体合建式和分建式两种。这两种形式多适于与水库同时施工时采用。　　　　　　　　（朱锦文）

取水头部　intake head

设于河底淹没或半淹没的通过其进水孔取水入进水管的设施。其类型较多,常用的有喇叭管、蘑菇形、鱼形罩、箱式和桥墩式等。应布置在稳定河床的深槽主流有足够水深处。进水孔一般布置在取水头部朝河心面和下游面。漂浮物少和无冰凌时也可设在顶面。其外形要减少水流阻力,迎水面宜做成流线型,长轴与水流方向一致。它宜设两个或分两格。

（王大中）

去离子水

见纯水(36 页)。

quan

全国生态环境保护纲要　national ecological environment protection program

为全面实施可持续发展战略,落实环境保护基本国策,巩固生态建设成果,努力实现祖国秀美山川的宏伟目标,国家环境保护总局于 2000 年 12 月 21 日发布《全国生态环境保护纲要》(以下简称《纲要》)。《纲要》提出的全国生态环境保护的目标是:遏制生态环境破坏,减轻自然灾害的危害;促进自然资源的合理、科学利用,实现自然生态系统良性循环;维护国家生态环境安全,确保国民经济和社会的可持续发展。到 2050 年,力争全国生态环境得到全面改善,实现城乡环境清洁和自然生态系统良性循环,全国大部分地区实现秀美山川的宏伟目标。《纲要》提出的全国生态环境保护的主要内容有:①在保持流域、区域生态平衡,减轻自然灾害,确保国家和地区生态环境安全方面具有重要作用的重要生态功能区的生态环境保护。包括江河源头区、重要水源涵养区、水土保持的重点预防保护区和重点监督区、江河洪水调蓄区、防风固沙区和重要渔业水域等重要生态功能区。②切实加强对水、土地、森林、草原、生物物种、海洋和渔业、矿产以及风景旅游等重要自然资源的环境管理,严格资源开发利用中的生态环境保护工作。③生态良好地区的生态环境保护。在物种丰富,具有自然生态系统代表性、典型性、未受破坏的地区,应抓紧抢建一批新的自然保护区;对西部地区有重要保护价值的物种和生态系统分布区,特别是重要荒漠生态系统和典型荒漠野生动植物分布区,应抢建一批不同类型的自然保护区;重视城市生态环境保护,加大生态示范区和生态农业县建设力度等。

（杜鹏飞）

全量贮存塘 gross storage pond

只有进水没有出水的稳定塘。它依靠蒸发和微量渗透以保持塘中水量平衡的一种稳定塘。这种稳定塘只在蒸发量大的地区才适于采用。这种稳定塘中盐浓度与日俱增,最终将抑制微生物的增殖,导致生物降解效率下降,这一问题还有待进一步解决。这种稳定塘的水深,以不超过 3m 为宜。

（张自杰）

全塔效率 efficiency of total column

又称总板效率。在塔设备中气液两相接触传质时,由于时间有限,很难达到平衡状态,故达到同样分离要求所需实际塔板数多于理论塔板数的情况下,把达到同样分离效果所需理论塔板数与实际塔板数之比称为全塔效率。设计时,多根据经验取值,一般为 0.2～0.3。

（姜安玺）

全压起动 direct-on-line starting, across-the-line starting

又称直接起动。把电动机直接接在额定电压的电源上的起动方式。是小型电动机最常用的起动方式。具有简单、方便、起动时间短的特点。

（陆继诚）

que

缺氧-好氧活性污泥(脱氮)系统 anoxic-oxic activated sludge process

简称 A-O 工艺。利用在硝化菌和反硝化菌作用下所产生的硝化和反硝化反应,而采用活性污泥法的生物脱氮工艺。该工艺由二座反应池组成,分别进行硝化与反硝化反应,或把曝气池前后分隔成缺氧和好氧两个区段。缺氧的反硝化反应池(段)设在系统的首端,在这里只搅拌混合,不进行曝气,溶解氧浓度低于 0.5 mg/L。原污水及由二次沉淀池排出的回流污泥进入。此外,还从下一段的好氧硝化池(段)的含有高浓度硝酸氮的混合液通过内循环系统以较大的循环比回流。在这里,在反硝化菌的作用下产生反硝化脱氮反应。反应过程所需要的有机碳则由原污水提供。脱氮后的混合液进入好氧的硝化反应池(段),在这里在 BOD 去除菌和硝化菌的作用下,进行比较完全的 BOD 降解反应和硝化反应,混合液进入二次沉淀池进行泥水分离,设内循环系统,部分混合液回流缺氧池(段)。该工艺是一种简化的生物脱氮系统,在反硝化反应过程勿需投加甲醇,运行费用较低,脱总氮效果在 60%～85% 左右。

（彭永臻　张自杰）

R

ran

燃料 fuels

燃烧过程中能够产生热量的物质。按其存在状态可分为三类:固体燃料、液体燃料和气体燃料。不同的燃料,所含成分不同,燃烧特性也各异,所以要采用不同的燃烧方式和燃烧设备。燃料的利用要充分考虑中国的能源储藏与分布情况以及对环境的影响,遵循中国当前的能源和环境保护政策。

（马广大）

燃料利用系数 utilization factor of the fuel

又称总热效率。表明热电厂的能量输出和输入的比例关系,常以 η_{tp} 表示,即

$$\eta_{tp} = (3600 N_{el} + Q_h)/(B_{tp} Q_L)$$

N_{el} 为发电量(kW); Q_h 为供热量(kJ/h); B_{tp} 为热电厂燃料耗量(kg/h); Q_L 为燃料发热量(kJ/kg)。由于 η_{tp} 未考虑两种能量产品品质的差别,只用热量单位按等价能量相加,所以仅能表明热电厂燃料有效利用在数量上的关系,因而是一个反映热电厂总效率的数量指标,只能用来与凝汽式电厂比较燃料的有效利用程度。

（蔡启林　贺平）

燃料脱硫 desulfurization from fuel

降低燃料含硫量的处理技术。如煤的分选,溶剂精制煤和煤气化,以及重油加氢等技术,大大控制了燃料燃烧造成的空气污染。

（张善文）

燃煤灰渣 coal-fired ash

来自燃煤电厂、工业和民用锅炉及其设备燃煤所产生的固体废物。是能源工业固体废物的一种。从烟道气体中捕集得到细灰,又称粉煤灰(coalash),也称飞灰(fly ash)。燃煤 1t 产生 0.25~0.35t 灰渣,其中粉煤灰占总量的 80%~90%。煤渣的化学成分和矿物组成与燃煤成分、粒度、锅炉类型、燃烧情况以及收集方式有关。粉煤灰的化学成分一般为:SiO_2 40%~50%;Al_2O_3 15%~40%;Fe_2O_3 4%~20%;CaO 2%~10%;主要矿物成分是 50%~80% 的无定形相玻璃体以及莫来石、石英、云母、长石、磁铁矿、赤铁矿和少量钙长石等结晶相。粉煤灰的矿物组成对其性质和应用具有重要意义,目前,中国粉煤灰主要用于生产粉煤灰水泥、粉煤灰混凝土以及粉煤灰砖等,少量用于农业改良土壤和配制肥料。

(俞　珂)

燃气安全切断阀　gas safety shut-off valve

当某一被控参数超过允许值时,能自动切断燃气的阀门。按被控参数可分为控压式、控温式、控火焰式、控水位式等;按其动力来源可分为自力式和外力式等;按其动力种类可分为机械式、气力式和电力式等。

(刘慈慰)

燃气安全水封　gas blow-off pot

装有一定深度的水的安全放散装置。当燃气压力超过装水深度时,燃气就会冒出水面自动放散,以维持燃气管道压力不超过允许值。　(刘慈慰)

燃气储存　gas storage

将多供的燃气集中储存起来的措施。城市燃气的用量随月、日、时而有规律地改变。用气量少于产气量时,将多余的燃气储存起来,补充高峰用气时候气量的不足。储气设施有地下储气、燃气液态储存、管道储气以及利用储气罐储气。地下储气可以平衡季节不均匀用气和部分日不均匀用气,其他设施只能平衡日不均匀用气和小时不均匀用气。

(刘永志　薛世达)

燃气储配站　gasholder station

将燃气储存、加压或调压后向城市输配管网分配燃气的综合设施。储配站一般由储气罐、调压室、加臭装置、加压机房、计量间、变电室、配电间、控制室、水泵房、消防水池、锅炉房、工具库、油料库、储藏室以及生产和生活辅助设施等组成。该站内设施的设置应根据实际情况选配。它可分为高压燃气储配站和低压燃气储配站。一个城市应根据具体情况设置一个或几个。　(刘永志　薛世达)

燃气阀门　gas valves

管网上的启闭设备。阀门必须坚固严密,动作灵活、开关迅速、制造与检修方便,并能抵抗所输送介质的腐蚀性。阀门的种类很多,燃气管道上常用的有闸阀、旋塞、截止阀、球阀和蝶阀等。阀门安装在地下的闸井内。闸井应坚固耐久,有良好的防水性能,并有必要的检修空间。　(李猷嘉)

燃气分配管道　gas distribution pipelines

将燃气分配给工业企业、商业和居民用户的管道。有高压、中压和低压管道;环状和枝状管道。其布置取决于城镇总体规划的情况。　(李猷嘉)

燃气供需平衡方法　balance method of gas delivery and demand

城镇燃气生产量与不均匀用气量之间达到平衡的方法。因气源的供气量不可能完全按用气量的变化而随时改变,为了保证用户用气的要求而不间断地供应燃气,必须考虑燃气生产与使用之间的平衡问题。一般分为:改变气源的生产能力和设置调峰气源、利用缓冲用户和发挥调度的作用、利用储气设施等三类方法。　(王民生)

燃气管道布线　route selection

又称路由选择。城镇管网系统选定后,确定各管段的具体位置。应根据城镇规划平面图和道路的实际状况进行,并考虑以下因素:管道中燃气的压力;街道其他地下管道的密集程度与布置情况;街道交通量和路面结构情况;燃气含湿量;必要的管道坡度及街道的地形变化情况;与管道相连接的用户数量及用气量情况;障碍物情况;土壤性质、腐蚀性能和冰冻线深度;路面交通和动荷载;管道在施工和发生故障时对城市交通、人民生活的影响程度等。

(李猷嘉)

燃气管道穿越障碍物　underground crossing

燃气管道从障碍物下面通过的方法。在铁路、电车轨道和城市主要交通干线下穿过时,应敷设在套管或地沟内。穿过铁路干线时,应敷设在钢套管内。套管两端应超出路基底边,至最外边轨道的距离应不小于 3m。置于套管内的燃气管段焊口应为最少,并需经物理方法检查,还应采用特加强绝缘层防腐。从轨底到燃气管道保护套管的管顶深度应不小于 1.2m。穿越电车轨道和城市主要交通干线时,可敷设在套管中。穿越河底时,应从直线河段穿越,并与水流轴向垂直,从河床两岸有缓坡而又未受冲刷、河滩宽度最小的地方经过。燃气管道从水下穿越时,一般宜用双管敷设。每条管道的通过能力是设计流量的 75%。在不通航河流和不受冲刷的河流下,双管允许敷设在同一沟槽内,两管的水平净距不应小于 0.5m。当双管分别敷设时,平行管道的间距不得小于 30~40m。在河床下的埋设深度一般不小于 0.5m,对通航河流还应考虑疏浚和投锚的深度。在穿越不通航或无浮运的水域,当有关管理机关允许时,可以减少管道的埋深,直至直接敷设在河底下。水下燃气管道的稳管重块,一般采用钢筋混凝土重块,或中间浇灌混凝土的套管,也允许用铸铁重块。水下燃气管道的每个焊口均应用物理方法检

查,规定采用特加强绝缘层。 （李猷嘉）

燃气管道的压力分级 classification of pressure is gas pipelines

城镇燃气管道按输送压力划分的等级。包括:低压、中压(A、B),高压(A、B)和超高压燃气管道。 （李猷嘉）

燃气管道防腐 corrosion preventive means of gas pipes

防止金属管道在土壤中受腐蚀的方法。腐蚀是金属管道在周围介质的化学、电化学作用下所引起的一种破坏。化学腐蚀是金属直接和介质接触,发生化学作用而引起金属的溶解过程。电化学腐蚀则是金属和电解质组成原电池所发生的电解过程。输送燃气的钢管按其腐蚀部位的不同,分为内壁腐蚀和外壁腐蚀。内壁防腐的根本措施是将燃气净化,使其杂质含量达到允许值以下。外壁防腐通常是采用防腐覆盖层或电防腐措施。防腐等级要根据土壤腐蚀性能确定。 （李猷嘉）

燃气管道放散管 vent pipe

排放燃气管道中的空气或燃气的装置。在管道投入运行时利用放散管排空管内的空气,防止管道内形成爆炸性的混合气体。检修管道或设备时,也可利用放散管排空管道内的燃气。放散管一般设在闸井中。在管网中安装在阀门的前后,在单向供气的管道上则安装在阀门之前。 （李猷嘉）

燃气管道附属设备 accessories of gas pipelines

保证管网安全运行和检修需要而设置的阀件及配件等。包括在管道的适当地点设置的阀门、补偿器、排水器、放散管、检漏管等。 （李猷嘉）

燃气管道管材 materials of gas pipelines

制造燃气管道所用的材料。必须具有足够的机械强度与优良的抗腐蚀性、抗震性及气密性。常用的有钢管、铸铁管、塑料管、自应力钢筋混凝土管、石棉水泥管等。 （李猷嘉）

燃气管道检漏 leakage survey of gas pipeline

检查燃气管道漏气的操作,燃气输配系统日常维护管理的重要工作之一。地上或室内管道可凭嗅觉发现有臭味燃气的泄漏,靠视觉、声响或在接口处涂肥皂液可确定漏气位置,也可在用气房间内设燃气报警器,在燃气泄漏达到一定浓度时发出警报。地下燃气管道往往采用检查管道附近的地下构筑物(如闸井、管沟等)内有害气体含量,可在燃气管道附近钻孔,取气样用燃气指示器进行分析,以确定是否有漏气。可观察管道近处的植物是否被漏气引起枝叶变黄或枯干,也可将燃气检漏仪器设在沿管道巡查的检漏车上,取近地气样进行分析,如发现有可疑的漏气管段,可钻孔作进一步检查。查明漏气地点

后,要尽快消除漏气。 （王民生）

燃气管道跨越障碍物 over head crossing

燃气管道通过障碍物时采用架空敷设的方法。在城市,只有在得到有关部门同意的情况下,才能采用地上跨越;而在矿区和工厂区,一般应采用地上跨越。当管道通过水流速度大于 2m/s 的,且河床和河岸又不稳定的水域,以及通过较深的峡谷和洼地、铁路车站等障碍物时,通常采用水上或地上跨越。跨越可采用桁架式、拱式、悬索式以及栈桥式,最好采用单跨结构。在得到有关部门同意时,也可利用已建的道路桥梁。 （李猷嘉）

燃气管道排水器 drips

又称凝水罐。收集并排除管道中冷凝液的设备。设在管道最低处。排水器的间距视水量和油量的多少而言,通常为 500m 左右。分为低压排水器和高、中压排水器。 （李猷嘉）

燃气管道坡度 slope of pipes

利于燃气管道中水分排除所设的坡度。输送湿燃气的管道,不论是干管还是支管,为便于排水,应向排水器的方向设有一定的坡度。坡度一般不小于 0.003。引入管应有不小于 0.005 的坡度,坡向城市配气管道。引入管上连接若干根立管时,应先设置水平干管,水平干管应坡向引入管,坡度应不小于 0.002。由主管引出的用户支管,坡度不小于 0.002,由计量表分别坡向主管和燃具。架空燃气管道的坡度不小于 0.003,坡向排水器。 （李猷嘉）

燃气管道强度试验 strength test of gas pipeline

检查管材、焊缝和接头有无明显缺陷的一种预试验。城镇燃气管道的试压介质一般采用压缩空气。试压长度一般不超过 1km,试验压力视管道工作压力级制及管材质而定,一般为工作压力的 1.5 倍,但不小于 0.1MPa,可参照有关规范的规定。当压力达到规定值后,试压持续时间不小于 1h,在管道接头处和可能产生漏气的位置,涂抹肥皂液进行检查,如有漏气,可降至大气压力后进行修补,再试压到合格为止。 （王民生）

燃气管道水力计算基本公式 foundamental formula of hydrodynamic calculation of gas pipelines

其数学式为

$$\frac{P_1^2 - P_2^2}{L} = 1.27 \times 10^7 \lambda \frac{Q^2}{d^5} \rho \frac{TZ}{T_0}$$

P_1、P_2 为计算管道的始端和终端的压力(kPa);λ 为管道的摩阻系数;Q 为燃气计算流量(m^3/h);d 为管径(mm);ρ 为燃气密度(kg/m^3);T/T_0 为燃气温度(K)与标准状态温度(K)之比,如在计算负荷情况下燃气管道内燃气的温度接近0℃,则可取 $T/T_0 =$

1;Z 为燃气压缩因子,燃气压力小于 1.2MPa,取 Z $=1$;L 为管道计算长度(m)。上式为高压和低压燃气管道的水力计算基本公式。在计算低压燃气管道时,又可简化成:

$$\frac{P_1 - P_2}{L} = \frac{\Delta P}{L} = 6.26 \times 10^7 \lambda \frac{Q^2}{d^5} \rho \frac{T}{T_0}$$

式中除 ΔP 的单位为 Pa 外,其他单位与上同。上式亦可称为低压燃气管道水力计算的基本公式。

（李猷嘉）

燃气管道通过障碍物　crossing

燃气管道通过铁路、河流、电车轨道、公路以及其他地下构筑物等。管道通过障碍物时必须采取一定的措施,并对通过方法进行技术经济分析。主要有跨越障碍物和穿越障碍物两种敷设方法。

（李猷嘉）

燃气管道压力试验　pressure test of gas pipeline

燃气管道在投入运行前,为了检验管道的施工质量,必须进行压力试验,并达到合格的要求。包括燃气管道强度试验和燃气管道严密性试验两部分。

（王民生）

燃气管道严密性试验　tight test of gas pipeline

检查管道严密程度的压力试验,在强度试验合格后进行。在回填土达到规定要求后,为使管道内空气温度与土壤温度均衡,在加压到试验压力后,随管径不同应有 6～24h 的稳压时间。试压时间持续24h,试验压力一般为管道的最大工作压力,但对于埋地钢管不小于 0.1MPa,对于铸铁管不小于0.05MPa。试压时的实际压力降不应超过按规范规定的允许压降值。实际压力降是记录的压力降经大气压力和土壤温度变化的修正后的数值。　（王民生）

燃气管道置换　blow down of gas pipeline

在管道通气前进行的用燃气置换空气的操作。为此在要吹扫管段的末端设放散管或利用排水器的引出管作放散用。通常用燃气直接进行吹扫,此时现场应严禁火种,放散管排气口应高出地面约2.5m,其数量和管径视要吹扫管段的长度和管径而定。吹扫时应逐渐开启燃气管道阀门和放散管的旋塞,以控制排气量。对放散出的取样气体进行分析,含氧量小于 1% 时为吹扫合格。　（王民生）

燃气管网　gas distribution system

城镇燃气工程中向用户输气和配气的管道系统。由管道、配件和附属设施组成。管网有枝状管网、环状管网和环枝状管网;配件和附属设备有阀门、补偿器、排水器、放散管和闸井等。

（李猷嘉）

燃气管网水力计算　hydrodynamic calculation of gas networks

为确定管道压力、管径、流量等各参数之间的关系可进行的专门计算。是确保管网正常工作的重要环节,其共同特点为:在一定的允许压降范围内,合理地分配各管段的压力降和计算流量,以最经济的选择保证管网正常工作的管径。　（李猷嘉）

燃气过滤器　gas filter

用以清除燃气中悬浮颗粒的设备。一般由外壳、卡环、滤料等组成。外壳常用铸铁或钢制成,带有便于装卸的法兰盘;卡环用于固定滤料并便于其更换;滤料常采用马鬃、矿物、玻璃纤维或拉西环等。最简单的过滤器是由不锈钢网制成的网状滤垫,将其夹在两个特制的法兰盘之间。　（刘慈慰）

燃气计量　gas metering

对管道或设备燃气通过量的测定和记录。计量燃气的装置称燃气表或燃气流量计,用以累计通过管道或设备的燃气体积或质量。有些流量计只测定单位时间的燃气通过量,须经换算机构才能显示累计量。由于气体易受温度和压力的影响,计量装置上可附设温度和压力补偿装置。燃气计量装置按原理可分为直接计量和间接计量两种,直接计量式(也称容积式)燃气表的内部设有若干个计量室,按计量室的容积直接对通过的燃气量进行计量和累计;间接计量式燃气表没有计量室,它利用气流的某一物理特性(如气流压差或流速等)转换为流量,再引入时间因素求得累计值。根据管道或设备中燃气的压力,燃气流量装置可分别承受低压、中压或高压。对直接式计量装置应提高其计量性能和缩小其自身的体积,发展远程和自动化的读表技术。对间接式气体计量装置在进行研制的有超声波流量计和激光流量计等。　（王民生）

燃气加臭　gas odorization

向无气味的天然气和人工燃气中加入无害而具有强烈刺鼻气味物质的过程。其目的是为了便于发现漏气,保证输送和使用安全。加入燃气中的物质称为加臭剂。一般规定燃气加臭量必须使燃气空气混合物达到爆炸下限 1/5 前,人们能够发觉。燃气加臭装置一般设在长输管线末端的燃气分配站内,也可设在长输管线的起点站。

（刘永志　薛世达）

燃气加臭剂　odorants

使燃气具有刺激性气味的添加物。必须满足的要求是:①加臭剂和燃气混合在一起后应具有特殊的臭味;②加臭味不应对人体、管道或与其接触的材料有害;③加臭剂的燃烧产物不应对人体呼吸有害,并不应腐蚀或伤害与此燃烧产物经常接触的材料;④加臭剂溶解于水的程度不应大于 2.5%(质量分数);⑤加臭剂应有在空气中能察觉的加臭剂含量指标。加臭剂多为硫化物,有一定腐蚀性,加臭不能过量。由于人们对气味的感受程度随温度升高而增大,故应按照季节改变加臭剂用量。常用的有乙硫醇(C_2H_5SH)、四氢噻吩、三丁基硫醇和混合加臭剂,其中含硫醇、硫醚、二甲硫、二乙基硫化物及其他硫化物、二硫化物等。　　　　　　(刘永志　薛世达)

燃气加臭装置　odorizer

向燃气中加入加臭剂的装置。通常分为滴入式、蒸发式、吸收式和泵式加臭器。吸收式又包括绒芯式、喷淋式及鼓泡式。滴入式是将液体加臭剂以单独的液滴或细流加入到燃气管道中去,在此蒸发并与燃气混合。由于蒸发面很小,故应采用蒸气压较大的加臭剂。此法应用于燃气流量不大时。蒸发式和绒芯式是使部分燃气进入加臭器,被蒸发的加臭剂饱和,然后再返回主管道进行混合。蒸发式是在加臭器液面上设多层隔板,使燃气弯曲流动增加停留时间,而绒芯式是在内设绒芯条,下端浸入加臭剂液内,上面部分蒸发。喷淋及鼓泡式,也是往部分燃气中喷入加臭剂或使燃气通过在塔板上浸入加臭剂液的泡罩而鼓泡加臭。　　(刘永志　薛世达)

燃气净化　purification of gas

脱除粗燃气中杂质的工艺过程。人工煤气中一般含有粉尘、萘、焦油、氨、氰化物及硫化氢等;油制气中一般含有焦油、萘及硫化物等;天然气中一般含有硫化氢等。所有粗燃气都含水。这些杂质中有些是有毒气体,对人体有害,有些会堵塞管道、腐蚀设备和用具,或在燃烧时污染环境,必须加以脱除。城市煤气质量要求规定:萘含量夏天小于 100mg/Nm^3、冬天小于 50mg/Nm^3;硫化氢含量小于 20mg/Nm^3;氨含量小于 50mg/Nm^3;焦油及灰尘小于 10mg/Nm^3。在净化的同时,也获得粗苯、氨水(或硫铵)、焦油和单质硫等多种化工原料与产品。净化工艺主要包括:除焦油、脱氨、脱萘、脱硫、脱苯及脱水等,可根据不同燃气及杂质情况设置净化装置。

(曹兴华　闻望)

燃气炉　gas-fired boiler

一般由气体燃烧器和炉膛构成的炉子。气体燃料的燃烧过程由着火和燃烧组成,燃烧反应属于均相反应,并以瞬时着火形态出现。气体燃烧器是燃气炉的主要构件,应能保证炉子经济安全地连续运行,负荷调节性能要好,自动控制程度高,结构紧凑,成本低等。气体燃烧器种类很多,按空气供给方式可分为自然供风燃烧器、引射式燃烧器和鼓风式燃烧器等形式。该炉是很清洁的炉型,一般不产生烟尘,氮氧化物、二氧化硫的生成量也很少,并能获得很高的热效率。　　　　　　　　(马广大)

燃气输配管道　gas transmission and distribu-
tion pipelines

输送和分配燃气的管道总称。按用途分为燃气输送管道、燃气分配管道、用户引入管、室内燃气管道、工业企业燃气管道;按压力分为低压、中压、高压、超高压管道;按敷设方式分为地下燃气管道及架空燃气管道。　　　　　　　　　　(李猷嘉)

燃气输配系统调度　dispatching of gas distribu-
tion system

对供气系统的集中监控、数据采集和指挥。为了达到燃气的供需平衡,确保可靠供气,维持最佳工况和安全运行,由调度中心收集气源、输配、储存和应用方面的信息,对资料进行整理、分析、预测和判断,然后发出对生产、输配和运行的指令。调度系统须及时汇集气源的供气压力温度和流量等参数、储配站的储气量和进出口压力、重点调压站的进出口压力和流量、有代表性用气点的用气情况以及各燃气厂、站主要设备的工况等。这些信息可利用遥测装置,输入调度中心的计算机进行处理、显示和集中监视。同时,结合气象资料和人们的工作班次进行用气量预测、优化比较和管网分析等计算,以决策下阶段的制气和供气的任务、储气安排等。指令执行后的工况,须再经通信回路进行信息反馈或用计算机作直接遥控调节。　　　　　　　　(王民生)

燃气调压器　gas pressure regulators

用于自动控制燃气出口压力,并能将其稳定在预先调整的某一压力值的降压装置。一般由测量元件、传动机构和调节机构组成。按工作原理分为直接作用式燃气调压器和间接作用式燃气调压器两种;按用途或使用对象分为区域燃气调压器、专用燃气调压器和用户燃气调压器等;按进出口压力分为高高压、高中压、高低压、中中压、中低压、低低压等燃气调压器;按结构可分为浮筒式及薄膜式等燃气调压器,后者又可分为重块或弹簧式等燃气调压器;按被调参数可分为前压式和后压式燃气调压器两种。　　　　　　　　　　　　(刘慈慰)

燃气调压器并联安全装置　parallel relief device of gas pressure regulator

并联的两台燃气调压器(一台工作,另一台备用)组成的安全装置。工作调压器的给定出口压力略高于备用调压器的给定出口压力,所以工作调压器正常工作时,备用调压器呈关闭状态。当工作调压器发生故障时,其线路上的安全切断阀关闭,备用调压器自动启动,从而保证了燃气供应的安全。

(刘慈慰)

燃气调压器传动机构　transmission mechanism of gas pressure regulator

在燃气调压器中,将燃气压力传递到调节机构

使之动作,以调节燃气压力的机构。常采用的有弹簧薄膜式和重块薄膜式等。 (刘慈慰)

燃气调压器调节机构 regulating mechanism of gas pressure regulator

燃气调压器中用的调节燃气压力的部件。一般采用各种形式的阀门。按阀门结构可分为单座阀和双座阀;按阀瓣材质可分为硬阀和软阀;按阀瓣形状可分为盘形阀、锥形阀、塞形阀和孔口形阀等。 (刘慈慰)

燃气调压器额定流量 nominal discharge of gas pressure regulator

在规定的进口压力范围内,当进口压力为允许最低值时,其出口压力在稳压精度范围内能达到的最大通过量。 (刘慈慰)

燃气调压站 gas pressure regulating station

又称煤气调压室。在燃气输配系统中,自动调节并稳定管网中压力的设施。通常由燃气调压器、阀门、安全装置、燃气过滤器、旁通管及测量仪表等组成。按使用性质可分为区域燃气调压站、用户燃气调压箱、专用燃气调压站等;按调节压力可分为高中压燃气调压站、高低压燃气调压站、中低压燃气调压站等;按建筑形式可分为地上燃气调压站、地下燃气调压站等。 (刘慈慰)

燃气调压站作用半径 acting radius of gas pressure regulating station

指从燃气调压站到燃气管网零点的平均直线距离。可用下式表示:

$$R = \frac{\sqrt{2}}{2}\sqrt{\frac{F}{n}}$$

R 为燃气调压站作用半径(m);n 为燃气调压站数目(座);F 为包括街道在内的供气区面积(m^2)。 (刘慈慰)

燃气未预见量 gas unforeseen demand

管网的燃气漏损量和城镇发展过程中没有预见的新情况而超出了原计算的设计用气量。也应计入年用气量中。 (王民生)

燃气需用工况 condition of gas demand

各类用户的用气量随时间波动的情况。特点是每月、每日、每时都有变化,是不均匀的。各类用户用气的不均匀性与气候条件、居民生活水平、生活习惯与作息制度、商业和工厂企业的工作制度、建筑物和车间用气设备的特点等有关,通常根据长期收集和系统地整理大量实际数据,以取得用气量变化规律的可靠资料。用气的不均匀性对供气系统的经济性影响很大。 (王民生)

燃气压缩机 gas compressors

提高燃气压力的压送机器。按工作原理分为容积型与速度型两类。前者气体压力提高是通过压缩机作功,将吸入气体体积缩小而形成;速度型压缩机压力的提高是由于气体分子运动速度提高后,又使其速度降低,动能转化为压力能。燃气输配系统中常用容积型压缩机,包括活塞式、回转式、螺杆式和滑片式压缩机。活塞式压缩机是在气缸中由往复运动的活塞对气体加压,优点是排气压力高,排气量大,应用较广泛。回转式压缩机的排气量大,排气压力较低,燃气行业中常采用。速度型主要是离心式压缩机,优点是输气量大,运转连续平稳,占地面积小,重量轻,转速高,可用汽轮机直接带动,常用于长输管线上的加压。该压缩机从构造上要保证严密不漏气、安全可靠。 (刘永志 薛世达)

燃气液态储存 liquefied gas storage

燃气以液体状态储存。液化石油气的主要成分为丙烷、丙烯、正丁烷、异丁烷,在常温下(20℃),不需要过高的压力,就可使其变为液体。天然气主要成分为甲烷,在常温下,使其液化的温度为－162℃。液化石油气液化后,其体积比气态缩小250倍;天然气液化后,体积缩小600倍,可节约储气容积和设备的投资,并便于运输。液化石油气的储存可分为常温压力储存、低温常压储存、降温降压储存。液化天然气一般为低温常压储存。 (刘永志 薛世达)

燃气指示器 gas indicator

测定空气中燃气含量,用以判定漏气情况的指示器。有利用燃气与某种化学试剂接触时试剂改变颜色的指示器,利用燃气与空气具有不同扩散性质的扩散指示器或利用燃气与空气对红外线具有不同吸收能力的红外线检漏仪等。此外,利用放射线同位素来检测漏气地点的方法也得到了应用。应用最广泛的是接触燃烧式燃气指示器,作用原理是燃气空气混合气体在铂螺旋丝表面进行接触燃烧时引起铂丝导电率的改变,从而可测定空气中燃气的含量。当含量超过允许浓度时,仪器发出声光信号,即为燃气报警器。 (王民生)

燃烧 combustion

一种放热的高速化学反应。狭义地讲,是指燃料与氧的剧烈化学反应。对于燃料燃烧反应,燃料和氧化剂(一般以空气作为氧化剂)可以是同一种形态的,如气体燃料在空气中的燃烧;也可以是不同形态的,如固体燃料在空气中的燃烧。前者称为均相燃烧(或称单相燃烧),后者称为多相燃烧。燃烧反应可用下面通式来表示:

$$aA + bB \rightleftharpoons gG + hH$$

燃料 氧化剂 燃烧产物 (马广大)

燃烧产物 combustion products

又称烟气。是指燃料燃烧后生成的气态产物。

燃料完全燃烧的产物有二氧化碳、二氧化硫、过量的氧气、氮气、水蒸气等;不完全燃烧时,除上面产物外,还有少量各种可燃气体,如一氧化碳、氢气、碳氢化合物等。此外,在高温条件下,空气中或燃料中的氮还可能被氧化成氮氧化物。 (马广大)

燃烧法净化 purification of combustion method

用燃烧来消毁可燃气态污染物、蒸气或烟气,使之变为无害物质的方法。燃烧法的化学作用是氧化,个别情况有热分解。其主要产物为 CO_2 和 H_2O。该法包括直接燃烧、热力燃烧、催化燃烧三种方式,广泛用于废气中有机物净化。 (姜安玺)

燃烧计算 calculations for combustion

在燃料燃烧设备设计时,需要进行燃料燃烧的计算。包括燃烧所需空气量、燃烧生成的燃烧产物(烟气量)及燃烧设备的热平衡、热损失和热效率计算。 (马广大)

燃烧设备 combustor

为使燃料着火燃烧并将其化学能转化为热能释放出来的设备。工业锅炉的燃烧设备具有各种形式,目前仍以烧煤的层燃炉为主,如手烧炉、链条炉、抛煤机炉、往复推动炉排等。此外,还有可以燃用劣质煤的沸腾炉,发电站用的煤粉炉、燃油炉、燃气炉以及各种加热炉、干燥炉、焚烧炉和民用炉灶等。无论何种燃烧设备,都应满足的基本要求是:燃料能及时、连续、稳定地着火,热效率高,燃烧热负荷高,运行安全可靠,以及对环境产生的污染少等。 (马广大)

燃烧设备的热平衡 heat balance of combustor

输入燃烧设备的热量与设备输出热量之间的平衡。输入热量主要来自燃料燃烧放出的热量,输出热量包括被工质或物件吸收的有效利用的热量和燃烧过程中的各项热损失。稳定热力状态下的热平衡方程为

$$Q_r = Q_1 + Q_2 + Q_3 + Q_4 + Q_5 + Q_6$$
或 $$100 = \eta + q_2 + q_3 + q_4 + q_5 + q_6 (\%)$$

Q_r 为燃料燃烧输入的热量;Q_1 为有效利用热量;$\eta = Q_1/Q_r$ 为燃烧设备的热效率;q_2(或 Q_2)为排烟热损失;q_3(或 Q_3)为化学未完全燃烧热损失;q_4(或 Q_4)为机械未完全燃烧热损失;q_5(或 Q_5)为设备散热损失;q_6(或 Q_6)为其他热损失。 (马广大)

燃油炉 oil-fired boiler

一般是由油燃烧器、碳口和炉膛构成的炉子。油燃烧器的主要部件是油雾化器和配风器。油的燃烧过程实际上是先雾化成细小油滴,吸热蒸发为油蒸气,与空气混合后开始燃烧。因而强化油的燃烧过程实质上是强化油的雾化、蒸发及油气与空气的混合过程。该炉产生的烟尘很少。但是,如果油的雾化、蒸发不良或与空气混合不好,将会使油产生热分解,排烟中出现黑烟(炭黑)。油燃烧温度很高,一般在 1300~1500℃,氮氧化物生成量要比烧煤炉高得多。油中的硫不易脱出,燃烧后转化成二氧化硫。此外,排烟中还可能含有少量一氧化碳和碳氢化物等气体。 (马广大)

rao

绕线型异步电动机 wound-rotor asynchronous motor

在其转子回路中通过集电环和电刷接入外加电阻,从而改善电动机的启动特性,在必要时也可用以调节转速的异步电动机。 (许以傅 陈运珍)

re

热岛效应 heat island effect

在城市中心,由于人口集中、大量人为热源排出热量及地面覆盖物与郊区不同,形成了城市比周围农村地区温度高的现象。由于城市热岛效应,在晴朗平稳的天气时,可以形成一种从周围农村吹向城市的"城市风",这种风能使工业区的污染物在夜晚向市中心输送,造成城市中心的大气污染加重。 (张善文)

热电并供 combined power and heat

见热电联产(231 页)。

热电厂供热 heat-supply by cogeneration plant

联合生产热能和电能的集中供热方式。实行热电联产的发电厂称热电厂。在热电厂中装有供热式汽轮机,供热汽流先发电后供热,即利用作过功的热汽流对外供热。目前,常用的供热汽轮机主要有两种类型:①背压式汽轮机。它不带凝汽器,汽轮机的乏汽全部送给热用户。只能以热电联产的形式生产电能,发电量取决于热负荷的大小,适用于担负恒定的热负荷,即区域供热系统的基本负荷或稳定的工业热负荷。②抽汽式汽轮机。它装有凝汽器和不同压力的可调抽汽口,用以满足工业和民用供热需要。该汽轮机可使一部分或全部蒸汽进入凝汽器,因而发电量可以与热负荷无关,热、电生产在规定范围内能各自独立调节,适应性较大,宜用于城市集中供热。此外,凝汽式汽轮机也可以通过改装而成为供热机组,把纯供电的发电厂改为热电厂。国内目前主要有两种改造方法:①凝汽式汽轮机在供暖期间降低真空运行(称为恶化真空),把凝汽器作为热网回水加热器,用循环水供热。②在凝汽式汽轮机的中间导汽管上抽出蒸汽,向外供热。热电厂供热

由于背压汽轮机和抽汽式汽轮机的供热部分都不存在低温冷源的热损失，因而大大提高了燃料热量的利用率。抽汽式汽轮机由于有汽凝发电部分存在，其经济性主要取决于热化发电在总发电中所占的比例。 （蔡启林 贺 平）

热电厂供热系统 heat-supply system based upon cogeneration plant

以热电厂为主要热源的供热系统。按供热介质不同分为蒸汽和热水两种供热系统。蒸汽供热系统通过蒸汽管网向用户供应蒸汽有两种方式：一是把供热汽轮机抽汽或排汽输送给用户的直接供汽方式。其优点是系统简单，管理方便；缺点是回水率低，水处理设备庞大，供汽参数高。二是通过蒸汽发生器，以二次蒸汽输送给用户的间接供汽方式。供热汽轮机的抽汽或排汽是加热的一次蒸汽，凝结水可以全部回收，这是优点；但由于增加了蒸汽发生器，使投资增加，系统复杂；蒸汽发生器的端差较大（一般为 15～20℃），一次蒸汽压力相应较高，使热经济性变差。只有当直接供汽的回水率很少，且热电厂水源的水质特别差，给水品质又要求较高时，才考虑采用间接供汽的可能性。热水供热系统则由热网加热器，供、回水管路和热网循环水泵等主要设备

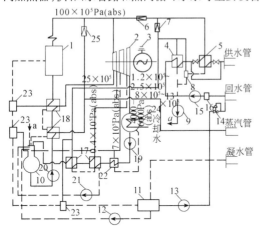

1—锅炉；2—高压汽轮机；3—发电机；4—基载热网加热器；5—峰载热网加热器；6、7—减压加湿器；8—膨胀箱；9—凝结水泵；10—除氧器；11—水处理站；12—给水泵；13—网路补水泵；14—网路压力调节器；15—网路循环水泵；16—除污器；17—低压预热器；18—高压预热器；19—凝结水泵；20—锅炉给水泵；21—凝结水泵；22—射流预热器；23—膨胀箱；24—凝汽器；25—减压加湿装置

所组成。为提高热电厂的经济性、增大热化发电率，热网加热器一般由基载和峰载两级串联组成。基载热网加热器使用低压抽汽，整个供暖期都运行；峰载热网加热器使用高压抽汽或新蒸汽，只在最冷的少数时间里才运行。热电厂同时向外供应热水和蒸汽

就形成混合式供热系统。系统图是装有带高、低压可调节抽汽口高压汽轮机的热电厂原理图。
（蔡启林 贺 平）

热电厂内电力、热力成本分配 cost distribution between heat and electricity in a thermal power plant

热电厂内电、热两种产品生产成本的分配。通常按电、热各自消耗的燃料量占总燃料量的百分率的比例对总成本进行分配。其分配方法有热量法、焓降法、㶲法、固定煤耗法和折衷法等。其中热量法是按生产电、热的数量比例分摊热电厂的总耗热量。这种方法简单，计算容易，故目前多采用热量法。
（李先瑞 贺 平）

热电联产 heat and power cogeneration, combined power and heat

又称热电并供。由热电厂同时生产电能和可用热能的联合生产方式。当能量转换设备只提供一种能量（电能或热能）时，如发电厂中凝汽式汽轮机组只输出电能，供热锅炉房设备只供应蒸汽和热水，都是单一的能量生产，称"热电分产"。单一供电和单一供热的其总能耗，一般高出热电并供所需能耗的40%～50%。如果在电厂中采用背压式汽轮机组发电，同时又利用其排汽供热，这样把热、电生产有机地结合起来，就构成热、电联合生产方式，称"热电联产"。其热效率可高达80%。对于抽汽式汽轮机组只有抽汽部分才是热电联产，而凝汽式发电部分仍属热电分产。在工业布局合适的地区，发展热电联产，有着显著的经济和环境效益。
（蔡启林 贺 平 徐康富）

热电联产的热经济性 thermal effectiveness of cogeneration

分析供热机组在热电联产时的能量利用程度。其经济指标应能表明对燃料在质和量两方面的有效利用程度，解决总燃料消耗如何分配给热、电两种产品问题。衡量热电联产的热经济指标有：用"燃料利用系数"表明燃料能量在数量上的有效利用程度；用"热化发电率"评价供热机组技术完善程度。总燃料消耗在两种能量产品之间的分配方法虽有多种，但各有一定的合理性和局限性。典型的方法有三种：即热量法、实际焓降法和㶲法。这三种方法各有一定的合理性，但都有某些不足之处。热量法由于简便实用而被许多国家广泛采用，现在我国也以热量法作为法定的分配方法。 （蔡启林 贺 平）

热电偶温度计 thermocouple thermometer

根据两种不同金属的导体接点受热产生热电势的原理制作的温度测量仪器。测量范围 0～1 600℃，精度 ±0.5% t～±1% t，惰性时间常数

20s~10min。分为无保护套管和有保护套管两类。仪表测量准确,适用于就地或远距离指示及控制。

（刘善芳）

热电阻温度计 thermoresistance thermometer

根据导体或半导体的电阻随温度变化原理制作的温度测量仪器。一般有铜电阻和铂电阻两种材质。铜电阻测量范围 $-50\sim150℃$,精度 $\pm1\%\,t$。铂电阻测量范围 $-200\sim650℃$,精度 $\pm0.5\%\,t$。仪表测量准确,适用于就地或远距离指示及控制,其惰性时间常数 10s~3min。 （刘善芳）

热动力型疏水器 thermodynamic steam trap

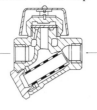

根据蒸汽和热水的热动力性能不同的原理,实现排除凝水并阻止蒸汽逸漏的疏水装置。主要有热动力式(如图)、脉冲式、孔板式等。各种类型热动力型疏水器一般都具有体积小、重量轻和周期性漏汽的共同特点。 （盛晓文 贺 平）

热负荷率 rate of heating load

热源厂供热设备热负荷的年平均比值。热负荷率＝(各用户的平均热负荷之和)/(热源厂最大热负荷)。当已知供热设备的年运行小时数时,热负荷率是计算供热设备年供热量的指标。因此,热负荷率是衡量供热项目经济效益的重要指标之一。

（李先瑞 贺 平）

热负荷图 heating load diagram

表示各种不同形式的热负荷及其变化规律的曲线图。可分为热负荷随室外气温变化曲线图和热负荷随时间变化曲线图两大类。前者清晰地表示季节性热负荷的变化规律;后者又可分为日负荷图、月负荷图和年负荷图等。在综合考虑气温变化和时间变化影响的基础上,可绘制热负荷延续时间图。通过各种形式的热负荷图,可清楚地表示各种热负荷在不同室外温度、不同时间的变化状况。同时又可为设备选择、燃料计算、运行调节、经济分析等提供重要依据。 （盛晓文 贺 平）

热负荷延续时间图 heating load duration graph

表示全年(或供暖季节)的热负荷随室外温度的变化情况及不同大小的热负荷与其延续时间乘积的曲线。它可清晰地表示出不同室外气温下的热负荷大小和全年(或供暖季节)中的累计耗热量及

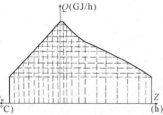

其在总耗热量中所占的比例。热负荷延续时间图是城镇集中供热规划和技术经济分析的重要基础资料。 （盛晓文 贺 平）

热化发电率 coefficient of performance of cogeneration（COP）

供热机组热化(热电联产)供热量的电能生产率。常以 ω 表示。它是热化发电量 W_h 与热化供热量 $Q_{h\cdot t}$ 之间的比值,即 $\omega=W_h/Q_{h\cdot t}[(kW\cdot h)/GJ]$。热化发电率只与联产部分的热、电有关,当蒸汽初参数及供热抽汽压力已定时,汽轮发电机组热变功的实际过程愈完善,不可逆损失愈小,热化发电率就愈高,所以 ω 是用来评价供热机组热电联产部分技术完善程度的质量指标。 （蔡启林 贺 平）

热化系数 coverage factor of cogeneration

热电厂供热机组最大抽(排)汽供热量 $Q_{[h\cdot t(M)]}$ 与热电厂供热最大热负荷 Q_M 的比值。即 $\alpha_{tp}=Q_{[h\cdot t(M)]}/Q_M$。它表示在最大热负荷时,热电联产供热所占的份额。热化系数值选择对热电厂供热经济性有很大影响,实际的热化系数最佳值,决定于技术经济比较的结果。 （蔡启林 贺 平）

热焦油洗萘 naphthalene scrubbing with hot-tar

以热焦油为溶剂脱除煤气中萘的操作。焦油溶解萘的能力强,但其黏度大,低温时流动性差,加热到80℃左右才能均匀喷洒。含萘煤气与热焦油在吸收塔中逆流接触,萘被焦油吸收而温度升高,再用水进行冷却。洗萘焦油温度有所降低,自流回贮槽经蒸汽蛇管加热到80℃泵回吸收塔循环喷洒。当焦油含萘接近饱和时改用新焦油洗萘。

（曹兴华 闻 望）

热力软化法 thermal softening

原水经加热,把碳酸盐硬度变成溶解度较小的碳酸钙和氢氧化镁沉淀出来,以降低硬度的方法。此法不能降低非碳酸盐硬度。常用于处理热网的补给水。 （潘德琦）

热力网的大修 major repair of heating network

对由于自然寿命和其他原因,已失去原有性能,不能保证安全运行的管道(包括管道结构物)和附件的修理或更换,其单位价值超过国家规定限额的检修项目。内容如管道的更换、保温层的更换、一定口径以上附件的更换、土建结构的翻修等。大修费用由提取的管道大修折旧或管网基金中开支。

（项恩田 贺 平）

热力网的维护 maintenance of heating network

为了保持热力网处于良好状态,须定期对管道设备及附件进行保养性维护。维护基本要求为整

齐、清洁、润滑和安全,其内容如附件表面清洁、去锈、上油;温度及压力表的校验、修理;土建结构及管道保温层零星修补以及小室的清扫、排水等。维护工作在管道不停止运行状态下进行。定期维护周期根据各部位具体情况确定,可由几个月到半年以至一年。 (项恩田 贺 平)

热力网的中修 medium repair of heating network

需管网停止运行,但检修内容在大修标准以下的修理。主要是更换或增添附件的填料(阀门、套筒补偿器等);更换法兰盘垫片;修理或更换某些附件;少量有缺陷管子及保温层的更换等。

(项恩田 贺 平)

热力网集中监控 central monitoring and control of heating network

集中对热力网各组成部分,包括热源、泵站、管道上的关键点和重要热力站实行监测与控制。其主要功能是供热参数检测与超限报警,供热与输送设备及重要阀门工作状态的监视、远方操作、故障报警,运行参数的数据处理、打印、贮存,负荷预测及为供热调度方案提供依据等。主要应用技术为计算机数字通信系统。根据具体条件选用通信电缆、光纤、电话线及无线通信道等。 (项恩田 贺 平)

热力网检修与维护 repair and maintenance of heating network

通过对热力网设备、附件的检查,发现薄弱环节并对其进行修理或更换,进行维护性保养,以保持正常工作状态,消除或限制故障隐患的工作。必须使管道设备经常处于监视中,运行人员要对管道做定期巡视。对管道设备与附件要做定期保养、维护,如除锈、添加润滑油、防锈油脂,消除一般滴漏现象等。对于已不能保证安全供热的管段、设备、附件要加以更换。这种检修须停止供热,但应尽量减少停热时间,一般在非供暖期间进行。有的热力管道在一年内很长一段时间内处于 70~80℃ 温度下,此时保温层含有水分,会导致钢管腐蚀,这是热力管道最大威胁之一。因此,管道运行检修重要任务之一就是防止地下水、地表水及其他水源侵入管道保温结构。

(项恩田 贺 平)

热力网热力工况调度 heating modes control of heating network

调节调度供热介质温度,以保证用户负荷的需要。供热系统的主要对象是采暖负荷。它是随室外气温变化而变化的。因而,用改变介质温度来适应热负荷变化的方法是最常用的方法,亦称为质调节。其主要调节方法是通过调节汽轮机组撤汽压力和汽量或改变供热锅炉出力来实现水温控制,一般称为集中质调节。这种调节是适应采暖季内室外气温变化的,一天或几天调节一次。 (项恩田 贺 平)

热力网水力工况调度 hydraulic modes control of heating network

调节调度水流量的输送与控制设备,保证用户处有足够的、适量的压头,满足符合用户需要的流量。所提供的压头应适合用户需要,既满足需要,又不致过大。调节设备主要是热源厂的热网泵、线路上的中继泵、补水定压装置和各种控制阀等。

(项恩田 贺 平)

热力网优化运行 optimum operation of heating network

在满足热用户需要前提下,整个供热系统经济的、安全可靠的运行方式。满足用户需要是指供给热量足够,但又不过量而造成浪费。经济运行是优化运行的根本要求。供热系统运行中主要消耗是燃料输送介质的电耗。在多热源联网运行中,优化的意义更加突出。在这样的系统中有不同种类热源,如热电厂、燃油或燃煤锅炉房、工厂余热、地热等,它们产热煤耗亦不同;管网运行也有不同热网泵和中继泵的组合。优化运行要求以最少的消耗来满足用户需要。因此,应随着负荷需要的变化,合理地选择投入的热源和管网运行方式,以达到整体经济的目的。 (项恩田 贺 平)

热力网运行管理 operation and management of heating network

组织热源供给,热能输送、分配并保持热力网良好状况,保证安全正常供热的工作。热力网运行管理的任务是:建立热力网正常的热力工况和水力工况,经济合理地输送和分配热能;监视和检查管网的运行状况;定期进行管道维修和紧急事故处理,保证热力网处于良好状态。大型供热系统往往包括几个热源和若干中继泵站。多热源、多泵站联网运行能使供热系统更加经济合理地工作,并提高供热的可靠性。建立以计算机技术为基础的集中监控系统可更有效地进行运行工况的监测和控制,并可及时制定最佳运行方案,是现代化热力网运行管理的必要手段。 (项恩田 贺 平)

热力网运行巡视 inspection of heating network

人工对管道工作状况的直观巡视检查。其主要内容是巡视管道及其附件是否完好,有无滴、漏现象;有无外界因素影响管道运行安全的情况,如工程施工、水的渗入;重点检查运行参数以发现运行的问题等等。检查周期可每日一次或数日一次;对新建管线和供热高峰期间应适当缩短周期。为了某种需要,有时须对管道做专门检查,如寻找漏水点或检查管道保温状态等。现代化检查手段有声学听漏装置

和红外线遥感装置等。　　　（项恩田　贺　平）

热力网运行与调度　operation and dispatching management of heating network

控制热力管道内介质参数和流动,把热能合理地输送、分配到各个用户,满足其不同需要。为了保证每个用户都有必需的介质通过,应保证各个用户处有足够的压头。因此,使管网最不利点保持足够压头便是维持水力工况的重要标志。为了满足用户用热需要,还要求输热介质有足够的温度。在整个采暖季用质调节,使供、回水温度随室外气温变化而变化是最常见的调节方法。热力网优化运行要求以最少的热能消耗和输送介质的能耗来满足用户需要。在现代化的包括不同种类热源的大型热力网中,根据负荷的大小选择最经济的热源组合,优化运行方案的编制更为重要。计算机调度是优化运行必不可少的条件。　　　　　　（项恩田　贺　平）

热力站　substation

城镇集中供热系统中热网与热用户的连接场所。其作用是根据热网工况和用户的不同条件,采用不同的连接方式,调节供向热用户的供热介质参数和流量,或进行热能转换,以满足用户需要,并集中计量、检测供热介质的数量和参数。根据所服务的对象不同,可分为民用热力站和工业热力站。根据热网的供热介质不同,可分为热水热力站和蒸汽热力站。根据热力站的位置和不同的功能,可分为用户热力点、集中热力站和区域热力站。用户热力点,也称为用户引入口。　　　（贺　平　蔡启林）

热量法　thermal method

计算热电厂总耗热量分配的一种方法。该法建立在热力学第一定律基础上,是从热能数量利用的观点来分配总耗热量。此法认为热电厂中的热化发电没有冷源和不可逆损失,即这部分损失全部被利用来对外供热了。热电厂供热只分配到集中供热的好处,即相当于用电厂锅炉直接供热。这样,分配的供热热耗 $Q_{tp(h)}$ 为

$$Q_{tp(h)} = Q_{tp}\frac{D_h(h_h - \varphi\bar{t}_h)}{D_0(h_0 - \bar{t}_{fw})}(kJ/h)$$

Q_{tp} 为热电厂总热耗量(kJ/h); D_h、D_0 分别为对外供汽量和汽轮机总进汽量(t/h), h_h、h_0 分别为供热抽汽焓和汽轮机进汽焓(kJ/kg); $\bar{t}_h$、$\bar{t}_{fw}$ 分别为供热凝水温度和锅炉给水温度(℃); φ 为凝结水回收率。由于此法简便实用而被广泛采用。

（蔡启林　贺　平）

热裂解法　pyrolytic cracking process

在温度高达摄氏八九百度并有蒸汽存在条件下使原料油裂解的油制气方法。分有间歇式和连续式。前者又称循环式,即间歇地进行鼓风(加热和蓄

热)和制气,并由这两个主要阶段构成一个工作循环;后者是以石油焦球或金刚砂等为热载体的连续制气。原料油是各种烃的复杂混合物,在热裂解过程中,各种烃的反应是不相同的;而且各种烃之间、裂解产物之间以及产物和原料分子之间都会相互作用和影响;故反应过程是极复杂的。主要的反应有断链(C—C 键断裂)反应、脱氢(C—H 键断裂)反应,还有异构化、环化和热聚合等。蒸汽的加入主要是用以降低烃的分压,有利于裂解反应,一般不直接参加气化反应。生成燃气的主要组分为甲烷、乙烯及氢等,也含有丙烯等 C_3 以上的烃类;发热量可达 35MJ/m^3 以上。　　　　　（闻　望　徐嘉淼）

热裂解装置　pyrolytic cracking plant

用热裂解法生产油制气的装置。分有间歇式和连续式。常用间歇式装置的主体由二组气化器和过热器共四筒组成,筒内置耐火格子砖。气化器中主要进行加热油的燃烧和原料油的裂解;过热器则继气化器之后进一步使气体裂解,得到稳定组成的油制气。每一工作循环历时约 8min。制气过程需吹入空气和蒸汽,空气使筒内积炭烧掉并使加热油燃烧,以使格子砖升温和蓄热,此后用以加热原料油及蒸汽;蒸汽用以运送原料和产物,降低油蒸气分压,以及吹走筒内残气。通常每吨重油产燃气约为 550m^3(燃气低位发热量约为 40MJ/m^3),加热油量占总用油量 10%～15%,过程蒸汽量与制气油量之比约为 0.4～0.6。　　　　（闻　望　徐嘉淼）

热煤气发生站　hot gas generation plant

生产热煤气的煤气发生站。通常使用烟煤为原料。从煤气发生炉出来的粗煤气经过干式除尘器进行初步的净化后,直接以高温状态送往用户使用。其特点是充分利用煤气及焦油蒸气的化学热及显热,热效率高;煤气净化系统简单,不需污水处理设施,总投资和运行费用低;因热煤气温度高,不能使用煤气排送机,故煤气压力较低,煤气输距受到限制,一般不超过 60m;为了防止煤气冷却和焦油蒸气冷凝,钢制的管道内部用耐火材料衬砌,外部用绝热材料保温。　　　　　　　（闻　望　徐嘉淼）

热水供热系统　hot water heat-supply system

用热水作为热媒的供热系统。热水供热系统与蒸汽供热系统比较,有明显的优越性:①节省能量,热水供热系统使用的热水锅炉比蒸汽系统使用的蒸汽锅炉有较高的热效率;当热源为热电厂,可利用发电余热供热,节能效果显著。②输送距离长,供热范围大。③热容量大,供热温度均匀,舒适性好。④系统简单,便于调节管理。缺点是电耗多(水泵强制循环);对于工业生产用热,有一定的局限性(如汽锤)。热水供热系统有多种形式:按热媒的流动形式(或系

统密闭程度)分为闭系统和开式系统;按热网管路的根数,分为单管式系统,双管式系统和多管式系统;按热网与热用户连接方式不同,分为直接连接系统和间接连接系统;按生活热水供应热用户与供暖热用户连接形式的不同,分为并联系统和串联系统。热水供热系统,广泛应用于城镇居民住宅和公共建筑。在工业生产中的使用,也有发展趋势。

(石兆玉　贺　平)

热水供应用水量标准 water consumption data on hot water supply

对各种使用热水的方式,规定在单位时间内用水量的指标。工程计算中,多根据使用热水单位数(如住宅采用居住人数、公共建筑采用床位数等)或热水器具的用水量标准来确定生活热水热负荷。

(盛晓文　贺　平)

热水锅炉额定供热量 rating output of hot water boiler

热水锅炉在额定压力和额定进、出水温度及保证一定效率下最大连续供应的热水的热量,用以表征热水锅炉容量的大小。中国热水锅炉额定供热量自 0.21×10^6 kJ/h 至 418.68×10^6 kJ/h。

(屠峥嵘　贺　平)

热水锅炉房 hot water boiler plant

设置单一的热水锅炉的锅炉房。热水锅炉产生的热水由循环水泵加压经管网向用热设备提供热能。为了保持网路的水力工况基本稳定,必须在网路上设置恒压点,一般依靠膨胀水箱、补水泵、高压蒸汽装置、氮气罐等来维持恒压点压力恒定。除了膨胀水箱多数在建筑物的高处设置外,其他定压装置布置在锅炉房内。热水供热系统由于泄漏而必须的补水由锅炉房附属的水处理系统提供。

(屠峥嵘　贺　平)

热水网路补给水泵 make-up water pump in hot water heating network

为维持热水网路中压力稳定而向网路补水的水泵。对闭式热水网路,补给水泵的流量应根据供热系统的渗漏量与事故补水量确定,一般取允许渗漏量的 4 倍。对开式热水网路,补给水泵的流量应根据生活热水最大设计流量和供热系统渗漏量之和确定。补给水泵的扬程应按补水点压力并考虑一定富裕值确定。当系统采用补给水泵定压方式时,其扬程应能满足热水网路静水压线的高度要求。补给水泵的台数不宜小于两台。　　(盛晓文　贺　平)

热水网路的不等比失调 nonequiproportional hydraulic disadjustment in hot water heating network

热水网路中各热用户出现一致的流量变化(全部增加或减少),但变化程度不相等的水力失调状况。即各热用户的水力失调度 x 值不全相等。

(盛晓文　贺　平)

热水网路的不一致失调 nonmonotonous hydraulic disadjustment in hot water heating network

热水网路中有些热用户流量增加而另一些热用户流量却减少的水力失调状况。即有些热用户的水力失调度大于 1,而另一些却小于 1。

(盛晓文　贺　平)

热水网路的等比失调 equiproportional hydraulic disadjustment in hot water heating network

热水网路中各热用户出现一致的流量变化(全部增加或减少),而且变化程度相等的水力失调状况。即各热用户的水力失调度 x 值都相等。

(盛晓文　贺　平)

热水网路的定压方式 pressurization of hot water heating network

保持热水网路定压点压力恒定不变(或只在允许范围内变化)的具体方法。在热水网路中,只要控制定压点压力恒定不变或在允许范围内波动,就可以保证整个热网在运行或停止运行时的压力维持在规定的范围内,使热网和所有用户系统安全可靠地工作。热水网路的定压方式,目前常见的有:膨胀水箱定压、补给水泵定压、氮气定压、蒸汽定压、变频补水定压等几种方式。膨胀水箱定压一般用于低溢水供热系统上。补给水泵定压广泛用于热电厂或区域锅炉房热水供热系统中。氮气定压和蒸汽定压,在中国目前主要用于高溢水供热系统。

(贺　平　蔡启林)

热水网路的动水压线 operation pressure line in hot water heating network

热水网路循环水泵运转时网路上各点的测压管水头高度的连线。网路供(回)水管上各点测压管水头高度的连线称为供(回)水管动压线。网路循环水泵运转时,网路上各点的测压管水头不相等,并且网路上各管段的比压降也不尽相等,所以网路的动压线一般呈折线。确定网路动水压线的位置,应根据网路的水力计算成果和确定水压图的总原则,结合整个系统的具体情况综合考虑。

(盛晓文　贺　平)

热水网路的经济比摩阻 specific economical friction loss in hot water heating network

在规定的补偿年限内热水网路的一次性投资费用和运行费用总和为最小值时的比摩阻。进行网路主干线水力计算时,选用的比摩阻越大,管网的管径越小,管网的基建投资费用则越低,但网路循环水泵的年运行电费越高;同时,管道热损失费用有所减少。因而应有一个经济的比摩阻值,使其总费用为最小值。影响经济比摩阻的因素很多,它主要取决于管网的平面布置形式、网路的工作小时数和有关价格(钢材、电能、热能价格等),因而经济比摩阻的数值应根据具体工程条件计算确定。中国城市热力网设计规范规定:一般情况下,热水网路主干线的设计比摩阻可取 $40\sim80Pa/m$。 　　(盛晓文 贺 平)

热水网路的静水压线 static pressure line in hot water heating network

　　热水网路循环水泵停止工作时网路上各点的测压管水头高度的连线。网路循环水泵停止运行时,网路上各点的测压管水头都相等,所以静水压线是一条平行于基准面的直线。确定热水网路静水压线的高度时,应满足如下要求:①与热水网路直接连接的用户系统中散热器所承受的水静压力不应超过散热器的承压能力;②热水网路及与网路直接连接的用户系统内不会发生汽化或倒空现象。

　　　　　　　　　　　　　(盛晓文 贺 平)

热水网路的水力工况 hydraulic modes of hot water heating network

　　表示热水网路各管段流量和节点压力分布的整体工作状况。在热水网路运行过程中,由于某种原因会使管网中的流量、压力等偏离设计状况下的预定值,导致各热用户的流量发生变化。根据热水网路流动的有关规律,研究分析水力工况变化的规律和对系统水力失调的影响,提出解决或改善水力失调的具体办法,是热网运行管理的一个重要课题。

　　　　　　　　　　　　　(贺 平 蔡启林)

热水网路的水压图 hydraulic diagram in hot water heating network

　　热水供热系统中以水柱高度表示系统运行或停止工作时管网各点压力的图形。热水网路水压图主要由动水压线和静水压线组成。它就是在系统运行或停止运行时,网路上各点的测压管水头高度的连线,因而可清晰而形象地表示出热网各点的压力。为保证供热系统安全可靠地运行,应考虑下列要求:①与热网直接连接的用户

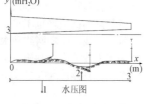

水压图

系统内,压力不超过其用热设备的承压能力;②防止系统倒空吸入空气;③保证系统中热水不汽化;④供回水管的压差满足用户系统的使用要求;⑤保证热网中所有水泵的吸入端,具有足够的正压。绘制水

压图是正确进行热网设计、选择用户与网路的连接方式以及合理组织热网运行的重要依据。

　　　　　　　　　　　　　(贺 平 蔡启林)

热水网路的一致失调 monotonous hydraulic disadjustment in hot water heating network

　　热水网路中各用户的流量全都增加或全都减少的水力失调状况。即各热用户的水力失调度 x 都大于1或都小于1。一致失调分为等比失调和不等比失调两种。 　　(盛晓文 贺 平)

热水网路的总阻力数 coefficient of total resistance in hot water heating network

　　由并联和串联管段组成的热水网路的阻力数的总和。它表示网路通过单位水流量时的总阻力损失值。计算方法是:串联管段总阻力数为各串联管段阻力数之和;并联管段总阻力数平方根倒数等于各并联管段阻力数平方根倒数之和。

　　　　　　　　　　　　　(盛晓文 贺 平)

热水网路水力失调 hydraulic disadjustment in hot water heating network

　　热水网路各热用户运行中的实际流量与要求流量之间的不一致性。水力失调导致热用户供热量偏离要求(热力失调)。形成水力失调的原因很多:如设计时网路各并联环路间计算阻力不平衡;运行的初调节不当;运行中某些用户流量发生变化等。网路水力失调状况多种多样:有一致失调、不一致失调、等比失调、不等比失调等。掌握水力失调规律,可有的放矢地调整各用户流量并改善系统水力失调的程度。 　　(盛晓文 贺 平)

热水网路水力稳定性 hydraulic stability of hot water heating network

　　热水网路中热用户在其他热用户流量改变时保持本身流量不变的能力。通常以热用户的规定流量 V_g 和水力工况变动后可能达到的最大流量 V_{max} 的比值来衡量网路的水力稳定性,即 $y=V_g/V_{max}$。y 称为水力稳定性系数$(0<y<1)$。提高网路水力稳定性的措施主要是相对减小网路的阻力损失或相对增大用户的阻力损失。在用户或热力站处装设流量调节器是提高网路水力稳定性的最有效措施。

　　　　　　　　　　　　　(盛晓文 贺 平)

热水网路循环水泵 circulating pump in hot water heating network

　　使网路中一定量的水克服系统阻力而不断循环流动的水泵。循环水泵通常设置在热源处网路回水干管的末端。循环水泵总流量应不小于管网总设计流量,循环水泵的扬程应不小于设计流量条件下热源、热网和最不利环路的用户压力损失之和。

　　　　　　　　　　　　　(盛晓文 贺 平)

热水网路中继泵站 pump substation in hot water heating network

为满足热水网路的压力状况要求,在网路供水或回水管路中间设置加压水泵的场所。加压水泵可以只设在供水管或回水管上,也可以同时设在供、回水管上。中继泵站的位置和水泵流量及扬程应根据热网水压图确定。 （盛晓文 贺 平）

热水型地热田 hot water geothermal field

地下以水为主的对流水热系统的地热区。它包括地面出露的温度低于当地气压下饱和温度的热水和温度等于饱和温度的湿蒸汽。这类地热田分布甚广,储量也很大。中国西藏地区的羊八井地热田、云南腾冲地热田以及台湾省的地热田等属于湿蒸汽型;华北地区和东部沿海各省的地热田则多属热水型。 （蔡启林 贺 平）

热水循环泵 hot water circulating pump

主要用于冶金、电站、轻纺、化工、采暖及废热利用系统中管路或封闭回路内的热水循环和有机热媒的输送,克服管路及封闭容器内的阻力损失,保持液体的循环流动,以满足流程需要的泵。根据流程中不同要求,介质工作温度有 180℃、230℃ 和 280℃,法兰承压等级分为 250MPa、400MPa 和 630MPa。这种泵绝大部分是标准型单级单吸悬臂式流程泵的派生系列,配带适合于输送热介质的机械密封,为了保持机械密封的使用寿命,附有热交换器,将热介质经过冷却再引入密封腔内。也有采用浮动环密封,但泄漏量较大,只能用于输送 180℃ 以下热水。泵体的支承形式,根据介质的温度分有脚支承(普通形式)和中心支承(从中心面支承)。泵体、泵盖由于要承受高温高压,除球墨铸铁、普通铸钢外,还采用热强性优良的铸钢。 （刘逸龄）

热网

见城镇集中供热管网(26 页)。

热网的水力计算 hydraulic calculation of heating network

确定热网各管段的流量、管径和压力损失(或比压降)三者关系的计算方法。热网水力计算的主要任务有:①已知热媒的流量和管径,计算管道的压力损失;②已知热媒的流量和压力损失,确定管道直径;③已知管道的直径和允许的压力损失,计算或校核管道中的热媒流量。水力计算的基本原理和公式是以流体力学中流动阻力和能量损失的有关公式为主要依据的。在工程中为简化计算,常用计算图表的形式进行水力计算。通过热网的水力计算,不仅可确定各管段的管径,还可以确定热水网路循环水泵应提供的扬程,作为选择循环水泵的依据。 （贺 平 蔡启林）

热网加热系统建造 constructing the building heating system that heated by heat network

建筑用热采用热网加热系统的施工。热网加热系统包括热水、供暖及空气调节等系统。这些系统是利用热网入口支管或区域性锅炉的热力管,通过热交换器或直接进行换热的。热媒可分为蒸汽及热水。中国采用闭式系统,只供热而不供水,热用过后,温度降低回流入回水管中,集中流回热电站或锅炉房,加热后循环使用,因此是为两管制。管道可设置于地沟中或直埋于地下土中,后者施工方便,造价较低,但要注意管道保温、伸缩和维护问题。 （王继明）

热网设计流量 design flow rate of heating network

为保证设计工况下热用户的热负荷,在单位时间内流过热网的介质流量。通常以质量流量 t/h 表示。它是热网水力计算时选择管径、确定网路总阻力损失和网路运行时调整水力工况的重要依据。 （盛晓文 贺 平）

热网水加热交换站建造 constructing exchanging station of hot water heated by heat network water

利用热网水来加热建筑热水交换站的建造。小型的可设在建筑内部,大型多户用的可建在室外单独的交换站。由热网或区域锅炉房来的引入管,接入站内,通过阀门、调节阀、压力计等接入容积式或快速式交换器的加热盘管,放热后,回水由温度控制器调节回到热网回水管去;冷水经阀门、水表、止回阀、压力计等从交换器底部进入器内,被加热后由顶部送出热水,供应使用热水;热水的回水管上设有阀门、回水泵、止回阀,其后再接到冷水管进入交换器前的管道上,回到交换器中;站内管道用焊接,设备用法兰盘接口,其他压力计、温度计等装在焊接的短管上。如果热水用量较为均匀,可用快速式交换器代替容积式交换器更为合理。在热水用量较大的情况下,可将快速交换器与容积式交换器串联起来共同供水,其管路设备不变。交换器及管路设备安装完毕,经检验合格后交付使用。 （王继明）

热网调节水温流量曲线 flow and temperature adjustment curve

以室外温度为横坐标,供、回水温度和相对流量比为纵坐标绘制的曲线图。该曲线图根据供热系统的当地气温资料和设计外温、设计供、回水温度以及质调节、量调节、质-量并调的计算公式绘制。它是供热系统运行调节的依据,只要测得实际室外温度,即可很方便地从图上查出要求的供、回水温度和运行流量。 （石兆玉 贺 平）

热网引入管地沟敷设 laying service pipe of heat network in underground channel

由热网引来支管或锅炉管热力管地沟的敷设。管道安设在管沟内,视管道的大小和使用要求可用通行沟、半通行沟及不通行沟。大型沟用钢筋混凝土浇制;不通行沟多用砖砌、钢筋混凝土盖板,盖板需考虑地面负荷,板上覆土压实,隔一定距离设伸缩节。管道用钢管或无缝钢管以焊接连接,管外刷两道防锈漆,包以石棉水泥瓦,用铅丝绑扎,外层以玻璃钢外护,并以 0.03 的坡度坡向集水坑,以利泄空、维修保养。 (王继明)

热网引入管直埋敷设 laying service pipe of heat network in underground

将热网引入管经防腐保温处理后,直接埋设于地下的敷设。具有省去管沟,施工简便,使用期长等优点,国外很多国家使用,中国近年来也有不少工程采用,效果较好。其施工方法分为两部分,其一为管道防腐保温层的加工,可以在工厂制造,也可在工地加工,将一段(9m 长)钢管或无缝钢管擦洗干净,外涂氰凝,再包以聚氨酯保温层,最外层用玻璃钢护层,简称为"氰聚塑"防腐保温管;其二在管线上开挖沟槽,达设计深度时平整槽底,铺设砂层,然后放入氰聚塑管道,每隔一定距离须设支墩固牢,并设伸缩节。管道接口用焊接,经分段试压后,将接口处用氰聚塑材料封好,然后管两侧及上部用砂填好,沟内管间外层相距 200～300mm。在设有阀门等处建检查井,以利于管网运行管理工作。 (王继明)

热网蒸汽加热交换站建造 constructing exchanging station of hot water heated by steam network

利用热网蒸汽来加热用水的交换站建造。其与用热网热水加热的方法基本相同,可用容积式或快速式热交换器。在蒸汽进汽管的设置、冷水管、热水供水管和回水管等也不改变,惟有蒸汽回水管上需装疏水器,以免蒸汽进入回水管中,因此在蒸汽回水管上设阀门、疏水器、阀门,然后接到热网回水管上,为便于维修疏水器,在两个阀门之外的管段上设旁通管,管上设阀门。管路及设备经检测合格后,可以投入使用。 (王继明)

热效率 thermal efficiency

煤气化系统的产品有效利用热与输入系统的总热量之比。是煤气化过程指标之一。输入系统的热量包括原料的化学热和显热、空气(或氧气)的显热、蒸汽的显热和潜热。煤气化过程的主要产品是煤气,而在某些气化过程中还有焦油、轻油、酚和氨等化学副产品。在某些气化厂设置余热馏炉等换热设备,以利用出炉煤气、蒸汽和焦油的显热和潜热。煤气和各种副产品的化学热以及通过所有余热利用设备得到的热量都是产品有效利用热。 (闻 望 徐嘉淼)

热泳现象 thermophoresis

在存在温度梯度的气体中,粒子向较冷区域运动的现象。在多原子理想气体中,对粒径小于气体分子平均自由程的球形粒子,热泳速度正比于温度梯度,与粒径无关,即

$$U_T = -\frac{0.55\mu_g\Delta T}{\rho_g T}$$

μ_g、ρ_g 和 T 分别为气体的黏度、密度和温度。对于较大的粒子,由于会在粒子内部建立温度梯度,计算较复杂为

$$U_T = -\frac{3\mu_g CH\Delta T}{2\rho_g T}$$

C 为坎宁汉滑动校正系数;H 为与粒径 d_p、气体分子平均自由程 λ、粒子和气体的导热系数 k_p 和 k_a 有关的系数。 (郝吉明)

热源方案的选择 selection of heat source

合理选择热源的类型、数量和位置是减少城市集中供热投资,提高集中供热经济效益的重要措施。它是集中供热工程建设中的首要问题。集中供热的主要热源方式是热电厂、区域锅炉房、工业余热、地热、核能和太阳能。一般应通过技术经济论证后确定合理热源方式。 (李先瑞 贺 平)

ren

人工交换局 manual telephone office

通过人工(话务员)完成的接线、拆线等操作,使通话双方接通的交换局。 (薛 发 吴 明)

人工清除格栅 manual mode of bars screen cleaning

用人工方法清除栅渣的设备。当设在污水处理系统前,污水过栅流速宜采用 0.6～1.0m/s。格栅栅条间隙宜为 25～40mm。特殊情况下,最大间隙可为 100mm。安装角度宜为 30°～60°。一般适用于每日截留污物量小于 0.2m³。 (魏秉华)

人工燃气质量 artificial gas quality

作为城市燃气气源的干馏煤气、气化煤气和油制气的质量。为了确保输气管路畅通、设备耐久、使用安全和燃烧稳定,一般要求达到:人工燃气低位发热量大于 14.65MJ/m³;焦油及灰尘含量小于 10mg/m³;硫化氢含量小于 20mg/m³;氨含量小于 50mg/m³;萘含量小于 50mg/m³(冬季)或 100mg/m³(夏季);氧含量小于 1%(体积);一氧化碳含量小于 10%(体积)〔对气化燃气或掺有气化燃气的人工燃

气宜小于20%（体积）〕；华白数 W 的变化幅度不超出 $\pm 7\%$（$W = Q_g/\sqrt{d}$，Q_g 为燃气高位发热量，d 为燃气相对密度）；应具有可察觉的臭味，无臭的应加臭。
（闻　望　徐嘉森）

人工生物处理　artificial biotreatment

在人工创造的条件下进行强化分解污水、污泥中有机物的污水生物处理。其处理构筑物有：活性污泥法的曝气池，生物膜法的生物滤池、高负荷生物滤池、塔式生物滤池、生物转盘、生物流化床等，均属于人工条件下的污水好氧生物处理构筑物；消化池、厌氧滤池、厌氧污泥床等，均属于人工条件下的污水、污泥厌氧生物处理构筑物。
（肖丽娅　孙慧修）

人工塑料滤料　synthetic plastic medium for biofilter

由聚氯乙烯、聚苯乙烯塑料或玻璃钢人工制成的呈波纹板状、蜂窝状和列管状的滤料。这种滤料具有质轻、高强、表面积大（可达 $200m^2/m^3$）、空隙率高（达95%）、不易堵塞等优点。
（戴爱临　张自杰）

人工下管法　lowering pipe by hand operation

以手工使用绳索等基本器材将置于沟边的管节放到沟内管基上的敷设方法。当不具备机械施工条件如现场工作面狭窄，起重机不能驶入等情况时适用。中国劳动人民根据丰富的工作经验，从实践中总结出多种人工下管操作方法，图示为绳索下管的一例。
（李国鼎）

人孔　manhole

电缆管道中，用来敷设和接续电缆、装设必要的线路设备，且工作人员能够进入操作和维护的地下建筑物。它可以用砖石、混凝土、钢筋混凝土建造。它由上覆、四壁、基础及其附属设备（如人孔口圈、铁盖、铁架、托板）等构成。从外形分为腰鼓形和长方形两种。腰鼓形消耗材料比长方形少，侧壁受力也较好，便于电缆的弯曲。
（薛　发　吴　明）

人为大气污染源　man-made sources of air pollution

人类的生产活动和生活活动所形成的大气污染源。如资源和能源的开发和加工、燃料的燃烧和利用及排放大气污染物的各种生产场所、设备和装置等。可以按不同的方法进行分类：按污染源的运动状态，可分为固定大气污染源和移动的大气污染源；按排放污染物的空间分布，可分为大气污染点源（集中在一点或亦可当作一点的小范围内排放污染物）、

大气污染线源（在一条线或长带上排放污染物）和大气污染面源（在一个大面积范围排放污染物）；更常见的是按人们的社会活动功能分为工业大气污染源、农业大气污染源、交通运输大气污染源和生活大气污染源等。
（马广大）

ri

日变化系数　daily variation coefficient

最高日供水量与平均日供水量的比值。它应根据城市性质和规模、国民经济和社会发展、供水系统布局、结合现状供水曲线和日用水变化分析确定。在缺乏实际用水资料情况下，最高日城市综合用水的日变化系数宜采用 $1.1 \sim 1.5$。

一年中最高日污水量与平均日污水量的比值。流入污水管道系统的生活污水量随季节而变，如夏季和冬季不同。
（魏秉华　孙慧修）

日不均匀系数　factor of daily ununiformity

该月中某日的用气量与该月平均日用气量的比值。该月中最大的日不均匀系数称该月的日高峰系数，通常取值为 $1.05 \sim 1.20$。
（王民生）

日负荷图　hourly variation graph of heat consumption in one day

表示全日中小时热负荷变化的曲线。图中横坐标单位为小时，纵坐标单位为小时耗热量。通过供热系统在冬季及夏季典型日的日负荷图，可以确定供热系统的最大热负荷和最小热负荷。
（盛晓文　贺　平）

日用气工况　condition of daily gas demand

一周或一月中各日用气量波动的情况。居民生活和商业用气的日不均匀性主要取决于居民生活习惯，中国一些城镇，在一周中星期一至五用气量变化不大，而星期六，特别是星期日用气量有所增长，节日前和节假日用气量较大，一个月内各周的用气量基本相同。工业企业用气在平日波动较小，而在轮休日及节假日波动甚大。采暖期间，一周内采暖用气的日不均匀性与室外气温有关，变化不大。
（王民生）

rong

容积泵　positive-displacement pump

工作室的额定容积，每工作一次工作室内介质吸入和输出各一次，如此连续不断周期性变化而实现输送流体介质的泵。该泵可分为往复式泵和回转式泵两类。其中往复式泵有活塞泵、柱塞泵、隔膜泵；回转式泵有齿轮泵、螺杆泵、转子泵等。通常该泵可通过调节行程或转速达到流量的改变；一旦调

定后输出流量稳定,故该泵可作计量泵。

(李金根)

容积面积比　surface volume ratio

又称液量面积比。生物转盘氧化槽的实际容积与盘片全部面积之比。为生物转盘的设计、运行参数。其计算公式为

$$G = \frac{V}{A} \times 10^3 (L/m^2)$$

G 为容积面积比(L/m^2);V 为氧化槽的实际容积(m^3);A 为盘片全部表面积(m^2)。对城市污水,G 值介于 5~9 之间,当 G 值低于 5 时,BOD 的去除率即将有较大幅度的下降。

(张自杰)

容积式换热器　volumetric heat exchanger

被加热水在受压容器中,被浸没在水中的管束内的加热介质加热的一种表面式换热器。加热介质可采用蒸汽或热水。容积式换热器兼有水箱储水的功能。水流过换热器的流动阻力很小,清洗方便。但与其他换热器比较,在相同条件下,它的传热系数最低,钢材耗量较大。该换热器常应用在热水供应系统和自然循环热水供暖系统的热水制备上。

(盛晓文　贺　平)

溶度积原理　theory of solubility product

在难溶电解质的饱和溶液中,有关阳、阴离子浓度的乘积在一定温度下是一个常数。是药剂软化法的理论依据。公式表示为 $A_nB_m(固) \rightleftharpoons nA + mB$

$$K_{sp} = [A]^n \cdot [B]^m$$

依据该原理,向水中投加某些药剂直接或间接提供某些阴离子,它们能与钙、镁离子生成溶度积甚小的难溶盐,其浓度积又远大于溶度积,因此大于溶度积的部分将自水中沉淀析出,从而将水软化。

(刘馨远)

溶解度　solubility

在一定温度与压力下,物质在一定量溶剂中溶解的最大量。通常指在常压下一定温度时某溶质饱和于 100g 溶剂所需之克数。水溶液中溶质的溶解度除与溶质的性质有关外,还与温度、压力等条件密切相关,它是结晶分离的主要控制条件。

(何其虎　张希衡　金奇庭)

溶解固体　dissolved solids

对水样经过过滤(常用孔径为 $0.45\mu m$ 的滤膜)操作,滤液在 103~105℃ 温度下烘干后的残渣重量。

(蒋展鹏)

溶解氧浓度　DO, dissolved oxygen concentration

溶解于水中氧的浓度。以 mg/L 表示。活性污泥系统曝气池内混合液中溶解的游离态氧的浓度,是表示曝气池状态的重要指标。对于好氧微生物在混合液中应保持一定浓度的溶解氧,才能保持其新陈代谢功能的充分发挥和一定的生化反应速率,去除有机物的效率也越高;但在其他条件相同时,其动力消耗也越大。曝气池中混合液中的溶解氧浓度一般应不低于 2 mg/L 左右(以曝气池终端为准)为宜。

(彭永臻　张自杰)

溶解油　dissolved oil

溶解在水中的油类。一般在水中的溶解度很低。主要去除方法为生物法,利用某些微生物可以利用碳氢化合物作为碳源的特性,把溶解油分解掉。

(张晓健)

溶气释放器　dissolved air releaser

将溶有空气的压力水进行减压、消能,使其释放出无数微气泡的专用装置。其主要要求为:①溶入的空气力求完全释出;②释出的气泡必须粒径微细、均匀;③溶气的释放应在极短时间内完成,以防气泡并大;④出流量稳定、可靠、不易堵塞;⑤出口处须控制一定的流速,以免冲碎絮粒。由于该器是气浮净水的关键装置,故国内外大都列为专利。目前,中国已有 TS、TJ、TV 型等多种规格的溶气释放器,其溶气压力仅 0.2~0.4MPa,释气效率已达 98.6%,气泡平均直径 20~40μm。因此,在各项性能指标上均达到国际先进水平。

(陈翼孙)

溶氧仪　dissolved oxygen analyzer

根据电化学原理,即在含氧的被测电解质溶液中的两个不同金属电极上,将产生氧化还原反应,由此生成的扩散电流和溶液中的氧浓度呈一定关系的原理制作的测量水中氧气含量的仪器。也有的仪器采用伏安测定中的极谱法,对溶液中的工作电极施加电压后,其生成的极谱图上的电流与溶液中的被测物质浓度呈一定关系的原理制作。其测量范围:0~5、10、20mg/L,精度 ±3%~±5%,响应时间 30~120s 左右。有在线连续监测和实验室仪表两大类。

(刘善芳)

溶药搅拌机　agitator for chemical makeup

固态药剂如精(粗)制硫酸铝、三氯化铁、硫酸亚铁、石灰等或液体药剂、胶体药剂等溶解用的搅拌机。药剂溶解过程是相间传质过程,通过搅拌,加快了相间传质速度。按药剂的性状、溶解的速率和水池的形状、大小、温度等,可采用不同作用的叶轮和转速,常用的溶药搅拌机叶轮有平直桨、折桨、螺旋桨、涡轮桨等。

(李金根)

溶液池　solution tank

存储配制好的药液容器。水厂药剂如果采用湿加法加注,就需先把药剂溶解在水中,称作溶液池。池的体积决定于水厂加药数量和投配药液的浓度。浓度过低易发生水解而造成管壁结垢,浓度过高则

计量不易准确,常用的投配浓度在 5% ～ 15% 之间。该池内应设溢流管,使溢出溶液仍回入池中。池外需设液位标尺。溶液池需设两只或两只以上,以轮换使用。该池体积指标为 $1.5 \sim 2.5 m^3/(万 m^3 \cdot d)$ 之间选定。

（顾泽南）

溶胀率　dissolved expansion ratio

树脂颗粒浸入水中后,体积因水分子进入树脂网状结构而膨胀,膨胀部分的体积占原体积的百分比。

（刘馨远）

熔断器　fuse

在低压配电网络中主要作为短路保护用的元件。它具有分断能力高、安装面积小、使用维护方便、可靠性高等优点。按结构可分为开启式、半封闭式和封闭式。按用途分则有一般性熔断器、快速熔断器、快慢动作熔断器及自复式熔断器。

（陈运珍）

rou

柔膜密封干式储气罐　flexible sealed dry gasholder

又称威金斯型干式罐。用密封帘密封活塞下部燃气的干式储气罐。主要部分有底板、侧板、顶板、可动活塞、套筒式护栏、活塞护栏及为了保持气密作用而特制的密封帘和平衡装置等。底板及侧板全高 1/3 以下半部要求气密,侧板 2/3 以上半部及罐顶则不要求气密。罐顶中间拱起,沿拱顶周围按一定间距设滑轮,穿过滑轮的缆绳一端连活塞;另一端连到罐外平衡重块。侧板气密部分最上圈与套筒护栏及活塞之间,用特制密封帘联结,密封帘采用聚氯丁合成橡胶弹性体,用特制尼龙布加强制成。活塞上设置一圈护栏称为活塞护栏。在活塞护栏与套筒护栏、套筒护栏与罐壁之间有足够间隙,活塞升降灵活平稳,达到储气目的。

（刘永志　薛世达）

柔性接头　flexible joint

水泥管及陶土管道接续时,采用塑料套的方法,既保证了接头有较好的密封性,又有良好的挠性的接头。这种接头对地基处理的要求较低,可以节省投资。

（薛　发　吴　明）

柔性斜杆　flexible diagonal member

以受拉力为主的斜杆,它能很好地发挥钢材的受力性能。

（薛　发　吴　明）

柔性支架　flexible trestle

轴向柔度较大的地上敷设管道的支架。其特点是柱脚与基础嵌固,但柱身沿管道轴向柔度较大,柱顶变位可以适应管道的热位移,因此支柱承受的弯

矩较小;柱身沿管道横向刚度较大,仍可视为刚性支架。

（尹光宇　贺　平）

ru

乳化油　emulsive oil

以稳定状态存在(不上浮,不凝聚)的微小油粒,粒径约在 $0.5 \sim 25 \mu m$ 之间。乳化油的油粒表面多吸附有两性分子,如表面活性剂,油表面呈双电层结构。水中所含固体粉末,以及水的强烈搅动,也可以形成乳化油。去除乳化油多采用溶气气浮法,并在气浮前加入混凝剂,使乳化油脱稳,以提高气浮除油效果。

（张晓健）

ruan

软化水　soft water

钙和镁离子浓度低的水。软化水中的剩余硬度一般小于 $0.025 \sim 0.4 mmol/L$。软化方法有药剂软化法和离子交换法两种。 （潘德琦）

ruo

弱碱性离子交换树脂的工艺特性　technological behavior of alkalescent ion exchange resin

其工艺特性有:①弱碱树脂的活动基团多为伯、仲、叔胺基团。在除盐过程中,能去除硫酸根,氯根等强酸离子,不能去除弱酸根、碳酸氢根、硅酸氢根等。②再生时活性基团,解离常数较小,故再生反应进行顺利,再生效率好,再生剂用量低。因此弱碱阴床一般设置在强酸阳床之后。③弱碱树脂交换容量高于强碱树脂,并有较强的抗有机污染能力特点。为减轻强碱阴床的负荷,有时在强碱阴床之前设置弱碱阴床。 （潘德琦）

弱酸性氢离子交换树脂的工艺特性　technological behavior of acid-deficient hydrogen ion exchange resin

其工艺特性有:①氢型弱酸树脂常含有($-COO^-H^+$)基团羧酸,当反应后水中有大量氢离子生成,则反应将很快受到抑制,因此软化时只能除去水中碳酸盐硬度及相应的碱,而不能去除水中非碳酸盐硬度。②在用酸进行再生时,活性基团复原为羧酸,它解离常数很小,故再生反应容易进行,酸耗比约1:1再生效率高,能节省再生剂。③原水中碳酸盐硬度较高,要求软化除碱时,在氢-钠离子交换系统中可用此树脂。

（潘德琦）

S

sa

洒水栓井建造　buildup sprinkling cock well

浇洒路面或绿化供水的地下水龙头需设洒水栓井的建造。洒水栓井常用圆形砖砌,井径采用1000~1200mm,井的建造基本同闸门井,惟在距地面500mm处留管卡洞,备装设管卡固定栓管之用。井内装设进水管、阀门、水表,至距井壁300mm处上弯成竖管,并以管卡固稳,管上距地面300mm处装设取水栓,在进水管穿井壁处及管卡处等用水泥砂浆及混凝土封牢,水表下和弯头处用砌砖墩或混凝土墩支承牢固。　　　　　　　　　（王继明）

san

三T条件　three-T condition

反应温度、停留时间、湍流混合三个要素,在供氧充足情况下,为热力燃烧净化时的必要条件。因温度(Temperature)、时间(Time)、湍流(Turbulence)三词的英文以"T"开头,故称"三T"条件。

（姜安玺）

三沟式交替运行氧化沟　alternately oxidation ditch with T shape

又称T型氧化沟。设3座并列氧化沟,其中位于边侧的两座按交替地充作曝气沟和沉淀沟方式运行的氧化沟(如图)。在本系统运行时,两侧的 A、C 两沟交替地用作曝气沟和沉淀沟,而中间的 B 沟则一直保持为曝气沟,进水交替引入 A、C 二沟,而处理水则相应地从 C、A 二沟引出。这样提高了曝气转刷的利用率,可达58%左右,还有利于脱氮。本氧化沟系统必须具有自动控制系统,根据已预定的程序控制进、出水方向的变动、溢流堰的启闭和曝气转刷的开动、关闭等。中国河北省邯郸市建成了1座三沟式交替运行氧化沟,规模为10万m³/d。运行效果良好。

（张自杰）

三级处理　tertiary treatment

指进一步去除二级处理出水中的BOD和悬浮物、氮和磷等营养盐、微生物不能降解的有机物以及细菌、病毒等的处理工艺。该处理采用的方法及工艺流程,视二级出水水质、三级处理的目的和对最终出水的水质要求而定。一般采用下列各项工艺:混凝沉淀、过滤、活性炭吸附、臭氧氧化、离子交换、电渗析和反渗透等以及各种脱氮除磷工艺。经它处理后,BOD₅和悬浮物一般能降到 5mg/L 以下,氮和磷被大幅度去除,能够达到回用要求。其工艺复杂,建设投资大。处理费用高。至今,它在污水处理实践中尚不能大规模应用。随着今后处理水质标准的不断提高,较大规模应用是可预期的。　　（孙慧修）

三级处理塘

见深度处理塘(246页)。

三级燃气管网系统　three-stage gas system

由三种压力的管道构成的管网系统。如:中压A－中压B－低压;高压－中压A－低压等。通常适用于大城市。　　　　　　　（李猷嘉）

三级污水处理厂　tertiary sewage treatment plant

污水经二级处理后,进一步去除污水中的极微细的悬浮物、氮和磷可溶性无机物以及生物难以降解的有机物等的净化过程的污水处理厂。它是污水的高级处理措施。在污水二级生物处理之后,采用的主要处理方法有:生物脱氮除磷法、凝聚沉淀法、砂滤法、活性炭吸附法、离子变换法、电渗析法、反渗透法和臭氧氧化法等。污水经三级处理后可以回收重复利用于生活或生产,既可充分利用水资源,又可提高环境质量。但三级处理厂的基建投资和运行费用都很昂贵,使其发展和推广应用受到一定限制。

（孙慧修）

三氯化铁　ferric chloride

分子式为 $FeCl_3$,分子量为 162.22 的一种常用的铁盐混凝剂。固体三氯化铁是黑褐色的块状或片状物,密度为 2.898,有强烈的吸湿性,易溶于水,水溶液腐蚀性强。所用的加药设备须耐腐蚀。该溶液容易水解,水处理用的溶液浓度宜高。其优点为形成的絮凝体密度大,因此容易沉降,即使在水温低时仍有良好的混凝效果。其缺点是腐蚀性强和处理水的色度易增高。　　　　　　　　（王维一）

三索式钢丝绳牵引格栅除污机

见绳索式格栅除污机(253页)。

三相流化床　three phase fluidised bed

又称气流动力流化床。污水与空气同步进入床体在气流的作用下，气、液、固(生物膜载体)三相进行搅动接触，并产生升流在床体内循环的处理床。在这一过程中，产生有机污染物的降解反应，由于载体间产生强烈的摩擦，生物膜及时脱落，无需另设脱膜设备。当进水的 BOD 浓度较大时，可采用处理水回流措施。防止气泡在床内并合是此法的技术关键，为此，可采用减压释放或射流曝气充氧。其结构如图。　　　　(张自杰)

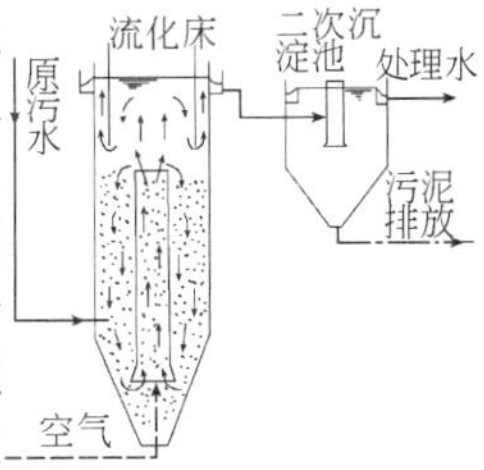

三相异步电动机的机械特性　the property of 3-phase asynchronous motor

异步电动机的转矩 M 与转差率 S 之间的变化关系。如图 $M = F(S)$ 曲线分两部分：①(OA)段电动机运行稳定；②(AB)段电动机运行不稳定。　　　　(许以傅)

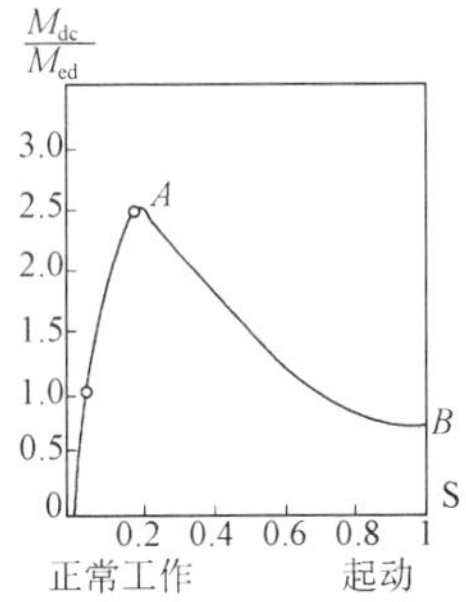

sao

扫角式中心传动刮泥机
corner sweep central-drive scraper

专为扫除方形水池中四角死区积泥的一种中心传动刮泥机。在刮臂上附加一伸缩刮板，由钢丝绳和重锤牵引，当驶至对角线的长径段，重锤牵引刮板外伸当转至非对角线的短径段时，刮板受池壁的阻挡克服重锤牵引力而回缩。而非死角区的中间圆形刮泥与圆池刮泥相同。对于下方上圆水池，它也适用。　　　　(李金根)

扫描式吸泥机　scanning suction dredger

见泵吸式吸泥机(10 页)。

se

色度

见颜色(326 页)。

sha

杀生剂　microbiocide

杀灭和抑制微生物繁殖的药剂。按杀生作用的程度分为微生物杀生剂和微生物抑制剂；按化学成分分为无机杀生剂和有机杀生剂；按杀生机理分为氧化型杀生剂和非氧化型杀生剂。在一些循环冷却水系统，特别是采用磷系配方时，微生物易生长繁殖，引起腐蚀，粘垢和堵塞等问题。故需要投加杀生剂。　　　　(姚国济)

砂浆管

见干打管(91 页)。

砂水分离机　grit separator

从沉砂中去除水分的机械。是提砂机的配套设备。一般在沉砂容器内设一台斜置螺旋输砂机(有轴螺旋或无轴螺旋均可)，砂水进入容器后，流速急剧下降，砂即沉入容器斜槽底部，水流从容器上部溢出，回入格栅井内，沉砂由螺旋推刮至水面上，砂夹带的水分从螺旋与承托板之间缝隙中流走。砂出水后再上行至排砂口外排。排出的砂含水率，与砂在水面以上推行的停留时间有关，一般含水率均较低。　　　　(李金根)

shai

筛板塔　sieve-plate tower, screen plate column

塔内装设有若干水平塔板，板上有许多小孔，形状如筛的板式塔。板侧可装溢流管，也可不设溢流管。操作时，液体由塔顶进入，经溢流管和筛孔流向下一塔板，无溢流管时则全部经筛孔下降，并在板上积存液层。气体(或水蒸气)由塔底进入，经筛孔上升穿过液层，鼓泡而出。因而两相可以充分接触，并相互作用。应用于蒸馏、吸收、吹脱等过程。该塔结构简单，造价低，生产能力大，效率高，应用广泛；但易堵塞。　　　　(王志盈　张希衡　金奇庭　姜安玺)

筛分直径　screen diameter

颗粒能够通过的最小筛孔的宽度。
　　　　(马广大)

晒砂场　grit dring yard

靠自然蒸发和脱水作用，从沉砂中去除所含水分的砂床。床底设有排水槽、集水坑、排水管，并有便于运砂的通道。　　　　(魏秉华)

shan

山谷风　mountain-valley breeze

由山坡和谷地空气间的热力差异所形成的地方性风。白天，坡地上的暖空气抬升而形成自谷口沿谷轴向上的谷风；夜间，冷却较快的坡地空气下滑而汇合成一般沿山谷流向谷口的山风。山谷风会使污染物往返积累，还会在谷地形成逆温层，故易造成大气污染事件。　　　　(徐康富)

扇型人孔　fan-shaped manhole

建筑在管道路由上具有一定转弯角度处的人孔。一般分为30°、45°、60°三种。

（薛 发 吴 明）

shang

商业垃圾 commercial refuse

城市商业营业活动中产生的垃圾。包括各类商品的包装材料和容器以及丢弃的主副食品等。商业垃圾中有相当一部分垃圾通过销售活动转入城市生活垃圾,为了节约资源和减少塑料废物,各国都极为重视食品和饮料包装容器的回收和利用,甚至法令规定禁止使用不可回收的容器出售啤酒和饮料,每个塑料容器商业部门要交保证金、塑料袋保税金等,中国有关部门也正在积极研究控制商业垃圾的管理法规及办法。

（俞 珂）

商业用气量指标 gas demand index of business

又称商业用气量定额。商业用气量标准。其影响因素有:地区的气候条件、居民使用公共服务设施的普及程度、用气设备的性能、效率、运行管理水平及使用均衡程度等。这一指标可由规范选取。

（王民生）

上层大气化学 upper atmosphere chemistry

大气中的原有组分和排入大气的各种大气污染物,由于吸收太阳辐射,引起光致分解、导致生成更为复杂的、种类繁多的化合物。研究的内容包括各种物质的产生,相互间的化学反应、扩散、消除、沿高度的浓度分布及对大气环境的影响等。例如,在上层大气中,在不同高度处,受到不同波长太阳光的照射,产生的光致离解反应:

$$O_2 + h\nu \longrightarrow 2O$$
$$O_3 + h\nu \longrightarrow O_2 + O$$
$$NO_2 + h\nu \longrightarrow NO + O$$
$$H_2O + h\nu \longrightarrow HO + H$$
$$CH_4 + h\nu \longrightarrow CH_3 + H$$
$$CO_2 + h\nu \longrightarrow CO + O$$
$$SO_3 + h\nu \longrightarrow SO_2 + O$$

（马广大）

上海电视塔 Shanghai television tower

1973年建成。塔高205m,断面为六边形,采用16Mn钢板卷板焊接钢管结构,整个塔坐落在高度为5.55m的发射机房上,塔顶标高为210.55m。电视塔标高121.5m以上是天线杆,天线杆分为三段,装有三种频道电视天线。设有五层工作平台。

（薛 发 吴 明）

上海东方明珠电视塔 Shanghai oriental pearl television tower

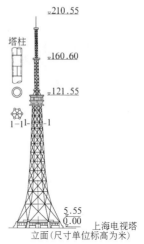

上海电视塔
立面(尺寸单位标高为米)

塔高468m。塔的下部结构是三根直径为9m成三角形布置的主体。塔体上下分别为两个直径为45m和50m的巨大球体。上球为单筒体,单筒体上部为天空仓,再上部为16m直径的小球。塔体最高部分为实腹式箱形钢桅杆。塔下部设有三根直径为7m的斜筒支撑。

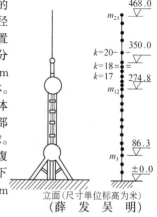

立面(尺寸单位标高为米)

（薛 发 吴 明）

上流式厌氧污泥床

见升流式厌氧污泥床(248页)。

shao

烧杯搅拌试验 jar test

为了确定某种原水加药混凝沉淀除浊等净化性能,以适应已有净水工艺运行状态,或者对设计中的净水设备预测其建成后运转功能,以便选用混凝剂或助凝剂的品种和投加量,而在实验室进行的台式烧杯搅拌的试验。该试验是在一组(4~6只)大小相同的烧杯(一般为每只1 000mL)内放入同样容积的原水,但加注入不同的混凝剂量。混凝剂的加注量与原水的浊度、色度等有关。各杯中的加注量从1~2mg/L到100mg/L不等。然后进行搅拌,搅拌时间一般为15min,观察絮凝状态,再进行30~60min的静置沉淀,取出液面10cm处上澄液测定其浊度。搅拌桨的外缘线速为40~60cm/s大到80~100cm/s。较好的烧杯搅拌试验机,现已采用快速混合和降速反应模拟实际生产的混凝和絮凝工艺应用组合搅拌方式:G_1值自1 000~500s^{-1},t_1自30s~

10min；G_2 值自 $< 300 \sim 50s^{-1}$，t_2 自 $10 \sim 20$min 等等。无变速搅拌机搅拌时间最低 30s 一般 $5 \sim 15$min，比较容易早结絮的原水快速搅拌时间要缩短。絮凝比较密集的就要进行缓速搅拌，时间 $15 \sim 20$min，要注意絮凝生成速度大小，絮体与水间的清晰状态。上澄水要进行 pH、浊度、色度以及其他所需项目的测定。例如探索铝盐与高分子聚合物同用（分先后加注在铝盐后 $1 \sim 5$min）；石灰铝合用；确定絮凝池分格的依据；为去除或改善 THM 母体的去除率；以及除锰、臭和味等其他物质的去除。

（张亚杰）

she

设计暴雨强度 designed storm intensities

按设计降雨重现期和历时计算得出的暴雨强度。它是雨水管渠设计时，所依据的暴雨强度。中国常用的设计暴雨强度公式为

$$q = \frac{167A_1(1 + ClgT)}{(t + b)^n} = \frac{167A_1(1 + ClgT)}{(t_1 + mt_2 + b)^n}$$

q 为设计暴雨强度〔L/(s·10^4m^2)〕；T 为设计重现期（a）；t 为降雨历时（设计降雨历时）(min)，$t = t_1 + mt_2$，t_1 为地面集水时间(min)；t_2 为管渠内流行时间(min)；m 为延缓系数；A_1、C、b、n 为地方参数。

当 $b = 0$ 时，

$$q = \frac{167A_1(1 + ClgT)}{t^n}$$

$$= \frac{167A_1(1 + ClgT)}{t^n}$$

当 $n = 1$ 时，

$$q = \frac{167A_1(1 + ClgT)}{t + b}$$

$$= \frac{167A_1(1 + ClgT)}{t_1 + mt_2 + b}$$

（孙慧修）

设计充满度 designed depth ratio

又称设计充盈度，水深比。在设计流量下，污水在管渠中的水深 h 和管道直径 D 或渠道最大设计水深 H 的比值。当水深比等于 1 时称为满流；当水深比小于 1 时称为不满流（或称非满流）。雨水管道及合流管道按满流设计。污水管道有按满流和不满流两种设计方法，中国按不满流设计。对污水管道的最大设计充满度规定了限值，如管径或渠高为 $200 \sim 300$mm 时为 0.60；管径或渠高大于或等于 1 000mm 时为 0.80。其规定的原因是污水流量不易估计准确，而且雨水或地下水可能渗入管道内，因此要保留一部分管道断面面积，以防溢流；同时，也是为了留出适当的空间，以便排除有害气体。所以，最大设计充满度的规定是保证污水管道的正常工作。

（孙慧修）

设计重现期 designed recurrence interval

设计雨水管渠系统时，根据汇水地区的性质、地形和气象特点等因素，而确定的重现期。暴雨强度随重现期的不同而异。若选用较高设计重现期，则设计暴雨强度大，管渠的断面也相应增大，这对防止地面积水有利，安全性高，但增大了管渠设计断面，因而提高了工程造价；若选用较低值时，管渠设计断面可相应减小，从而可降低工程造价，但可能发生排水不畅，地面积水，影响生产和生活。它的选择，应根据汇水面积地区的建设性质（广场、干道、厂区、居住区等）、地形特点、汇水面积和气象特点等因素来确定，一般选用 $0.5 \sim 3$a。重要干道、重要地区或短期内积水即能引起较严重后果的地区，一般选用 $3 \sim 5$a。对同一个雨水排水系统可采用相同或不同的设计重现期值。

（孙慧修）

设计概算 design approximate estimate

由设计单位编制，其作用在于确定基本建设项目的成本和费用，是确定基本建设项目投资额、编制基本建设计划、落实基本建设任务、控制基本建设拨款、贷款和施工图预算的主要依据的工程设计文件。内容包括：建设项目总概算，单项工程综合概算，单位工程概算以及其他工程和费用的概算。通常在初步设计阶段需要编制初步设计总概算，技术设计阶段需要编制修正的总概算，施工图设计阶段则以上述概算为基础编制预算。

（李国鼎）

设计供水温度 design temperature of supply water

设计工况下所选定的供水温度。它是供热系统的重要参数，一般需经技术经济比较确定。在低温热水供热系统中，多采用 95℃ 或 85℃；在热电厂或大型区域锅炉房供热系统中，常采用 $110 \sim 150$℃ 或更高的设计供水温度。

（石兆玉 贺 平）

设计回水温度 design temperature of return water

设计工况下所选定的回水温度。它是供热系统的重要参数。当设计供水温度确定后，设计回水温度愈低，外网直径愈小，初投资就愈省；但却增加了室内系统用热设备的初投资。另外，对于热电厂利用凝汽器作为热水网加热器的供热系统，即低真空循环水供热系统，由于汽轮机工作条件的限制，设计回水温度一般不宜高于 50℃。不同形式的热水供热系统的设计回水温度最佳值需要与设计供水温度一起经过最优化计算确定，其值一般在 $40 \sim 80$℃ 之间。

（石兆玉 贺 平）

设计降雨历时 designed rainfall duration

在计算雨水管渠设计流量时，暴雨强度公式中的降雨历时，采用等于管渠相应汇水面积内最远点的雨水流到集流点时的集水时间。在这两个时间相

同的条件下,将发生最大雨水流量。其表达式为 $t = t_1 + mt_2$。t 为降雨历时(min);t_1 为地面集水时间(min),视距离长短、地形坡度和地面铺盖情况而定,一般采用 5～15min;m 为延缓系数,暗管为 2,明渠为 1.2;t_2 为管渠内雨水流行时间(min)。该值 $t_2 = \sum \frac{L}{60v}$。L 为各管段的长度(m);v 为各管段满流时相应的水流速度(m/s)。 (孙慧修)

设计流量 design flow rate

在设计热负荷、设计供、回水温度下,热水供热系统的运行流量。该参数的大小,由设计供、回水温度确定为 $G = Q/c(t_g - t_h)$,G 为设计流量(kg/h);Q 为设计热负荷(kJ/h);t_g、t_h 分别为设计供、回水温度(℃);c 为水的比热[kJ/(kg·℃)]。 (石兆玉 贺 平)

设计流速 designed velocity

与设计流量、设计充满度相应的水流速度。该值应控制在最小与最大设计流速范围内。最小设计流速是保证管道内不产生淤积的速度,该值对污水管道在设计充满度下为 0.6 m/s;对雨水管道和合流制管道在满流时为 0.75 m/s;对明渠为 0.4 m/s。最大设计流速是管道不被冲刷损坏的速度,该值与管道材料有关,通常对金属管道为 10 m/s,对混凝土管道为 4 m/s。 (孙慧修)

设计人口 designed population

污水排水系统统计期限终期的规划服务人口数。居住区设计人口用人口密度与排除污水地区面积的乘积表示。人口密度表示人口分布的情况,指住在单位面积上的人口数,以人/$10^4 m^2$ 表示。总人口密度指所用的地区面积包括街道、运动场、公园、水体等在内。街区人口密度指所用的面积只是街区内的建筑面积。在规划及初步设计时按总人口密度计算污水量;在技术或施工图设计时,一般采用街区人口密度计算污水量。 (孙慧修)

射流曝气机 jet aerator

以水射器雾化空气的水下充氧器材。一般用潜水泵增压污水(泥水)作喷射的高速水流,在水射器混合室内射向喉管,束射水流夹带空气使混合室产生负压,把来自水面上引入管的空气吸入,气与水(泥水)强烈混合,气泡被粉碎成雾状,强化了氧转移过程,氧迅速转移至混合液内,藉喉管后的剩余压力,再通过扩散管水平射出,与池中未充氧部分混合、搅拌、回流,使生化反应有较大的提高。是好氧生物处理的一种曝气设备。常用于中小型污水处理厂曝气段。 (李金根)

射流式氧化沟 Jet aeration oxidation ditch

在渠底按水平方向安装射流器,将空气和混合液沿水平方向射出,进行曝气充氧,并使混合液在渠道内流动的氧化沟。这种工艺比表面散热量小,渠道深度大,池的宽深比不受限制。 (戴爱临 张自杰)

摄影场 photo studio

电视台摄制电视节目的场所。一级电视台都设有几个大小不同的摄影场。应考虑音响效果、灯光照明、杂音干扰、空调等。 (薛 发 吴 明)

shen

伸缩臂式格栅除污机 telescopic raking type bar screen

除污耙设在伸缩臂的顶端,臂由中空方形钢管互相套叠,用钢丝绳牵引,逐级伸缩的一种平面格栅前清式机械除污设备。齿耙下行时,调整臂角,使之与格栅工作面脱开。钢丝绳下放,伸缩臂依套叠钢管自重而伸长,直至栅底。齿耙上行时,臂角复位,耙齿插入栅隙,钢丝绳牵引,逐级收缩,齿耙把格栅工作面上截留污物清除。当栅面过宽时,整机可设在小车上,沿与栅平行的轨道上移动除污。 (李金根)

深度处理塘 advanced stabilization pond

又称三级处理塘,熟化塘,精处理塘。用于处理二级处理工艺的出水,使二级处理水进一步净化,达到较高的水质标准,以满足受纳水体与回用水质要求的一种稳定塘。其处理对象有 BOD、COD、悬浮物、细菌、藻类以及氮、磷等。该工艺通常采用好氧塘的形式,间或采用曝气塘,很少采用兼性塘。以好氧塘形式作为深度处理塘的各项参数为:有机物表面负荷 20～60 kgBOD/($10^4 m^2$·d),水力停留时间 5～25d,水深 1～1.5m;进水 BOD 值一般在 30 mg/L 以下,其去除率可达 30%～50%。该工艺的处理水含有大量的藻类,应予去除,可试行使用生物法(养鱼、种植水生植物)、气浮法和混凝沉淀法。 (张自杰)

深度脱盐水

见纯水(36 页)。

深度污水处理厂 complete sewage treatment plant

污水经一级处理或二级处理后,为了达到一定的回用水水质标准的进一步水处理过程的污水处理厂。三级处理是深度处理的同义语,但两者不完全相同,三级处理常用于二级处理之后,而深度处理则以污水回收,再用为目的,在一级或二级处理后增加的处理工艺。深度处理水作为水资源回用于生产或生活。针对污水的原水水质和处理后水质要求可进

一步采用三级处理或多级处理工艺。深度处理厂的处理费用昂贵,管理较复杂。 (孙慧修)

深海电缆 deep sea cable

敷设于深海区的海底电缆。一般为无铠装结构的轻型电缆。 (薛 发 吴 明)

深井泵 deep well pump

从深井中提水到地面的泵。整台泵伸入井筒内一直到吸入端淹没在水中。有两种安装形式:一种是长轴驱动式,另一种是潜水式。长轴驱动式是安装在井筒外面的原动机与很长的传动轴联接,由于受到井径限制,整台泵细长,很像一根水管,原动机可以是电动机也可以是内燃机,采用内燃机驱动时(有时也包括电动机)原动机是卧式安装,通过齿轮箱或平皮带转换成垂直旋转方向,可供城市、工矿企业深井提水、排水或农田水井提水灌溉之用。一般由带有滤水网的泵体部分,装有传动轴的扬水部分和带有泵座的电动机或平皮带传动部分所组成。前两部分位于井下,第三部分位于井上,长轴由中间轴承支承。中间轴承一般采用轴承座衬以橡胶轴衬或热固性塑料压制,由被输送的水进行润滑,如果被抽送的水不适宜作润滑剂,则在轴的外面设护套管将其与液体隔开,在护套管内通以润滑水,井筒内径已有标准尺寸,泵的级数根据扬程需要而定。 (刘逸龄)

深井泵房

见管井泵房(112页)。

深井曝气法 deep shaft activated sludge process

曝气池深度达几十米至百余米的活性污泥系统。本法的主要特征是占地面积少,氧的利用率高达50%～90%,曝气池混合液浓度高,溶解氧浓度亦高,处理功能不受气候条件影响,可提高有机物去除速率和容积负荷,缩短曝气时间;其缺点是建设费用和运行费用都较高。深井在建设上也有一定难度,稍有不当易于漏水。对城市污水,本法所采用的设计与运行数据为:BOD-污泥负荷1.0～1.2kg BOD/(kgMLVSS·d);污泥龄为5d;MLSS值5 000～10 000 mg/L;曝气反应时间>0.5h。 (张自杰 彭永臻)

沈阳电视塔 Shenyang television tower

1989年建成。塔高305.5m。塔身高215.5m,天线杆高90m。塔楼为锥壳形钢架承重结构,七层。塔身为平截锥体筒形结构,上口外径9.70m,下口外径23.0m。基础直径32m,埋深12.0m。塔

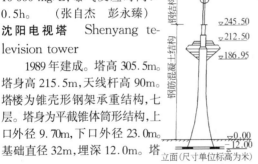

立面(尺寸单位标高为米)

内设两部快速电梯。 (薛 发 吴 明)

审看间

见试片间(258页)。

审听室 inspecting room

广播电台和电视台录制或播出节目前供工作人员审查成品节目磁带的房间。除放置有必要的视听设备外,对保证音质与隔声质量均有一定要求,通常设置隔声防振套房,入口应设声闸。 (薛 发 吴 明)

渗渠 infiltration channel

用于集取浅层地下水,在含水层中水平铺设的集水渠。也可以铺设在河床或岸边滩地下面,集取河床渗透水或河床潜流水。它的埋深一般在4～7m范围内,很少有超过10m的。因此,它通常适用于开采埋藏深度小于2m,厚度小于6m的含水层。渗渠有完整式和非完整式之分。中国北方地区的一些山区及山前区的河流,径流变化很大,枯水期甚至有断流情况,河床稳定性差,

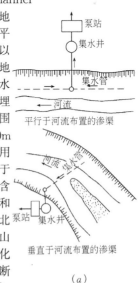

(a)

冬季冰情严重,设置地表水取水构筑物不能全年取水。然而此类河流的河床多覆有颗粒较粗、厚度不大的冲积层,蕴藏有河床潜流水(河床地下水)。它则是开采此类地下水最适宜的取水构筑物,能适应上述水文条件,实现全年取水的目的。它常由于填砾层(人工反滤层)或邻近部位的含水层淤塞,使其出水量逐年衰减,甚者,常因此造成早期报废。其单位水量的工程造价在各类取水构筑物中是较高的。渗渠取水工程的基本组成部分有水平集水管、集水井,检查井及泵站(如图a)。集水管一般为带进水孔的钢筋混凝土管;集取水量较小时,采用穿孔混凝土管、陶土管、铸铁管;也有用干砌块石或带缝隙的装配式钢筋混凝土暗渠的。集水管之外铺设人工反滤层(如图b)。集水管或渠的断面尺寸

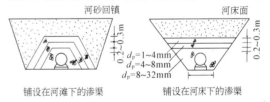

铺设在河滩下的渗渠 铺设在河床下的渗渠

(b)

根据水文地质计算确定。集水孔开孔率一般不大于15%。为便于维护检修,在集水管直线段每隔一定距离、端部、转角处、断面变换处设置检查井。洪水期能被淹没的检查井应为密封井盖,用螺栓固定,防止洪水冲开井盖灌入泥砂,淤塞渗渠。

(朱锦文)

渗水装置 infiltration bearing devices

具有空隙、能支撑滤料并排除生物滤池出水的装置。空气也是通过它的空隙进入池体,使用比较广泛的是混凝土板式渗水装置。

(彭永臻 张自杰)

渗透压 osmotic pressure

渗透平衡时膜两侧液面差。公式为

$$\pi = iRTC$$

π 为渗透压(MPa);R 为理想气体常数[MPa·L/(mol·°K)];T 为绝对温度(K);C 为溶液浓度(mol/L);i 为范特霍夫系数,对非电解质 $i=1$;对电解质,当其完全溶解时 i 等于阴、阳离子总数。

(姚雨霖)

渗析 dialysis

以渗析膜两侧溶液浓度差为动力所发生的离子迁移,使胶体与其中所含离子化物质分离的方法。在此过程中,迁移速度缓慢,并且随浓度差的减少而降低,直至膜两侧浓度平衡,离子迁移即行停止。它常用于胶体提纯、回收废液中的有用物质等。

(姚雨霖)

sheng

升杆闸阀

见明杆闸阀(193 页)。

升降式止回阀 lift type check valve

阀瓣沿着阀体的垂直中心线上下移动的止回阀。与其他形式止回阀相比,行程最短,开关速度也快。这种阀的阀体、阀瓣等零件常与截止阀通用。

(肖而宽)

升流式厌氧污泥床 upflow anaerobic sludge bed

又称上流式厌氧污泥床。集厌氧反应与沉淀于一体的厌氧生物处理构筑物(如图)。床体底部是一层高浓度的污泥层(SS 浓度可高达 60～80g/L,甚至更高),中部是一层悬浮层,上部是澄清区(沉淀室和气液分离室)。污水向上流动首先通过污泥层,大部分有机物质在此转化为消化气。床体内污泥浓度达 10～

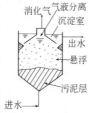

80g/L。消化过程产生的消化气对污泥床产生搅拌混合作用。沉淀室和气液分离室进行气、液、固三相分离,沉淀污泥自流回流到床内。有机负荷较高,一般为 10～20kgCOD/(m³·d),甚至可更高负荷。该污泥床是由荷兰农业大学在 20 世纪 70 年代首先研制成功的。

(肖丽娅 孙慧修)

升温脱附 rising-temperature desorption

将饱和了的吸附剂加热,随温度升高,平衡吸附量减少,吸附质便从吸附剂上脱附下来的过程。升温方法可用热气流直接加热,也可用蛇形管、夹套间接加热。多用于吸附量随温度变化较大的场合,选择较高温度,能使饱和的吸附剂脱附的较完全,使吸附剂重新获得较高吸附能力。但吸附剂冷却较慢,使生产周期延长,热能损耗大。

(姜安玺)

生产工艺热负荷 process heating load

在生产过程中,使用热能的设备在单位时间内所需的热量。生产过程中应用热能的方式很多,主要用于加热、烘干、蒸煮、清洗、制冷和动力等过程。生产工艺热负荷的大小及热媒的种类和参数,主要取决于生产过程的状况、设备形式和企业的生产班次等。它很难用统一的公式表达,一般是依据用热设备的技术性能、同类产品的生产工艺耗热量指标的经验数据和生产工艺过程提供的有关数据等多方面资料,综合分析确定。在对供热系统生产工艺热负荷汇总时,还应根据各用热设备不可能同时达到最大值的情况,考虑设备或用户的同时使用系数,以降低供热系统的设计热负荷。

(盛晓文 贺平)

生产检查台 inspecting room of production

又称生产检查室。安装检查长话交换室的话务员服务与长途电话的通话质量的设备的房间。

(薛发 吴明)

生产用水 process water

工业企业生产工艺过程所需的用水。单位以 m³/t 产品、m³/台、m³/d、m³/h 表示。 (魏秉华)

生化需氧量

见生物化学需氧量(250 页)。

生化需氧量(BOD)监测器 BOD analyzer

测定废水中有机物在规定时间、规定温度,以及规定条件下进行生化氧化所需要的氧量的仪器。BOD 是评价废水可生化处理性能的重要参数。实验室一般采用 BOD_5 方法,即测量五天内废水中的有机物经生物氧化的总耗氧量。也有通过测 BOD_e 的方法,即通过曝气,反应,澄清工艺模型,连续充气方法来测 BOD,只需 30～60min 可实现连续进样监测。测量范围:0～25、50、100、200、300、400、600、800、1000、3000mg/L,精度 5%。

(刘善芳)

生活大气污染源 domestic sources of atmospheric pollution

人类消费活动中排放大气污染物的各种生活设施。如居民普遍使用的取暖锅炉、做饭炉灶、洗澡炉、茶水炉等。生活污染源数量大，分布面广，在城市或居住区构成了大气污染面源，可能是该城市或居住区的主要大气污染源，特别是烧煤地区。排放的大气污染物主要有烟尘、碳氧化物、氮氧化物、碳氢化物、二氧化硫、苯并(a)芘等，依燃料种类和燃烧方式不同而有很大差别，为解决城市大气污染问题，清洁的燃料(如气体燃料)应优先供民用。

(马广大)

生活热水热负荷 domestic hot water heating load

为供应人们日常生活用热水在单位时间内所需的热量。生活热水的设计热负荷由热水供应系统设计热水量、冷热水温差等因素确定。设计用水量由热水供应用水量标准和使用人数或用水器具数计算得出。生活热水热负荷属常年性热负荷。它受气候条件影响较小，全年中热负荷变化不大，但在一天内变化较大。生活热水热负荷的大小，主要与使用人员的生活习惯、生活水平及工作性质有关。

(盛晓文 贺 平)

生活污水定额 domestic wastewater flow norm

又称生活污水量标准。城镇每人每日平均排出的污水量。以 $L/(人 \cdot d)$ 计。分为居民生活污水定额和综合生活污水定额两种。它应根据当地采用的用水定额，结合建筑内部给水排水设施水平和排水系统普及程度等因素确定：①对给水排水系统完善的地区，可按当地用水定额的 90%；②对一般地区，可按用水定额的 80%；③若缺乏当地用水定额资料时，可参考现行《室外给水设计规范》中用水定额，结合当地实际情况选用，然后根据给水排水系统完善程度等确定。

(孙慧修)

生活污水排水系统 domestic sewer system

仅收集、输送、处理、利用生活污水的排水系统。

(罗祥麟)

生活污水设计流量 designed domestic wastewater flow

生活污水排入污水排水系统的最大生活污水量。以 L/s 计。它包括居民生活污水(指居民日常生活中洗涤、冲厕、洗澡等产生的污水)、公共设施排水(指娱乐场所、宾馆、浴室、商业网点、学校和机关办公室等处产生的污水)、工业企业内工作人员生活污水和淋浴污水等设计流量。居民生活污水和公共设施排水的总和称为综合生活污水。居民生活污水、综合生活污水设计流量，按下式计算：

$$Q = \frac{nNK_z}{86400}$$

Q 为生活污水设计流量(L/s)；n 为生活污水定额 $[L/(人 \cdot d)]$；N 为设计人口数(人)；K_z 为总变化系数。n 值采用居民生活污水定额时，Q 为居民生活污水设计流量；采用综合生活污水定额时，Q 为综合生活污水设计流量。因居民生活污水设计流量未包括公共设施污水设计流量，所以还应加入这项设计流量成为综合生活污水设计流量。公共设施污水设计流量计算方法可参照《建筑给水排水设计规范》GB50015 中有关部分规定。工业企业内生活污水及淋浴污水的设计流量，按下式计算：

$$Q = \frac{A_1B_1K_1 + A_2B_2K_2}{3600T_1} + \frac{C_1D_1 + C_2D_2}{3600T_2}$$

Q 为工业企业生活污水及淋浴污水设计流量(L/s)；A_1 为一般车间最大班职工人数(人)；A_2 为热车间最大班职工人数(人)；B_1 为一般车间职工生活污水标准，以 $L/(人 \cdot 班)$ 计；B_2 为热车间职工生活污水量标准，以 $L/(人 \cdot 班)$ 计；K_1 为一般车间生活污水量时变化系数；K_2 为热车间生活污水量时变化系数；C_1 为一般车间最大班使用淋浴的职工人数(人)；C_2 为热车间最大班使用淋浴的职工人数(人)；D_1 为一般车间的淋浴污水量标准，以 $L/(人 \cdot 班)$ 计；D_2 为高温、严重污染车间的淋浴污水量标准，以 $L/(人 \cdot 班)$ 计；T_1 为每班工作时数，以 h 计；T_2 为淋浴时间，以 h 计。工业企业内生活污水量，淋浴污水量的确定，应与现行《室外给水设计规范》的有规定协调。

(孙慧修)

生态承载力 ecological capacity

某一特定的生态系统对来自外界的干扰(包括人类活动干扰和自然因素干扰)的承受能力。它反映的是生态系统的自我维持、自我调节能力，包括资源持续供给能力和环境容纳废物能力及其可维持养育的社会经济活动强度和具有一定生活水平的人口数量。

(杜鹏飞)

生态足迹 ecological footprint

在一定技术条件下，要维持某一物质消费水平下的某一人口的持续生存必需的生态生产性土地的面积。人类要生存必须消费各种产品、资源和服务，人类的每一项最终消费的量都可追溯到提供生产该消费所需的原始物质与能量的生态生产性土地的面积。所以，人类系统的所有消费，理论上都可以折算成相应的生态生产性土地的面积。一个地区所能提供给人类的生态生产性土地的面积总和定义为该地区的生态承载力，以表征该地区生态容量。它可以帮助我们从宏观上认识自然系统的总供给能力和人类系统对自然系统的总需求数量。它测量了人类生存所需的真实的生物生产面积,将其同国家或区域范围内所能提供的生物生产面积相比较,就能够判断一个国家或区域的生产消费活动是否处于当地的生态系统承载力范围之内。当一个地区的生态承载力小于生态足迹时,即出现"生态赤字",其大小等于生态承载力减去生态足迹的差(负数);当生态承载力大于生态足迹时,则产生"生态盈余",其大小等于生态承载力减去生态足迹的余数。生态赤字表明该地区的人类负荷超过了其生态容量,要满足其人口在现有生活水平下的消费需求,该地区要么从地区之外进口所欠缺的资源以平衡生态足迹,要么通过消耗自身的自然资本来弥补收入供给流量的不足。相反,生态盈余表明该地区的生态容量足以支持其人类负荷,地区内自然资本的收入流大于人口消费的需求流,地区自然资本总量有可能得到增加,地区的生态容量有望扩大,该地区消费模式具有相对可持续性,其可持续程度可用生态盈余来衡量。

(杜鹏飞)

生污泥 raw sludge

又称原污泥。尚未经过处理的污泥。

(张中和)

生物除磷 biological phosphorus removal, biological removal of phosphorous

通过微生物好氧吸收磷和厌氧释放磷的作用去除污水中磷元素的过程。生物除磷的原理是使活性污泥交替地处于厌氧和好氧条件,在厌氧条件下,活性污泥微生物吸收低分子有机物,同时将细胞原生质中聚合磷酸盐异染粒的磷释放出来,然后在好氧条件下,将所吸收的有机物氧化分解,并提供能量,同时从污水中吸收超过其生理所需几倍的磷,并以聚磷酸盐的形式贮于体内,通过剩余污泥的排放,使为微生物吸收的磷排出处理系统,从而取得除磷效果。所以在生物除氮的缺氧-好氧系统前增设厌氧段,可在有氧段得到含磷低达 1mg/L 左右的出水,同时在二次沉淀池中得到富磷污泥,污泥一部分回流到厌氧段释放磷,一部作为剩余污泥排放,从而将磷由系统中去除。在工程设施中,厌氧条件指污水溶解氧近于零。在生物脱氮、除磷系统中,由于设置了厌氧-缺氧-好氧(anaerobic-anoxic-oxic)段,故亦简称 A^2/O 系统。影响生物除磷效果的因素有:溶解氧、硝酸盐氮、BOD 负荷以及污泥龄等。

(彭永臻 张自杰 张中和)

生物处理 biological treatment of sewage

简称污水生化法,生物法,生物氧化法。又称污水生物化学处理。利用微生物的代谢作用去除污水中有机物的方法。污水采用生物处理时,有机物的分解如图示:污水中有机物的代谢过程,主要是微生物新细胞物质的合成和有机物的氧化分解,并获取

合成细胞物质所需的能量和形成最终稳定物质的过程,不论是氧化分解或合成都能从污水中去除有机物质。生物体系中这些化学的或物理的反应有赖于生物体系中的酶来加速。微生物的呼吸作用,是生物氧化和还原的过程。有机物的分解和合成过程都有氢原子的转移,而氢原子需要某一物质即受氢体来接受,根据受氢体的不同,而将微生物的呼吸分为好氧和厌氧呼吸。前者的受氢体是分子氧,有机物的分解是好氧分解;后者的受氢体是分子氧以外的物质(有机物、无机氧化物等),有机物分解是厌氧分解如图示:

所以根据微生物对氧要求的不同,污水生物处理分为好氧生物处理和厌氧生物处理两类。又根据处理条件的不同,污水生物处理又分为自然生物处理和人工生物处理两类。生物处理的主要对象是含有有机物质的污水或污泥,但由于某些微生物也能氧化分解无机物,如有些霉菌、放射菌等在一定条件下能氧化分解无机氰化物,这对有毒无机物的处理具有重要的意义。

(肖丽娅 孙慧修)

生物法

见生物处理。

生物反硝化 biological denitrification

通过微生物的作用去除污水中的氮元素的处理技术。其基本过程首先是通过硝化反应将氨氧化为硝酸盐(氮),再通过反硝化反应将硝酸盐(氮)还原为气态氮从水中逸出。硝化反应是由一群能自养型好氧微生物(反硝化菌)完成。它包括两个步骤:①由亚硝酸菌(nitrosomonas)将氨转化为亚硝酸盐(氮)(NO_2^-);②由硝酸菌(nitrobacter)进一步将亚硝酸盐氧化为硝酸盐(NO_3^-)。反硝化(又称脱硝)反应是一群异养型兼性微生物完成的,它的主要作用是将硝酸盐或亚硝酸盐还原成为气态氮(N_2)或 N_2O。

(彭永臻 张自杰)

生物化学需氧量 biochemical oxygen demand, BOD

简称生化需氧量。在有氧的条件下,水中可分解的有机物由于好氧微生物(主要是好氧细菌)的作用被氧化分解而无机化,这个过程所需要的氧量。

结果以氧的 mg/L 表示。显然,在生物化学需氧量所表示的有机物中,不包括不可分解的有机物(或称难生物降解有机物)。因此它并不是水中有机物质的全部,而只是其中的一部分。尽管如此,生物化学需氧量仍然是环境工程中最广泛采用的有机物综合性指标之一,因为它的测定方法能尽可能地在和天然条件相似的情况下确定微生物利用废水中的有机物质时所消耗的氧量。有机物质生物氧化过程的速率与温度密切相关。而且这种生物氧化是一个缓慢的过程,需要很长时间才能终结。因此,在一般情况下,各国都规定统一采用 5d、20℃ 作为生物化学需氧量测定的标准条件,以便可作相对比较,这样测得的生物化学需氧量记作 $BOD_{5(20℃)}$,或只写 BOD_5 或 BOD。生物化学需氧量的标准测定方法是标准稀释法,它是将水样(或经稀释的水样)注入并充满若干个有水封的具塞玻璃瓶中,先测出其中一瓶水样当天的溶解氧量,并将其余各瓶放在 20 ± 1℃ 的培养箱内培养 5d 后再测其溶解氧量。培养前后溶解氧之差值即为此水样的 BOD_5。某些工业废水中缺乏必要的微生物,在测定其生物化学需氧量时还要作微生物的接种。近年来也有一些生物化学需氧量的测定仪器可供应用。这类仪器的测定原理和手段各不相同,常见的有减压式库仑法、压力传感器法、微生物传感器法等,其所得结果也会与标准稀释法不尽相同,应予注明。化学需氧量(OC)、化学耗氧量(COD)和生物化学需氧量(BOD)都是用定量的数值来间接地、相对地表示水中有机物质数量的重要水质指标。如果同一废水中各种有机物质的相对组成没有变化,则这三者之间的相应关系应是 COD＞BOD＞OC。 (蒋展鹏)

生物接触氧化 biological contact oxidation

又称淹没生物滤池。在池内充填上下贯通的填料,经过充氧的污水浸没并通过填料与栖附在填料上的生物膜相接触,在生物氧化作用下,污水得到净化的过程。为污水生物处理法的一种。属生物膜法。生物接触氧化池生物膜上生物种属多。丝状菌在填料空间呈立体结构,是提高净化功能的因素。此法还具有脱氮除磷的功能。主要缺点是设计或运行不当时,填料可能堵塞;布水、布气不易均匀和难于调节生物量等。 (张自杰)

生物流化床 biological fluidised bed

以砂、活性炭一类的小颗粒材料为生物膜载体,使载体处于流化状态的处理床。系污水生物膜处理法的一种。由化工领域引入的新技术。在载体表面生长、附着生物膜,由于载体颗粒小,总体的表面积大(每立方米载体的表面积可达 $2\,000\sim3\,000m^2$)。因此,具有较大的生物量。污水从载体下部、左、右

侧流过,广泛地和载体上的生物膜相接触,强化了传质过程,由于载体不停地流动,能够有效地防止其被生物膜所堵塞。此法具有 BOD 容积负荷高、处理效果好、效率高、占地少等特点。 (张自杰)

生物滤池 biofilter

污水流经为生物膜覆盖的滤料而得到净化的污水生物处理设备。属生物膜法。它由滤料、池壁、布水装置和排水系统等部分所组成(如图)。前多以碎石、卵石作为滤料,现多用塑料滤料。污水从池面滴下,流经滤料,细菌、原生动物等微生物,在滤料表面上生长繁殖形成生物膜,污水与生物膜接触,通过好氧微生物的代谢活动,使污水得到净化,由排水装置排出。该工艺有普通生物滤池,高负荷生物滤池和塔式生物滤池几种类型。

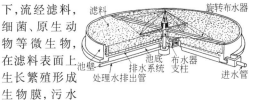

(戴爱临 张自杰)

生物滤池的脱膜 biofilter sloughing

生物滤池滤料上生物膜的脱落。造成生物膜脱落的原因有两种:①自然脱膜,随着有机物的降解,生物膜不断加厚,当其厚度达到使底物和溶解氧难以穿透的程度时,靠近滤料深层的生物膜形成厌氧状态或内源呼吸期,与滤料之间的黏附能力大为减弱,加上自身的重量和水力冲刷而脱落;②以水力冲刷为主的脱膜,即在高额的水力负荷的冲刷下而脱膜,普通生物滤池多属前一种;而高负荷生物滤池则以后一种脱膜为主。 (彭永臻 张自杰)

生物滤池堵塞 blinding of biofilter

由于生物膜的大量集中脱落,将部分滤料间的空隙堵塞,滤水不通畅,并使在滤池表面局部积水,使滤池的正常工作受到破坏的现象。进水有机物浓度高,而水力负荷小的普通生物滤池易于发生堵塞现象。若采取处理水回流措施,加大水力负荷,降低进水有机物浓度,可以在一定程度上解决这一问题,如高负荷生物滤池常用此法。

(彭永臻 张自杰)

生物膜法 attached-growth biological treatment processes

细菌、原生动物等微生物,在滤料或载体表面上生长繁殖,形成的生物胶质薄膜,污水流经其表面与其充分接触,通过微生物的代谢活动,污水中的有机污染物被降解,污水得到净化的生物处理法。属此法的处理设备有:普通生物滤池、高负荷生物滤池、塔式生物滤池、生物转盘、生物接触氧化装置和生物流化床等。此法的工艺特点是:微生物种属多,食物

链长,具有一定的脱氮功能;污泥量少,且无膨胀之虞;对水质、水量的变化有一定的适应能力,易于运行管理,节能及运行费用较低等。主要缺点是占地面积较大。只适用于中、小规模的污水处理。

（戴爱临　张自杰）

生物气　biogas

又称沼气。有机物质在无氧条件下受微生物作用而生成的可燃气体。原料为动、植物的排泄物和残体,以及生产过程的有机废物。生成过程可分成三阶段:第一阶段由发酵细菌水解有机质,使之降解为有机酸等;第二阶段由产乙酸菌把有机酸等分解为乙酸、二氧化碳和氢等;第三阶段由产甲烷菌把乙酸分解为甲烷和二氧化碳,或利用氢还原二氧化碳而生成甲烷。一般该气中含甲烷为 55%～65%,二氧化碳为 30%～40%,以及微量的氢、硫化氢和氨等,发热量约为 20～25MJ/m³。反应器的类型很多,按发酵温度分高温(55℃左右)、中温(35℃左右)和常温(当地自然气温)三种;按反应器进出料的连续性分连续发酵、半连续发酵和批量发酵;按发酵液在反应器中流动混合情况分搅拌混合式和塞流式等;按反应器中微生物和原料接触的方式分厌氧生物膜法和厌氧活性污泥法;按反应器级数可分为单级、二级和多级发酵等。当前,该气作为一种可再生的并有益于环境及生态的新能源,正日益受到人们的重视。　　　　（闻　望　徐嘉森）

生物塘

见稳定塘(295 页)。

生物脱氮　biological nitrogen removal

去除污水中富营养化污染源氮的过程。含氮污水会使水体中藻类繁殖过度,水质变坏。当原水受氮污染时,水处理的难度加大,费用增高。有些含氮化合物对鱼和人有毒害作用,如氨氮超过 3mg/L时,金鱼等鱼类会死亡。饮用水中含 NO_3^- 超过10mg/L 时可能引起婴幼儿高血红蛋白症。氨氮对金属工业管道和设备有腐蚀作用。脱氮方法有氨吹脱氮法、选择性离子交换脱氮法、折点加氯、生物脱氮法等。　　　　　　　　　　　（张中和）

生物脱氮法　biological removal of nitrogen

利用生物方法去除污水中富营养污染源氮的过程。生物脱氮的原理是借细菌的作用在有氧的条件下将氨氧化为亚硝酸盐和硝酸盐,为硝化阶段;然后在缺氧条件下将硝酸盐还原成气态氮排出,为脱硝(反硝化)阶段,即完成了脱氮过程。此法去除的氮以气态排回大气,不增加液态或固态废物,且易于与已有生物处理设施结合或改造。

常用生物脱氮的工艺有活性污泥法,亦可用生物膜法。在生物脱氮系统中,由于采用了缺氧-好氧(anoxic-oxic)流程,故简称 A/O 系统。　　（张中和）

生物吸附法

见吸附再生法(310 页)。

生物氧化法

见生物处理(250 页)。

生物转盘　RBC,rotating biological contactors,biological rotary disc

以盘片作为生物膜的载体,借助于它在氧化槽的转动,去除污水中有机污染物的污水处理设备。属生物膜法。由盘片、氧化槽、转轴、驱动装置等组

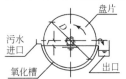

成(如图)。污水从氧化槽的一侧流入由另一侧流出,转轴架在氧化槽两端的支座上,高出水面,盘片固定在转轴上,在驱动装置的驱动下,以 0.8～3.0r/min 速度转动。盘片是圆形或多边形,表面呈波纹状,盘面为主要由微生物生长形成的生物膜所覆盖,交替与污水与空气相接触,在与污水接触时,污水中的有机污染物为生物膜所吸取、降解,使污水得到净化。在与空气接触时,生物膜吸取空气中的氧供微生物呼吸需要。微生物不断生长繁殖,使生物膜增厚,膜与盘面间因转动而产生的切应力,随膜厚度增大而增高,在达到一定程度后,膜即从盘片脱落,新膜生长更新。它的机械设备简单,水头损失小,噪声低,产生的污泥量少,易于维护管理,且可承受高负荷,无堵塞问题,不孳生蚊蝇。其装置一般设于室内,设于露天则应加以覆盖。布置形式一般分单轴单级、单轴多级和多轴多级。多级串联运行能提高出水水质和水中溶解氧含量。多用于中、小水量的有机性污水处理。　　　　　（张自杰　李金根）

生物转盘的布置形式　layout of RBC

生物转盘在平面上的布置形式。一般分为单轴单级生物转盘、单轴多级生物转盘、多轴多级生物转盘或多轴单级生物转盘。级数多少和采取什么样的布置形式,主要根据污水的水质、水量、要求达到的净化程度以及设置生物转盘的场地条件等因素决定。实践证明,对同一污水,如盘片总面积固定不变,则将转盘分为多级串联运行,能够提高处理水质和水中溶解氧含量。　　　　　　　（张自杰）

生物转盘平均接触时间　average contact time of RBC

污水在生物转盘氧化槽内与盘片接触,并进行吸附氧化有机污染物的时间。为生物转盘的设计、运行参数。其计算公式为

$$t = \frac{V}{Q}$$

t 为平均接触时间(d);V 为氧化槽容积(m^3);Q 为污水量(m^3/d)。　　　　　　　　　　　（张自杰）

生物转盘设计　design of RBC

生物转盘的工程设计。主要内容有所需盘片的总面积、总片数、氧化槽的容积、转轴长度以及污水在氧化槽内的停留时间等。通用设计的计算方法有负荷法、经验公式法与经验图表法等。　　（张自杰）

绳索牵引式撇油撇渣机　cable type grease-shimmer

由卷扬机与钢丝绳索牵引行走小车的撇油撇渣机。主要有驱动机构、牵引钢丝绳、导向轨、张紧装置、撇渣小车、刮板和翻板装置组成。整体构造和工作原理与行车式相仿(参见行车式撇油撇渣机,316页)。　　　　　　　　　　　　　　　（李金根）

绳索式格栅除污机　cable operated bar screen

又称三索式钢丝绳牵引格栅除污机。利用钢丝绳牵引除污齿耙的一种平面格栅前清式机械除污设备。除污用的齿耙沿导轨运作,卷扬驱动机构传动三个绳鼓中的绳索,其两侧为齿耙牵引索,中间为齿耙张合索。空耙下行时,由张合索作用使齿耙张开,与格栅处于脱开的状态。下行至格栅下端停止,牵引索松弛,张合索把齿耙闭合,耙齿插入栅条后边上行边把栅面截留的污物扒集在耙斗内,待上行到水面上的卸污溜板处,刮污板随齿耙上行将耙斗内污物推入溜板,卸至集污装置(垃圾桶或输送机)。齿耙每升降一次作为一个周期。其运作由栅前后水位差仪控制,也可定时控制或人工控制。常用于格栅井槽较深、栅面较宽的场合。当栅面过宽时,整机可设在运行小车上沿与栅平行轨道上移动除污。

　　　　　　　　　　　　　　　　　　　　（李金根）

省煤器　economizer

利用锅炉尾部低温烟气的热量来加热锅炉给水的装置。它可以降低排烟温度,提高锅炉效率,节约燃料消耗量。按照制造材料,可分为铸铁省煤器和钢管省煤器。按照水被预热的程度,则又可分为沸腾式和非沸腾式两种。　　（屠峥嵘　贺　平）

剩余污泥　surplus sludge

在污水生物处理系统中,为保持生物量的平衡,经常由反应池或二次沉淀池排出系统的污泥。

　　　　　　　　　　　　　　　　　　　　（张中和）

剩余硬度　remained hardness

硬水经软化处理后,水中仍含有的少量硬度成分。其主要原因①在药剂软化法中、难溶盐的溶度积不为零。②在离子交换法中,再生后交换剂层内,特别是软化出水端交换剂层内残留有部分失效交换剂,以致在软化出水时,有少量钙、镁离子连续泄漏。

　　　　　　　　　　　　　　　　　　　　（刘馨远）

shi

施工定额　norm for construction operations

施工单位为完成某一工程施工过程所需的劳动力、材料和机械设备台班等数量的标准。内容包括该施工过程的各种工序和辅助工作,例如敷设管道的工序包括开槽、做基础、下管、稳管、做基座、抹带、检查、清理场地等,浇筑混凝土包括搅拌、运输、浇灌、振捣、抹平等。施工定额是编制施工作业计划、进行工料分析、签发工程任务单和限额领料卡、考核队、组工作效率、评定奖励和计算工资等的重要依据。　　　　　　　　　　　　　　　（李国鼎）

施工进度计划　construction planning and scheduling

施工组织设计的重要文件之一。用以确定管道敷设工程、各种构筑物修建工程的施工期限和各项施工活动的顺序,从而保证施工工程项目有条不紊地按期完成。主要分为施工总进度计划和单项工程施工进度计划。前者以整项工程为对象进行施工进度计划的编制;后者用以确定单项工程的各个分部分项工程的施工顺序、施工持续时间以及相互之间的配合,确定为施工所必需的劳动力和技术物资的需求量和供应日期。因此后者是直接组织建造敷设工程的文件,并用来作为编制作业计划的依据。

　　　　　　　　　　　　　　　　　　　　（李国鼎）

施工预算　construction budget of a project

施工单位以承建工程为对象所编制的经济资料。以工程的设计资料、设计预算和实地技术经济勘察为依据,结合本单位的具体条件和实际水平而后确定所承包的工程预算。其内容一般包括:按施工定额计算的分项工程量、材料耗用量、各工种的用工数量,大型机械的机种和数量。此外还包括:模板需用量、混凝土、木构件和制品的加工、订货量、五金明细表、钢筋配料单等。通过对施工预算与设计预算的比较,能反映在承建的工程中节约消耗、降低成本的潜力,在工程竣工决算以后,可根据施工预算分析工程施工的实际消耗与计划消耗的情况,以便于总结经验、改进工作。因此,施工预算是施工单位赖以加强经济核算,从事各项经济活动分析的基本依据。　　　　　　　　　　　　　　　（李国鼎）

施工总平面图　lay out sheet of a construction site

施工组织设计文件的重要部分。即用图的形式具体表明施工现场的总体布置。对指导现场有条不紊地进行施工有重要作用。在图上除绘出已有的、拟建的房屋、构筑物及其他设施的位置外,还需绘出为该项工程施工服务的各种加工车间、半成品制作车间、机械装置,各种建筑材料、半成品、设备和零件的仓库和堆置场,取土和弃土的地段和位置,行政管理和文化管理等临时性建筑物,临时运输道路、给排水管线、供电线路、蒸汽和压缩空气管道等,以及一切保安和防火设施等。可分为全工地施工总平面图和单元构筑物(或建筑物)施工平面图两种。前者一般采用1∶1000或1∶2000比例绘制;后者受总平面图的控制和约束,可选用较大比例。

(李国鼎)

施工组织设计 organization and planning of construction

指导施工进程的技术经济文件。由工程技术人员从技术和经济角度全面考虑,合理地确定施工顺序,选择施工方法和施工工具,确定需用的各种建筑材料、制品,计划施工机具的需要量及其在空间上和时间上的合理布置,然后对施工期间的各项活动作出全面部署,通过以上各项工作,保证工程施工的顺利进行。

(李国鼎)

湿打管 concrete pipe with wet process

按着一定强度等级要求配制的混凝土(水泥、砂、石子),倒入模具中,振捣成型,然后用蒸汽养护一定时间,拆模后继续养护达到一定强度的电信管道。

(薛发 吴明)

湿度饱和差法 method of saturated humidity defieit

根据湿度饱和差来推求暴雨强度的方法。其公式为

$$q = \frac{(20+b)^n q_{20}(1+C\lg T)}{(t+b)^n}$$

q为暴雨强度$[L/(s \cdot 10^4 m^2)]$;t为降雨历时(min);T为降雨重现期(a);C、b、n为地方参数,可参照附近地区的参数;q_{20}为重现期为1a、降雨历时为20min时的当地暴雨强度$[L/(s \cdot 10^4 m^2)]$,可按下述经验公式计算:

$$q_{20} = K \overline{H} d_s^m$$

$\overline{H}$为年平均降雨量(mm);d_s为按平均月降雨量加权平均的湿度饱和差(mm);K、m为地区参数。

(孙慧修)

湿法脱硫 wet desulfurization method

用固体料浆或溶液在洗涤塔内吸收烟气中的SO_2来进行脱硫的方法。它的工艺种类很多,包括石灰湿式脱硫法,石灰—亚硫酸钙法,双碱法、碱式硫酸铝法;此外,氨法、钠碱法以及液体为吸收剂的物理脱硫法,均属湿法脱硫。它比干法效率高,但工艺复杂、成本高。

(张善文)

湿法熄焦 wet coke quenching

喷水冷却赤热焦炭的过程。湿法熄焦装置由熄焦塔和熄焦水沉淀池组成。熄焦塔上部为排气筒,

下部分圆形拱顶,拱底支撑在侧墙上,两端开敞。圆拱顶下方装有喷洒装置。当熄焦车开进熄焦塔时,自动开启水泵,经喷洒管小孔喷水熄焦。产生的水蒸气经排气筒排向大气。熄焦车去凉焦台卸焦。熄焦水除了部分被焦炭加热蒸发外,一部分被焦炭带走(焦炭含水约3%~5%),其余的水流入沉淀池,经沉淀后的清水补水后再循环使用。

(曹兴华 闻望)

湿空气的 $i-d$ 图

见湿空气的焓湿图。

湿空气的比热 specific enthalpy of wet air

含1kg干空气和$x$kg水蒸气的湿空气温度升高1℃所需的热量。单位以$J/(kg \cdot ℃)$表示。即为

$$C_{sh} = (0.24 + 0.44x) \times 4.1868 [J/(kg \cdot ℃)]$$

x为空气的含湿量。在水蒸发冷却的实际计算中,一般采用$0.25 \times 4.1868 J/(kg \cdot ℃)$。　(姚国济)

湿空气的含湿量 moisture content of wet air

又称比湿。在含有1kg干空气的湿空气中所含水蒸气的重量。单位以kg/kg干空气表示。在一定大气压力下,空气中的含湿量,随水汽分压力的增加而增大。即为

$$x = \frac{\rho_q}{\rho_g}(kg/kg \text{ 干空气}) = 0.622 \frac{P_q}{P - P_q}$$

ρ_g为干空气密度(kg/m^3);ρ_q为水蒸气密度(kg/m^3);P为湿空气的总压力;P_q为水蒸气的压力(0.1MPa)。

(姚国济)

湿空气的焓 enthalpy of wet air

又称湿空气的含热量。含有1kg干空气的湿空气中所含热量的总和。单位以J/kg干空气表示。即为

$$i_{sh} = i_g + x i_g = 0.24\theta + 0.622(597.3 + 0.44\theta)$$
$$\times \frac{\varphi P_q''}{P - \varphi P_q''}$$

i_g为干空气的焓(4.1868J/kg);θ为空气干球温度(℃);φ为空气的相对湿度;P_q''为饱和水蒸气分压力(0.1MPa)。　　　　(姚国济)

湿空气的焓湿图 enthalpy humidity diagram of wet air

又称湿空气的 $i-d$ 图。表示湿空气中,相对湿度、含湿量、热焓及温度的相互关系图(如下页图)。为计算方便,可利用该图,根据任意两个湿空气参数,查得相应的其他两个参数,并且能较简便的确定湿空气状态在热湿交换作用下的变化过程。

(姚国济)

湿空气的密度 unit weight of wet air

每立方米湿空气中所含干空气重量和水蒸气重量之和。单位以kg/m^3表示。随大气压力降低和温度

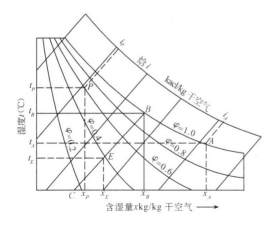

注：1kacl/kg＝4.1868J/kg。

湿空气的焓湿图

升高而减小,当压力和温度不变时,则随相应湿度增大而减小。即为

$$\rho_{sh} = \rho_g + \rho_q \quad (kg/m^3)$$

ρ_g 为干空气密度(kg/m³); ρ_q 为水蒸气密度(kg/m³)。   (姚国济)

湿空气回流 wet air recirculation

冷却塔排出的部分湿热空气,掺混在大气中,随气流再次进入冷却塔的现象。湿热空气的回流,增加了进入塔空气的含湿量和含热量,降低了塔内热交换的效能,使冷却效果变差。   (姚国济)

湿球温度 wet bulb temperature

空气传递给水的热量达到稳定状态时水的温度。为气温和含湿量的函数。它代表在当地气象条件下,水可能被冷却的最低温度,也就是冷却设备出水温度的理论极限值。测湿球温度的温度计,其水银球上包了一层湿布,空气与水银球不直接接触,测定时,必须保证水银球完全为湿布覆盖、足够大的空气速度以及补充水的水温与湿球温度相等。   (姚国济)

湿式除尘器 wet collector of particulates

用水或其他液体去除废气中颗粒物的设备。可分为低能和高能洗涤器两大类。低能洗涤器的压力损失为 0.25～1.5kPa,一般条件下的耗水量为 0.4～0.8L/m³,对于大于 10μm 粉尘的净化效率可达 90%～95%。高能洗涤器的压力损失为 1.5～9.0 kPa,除尘效率可达 99.5%以上,排气中的尘粒可能小到低于 0.25μm。根据净化机理可分为重力喷雾洗涤器、旋风洗涤除尘器、自激喷雾洗涤器、泡沫洗涤器、填料床洗涤器、文丘里洗涤器等。湿式除尘器在除尘的同时,也能起到降温、加湿、去除某些有害气体的目的,除尘效率较高,投资较达到同样效率的其他设备要低。适用于净化非纤维性和不与水发生化学反应的各种粉尘,尤其适宜于净化高温、易燃和

易爆的含尘气体。但耗能比较大,废液和泥浆需要处理,管道和金属设备容易被腐蚀,在寒冷地区使用时有可能发生冻结现象。   (郝吉明)

湿式储气罐 water-sealed gas holder

在水槽内放置圆筒形钟罩和塔节以储存燃气的低压储气罐。钟罩和塔节随燃气的进出而升降,用沿钟罩和塔节下部周围的水封隔断空气。罐的容积随燃气量而变化。容量较小的单节储气罐,钟罩高度等于水槽高度;多节储气罐容量大,每节高度等于水槽高度,而钟罩和塔节的高约为直径的 60%～100%。该储气罐内压力为

$$P = \frac{W}{F}$$

P 为燃气压力(Pa); W 为上升钟罩及塔节包括水封在内的总重量(N); F 为上升钟罩或塔节的水平截面面积(m²)。燃气压力随上升塔节数不同而不同。一般为 1～4kPa。储罐有效容积为水槽上面钟罩及塔节圆筒部分的容积。因结构不同又分为直立储气罐和螺旋储气罐。   (刘永志 薛世达)

湿式储气罐水槽 tank of water-sealed gasholder

贮水的圆筒形容器。底部设在钢筋混凝土基础上。地上水槽一般用钢板制成。为了减少储气罐总高度、减少风荷载以及减轻水对基础及土壤压力,钢筋混凝土水槽也可建成地下或半地下式。大容积的钢筋混凝土水槽可建成地下环形水槽或凸底水槽。钢制水槽施工容易、费用低、容易修补,但不耐腐蚀,使用年限短。附属设备有人孔、溢流管、进出气管、给水管、垫块、平台、梯子及在寒冷地区防冻用蒸汽管道等。进出气管可为单管也可为双管。当燃气中含油分及焦油多时,近水面处需设圆形锯齿边排油装置,由管道将收集的油类引至靠近罐底部的排油设施。   (刘永志 薛世达)

湿式电除尘器 wet electrostatic precipitator

用喷水或溢流水等方式使集尘极表面形成一层水膜,将沉集在极板上的粉尘冲走的电除尘器。湿式清灰可以避免已捕集粉尘的再飞扬,能达到很高的除尘效率。因无振打装置,运行也较可靠。但存在着腐蚀、污泥和污水的处理问题。仅在气体含尘浓度较低,要求除尘效率较高时才采用。

    (郝吉明)

湿投法 wet method for dosing chemicals

将混凝剂溶解在水中成为药液而后投入水体的方法。该法需设溶液池,溶液浓度不可太低或太浓,需视混凝剂品种而定,一般在 10%～20%之间。湿投法的液体投加形式可分为重力式、压力式和负压(泵前)式三种。压力式可用压力泵加注和水射器加

注。该法可以掌握溶液浓度和采用药液计量设备，生产上易于掌握加注量，使用较为普遍。

（顾泽南）

石灰法湿法脱硫 wet desulfurization by limestone

又称石灰石法湿法脱硫。用石灰或石灰石泥浆在废气吸收器内进行循环，使其和烟道排出废气中的硫氧化物反应，生成固体废物的脱硫工艺。若将得到的固体废物抛弃，称为石灰（石灰石）湿式抛弃法；若在此基础上增加氧化塔，将亚硫酸钙氧化成石膏加以回收利用，则称为石灰（石灰石)-石膏法；若其吸收作用与湿式抛弃法同，但控制反应使副产品为 $CaSO_3 \cdot \frac{1}{2} H_2O$，则称为石灰（石灰石)-亚硫酸钙法。

（张善文）

石灰软化法 lime softening

向硬水中投加石灰溶液，去除水中碳酸盐硬度的方法，是药剂软化法的一种。它利用氢氧根与水中碱度反应生成的碳酸根，去除钙硬度；利用氢氧根直接去除镁硬度。适用于软化主要含有碳酸盐硬度的原水，且用户对软水水质要求不高时。

（刘馨远）

石灰石膏软化法 lime-plaster softening

向硬水中同时投加石灰和石膏溶液，去除水中碳酸盐硬度与钠盐碱度的方法。是药剂软化法的一种。石灰主要去除碳酸盐硬度，石膏协同石灰去除钠盐碱度。当原水中碱度大于硬度，且用户要求既除硬度又除碱度时采用。

（刘馨远）

石灰苏打软化法 lime-soda softening

向硬水中同时投加石灰和苏打溶液，去除水中硬度的方法。是药剂软化法的一种。石灰主要去除碳酸盐硬度，苏打主要去除非碳酸盐硬度。出水的剩余硬度较石灰软化法低。当原水含有相当数量的非碳酸盐硬度，且用户对软水水质要求较高时采用。

（刘馨远）

石灰-亚硫酸钙法脱硫 desulfurization by limestone-calcium sulfite

用碱性的石灰或石灰石泥浆在废气吸收器内进行循环，使其和烟道排出废气中的 SO_2 反应，并控制反应使产物为 $CaSO_3 \cdot \frac{1}{2} H_2O$ 的脱硫方法。其化学反应式为

$$SO_2 + CaCO_3 + \frac{1}{2} H_2O \longrightarrow CaSO_3 \cdot \frac{1}{2} H_2O + CO_2$$

$CaSO_3 \cdot \frac{1}{2} H_2O$ 是一种很有前途的新型复合材料——"塑钙"的优良无机填料。 （张善文）

石棉 asbestos

纤维状硅酸盐矿物。它可松解成纤维，制成具有较高热稳定性和抗拉强度的石棉制品。管道及设备保温常用的石棉制品有石棉绳、石棉布、石棉灰等。新型保温材料泡沫石棉毡正在广推使用，其耐热约为 500℃，密度为 $40 \sim 70 kg/m^3$，常温导热率约为 $0.045 \sim 0.05 W/(m \cdot K)$。 （尹光宇 贺 平）

石棉水泥管 asbestos cement pipe

由石棉纤维和水泥材料制成圆形断面的管。管壁厚度决定于所受的内外压力，有低压和高压两种，分别用于自流管道和压力管道。管径在 $50 \sim 600 mm$ 之间，长度为 $3 \sim 5 m$。管口为平口式，用套管连接。有全柔套、半柔套和全刚套等。用做输水管道时，工作压力为 $0.4 \sim 1.0 MPa$，试验压力为 $0.9 \sim 2.0 MPa$。用做电信管道时，壁厚为 $8 \sim 10 mm$。连接采用铁皮套管接头，即在管子接头处包上厚 $0.6 mm$ 的铁皮套管，然后用水泥砂浆抹上。另一种连接方法是玛琋脂接头，先在管子上绕上扎绳，然后再包上油毡，管子与油毡之间 $10 mm$ 的缝隙内灌沥青玛琋脂。两种接头施工后，都需外加 $5 mm$ 厚的混凝土包封。该管具有强度大、导热系数低、重量轻、抗腐蚀性强、易于加工等优点；但质脆、抵抗砂粒腐蚀能力差等。 （肖丽娅 孙慧修 薛 发 吴 明）

石棉水泥管接口法 asbestos cement pipes joining method

以石棉水泥为材料制做成型的管节两端（一般为平口式）的连接法。其刚性连接法是用套管（石棉制品或铸件）置于二管的接口处，内圈用油麻（或橡皮圈）塞进，在套管的两头均为接口的外圈，需分别填以石棉水泥灰浆（或膨胀水泥灰浆）并挤紧。其柔性连接是在相邻管端各置一橡皮圈，然后拉动套管至预定位置，再将套管两头分别用水泥砂浆填实并进行湿法养护。 （李国鼎）

石油伴生气

见油田气(345 页)。

时变化系数 hourly variation coefficient

最高日最高时供水量与该日平均时供水量的比值。它应根据城市性质和城市规模、国民经济和社会发展、供水系统布置，结合现状供水曲线和日用水变化分析确定。在缺乏实际用水资料情况下，最高日城市综合用水的时变化系数宜采用 $1.2 \sim 1.6$。

最高日最大时污水量与该日平均时污水量的比值。流入污水管道系统的生活污水量，除随季变化外，在一日中的不同时间也在变化，但在一小时内的变化很小，通常假定是均匀的。

（魏秉华 孙慧修）

时不均匀系数 factor of hourly ununiformity

该日某小时用气量与该日平均小时用气量的比

值。该日时不均匀系数的最大值称该日的时高峰系数,通常取值为 2.2~3.2。 （王民生）

时差 time difference

真太阳时与地方平均时之间的差值。由于地球在椭圆轨道上对太阳转过的公转角度每天都有差别,真太阳日的长短逐日亦有所变化,真太阳时与习惯上按平均每天 24h 计的地方平均时之间也就存在逐日变化的差值。天体运行的稳定性又使这种日变化年复一年地重复着,可从时差表中按日查得。因地球自西向东自转,不同径线上的地方平均时之间也有差值,每隔一径度相差 4min。在每个国家地区通行的地方区时实为某一指定径度上的地方平均时。中国通行的北京时间系指东径 120°的地方平均时,真太阳时的计算应按当地径度作修正。

（徐康富）

时段降雨量 time period rainfall

按降雨时段划分的降雨量。划分的时段可以采用 min 或 h,用在短历时暴雨强度公式推导以及小汇水面积防洪工程的暴雨强度公式的推导均采用以 min 划分时段。 （孙慧修）

时用气工况 condition of hourly gas demand

一昼夜 24h 内各小时用气量波动的情况。城镇用气量的不均匀性主要是由大量居民和商业用户在炊事和加热水方面用气的变化引起的。它与居民生活习惯、气化率、居民职业类别和使用商业服务设施的普及程度等因素有关,其用气波动情况最为明显,有早、中、晚三个高峰,早高峰最低,午高峰和晚高峰较高。工业企业生产用气的小时不均匀性较低。对采暖用气,若为连续采暖,则小时用气波动小,一般晚间稍高;若为间歇采暖,则波动也大。

（王民生）

实际供水温度 actual temperature of supply water

热水供热系统运行时的供水温度。一般情况下,其值等于、小于设计供水温度。当采用集中质调节,实际外温等于设计外温时,室温达设计室温,则实际供水温度即为设计供水温度;当实际外温高于设计外温,而室温等于设计室温,此时,实际供水温度将低于设计供水温度。 （石兆玉 贺 平）

实际焓降法 actual enthalpy drop method

计算热电厂总耗热量分配的一种方法。该法是按供热汽轮机抽汽的实际焓降不足,与新汽实际焓降的比例分配的。它考虑了热化供热蒸汽在汽轮机中做功不足对热能质量利用的不利影响,注意了不同参数供热蒸汽的质量差别,但热化发电的冷源损失和不可逆损失没有分摊给供热,即把热电联产的好处都归于供热。这样,分配的供热热耗 $Q_{tp(t)}^t$ 为

$$Q_{tp(t)}^t = Q_0' \frac{D_{h \cdot t}(h_h - h_c)}{D_0(h_0 - h_c)} \quad (kJ/h)$$

Q_0' 为热电厂供热汽轮机的热耗(kJ/h);$D_{h \cdot t}$、D_0 分别为抽汽供汽量和汽轮机总进汽量(t/h);h_h、h_0 分别为供热抽汽焓和汽轮机进汽焓(kJ/kg);h_c 为汽轮机排汽焓(kJ/kg)。 （蔡启林 贺 平）

实际回水温度 actual temperature of return water

热水供热系统运行时的回水温度。当供水温度确定后,实际回水温度的大小,取决于供热系统与用热设备的热力特性和水力特性,亦即与散热情况、水流量大小有关。基于上述原因,对于同一供热系统,不同的用热设备或分支系统,其实际回水温度可能差别很大。 （石兆玉 贺 平）

实际空气量 actual air quantity

过量空气量与理论空气量之和。在实际燃烧设备中,可燃成分不可能与空气中的氧完全混合均匀。为使燃料能够尽量燃烧完全,减少不完全燃烧热损失,则需向燃烧设备中多供给一些空气。一般把超过理论空气量多供给的空气量称为过量空气,把过量空气与理论空气量之和称为实际空气量。

（马广大）

实际溶解氧浓度 actual concentration of dissolved oxygen

在温度和压力一定的条件下,氧在液体中的溶解量。单位为 mg/L。对于活性污泥法,在满足微生物代谢呼吸需要的条件下,应注意减少供气量,以节省电耗。一般曝气池混合液的溶解氧浓度以控制在 2mg/L 左右为宜。 （戴爱临 张自杰）

实际塔板数 actual efficiency of column plate

在塔设备的实际操作中,每块板上气液接触时间有限,很难达平衡状态,故其实际分离效率低于平衡状态的理想分离效率的情况下,把实际操作条件下要达一定分离结果所需的塔板数。显然要达同样分离要求,所需实际塔板数多于理论塔板数。

（姜安玺）

实际烟气量 actual quantity of flue gas

为在实际空气量下(即 $\alpha > 1$)燃料完全燃烧所生成的烟气量。可以根据理论烟气量、过量空气系数 α 值进行计算。燃烧设备运行时的实际烟气量与计算的实际烟气量是不相等的。这与燃烧设备类型、燃烧条件及不完全燃烧程度等许多因素有关。通常可对燃烧产物做烟气分析,测出各种成分的容积百分比,再计算出运行时的烟气量。 （马广大）

实心块状滤料 granular medium for biofilter

碎石、卵石、陶粒、炉渣和焦炭等实心块状外形的滤料。其中碎石和卵石,质坚、高强、耐磨损、抗腐

蚀,有一定的比表面积和空隙率。主要用于普通生物滤池,高负荷生物滤池有时也采用。对普通生物滤池,分工作层及承托层两层充填,工作层厚度为1.3～1.8m,滤料径为30～50mm,承托层厚0.2m,滤料径60～100mm。对高负荷生物滤池,工作层厚1.8m,滤料径40～70mm,承托层厚0.2m,滤料径为70～100mm。这种滤料价格较低,多属地方材料,因此使用较为广泛,但在充填前应加以仔细筛分、洗净,不合格者不得超过5%。 (张自杰 戴爱临)

食品工业固体废物 food-processing solid-waste

食品加工过程中产生的废弃物。如肉制品、鱼制品、乳制品、制糖、罐头、饮料等工业,禽蛋、水果、蔬菜、粮食加工所产生的菜叶、果皮、碎肉、鱼鳞、谷屑、下角料、渣滓等。这些废物处理、处置不当,都将成为水环境的重要污染源。 (俞 珂)

世代时间 generation time

微生物(细菌)繁殖一代所需要的时间。它能说明微生物的增殖速度。世代时间长的微生物,其增殖速度慢;反之则增殖速度快。如硝化菌,其世代时间长达2～3d,因此其增殖速度慢,这也说明在一般曝气池内难于出现硝化作用的原因。而一般的有机物降解菌的世代时间在各项条件具备的状态下,仅20～30min,这又说明微生物对有机物有强大的降解功能的原因。 (彭永臻 张自杰)

市话电信楼

见市话局。

市话机键室 apparatus room of local telephone exchange

又称市话交换机室。安装各种电话交换设备的房间。主要设备有步进制自动电话交换机或纵横制自动电话交换机、电子式自动电话交换机。机键室应与配电室(多为叠层相邻、配电室在下层、交换机室在上层)、测量室相邻。一般进深10m以上,开间6m或6.6m,层高3.7m。要求防尘,房屋耐火等级一般按二级考虑。 (薛 发 吴 明)

市话局 local(urban) telephone office

又称市内电话电信楼,市话电信楼。安装市内电话交换设备的技术房间和辅助技术房间所构成的一栋单独建筑物的空间及环境。该建筑物为一层时称市话机房。市内电话具有用户多、密度大、通话距离短的特点。按通话接续方式有人工市话局和自动市话局之分。自动市话局有单局制(只设一个电话局)、多局制(几个电话局)。后者又分分局制和汇局制两种。小型市话局还可与邮局合建或附设用户营业室。 (薛 发 吴 明)

市内电话分局 local(urban) telephone suboffice

多局制市话网中采用分局时,按用户分布情况,分地区设立的市话局。 (薛发 吴明)

市内电话汇接局 local telephone tandem office

多局制市话网中,采用汇接制时,作为所属几个分局中继线汇接中心的市话局。它在一般情况下也兼作本分区的分局。 (薛 发 吴 明)

市内电话建筑 local telephone building

又称市内电话楼。安装供一个城市范围内使用电话通信所必须的通信设备及其相应配套设备的建筑物、构筑物群体所构成的建筑空间及环境。主要设备有人工电话交换机和自动电话交换机。后者又有步进制、旋转制、纵横制、布控电子及程序控制等多种形式。局内各技术单元除注意同层内平面布局外,还应注意楼层间的相对位置。

(薛 发 吴 明)

市内电话支局 local telephone branch office

多局制市话网中,分局所管辖范围内,在某些用户集中地区分设的电话局。 (薛 发 吴 明)

市内通信对称电缆 symmetrical cable in municipal communication

传输音频信息,适用于市内和近距离通信用的电缆。市内通信电缆包括低绝缘、自承式塑料市内通信电缆、聚烯烃绝缘铝-塑黏结合护层市内通信电缆等。 (陈运珍)

事故照明 emergency lighting

在正常电源中断而油机尚未启动前,暂时由蓄电池供电的照明。 (薛 发 吴 明)

试片间 inspecting room

又称审看间。内有影片、录像带及影碟放映设备,供有关人员试看并检查影片或录像带节目的一个房间。 (薛 发 吴 明)

试听室 listening room

经过声学处理,用于对节目或电声器件进行听音评价的专用房间。为了使听音评价不受房间声学条件差异的影响,它的面积一般为20～90m² 左右,混响时间为0.4～0.5s。房间内的主要试听位置不应有明显的声学缺陷,应设有高质量的放声设备。

(薛 发 吴 明)

试线杆 test pole

设有试线装置,可供测试通信导线工作性能的电杆。 (薛 发 吴 明)

试压

见压力试验(323页)。

试验室 test room

进行设备检修、电子管预热等工作的房间。试验室与机房、电力室之间有电缆沟相通。

(薛 发 吴 明)

室内燃气管道 gas service pipe

用户引入口总阀门至燃气用具间的管道。包括主管、水平干管与水平支管。立管应敷设在厨房、楼梯间或走廊内，不允许把主管敷设在居室、浴室和卫生间内。如一个引入管要连接几根主管，则先通过一水平干管，并在每根主管上安装阀门。

(李猷嘉)

室内污水管道系统 indoor sewer system

在住宅及公共建筑内，用以收集生活污水，并将其排出至室外污水管道中去的室内管道、配件及设备等。

(罗祥麟)

室燃炉

见悬燃炉(319页)、煤粉炉(191页)。

室外污水管道系统 outdoor sewer system

接纳室内污水管道系统排出的污水，并将其输送至泵站、污水处理厂及水体的管道系统。该系统除管道外，还包括各种附属构筑物，如检查井、跌水井、倒虹管等。

(罗祥麟)

shou

手车式高压开关柜 drawable high-voltage switchgear

由固定的柜体和可移动的手车组成的高压开关柜。手车可分为断路器手车、电压互感器手车、电压互感器避雷器手车、所用变压器手车、隔离手车和接地手车。其优点具有手车可互换的特点，某一组断路器一旦需要检修时，即可很快地更换手车，从而缩短停电时间，提高用电可靠性。手车式高压开关柜一般用于负荷较重要的场所。

(陈运珍)

手工灌瓶 manual cylinder filling

人工运送灌瓶用手动灌装嘴进行灌瓶操作。灌瓶过程中钢瓶运输、灌瓶、灌装量复检均为手工操作。灌瓶时将钢瓶放在台秤上，称出空瓶重量，连接灌装嘴后，打开灌装嘴阀门及钢瓶阀门进行灌瓶。达到灌装重量时秤杆抬起，则立即关闭阀门。这种灌瓶方法操作繁琐，灌装接头处液化石油气漏失量较大。同时当灌装速度较快时和由于秤铊定位不易准确而容易产生灌装量误差，即过量或欠量。为确保按规定的重量准确灌装，必须加强检查工作。手工灌瓶秤的灌装能力约为 30~40 瓶/(台·h)。

(薛世达 段长贵)

手孔 handhole

设在分支电信管道上，构造较人孔简单，人员不能进入而只能将手伸入实施操作和维护的地下建筑物。一般可容纳 1~4 孔管道。

(薛 发 吴 明)

手烧炉 hand-stoked boiler

完全靠人工操作的最简单的一种层燃炉。因其加煤、拨火和清渣皆靠人工完成而得名(如图)。它着火迅速而稳定(双面点火方式)，对煤种适应性广，运行操作容易掌握，但劳动强度大。在中国目前使用的工业锅炉中

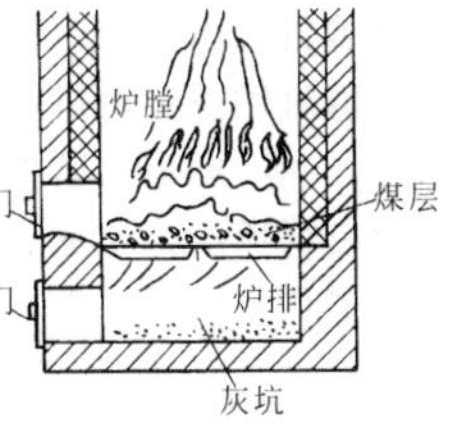

依然占相当的比例，尤其在小型生活用炉中。由于间断加煤，导致空气供需的不平衡及燃烧过程的周期性变化，而使燃烧效率相当低(约 50%~60%)，有时难免冒黑烟。为了节能和消烟除尘，近年来开发出一些新炉型，如双层炉排炉、简易煤气炉、明火反烧炉等。

(马广大)

shu

书写台 writing counter

又称写字台。营业厅里供客户书写电文或信件设置的大型桌子，供多人同时使用。一般采用固定式家具。

(薛 发 吴 明)

疏水器 steam trap

自动阻止蒸汽逸漏并迅速排除用热设备及管道中凝结水、积留空气和其他不凝性气体的设备。它是蒸汽供热系统中影响运行可靠性与经济性的一个重要设备。依据其作用原理不同，可分为机械型疏水器、热动力型疏水器和恒温型疏水器三大类。疏水器一般安装在蒸汽用热设备出口、凝结水管末端和蒸汽管道抬高处。其选择应根据用热设备的理论疏水量、疏水器的选择倍率、工作压力和允许背压来确定。

(盛晓文 贺 平)

疏水器的选择倍率 selected rate of steam trap

选择疏水器时，疏水器的排水能力与用热设备的计算凝水量(即理论蒸汽量)的比值。由于考虑用热设备启动时凝水量增多和用热设备运行时种种因素使凝水量产生波动等影响，从安全运行角度出发，有必要使疏水器的实际流通能力大于理论计算值。根据用热设备种类及不同的使用情况，疏水器选择倍率的经验数值可按 2~4 倍采用。

(盛晓文 贺 平)

疏水性 hydrophobicity

又称憎水性。在固、液、气接触的三相系中，当接触角 $\theta > 90°$ 时(如图)，此时固体对空气的亲合力大于固体对水的亲合力，称这种固体具有疏水性。如石

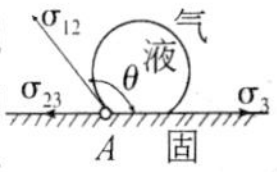

蜡的湿角为 106°,它是疏水性物质。

(戴爱临　张自杰)

疏水装置　draining devices

蒸汽供热管道排放凝结水的装置。分为起动疏水装置和经常疏水装置两类。起动疏水装置类似热水供热管道的放水阀,用于管道起动升温时排除大量的凝结水以及停热检修时排空管道。经常疏水装置采用疏水器排除饱和蒸汽沿途冷却产生的凝结水。这种疏水装置设有检查疏水器工作情况的检查器和检修、更换疏水器的旁通管等。经常疏水装置排出的凝结水,一般排入与蒸汽管并行敷设的凝结水管内。

(尹光宇　贺　平)

输配干线　transmission and distribution mains

供热管网中有分支管线接出的干线。

(尹光宇　贺　平)

输水　water delivery

将水从水源地送到水厂或从水厂送到管网。它是通过输水管(渠)进行的,一般很少接出支管。其输水方式可分为加压输水和重力输水。

(王大中)

输水斜管　water-carriage pipe chute

浮船或泵车的联络管与岸上输水管之间的连接管道(如图)。因其系沿岸边斜坡或斜桥敷设而得名。通常采用钢管或铸铁管。管上每隔一定距离设置一个叉管(通常是斜三通或正三通),以便与联络管相接。叉管的高差主要取决于水泵的吸水高度和水位的涨落速度,一般采用 1~2m。叉管接口构造是影响拆装接头时间的主要因素,因此,根据不同使用条件选择适宜的接口方式十分重要。

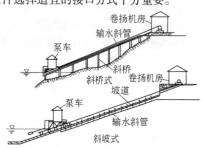

(朱锦文)

输送干线　transmission mains

供热管网中长度超过 2 000m 无分支管线接出的干线。
(尹光宇　贺　平)

熟化塘

见深度处理塘(246 页)。

鼠笼型异步电动机　squirrel-cage asynchronous motor

异步电动机的转子绕组本身自成闭合回路,整个转子形成一个坚实整体的异步电动机。其结构简单牢固,是应用最广泛的一种异步电动机。

(许以傅)

树脂饱和度　saturity of resin

离子交换器内某高度处一薄层树脂层内,有效交换容量与该层树脂全部交换容量的比值。单位以百分数表示。它代表该层树脂的失效程度,并可用以绘制饱和度曲线。

(刘馨远)

树脂降解　resin degradation

受氧化剂和高温作用,阴树脂的季胺逐渐转为叔、仲、伯胺,碱性逐渐减弱,强碱交换基团的数量逐渐减小的现象。

(潘德琦)

树脂预处理　resin pretreatment

新树脂使用前,去除树脂中含有的残余原料及可溶性杂质的工序。处理方法按不同使用对象而定,对于一般水处理系统,采用约 50℃ 的温水冲洗数小时;有条件时,亦可采用碱性食盐浸泡或低流速处理。

(潘德琦)

竖管冷却器　stand pipe scrubber cooler

用循环水喷淋粗煤气使之得到初步冷却并除去大部分灰尘和焦油重馏分的一种直接冷却器。常以钢板制作,器内不设任何塔板或填料。在气化烟煤的系统中,为了防止煤气中的蒸汽在后续的静电除焦油器中冷凝,煤气出口温度应较蒸汽露点高 10~15℃,通常达到 80~90℃;为此,循环水喷淋常用温度约为 55℃。冷却器的有效容积约为 $1m^3/1\ 000m^3$ 煤气,喷水量约为 $3~4L/m^3$ 煤气。通过冷却器的气流压力损失约为 100Pa。有单竖管和双竖管两种形式。它除有冷却作用外,尚有切断煤气发生炉与后续设备之间通道的作用;当竖管中的水位超过一定高度时,煤气通道被切断。

(闻　望　徐嘉森)

竖流式沉淀池　vertical flow sedimentation tank

又称立式沉淀池。污水从下部流入,水流垂直上升流动,并从上部流出的沉淀池。呈圆形或正方形。为了水流分布均匀,池直径一般采用 4~7m,不大于 10m。沉淀区呈柱形,污泥斗呈截头倒锥体,图

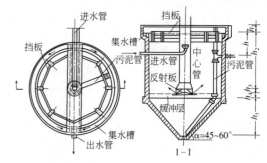

为圆形竖流式沉淀池。污水从进水管进入中心管,自上而下经反射板折向上流,沉淀水经池周溢流堰溢入集水槽,通过出水管排出池外。挡板作隔除浮渣用。可用静水压力法将污泥经排泥管排出池外。圆池直径与有效水深比不大于 3,以保证水流自下向上作垂直流动。这种池占地面积小,但池深大,池底为锥形,施工困难。 (孙慧修)

竖流式沉砂池 vertical grit chamber

水沿着垂直方向,由下向上流动,沉降去除较大(大于 0.2mm)砂粒或杂粒的构筑物。由进出水槽(设有闸板)、中心管、水流沉淀区、沉砂室、排砂管或排砂设备等组成。比平流式沉砂池占地面积小;但池深较大、沉砂中常附着些有机物。 (魏秉华)

数据通信系统 data communication systems

一般指由通信线路把远程终端与中央计算机连接起来,用以将数据从一端传送到另一端的系统。主要由数据终端设备、数据传输设备以及数据处理设备组成。 (薛 发 吴 明)

数据通信中心 data communication center

在数据通信系统中引进电子计算机,使电子计算机与通信结合的一种新的通信方式,在这样一个系统中,安装数据计算机通信的场所。
(薛 发 吴 明)

shuang

双层沉淀池 Imhoff tank

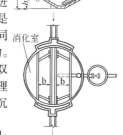

又称隐化池,殷霍夫池。由上层沉淀槽和下层污泥消化室组成一体的沉淀构筑物。污水在沉淀槽进行沉淀,污泥在消化室进行自然消化。实质上它是污水沉淀和污泥消化在同一池中进行的处理构筑物。可建成双槽单室或双槽双室,适用于小型污水处理厂。图为双槽单室双层沉淀池。 (孙慧修)

双电层 electric double layer

带有相反电荷的离子和相同电荷的离子环绕在一个小球粒的周围,其分布和所处的位置(如图)。双层电离子所具有的电位与电位降对于胶体的稳定性颇有意义。有一层电离子是产生在胶体粒子本身的表面,这就是所谓"Stern"电层。该处带有正电荷离子可能由颗粒本身产生的,也可能在溶液中某处

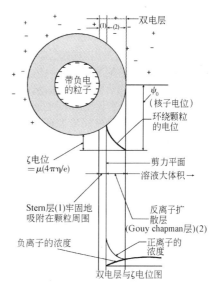

优先地被吸附过来的。这一种紧密的双电层可测出这双电层的总电位用 φ 代表,也称谓"Nernst"(核子)电位。在缺乏热搅动(布朗运动)的情况下,则"Stern"层将形成简单的具有正负离子的很紧密的电层。然而布朗运动,如部分地克服或排斥了静电吸引,并引起双电层的扩散到溶液的整体中去。于是就在溶液某些有限的距离处建立起电荷中和性。第二电层是建立在"Stern"层即所谓"剪力平面"和溶液整体之间。这层名称为"Gouy-Chapman"层是扩散双电层。 (张亚杰)

双吊点栅网抓落器 dual point hoop-up

有两个吊钩及挂脱装置的栅网抓落器。构造与单吊点栅网抓落器基本相同,两个吊点构造有的相联动,也有的各自单独,互不关联。应用时应把重锤指向抓(或落)的位置,尤其不联动的重锤搬把方向必须一致。然后沿栅网导轨抓起(或放落)栅或网。适用于面积较大且高宽比小于 1,起吊力在 $1 \times 10^4 N$ 以上的栅网等深水设备。 (李金根)

双管式热水供热系统 two-pipe hot water heating system

具有两根供热干线,一根供水管,一根回水管的热水供热系统。供水管将热媒从热源输送至热用户,经用热冷却后,再沿回水管将热媒送返热源重新加热。与多管式系统相比较,双管式系统具有初投资少,运行费用低的优点。该系统比较适合各类用热负荷大致属于同一能位的情况。一般区域供热负荷(供暖、通风和生活热水供应),基本上可由低能位热能满足要求,所以在通常的城市、区域供热中,应优先采用双管式热水供热系统。

(石兆玉 贺 平)

双管式蒸汽供热系统　two-pipe steam heat-supply system

由热源引出两种供汽压力的蒸汽管的供热系统。其中高压蒸汽管满足高能位的用热需要;低压蒸汽管承担低能位的用热需要。根据热用户特点,同样有凝结水回收系统和无凝结水回收系统。这种系统对于热能位的合理使用较为有利,但热网初投资比单管式系统大。　　　　（石兆玉　贺　平）

双级钠离子交换系统　dual-grade sodium ion-exchange system

又称二级钠离子交换系统。水软化时通过连续二次钠离子交换器工作的系统。是常用软化水处理系统之一。适用于原水碱度较低,总硬度较高,出水水质硬度小于 0.15mg/L(以碳酸钙表示),单级钠离子交换系统不能满足要求时采用。　　（潘德琦）

双碱法脱硫　desulfurization by double alkali method

用两个碱性溶液使烟气脱硫的工艺。采用碱金属(如 NH_4^+、Na^+、K^+)盐的水溶液作为第一个碱性溶液吸收烟气中的 SO_2,然后用石灰(或石灰石)作为第二个碱性溶液再使吸收了 SO_2 的溶液再生,产生较高纯度石膏,再生后溶液返回吸收系统循环使用。该法以钠双碱法应用较多。　　（张善文）

双接腿杆

见品接杆(208 页)。

双金属温度计　dual-metal thermometer

根据叠焊在一起的两种金属受热时线性膨胀系数不同而变形的原理制作的温度测量仪器。测量范围 $-80\sim +500℃$,精度 $\pm 1\sim 2.5\%$。　（刘善芳）

双孔排气阀　double hole air release valve;combination air valves

由一个大口排气阀和一个小口排气阀并联而成的排气阀。大口排气阀是在管道充水或排水时工作,将空气排出或允许空气进入。小口排气阀是在管线系统正常运行时排出水体中逸出的空气。
　　　　　　　　　　　　　　（肖而宽）

双联式焦炉　twin flue coke oven

燃烧室内相邻的两个立火道为一组分别走上升气流和下降气流的焦炉。在上升气流立火道中,空气与煤气自底部引入,燃烧后热废气上升,经隔墙顶部的跨越孔转入另一立火道下行,定期换向。此类焦炉沿炭化室长轴方向加热较均匀,但是相邻立火道为异向气流,串漏机会多。为改善炭化室竖向加热均匀性,在双联式基础上又采取了"高低灯台"、"废气循环"、"分段供气"等措施。"高低灯台"是双联火道中煤气自不同高度喷入,扩大了高温区;"废气循环"是在双联火道间隔墙底部设循环孔,部分下降气流由循环孔返回上升气流而增长火焰;"分段供气"是分成 2～3 段供空气或煤气,以达到分段燃烧使火焰区增长。此类焦炉多为大中型焦炉。
　　　　　　　　　　　（曹兴华　闻　望）

双膜理论　two-film theory

一种关于两个液体相在相界面传质动力学的理论。本学说是由刘易斯(Lewis)和怀特曼(Whitman)于 1923 年所建立,主要有三个方面的论点:①气相物质经过扩散到达气-液相接触面上;到达气-液相接触面的物质溶于溶液;溶解物质从气-液相接触面扩散到液相中。②不论是气相还是液相,是层流还是湍流,在气-液相接触面附近总有层流膜层存在,如果在气相和液相主体中浓度是均匀的,而界面两边有效膜层内存在浓度差,则此膜层构成主要传质阻力。③假设气-液界面上每一点的气相和液相是互相平衡的,即在双膜理论示意如图,P_i 与 C_i 成平衡关系,而在膜层内物质的传递全部借助分子扩散,浓度梯度在膜内分布是线性的,在膜外浓度梯度消失。依据界面两侧双膜阻力的基本概念,工程上可有效地确定扩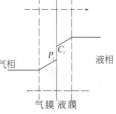散传质速率。难溶气体传递时阻力主要来自液膜;易溶气体所遇到的阻力主要来自气膜,而中等溶解度的气体所遇到的阻力来自气膜和液膜两者。废水处理系统中,氧转移速率的数学表达式为

$$\frac{\mathrm{d}c}{\mathrm{d}t}=K_{La}(C_s-C_L)$$

$\dfrac{\mathrm{d}c}{\mathrm{d}t}$ 为氧转移速率;C_s 为水中的饱和溶解氧浓度,为界面处的溶解氧浓度;C_L 为水中实际溶解氧浓度值;K_{La} 为氧的总转移系数,它概括了气液两相接触界面的面积 A、液相主体容积 V 和液膜厚度 X_f 及扩散系数等各项因素。在湍流相当厉害的情况下,该理论与实验结果偏差较大。

　（王志盈　张希衡　金奇庭　张自杰　戴爱临）

双区电除尘器　two-stage electrostatic precipitator

粉尘的荷电和驱进捕集过程分设在两个不同空间区域的电除尘器。曾主要用于空气调节系统的进气净化方面,近年来已开始用于工业废气净化。它也适用于高电阻率粉尘的除尘,可以防治反电晕,并具有体形小、耗钢少、耗电少等特点。性能良好的预荷电器是发展双区电除尘器的关键,现在采用的预荷电器有三电极预荷电器、离子束荷电器、冷却管荷电器等类型。　　　　　　　　　（郝吉明）

双座阀燃气调压器　double-valve seat gas pressure regulator

以双座阀为调节机构的燃气调压器。按其阀瓣形状可分为盘形、塞形等种。常用于燃气流量总是不等于零的区域燃气调压站之中。其特点是由于阀瓣受力较均衡,其入口压力对出口压力影响较小;但阀门严密性较差,即使完全关合,漏气率仍达最大流量的 4%。 （刘慈慰）

shui

水泵接合器建造 buildup pump connecter for building fire protection

为补充建筑消防时水量不足,由消防车从室外水源向建筑供消防用水设备的建造。接合器亦分地上式与地下式,并采用矩形砖砌,视管径大小而不同,DN100～150mm 分别采用 1250mm×100mm 及 1500mm×100mm 井,其建造类似水表井,井中设集水坑,进口侧壁下设爬梯,墙顶浇筑有 700mm 孔的钢筋混凝土板,上做盖座与地面齐平。遇有地下水时,地基垫卵石层,井外抹防水砂浆。距井底 300mm 处留进水管孔,井内接阀门、丁字管,管上接安全阀、止回阀,然后出井,上弯出地面 700mm 装设龙带接口,所有管道均用法兰连接,设备零件用支墩支持牢固,管道穿井壁缝隙用油麻及石棉水泥填接,接合器地下弯管处用混凝支墩牢固。地下式的构造与地上式基本相同,惟将出水管缩短并将接合器移到井内来,龙带接口距盖为 400mm,各设备零件支撑稳固,经检查合格,覆土夯实。 （王继明）

水泵特性曲线 water pump performance curve

又称水泵特征曲线。一般指离心水泵在额定转速条件下,以流量 Q 为横坐标,扬程 H、轴功率 N 和效率 η 为纵坐标表示的关系曲线。它对于选择水泵以及经济合理地使用水泵都有重要意义。流量-扬程曲线,表示流量与扬程的关系。一般当流量 Q 增大时,扬程往往下降。流量-功率曲线,表示流量与水泵轴功率之间的关系。一般随流量增大轴功率也随之增大。流量-效率曲线,当流量较小时,水泵效率低,流量逐渐增大,效率也随之提高;但当流量达到一定数值后,效率又会下降。在选择和运行水泵时,应使其在高效率范围内工作。 （王大中）

水泵引水 pump priming

在水泵启动之前,用水灌满水泵和吸水管的操作。离心泵工作是建立在水流连续的基础上的。只有将水泵和吸水管用水灌满,再启动水泵,才能抽水。水泵引水有几种方式,如自灌充水、真空引水和有底阀灌水。 （王大中）

水泵站建造

见泵站建造(10 页)。

水表 water meter

根据水表内叶轮转速和水的流速成正比原理制作的流量测量仪器。测量范围 $0.045\sim2800\text{m}^3/\text{h}$,量程比 30∶1,精度 2 级。适用于测压力 <4MPa 的水的流量,其结构简单,灵敏度高,价格便宜。 （刘善芳）

水表井建造 constructing meter chamber

在引入管首端上计量建筑用水量和保护水表的水表井的施工。它分为井体建造和设备安装:井体一般用砖砌,小型井用圆形,大型井用矩形。确定井位后开挖槽坑,在地质差或有地下水时,需支撑排水,以策安全。挖至坑底整平地基,按设计要求,先在井底设 500mm 径集水坑,铺设 100mm 卵石层及浇筑混凝土底板,并以 1% 的坡度坡向集水坑,经养护后,上砌水泥砂浆砖墙,当砌到距底板 300mm 处,预留管道出入孔洞,如有旁通时也要留洞,继续上砌并按位装设爬梯,直砌到顶。顶上坐水泥砂浆,然后按序吊装预制盖板,使出入口在集水坑上方,以利排水。出入口上安装盖座,座周以混凝土固定。井外壁抹防水砂浆,高出地下水位 250mm 以上(无地下水时不抹),以防地下水渗入井内。井内管路大管径用铸铁管,法兰连接;小管径用给水塑料管或金属复合塑料管等,以热塑或粘接或承插连接。接装时从引入管起,顺序装承盘短管、阀门、水表、伸缩节、阀门、止回阀、单盘短管,外接建筑给水总管。如有旁通管时,接上旁通管,管上装设阀门,在管道通过井壁处做好封闭止水。在阀门、水表和止回阀等较重要设备下设支墩,保证设备稳固。 （王继明）

水锤消除器 water hammer eliminator

消除有压输水管道中水锤的设备。分有下开式停泵水锤消除器、自闭式停泵水锤消除器、气囊式水锤消除器、缓闭止回阀、微阻缓闭止回阀、液压缓冲止回蝶阀、爆破膜、惯性飞轮等。 （肖而宽）

水的电导率与电阻率 conductivity and specific resistance of water

水中各种溶解盐类都是以离子状态存在的,它们都具有导电的能力。水中溶解的盐类越多,离子也越多,水的电导就越大。因此根据水的导电能力的大小,可以间接表示水中溶解固体的多少。水的导电能力大小可用电导率来量度,单位是 mS/m 或 μS/cm,1mS/m = 10μS/cm。电导是电阻的倒数。习惯上水中溶解盐类的多少常用电阻率来量度。所谓水的电阻率是指相距 1cm、面积各为 1cm^2 的两片平行板电极,将它们插入被测水中时的电阻值。电阻率越高,表示水中的溶解盐类含量越少。电阻率

的单位是欧姆厘米(Ω·cm)。电阻率1000Ω·cm等于电导率1000μS/cm。　　　　　(蒋展鹏)

水的感官物理性状指标 index of water physical examination

水中某些杂质的存在会刺激和影响人的感官知觉,与此相关的水质指标,如温度、嗅和味、色度、浑浊度、透明度、肉眼可见物等。水的感官性状指标的测定是评价水质和水环境污染的一个重要内容。

(蒋展鹏)

水的回收率(反渗透) rate of water recovery (reverse osmosis)

膜的透过水量与进水流量之比。以百分数表示。设计的回收率高,可降低单位耗能量、减少浓废水处理量;但过高时,可能产生水垢沉积。

(姚雨霖)

水的黏度 viscosity of water

又称水的黏滞度。水流运动时,特别是层流运动时表征流动阻力的最重要的水力学性质。它是雷诺数(Renolds' number)的组成部分;也是絮凝的重要因素,因为它是速度梯度的函数(参见絮凝(317页)和速度梯度(273页))。它有两种表示方法:①动力黏度或动态黏度μ是单位长度和单位时间的质量,常用度量为帕斯卡秒(Pa·s)或用牛顿秒每平方米(N·s/m^2)表示;②运动黏度$\upsilon=\mu/\rho$即单位时间的长度平方(m^2/s,mm^2/s)。它与温度变化关系很大,因此至少要有一个粗略的概念,参见下表:

水的黏度和温度的变化关系

温度(C°)	0	5	10	15	20	25	30
动力黏度μ (10^{-3}Pa·s)	1.792	1.519	1.310	1.145	1.009	0.8949	0.8004
运动黏度υ (mm^2/s)	1.792	1.519	1.310	1.146	1.011	0.8975	0.8039

(张亚杰)

水的细菌学检验 bacterial examination of water

出于卫生和健康安全的目的,对饮用水、天然水或受污染水中的细菌数量的检验。细菌能在各种不同的自然环境中生长。地表水、地下水甚至雨水和雪水中都含有多种细菌。当水体受到人畜粪便、生活污水或某些工业废水污染时,细菌数量可大量增加。因此,水的细菌学检验可用于反映水体受污染的程度。特别是由于很多疾病是因水中细菌而传染的,水的细菌学检验就更具有卫生学上的重要意义。水中细菌虽然很多,但大部分都不是病原菌。经水传播的疾病主要是肠道传染病,如伤寒、痢疾、霍乱以及马鼻疽、钩端螺旋体病、肠炎等,此外还有一些

由病毒引起的疾病也可经水传播。直接检验水中各种病原菌的方法较复杂,难度大,即使检验结果是阳性也不能保证绝对安全。所以,在实际工作中经常以检验水的细菌总数和总大肠菌群来间接判断水的卫生学质量。长期实践表明,只要每100mL水中总大肠菌群细菌不被检出,细菌总数每mL不超过100个,用水者感染肠道传染病的可能性就极小,许多国家(包括中国在内)就以此作为生活饮用水的细菌标准。进行水的细菌学检验时,所使用的器皿、材料等都必需经灭菌处理,试剂和培养基也需满足规定的质量要求。水样采集必须严格按照无菌操作要求进行,防止在运输过程中被污染,并因迅速进行检验。

(蒋展鹏)

水的一般化学指标 common chemical determination of water

那些通常情况下相对而言毒性较小、以无机物为主的综合性水质指标。如pH、酸度、碱度、硬度、总含盐量和矿化度、电导率与电阻率等。

(蒋展鹏)

水底电缆 subaqueous cable

采用钢丝铠装保护,敷设在江河、湖泊等水底处的电缆。　　　(薛发 吴明)

水底电缆终端房 subaqueous cable termination chamber

在水底电缆与陆地电缆连接处,安装水底电缆倒换装置和充气设备的建筑物。其位置取决于水底电缆的过河位置,一般要求与河岸有一定距离,大的江河中,最好距河堤内侧不小于200m。专供安装水底电缆倒换装置的终端房、仅供设置充气设备的充气房,一般建于地上。亦可水底电缆终端房、充气房和巡房合建,一般建筑在地下、半地下。

(薛发 吴明)

水封井 water sealed well

用来防止有的工业废水能产生引起爆炸或火灾的气体进入污水管道的检查井。常设在产生引起爆炸或火灾气体废水的生产装置、贮罐区、原料贮运场地、成品仓库、容器洗涤车间等的废水排出口处以及适当距离的污水干管上。不宜设在车行道和行人众多的地段,并应适当远离产生明火的场地。水封深度一般采用0.25m,井上宜设通风管,井底宜设沉泥槽,其构造如图。

(肖丽娅 孙慧修)

水封井建造 construction of water sealed well

在废水中含有害气体时,须在排入排水管前以隔气体进入排水管中,避免发生危害,需设水封井的建造。水封井为圆形径1000~1250mm,以砖砌造,

底上做基础,上砌砖墙,砌到 950mm 处留进出管孔,继续直壁上砌,达井顶设置钢筋混凝土盖板,板上作 700mm 井盖。井中进出口均设用沥青涂刷铸铁或塑料丁字管,下端伸入水面下 400mm,上口用热沥青煮过的木塞塞上,管穿墙处均用水泥砂浆封住,井内壁全部抹 20mm 厚的水泥砂浆,有地下水时,外壁亦需抹防水砂浆,高出地下水位 250mm,以防渗水。

(王继明)

水垢　water scale

在外界条件变化时,水中硬度成分以固体形态自水中析出,附在传热器壁上的坚实固形物。水垢的导热系数很小,因此会增加燃料耗量;造成金属温度过热、机械强度下降、导致金属变形、爆管等。为防止生成水垢,应对硬水进行软化处理;当水垢生成后,应进行除垢。

(刘馨远)

水环境保护功能区　functional district of water environment protection

又称水质功能区。为全面管理水污染控制系统,维护和改善水环境的使用功能,而专门划定和设计的区域。通常由水域和排污及其控制系统两部分构成。建立水质功能区的目的在于使特定的水污染控制系统在管理控制上具有可操作性,以便使水环境质量及其各种影响因素的信息得到科学有效的管理。因此,一个水质功能区应具备以下的内容和要求:①对水域及其排污系统(包括产污、排污、治理到水体的各水质控制断面)的结构及其空间位置给以系统的确定和定量化;②建立起系统内各过程的关联关系以及各种关键信息间加工转换的定量模型和软件。这样,既能满足全面管理水质的需要,又能满足高效率加工转换水质管理信息的要求,以便用尽可能少的基础数据,获得有关水质监测、评价、模拟、预测、控制和规划等信息。根据不同水域在环境结构、环境状态和使用功能上的差异,对区域进行合理的划分,确定水域的具体功能,如生活饮用水水源区、渔业水域、风景游览区、工农业用水区及一般景观用水区等。不同的功能分区执行相应的水质标准。

(杜鹏飞)

水环境监测　monitoring for water environment quality

对河流、湖泊、水库、地下水、海洋等水体的环境质量的监视、测量、评价和预报,以掌握水环境质量的现状、变化及其原因,为有效地控制污染,保护和合理利用水资源提供科学依据。水环境质量的好坏是水体中水层、底泥和水生生物等各部分质量优劣的综合体现。作为水环境这一整体而言,其中的杂质(污染物质)会由于各种物理、化学和生物学的因素的变化而导致在水层、底泥和水生生物等各部分中发生迁移、转化并重新分布,因此水环境监测应包括对水体中水质、底泥和水生生物的物理学、化学和生物学性质的监测。但在实际工作中,对水质的监测是最普遍、最经常和最频繁进行的。此外,对城镇基础设施与城市环境监测来说,水质监测的对象除对城市周围的天然水体外,也应包括对工农业和生活用水、废水以及给水和废水处理过程中水质的监测。水环境监测项目数量繁多,性质各异,大体上可分为物理的、化学的和生物学的三类。物理的监测项目有水温、密度、黏度等;化学的监测项目有 pH、酸度、碱度、硬度、各种阳离子、各种阴离子、各种有机物、化学需氧量(COD)、生物化学需氧量(BOD)、氧化还原电位(ORP)等;生物学的监测项目有细菌总数、大肠菌群、生物多样性指数等。除某些监测项目(如水温)必须在原位或现场测定外,大多数项目均需采集水样后到实验室作分析测定。水样必须有代表性,能真实反映实际水质状况。水环境监测的方法很多,不同的监测项目有不同的方法,甚至同一监测项目也有几种不同的方法,每种方法都有一定的适用范围。常用的水环境监测的方法可分为物理法、化学法和生物法三大类,具体方法有重量法、容量法、紫外-可见分光光度法、荧光光度法、电化学分析法、离子色谱法、原子吸收分光光度法、气相色谱法、液相色谱法、红外分光光度法、色谱-质谱联用仪器法等。近代仪器分析技术(如 X 射线荧光光谱法、电感耦合等离子体原子发射光谱法、电子能谱法、核磁共振仪、拉曼光谱仪、激光微探针质谱仪等)和遥测、遥感技术等的发展和应用也促进了水环境监测朝着更准确、更灵敏、更快速、更自动化的方向发展。

(蒋展鹏)

水解菌

见产酸菌(18 页)。

水解与发酵细菌　hydrolysis and fermentation bacteria

参与厌氧消化三阶段过程第一阶段的微生物,包括细菌、原生动物和真菌的统称。多数为专性厌氧菌,少数为兼性厌氧菌。根据其代谢功能可分为:纤维素分解菌、碳水化合物分解菌、蛋白质分解菌、脂肪分解菌等类。这类细菌将多糖类分解为丙酸、丁酸、乳酸等;将蛋白质分解成有机酸和氨;将脂肪分解为脂肪酸、甘油和磷脂。原生动物主要有鞭毛虫、纤毛虫。真菌主要有毛霉、根霉、芥头霉、曲霉等。真菌参与厌氧消化过程,并从中获取生活所需能量,但丝状真菌不能分解糖类和纤维素。

(孙慧修)

水冷室　cooling room by water

安装冷却电子管系统的集中热交换器的房间。

(薛　发　吴　明)

水力负荷 hydraulic loading of biofilter

生物滤池的单位表面积在单位时间内所承受污水量的负荷。常用单位为 m³ 污水/(m² 滤池表面·d)。高负荷生物滤池的水力负荷通常介于 10～36m³/(m²·d)之间,比普通生物滤池高 10 倍左右。

(彭永臻 张自杰)

水力计算设计数据 design data for hydraulic calculation

在管渠水力计算中,为了保证管渠的正常工作,在设计流量下对管渠的设计充满度、设计流速、最小设计坡度、最小管径等所作的规定限值。这些规定值是作为设计的准绳。规定的设计数值,详见《室外排水设计规范》GB 50014。 (孙慧修)

水力计算图表 chart of hydrodynamic calculation

根据水力计算公式制成的图表。为计算方便,将摩阻系数代入水力计算的基本公式后可得燃气管道的计算公式,并据此制成图表。制作计算图表所依据的水力计算公式为:

低压燃气管道:

一、层流区

$$\frac{\Delta P}{L} = 1.13 \times 10^{10} \frac{Q}{d^4} \nu \rho \frac{T}{T_0}$$

二、临界区

$$\frac{\Delta P}{L} = 1.9 \times 10^6 \left(1 + \frac{11.8 - 7 \times 10^4 d\nu}{23Q - 10^5 d\nu}\right) \frac{Q_0^2}{d^5} \rho$$

三、紊流区

a,钢管

$$\frac{\Delta P}{L} = 6.9 \times 10^6 \left(\frac{k}{d} + 192.3 \frac{d\nu}{Q}\right)^{0.25} \frac{Q^2}{d^5} \rho \frac{T}{T_0}$$

b,铸铁管

$$\frac{\Delta P}{L} = 6.4 \times 10^6 \left(\frac{1}{d} + 5158 \frac{d\nu}{Q}\right)^{0.284} \frac{Q^2}{d^5} \rho \frac{T}{T_0}$$

高、中压管道(在紊流区):

钢管:

$$\frac{P_1^2 - P_2^2}{L} = 1.4 \times 10^6 \left(\frac{k}{d} + 192.3 \frac{d\nu}{Q}\right)^{0.25} \frac{Q^2}{d^5} \rho \frac{T}{T_0}$$

铸铁管:

$$\frac{P_1^2 - P_2^2}{L} = 1.3 \times 10^6 \left(\frac{1}{d} + 5158 \frac{d\nu}{Q}\right)^{0.284} \frac{Q^2}{d^5} \rho \frac{T}{T_0}$$

L 为燃气管道的计算长度(m);Q 为燃气计算流量(m³/h);d 为管道内径(mm);ρ 为燃气密度(kg/m³);ν 为 0℃ 和 101.325kPa 时燃气的运动黏度(m²/s);k 为管道内表面的当量绝对粗糙度(mm)。

(李猷嘉)

水力排泥 mud draining by hydraulic power

用水力吸泥排除净水构筑物内沉淀污泥的方法。适用于原水浊度不高、污泥量较少时。按构造可分穿孔管排泥和斗底排泥。穿孔管置于沉淀池底的排泥槽中,排泥槽做成长斗形,以便污泥自动流向穿孔管。穿孔管管材可采用钢管、铸铁管等。穿孔管的间距一般为 1.5～2.0m。管的底部开孔,以便污泥进入管内。穿孔管一端设排泥阀,可根据需要定时开启排泥。斗底排泥是将沉淀池底部做成斗形,排泥斗的数量和大小根据原水浊度和沉淀池大小确定。池子前段 1/3 池长处布置尺寸较小的泥斗,后段 2/3 池长处用大泥斗。适用于原水浊度不高的中小型水厂。水力排泥的缺点是排泥不彻底,仍需定期放空池内存水,用人工清洗,手动排泥操作劳动强度较大、池底结构复杂,施工较困难。

(邓慧萍)

水力坡度 hydraulic slope

又称水力比降。水力坡度线的斜率。按无压均匀流计算的排水管道,流速公式中的水力坡度就是水面坡度,它等于管底坡度。管底坡度等于管段两端管底标高的高差除以管段长度。在变速流中,它不等于管底坡度,可能大于或小于管底坡度。

(孙慧修)

水力清通车 hydraulic ejector

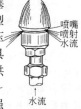

用水力冲洗车清通管渠淤塞的方法。冲洗车由半拖挂式的大型水罐、机动卷管器、消防水泵、高压胶管、射水喷头(如图)和冲洗工具箱等部分组成。动力由汽车引擎供给。消防泵将水罐水加压至 0.11～0.12MPa,然后压力水通过喷嘴强力喷出进行冲洗,射水方向与喷头前进方向相反。目前,使用的冲洗车水罐容积为 1.2～8m³,消耗的喷射水量为 200～500L/min。 (孙慧修)

水力筛网 hydraulic filters

筛网孔隙自 0.15～1.5mm 的一种滤机。有固定式和旋转式,过滤面用横向设置的细不锈钢丝编成的网筛,主要筛滤含纤维和悬浮颗粒杂质的污水,属自清式滤机。按筛网形状分为平面筛网和曲面筛网。 (李金根)

水力失调度 degree of hydraulic disadjustment

热水网路水力失调时用户的实际流量 V_s 与规定流量 V_g 的比值。通常以 x 表示水力失调度:$x = V_s / V_g$。当 x 值越接近 1,说明用户的水力失调度越小,即水力稳定性越好。 (盛晓文 贺 平)

水力提升泵

见水射器(268 页)。

水力停留时间 hydraulic retention time

又称平均停留时间。污水在曝气池或其他反应器中的平均停留时间。用 t 表示。它实际是理论停留时间。其数值等于污水流量 Q 除以反应器的有效容积 V，即 $t = Q/V$。对曝气池，污水流量 Q 不包括回流污泥量。　　　　　（彭永臻　张自杰）

水力旋流器 hydraulic cyclone

简称水旋器。又称压力式水力旋流器。借助进水压力和速度水头所产生的离心力来分离水中各种悬浮固体和浓缩泥浆的设备。由金属或其他耐磨材料（如铸石）制成的容器及部件组成（如图）。上部为有顶盖的短圆筒，下面连有倒置圆锥体。废水从进水管沿切线方向高速进入短圆筒，紧压器壁作下旋运动，形成外旋层。粗重粒子被甩向器壁，至锥顶由排渣口排出。澄清水由锥顶向上的螺旋形运动，形成内旋层。细小颗粒随内旋液流由溢流管排到溢流筒，从出水管排走。水力旋流器最适合的锥顶角度为 $10°$ ~ $20°$，减小角度可提高分离能力，获得更好的出水水质。器内粒子的分布规律是从周边到中心逐渐减小。它主要用于选矿废水、轧钢废水及高浊度河水的处理。具有体积小、单位容积处理能力大、结构简单、便于安装检修等优点；其缺点是容器易受磨损，电能消耗较大。　　　（何其虎　张希衡　金奇庭）

水力循环澄清池 hydraulic circulator clarifier

依靠原水获得的压能，进行水力混合、提升循环作用，来完成泥渣回流和接触反应的澄清池。属泥渣循环型澄清池。池子多呈圆形，底部为倒锥体。当带有一定压力的原水（投加混凝剂后）通过近池底部的水射器喷嘴时，由于水流动能很大，在水射器喉管的周围形成负压，从而将附近数倍于（一般为进水量的 2~4 倍）原水的回流泥渣吸入喉管，泥渣与原水混合，然后在面积逐渐扩大的倒锥形反应室及与其外套筒形成的导流反应室完成絮凝作用，继而进入分离室，因断面的突然扩大，使流速降低，泥渣下沉，大部分泥渣通过倒锥形池壁滑入底部中心区，供喷嘴循环提升用（循环污泥浓度一般控制在 3~10g/L），多余的泥渣进入浓缩室定期排除，清水则由置于池面的集水槽收集。鉴于水力喷嘴提升能力及作用范围有限，故单池不宜过大，仅适用于中、小型水厂。　　　　　　　　　　　（陈翼孙）

水量水质调节 equalization of water quantity and quality

用以尽量减少废水处理厂进水水量和水质波动的过程。工业废水、生活污水和城市废水，水量和水质在 24 小时内都有波动，工业废水的波动比城市废水大。在工业废水中，中小型非连续生产的工厂废水波动更大。水量水质的波动越大，废水处理的效果越不稳定。为保证工业废水处理的正常进行，工厂内部的废水处理站在预处理部分一般都设有水量水质调节构筑物——调节池。因城市废水的水量很大，而水量水质的波动相对较小，城市废水处理厂一般不设调节池，而是在设计时考虑平均流量、最大流量、降雨流量等因素，使处理设施适应城市废水的水量水质波动。　　　　　　　　　　　（张晓健）

水煤气 water gas

以焦炭或无烟煤为原料在高温下与蒸汽反应生成的煤气。在水煤气发生炉内，主要进行下列反应：①$C + H_2O = CO + H_2$；②$C + 2H_2O = CO_2 + 2H_2$；③$CO + H_2O = CO_2 + H_2$。①、②反为吸热过程，应由外界供给热量。根据供热方式不同分有外部加热法、热载体法和间歇鼓风（又称定期循环）法，其中间歇鼓风法应用最广。如某厂以焦炭为原料用间歇鼓风法生产，得到水煤气组成为 H_2 50%，CO 37%，CO_2 6.5%，CH_4 0.5%，N_2 5.5%，O_2 0.2%，H_2S 0.3%；低位发热量为 10.5MJ/m^3，气化效率 60%，热效率 54%。它可作为化学合成原料、加热用燃料或城市燃气气源的掺混气。　　（闻望　徐嘉森）

水煤气发生炉 water gas generator

生产水煤气的炉子。其形式按炉算不同分为固定炉算和旋转炉篦；按操作手段不同分为人工操作和自动控制；按炉底封闭方式不同有干法排渣和湿法排渣。中国现生产内径为 1.6、2.26、3.0 和 3.6（m）等不同规格和型号的干法排渣炉，炉内压力可达18 000Pa。内径为 2.26m 液压传动旋转算的炉子，当以焦炭或无烟煤为原料时，燃料粒度为 20~80mm，消耗量约为 1000kg/h，水煤气产量约为 1200m^3/h，发热量为 10.5MJ/m^3，炉子金属总重约为 29t。　　　　　　　　　　（闻望　徐嘉森）

水煤气站流程 flow sheet of water gas generating plant

生产水煤气工场的工艺流程。在间歇鼓风法生产水煤气过程中，吹出气和水煤气带出的热量占燃料总热量为 30% 以上。按热量回收途径的不同，共分有：①不回收任何热量的流程，只用于小型水煤气站；②只回收吹出气热量的流程；③回收吹出气热量和上吹煤气显热的流程——通常吹出气热量用余热锅炉回收，水煤气显热用以加热锅炉给水等；④回收吹出气热量和上、下吹煤气显热的流程——这是热效率最高的水煤气流程。在吹空气阶段，吹出气进入燃烧室，在二次空气作用下燃烧，生成的烟气经过蓄热室把格子砖加热，并继续前行将高、低压蒸汽过热器加热；然后进入生产高压蒸汽的余热锅炉，经换热后排入大气。在制气阶段,温度达 550～650℃ 的上吹煤气进入蓄热室,被格子砖加热到 800℃ 左右,然后将其显热依次传给高、低压蒸汽过热器和余热锅炉,温度降至 200～250℃ 后去水煤气净化系统。温度达 350～400℃ 的下吹煤气,经蓄热器被加热到 700℃ 左右,以后和上吹煤气一样经过一系列换热过程,温度降至 200～220℃,然后进入水煤气净化系统。这种大型水煤气发生站采用自动控制系统操作。　　　　　　　　　　　(闻　望　徐嘉森)

水泥绷带法　bandaging method with cement

将一块纱布摊平,上敷一层 1.5cm 厚的 1:2 或 1:3 水泥砂浆,然后折叠成一条宽约 15cm 的绷带,缠绕于两节水泥管接口处连接水泥管道的方法。绷带法接头牢固,密封好,但制作较麻烦,而且要用较多的纱布。　　　　　　　　　　　(薛　发　吴　明)

水泥电杆

见钢筋混凝土电杆(93 页)。

水泥管　cement pipe, concrete pipe

用水泥加入一定比例的砂子(或再加入石子)拌和并掺入少量水,经一定工艺制成的电信管道。目前常用的有干打管(砂浆管)及湿打管两种。

(薛　发　吴　明)

水泥管程式　modality of cement pipe

水泥管具有的管孔数目及孔的排列方式。水泥管共有一、二、三、四、六不同数目孔的五种不同的程式,常用的是二、四、六个孔三种。

(薛　发　吴　明)

水喷射器　water ejector

以热水网路高温水作为工作流体,抽引局部热水供暖系统低温回水,混合并进行热量交换后向用户送出介于两者水温之间的热水的装置。它结构简单,运行时无需经常维护管理;但它工作时消耗能量大,效率低,用户引入口处热网供回水管之间需有足够高的作用压力,才能保证用户使用要求。它一般只在单幢建筑的热水供暖系统上应用。

(盛晓文　贺　平)

水平进度图表　horizontal schedule graph

又称线条图,条形图,横道图。施工进度计划最常见的表达形式。图表由两个主要部分组成,左面是文字和数字,说明应完成的工程内容、数量以及采用的施工方法、生产队组和设备数量等;右面是施工进度,图中水平线条表明各个生产队、组、班或个人在该项承担的工作中在时间上和空间上的展开情况。　　　　　　　　　　　(李国鼎)

水平拉线

见高桩拉线(96 页)。

水平炉煤气　horizontal retort gas

利用水平炉制得的干馏煤气。水平炉也称水平甑式炉,为小型煤干馏装置,分为有底式和贯通式两种。炭化甑一端密封、另一端加煤、出焦的称为有底式水平炉,此炉一般有五个水平布置的炭化甑。炭化甑一端加煤,另一端出焦的称为贯通式,此炉一般有 12 个炭化甑。干馏周期 12h 左右。它的低位发热量约为 15MJ／Nm³。　　　　(曹兴华　闻　望)

水平推流式表面曝气机　horizontal brush aerator

通过水平旋转的轴,带动安装在此轴上的多组刷(盘)片旋转,把空气中的氧不断导入水中的表面曝气设备。根据曝气器不同主要有转刷曝气机和转盘曝气机。都用于推流式氧化沟。　　(李金根)

水射器　ejector, water ejector, injector

又称水力提升泵、喷射泵。利用水流速度形成负压而抽提药液进行加注的一种器具。由喷嘴、混合室、喉管和扩散管组成。压力水从喷嘴形成束射,通过混合室喷入喉管,混合室内因束射水流而形成负压,吸入管的药液源源吸入,并与束射水流混合,向下游输送。藉喉管后的剩余压力,把混合液提升一定高度或一定的距离。过去用白铁管或钢管焊接制成,现在一般用硬质塑料、有机玻璃或尼龙等材料制造。它的一般技术性能:①进水压力 25Pa 以上,流量 3.8m³／h;②提升液位总高差 5～8m,提升流量在 3.8～1.9m³／h;③当提升总高差在 5m 左右时,抽吸高度不得大于 1.2m,出口压力不得大于 4.2m。具有设备简单、使用方便、工作可靠的优点。吸入药液可为凝聚剂、助凝剂、碱液、石灰乳液或氯气等。它在使用运行中要注意防止有渗漏或抽升液体中有杂质,这些都会影响水射器效能甚至不起抽提作用。要定期进行检查或用清水冲洗。

(李金根　顾泽南)

水射器排砂　water jet grit removal

靠水射器的射流作用,将沉砂池内的沉砂排至池外的排砂方法。　　　　　　　　(魏秉华)

水生植物塘　water plant pond

在塘内种植多种水生植物以借助于水生植物所具有的净化功能,取得污水处理和回收有用资源双重效益的一种综合生物塘。水生植物系指植株部分或整体都浸没在水中,并能够适应水环境的植物。按其生态特点和生活习性可分为挺水、浮叶、漂浮和沉水等四类。适于在塘内种植的水生植物应具备下列各项条件:①对污染物质具有良好的吸附、吸收、分解能力,能够形成有利于净化过程的生物环境;②具有较强的适应生存能力和适当的生长速度及产量;③易于收获和具有一定的利用价值。国内外的研究结果表明,水生植物对多种污染物,有毒、有害物质,氮,磷等都有很强的吸收与富集能力,以凤眼莲为例,它对 COD 有 50%～60% 的去除能力,对总氮、总磷的去除率可分别达 98% 及 88%,对重金属中的汞、铅以及毒物砷等都有很高的富集功能。水生植物对水污染物质的吸收不是净化的惟一途径。水生植物塘的净化功能是各种生物及理化因素综合作用的结果,根系微生物和浮游动物在污染物分解转移中也起到了非常重要的作用。水生植物有广阔的综合利用远景,所有水生植物都可以作为能源,通过发酵产生沼气;水生植物含有丰富的氮、磷、钾元素,可充作肥料,更可与发酵产生沼气相结合;可充作饲料,作青饲料和加工混合饲料;相当的一部分水生植物可以入药;某些水生植物和西洋菜等可以食用。此外,水生植物还有多种用途,如芦苇用于造纸、香蒲做草编品,一些水生植物还有观赏价值,可用以美化环境。 (张自杰)

水-水换热器 water-water heat exchanger

加热介质与被加热介质都是水的换热设备。目前常用的主要有分段式水-水换热器、套管式水-水换热器、板式换热器和容积式换热器等。它们广泛被用于高温水供热系统的供暖、热水供应用户和蒸汽供热系统的凝结水冷却上。 (盛晓文 贺 平)

水塔 head tank

调节二级泵站供水量与管网用水量差额并维持管网所需水压的高架水箱。二级泵站的设计供水曲线是根据用水量变化曲线拟定的。泵站采用分级供水时,其供水线越接近用水线,水塔调节容积越小,反之则水塔调节容积增大。水塔除贮存调节水量,还应贮存 10min 的室内消防用水量。水塔水箱底的高度,应保证最高用水量时,管网内控制点具有所需的自由水头。按水塔与配水管网所处的位置关系,又分网前(前置)水塔、对置水塔和网中水塔。它应设有进水管、出水管、溢流管、泄水管、水位计以及避雷、防冻、消防用水平时不被动用等措施。 (王大中)

水塔建造 constructing of elevated tank

在市政供水工程中,修建用于水塔赖以调节水量和稳定水压的构筑物。其结构一般选用圆形断面,以钢筋混凝土、砖、石、木等材料进行设计修建,金属支架构成的钢材水塔,目前已不多见。水塔常由基础、塔身、水箱容器及塔盖等部分组成,全高在 40m 左右,由于是系耸立的建筑,其施工组织较复杂,并需支设里、外脚手架进行高空作业。所有建造过程则是按照它的组成分部由下而上操作。关于塔基的施工准备工作有:场地平整、定位放线、土方开挖、垫层处理等,此后进行基础的布筋和混凝土浇筑,待养护达到一定强度,方进行塔身部分作业。其塔身常呈圆筒形或三(多)角式支架,多用坞土或以钢筋混凝土建造。后者在施工中的混凝土浇筑宜支设装配型活动式或滑动式内外模板连续进行。俟塔身完工后,兴建塔顶部分的水箱底板平台,然后组装用钢板拼制的水箱,并加以焊接成形。在水箱之外,用或不用砖砌的或钢筋混凝土浇筑的护层。最后进行塔盖的施工并装设附属装置如爬梯、门窗及避雷针等。 (李国鼎)

水头损失 head loss

水流通过管渠、设备和构筑物等所引起的能量消耗。由于水流动时,呈现黏滞性,使水流在管渠等壁面的影响下形成一定的流速分布,在相邻流层之间存在切应力,也即流动阻力。为克服阻力就要消耗机械能,所以造成水头损失。它又分为沿程水头损失与局部水头损失。 (王大中)

水污染防治规划 water pollution prevention and control planning

见水污染控制规划。

水污染控制厂

见污水处理厂(300 页)。

水污染控制单元 water pollution control unit

由源和水域组成的可操作实体。水域是根据水体不同的使用功能并结合行政区划而定,源则是排入相应受纳水域的所有污染源的集合。它作为可操作实体,既可体现输入相应关系时间、空间与污染物类型的基本特征,又可以在单元内与单元间建立量化的输入相应模型,反映出源与目标间、区域与区域间的相互作用;优化决策方案可以在控制单元内得以实施;复杂的系统问题可以分解为单元问题来处理,以使整个系统的问题得到最终解决。 (杜鹏飞)

水污染控制规划 water pollution control planning

又称水污染防治规划。是针对水体污染所制订的防治目标和措施。其对象可以是江河、湖泊、水库或海湾,其空间范围可以是河段、城市区、河流、水系和流域等。它是以国家颁布的法规为基本依据,以环境保护科学技术为手段,以地区经济发展规划为指导,以区域水污染控制系统的最佳综合效益为总目标,以最佳适用防治技术为对策措施群,统筹考虑污染发生—防治—排污体制—污水处理—水质质量及经济发展、技术改进和加强管理之间的关系,进行系统地调查、监测、评价、预测、模拟和优化决策,寻求整体优化的近、远期污染控制规划方案。它的主要内容包括:①根据不同的水体使用功能、水文条件、排污方式和水体自净特性,划分水环境功能区,设置水质目标和监控断面等;②水质目标和污染物

总量控制目标;③根据污染控制规划,提出推荐的水环境污染控制方案和提出分期实施的工程设施与投资概算等。 (杜鹏飞)

水洗萘 naphthalene scrubbing with water

用低温水喷淋含萘煤气进行最终冷却以析出萘的操作。洗萘塔的含萘水自流至萘沉淀槽,分离后经冷却可循环使用。在沉淀槽中,分散的萘片状结晶因表面张力而浮在水面,从而与水分离。用刮板机刮到一起后,破坏了表面张力作用,因密度大于水而沉在槽底,定期用蒸汽加热使萘熔化或用热焦油吸收后排出沉淀槽。终冷煤气被冷却到25℃左右,其中含萘为 $0.2\sim0.5g/Nm^3$。 (曹兴华 闻 望)

水旋器

见水力旋流器(267页)。

水银玻璃温度计 mercurial glass thermometer

根据液体受热时,体积膨胀原理制作的以水银为测量介质的温度测量仪器。液体膨胀式温度计之一。测量范围为 $-30\sim+650℃$,精度 $\pm0.5\sim5℃$,适用于就地指示。 (刘善芳)

水源泵房 intake pumping house

又称取水泵房,一级泵房。从水源取水,将水送至净水构筑物,或直接将水送至用户的地表水取水泵房。往往和取水头部,进水间合建。由于水源水位变化较大,受水泵吸程的限制,而使泵房埋深较大,常建成半地下式或地下式结构,造价较高。为减少泵房面积,将水泵压水管上的阀门、止回阀、流量计等多布置在泵房外专设的井内,且多采用立式水泵。 (王大中)

水源卫生防护地带 water source sanitary protection zone

鉴于各种自然因素及人类生产活动的影响常使生活饮用水源出现水质恶化的现象,危害身体健康和导致疾病发生。因此,需要采取预防性措施,防止水源受到污染。在设计和管理水源工程时,应遵照国家《生活饮用水卫生标准》以及相关规范、规定的要求,采取有效的卫生防护措施。其防护范围,根据不同的水源类型(地下水、地表水)和水源的具体条件划定的不同防护等级的区域,同属卫生防护地带。 (朱锦文)

水渣 water silt

炉内处理时,由投加的药剂与水中硬度成分生成的一种呈松散状态、通过底部排污可以将之排出炉外的泥渣。依所加药剂种类和浓度,水中杂质成分和数量的不同,形成的水渣可分成两类:①流动水渣,主要是稳定性良好的微粒,如羟基大量存在条件下的碳酸钙微晶。流动性良好,不易黏附在金属表面上,便于排除,是炉内处理所希望的最宜产物;

②黏性水渣,如钙、镁的磷酸盐沉淀,属胶体颗粒,应及时排除,否则仍易附在金属表面上,形成二次水垢。 (刘馨远)

水渣池余热利用装置 installation for utilizing waste heat of water-slag pool

回收钢铁企业溶渣余热的一种装置。钢铁企业溶渣的冷却多采用泡渣法(即水淬)。溶渣在水淬过程中,使水渣池内的水温升高,将通过过滤装置的热水送到热用户时,就能替代采暖锅炉,满足企业办公和住宅采暖负荷的需要。 (李先瑞 贺 平)

水质功能区 water quality functional district

见水环境保护功能区(265页)。

水质规划 water quality planning

水质控制规划的简称。水环境规划的重要组成部分。一般是在水环境功能分区的基础上,提出水质控制目标,并通过合理组织污染源的治理与污染物排放,使拟定的水环境功能得以实现。它的重要性在于:能有效地协调各种相互冲突的社会需要,使水资源和水环境容量资源得到合理的开发利用。在水质规划中,应当运用系统分析的思想与方法,综合考虑资源、环境、经济、技术和社会等多方面的因素,在定性分析与定量分析结合的基础上,提出切实可行的方案和措施。它的主要内容通常包括:①基础调查与基础研究:主要是掌握水动力情况、水质现状、主要污染源等;②水体功能区划与水质目标的确定:在需要与可能之间做出权衡,对水体进行功能区划,根据各功能区的不同特点,确定不同的水质目标;③水质预测:即预测社会经济发展对水质的影响。④水质规划方案研究:从经济结构、规模、布局的调整,工程治理,污水排放等方面提出措施,在确保水质目标实现的前提下,求出经济上、技术上可行且满意的方案,供决策部门选用。 (杜鹏飞)

水中的溶解氧 dissolved oxygen,DO

溶解于水中的分子氧。溶解氧的含量与大气压力及水的温度密切有关,与水中的含盐量也有一定的关系。大气压力减小,溶解氧量也减小。温度升高,溶解氧量也显著下降。水的含盐量增加,也会使溶解氧量降低。水体中溶解氧含量的多少,反映出水体受污染的程度。地表水敞露于空气中,因此清洁地表水中所含的溶解氧量常接近于饱和状态,大约在 $8\sim9$ mg/L 左右(20℃)。地下水往往只含有少量的溶解氧,深层地下水的溶解氧含量更少甚至完全没有。如果水体受到有机物质污染时,在微生物的作用下,氧化这些有机污染物质需要消耗水中的溶解氧。当污染较为严重,氧化作用进行得很快,而水体又不能从空气中吸收充足的氧气来补充氧的消耗时,就会使水中的溶解氧逐渐减少,甚至会接近于零。在这种情况下,厌氧细菌便繁殖并活跃起来,使水中有机污染物质发生厌氧腐败分解。这种分解不仅会产生出硫化氢等不良气体,使水体发出臭味,影响环境,而且还会导致在沉积淤泥中产生二氧化碳和甲烷。这些气体可能将沉泥浮起,严重影响水体的感官质量。溶解氧对于水生生物,如鱼类等的生存有着密切的关系。当水中溶解氧低至 3～4 mg/L 时,许多鱼类的呼吸会发生困难,不易存活。溶解氧进一步降低,甚至会发生鱼类窒息而死亡。因此,溶解氧的测定是衡量水体污染的一个重要指标。在水体自净作用的研究中和在废水生化处理过程中,溶解氧的测定也都是十分重要的。用作溶解氧测定的水样在采集时必须十分小心。要做到:一不要和空气相接触;二要避免搅动。水样需在瓶内完全充满,瓶塞下不要留任何空隙。测定最好是取样后就在现场进行,因为瓶中水的溶解氧量会因微生物的活动而起变化。如无条件在当地测定,取样后也应立即加入必要的药剂,使氧"固定"于水中,其余的操作可携回实验室进行,但时间限于 6 个小时以内,并需将水样瓶保存于暗处。水中溶解氧的测定,一般都采用温克勒氏法(亦称普通法)或其修正法。它的基本原理是:氧在碱性溶液中能使低价锰(Mn^{2+})氧化为高价锰(Mn^{4+}),而高价锰在酸性溶液中又能氧化 I^- 为游离 I_2^0,用硫代硫酸钠标准溶液滴定水样中析出的游离碘,就可计算出溶解氧量(以 O_2 的 mg/L 计)。当水中含有较多氧化性或还原性物质,或有较高色度、藻类、悬浮物时,应采用相应的修正法,如高锰酸钾修正法、叠氮化钠修正法等。膜电极法是根据分子氧透过薄膜的扩散速率来测定水中溶解氧的。由此制成的各种溶解氧仪快速、方便、干扰少,可用于现场测定。 (蒋展鹏)

水中非金属测定 determination of inorganic nonmetallic constituents in water

对水中无机非金属元素、无机非金属离子和无机非金属化合物的测定。水中的无机非金属种类很多,主要有各种无机酸、碱、硫化物、硫酸盐、碳酸盐、氯化物、氟化物、氰化物、砷化物和含氮化合物,含磷化合物等。它们的测定方法有化学分析法、分光光度法、离子选择性电极法和离子色谱法等,应根据具体情况选择使用。 (蒋展鹏)

水中固体测定 determination of solids in water

对水中不溶解的全部固体物质的测定。严格说来,水中除溶解的气体外,其他一切杂质,包括有机性化合物、无机性化合物和各种生物体都划分在水中固体物质之中。在水质监测中,水中固体的总量称为总固体。水中固体按其溶解性能可分为溶解固体和悬浮固体;还可根据其挥发性能分为挥发性固体和固定性固体。于是,总固体 = 悬浮固体 + 溶解固体;或总固体 = 挥发性固体 + 固定性固体。悬浮固体有挥发性的悬浮固体和固定性的悬浮固体;溶解固体也有挥发性的和固定性的两种。同样,也可以有悬浮的挥发性固体、溶解的挥发性固体和悬浮的固定性固体、溶解的固定性固体。以上各种固体的测定,都是用重量分析法,测定的结果常以 mg/L 为单位表示。 (蒋展鹏)

水中金属测定 determination of metals in water

对水中金属元素和金属化合物的测定。水中存在的金属,有些是人体所必需的常量和微量元素,如铁、锰、铜、锌等;有些是对人体健康有害的,如汞、镉、铅、六价铬等。金属及其化合物的毒性大小与金属的种类、理化性质、浓度及存在的价态和形态有关。即使是人体所必需的元素,当它的含量超过一定范围或处于某些赋存的价态和形态时,也会对人体造成危害。因此,水中金属的测定有时不仅要测其总量,还要测定其不同的价态和形态。通常,水中金属的形态按能否通过孔径 $0.45\mu m$ 滤膜可分为:可过滤态金属(包括溶解态金属和胶体态金属)和不可过滤态金属(也称悬浮态金属);也可按与之结合的配体分为无机结合态金属和有机结合态金属。一般地说,水中金属的测定需有两大步骤:预处理和分析测定。预处理步骤通常包括水样的消解、分离和富集。消解的目的是破坏水样中的有机物,使悬浮物溶解,并将待测金属的各种价态氧化成单一的高价态。常用的消解方法有湿式消解法(如硝酸消解法、硝酸-硫酸消解法、硝酸-高氯酸消解法、碱分解法等)和干灰化法。分离和富集的目的是排除分析测定过程中的干扰,提高待测物的浓度,满足分析方法检出限的要求;有时也为了区分待测金属不同的形态。常用的分离和富集方法有过滤、蒸馏、挥发、溶剂萃取、活性炭吸附、离子交换、共沉淀、层析、冷冻等,近来还发展了固相萃取、微波萃取、超临界流体萃取等新技术。水中金属的分析测定方法主要有化学分析法、原子吸收分光光度法、电化学分析法等,应根据具体情况选择使用。 (蒋展鹏)

水中有机物测定 determination of organic constituents in water

对水中含有的各种有机物质的测定。水中的有机物质种类繁多、组成复杂,而且往往含量较低,因此在工程实践中,除了对必要的、指定的有机化合物作单项直接测定外,一般都采用间接的方法,即测定一些综合性指标来反映水中有机物质的相对含量。目前最为普遍使用的综合性指标是:化学需氧量、高锰酸盐指数(耗氧量)和生物化学需氧量三种。近年来,随着专门仪器的发展,总有机碳、总需氧量等综合性指标也常用来表示有机物质的总量。上述有机物含量的综合性指标并不能反映某一具体有机物的数量多寡,特别是许多痕量有毒有机物对化学需氧量、高锰酸盐指数(耗氧量)和生物化学需氧量等综合性指标的贡献极小,但危害不容忽视。因此,在有些情况下有时也要求测定某个或某些指定有机物的含量,如工厂废水中涉及产品和原料的有机物、有毒有机物、持久性有机物(persistent organic pollutants, POPs)、内分泌干扰物(endocrine disrupting che-mi-cals, EDCs)等。某一具体有机物的测定一般包括水样中有机物的分离、富集等预处理和定性、定量分析等过程。目前,水中有机物的分析测定方法主要有:气相色谱法、高效液相色谱法、色谱-质谱法等。

（蒋展鹏）

shun

顺流再生　parallel flow regeneration

再生液流经离子交换剂层的方向与原水的流向一致的再生方式。装置简单,操作方便,但再生剂比耗较高。　　　　　　　　　　　　（潘德琦）

瞬时混合器

见混合搅拌机(135 页)。

si

丝状菌性活性污泥膨胀　bacterial filamentous bulking

由于丝状性微生物主要是球衣菌属异常增殖而导致絮体密度低、沉降很差的活性污泥现象。原因比较复杂,其中受到广泛支持的是表面积/容积之比说,即微生物表面积与其菌体容积之比的假说。当污水中营养物质失去平衡、含糖类及其他可溶性物质含量过多、BOD 负荷过高、污水处于厌氧状态或 N、P 短缺、溶解氧含量不足时,表面积大的丝状菌要比表面积小的凝聚性细菌有利得多,从而使其增殖速度大大地超过凝聚性细菌,而出现异常增殖的现象。　　　　　　　　（戴爱临　张自杰）

斯德哥尔摩电视塔　Stockholm television tower

建在瑞典首都斯德哥尔摩。采用四边形钢筋混凝土管筒结构。　　（薛　发　吴　明）

斯托克斯公式　Stokes equation, Stokes' law

表示水流在层流状态下的颗粒沉淀速度的公式。对球形颗粒的沉降速度表达式为

$$u = \frac{g}{18\mu}(\rho_g - \rho_l)d^2$$

立面(尺寸单位标高为米)

u—颗粒沉降速度;ρ_g 为颗粒的密度;ρ_l 为水的密度;g 为重力加速度;μ 为水的黏滞系数;d 为球形颗粒的直径。

从斯托克斯公式可知:①当 $\rho_g < \rho_y$ 时,u 呈负值,颗粒上浮;$\rho_g > \rho_y$ 时,u 呈正值,颗粒下沉;$\rho_g = \rho_y$ 时,颗粒不沉不浮;②u 与 d^2 成正比,则增大 d 可提高沉淀(或上浮)效果;③u 与 μ 成反比,μ 与水质水温有关,相同水质时,水温高则 μ 值小,u 值增大;④因污水中颗粒非球形,应用时需要加以非球形修正。由于测定细小颗粒的粒径很困难,故常以测定的颗粒沉速,用斯托克斯公式计算出颗粒粒径。

（邓慧萍　孙慧修）

斯图卡特电视塔　Stuttgart television tower

德国斯图卡特电视塔 1956 年建成,是世界上最早的钢筋混凝土电视塔。塔高 212m,其中塔身高 160.44m,钢天线杆高 51m。塔楼设在标高 138.07～149.87m,共四层,一、二、三层为餐厅、咖啡厅,最上一层为电视发射机房。该塔可提供 220 人同时游览。标高 135.8m 以下是钢筋混凝土空心圆锥体塔身。

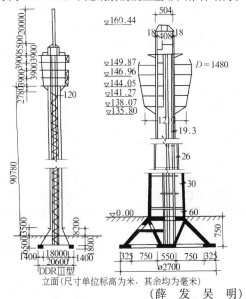

立面(尺寸单位标高为米,其余均为毫米)

（薛　发　吴　明）

斯托克斯直径

见沉降直径(21 页)。

斯托克斯准数　Stokes' number

颗粒的停止距离与障碍体定性尺寸之比。表征颗粒曲线运动特征的无量纲参数。当斯托克斯准数接近于零时,颗粒能随流线运动;随着斯托克斯准数的增加,颗粒不再能够完全随流线而变化自身运动的方向。斯托克斯准数是决定惯性碰撞效率的主要因素,含尘气流在管道中的沉积现象也与斯托克斯准数有关。　　　　　　　　　　（郝吉明）

四极法 four-terminal（wenner）measurement of soil resistivity

又称 wenner 法。用对称的四个电极装置测量土壤电阻率的方法。四个电极在地面上按一直线安装,其中供电极 A、B 与电源及电流表相连,构成供电回路。测量极 M、N 与电位计相连。由电源供给的电流经 A、B 两极流入土壤,在测量极 M、N 之间建立电位差,该电位差值与经 A、B 两极的电流量及 M、N 两极间的土壤电阻值成正比。故当四个电极的间距一定时,可根据测量仪表上指示的电位差 ΔV 和电流 I,计算土壤电阻率 ρ,其关系式为:

$$\rho = K\frac{\Delta V_{MN}}{I}$$

ρ 为土壤电阻率($\Omega\cdot m$);K 为系数。　　（李猷嘉）

四通蝶阀 four-way butterfly valve

阀体有两出两进四个通道,在十字交叉处由一轴带动蝶板旋转的蝶阀。两密封面位置成交角状,蝶板旋转分别与两密封面接触,达到流体换向作用。　　（肖而宽）

song

送风机 forced draft fan

将燃料燃烧所需空气送进锅炉的动力装置。多用离心式风机。在平衡通风时,送风机要克服自风道入口到炉膛的全部阻力,其中包括空气预热器、送风管道、炉排和燃料层的阻力。在正压通风时,送风机要克服自风道入口到烟囱出口的全部烟、风道阻力。其中包括空气预热器、送风管道、炉排、燃料层、直至烟囱出口的全部烟道阻力。

（屠峥嵘　贺　平）

送水泵房 distribution pump house

又称配水泵房。自清水池中抽取净化的水,将水送入配水管网并至用户的构筑物。一般为适应送水量一日之间变化较大的情况,往往设有不同性能的水泵,有时水泵数量较多。　　（王大中）

su

速度梯度 velocity gradient

水流在运动过程中液层间存在切应力也就是液体的内摩阻力形成的速度差异。当水流为层流时,切应力主要由水的黏滞力所产生。当水流为紊流时除黏滞力外,切应力还由水流质点的掺杂混和所产生。流动的水体对加速颗粒聚集起着重要的作用。在研究絮凝过程中发现用 G 来代表切应力的大小,由于 G 的作用使水流断面上各点流速存在差异,而对紊流水体同一点上的瞬时流速也各不相同,所以

流速差异使颗粒获得接触碰撞的机会。如同向絮凝中指出的颗粒碰撞的浓度变化与 G 成正比。由于水流中各质点处的 G 值很难计算,从实用意义上说,对于絮凝池的设计与验算,Camp 及 Stein 提出了平均速度梯度的指标:$\overline{G} = \sqrt{\dfrac{P}{\mu}}$（$P$ 为单位时间单位体积所消耗的功）。由此可见速度梯度实际上反映单位时间单位体积内水的能量消耗平均值,其度量以 s^{-1} 表示。速度梯度 $\overline{G}$ 反映了在絮凝过程中单位体积水中絮粒粒数减少速率(凝聚效果),故可作为絮凝池运转与设计的控制指标。　　（张亚杰）

塑料管 plastic pipe

主要是指聚乙烯管,或称 PE 管。它以聚乙烯为主体,加以微量防氧化剂、抗紫外线材料及色料制造而成。这种管材材质软、破坏强度高,有很好的抗腐蚀性,国外已广泛用作燃气管道。其连接方式有:机械连接、热熔焊连接(对接、套管接及鞍形接)与电熔焊接等方法。其中电熔焊连接施工容易,不受施工环境的影响,可靠性较好。为防止紫外线照射使管道老化,主要用于地下管道;地上部分必须有机械保护、防火及防止紫外线照射的措施。　　（李猷嘉）

塑料管接口法 plastic pipes joining method

塑料管节的接头部位连接法。这种管材耐腐蚀、质轻、表面光滑、具脆性、易老化。小管径者可套丝加工成螺纹口,用管箍相接。承插式塑料管的刚性连接有:①胶接法:将接口表面用锉磨呈粗糙面,擦净后用胶粘剂如聚氯乙烯-四氢呋喃等粘牢;②摩擦法:在车床上使连接件对中后作相对快速运动,并在接口施压挤紧,然后平整接缝;③石棉油麻法:用油麻填塞 $1/3\sim1/2$ 深接触部分,余下间隙填以石棉或沥青砂浆。承插式塑料管的柔性连接法是在插口端用圆形、角唇形或楔形橡胶圈套进后使之挤入承口端。对于法兰盘式的塑料管接口,可在两法兰夹以软橡皮或软聚氯乙烯垫圈,然后用螺栓拧紧。　　（李国鼎）

塑料绝缘层防腐法 anti-corrosion with plastic coating

用塑料制品包覆管道的防腐法。如采用聚氯乙烯、聚乙烯包扎带,或用塑料涂层制成黄缘夹克,或环氧煤沥青涂层等。　　（李猷嘉）

suan

酸沉降控制 acid deposition control

通过削减致酸污染物 SO_2 和 NO_x 的人为排放量,将地区的酸沉降(包括干、湿沉降)水平控制在许可范围之内。鉴于两种致酸污染物对降水酸度和环境生态的不同影响,目前普遍以许可的硫沉降通量作环境目标,借助于地区酸沉降模型,削减有关区域

的 SO_2 人为排放量。 　　　（徐康富）

酸沉降模型　acid deposition model

　　一种综合考虑大气污染物迁移、扩散和转化对致酸污染物干、湿沉降量影响的数学模型。它是一种半经验性的模型，通过对大气物理和化学过程作必要的简化以及对致酸污染物浓度和干湿沉降量分布的实地测定，确定有关系数，即可用于估算地区的酸沉降水平。 　　　（徐康富）

酸度　acidity

　　水释放出质子的能力。这个能力可以由水中所有能与强碱发生中和作用的物质的总量来量度。它也就是水中所有能与强碱相互作用的物质的总量。这类物质包括：①弱酸，例如碳酸、硫化氢、单宁酸等及其他有机酸；②强酸，例如盐酸、硝酸、硫酸等；③强酸弱碱盐，例如硫酸亚铁、硫酸铝等可以水解的盐类。未受污染的天然水中酸度主要是由二氧化碳和重碳酸盐引起的。 　　　（蒋展鹏）

酸度计　pH analyzer

　　根据溶液中酸度（即氢离子浓度）发生变化时，在溶液中的氢离子选择电极（即指示电极）和另一电极（即参比电极）间产生的两电极间的电位差也随之变化的原理制作成的测定溶液 pH 值的仪器。测量范围：$0 \sim 14$pH，精度 ± 0.1pH。有在线连续监测和实验室仪表两大类。 　　　（刘善芳）

酸性发酵　acid fermentation

　　又称酸性消化，酸性分解。有机物在厌氧条件下消化降解过程中的第一阶段。即在兼性厌氧菌（参与的细菌统称产酸菌）作用下，将高分子有机物（如脂肪、蛋白质、碳水化合物等）分解成低分子的中间产物，如有机酸（丁酸、丙酸、乙酸等）和代谢产物醇、氨、CO_2、硫化物、氢等过程。由于兼性厌氧菌的分解产物或代谢产物，几乎都具酸性，因而使污泥迅速呈酸性。经酸性发酵后的污泥外观呈黄色或灰黄色，带黏性不易脱水，仍易于腐化发臭，尚未达到稳定和无害化的程度。 　　（肖丽娅　孙慧修）

酸性废水过滤中和　neutralizing filtration acidic wastewater

　　使酸性废水通过破碎的石灰石（$CaCO_3$）、白云石（$CaCO_3 \cdot MgCO_3$）或大理石等具有中和能力的滤料，进行酸性废水的中和处理。以含盐酸废水与石灰石滤料为例，化学反应式为

$$2HCl + CaCO_3 \longrightarrow CaCl_2 + H_2O + CO_2 \uparrow$$

水中多余的 H^+ 被中和，而滤料随着中和的进行被逐渐消耗掉，需定期投加。此法可用于处理主要含盐酸或硝酸的废水，或用于含低浓度硫酸的废水，硫酸浓度不得大于 $2g/L$，否则反应生成的 $CaSO_4$ 超过溶解度，析出成为石膏将覆盖在滤料表面妨碍中和。

过滤中和设备的种类有：普通过滤中和、升流式膨胀过滤中和、滚筒式中和等。其中升流式膨胀过滤的滤速高，不易堵塞，中和效果较好。过滤中和会产生大量的二氧化碳，溶于水以碳酸存在，使过滤中和出水 pH 值在 $4 \sim 5$。因此，对于过滤中和的出水需进行吹脱处理，去除过量游离二氧化碳，使 pH 值提高到 6 以上。 　　　（张晓健）

酸性腐化菌

　　见产酸菌（18 页）。

酸性消化　acid digestion

　　见酸性发酵。

酸雨　acid rain

　　pH 值小于 5.6 的雨雪或其他形式的大气降水。是受大气污染的一种表现。最早引起注意的是酸性的降雨，所以习惯上统称为酸雨。它的形成是一种复杂的大气化学和大气物理现象。酸雨中含有多种无机酸和有机酸，绝大部分是硫酸和硝酸，多数情况下以硫酸为主。硫酸和硝酸是由人为排放的 SO_2 和 NO_x 转化而成的。SO_2 和 NO_x 可以是当地排放的，也可以是从远处迁移来的。酸雨可使土壤、湖泊、河流酸化。水体酸化会导致水生生物的组成结构发生变化，耐酸的藻类、真菌增多，而有根植物、细菌和无脊椎动物减少，有机物的分解率降低，使得湖泊、河流中鱼类减少，甚至成为无鱼的死湖。酸雨会抑制土壤中有机物的分解和氮的固定，使土壤贫瘠化，伤害植物的新生芽叶，影响其发育生长。并能腐蚀建筑材料、金属结构、油漆等。作为水源的湖泊和地下水酸化后，由于金属的溶出，可能对饮用者的健康产生有害影响。控制酸雨的根本措施是减少 SO_2 和 NO_x 的人为排放量。 　　　（马广大）

sui

随动加氯机　automatic chlorinator

　　加氯随水泵的启动而自动投加，水泵停止即停止投加的加氯机。该机有自由开停装置、调节阀、计量装置、过滤及测压系统、投加氯气装置和联接管等部件组成。适合于深井泵房的加氯。 　　（李金根）

碎石滤料　gravel medium for biofilter

　　由花岗岩破碎而成的滤料。粒径为 $30 \sim 70$mm 用于工作层滤料，粒径 $70 \sim 100$mm 则作为承托层滤料。碎石质坚、高强、耐磨损、抗腐蚀，具有一定的比表面积和空隙率，其缺点是相对密度大，一般用于普通生物滤池，也用于高负荷生物滤池。

　　　（戴爱临　张自杰）

隧道工程施工　tunnel engineering construction

　　隧道的施工方法、施工组织与管理的总称。按施工场地不同分为山岭隧道施工、城市隧道施工与水下

隧道施工。山岭、城市隧道施工主要工序有开挖、出渣、支护和衬砌以及通风、照明等辅助工程、设施。由于是地下作业,工作面窄、工种多、地层地质影响大,施工组织复杂。山岭岩石隧道开挖采用钻爆法;结构破碎的岩层要设支护;较弱、稳定岩层可采用一次成型的掘进机开挖。城市隧道施工常采用明挖法或盖挖法(垂直边坡+支挡结构),施工中要保证安全、保护环境、防止地基下沉、缺氧等;在软弱或含水地层施工,通常采用盾构进行开挖。新奥法(NATM)施工也应用于各类围岩。水下隧道施工常采用沉埋管法:先预制沉埋管段,两端封闭,水上浮运到现场,沉放,水下连接管段,再回填。隧道工程组织管理,应采用系统方法运筹,控制多种主客观因素,保证安全、质量、环保、消防,降低成本,缩短工期。随着科学的发展,隧道工程施工要体现机械化,采用先进施工方法,提高施工组织管理水平。 (夏正潮)

T

ta

塔灯 beacon light, beacon lantern

又称航标灯,安全灯。设在塔桅的顶部,用于保证航空安全的红色信号灯(闪灯)。

(薛 发 吴 明)

塔基 foundation of tower

将塔体荷载直接传递给地基的结构构件。通常,它受到拉力、压力、剪力。多数用现浇和预制钢筋混凝土制造,有时也做成木基础或钢基础。

(薛 发 吴 明)

塔节 section

套在钟罩圆周外的上端有挂环和下端有杯环的钢制圆筒体。大型储气罐一般有直径逐渐增大相互组套在一起的2~5个塔节。为保持储气罐的真圆度需要设置加筋构件,在塔节侧板内面设有上下方向通长的立柱以防止塔身变形。储气罐充气时,首先钟罩升起后,其下部杯环带动外侧塔节的挂环上升至顶后,如罐内燃气再增加,又可带动下层塔节,如此类推直至最外塔节,它只有挂环而无杯环。燃气的密封靠杯环内充水形成的水封和水槽与大气隔绝。

(刘永志 薛世达)

塔卡哈斯法脱硫 Takahax desulphurization

以煤气中氨为碱源,以1,4-萘醌二磺酸钠为催化剂制成吸收剂脱除煤气中硫化氢。煤气进入脱硫塔,与再生塔来的吸收剂(贫液)逆流接触,硫化氢被碱液所吸收。吸收硫化氢后的富液送至再生塔底,与空气并流再生,塔顶贫液返回脱硫塔。塔顶所得硫及部分硫氰酸铵、硫代硫酸铵等送废液槽。将废液用泵升压与同压空气在管道中混合,经换热器升温至230℃后进反应塔,废液中的硫和其他化合物均被氧化为硫铵。 (曹兴华 闻 望)

塔楼式微波天线平台 turreted microwave antenna platform

为达到安装微波天线的目的,在一座通信用建筑物顶层加高了的建筑物一部分。根据它占有建筑物整体的大小、突出部分的高宽关系以及建筑形式,分为塔式、帽式、廊式。 (薛 发 吴 明)

塔式生物滤池 tower biotricking filter

高度为8~24m,直径为1~3.5m,填料分层布设的塔柱形生物滤池。它为第三代的生物滤池。在平面上呈圆形、方形或矩形,外形如塔而得名。塔身分层建造,每层底部设格栅承托滤料,一般以轻质塑料波纹板、蜂窝列管等作为滤料。污水由旋转布水装置布水,底部设有通风孔口,进行自然通风,拔风状况良好。污水自塔顶淋下,向下流动,高额的水力负荷使滤料表面上的生物膜受到冲刷,加速了生物膜的生长、脱落与更新,使生物膜保持较高的活性。该池进水 BOD_5 应控制在500mg/L以下,否则应采用处理水回流稀释。水力负荷达 $80\sim200m^3/(m^2 \cdot d)$,BOD容积负荷为 $1\sim3kg/(m^3 \cdot d)$,BOD去除率介于80%~85%。在工业废水处理中采用较多。

(戴爱临 张自杰)

塔式微波天线平台 towered microwave antenna platform

建在房顶上的塔楼型安装微波天线用平台。其结构与造型与建筑物组成一个整体,成为建筑物中不可分割的一部分,一般用钢筋混凝土建造,但外围护结构应采用透微波材料构成,如玻璃钢。

(薛 发 吴 明)

塔梯 ladder

又称爬梯。塔桅结构中,为工作人员提供方便地爬上塔顶的交通设施。它用角钢、扁钢或圆钢制成。为保证安全,外面设有护圈,离地面高度不大时,护圈可以稀一些。可以设在塔的内部,也可以设在塔的外部。 　　　　　　　　　(薛　发　吴　明)

塔腿
　　见主柱(366页)。

塔柱
　　见主柱(366页)。

tai

太阳常数　solar constant
　　大气上界垂直于太阳光线的每平方厘米面积在一分钟内所获得的太阳辐射。其值为 8.15J/(cm²·min)。受云层和尘埃的反射以及气体分子的散射和吸收,到达地面的太阳辐射仅占此值的50%左右。
　　　　　　　　　　　　　　　(徐康富)

太阳辐射　solar radiation
　　又称太阳辐射能。太阳以电磁波辐射向外界传递的能量。由于太阳温度很高,只辐射波长为 $0.15\sim4.0\mu m$ 的短波,其中 $0.4\sim0.76\mu m$ 是可见光,$<0.4\mu m$ 的是紫外线,$>0.76\mu m$ 的是红外线。这些短波辐射经大气吸收、散射和反射到达地面,其中大部分为地面所吸收,即成了地球上的主要能源。
　　　　　　　　　　　　　　　(徐康富)

太阳辐射能　solar radiation energy
　　见太阳辐射。

太阳高度角　solar altitude angle
　　又称日高角。太阳射线和地平面的夹角。记作 h_0。其值越大,地表在同云量下受到的太阳辐射就越强。实际大小与地理纬度 φ、太阳倾角 δ(随地球公转逐日变化的太阳赤纬,数值可查表)和真太阳时时角 t 有如下关系:
$$\sin h_0 = \sin\varphi\sin\delta + \cos\varphi\cos\delta\cos t$$
在纳布可夫专用坐标图上,h_0 与真太阳时 t_0 成线性关系,只需找出一天两个时刻的对应值,即可作图读出当天任一时刻的角度值。　　　(徐康富)

tan

弹簧刀式清通器　springblade knife scraper
　　带有弹簧形刀机械清通排水管渠的工具。用以清除钻入管内的树根及破布等沉淀物。其构造如图。
　　　　　　　　　　　　　　　(孙慧修)

弹簧式安全阀　spring-loaded pressure relief valve
　　用压缩弹簧的弹力(压缩量)平衡阀瓣上介质压力,并使之密封的安全阀。它具有重量轻、对振动不太敏感的优点,故应用广泛。但环境温度对弹簧敏感性较大,温度过高时应解决弹簧材料的耐热问题或采取隔热和散热措施。　　　(肖而宽)

弹簧支座　spring hanger
　　一般为在滑动支座、滚动支座的管托下或悬吊支座的构件中加装弹簧组件构成的管道活动支座。其特点是允许管道水平位移,并可适应管道的垂直位移,使支座承受的管道垂直荷载变化不大。常用于管道有较大垂直位移处,以防止管道失跨,使相邻支座和相应管段受力过大。
　　　　　　　　　　　　(尹光宇　贺　平)

碳氮比　C/N ratio
　　污水、污泥厌氧消化时,厌氧菌对碳和氮营养物质要求的比率。厌氧菌的分解活动,受被分解物质的成分,尤其受碳氮比的影响很大。碳作为能量供给来源,而氮是形成细菌体蛋白质的要素。碳氮比高,细菌氮量不足,且消化液缓冲能力低,pH值容易降低;碳氮比太低,含氮量过高,铵盐过度积累,pH值可能上升到8.0以上,使有机物分解受到抑制。当它为(10~20):1时,对污泥消化处理较合适。它与污泥中有机物的成分和性质有关,初次沉淀池污泥约为10:1,剩余活性污泥约为5:1。因此,后者单独进行消化时效果较差。农村沼气池,含氮量过高,碳氮比太低,因此必须投加杂草、茎杆等以提高碳氮比,增加产气量。　　　(肖丽娅　孙慧修)

碳氢化合物　hydro carbon
　　主要来自燃料燃烧、机动车排气及炼油、焦化、煤气等生产过程。含有两个以上苯环的碳氢化合物称为多环芳烃。燃料、炼焦油、有机高分子化合物和许多碳氢化合物的热解或不完全燃烧,皆会生成一系列多环芳烃化合物,其中一些有致癌作用,如苯并(a)芘,苯并(a)蒽、苯并(b)荧蒽等。碳氢化合物的危害还在于它参与大气的光化学反应,生成危害性更大的光化学烟雾。随着近代有机合成工业和石化工业的发展,进入大气中的有机化合物愈益增多,其中许多是复杂的有机高分子化合物。例如:含氧的有机物酚、醛、酮等;含N的有机物过氧乙酰硝酸酯(PAN)、过氧硝基丙酰(PPN)、联苯胺、腈等;含氯有机物氯乙烯、氯醇、有机氯农药 DDT 和六六六、除草剂 TCDD等;含S的有机物硫醇、噻吩、二硫化碳等。这些有机物大量地进入大气中,可能对眼、鼻、呼吸道产生强烈刺激,对心、肝、肾、肺等内脏产生有害影响,甚至致癌、致畸、促进遗传因子变异。
　　　　　　　　　　　　　　　(马广大)

碳酸平衡　carbonic acid equilibrium
　　碳酸在水中三类不同的形态存在的平衡关系。

①游离碳酸或游离 CO_2，包括溶解的 CO_2 和未电离的 H_2CO_3 分子；②重碳酸盐（HCO_3^-）；③碳酸盐（CO_3^{2-}），有时也称为化合性碳酸。其平衡关系为

$$CO_2 + H_2O \rightleftharpoons H_2CO_3 \rightleftharpoons H^+ + HCO_3^-$$
$$2H^+ + CO_3^{2-}$$

在水中各形态总量 C 可表示为

$$C = [H_2CO_3] + [HCO_3^-] + [CO_3^{2-}]$$

若 C 固定，在达到平衡时，三种类型的碳酸量应有一定比例，而此比例决定于溶液的 pH 值。pH 值降低，上述平衡向游离碳酸增多的方向移动；pH 值升高，平衡向重碳酸盐和碳酸盐增多的方向依次移动。

（王志盈　张希衡　金奇庭）

碳氧化物　carbon oxides

包括一氧化碳（CO）和二氧化碳（CO_2），是发生量最大的一类大气污染物。主要来自矿物燃料燃烧，特别是机动车排气，全世界每年人为排放的 CO 量为 3~4 亿 t，CO_2 量为 100~200 亿 t。近来研究表明，CO 的自然排放量比人为排放量大几倍，主要来自森林火灾、海洋和陆地生物的腐烂等过程。CO_2 的自然排放量很少。人体长期接触低浓度 CO，有可能对心血管系统和神经系统产生影响。CO 可参与光化学烟雾的形成反应而造成危害。近几十年来，由于大气中 CO_2 浓度不断上升，温室效应随之增强。有人估计到 21 世纪初，CO_2 浓度将增加到 370ppm（1960 年为 320ppm）以上，地面温度将会上升0.5℃，可能造成两极的积冰融化、海平面上升，会造成灾难性的后果。　　　　　（马广大）

碳转化效率　carbon conversion efficiency

在煤气化过程中，化学反应生成物中含碳量总和与所耗原料中含碳量之比。是气化过程指标之一。它和气化过程操作条件、原料性质及气化炉构造等因素有关。气化过程操作条件适当，使炉内化学反应速率及化学平衡产率提高，从而得到较高的碳转化效率。原料颗粒越小，气流速度越大，带出物损失就越大。机械强度低或热稳定性差的原料，也会产生大量带出物。气化过程中熔融的灰分会将未反应的碳分包起来而损失；原料的灰分越高，这种损失就越大。气化炉的机械加料会使原料破碎，平煤、松煤装置搅动煤层时也会增加带出物损失。各种损失越大，则它就越低。故在原料已定的情况下，应选择合适炉型和操作条件，以提高效率。

（闻望　徐嘉森）

tang

唐南膜平衡理论　theory of Donnan membrane equilibrium

说明离子交换膜的主要特性——具有离子选择透过性的平衡理论。离子交换膜若置放在强电解质的稀溶液中，在膜内有大量的固定离子和相应反离子，表现为电中性，其浓度比液相中高。但因树脂内固定离子结合在骨架上是不可移动的，为保持电中性，其反离子也不能走出树脂外。溶液中的同离子浓度要比树脂内高，但为保持两相内电中性也不能扩散进入树脂内。如设想有少量离子在浓度差推动下进行了扩散，其结果扰乱了电中性状况，在树脂和液相界面上产生一种电位差，称为唐南电位，它趋向于把树脂的反离子拉回，而把同离子排斥到溶液中去以恢复电中性状态，建立起一种浓度不均匀的平衡状态，这称之为唐南膜平衡。这样的结果使膜内拥有比外部溶液更高浓度的反离子和更低浓度的同离子。例如阳离子交换膜浸入 NaCl 水溶液中，膜内有大量负电荷阴离子基团 $\overline{R^-}$，其反离子为 $\overline{Na^+}$，同离子为 $\overline{Cl^-}$。溶液中有 Na^+，和 Cl^- 离子。两相平衡时，其浓度积应是相等的，即

$$[\overline{Na^+}][\overline{Cl^-}] = [Na^+][Cl^-]$$

再根据电中性原则加以整理，从而可得 $[\overline{Cl^-}] <$ $[Cl^-]$，亦即，溶液中 $[Cl^-]$ 浓度要大于树脂内浓度，形成浓度不均的唐南平衡。实际上，膜内同离子浓度 $[\overline{Cl^-}]$ 是很低的，可近似表示为下式：

$$[\overline{Cl^-}] = \frac{[Cl^-]^2}{[\overline{R^-}]}$$

在典型情况下，其值只约为反离子 $\overline{Na^+}$ 浓度的数万分之一。根据上述膜平衡理论看出：膜对同离子具有强烈排斥作用，阳离子交换膜在稀溶液中达到平衡时，阴离子很少能够进入膜内，相反阳膜内充满了大量阳离子，除保持膜内电中性外，并透过膜进入另一侧溶液中去。同理，阴膜排斥阳离子而允许阴离子透过阴膜。当溶液浓度升高时，同离子进入膜内数量也会有所增加，而反离子在膜内的浓度却几乎与外部溶液的浓度无关。　　　　（姚雨霖）

tao

陶粒滤料　ceramsite medium for biofilter

以陶土、黏土为原料，塑成要求的外形与尺寸，经焙烧制成的滤料。具有强度高、耐腐蚀、外形整齐等特点，可做成各种规格。用于普通生物滤池和高负荷生物滤池。因受生产条件和价格的限制，在实际工程上使用不多　　　　（戴爱临　张自杰）

陶土管　ceramic pipe

由塑性黏土材料烧制成圆形断面的管。根据需要可制成无釉、单面釉、双面釉的陶土管。若用耐酸黏土和耐酸填充物，可制成耐酸陶土管。管径一般不超过 500~600mm，有效长度为 400~800mm。它

能满足污水管道在技术方面的要求,耐酸抗腐蚀性好,世界各国广泛采用,尤其适用于排除酸碱废水。但质脆易碎,不宜敷设在松土中。管口有承插式和平口式。 (孙慧修)

陶土管接口法 vitrified clay pipes joining method

陶土管管节(一般为承插口式)两端的连接法。其连接方法有刚性接口和柔性接口两种。前者以油麻拧成绳状(或用橡胶圈)塞进两管的接头处作阻挡圈,再向缝隙内填水泥砂浆或膨胀水泥浆,使之紧密后进行湿法养护。其柔性接口法又有沥青砂浆法(涂冷底子油、塞油麻绳、装模具灌浆)和环氧聚酰氨法(承口 2/3 深处填石棉绳,其余 1/3 深分二次堵塞环氧胶泥)两种。 (李国鼎)

套筒补偿器 sleeve expansion joint

由芯管及外壳管同心套装组成可伸缩运动的供热管道补偿器。芯管与外壳管间用填料密封。其特点是补偿能力大(达数百毫米),占地少,介质流动阻力小,造价低。但其压紧、补充和更换填料的维修工作量大,同时管道地下敷设时为此要增设数量很多的检查室。 (尹光宇 贺 平)

te

特性数 characterization index

冷却塔热力计算基本方程式(见冷却数,175 页)右方的数值。一般用 N' 表示为

$$N' = \beta_{xv}\frac{V}{Q}$$

β_{xv} 为容积传质系数;V 为淋水装置体积;Q 为水量。 (姚国济)

特种移动通信系统 special mobile communication system

用于陆地、水上、空中或地下、水下、深空的各专业部门特殊需求的无线电移动通信系统。属于非蜂窝系统。由于使用环境及使用要求各异,其系统特性、设备规范有显著差异。在陆地移动通信系统中有专用无线电系统,无中心选址移动系统等;水上系统的传统方式由若干岸上固定台和多个船上移动台组成,如几十公里的近距离进港通信,一般应用甚高频(VHF)或特高频(UHF)频段的调频移动电话,远距离通信主要用 500kHz～30MHz 的中、短波通信;航空系统的传统方式是由机场的固定塔台和机载移动台组成,构成全向空间网,一般在几百公里近距通信使用108～136MHz(民用)或 225～400MHz(军用);地下系统主要是漏泄电缆通信系统,利用传输线附近的漏泄电磁场传递信息的移动通信;水下通信主要用于潜艇的超长波通信及水声纳通信;深空通信主要用于航天飞机等空间运载体与地面间的极远距离的通信。 (张端权 薛 发)

ti

梯度风 gradient wind

不受地面摩擦力影响的风。其出现高度随地面粗糙度变化,在农村、郊区和城市一般分别为三百米、四百米和五百米以上。因地转偏向力通常弱于气压梯度力,其风向必然产生弯曲,产生一个惯性离心力而实现平衡,空气即沿曲线作平衡流动。 (徐康富)

梯度输送理论 gradient transportation theory

又称 K 理论。参照分子扩散理论,通过用平均量代替脉动量,按污染物在空间一点的质量通量正比于该点平均浓度的梯度而建立的一种大气扩散理论。比例系数 K 称为湍流扩散系数。由此导出的湍流扩散方程是非线性的抛物型偏微分方程,需根据具体条件作出合理的简化才能求解。 (徐康富)

提耙式刮泥机 harrow lifted scraper

又称提板式刮泥机。刮泥板(耙板)设在可提升的耙臂上的一种平流池排泥设备。结构与行车式刮泥机桁架结构相似。设在可提升的耙臂上的刮泥板,按程序升降以刮除沉泥,也有把撇除浮渣的撇渣板同设在提耙式刮泥机上,按需要可分别进行撇渣或刮泥,也可同时撇渣和刮泥,回程时同时把刮泥耙和撇渣板提出水面。也可前进撇渣(刮泥)回程刮泥(撇渣)。 (李金根)

提耙式刮砂机 lifting rake scraper

又称提板式刮砂机。刮砂板设在可提升的耙臂下端,运行时,耙板从池的端头向砂坑推行,到达砂坑后砂卸入坑内,卷扬提耙装置把耙臂旋升提出水面,回程闲置的刮砂机。可用双速电机快速返回。砂坑内的砂可用抓斗、气提泵、砂泵、链斗提升机等清除。用于平流式沉砂池沉砂的清除。 (李金根)

提升旋转锥阀 (Rôto cone valves)

俗称罗托阀。一种大口径提升旋塞阀。在开启时首先将阀芯提升一个高度,使锥面脱离摩擦,之后回转 90°使流路开通。在阀体及塞子的密封口处都堆焊有 20～30mm 宽的蒙乃尔合金。该阀的主轴上有键亦有螺纹,在开阀时滑块先在拨叉的横槽中滑动,推动杠杆使螺母旋转,阀杆上升并带动塞子上升,当滑块进入拨叉的竖槽后,拨叉滑块、杠杆一起旋转,带动塞子轴一起转动,使塞子转 90°。当然也可以在 0°～90°之间调节。由于阀口的结构决定了

它的遮断面积与闸阀、蝶阀不一样,它在关闭的前期关闭面积较多,而后期关闭面积逐渐减小,因此前期有快关特性。该阀经常配上一个液压驱动装置,使阀门前期快关后期慢关。因此可减少供水管路的水锤。但是这种阀体积过于庞大,造价昂贵,很难广泛应用。 (肖而宽)

tian

天津电视塔 Tianjin TV Tower

天津电视塔坐落在天津水上公园东侧的一片水面之中,占地2ha,塔高412.5m,塔身钢筋混凝土结构,塔楼设有广播电视发射机房、微波机房、旋转餐厅、瞭望厅等。每天能接纳5000人登塔观光。设计采用飞碟造型,以体现天津的"天"字。结构设计具有抗御九度地震的能力。塔施工完成后,周围开挖成湖,塔下做叠水喷泉,形成了高塔出平湖,湖光塔影的特殊景观,为国内外塔所独有。1996年获国家优秀设计金质奖。 (薛发 吴明)

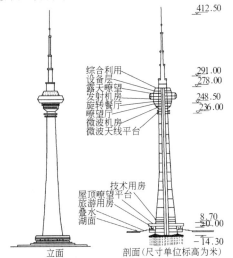

立面 剖面(尺寸单位标高为米)

天然大气污染源 natural sources of air pollution

自然界自行向大气环境排放有害物质或对大气环境产生有害影响的场所。如正在活动的火山,自然逸出煤气或天然气的煤田和油田,放出气态污染物的腐烂的动、植物等。天然污染源造成的大气污染,目前还不能控制。 (马广大)

天然气 natural gas

通常指岩石圈中蕴藏的以气态烷烃为主的气体混合物。其主要组分为甲烷,常占90%左右,还有少量其他烷烃及非烃类气体,如二氧化碳、氮、硫化氢、氢、氦、氩等。故天然气的物性与甲烷相近。纯甲烷为无色气体,稍具大蒜气味;比空气轻得多,在15℃和标准压力下,密度0.677kg/m³;热稳定性高,明显开始分解温度不低于600℃;可燃烧,高位发热量39.8MJ/m³;沸点-161.5℃,在此温度下使天然气冷凝,得到液化天然气,便于运输及储存。其按成气的原始物质性质分无机和有机气两类;按有机气的烃源岩类型分油型气和煤成气;按矿藏特点分油田气和非伴生气,前者是伴随石油共生,与原油同时被采出;后者包括气田气和凝析气田气;按天然气组分中重烃含量的多寡分为湿气和干气等。除上述常规天然气外,还有非常规的天然气,如从煤层抽出的矿井气等。从气井采出的天然气含有各种杂质,一般不能直接输出和使用,须先在净化厂进行脱除水分、硫分、油类、二氧化碳及尘粒等杂质的处理。富甲烷的天然气是一种优质的可燃气体,宜用作城市燃气气源,也可作为化工原料气。 (闻 望 徐嘉淼)

天然气质量 natural gas quality

作为城市燃气气源的天然气质量。为了确保输气管路畅通、设备耐久、使用安全和燃烧稳定,一般要求达到:天然气高位发热量大于14.65MJ/m³;总硫量小于270mg/m³;硫化氢含量小于20mg/m³;二氧化碳含量小于3%(体积);不含游离水;应具有可察觉的臭味,无臭的应加臭;其组成的变化不宜超出一定幅度。 (闻 望 徐嘉淼)

天然水 natural water

以其天然状态出现的水。一般含有多种固体、液体或气体物质,以溶液或悬浮形式出现。水中杂质主要分为悬浮物、胶体物质、溶解物质三大类,根据生活及生产不同用水水质需要,进行水处理以满足用户要求。 (潘德琦)

天然纤维滤料 natural fiber filter material

取自植物和动物的纤维滤料。主要为棉、蚕丝和羊毛。棉属植物短纤维滤料,价格较低,但只能用于60~80℃的场合,耐酸性差。柞蚕丝滤料属动物长纤维,表面光滑,容尘量较小,透气性好,阻力小;但滤速大时除尘效率较低。毛织滤布(呢料)属动物短纤维,透气性好,阻力小,容尘量大,除尘效率高,易于清灰,耐酸、碱性好;但只能用于90℃以下的场合。 (郝吉明)

天线 antenna

能够有效地发送和接收电磁波的电路元件。 (薛发 吴明)

天线场地 antenna site

又称天线区。无线电台安装天线用的地段。占地面积较大,天线间要求有一定距离,并有一定方位角。中间有许多支撑天线用的杆塔。一般以机房为中心做环形布置,不设围墙。 (薛发 吴明)

天线杆塔　antenna mast and tower

又称天线电塔桅,天线支撑物,天线网支柱。支承通信用各类天线设备及其附属设备、线路以及维护平台、防雷设施的高耸空间结构物。独立站立为自立塔,简称为塔。靠纤绳稳定的称桅杆。杆塔按其制造用材料,分为木构塔、钢筋混凝土结构塔和金属塔。金属塔又可分为钢结构、铝合金结构或钢铝混合结构。

桅杆因为有纤绳拉住,所占地盘与空间较大。由于温度变化和使用期间桅杆可能有所偏斜,需要校正。此外,纤绳对天线可能有影响。桅杆可节省建筑材料。　　　　　　　　　　　（薛　发　吴　明）

天线平台　antenna plane

又称休息平台,平台。设置在塔桅结构一定高度上,具有一定宽度,安装设备或供人员休息的水平平台。应设有一定高度的护栏。分为设在塔内的内平台或塔外的外平台。安装微波天线的亦可称为天线平台。　　　　　　　　　　（薛　发　吴　明）

天线塔　antenna tower

用于支撑天线并使其保持一定高度的建筑物。一般采用钢制或钢筋混凝土制。天线塔有三种设置方式:一是在高层电信楼顶层设敞开式天线层(天线平台);二是在电信楼顶层设钢结构或钢筋混凝土结构天线塔;三是独立的天线塔。塔高由工艺设计确定,但在天线发射方向上应高于城市其他建筑物。微波信号对方向性要求较严,因此应尽量减少天线的扭转和晃动。目前天线正由单一功能向多功能方向发展。　　　　　　　　　　　（薛　发　吴　明）

填充床洗涤器　packed bed scrubber

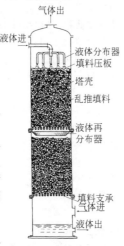

又称填料塔。内装填充物(即填料)以增加两流体之间的接触面积的洗涤塔。它是常用的塔设备之一。结构形式多种多样,有立式和卧式,并流、逆流和错流,单层填料和多层填料之分,填料床可以是固定床、移动床和流化床。在逆流操作的填料塔内,正常情况下气相是连续相,液相是分散在填料表面上的分散相。填料塔广泛用于气体除尘、气体吸收或其他传质过程,以及气流和液流之间的化学反应过程。用于气体除尘时,含尘气流由下向上通过填料层,尘粒撞上湿填料表面即被俘获而除去。这种除尘器可捕集粒径 $3\mu m$ 以上的尘粒,除尘效率约为90%。气体通过填料层的压降与填料的种类、尺寸和堆放方式有关,且随气液相的流速而变化,气流压力损失约 150～500Pa。填料易于填塞,但可由清洗排除。当使用塑料填料时,温度限制特别重要;对于金属填料,腐蚀可能构成严重问题。填料塔的典型结构如图。　　　　　　　　　　　（郝吉明）

填充式保温　stuffed insulation

将松散的或纤维状保温材料填充于管道、设备外围特制的壳体或金属网中或直接填充于装好管道的地沟或沟槽内形成的保温层。地沟或直埋管道沟槽内填充的保温材料需采用憎水性保温材料,如沥青珍珠岩等。　　　　　　　（尹光宇　贺　平）

填充塔

见填料塔。

填料　packing,filler

用于接触氧化法的易于附着生物膜的载体。是接触氧化法的核心部位。其要求:比表面积大、空隙率高;水流阻力小、强度高;化学与生物稳定性强;便于运输和安装。常用的填料有蜂窝状(或列管状)硬性填料、纤维状软性填料、半软性填料及中空微孔纤维束填料等。

填料塔的填充物。用以增大气-液相传热、传质面积,因此它是填料塔的核心。分实体和网体两类。实体填料有环形、鞍形、栅板和波纹等形状,其材质为陶瓷、金属和塑料等;网体填料主要由金属丝网制成的鞍型、θ型、波纹等形状。对它的要求是比表面大、重量轻、机械强度高、化学稳定性好、造价低等。

安装在冷却塔内的淋水装置(　页)亦称填料。　　　　　　　　　　　（张自杰　姜安玺）

填料塔　packing tower

又称填充塔。塔内填充适当高度的填料,以增加两种流体之间的接触表面积的一种塔设备。用于气体吸收时,液体由塔顶分液器供入,沿填料表面流下;气体由塔底送入,通过填料孔隙逆流而上,与液体密切接触而相互作用。广泛应用于气体吸收、蒸馏、萃取等操作。废气处理中的填充床洗涤器(　页)也属于填料塔的一种。为了强化生产,可提高气流速度,使在乳化状态下操作,称作乳化填料塔或乳化塔。　　　（王志盈　张希衡　金奇庭）

填料吸收塔　packed column for absorption

塔内装有各种形式填料,用于实现吸收分离操作设备的塔。一般液相由塔顶喷淋并靠重力沿填料流下,气相靠压力差穿过填料,由塔一端流向另一端。气液在填料润湿表面进行接触传质,以分离净化气体污染物。它可分为填料固定的填料塔和填料悬浮的流化填料塔两种。　　　（姜安玺）

填料因子 filler factor

表示填料特性的物理量。它是填料比表面积 σ、空隙率及几何形状等因素的函数,具有 σ/ε^3 形成,单位为 $1/m$;是填料阻力及液泛条件的重要参数之一。因填料喷洒后,σ 和 ε 均有改变,故一般把在喷洒条件下实测的相应数值,才称为填料因子,用 ϕ 作为代表符号。 (姜安玺)

填埋深度 bury length

管底(包括管壁厚度,不包括管基)距离路面的高度。管道埋设愈深,造价愈高,施工期愈长。管道的最大允许埋深:在干燥土壤中不超过 $7 \sim 8m$,在多水、流砂、石灰岩地层中不超过 $5m$。 (李国鼎)

tiao

条形图

见水平进度图表(268 页)。

调峰气源 peak-shaving gas source

又称机动气源。易于调节用于补充高峰用气量的制气设施。油制气、发生炉煤气及液化石油气混合气等气源具有机动性,设备启动和停产比较方便,负荷调节范围大,常用作人工煤气输配系统的调峰气源。可以调节月和日用气不均匀性,甚至可以平衡小时用气不均匀性。 (王民生)

调节池 equalization tank

进行水量水质调节的构筑物。根据其功能,可细分成为水质水量均化池、水量均化池、水质均化池等。均化池对水量水质都进行均化,常用池型为一变水位贮水池,池中设有搅拌装置进行水质均化,池后设提升水泵,出水量由泵来控制。当水量较小时,可以设置间歇贮水、间歇运行的均化池,该池分二或三格,设有搅拌装置,交替使用。均量池主要起均化水量的作用,池的形式与前述均化池相似,但池中没有搅拌装置。均质池主要起均化水质的作用,一种常用池型为异程式均质池,该池常水位,重力出流,池中进出水槽的特殊布置形式,使周期内前后到达的废水得以相互混合,取得随机均质的效果。此外,贮留事故来水的事故池,也是一种变相的均化调节池。 (张晓健)

调节阀 regulator valve

调节流体流量和压力的阀门。根据工况条件或生产过程的要求,借助人力或自动装置,通过改变阀口的流通面积或增减水流通道阻尼等方法,使出口流量或压力作相应改变。调节阀由执行机构和阀组成。执行机构起推动作用,而阀起调节作用。执行机构可以是手动、液动、气动、电动或电磁动等形式。阀的类型可以是截止型、球形、笼式、堰式、蝶式、柱塞式等。为了达到精确调节,机构上设有定位器。调节阀有流量调节阀、压力调节阀、温度调节阀等。 (肖而宽)

调速比 adjustable-speed ratio

电动机在额定负载下,转速变化率不大于指定值时,最高工作转速到最低工作转速的可调范围。 (许以傅)

调压调速 voltage adjustment speed control

改变定子电压调节电动机转速的方法。当异步电动机定子与转子回路的参数为恒定时,在一定的转差率下,电动机的电磁转矩 M 与加在其定子绕组上电压 U 的平方成正比即:

$$M \propto U^2$$

因此,改变电动机的定子电压就可以其机械特性的函数关系,从而改变电动机在一定转矩下的转速。 (许以傅)

调压阀 pressure regulator

一种用以自动减少或保持低于液压源压力的阀门。 (肖而宽)

调压孔板 orifice plate of voltage regulating

为消耗供热管网支线或用户的剩余作用压力,在管道内设置带小孔的金属板。通常是由 $2 \sim 3mm$ 厚的不锈钢板或铝板制成。其孔径的大小应根据管道流量和必需消耗的剩余作用压力确定。孔径不宜小于 $3mm$,以免堵塞。调压孔板一般安装在供水管线上。调压孔板具有制作简单、安装方便和造价低的优点,但它不能随意调节,同时还需要定期清洗。 (盛晓文 贺 平)

调压塔 pressure regulation tower

为调压而设在水泵后的管路系统中(按管路布置要求)的敞口塔筒。塔筒顶标高超过泵扬程,当突然停泵,压力降低时,该塔向管道内补水,水柱不被拉断,随后回冲水锤的高压,则向该塔充水,从而保护电机、水泵和管道。适用于大流量低扬程输水系统。 (肖而宽)

调音室

见音响控制室(342 页)。

跳越井建造 buildup leap weir well

与溢流井同类型的另一种形式的跳越井的建造。跳越井作用原理和构造与溢流井不同,用于半分流制的排水管道系统中。井的建造亦为矩形砖砌而成,井中污水进出水管间砌造成流槽,槽的上方一侧接入雨水管,槽的下方另一侧接出溢流水管,井的砌造与一般方井相同。这种构造的井在无雨天,污水通过流槽流向污水处理厂,雨天小雨或初降雨时较脏雨水由雨水管流入井中,由于水量较小而跌落于流槽中,随污水流向污水处理厂进行处理;当雨量大时,雨水管中水流将跳过流槽而流入溢流管中排入附近水体。这种井对改善水环境有一定作用。

（王继明）

跳越堰式溢流井　skip weir overflow well

　　用射流跳越堰顶排泄超过截流倍数的暴雨水量的溢流井。由井基、井底、流槽和堰、井身、井座、井盖等组成。通常设于合流制排水管道与截流干管的交汇前或交汇处,溢流出水是部分混合污水。

（魏秉华）

tie

铁畚箕　iron scoop

　　带有铁畚箕形机械清通排水管渠的工具。用以清通较松软的污泥。其构造如图。　　（孙慧修）

铁合金冶炼废水　ferro-alloy making wastewater

　　铁合金冶炼过程中所产生的废水。主要有三种:①对水圈、铜瓦等设备间接冷却时产生的净废水,经冷却(有时还须投加水质稳定剂)后循环使用;②采用湿法(如文氏管除尘器、湿式电除尘器等)对铁合金炉的烟气进行净化时所产生的烟气净化废水。该废水含大量烟尘和可溶性物质,以封闭式硅铁电炉烟气净化废水为例,其悬浮物(主要成分为二氧化硅和碳)含量达 $2\,000\sim5\,000mg/L$,氰化物 $1\sim6mg/L$,挥发酚 $0.1\sim0.2mg/L$。废水经处理后循环使用。主要处理方法有碱性氯化、混凝沉淀、水渣渣滤等,例如可投加漂白粉,藉其水解产物(氢氧化钙和次氯酸盐)凝聚沉淀悬浮物并氧化分解氰、酚等污染物。沉淀分离出的尘泥,常有含量很高的有价金属(如钼铁电炉烟尘含钼 $10\%\sim20\%$,锰铁电炉烟尘含锰 $10\%\sim15\%$),应回收利用;③原料(如硅石、锰矿等)进行水洗及水冲渣所产生的废水,含有尘土和其他悬浮物,经沉淀处理后可循环使用。

（金奇庭　俞景禄　张希衡）

铁路槽车运输　railway tank car transportation

　　用铁路槽车运送液态液化石油气。铁路槽车是将卧式圆筒罐固定在火车底架上,也有无底架槽车。在罐体上部的人孔盖上设有液相和气相管的装卸阀门、紧急切断装置、液位计及压力表等,并设护罩保护。在罐顶设全启式弹簧安全阀。通常为防止太阳光的直接热辐射,在罐体上部设夹角为 $120°$ 的遮阳罩。此外还设有操作平台及罐内外直梯。铁路槽车采用上装上卸的装卸方式。中国常用铁路槽车的罐体总容积为 $50\sim110m^3$。适用于运距较近,运量较大的情况,但受铁路接轨和铁路专用线建设等条件

限制。　　　　　　　　　（薛世达　段长贵）

铁盐混凝剂　iron-salt coagulant

　　以三氯化铁和硫酸亚铁等为主的混凝剂。该混凝剂包括三氯化铁、硫酸高铁、硫酸亚铁和聚合硫酸高铁等,以三氯化铁和硫酸亚铁使用较普遍。该混凝剂有较好的净水效果。由于它形成的絮凝体的密度比铝盐大,因此在天冷季节混凝效果的下降不像铝盐哪么显著,故特别适宜低温原水使用。其缺点是由于处理水中含铁量有些增加,对水的色度有影响。　　　　　　　　　　　（王维一）

铁氧体　ferrite

　　一般指以氧化铁和其他铁族或稀土族氧化物为主要成分的高导磁性复氧化物。通式为 $BO\cdot A_2O_3$,其中 B 为二价金属离子,A 为三价金属离子。例如,永磁钡铁氧体为 $BaO\cdot Fe_2O_3$,软磁镍锌铁氧体为 $0.5NiO\cdot0.5ZnO\cdot Fe_2O_3$,俗称为磁铁石的铁氧体为 $FeO\cdot Fe_2O_3$。铁氧体外观多呈黑色,质硬而脆,与陶瓷相似。物理性质和组成与加工方法有关。晶格类型有七类,尖晶石 $(MgO\cdot Al_2O_3)$ 型晶格结构(等轴晶系、呈八面体)最为常见。铁氧体广泛应用于电子工业等行业。　　　　　　　（张希衡　金奇庭）

铁氧体法　wastewater treatment by producing ferrite

　　使重金属离子形成不溶解的磁性铁氧体而予以分离的废水处理方法。工艺过程包括:①向废水投加 $FeSO_4$ 或 $FeCl_2$,补足 Fe^{2+},使废水中的污染物 Cr^{6+} $(Cr_2O_7^{2-}$ 或 $CrO_4^{2-})$ 还原为 Cr^{3+},并形成等当量的 Fe^{3+};②用 NaOH 调 pH 至 $8\sim9$,生成二价金属离子的氢氧化物沉淀;③加热废水至 $60\sim80℃$,并鼓风搅拌和充氧,使部分 Fe^{2+} 继续转化为 Fe^{3+},并使氢氧化物转化为铁氧体晶粒;④采用磁法或离心法回收铁氧体。形成的铁氧体主体结构为 $FeO\cdot Fe_2O_3$,废水中的二价金属离子 Zn^{2+}、Ni^{2+}、Cu^{2+} 等和三价金属离子 Cr^{3+}、Co^{3+}、Al^{3+} 等可部分地分别取代晶格中 Fe^{2+} 和 Fe^{3+} 的位置,形成如 $(Fe_xZn_{1-x})O\cdot(Fe_yCr_{1-y})_2O_3$ 形的复氧化物铁氧体。本法可用于处理电镀废水和酸洗废水。

（张希衡　金奇庭）

ting

停产治理　treatment of stopping production

　　通过令企业停产,促进企业对其污染进行治理。它是防治污染的法律手段之一。中国环境保护法的第 32 条明文规定"对违反环保法和其他环保法的条例、规定,污染和破坏环境,危害人民健康的单位,各级环境保护机构要分别情况,报请同级政府批准,予

以批评、警告、罚款或者赔偿损失、停产治理"。可见它是最高的惩罚手段。其目的在于控制污染、保护环境。　　　　　　　　　　　　　　　（姜安玺）

停留时间

见接触时间(158 页)。

tong

通风热负荷　heating load for ventilation

在供暖季节,加热从室外进入建筑物或房间新鲜空气在单位时间所需要的热量。民用建筑通风热负荷,常按要求的换气次数来确定。工业建筑通风热负荷,需依据工厂的生产状况通过房间的热平衡和空气平衡方法来确定。通风热负荷是季节性热负荷,全年中变化较大。通风设计热负荷是指对应于通风室外计算温度时的通风热负荷。进行规划设计时,多采用通风体积热指标来估算通风设计热负荷。
（盛晓文　贺　平）

通风室外计算温度　outdoor temperature for ventilating design

在确定通风设计热负荷时所采用的室外温度。中国有关规范规定:"冬季通风室外计算温度应采用累年最冷月日平均温度"。各地区的通风室外计算温度可以从当地气象资料中得出。
（盛晓文　贺　平）

通风体积热指标　ventilation heating load data per unit building volume

对通风的建筑物,在室内外温差为 1℃ 时,每 $1m^3$ 建筑物外围体积所需的通风热负荷。单位一般为 $W/(m^3 \cdot ℃)$。它是计算通风热负荷的一个概算指标,由大量实测数据和设计资料整理得出。
（盛晓文　贺　平）

通风筒　ventilating tube

冷却塔中控制空气流动的通道。它为水的冷却创造良好的空气动力条件,减少通风阻力,并将湿热空气排往高空,减少湿热空气回流。风筒式自然通风冷却塔通风筒应有一定的高度,以保证足够的抽力。　　　　　　　　　　　　　　　（姚国济）

通信电缆　communication cable

传输电话、电报、电视、广播、传真、数据和其他电信信息的电缆。其按元件结构分为对称电缆和同轴电缆两种。对称电缆又分市内通信电缆和长途对称通信电缆。此外还有海底通信电缆、射频电缆。
（陈运珍）

通信网站　communication network, communication system

许多通信点互相连接,并与其他点之间通过不

止一个路由相互连接的通信组织总体。它必须包括安装许多用户设备、传输设备、交换设备的建筑空间及环境。　　　　　　　　　　　　（薛　发　吴　明）

通信卫星　communication satellite

用于实现通信目的的一种人造地球卫星。起中继站作用,用以转发或反射来自各地球站的信号。按结构分为有源卫星和无源卫星,按其对地球的相对位置,可分为静止和移动卫星。主要由控制系统、通信系统、遥测指令系统、电源系统和温控系统组成。　　　　　　　　　　　　（薛　发　吴　明）

通行地沟　walkway duct channel

工作人员可直立通行并在其内部完成检修用的地沟。通行地沟人行通道的高度不低于 1.8m,宽度不小于 0.6m,并可允许地沟内最大直径的管道通过。操作人员可在地沟内进行管道的日常维修以至更换管道的大修工作。其造价较高,用于不允许开挖检修的地段。多根管道共同敷设时常采用通行地沟。　　　　　　　　　　　　（尹光宇　贺　平）

同步电动机　synchronous motor

转速 $n(r/min)$ 与电流频率 $f(Hz)$ 之间有着严格关系的交流电动机。即

$$n = \frac{60f}{p}$$

p 为电动机的极对数。所以当同步电动机的极对数和电源频率一定时,电动机的转速也是一定的。广泛应用于功率较大或转速必须恒定的机械设备。近年来,已开始利用可控硅变频装置。使同步电动机通过变频作调速运行。　　　　　　　　　（许以傅）

同步电机　synchronous electric engine

电动势频率与转子转速之比为恒定值的交流电机。分有同步发电机、同步电动机和柴油发电机组,等。它常作发电机及调相机用,各种发电设备几乎全部采用同步发电机,也可作电动机用,主要用于驱动低速大功率的机械设备。　　　　　　（陈运珍）

同步转速　synchronous speed

交流电动机的转速公式为

$$n = \frac{60f}{p}$$

f 为定子供电频率;p 为极对数;n 为转速。n 即称为交流电动机的同步转速。　　　　　　　（许以傅）

同时工作系数法　method of coincidence factor

确定庭院和室内燃气管道小时计算流量的方法。小时计算流量为

$$Q = \Sigma K_0 Q_n N$$

Q 为小时计算流量(Nm^3/h);N 为同类或相同组合燃具的数目;Q_n 为燃具的额定流量(Nm^3/h);K_0 为同类或相同组合燃具的同时工作系数,可由规范查

得。商业和工业企业用燃具设备可按加热工艺要求确定其同时工作系数。 （王民生）

同时使用系数 simultaneous factor

热用户或用热设备运行的实际最大热负荷与全部热用户或用热设备的最大热负荷之和的比值。在供热系统中，所有众多的用热设备或热用户同时都达到最大热负荷的可能性是极小的。因而在确定供热系统总的生产工艺设计热负荷时，一般应把所有热用户或用热设备最大用热量之和乘以一个同时使用系数，以适当降低系统的总设计热负荷。确定同时使用系数时，应以生产工艺过程中各设备或用户的使用情况和变化规律为基础。

（盛晓文 贺 平）

同向絮凝 orthokinetic flocculation

由水流差动运动所引起的絮凝。它包括两种絮凝过程：①整体水的流动；②差动沉淀（参见絮凝机理(318页)）。为了加速颗粒碰撞促进凝聚以获得合乎要求的絮凝速率，对于粗颗粒 $>1\mu m$ 应用机械搅拌可以达到目的。同向絮凝作为颗粒浓度变化的速率为

$$J_{0k} = \frac{dN^0}{dt} = \frac{-2\eta(\overline{G})d^3(N^0)^2}{3}$$

$\overline{G}$ 为速度梯度；d 为颗粒直径(cm)；其他同异向絮凝(341页)公式所示。 （张亚杰）

同心圆式电除焦油器 concentric circles electrical detarrer

以许多同轴的金属圆筒为沉淀极，以圆筒间金属导线为电晕极的电除焦油器。其外壳为圆柱体，下部为带蒸汽夹套的锥形底。围绕壳体中心轴安装同心圆筒，筒壁间法线距离相等且等于最小内筒直径。在环板间法线正中位置，安装若干金属导线作电晕极。电晕极上下用框架拉紧，由顶部绝缘箱中的绝缘子悬吊，其中一个引接高压直流电源。煤气自侧下方引进，分离焦油后从侧上方引出。沉淀极黏结的焦油聚集后落入锥底，由蒸汽夹套加热而增加焦油的流动性，易于排出。 （曹兴华 闻 望）

同型产乙酸菌 homotypy acetogenic bacteria

在厌氧条件下，将 H_2/CO_2 转化为乙酸的细菌。也能将甲酸、甲醇转化为乙酸。为乙酸杆菌种属。其存在可促进乙酸形成甲烷的过程。它代谢的结果使系统维持低的氢分压。 （孙慧修）

同轴通信电缆 coaxial communication cable

在同轴电缆中，主要元件是同轴对的电缆。它的两根导线是对地不对称，一根内导线在另一圆柱外导线之内，高频时回路间相互干扰和外界干扰都远较对称电缆小。适在较高频谱中使用。该电缆分 1·2/4·4 同轴综合通信电缆和 2·6/9·5 同轴综合通信电缆。此外，还有包含几十根 1·2/4·4 或 2·6/9·5 同轴对的同轴电缆、包含 1·2/4·4 和 2·6/9·5 两种同轴对的综合电缆。 （陈运珍）

统一供水系统 uniform water supply system

全部按生活饮用水水质供水给整个城镇的供水系统。常用于中、小城镇。 （王大中）

筒式微孔滤膜过滤器 tubular micro-pore membrane filter

由筒形微孔滤膜构成的压力过滤装置。分单层微孔滤膜过滤器和多层微孔滤膜过滤器两种，后者用多层折叠式膜滤芯组成。 （姚雨霖）

tou

投递室 mailing room

投递员取得待投递的邮件的房间。然后邮递员将邮件送到收件人手中。它与封发室有一墙之隔，墙上开了许多投递格口。 （薛 发 吴 明）

投配率 rate of feading

每日投加的新鲜污泥体积占消化池有效体积的比率。以百分数计。投配率是消化时间的倒数。如投配率为5%时，新鲜污泥在消化池中的平均停留时间为20d，它是消化池运行管理的重要指标及设计的重要参数。投配率低，有机物分解程度高，产气量高，所需消化池体积大；投配率高，有机物分解程度减少，产气量下降，所需消化池体积小。投配率的适宜范围，中温消化为 6%～8%；高温消化为10%～16%。 （肖丽娅 孙慧修）

投入式液位变送器 immersion type level transmitter

根据液位变化时，引起投入于被测液体中的扩散硅力敏元件感应力的变化原理制成，输出标准电信号的测量液位的仪器。测量范围：0～100m，精度0.25～0.5级。适用于开口水池、水库及河流的液位的测定、远传和控制。 （刘善芳）

投药管嘴 nozzle for dosing chemicals

又称苗嘴。是附设在恒位箱上的加注药剂计量设备。原理是根据一定液位作用下，通过相同孔径的流量相同而制成的。投药量改变时可换上不同直径的管嘴，以达到定量投药目的。管嘴出流药液量虽可按孔口出流公式计算，但由于制造时加工精度和安装情况不同，一般都进行实测以确定流量。由于投药管嘴使用中会发生结垢、杂质阻塞和腐蚀等影响，运行时要求定期检查校测。 （顾泽南）

投药量 dosage of chemicals

水厂净水处理过程中投加不同种类的药剂的量。投加药剂以使水中悬浮杂质经反应、絮凝而结

成绒体,再经过沉淀、澄清或气浮以及过滤,达到固液分离使水质净化。药剂投加量,针对不同的原水水质和出水水质要求,净化处理的不同工艺以及所投加的不同药剂品种而大有不同。影响加注量的主要因素有水温、水的 pH 值、浊度、碱度及有机物等。由于投药量随水质、水量而变化,一般都依靠经验和积累的数据来确定。最通用的方法是进行搅拌试验从不同加注量测得的水质来指导加药量。近年来国内外都在研究投药量的控制模式,以谋求加药自动化。模式包括的因子各有不同,加药控制方式也有前馈、后馈和前后馈结合等。   (顾泽南)

投药系统 dosing system for chemicals

水处理工艺中投加药剂与控制投量的系统工程设施。包括混凝剂投加设备,干投法需用固体粉状投配机;湿投法则需搅拌池、溶液池、平衡恒位箱。投药系统尚有压力加注泵或水射器、投药管嘴、转子流量计等设备。同时,水厂中尚需建造投药间、药库等构筑物以及相应的运输输送装置。该系统是水厂净水处理的关键系统,必须整个系统畅通,配合运转,才能正确投加药剂,达到净水要求。投药系统各个环节都必须定期检查测定,以保证安全可靠。   (顾泽南)

投药消毒设备 dosing and disinfection equipments

自来水厂、污水处理厂投加凝聚剂、消毒剂所需设备的总称。常用投药设备有:溶液搅拌机、贮液搅拌机、干式投加机、浮杯、转子流量计、水射器、计量泵等。常用消毒设备有:氯瓶、液氯蒸发器、加氯机、衡器、漏氯报警器、水射器、漂粉溶液搅拌机等。   (李金根)

投影面积直径 projected area diameter

又称黑乌德直径。为与颗粒的投影面积相等的圆的直径。一般用 d_H 表示。若某一颗粒的投影面积为 A,则 $d_H = (4A/\pi)^{1/2}$。   (马广大)

投资收益率 rate of return on investment

包括年折旧费在内的该项目正常生产年净收入与该项目总投资之比。投资收益率 =(年毛利润 + 年折旧费)/(基建投资 + 建设期利息 + 流动资金)× 100%。该指标是从国家角度以静态方法评价项目经济效益的指标。   (李先瑞 贺 平)

透明度 transparency

水的浑浊程度。水质指标之一。洁净的水是透明的,但当水中存在悬浮物质、胶体物质或有色物质时会使透明度降低。因此透明度是与水的颜色和浑浊度两者综合影响有关的水质指标。常用的透明度测定方法是铅字法和塞氏盘法,前者适用于测定采集后的水样,后者则适用于水体现场测定。结果用 m 或 cm 表示,数字越大,说明透明度越好。污水通常不作透明度测定。   (蒋展鹏)

透气性 permeability

织物孔隙率或开放度的量度。通常表示为 $1m^2$ 的织物当压力损失为 100Pa 时的气体流量,常用 m^3/min 表示。织物透气性是影响袋式除尘器压力损失的主要因素之一。   (郝吉明)

透水量减少系数(反渗透) decreasing coefficient of percolating water content(reverse osmosis)

用以表示膜产生压密现象后,透水量减少的程度。以 m 表示。在一定工作压力下,m 可按下式计算:

$$m = \lg \frac{Q_t}{Q_0} / \lg t$$

m 为透水量减少系数(S^{-1});Q_0 为膜的初期透水量 $[g/(cm^2 \cdot s)]$;Q_t 为 t 时间后膜的透水量 $[g/(cm^2 \cdot s)]$;t 为运行时间(s)。   (姚雨霖)

tu

涂抹式保温 pasted insulation

将不定型的保温材料加入黏合剂等用水拌合成塑性泥团分层涂抹于需要保温的设备、管道表面形成的保温层。该法不用模具,整体性好,便于填堵洞孔和异形表面保温,是传统的保温方式,至今还在采用。适用于此法保温的材料有膨胀珍珠岩、膨胀蛭石以及石棉灰、石棉硅藻土等。   (尹光宇 贺 平)

土方填筑

见沟槽回填(104 页)。

土壤腐蚀性能测定 soil corrosion tests

确定土壤对钢管腐蚀等级的方法。土壤的腐蚀性与土壤的结构、含水量、透气性、导电性、有无各种盐类和酸类等因素有关。通常土壤颗粒间充满空气、水和各种可溶盐,使土壤具有电解质溶液的特征,可以导电,因而土壤的电阻率可作为土壤腐蚀性能的重要特征。由于电阻率能迅速而较精确地测定,因此可作为土壤腐蚀性能的一种测定方法,通常用二极法和四极法;也可用在一定时间内土壤对钢管的实际腐蚀量作为另一种测定方法,常称管盒法。   (李猷嘉)

土壤环境监测 soil environmental monitoring

对土壤环境中的污染物的监测。通过该监测以判断该区域土壤是否受到污染,是否影响了土壤正常功能,是否降低了农产品的产量和质量,是否对人体健康产生了危害。判断土壤是否受到污染,不仅要考虑土壤背景值和土壤污染物质测定值之间的关系,还要分析相应农作物或植物中的污染物质含量与土壤中污染物质含量之间的关系,同时考察农作物或者植物的生长是否受到了抑制,周围的生态是否发生了变化,以及对人体健康是否产生了危害等。它的主要任务包括土壤本底(背景)的监测和污染物质的监测,其中污染物质的监测包括重金属监测、非金属化合物监测和有机化合物的监测等。采样主要步骤有:污染源的调查、布点方法、采样深度、采样方法、采样时间以及采样量。土壤背景值的采样要能反映所在区域土壤及环境条件的实际情况,能代表该区域土壤总的特征,并远离污染源。污染物质测定方法主要包括重量法(测定土壤含水率)、容量法(测定含量较高的成分)、仪器分析法(测定重金属、有机污染物质等)。测定有机污染物质通常需要采用有机溶剂萃取、索氏提取、超声提取、微波提取等预处理方法,测定无机污染物质通常需要采用酸溶法或者碱熔法等预处理方法。　　　　(杨宏伟)

tuan

湍流逆温　turbulence inversion

由低层空气的湍流混合在湍流层上界所形成的逆温。强烈的湍流混合使下层气温分布接近于绝热直减率,上层则保持较小的温度直减率。在城市上空易形成这种逆温。　　　　　　　　(徐康富)

湍流统计理论　statistical theory of turbulent diffusion

根据湍流运动的随机性质,采用概率和统计的方法建立起来的物质扩散理论。在定常和均匀的湍流场中,污染物浓度分布以顺风的重合于烟流轴线的 x 轴为对称呈正态分布,其标准差等于流体微团相应坐标的均方根值。由此导出的泰勒公式即为本理论的基本公式。　　　　　　　　(徐康富)

tui

推焦车　coke pushing machine

又称推焦机。由焦炉炭化室推出焦炭的机械设备。它移动于焦炉机侧各炭化室之间,由推焦、平煤、摘挂炉门与车体行走机构等部分组成。推焦操作是用推焦杆头将焦炭推出,推焦杆下有平齿条,由电动机带动的齿轮传动。推焦杆上有压缩空气导管,用以清除炭化室顶部石墨。平煤操作由平煤杆进行,带出的余煤落入煤斗,定期送至料仓提升机内。摘挂炉门装置由可移机架、松紧上下横铁用的电动机及启摘炉门机构组成。　　　　　　　　(曹兴华　闻望)

推流式曝气池　pushing flow aeration tank

呈长方廊道式池形和水流推进式流动的一种活性污泥曝气池。污水从池的一端流入,从另一端流出,在池内以向前推进的方式流动。空气管道和空气扩散装置沿池长度的一侧安设,这样可以使污水在池内呈旋转状流动,增加空气泡与混合液的接触时间,但也可以两侧安设或布满整个池底。廊道的长度(L)根据地形条件与总体布置而定,一般可达100m,但可以折流为 2~5 廊道。宽度(B)与长度(L)之间宜于保持 $L \geqslant (5\sim10)B$ 的关系,有效水深(H)与宽度则保持 $B = (1\sim2)H$ 的关系,H 一般为 4~6m。进水采取淹没出流方式,而出水则采用溢流堰的方式。在本工艺中,污水中的有机底物沿池长经历从被吸附到被降解的完整过程,而活性污泥也经历了一个从池首端的对数增长,经减速增长到池末端的内源呼吸期的完全生长周期。需氧速率也是沿池长逐渐降低。传统活性污泥法以及阶段曝气法等活性污泥法的运行系统都采用本工艺。

　　　　　　　　(张自杰)

tuo

脱氨　ammonia removal

煤气中氨的净化与回收。氨燃烧时将产生有害的氮氧化物。焦炉粗煤气中含氨量通常约为 10g/Nm^3。脱氨方法分为两大类:生产浓氨水与生产硫铵。生产浓氨水是在低温条件下,水与煤气接触进行纯物理吸收后形成稀氨水,再浓缩成浓氨水;生产硫铵是使氨与硫酸水溶液(母液)接触进行化学吸收生成硫铵,以达到氨与煤气分离的目的。含氨粗煤气与母液直接接触制取硫铵的方法称直接法;以氨水浓缩蒸气与母液接触制取硫铵为间接法;部分氨蒸气和含氨粗煤气都与母液接触生产硫铵的方法为半直接法。国内外多采用半直接法。半直法又分为无饱和器法生产硫铵与饱和器法生产硫铵两类。

　　　　　　　　(曹兴华　闻望)

脱苯　debenzolizing

煤气中粗苯的脱除。粗苯是以苯、甲苯、二甲苯和三甲苯为主的混合物,为精制苯的中间产物。干馏用煤挥发分越高,则粗苯产率就越高,通常为干煤重量的 0.8%~1.2%,在煤气中粗苯的含量波动于 28~42g/Nm^3。炼焦温度等因素也影响到粗苯产率。煤气脱苯既能综合利用资源,也能降低煤气成本。脱苯方法有洗油吸苯和活性炭吸附苯。

　　　　　　　　(曹兴华　闻望)

脱硫　desulphurization

燃气中硫化氢的脱除。硫化氢在燃烧时生成的二氧化硫,对人体有害,对生产设备和灶具有腐蚀性。粗煤气中硫化氢含量取决于配煤含硫量,通常

超过 $5g/Nm^3$。脱硫方法分两类:干法与湿法。干法常采用干箱(氧化铁)脱硫;湿法有蒽醌二磺酸钠(A.D.A)法脱硫、改良蒽醌二磺酸钠(改良 A.D.A)法脱硫、环丁砜法脱硫、低温甲醇洗法脱硫和塔卡哈斯法脱硫等。　　　　　　　　(曹兴华　闻　望)

脱硫工艺　desulfurization process

工业上燃料去除硫的过程。重油脱硫一般采用加氢脱硫工艺,可分为直接法和间接法两种。前者是将重油在高温、高压及催化剂作用下,使碳硫链断裂,氢取而代之与硫生成 H_2S 气体脱出。后者是把常压残油加氢减压蒸馏脱硫。煤的脱硫工艺主要是煤气化,再采用干法(如氧化铁等)或湿法(如碳酸钠溶液等)脱除煤气中生成的 H_2S。　　　(张善文)

脱萘　naphthalene removal

煤气中萘的清除过程。粗煤气中萘含量取决于煤料性质和操作因素,一般为 $6\sim8g/Nm^3$。因为在煤气输送中遇低温将析出晶体萘,使管道阻力增加以至堵塞,所以必须脱除。粗煤气经初步冷却器冷却到 $30\sim40℃$,煤气中含萘量低于 $1.4g/Nm^3$。经终冷洗萘后,煤气中含萘量为 $0.2\sim0.5g/Nm^3$,可满足净化操作要求。再经过最终脱萘可达到城市煤气质量要求。它通常采用水洗萘或油洗萘。

　　　　　　　　　　(曹兴华　闻　望)

脱水　dehydration

脱除湿燃气中的水分。常用的方法有冷分离法脱水、溶剂吸收法脱水和固体吸附法脱水。冷分离法是使燃气升压后降温或节流膨胀冷却,使其中水蒸气冷凝析出的方法。溶剂吸收法脱水是利用液体吸水剂进行吸收以脱除煤气中的水;固体吸附法脱水是用固体干燥剂作吸附剂进行脱水。含水富液或含水干燥剂经过再生后重复使用。　　(曹兴华　闻　望)

脱硝　denitrification

又称反硝化。在缺氧条件下,借假单胞菌等兼性菌将硝酸盐还原为氮气排出,从而达到脱氮的反应。脱硝时如果碳源营养不足,可加甲醇或回流硝化出水取得。在工程设施中,缺氧条件指污水的溶解氧含量在 $0.5mg/L$ 左右。　　　(张中和)

脱盐水　desalinated water

又称除盐水。大部分强电解质已被除去的水。相当于普通蒸馏水,水中剩余含盐量在 $1\sim5mg/L$。$25℃$ 时,水的电阻率为 $0.1\sim1.0\Omega\cdot cm$。一般用蒸馏、膜分离、离子交换等法制取。　　　(潘德琦)

W

wa

挖沟放线　trenching,laying out

又称放灰线。在计划敷设管道的地面确定开挖沟槽的边界。用经纬仪在经过场地平整的线路上按设计沟槽中心线向左右两侧分别定出开挖沟槽的边线,并用石灰粉洒上。注意中心线至两侧的水平距离分别为:1/2 沟底宽度 + 边坡系数(根据施工方法及地质情况决定)×要求开挖深度。此外,在中心线上还需标出附属构筑物如闸门井、检查井等的位置及开挖范围。　　　　　　　　　　　(李国鼎)

挖沟机开槽　trenching by machinery

使用机械进行沟槽开挖的作业。可供选用的挖沟机有多斗挖沟机、单斗挖掘机、反向铲挖掘机等。多斗式挖沟机由工作装置、行驶装置(有履带式、汽车式两种)与动力、操纵及传动装置等部分组成,适宜于开挖黄土、亚黏土和亚砂土的地层。它的优点是挖土作业可连续进行,生产效率较高;挖出的沟道底和壁均较整齐;能在挖土的同时将出土自动卸在沟槽的一侧,因而可节省运土工作量。其缺点是开挖沟道的宽度有限(80cm 左右);不宜开挖质地坚硬和含水率较高的土层。　　　　(李国鼎)

wai

外扩散控制　control of external diffusion

反应总速度由反应物气流边界层的外扩散速度决定的反应过程。在多相催化反应中,过程总阻力由外扩散、内扩散和化学反应三部分阻力组成。当催化剂颗粒周围气流边界层较厚,则内扩散和化学反应阻力可忽略,外扩散阻力较大,其速度较慢,则过程总速度主要受反应物通过气流边界层的外扩散这一步控制。　　　　　　　　(姜安玺)

外涡旋　main vortex

又称主涡旋。旋风除尘器内旋转向下的外圈气流,并具有低速向内的径向运动。　　　(郝吉明)

外置膨胀罐蒸汽定压　pressurization by steam

cushion in external expansion tank

利用高温水引进膨胀罐而在其上部空间形成蒸汽的压力,维持热水网路某点压力恒定的措施。一般宜在多台高温水锅炉连续供热的系统中使用。罐内蒸汽压力取决于水温。膨胀罐水容量越大,罐体保温越好,蒸汽压力就越稳定。　　(盛晓文　贺　平)

wan

弯管补偿器　expansion bend

由与管道同径的钢管弯曲成一定形状而构成的供热管道补偿器。常用的形状有Π型、S型、Ω型等。工作时利用弯管的变形吸收管道的热伸长。这类补偿器的优点是制造方便,不用专门维修,工作可靠。其缺点是介质流动阻力大,占地多。安装时采用冷拉(冷紧)的方法,可增加其补偿能力或达到减少对管道固定支座推力的目的。

(尹光宇　贺　平)

完全分流制排水系统　completely separate drainage system

具有独立的雨水排水系统的分流制排水系统。

(罗祥麟)

完全混合曝气沉淀池　complete mixing aeration settling tank

简称曝气沉淀池,又称加速曝气池。曝气、沉淀两种工艺过程在同一构筑物内完成的一种活性污泥处理设备。本设备表面多呈圆形(见图),偶见方形及多边形。从图可见,本设备是由曝气区、导流区和沉淀区3部分所组成。曝气区多采用表面机械曝气装置,深度一般在4m以内,污水从池底部进入,立即与池内原有混合液完全混合,并与从沉淀区回流缝回流的活性污泥充分混合、接触。经过曝气反应后的污水从位于顶部四周的回流窗流出并流入导流

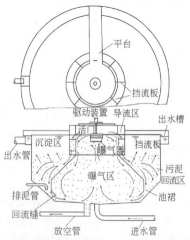

区。回流窗的大小能够调节,以调节流量。导流区宽度在0.6m左右,高度1.5m,内设竖向整流板,其作用是减缓从回流窗流入水流的旋流,并释放混合液中的气泡,使水流平稳地进入沉淀区。沉淀区上部为澄清区,下部为污泥区。澄清水由设于四周的出流堰流出进入排水槽。污泥通过回流缝回流曝气区。回流缝一般宽0.15～0.20m。本设备结构紧凑、占地少、无需污泥回流设备,易于管理,国内、外应用较多。　　(张自杰)

完全混合式曝气池　complete mixing aeration tank

污水进入后瞬间即与全池混合液充分混合为一体的一种活性污泥曝气池。本工艺具有如下特点:①原污水在水质和水量方面的变化对池内活性污泥产生的影响很小,因此,对冲击负荷有较强的适应能力,宜于处理工业废水;②池内耗氧均匀,动力消耗低于推流式曝气池;③通过对运行工况的调整,有可能将有机物降解与微生物增殖控制在最佳状况。本工艺的典型构筑物是完全混合曝气沉淀池。

(张自杰)

完全氧化法　Total Oxidation process

见延时曝气法(326页)。

完整井　complete penetration of well

管井或大口井的井底到达不透水层,只从井壁进水(如图)的井。

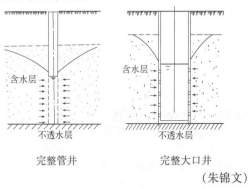

完整管井　　　　　完整大口井

(朱锦文)

wang

网箅式格栅除污机　rotary scraper type mesh-screen

又称转刷网箅式清污机。采用网箅过滤以清除水流中细小杂物的除污机。其箅栅形的滤栅,用框架固定,框架两侧的牵引链上以一定的间隔连接一条方形硬毛长板刷,随链回转循环。方形板刷自下而上沿箅栅表面将污物清扫到排污溜板,绝大部分栅污,由于重力作用卸入排污槽,少量附着在方刷上的污物,由旋转的圆毛刷清扫,完成过滤和清

污的过程。 （李金根）

网路和用户水量混合比 mixed flow rate between supply network and terminal users

热网供水与用户部分回水混合时,用户回水掺混量与热网对用户的供水量之比。若热网对用户的供水量为 G_0,用户回水掺混量为 G_h,则用户循环水量 $G_g = G_0 + G_h$。网路和用户水量混合比即为 G_h/G_0。当热网供水温度高于用户要求的供水温度,或当热网对用户的供水量小于用户要求的循环水量时,常常在用户入口处采用混水措施(混水泵或水喷射器),以达到降低供水温度、提高循环水量的目的。这是一种局部调节的方法。 （石兆玉 贺 平）

网络进度图表 network schedule graph

用箭号和节点组成图形表达实现施工计划所要完成的各项活动(事件、工序)之间的先后顺序和相互关系的图解模型。根据图示符号,基本上可分为两种:①双代号网络图,又称"箭号网络图"。它用一个箭头表示一项工序,工序的名称写在箭杆上方,完成该项工序所需时间写在箭杆下方(小时、天、周、月),箭尾表示工序的开始,箭头表示工序的结束,箭头和箭尾衔接处画上圆圈(或方框),并编上号码,两个号码可代表一项工序。根据先后顺序和相互关系把所有工序用上述符号从左至右逐一绘制而成的图形称为"双代号网络图"。②单代号网络图,又称"节点网络图"。完成一项工程需要进行的各项工序分别用一个圆圈或方框表示,并将各工序的编号、名称,及其所需要的时间,均分别注在圆圈或方框内,并用箭号表示各工序之间的顺序关系。把所有工序根据先后顺序和相互关系用上述符号从左向右逐一绘制而成的图形称为"单代号网络图"。 （李国鼎）

往复泵 reciprocating pump

利用活塞在泵缸内作往复运动,缸内容积改变,使吸入管中产生真空,排出管中产生压力来完成液体的输送或提升的泵。其特点是:①流量只与泵本身的几何尺寸和泵的转速有关。②扬程与泵本身无关,而取决于管路系统的情况,并与原动机功率的大小以及各有关零件、压力管路的强度有关。③流量是不均匀的,为了缓和流量的脉动常采用双工作缸或三工作缸结构的形式。④有自吸能力。主要用于石油工业、化学工业、地质钻探、水压机设备,以及小型锅炉给水等方面。 （刘逸龄）

往复式絮凝池

见隔板絮凝池(97页)。

往复推动炉排炉 vibrating-grate stoker boiler

由相间布置的活动炉排片和固定炉排片共同组成的炉排的锅炉。炉排种类很多,炉排片的形式也多种多样。但应用最广的是间隔动作的顺向倾斜往复推动炉排。它的燃烧过程与链条炉相似,即是沿炉排长度方向分阶段进行的。主要优点是:除火床头部外,燃料着火基本上属双面引燃,比链条炉好;煤种适应性也比链条炉好,尤其适宜黏结性较强、含灰分多并难以着火的劣质烟煤;消烟效果较佳,当结构设计和运行操作合理时,烟囱基本不冒黑烟;金属耗量比同容量的链条炉少。其缺点是:中段高温区的活动炉排片的头部易烧坏,影响安全运行。 （马广大）

wei

危险废物安全土地填埋 safe landfill of hazardous waste

一种改进的卫生土地填埋方法,主要用以处置危险固体废物。通常此种填埋场必须设计成:①有地下水安全保护系统:一般由天然材料和人工合成材料构成的防渗衬里结构层、浸出液收集系统以及地下水监测系统;②地表径流控制系统:由防止降水进入填埋场的防渗结构层、场地排水和防洪导流渠等组成;③气体控制系统:虽然在处置前已进行过预处理,但仍可能有少量气体产生,以免污染环境。此外,在填埋场地选择时应遵循消除污染,保护环境,维护场地的安全性,防止场地对地下水、地表水以及大气的污染,同时也应考虑经济合理的原则。 （俞 珂）

危险风速 danger wind speed

使地面最大浓度出现最大值的排放口高度处的风速。由于风速的增加虽有利于污染物的扩散稀释,却又会降低烟云抬升高度,从而使地面最大浓度在某一风速下出现最大值。这时的浓度特称为地面绝对最大浓度,其大小、落地点位置和出现的频率是选择烟囱高度的重要参数。 （徐康富）

危险固体废物 hazardous solid-waste

简称危险废物。旧称有害废物。列入国家危险废物名录或者根据国家规定的危险废物鉴别标准和鉴别方法认定的具有危险特性的废物。通常将具有爆炸性、易燃性、腐蚀性、反应性、急性毒性、浸出毒性、易传染疾病等类废物列入危险废物名录表,并具体规定其危险特性鉴别标准和鉴别试验方法,产生危险废物的单位,必须按照国家有关规定申报登记和处置;从事收集、贮存、处置危险废物经营活动的单位,必须向环境保护行政主管部门申请并取得经营许可证;转移危险废物的单位必须填报危险废物转移联单;并禁止经中国过境转移危险废物。危险废物在中国仅占废物总量的 5% 左右;但因其具危险特性,如果随意弃置,对环境危害极大。

因此应把危险废物作为废物管理的重点。

（俞　珂）

威尔逊极限电流公式　Wilson limit electriccurrent formula

　　威尔逊(J. R. Wilson)所提出表示电渗析器极限电流密度与流水道内水的流速、含盐浓度的关系式。

$$i_{\lim} = \frac{1}{K}CV \times \frac{1}{2}$$

$i_{\lim}$为极限电流密度(mA/cm^2)；V为淡室隔板流水道中的水流速度(cm/s)；C为淡室内水中含盐量的对数平均值，$(mmol/L)$；K为水力特性系数，主要与膜性能、隔板厚度、隔网形式等因素有关。

（姚雨霖）

威金斯型干式罐

　　见柔膜密封干式储气罐(241页)。

微波机房　microwave equipment room

　　微波站内用于安装微波通信设备的主要建筑物。微波机房对温度、湿度和防尘有一定的要求。中国一般将室温控制在$12\sim35℃$，相对湿度控制在$55\%\sim80\%$。无人值守站温、湿度满足设备要求即可。有人值守站考虑到工作人员的舒适感，可将室温定在$24\sim28℃$之间。电信枢纽建筑中的微波机房，一般设在顶层，通常微波机房上面设微波天线。一般需单独设置专用的通信配电室及电池室。

（薛　发　吴　明）

微波接力通信线路　microwave relay link

　　将信号由一个终端站传送至另一个终端站，所经由的线路。包括若干个邻接的微波站及各站间的电磁波传播空间。由于微波在空间只能作直线传播，遇物体会反射，绕射能力很有限。因此微波传播必须从前一站收到信号经过变频放大再转发到下一站。如此反复，直到终点，形成微波中继通信线路。

（薛　发　吴　明）

微波接力站

　　见微波中继站。

微波天线塔　microwave antenna tower

　　用于安装微波通信天线的高耸结构物。多数为钢结构。亦可由钢筋混凝土建造。钢塔分为矩形塔架、角钢 K 型桁架塔、钢管桁架塔和钢板圆筒塔。钢桁架塔又可分为自力式与拉线式两种。一般前者造价较高，而后者占地面积较大。钢筋混凝土塔分筒式和构架式，多用作较高的天线塔。塔高一般由工艺设计决定，且要求一定的变形限值。机房与塔分建时，两者相距$8\sim15m$。为改善城市景观，亦有在高层建筑顶部安装天线塔的实例。根据有关规定在塔上应安装航空障碍标志和障碍物色标。必要时装塔灯。

（薛　发　吴　明）

微波载波机室　microwave carrier equipment room

　　微波站内的用于安装载波机的房间。其作用是将出入的长途电话进行频率转换。一般要求防尘、空调。应采用密封窗。室温一般要求高于$16℃$，低于$32℃$。

（薛　发　吴　明）

微波中继站　microwave relay station

　　又称微波接力站。微波通信中，用于安装将微波信号变频放大再转发出去设备的环境和建筑空间。微波通信一般是指$1\sim30GHz$频率范围内的无线电通信。微波在空间只能直线传播，遇到物体会反射，在传播过程中有衰减现象，为了实现长距离通信，必须似接力赛跑方式来进行信号传送。从功能上分为终端站、枢纽站、分路站、中间站。中继站主要由通信部分、电源部分、人工环境部分、燃料部分和天线部分组成。主机房平面设计应注意到使主要设备室有良好的朝向。微波机室的轴线约在两通信方向的分角线上，使天线与机房有合理的位置关系。电池室与配电室应直接相连。

（薛　发　吴　明）

微孔隔膜式曝气器　microporous separated membane aerator

　　又称膜式曝气管。膜上用激光开有一定规律排列的开闭式孔眼的弹性雾化扩散薄膜的曝气装置。薄膜用 EPDM 橡胶制成，包在支撑管（UPVC 管或不锈钢管）的外壁上，所开孔口部分应设在管子断面 4 点至 8 点的位置，鼓气时薄膜微微隆起，孔眼张开布散空气。停气时随压力下降，孔眼逐渐闭合，紧贴于管壁上，孔眼不会堵塞。池底布管可固定，也可活动提升。由于膜上孔眼细小，鼓入空气应经过滤，以免带入油、灰尘和挥发性溶剂。是好氧生物处理鼓风曝气水下布散空气的一种充氧器材，适用于各种池型和池深。

（李金根）

微孔硅酸钙　microporous calcium silicate

　　以硅藻土与石灰为主要原料，加入石棉纤维和水玻璃经成型、蒸养制成的保温材料。耐温达$600℃$，密度为$200\sim250kg/m^3$，常温导热率约为$0.06W/(m\cdot K)$，抗压强度较高，约为$0.5\sim1.0MPa$，但吸水率高。

（尹光宇　贺　平）

微孔空气扩散装置　microporous air diffusion devices

　　能产生微细气泡的空气扩散装置。主要有扩散板、扩散罩、扩散管及扩散盘等。它由陶粒、粗瓷、砂等颗粒并掺以适当的黏合剂所制成，或用多孔塑料及尼龙等材料制成。它产生的气泡细小（直径小于2mm），氧的转移率高（$E_p = 10\%\sim12\%$）；但阻力大，鼓风机压力较大，易产生堵塞，进入扩散器的空气要求先经过滤净化。这种扩散装置在国外采用较多,近年来我国也引入并自行开发。

（戴爱临　张自杰）

微孔滤膜　micro-pore membrane

由高分子材料制成、具有多孔结构、用于微孔过滤的薄膜。在膜面上有大量微孔(约 $10^6 \sim 10^7$ 个/ cm^2),孔径约为 $0.01 \sim 10 \mu m$,单位体积孔隙率达80%以上。它可分为纤维素膜、再生纤维素膜及工程塑料膜等。适用纯水制取系统的主要是纤维素膜,有醋酸纤维素膜、硝酸纤维素膜、混合纤维素膜等。其中醋酸纤维素膜具有强度高、耐热性好,使用较多。膜所截留微粒极易堵塞微孔,因此需先采用预处理。　　　　　　　　　　　　（姚雨霖）

微孔滤膜过滤　micro-pore membrane filtration

以低的压力(一般约为 $0.1 \sim 0.15MPa$)为推动力,利用较大孔径滤膜,去除水中微粒、破碎树脂、微生物等机械杂质的过滤方法。其机理为机械截留,大于膜孔径的微粒均不能通过。对微粒截留效率高、透水量较大、阻力小、不重新污染水质。特别适用于贵重液体的过滤。一般在纯水制取系统中,或在纯水使用点用来去除微粒与细菌,以保证水质要求。　　　　　　　　　　　　　　　　（姚雨霖）

微孔滤膜过滤器　micro-pore membrane filter

以微孔滤膜为主要部件组成的压力过滤装置。它有板式和筒式两种。由于微孔滤膜很薄(约 $150 \mu m$)并承受压力,采用多孔滤板或烧结式滤板和网状加衬材料予以支撑,以防破裂。　（姚雨霖）

微粒　fine particle

粒径小于 $3 \mu m$ 的固体颗粒或液体颗粒在气体中的悬浮体系。这一上限值的确定是严格的,主要根据是:①小于 $3 \mu m$ 的微粒,不但难以捕集,而且在大气中能长时间停留;②对太阳光线的吸收和散射能力更强,使大气能见度降低;③与较粗颗粒相比,对人体更为有害,能通过呼吸系统更深地进入肺部,能与气态污染物相互吸附并发生化学反应,产生协同效应。微粒不是单一的大气污染物,而是具有各种不同粒径和传输性质的一大类大气污染物。随着粒径大小不同,其行为介于颗粒和气体之间,处于悬浮、扩散状态,受布朗运动支配,惯性较小,能够绕过障碍物流动。按微粒的发生源不同,又可分为一次微粒和二次微粒两类。　　　　　（马广大）

微滤机　micro screen

带细小网孔的滤网包络在旋转的圆柱体框架上主要用来去除藻类和低浊度悬浮微细杂质的旋转滤网。随着水量和含污量的变化可无级调速。水流侧进水自网内向外过滤,被玷污的网不断旋出水面,用压力水自动冲洗,将污物冲刷至网内集污槽后外排。

（李金根）

微生物比增长速率　biomass specific growth rate

单位微生物量的增长速率。单位为 t^{-1}。它的大小取决于微生物所处的环境条件和营养水平。

（彭永臻　张自杰）

微生物的净增长速率　net growth rate of biomass

又称微生物的绝对增长速率。微生物增长速率减去由于微生物的内源呼吸作用而消减速率的值。它表示系统中微生物实际的增长速率。其单位为 $kg/(m^3 \cdot d)$。而单位微生物量的微生物净增长速率则称为微生物的比净增长速率,单位为 t^{-1},在稳定状态下等于污泥龄的倒数,在活性污泥反应动力学中具有重要的意义。　　　（彭永臻　张自杰）

微生物的新陈代谢　metabolism of microorganisms

微生物在其生命活动过程中,对污水中有机物进行氧化分解和合成新细胞物质的过程。这是在酶系统作用下的生化过程。它包括两个方面:分解代谢和合成代谢。　　（彭永臻　张自杰）

微生物腐蚀　microbiologic corrosion

由于微生物直接或间接参加腐蚀过程所引起的金属毁坏现象。引起腐蚀的微生物,一般为细菌和真菌,但也有藻类和原生动物等。这类腐蚀很难单独存在,往往与电化学腐蚀同时发生。最主要的原因是污泥积聚,污泥覆盖下的金属表面由于氧浓差电池的作用,使金属遭受局部腐蚀。此外,微生物繁殖产生的特殊腐蚀环境,危害性也特别严重。特点是这类腐蚀高度集中于局部部位,因而一定是局部腐蚀。　　　　　　　　　　　　　　　（姚国济）

微生物净增长量　biomass net growth

活性污泥微生物合成代谢增长的微生物量减去内源代谢减少的微生物量。用 $\triangle X$ 表示。单位为 kg/d。若微生物量以 MLSS 表示,它就是污泥产量或污泥增长量,计算式为

$$\triangle X = YQ(S_o - S) - K_d XV$$

Y 和 K_d 分别为产率系数和微生物衰减系数;Q 为进水流量;S_o 和 S 分别为进、出水底物浓度;X 和 V 分别为曝气池中生物量浓度和曝气池容积。

（彭永臻　张自杰）

微生物衰减系数　microbial decay coefficient

又称内源呼吸衰减系数,自身氧化速率常数。表示单位微生物量在单位时间内由于内源呼吸作用而消减的微生物量。用 K_d 表示。为活性污泥反应动力学常数之一。单位为 t^{-1}。

（彭永臻　张自杰）

微生物增长曲线　microorganisms growth curres

表示微生物量随培养时间延续的增长规律曲线。将数量一定的微生物量置于环境条件完全适宜的容器内进行培养,微生物量将随培养时间呈有规律的增长与降低。它分为对数增长期、减速增长期和内源呼吸期。图示为间歇培养时,微生物量与其生长的曲线。

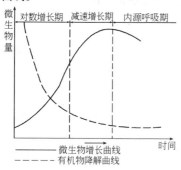

（彭永臻　张自杰）

微生物增长速率 biomass growth rate

微生物在单位时间单位容积内增长的数量。一般没有包括由于内源呼吸作用而减少的微生物量。其单位为$kg/(m^3 \cdot d)$。　　　（彭永臻　张自杰）

微生物自身氧化需氧速率

见内源呼吸氧利用系数(198页)。

微阻缓闭止回阀 low resistance slow closure check valve

启闭件(阀瓣)与轴相连,在轴的一端装有与关闭件近似平衡的重锤,使阀门在开启状态时水的局部阻力甚微,同时还带有阻尼缸,使关阀时缓闭,防止过高水锤的止回阀。阀瓣有旋启式和蝶式。

（肖而宽）

围堰法施工 cofferdam method construction

适用于在江河近岸建造给水排水构筑物的一种施工方法。先取土或其他材料在圈定的该构筑物所坐落的位置附近垒出半环形堤堰,抽排堰内积水并在此干燥或半干燥状态下组织正常的施工作业。待工程告竣即将围堰拆除。要用此种方法应注意勿使围堰基础因水流渗漏而溃决。此外应保留堰顶有一定超高,以防波浪及沉陷作用的影响;还需避免河床受狭流的冲刷作用以及航运是否受阻等问题。选定围堰的形式需考虑:河床断面及水文地质情况、施工季节、地方性材料的需求及施工条件等。围堰的结构可采用:土方堆垒型、土石砌筑型、草土混合型或是板桩型。　　　（李国鼎）

桅杆 mast

又称拉线塔。由纤绳拉结稳定的桅杆杆身组成的天线支承物。主要组成部分为①桅杆杆身;②纤绳;③绝缘子;④绝缘支座;⑤基础;⑥地锚。一般占

地面积较大,适用于有足够空地或农村和山区。

（薛发吴明）

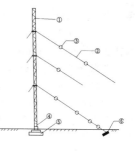

桅杆杆身 mast pole

桅杆的主要承重结构,在桅杆兼作天线时,杆身也作为发射体。杆身有时是一个单根的或成组的木杆或钢管或者是一个格构式塔架。单根木杆是采用经工厂防腐处理的圆单杆或成组松木制成,高度可达60m。格构式塔架桅杆杆身一般由角钢、圆钢或钢管组成,采用焊接或螺栓连接。材料用钢材、铝材、铝合金或钢铝混合使用。　　　（薛发吴明）

维尔纽斯电视塔 Vilnius television tower

维尔纽斯(Вилтнюси)电视塔位于立陶宛共和国,塔高326.4m。钢筋混凝土塔身高190m。标高160～180m之间为塔楼,共五层。塔身上部直径为8m,底部为15m。基础板直径38m。

注：图中尺寸单位标高为米,其余均为毫米。

（薛发吴明）

维护线 maintenance line

工作人员为了维护与管理通信设施所需要的联系用线路。　　　（薛发吴明）

尾巴电缆 stub cable

用来连接各种市话线路设备或主电缆与增音机连接时,或者在终端站主(干)电缆成端时使用的短段电缆。　　　（薛发吴明）

尾流 wake

建筑物背风面弱风区的旋涡和下沉气流的统称。它能加速污染物向地面下沉。为避免这种不良影响,在国家标准《制订地方大气污染物排放标准的技术原则和方法》中,规定排气筒高度不得低于附属建筑物高度的1.5～2.5倍。　　　（徐康富）

萎缩性鼻炎 atrophic rhinitis

又称臭鼻症。显现黏膜及黏液腺萎缩的慢性鼻炎。是大气污染引起的上呼吸道特殊慢性炎症,主要发生在鼻腔,但可下行传播,蔓延到咽喉、气管等处。由于鼻黏膜退行性改变,毛上皮代以鳞状上皮,动脉周围有圆细胞浸润,管腔缩小或全部栓塞,因而产生黏膜营养障碍,黏膜的各种组织(如分泌腺、神经、鼻甲骨)都萎缩。其症状为病人闻不到臭味,有时出现头痛等。　　　　　　　　　(张善文)

卫生填埋　sanitary landfill

将污泥(或污泥与城市生活垃圾等其他废料)在适当地点进行合乎城市卫生要求的填埋。作为最终处置,填埋时污泥系与当地土壤相间填埋,填埋场下应有防渗措施及渗滤水处理设施。填埋达到设计高度后须作绿化等最终处理,并与城市规划的园林等设施相结合。　　　　　　　　(张中和)

卫生土地填埋　sanitary landfill

城市固体废物土地填埋处置的一种方法。始于20世纪60年代,是在传统的堆放和填地处置发展起来的一项最终处置技术。是保护公众健康、保护环境不受污染的一种有效处置方法,主要用以处置城市垃圾。它通常是每天把固体废物在限定的区域内铺散成40~75cm的厚度,然后压实,再覆盖15~30cm土壤,再压实,这两种物体的压实层构成一个填筑单元。当达到最终设计标高后,在填埋层上覆盖90~120cm厚的土壤、压实、封场,即建成一个完整的卫生土地填埋场。卫生土地填埋按工作过程中的需氧程度可分为厌氧填埋、好氧填埋和半好氧填埋。目前,世界上广泛采用的是厌氧填埋,因其结构简单,施工费用低,操作方便,同时还可产生甲烷气体,作为燃料使用。好氧填埋优点是分解速度快,温度高,利于消灭致病细菌;但其结构复杂,造价高,所以不便推广。　　　　　　　　　(俞 珂)

卫星通信地球站　earth station for satellite communication

又称卫星通信地面站。在卫星通信系统中,满足一定技术特性标准的能利用卫星来转发或发射微波电信号的地面设施。由天线系统、发射系统、接收系统、通信控制系统、信道终端系统和电源系统组成。分固定式、移动式和可拆卸式等数种。主要通信设备由天线系统、跟踪系统、接收系统、终端接口设备及监控系统等构成。机房分上部机房与主机房,前者装低噪声接收设备及天线;后者由通信机室、控制室、计算机室、电视设备室、电池室、配电室、空调室、仪表室、器材室和技术管理室组成。是卫星通信的重要组成部分。　　　(薛 发 吴 明)

卫星移动通信系统　satellite mobile communication system

地球表面的移动用户与移动用户或与固定用户之间,利用通信卫星作为中继站而进行的通信系统。系统由空间段、地面段和移动用户通信终端组成。空间段包括卫星(星座)和控制中心,地面段由负责与地面通信网络连接的若干关口站组成,用户通信终端包括手持机、车(船、飞机)载终端及可搬移式终端。卫星移动通信最早是1976年在海事卫星(INMARSAT)领域得到应用,为海上航行的船只提供与陆地进行通信的服务,经过几十年发展,已建立起许多卫星移动通信系统,海事卫星系统也已扩展到为陆地移动用户提供通信服务。该系统依据应用领域不同分为:海事卫星移动通信系统,陆上卫星移动通信系统,航空卫星移动通信系统。依据卫星轨道不同分为同步卫星系统(GEO),卫星高度35680km;高椭圆轨道卫星系统(HEO),卫星高度5000~20000km(低轨)和25000~40000km(高轨);中轨卫星系统(MEO),卫星高度5000~20000km;低轨卫星系统(LEO),卫星高度500~2000km。依据覆盖范围不同分为:全球性系统、国内或区域性系统。高轨系统主要提供国内或区域性服务,中低轨系统主要提供全球性服务。多年来由于小卫星(重量小于500kg)技术的发展,目前卫星移动通信系统采用中、低轨道卫星,一般使用微波频段。中、低轨卫星系统需要的所有卫星习惯上称为一个星座。卫星移动通信主要优点是不受地理环境、气候条件和时间限制,对其覆盖区可以实现无缝覆盖,特别是蜂窝移动通信很难覆盖的地区。所以利用卫星移动通信系统可以建立大范围的服务区,成为覆盖地域、空域、海域的超国境的全球通信系统。只有利用卫星通信与地面通信系统(光纤、无线等)的结合,才能实现个人通信的理想目标。　　　　(张端权 薛 发)

未预见用水量　unforseen water demand

给水工程设计计算总用水量时,对难于预测的各项因素而准备的用水量。单位以%、m^3/d表示。通常按总用水量的8%~12%计算。　(魏秉华)

位温　potential temperature

空气块由原在高度按干绝热过程移至1 000mb高度处应具有的温度。由于位温与绝热升降的距离无关,故可根据位温的垂直分布,判别大气稳定度。若位温随高度增加而下降,则表明气块在上升过程中温度高于外界而放热,大气处于不稳定状态,反之是稳定的;若位温不随高度变化,则大气呈中性状态。　　　　　　　　　　(徐康富)

味　taste

通过人的味觉来辨别水的污染程度。是一项水的感官性状指标。纯净的水是无味的。各种不同的化合物和外来杂质会使水具有不同的味道。一般仅测定自来水等饮用水或已经过消毒后的极清洁水的水味,结果表示用正常、涩、甜、咸、碘味、氯味等文字来加以描述。也可以象嗅气一样,根据经验来说明味道的强度,一般可分为无、极微弱、微弱、明显、强、极强等六级。 (蒋展鹏)

wen

温度 temperature

温度是最常用的水质指标之一。水的许多物理性质,水中进行的化学反应和生物化学反应,以及水生生物的生命活动过程都与温度有密切关系。天然水的温度因水源不同而有很大差异。一般地下水的温度比较稳定,不经常改变。地面水的温度在一年中随着季节和气候的变化会有很大的改变。生活污水的温度一般要高于给水水温,也高于平均气温。工业废水的温度随工业性质、生产工艺的不同而有很大的变化。某些工业废水,主要是工业企业的冷却水的温度很高,若不加处理,任意排入水体,就会造成热污染。水温测定应在现场进行。 (蒋展鹏)

温度变送器 temperature transmitter

将压力式温度计、热电阻或热电偶温度计的测量信号交换输出可供指示、记录、控制之用的标准信号的仪器。精度 1~1.5 级。与压力式温度计、热电阻或热电偶温度计配套使用,用于远距离信号传输。 (刘善芳)

温度调节阀 temperature regulating valve

通过流量调节,控制温度参数的自动执行器。分直接作用式,非直接作用式。直接作用式一般由热胀冷缩液体控制阀针。当环境温度超过设定值,液体膨胀带动阀杆关小阀门,减少流量;反之亦然。该调节阀体积小,使用方便,一般装在用热设备(如散热器、换热器等)的入口处。非直接作用式,一般由测控机构和执行机构组成。直接作用式流量调节阀可作为其执行机构。测控机构以温度信号的测量与放大,由热继动器组成。当待调温度升高时,热继动器上的双金属片受热膨胀,使金属板与喷嘴间缝隙加大,导致执行器膜盒压力减小,阀瓣关小,流量、温度下降。温度下降时,作用相反。 (石兆玉 贺平)

温度计 thermometer

温度检测的仪器。温度参数值是不能直接测量的,通常只能根据物质的某些特性值与温度之间的函数关系,通过对这些特性参数的测量间接获得温度的精确测量数值。其中①应用热膨胀原理测量温度的有水银玻璃温度计、有机液玻璃温度计、电接点水银温度计、双金属温度计等;②应用压力随温度变化原理测量温度的有压力式温度计;③应用热阻效应测量温度的有热电阻温度计;④应用热电效应测量温度的有热电偶温度计。 (李金根)

温度系数 temperature-activity coefficient

表示温度对污水生物处理效果的影响程度的参数。用 θ 表示。表示温度对污水生物处理中反应速率影响的公式为

$$K_{(T)} = K_{(20)}\theta^{T-20}$$

T 为温度;$K_{(T)}$ 和 $K_{(20)}$ 分别为 T℃ 和 20℃ 时的反应速率常数。θ 值一般在 1.00~1.08 之间。 (彭永臻 张自杰)

温度巡检仪 temperature monitor

将利用导体和半导体的电阻随温度变化检测的温度信号组成采样输入放大器,经放大、转换、数据线性处理原理设计的多点温度检测仪器。具有测量、显示、报警、记录、通讯等功能。检测的容量最多可达 96 点,精度 ±0.5%。常用热电阻有:铂电阻和铜电阻,测量范围:铂电阻:-200~650℃,铜电阻 -50~150℃,检测采样速度为 10 点/s。 (周 红)

温室效应 greenhouse effect

大气中的二氧化碳能透过太阳辐射,而不能透过地面反射的红外辐射,阻止了地面热辐射进入外层空间,使地球表面温度升高。随着世界人口增加、工业的发展,大气中二氧化碳浓度不断增加,全球温室效应会明显增强,随之而来的是冰山溶化,海水上涨,陆地减少等一系列危害。 (张善文)

文丘里涤气脱臭 deodoration by Venturi scrubber

利用文丘里涤气器除臭的技术。湿式文丘里涤气器常用于高温烟气降温、除尘和气体吸收上,早期设计如图示。该装置是由文丘里管和脱液器组成。文丘里管是中间呈喉状的节流管,废气通过时加速至极高速度,洗涤液由喉部喷入,气液混合成雾、颗粒物和洗涤液充分碰撞,通过喉管后,气体流速减小,雾凝聚成液滴,进入脱液器中气体和液体及颗粒分离。文丘里洗涤器除尘效率高,除臭效率为 50%~80%。如臭味来自颗粒物,则效率可达 99%。 (张善文)

文丘里洗涤器 Venturi scrubber

又称文丘里管除尘器。由文丘里管和除雾器组

成的洗涤器。除尘过程可分为雾化、凝聚和除雾等三个阶段。前二阶段在文丘里管内进行;后一阶段在除雾器内完成。文丘里管包括收缩段、喉管和扩散段(见图)。含尘气体进入收缩段后,流速增大,进入喉管时达到最大值。洗涤液从收缩段或喉管加入,气液两相间相对流速很大,液滴在高速气流下雾化,气体湿度达到饱和,尘粒被水润湿。尘粒与液滴或尘粒之间发生激烈碰撞和凝聚。在扩散段,气液速度减小,压力回升,以尘粒为凝结核的凝聚作用加快,凝聚成直径较大的含尘液滴,进而在除雾器内被捕集。文丘里管构造有多种形式,按断面形状分为圆形和方形两种;按喉管直径的可调性分为可调的和固定的两类;按液体雾化方式可分为预雾化型和非预雾化型;按供水方式可分为径向内喷、径向外喷、轴向喷水和溢流供水等四类。适用于去除粒径 $0.1 \sim 100 \mu m$ 的尘粒,除尘效率为 $80\% \sim 99\%$,压力损失范围为 $1.0 \sim 9.0 kPa$,液气比取值范围为 $0.3 \sim 1.5 L/m^3$。对高温气体的降温效果良好,广泛用于高温烟气的除尘、降温,也能用作气体吸收器。

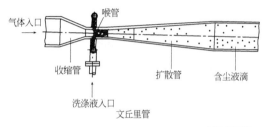

气体入口　　喉管　　　　　　　　　　含尘液滴
收缩管　　　扩散管
洗涤液入口
文丘里管

（郝吉明）

稳定塘　stabilization ponds

又称氧化塘,生物塘。将经过预处理的污水引入自然的或人工修建的池塘,缓慢流动,长期滞留,主要在自然条件下生物净化污水的技术。根据污水中溶解氧存在的状况及存活微生物的种类。可分为好氧塘、兼性塘和厌氧塘等。此外,属于稳定塘系列的还有:采取人工强化措施的曝气塘;使污水达到高度处理程度的深度处理塘;在冬季低温季节控制排放的贮存塘和控制出水塘以及兼收养殖水生生物效益的综合生物塘等。该工艺一般属二级处理范畴,其净化功能与当地气候条件密切相关,此外,也取决于有机物负荷、塘型等因素。在温暖季节,去除污染物效果能够相当于二级处理技术,在低温季节将有所降低,此时应采取降低负荷、延长停留时间的措施,在北方冰封期间,则一般按贮存塘考虑,不向外排水。该工艺塘体构造简单,便于维护运行。建设与运行费用较低。在世界上已有40多个国家采用了稳定塘,其中以美国为最。中国从上世纪60年代起陆续兴建了一批稳定塘,其中效果比较显著的有:湖北鸭儿湖稳定塘、黑龙江齐齐哈尔稳定塘、山东胶州稳定塘、

内蒙边陲重镇满洲里稳定塘等。　　（张自杰）

稳定指数　stability index

又称雷兹纳指数。为两倍水的碳酸钙饱和平衡时的 pH 值与同一种水实测 pH 值的差值。能相对定量的预测水中碳酸钙沉淀与溶解的倾向。是由雷兹纳(J. W. Ryznar)提出的一个经验指数。

$$I_R = 2pH_s - pH_0$$

pH_0 为水的实测 pH 值;pH_s 为水在碳酸钙饱和平衡时的 pH 值。经验表明,它更能代表冷却水腐蚀或结垢的性质。$I_R < 6$,结垢的水;$6 < I_R < 7$,基本稳定;$I_R > 7$,水是腐蚀性的。　　（姚国济）

稳管　stabilizing pipes

将已放到沟槽管基上的管节按设计要求的平面位置及标高加以固定。在稳管过程中应特别注意管节的对中及高程控制。所谓对中是使管道中心线与沟槽中线在同一垂直平面内,其偏差范围在 ±5mm,若超过此值,可移动或调整此管节,直至符合规定,待管节对中及高程检验妥当后,将其固定在管座中。

（李国鼎）

稳压阀　pressure reducing valve

使超过工况压力条件的压缩空气在输出时降至需要的压力值,并保持该压力值的控制阀门。

（李金根）

WO

涡街流量计　vortex-shedding flowmeter

利用流体振荡原理进行流量或流速测定的间接计量式仪表。为漩涡流量计中的一种。在流体中放置一个断面为非流线型柱体(如圆柱体或三角柱体等)时,该柱体两侧就会交替地出现漩涡,两侧漩涡的旋转方向相反,并轮流地从柱体上剥离,在尾流中产生两列错排的随流体运动的漩涡阵列,称为"卡门涡街"。实验和理论分析证明,涡街是稳定的。漩涡剥离频率信号的检出方法,在漩涡发生时可利用发热体散热条件变化的热检出,也可利用漩涡发生体两侧产生的压差来检出等。检出了漩涡剥离频率,可由实验得出的仪表流量常数,就可求得流体的容积流量。这种流量计适用于大管径大流量的气体流量测定,具有量测范围宽(一般可达 100:1)、阻力小、没有运动部件、稳定性和再现性好、精度高、适应性好以及信号便于远传等特点。因是速度式量测方法,对安装和仪表前后直管段长度的要求较高,对被测介质的净化程度要求也较高,否则检测元件被脏物黏附后,会极大地影响仪表的灵敏度和精确度。　　（王民生）

涡流定律　vortex flow law

描述旋风除尘器内气流切向速度分布的定律。

在外涡旋,气流切向速度 U_T 反比于旋转半径 R 的 n 次幂,即

$$U_T R^n = 常数$$

n 为涡流指数。对于理想气体,$n=1$;对于实际气体,$n=0.5\sim1.0$,取决于旋风除尘器筒体直径 D 和气体温度 T:

$$n=1-(1-0.67D^{0.14})\left(\frac{T}{283}\right)^{0.3}$$

在内涡旋,切向速度正比于旋转半径,比例常数等于气流旋转角速度 ω,即

$$U_T = \omega R$$

气流切向速度的最大值位于内、外涡旋的交界面上,该交界面的半径 $r=(0.6\sim0.7)d_e$,其中 d_e 为旋风除尘器排气管直径。　　　　　　　　　　(郝吉明)

涡流式沉砂池

见旋流式沉砂池(320 页)。

涡轮流量计　turbine flowmeter

又称涡轮流量仪。根据涡轮转速和流速成正比原理制作的流量测量仪器。由涡轮流量变送器、前置放大器和流量指示积算仪组成。可实现流量的指示和积算。叶轮上有螺旋叶片,叶轮轴与流体流动方向平行。叶轮的转速和通过管道流体的体积成正比,所以其输入输出关系是线性的。测量范围:液体,0.04 $\sim6000\text{m}^3/\text{h}$,量程比 6:1;气体,2.5 $\sim350\text{m}^3/\text{h}$,量程比 10:1。精度0.5~1级。其精度和灵敏度高,耐温耐压,信号能远传。但是由于轴承支承,所以对介质的净化程度要求较高,一般应设过滤器,否则会缩短流量计的寿命。　　　　　　　　(王民生　刘善芳)

卧式螺旋卸料离心机　horizontal screw discharging centrifuge

利用离心沉降法把污泥中的固、液相进行分离的一种机械脱水设备。主要有转鼓、螺旋输送器、差速器、驱动机构和外罩等组成。转鼓大端是圆柱形,小端是圆锥形,两者结合成一个整体。输送螺旋设在转鼓内,与转鼓同轴旋转,其转速与转鼓有<3%的转速差。运行时,污泥浆与高分子絮凝剂按比例充分混合后从空心轴的进料管投入。泥浆在离心力作用下形成环形液池,重相的固体(污泥)沉降在液池的外层、分离的液体在内层,分离液从转鼓大端溢流口(高度可调)溢出,污泥由于螺旋叶片与转鼓的相对运动,向转鼓的小端推出,通过干燥区后外排。生化处理泥,适用离心机的长径比<4.2,半锥角 5°~18°,分离因数<3000,转差 2~5r/min。为节约用地,一揽子解决污泥脱水,把两种不同分离因数的离心机串联运行成为污泥浓缩、脱水一体机,从而去除庞大浓缩池和浓缩机。离心脱水特点可自动连续运行,结构紧凑,单机生产能力大,分离质量高,可全封闭运转无臭气外溢,但噪声相对较高、结构复杂。　　(李金根)

卧式旋风水膜除尘器

见旋筒式水膜除尘器(321 页)。

卧轴式絮凝搅拌机　horizontal paddle flocculator

促使絮凝池中胶体颗粒发生碰撞、吸附的一种搅拌轴为水平轴的搅拌机。沿絮凝池顺水流设 3~5 个卧轴,每轴各有不同的搅拌强度(搅拌速度梯度值 G 在 20~70s^{-1}之间逐级递减)。长轴上设几个叶轮,常用为框式搅拌叶轮,桨叶为直板桨,桨臂布置有一字形(双臂式)和十字形(四臂式),每臂设 1~5 块直桨,组成不同回转半径的叶轮。绕轴缓慢旋转。促使絮粒快速结成硕大絮团利于后续沉降。适用于平流池。其最大特点是适应进水的水量、水温的变化,尤其是原水水量、浊度、水温、药剂投加量变化大的平流池,采用无级调速的卧轴式絮凝搅拌机可达到节约药剂和满意的絮凝效果,且水头损失小,池体结构简单,池内不积泥。　　　　　　(李金根)

WU

污垢　scale

冷却水系统中泥垢和黏垢的总称。泥垢主要为泥沙、无机分散物。黏垢主要为藻类、细菌、有机物等。　　　　　　　　　　　　　　　(姚国济)

污泥泵站　sludge pump station

转输或排除城市污水处理厂污泥的抽升设施。一般采用污水泵,但经浓缩后送往脱水间脱水时宜用柱塞泵。一般污水处理厂污泥的抽升设备多附设在处理设施中,不单独设站。只有在大量污泥转输一定距离,或需进行进一步处理或处置时始单独设站。　　　　　　　　　　　　　　　(张中和)

污泥产率　sludge production rate

又称污泥产量,污泥增长量。在单位时间内单位容积内污泥的增长量。单位为 $\text{kg}/(\text{m}^3 \cdot \text{d})$。它不仅包括微生物本身的净增长,也包括污水中难降解的与还未降解的有机固体以及少量的无机固体在污泥上的积累,致使污泥量增长。在混合液浓度稳定的状态下,剩余污泥量就等于污泥产量。如果近似地用 MLSS 表示微生物的相对量,它就是微生物的净增长速率。　　　　　　　(彭永臻　张自杰)

污泥沉降比　sludge volume ratio

简称 SV。又称 30min 沉淀率。曝气池内的混合液在 100mL 量筒中静置沉淀 30min 后,沉淀污泥容积与原混合液的体积比。单位以%表示。在污泥指数大体不变的情况下,污泥沉降比能及时地反映曝气池中污泥浓度的变化,并用以控制排泥量;当污泥浓度变化不大时,它又能反映其沉降性能及是否

有产生污泥膨胀的倾向。它的测定方法简便迅速，是污水处理厂常用的监测指标。但应注意到，它的大小与污泥浓度和污泥沉降性能两项因素有关。

（彭永臻　张自杰）

污泥处理设备　sludge treatment equipments

污泥最终处理前的成套设备。为便于后续处理，尽可能地去除污泥中的大量水分和降解污泥中的有机物含量，其中用机械方法处理的通常有浓缩机、污泥消化搅拌机、脱水机、污泥切割机等。

（李金根）

污泥处置　sludge disposal

污泥的最终出路。一般可在陆地上进行卫生填埋，亦可投海进行海洋处置，最好的处置方法应属污泥利用。　　　　　　　　　　　　　（张中和）

污泥堆肥　sludge composting

污泥与生活垃圾及秸秆等混合，利用好氧菌进行的好氧发酵，制造农肥的过程。堆肥温度可达60℃，成熟周期约4～5个月。周期长，占地大，费劳力，对环境有污染。　　　　　　　（张中和）

污泥焚烧　sludge incineration

在各种焚烧炉中完全去除污泥的水分和有机物质，杀灭一切病原菌和寄生虫卵的过程。焚烧余烬为无机灰分，易于处置。焚烧炉有立式多段炉、转筒焚烧炉、流化床焚烧炉、喷雾焚烧炉等，以多段炉常用。多段炉竖向分4～12段，最高炉温达1 000℃。

（张中和）

污泥焚烧设备　sludge incinerator

将污泥焚烧成灰的设备。在大气压的状态下，供给足够的空气量和适量辅助燃料，对脱水滤饼（污泥）进行燃烧，以去除污泥中有机成分、有害物质和水分，达到污泥的减量化和稳定化。污泥焚烧设备按其构造可分为固定床焚烧炉、流化床焚烧炉和回转窑等。　　　　　　　　　　　　（李金根）

污泥干化场　sludge drying bed

靠自然蒸发和渗滤使污泥脱水的设施。干化场用炉渣或碎石等滤水材料铺成滤水层，下设多孔排水管，污泥灌到滤层上约20～30 cm厚度，泥中水分一部靠蒸发，一部靠渗滤，最后形成干裂的泥面，即可清走。在干燥地区适用，但卫生状况不佳。

（张中和）

污泥好氧消化池　areobic sludge digester

污泥好氧消化处理的构筑物。在有氧条件下，利用好氧微生物的代谢作用来分解污泥中有机物质。微生物是处于内源呼吸阶段，污泥消化程度高，剩余污泥量少，消化污泥稳定、易脱水、无臭。但运行费用较高，且不能回收甲烷气。该池由好氧消化区、泥液分离沉淀区组成，设有中心导流筒（如图），

并附设有原生污泥投入、消化污泥排出和曝气系统等设施。池的有效深度：采用鼓风曝气时宜为5.0～

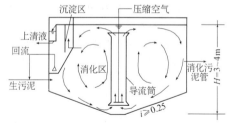

6.0m，采用机械表面曝气时宜为3.0～4.0m。该池可采用敞口式，超高不小于1.0m。好氧消化时间10～20d。挥发性固体容积负荷：重力浓缩后的原生污泥为0.9～2.8kgVSS/(m³·d)，机械浓缩后的原生污泥不大于4.2kgVSS/(m³·d)。池内污泥溶解氧浓度不低于2mg/L。

（孙慧修）

污泥烘干　sludge stoving

污泥在脱水后，进一步在烘炉中加热干燥的过程。加热温度在300℃以上，含水率可降至10%～15%，可以包装。烘干污泥中病原菌及寄生虫卵杀灭，而肥效不减。　　　　　　　　（张中和）

污泥回流比　recycle ratio of sludge

回流活性污泥量 Q_R 和污水流量 Q 的比值。用 R 表示。即 $R = Q_R/Q$。回流比 R 值与回流污泥浓度 X_R 及混合液污泥浓度 X 有关。若不考虑剩余污泥量，则可写成 $R = X/(X_R - X)$。

（彭永臻　张自杰）

污泥搅拌　sludge mixing

使投入消化池的生污泥与池中原有熟污泥充分混合的操作手段。搅拌方法有机械搅拌、污泥循环搅拌和沼气循环搅拌。当前以沼气循环搅拌效果最好。　　　　　　　　　　　　　（张中和）

污泥利用　sludge utilization

对污泥中有用成分的利用。污泥的首要用途可作农肥及土壤改良剂。污泥的肥效早已为人们所认识，但应注意防止重金属和寄生虫卵等危害。污泥还可作为建筑材料等的原料，但尚待开发成熟。

（张中和）

污泥龄（θ_c 或 t_s）　sludge age

又称固体停留时间（solids relention time，简称SRT），生物固体停留时间（BSRT），平均细胞停留时间（mean cell residence time，简称MCRT）。曝气池内活性污泥的总量与每日排放的剩余污泥量之比。单位为d，计算公式为

$$\theta_c = \frac{VX}{Q_w X_w + (Q - Q_w)X_e} \approx \frac{VX}{Q_w X_w}$$

V 为曝气池有效容积；X 为污泥浓度；Q 为进水流量；Q_w 和 X_w 分别为每日排放的污泥流量和浓度；X_e 为二次沉淀池出水中的污泥浓度。在稳定状态下，它的物理意义是污泥或微生物在曝气池中的平均停留时间，也是污泥或微生物增长一倍所需要的平均时间，故也可称为微生物的平均世代时间。因此，它实质上是微生物比净增长速率的倒数，它在活性污泥法处理系统的设计和运行中具有非常重要的意义，是一项重要的参数。　　（彭永臻　张自杰）

污泥浓度计　suspended solid analyzer

根据光线通过水样时，水中悬浮物质对光的散射、吸收和透射量与悬浮物质呈一定关系的原理制作的测定水中污泥含量的仪器。也有根据超声衰减法，即利用超声波经过水样时，其声强衰减大小和悬浮物质呈一定关系的原理制作。测量范围：0～20、50、250、1 000、3 000、30 000、50 000、100 000mg/L，精度 ±3% ±5% FS。连续监测仪表有标准电信号输出，可供指示和控制之用。　　（刘善芳）

污泥浓缩　sludge thickening

降低污泥处理前的含水量，以减少其处理体积和费用的工艺。　　（张中和）

污泥浓缩机　sludge thickener

又称重力浓缩刮泥机。具有提高污泥浓度功能的排泥机械。与圆形沉淀池刮泥机相似，但在刮泥臂上装有并列、均布的垂直栅条，使污泥在重力作用的浓缩过程中，栅作缓速搅拌，栅条在穿行污泥层扰动时，使水和气体易于从污泥中逸出，提高污泥浓缩的效果。污泥中分离出的上清液从排水槽中排除，同时池底刮泥板把浓缩污泥向池中心刮集，从中心排泥斗中排出池外。　　（李金根）

污泥气　sludge gas

又称沼气（Marsh gas）。污泥在厌氧消化过程中产生的气体。沼气主要含甲烷约 60%，二氧化碳约 35% 以及氢、氮、硫化氢等。沼气用途很多，主要可发电，能供二级污水处理厂用电的 1/3 左右。余热利用尚可满足部分消化池加热。　　（张中和）

污泥调治　sludge conditioning

向污泥中投加絮凝剂以改善污泥脱水性能的工艺。亦可用冻融法，以破坏污泥的亲水胶体结构，提高其脱水率。　　（张中和）

污泥脱水　sludge dewatering

污泥在浓缩或消化后，为便于运输或后续处理，进一步降低其含水量的工艺。通常用自然蒸发法和机械脱水法。脱水后污泥的含水量可降至 65%～85%。　　（张中和）

污泥脱水机　sludge dewatering device

减少污泥含水量，缩减其体积的设备。常用的有真空过滤机、板框压滤机、卧式螺旋卸料离心机和带式压滤机。　　（李金根）

污泥消化　sludge digestion

利用厌氧菌或好氧菌的代谢作用，在人工控制条件下，使污泥稳定和无害的工艺。消化视所用菌种不同，分为厌氧消化和好氧消化。视作用的温度不同又分为常温消化、中温消化和高温消化。
　　（张中和）

污泥厌氧消化池　anaerobic sludge digester

又称污泥消化池。简称消化池。污水厌氧处理的构筑物。在无氧条件下，利用厌氧微生物的代谢作用来分解污泥中有机物质，最终产物有 CH_4、CO_2 等。池有圆柱形（如图）和蛋形。圆柱形池径一般 6～15m，池总高度与池径比为 0.8～1.0。蛋形池容积可达 10 000m³ 以上。池附设有：①原生污泥投配、消化污泥排出、溢流液排出装置；②甲烷气（污泥气）收集和贮存设备；③污泥搅拌混合设备；④加温污泥的加热设备等设施。污泥温度可采用中温消化（30～35℃）或高温消化（50～53℃），加热可采取池外热交换或蒸汽直接加热方法。搅拌可采用机械搅拌、池外循环搅拌或污泥气搅拌方法等。中温消化时，污泥消化时间 20～30d。消化池挥发性固体容积负荷：一般重力浓缩后的原生污泥为 0.6～1.5kgVSS/(m³·d)，机械浓缩后的原生污泥不大于 2.3kgVSS/(m³·d)。

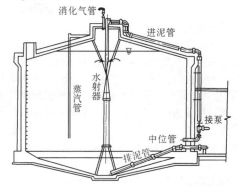

（孙慧修）

污泥再曝气法　sludge reaeration process

又称强化再生曝气法。在曝气池前部划分出一个区段$\left(\text{曝气池全部的} \frac{1}{4}、\frac{1}{3} \text{或} \frac{1}{2}\right)$，作为回流污泥再曝气段的活性污泥系统的一种运行方式。回流污泥首先在这个区段内进行强化再生的恢复，增强其活性。该法与吸附再生法相近，不同之处在于在曝气池的末端活性污泥已经处于衰减增长期，有机污染物已基本完成了生物氧化过程，回流污泥的再曝气的主要作用在于进一步提高其活性，使其能够更好地发挥降解有机污染物的作用。该法的各项设计与运行数据及处理效果同传统活性污泥法。

（彭永臻　张自杰）

污泥增长量

见污泥产率(296页)。

污泥指数 sludge volume index

简称SVI。又称污泥容积指数。曝气池出口处混合液经30min静止沉淀后的污泥中,1g干污泥所形成的沉淀污泥所占的容积(以mL计)。单位为mL/g表示。计算公式为

$$SVI = \frac{SV\% \times 10}{MLSS} (mL/g)$$

SV%为污泥沉降比;MLSS为污泥浓度。SVI值能较全面地反映活性污泥的密度及沉淀和浓缩性能,正常值在70~100之间。除了污泥浓度的影响外,SVI值过低,说明污泥密度过大,含水率低,或无机物含量多,缺乏活性和吸附能力;SVI值过高,说明污泥沉淀性能不好,已经膨胀或有产生膨胀的趋向。因此它是查验污泥膨胀的重要指标。但SVI值也在一定程度上受污泥浓度的影响。

（彭永臻　张自杰）

污染防治费用 pollution prevention cost

见污染控制费用。

污染经济损失 economic losses of pollution

由污染对环境生态(包括农业生态)、人体健康和建筑材料的危害而造成的经济损失。对污染危害的这种经济评价是环境项目决策和环境经济效益评估的重要依据。　（徐康富）

污染经济损失费用评价 expense assessment of pollution economic losses

按污染损害的类别,选择适用的费用效益计算方法,通过分类计算和累加,评估污染经济损失。如大气污染对农、林、牧、渔业的损害,常用市场价值法,按原料和产品的市场价格直接求得因污染多投入少产出的费用损失;对森林水土保持功能的损失,可用影子工程(价格)法,以构筑等功效的水库工程和泥沙拦蓄工程所需的费用来代替;若造成某种资源短缺或因污染失去原有用途,则可用机会成本法,按失去的使用机会所能产生的最大效益即机会成本计损失费用;对建筑物材料的腐蚀,常用恢复和保护费用法,由正常维护费用的经验值推算出恢复和保护措施所需费用的增加值;对景观损害的人文艺术价值损失和噪声危害等不便计算的经济损失,则用调查评价法,通过问卷调查获得人们对环境资源的支付愿望和专家估价;对人体健康的危害损失,可按人力资本法求随发病率增加的误工损失,按市场价值法求增加的医疗费用,也可用调查评价法估值。各种计算方法与损害类别的搭配关系是可变通的,

应根据具体情况作出选择。　（徐康富）

污染控制费用 pollution control cost

又称污染防治费用。为控制环境污染所支付的费用。主要包括各种排放控制费用以及环境管理、环境监测和环境科学研究等事业费。　（徐康富）

污染气象学 pollution meteorology

研究气象因子与大气污染关系的一门科学。常用的气象因子有太阳辐射、云量、风向和风速、位温、大气温度层结和大气稳定度等。它们在很大程度上影响着大气污染物浓度的时空分布。评价这种影响是污染气象学的基本任务。　（徐康富）

污染树脂复苏 recovery of polluted resin

树脂污染后,用物理或化学方法进行清洗使树脂复原,保证出水质及延长树脂使用寿命的工序。污染树脂会恶化水质,使再生剂增加用量,降低树脂工作容量等。复苏处理方法有空气擦洗法、酸洗法、碱洗法等。　（潘德琦）

污染源参数 parameter of pollutant source

排放口的地理位置坐标、几何高度、热排率、烟气速度和污染源源强(单位时间内污染物排放量,g/s)的统称。它是总量控制模型计算所必需的数据库资料。　（徐康富）

污染者负责原则 polluter responsible principle

谁污染谁治理、谁污染谁负责的原则。中华人民共和国大气污染防治法所做的"造成大气污染危害的单位,有责任排除危害,并对直接遭受损失的单位或者个人赔偿损失"的规定,就是此原则。

（姜安玺）

污水泵 sewage pump

输送含有固体颗粒的原污水、未沉淀污水、活性污泥、工业废水等各种污水的泵。普通采用的结构为单级单吸悬臂式离心泵,有卧式和立式,一般在口径为250mm以下的泵几乎都采用无堵塞型叶轮,叶轮有一个叶片和二个叶片。所谓无堵塞是指对于泵的尺寸来说可以通过最大的固体颗粒,无论在泵中或其他场合,堵塞现象总是会发生的,经验证明绳子、长条纤维、塑料制品、布料、棉纱是最容易堵塞的物品,特别是这种物品大量存在的场合,堵塞就会发生。作为污水泵输送不同介质应具有以下各种结构形式:①单流道开式叶轮离心泵,输送原污水中会有大直径固体颗粒。②单流道或双流道闭式叶轮离心泵,输送原污水并含有固体颗粒及原污泥。③混流泵和轴流泵,输送大流量并经过过滤的污水。④离心泵输送含有气体的污水和活性污泥。⑤容积泵(往复式和膜片式),需要高压输送浓缩污泥的场合。⑥开式叶轮的潜水污水泵输送含有固体颗粒的污水。⑦膜片式泵输送有磨损的污泥或有黏度的污泥。⑧柱塞泵输送高黏度污泥。　（刘逸龄）

污水泵站　wastewater pump station

在分流制系统的污水管网中抽升污水的设施。由于水质污浊，为了保护泵，污水泵前设有沉砂池、格栅(网)。泵采用污水泵。泵的启动可用真空泵、真空罐，也可采用自灌方式，即将泵轴高程置于集水池最低水位以下，以保证水泵的启动。自灌方式一般基建费用较高。　　　　　　　　（张中和）

污水处理厂　sewage treatment plant, wastwater treatment plant

简称污水厂。又称污水净化厂、水污染控制厂。为使污水达到排入某一水体或再次使用的水质要求，对其进行人工强化处理过程的场所。包括对污水处理过程中产生的污泥的处理加工过程。按污水来源不同，分为城市污水处理厂和工业废水处理厂(站)。按污水处理深度的不同，分为一级、二级、三级或深度污水处理厂。有时为了回收利用，需要设置污水回用或循环利用污水处理厂。其设计包括厂址的选择、污水处理工艺的选择，不同处理的构筑物、附属建筑物、平面布置、高程布置、配水及计量设备等设计，并进行道路、绿化、管道综合、厂区给水排水及处理系统管理自动化等设计。设计要求技术先进、经济合理、运行管理方便等。设计必须贯彻当前国家建设的各项方针政策。　　　　（孙慧修）

污水处理厂的附属建筑物　appurtenances in sewage treatment plant

为了使污水处理厂能够正常生产运行而设置的辅助性建筑物。包括生产管理、行政办公、化验室、维修间、车库、仓库、食堂、浴室和锅炉房、堆棚、绿化用房、传达室、宿舍及其他等房屋。它们是污水处理厂不可缺少的组成部分。其规模和取舍随污水厂的规模和需要而定。在大型污水厂内，还需建托儿所、幼儿园和接待室等。可按现行《城镇污水处理厂附属建筑和附属设备设计标准》执行。污水厂附属建筑应根据总体布局，结合厂址环境、地形、气象和地质等条件进行布置。　　　　　　　（孙慧修）

污水处理厂的附属设备　appurtenances for sewage treatment plant

为了使污水处理厂能够正常生产运行的辅助机械设备。附属设备的选用，应满足工艺要求，做到设计合理、使用可靠，以不断提高污水厂的管理水平。对于大型先进仪表设备，要充分发挥其使用效益。附属设备包括化验设备和维修设备等，设备的配置应按污水厂的规模和处理级别等因素确定，可按现行《城镇污水处理厂附属建筑和附属设备设计标准》执行。　　　　　　　　　　　（孙慧修）

污水处理厂的高程布置及流程纵断面图　altitude arrangement and profile of technological processes for sewage treatment plant

确定各处理构筑物及其连接管渠的标高所绘制处理流程的纵断面图。其比例一般采用：纵向1:50～1:100，横向1:500～1:1000，在示意图上应注明构筑物和管渠尺寸、坡度、各节点水面、内底以及原地面和设计地面的高程。图a为某污水处理厂的污水处理流程及图b污泥处理流程高程布置。在绘制总平面图的同时，应绘制污水与污泥的流程纵断面图。在污水处理过程中，应尽可能使污水和污泥为重力流，但在多数情况下，往往须抽升。高程布置应考虑：①为了保证污水在各处理构筑物之间自流，必须精确计算各构筑物之间的水头，包括沿程损失、局部损失及构筑物本身的水头损失。此外，还应考虑污水厂扩建时预留的储备水头损失；②进行水力计算时，应选择距离最长、水头损失最大的流程，并按最大设计流量计算；③污水厂的出水管渠高程，排入水体时，须不受洪水顶托；④污水厂的场地高程布置，应考虑土方平衡，并考虑有利排水；⑤高程布置时，应注意污水和污泥流程的配合，尽量减少抽升的污泥量。

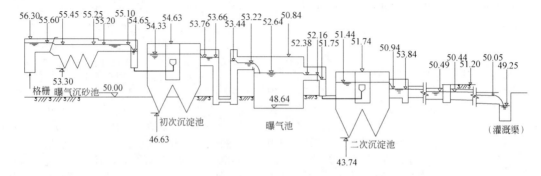

图(a)(尺寸单位标高为米)

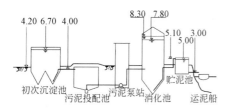

初次沉淀池　污泥投配池　污泥泵站　消化池　运泥船

图(b)(尺寸单位标高为米)

(孙慧修)

污水处理厂的配水设备　distribution apparatus of sewage treatment plant

污水处理厂并联运行的处理构筑物间设置的均匀配水装置。在污水处理厂中,同类型、同尺寸的处理构筑物通常有2座或2座以上,要求向各池配水均匀,需要在处理构筑物前设置有效的配水设备。它有对称式配水、非对称式配水、渠道式配水、堰板式中心配水井和无堰板式中心配水井等形式。各种配水设备的水头损失可按一般水力学公式计算。　(孙慧修)

污水处理厂的平面布置及总平面图　plane arrangement and general layout of sewage treatment plant

在污水处理厂厂区内,对处理构筑物、连接各处理构筑物之间的管渠及其他各种管线、办公、化验及其他辅助建筑物、道路、绿化等进行规划布置,确定它们在平面上的位置。根据污水厂规模的大小,采用1:200~1:500比例尺的地形图绘制总平面图。管线布置也可单独绘制图。平面布置一般应考虑:①处理构筑物的布置应紧凑,节约用地并便于管理;②处理构筑物应尽可能地按流程顺序布置,以避免管线迂回,同时应充分利用地形,以减少土方量;③构筑物之间的距离应考虑敷设管渠的位置、运行管理和施工的要求,一般采用5~10m;④污泥处理构筑物应尽可能布置成单独的组合,以策安全,并方便管理。污泥消化池应距初次沉淀池较近,以缩短污泥管线,但消化池与其他构筑物之间的距离应不小于20m。贮气罐与其他构筑物的间距应根据容量大小按有关规定决定;⑤经常有人工作的建筑物如办公、化验等用房屋应布置在夏季主风向的上风向一方;⑥变电站的位置宜设在耗电量大的构筑物附近,高压线应避免在厂内架空敷设;⑦污水厂内管线种类多,应考虑综合布置。污水和污泥管道应尽可能考虑重力自流。污水厂内应设超越管,以便在发生事故时,使污水能越过一部或全部构筑物,进入下一级构筑物或事故溢流;⑧总图布置应考虑远近期结合,有条件时,可按远景规划污水量布置,将处理构筑物分为若干系列,分期建设。并应充分安排绿化地带。图示为某市污水处理厂平面布置。该厂日处理污水量为 $26 \times 10^4 \text{m}^3/\text{d}$。

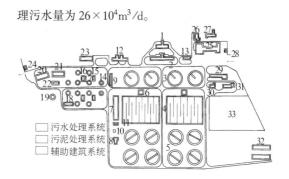

□ 污水处理系统
□ 污泥处理系统
□ 辅助建筑系统

1—污水泵房;　2—沉砂池;　3—初次沉淀池;　4—曝气池;　5—二次沉淀池;　6—回流污泥泵房;　7—鼓风机房;　8—加氯间;　9—计量槽;　10—深井泵房;　11—循环水池;　12—总变电站;　13—仪表间;　14—污泥浓缩池;　15—贮泥池;　16—消化池;　17—控制室;　18—沼气压缩机房;　19—沼气罐;　20—污泥脱水机房;　21—沼气发电机房;　22—变电所;　23—锅炉房;　24—传达室;　25—办公化验楼;　26—浴室锅炉房;　27—幼儿园;　28—传达室;　29—机修车间;　30—汽车库;　31—仓库;　32—宿舍;　33—试验厂

初次及二次沉淀池均采用辐流式,曝气池采用渐减曝气式活性污泥处理工艺,污泥采用中温厌氧二级消化处理,消化气用于该厂发电和生活用气,发电产生的余热用于污泥消化的余热。　(孙慧修)

污水处理厂的污水计量设备　measurement apparatus for sewage treatment plant

在污水处理厂中测量污水量的装置。准确地掌握污水处理厂的污水量,对提高其工作效率和运行管理水平是非常必要的。对污水的计量设备要求水头损失小、精度高、操作简便、不沉积杂物,并且能够配用自动记录仪表。它一般设在沉砂池与初次沉淀池之间的渠道或污水处理厂的总出水管上,来测量污水厂的总处理水量。如有条件,应在每座主要处理构筑物的进水管渠上安装计量设备。污水处理厂常用的污水计量设备有巴氏计量槽和计量堰等。

(孙慧修)

污水处理厂用地面积　area of sewage treatment plant

布置污水处理厂所需的土地面积。它与处理污水量和采用处理工艺有关。应根据实际用地面积确定。估算的用地指标为:城镇污水一级处理,其工艺流程大体为提升、沉砂、沉淀及污泥浓缩、干化处理等,当处理污水量为20万 m^3/d 以上、10万~20万 m^3/d,5万~10万 m^3/d,2万~5万 m^3/d、1万~2万 m^3/d;用地指标分别为 $0.3~0.5\text{m}^2/(\text{m}^3 \cdot \text{d})$、$0.4~0.6\text{m}^2/(\text{m}^3 \cdot \text{d})$、$0.5~0.8\text{m}^2/(\text{m}^3 \cdot \text{d})$、$0.6~1.0\text{m}^2/(\text{m}^3 \cdot \text{d})$、$0.6~1.4\text{m}^2/(\text{m}^3 \cdot \text{d})$。城镇污水二级处理,其工艺流程大体为提升、沉砂、初次沉淀、曝气、二次

沉淀、消毒及污泥提升、浓缩、消化、脱水及沼气利用等,当处理水量为:20万 m³/d以上、10万～20万 m³/d、5万～10万 m³/d、2万～5万 m³/d、1万～2万 m³/d;用地指标分别为 0.6～1.0m²/(m³·d)、0.8～1.2m²/(m³·d)、1.0～2.5m²/(m³·d)、2.5～4.0m²/(m³·d)、4.0～6.0m²/(m³·d)。　（孙慧修）

污水处理工艺流程　technological process of sewage treatments

用于某种污水处理的工艺方法的组合。通常根据污水的水质和水量,回收利用的经济价值,排放标准及其他社会、经济条件,经过技术经济分析和比较,必要时,还需进行试验研究,决定所采用的处理流程。要求技术先进、经济合理。在流程选择上要注重整体最优,而不只是追求某一环节的最优。城镇污水排入水体时,其处理程度及方法按现行的国家和地方的有关规定,以及水体的稀释和自净能力、上下游水体利用情况、污水的水质和水量、污水利用的季节性影响等条件,经技术经济比较确定。图示为城镇污水处理的典型工艺流程。污水采用二级生物处理,其工艺流程为:格栅、沉砂、初沉、生物处理、

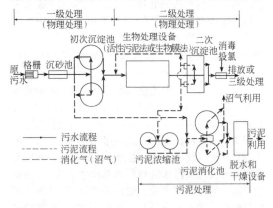

二沉、消毒、出水排放或进行三级处理。污水处理过程中产生的污泥(初沉污泥和二沉剩余污泥)进行的稳定与无害化处理工艺流程为:浓缩、消化、脱水等。
　　　　　　　　　　　　　　　　（孙慧修）

污水处理构筑物　sewage treatment structures

用以处理污水、污泥的各种构筑物的总称。它是污水处理厂的主体水工建筑物。如沉砂池、沉淀池、生物滤池、曝气池、接触池、污泥浓缩池、污泥消化池等。处理构筑物的池形选择应考虑占地多少和经济因素,一般小型污水处理厂采用圆形池较为经济,而大型污水处理厂则以采用矩形池为经济。每一处理单元过程的池数最少为两座,但在大型污水厂中,由于设备尺寸的限制,往往为多池。在选择池子的尺寸和数目时,应考虑污水厂的扩建。对每一种处理单元过程的全部处

理池,最好采用相同的尺寸,且应避免在初期运行时有过大的富裕能力。　　　　　　　　　（孙慧修）

污水处理构筑物水头损失　head loss of flow in sewage treatment structures

污水流经处理构筑本身的水头损失。它主要产生在进口、出口和需要的跌水(多在出口处),而流往构筑物本体的水头损失则较小。其水头损失估算值分别为:格栅 10～25cm,沉砂池 10～25cm,平流沉淀池 20～40cm,竖流沉淀池 40～50cm,辐流沉淀池 50～60cm,生物滤池(旋转式布水器,工作高度 2m) 270～280cm,曝气池 25～50cm,混合池或接触池 10～30cm。　　　　　　　　　　　　（孙慧修）

污水地表漫流土地处理系统　overland flow land treatment system of wastewater

将污水有控制地投配到土壤渗透性低、坡度和缓并生长有多年牧草的地表面上,污水以薄层缓慢流动,在流动过程中得以净化的一种污水土地处理工艺。该工艺以处理污水为主,对预处理要求较低,也勿需考虑污泥处理工艺,对 BOD、悬浮物、氮的去除可达较高的程度。BOD、悬浮物是通过在地表面产生的生物氧化、过滤及沉淀等作用而去除的,而氮的去除则靠作物吸收、挥发等过程的综合作用所产生的效果。磷是通过作物吸收、沉淀等作用而去除的,去除率一般可达 50%～70%。水肥利用生产作物是本工艺的第二位功能,在处理过程中,只有部分水量蒸发、入渗地下,大部分径流水汇入集水沟。该工况为水力负荷取值为 3～20m/a;有机物负荷为 $1.5×10^4$ kgBOD/(hm²·a)、40～120 kgBOD/(hm²·d);处理水水质:BOD 平均值为 10 mg/L、最高值为 <15 mg/L;悬浮物平均值为 10 mg/L、最高值为 <20 mg/L;总氮平均值为 5 mg/L、最高值为 <10 mg/L;总磷平均值为 4 mg/L、最高值为 <6 mg/L;大肠菌群平均为 $2×10^3$ 个/L、最高值为 $2×10^4$ 个/L。
　　　　　　　　　　　　　　　　（张自杰）

污水干管　trunk sewer

承接支管来水的输送污水的管道。污水由干管流向总干管。在地势向河流适当倾斜的地区,它宜与等高线垂直敷设,总干管沿河岸敷设;在地势向河流方向倾斜较大的地区,它宜与等高线及河流基本平行敷设,总干管与等高线及河流成一定斜角敷设。
　　　　　　　　　　　　　　　　（孙慧修）

污水管道定线　sewer layont

在城镇总平面上,确定污水管道的位置和走向的路线。是污水管道系统设计的重要环节。一般按总干管、干管、支管顺序依次进行定线。定线的主要原则是应尽可能地在管线较短和埋深较小情况下,让最大区域的污水能自流排出。定线时应考虑下列

因素:①地形和竖向规划;②排水体制和线路数目;③污水处理厂进水口和出水口位置;④水文地质条件;⑤道路宽度;⑥地下管线及地下构筑物的位置;⑦工业企业和产生污水量大的建筑物的分布情况等。在一定条件下,地形是影响管道定线的主要因素,应充分利用地形,使管道走向符合地形趋势,一般应顺坡排水。不论在整个城镇或局部地区,管道定线都可能形成几个不同的布置方案,应对不同方案进行技术经济比较,选择一个最优方案。定线方案确定后,便可组成污水排水系统平面布置图。某市污水排水系统平面如图。

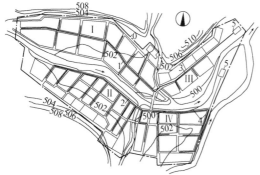

0-排水区界;ⅠⅡⅢⅣ-排水流域编号;1、2、3、4-各排水流域干管;5-污水处理厂

(孙慧修)

污水管道水力计算 hydraulic calculation of sewer

设计污水管道时,按水力学的规律来决定管道的直径、坡度和埋设深度的计算。按污水管道水力计算基本公式或水力计算图表进行。为了保证管渠的正常工作,在水力计算中对水力计算的设计数据作一些具体规定。 (孙慧修)

污水管道水力计算基本公式 basic equation for hydraulic calculation of sewer

污水在管道中一般靠重力流动,为了简化计算假定管道内水流按均匀流水力计算公式。常用的均匀流基本公式有流量和流速公式,分别为

流量公式 $Q = wv$

流速公式 $v = \dfrac{1}{n} R^{2/3} I^{1/2}$

Q 为流量(m^3/s);w 为水流过水断面面积(m^2);v 为流速(m/s);R 为水力半径(m);I 为水力坡度(即水面坡度,等于管底坡度);n 为管壁粗糙系数。 (孙慧修)

污水管道系统的设计 design of sewer system

收集和输送城镇和工业企业污水的管道工程设施的设计。包括污水管渠、系统上的附属构筑物及水泵站建筑物等。附属构筑物有检查井、跌水井、倒

虹管、水封井、冲洗井、换气井、防潮门及出水口等。它是在批准的城镇或工业企业污水排水系统的总体规划基础上进行的,其设计的主要内容有:确定污水设计流量、污水管道定线、确定污水设计管段及进行管道水力计算、绘制污水管道平面图和纵剖面图等。设计要求技术先进、经济合理。 (孙慧修)

污水井建造 buildup cesspool

在有城市排水管道而未设置室内排水设备时,应在建筑附近需设污水井的建造。以利居民将用后的生活废水倒入井中排除。井为径 600mm 砖砌,井底做混凝土基础,基础上砌砖墙并装排水管,用水泥砂浆稳固,继续砌砖墙至距地面 200mm 处放置内径 800mm、厚 140mm、高 400mm 混凝土圆筒,高出地面 200mm,上筒及井内壁均抹面,筒内放置厚 10mm 钻直径 10mm 孔的铸铁板,隔阻较大块污物。井周铺宽 500mm 走道,以 0.02 坡向外斜,以便使用。

(王继明)

污水净化厂

见污水处理厂(300 页)。

污水排海出水口 marine sewer outlet

将污水分散均布排入海洋的出口。利用海洋处置污水一般是利用设置于海面下的出水口完成。通常它由很长的管段构成,将废水送到距海岸一定距离的地方。在出水口的末端污水无论是经过处理的,还是未经处理的,均以简单水流形式泄出或最好通过支管或多点扩散器射出。以便海水与污水稀释。在出口处,污水与四周的海水混合并上升到海面,在海面,形成一片污水场,随着海流在海面上浮动。与此同时,污水场还不断向四周水域扩散。假如海洋在污水排放点充分分层,也有可能在水面下形成污水场。图为某地污水排海出水口。

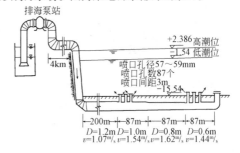

(肖丽娅 孙慧修)

污水排气阀 sewage air valves

用于污水管网系统的排气阀。污水排气阀的原理和清水排气阀相同,只是由于污水中有杂质而且污水成分复杂对阀门内部零件将会造成腐蚀,杂质如果进入阀口将对密封造成影响,甚至堵塞阀口及对运行造成障碍。因此阀口必需远离污水,即使排

气终了,浮体升至最高处,也不允许污水靠近阀口,以免造成污染而使阀口不能密封。此外阀内零件材质上也需要有所选择,使阀门能耐腐蚀。

（肖而宽）

污水排水系统　wastewater sewer system

为收集、输送、处理、利用污水并将其排入水体的一整套工程设施。通常由污水管道系统(或称污水管网)和污水处理厂等组成。　（罗祥麟）

污水排水系统设计　sewerage system design

收集城镇或工矿企业污水,并输送至污水处理厂与利用的工程设施的设计。常分为污水管道系统设计和污水处理厂设计两个部分。前者包括:污水流域划分、管道定线和平面布置、确定设计管段和设计流量、管道水力计算、确定管道在街道断面上的位置、绘制管道平面和纵剖面图等;后者包括:确定城镇或工矿企业污水量和水质成分、确定污水排出口位置和排放条件、确定排放标准、水体稀释和自净能力的计算、确定污水处理程度、选择工艺流程和污泥处理与利用的方法、处理工艺流程的水力计算、绘制处理工艺流程纵剖面图等。整个系统设计应从全局观点出发、合理布局,为城镇或工矿企业规划的一个组成部分。　（魏秉华）

污水人工土层快速渗滤处理系统　infiltration systems with artificial soils of wastewater treatment

将污水有控制地投配到由人工配制充填的土层滤床表面,在向下渗滤过程中污水得到净化处理的快速渗滤土地处理系统(如图)。该工艺的目标是处理污水和回收能够利用的再生水。人工配制的土层具有较

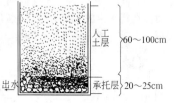

高的渗透性能,并生存着大量的微生物,通过渗透使污水能够达到很高的处理程度,处理水质良好。处理水的利用途径有:灌溉农田,水产养殖和浇灌绿地等。该工艺为人工设施,建设成本较高,但其适用性及可调控性也较强,可作为居民区和工厂独立的小规模污水分散处理技术。该工况水力负荷量约介于100～208m/a 之间。处理水水质:BOD 平均值为5mg/L、最高值为 <20mg/L;悬浮物平均值为10mg/L,最高值为<15 mg/L;总氮平均值为 20mg/L,最高值为<25 mg/L。　（张自杰）

污水设计管段　designed section of sewer

设计流量及管径和地面坡度不变的两个检查井间的管段。管段的起迄点便是检查井的位置。在进行管道水力计算前,应将管道划分为若干设计管段。根据管道平面布置图,凡有集中流量流入、有旁侧管道接入的检查井,均可作为设计管段的起迄点。每一设计管段的设计污水量可能包括本段流量(q_1)、转输流量(q_2)和集中流量(q_3)。设计管段 4—5 的设计污水量为 $q_1 + q_2 + q_3$ 之和,如图所示。通常假定本段流量集中在起点进入设计管段。

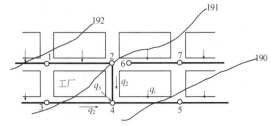

（孙慧修）

污水设计流量　designed flow of wastewater

排水对象排入污水排水系统的最大污水量。污水管道系统通常以最大日最大时流量作为污水设计流量,以L/s计。该流量分为综合生活污水、工业企业内工作人员生活污水和淋浴污水及工业废水设计流量。城镇污水设计总流量为上述三项设计污水量之和。在地下水位较高地区还应加入地下水渗入量。这种求设计总流量的方法,是假定排出的各种污水都在同一时间出现最大流量。污水管道设计是采用这种简单累加方法计算总设计流量;污水处理厂(站)内污水处理构筑物,当污水自流进入时,同样按最高日最大时设计流量计算;当污水为提升进入时,应按工作水泵的最大进入流量计算。

（孙慧修）

污水生化法

见生物处理(250 页)。

污水生物化学处理

见生物处理(250 页)。

污水湿地处理系统　wetland system of waste water treatment

将污水有控制地投配到土壤含水率达饱和状态,并生长有芦苇、香蒲等沼泽生植物的土地上,按一定的方向流动,在耐水植物和土壤中微生物的综合作用下,污水得到净化的污水土地处理工艺(如图)。该工艺的主要特征之一是生长沼泽生维管束植物、水生植物能够延缓水流速度,有利于悬浮物的

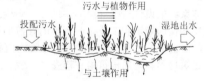

去除;能够遮盖阳光,避免藻类的大量增殖;维管束植物向根部输送由于光合作用而产生的氧,保证土壤中微生物的生理活动,水生植物本身也能够吸收和分解污染物。该工艺的另一特征是在水下保持一定厚度的含有大量有机质和微生物的淤泥层。它对吸附和分解污水中污染物质起到一定的作用。在湿地处理系统中,BOD、悬浮物、氮、磷等都能够达到深度处理的程度。近年来,本处理系统还用以建立生态系统,在恢复野生动物群落、保护鸟类生存环境方面起到了重要的作用。该工况的年水力负荷一般介于 3 ~ 30 m/a 之间;有机负荷取值为 1.8×10^4 kgBOD/(hm²·a)、18~140 kgBOD/(hm²·d);处理水水质:BOD平均值为 10~20 mg/L、最高值为 <30 mg/L;悬浮物平均值为 10 mg/L,最高值为 <20 mg/L;总氮平均值为 10 mg/L,最高值为 <20 mg/L;总磷平均值为 4 mg/L,而最高值为 <10 mg/L;大肠菌群平均值为 4×10^5 个/L,而最高值为 4×10^6 个/L。

(张自杰)

污水土地处理 land treatment of wastewater

利用土壤-微生物-植物系统的自我调控机制和对污染物的综合净化功能处理城市污水及某些工业废水的生态系统工程。从广义来说,它还包括对污染源的控制、冬季污水贮存或相应的处理系统,以及污水的接纳水体等。它是多功能和多目标的,具体表现在:①充分利用水肥资源,实施污水资源化,提高农产品产量,促进大地绿化;②降低污水对水环境的污染负荷、保护水体的生态环境,防止地下水的次生环境污染。其分有:慢速渗滤、快速渗滤、地表漫流、湿地系级及地下渗滤等系统。这种处理技术近年来发展很快,并在技术上逐步趋向成熟,受到一些国家的重视。　　　　　　　　　　(张自杰)

污水土地处理联合利用系统 combined land treatment systems of wastewater treatment

采用两种不同的土地处理系统联合的污水土地处理系统。这种组合工艺能够更好地发挥各自的优势,提高对污水中各项污染物质的去除效果,能够

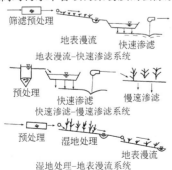

满足对处理水更高的水质要求。如果场地条件适宜,这种联合系统可能是更经济的。图示为地表漫流系统与快速渗滤相联合系统、快速渗滤与慢速渗滤相组合的系统和湿地处理与地表漫流相组合的系统。这几种联合系统都能够取得水质非常优异、可以回收利用的处理水。　　　　　　　(张自杰)

污水闸井建造 buildup sewage sluice gate chamber

在需要经常断水检修的排水管线上,需设污水闸井的建造。闸井可用砖砌或钢筋混凝土建造,一般井径用 1300mm。井内闸门的形式有手动闸槽式闸板门及闸杆式铸铁圆闸门。井底做基础,土基础有地下水时,尚需铺垫卵石层,基础上安装出入水管,管设 200mm 厚闸槽,中插具有提把的橡胶包裹的塑料闸板,墙上砌到顶,检查口下方设爬梯,墙顶上盖有 700mm 孔洞的钢筋混凝土盖板,孔洞上砌砖墙到地面,并装设铸铁井盖,井内壁砂浆抹面;有地下水时外壁需抹面,检验合格后,覆土夯实。另一方式为在井的进水口处垂直安装升杆式铁闸板门,壁上设支架闸杆卡架,墙顶浇混凝土盖座,座上盖有穿闸杆套筒及检查孔的钢筋混凝土盖板,板上安装检查井盖。井内进水管口装设铸铁闸门,闸门杆通卡架穿过盖上套筒通到地面,可用手动或机动操作,使闸门启闭。　　　　　　　　　　(王继明)

污水支管 branch sewer

承接居住区、建筑小区、公共建筑、工矿企业来水的污水管道。支管污水接入干管。　　(孙慧修)

污水总干管 main sewer

又称污水主干管。通向污水处理厂或出水口的管道。它接受污水干管流来的污水。总干管的路线应服从污水处理厂或出水口的位置,因此,污水处理厂和出水口的数目及其分布位置将影响总干管的数目和走向。它通常设在集水线,若地面向河流倾斜时,常沿河岸敷设。　　　　　　　(孙慧修)

屋顶塔桅 mast on top of building

建在一个建筑物或结构物之上的塔桅结构。它的优点在于保证了通信天线的高度而又减少塔桅结构本身的高度,可节约投资。在设计时,应考虑塔桅与建筑物的相互影响,防止共振或亚共振。

(薛发 吴明)

无饱和器法生产硫铵 sulphate ammonia production without saturator

在酸洗塔中用硫酸水溶液(母液)吸收煤气中的氨,而在蒸发器进行硫铵结晶的操作。含氨煤气依次进入两段酸洗塔,分别与酸度为 1% ~ 1.5% 和 10% ~ 12% 稀硫酸逆流接触。吸收氨后的溶液进入负压操作的结晶蒸发器,生成硫铵结晶。来自蒸氨

塔的氨气,也引入母液系统进行氨的回收,生成硫铵。 (曹兴华 闻 望)

无备用供热系统 heat-supply system without reserve capacity

任何元部件的故障均会导致系统故障的供热系统。具体地说,热网始端的管路或设备发生故障会造成整个系统停止运行,于是全部用户失去供热。别处的元部件故障时会引起局部停止运行,这时位于故障元部件所属区的那一部分用户失去供热。一般的枝状热网就属于此类。 (蔡启林 贺 平)

无补偿直埋敷设 directly buried installation without expansion joint

供热管道可不设补偿器的直埋敷设方式。管道不设补偿器,升温时产生很大的轴向力,在地沟或架空敷设条件下管道可能发生纵向弯曲;而直埋敷设管道由于土壤的约束,管道很难纵向失稳,从而为无补偿敷设提供了条件。管道轴向应力不超过允许应力,即可采用无补偿敷设。管道轴向应力主要是升温引起的温度应力。即

$$\sigma_a = \alpha E \Delta t$$
$$\sigma_a \leqslant [\sigma_a]$$

σ_a 为管壁轴向温度应力(MPa); α 为管材的线膨胀系数(1/℃); E 为管材的弹性模量(MPa); Δt 为管道升温的温差(℃); $[\sigma_a]$ 为轴向应力的允许应力(MPa)。对于低碳钢管材, Δt 约100℃,管壁轴向温度应力即达到材料的屈服极限。管道强度分析应采用弹性分析法,即认为管道是不安全的。为了实现无补偿直埋敷设,相应出现了预热法,以解决轴向应力过大问题。这种方法将管道预热到运行最高温度的一半左右,连接或固定管道,冷却后使管道产生预应力,以达到升温运行时降低轴向应力的目的,从而实现无补偿敷设。另一种无补偿直埋敷设的方法不用预热。它适用近代力学的弹塑性理论和应力分类法,将温度应力等"二次应力"的允许应力放宽,认为一次应力与二次应力之和不超过二倍屈服极限即可保证结构的安全。据此,管道应力经过验算符合上述条件,不用预热亦可实现无补偿直埋敷设。但工作时管道的轴向力较大。 (尹光宇 贺 平)

无触点控制 non-contact control

利用半导体器件和微电子技术,组成无触点逻辑控制线路,以取代有触点控制线路,实现系统对快速、可靠、动作频繁和无噪声的要求的控制方式。 (许以傅)

无换向器电动机调速 non-commutator motor speed control

由一台同步电动机和一套简单的逆变器组成的具有直流电动机调速特性但没有换向器的一种调速方式。通过逆变器改变频率来调节同步电动机的速度,由于该频率受安装在同步电动机转子轴上的位置检测器控制,从而保证逆变器的输出频率和电动机的转速始终保持同步,而不会产生振荡。其特点是逆变器结构简单,价格比较低廉。

(许以傅 陆继诚)

无人值守载波增音站 unmanned carrier wave repeater station

一般情况下不需要专人值班,只需定期维护的增音站。通常是将稳定可靠、结构简单的增音机设在地下人孔中或直埋于地下。无人站可分为城市型、地下室、半地下、防淹型等。全地下式无人站的顶板不仅要考虑覆土的荷载,还要考虑可能遭到车辆和拖拉机碾压,农田中的站一般应在站外 2m 处设界防。 (薛 发 吴 明)

无人值守中继站 unattended station

又称无人站。在一条微波通信线路中的不派驻值班人员的微波中继站。这种中继站,由邻近的有人值守监视站通过远程监控设备集中监视和控制,并在需要时派人前往排除故障和作定期维护检修。

(薛 发 吴 明)

无线电广播电台 radio broadcasting transmitting station

播送语音及音乐节目的无线电台。通常包括播控中心、发射中心及相应的附属设施。

(薛 发 吴 明)

无线电广播发射台 radio broadcasting transmitting station

在广播系统中,编辑并用无线电发送设备将广播节目传送出去的建筑及环境。它包括天线场地、发射天线(塔)、生产技术用房等。

(薛 发 吴 明)

无线电话终端室 radiotelephone terminal room

安装处理发、收话的无线电话终端机的房间。

(薛 发 吴 明)

无线电收信台 radio receiving station

安装无线电收信设施的建筑空间和环境。包括所属的各建筑物、构筑物、堆积物、地上和地下管线、道路、绿化、围墙、天线杆塔及馈线杆。收信机房是其主要建筑,一般由收信大厅、天线交换室、进线室、配电室、试验室、材料室、修理室等技术用房构成。小型发信机房的技术用房可适当合并。由于收信机是低功率的,耗电量、发热量较小,不用设置专用的变压器室、风机室、冷却水系统。但应有较好的自然通风。

(薛 发 吴 明)

无线通信建筑 radio communication building

用于安装无线电通信设备及辅助设施的建筑空间和环境。利用天线电波在空间辐射、传播、载送信息的通信手段经常称无线通信。无线通信机构主要

由中央控制室、发信台、收信台三部分组成。中央控制室一般设在城市中的通信枢纽楼内，通过遥控线路对发、收信台进行指挥控制。发、收信台大都设在城郊区，应尽可能与中央控制室接近，最好能组成三角形环路。　　　　　　　　　　（薛　发　吴　明）

无线寻呼系统　wireless messenger calling system

一种没有语音的单向广播式无线选呼系统。把电话网送来的被寻呼的用户号码和主叫用户信息，变换成一定码型和格式的数字信号，经由基站发射机发送给用户的寻呼机。主要使用 150MHz 频段。经过多年技术发展，用户呼叫方式可以采用人工寻呼或自动寻呼，寻呼台可向所属用户的寻呼机发送诸如天气预报、交通、新闻、娱乐等等多种信息。寻呼系统已从本地的寻呼网发展到可以全国联网进行人工漫游和自动漫游，寻呼机从数字机发展到汉字机、股票机和简单双向语音寻呼机。通常采用高铁塔架设高天线，天线一般离地面 100m 左右。采用大功率发射，按规定 100W，实际上有的寻呼台达 200W 以上。　　　　　　　（张端权　薛　发）

无组织排放　unorganized emission

不通过排气筒的废气排放。排气筒高度小于 15m 者，可按无组织排放处理。各行各业应最大限度减少这种排放，以减轻大气环境的污染。并且按制订地方大气污染物排放标准的技术原则和方法规定"城区及其他有特殊要求的区域，不准建造新产生无组织排放有害气体的工业企业。"　　（姜安玺）

伍德炉　Woodall-Duckham continuous vertical carbid furnace

由英国伍德公司设计的连续式直立炭化炉。是以生产城市煤气为主要目的的制气炉。燃烧室使用发生炉煤气加热。根据发生炉所在位置不同，分为设在炉本体内与设在炉本体外两类。现代伍德炉多为后者，又有使用热煤气与使用冷煤气之分。空气与加热用煤气的预热是利用焦炭余热和燃烧室放热间接换热进行的。通常约 30 孔炭化室组成一座，呈双排布置。每个炭化室两侧各有一个专用燃烧室。炭化室竖向贯通炉本体，上接辅助煤箱，下联排焦箱。炭化室横断面为矩形，其短轴尺寸上为 254mm（10in），下为 609.6mm（24in）；中国现存伍德炉炭化室下部长轴尺寸为 1 574.8mm（62in）、2 082.8mm（82in）和 2 616.2mm（103in）三种，前两种燃烧室为直立火道，后一种为回旋式火道。炉料连续进入炭化室，在向下行进过程中完成干馏全过程，900℃左右成焦后落入排焦箱，利用蒸汽熄焦，产生水煤气上升后混入干馏煤气中。　　（曹兴华　闻　望）

武汉电视塔　Wuhan television tower

1986 年底建成。中国第一座钢筋混凝土电视塔。塔高 221.2m。标高 129m 以下为圆锥筒状钢筋混凝土结构，上部为钢筋混凝土和钢结构天线杆，高 92.2m。标高 105m 到 129m 为塔楼及平台区。塔的底部周围还有一层地下、三层地上的建筑，用于技术性和生活性设施。塔内设两部快速电梯。塔的基础采用圆环基础。

（薛　发　吴　明）

立面（尺寸单位均为米）

物理法脱硫　desulfurization by physical method

不发生化学反应，以吸收或吸附剂为主的脱硫方法。可分为湿法和干法两类：湿法采用液体吸收剂如水等洗涤除去烟气中的 SO_2；干法采用粉状或粒状等吸附剂脱去烟气中的 SO_2，常用的吸附剂为活性炭、分子筛等。　　　　　　　　（张善文）

物理吸附　physical adsorption

吸附剂与吸附质之间靠范德华力而产生的吸附。其特征为固体表面与被吸附气体间不发生化学反应，对所吸附的气体没有选择性，虽为放热过程，但放热量小。它只有在低温下才明显，随温度升高，吸附量迅速减少；其力较弱，可逆性较大，改变条件（如降低吸附气体分压或升高系统温度）被吸附气体很易脱附，以此达到吸附剂再生。就吸附法净化气态污染物而言，它是基础。　　　　　（姜安玺）

物理吸收　physical absorption

在吸收过程中，气液相接触，气相中某组分（吸收质）与液相吸收剂之间只发生单纯的溶解作用，而无相互的化学反应的吸收过程。如氧气溶解于水、芳烃溶解于洗油等均属此类。　　　（姜安玺）

物理消毒方法　disinfection by physical means

利用物理作用杀死水中致病微生物，以防止传播疾病，达到水的消毒要求的方法。把水加热煮沸，以供饮用，是我国人民的优良传统习惯。煮沸 15～20min 可以彻底灭菌和水中的传染病毒。但不能作为水厂或污水厂的消毒方法。紫外线照射（波长 200～300nm）中以波长约 250nm 时杀菌能力最强，优点是效率高，不影响水的物理和化学性质，操作管理方便。缺点是耗电量较大，只能在小规模水厂或饮料厂生产应用或医院等小量用水时消毒时用。其他物理消毒方法尚有超声波振动和 γ 射线照射，则消毒的水量更小。　　　　　　　　　　（顾泽南）

雾 fog

属于气体中液滴的悬浮体系的总称。在气象中指造成能见度小于 1km 的小水滴的悬浮体系。水滴直径范围为 5~40μm。在工程中一般泛指小液滴在气体中的悬浮体系,可能是由于蒸汽的凝结、液体的雾化或化学反应等过程形成的,如水雾、酸雾、碱雾、油雾等。　　　　　　　　　　(马广大)

X

xi

西安电视塔 Xian television tower

1987 年建成。塔高 248m。混凝土塔身及混凝土天线杆总高 210m,钢天线杆高 35m。塔灯、避雷针高 3m。塔基采用锥壳环板式,埋深 11m。标高 11.7m 以下为截圆锥壳。从标高 11.7m 到 126.7m 为钢筋混凝土筒体结构,内部为圆形,外部为八角形,以上部分为圆筒形结构,共有八层塔楼。

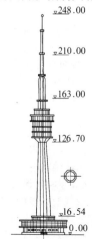

立面(尺寸单位标高为米)

(薛发吴明)

西雅图瞭望塔 Seattle belvedere

用三片结构支持一个塔楼,三片结构用电梯井和横隔相互联系。

(薛发吴明)

吸附 adsorption

气体中某一组分或几种组分被吸到固体表面并被浓集的过程。它是一种表面现象,涉及被吸附物质在固体表面的积聚和浓缩。它的产生是由于固体表面有剩余吸引力所致。按固体表面与被吸引物质间作用力的性质不同,分物理吸附和化学吸附两大类。它用的设备简单、操作方便、净化效率高。被广泛应用,尤其适用于气体中低浓度分子状污染物的去除。　(姜安玺)

吸附波 adsorptio wave

又称传质波,传质前沿。在固定床吸附器中,饱和区和未用区之间的传质区中,进气中的吸附质浓度或吸附剂床层中吸附质浓度沿床层高度变化形成的 S 形曲线。对连续稳定进气的吸附剂床层,它作等速向前移动,但 S 形曲线形状基本不变。

(姜安玺)

吸附等温线 adsorption isotherm

在某一温度条件下,当吸附达到平衡时,吸附质在固体吸附剂上和在流体中的浓度存在着一定的函数关系,用来描述二者这种函数关系的曲线。主要用于对各种吸附剂性能的比较,便于吸附剂的选择,并确定吸附容量和气体的净化程度。　(姜安玺)

吸附法净化有机废气 purification organic waste gas by adsorption method

用活性炭等吸附剂去除有机废气的净化技术。生产场地挥发出来的有机废气,用局部排风罩收集,经过滤除尘后,送入活性炭吸附器,待吸附平衡后,喷入水蒸气使吸附剂再生,解吸下来的有机气体和水蒸气混合,经冷凝后用精馏塔或重力分离器将有机液体和水分离并回收利用,但应注意有机溶剂和空气混合时易燃、易爆。　　　　(张善文)

吸附法脱除氮氧化物 remove nitrogen oxide by adsorption method

用固体吸附剂吸附废气中 NO_x 的方法。常用的吸附剂有分子筛、硅胶、活性炭、含氨泥煤等。该法净化率高,将 NO_x 脱附可回收利用,但吸附剂用量大,吸附剂再生设备投资高,动力消耗大。

(张善文)

吸附负荷曲线 adsorption load curve

当用固定床吸附器净化污染气体时,气体中污染物(吸附质)沿床层不同高度的浓度变化曲线。或为吸附剂中所吸附的吸附质沿床层不同高度浓度变化的曲线。每条吸附负荷曲线都表示某一时间吸附剂吸附吸附质的浓度沿床层高度的变化。该曲线可用于描述吸附剂床层在整个吸附操作过程中吸附质的变化情况。　　　　　　　　　　（姜安玺）

吸附剂　adsorbent

　　能吸附气体混合物中一种或几种组分的多孔固体材料。对工业用的要求是有大的比表面积和吸附能力，选择性要好，具有一定的机械强度、化学稳定性和热稳定性，使用寿命长，价格低廉。工业上常用的有活性炭、硅胶、活性氧化铝、分子筛和腐殖酸等。　　　　　　　　　　（姜安玺）

吸附剂保护作用时间　protective time of adsorbent

　　又称吸附剂实际持续时间。在固定床吸附操作中，含吸附质气流通入床层到床层出口吸附剂到达破点所经过的时间。用于确定吸附剂工作周期。　　　　　　　　　　（姜安玺）

吸附剂比表面积　specific surface area of adsorbent

　　单位体积吸附剂所具有的表面积。常以单位 m^2/m^3 表示。它非常直观地表明该吸附剂吸附能力的大小。在制造吸附剂时，尽量增大单位体积的表面积，以增大其吸附能力。吸附剂粒度、孔径和孔隙率等都影响其比表面积的大小。　　　　（姜安玺）

吸附剂实际持续时间

　　见吸附剂保护作用时间。

吸附架桥　polymer adsorption and bridging

　　向溶液投加高分子物质时，胶体微粒对高分子物质产生强烈的吸附和桥联作用的过程。高分子的链状物展开吸附胶体，使微粒构成一定形状的聚集物，从而失去或破坏了胶体系统的稳定性。吸附借助于四种作用，即电荷中和、氢键、增水键合与特性反应。架桥是吸附的一种现象，迄今尚未具备充分的分析。展开的聚合物基团间的链可各个别地在其链的沿线上一处或多处空位上对胶体颗粒进行表面吸附；其剩余部分的分枝上在空间上仍可对其他颗粒进行吸附网捕，即所谓架桥。客观上存在一种高分子最佳投剂量，此剂量与胶体颗粒的各种离子型高分子聚合物的分子量成正比。对具体的水系具有不同吸附架桥条件，应通过各自个别的试验结果作出决定，另外高分子物质的过量投加或作强烈或过久的搅拌，都有可能破坏吸附架桥作用，反而使胶体复稳。除了长链状有机高分子物质外无机高分子物如聚合氯化铝等，还有铝盐、铁盐的水解产物都可与胶体颗粒产生吸附架桥作用。吸附架桥模式示意如图。

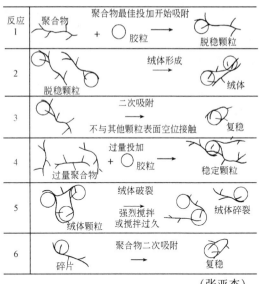

（张亚杰）

吸附平衡　adsorption equilibrium

　　在吸附过程中，当吸附到吸附剂表面上的吸附质等于同一时间内从其上脱附下来的吸附质时，吸附质在吸附剂表面上和在流体中的浓度都不再改变，吸附和脱附达到的动态平衡。此时吸附质在吸附剂上的浓度为平衡吸附量。它的大小表明吸附剂对该吸附质的吸附能力。它是吸附剂吸附吸附质的量的极限。　　　　　　　　　　（姜安玺）

吸附热　adsorption heat

　　吸附剂与吸附质间无论是依靠范德华力发生的物理吸附，还是依靠化学键力发生的化学吸附，在吸附过程中产生的热效应。物理吸附的吸附热小，约为 $2.09 \times 10^3 \sim 2.09 \times 10^4$ J/mol；化学吸附的吸附热大约为 $8.37 \times 10^4 \sim 4.19 \times 10^5$ J/mol。

（姜安玺）

吸附容量　adsorption capacity

　　在吸附过程中，在一定条件下，单位量（质量或体积）吸附剂所能吸附的吸附质的最大量。它表明吸附剂吸附能力的大小，与吸附剂、吸附质和环境温度、压力等条件有关。在一定温度下，吸附剂的吸附容量与周围吸附质浓度（或分压）之间关系可用其吸附等温线表示。由于实际吸附过程相当复杂，它在工程应用时，往往根据等温线数据和现场试验相结合来确定。　　　　　　　　　　（姜安玺）

吸附速度　adsorption rate

　　在吸附过程中，单位时间内，单位体积（或质量）的吸附剂所吸附吸附质的质量数。吸附过程基本上可分成三个连续的阶段，即吸附质通过表面膜层到达吸附剂外表面的外扩散；吸附质由其外表面扩散进孔隙中内表面的内扩散；吸附质在吸附剂内表面的吸附。对气体净化而言,以物理吸附为主,故吸附阻力集中在外扩散和内扩散过程,吸附反应本身阻力可以忽略。吸附质在气相中和在吸附剂上的浓度差为吸附过程推动力。它的大小由外扩散速度或内扩散速度控制,哪步阻力大,哪步速度就慢,整个吸附过程的速度就由该步决定。　　(姜安玺)

吸附脱臭　deodoration by adsorption

采用活性炭、离子交换树脂、硅胶、活性氧化铝、活性白土等作吸附剂,吸附恶臭物质,进行恶臭的处理。常用工艺有流化床、移动床和固定床等。再生剂可用水蒸气、空气和惰性气体,再生释放的物质可回收利用或焚烧。　　(张善文)

吸附脱氟　defluorination by adsorption

利用吸附剂吸附净化含氟废气的方法。主要吸附剂为氧化铝颗粒,吸附氟化氢的反应式为

$$Al_2O_3 + 6HF \longrightarrow 2AlF_3 + 3H_2O$$

生成物可直接随同氧化铝一起进入电解生产中,代替冰晶石,吸附剂无需再生,不存在废水及设备腐蚀问题。工艺上常采用固定床或流化床。

(张善文)

吸附选择性　adsorption selectivity

吸附剂因其组成、结构不同所显示出来的对某些物质优先吸附的能力。如以共价键联系着的碳原子所组成的活性炭,因具有较大孔径,又主要通过分子间力起吸附作用,所以对分子量大的有机分子具有优先吸附作用。故活性炭对大分子有机物具有很好的选择性。可利用吸附剂的这种吸附选择性,很好的分离混合气体,以净化废气。　　(姜安玺)

吸附再生法　contact stabilization process

又称生物吸附法,接触稳定法。回流污泥在曝气池上游再生后作较长时间的再生曝气,然后与污水在曝气池下游吸附区作较短时间的混合接触,流向出口端的一种活性污泥处理系统的运行方式。它是普通曝气的一种改进形式。利用活性污泥对有机污染物所具有的"初期吸附去除"功能的活性污泥处理系统的运行方式。其主要特征是曝气池分为再生段和吸附段两部分,污水直接进入吸附段,与经过再生的活性污泥在这里接触 0.5~1h,使污水中大部分呈悬浮和胶体状的有机污染物以及部分溶解性有机污染物被经过再生后的活性污泥所吸附而去除。然后混合液流入二次沉淀池进行固液分离,回流污泥首先进入曝气池前部的再生段(或专设的再生池),在这里活性污泥微生物对前所吸附的有机底物进行代谢,微生物进入内源呼吸期恢复活性后再进入吸附段,同流入的污水混合接触。再生和吸附过程可分别在两个池内或一个池子的前后两部分中进行,分别称为再生池(段)和吸附池(段)。这种工艺

的优点是能提高整个曝气池中的平均污泥浓度,大幅度地增大容积负荷,降低建设费用,空气用量也较少;缺点是出水质量稍差,不适宜用于溶解性有机物含量较多的污水处理。对城市污水处理,本法采用的各项设计与运行参数为:BOD—污泥负荷0.2~0.4kgBOD/(kgMLVSS·d);污泥龄 5~15d;MLSS值—吸附池 1 000~3 000 mg/L、再生池4 000~10 000mg/L;曝气反应时间—吸附池 0.5~1.0h、再生池 3~6.0h。BOD 去除率可达 85%以上。

(彭永臻　张自杰)

吸附质　adsorbate

在吸附过程中被吸附到多孔固体表面上的物质,在气体净化中,指被吸附的气体中的有机和无机污染物。不同吸附剂由于选择性不同,可吸附不同的吸附质,或可去除气体中不同的污染物,如活性炭主要吸附有机吸附质(污染物)。　　(姜安玺)

吸泥机　suction dredger

通过抽吸作用,将沉淀污泥排出的机械。一般吸泥管路系统的吸口与集泥板,或无集泥板的硕大扁形吸口悬吊安置在移动的桁架上,在池内边行进,边刮集,边抽吸,通过管路外垂池外排至泥渠,把沉淀污泥排出。按抽吸方式可分为虹吸式、泵吸式或泵吸虹吸两用式。　　(李金根)

吸收　absorption

利用气体中各组分在某液体中的溶解度不同,而分离气体混合物的操作过程。即是混合气体与某液体接触,气体中一个或几个组分溶解于该液体内而形成溶液,不能溶解的组分则保留在气相中,于是使其混合气体的组分得以分离的过程。它是气体污染物净化的一种重要单元操作,该过程常在吸收塔内进行,按其过程进行中是否有化学反应的特点,分有物理吸收和化学吸收两大类。　　(姜安玺)

吸收操作线　operating line of absorption

在吸收塔操作中,在稳定条件下,由塔底到塔顶各横截面上气、液相间吸收质浓度变化关系的直线。它可通过物料衡算求得。与系统平衡关系、操作温度和压力及塔型等均无关系。它位于平衡线的上方。　　(姜安玺)

吸收法净化氟化物　purify fluorochemicals by absorption method

又称吸收法去除氟化物。用液体吸收剂吸收净化含氟废气的方法。根据选用的吸收剂不同,可分为酸性法和碱性法。酸性法以水为吸收剂,氟化氢和四氟化硅溶于水生成氢氟酸和氟硅酸溶液,可加工出冰晶石或氟硅酸钠等副产品;碱性法以碱性溶液为吸收剂,生成氟化物水溶液后,可加工出冰晶石等副产品,根据所用碱性溶液不同,又可分为氨法、

碳酸钠法、碳酸氢钠法等。 （张善文）

吸收剂 absorbent

在吸收操作净化气态污染物时,所用的能溶解气体中污染物质(吸收质)的液体。用作吸收剂的液体应该是对被吸收物质有良好选择性和很大的吸收能力,蒸气压低,不易起泡,热稳定性和化学稳定性好,黏度小,价廉易得。同时吸收后溶液易处理。常用的有水或酸和碱溶液。 （姜安玺）

吸收平衡线 equilibrium curve of absorption

在吸收过程中,在稳定条件下,表示吸收质在整个吸收塔各截面气、液相平衡关系的曲线。由于溶解平衡是吸收进行的极限,所以在一定温度下,吸收塔各截面的吸收若能进行,则其气相中吸收质的浓度必须大于与液相中吸收质浓度或平衡的气相浓度。 （姜安玺）

吸收质 absorbate

在吸收净化气态污染物时,气体中能溶解于吸收剂中的污染物质。不同性质的污染物质要选用不同的吸收剂。例如对 NH_3 吸收质,可选用水作吸收剂进行物理吸收。 （姜安玺）

吸水管 suction pipe

水泵自吸水井、水池或管渠吸水,接入水泵进水口的一段管路。在决定吸水管管径时,其流速一般为:当管径小于 250mm 时,为 $1.0 \sim 1.2$ m/s;当管径等于或大于 250mm 时,为 $1.2 \sim 1.6$ m/s。水泵吸水管一般采用一泵一管。当泵房内设有三台或三台以上水泵时,也可采用合并吸水管,但其数目不得少于两条。当一条吸水管发生事故时,其余吸水管应能通过设计流量。吸水管应尽可能简短,弯头等配件要少,力求减少水头损失。在安装吸水管时,要使其避免形成气囊。在自灌充水或真空引水时,吸水管进水口应设有喇叭口,在有底阀灌水启动时,进水口装有底阀。 （王大中）

希洛夫方程 Khilov equation

在固定床吸附器的设计中,计算吸附剂床层保护作用时间的经验公式。其表达式为 $\tau_B = KZ - \tau_0$,或 $\tau_B = K(Z - Z_0)$。τ_B 为固定床吸附剂保护作用时间;Z 为床层沿气流方向长度;τ_0 为床层吸附剂完全饱和与达破点所需的两个时间之差,或称吸附操作时间损失;Z_0 为床层实际长度与达破点时吸附剂完全饱和的床层长度之差,或称吸附床层的长度损失;K 为吸附常数,与吸附系统和操作条件有关。该式近似表明了吸附床层保护作用时间与床层长度之间关系,因简便,故获得广泛应用。 （姜安玺）

牺牲阳极保护法 sacrificial anodes protection

采用比被保护金属电极电位较低的金属材料和被保护金属相连,以防止被保护金属遭受腐蚀的一种保护方法。电极电位较低的金属与电极电位较高的被保护金属,在电解质溶液(土壤)中形成原电池,作为保护电源,电位较低的金属成为阳极,在输出电流过程中遭受破坏,故可称为牺牲阳极或保护器。通常用电极电位比铁更低的金属,如铁、铝、锌及其合金作为阳极。使用牺牲阳极保护时,被保护的金属管道应有良好的防腐绝缘层,此管道与其他不需保护的金属管道或构筑物之间应有良好的绝缘。当土壤电阻率太高和被保护管道穿过水域时,不宜采用牺牲阳极保护。每种牺牲阳极都相应地有一种或几种最适宜的填充料。例如锌合金阳极是用硫酸钠、石膏粉和膨润土作填充料。填充料的电阻率很小,保护器流出的电流较大,填充料使保护器受到均匀地腐蚀。阳极应埋在土壤冰冻线以下。在土壤不致冻结的情况下,阳极和管道的距离在 $0.3 \sim 0.7$ m 的范围内对保护电位的影响不大。 （李猷嘉）

稀油密封干式储气罐 oil-seal type dry gasholder

又称曼型干式罐(MAN type dry gasholder)。用油液密封活塞下部燃气的干式储气罐。1907 年由德国 MAN 公司研制。主要由侧板、底板、顶板、活塞构成。侧板与基柱连接组成多边形断面的筒体,顶板及活塞有从中心向正多边形各角辐射排列的桁架,顶板焊在桁架上,活塞板焊在活塞桁架下,活塞桁架的外侧上下安装两组导轮,以防止活塞上下运动时倾斜。活塞外周设有环形油杯,以贮存密封燃气的稀油,底板外周设有底部油槽,以便贮存流下的稀油,稀油从底部油槽流入集油箱中脱水后经油泵打入上部油槽,靠重力沿着侧板内壁返回活塞油杯循环使用。燃气充入罐后储存在活塞下部,随活塞上下移动增减其储气量,与活塞重力平衡的燃气压力最大值可达 5.5kPa。 （刘永志 薛世达）

熄焦车 coke quenching car

完成熄焦过程所用的主要机械设备。熄后焦炭卸至固定的晾焦台。为了能自动卸焦,车底为斜式,倾角为 28°,在凉焦台侧为可开启的闸板,板上设置很多小孔便于滤水,闸板的启闭通常用气力推动。因熄焦车经常在急冷急热条件下工作,易损坏,所以车厢内铺有耐热铸铁板以提高耐腐蚀性和热稳定性。 （曹兴华 闻望）

洗涤池

见洗片池(312 页)。

洗涤器 scrubber

实现气液密切接触,使污染物从废气中分离出来的装置。既能用于气体除尘,也能用于气体吸收去除气态污染物,还能用于气体的降温、加湿和除雾等操作。气体洗涤器结构简单,造价低,净化效率高,适于净化非纤维性和非憎水性的粉尘。尤其适宜净化高温、易燃和易爆气体。洗涤器的类型主要根据气液接触方式划分。用于气体除尘的洗涤器类型有重力喷雾、旋风喷雾、自激喷雾、泡沫板式、填料床、文丘里管和机械诱导喷雾等数种。对洗涤有重要作用的除尘机理包括重力沉降、离心分离、惯性碰撞和截流、扩散、凝聚和冷凝等。无论哪种类型的洗涤器,颗粒物都是借助于一种或几种基本机理而被分离的。对管道和设备的腐蚀、污水和污泥的处置、烟气抬升减小及冬季排气产生冷凝水雾等都应引起特别注意。　　　　　　　　　　　　　　（郝吉明）

洗涤塔　packed tower scrubber

以冷却水喷淋煤气使之得到最终冷却并除去残存灰尘和焦油的一种直接冷却器。塔体常用钢板或钢筋混凝土筑成,内充木格、瓷环或焦炭等填料,以增大煤气和冷却水的接触面积,增强传热和传质。通常要求煤气出塔温度低于 35℃,常用经过冷却塔冷却、温度低于 30℃ 的循环水直接喷淋。这种冷循环水用量约为 $6\sim8L/m^3$ 煤气。煤气在塔内平均流速约为 $0.4\sim1.0m/s$,停留时间约为 $15\sim45s$,气流压力损失约为 200Pa。有一段、二段和三段等三种塔型。三段洗涤塔自上而下分为冷段、热段和空气饱和段(简称饱和段)。煤气先进入热段,接受从冷段出来的洗涤水喷淋,温度下降而湿度增加;然后进入冷段,接受从冷却塔送来的冷循环水喷淋,温度下降且湿度减小;从热段出来的热水经溢流管送入下方饱和段,在此喷淋空气,使之升温和增湿,以直接用作煤气发生炉的气化剂。这种塔型使煤气的冷却和空气的升温和增湿联合在一起,可有效利用发生炉煤气的显热和其中蒸汽的热含量,提高了过程热效率。一段洗涤塔不含饱和段,也不分冷段和热段。通常二段洗涤塔包含饱和段,但不分冷段和热段。

　　　　　　　　　　　　（闻　望　徐嘉森）

洗井法　washing drilled well method

管井清洗的方法。保持管井井壁处于正常过滤状态的措施,特别对采用泥浆护壁的钻井尤为必需。洗井的方法有压缩空气吹洗法及活塞抽吸法两种,前者以压缩空气接引风管在井管内吹气,使储水层的泥浆及细砂脱落混入水中,再沿管自上端出口排去。后者用装在钻杆或抽泥筒上的圆形木塞,此塞周围钉有麻布或胶皮垫作活塞,利用其在管井中的上下抽吸活动产生的引力使井壁清净。最好用此二法相结合,先以活塞抽吸一段时间,待泥浆抽尽,再以压缩空气吹洗直至出水清澈。　　（李国鼎）

洗毛废水　wool-scouring waste

在毛纺织品生产过程中,羊毛初加工选毛工序排出的废水。主要含有原毛中的羊毛脂、羊汗、泥砂、草屑等杂质、溶解的有机物、洗毛剂成分等。中国洗毛设备主要采用五槽耙式洗毛机,其工艺流程为:第一槽将羊毛浸湿,并去除部分泥砂杂质,第二、三槽投加洗毛剂(如合成洗涤剂、肥皂、纯碱等),去除羊毛脂和泥砂杂质,第四、五槽进行清水漂洗。因羊毛品种及工艺条件不同,废水的排放量及其浓度差异较大。一般采用逆流漂洗时,每洗 1t 国产原毛排废水 $30\sim50t$,其中第二、三槽排出高浓度废水,水质为:pH 值 $8.5\sim10$,COD 为 $10\,000\sim40\,000mg/L$,羊毛脂含量 $5\sim20mg/L$。主要治理方法是采用闭路循环洗毛系统,回收羊毛脂(如对第二、三槽废水采用物理法分离泥砂后,用萃取法回收羊毛脂),减少排污量。另一途径是改革洗毛工艺,改水洗为溶剂洗毛,从而基本上不排放废水。　（张晓健）

洗煤　washing of coal

将煤压碎成适于清洗的尺寸,用水选洗,以除去 FeS_2 及一些灰粉等,从而减少燃烧排出的污染物。煤的组成和结构很复杂,主要成分是碳和氢,此外还有少量氮和硫及其他无机灰分。通过它可除去煤中 90% 的无机硫,但有机硫则需通过很复杂的化学处理才能除去。　　　　　　　　（张善文）

洗片池　washing sink

又称洗涤池。电池室或贮酸室内用于清洗开口式蓄电池组部件的池子。它的面层、排水管和地漏均应用耐酸材料做成。　　（薛　发　吴　明）

洗砂机　grit cleaner

清除沉砂池内沉砂表面附着和夹带的有机杂质的设备。　　　　　　　　　　（魏秉华）

洗油吸苯　benzene removal with wash oil absorption

以洗油为吸收剂对煤气中粗苯的脱除。洗油有石油洗油和煤焦油洗油两种。在吸收塔中煤气与洗油逆流接触进行吸苯。操作温度:煤气为 $25\sim27℃$,洗油为 $27\sim30℃$。为了提高粗苯的回收率,通常三个吸收塔串联运行。塔前通常煤气中含粗苯为 $28\sim42g/Nm^3$,塔后为 $1.5\sim2.0g/Nm^3$;喷洒前洗油(贫油)通常含苯 $0.3\%\sim0.5\%$(重量),吸苯后的富油含苯约为 2.5%,送精馏塔脱苯后循环使用。

　　　　　　　　　　　（曹兴华　闻　望）

细格栅　fine screen

在污水中截留较小漂浮物或其他杂质的设备。由栅条、栅框、加固件、机械清除装置等组成。用钢或铸铁制成。栅条间隙宜为 $1.5\sim10mm$。一般每日截留污物量大于 $0.2m^3$,多用于机械除渣。

　　　　　　　　　　　　　（魏秉华）

细菌总数　plate count

1mL 水样在营养琼脂培养基中,于 37℃ 经 24h

培养后所生长的细菌菌落总数。结果以个/mL 计。它可用作判断饮用水、天然水受污染程度的标志,也可用于检查水厂中处理设备的处理效率。一般未受污染的水体细菌数量很少,如果细菌总数增多,表示可能受到污水污染,细菌总数越多,污染越严重。通常认为,1mL 水中,细菌总数 10～100 个为极清洁水;100～1000 个为清洁水;1000～10000 个为不太清洁水;10000～100000 个为不清洁水;多于 100000 个为极不清洁水。　　　　　(蒋展鹏)

xia

下管法 lowering pipe method

　　将管节由地面放入挖好并已做好基础沟槽内的一种敷设方法。按管材性质、管径、单管重量、管长和现场条件可采用机械或人工下管。当管径较小,重量较轻时采用人工下管,对于大口径的管节,只在缺少机械设备或现场无法运作机械时,才用人工。可沿沟槽方向将管节分散地逐一下入沟槽,也可集中在某一处所下放,待管节下到沟底,再滚动到安放位置,注意滚运距离不宜过长。　　　　　(李国鼎)

下开式停泵水锤消除器 down open-type water hammer eliminator

　　正常工作时阀瓣和重锤被管内工作水压承托、阀门密闭,突然停泵,管内压力下降,随之上托力下降,阀瓣和重锤依自重下跌,消除器开启释放管道回冲水,使水锤高压降至管道能承受的正常压力及以下的水锤消除器。水锤消除后,恢复工作状态需要人工复位。该种水锤消除器只适用于停泵水锤的消除,不适用于关阀水锤消除。　　　　　(肖而宽)

下洗 downwash

　　气流越过烟囱顶部时,受背风面低压区的影响而下沉的现象。当烟囱出口处平均风速接近烟气出口流速时,即产生下洗现象。通常要求后者的大小不低于前者的两倍。　　　　　(徐康富)

xian

纤维抗拉强度 tensile strength of fiber

　　每平方毫米粗细的纤维或其织物所能承受而不被破坏的拉力。是纤维机械性能的一个指标。通常纤维的抗拉强度为数百牛顿每平方毫米,性能良好者可达数千牛顿每平方毫米。　　　　　(郝吉明)

纤维状软性填料 fibrous flexible carriers

　　一般用尼龙、涤纶、腈纶等化学纤维编结成束状联结而成的填料。为接触氧化法常用填料。其特点是:质轻、纤维束随水漂动,呈立体结构,比表面积大,污水与生物膜接触效率高。其缺点是长期使用有时出现结团厌氧现象。其结构如图。　　　　　(张自杰)

纤维　中心绳

显热 sensible heat

　　通过温度变化而显示出来的热量。　　　　　(姚国济)

县中心局 county telephone central office

　　简称县局、又称县电话局。设在县城的电话局。它既是长途电话网中最低一级长话中心局,又是农村网中最高汇接中心局,也是县城市区范围内的市话局。　　　　　(薛发　吴明)

现状热负荷调查 status present investigation of heating load

　　对现有工业企业、农业生产以及各类房屋建筑所需热负荷的调查。一般指的是对现有纺织、造纸、化工、炼油等工厂蒸煮、烘干、动力汽源及其他工艺过程和农业生产的用热设备所需小时、日、月最大、最小和平均用汽量的调查;对现有各类房屋建筑采暖、通风及空调等热负荷的调查;现有用热水单位及每日用热水量的调查。(李先瑞　贺平)

线担 cross-arm

　　又称横担。用来支承通信导线,并按杆面形式所要求将导线水平排列成一定间隔距离的线路器件。一般有木线担和钢线担两种。安装的一般要求为直线杆的线担应安装在负荷侧;转角杆、分支杆、终端杆以及受导线张力不平衡的地方,应安装在张力反方向侧;多层线担均应装在同一侧;线担应装水平且与线路垂直,其斜度不大于 1/100;导线水平排列时,最上层线担的中心距电杆顶部 300mm,导线三角形排列时,最上层线担的中心距电杆顶部 600mm(导线等腰三角形排列)和 900mm(导线等边三角形排列)。　　　　　(薛发　吴明)

线条图

　　见水平进度图表(268 页)。

限期治理 treatment of restricted term

　　对污染单位根据污染危害和治理能力规定治理达到要求的期限。它是防治污染的法律手段之一。根据中国环境保护法的第 17、18 条规定,对污染环境的废水、废气、废渣,必须进行治理,综合利用;确需排放的污染物应遵守国家规定的排放标准,一时达不到国家标准的,要限制一定时间,通过加强管理,采取新工艺或治理,达到排放标准。在此期间对超过标准的要交排污费。逾期达不到国家标准的,除加收排污费外,还要根据情况,处以罚款、限制企业规模,甚至令其停产、关闭等。　　　　　(姜安玺)

xiang

相对碱度 relative alkalinity

水中氢氧根碱度折算成氢氧化钠含量与溶解固形物之比值。是防止锅炉产生苛性脆化的一项水质指标。 (潘德琦)

相对流量比 relative flow rate

供热系统实际运行流量与设计流量的比值。若设计流量为 G，实际流量为 G'，则相对流量比 $\overline{G}$ 可表示为 $\overline{G}=G'/G$，此值可≤1，也可＞1。在供热系统调节过程中，用以衡量流量的变化情况。

(石兆玉 贺 平)

相对湿度 relative humidity

一定容积的湿空气在某温度下所含水蒸气重量与同温度下达到饱和时所含水蒸气重量之比。单位以百分数表示。表示湿空气接近饱和的程度。相对湿度小的空气，吸收水分的能力强。 (姚国济)

箱状模式 box model

估算混合层内污染物浓度分布的一种简化模式。通过将扩散空间分割为一个个固定的气箱，认为箱内垂直方向和侧风向均匀混合，顺风向的扩散可以忽略，只考虑风的输送和箱单元之间的物质传递，从而使污染物浓度分布的计算得到简化。

(徐康富)

橡胶-卡普隆补偿器 rubber-capron compensator

由橡胶-卡普隆制成的带法兰的螺旋皱纹软管。软管是用卡普隆布作夹层的胶管，外层则用粗卡普隆绳加强，其补偿能力在拉伸时为 150mm，压缩时为 100mm。这种补偿器的优点是纵横方向均可变形，多用于通过山区、坑道和多地震地区的中、低压燃气管道上。 (李猷嘉)

橡胶密封蝶阀 rubber sealed butterfly valve

采用橡胶圈密封的蝶阀。一般由橡胶密封圈与金属阀座组成密封副。橡胶密封圈可以镶嵌在蝶板上，亦可镶在阀体上。金属阀座一般为不锈钢制成，亦可采用铜合金或其他材料。由于橡胶和金属组成的密封副，密封严密不泄漏，即使介质中夹杂有一定的杂质也可密封，故得到广泛的应用。但由于橡胶耐温性能有限，一般使用温度不宜过高。适用温度视橡胶材质而定。 (肖而宽)

xiao

消防控制室 fire service control room

安装消防控制设备的房间。它是电信楼内防火、灭火设施的显示控制中心，是发生火灾时的扑救指挥中心。它的主要功能是统一接受火灾报警信号，一旦发生火灾向全楼紧急广播，指挥疏散；火灾时，对楼内各类设备进行必要的控制（包括自动控制），接受消防电话，迅速向当地消防队发出火警信号，显示电源运行情况，提供建筑物内火灾情况及扑救情况。它由火灾探测系统、确认判断系统、通报疏散诱导系统、防排烟系统、灭火系统及其他必要系统组成。消防控制室位置应设于交通方便、位置明显、不易受火灾威胁的部位，其隔墙耐火极限时间应不低于2.5h。应用非燃烧装修材料。应设直接通往室外的安全出口。 (薛 发 吴 明)

消防用水 fire demand

根据城镇、农村或居住区按扑灭火灾并防止复燃和蔓延所需的用水。分有室外消防用水、室内消防用水和自动喷水灭火用水。单位以 L/s 表示。

(魏秉华)

消化池

见污泥厌氧消化池(298 页)。

消化池搅拌机 agitator of sludge holder

污泥厌气消化处理过程中，促使污泥温度均匀、防止污泥分层形成浮渣、均衡消化池内碱度、减少生物抑制现象、加速消化分解用的搅拌机。小直径消化水池可在池中心布置一台，当消化池直径较大时可均匀布置 3～4 台。叶轮通常采用推进式外罩导流筒，其排量应能在每 2～5h 内将全池污泥混匀一次。消化池搅拌机耗用功率较小，运行可靠，无堵塞现象，但每种搅拌机必须与轴封配套，防止沼气沿转轴外逸。驱动电机及配套电气附件均应采用防爆型。 (李金根)

消化污泥 digested sludge

经过厌氧消化工艺处理的污泥。它较易脱水，不易腐臭，所含氮、磷、钾易为植物吸收，大部分寄生虫卵已灭活。 (张中和)

消化液 digested liquid

在污泥消化过程中，存在于处理构筑物（如消化池）中的污泥水。它具有缓冲作用，以维持消化过程的正常进行。 (肖丽娅 孙慧修)

消解除臭 deodoration by digestion

加入带有香味的所谓臭味消解剂用以抵消或屏蔽臭味的技术。如乙硫醇和桉树脑、粪臭素和香豆素、丁酸和松油各对按比例配置可抵消臭味。一般具有强烈香味的气体可掩蔽臭味，但臭味消解非根本的除臭办法，尤其当恶臭可能有毒（如硫化氢）时，则不应使用此法。 (张善文)

消烟除尘 smoke prevention and dust control

为了保护环境、减少空气污染而采取减少烟尘排放的措施。消除黑烟的关键在于使燃料完全燃烧。主要措施有改善能源结构、改进燃烧装置和燃烧技术、提高能源利用效率、实行区域集中供热、以及安装除尘设备等,目前采用的消烟除尘方法很多,但要达到理想的效果,应因地制宜,综合防治。

(郝吉明)

硝化 nitrification

在有氧条件下,氨氮(NH_3)或铵离子在微生物的作用下氧化成亚硝酸和硝酸的过程。这一过程主要是由化能自养型的硝化细菌来完成,分两步进行,反应式为

$$2NH_4^+ + 3O_2 \xrightarrow{\text{亚硝酸菌}} 2NO_2^- + 4H^+ + 2H_2O$$

$$2NO_2^- + O_2 \xrightarrow{\text{硝酸菌}} 2NO_3^-$$

其总反应式为

$$NH_4^+ + 2O_2 \xrightarrow{\text{硝化细菌}} NO_3^- + 2H^+ + H_2O$$

由于这一过程释放出氢离子,将消耗水中的碱度,若碱度不足,污水的 pH 值就会降低。在工程设施中,有氧条件指污水的溶解氧含量在1.5mg/L 以上。

(彭永臻　张自杰　张中和)

硝化细菌 nitrifiers

由亚硝酸细菌和硝酸细菌组成,属于化能自养型细菌。从氧化 NH_4^+ 及 NO_2^- 中取得能量,以 CO_2 为碳源。它们的世代时间较长,绝对需氧,对温度和 pH 值的变化都很敏感。为了完成硝化过程,应注意保持硝化细菌的生长条件。　　(张自杰　彭永臻)

硝酸根分析仪 nitrate analyzer

根据硝酸根离子选择电极和参比电极间的电位差和水样中硝酸根离子浓度呈一定关系的原理制作的测定硝酸根离子浓度的仪器。测量范围:0～(10、100)mg/L,精度:±10%读数。　　(刘善芳)

硝酸盐氮 nitrate nitrogen

以 NO_3^- 形式存在的氮。它是有机氮化合物氧化分解的最终产物。清洁地表水中一般硝酸盐氮含量不高,但有些深层地下水中含量较高。近年来发现,饮用水中如果硝酸盐的含量过高,摄入后经肠道中微生物作用转变成亚硝酸盐,而使婴儿中毒患变性血红蛋白症。它的测定方法有:分光光度法、镉柱还原法和离子色谱法等。　　(蒋展鹏)

小时计算流量 hourly computed flow

城镇燃气输配系统设计中采用的管道和设备的小时通过能力。按计算月小时最大流量进行计算,这一流量的确定关系着燃气输配的经济性和可靠性。确定方法有不均匀系数法和同时工作系数法。这两种方法各有其特点及使用范围。　　(王民生)

xie

楔式闸阀 wedge gate valve

为提高辅助密封荷载,按楔形原理,把启闭件(闸板)制成楔子形状的闸阀。阀的密封面与垂直中心线成一角度,一般楔子的倾斜角通常为5°和1∶20斜度。工作温度越高所取斜角越大,以免温度变化而使闸板被楔住。按闸板结构分类有单闸板、双闸板和弹性闸板等闸阀。　　(肖而宽)

斜波式淋水装置 blevel wave packing

用硬质薄片压制成斜波浪形,相邻两片斜波倾角相反排列组成的淋水装置。这种装置接触面积大,加工、拼装工作也较简单,是当前国内机械通风冷却塔中应用最广泛的一种。斜波倾角有 30°、45°、60°、75° 等几种。逆流式冷却塔多用 60° 斜波淋水装置,横流式冷却塔多用 30° 斜波淋水装置。可用厚 0.2～0.3mm 聚氯乙烯片、聚丙烯片、玻璃钢片或薄铝片制作。用塑料制作时,为使其表面水湿润性能良好,需经化学处理表面为亲水性的,并采用阻燃型的塑料。　　(姚国济)

斜杆 diagonal member

格构式塔椸中,与水平方向成一定角度的杆件。分为柔性斜杆和刚性斜杆两种。

(薛　发　吴　明)

斜板(管)沉淀池 inclined-plate (tube) settling tank, plate (tube) settler

一种澄清区内设斜板或斜管组的沉淀池。它是由浅池沉淀理论而发展起来的高效沉淀池。因池内安装了斜板或斜管,沉淀面积增加,因而增加了单位时间的产水量,并且缩短了颗粒的沉降距离,相应缩短了沉淀时间,在产水量一定时,沉淀池的容积就可减小。斜板、斜管沉淀池常和絮凝池建在一起,中间用穿孔槽分隔。按水流方向有三种池型,即上向流、侧向流和下向流。池底污泥可由水力或机械排除。

池内设置斜板或斜管,沉淀过程在斜板(管)内进行,用以去除污水中悬浮固体的沉淀池。具有沉淀效率高、停留时间短、占地省等优点。常用作初次沉淀池。斜板可用塑料板、玻璃钢板或木板,斜管可用酚醛树脂浸涂的纸蜂窝。按水流与沉泥的相对运动方向,它分为导向流、同向流等形式。导向流斜板(管)沉淀池,是水自下而上经斜板(管)进行沉淀,污泥沿斜板(管)向下滑动的沉淀池(如图),是城市污水处理中主要采用的形式。同向流斜板

(管)沉淀池,是水流与沉淀均沿斜板(管)向下流动的沉淀池。一般采用重力排泥。该池在一定条件下,有孳长藻类等问题。　　(邓慧萍　孙慧修)

写字台

见书写台(259页)。

泄漏试验

见闭水试验(11页)。

xin

辛姆卡型叶轮曝气机

见倒伞型叶轮曝气机(48页)。

辛普逊法　Simpson

见近似积分法(161页)。

信标塔

见标准塔(12页)。

信函分拣室　mail sorting room

将信函按投递地区划分的地段进行分开,放在不同的格口中的操作房间。　　(薛　发　吴　明)

信筒

见邮筒(344页)。

xing

星–三角起动　star-delta starting

先将定子三相绕组接成星形投入电网起动,待电动机起动并达到一定转速后,再将定子三相绕组改成三角形连接的一种投入电网运行的起动方式。因星形接法,各相绕组承受的电压仅是电源线电压的$\frac{1}{\sqrt{3}}$,这样便减少了起动电流,达到限制起动电流的目的。一般用于三相交流电源的线电压等于鼠笼型异步电动机额定电压的场合。　　(许以傅)

行车式刮泥机　trussed scraper

桥架外形与起重行车相似的一种平流池排泥设备。桁架为钢结构,由主梁、端梁、水平桁架、耙板、驱动机构及其他构件焊接而成。刮泥板悬吊并固定在桥架下,边行进边刮泥,板的形式,在平流池内为平板,辐流池内有对数螺旋线刮板。按驱动方式可分为钢丝绳驱动,双边驱动,长轴传动。

　　(李金根)

行车式撇油撇渣机　bridge type grease-skimmer

由置于池边轨道上的行走小车带动刮板撇除浮油及浮渣的撇渣设备。由行走小车、驱动装置、刮板、翻板装置、传动部分、导轨及磁块等组成。一般撇油撇渣机停驻在浮选池进水端,驱动后,行车向排污槽方向行进,开始撇油撇渣,当刮板把浮油浮渣撇进排污槽后,刮板翻起,行车换向,退回进水端后,刮板落下,再次撇渣开始。行车式撇油撇渣机大多采用翻板式刮板,当跨度较大时也有采用升降式桁架结构,驱动装置与行车式吸、刮泥机相仿,翻板复位有碰撞式或电机驱动式。　　(李金根)

行车式吸砂机　bridge style sand sucker

钢轨上行进的行车桥架上设有压力式水力旋流分离器,桥架下垂吸砂管上的潜水泵从池底集砂槽中吸取沉砂的吸砂机。吸取的砂水混合物从旋流分离器周边的切线方向高速进入(流速为$6\sim10m/s$)产生涡流,较轻的液体、有机颗粒从顶部出水管回入池内,容器内的砂从下部排砂口外排(定点、定时排放)。也有不用压力式水力旋流分离器,而用砂泵把砂水混合介质排入与沉砂池平行的砂渠内,由提砂机取砂外排,常用的有步进式刮砂机、螺旋输砂机(有轴螺旋或无轴螺旋)。用于平流池或曝气沉砂池的清砂。　　(李金根)

行星边界层　planet-boundary layer

又称摩擦层,机械混合层。为约一千米高度以下的低层大气。因受地面摩擦力的影响,层内气流速度随高度增加而上升。强烈的地表热力作用和地形起伏所引起的机械作用又使气流具有明显的乱流和湍流性质。这些作用在百米高度以下的地面边界层最为显著;在百米高度以上的上部摩擦层逐渐有所减弱,气流在地转偏向力的作用下越来越偏离气压梯度力的方向。它是大气污染物主要的活动场所,是大气扩散研究的重点对象。　　(徐康富)

形状系数　shape coefficients

根据颗粒的表面积和体积与表征颗粒特性的某一粒径的平方和立方成比例来定义的。若设S为颗粒的表面积;V为颗粒的体积;S_v为颗粒的比表面积;d_s为颗粒的等表面积直径(为与颗粒的表面积相等的球的直径);d_v为颗粒的等体积直径;d_{sv}为颗粒的比表面积直径(为与颗粒的比表面积相等的球的直径),则可定义如下形状系数:

表面积形状系数　　　$\psi_s = \dfrac{S}{d_s^2}$

体积形状系数　　　　$\psi_v = \dfrac{V}{d_v^3}$

比表面积形状系数　　$\psi = \dfrac{\psi_s}{\psi_v} = \dfrac{Sd_v^3}{Vd_s^2} = S_v d_{sv}$

卡门形状系数　　　　$\psi_c = \dfrac{6}{\psi}$

由定义可确定,对球形颗粒:$\psi_s = \pi, \psi_v = \pi/6, \psi = 6, \psi_c = 1$;对正立方体颗粒:$\psi_s = 6, \psi_v = 1, \psi = 6, \psi_c = 1$。

　　(马广大)

形状指数　shape factors

表示颗粒形状的一种方法。表示颗粒的形状是这一指数的直接目的。实际中根据不同的目的和要求,有许多不同的表示方法。例如,为了表示实际的颗粒形状与球形颗粒不一致的程度,可以采用两个形状指数:①球形度:为与颗粒体积相等的球的表面积和颗粒表面积之比;②圆形度:为与颗粒投影面积相等的圆的周长和颗粒投影面的周长之比。

(马广大)

型煤　coal briquette

将各种粉煤压制成具有一定强度,同样大小的煤球、煤块等形状的煤。它具有抗冷热机械强度、热稳定性、适用的形状大小、耐潮抗水性和低含水率。它的原料可以是单种煤粉、混合煤粉、煤粉加黏合剂。成型方法分为常温成型和高温成型。按其用途可分为民用型煤和工业型煤。　　　(张善文)

xiu

休息平台

见天线平台(280页)。

嗅　odor

又称嗅气。通过人的嗅觉辨别水的污染程度。是水质标准中的一项重要的感官指标。人的嗅觉对某些物质有十分灵敏的反应,即使含量极微,也能辨出。清洁的水不具有任何嗅气,而被污染的水往往会有一些不正常的嗅气。但嗅觉受许多心理因素的影响,很难用严格的物理量来表示。通常都是用适当的文字来描述水中嗅气的性质,如氯气味、石油气味、硫化氢气味、鱼腥气、泥土气等。也可以由测试者根据嗅气强度的大小将嗅气分为六级:极强、强、明显、微弱、极微弱、无。还可以用"嗅阈值(threshold odor number, TON)"来表示嗅气的强度。所谓嗅阈值指的是水样经用无嗅稀释水稀释而刚能察觉出嗅气时的稀释倍数。水的嗅气与水温有很大关系。热水的嗅气往往甚于冷水。由于每个人的嗅觉大不相同,嗅气的测定有很大的主观因素,因此至少要5个人同时测定。　　　(蒋展鹏)

xu

虚点源　virtual point-source

采用数值积分法计算面源浓度时引入的等效点源。通常将一网格面源均分成100个小格,每一小格对应着一个虚点源,其源强为小格面源单位时间的排放量,源高取面源有效高度,位置在小格中心的上风向,按22.5°角度扩散至小格中心时烟云正好与小格等宽。按点源公式求得各虚点源在评价点上的浓度,迭加即得整个面源所产生的浓度。

(徐康富)

需氯量　requirement of chlorine dose or chlo-

rine dosage

水中一些物质将氯还原或转化为惰性或不活泼形式的氯所需的氯量。在多数情况下需氯量是指所有能与氯起反应的物质进行完全反应时所需之氯量,等于加氯量和接触期终了时余留的游离性有效氯〔次氯酸(HClO)或次氯酸盐离子(ClO$^-$)〕数量之差。实际上此时需氯量为所有能与氯发生作用的物质起反应所必须加入的氯量,消耗氯的物质包括氨、有机物、氰化物以及亚铁、二价锰、亚硝酸盐、硫化物和亚硫酸离子等无机还原剂。此时的需氯量实际上为折点加氯的需氯量。水厂生产不一定按折点加氯来决定需氯量,即加入氯以后,经过接触期能使铁、锰去除至一定程度,使氯转化成氯胺(即采用氯胺消毒),保持一定的化合氯。此时加氯量与剩余的化合氯之差即为规定需氯量。在进行需氯量测定时,应进行细菌、大肠菌的检验,在确定的需氯量或规定需氯量下,两项指标应符合生活饮用水卫生标准。

(岳舜琳)

需氧量　oxygen requirement

废水生物处理系统在一日内的总需氧量。用$\triangle O_2$表示。单位为kg/h。它包括分解代谢和内源呼吸的需氧量,与进水底物浓度S_0和流量Q、出水底物浓度S_e、曝气池容积V及其微生物浓度X有关,计算公式为

$$\Delta O_2 = a'Q(S_0 - S_e) + b'XV$$

a'为微生物代谢时氧的利用速率系数;b'为内源呼吸时氧的利用速率系数。在进行活性污泥系统的工程设计时,一般是根据需氧量来计算供氧量和供气量。a'、b'值通过实验确定或参考同类废水的运行经验值。　　　(彭永臻　张自杰)

需氧生物处理

见好氧生物处理(122页)。

需氧速率

见氧利用速率(331页)。

徐州电视塔　Xuzhou television tower

1989年建成。塔高199.5m。塔身高117.5m,钢天线长82m。钢筋混凝土环形塔筒直径7.5m,电视塔底部由八根钢筋混凝土斜柱和塔筒筒身共同组成一个空间构架,发射机房位于其中,为两层圆形平面结构。微波机房为球型,设在94~115m处,共为四层。整个微波机房外围采用网架结构。塔内设有高速电梯一部(图见下页)。

(薛　发　吴　明)

序批式活性污泥法

见间歇式活性污泥法(151页)、SBR活性污泥法(379页)。

絮凝　flocculation

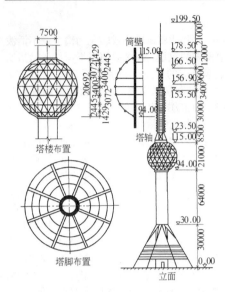

徐州电视塔(尺寸单位标高为米,其余均为毫米)

当原水投加混凝剂后与水中的悬游杂质和胶体颗粒通过化学反应自水中脱稳,并具有相互吸引聚集的性能,在外力的作用下使这些有聚集性能的微絮体不断相互接触碰撞从而形成更大的絮绒体(俗称矾花)以适应沉降分离要求的全过程。要达到完善的絮凝过程须具备几项主要条件:①胶体要有良好的絮凝性能;②反应设备须能保证胶体颗粒获得恰当的接触碰撞机会而不致于使絮绒体有破碎的条件;③絮体结絮愈大要有一个极限的承受切力的数值;④增加水中的絮体量。使水和先前处理中已形成的,浓度尽可能高的絮绒体——如泥渣回流或悬浮泥渣绒体层相接触,有助于絮凝加强;⑤缓慢而均匀的搅拌可提高已经放电的胶体粒子与絮体碰撞的几率;⑥应用絮凝剂产品进一步加强颗粒凝聚的活性,以增加絮体的黏附性和密实性。　　(张亚杰)

絮凝沉淀　flocculation sedimentation

又称干涉沉淀。当悬浮物浓度为 $50\sim500$ mg/L时,在沉淀过程中,颗粒与颗粒之间可能互相碰撞产生絮凝作用,使颗粒的粒径和质量加大和沉降速度加快的沉淀过程。实际沉速主要靠沉淀试验测定。活性污泥在二次沉淀池的沉淀便是其典型例子。　　(孙慧修)

絮凝沉淀试验　settleability test for flocculation sedimentation and thickening

污水中悬浮物在絮凝沉淀时的沉淀试验。试验方法:沉淀筒直径 $150\sim200$mm,高度为 $1\,500\sim2\,500$mm,每隔 500mm 高度设取样口。将水样装满沉淀筒并搅拌均匀后开始计时,每隔一定时间间隔,同时在各取样口取水样,分析各水样悬浮物浓度,计算其相应的去除率 $\dfrac{c_0-c_i}{c_0}\times100\%$。在直角坐标纸上,纵坐标为取样口深度(m),横坐标为取样时间(min),将同一沉淀时间不同深度的去除率标上。然后将去除率相等的各点连接成等去除率曲线(如图)。可求出与不同沉淀时间、不同深度相对应的总去除率。

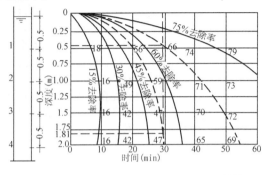

(孙慧修)

絮凝池　flocculating basin

为完成原水中加药混合后悬浮杂质和胶体颗粒脱稳,进行凝集絮凝过程而设置的水池。一般称为反应池。它的形式多种多样,大致有:穿孔旋流絮凝池、机械絮凝池、折板絮凝池、隔板絮凝池等。

(张亚杰)

絮凝机理　mechanism of particulate aggregation

混凝与絮凝过程中,控制颗粒凝聚速率的过程(如图)。开始时分散颗粒尚未脱稳,投加有机或无

稳定的基本粒子　不稳定的微絮体　絮体凝聚　稳定的絮体分布

机混凝剂后即行脱稳,形成不稳定的微絮体,其大小自 $1\mu m$ 到约 $100\mu m$,再要进一步凝聚与絮体增殖就要依靠转输运动产生碰撞,在转输过程中絮绒体将承受不同程度的剪切力,这对于已结成的絮体是不利的,而且可使絮体破裂,等搅拌混和一段时间达到了一个相对的絮凝大小比较稳定的分布状态时,其间增殖与破碎几乎平衡,这是根据系统中的水动力学和颗粒与药剂间的化学反应而定。图中所示各过程任一项都可控制颗粒凝聚的速率。从图示的总概念出发建立起混凝-絮凝过程与设备设计的基础以及求得过程参数的关键。对于一项已知的药剂与水动力学条件而言,用数学模式来描述上述过程推导与时间函数关系的絮体大小分布,必须考虑到各类尺寸大小颗粒的数量上的变化。颗粒直径 d_i 粒子与直径 d_j 粒子相碰撞形成直径 d_γ 粒子——成功的 d_γ 大,破碎的 d_γ 小。碰撞次数 N_{ij} 为单位时间单位体积内 i 粒群与 j 粒群为各浓度的乘积和碰撞频率

为 β 间乘积的函数,可由下式表示:

$$N_{ij} = \beta(d_i d_j) n_i n_j$$

β 为颗粒尺寸、絮凝转输运动机制和由混凝剂影响颗粒碰撞效率三者构成的撞击频率函数。凝聚形成的速率对于 d_γ 一类颗粒尺寸为所有 i 及 j 粒群碰撞之和减去与 k 粒群及与其他粒群相碰撞而失去的凝聚数。假定不考虑颗粒的破碎,则凝聚公式可由下式表示:

$$\frac{dn_k}{dt} = \frac{1}{2}\sum\beta(d_i d_j) n_i n_j - n_k\sum\beta(d_i d_j) n_j$$

上述公式提供絮凝机理的主要预测方法,由此还提出了三种主要机理模式即:①布朗运动;②差动运动由于液体流动剪力所致;③由于颗粒沉降的差动运动所致。第 1 类即所谓异向絮凝;而第 2、3 类即所谓同向絮凝。　　　　　　　　　　　（张亚杰）

絮凝搅拌设备　flocculators

　　加速絮凝作用的搅拌机。絮凝过程是在外力作用下,使凝聚的微絮粒,相互碰撞,聚集成更大的絮粒团块,以适应后续沉降分离的要求,絮凝搅拌设备就是起外力作用的一种设备,在絮凝池中作缓慢而均匀地搅拌,促使絮凝过程快速进行。常用絮凝搅拌设备有卧轴式和立轴式,叶轮有直桨式也有圆盘涡轮式。　　　　　　　　　　　　（李金根）

絮凝时间　detention time of flocculation

　　颗粒处在速度梯度下互相接触碰撞所需的时间。对于一个絮凝池的絮凝过程是一项重要的参数。按同向絮凝过程单位时间粒子碰撞接触的变化关系为

$$J_{0k} = \frac{dN^0}{dt} = \frac{-2\eta(\overline{G})d^3(N^0)^2}{3}$$

参见同向絮凝(284 页),上式可简化为

$$J_{0k} = -\alpha Gd^3 N^2$$

假设颗粒为球形,以 $\varphi = \frac{\pi}{6}d^2 n$,并以 G 为不变时,

则 $\dfrac{dN^0}{dt} = -K_s N$

其中 $K_s = \dfrac{6}{\pi}\alpha\varphi G$,故 K_s 也为定值,由此可见絮凝反应是浓度的一级反应即为　$\ln\dfrac{N}{N_0} = -K_s t$

或　　　　　$N = N_0 e^{\frac{-K_s t}{3}}$

N 为反应时间 t 时的颗粒总浓度;N_0 为反应开始时 $(t = 0)$ 颗粒总浓度。同时再假定颗粒接触聚集时其密度保持不变,也即颗粒的总体积不变,且仍呈球状,则颗粒粒径的变化关系为

$$d = d_0 e^{\frac{K_s t}{3}}$$

d 为反应时间 t 的颗粒粒径;d_0 为反应开始时 $(t = 0)$ 颗粒粒径。由此可知随着反应时间的增加颗粒总数呈指数关系衰减,而其粒径则相应不断增大。所以絮凝时间也是决定颗粒絮凝的重要条件之一。从实践证明国内外对絮凝时间的设计参数采用 20～30min。　　　　　　　　　　　　（张亚杰）

蓄电池室

　　见电池室(59 页)。

xuan

悬吊支座　pipe-hanging hook

　　管道用抱箍、吊杆等悬吊在承力结构之下的活动支座。构造简单,管道伸缩阻力小。管道位移时吊杆摆动,但各支座吊杆摆动幅度不一,难以保证管道轴线为一直线。因此,管道热补偿需采用不受管道弯曲变形影响的补偿器。　　（尹光宇　贺　平）

悬浮澄清池　suspension clarifier

　　原水经加入混凝剂后,脱去水中的气泡,通过悬浮污泥层反应的澄清池。属悬浮泥渣型澄清池。通常将池子分为三格,两边为澄清室,中间为泥渣浓缩室。每格平面呈长方形,池底为倒锥形,并设有配水管。当加过混凝剂的原水,经过气-水分离器脱去水中气泡后(以防止气泡扰乱悬浮泥渣层),从底部穿孔配水管流入澄清室,自下而上地通过悬浮泥渣层。如同过滤一样,水中杂质被悬浮泥渣吸附截留,清水则从置于池面的集水槽出流。悬浮泥渣层中不断增加的多余泥渣,依靠泥渣自行扩散及在浓缩室上部的强制出水管出流时所产生的抽引力,由泥渣层顶部的排泥窗口进入泥渣浓缩室,并定期排除。悬浮泥渣层的稳定程度是该池净水效果好坏的关键。悬浮泥渣是在絮粒沉速与水流上升流速达到动平衡时所形成的。因此,絮粒活性好,沉速大,将有利于净水水质与产水量的提高。　　　　（陈翼孙）

悬浮固体　suspended solid, SS

　　水中呈悬浮状态的固体。一般指用滤纸过滤水样,将滤后截留物在 103～105℃ 温度干燥恒重后的固体重量。　　　　　　　（孙慧修　蒋展鹏）

悬挂式中心传动刮泥机　central-drive fixed scraper

　　整台刮泥机及荷载都作用在工作桥架的中心的中心传动刮泥机。由驱动装置、主轴、刮臂(下设集泥槽刮板)及水下轴承组成,刮臂与集泥槽刮板均由主轴传动并悬挂在驱动装置下,悬挂式由此得名。由于结构简单,适用于池径小于 12m 的辐流式沉淀池。

　　　　　　　　　　　　　　（李金根）

悬燃炉　suspension burning furnace

　　又称室燃炉。燃料随空气流喷入炉室呈悬浮状

燃烧的炉子。燃用固态燃料煤粉的是煤粉炉;燃用液态燃料石油及其制品或渣油的是燃油炉;燃用焦炉煤气、天然气、液化石油气、发生炉煤气等气体燃料的是燃气炉。悬燃炉中,空气与燃料的接触面积较其他炉型炉中的为大,故起动迅速、容易着火、燃烧比较完全,但当低负荷运行或操作失当时,由于稳定性差易造成灭火。　　　　（屠峥嵘　贺　平）

旋臂式格栅除污机　radial bar screen

由驱动装置、旋转臂、刮污板和弧形格栅等组成的一种弧形格栅前清式机械除污设备。其耙齿的工作轨迹为圆周运动。旋臂以 2m/min 左右的外缘线速度回转,固定在旋臂两端的耙齿,从槽底起插入栅隙,沿弧形槽面将栅渣梳至栅顶,当齿耙与格栅脱离时由刮污板将耙齿上的栅渣推入集污容器外排。旋臂每旋转一周,清污二次,以此周而复始地连续旋转。由于受转臂长度的限制,多应用在较浅的格栅渠内。　　　　　　　　　　　　　（李金根）

旋风除尘器　cyclone collector

使含尘气流作旋转运动,借助于离心力将尘粒从气流中分离并捕集于器壁,再借助重力使尘粒落入灰斗的除尘装置。按气流进入方式,可分为切向进入式和轴向进入式两类。在相同压力损失下,后者能处理的气体量约为前者的 3 倍,且气流分布均匀。普通旋风除尘器由筒体、锥体和进、排气管等组成。该除尘器结构简单,易于制造、安装和维护管理,设备投资和操作费用都较低,已广泛用来从气流中分离固体和液体粒子或从液体中分离固体粒子。在普通操作条件下,作用于粒子上的离心力是重力的 5～2500 倍。所以该除尘器的效率显著高于重力沉降室。大多用来去除 5μm 以上的粒子,并联的多管旋风除尘器对 3μm 的粒子具有 80%～85% 的除尘效率。选用耐高温、耐磨蚀和耐腐蚀的特种金属或陶瓷材料制造的旋风除尘器,可在温度高达 1000℃、压力 $500×10^5$Pa 的条件下操作。从技术、经济诸方面考虑,该除尘器压力损失控制范围一般为 500～2000Pa。　　　　　　　（郝吉明）

旋风式除焦油器　cyclone detarrer

用离心分离原理清除煤气中焦油的设备。该设备分内外两筒,含焦油煤气高速切向进入两筒之间,旋转向下绕行,在离心力作用下焦油雾滴具有足够的动量撞击外筒。当煤气因压差从内筒底向上旋转绕行时,由于内筒绕流半径减少而动量加大,所以残余焦油能进一步分离。内外筒积聚的焦油向下流动,经锥形筒流入水封槽,并被排除。旋风式除焦油器可并联使用以提高处理能力。

　　　　　　　　　　　　（曹兴华　闻　望）

旋风水膜除尘器　cyclone water-film scrubber

由除尘器筒体上部的喷嘴沿切线方向将水雾喷向器壁,使壁上形成一层薄的流动水膜的一种旋风洗涤除尘器。含尘气体由筒体下部以 15～22m/s 的入口速度切向进入,旋转上升,尘粒靠离心力作用甩向器壁,为水膜所黏附,沿器壁流下,随洗水排走。除尘效率随入口气速增高和筒体直径减小而提高。筒体高度对除尘效率影响较大,一般不小于筒体直径的 5 倍。气流压力损失为 500～750Pa,耗水量为 0.1～0.3L/m^3,除尘效率可达 90%～95%,比干式旋风除尘器高得多。器壁磨损也较干式旋风除尘器轻。　　　　　　　　　　　　（郝吉明）

旋风洗涤除尘器　centrifugal scrubber

气体自洗涤器下部切向导入的一种湿式除尘器。与喷雾塔比较,大大改进了洗涤时的惯性碰撞及截留效果。由于液滴的捕集作用,集尘效率比干式旋风除尘器明显提高。常用的有旋风水膜除尘器、旋筒式水膜除尘器和中心喷雾旋风除尘器等三种类型。由于带水现象较少,可采用比在喷雾塔中更细的喷雾。为增强捕集效果,采用较高的气体入口速度,一般为 15～45m/s。可单独用来除尘,也可用作其他湿式除尘器的脱水器。　　（郝吉明）

旋流沉淀池　cyclonic sedimentation tank

又称重力式水力旋流器。废水沿切向进入器内,借进出水的压力差在池内作旋转运动的沉淀池。由于离心力很小,颗粒的分离基本上由重力决定。有周边旋流配水式和中心筒旋流配水式两种形式。前者又称底部配水式,废水经进水管沿切线方向配入沉淀池的底部,以螺旋线形式逐渐上升,经溢流堰排出。沉于池底的泥渣由抓斗抓起后装入料车运走。后者的构造与竖流式沉淀池基本相同,废水沿切线方向进入中心旋流筒,从其底部再配入周边的沉淀池。这种池子的直径较大,需设置径向集水槽。它常用于从轧钢废水和铸铁机废水中分离氧化铁皮。优点是直径不大,沉渣集中,便于清除,管理和运转方便。缺点是埋深较大,施工困难。

　　　　　（何其虎　张希衡　金奇庭）

旋流式沉砂池　spiral flow grit chamber

又称涡流式沉砂池。水沿池壁切线方向形成旋流离心力,沉降去除较大(大于 0.2mm)砂粒或杂粒的构筑物。由进水槽(设有闸板)、沉砂分选区、集砂区、排砂设备等组成。最高时流量的停留时间不应小于 30s。设计水力表面负荷为 150～200m^3/(m^3·h)。有效水深宜为 1.0～2.0m,池径与池深比宜为 2.0～2.5。按其类型分为旋流沉砂池Ⅰ型,采用砂提升管、排砂管、电动机和变速箱排砂方式;旋流沉砂池Ⅱ型,采用砂抽吸管、排砂管、砂泵和电动机排砂方式。它可利用机械力控制流态和流速,加速砂粒沉淀,附着有机物少,沉淀效果好,占地面积小。

(魏秉华)

旋流沉砂池除砂设备　cyclone sandbasin equipment

重力式水力旋流沉砂的除砂设备。沉砂池的水力来自进水渠水位与沉砂池出水的位差,水从切线方向进入,进水流速约1~1.5m/s,由于水力高差不足以维持旋流,在池顶设中央嵌入式轴流搅拌机,帮助维持旋流的流态和流速。桨叶旋转的剪切力还起到把砂子黏附的有机物剥离。砂在旋涡作用下依自重进入池中心下部的储砂槽内,有机物随水受轴向流叶轮的推力从池顶出口排至下续构筑物处理。由于沉砂池有两种构造,一种是平底,一种是斜底,搅拌机虽均为轴向流,但斜底池搅拌叶轮叶片60°斜置,平底池搅拌叶轮桨板为流线形折桨。同样,排砂方式斜底池采用气提,从空心搅拌轴中把有压空气伸入砂槽底部鼓气提砂,出池后由砂水分离器把砂分离出来外排,而平底池采用砂泵提砂经高效压力式水力旋流分离器浓缩,再由砂水分离器把砂分离出来外排。

(李金根)

旋启式止回阀　swing check valve

阀瓣绕阀座外的销轴旋转的止回阀。随着阀门口径增大,阀瓣重量和旋启行程变大,关阀会产生猛烈撞击,为此大于DN600mm的旋启式止回阀阀瓣制成多瓣式或阀瓣附带缓冲装置,成为缓闭止回阀。

(肖而宽)

旋塞阀　plug valve,cock

启闭件成柱塞形,其轴心线垂直方向有通孔,当柱塞旋转90°时,柱塞孔与阀体通道孔相通,则为开启,阻塞则为关闭的阀。柱塞可为圆柱形、锥形和球形(球阀)。适用于切断和分流。阀门动作灵活,杂质沉积造成的影响比闸阀小。旋塞的通路有两通(普通旋塞)、三通、四通。通道结构形式有直通式和弯头式。还有先提升再旋转的提升旋塞阀。用于燃气管道上的旋塞阀有两种:无填料旋塞与填料旋塞,前者只允许用于低压管道上,后者允许应用在中压管道上,但直径不大于50mm。

(肖而宽　李猷嘉)

旋筒式水膜除尘器　horizontal cyclone water-film scrubber

又称鼓式除尘器,卧式旋风水膜除尘器。气流进入除尘器后沿螺旋通道作旋转运动,在离心力作用下,尘粒被甩向器壁的一种旋风水膜除尘器(如图)。当气流高速冲击水箱内的水面时,部分尘

粒因惯性作用落入水中。同时气流冲击水面激起的水滴与尘粒相碰,也能把尘粒捕集。携带水滴的气流继续作旋转运动,水滴被离心力甩向外壁,在外壁形成3~5mm厚的水膜,将沉积于水膜的尘粒黏附。它综合了旋风、冲击水浴和水膜三种除尘过程,从而达到较高的除尘效率。螺旋通道内平均气速为11~17m/s,连续供水量为0.06~0.15L/m³,对各种粉尘的净化效率一般都在90%以上,有的高达98%。气流压力损失为800~1200Pa。

(郝吉明)

旋涡泵　vortex pump

叶轮为星状径向直叶片,由于叶轮转动,造成叶轮内和流道内的液体都有圆周方向的运动,因而产生了离心力,叶轮内的离心力大于泵体流道内的离心力形成的环形流动类似旋涡的泵。液体依靠纵向旋涡在流道内多次经过叶片腔,每经过一次叶片腔就获得一次能量,相当于液体通过多级离心泵使得能量增加。因此又称为再生泵(regenerative pump)。属于高扬程小流量泵,适用于抽送低黏度液体、易挥发性液体,因为扬程呈直线变化,所以扬程使用范围广,而且可以作为自吸式泵,多采用悬臂式结构,叶轮的维护,检修很方便。也可制成多级旋涡泵得到高的扬程。但由于由叶轮中流出的液体与流道内液体通过撞击传递能量,伴随着产生较大的撞击损失,故旋涡泵的效率较低。

(刘逸龄)

旋涡流量仪　vortical flowmeter

根据流体经过非流线性阻挡后,产生自激振荡,其振荡频率和流速成一定关系的原理制作的流量测量仪器。有卡门旋涡式、旋进旋涡式等。测量范围:水,0~3m/s;气,0~30m/s,量程比10∶1,精度1.5~2.5级。其压力损失小,结构简单,价格较便宜,可直接输出脉冲数字信号,是20世纪70年代以后发展起来的新型检测仪表。

(刘善芳)

旋转布水器　hydraulic rotating distributor

旋转配水的装置。由旋转轴及若干条配水管组成。是冷却塔配水系统的一种形式。利用配水管喷出的喷射水流的反作用力作为推动力,推动配水管绕旋转轴旋转,其配水较槽式或固定管式均匀。由于它是转动的,对单位面积淋水装置配水是间歇的,有利于热量交换和空气对流,气流阻力减小,配水效果提高,给水压力较固定管式为低。圆形中小型机械通风逆流式冷却塔多采用此种配水形式。

(姚国济)

旋转滤网　rotary screens

通过把多块格网安装在柔性传动的链板上组

成一带状回转体的滤除污物的格网除污设备。当一块块格网过滤水体后与被截留的水中漂流的固体杂质和水生物通过柔性传动的链板提升至水面上,压力水自动予以冲洗,洗净的网板又不断地回转至工位上过滤水体,这样周而复始循环不已。旋转滤网按网板组合形状分为板框形、三角形、圆弧形;按进水方式分为内进水和外进水,其中外进水中有正面进水和侧面进水等不同类型。旋转滤网宽度一般为1.0～4.0m,使用深度大部分在10m左右,最深可达30m。一般不能拦截水体中的较大杂质,因此,在旋转滤网前应设置格栅和格栅除污机。

（李金根）

旋转式表面冲洗设备　rotary surface washing equipment

利用水力作用使冲洗臂绕固定轴旋转,使反冲洗水均布在整个滤池滤料表面的辅助冲洗设备。装设在滤池的滤料层表面上,喷嘴下缘离滤料层表面1～1.5cm,喷嘴均匀布设在旋臂管上,与滤料层表面夹角为15°～45°,在中心竖管两侧交错设置,使旋转一周其冲射作用范围能覆盖整个圆径面积,冲洗水压为0.35～0.5MPa,喷射的反作用力使旋臂旋转,擦洗表层砂。

（李金根）

选择性催化还原催化剂　catalyst of selective catalytic-reduction

在催化还原净化气体中NO$_x$时,用NH$_3$作还原剂,使它能有选择地与气体中NO$_x$反应,而不与其中的O$_2$反应的选择性催化还原法所用的催化剂。常用的有铂、钯和贱贵金属的铜、铁、钒、铬等。

（姜安玺）

选择性离子交换脱氮法　selective ion exchange

采用对氨有选择交换性能的离子交换树脂进行脱氮的过程。这种树脂有天然存在的沸石,如斜发沸石(clinoptilolite)。含氨的污水进入斜发沸石床,在一般技术条件下,氨去除率可达95%。穿透的沸石可用食盐水再生。再生液可用空气或蒸汽吹脱氨,或回收氨溶液,亦可制成硫铵肥料回收。

（张中和）

选择性顺序　selective sequence

在规定条件下,通过实验求出锂型交换树脂对各种阳离子的选择系数K_{Li}^x,按各数值大小依次排列所得的顺序。位于顺序前列的离子可以从树脂中取代位于顺序后列的离子。在实际应用中有指导作用。

（刘馨远）

xun

巡房　patrol office

供线路维护人员日常维护和家属居住的建筑物。

（薛　发　吴　明）

循环混合曝气池　cyclic mixing aeration tank

见氧化沟(330页)。

循环给水系统　recirculating cooling water system

水经处理后循环使用的给水系统。可分为循环冷却水系统和一般循环给水系统。循环冷却水系统由循环水泵站、冷却设备及循环管道几部分组成。根据水循环方式分为密闭式循环给水系统和敞开式循环给水系统;根据水质是否受污染,又可分为净循环给水系统和浊循环给水系统。循环冷却水系统可以节省大量新水,宜广泛采用。

（姚国济）

循环曝气池

见氧化沟(330页)。

循环水的冷却处理　cooling treatment of recirculating water

对经换热设备后温度升高的出水进行降温,使之满足换热设备进水温度要求的方法。水冷却的方法有:冷却塔冷却、喷水冷却构筑物冷却及水体(水库、湖泊或河道)冷却等。

（姚国济）

循环水的水量损失　lossage of circulating water

在循环冷却系统中,由于风吹、蒸发、渗漏、排污而损失的水量。用循环水量的百分数表示。

（姚国济）

循环水量　recirculating water content

工业生产中循环利用的水量。单位以m^3/h计。它是确定循环水泵、冷却构筑物及其他处理设施能力的基本数据。为节约用水,应尽量提高它在总用水量中所占的百分比数。

（姚国济）

Y

ya

压力检验仪 pressure checker

一种根据静力平衡原理制作的活塞式压力计。校正范围:-0.1~250MPa,精度0.05级。适用于校验普通压力表。 （刘善芳）

压力降

见压力损失。

压力流输水管道安设 build up of pressure pipe line

压力输送的给水管道的安设。它所使用的管材有金属管、钢及铸铁等,也有使用石棉水泥、钢筋混凝土、木及塑料等非金属材料制品。这些管材安设的施工期间除开要严防基础沉降外,主要应控制它们的接口部位紧密。此外在下管前检查管节本身有无缺陷或瑕疵亦是重要的。在敷设之后的压力试验结果则是评价施工质量的依据。 （李国鼎）

压力溶气罐 saturator

气浮净水工艺特有的空气溶入装置。为密闭的一类受压容器。在罐内实现水与空气的充分接触传质,使空气溶入水中,尽量达到饱和程度。它有多种形式。一般采用空压机供气的喷淋式填料罐。水与空气均自罐顶部进入。水即喷洒于填料之上(填料常用拉西环、鲍尔环、斜交叉淋水板、阶梯环等),依靠填料的作用,使水流分散,表面积扩大,且不断更新,促使与其接触的空气迅速溶入,罐的下部为贮水区,以分离未溶空气与保证出流的稳定。溶气水从罐底部放出。溶气罐的附件有水位计、压力表、放气阀、安全阀、观察窗、浮球液位传感器等。

（陈翼孙）

压力式水力旋流器

见水力旋流器(267页)。

压力式温度计 pressure type thermometer

根据温包内气体或液体受热时压力变化原理制作的温度测量仪器。引压毛细管长度范围1~25m,测量范围80~400℃,精度1.5~2.5级。适用于近距离集中测量,但要避免振动和辐射热。缺点是毛细管机械强度较差。 （刘善芳）

压力式液位计 pressure type level meter

根据液位变化引起压力变化原理制作的测量液位的仪器。测量范围:0~50m,精度1~1.5级。适用于开口容器的液位测量。其结构简单,安装方便,但密度变化时会引起误差。 （刘善芳）

压力试验 pressure test

简称试压。管道安装在接口作业完工后进行的渗漏和耐压现场检验。适用于承压管道敷设。试压长度一般取1km左右,以利检查和联络,其装设如图。先在管段的两端布置临时支撑以提高后背强度和增加管材刚性。再用清水沿进水管自管段低端进入管内,如此可驱除其中存留的空气并湿润接口填料,俟达到饱和后,浸泡历时1~3昼夜。试验项目包括落压和漏水量两项。前者在充水管段用手摇泵向管内压水,俟压力表指针逐步升至试验压力时停止加压,观察表压下降情况,如10min内降压不超过0.05MPa为合格。后者需先记录该充水管段处于自然状态下的表压由试验压力降至特定压力(如0.1MPa)的历时,然后加压至同一试验压力时,随即开启阀门,记录表压降至该特定压力的历时和水筒中收集的水量。假定以上两时间,管段的渗漏值相等,则可计算出相应的漏水率,以不超过额定量为合格。此两项试验以落压检验简便易行,试验时需确保管内空气排净。

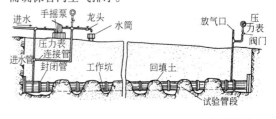

（李国鼎）

压力损失 pressure drop

又称压力降。表示装置消耗能量大小的技术经济指标。对除尘器指进出口处气流的全压差。它实质上反映流体流经除尘器所消耗的机械能,与通风机所耗功率呈正比。在保证除尘效率的前提下,压力损失应尽量小些。多数除尘装置的压力损失为1~2kPa。 （郝吉明）

压力调节阀 pressure regulating valve

自动调节压力参数的执行器。直接作用式分为阀前压力调节和阀后压力调节两种。其主要结构是阀瓣的一端与弹簧相连,另一端与膜盒相连。当阀前压力等于给定值,则其对阀瓣的作用力恰好与弹簧力平衡,阀瓣位置保持一定,阀前压力不变。当阀前压力增高时,阀瓣开启,流量增加,直至与弹簧力平衡,维持阀前压力的给定值。当阀前压力下降,则阀瓣关小,阻力增加,在弹簧力作用下仍保持固定阀前压力。阀前压力调节阀一般装在回水管路上,以防倒空现象。阀后压力调节阀,其阀瓣位于阀座下方,用以控制阀后压力不变,一般装在供水管路上。非直接作用式(液压、气动),皆由继动器作为测控机构,其中敏感元件为膜盒,"喷嘴-挡流板"为放大元件。　　　　　　　　　　　　　(石兆玉　贺　平)

压滤机式反渗透器

见板框式反渗透器(4页)。

压损系数　pressure drop coefficient

除尘器压力损失与进口气流动压的比值。系一无因次系数,一般由实验确定,对一定结构形式的除尘器为一常数。由于除尘器结构形式繁多,影响因素复杂,很难求得准确的通用计算公式。

　　　　　　　　　　　　　　　　　(郝吉明)

压缩　thickening

在沉淀过程中,颗粒互相支承,上层颗粒在重力作用下挤出下层颗粒的间隙水,使污泥得到浓缩的过程。区域沉淀的继续,就形成压缩。活性污泥在二次沉淀池的污泥斗中及浓缩池中的浓缩过程便是典型例子。　　　　　　　　(孙慧修)

压缩空气贮罐　air reservoir

平衡空压机作功时的高压和非作功时的低压的装置。储量输出时,气量、气压基本上达到连续均衡。　　　　　　　　　　　　(李金根)

压缩气体装卸　loading and unloading by compressed gases

将高压气体压入倒空容器使液态液化石油气卸入灌装容器的操作。压缩气体应不溶于液化石油气且不与液化石油气形成爆炸性混合气体。一般使用甲烷或含乙烷很少的天然气、纯度为98%~99%的工业氮气、二氧化碳以及其他惰性气体。容器完全排空所需压缩气体的总体积约为排空容器的1.5~2倍。压缩气体的选择应根据实际可能性和技术经济比较确定。通常在液化石油气储配站附近有高压天然气管道或高压惰性气体时采用。

　　　　　　　　　　　　(薛世达　段长贵)

芽孢杆菌属　bacillus Cohn

活性污泥中常见的占优势的细菌种属。在伯杰氏细菌鉴定手册第八册中列于第十五部分,分类为形成内生孢子的杆菌与球菌。化能异养型,好氧或兼性,增殖温度范围最高达25~75℃,最低为-5℃。细胞呈杆状$(0.3\sim2.2\times1.2\sim7.0\mu m)$,多

数能运动,具周生鞭毛,包括22个种和一些尚未定位的种,几乎全部为非病原菌,对人畜无害。

　　　　　　　　　　　　(戴爱临　张自杰)

亚硝酸盐氮　nitrite nitrogen

以NO_2^-形式存在的氮素化合物。它是由氨氮进行硝化而产生的一种中间产物。由于在硝化过程中,由$NH_3\rightarrow NO_2^-$这一步比较缓慢,而由$NO_2^-\rightarrow NO_3^-$这一步比较快速容易,因此在一般天然水中NO_2^-的含量不大。但亚硝酸盐可使人体低铁血红蛋白氧化成高铁血红蛋白,失去输送氧的能力,还会与仲胺类反应生成有致癌性的亚硝胺类物质,引起人们重视。它的测定方法有:化学比色法、分光光度法和离子色谱法等。　　　　　(蒋展鹏)

yan

烟　smoke

由燃料燃烧产生的能见气溶胶。应当指出:①烟不包括水汽;②在一些文献中以林格曼黑度、烟的遮光率、沾污的黑度或所捕集的沉降物的质量来定量地表示烟颗粒的大小,大致处于金属烟尘的分布范围内,约为$0.5\mu m$左右。　　　(马广大)

烟尘　fume

冶金过程或化学过程形成的固体颗粒的悬浮体系。是由熔融物质蒸发产生的气态物质凝集而生成的固体颗粒气溶胶,并总是伴有诸如氧化之类的化学反应。烟尘颗粒很细,如冶金过程中最常见的粒径范围为$0.1\sim1\mu m$。过程的温度和冷却气体的体积对颗粒粒径有影响,使之可能具有一定的变化范围。烟尘有两个特点:①用电子显微镜观察表明,在光学显微镜视野下观察呈一整体的个别颗粒,通常是由许多更小的颗粒构成的凝聚体,其堆积密度常低至只有构成颗粒密度的5%;②一旦生成后,就很难对它进行分离和再分散。

　　　　　　　　　　　　　　　　　(马广大)

烟囱建造　constructing of stack

修建用于排烟的构筑物。烟囱因设计所选用的建造材料而有不同的称谓,常用的材料是砖、石、钢筋混凝土。竖立于屋顶或高度较低的烟囱也可由钢板卷成筒状用法兰盘对接或铆接或焊接而成。圬工砌筑的烟囱,其结构可分为基础、筒身、内衬及隔热层和附属设施等四部分,其基础的施工程序通常是:定位放线、挖土、浇筑垫层混凝土、铺放并绑扎钢筋、浇筑基础混凝土,同时注意埋设控制烟囱中心点位置的中心点预埋件,再进行基础覆土。其筒身的砌筑多采用内、外脚手架,并组织水平及垂直运输线供应建造用材及供水。筑造中应按设计要求控制外表

面的向心斜度(以中心点为准,一般为 2% ~
2.5%),内衬及隔热层的作用在于减少筒壁温度应
力和防止气体产生的腐蚀作用,其铺设根据选用材
料性质随筒身升高分段进行。烟囱的附属设施有:
爬梯、安全罩、信号灯、避雷装置等,在组织施工中,
均应列入计划随工程进度完成安设工作。

(李国鼎)

烟囱热排放率 heat effluent rate of the stack

由烟囱口在单位时间内排出的热量。它的大小
与排烟率和烟气温度成正比,其值越大,烟云抬升高
度就越高。 (徐康富)

烟囱有效高度 effective stack height

烟云变平时的烟轴高度。它由烟囱距地面的几
何高度和烟云最大抬升高度两部分组成。点源所产
生的污染物浓度即按此高度计算。 (徐康富)

烟流模式 plume model

在污染物受地面全反射作用的情况下由高斯模
式演变而来的连续点源的扩散模式。由此模式可直
接导出高架点源的地面浓度公式和地面轴向浓度公
式、地面连续点源的扩散模式、地面浓度公式和地面
轴向浓度公式。对它作微积分运算,又可得到最大
地面浓度公式和侧向积分浓度公式等。显然,它是
评价点源局地污染常用的一种实用模式。

(徐康富)

烟气

见燃烧产物(229 页)。

烟气调质 flue gas conditions

采用调节烟气温度或湿度以及增加其他调质剂
以降低粉尘比电阻的过程。气体中水分的增加或加
入某些少量化学试剂如 SO_3、NH_3 和 Na_2CO_3,都可
降低粉尘的比电阻。水的喷淋特别有效,同时可获
得水分调节和降温的双重作用。在较低或较高温度
下,许多工业粉尘可以具备集尘所需的电导率。在
某些情况下,通过改变生产工艺或在设计阶段把电
除尘器安装在适当位置,均可获得较低或较高的温
度。寻找经济有效的烟气调质剂和方法是电除尘器
研究中的一个重要方面。 (郝吉明)

烟气循环 exhaust gas recirculation

使用烟气循环降低氮氧化物技术。烟气循环系
统如图。把部分锅
炉排烟与燃烧用空
气混合送入锅炉,使
炉内温度和氧气浓
度降低。从而降低
NO_x 含量,该法对控制强度型 NO_x 有明显效果。

(张善文)

烟气余热利用率 utilization factor of waste
heat of flue gas

有效利用的余热量与烟气余热量的比值。有关
调查资料表明,钢铁行业利用率约为 49%;石油、煤
炭行业约为 20%;陶瓷行业约为 15%;化学工业约
为 11%。一般来说,余热量越大,余热利用率也越
高。 (李先瑞 贺 平)

烟团模式 puff model

以单个烟团的三维扩散研究为基础而建立的大
气扩散模型。用于估算风速小于 1m/s 之微风条件
下的污染物浓度。这时,顺风向的扩散已不可忽略,
而其浓度分布仍认为服从正态分布,且 x 和 y 轴向
的水平扩散参数相等。按微风条件下的有效源高求
得单烟团的浓度分布,将连续点源在 Δt 时间内排
放的污染物作为一个瞬时烟团,对时间积分即得连
续点源的浓度分布。 (徐康富)

烟云抬升高度 plume rising height

烟气在排出烟囱口后继续上升的高度。它包括
由烟气喷出速度决定的动力抬升高度和由热排放率
决定的热力抬升高度两部分。实际抬升高度还受烟
囱出口高度处的风速和大气稳定度等因素的影响,
其值随风速增大而减小,在不稳定条件下可比中性
条件高 10% ~20%,稳定条件下则比中性条件低约
20%。在烟云抬升高度测定实验的基础上,或根据
实际情况,选择合适的烟云抬升模式并加以修正,即
可求得各种情况下的烟云最大抬升高度。

(徐康富)

烟云抬升模式 plume rise model

用于估算烟云抬升高度的经验或半经验公式。
通常将烟云抬升高度表示为烟囱热排放率和烟囱出
口处风速的函数,有的还考虑烟囱口大小、烟气喷出
速度和烟囱几何高度的影响。模式类型较多,需在
烟囱分类和烟云抬升试验的基础上作出选择和修
正。在国家标准《制订地方大气污染物排放标准的
技术原则和方法》中,对热排放率≥2090kJ/s 且烟气
与大气之间温差≥35K 的烟囱,推荐使用修正的
Briggs 公式;不能同时满足上述两个条件的,则按
Hollond 公式计算并对结果加以调整。 (徐康富)

淹没式出水口 submerged outlet

将出口淹没在水中的形式。使
污水与水体较好混合。同时,也为
了避免污水沿河岸流泄,造成不洁
环境。其构造如图。

剖面
平面

(肖丽娅 孙慧修)

淹没式生物滤池 submerged
biofilter

见生物接触氧化(251 页)。 (张自杰)

延缓系数 retard coefficient

又称折减系数。苏林系数与管渠空隙容量调蓄利用系数两者的乘积值。用该值乘以管内雨水流行时间计算雨水设计流量。雨水管道如果根据满流时的流速来计算管道内雨水流行时间 t_2 时，就会小于管道内实际雨水流行时间，使暴雨强度增大，因而算出的管道断面尺寸偏大，造成经济浪费。前苏联学者苏林发现大多数雨水管道中的雨水流行时间比按最大流量计算的流行时间大 20%，所以，建议管渠中雨水流行时间按用大于 1（为 1.2）的系数乘以满流时的流速来计算管内雨水流行时间 t_2，即

$$t_2 = \frac{L}{1.2 \times 60v}$$

t_2 为雨水在管渠内流行时间（min）；L 为各管段的长度（m）；v 为相应于各管段满流时的水流速度（m/s）。1.2 值系延缓系数或苏林系数。另外，雨水管渠的各管段的设计流量是按照相应于该管段的设计暴雨强度计算的，然而，各管段的最大流量一般不大可能在同一时间内发生。即当任一管段发生设计流量时，其他管段都不是满流（特别是上游管段），所以可设想利用此上游管段存在的空隙容量，使一部分水量暂时贮存在此空间内，而起到调蓄管段内最大流量的作用。在雨水管段设计中，为了充分利用这部分空隙容量，可以采用延缓管内雨水流行时间的办法，迫使上游管段产生压力流，从而缩减设计流量，减小管道设计断面，降低工程造价。研究表明，考虑空隙容量将使管渠中雨水流行时间增大 1.67 倍左右，即可用大于 1（1.67）的系数乘以用满流时流速算得的管内雨水流行时间来缩减设计流量。即

$$t_2 = 1.67\Sigma \frac{L}{60v}$$

考虑了流速逐渐增加和空隙容量二者综合的影响，管内雨水流行时间为

$$t_2 = 1.2 \times 1.67\Sigma \frac{L}{60v} = 2\Sigma \frac{L}{60v}$$

2 即为延缓系数，雨水为暗管时，延缓系数 $m = 2$；雨水为明渠时，不考虑空隙容量的调蓄作用，变延缓系数 $m = 1.2$。据中国研究表明，m 为一变值，范围为 1.8~2.2。美国和日本均采用 $m = 1$。　　（孙慧修）

延时曝气法　extended aeration process

对混合液在曝气池内进行长时间的曝气，使活性污泥微生物进入深度的内源呼吸期的一种活性污泥法运行方式。该法特征之一是使有机污染物进行彻底的氧化，因此又称为完全氧化法。另一特征是污泥产率低，剩余污泥量少，且多已稳定，勿需再进行厌氧消化处理，脱水、干化后即可利用，因此该法又是污水、污泥联合处理设备。该法所采用的各项设计与运行参数为：BOD—污泥负荷 0.05~0.15 kgBOD/(kgMLVSS·d)；污泥龄 20~30d；混合液

MLSS 值 3 000~6 000 mg/L；SVI 值 40~60；曝气反应时间 20~36~48h；污泥回流比 75%~150%。本法只适用于小量而且处理程度要求高的污水。

（彭永臻　张自杰　戴爱临）

岩浆地热资源　magmatic geothermal resource

蕴藏在熔融状或半熔状岩浆中的巨大能量。温度从 600℃ 到 1500℃ 左右。在世界一些多火山地区，这类资源可以在地表较浅的地层中找到，而多数这类资源则深埋在目前钻探还比较困难的地层中。

（蔡启林　贺平）

岩棉　rock wool

以玄武岩为主要原料经高温熔融加工制成的棉状保温材料。管道保温常用岩棉制品，如板、毡、管壳和保温带等。制品以酚醛树脂为黏结剂时，耐温 400℃，采用耐高温黏结剂时，耐温达 600℃，密度在 80~150kg/m³ 时，常温导热率约为 0.04~0.05W/(m·K)。　　　　　　　　　　　（尹光宇　贺平）

沿程阻力损失　friction loss

又称长度阻力损失，摩擦阻力损失。流体沿管道流动时，由于流体分子之间、流体分子与管壁间的摩擦阻力而造成的能量损失。它等于管长 L（m）与比摩阻 R（Pa/m）的乘积，即 $\Delta P_y = RL$（Pa）。

（盛晓文　贺平）

沿线流量　flow along the line

管段长度或供水面积乘以比流量。对于用水量标准相近的供水区，可通过计算单位管线长度或单位供水面积上的流量即比流量的方法来简化计算。在计算比流量时，要排除大用户，如工厂、学校、医院、机关以及大型公共建筑等的集中用水量。按管线长度计算比流量公式为

$$q_s = \frac{Q - Q_1}{\Sigma l}$$

q_s 为按管线长度计算的比流量[L/(s·m)]；Q 为管网最高时总供水量（L/s）；Q_1 为集中用水量总和（L/s）；Σl 为干管总长度（m）。在计算干管总长度时，应去掉没有用户的管线长度，一侧用水的管线只应计入一半长度。按供水面积计算比流量公式为

$$q_A = \frac{Q - Q_1}{\Sigma A}$$

q_A 为按供水面积计算的比流量[L/(s·m²)]；Q、Q_1 意义同前；ΣA 为供水区总面积（m²）。在计算管网时，常用管长比流量乘以管段长度计算沿程流量。

（王大中）

盐度计

见氯离子分析仪（186 页）。

颜色　color

又称色度。评价感官质量的一个重要项目。水

的颜色有真色和表色之分。真色是由于水中所含溶解物质或胶体物质所致，即除去水中悬浮物质以后所呈的颜色。表色则不仅包括因溶解物质和胶体物质引起的颜色，也包括悬浮物质造成的颜色。一般仅对天然水和用水作颜色的测定，所测的是水的真色，采用的是铂钴标准比色法。此法是先用氯铂酸钾(K_2PtCl_6)和氯化钴($CoCl_2 \cdot 6H_2O$)配成与天然水黄色色调相同的标准比色系列，然后将水样与此标准比色系列进行比色，结果以"度"表示。1L 水中含有相当于 1mg 铂时所产生的颜色规定为色度 1 度。对于废水和污水的颜色，通常只作定性的文字描述，如有必要时，也可辅以稀释倍数法。此法是在比色管中将澄清后的水样用清洁水(无色度的水)稀释成不同倍数，并与液面高度相同的清洁水作比较。取其刚好看不见颜色时的稀释倍数者，此即为色度，用其稀释倍数来表示。此外，也可以采用分光光度法来进行颜色的测定。　　　　　　　　(蒋展鹏)

掩蔽剂软化法　screening reagent softening

在硬水中，投加某种络合剂，使之与水中钙、镁离子生成络合离子，掩蔽钙、镁离子的特性，不再生成沉淀和水垢，使水得到软化的方法。常用的络合剂为聚合磷酸盐，如焦磷酸钠、六偏磷酸钠等。　　　　　　　　　　　　　　　　　(刘馨远)

演播室　television studio

电视中心或电视台用于录制电视图像和声音的房间。它主要用于录制节目素材，也可以直播。对于声音效果、灯光照明、杂音干扰、空调均有特殊要求。应与大地具有良好隔振，以阻止地面振动传到演播室，室内应有适当的吸声装置，保证混响时间符合要求。电视中心一般都有几个不同的演播室，如文艺演播室、新闻演播室、电教演播室等。按其面积分为大、中、小三种。$800 \sim 1200m^2$ 的为大演播室，$400 \sim 800m^2$ 称为中演播室，$200 \sim 400m^2$ 称为小演播室。演播室与导演室、演员候播室、摄像机存放室和布景道具库之间应该有隔声门，与调音室、调光调像室、灯控室应联系便捷，可直通，也可与导演室互为套间关系。　　　　　　　　　(薛 发 吴 明)

演员休息间　rest room

又称候播室。电视播映场所的供演员化妆后休息等待上场的房间。　　　　　　　(薛 发 吴 明)

厌气菌

见厌氧菌(328 页)。

厌氧反应　anaerobic reaction

又称厌氧(厌气)生物处理，厌氧发酵，厌氧分解，厌氧生物氧化。在无氧条件下，利用厌氧微生物(主要是厌氧菌)的代谢作用分解污水、污泥中有机物质的生物化学反应。微生物的呼吸作用是生物的

氧化和还原过程，而且生物体内的这些反应均有赖于体系中的酶来加速。有机物厌氧消化的机理是一个极其复杂的过程。多年来被概括认为两阶段过程(如图 a)，第一阶段为酸性发酵阶段。参与的菌群统称产酸细菌，或称不产生甲烷的发酵性细菌；第二阶段为碱性发酵阶段，参与的菌群统称甲烷菌，或产甲烷菌。二阶段理论难以确切地解释二碳以上的脂

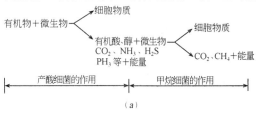

(a)

肪酸和除甲醇以外的醇类如何转化成甲烷和 CO_2的，它未能全面地反映出厌氧消化的本质。1979 年伯力特(Bryant)等人根据微生物的生理种群，提出了厌氧消化的三阶段过程(如图 b)，是当前较为公认的理论模式。三阶段过程的第一阶段，在水解和发酵细菌的作用下，使碳水化合物、蛋白质和脂肪水解和酵解，转化为单糖、氨基酸、脂肪酸、甘油及 CO_2、H_2 等；第二阶段，是在产氢产乙酸菌的作用下，将第一阶段的产物转化成氢、二氧化碳和乙酸；第三阶

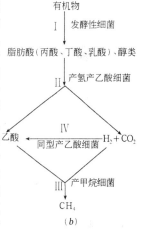

(b)

段，是通过两组生理上不同的产甲烷菌的作用，一组把氢和二氧化碳转化成甲烷，另一组是对乙酸脱羧产生甲烷。在厌氧消化过程中，乙酸是产甲烷的重要前体物，由其形成的 CH_4 约占总量的 2/3。由 CO_2还原形成的约占总量的 1/3。Zeikus 等人相继提出了厌氧消化的四类群理论(如图 b)，即增加同型产乙酸菌，该菌能将 H_2/CO_2 转化为乙酸，但该菌在消化过程中的重要性尚未被广泛研究；它所产生的乙酸仅占乙酸总合成量的 5%。三阶段理论和四类群理论实质上都是两阶段理论的补充和发展。有机污泥厌氧消化产生的消化气，甲烷约占 50% ～ 75%，CO_2 约占 20% ～ 30%，其余是氨、氢、硫化氢等。燃烧热值为 35 000 ～ 40 000kJ/m^3。　　　(孙慧修)

厌氧反应动力学　kinetics of anaerobic biochemical reaction

研究厌氧生物化学反应进行的速度、反应历程以及描述厌氧消化过程特性的一种数学方法。依靠

这一方法,可以把微生物学和生物化学的实验资料用于生物处理构筑物的设计和实际运行的控制。它的研究,能更加系统地理解各种工艺参数之间的关系。生物化学反应属于多步连锁反应,其中反应速度最慢的一步是生物化学反应的控制速度。反应速度取决于反应物的性质,同样也取决于反应进行时所处的条件。影响反应速度的主要条件有反应物的浓度、温度、催化剂的存在以及其他。厌氧消化时,有机物降解速度遵循一级反应,随有机物浓度而变,即有机物比降解速率为

$$\frac{S_0 - S_e}{X_v t} = KS_e$$

S_0—起始有机物 BOD$_5$ 浓度(mg/L);S_e—t 时后有机物 BOD$_5$ 浓度(mg/L);X_v—挥发性污泥浓度(mg/L);t—水力停留时间(d);K—有机物降解速度常数;$S_0 - S_e/(X_v t)$—有机物比降解速率〔kgBOD$_5$/(kgMLVSS·d)〕。厌氧消化过程中,有机物降解速度决定于碱性消化阶段,所以设计时应采用碱性消化的 K 值及其他参数。 (肖丽娅 孙慧修)

厌氧反应影响因素 influences on anaerobic biochemical reaction

对污泥、污水厌氧消化速度影响的各种因素。如温度、投配率或负荷、搅拌混合、碳氮比、pH 值与酸碱度、有毒物质以及其他条件等。

(肖丽娅 孙慧修)

厌氧分解

见厌氧反应(327 页)。

厌氧-好氧除磷工艺 anaerobic-aerobic dephosphorization technology

又称 An-O 除磷系统。利用聚磷菌在厌氧条件下释放磷,在好氧条件下过量地吸收磷的这一功能建立的活性污泥法除磷工艺系统(如图)。本工艺具有如下特征:①工艺流程简单,不投药,也无内循环系统,建设费用与维护费用都较低;②沉淀污泥含磷率达 4%,肥效好;③在反应器内的停留时间短(3~6h),厌氧区和好氧区容积比宜为 1:(2~3);④除磷效果好,可达 70% 以上。本工艺的缺点是除磷效

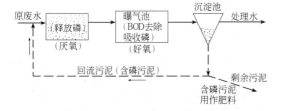

果难于进一步提高;除磷效果与污泥产率有关;在沉淀池内如运行管理不当易于产生磷的释放现象等。

(张自杰)

厌氧活性污泥法 anaerobic sludge digestion process

见厌氧接触消化。

厌氧接触消化 anaerobic contact digestion process

又称厌氧活性污泥法,接触厌氧法。在普通消化池之后设沉淀池,并有部分沉淀污泥回流至消化池的厌氧消化系统。与好氧污泥法相似,但无需供氧。污水进入消化池后

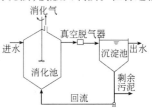

迅速地与池内混合液混合,泥、水进行充分接触。污泥回流可提高消化池中污泥的浓度,缩短消化时间(如仅需 6~12h)。该工艺允许污水中含有较多悬浮固体,有机负荷为 2~5kgCOD/(m³·d),运行稳定,操作较简单,耐冲击负荷的能力较大。缺点是气泡黏附在污泥颗粒上,影响污泥沉降。其系统如图。

(肖丽娅 孙慧修)

厌氧菌 anaerobic bacteria

又称厌气菌。在没有氧气条件下生长的细菌。在以它为主的作用下,将污水和污泥稳定化,即通常指的厌氧消化。它分为两种:一种是绝对(专性)厌氧菌,如油酸菌、甲烷菌等属于这一类;另一种是兼性厌氧菌,如乳酸菌、酵母菌等。 (孙慧修)

厌氧滤池 anaerobic filter

装有填料的密闭(隔绝空气)的生物滤池。从原理上,除无需供氧外,厌氧滤池与好氧生物接触氧化(淹没生物滤池)是相同的,填料全部浸泡在水中。滤池内的填料,一般采用碎石、卵石、焦炭、各种形状的塑料制品以及新型填料如纤维状填料、中空微孔纤维束填料等。在填料表面附着生长一层厌氧性生物膜。污水通过滤层时,厌氧微生物将污水中有机物降解为甲烷和二氧化碳。填料上生物膜的量较高,且泥龄也较长。厌氧滤池有机负荷一般为 2~16kgCOD/(m³·d),运行及处理效果较稳定。主要缺点是滤料易堵塞,故主要适宜于处理含悬浮物较低的可溶性有机污水。其构造如图示。

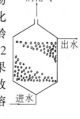

(肖丽娅 孙慧修)

厌氧-缺氧-好氧活性污泥法 anaerobic-anoxic-oxic activated sludge process

又称 A/A/O 工艺,A²/O 工艺。20 世纪 70 年代开发的具有同步脱氮除磷功能的活性污泥工艺。分建三座能够形成厌氧、缺氧和好氧状态的反应器或将曝气池按先后分隔成厌氧、缺氧和好氧三个区

域。在厌氧池(段)内只搅拌不曝气,污水和来自二次沉淀池含有聚磷酸盐的回流污泥流入,在厌氧状态下,使细菌将其所含有的正磷酸盐释放,混合液含磷量增高,水中 BOD 值下降;在缺氧池(段),也仅进行搅拌,来自厌氧池(段)的混合液和通过内循环系统来自好氧段的含有硝酸盐的循环混合液(回流比为 2Q)在此混合,在缺氧状态下,通过反硝化的作用以达到脱氮的目的;在好氧池(段)内,进行曝气,来自缺氧段的混合液经曝气,去除 BOD 并完成硝化反应过程,同时好氧细菌过量地吸取水中的正磷酸盐并将其蓄积在体内,使处理水达到除磷的效果,在好氧池(段)设内循环系统,使混合液一部分循环回缺氧段进行脱氮,另一部分则进入二次沉淀池,通过排放富磷的剩余污泥将磷从系统中排除。另一方案是将二次沉淀池的含磷回流污泥先单独地进入厌氧反应器在厌氧状态下,将磷释放后再回流到前端的厌氧段,而含磷较多的上清液则通过混凝沉淀方法除磷。

(彭永臻　张自杰)

厌氧生物处理　anaerobic biological treatment

又称厌氧消化,厌氧发酵,厌氧稳定技术,厌气生物处理。习惯上是指污泥消化。利用厌氧微生物(主要是厌氧菌),在无氧情况下,分解污水、污泥中有机物的厌氧过程。处理的最终产物主要是甲烷(约占 50%～75%)和二氧化碳等气体(约占 20%～30%)。过去主要处理对象是有机污泥,如一次沉淀池的沉淀污泥和二次沉淀池的腐殖污泥或剩余活性污泥等。但近年来发展到应用于处理食品、饮料、造纸、石油化工、制药、有机合成等工业的有机废水和城市污水。对高浓度有机废水先用厌氧生物处理后,根据需要再用好氧生物处理,这样可能节省处理费用。为了去除污水中的氮可采用微氧脱氮法(亦称厌氧脱氮)。中国大量建设的沼气池便是应用这种方法的典型实例。有机物的厌氧分解是微生物细胞物质的合成和有机物的氧化分解获取能量过程。最终产物主要是 CH_4、CO_2 等。

(肖丽娅　孙慧修)

厌氧生物氧化

见厌氧反应(327 页)。

厌氧塘　anaerobic pond

塘水深、负荷高,全塘水都处于厌氧状态,污水中的有机物在厌氧菌的作用下,通过水解、酸化、产 H_2 产乙酸和产甲烷各阶段转化为甲烷和二氧化碳,使污水得到处理的一种稳定塘。除此之外,本工艺还能够起到悬浮物沉淀和污泥消化的作用。该工艺对污水处理效果较差,处理水 BOD 值仍很高,一般都作为预处理技术考虑,需进一步通过兼性塘或好氧塘进行处理。该工艺通常用以处理高浓度的有机

废水。如肉类加工废水、牲畜粪便污水、食品工业废水等。在该工艺之前也需要设置预处理技术,如去除大块垃极的格栅、去除砂粒的沉砂池以及去除油脂的除油池等。但在处理水中含有少量油脂便于在塘水表面形成浮渣层,浮渣层能够减轻塘水热量的散发,有利于厌氧反应。本工艺散发臭气,因此塘址应远离居民区,一般应在 500m 以上。该工艺按有机负荷值计算和设计,负荷值介于很大的范围内,它和气温、废水种类有关,应用时可查阅有关资料。为使该工艺能够维持厌氧状态,其最低表面负荷值应达到 $100～800\ kgBOD/(10^4 m^2 \cdot d)$,水力停留时间介于 5～30d,而水深则介于 3～5m。BOD 的去除率约为 50%～70% 而与温度和废水种类有关。该工艺能够降解一些难以好氧降解的有机物。

(张自杰)

厌氧消化　anaerobic digestion

利用厌氧菌的作用使污泥稳定和无害的工艺。在这种工艺中以中温厌氧消化为最常用。

(张中和)

厌氧(厌气)生物处理

见厌氧反应(327 页)。

堰门　weir gate

门板上檐制成堰口溢水,以调节水位和计量的专用设备。门板向上提升为关闭,向下降落为开启。堰上水深和堰门宽度在稳流状态下(即门的上游无流态突变)可测过堰流量,为防止水的出流沿门板而下泻,堰门应制成刀型。启闭方式有手动、电动。堰口有角形、方形和宽口形。　　(肖而宽)

yang

扬水试验　pumping test

凿井工程施工的最后作业。试验目的在于得到管井的实际出水量,并确定储水层的水质和出水量特性。试验方法是将管井与抽水设备相连,然后进行抽水至出水稳定为止,一般需如此操作 2～3 次,每次试验的抽出水量需等于或稍大于设计水量,并继续到该水量的下动水位保持稳定,直到不含杂质的清水开始进入。达到此两条件后还应不断抽水(不少于 6h)以观察每次下降的水位,进行记录。最后采集水样加以分析。　　(李国鼎)

阳极　anode

电解槽中与电源正极相连接的电极。通电后溶液中负离子都向阳极移动。阳极上发生氧化反应。常用阳极材料有两类:①只传递电子而不参与电化学反应的惰性材料,如石墨、硅铁、外涂薄层 RuO_x 的钛(称形稳阳极,DSA)等;②可氧化溶蚀的金属材

料,如铁、铝等。　　　　　(金奇庭　张希衡)

阳极型缓蚀剂　anode corrosion inhibitor

能直接或间接氧化金属,在金属表面形成金属氧化物,从而抑制阳极反应以及整个腐蚀过程的药剂。有钼酸盐、钨酸盐、铬酸盐、亚硝酸盐等。

　　　　　(姚国济)

阳极氧化　anode oxidation; anodic oxidation

与电源正极相连接的阳极能接纳电子,具有氧化作用,电解时在阳极发生氧化反应。常见阳极氧化反应有两类:①可溶蚀电极材料被氧化为其正离子(如 $Fe - 2e^- \longrightarrow Fe^{2+}$, $Al - 3e^- \longrightarrow Al^{3+}$);②溶液中低价态组分被氧化为其较高价的离子或分子(如 $CN^- + 2OH^- - 2e^- \longrightarrow CNO^- + H_2O$; $2Cl^- - 2e^- \longrightarrow Cl_2$; $2OH^- - 2e^- \longrightarrow \frac{1}{2} O_2 + H_2O$)。废水处理中可利用阳极氧化作用使污染物氧化破坏;也可间接利用阳极氧化产物进行氧化、还原、凝聚、浮上处理。　　　　　(金奇庭　张希衡)

阳离子交换膜　cation exchange membrane

又称阳离子交换选择透过膜,简称阳膜。膜体内具有阳离子交换基团、能选择透过阳离子的离子交换膜。按其交换基团离解能力的强弱分为强酸性和弱酸性两种:强酸性如磺酸型;弱酸性如羧酸型、磷酸型、酚型等。水处理中常用的阳膜为强酸性磺酸型阳离子交换膜。　　　　　(姚雨霖)

养鱼稳定塘　fish-farming stabilization pond

在塘内放养各种鱼类,通过鱼类的生活活动和在其他各种生物以及其他理化因素的综合作用下,使污水得到净化和取得鱼类增产双重效益的一种稳定塘。在稳定塘内放养的鱼种多为鲤科,根据它们食性的不同,又可分为杂食性鱼类(如鲤、鲫)、滤食性鱼类(如鲢、鳙)和草食性鱼类(如草鱼)等。在稳定塘内藻类及浮游生物繁茂,为滤食性鱼类提供了丰富的饵料,同时也搭配放养杂食性和草食性鱼类。一般在塘内放养以鲢鱼为主,约为 70% ,鳙鱼 10% ~20% ,草、鲤、鲫及其他鱼种 10% ~20% 。放养鱼类的塘水对水质有一定的要求,如溶解氧不得低于 2~4 mg/L,不得含有有毒、有害物质等。因此,养鱼塘应设置于串联稳定塘的最后一级。此外,为安全计,塘鱼在上市出售前应在清水塘内再放养一段时间,以消除于鱼体可能存在的污染物。鱼类在塘水中的生理活动对水质的进一步净化有一定作用,如滤食性鱼类以藻类为食,草食性鱼类能够加速碳、氮、磷等营养物质、微量元素和无机盐类的迁移转化。经本工艺处理后,COD、BOD 大致能够再降低 60% 左右,氮降低 70% ,总磷降低 80% 左右。

　　　　　(张自杰)

氧的饱和度

见饱和溶解氧浓度(6 页)。

氧的利用系数　oxygen utilization coefficient

又称微生物代谢时氧的利用系数。微生物利用单位质量的底物所需要的氧量。用 a' 表示。活性污泥反应动力学常数之一。其数值主要取决于底物的性质和参与生化反应的微生物群体。a' 值通过实验确定或参考同类废水的经验值。

　　　　　(彭永臻　张自杰)

氧分压　partial pressure of oxygen

空气中的氧组分所具有的分压。空气是由氮、氧、二氧化碳和惰性气体所组成。每种组成的气体都有各自的分压力,空气的压力等于各组成气体分压力之和。分压的数值等于在同一温度下,该种气体单独存在并占有与混合气体同样容积时所表现出的压力。在 100 kPa 下的空气中,氧的体积约占空气体积的 21% ,则氧的分压为 21 kPa。

　　　　　(戴爱临　张自杰)

氧化槽　oxidation trough of RBC

生物转盘内充污水,部分盘片面积浸没于其中的半圆形水槽。它是生物转盘装置的组成部分。中心贯以转轴的盘片有不小于 35% 的面积浸没于槽内污水中,并在槽内转动,盘片上的生物膜吸附、氧化污水中的有机污染物,使污水得以净化。氧化槽底部设有用于排泥和放空的管道和闸门,大型氧化槽还设有链条式刮泥装置。　　　　　(张自杰)

氧化沟　oxidation ditches

又称氧化渠,循环曝气池。呈环形沟渠状,平面多为椭圆形或圆形总长可达几十米甚至百米,有效水深一般为 3.5~4.5m,并设有曝气装置的污水处理设备。多采用转刷或表面机械曝气装置,驱动混合液以一定速度在沟内循环流动并行充氧。在流态上,它介于完全混合与推流

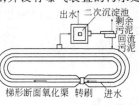

之间。设二次沉淀池进行泥水分离,部分污泥回流,处理水及剩余污泥排放(如图)。其类型主要有:卡罗塞(Carrousel)氧化沟;交替运行氧化沟;奥伯尔(Orbal)式氧化沟以及射流式氧化沟和障碍式氧化沟等。在 20 世纪 80 年代又开发了曝气-沉淀一体化氧化沟等。它的主要设计与运行参数有:污水流动速度 >0.4 m/s,BOD—污泥负荷 0.03 ~ 0.05 kgBOD/(kgMLSS·d),反应时间 18~48h,BOD 去除率可达 95% ,且有脱氮功能。它在中国得到比较广泛的应用,其中典型的是河北省邯郸市东污水处理

厂采用的三沟式交替运行氧化沟。

（张自杰　戴爱临）

氧化还原电位计 oxidation-reduction potential meter

通过测量原电池电势,测定溶液中具有还原性物质的含量,用以确定氧化还原反应的程度的仪器。根据溶液中贵金属电极和参比电极间产生的电位差和氧化还原电位呈一定关系的原理制作。测量范围 $-1000mV\sim 0\sim +1000mV$,精度 $\pm 10\sim \pm 20mV$。连续监测仪表有标准电信号输出。 （刘善芳）

氧化还原法 oxidation-reduction process

又称化学氧化还原法。通常指利用药剂与水中污染物的氧化还原反应,使有毒有害污染物转化为无毒或无害物质或可分离物质的废水处理方法。而利用电解原理进行的氧化还原处理则属于**电解法**(如 CN^- 被氧化为 CO_2 及 N_2,CrO_4^{2-} 及 $Cr_2O_7^{2-}$ 中的六价铬被还原为三价铬)。工艺过程包括投药混合与反应,在有沉淀生成时尚需进行固液分离与泥渣处理。影响处理效率的因素主要有:污染物种类与浓度、药剂种类与投加量、溶液的 pH 值、搅拌强度与反应时间、温度及催化剂。废水中许多有机污染物(如色、嗅、味及 COD)及还原性无机物(如氰化物、硫化物、亚铁盐)都可通过氧化法消除其危害;而废水中的许多重金属离子(如 Hg^{2+}、Cd^{2+}、Cu^{2+}、Au^{2+}、Ag^+、Ni^{2+} 及 CrO_4^{2-} 等)都可通过还原法去除。优点是去除效率高、效果稳定可靠、设备简单、操作维修容易、基建投资较少;缺点是药剂的储运、配制、投加较麻烦,有时运行费较高。

（王志盈　张希衡　金奇庭）

氧化还原平衡 oxidation-reduction equilibrium

氧化还原反应是一种可逆反应,在一定温度下,当正反应与逆反应的速度相等时,建立起的氧化还原平衡状态。这时反应物和产物的浓度保持恒定不变。如氧化还原反应为

$$aA_{还原态} + bB_{氧化态} \Longleftrightarrow cA_{氧化态} + dB_{还原态}$$

按化学平衡一般规律: $\dfrac{[A_{氧化态}]^c [B_{还原态}]^d}{[A_{还原态}]^a [B_{氧化态}]^b} = K$ (平衡常数)。K 反映了反应进行的程度。所有的氧化还原反应从原则上讲都可构成相应的原电池。若"$A_{氧化态}/A_{还原态}$"和"$B_{氧化态}/B_{还原态}$"的电极电位分别为 E_A 和 E_B,当 $E_A = E_B$ 时,该电池的电动势 $\varepsilon = 0$,此时,电池反应达到平衡,即组成电池的氧化还原反应达到平衡,利用两电对的标准电极电位 E_A° 与 E_B° 可求氧化还原反应平衡常数为

$$E_B^\circ - E_A^\circ = \frac{RT}{nF}\ln K$$

（王志盈　张希衡　金奇庭）

氧化剂 oxidant, oxidizer

能氧化其他物质而自身被还原的物质。也就是在氧化还原反应中得到电子的物质。废水处理中常用的氧化剂有:①活泼非金属中性分子,如 O_2、O_3、Cl_2、ClO_2;②高价非金属元素的含氧酸根离子及高价金属离子,如 ClO^-、MnO_4^-、Fe^{3+};③电解槽的阳极;④某些化学反应产生的游离基(如 OH 基)和新生态原子(如氧原子)。环境工程中,氧化剂用于水和废水的消毒,氧化废水中构成 COD 及 BOD 的有机物,破坏废水中的有毒物质(如 CN^- 及 C_6H_5OH),以及破坏废气中构成嗅味的物质和有机毒物等。

（王志盈　张希衡　金奇庭）

氧化镁法脱硫 desulfurization by magnesium oxide

借助氧化镁料浆处理含 SO_2 烟气的脱硫方法。美国发展的开米柯-氧化镁(Chemico-MgO)是该法的典型工艺,由三个工序组成:用氧化镁浆液吸收烟气中 SO_2;将生成的 $MgSO_4$、$MgSO_3$ 结晶干燥;煅烧 $MgSO_4$、$MgSO_3$ 重得 MgO 和 SO_2。该法脱硫效率达 90% 以上。 （张善文）

氧化渠 oxidation ditches

见氧化沟(330 页)。

氧化塘

见稳定塘(295 页)。

氧化锌避雷器 zinc oxide arrester

由氧化锌电阻片组装而成的避雷器。氧化锌电阻片,具有很好的非线性"伏-安"特性:在正常工作电压下,具有极高的电阻而呈绝缘状态;在雷电过电压作用下,则呈现低电阻状态,泄放雷电流,使与避雷器并联的电器设备的残压被抑制在设备绝缘安全值以下,待有害的过电压消失后,又迅速恢复其高电阻而呈绝缘状态,从而有效的保护了被保护电器设备的绝缘受过电压的损害。它可分为 Y3W、Y5W、Y5C、Y0.5W、Y0.1W 等。 （陈运珍）

氧化型杀生剂 oxidizing microbiocide

能氧化微生物体内一些和代谢有密切关系的酶,从而杀灭微生物的药剂。有氯、次氯酸钠、溴、二氧化氯、臭氧等。 （姚国济）

氧利用速率 oxygen utilization rate

又称耗氧速率,需氧速率。单位时间内单位反应器容积内的氧的利用量或耗氧量。单位为 $kg/(m^3 \cdot h)$。它反映微生物的呼吸速率和生化反应速率。 （彭永臻　张自杰）

氧转移 oxygen transfer

氧分子由气相向液相扩散的过程。当气、液两相接触并作相对运动时,若在气相中存在氧的分压梯度,液相中存在氧的浓度梯度,则氧分子即将由气

相向液相扩散。转移过程是:气相→气膜→液膜→液相。水质、水温、压力等是影响氧转移的主要因素。污水中存在的有机物和表面活性物质,对氧的转移有着不利的影响。水温降低、压力增高则有利于氧的转移。

（戴爱临　张自杰）

氧转移效率　oxygen transfer efficiency

在鼓风曝气池中,转移到混合液中的氧量占总供氧量的百分比。用 E_A 表示。即为

$$E_A = \frac{R_0}{0.3G_s}(\%)$$

G_s 为供气量(m^3/h);R_0 为在标准状态下转移到混合液中的氧量(kgO_2/h)。它是评定曝气装置性能的重要指标,为提高 E_A 值降低电耗,不断研制开创新的曝气装置。　　　　（戴爱临　张自杰）

氧总转移系数　overall oxygen transfer coefficient

表示在曝气过程中氧的总转移性能的系数。在氧转移速率 $\left(\dfrac{dc}{dt}\right)$ 的计算公式 $\dfrac{dc}{dt} = K_{La}(C_s - C_L)$ 中的 K_{La} 系数,单位为1/h。它表示氧从气相向液相转移总阻力的倒数。K_{La} 值越大,总阻力越小。K_{La} 值可通过氧转移试验求得。影响 K_{La} 的主要因素有水质和水温。污水的 K_{La} 值小于自来水,说明氧向污水中转移遇到的阻力较大。水温的影响通过公式计算,如 $K_{La(T)} = K_{La(20)} \times 1.02^{T-20}$($K_{La(T)}$ 和 $K_{La(20)}$ 分别表示 T℃ 和 20℃ 的 K_{La})。

（戴爱临　张自杰）

yao

摇臂式连接管　rocker-arm connection pipe

又称曲臂式连接管。可以围绕岸边输水斜管的固定接口转动的连接管,由钢管和几个可旋转的接头组成。能适应河流水位较大幅度的涨落,以减少接头的拆装次数,河水位涨幅在一定范围内可以做到不拆换接头。其形式与构造见右图。　　（朱锦文）

药剂软化法　reagent softening method

在硬水中投加化学药剂,使水中的钙、镁离子转变成难溶盐的固体沉淀下来,从而降低水中硬度的方法。常用的化学药剂有石灰、苏打和磷酸盐等。常用的方法有石灰软化法、石灰苏打法和磷酸盐软化法等。　　　　　　　　　　（刘馨远）

药剂中和法　neutralization process with reagents

投加化学药剂进行酸性或碱性废水中和的方法。可用于处理任何性质、任何浓度的酸性或碱性

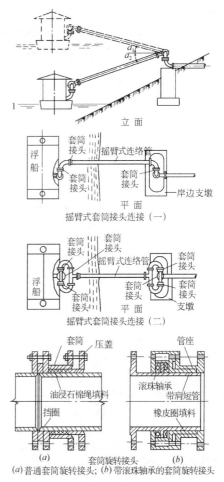

立面

摇臂式套筒接头连接（一）

摇臂式套筒接头连接（二）

套筒旋转接头
(a)普通套筒旋转接头;(b)带滚珠轴承的套筒旋转接头

摇臂式连接管

废水。酸性废水中和法常用药剂有:①石灰(CaO):有湿法和干法两种投加方式,实际中多用湿投法。石灰法价格便宜,但粉尘大,残渣多,湿投法消解石灰设备繁杂,中和高浓度硫酸废水时会产生 $CaSO_4$ 沉淀物。②苛性钠(NaOH):具有瞬间反应,易于运输、贮存与投加等优点,但价格比石灰高。纯碱(Na_2CO_3)因价格较高,很少用于中和处理。碱性废水药剂中和法主要使用工业硫酸(H_2SO_4),优点有:便宜,因浓度高而加量小,高浓度硫酸对设备的腐蚀性相对较低等。也可用盐酸或硝酸,但它们比硫酸贵,而且腐蚀性强。

（张晓健）

ye

冶金固体废物　metallurgical solid-waste

各种金属冶炼过程中产生的各类冶炼渣。如炼铁炉中产生的高炉渣、钢渣;有色金属冶炼产生的铜渣、铅渣、锌渣、镍渣等。轧钢过程产生的废渣量为:

每炼 1t 生铁排出 0.3～0.9t 高炉渣,每炼 1t 钢排出 0.1～0.3t 钢渣。从铝土矿提炼氧化铝排出的赤泥量为:每炼 1t 氧化铝产生 0.6～2t 赤泥。国际上早在 20 世纪 40 年代就已感到解决冶金废渣"渣害"的迫切性,经过努力,美国高炉渣在 20 世纪 50 年代已达到了产用平衡,钢渣在 20 世纪 70 年代也达到了产用平衡,主要用于制造各种建筑或工业用材,中国冶金废渣利用上起步较晚,高炉渣利用率在 70%～85%,钢渣利用率仅 25% 左右。 (俞 珂)

业务标志牌 service denoter

向客户显示,指明服务业务范围的标识牌。一般悬挂在营业柜台上方,悬挂高度应不小于 2m。 (薛 发 吴 明)

业务室 service space

营业厅内柜台的后侧,用于工作人员处理业务的场所。营业员通过柜台受理顾客的电报或长途电话业务。柜台上应设有业务标志牌。悬挂高度不低于 2m。业务室面积约占营业厅总面积的 13%～17%,约 60～100m^2 左右。 (薛 发 吴 明)

叶轮流量计 lmpeller flowmeter

间接计量的速度式流量计。叶轮上有平直叶片,叶轮轴与流体流动方向垂直。在一定范围内叶轮转速和流体流速成正比,因此也和流量成正比。测定转速即可得到流量,可用齿轮传动机构、电磁法、光电法或放射线法测定转速。这种流量计多用于水的计量,很少用于气体计量。 (王民生)

叶什吉特电视塔 Jested television tower

位于前捷克斯洛伐克,1970 年建成。高度 88.48m。是电视、游览兼用塔。塔身为钢筋混凝土,呈喇叭形。基础直径达 50m。标高 34m 以下共建 12 层建筑用房。

底层平面

海拔1014m

立面(尺寸单位标高为米)
(薛 发 吴 明)

曳力系数 drag coefficient

又称流体阻力系数。流体作用于颗粒上的曳力 F_D 对颗粒在其运动方向上的投影面积与流体动压力之乘积的比值。曳力系数 C_D 是颗粒雷诺数 Re_p 的函数。C_D 随 Re_p 的变化,一般可分为三个区域:①斯托克斯区域($Re_p<1$),$C_D=24/Re_p$;②过渡区($1<Re_p<500$),$C_D=18.5/Re_p^{0.6}$;③牛顿区域($500<Re_p<2\times10^5$),$C_D\approx0.44$。 (郝吉明)

夜间营业厅(室) night selling space

又称夜间营业窗口。用于夜间办理电信(电报、长话)业务的营业用房。若与营业厅合设时,应考虑在夜间使用时与其余部分分隔开,并设置单独出入口。平面布置应考虑柜台与营业员休息室联系方便,营业柜台应采用封闭形式,厅内不应产生营业员观察不到的死角。营业员应能自动地控制电话隔音间,并能观察到隔音间内活动情况。入口处应设置醒目的标志灯。 (薛 发 吴 明)

液动流化床

见二相流化床(74 页)。

液化石油气 liquefied petroleum gas(LPG)

常温、常压下呈气态的石油系轻烃类,经加压或冷却得到的液体产物。它主要从石油加工或油气开采过程中取得,主要组分为丙烷、丙烯、丁烷及丁烯等;液化后的体积约为气态的 1/250,便于储存和运输;液体经减压后复为气体,便于使用;发热量为 88～120MJ/m^3。作为城市燃气气源,应有运输、储配和供应三方面的设施。 (闻 望 徐嘉森)

液化石油气常温压力储存 LPG at normal temperature storage with pressures

在常温加压下储存液化石油气。储罐内压力随气温而变化,并接近于气温下液化石油气饱和蒸气压力。储罐一般安装在地上,也可安装在地下。按形状储罐可分为球形罐、卧式圆筒罐和立式罐。球形罐具有耗钢少、占地面积小等优点;但加工制造、安装比较复杂、施工费用高。当储罐公称容积大时选用球罐;公称容积小时选用圆筒形罐。储罐上设有液相管、气相管、液相回流管、排污管及人孔、安全阀、压力表、液位计、温度计等接管。为了安全操作,大型储罐上除设有就地检测液位、压力、温度的仪表外,在仪表室还设远传仪表和报警装置。对储罐液位过高、过低或压力过高时发出报警信号,以便采取应急措施。 (刘永志 薛世达)

液化石油气储罐附件 container valves and accessories of LPG tank

液化石油气储罐上需设置的各种阀件及附属部件。储罐附件的作用是保证储罐的安全运行和便于正常管理。储罐上除设有各连接管上的开关阀门外,还要设置测定罐内液位的液位计、罐内压力超过设定值时能自动放散的安全放散阀,防止储罐排污时冷凝水冻结的防冻排污阀,当罐瓶泵出口压力过高时,使过量的液体返回储罐的安全回流阀,防止液化石油气从破坏的管道大量外泄的过流阀及紧急切断阀,检修用的放散阀等。大型储罐应设置防止在运行中储罐内出现负压的防止真空阀等。 (薛世达 段长贵)

液化石油气储配站 LPG bulk plant

接收、储存和灌装液化石油气的工厂。其任务是接收和储存液化石油气,灌装汽车槽车和钢瓶,并以各种形式将其转售给各类用户。供应规模为

20 000t/a以上,日灌瓶量3 000瓶以上为大型储配站;供应规模为5 000~20 000t/a,日灌瓶量为1 000~3 000瓶为中型储配站;供应规模在5 000t/a以下,日灌瓶量在1 000瓶以下为小型储配站。储配站站址应选择在所在地区全年最小频率风向的上风侧,且地势平坦、开阔、不易积存液化石油气的地带。

(薛世达 段长贵)

液化石油气储配站的平面布置 plane arrangement of LPG bulk plant

为保证安全和便于生产管理,储配站通常分为生产区(储罐区和灌装区)和生活辅助区。储罐区宜布置在储配站的下风侧,生活区布置在上风侧,灌装区布置在储罐区与生活区之间,以利用装卸车回车场地,使储罐区与生活区之间有较大的安全距离。储罐区内设置各种储罐、专用铁路支线、火车卸车栈桥及卸车附属设备等。灌装区布置灌瓶间、泵房、压缩机间、配电和仪表间、汽车槽车装卸台、汽车槽车库及装卸车回车场地等。生活辅助区布置生产辅助车间(如机修间、钢瓶与角阀修理间、新瓶库、材料库、变电室、水泵房、空压机室、防水泵房等)和办公及生活用房。

(薛世达 段长贵)

液化石油气储配站工艺流程 craftwork flow of LPG bulk plant

液化石油气储配站工艺操作过程。工艺流程随储配站功能不同,装卸方式、分配方式及所用设备不同,可有各种不同流程。通常采用泵-压缩机联合工作的流程,即用压缩机卸车而用泵灌装钢瓶。压缩机的吸排气干管与火车槽车卸车栈桥、汽车槽车装卸台、储罐、残液罐以及残液倒空架的气相管相通,形成一个统一的气相系统,使所有管道既作吸气管又作排气管。储罐的液相干管与火车栈桥及汽车槽车装卸台的液相干管相连接。泵的入口管接于储罐排液干管,泵的出口与拟卸槽车的液相管及灌瓶干管相连。利用上过气相与液相管路系统与阀门,可完成以下作业:大车槽车与汽车槽车的装卸,储罐的充装和倒罐,钢瓶的灌装以及钢瓶中残液的倒出。在压缩机出口设气液分离器,在出口设油气分离器。在灌瓶泵的入口设过滤器,出口设安全回流阀。

(薛世达 段长贵)

液化石油气的气化 vapourization of LPG

使液态液化石油气转换成气态的过程。通常液化石油气以液态储存在容器内,以气态供用户使用。所以液态液化石油气要经过气化过程。气化过程可分为自然气化和强制气化。自然气化主要用于钢瓶和小型贮罐,以供给居民住宅及小型公共事业和小型工业用户,强制气化用于大型公共事业,工业企业以及城镇和大型居民区。 (薛世达 段长贵)

液化石油气低温常压储存 LPG storage at normal atmosphere and low temperature

液化石油气在低温(如丙烷在-42.7℃,异丁烷在-12.8℃),其饱和蒸气压力接近于常压(小于10kPa)下的储存。此时将液化石油气储存在薄壁容器中,可减少投资和钢材的耗量;但需制冷设备和低温钢材,罐壁需保温,管理费用高。通常单罐储量在2 000t以上时才考虑采用。 (刘永志 薛世达)

液化石油气低温降压储存 LPG storage at low-temperature and low-pressure

将液化石油气降到某一适当温度下储存在储罐内。其罐存压力较常温压力储存低,可减少储罐壁厚,使耗钢量、投资减少。制冷设备工艺过程简单,运行费用增加较少。储配站中应将低温压力储存与常温压力储存结合起来。前者作为储存罐;后者作为运行罐。低温降压储存系统的制冷设备包括:低温压力贮罐、压缩机、冷凝器、贮液槽等主要设备。当储罐内液化石油气温度升高,压力亦升高,为使储罐内维持设计压力,用压缩机将储罐上部的气体抽出,加压后入冷凝器冷凝并进入贮液槽,然后再送至储罐顶部,经节流、喷淋进入储罐,部分液体吸热气化,依此循环,保持罐内液化石油气的温度和压力维持在设计值上。 (刘永志 薛世达)

液化石油气钢瓶 LPG cylinder

供用户使用液化石油气的小型压力容器。目前中国供居民用户、商业用户及小型工业用户使用的钢瓶,其充装量为10、15、50kg。钢瓶由瓶体、底座、瓶嘴、耳片及护罩(或瓶帽)组成。充装量为10、15kg的钢瓶瓶体是由两个钢板冲压成形的封头拼焊而成。50kg钢瓶的瓶体是由两个封头和中间圆筒体拼焊而成。瓶体通常采用的材质为16MnR和Q235A。瓶体底部焊有圆形底座,便于立放及码垛。瓶嘴内孔为锥形螺纹,用以连接钢瓶阀门。瓶嘴周围焊有三个耳片,用螺栓将护罩与耳片联在一起,用以保护瓶阀并便于手提搬动。50kg钢瓶不用护罩,而是采用瓶帽保护瓶阀。 (薛世达 段长贵)

液化石油气供应 LPG (liquefied petroleum gas) supply

将液化石油气作为生产和生活用燃料供给城市各类用户。通常由液化石油气的运输系统、储配系统和用户供应系统组成。液化石油气可以装瓶供给用户,也可用管道供应气态液化石油气、液化石油气与空气或与其他燃气的混合气。

(薛世达 段长贵)

液化石油气供应方式 means of distributing LPG

向用户供应液化石油气的形式和方法。有几种供应方式:①瓶装供应,即将液化石油气装入钢瓶供给居民用户和小型商业及小型工业用户;②储罐集中供应,即在小居民区或大型商业及工业用户设置储罐,气化后短距离的用管道送至用气设备;③管道供应,即指在城镇市建立输气管网,气化后的液化石油气沿管道输送至各类用户;④液化石油气混合气供应,即将液化石油气与空气或其他种类的燃气混合后供应用户。不论哪种供应方式,由于用户使用时液化气呈气态,所以都要经过气化过程。

(薛世达 段长贵)

液化石油气灌瓶 LPG cylinder filling

将贮存容器内的液化石油气灌入钢瓶中。根据日灌量大小可采用手工灌瓶、半机械化自动化灌瓶及机械化自动化灌瓶。根据控制灌装量的方法不同可分为重量灌装和容积灌装。通常灌瓶时用泵(或泵和压缩机串联)由储存容器经液相管道将液化石油气送至灌瓶间的液相干管,再经支管分送到灌装嘴。灌装嘴有手动灌装嘴和气动灌装嘴。前者用于手工灌装,后者用于半机械化自动化灌装和机械化自动灌装。 (薛世达 段长贵)

液化石油气混合气供应 distribution of LPG fuel gases and LPG air mixes

向用户供应液化石油气与空气或其他燃气的混合气。气态液化石油气掺混其他气体后由于露点降低而不易在管道内冷凝,特别是对寒冷地区的管道输气更为有利。对于小城镇和工业企业可作为主要气源,对已有燃气管道供应的城市可作为高峰负荷及事故时的补充气源。以液化石油气混合气作为补充气源时,必须考虑燃气的互换性。制取液化石油气混合气的方法主要有:用引射式混合装置;用比例阀的混合装置,使低压气升压后进行混合的方法等。 (薛世达 段长贵)

液化石油气运输 transportation of LPG

将液态的液化石油气从气源厂输送到供应基地以至接收站。供应基地包括以储存为主的储存站,以灌瓶为主的灌瓶站,储存和灌瓶兼有的储配站。接收站包括气化站、混气站等。输送方式主要有管道运输、铁路槽车运输、汽车槽车运输及槽船运输。运输方式的选择应根据具体条件经技术经济比较确定。条件接近时,应优先采用管道运输。

(薛世达 段长贵)

液化石油气质量 LPG quality

作为城市燃气气源的液化石油气的质量。为了确保输气管路畅通、设备耐久、使用安全和燃烧稳定,一般要求达到:液化石油气蒸气压(37.8℃)小于1 380kPa;$C_1 + C_2$组分小于3%(体积);C_5及C_5以上组分小于3%(体积);铜片腐蚀试验小于1级;总硫含量小于343mg/m³;丁二烯含量小于2%(摩尔);用目测法测定试样应无游离水;应具有可察觉的气味,必要时加入硫醇、硫醚等硫化物配制的加臭剂;其组成的变化不宜超出一定幅度。

(闻望 徐嘉森)

液化石油气装卸 loading and unloading LPG

将液化石油气由运输和储存容器装入其他运输和储存容器的操作。通常称前者为倒空容器;后者为灌装容器。其原理是使倒空容器与灌装容器之间形成压差,使液态液化石油气由倒空容器流入灌装容器。一般有以下几种方式:用压缩机装卸,用泵装卸,加热装卸,用压缩气体装卸,利用高程差装卸。亦可根据具体需要采用联合装卸方式。利用高程差装卸要求倒空容器与灌装容器之间具有很大的高程差,通常受到地形条件的限制而很少采用。

(薛世达 段长贵)

液化天然气储存 liquefied natural gas storage

将天然气液化后贮存于低温储槽。天然气在常压、−162℃的温度下,为无色透明液体,体积为气态的1/600。作为城市调峰型液化天然气厂,可调节城市用气的季、日和小时不均匀。当供给的天然气量大于城市需用量时,液化天然气工厂就将多余的天然气液化并储存起来;当城市天然气用量大于天然气供给量时,储存的天然气经过气化进入城市输配管网补充其不足。另一种液化天然气工厂为生产型液化天然气厂,主要将天然气液化后供外销。一般供海上甲烷船的运输线。 (刘永志 薛世达)

液控止回蝶阀 hydraulic drive check butterfly valve

又称液压缓冲止回阀。用液压系统开启蝶板,当系统失压时,依靠液压装置或重锤等蓄能装置将蝶板关闭的止回阀。在关闭过程中由液压装置控制液压缸的阻尼,按规定程序要求调节关阀速度,用以防止由于停泵等原因产生的压力脉动或水锤。关闭过程一般分两阶段完成。从全开90°到30°为快关,约2~30s;从30°至全关0°为慢关,约6~30s。按蓄能方式不同,有重锤式重锤保压式、蓄能器无重锤式。该阀由于能够起到截止和止回两项功能,并能减少或消除水锤,适于作为水泵出水口阀门。

(肖而宽)

液氯 liquid chlorine

一种黄绿色液体。密度为1.4685(0℃),熔点−102℃,沸点−34.6℃。氯气临界温度为143.9℃,临界压力为7.61MPa。在143.9℃以下只需施加压力就可变为液体,如在30℃时需0.875MPa,0℃时需0.366MPa。工业品液氯规格为99.5%(体积),含水分不大于0.06%(重量),储于耐压钢瓶中。水处理中主要用作氧化剂和消毒剂。

（王志盈　张希衡　金奇庭）

液氯蒸发器　evaporator for liquid chlorine

为了取得比正常液氯在钢瓶中产氯量大的装置。氯的气化热于 20℃ 时为 253.4kJ/kg,0℃ 时为 268.0kJ/kg。液氯在钢瓶中通过容器壁导热,50kg 的钢瓶取氯量最多为 1kg/h,1 000kg 钢瓶取氯量为 6～8kg/h 为宜。因此加氯室的温度较其他单间要保持得高些。若要求取氯量较前述数量为大,则应采用液氯蒸发器。一般每只蒸发器可供 18～20 kg/h(如图)。液氯从进口阀进入蛇形管,蛇形管浸

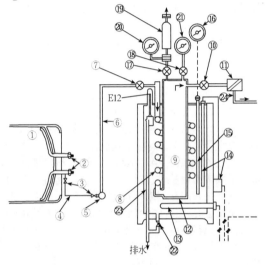

1—液氯钢瓶;2—主阀门;3—辅助阀门;4—液氯导管;5—液氯总管;6—液氯导管;7—液氯进口阀门;8—气化蛇形管;9—气化筒;10—氯气出口阀;11—氯气过滤器;12—温水槽;13—电热器;14—传感启动器;15—测温电阻;16—气化器温度计;17—安全阀主阀;18—压力计主阀;19—安全阀;20—安全阀吹风用压力计;21—氯气示压压力计;22—排水龙头;23—溢流管;24—氯气导管

没在由下部电热器加热的温水浴中。水温为 40℃ (33～50℃)。经加热的液氯转化成气体氯,由中央主管向上经出口阀进入加氯机。　　　（岳舜琳）

液膜　liquid film

见液体边界层(337 页)。

液膜传质系数　mass transfer coefficient of liquid film

根据双膜理论,在稳定条件下,单独按液膜中的传质推动力和阻力写出的液膜传质速率方程(即液膜传质速率 = 推动力/阻力)中阻力的倒数。以 k_L 表示,单位为m/s。显然 k_L 的倒数即表示液膜传质阻力。它受温度、浓度、液膜厚度及吸收质在液膜中的分子扩散系数等因素影响。　　　（姜安玺）

液膜的氧转移系数　oxygen transfer coefficient of liquid film

液膜部分氧分子扩散系数(D_L)与液膜厚度(Y_L)的比值。用(K_L)表示,即为 $K_L = \dfrac{D_L}{Y_L}$。单位为m/h。这是根据空氧中的氧向水中转移的双膜理论确定的。鉴于 Y_L 值不易准确确定,K_L 值难以求出,在工程上常以氧总转移系数 K_{La} 代替 K_L。

（戴爱临　张自杰）

液膜控制　control of liquid film

根据双膜理论,某组分在液膜中的传质阻力大于在气膜中的传质阻力与总传质阻力近似于液膜传质阻力(气膜阻力可以忽略)时,整个吸收过程受液膜的控制。显然这时某组分通过液膜的传质速率远小于通过气膜的传质速率。　　　（姜安玺）

液气比　liquid-gas ratio

在吸收塔吸收操作中,吸收剂(L)与惰性气体(V)的摩尔流量比(L/V)。实际上它就是操作线的斜率,反映单位气体处理量的吸收剂耗用量。对逆流操作来说吸收质在塔底出口吸收液中与刚进塔混合气中浓度处于平衡时的液气比为最小液气比$(L/V)_{min}$,实际吸收剂用量根据技术经济分析选择,一般$\dfrac{L}{V} = 1.1～2.0(L/V)_{min}$。　　　（姜安玺）

液态排渣鲁奇炉　Lurgi slagging gasifier

英国煤气公司和德国鲁奇公司合作开发的加压移动床液态排渣的煤气化炉。炉的上部如同固态排渣鲁奇炉,而下部燃料层坐落在锥形耐火炉缸上,沿缸四周设置若干喷嘴,以 53～79m/s 的高速喷出氧和蒸汽,汽、氧摩尔比约为 1,燃烧区温度高达 1 600～2 000℃。通过调整急冷室和炉缸之间的压力差以控制液渣落下速率,既避免排渣口结渣,又保证造渣反应时间。还可通过喷嘴喷入水煤浆、焦油和轻油,使之气化;由此可利用煤料准备过程的筛下粉煤和煤气净化过程的液体产物。它与固态排渣鲁奇炉相比,蒸汽消耗率较低;煤气中 CO 含量较高,而 H_2 和 CO_2 含量较低;气化强度高几倍;气化效率和热效率都较高。因反应温度高,尤其适用于灰熔点低和活性低的煤种。制成的煤气可作多种用途。用美国匹兹堡 8 号强黏结性烟煤以氧和蒸汽为气化剂在压力 2.4MPa下进行气化,得到干煤气组成为:H_2 29.1%, CO 55.5%,CH_4 7.2%,C_2H_6 0.1%,$C_2H_4$0.2%,CO_2 3.9%,N_2 4.0%;高发热量为 13.3MJ/m^3。

（闻　望　徐嘉森）

液态余热利用　utilization of waste heat in liquid phase

利用生产工艺过程中冷却水系统的余热或生产中排出的液态废弃物的物理热进行供热的方式。对于吸取高温工艺介质热量的冷却水系统,多采用蒸

发冷却方式来利用冷却水的余热(如炼钢平炉的蒸发冷却),经过化学净化的冷却水在设备被冷却部分产生蒸汽后,用蒸汽供热或发电。对于吸取低温工艺介质热量的冷却水系统,由于冷却水终温较低(一般低于90℃),故宜用于住宅采暖。

(李先瑞 贺 平)

液体边界层 liquid film

又称液膜。相间界面与液相间的薄层液体。双膜理论认为,在气、液两相系中,相间界面两侧存在处于层流状态的液体边界层和气体边界层,即液膜和气膜。传质的阻力主要集中在液体边界层,传质速度与液膜的厚度成反比。 (戴爱临 张自杰)

液体电阻器起动 liquid medium rheostatic starting

用液体电阻代替可变电阻的可变电阻器起动。其串接于转子回路中的电阻采用碳酸钠等电介质溶液为介质,通过调节介质内电极的距离可无级调节电阻值,从而可平滑地调节起动电流和起动转矩,避免了普通电阻器起动电阻器有级切除引起的起动电流波动的弊病。适用于绕线型电动机。

(许以傅 陆继诚)

液体燃料 liquid fuels

石油及其炼制品。包括汽油、煤油、轻柴油、重柴油、重油、渣油等。石油是各种碳氢化合物的混合物,一般皆经过炼制后再使用,直接用作燃料是不合理的。汽油和柴油主要用作内燃机的燃料;重油包括渣油、裂化重油和燃料重油,是较合理的工业窑炉用燃料。燃料油中碳和氢的含量约占96%以上,含硫量在0.5%以下的为低硫油,高于2%的为高硫油。硫燃烧后生成SO_x,会污染大气。燃料油中的灰分和水分含量很少,一般灰分低于0.3%,水分低于2%。燃料油的发热量很高,低位发热量约为37 000~42 000kJ/kg。 (马广大)

液体吸收法脱氮氧化物 remove nitrogen oxide by liquid absorption method

用液体吸收剂吸收废气中NO_x的方法。可分为:①中和吸收法——用纯碱、烧碱、氨水、氢氧化镁等碱性溶液吸收NO_x酸性气体;②氧化吸收法——用硝酸、活性炭、原子氧、亚氯酸盐、高锰酸钾等,把NO氧化成NO_2,再用碱液吸收;③氧化还原法——用亚氯酸盐(如$NaClO_2$)及尿素等水溶液作氧化还原剂,将NO_x还原出N_2放出。此外还有水吸法等。

(张善文)

液下泵 sump pump

泵的工作部分淹没在液体内的立式单级单吸离心泵。轴封无泄漏现象,且占地面积小,移动方便,主要用于石油化工等部门直接安装在罐和容器上抽吸液体。结构形式有两种:一种是泵轴伸入容器部分较短,无中间导轴承,进口带有长度为500mm的吸入管,此种结构在启动时,液面高于叶轮中心线,启动后液面作连续下降,停机后液面又回升到规定的高度。另一种是泵轴伸入容器较长,有中间导轴承,进口不带吸入管,适用于泵启动时,液面高度不固定,泵可作间断运转。液下泵的类型和参数已经标准化,根据泵所输送介质的腐蚀程度不同,可选用不同的耐腐蚀材料。液下泵中间导轴承的材料相当关键,较多选用聚四氟乙烯加填充剂或石墨浸渍树脂。 (刘逸龄)

液相催化氧化法脱硫 desulfurization by catalytic oxidation in liquid phase

用含有Fe^{2+}、Cu^{2+}、Mn^{2+}、As^{2+}、Se^{2+}离子及活性炭等作催化剂的水溶液吸收烟气中SO_2,在液相中直接催化氧化成稀硫酸而进行脱硫的方法。日本千代田建设公司用该原理研制成千代田法。此法主要以含铁催化剂的稀硫酸溶液做吸收剂,吸收SO_2后的副产品为石膏。 (张善文)

液相色谱仪 liquid chromatography

制作原理与气相色谱仪雷同,但载有被测物质的流动相为液体的仪器(参见气相色谱仪,217页)。是物质成分分析的主要仪器。检测精度:ppm级,采用浓缩技术,并和质谱仪联用,可检测到 ppb~ppt级,响应时间:几小时,采用高效液相色谱法,可缩短到几分钟。 (刘善芳)

液压缓闭止回阀 hydraulic buffering check valve

关闭件借助液压装置进行缓慢关闭的止回阀。关闭速度根据工况要求可分两阶段进行调节,先快后慢,以消除系统的水锤。适用于介质为水、海水或油品的水泵出口管路上,作为阻止介质逆流用。

(肖而宽)

液压缓冲止回阀

见液控止回蝶阀(335页)。

yi

一般照明 general lighting,normal lighting

又称常用照明。提供电信机房内规定照度标准的照明。其中,在整个房间的被照面上产生同样的照度称为均匀一般照明,在整个房内不同的被照面上产生不同的照度,称为分区一般照明。

(薛 发 吴 明)

一沉污泥

见初沉污泥(31页)。

一次微粒 primary fine particle

从特定污染源直接排放出来或直接凝集而生成的微粒。多半是由物理过程或化学过程产生的,如金属冶炼过程和燃料燃烧过程等。金属冶炼过程是主要含金属微粒的发生源,燃料燃烧过程产生的看起来像灰分一样的微粒,但也含有某些化学和催化活性高的金属微粒。这些高活性和强催化的一次微粒,在形成光化学烟雾等二次微粒过程中起着关键作用。某些生产过程排放的固体或液体碳氢化合物,如可凝集的有机物、焦油、碳粒等,能吸收更多的挥发组分,则构成另一种类型的一次微粒。

(马广大)

一次污染物 primary pollutant

又称原发性污染物。由污染源直接排入大气的物理和化学性状未发生变化的原始污染物。一次污染是相对于二次污染而言的,二次污染是由一次污染转化而成的。有些污染物既可能是直接由污染源排出的一次污染物,又可能是在环境中转化而成的二次污染物,如大气中的 SO_3。大气污染主要是由一次污染物造成的,其来源和性状清楚,可以采取措施加以控制。

(马广大)

一次蒸汽

见加热蒸汽(149 页)。

一级泵房

见水源泵房(270 页)。

一级处理 primary treatment

又称机械处理,初级处理。以沉淀为主,去除污水中的漂浮物和悬浮物的处理工艺。由主要处理构筑物沉淀池和辅助设施格栅、沉砂池等组成。经处理后去除悬浮固体为 40%～50%;5d生化需氧量为 20%～30%左右。常作为二级处理的前处理。

(魏秉华)

一级反应 first-order reaction

当有机底物低时,有机底物的降解速率与有机底物浓度的一次方成正比关系。即底物的降解速率 $-\dfrac{\mathrm{d}s}{\mathrm{d}t} = K_2 xs$。式中 $K_2 = \dfrac{V_{\max}}{Ks}$,乃常数;$x$ 为污泥浓度;s 为有机底物浓度。在该条件下,混合液中底物浓度已经不高,微生物增殖衰减增殖期或内源呼吸期,微生物酶系统多未被饱和,所以有机底物含量已成为降解速率的控制因素。埃肯费尔德认为对城市污水活性污泥处理系统,用一级反应关系描述有机底物的降解速率是适宜的,因为城市污水属低底物浓度的污水。

(彭永臻 张自杰)

一级强化处理 enhanced primary treatment

在一级处理基础上,增加化学絮凝处理、机械过滤或不完全生物处理等,以提高一级处理效果的处理工艺。

(孙慧修)

一级燃气管网系统 single-stage gas system

以一种压力向用户供气的管网系统。如供气范围很小时可用一级低压管网系统;供气范围较大,用户自设调压装置时可用一级中压管网系统。

(李猷嘉)

一级污水处理厂 primary sewage treatment plant

简称一级厂。又称初级污水处理厂。去除城镇污水中的漂浮物和呈悬浮状态的固体污染物的污水处理厂。主要为沉淀。经一级处理后的城镇污水,可去除 SS 40%～55% 及 BOD_5 20%～30%,达不到排放标准,但可减轻对水体的污染。

(孙慧修)

一体化氧化沟 integral oxidation ditch

将二次沉淀池建在氧化沟内的一种氧化沟。这是在 20 世纪 80 年代初由美国开发的。发展比较迅速,现已出现多种形式的一体化氧化沟,其中较有代表性的有:BMTS 型、船型、侧沟型等。 (张自杰)

一氧化氮中毒 intoxication by nitrogen oxide

一氧化氮吸入人体,转化成亚硝酸盐后与血红蛋白结合形成变性血红蛋白,影响血红蛋白正常的输氧功能,造成人体严重缺氧的中毒。 (张善文)

一氧化碳中毒 intoxication by carbon monoxide

一氧化碳通过呼吸道进入人体和血红朊(血红蛋白)结合成羰络血红朊(碳氧血红蛋白),影响氧向组织中输送,造成脑、心肌或其他组织器官缺氧形成的中毒。血液中羰络血红朊浓度超过 10% 时,出现昏眩、头痛、恶心等症状,达到 66% 时致死。实验表明,暴露在含 ppm CO 的空气中 1h,血液中羰络血红朊浓度达 5%,一般认为该浓度为危险浓度。

(张善文)

一字式出水口 butt end outlet

将雨水管渠作成一字形式的出口。雨水管渠的出水口一般不需要淹没在水中,而应当露在水面之上,以免在晴天时,河水倒灌入管道,造成淤积。为了防止河岸受冲刷,一般要作护坡。当出水口管底标高比水体水面高出很多时,由于雨水水流的冲刷,河岸不易保护固定,这时应设置消能设备。其构造

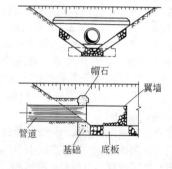

帽石 翼墙 管道 基础 底板

如图。　　　　　　　　　　　　（肖丽娅　孙慧修）

仪表修理室　instrument repair room

用于贮存测试仪表和修理较为精密仪表的房间。　　　　　　　　　　　　　　（薛发　吴明）

移动冲洗罩设备　movable hood equipment

把滤池的滤床分成若干小格在分成多格的滤格上按编制的程序逐格定时进行冲洗的设备。按冲洗方式:分虹吸式和泵吸式两种。　　　（李金根）

移动床(离子交换法)　moving bed(ion exchange)

离子交换剂在不同器件中,利用水力,呈周期性移动,相应完成交换、再生及清洗等操作过程的装置。是连续式离子交换装置中的一种形式。其主要由交换塔、再生塔、清洗塔组成。交换塔除在补充交换剂的极短时间内停止供水外,基本上是连续供水。按其工艺分为单塔单周期式移动床,双塔连续式移动床,双塔多周期式移动床,三塔多周期式移动床等。与固定床相比,树脂装量少,能连续工作,再生剂耗量省,出水水质较好;但控制复杂、机械设备多,树脂不易平衡。　　　　　　　　　　（潘德琦）

移动床煤气化　moving bed coal gasification

又称固定床煤气化。在煤气化炉内煤粒随自身的气化和炉底灰渣的排出而缓慢下移的气化方式。根据炉内气体和煤料运动方向分有顺流式和逆流式。现代常用的炉型为逆流式。新的煤料被上升的含氢气流预热,并接受炭化和氢化,因而使出口粗煤气中含有相当多的焦油、轻油和气态烃类。炭化后的煤成为焦炭,被自下而上的高温蒸汽及二氧化碳所气化;其中剩余的未起反应的碳分移至下方燃烧层,被鼓风中的氧分烧掉;所剩灰分继续移至下方灰渣层。气化剂在通过炽热的灰渣层和燃烧区时被加热,而粗煤气则在通过炭化层和预热层时得到冷却。故这种炉型可在炉内直接充分利用反应热。气化用煤须粒度均匀,机械强度高,高温时不易破碎,以使炉内布料均匀,气流畅通。　　　（闻望　徐嘉淼）

移动床吸附　adsorption of shift bed

吸附剂床层不断通过污染气体进行吸附净化,然后依次移动到再生、干燥和冷却用的气流中的过程。是吸附操作方式的一种。其吸附器常用的是圆筒型。它易于自动连续进行。　　　　（姜安玺）

移动式取水

见活动式取水(137页)。

移动通信　mobile communication

沟通移动用户与固定用户之间,或与移动用户之间的通信方式。包括无中心网和有中心网,种类繁多。主要有对讲电话、无绳电话、无线寻呼、无中心选址移动通信、漏泄电缆移动通信、集群移动通信、蜂窝移动通信、卫星移动通信、个人通信等通信系统。近代通信中应用最广泛的是蜂窝移动通信系统,它是为公众提供通信服务的大容量的公用通信系统。在专用通信中广泛应用集群移动通信系统,主要应用在铁道、水利、公安、城市交通等部门内部调度与管理。它早期只提供电话通信,随着数据通信技术和因特网(Internet)的迅速发展,近代移动通信已从提供低速数据发展到可提供高速数据、图文、多媒体通信等业务,并能移动上网(接入因特网)。它的网络结构一般由核心网、无线接入网和移动台(用户终端设备)三部分组成。核心网完成信道交换连接及控制功能,无线接入网完成无线电路接入功能,移动台供用户通信使用,有车载式、便携式、手持式等。简单的移动通信系统是无中心网、无核心网、无接入网之分,在移动台之间建立直接链路,如对讲电话、无中心选址移动通信系统等。无线电技术是移动通信必须采用的技术手段,使用的无线电频段遍及低频、中频、高频、甚高频、特高频和微波频段。根据国际电联(ITU)有关频谱管理的规定,移动通信常用 100/150/450/800/900 MHz 以及 1.5/1.6/1.8/1.9/2.0/11/12/14GHz 等频段。移动通信网可与固定通信网联网构成更广大的通信系统。移动通信的远大发展目标是实现个人通信,即达到任何人在任何时间、任何地点,可以和世界上其他任何人进行任何方式的通信的理想境界。

　　　　　　　　　　　　　（张端权　薛发）

移动通信电磁波的环境保护　electromagnetic wave environment protection in mobile communication

保护环境和人体免受电磁波辐射的伤害的规定与措施。人们生活的环境充满了各种电磁波,不同频率、不同场强的电磁波,对人体产生不同的影响,在什么样的条件下才对人体有害,至今在科学上还没有全面的结论。随着移动通信的普及使用,人们越来越关注使用手机是否对人脑有害,是否会轻则引起失眠、眩晕等"亚健康"病状,重则诱发脑瘤、脑癌等病变? 1989 年中国卫生部提出《作业场所微波辐射标准》GB 10436 - 89,规定作业人员操作位容许微波辐射的平均密度的限量:规定连续波全身接受辐射的日剂量为 $400\mu W/cm^2$;脉冲波为其一半;肢体局部辐射的日剂量为 $4000\mu W/cm^2$。由此可见,对人体的损害与手机辐射功率、辐射密度、手机与人体距离、人体接受面积以及时间等因素有关。据有关专家分析计算,辐射功率 1W 的手机,离脑部 3cm,正常情况下其辐射密度大致在 $100\mu W/cm^2$ 以内,对人体的影响是慢性的,难以根据若干人的一些病状就确认是使用手机所致,而不是别的什么病因。专家建议目前采取权宜措施,每次通话不要超过20min,最好在10min以内,每天总的通话时间宜小于2h,最好在0.5h以内。对于使用手机通信特别多的人,最好使用耳机。至于通信基站对周围环境的辐射是由方位、方向、高差等多种条件决定,如果布局合理,一般对周围环境不会有影响。一般在发射天线主射方向50m范围,非主射方向30m范围,不宜有高于天线的医院、幼儿园、学校、住宅等建筑物。此外,电磁辐射的环境保护,还应避免科研,医疗等电磁仪表受到移动通信及工业辐射的干扰而不能正常工作,避免工业企业生产、高压变电等可能产生的强烈电磁谐波对移动通信信号的干扰,这些方面属于移动通信网络规划设计和城市规划建设中需要考虑的问题。　　　　　　　(张端权　薛　发)

移动通信覆盖区的场强预测　field intensity forecast of mobile communication covering area

利用典型的无线电波传播模型,结合选区抽样测量的数据,对移动通信覆盖区内的场强分布、路径传播损耗及通信概率进行计量与估算。以为移动通信系统工程设计提供科学依据。通信概率是指在覆盖区内有用信号的信噪比达到定额时进行通信的时间概率与地点概率。平坦或准平坦地形,通信概率应达到90%以上。无线电波在进入建筑物时会附加新的损耗,因此,移动台在建筑物内使用时,传播受限的效应更为明显。移动通信使用的频段,主要以空间波传播,受地形地物的影响较大,移动台在移动中通信,它收到的电波一般是直射波和随时间、空间变化的绕射波、反射波、散落波的叠加,使接收到的信号具有复杂的衰落特性,使场强预测非常困难,有多种预测模型,常用的有修正平地模型(Bullington模型)、埃格里模型(Egli模型)等。
　　　　　　　(张端权　薛　发)

移动通信选址　site selection of mobile communication

移动通信网的各种台、站、局房建筑物,以及其大、小设备,高、低天线等设施,在城市各处的分布。与市政建设的关系密切。一般有以下方面需在城市规划和建设中加以考虑。①大功率发射、通信仰角有要求的移动通信设施:如卫星通信地面站,其通信前方的仰角内应无地形地物阻挡,其辐射电波应不损及附近居民。②通信信号可能互相干扰的设施:它们的选址工作在城市规划和建设中应规定其审批程序。③通信信号可能受到非通信电磁波干扰的场合:一般大型工业企业的生产设施、高压变电站、电热炉等可能产生强电磁谐波干扰通信信号的场合,

应协调双方的选址工作,或采取电磁屏蔽措施消除干扰。④通信电磁信号可能干扰非通信部门的电磁设施正常工作的场合:如对于设有电疗仪器的医疗机构,以及应用电磁仪表的科研机构或其他机构,应避免附近有通信设施的无线电信号干扰其正常工作。⑤无线通信信号可能受到阻挡的场合:对已建成的通信设施应避免受到后来建设的高大建筑物的阻挡和影响,后建的通信设施应注意避免受到城市规划中未来的建筑物的影响。⑥通信设施建设地点有经济技术要求的场合:如移动通信交换中心、基站、天线等的位置,宜尽量设在其网络中心的最佳位置附近,以节省运营成本,城市规划和建设中应提供条件。⑦通信设施有安全保密特殊需要的场合:如军事、公安、重要政府机关的专用通信设施,具有特殊安全保密需要的,应规划和建设在城市中比较隐蔽和没有闲杂人群活动的地方,以及避开易被国外窃密的地方。⑧需要城市地下管线综合的设施:如蜂窝通信网络中的交换中心之间,以及与基站之间的光缆线路,应纳入城市建设的地下管线综合规划之中。　　　　　　　(张端权　薛　发)

移动照明　movable lighting

一般采用低压供电的带专用保护灯罩及手柄的行灯(也称手灯)、随工作人员地点不同而变动的照明。　　　　　　　(薛　发　吴　明)

异步电动机　asynchronous motor

又称感应电动机。利用气隙旋转磁场与转子绕组中感应电流相互作用产生电磁转矩,从而实现能量转换的一种交流电动机。它与同步电动机不同,其转速和同步转速之间存在一定差异(即异步)。这是它产生转矩的必要条件。按其结构形式分有鼠笼型异步电动机、绕线型异步电动机、电磁调速异步电动机。具有构造简单、坚固耐用、工作可靠、价格便宜、使用和维护方便等特点。异步电动机很容易派生各种防护形式以适应不同环境条件的需要,有很高的效率和较好的工作特性,还具有与并励直流电动机类似的接近恒速的负载特性,能满足大多数工农业生产机械的拖动要求,广泛应用于工农业及国民经济其他部门。是各种电动机中应用最广、需要量最大的一种电动机。在通用产品的电磁设计或结构设计基础上,略作改动,便具有不同的特性、特殊的防护能力,能适应特定的电源条件。此种产品称为派生产品。三相异步电动机的派生产品分类很多,有防爆异步电动机、起重及冶金专用异步电动机、深井泵用异步电动机、屏蔽异步电动机、高转差率异步电动机、电磁调速异步电动机、变极多速异步电动机、换向器变速异步电动机等近30种派生的专用电动机。

　　　　　　　(许以傅　陈运珍)

异相膜　heterogeneous membrane

由离子交换树脂粉末和起着黏合作用的高分子材料，经加工制成的离子交换膜。是膜内化学组成不均一的离子交换膜。机械性能较好、制作较简单、价格便宜，虽然电化学性能较差，且在使用中易受污染，但其基本性能仍能满足某些给水除盐要求。目前应用较广泛。　　　　　　　　　　（姚雨霖）

异向絮凝　perikinetic flocculation

布朗运动所引起的絮凝。是热运动影响水体中胶体运动。它对于大于 $1\mu m$ 的颗粒的移动影响较小。对于颗粒浓度变化速率控制的异向絮凝，可由下式表示：

$$J_{pk}=\frac{dN^0}{dt}=\frac{-4\eta\overline{K}T}{3\mu}(N^0)^2$$

N^0 为在 t 时间时，溶液中颗粒的总浓度；η 为碰撞效率系数，在产生凝聚碰撞时，成功部分与不成功部分之比，其值为 $0\geqslant\eta\geqslant1$；$\overline{K}$ 为波耳茨曼常数（1.38×10^{-23} J/K）；T 为绝对温度（K）；μ 为动力黏度（Pa·s）。　　　　　　　　　　　　　　（张亚杰）

译电缮封室　telegram treatment room

又称来去报处理室。将营业部门收妥的电报译成电码，对用户自译的电文进行校对的工作场所。完成后传送给报房。属于本局来报，译成汉文后，缮写报封，交派送。　　　　　（薛发　吴明）

溢流井　overflow well

合流制排水系统中，用来截留、控制合流水量的构筑物。由井基、井底、流槽及堰、井身、井盖和井座等组成。按其构造可分为截流槽式溢流井、溢流堰式溢流井、跳越堰式溢流井等。通常设于合流制排水管渠与截流干管的交汇前或交汇处。

（魏秉华）

溢流井建造　build up overflow weir well

在截留式合流制排水管上靠近水体附近部位须建筑溢流井的施工。以便在降雨期间使过量的水流溢入水体，减轻排往污水厂管道的负荷。井常用矩形砖砌，井的进水管为合流管，出水管为截流管，两管间形成流槽，槽的一侧做溢流堰，堰下为溢流管。这种构造可使携带很多污染物的小雨或初期雨水排入污水处理厂进行处理，而大雨较清洁的大量雨水越过溢流堰流入河中，保持较好的卫生环境。砖砌井同一般的砖井。　　　　　　　（王继明）

溢流率　overflow rate

又称表面负荷率。单位沉淀池表面积 A 的产水量 Q。可以表示为 $u_0=\dfrac{Q}{A}$。悬浮颗粒在沉淀池中的去除率只与溢流率有关。当去除率一定时，颗粒沉速越大则溢流率也越高，亦即产水量越大。或

者当产水量和池表面积不变时，沉速越大则去除率越高。它也反映沉淀池能去除的颗粒中最小颗粒的沉速或截留速度。　　　　　　　　（邓慧萍）

溢流堰式溢流井　weir overflow well

用薄壁堰溢流排泄超过截流倍数的暴雨水量的溢流井。由井基、井底、流槽及堰、井身、井座和井盖等组成。通常设于合流制排水管道与截流干管的交汇前或交汇处，溢流出水是部分混合污水。

（魏秉华）

溢流堰式雨水调节池　stormwater balancing pond with overflow weir

用溢流堰来调节雨水径流量的调节池。即在雨水干管与调节池的进水管之间设有溢流堰式调节设备。这种调节池有进水管、出水管，在出水管上装有止回阀。当雨水径流量小时，雨水不进入调节池直接排入下游干管；当高峰流量出现时，超过一定数量的雨水经溢流堰进入调节池储存；当雨水径流量减小到一定数量时，池不再进水，贮存在池内的水通过出水管排走，直到池内水放空为止。为了不使雨水在小径流量时经出水管倒流入调节池，出水管应有足够坡度或设置止回阀。　　　　　（孙慧修）

yin

阴极　cathode

电解槽中与电源负极相连接的电极。通电后溶液中正离子都向阴极移动。阴极上发生还原反应。常用阴极材料有铁（普通低碳钢）、不锈钢、镀镍铁、石墨等。为便于在水处理的实际操作中倒换电极的极性，阴极材料常与阳极的一致。

（金奇庭　张希衡）

阴极保护法　cathodic protection

利用外加直流电源，使金属管道对土壤造成负电位的保护方法。阴极保护站直流电源的正极与接地阳极（常用的阳极材料有废旧钢材，永久性阳极材料如石墨和高硅铁等）连接，负极与被保护的管道在通电点连接。外加电流从电源正极通过导线流向接地阳极，它和通电点的连线与管道垂直，连线两端点的水平距离约为 $300\sim500$m。直流电由接地阳极经土壤流入被保护的管道；再从管道经导线流回负极，这样使整个管道成为阴极，而接地阳极成为腐蚀电极。接地阳极的正离子流入土壤，不断受到腐蚀，而管道则受到保护。一个阴极保护站的保护半径约为 $15\sim20$km，两个站之间的保护距离为 $40\sim60$km。当被保护的管道与其他地下金属管道或构筑物邻近时，必须考虑阴极保护站的杂散电流对它们的影响。当这种影响超过现行标准时，就应考虑燃气管道与

相邻地下金属管道或构筑物共同的电保护措施。

（李猷嘉）

阴极还原 cathode reduction, cathodic reduction

与电源负极相连接的阴极能给出电子,具有还原作用,电解时在阴极发生还原反应。其反应有两类:①金属正离子还原析出并沉积于阴极(称电沉积),如 $Cu^{2+} + 2e^- \longrightarrow Cu$;②溶液中高价态组分被还原为较低价态的离子或分子,如 $Cr_2O_7^{2-} + 14H^+ + 6e^- \longrightarrow 2Cr^{3+} + 7H_2O, 2H^+ + 2e^- \longrightarrow H_2$。阴极电沉积是从废水中去除并回收铜、银、金、镍、镉、汞等重金属的重要方法。　　（金奇庭　张希衡）

阴极型缓蚀剂 cathode corrosion inhibitor

在阴极表面形成具有一定致密性的沉淀膜,阻挡溶解氧扩散到阴极,从而阻止腐蚀反应进行的药剂。有聚磷酸盐、锌盐等。　　　　　（姚国济）

阴离子交换膜 anion exchange membrane

又称阴离子选择透过膜,简称阴膜。膜体内阴离子交换基团,能选择透过阴离子的离子交换膜。按其交换基团的离解能力强弱分为强碱性和弱碱性两种:强碱性如季胺型;弱碱性如伯胺型、仲胺型、叔胺型以及芳香胺基团型等。水处理中常用阴膜为强碱性季胺型阴离子交换膜。　　　（姚雨霖）

音响控制室 sound-control booth

又称调音室。控制和调整演播室送来的各路声音信号的场所。一般与导演控制室相连。设有音响控制台。从演播室各路传声器拾取的声音信号送到音响控制台,由调音员分别调整各声音信道的信号电平比例及音色,经混合后的音频信号送给伴音发射机或录像机。　　　　　　（薛发　吴明）

引风机 induced draft fan

排出燃烧产物烟气的动力装置。多用离心式风机。在平衡通风时,引风机要克服自炉膛出口到烟囱出口的全部烟道阻力;在负压通风时,引风机要克服自炉膛进风口到烟囱出口的全部烟道、风道阻力。

（屠峥嵘　贺平）

引入管敷设 laying service pipe

又称接户管敷设。由配水管节点到水表井间一段管线的敷设。施工时按设计要求,确定管线位置放线开槽,如地质条件不好,尚需支撑和排水。挖到设计深度,平整地基不要扰动原土,铺设管道,小管径采用给水塑料管或其他金属复合塑料管连接,$DN75mm$ 用承插给水铸铁管,承口朝向来水,以石棉水泥接口,由配水管节点直达水表井,接装完毕,进行养护,经试压合格后,分层覆土夯实。

（王继明）

引上电缆 lead-out cable

从地下引到电杆或建筑物的一段电缆。

（薛发　吴明）

引射式混合装置 jet mixed plant

用引射器使两种气体混合的装置。在制取液化石油气与空气的混合气中使用最广泛的一种方法。液态液化石油气经气化器气化后进入引射器的喷嘴,在引射器入口处形成负压区吸入空气并进行混合。为调节混合装置的生产率可采用几个不同尺寸的引射器。根据用气量变化使这些引射器可逐个自动开启或停止运行。引射式混合装置的主要优点是设备简单,操作方便,能自动保持混合气的组分不变,不需要外部能源。　　　（薛世达　段长贵）

引下线 earth lead, earth wire

从电信设备或电缆到埋于地下接地电极之间的导线。　　　　　　　　　　　（薛发　吴明）

窨井建造 build up manhole

窨井为管道系统中检查井、跌水井、冲洗井等的统称,属隐蔽工程的施工。在地面上只见到圆形的铸件井盖,在盖面有凸纹并穿有小孔以供开启。窨井的建造分别列入相应的各功能井中。

（李国鼎）

ying

营养物质平衡 nutrient balance

为使污水生物处理设备中的微生物维持正常的生理活动,使污水中微生物所需的各种营养物质含量所应处于的平衡关系。微生物细胞主要是由碳(C)、氢(H)、氮(N)、氧(O)、磷(P)等元素所构成。一般来说,污水中的 C(以 BOD 计):N:P = 100:5:1 就可以基本满足微生物对 N 及 P 的需求。如 N、P 不足则应考虑另行投加。此外,微生物细胞还需要一些其他微量元素,如:钾(K)、钠(Na)、镁(Mg)、硫(S)、钙(Ca)与铁(Fe)等,在生活污水和城市污水这些元素含量是足够的。　　（张自杰　彭永臻）

营业厅 selling area, selling space

邮电建筑中,用于接待用户受理业务,出售报刊杂志、邮票等的建筑物大厅或较开阔的房间。它包括三个内容:电报营业、长途电话营业和邮电营业。一般应设在建筑物的底层或与其毗连。要求有较好的天然采光和通风条件,避免开发出较大噪声的房间,如空调机室、发电机室、冷冻机室等。

（薛发　吴明）

硬度 hardness

反映水的含盐特性的一种质量指标。是由能与水中某些阴离子化合生成水垢的金属阳离子的存在而产生的。最重要的致硬金属离子是钙离子和镁离子,其次是铁、锰、锶等二价阳离子。水中的硬度按致硬阳离子可分为钙硬度、镁硬度等,它们的总和就是总硬度。硬度也可按相关的阴离子来分类,可分成:碳酸盐硬度(主要由钙、镁的碳酸盐和重碳酸盐所形成,能经煮沸而除去,故也称为暂时硬度)和非碳酸盐硬度(主要由钙、镁的硫酸盐、氯化物所形成,不受加热的影响,故又称永久硬度)。水中碳酸盐硬度与非碳酸盐硬度之和即为水的总硬度,一般用 mmol/L 表示。 (蒋展鹏)

硬度计 hardness meter

检测溶液中钙镁离子总浓度的仪器。根据电化学分析技术,钙离子选择电极和参比电极间的电位差和溶液硬度呈一定关系的原理制作。测量范围:$0\sim100$mV(0.02mgN/L~2mgN/L),精度 1mV。有连续监测仪表,可用于指示和报警。 (刘善芳)

硬水 hard water

钙、镁离子浓度高的水。通常把水中能生成水垢的钙、镁离子的总含量称为水的硬度。硬度又分为碳酸盐硬度和非碳酸盐硬度。一般低硬度水硬度在 0.5mmol/L 以下,一般硬度水硬度为 $0.5\sim1.75$ mmol/L,较高硬度水硬度为 $1.75\sim3.0$mmol/L,高硬度水硬度为 $3.0\sim4.5$mmol/L,极高硬度水硬度为 4.5mmol/L 以上。硬度过高的水易结垢,洗涤衣服时浪费肥皂等。生活饮用水卫生标准总硬度(以 CaO 计)不超过 250mg/L。 (潘德琦)

yong

永磁分离器 permanent magnetic separator

利用永久磁铁产生的磁场力分离磁性污染物的废水处理设备。主要部件是磁盘机,由磁盘、水槽和刮板组成。水槽的底部呈半圆形,槽上装一转轴,轴上装一组磁盘。在旋转过程中,将废水中的磁性污染物吸到盘面,用刮板刮到渣槽,予以回收。旋转磁盘多由不锈钢板制成,两面镶嵌数百至数千块规则的永久磁铁块,相邻两磁块的磁性相反,以产生磁场梯度。永久磁铁是一种剩磁和矫顽力很大的硬磁性材料,种类很多,磁分离设备中常用合金磁铁(如镍铝钴合金)和陶瓷磁铁(如钡和锶铁氧体)。永磁分离机产生的磁场力较小,仅能分离粒径较大的强磁性物。为了分离小粒径的磁性物,必须通过磁聚和凝聚将颗粒变大。 (何其虎 张希衡 金奇庭)

用泵装卸 loading and unloading by pump

用泵将液态液化石油气由倒空容器抽出压入灌装容器的操作。必须保证泵入口处具有比液化石油气饱和蒸气压大的静压力,以免液化石油气气化形成气塞。通常泵的位置低于倒空容器并具有必需的

高程差,水平距离应尽量缩短。 (薛世达 段长贵)

用户电报室 customer telegram room

顾客直接利用电报设备进行通讯的房间。 (薛发 吴明)

用户燃气调压箱 service gas pressure regulating box

直接为生活用户服务的箱式调压装置。通常是将中压燃气管网式压力较高的低压燃气管网的压力降至燃具正常工作所需的压力。在北方采暖地区,若将其置于室外,燃气必须是干燥的或要有采暖装置。其可挂在墙上,亦可置于专用柱子之上,进出口燃气管道,均从柱子中间通过。当进口压力低于 0.15MPa时,亦可将其安装于总开关后的用气房间内。 (刘慈慰)

用户热力点 consumer substation

又称用户引入口。集中供热系统中为单幢或数幢建筑物服务的热力站。它的作用是最终向该热用户分配热量或热能转换和对供热介质的参数和流量进行必要的计量和检测。在大多数供热系统同时兼有集中热力站的条件下,用户热力点的设备和仪表的配置,一般较简单。用户热力点一般设置在单幢建筑用户的地沟入口处,或设在建筑物底层或地下室处。 (贺平 蔡启林)

用户入口旁通管 bypass pipe in consumer inlet

为用户检修需要而连接在用户引入口供、回水管之间带截断阀门的管段。当用户在寒冷季节因故检修停运时,应将用户供、回水管的总阀门关闭,打开旁通管阀门,使外网与用户连接的支线的水继续循环流动,防止支线冻结。 (盛晓文 贺平)

用户引入管 inlet service

从分配管道至单独用户或多个用户室内管道引入口处总阀门的一段管道。分地上和地下引入管,取决于建筑物的状况。对民用建筑,引入管不应通过居室,可利用楼梯间、厨房和走廊等易于检查管道的地方;公共建筑物,如托儿所、学校、医疗卫生单位等的引入管也应设在楼梯间、走廊或直接放置在燃气用具的房间内。 (李猷嘉)

用水定额 water consumption norm

给水工程设计时,用水对象在单位时间内所需用水的规定数额。单位以 L/(人·d)、L/(人·班)表示。 (魏秉华)

用水量 water consumption

城镇、农村和工业企业生活、生产、消防用水对象要求所需的水量。按供水对象主要分有:①综合生活用水量(包括居民日常生活用水量以及公共建筑和设施用水量);②工业企业生产用水量和工作人

员生活用水量;③消防用水量;④浇洒道路和绿地用水量;⑤未预见用水量及管网漏失水量;⑥自用水量等。 (魏秉华)

用压缩机装卸 loading and unloading by compressor

利用压缩机形成的压差使液态液化石油气由倒空容器进入灌装容器的操作。用压缩机抽出灌装容器中的气体,升压后压入倒空容器中,液态液化石油气在压差作用下流入灌装容器。用压缩机装卸槽车是目前国内最常用的方法。卸车所需的压差应能克服气相、液相管道的总阻力,约为 $0.15\sim0.2$ MPa。在液体排空后,还可将残留的气体抽出,容器内压力可低达 500 kPa。 (薛世达 段长贵)

烟法 exergy method

又称做功能力法。计算热电厂总耗热量分配的一种方法。该法以热力学第二定律为基础,按供热抽汽和新汽作功能力分配给供热和供电。热电联产的好处,双方都得照顾,因而在理论上较合理。但实用上很不方便,尚未得到实际应用。其供热分配的热耗 $Q_{tp(h)}^t$ 为

$$Q_{tp(h)}^t = Q_0'\frac{D_{h\cdot t}(E_h)}{D_0 E_0}(kJ/h)$$

Q_0' 为热电厂供热汽轮机的热耗 (kJ/h); $D_{h\cdot t}$、D_0 分别为抽汽供汽量和汽轮机总进汽量 (t/h); E_h、E_0 分别为供热抽汽和进汽轮机新汽的烟值 (kJ/kg)。 (蔡启林 贺 平)

you

邮件转运室 mail transit room

用于装卸、分类进入本局的邮件及待运的邮件的房间。与外界有较密切联系,邮件通过装卸平台进入室内,再由转运室运至包裹分拣室。运送邮件的机械设备为链板机、传送带或单轨吊车。 (薛 发 吴 明)

邮筒 pillar box

又称信筒。设在邮政局、所门前或公共场所,供用户投寄平信的邮政专用设施。 (薛 发 吴 明)

邮政编码 postal code

采用阿拉伯数(或其他字母)按一定结构组成代表邮区、邮区中心局,市(省、区)邮局和投递区域的邮政专用局址代号。中国采用四级六码方式编列而成。它的前两位数字表示省、市、自治区;第三位数字表示邮区;第四位数字表示县(市);最后两位数字表示投递局。推行邮政编码是邮政通信制度的一项重大改革,是实现邮政现代化的必要条件。 (薛 发 吴 明)

邮政建筑 postal building

为使用邮政手段进行实物传递所创立的建筑与环境的公共建筑。包括邮件处理中心局、邮件转运站、邮政局、邮电局、邮电支局、邮电所、代办所、邮亭等。此外,邮政局还可附设或单独设立报刊门市部、报刊亭和集邮门市部。 (薛 发 吴 明)

邮政局 post office

设置在市、县内,供公众使用邮政业务的建筑及环境。一般中国大城市邮政局的平均服务半径为 0.5 km、服务人口为 2 万人,其中邮政支局的平均服务半径为 0.85 km,服务人口为 6 万人。大城市近郊农村约 $7km^2$ 设一邮政支局,约 $23km^2$ 设一邮政局。农村县城设邮政局,下设邮政所、代办所。邮政局建筑包括营业厅、包裹库、出口包裹封发室、大宗邮件库、大宗邮件处理室、期刊库、期刊发行室、金库、会计室、投递室、开箱室、出口封发室、进口分发室及其他生产及生活用房。 (薛 发 吴 明)

邮政设施 postal facilities

邮政企业或社会为方便用户使用邮政业务,设置的安装设备的房屋及环境。 (薛 发 吴 明)

邮政通信枢纽 hub of postal communication

又称邮件处理中心局。位于干线邮路汇集点、邮政网路枢纽部位的邮政局。建筑形式一般为多层建筑,它担负各类邮件分拣、封发、经转和发送的任务。一般设有信函分拣车间、包裹分拣车间、印刷品分拣车间、报刊分发车间、邮件转运车间、生产调度室、供电室、海关用房及其他辅助用房等。 (薛 发 吴 明)

邮政通信网 postal communication network

由邮政营业、投递局所及其设施和各级邮件处理中心,通过邮路相互连接所组成的传递邮件的网络系统。中国的邮政通信网是世界通信网的一个组成部分。 (薛 发 吴 明)

邮政通信网结构 structure of postal communication network

构成邮政通信网整体各个部分的组织体系。基本上可分为层次结构和功能结构,它反映了一个国家邮政通信网的发展水平和组织水平。 (薛 发 吴 明)

邮政信箱 post office box

邮政部门设置的供公众投放平信的专用箱式容器。按形体分为信箱和信筒。 (薛 发 吴 明)

油机房 stand-by generator room, reserved generator room

又称自备发电机房。供安装自备固定式发电机

组——油机、配电屏及油机附属设备的建筑物。自备发电机组一般是作为一种备用的供电设备,只有在市内供电中断的情况下才使用,仅在无市电供应的局站内,才作为主要供电设备。油机房可以建成单一建筑物,也可以与变配电室合建。油机运转时噪声很大,且产生大量热,因此要采用隔声、减振以及排热措施。一般情况下油机房内不设起重设备,仅在梁上设吊钩。　　　　(薛 发 吴 明)

油库 fuel depot, oil house

主要用于储存燃料油的建筑物。它有时也存少量机油和润滑油。电信部门使用的燃料油普遍为轻柴油。燃料的贮存方式常用的有桶装和罐装两种。桶装的存于地上建筑物内。罐装的存于地上或地下油罐内。油库一般不设采光窗,但必设通风窗。油库必须遵照建筑设计防火规范。长途通信枢纽工程中一般设地下油库;干线电缆增音站内,一般设地上油库。　　　　(薛 发 吴 明)

油浸式变压器 oil-immersed power transformer

采用矿物油作为绝缘和冷却介质的变压器。可分为升压、降压和联络变压器;按相数分为单相和三相变压器;按绕组数分为双绕组、三绕组和自耦变压器。　　　　(陈运珍)

油田气 gas from oil field

又称石油伴生气。伴随石油一起从油藏或油气藏中采出的天然气。其组成和原油组成有密切关系。轻烃基石油的伴生气中,除甲烷外,还含较多的重烃,其总量甚至超过甲烷;在重烃含量中,一般以乙烷为最高,依次为丙烷和丁烷,但也有反常现象。在重质石油的伴生气中,重烃含量很少,有的几乎是纯甲烷气。油田气的非烃类组分,主要是氮和二氧化碳,其次是硫化氢等。　　　　(闻 望 徐嘉森)

油洗萘 naphthalene scrubbing with oil

用油类从煤气中吸收萘的操作过程。吸收剂可用热焦油或轻柴油,吸收过程在填料吸收塔中进行。终冷脱萘可选择油洗与水洗结合,通常用热焦油洗萘后再用冷水喷洒煤气使温度控制在25℃。煤气最终脱萘则用轻柴油洗萘,洗萘后煤气中含萘量小于 $50mg/Nm^3$ 。　　　　(曹兴华 闻 望)

油脂密封干式储气罐 greasy seal dry gasholder

又称可隆型干式罐。用油脂密封活塞下部燃气的干式储气罐。1927 年由德国可隆公司制造。筒体横断为圆形。侧板外部设基柱,以承受风压及内压。罐顶做成球缺拱形。活塞设计成碟形,外周由环状桁架组成。活塞外周上下配置两个为一组的木制导轮,防止活塞与侧板摩擦引起火花,活塞能在筒内旋转,上下滑动时阻力小并可避免活塞倾斜。活塞与侧板间用油脂密封,用合成橡胶和棉织品制成的多层密封圈安装在活塞外周下部,通过多个特殊的连杆和平衡重块作用,将密封圈紧紧地压在侧板内壁上。密封圈内注入润滑油脂。活塞上可加配重。燃气最大工作压力达 5.5kPa。
　　　　(刘永志 薛世达)

油制气 oil gas

石油系原料经热加工产生的可燃气体。是城市燃气气源之一。可用石油、重油、柴油或石脑油等做原料。按生产方式的不同分为连续式和间歇式;按制气机理的不同分为热裂解法、催化裂解法、加氢裂解法和部分氧化法等。作为城市燃气气源,它和煤制气相比:设备费用低;装置紧凑,占地面积小;启动和停止都较容易,由于启动容易,可机动地调节城市燃气负荷;原料的运输、装卸、供应和预处理都较简易,生产中固体废物量少;操作多为自动控制。但原料价格较高。　　　　(闻 望 徐嘉森)

油制气原料 raw material of oil gas

用于制造燃气的石油及其制品(如重油、柴油和石脑油等)。由于各种原料的碳氢含量有所不同,当加工条件相同时,随着原料中碳氢比的增大,转化率下降,副产品会增多。如碳氢质量比小于 6 的石油馏分,受热时可完全蒸发;经脱硫后在催化剂作用下与蒸汽反应,全部转化成气体,不留残渣。碳氢质量比介于 6 和 9 之间的石油馏分,不能完全蒸发;即使在催化剂作用下也难与蒸汽完全反应。碳氢质量比更高的燃料,转化燃气的难度更大。一般碳氢质量比较低的油品,价格较高;但因加工较易、收得率较高、副产品及"三废"处理较简单等原因,可能总成本较低。在选择原料时还应注意原料中的含硫量、含钒量、黏度、闪点和凝点等有关油品质量的指标及其对操作和成本的影响。　　　　(闻 望 徐嘉森)

游离氯 free chlorine

余氯的一种。当水进行加氯消毒时,余氯以次氯酸或次氯酸盐状态存在时,此种余氯杀菌力很强,容易完成饮水消毒的目的。因为水中的次氯酸与次氯酸盐呈平衡状态,水中的次氯酸随 pH 值增加而逐步转化为次氯酸盐,次氯酸的杀菌力比次氯酸盐大 80 倍,因此加氯消毒水时,水的 pH 值不宜过高。中国的生活饮用水水质标准规定:①水加氯接触30min 后游离性余氯不少于 0.3mg/L;②给水管网末端,水中游离氯不小于 0.05mg/L。
　　　　(王维一)

游离碳酸 free carbonic acid

又称游离 CO_2 。是水中 $CO_2 + H_2CO_3$ 的含量。在水的 pH 值大于 4,且未受到其他工业废酸等的污染时,水的酸度大多是由碳酸构成。用碱进行中和

滴定,溶液中的反应首先为

$$OH^- + H_2CO_3 \longrightarrow H_2O + HCO_3^-$$

当 H_2CO_3 全部转化为 HCO_3^- 时,测定结果就是水中的 $CO_2 + H_2CO_3$ 含量,称为游离碳酸酸度。

(王志盈 张希衡 金奇庭)

有备用供热系统 heat-supply system with reserve capacity

个别元部件的故障不会导致系统故障的供热系统。当个别元部件发生故障时,系统转入事故水力工况运行。为保证用户供热,系统内其余有运行能力的元部件就应具有通过能力的备用余量(容量备用)。考虑到供热系统有允许短时间降低供热质量的特点,系统通过能力的备用余量是与一定的供热限量相对应的,可以根据事故状态下最紧张的水力工况来计算。对有备用供热系统来说,当向用户提供的热量不低于供热限量时,用户就不会处于故障状态。环形热网、多管制热网可设计成有备用供热系统。

(蔡启林 贺 平)

有毒物质 toxic substances

具有毒害或抑制厌氧消化过程中厌氧微生物(主要是厌氧菌)生命活动的有机或无机物质。任何有毒物质对厌氧微生物的毒性变化过程有刺激生长、抑制生长和毒害等三个阶段。如重金属离子(铁、钴、铜、锌、镍、锰等)对厌氧微生物生长有一定刺激作用,利于细胞的合成,提高厌氧消化速率。但所有过量的重金属离子(特别是汞、铅、镉、铬等)会抑制厌氧微生物的生长。所以当有毒物质含量达到一定浓度时才具有对甲烷消化产生抑制或毒害作用。重金属离子对甲烷消化所起的抑制作用有两个方面:与酶结合,产生变性物质;重金属离子及其氢氧化物的凝聚作用,使酶沉淀。厌氧消化主要的毒性物质有硫化物、氨、重金属(特别是汞、铅、镉、铬等),有机卤化物和表面活性剂等。

(肖丽娅 孙慧修)

有害废物

见危险固体废物(289 页)。

有机氮 organic nitrogen

水体由于受到动物粪便污水或某些工业废水的污染,常会含有有机氮化合物,如蛋白质、氨基酸、尿素、有机胺、硝基化合物、重氮化合物等。它们最初进入水中时大部分以有机氮的形式存在,但受水中微生物作用后,可逐渐分解成较简单的含氮有机物,直至最后产生含氮的无机物——氨。这个由有机氮化合物转变为氨的过程称为"氨化"。在缺氧的情况下,氨就是有机氮分解的最后产物。但如果有氧存在,则在微生物作用下,氨还将继续分解转变为亚硝酸盐和硝酸盐。这一过程称为"硝化"。反之,如果

在缺氧的情况下,由于微生物的作用也会使硝酸盐转变为亚硝酸盐,乃至亚硝酸盐转变为氮气,释放到空气中。这一过程称为"反硝化"。不过,硝化和反硝化过程的微生物种类是不同的。常用的有机氮测定法是凯氏(Kjeldahl)法。其测定要点如下:将一定量体积的水样放入凯氏烧瓶中,用蒸馏法除去水样中原有的氨氮。加入浓硫酸和催化剂(K_2SO_4、$HgSO_4$),加热煮沸,使有机氮消化转变成氨氮。然后测定此时的氨氮量。这样得到的结果就是水样中的有机氮。倘若先不除去水中原有的氨氮,而是直接加酸催化消化,使水中有机氮转变成氨氮,这样测得的结果叫"凯氏氮",即

凯氏氮 = 氨氮 + 有机氮

或 有机氮 = 凯氏氮 - 氨氮

以上各项均以氮(N)的 mg/L 计。　　(蒋展鹏)

有机废气净化 purification of organic waste gas

去除废气中有机化合物的技术。来源于有机合成工业、石油化工、机动车排出的有机废气,含有复杂的碳氢化物、氧有机物、氮有机物及硫有机物,其中有最严重的致癌物质,如苯并芘、苯并蒽、蒽等,必须加以净化。常用净化法有:吸附法、冷凝法、吸附和燃烧法。

(张善文)

有机酸 organic acid

羧酸($R-COOH$)、磺酸($R-SO_2OH$)、亚磺酸($R-SOOH$)、硫羧酸($R-COSH$)等的总称。通常只指羧酸。羧酸是烃分子中氢原子被羧基取代所生成的化合物,也可看作是分子中含有羧基的有机化合物。通式是 $R-COOH$(R 代表烃基或 H)。根据羧酸中烃基的不同可分为:①脂肪酸,羧基与脂(肪)烃基连接;②芳香酸,羧基与芳(香)烃基连接;③脂环酸,羧基与环烃基连接。根据烃基上碳原子链的性质可分为:①饱和酸,含有饱和烃基的酸;②不饱和酸,含有不饱和烃基的酸。根据羧基的数目可分为:①一元酸,含有一个羧基的酸;②二元酸,含有两个羧基的酸;③多元酸,含有三个或三个以上羧基的酸。羧基是羧酸的官能团。羧酸能离解出 H^+,故显出酸性。在缺氧条件下,葡萄糖在厌氧微生物作用下,生成乳酸,乳酸在甲烷菌作用下分解成甲烷及 CO_2。

(孙慧修)

有机污水厌氧处理 anaerobic treatment of organic wastewater

有机污水采用厌氧生物处理的过程。厌氧消化过去主要用于有机污泥的处理,20 世纪 50、60 年代后发展用于有机污水的处理,而可以获得新的能源(沼气)和降低能耗。主要用于高浓度($BOD_5 > 5000 \sim 10000 mg/L$)的污水,也可用于中等浓度有

机污水及低浓度的城市污水。若污水中主要为溶解性的和胶体的有机物质,采用中温消化时,其消化时间可缩短至 1～5d,BOD_5 去除率可达 50%～90%。对高浓度和中等浓度的有机污水经厌氧处理后,难于达到污水排放水质的要求,故应按需要再作进一步后处理。常用的有机污水厌氧处理工艺有:普通厌氧消化池、厌氧接触消化、厌氧滤池、升流式厌氧污泥床、两相厌氧消化等。 (肖丽娅 孙慧修)

有机污浊 UV 仪 organic pollution UV meter

根据紫外光通过溶液时,被吸收的强度和溶液中有机污浊物有一定相关性原理制作的测定有机污浊物含量的仪器。测量范围:0～5%、10%。
(刘善芳)

有机物降解 degradation of organic matters

又称有机物氧化分解。在微生物的分解代谢(异化作用)下,有机物被降解(分解)为简单的化合物的过程。在污水生物处理中,单位时间和单位体积内降解有机物的数量称为有机物降解速率,有机污染物量一般用综合指标生化需氧量(BOD)或化学耗氧量(COD)来表示。 (彭永臻 张自杰)

有机物去除率 removal efficiency of organic material

又称底物去除率,有机污染物去除率。在污水处理过程中被去除的有机物量(或浓度)与原污水中有机物量(或浓度)之比(%)。计算公式为

$$E = \frac{S_0 - S_e}{S_0}$$

E 为有机物去除率(%);S_0 和 S_e 分别为原污水和处理后出水的有机物浓度(mg/L)。有机污染物一般以 BOD,COD 或 TOC 等指标表示。
(彭永臻 张自杰)

有机液玻璃温度计 organic liquid glass thermometer

以有机液为测量介质的温度测量仪器。制作原理与水银玻璃温度计(270 页)相同,仅以有机液代替水银。测量范围为 －100～＋100℃,精度 ±0.5～2℃。适用于就地指示。 (刘善芳)

有色金属冶炼与压延废水 wastewater from non-ferrous metal smelting,forging and rolling

在有色金属的冶炼与压延加工过程中,因冷却设备、洗涤烟气、冲洗表面酸洗废液等而产生的废水。包括设备冷却水、冲渣水、烟气净化废水、酸洗废水、设备与场地冲洗废水、泄漏的工艺废液及工艺残液等。其中设备(间接)冷却水为仅受热污染的净废水,经冷却及水质稳定后循环使用;冲渣水仅轻度污染,经沉淀后循环使用,而其余几种废水则污染严重,常含有重金属(及类金属砷)、酸、氟化物、氰化物、悬浮物及油等污染物,具有水量大、污染源分散、污染物种类繁多、毒性大(常含铅、汞、镉、砷、氟等,有时还含铍、铊等)、可回收有用金属等特点。处理及回收工艺因废水水质而异,常用方法有化学沉淀法(如石灰中和法、硫化物沉淀法等)、化学氧化或还原法、电解法、离子交换法、电渗析法等。
(金奇庭 冯冀燕 张希衡)

有线广播站 wired broadcast station

安装广播设备,将各种广播节目源的信号加以选择和放大,并传送到广播线路上的建筑空间和环境。通常将节目经设备、导线传送到听众的广播喇叭的过程叫有线广播。它可分为农村和城市两大类。城市广播站可分为市、区广播站,工矿企业广播站。农村广播站以县广播站为中心。广播可直接转播中央台或省台广播,亦可自办节目。
(薛发 吴明)

有线载波增音站 wire radio repeater station

安装长途电信增音设备的整个基地范围内的一切人工修筑的建筑空间和环境。通常包括所属各类建筑物、构筑物、堆积场、地上和地下管线、道路、围墙、绿化等。从建筑类型上区分有:陆上载波增音站和海底电缆登陆站两类。前者因所用的线路、维护方式不同,可分为明线载波增音站、电缆载波增音站及无人值守载波增音站三种类型。
(薛发 吴明)

有效残留阻力 effective residual drag

清灰后滤布阻力的量度。它取决于清灰后滤布上残存粉尘的量。有效残留阻力与滤料种类、清灰方式以及粉尘特性等有关,由实验测定,其大致范围为 12～120kN·s/m³。当缺乏实验值时,在 298K 的温度下,织物残余粉尘负荷为 50g/m² 时,可取值 21kN·s/m³。 (郝吉明)

有效利用的烟气余热量 available amount of waste heat of flue gas

全年有可能利用的烟气总余热量。当烟气温度大于 150℃时,才能有效地利用烟气余热量。可按下式计算有效利用的烟气余热量 W_r(kJ/a),$W_r = C_p G_r (t_0 - 150) H$,$G_r$ 为烟气量(Nm³/h);C_p 为烟气比热[kJ/(Nm³·℃)];t_0 为烟气温度(℃);H 为年运行小时数(h/a)。 (李先瑞 贺平)

有效驱进速度 effective drift velocity of particle

根据某种结构形式的电除尘器在一定运行条件下测得的除尘效率值,利用多依奇方程反算出的相应驱进速度。据估计,理论计算的驱进速度比有效驱进速度大 2～10 倍左右。可用有效驱进速度描述电除尘器性能,并作为同类电除尘器设计中确定其

尺寸的基础。在工业电除尘器中,有效驱进速度大致在 $0.02\sim0.2$ m/s 范围,它是一个半经验参数。

（郝吉明）

yu

余氯计　residual chlorine analyzer

连续测量水中剩余含氯量的仪表。根据电流-电压分析技术即伏安测定中的极谱法,对溶液中的工作电极施加一定波形电压,使其足够负或正时,可使物质电解,其对应的电流谱图对应一定的物质,而电流大小和物质浓度呈一定关系的原理制作,测量范围:$0\sim0.1$、1、3、5、10、20mg/L,精度:$\pm0.5\%\sim\pm5\%$FS,响应时间 $1\sim10$min。连续监测仪表有标准信号可供记录、指示和控制之用。　（刘善芳）

余热利用　waste heat utilization

将原生产过程不便利用的余热加以利用。视余热的品位高低,即载热介质的温度高低和热值大小,可用于原料预热或其他工艺温度较低的场合或作冬季采暖等。从而既可节能,又可减少矿物燃料燃烧产生的大气污染。　（徐康富）

余压回水系统　back-pressure condensate return system

蒸汽在用热设备中冷凝后,靠疏水器后的压力(背压)把冷凝水输送回热源的凝结水回收系统。在用热设备处,只有疏水器装置,没有分凝结水箱。室外凝结水管道可随地形或正坡或反坡;可架空,也可地下敷设。在热源处,总凝结水箱不必一定布置在室外凝结水干线的最低标高以下(即重力回水)。余压回收系统其凝结水管道中通常是汽水混合物,因此管径较大。可用闭式系统,也可采用开式系统。在高低压共网合流时,应采取局部降压或引射等措施。为防止凝结水管道中二次汽含量过多,可采用过冷措施。这种系统在供热范围较小区域广泛使用。系统形式如图。

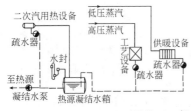

（石兆玉　贺　平）

雨水泵站　stormwater pump station

在不能自流排入水体的分流制雨水排除系统出口,抽升雨水排入水体的设施。它只在雨季使用。根据雨水的特点,该泵站多采用流量大、而扬程低的轴流泵。由于雨水挟带泥砂较多,为了保护水泵,该

泵站前多设有沉砂池。有的雨水泵站前还设有溢流井,在水体水位较低时雨水可溢流排入水体,不用抽升,以节省电费。　（张中和）

雨水管道设计流速　designed velocity of storm sewer

与雨水设计流量相应的水流速度。该值应控制在最大与最小允许流速范围之内。最小允许流速是保证管渠内不产生淤积的速度,即最小设计流速,该值在管渠满流时应等于或大于 0.75m/s;在明渠时应等于或大于 0.4m/s。最大允许流速是管渠不被冲刷损坏的速度,即最大设计流速,该值对金属管为 10m/s,混凝土管为 4m/s。　（孙慧修）

雨水管道水力计算　hydraulic calculation of storm sewer

设计雨水管渠时,必须按水力学的规律计算来决定管渠的直径、坡度和埋设深度。水力计算按均匀流,其水力计算基本公式与污水管道的相同,但须按满流计算。在实际计算中,通常采用根据水力计算公式制成的水力计算图或水力计算表进行。为了保证管渠的正常工作,在水力计算中对某些设计数据如设计流速、最小管径、最小设计坡度、最小埋深和最大埋深等都作了具体规定。　（孙慧修）

雨水管渠系统的设计　design of stom sewer system

对收集和输送城镇和工业企业因暴雨形成的地面径流的雨水管渠工程设施的设计。包括雨水管渠、系统上的附属构筑物及雨水泵站建筑物等。附属构筑物有雨水口、检查井、出水口等。设计是在批准的城镇或工业企业雨水排水系统总体规划基础上进行的。其主要内容有暴雨分析、雨水设计流量确定、雨水管渠定线、雨水管渠水力计算、绘制雨水管渠平面图和纵剖面图等。设计要求技术先进,经济合理,保障城镇、工厂和人民生命财产安全。　（孙慧修）

雨水径流量的调节　runoff regulation

利用天然洼地、谷地、池塘或人工建造的水池作调节池,来调节雨水径流量。即在高峰流量积蓄雨水,削减最大流量;待最大流量下降后,再从调节池中将水慢慢排出。这样可降低下游雨水干管尺寸和工程造价。当然,利用管道本身的空隙容量也可以调节雨水最大流量,但这是有限的。　（孙慧修）

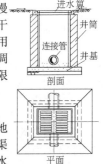

雨水口　storm-water inlet

接纳地面雨水进入位于地面以下的雨水管渠或合流管渠的入口。如街道路面上的雨水

首先经雨水口再通过连接管流入排水管渠。一般设在交叉路口、路侧边沟的一定距离处,以及没有道路边石的低洼处。其构造包括进水箅、井筒和连接管(如图)。按进水箅在街道上设置位置的不同,有边沟式、边石式和联合式雨水口。进水箅可用铸铁、钢筋混凝土或石料制成。一个平箅雨水口(如图)一般可排泄 15~20L/s 的地面径流量。　　(孙慧修)

雨水口建造 build up inlet for storm water

雨水流入排水管系统通路构筑物——雨水口的施工。通常在雨水管渠和合流管渠的街角边沟上或两个街角之间的边沟上或沿道路两侧路牙每隔 30~40m 设置。在广场内也可选定某些点布设雨水口以宣泄雨降的积水。雨水口由进水箅和井身两部分组成。前者可用混凝土制品或铸铁件;后者用砖砌,也可用混凝土制品。依据雨水口的底部构造,有落底和不落底之分,落底的雨水口起截留冲入的粗粒物作用,又称为截留井。　　(李国鼎)

雨水排水系统 storm sewer system

仅收集、输送雨水并将其排入水体的排水系统。有时也对初降雨径流进行处理。　　(罗祥麟)

雨水设计流量 designed runoff discharge

降雨期间进入雨水管渠系统的最大地表径流量,以 L/s 计。该值与暴雨强度、径流系数和汇水面积有关,可根据雨水设计流量公式求得。为了调节雨水径流量,有时在雨水管渠系统上设置雨水调节池,以减小干渠的断面尺寸。　　(孙慧修)

雨水设计流量公式 equation for designed runoff discharge

降雨期间进入雨水管渠系统的最大地表径流量的数学计算式。该式为

$$Q = \psi q F$$

Q 为雨水设计流量(L/s);q 为设计暴雨强度〔L/(s·$10^4 m^2$)〕;ψ 为径流系数,该值小于 1;F 为汇水面积($10^4 m^2$)。该式常称推理公式。城镇、工矿中的雨水排水管道,由于其相应的汇水面积较小,故它属于小汇水面积上的排水构筑物。　　(孙慧修)

雨水提升泵站建造 constructing storm water pumping station

小区内雨水需要提升排除时,所设置的雨水泵站的施工。泵站中设有水泵机组、管道设备、集水池及电气设备等,其设置情况与污水泵站相类似。但由于雨水量大,抽升高度较小,因此多采用轴流泵排水。泵站有两种形式:一种为湿式泵站,即将吸水管延伸到水泵下直接抽水;另一种为干式泵站,即用混凝土通道连接吸水池和水泵吸水口,在集水池口设闸门,以利检修。雨水泵可建成两层,地下层装设水泵,地上层设置电机和控制设备;集水池设有格栅和清渣台等。　　(王继明)

雨水调节池 stormwater balancing pond

在雨水管渠系统上,为蓄积洪峰时的径流量,而设置的水池。它的设置降低了下游管段的设计雨水流量,从而减小管渠断面尺寸,降低工程造价,具有很大的经济意义。特别是:①当雨水需要远距离输送时;②有可能利用天然池塘、洼地和谷地时;③需设置雨水泵站时,采用均是有利的。通常除利用天然池塘、洼地或谷地作调节池外,亦可采用人工建造。该池型分有溢流堰式和底部流槽式等。

(孙慧修)

预沉池 presettling tank

水厂中混凝沉淀之前的沉淀池。原水的悬浮固体较多而又较易沉降时才采用。预沉池可以是天然池塘改成,或是普通的沉淀池。　　(邓慧萍)

预处理 pretreatment

城市污水生物处理前的处理工艺。包括格栅截留、沉砂、沉淀,以去除污水中较大的漂浮、砂粒和悬浮等物质,为生物处理正常运行提供可靠的保证。

(魏秉华)

预氯化 pre-chlorination

自来水厂用水泵将原水提升至混合反应池途中,在加入混凝剂以前或同时加入一定量的氯的反应。氯有强的氧化作用,能破坏水中的有机物,从而有利于水中悬浮物的凝聚和絮凝作用,加速水的净化、澄清和脱色过程。经预氯化的水,细菌也在很大程度上得到杀灭。水经沉淀过滤后,剩余氯和细菌含量都已达到出厂水水质标准时,即不需再加氯(即后氯化)。预加氯的加氯量往往较后氯化加氯量为大。在预氯化过程中,水中的铁、锰被氧化而部分地被去除。　　(岳舜琳)

预膜 preformed membrane

在循环冷却水系统正常运行之前,预先投加药剂,使金属表面形成一层完好的缓蚀保护膜的措施。它对缓蚀效果影响很大。　　(姚国济)

预应力钢筋混凝土电杆 prestressed reinforced concrete pole

对配筋施加预应力的钢筋混凝土电杆。一般采用钢模作承力架整体张拉预应力钢筋。形状、尺寸、用途参见钢筋混凝土电杆(93 页)。

(薛 发 吴 明)

预制保温管直埋敷设 directly buried installation of preinsulated pipe

供热管道直埋敷设的形式之一。预制保温管在工厂制造。一般以硬塑料管、钢管、石棉水泥管或其他管材作为保护管,套在保温管道外面,形成套管结构。有时也在一根保护管中安装几根管道。预制保

温管的保温、承载和防水能力良好,施工安装简便。有些国家还生产柔性预制保温管(热缆)。它由内外两层间充满保温材料的金属波纹管构成。这种管道施工时像敷设直埋电缆一样,非常简便。

　　　　　　　　　　　　　　(尹光宇　贺　平)

预制式保温　prefabricated insulation

　　将保温材料制成板、弧形块、管壳等形状的制品,安装(捆扎或粘接)于设备或管道上形成保温层。由于操作方便和保温材料多以制品形式供货,因而被广泛采用。　　　　　　(尹光宇　贺　平)

yuan

原发性污染物

　　见一次污染物(338页)。

原水　raw water

　　未经处理的水。在不同的水处理过程中,对进入处理装置前的原水水质有一定要求,如达不到时,必须进行预处理。它是选择合理的水处理方法、流程,确定化学药剂、剂量,进行水处理设备计算的重要基础资料。　　　　　　　　(潘德琦)

原水利用率(电渗析器)　raw water utilization ratio(electrodialysis apparatus)

　　又称淡水获得率。经电渗析器的淡水产量与进入电渗析器的原水总量之比。单位以%表示。

　　　　　　　　　　　　　　　　(姚雨霖)

原污泥

　　见生污泥(250页)。

原子吸收分光光度计　atomic absorption spectrophotometer

　　根据被测试样被吸入火焰后,转化为原子蒸气,能吸收特定光源发射的辐射,其吸光度与试样中的物质浓度呈一定关系的原理制作的一种实验室内测定金属含量的分析仪表。但目前,这种仪器的灵敏度还不能分析溶液中 ppb 级或低于 ppb 级浓度的元素。也不能对溶液中的多种元素同时测定,即不能进行元素的分离。　　　　　　　(刘善芳)

原蒸汽

　　见加热蒸汽(149页)。

圆筒形储气罐　cylindrical gasholder

　　圆筒形的高压储气罐。由钢板制成的圆筒体和两端封头构成。封头可为半球形、椭圆形或碟形。按安置的位置分为立式和卧式,前者占地面积小;后者占地面积较大,但支柱、基础的结构较简单。卧式罐设有钢制鞍式支座,为了防止罐体热胀冷缩产生应力,一端支座在基础上能滑动。一般用于少量气体储存。罐上部设进出气管、人孔、安全阀、压力表;下部

设温度计、排污管等。　　　(刘永志　薛世达)

远传压力表　transmitting pressure meter

　　端部位移能通过差动变压器以电信号输出的单圈弹簧管压力表。有电阻式及电感式两种。测量范围:0.1~60MPa,精度 1.5 级。适用于测量对钢及铜合金不起腐蚀作用的气体或液体的压力,并通过电阻或电感值的转换,实现信号的远传。

　　　　　　　　　　　　　　　　(刘善芳)

yue

约翰内斯堡电视塔　Brixton Johannesburg television tower

　　南非约翰内斯堡电视塔建于 1962 年。钢筋混凝土圆锥筒壳结构,底部直径 19.8m,壁厚 45.7cm,塔顶直径 4.95m,壁厚 22.8cm。塔楼位于标高 166m 处,共三层。基础为圆环形,宽 6.0m,厚 2.4m。全塔总高 223m,其中钢筋混凝土塔体高 178m,其上为钢结构天线架塔。

立体

　　　　　　　　　　　　　　(薛　发　吴　明)

月不均匀系数　factor of monthly ununiformity

　　某月平均日用气量与全年平均日用气量的比值。十二个月中平均日用气量最大的月,即月不均匀系数值最大的月,称为计算月。并将最大的月不均匀系数称月高峰系数,通常取值为 1.1~1.35。

　　　　　　　　　　　　　　　　(王民生)

月负荷图　daily variation graph of heat consumption in one mouth

　　表示一个月中逐日热负荷变化情况的曲线。图中横坐标以日为单位,纵坐标一般以每日平均耗热量为单位。曲线下面积表示整月耗热量。月负荷图是绘制年负荷图的基础资料。　　　(盛晓文　贺　平)

月平均降雨量　average monthly rainfall

　　多年观测所得的各月降雨量的平均值。

　　　　　　　　　　　　　　　　(孙慧修)

月用气工况 condition of monthly gas demand

一年中各月用气量波动的情况。各类用户用气的月不均匀性与气候条件有关。对居民生活及商业用户,冬季气温和水温低,则炊事和加热水的用气量较多。工业企业生产的月用气量较稳定,但夏季因气温高而用气量有所下降。采暖的各月用气不均匀性可根据各月的室外平均气温,由采暖年用气量分割各采暖月的用气量百分数,求出各月不均匀的用气工况。建立城镇和工业区的一年中各月用气量综合平衡图是规划气源生产能力的依据,也是选择和采取克服用气不均匀措施的基础。 （王民生）

yun

云量 cloud amount

云遮蔽天空的成数。国内通行将天空分成十份。若云占天空的十分之一或不到二十分之一,云量分别记为 1 和 0;若云布满天空或云间空隙总量不到天空的二十分之一,云量则记为 10。通常以"总云量/低云量"的分数形式作云量记录。总云量包括各种云的云量,低云量专指云高(云底离地面距离)2,500m 以下的云量。 （徐康富）

允许排放量 permissible discharge

一个环境单元在满足环境目标的前提下,所能接受的污染物的排放量。在环境规划与环境管理中,允许排放量同环境容量一样,是重要的理论和实际问题,是环境污染控制和治理的重要依据。理论上,允许排放量一定小于环境容量。一旦确定了某一环境单元的功能,人们能够控制的因素仅仅是污染物的排放方式,不同的排放方式对环境质量将会造成不同的影响。只要能够达到要求的环境功能,各种排放方式对应的环境污染物容纳量都称之为允许排放量,其中环境容量是允许排放量的极限值,即阈值。 （杜鹏飞）

Z

za

杂排水 light-polluted wastewater

民用建筑中除粪便污水外的各种排水。如冷却排水、沐浴排水、盥洗排水、洗衣排水、厨房排水等。它可作为中水的原水水源。污染浓度较低的排水,如冷却排水、沐浴排水、盥洗排水、洗衣排水等属优质杂排水,应首先选用它作为中水水源。生活污水因其掺进粪便污水,污染较重,作为中水源时,应在建筑物粪便排水系统中设置化粪池,根据中水的水量平衡,必要时可收集厕所排水作为中水水源。包括粪便污水的生活污水作为中水源水,其处理工艺较优质杂排水复杂,而且投资高。民用建筑是指不同使用性质的各种建筑,如旅馆、公寓、科研楼、办公楼、幼儿园等,其中尤以大中型旅馆、宾馆、公寓等建筑,均具有大量的优质杂排水。 （孙慧修）

杂用水 non-potable water

非饮用,一般不与人体直接接触的低质用水。如厕所冲洗用水、洗车用水、园林浇灌、道路保洁以及喷水池、冷却设备补充用水等。 （孙慧修）

zai

载体 carrier

表面为生物膜易于附着覆盖的填料。污水处理生物流化床的核心部件,呈小颗粒状,常用载体有焦炭、石英砂、无烟煤、活性炭等,其物理参数列于下表:

载 体	粒 径 (mm)	相对密度	载体高度 (m)	膨胀率 （%）	空床时水上升速度 (m/h)
聚苯乙烯球	0.5～0.3	1.005	0.7	50	2.95
				100	6.90
活 性 炭 (新华8#)	φ(0.96～2.14)×L (1.3～4.7)	1.50	0.7	50	84.26
				100	160.50
焦 炭	0.25～3.0	1.38	0.7	50	56
				100	77
无 烟 煤	0.5～1.2	1.67	0.45	50	53
				100	62
细石英砂	0.25～0.5	2.50	0.7	50	21.60
				100	40

（张自杰）

再热式催化氧化 reheat catalytic oxidation

经除尘的烟气经再热炉加热后,进装有催化剂的转化器中进行催化氧化的过程。如含低浓度 SO_2 烟气经除尘、加热后进入有钒催化剂的转化器，SO_2 进行催化氧化反应得 SO_3 就是用了此催化氧化，该流程最终可得 H_2SO_4。 （姜安玺）

再生程度（离子交换法） extent of regeneration (ion-exchange)

再生后离子交换剂层中，可用的交换能力与交换剂层的总交换剂能力之比，以百分数表示。影响再生程度的因素有再生方式、离子交换剂的类型、再生剂的种类、浓度、纯度、耗量、流速和温度等。 （潘德琦）

再生杆 secondary member

又称次生杆件。在高大的复式格构塔楗中，为了减少主要杆件的长度，在内部再加上次要的杆件。 （薛发 吴明）

再生剂比耗（离子交换法） regenerant specific (ion-exchange)

再生剂的实际用量与其理论用量之比值。用量以 mol 表示。比值反映着再生剂利用的程度或再生的效果。 （潘德琦）

再生剂耗量（离子交换法） regenerant consumption (ion-exchange)

恢复单位体积失效离子交换剂的交换能力，所消耗的再生剂的用量。常用单位以 kg/m^3 离子交换剂或 g/L 离子交换剂表示。 （潘德琦）

再生剂（离子交换法） regenerant (ion-exchange)

为恢复失效离子交换剂工作能力所用的药剂。阳离子再生剂有食盐、盐酸、硫酸等；阴离子再生剂有氢氧化钠等。 （潘德琦）

再生（离子交换剂） regeneration (ion-exchanger)

用再生液中高浓度的选择性顺序位置在后的离子将失效离子交换剂所吸附的选择性顺序位置在前的离子置换出来，恢复其交换能力的工序。其基本反应方程式为

钠离子交换再生： $R_2Ca + 2NaCl \rightarrow 2RNa + CaCl_2$
　　　　　　　　(Mg)　　　　　　　　(Mg)

氢离子交换再生：

$$R_2Ca + \begin{Bmatrix} 2HCl \\ H_2SO_4 \end{Bmatrix} \rightarrow 2RH + \begin{Bmatrix} CaCl_2 \\ CaSO_4 \end{Bmatrix}$$
(Mg)　　　　　　　　　　　　　　(Mg)

阴离子交换再生： $RNa + HCl \rightarrow RH + NaCl$
　　　　　　　　$RCl + NaOH \rightarrow ROH + NaCl$

再生是离子交换器运行过程中的重要阶段。基本方法有动态再生和静态再生两大类。 （潘德琦）

再生塔（移动床） regeneration tower (moving bed)

完成离子交换再生工序的装置。是移动床装置之一。其结构形式，以及树脂的排出与补充过程大体上与交换塔相同。如图示：最上部为再生漏斗，旁边装有废液排出口，漏斗下部和再生段连通。下部进水、进再生液时，浮球阀关闭，塔内树脂向上，处于压实状态进行逆流再生。进水管以下已再生好的树脂则借助水压输送到清洗塔清洗。在双塔式移动床中，再生、清洗在同一塔中进行。 （潘德琦）

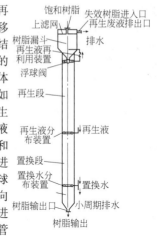

图中标注：饱和树脂 失效树脂进入口 再生废液排出口 上滤网 树脂漏斗 再生液再利用装置 排水 浮球阀 再生段 再生液分布装置 再生液 置换段 置换水分布装置 置换水 树脂输出口 小周期排水 树脂输出

zao

凿井护壁法 drilling well side protection method

凿井时保护井身侧壁防止发生坍塌、变形或掉块等事故的方法。特别在松散冲积层中凿井时，尤须重视避免出现。护壁方法有泥浆法和套管法两种：前一种方法以拌合均匀的黏性泥浆倒入井口，随着钻孔的进程，浆液使井壁封住。其优点是简便易行并经济，可以一种口径凿至井底，且终孔口径较大者，对砾石滤层的回填有利。后一种套管法是开凿口径较大的井孔，在松散土层处套进一钢管作屏障。其优点是可以保证含水层的透水性，能如实取得地层结构样品。以上两种方法可因地制宜加以选用。 （李国鼎）

造纸白水

见纸机白水（359页）。

造纸废水 pulp and paper mill wastewater

制浆造纸工艺过程中产生的废水。包括制浆蒸煮废液、洗涤废水、漂白废水与纸机白水等。所含主要污染物按其性质可分为：悬浮物质(SS)，主要来自各工序流失的纤维，备料工艺的树皮、草屑、泥沙及随水排放的炉灰等；生物需氧成分(BOD_5)、化学需氧成分(COD)和色素物质，主要来自制浆蒸煮工序，包括纤维素分解生成的糖类、醇类、有机酸等，木素及其衍生物等；有毒物质，主要有蒸煮废液中的粗硫酸盐皂，漂白废水中的有机氯化物，还有微量的汞、酚等。造纸工业是污染与耗水最严重的行业之一，废水如直接排放将造成严重的水污染并消耗大量的水资源。其污染控制可以分成为回收有用物质，回

用工艺用水的"厂内处理",和去除外排废水中污染物质,达到环境要求的"厂外处理"两大类。

（张晓健）

造纸中段废水

见制浆中段废水(360页)。

噪声监测 noise monitoring

干扰人们休息、学习和工作的声音,即不需要的声音。在物理学上把噪声定义为振幅和频率杂乱、断续或统计上无规则的声振动。该监测即对噪声源以及区域环境噪声进行连续或不连续地测量并进行评价工作,噪声源包括工业企业厂界噪声、建筑施工场界噪声、铁路边界噪声、道路交通噪声以及设备噪声等。对于不同的噪声测量内容有不同的测点布置方法,测点的布置、仪器的选择以及评价方法要以各种噪声测量规范为依据。噪声监测物理量:描述噪声强弱的物理量通常有声压、声强和声功率。声压和声强反映声场中声的强弱;声功率反映声源辐射噪声本领的大小。通常在噪声监测中采用声压级,其单位用分贝表示(dB),为无量纲单位,等于这个声音的声压与基准声压(2×10^{-5}Pa)的常用对数乘以20。研究噪声在不同频带内的分布情况,对于深入研究噪声的产生、传播、接收以及对听者影响等方面的问题有很大的意义,这时可对噪声的频谱进行监测分析。噪声监测仪器:声级计是用来测量噪声声压级的仪器,按用途可分为一般声级计、脉冲声级计和积分声级计。声级计一般都具有 A、B、C 的频率计权特性,而在噪声监测中广泛应用 A 计权声级,称为 A 声级(LA),B 计权现在很少使用,C 计权只供参考,可粗略判断噪声频谱特性。　（杨宏伟）

zeng

增压泵房 booster pump house

又称加压泵房或中途泵房。为满足某供水地段或建筑物要求的水压,自管网或蓄水池中抽水以提高水压的泵房。　　　　　　　　　（王大中）

增音段 repeater section

同一载波通信系统中,两相邻载波通信增音站之间的线路段。　　　　　　　（薛 发 吴 明）

增音站主机房 machine hall of repeater station

增音站中用于安装增音设备的房间及其辅助生产房间组成一栋建筑物。一般多为单层房屋,由进线室、载波室、配电室、电池室、贮藏室、器材室、修机室及办公室等组成。明线载波增音站有时也和县邮电局或其他通信局站合建。　（薛 发 吴 明）

憎水性 hydrophobicity

参见疏水性(259页)。

zha

轧钢废水 steel rolling wastewater

轧钢生产过程中产生的废水。主要有四种:①设备间接冷却时产生的净废水。②钢锭、钢材酸洗过程中废弃的酸液(称酸洗废液)和冲洗金属件表面而形成的酸洗冲洗废水,二者合称酸洗废水。酸洗废液中含有较高浓度的游离酸和铁盐(例如当采用快速连续式硫酸酸洗工艺时,废液中含硫酸8%～13%、硫酸亚铁13%～15%),通常可根据当地情况进行调配加以利用(如用于废水处理),或采用各种回收处理技术,从废液中回收酸和其他副产品(如铁盐、氧化铁等)。酸洗冲洗废水中含酸与铁盐的浓度较低(例如当采用硫酸酸洗工艺时,冲洗废水含硫酸0.2%～0.4%、硫酸亚铁0.2%～0.5%),通常采用碱性药剂(主要是石灰)进行中和处理。③热轧废水来源于轧辊等机械设备的冷却及轧材表面氧化铁皮的冲洗去除。主要污染物为氧化铁皮、悬浮物和油类,其含量范围分别为1 000～5 000mg/L、100～1 250mg/L和50～500mg/L。处理工艺通常是先经铁皮坑及水力旋流沉淀池除去大粒氧化铁皮,再经投药混凝除去悬浮物和油,同时由设在沉淀池上面的除油装置将浮油吸出。处理水经冷却后循环使用。近年来也有采用高梯度电磁过滤器去除悬浮物的。④冷轧(含油)废水来源于用乳化液和棕榈油对轧辊进行直接冷却。主要污染物是油,包括表面浮油(200～300mg/L)、乳状油(40～120mg/L),还含有少量悬浮物和氧化铁皮。处理工艺一般分三段:ⅰ.采用刮油机之类的油分离器除去浮油;ⅱ.采用凝聚法、加热法、pH调节法等,破坏水油乳化状态(破乳);ⅲ.浮上分离除去残留的油。近年来逐步采用超滤膜分离技术处理冷轧含油及乳化液废水。

（金奇庭　俞景禄　张希衡）

闸阀 gate valve

用闸板启闭流体通道的阀门。其通路内无部件阻挡,故流体阻力小,通常可双向使用,不受介质流向的限制,全开时密封面受介质的冲蚀较小;但外形尺寸和开启高度都较大,相对启闭时间也长,密封面易擦伤,当存在杂质或异物时,关闭易受阻碍。按照闸板的结构形式分为楔式、平行式、单闸板和双闸板等闸阀。按阀杆是否升降分为明杆闸阀(升降杆)和暗杆闸阀(旋转杆)两种。

（肖而宽　李猷嘉）

闸门 sluice gate;slide gate;penstock

水工构筑物中用以控制水位、调节流量和切断流量的设备。按其工作性质分为工作闸门、事故闸门、检修闸门、尾机闸门;按其材质区分为钢闸门、铸铁闸门、木闸门、混凝土闸门、塑料闸门;按其形状分为方闸门、圆闸门、扇形闸门、弧形闸门;按其设置在水中位置分为露顶闸门和潜式闸门;按其驱动方式分为手动闸门、气动闸门、液动闸门、电动闸门;按其结构分为梁式闸门、扇形闸门、平面闸门、拱形闸门、堰门。　　　　　　　　　　　　　（肖而宽）

闸门井建造　build up valve chamber

建造在给水管道系统的适当位置上,用以安装调节水量、水压及维修管线用的闸门的井。闸门井的施工一般在一定长度的管段上、分枝节点等均需设置。井一般可用砖砌,视管路情况设 1~3 个闸门,小型井可用圆形。地质条件较好时,井底可用素土夯实,上砌水泥砂浆砖墙;有地下水时,需做 C10 混凝土基础、厚 150mm,上砌 MU7.5 砖及 MU7.5 砂砖墙,装设爬梯,预留管道穿过孔洞、砖墙砌到顶时,坐砂浆并安置井座,四周用混凝土固定,井盖与地面齐平。井外抹防水砂浆层,高出地下水位 250mm;大型者用矩形井,井底作混凝土基础并设深 500mm 直径 300mm 集水坑,基础上砌砖墙,做法与圆井同,堆砌到顶时,坐浆后,按序号放置钢筋混凝土预制盖板,板顶亦与地面平。井内管用铸铁管法兰接口,穿井壁处用沥青油麻填实,外用水泥砂浆塞固。闸门下垫混凝土支墩支撑牢固,经检验合格,分层填土夯实。　　　　　　　　　（王继明）

栅条　bars

截留水中污物,倾斜设置的肋条。按其断面形状可分为圆形、流线形、正方形、矩形、梯形等。圆形与流线形水力条件好、水流阻力小,但强度较差。用钢或铸铁制成。在给水工程中多采用流线形和梯形;在排水工程中多采用矩形。　　（魏秉华）

栅条间距　spacing of bars

格栅平行栅条间水流通道的间隙。按被截留污物的大小分为粗格栅和细格栅。当设于污水处理系统前,一般每日截留污物量大于 $0.2m^3$,采用机械清除时为 16~25mm;特殊情况下,最大间隙可为 100mm。一般每日截留污物量小于 $0.2m^3$,采用人工清除时为 25~40mm。当设于水泵前,应根据水泵要求确定。　　　　　　　　　　（魏秉华）

栅条移动式除污机　rotary bar screen

又称回转式固液分离机。栅条与截留的污物一起向上连续移动的一种自清式机械除污设备。栅条为链节状,下端延伸成弯钩形耙齿片,多片耙齿互相叠合在长的销轴上销接,每根串接轴距就是环链的节距。串接装配成覆盖整个迎水面的环形格栅帘,由两侧传动链牵引沿导轨循环运行。运行中,栅条连同截留的污物上行到达顶端,因弯轨和链轮的导

向作用,使相邻耙齿间产生互相错位推移,把栅面上大部分污物外推,污物依自重卸入集污盛器内,部分难以靠自重坠落的污物,由压力水自内向外冲刷,同时又有橡胶刷在栅的下部拐弯处作反向旋转把栅渣刷洗干净,完成清污过程,洁净栅面不断转至迎水面。　　　　　　　　　　　　　（李金根）

栅网除污设备　screening plants

为保护提水设备和后续处理设施,在流道中设置一定规格的栅和网,将地表水的水体中,随水漂泊、迁移的水生物和受到环境污染、不溶于水的悬浮物予以截除的除污设备。分为格栅和格栅除污备、格网和格网除污设备。　　　　（李金根）

栅网抓落器　screen hoop-up

抓起或放落栅、网的专用工具。格栅或格网均淹没于水下,当冲洗洁净的栅、网需要置入或被玷污的栅、网需要取出冲洗时,把栅、网抓落器重锤拨至抓(或落)位置即可沿栅、网导轨抓起或放落栅、网。按栅、网宽度,抓落器分单吊点和双吊点两类。抓落机构的上升或下降可用手动或电动。　（李金根）

zhai

窄烟云(ATDL)模式　atmospheric turbulent and diffusion laboratory model

为计算面源所产生的地面浓度而简化的一种正态分布模式。它认为水平扩散参数 σ_y 在下风向有显著影响的距离内很小,面源在侧向无限伸展且分布均匀,只需考虑垂直方向的扩散。通常将面源划分为 500m×500m 或 1000m×1000m 的方形网格,评价点设在网格中心。通过将网格分解为与风向垂直的线源,应用线源公式积分求得一网格在评价点上产生的浓度。整个面源所产生的浓度,则视网格长度大小,一般只取上风向邻近的 2~4 块网格和评价点所在网格的半格的迭加浓度。　　（徐康富）

zhang

障碍式氧化沟　barrier oxidation ditches

在环形渠道水流断面上设一隔墙,隔墙一侧安装曝气机,曝气机转动时具有提升作用,使隔墙上、下游水面产生一定的落差,混合液在池内以 1 m/s 左右的速度循环流动的氧化沟。为提高供氧能力和氧的利用率,由空气管将空气引入旋转的曝气叶轮叶片。由于采用淹没式的曝气机,在寒冷地区受温度的影响较小。池深一般为 3.2~4.9m,污泥负荷为 0.07~0.15 kgBOD/(kgMLVSS·d),水力停留时间为 0.7~6d。　　　　　　（戴爱临　张自杰）

zhao

沼气

见污泥气(298 页)、生物气(252 页)。

照明配电箱　lighting distribution box

用于工业和民用 500V 以下、50Hz 的交流照明和小动力控制回路中的配电箱。其安装方式有悬挂式和嵌墙式两种。　　　　　　　　(陈运珍)

zhe

折板絮凝池　folded-plate type flocculation basin

应用交替反相的折板组合,并以角点相对应或宽窄相对峙设置,形成宽度相同水流曲折或宽度不同水流曲折的水道组成的絮凝池。适用于垂直或水平水流作为完成絮凝过程的水力构筑物(如图)。它为近年来新发展的产物。此种池尚可由单通道构造发展到多通道构筑物的组合形式。它同带有鳍状斜板的迷宫型斜板构造有不少共同之处,需要有较高的水头损失,以保证水流均匀。上向流折板絮凝池中在面向上的斜面上及向下的有限高度的表面上有利于接触絮凝和背面沉降凝集的条件。折板的形状有采用 90°～120° 间角形式也有采用波纹状形式。折板间距由起端 0.2m 到末端0.65m 成为降速反应三级组合。水流在折板间的转折总数达到 100～200 次,反应控制流速由 0.17m/s 递减到 0.06 m/s,总停留时间约 10min;总水头损失约为 0.16m,平均 G 值为 $50s^{-1}$;$G \cdot t$ 总值为 $2～3×10^4$。从停留时间看较一般回流隔板反应池大为缩短。　　　　　　　(张亚杰)

对峙折板上向流

单通道折板

多通道折板

折点加氯　breakpoint chlorination

在剩余氯与加氯量关系曲线上,将加氯量提高到折点后的加氯。当被加氯消毒的水或污水中不含有游离氨或铵盐或有机胺时,加入的氯以次氯酸和次氯酸盐形式存在于水中,称为游离氯。若水中有游离氨、铵盐或有机胺存在时,加入的氯与氨、铵盐或有机胺生成一氯胺(NH₃ 中 N 与 Cl₂ 之重量比小于 1:5 之时),二氯胺(N 与 Cl₂ 之比大于 1:5 之时)称为化合氯。化合氯较游离氯的消毒能力低。根据水质及试验情况决定需要将用游离氯消毒时,可加大投氯量,使 N 与 Cl₂ 的重量比等于 1:9,此时氯胺全部被分解,在剩余氯与加氯量关系曲线上形成折点(如图),氯与氨的反应方程式为

$$NH_3 + Cl_2 \longrightarrow NH_2Cl + HCl$$
一氯胺
$$NH_2Cl + Cl_2 \longrightarrow NHCl_2 + HCl$$
二氯胺
$$NHCl_2 + Cl_2 + H_2O \longrightarrow N_2 + N_mO_n + HCl$$

式中 N_mO_n 为氮氧化物,包括 NO_2、NO、N_2O 等。折点以后继续加氯,剩余氯基本上呈直线上升,剩余氯都为游离氯,此种将加氯量提高到折点以后,即为折点加氯。它由于加氯量较高,且生成游离氯,水中生成的氯化有机物如三氯甲烷、四氯化碳等含量较高,故一般不采用。但此法受温度变化的影响小,对流量变化也能迅速调整,适于作为最后步骤与其他除氮方法联合使用。它对除铁、除锰、除色度的效果较好。

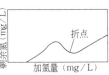

(岳舜琳　张中和)

折算长度　total equivalent length

采用当量长度法计算管段总阻力损失时,与总阻力损失对应的管段长度。它等于管段的实际长度 L 与管段局部阻力当量长度 L_d 之和,即 $L_{zh} = L + L_d$。当管段的比摩阻 R 已知时,可依据 L_{zh} 计算管段总阻力损失 $\Delta P = L_{zh}R(Pa)$。

(盛晓文　贺　平)

zhen

真空过滤机　vacuum filter

又称真空转鼓污泥脱水机。利用真空过滤脱水的设备。在旋转的圆筒上包覆滤布,并半浸没于污泥槽内。操作时筒内抽吸真空,造成滤布内外侧的压力差,以此作为过滤的动力,使污泥颗粒在抽吸过程中吸附在滤布的外周,脱水成为泥饼后用刮刀刮下,透过滤布的滤液,随真空管路排出。其特点是能连续运作,运行平稳,可自控,单机处理量大,滤液澄清。由于过滤介质紧包在转鼓上清洗不充分易堵塞,且附属设备多,占地面积大,滤布损耗多,运行管理费相对较高。

(李金根)

真空加氯机　vacuum chlorinator

用水射器的抽吸作用产生负压投加氯气的加氯机。真空加氯机由过滤器、转子流量计、真空玻璃瓶和水射器组成。有手动与自动控制两种,自动控制真空加氯机可适用于闭式定比加氯系统。

(李金根)

真空引水 vacuum priming

利用真空作用将水自低于水泵轴的水位抽吸至超过泵壳顶部,以至灌满水泵和吸水管的水泵引水方式。真空引水一般适用于大型水泵吸水管管径较大,不便于安装底阀或灌水量过大引水时间过长的情况。其优点是水泵启动较快,运行较为安全可靠。往往可避免自灌充水使泵房结构深入地下的缺点。真空引水可利用真空泵或水射器造成真空条件。 (王大中)

真太阳时 solar time

以太阳中心为标准,按地球自转过的角度来计时的时间序列。地球对太阳中心每转过 15°计为一个真太阳时,太阳中心连续两次过上中天(太阳仰角最高时的正南位置)的时段为一个真太阳日,即等于24 个真太阳时。太阳中心过上中天的时刻定为真太阳时 12 点,由此时刻起算,地球自转过的角度称为真太阳时时角。由于地球以椭圆轨道绕太阳公转且由西向东自转,习惯上按太阳在天空中位置计时的几种时间虽有差别却有确定的关系,表示为

真太阳时 = 地方平均时 + 时差

$$= 地方区时 - \frac{区时径度 - 当地径度}{15°} + 时差$$

在中国径度 λ 的地区为

真太阳时 = 北京时间 - (120° - λ) × 4 分/度 + 时差 (徐康富)

zheng

蒸发残渣 residue

见总固体(373 页)。

蒸发法 evaporation process

废水和废液处理方法。加热废水至沸点,使水蒸发汽化,以减少废水体积和增大溶质浓度,达到进一步处理废水或回收溶质的目的。蒸发可在常压、加压或减压条件下进行,按热源和废水的接触方式,分直接接触式和间接接触式两类。前者多采用高温烟气为热源,蒸发设备有喷淋塔和浸没燃烧蒸发器等。后者多采用低压蒸汽或废蒸汽为热源,蒸发设备有列管式蒸发器和薄膜式蒸发器等。蒸汽的应用方式有单效蒸发工艺和多效蒸发工艺。废水处理中应用实例:①浓缩放射性废液,然后装罐密封弃置;②浓缩印染厂和造纸厂废碱液,然后循环使用或回收碱;③浓缩金属酸洗废液,结晶回收金属盐。 (张希衡 刘君华 金奇庭)

蒸发散热 radiating heat by evaporation

在水冷却过程中,热水与空气接触,依靠水表面蒸发而将热量散失的一种方式。水蒸发是热水水面饱和蒸汽压大于空气中水汽分压的结果。它是冷却构筑物散热的主要形式。 (姚国济)

蒸发散热系数 coefficient of radiating heat by evaporation

又称蒸发水量带走的热量系数。在冷却塔空气出口焓计算中,考虑由蒸发水量带走热量而增加的修正值。它随出塔水温 t_2 而变化。

$$K = 1 - \frac{t_2}{r}$$

K 为蒸发散热系数;t_2 为出塔水温;r 为汽化热。 (姚国济)

蒸发损失 evaporation losses

水在冷却过程中,由于蒸发作用而损失的水量。一般按冷却构筑物进、出水的温差进行计算。用循环水量的百分数表示。

$$P_e = K\Delta t \times 100\%$$

P_e 为蒸发损失率(%);Δt 为冷却塔进水与出水温差(℃);K 为系数(1/℃)。 (姚国济)

蒸汽定压 steam pressurization

利用蒸汽的压力维持热水网路某点压力恒定(或只在允许范围内变化)的措施。该定压方式设备简单。目前在工程上有蒸汽锅筒定压、外置膨胀罐定压和淋水式加热器定压等方式。其中以蒸汽锅筒定压方式最为简单,应用也较多。 (盛晓文 贺平)

蒸汽供热系统 steam heat-supply system

蒸汽作为热媒的供热系统。该系统有其独特的优点:①适应性强,能满足各类用热形式(供暖、通风、空调、生活热水供应和生产工艺等热负荷)的需要。②耗电少。只有冷凝水返回热源,有时需要水泵输送,但比热水供热系统电耗少得多。该系统也有明显的缺点:①能耗较大,除需要较高热能能位外,由于冷凝水回收率不高,再加沿途热损失大,系统热效率较低;②输送距离短,供热范围受限;③热容量小,供热温度易骤冷骤热。蒸汽供热系统,多数用于工业生产热用户。蒸汽供热系统,有单管式,双管式和多管式等几种。凝结水回收系统是保证蒸汽的冷凝水返回至热源,进而提高蒸汽供热系统的经济性的重要组成部分。根据凝结水回收方式的不同,凝结水回收系统分为闭式、开式、余压回水、闭式满管回水和机械回水等系统。有时凝结水也可不回收。 (石兆玉 贺平)

蒸汽锅炉额定蒸发量 rating output of steam boiler

锅炉在额定压力和额定温度及保证一定效率下最大连续生产的蒸汽量,用以表征蒸汽锅炉容量的大小。中国供热蒸汽锅炉额定蒸发量从 0.1t/h 到65t/h。 (屠峥嵘 贺平)

蒸汽锅炉房　steam boiler plant

　　设置单一的蒸汽锅炉的锅炉房。蒸汽锅炉产生的蒸汽经分汽缸、减压阀后分送至各用热设备;蒸汽凝结放热后,除了部分泄漏外,凝结水依靠重力、余压、机力回到锅炉房的凝结水箱,最后经锅炉给水泵加压后进入蒸汽锅炉再次被加热。特殊情况下,凝结水可不回收。锅炉房内设置水处理系统处理锅炉给水。蒸汽锅炉产生的蒸汽也可通过汽-水换热器加热热水,满足热媒为热水的用热设备的需要。

　　　　　　　　　　　　　　（屠峥嵘　贺　平）

蒸汽锅筒定压　pressurization by steam cushion in boiler drum

　　利用汽水两用锅炉上锅筒空间伴生的蒸汽的压力来维持热水网路某点压力恒定的措施。该定压方式无需专用定压设备、简单经济,并可同时供应热水和少量蒸汽;但蒸汽压力受燃烧状况影响,运行中要严格控制上锅筒的水位。　　（盛晓文　贺　平）

蒸汽过热器　steam superheater

　　在一定的压力下,将蒸汽从饱和温度加热到某一过热温度的装置。由一组弯成蛇形管的无缝钢管及进出口集箱组成。按照传热方式,过热器有对流、辐射和半辐射三种形式。供热锅炉上只采用对流式过热器。对流过热器按受热面放置情况,可分为垂直式和水平式。国内以垂直式居多。按照蒸汽与烟气的流动方向,过热器可有顺流、逆流和混合流等多种形式。一般采用混合流的形式。

　　　　　　　　　　　　　　（屠峥嵘　贺　平）

蒸汽喷射器　steam ejector

　　利用高压流体(蒸汽)通过喷管,抽引低压流体(水)混合后实现能量和热量交换的装置。它由喷管、引水室、混合室和扩压管等部分组成。蒸汽喷射器应用于热水供暖系统中,可同时起水加热器和驱使水循环流动的作用。　（盛晓文　贺　平）

蒸汽-热水锅炉房

　　见混合式锅炉房(135页)。

蒸汽型地热田　dry steam geothermal field

　　地下以蒸汽为主的对流水热系统的地热区。它以生产温度较高的过热蒸汽为主,杂有少量其他气体,水很少或没有。这类地热田的储水构造被一大片蒸汽覆盖着,而蒸汽又被不渗透的岩层所覆盖。要存在这种条件,热储里的流体压力必须低于流体静压力。这时蒸汽就变成过热蒸汽。由于这类热田要有独特的地质条件,所以地区局限性大、资源少。目前世界上发现蒸汽型地热田只有美国的盖瑟尔斯、意大利的拉德瑞罗和蒙特阿米阿塔、日本的松川等少数地区。　　　　　　（蔡启林　贺　平）

蒸汽蒸馏　steam distillation

　　采用水蒸气直接加热混合液,分离与水互不相溶或几乎互不相溶组分的蒸馏操作。利用混合液的沸点低于组分沸点的特性,可将高沸点组分在低于100℃的条件下从水中蒸馏出来。采用的设备有填料塔和板式塔。环境工程中,应用本法在低于100℃的条件下,从废水中脱出松节油、苯酚、苯胺、硝基苯等污染物,并将其回收。

　　　　　　　　（张希衡　刘君华　金奇庭）

整流变压器　convertor transformer

　　有整流、逆变和变频三种方式的变压器。其用途最广泛,工业上直流电源大部分是由交流电网通过整流变压器与硅整流器所组成的整流设备而获得的。　　　　　　　　　　　　　（陈运珍）

正交式排水系统　orthogonal drainage system

　　排水流域的干管沿与水体垂直相交的方向布置的系统。由干管、出水口等组成。具有干管短、管径小、排水快及经济等特点。常用于地形坡向河岸(水体)地区雨水的排除。　（魏秉华）

正洗(离子交换器)　straight wash(ion-exchange appatatus)

　　又称清洗。用软水或脱盐水沿原来的进水方向,洗净交换器内再生液和离子交换剂层内残留的再生产物。是离子交换器运行过程中的一个阶段。

　　　　　　　　　　　　　　　　　（潘德琦）

正压法回收残液　heavy residaes recovery by positive pressure method

　　向钢瓶内充入高压气态液化石油气,使残液流入残液罐的回收方法。打开角阀,用压缩机向钢瓶内压入气态液化石油气使钢瓶内压力大于残液罐内的压力后,关闭角阀。倒立钢瓶后打开角阀,在气体压力作用下残液经角阀流出,沿残液管道流入残液罐。　　　　　　　　　　　（薛世达　段长贵）

zhi

支柱式中心传动刮泥机

　　见垂架式中心传动刮泥机(35页)。

枝状管网　branched network

　　又称树状管网。供水管道呈树枝状布置,管径随用水户的减少而变小,如从树干(配水干管)到树梢(配水支管和接户管)逐渐变细的一种配水管网。枝状管网如有某段管道损坏,其后的管线就会断水,供水安全性较差,但其管线总长度较短,投资省。往往用于对供水安全程度要求不高的中小城镇、城市郊区和某些工业区;或在城市建设初期采用,或可随

城市发展,再逐步形成环状管网。枝状管网也常
与环状管网配合布置。即在环状管网中,街坊内的
配水支管和接户管一般布置成枝状。　（王大中）

枝状管网水力计算　hydrodynamic calculation
of branched pipelines

　　枝状管网计算中,转输流量是单值的,因此所有
管段的计算流量是已知值。计算中应根据各管段压
降的合理分配值来确定管径,因而不仅是一个水力
学问题而且是一个经济问题,计算应得出一个最优
的方案。　（李猷嘉）

枝状燃气管网　branched gas networks

　　城镇燃气管道的干管与若干支管组成树枝形状
的管系总称。枝状管网的经济性较好而可靠性较
差。通常对较小的系统采用枝状管网。
　　　　　　　　　　　　　　　　　　　　（李猷嘉）

脂肪酸　fatty acid

　　羧基与脂肪烃基连接而成的一元酸。通式是
$R—COOH$(R是脂肪烃基)。是脂肪的构成物质之
一。按烃基性质,脂肪酸可分为:①饱和脂肪酸,烃
基中只含有单键,例如甲酸 $H—COOH$、醋酸
$CH_3—COOH$、软脂酸 $CH_3(CH_2)_{14}—COOH$、硬脂酸
$CH_3(CH_2)_{16}—COOH$等;②不饱和脂肪酸,烃基中含
一个或几个双键,例如油酸 $CH_3(CCH_2)_7CH=CH$
$(CH_2)_7—COOH$ 等。脂肪在厌氧消化的酸性发酵
阶段通过降脂菌或脂酶的作用,使脂肪水解为脂肪
酸和甘油。这时不饱和脂肪酸与氢结合,变成饱和
脂肪酸,在消化的碱性发酵阶段两者进而分解成甲
烷和 CO_2。　（孙慧修）

直读式玻璃管液位计　direct reading type glass
tube level meter

　　利用连通器原理,直接由玻璃管中的液位指示
出容器中的液位的仪器。测量范围:500~1400mm。
其结构简单,价格便宜,可重叠安装以增加测量范
围,但易破损。适用于对操作要求不高的无毒、无危
险的容器内测量液位。　（刘善芳）

直放站

　　见蜂窝移动通信无线中继站(86 页)。

直接传动生物转盘　direct drive of RBC

　　各根转轴分别由各自的驱动装置直接驱动的多
轴多级或多轴单级生物转盘。单轴单级生物转盘也
是直接传动。　（张自杰）

直接接触式换热器

　　见混合式换热器(135 页)。

直接喷射法　direct injection method

　　将石灰石粉直接喷入煤燃烧的锅炉内,石灰石
煅烧生成氧化钙,吸收烟气中的 SO_2 而成亚硫酸
钙,再氧化成硫酸钙,进行燃烧脱硫的方法。该法操

作简单,运转费用少,但脱硫效率低,且可能使管束
结垢。适用于中小型锅炉。　（张善文）

直接曝气式接触氧化池　directly aerated contact
oxidation tank

　　在填料底部设曝气装置,直接向填料上部鼓入
空气的生物接触氧化池。在填料区产生向上的升
流,生物膜受到上升气流的冲击、搅动,能够加速其
更新,保持活性,不易堵塞,特别适用于原有曝气池
的改造。　（张自杰）

直接起动　direct-on-line starting

　　见全压起动(224 页)。

直接燃烧　direct combustion

　　又称直接火焰燃烧。把可燃废气直接当作燃料
来燃烧的一种方式。直接燃烧是氧化过程,该法适
于含可燃物浓度高的废气,其主要产物为 CO_2、
H_2O、N_2 等。所用设备为炉、窑或火炬燃烧装置等。
　　　　　　　　　　　　　　　　　　　　（姜安玺）

直接作用式燃气调压器　direct-acting gas pres-
sure regulator

　　燃气出口压力变化使测量元件(如薄膜)动作,
从而通过传动机构带动调节机构对燃气压力进行调
节的燃气调压器。通常使用的有液化石油气减压
器、用户调压器等种。特点是结构简单,阀门关闭严
密,工作安全可靠;但流量不宜过大。　（刘慈慰）

直立储气罐　guide-framed gasholder

　　钟罩和塔节垂直升降的湿式储气罐。由水槽、
钟罩、塔节、水封、顶架、导轨立柱、导轮、配重、进出
气管及防止真空装置等组成。钟罩和塔节的移动是
通过导轮沿导轨立柱上下移动。立柱还可以承受钟
罩及塔身所受的风压。立柱可沿储气罐周围单独设
置也可安装在水槽侧板上。立柱间设有与塔节数相
应的人行平台,也作为立柱横向支承梁。
　　　　　　　　　　　　（刘永志　薛世达）

直流电机　direct current engine

　　产生或应用直流电的电机。常作电动机用,以
驱动需要平滑调速的机械设备;也可作发电机用。
　　　　　　　　　　　　　　　　　　　　（陈运珍）

直流给水系统　once through cooling water system

　　由水源或外部给水管网供给的水,一次使用后
即行排放的给水系统。具有系统简单,不需设置冷
却或处理设施,一次投资少的特点,但耗水量较大,
适用于水源水量充足,水质较好,不污染环境或经技
术经济比较合理时。　（姚国济）

直流式截止阀　oblique pattern globe valve

　　阀的进出口几乎在一直线上,而阀杆则与流道
倾斜相交(Y 型)并带动启闭件(阀瓣)在倾斜方向移
动的截止阀。其移动行程较直通式截止阀大。直流

式截止阀流道顺畅,流阻小而且密封面也耐用。

　　　　　　　　　　　　　　　　　(肖而宽)

直流式旋风除尘器　straight-through cyclone

　　含尘气流由除尘器一端进入,作旋转运动以去除尘粒,净化后的气流由除尘器的另一端排出的一种旋风除尘器。这类除尘器内没有上升的内涡旋气流,减少了返混和粉尘的二次扬起。其压力损失较小,除尘效率也较低。设计时常采用合适的稳定棒,以填充旋转气流的中心负压区,防止中心涡流和短路,以提高除尘效率。用其组成多管旋风除尘器时,在烟道中容易配置,安装面积小,可在烟气除尘中作为第一级粗净化,应用较广泛。　　　(郝吉明)

直埋供热管道　directly buried installation of heating pipeline

　　供热管道直接埋设于土壤中的敷设形式。这种管道结构简单、施工方便、占地很少。直埋供热管道分为填充、灌筑和预制装配等形式。填充和灌筑式直埋管道是在装好管道的沟槽内充以吸水性低并有一定承载能力的保温材料,如热塑性材料、沥青膨胀珍珠岩等。预制装配式直埋管道采用工厂制造的预制保温管,现场只需连接管道,可加快施工速度。

　　　　　　　　　　　　　　　(尹光宇　贺　平)

直埋式电缆　buried cable

　　有适当外护层保护的直接埋设在地下的电缆。

　　　　　　　　　　　　　　　(薛　发　吴　明)

直通人孔　straight-through manhole

　　设在管道直线路由上的人孔。

　　　　　　　　　　　　　　　(薛　发　吴　明)

直通式截止阀　direct connection stop valve; stantard patten

　　两个通道在同一方向成180°的截止阀。用于切断和调节流量。　　　　　　　　　　　(肖而宽)

止回阀　check valve

　　又称逆止阀、单向阀。阻止介质逆流的阀。当介质顺流时关闭件受水力推动而开启,逆流时介质推动阀瓣自动关闭。按启闭件与阀座之间相对位移方式可分为升降式止回阀、旋启式止回阀、蝶式止回阀、双瓣蝶式止回阀(double-disc swing check valve)、隔膜式止回阀(diaphragm check valve)、梭式止回阀;按关闭速度分有普通止回阀、速闭止回阀、缓闭止回阀。　　　　　　　　　　　　　　　(肖而宽)

纸机白水　white water

　　又称造纸白水。抄纸机在制纸过程中从稀释纸浆中分离出来的水。含有大量纸浆纤维、化学添加物(如胶料、填料、染料、化学助剂等)以及少量随着浆料带入的溶解组分。白水的数量和性质随纸张品种、抄纸机及工艺操作条件的不同而异。其治理主要为厂内处理,即采用半封闭系统或封闭系统,实行白水循环使用。例如对于长网纸机,网下高纤维浓度的白水直接送回纸浆稀释槽重复利用(称为封闭系统);除了浓白水的再利用之外,还可以对真空箱部位和伏辊部脱出的较低浓度的白水,用沉淀或气浮法分离回收其中的纤维,处理后的水再回用作浆料制备的稀释水(称为封闭系统)。对于外排的剩余白水,厂外处理可采用物理法或物化法去除悬浮物,用生物法去除有机物,达到排放要求。　　　(张晓健)

指示性生物　indicator organisms

　　评价活性污泥的质量和水污染程度的指导性生物。在活性污泥中栖息的并能够用显微镜观察到的原生动物(如肉足虫、鞭毛虫及纤毛虫类)和少数的后生动物(如轮虫、线虫)。这些微型生物在活性污泥中的种属和数量的演替有一定的规律,并和活性污泥的形成、成熟、稳定过程以及处理水的水质有一定的相应关系。因此,可用它来评定活性污泥质量和污水的处理程度。　　　　(彭永臻　张自杰)

制订地方大气污染物排放标准的技术原则和方法(GB 3840-83)　technical specification and methods for making local emission standards of air pollutants

　　为贯彻中国环境保护法,防止大气污染,统一地方大气污染物排放标准的制订和修订技术原则和方法而制订的法规。城乡建设环境保护部1983年9月14日发布,1984年4月1日执行。其内容包括制订颗粒物质、SO_2和其他有害气体排放标准的技术原则和方法,以及无组织排放与防护距离标准等的制订原则和方法等。　　　　　　(姜安玺)

制革废水　tannery waste water

　　制革生产在准备和鞣制阶段,即在湿操作过程中产生的废水。准备阶段废水量占总废水量的65%左右,水质特点是生化需氧量(BOD_5)和化学需氧量(COD)高,浑浊,悬浮物多,臭味大,采用硫化钠脱毛工艺的废水中还含有大量硫化物。鞣制阶段中,铬鞣废水呈灰蓝色,含大量三价铬(1 000~3 000 mg/L),植鞣废水为红棕色,含丹宁酸、木质素和其他有机物。加工1t皮革约排出30~60t废水,混合废水的水质为:pH值8~12,悬浮物为1 000~10 000mg/L,硫化物为10~400mg/L,三价铬为7~70mg/L,COD为700~4 000mg/L,BOD_5为200~2 000mg/L。厂内治理可采用无污染或少污染的工艺,如用酶脱毛工艺取代硫化钠脱毛工艺,回收铬鞣废水中的三价铬,采用少水工艺或重复用水等。外排废水可采用混凝法与生物法进行处理,或者经过初步处理达到排入下水道的标准后,排入城市下水道,与城市污水一起处理。　　(张晓健)

制浆黑(红)液 black liquor

又称造纸黑(红)液。①植物纤维原料用碱法(烧碱法和硫酸盐法)制浆产生的蒸煮废液称为制浆黑液,呈黑色。②用亚硫酸盐法制浆的蒸煮废液称为制浆红液,呈红棕色。制浆蒸煮后在洗浆工序排出。蒸煮废液是造纸工业最主要的污染源。硫酸盐法制浆每生产1t纸浆约产生10t黑液,黑液中固体物的含量在15%左右,其中有机物约占70%,主要的无机物有氢氧化钠、碳酸钠、硫化钠、硫酸钠等,废水呈强碱性。污染防治主要采用厂内处理。黑液采用碱回收法,对黑液浓缩燃烧,把有机物烧掉,回收热能、碱及其他化学药剂。红液也可以用类似的方法进行热能和化学药品的回收。综合利用的方法有:黑液制铵肥,硫酸盐法针叶木浆厂黑液回收松节油和塔罗油,红液生产酒精、酵母及木素产品等。

（张晓健）

制浆中段废水 pulp washing and bleaching wastewater

又称造纸中段废水。主要包括制浆筛选洗涤废水和漂白废水。因是在制浆造纸工艺的中间阶段产生,并常常排入同一排水系统,故此得名。洗浆后浆料中残存的蒸煮废液会在筛选工艺和漂白工艺的洗涤过程中被洗出。漂白时,浆料经过含氯氧化性漂白剂的漂白和碱处理(亚硫酸盐法可不需碱处理),浆中残余的木素和一部分碳水化合物被溶出,形成氯化有机物、色素物质等。漂白废水中还常含有一些过量的氧化剂和碱性药剂。中段废水水质一般为:COD 为 800～1 600mg/L,BOD_5 为 300～500mg/L,SS 为 800～1 500mg/L,呈中性或弱碱性。厂内处理措施主要有:采用洗涤水封闭筛选系统或采用高浓浆料筛选法,改氯漂白为氧气漂白工艺等。厂外处理方法可综合采用污水处理常用方法,如物理法去除悬浮物,化学法中和、脱臭,生物法去除有机物,以达到排放要求。 （张晓健）

制作中心机房 operation center machine hall

电视台指挥制作电视节目的技术机构所在场所。几间演播室内的摄像机的电子控制设备都装在中心机房内。技术人员应用监视器、波形监视器、矢量示波器等电子仪器调整摄像机控制设备,使演播室里的摄像机制出高质量的图像,同时将高质量的图像信号,以严格的传输标准送到播控中心机房或录像室,以供播出或录制。 （薛　发　吴　明）

质量流量仪 mass flow meter

利用敏感测器输出信号,直接反映质量流量的流量测量仪器。其中双涡轮转矩式质量流量仪是利用两个在同轴上以弹簧连接转动涡轮之间的相位差和质量成正比原理制作的。科氏力质量流量仪是利用流体流经传感器测量管时产生科氏(Coriolis)力使测量管产生形变,传感器中的检测线圈检测此形变并转换成相应的相位差和质量成正比的原理制作的。特点是测量的结果不受温度、压力、进出口管道长度以及振动影响。 （周　红）

质调节 constant flow control

在供热系统运行期间,运行流量始终不变,即令相对流量比 $\overline{G}=1$,只改变供、回水温度,以适应供热负荷随外温变化的运行调节方式。它的优点是操作简单、方便,系统热力工况比较稳定,因而广泛应用。缺点是电耗多。 （石兆玉　贺　平）

致癌作用 carcinogenesis

诱发人体细胞发生癌变的作用。能产生致癌作用的物质称致癌物质。空气中有致癌作用的物质超过 30 种,某些无机物如石棉、砷、铬、铅、镍、铍的粉尘,多环芳烃及其衍生物等,其中致癌最强的是苯并(a)芘,因此,人们常以苯并(a)芘作为空气中致癌物质含量的代表。 （张善文）

窒息性气体 asphyxiant gas

进入人体能使血液的运氧能力或组织用氧能力发生障碍,造成组织缺氧,使人有透不过气之感觉的气体。例如:CO、H_2S、Cl_2、NO_x 及芳香族的硝基或氨基衍生物等,均对人体产生窒息作用。

（张善文）

置换脱附 replacement desorption

利用吸附剂对不同物质有不同吸附能力的特性,向饱和吸附剂床层中通入可被吸附的气体,置换出原来被吸附的吸附质的方法。通入的气体为置换剂,其吸附性可强于或弱于原吸附质,常用的置换剂为水蒸气。该法脱附效率高,但脱附产物既有原吸附质,又有置换剂,须再行分离回收。有时从吸附剂上去除置换剂较困难。 （姜安玺）

zhong

中波节目播出机房 medium wave program broadcast room

播出使用频率属于中波节目的房间。中波广播同时利用地波和天波传播,在地波服务面积内收听稳定性好,但发射机和发射天线的结构较大。

（薛　发　吴　明）

中国生物多样性保护行动计划 China biological diversity protection plan

生物多样性是地球生命经过几十亿年发展进化的结果,是人类赖以生存和持续发展的物质基础。它提供人类所有的食物和木材、纤维、油料、橡胶等重要的工业原料。中医药绝大部分来自生物,截至目前,直接和间接用于医药的生物已超过 3 万种。可以说,保护生物多样性就等于保护了人类生存和社会发展的基石,保护了人类文化多样性基础,就是保护人类自身。但是,随着环境的污染与破坏,比如森林砍伐、植被破坏、滥捕乱猎、滥采乱伐等,目前世界上的生物物种正在迅速消失。消失的物种不仅会使人类失去一种自然资源,还会通过生物链引起联锁反应,影响其他物种的生存。20 世纪 80 年代,国际社会开始意识到保护生物多样性的重要性,制定了一系列的国际公约。1992 年,中国成为世界上首先批准《生物多样性公约》的 6 个国家之一,并成立了生物多样性保护委员会,制定了《中国生物多样性保护行动计划》。中国幅员辽阔,气候复杂多样,地貌类型齐全,具有丰富的生物种类及生长发育的自然条件,因此其生物多样性在世界上占有相当重要的位置。然而,人口的急剧增长和不合理的资源开发活动以及环境污染和生态破坏,对各种生物及其生态系统产生了极大的冲击,使中国生物多样性损失严重。面对生物资源所受的威胁,中国政府在自然保护和生物多样性保护方面进行了长期不懈的努力,但是总的来讲,中国的生物多样性保护事业尚处于初级发展阶段,还面临着许多问题和困难,在实施生物多样性有效保护方面,任重而道远。中国环境污染和生态破坏的总体趋势尚未得到有效的控制,如不采取更为有效的行动,中国的生物多样性必将继续遭受损失。为了使生物多样性保护行动得以实施,1994 年,中国政府制订了生物多样性保护行动计划。该计划是以联合国《生物多样性公约》的精神和原则为指导,从中国的国情出发,在充分利用已有资料和考虑中国的社会和经济发展现实以及生物多样性保护现状的情况下编写而成。整个行动计划由四部分构成:前两部分描述生物多样性现状及当前为保护生物多样性所作的努力;后两部分介绍行动计划的组成,以及中国为了保护其生物多样性而需采取的步骤。《中国生物多样性保护行动计划》是指导全国生物多样性保护行动的纲领性文件。它综合地阐述了包括湿地生物资源在内的各种生物资源及其生态系统所受到的威胁现状及原因,提出了中国生物多样性保护行动计划的总目标、具体目标和行动,以及行动计划实施的具体措施,对制定《中国湿地保护行动计划》、自然保护区规划以及其他相关规划有重要的参考意义。　　　　　　　　(杜鹏飞)

中国自然保护区发展规划纲要　China nature reserves development program

为了加强生物多样性保护,中国正在加速建设自然保护区。在《中国生物多样性保护行动计划》指导下,中国政府于 1997 年制定并颁布了《中国自然保护区发展规划纲要(1996—2010)》(以下简称《纲要》)。《纲要》提出的自然保护区建设的总目标是:建立一个类型齐全、分布合理、面积适宜、建设和管理科学、效益良好的全国自然保护区网络。自然保护区的发展规划分为两个阶段:近期 1996~2000 年,自然保护区总数达 1000 个(其中国家级 140~150 个),自然保护区面积占国土面积的比例达 9% 左右,加上风景名胜,合计约占国土面积的 10%;进一步完善自然保护区的法规体系;80% 左右的自然保护区设置专职管理机构、配备必要的管理人员,50% 左右的自然保护区具备基本的保护管理设施。2001~2010 年,自然保护区总数达 1200 个左右(其中国家级 160~170 个),自然保护区占国土面积比例 10%,加上风景名胜区,合计约占国土面积的 12%;形成完整的自然保护区法规体系;90% 的自然保护区有健全的管理机构和工作人员,70% 以上的自然保护区具有较完善的保护和管理设施。为了保障上述规划目标的实现,《纲要》制定了如下措施:① 加强宣传教育,提高对自然保护区建设重要性的认识;② 拓宽经费渠道,增加经费投入;③ 严格执法,加强自然保护区的管理;④ 制定优惠政策,促进自然保护区事业的发展;⑤ 开展科学研究,提高保护区管理水平。　　　　　　　　　　　　　　(杜鹏飞)

中和法　neutralization process

利用酸碱反应生成盐和水的原理,把水的 pH 值调整到中性或接近中性的化学处理方法。用于无回收价值的酸性废水或碱性废水的中和处理。酸性废水中和的方法有:药剂中和法(常用药剂为石灰、苛性钠等)和过滤中和法(其滤床以石灰石、白云石等具有中和 H^+ 能力的物质作为滤料)。有条件的地方也可以用碱性废水或碱性废渣(如电石渣、碳酸钙碱渣等)进行中和。在酸性废水中和过程中,废水中多余的 H^+ 与碱性药剂或滤料产生化学反应,形成水分子,使废水的 pH 值恢复中性。碱性废水中和的方法有:药剂中和法(通常使用硫酸)、烟道气中和法(利用烟道气中的 CO_2)。有条件时可用废酸进行中和。对有时是酸性有时是碱性的来水进行中和,需设置酸性药剂和碱性药剂两套加药装置。

　　　　　　　　　　　　　　(张晓健)

中和曲线　neutralization curve

采用批量反应器进行中和,在中和过程中,随着中和药剂投量的增加,溶液中 pH 值变化情况的曲线。因为 pH 值是溶液中 H^+ 浓度的负对数,随着中和剂的投加,在距等当点较远时,溶液的 pH 值变化率较小,而在等当点附近,pH 值将产生突跃。反应物的酸碱性越强(如强酸与强碱反应),pH 值的突跃程度越大。因此,对中和处理的中和剂投加控制系统,要求既可以进行大范围的负荷调整(当来水 pH 值变化一个单位时,负荷将变化 10 倍),又能在等当点附近微调。等当点: 当加入药剂的量与溶液中与之反应的物质的量,按化学计量式计算相等,定量反应完全时,反应过程所达到的状态点。酸碱中和反应等当点处溶液的 pH 值与酸碱的强弱性有关。强酸与强碱反应等当点的 pH 值在 7 左右。如是强酸与弱碱反应,等当点溶液的 pH 值则小于 7。

(张晓健)

中和设备 neutralizing equipment

把酸性或碱性来水调整到 pH 中性的设备。药剂中和法所需设备有:中和剂的配置与投加设施、中和池、pH 值控制仪表等。对中和后产生沉淀物的废水,还需后设沉淀装置。中和池多采用连续流方式运行,池中设搅拌装置,废水与加入的中和剂在池中混合并反应,水力停留时间只需几分钟。当来水为强酸性或强碱性,或要求处理的可靠性较高时,应采用多级中和池。废水量较小时也可采用间歇式中和池,其操作程序为:贮水、加中和剂调整 pH、沉淀、排渣与排水。采用酸性碱性废水相互中和时,较妥善的方法是采用间歇式中和,设 2～3 池,交替使用。因废水本身的酸碱含量很少正好平衡,还应设有补充投加中和药剂的设施。酸性废水过滤中和法所需设备有:中和滤池和二氧化碳吹脱池,详见酸性废水过滤中和(274 页)。 (张晓健)

中华人民共和国大气污染防治法 air pollution prevention and control law of the People's Republic of China

为防治大气污染,保护和改善生活环境和生态环境,保障人体健康,促进中国社会主义现代化建设发展,特制定本法。于 1987 年 9 月 5 日第六届全国人民代表大会常务委员会第 22 次会议通过,自 1988 年 6 月 1 日起实施。内容包括总则,大气污染防治的监督管理,防治燃煤产生的大气污染,防治废气、粉尘和恶臭污染,以及有关法律责任等六章 41 条。它是中国重要环境保护法规之一。先后于 1995 年 8 月和 2000 年 9 月两次修定。 (姜安玺)

中继泵站 relay pump station

又称中途泵站。设于排水管道中途的排水抽升设施。设于重力排水管道中途的中继泵站与一般泵站相同;设于压力排水管道中途的中继泵站可取消集水池,来水压力管直接与泵的吸口连通,泵的选型宜与其前一级泵站一致。 (张中和)

中间电极

见共电极(104 页)。

中间配线架 intermediate board frame

置于总配线架和交换台或交换设备之间,或置于自动交换机两排转换之间的配线架。

(薛发吴明)

中间型反应器 middle mode reactor

新进物料与原物料发生部分返混,介于理想混合反应器与理想置换反应器之间的连续反应器。严格说来,工业反应器均存在不同程度返混现象,属这类反应器。 (姜安玺)

中空微孔纤维束填料 hollow micro fibrous bundle carriers

用成束的聚丙烯中空微孔纤维,并以丝扣和管箍使之与空气管相接的填料(如图)。系用于接触氧化法的新型填料。空气通过纤维的中空,经微孔渗出,空气是从生物膜的内部供给的,整个生物膜都能保持好氧状态。 (张自杰)

中空纤维式反渗透器(除盐) hollow fibre reverse osmosis apparatus (desalination)

利用中空纤维反渗透膜组成的装置。中空纤维式膜是很细的空心纤维管、外径约为 $70～100\mu m$。将众多中空纤维管弯成 U 形装入耐压容器中,开口端固定在圆板上并密封组成的反渗透器(如图)。压力原水通过耐压容器一端,经多孔进水分布管分布,透过纤维管壁流入管内空心部分成为淡水,再汇集到容器另一端流出。浓缩液从容器侧端排出。它单位体积内膜面积很大、无需承压材料、结构紧凑;但易堵塞、难清洗,对原水预处理要求极为严格。

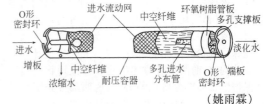

(姚雨霖)

中水道 intermediate water supply

又称中水工程,中水设施。城市、居住区、居住小区、民用建筑或公共建筑排出的生活污水、冷却水等经适当处理后达到水质要求而回用于相应目的的给水系统。中水道名称源于日本。中水水质介于上水和下水水质之间,用作低质给水,如杂用水,作为厕所冲洗、园林浇灌、道路保洁、清洗汽车以及喷水池、冷却设备补充水等。中水的水质标准,根据不同用途有不同的标准,生活杂用水可参考现行《生活杂用水水质标准》中的规定。中水道是污水回水、解决供水紧张、节省水资源的重要措施之一。采用时必须严格与饮用水系统分开,不得误接,以免引起事故。

(孙慧修)

中水道系统建造 constructing the system of

reuse waste water for building

为节省建筑物用水而建造的生活污水处理构筑物的施工。由于城市供水紧张,有的城市规定在建筑面积超过一定规模的大型建筑,须建设中水道设备,以处理其排出的污水,使其水质达到冲洗用水标准,用于冲洗厕所和绿化、浇洒道路及其他杂用水;但不能用于与人体直接接触的用水,可以节省生活饮用水30%以上,以缓和用水的紧张情况。目前中水处理的原水,为了处理简便经济,多用生活洗浴水、空调排水等较清洁废水,粪便污水分流进入化粪池。处理部分有格栅、调节池、沉淀池、生化处理池、过滤池、消毒设备及中水贮水池和加压泵等。出水水质应符合当地有关中水水质要求,处理水流入贮水池备用,处理的沉渣及废水等排入化粪池中。管道为输送废水到处理厂及输送中水到用水设备的管路,应选用耐腐管材,如铸铁管、塑料管等均可使用。为了免除误饮,中水管道上不设一般的饮水龙头,管道上特殊颜色或标志,提示使用者注意,以防误用。其他附属设备如在适宜地位装设阀门、水泵及其他控制设备等。完工后,必须通过严格检验合格后,方能投入使用。　　　　　　　　(王继明)

中水的水量平衡　water quantity balance of intermediate water supply

中水原水量、处理量与中水用量、给水补水量等通过计算、调整使其达到一致。将计算和调整的结果用图线和数字表示,称为水量平衡图。它是确定中水系统、规模、水处理方式等的重要依据。建筑物排水量可按建筑物的给水量的80%～90%计算。用作中水水源的水量宜为中水回用水量的110%～115%。各类建筑物的各种给水量及百分率应根据实测资料确定,在无实测资料时,可参考有关资料确定,如现行《建筑中水设计规范》中的有关规定。

(孙慧修)

中水系统　renovated water system

建筑物的各种杂排水经收集、处理及处理回用于建筑物和建筑小区杂用的供水系统。杂用水指非饮用,一般不与人体直接接触的低质用水,如厕所冲洗用水、洗车用水、浇洒绿化用水等。杂排水指民用建筑中除粪便污水外的各种排水,如冷却排水、沐浴排水、盥洗排水、洗衣排水、厨房排水。选择中水水源时,应首先选用污染浓度较低的优质杂排水。一般可按冷却水、沐浴排水、盥洗排水、洗衣排水、厨房排水、厕所排水顺序选用。该系统分为单幢建筑中水系统、建筑小区中水系统和工业用水中水系统。该系统由中水原水收集、处理和供水系统三部分组成。　　(孙慧修)

中途泵房

见增压泵房(353页)。

中位直径　median diameter

为累积频率$F=0.5$(或$G=0.5$)对应的粒径。一般用d_{p50}表示。对于个数中位直径($F=0.5$时)可用NMD表示,质量中位直径($G=0.5$时)可用MMD表示。　　　　　　　　(马广大)

中温消化　mesophilic digestion

在30～35℃条件下进行的污泥消化工艺。是最常用的污泥消化工艺。周期约20～30d。一般城市污水污泥产气量在10 m³/m³左右。由于生污泥温度较低,中温消化需用蒸汽或热水人工加热。可在池内设盘管或在池外设热交换器进行热交换。

(张中和)

中心传动刮泥机　central-drive scraper

驱动机构设在池中心,通过机械传动带动刮臂桁架及刮泥板,将沉泥刮到集泥槽内的设备。辐流沉淀池排泥设备的一种类型。其结构形式可分为垂架式、悬挂式和扫角式。适用于辐流池排泥。

(李金根)

中心配水井　central distribution well

污水处理厂配水设备的一种形式(如图)。它分为有堰板式中心配水井和无堰板式中心配水井两种配水方式。它们通常用2座或4座为一组的圆形处理构筑物的配水。有堰板较无堰板的中心配水井的水头损失大,但配水均匀度较高。

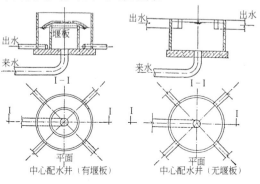

中心配水井(有堰板)　　中心配水井(无堰板)

(孙慧修)

中心喷雾旋风除尘器　cyclone center-spray scrubber

中心设喷雾多孔管,含尘气流由下部切向引入的一种旋风洗涤除尘器(如图)。主要除尘机制包括中心区水滴的碰撞作用、旋转气流的离心力作用以及水滴甩向器壁后形成的水膜的黏附作用。通过安装在气体入口风道中的导流调节板调节气体入口速

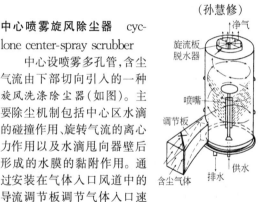

度和压力损失,以调节进水的水压,实现进一步控制。入口气流速度通常在 15m/s 以上,压力损失 0.5～2.0kPa,液气比 0.5～0.7L/m^3。对各种小于 0.5μm 的粉尘,净化效率可达95%～98%。这种除尘器也适于吸收锅炉烟气中的 SO_2,还常作为文丘里洗涤器的脱水器。　　　　　　　　　　　　　　(郝吉明)

中心曝气式接触氧化池　central aerated contact oxidation tank

池中心为污水曝气区,其外侧为充填填料的接触氧化区的生物接触氧化池(如图)。污水从中心曝气区进入,经曝气后由上侧外溢进入接触区,部分污水从曝气区底部再行进入接触区,而另一部分污水则作为处理水从最外侧的间隙上升从池顶溢流排出接触氧化池。　　　　　　　　　　　　(张自杰)

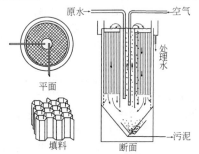

中型无线电收信台　medium radio receiving station

省局中心或类似规模的无线电收信台。

　　　　　　　　　　　　　　　(薛 发 吴 明)

中压燃气管道 A　medium pressure gas pipelines A

城镇中燃气管道的输送压力 P(表压)大于 0.2MPa而小于或等于 0.4MPa 的燃气管道。

　　　　　　　　　　　　　　　(李猷嘉)

中压燃气管道 B　medium pressure gas pipelines B

城镇中燃气管道的输送压力 P(表压)大于 0.005MPa 而小于或等于 0.2MPa 的燃气管道。

　　　　　　　　　　　　　　　(李猷嘉)

中央电视塔　CCTV Tower

中央电视塔坐落在北京玉渊潭公园西侧,占地 6.5ha。塔高 405m。钢筋混凝土结构。塔楼共 14 层,设有电视调频机房、微波机房、旋转餐厅、瞭望厅、露天瞭望平台等。每天可接纳 6000 人登塔参观。造型设计借用宫灯与天坛的形式,寓意中央塔是"首都的一盏明灯",与首都的传统建筑风格

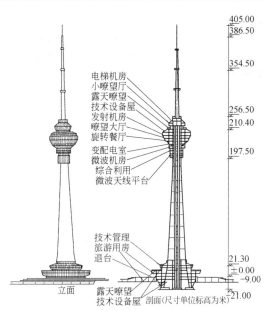

电梯机房
小瞭望厅
露天瞭望
技术设备屋
发射机房
瞭望大厅
旋转餐厅
变配电室
微波机房
综合利用
微波天线平台

技术管理
旅游用房
退台

技术管理
旅游用房
露天瞭望
技术设备屋

立面　　　　剖面(尺寸单位标高为米)

相协调。结构设计为抗九度地震,1994 年对外开放,1997 年底通过国家验收,1994 年曾获北京"我所喜爱的具有民族风格的建筑"奖。　(薛 发 吴 明)

中央控制室　central control room

设置在城市中心的业务管理,并通过遥控线路(也称传音电缆)对收发信台进行指挥控制的房间。一般设在城市中的通信枢纽楼内。与市话、长话系统组成完整的通信网络。　　　(薛 发 吴 明)

中央控制台　central control desk

见集中控制台(147 页)。

中支架　medium-height trestle

支架高度使管道下净高保持 2～4m 的地上敷设管道的支架。在人行频繁和非机动车辆通行地段采用。　　　　　　　　　　(尹光宇 贺 平)

终点泵站　terminal pump station

在城市排水管网终点处的排水抽升设施。当主要排雨水时,其出路为河湖水体;当排污水时,其出路为污水处理厂,经必要的处理后再排入水体。

　　　　　　　　　　　　　　　(张中和)

终端杆　terminal pole

设在线路首端与终端处或电缆与明线接续处,或者飞线的导线与普通导线终结后再相连接处的电杆。在正常情况下,除能承受导线自垂及侧向风力作用外,还要承受全部导线拉力。

　　　　　　　　　　　　　　　(薛 发 吴 明)

终端兼跨越杆　terminal and cross-over pole

兼有终端和跨越作用的电杆。可用在飞线杆的高度不超过一定数值的地方。

　　　　　　　　　　　　　　　(薛 发 吴 明)

终端站 terminal station

微波中继线路中的起点站和终点站或有支线时的支线终点站。一般与大中城市内的电信综合楼或长途局合建。并要求主机房尽量靠近天线塔。

(薛 发 吴 明)

终末沉降速度 terminal settling velocity

静止流体中重力作用下的粒子所受合力等于零、颗粒作匀速沉降时的速度。对于球形颗粒,终末沉降速度可由斯托克斯(Stokes)定律计算,即

$$U_t = \frac{(\rho_p - \rho_g)d_p^2 g}{18\mu_g}$$

ρ_p 和 ρ_g 分别为颗粒和流体的密度;d_p 为颗粒直径;μ_g 为流体黏度;g 为重力加速度。当颗粒较小,需要进行滑动校正时,

$$U_t = \frac{(\rho_p - \rho_g)d_p^2 gC}{18\mu_g}$$

C 为坎宁汉(Cunningham)滑动校正系数。对于较大的粒子,可用奥辛(Oseen)修正了的斯托克斯定律:

$$U_t = \frac{(\rho_p - \rho_g)d_p^2 g}{18\mu_g\left(1 + \frac{3}{16}Re_p\right)}$$

Re_p 为颗粒雷诺(Reynold)数。此式需要试差法求解,它提高了确定 U_t 的精度。 (郝吉明)

钟罩及塔节 bell and section

钢制钟形容器及上端有挂环和下端有杯环的圆筒体。单节储气罐只有水槽与钟罩,钟罩高度随着燃气的进出而升降,顶板上附设有人孔和设在钟罩中心最高位置的放散管,人孔设在正对着进出气管的上部位置。大型储气罐一般有 2～5 个塔节。为了保持储气罐的真圆度需要设置加筋构件,在塔节侧板内面设有上下方向通长的主柱以防止塔身变形。多节储气罐内塔节和钟罩下端在圆周方向设置杯环,储气罐上升时它挂着外塔节的挂环一起上升,此时杯环内充满水形成水封,防止燃气外泄。最外塔节只有挂环而无杯环。 (刘永志 薛世达)

钟罩式除焦油器 bell-type detarrer

利用钟罩式滤网脱除焦油的设备。多角形钟罩式滤网浸在氨水中,用钢丝经滑轮连接平衡重锤。含焦油粗煤气进入钟罩形滤网内,煤气流出而焦油粘在滤网上,滤网被焦油堵塞后阻力增加,钟罩受力上浮,升高后滤网继续脱焦油,直到整个钟罩粘满焦油后更换新钟罩滤网。该设备简单,但除焦油效率低。 (曹兴华 闻望)

众径 modal diameter

又称最大频度直径。为频率密度 p(或 q)达到最大值时所对应的粒径。一般用 d_m 表示。

(马广大)

重力沉降室 gravity settling chamber

利用重力作用使尘粒自然沉降的除尘装置。其分级效率决定于描述气流状态所做的假设,可按四种情况考虑:①柱塞式流动,没有混合;②具有抛物线速度分布的层流,没有混合;③湍流式柱塞流动,未捕集粒子垂直返回混合;④湍流式柱塞流动,未捕集粒子完全返混。重力沉降室设计的简单模式是假定气流处于柱塞式流动状态,且粒子在入口气体中均匀分布。为缩短粒子降落距离以提高除尘效率,可在沉降室内平行放置隔板,构成多层沉降室。沉降室内的气流速度根据粒子粒径和密度确定,一般为 0.3～0.5m/s,压力损失为 50～130Pa,可除去大于 40μm 以上的粒子。它结构简单、阻力小、易维护;但体积大、效率低。常用作高效除尘器的预除尘装置。 (郝吉明)

重力流输水管道安设 build up of gravity pipe line

非承压管线中,污(废)水在自然坡度下受重力作用沿管道输运的安设。按所安装的管道系统须确保管底高度符合设计要求。控制的办法可以是:在沟槽挖至一定深度时,沿此槽隔一段距离设置一龙门架(先在沟槽两边各埋一龙门桩,在此对桩上钉设大致水平的横板)。根据挖槽前放线时测定的检查井位置所预留的木桩,定出管道的中心线,并在龙门架横板上用中心钉标出。同时使相邻中心钉顶端连线的坡度与管段的设计坡度相同(用水准仪测定),据此再进行下管、对坡、稳管、接口、抹带、检验等工序。 (李国鼎)

重力浓缩 gravitational thickening

用重力方法降低污泥处理前含水量的工艺。一般用间歇流或连续流的沉淀法,经半日左右的停留时间,污泥体积可浓缩到 1/4 或 1/3。

(张中和)

重力浓缩池刮泥机

见污泥浓缩机(298 页)。

重力排砂 gravitational grit removal

靠沉砂池内一定水位产生的压力,将沉积在池内的沉砂由排砂管排至池外的排砂方法。排砂管直径不应小于 200mm,池内砂斗斗壁与水平面的倾角不应小于 55°。 (魏秉华)

重力喷雾洗涤器 gravity spray scrubber

当含尘气体通过喷淋液体所形成的液滴空间时,因尘粒和液滴之间的惯性碰撞、截留及凝聚等作用,较大的粒子被液滴捕集的洗涤器。是洗涤器中最简单的一类。夹带了尘粒的液滴将由于重力而沉于塔底。为保证洗涤器内气流分布均匀,常采用孔板型气流分布板。塔顶安装除雾器,以除去微小液滴。其除尘效率取决于液滴大小、粉尘空气动力学

直径、液气流量比、液气相对运动速度和气体性质等。能有效地净化 $50\mu m$ 以上的尘粒,压力损失一般小于250Pa,塔断面气速一般为 $0.6\sim1.5m/s$。除了逆流形式,还有错流形式的喷雾塔。该洗涤器结构简单,压力损失小,操作稳定,经常与高效洗涤器联用。 (郝吉明)

重力式地锚　gravitation earth anchor

靠自身和覆土的重量来抵抗纤绳拉力的地锚。 (薛　发　吴　明)

重力输水　gravitational water delivery

又称自流输水。用无压管渠借管底坡度以重力流方式输水。适用于水源位置高于水厂(或给水区),例如自水库取水,可根据地形和地质条件,采用重力管(渠)输水。当用水渠输水时,又有敞开的明渠和有顶盖的暗渠之分。 (王大中)

重油脱硫　desulfurization from heavy crude oil

除去重油中硫的方法。原油进行常压精馏时,留在蒸馏釜中的残留液,称为重油,其含硫量比原油高,主要是有机硫,工业上一般采用加氢脱硫法去除。 (张善文)

zhou

周边传动刮泥机　edge-drive scraper

驱动机构安装在池壁一端桁架的端梁上,传动主动轮沿池围的壁顶走道作圆周运动,进行池底刮泥和水面撇渣作业的机械。周边传动刮泥机桥架结构有半桥和全桥两种。全桥式具有横跨池径的工作桥,二端各有一套驱动机构,桁架和刮板均对称布置。半桥式桥架一端与中心立柱上旋转支座相接,另一端与池壁上端梁相接。工作桥与池底刮板连接的臂有桁架式和铰支式两种,走轮有钢制轮与钢轨组合或实心 MC 尼龙轮与混凝土走道组合,适用于辐流式沉淀池,最大池径已达100m。 (李金根)

轴流泵　axial flow pump

一种在旋翼形叶片作用下,液流产生沿轮轴向运动的高比转数叶片泵。属于低扬程大流量泵。当在最高效率点大约50%的流量处运转时,由于液流入口角相对叶片的偏离角增大,会出现脱流现象,性能曲线上出现了不连续点,即泵的运转开始进入不稳定区域,尤其是在接近关死点的小流量处运转,随着全扬程、轴功率的急剧增加,而产生汽蚀,因而轴流泵不能在关死点处运行。压出阀只采用逆止阀,而且启动时要全部打开。按照安装形式有立式、卧式和斜式三种。按照叶片在轮毂上的方式有固定叶片(叶片与轮毂铸在一起,叶片用螺母固定在轮毂上)和可调叶片两种形式。可调叶片泵可根据实际

扬程的变化,调节叶片安放角,实现原动机输出功率或水位的恒值调节,因此,在全扬程和流量范围内能保持高的效率。叶片的调节机构,大致分为机械式(中型泵)和油压式(大型泵)两种。轴承多采用以水润滑的硬质橡胶轴承,也有采用以润滑脂或润滑油润滑的青铜轴承。主要用于给水排水、农田排灌、发电厂冷凝器冷却水及其他一般用途。作为一种特殊结构形式也可制成多级轴流泵。 (刘逸龄)

zhu

逐步负荷法

见阶段曝气法(158 页)。

主控站　master station

具备对其他微波站进行遥测、遥控和通信等功能的微波站。 (薛　发　吴　明)

主涡旋

见外涡旋(287 页)。

主增音段　main repeater section

两相邻有人值守增音站之间的线路段。包括中间经过的无人值守增音站。 (薛　发　吴　明)

主柱　legs

又称塔柱,塔腿。塔桅结构中的竖向受力杆件,一般指外周边的主要受力杆件。它可以用单肢的钢管、角钢、圆钢;也可用组合断面或空间桁架。

(薛　发　吴　明)

助凝剂　coagulant aid

本身并无混凝作用,但是和混凝剂配合使用,能改善混凝效果的化学剂。天然源水如逢到低温季节、胶体杂质较多或碱度不足等情况下,当单独投加混凝剂不能达到要求的混凝作用时,需要其他药剂配合处理,以改善净水效果。它一般可分为:①pH调节剂:酸碱类。②絮凝体核心剂:如细粉状的黏土等物。③无机化合物:如活化硅酸等物。④氧化剂:如氯和高锰酸钾等物。⑤高分子化合物:天然的有淀粉、树胶和动物胶等物,合成的有聚丙烯酰胺等物。 (王维一)

贮存塘　storage pond

污水连续进入而人为控制塘出水,塘体起蓄水作用的一种稳定塘。如由于自然气候条件等因素(如气温低,污水净化不能达到排放标准或冰封等),在一年内有一段时间(或全年)塘水不宜或不能排放(或有控制的排放),塘体只起蓄水作用的一种稳定塘。实质上这是稳定塘的一种运行方式。这种稳定塘按其运行工况可分为控制出水塘和全量贮存塘。该工艺多在北方寒冷地区和干旱地区采用。

(张自杰)

贮气罐的置换 purging of gasholder

贮气罐投入运行或停止运行进行检修时,吹出罐内空气或燃气的操作。为使罐内不致形成爆炸性气体,应利用惰性气体(如二氧化碳、氮气等)作为置换介质,小型定容贮罐也可用水作置换介质。为了用最少量的惰性气体进行置换,可根据计算或实验得到燃气、空气、惰性气体三者混合气体的爆炸范围图,充气过程必须在其爆炸范围之外,且现场严禁明火。 (王民生)

贮砂池 grit storage

贮存由沉砂池排出的沉砂并脱水的池子。一般采用矩形池。池底有排水坡度、集水坑和排水管,常设有便于运砂的通道。 (魏秉华)

贮砂斗 grit hopper

沉砂池底部贮存和排除沉砂的斗状容积。容积不应大于2d的沉砂量,采用重力排砂时,斗壁与水平面的倾角不应小于55°。并设有排砂管。 (魏秉华)

贮酸室 acid warehouse

贮存蓄电池充电过程中需要的硫酸液体、蒸馏水、配制电解液以及维护过程中清洗蓄电池部件的单独房间。应与电池室直接相通。设洗涤池、拖布池等。地面、墙面、顶棚均应选用耐酸材料做防酸处理。应防止日光直接照射。 (薛 发 吴 明)

柱塞式截止阀 piston valve

启闭件为圆柱塞,沿通路中心线移动于阀座孔口中,依靠柱塞侧面与阀座孔口之间的密封达到切断和调节流量的截止阀。阀门开启时,只有当柱塞全部离开阀座后,介质才被泄放,介质冲蚀部位远离密封面;柱塞运动又可擦去沉积在阀座上的颗粒,故可用作带悬浮颗粒的介质的切断阀。如在柱塞上加针形延长件,亦可用于调节流量。柱塞式截止阀也可做成压力平衡式。由于流阻相对较大,适用于中小口径、中低压力。 (肖而宽)

铸铁方闸门 rectangular type slide gate

用灰铸铁或球墨铸铁铸成方形平板式或拱形的门叶,插在门框槽内,门和框间有金属或橡胶密封条,门两侧设有可调楔形压块,确保门叶的密封的一种闸门。当门宽较大时,门的上下应设有楔形压块。按安装工况要求有法兰连接和附壁式连接。按其闸杆形式有明杆和暗杆式。 (肖而宽)

铸铁管 cast iron pipe

以灰铸铁、球墨铸铁等为材质成型的管。灰铸铁材质较脆,不能承受较大的应力,因此在动荷载较大的地区与重要地段不能使用。球墨铸铁又称延性铸铁,加工性能好,管壁薄、强度高,国外在燃气管道上已普遍采用。铸铁管的耐腐蚀性能较好,其接口

已由刚性改为柔性,提高了运行的可靠性。

用于敷设电信管道的为普通压力的承插式铸铁管。堵头用油麻及水泥砂浆、石棉水泥,沥青玛琋脂密封。一般仅用在引上管处。

(李猷嘉 薛 发 吴 明)

铸铁管接口法 cast iron pipes joining method

铸造成型管道接头部位的连接法。这种管道一般铸成承插式,其刚性接口法有油麻水泥灰(或石棉水泥灰)、膨胀水泥砂浆和油麻铅口三种。先以油麻拧成绳状塞进,或用橡皮圈套进相连的管的承插缝隙处,用平钻击实作为内圈,然后填进半干状水泥灰(或膨胀水泥灰)击紧压实并进行湿养护。膨胀水泥砂浆法是以拌合的半干状砂浆分层填进内圈的余隙处并捣实,俟外层找平后湿式养护。油麻铅口法是先按同样的内圈做法操作后,化铅,以专用漏斗将炽热铅水灌进接口处再击实。此种管道的柔性接口做法是以橡皮圈(楔形、中凹形或圆形断面)套进一管的插口端,然后挤进另一管的承口端,如此串联后加以压紧。 (李国鼎)

铸铁圆闸门 round type slide gate

除内孔为圆形外,其余均与铸铁方闸门相同的闸门。 (肖而宽)

铸造含尘废水 dust wastewater from casting

铸造过程中产生的废水。包括水力清砂、水爆清砂、砂再生、通风湿法除尘等过程产生的含泥砂废水;冲天炉炉渣粒化和电炉渣水淬过程产生的废水;冲天炉烟气采用湿法除尘时产生的烟气净化废水等。废水中主要污染物是固体悬浮物;此外,还含有少量氰化物、硫化物、油类及其他有机物。废水外观浑浊。通常是经中和、沉淀处理后循环使用。

(金奇庭 俞景禄 张希衡)

zhua

抓斗排砂 bucket grit removal

用抓斗机抓取沉砂池内沉砂,并吊至池外的排砂方法。适用于合流制或雨水泵站等处贮砂量较大的沉砂池,常在晴天水量小或无降雨时进行除砂。

(魏秉华)

抓斗式机械格栅 grab-type mechanical bars

用钢丝绳传动,带动抓斗沿槽钢导轨作上下运动,清除栅渣的设备。由驱动装置、提升卷筒、钢丝绳、抓斗、栅条等组成。 (魏秉华)

zhuan

专性厌氧菌 obligate anaerobes

又称绝对厌氧菌。只要有氧存在就不能繁殖的

细菌。油酸菌、甲烷菌等属于这一类,例如甲烷菌要求只有在氧气被排除和氧化还原电势被保持在大约 -300mV 或更低时的环境才能生长。在有机物厌氧消化过程中的甲烷发酵阶段是靠惟一的专性厌氧菌——产甲烷菌来完成的。厌氧消化的水解和酵解阶段,多数为专性厌氧菌。据研究,在消化池中专性和兼性厌氧菌的比例大约是 10～100。因而认为有机物厌氧消化过程中起主要作用的是专性厌氧菌。

(孙慧修)

专用交换局 province switch office

为某一特定机构服务,而与公众电话局不连接的电话局。 (薛发 吴明)

专用燃气调压站 special-gas pressure regulating station

为单独的商业或工业企业燃气用户服务的燃气调压站。通常设置于燃烧设备毗邻的单层专用房间内。当进口压为中压或低压,且只安装一台接管直径小于 80mm 的燃气调压器时,亦可设置于使用燃气的单层车间角落,并用不燃烧护栏予以隔离。一般情况下,应安装燃气流量计;选用能够关闭严密的单座阀调压器;安全装置应选用安全切断阀,在燃气压力过高或过低时都要能迅速切断燃气通路,以确保燃烧设备的安全使用。 (刘慈慰)

砖砌窨井建造 build up brick manhole

用砖料砌筑窨井的施工。对管径在 600mm 以下的管线上采用圆形横截面的井身,以上的则采用矩形。圆形者宜选择曲形砖以 1∶3 水泥砂浆砌筑,如无此种材料可以使用普通砖替代,但施工时应注意尽量按丁砖铺设,并注意骑缝交错,满铺满挤。自操作室至井颈锥形收口部分高度一般为 0.7m,可用渐收式每皮探出约 1/3 砖。井内壁砖缝可完全不抹灰,外壁如因地下水而需涂抹时应使用 1∶2 水泥砂浆。当在地下水位线以上作业时须使用耐酸性水泥材料砌筑及抹面。 (李国鼎)

转播台 relay station, relay broadcast station

本身不制作节目,专门转发广播电视信号的广播、电视发射台。转播台可以通过同轴电缆、微波或卫星接收中心广播、电视发射台的节目信号,也可以通过高架的高增益、强方向性的天线,进行空间接收,获得广播电视信号。转播台依转播方式分为收转台和差转台。 (薛发 吴明)

转差率 slip

表示异步电动机运行情况的一个物理量。用符号 S 表示。异步电动机定子旋转磁场的转速(同步转速)n_1(r/min)与转子转速 n(r/min)之差($n_1 - n$)对同步转速的比值。即:

$$S = \frac{n_1 - n}{n_1}$$

异步电动机的转速变化范围为 $0 \leqslant n \leqslant n_1$,相应的转差率为 $1 \geqslant S \geqslant 0$。 (许以傅)

转碟曝气机

见转盘曝气机。

转鼓

见鼓形格栅除污机(105 页)。

转换开关 change-over swith

从一组连接回路转换到另一组连接回路的开关。常用于通断控制回路、选择控制方式等。也作为小容量用电设备的电源开关。它可分为刀形转换开关和组合转换开关。 (陈运珍)

转角杆 angular pole

又称顶角杆。线路转角处的电杆。应能承受两侧的导线合力。这种电杆可能是耐张型的,也可能是直线型的,视转角大小而定。

(薛发 吴明)

转炉炼钢废水 converter steelmaking wastewater

氧气转炉炼钢过程中产生的废水。主要有两种:①对吹氧管、耳轴、托圈、烟罩等设备进行间接冷却所产生的净废水,经冷却(有时还投加水质稳定剂)后循环使用。②采用湿法(如文丘里管除尘器、洗涤塔等)对烟气降温除尘时所排出的烟气净化废水,含大量烟尘(主要是氧化铁)和可溶性物质(氟化物、硫酸盐等),其悬浮物含量高达 1 000～5 000mg/L,氟化物含量大致在 3～15mg/L。该废水的水质在一个冶炼周期内有很大的变化。一般经去除悬浮物后循环使用,常用方法是絮凝沉淀法,此外还有采用磁力分离法的(如预磁沉降法、高梯度电磁过滤器、磁盘等)。分离出的含铁尘泥经过滤脱水、干燥后送烧结厂作原料,或直接返回转炉作造渣剂和冷却剂。 (金奇庭 俞景禄 张希衡)

转录复制室

见复制室(90 页)。

转盘曝气机 rotary aerator

又称转碟曝气机。以转盘作曝气器的一种水平推流式表面曝气设备。转盘的盘面有无数三棱楔形凸块,自中心向圆周呈放射线状有规则排列。线间密布大量圆形凹穴。两半个转盘中开式组合,紧箍在轴上,通常每米轴长设四个盘片。盘的 1/6～1/3 淹没于水中,旋转时把空气导入水内充氧,同时又将刚充氧的水体推向下游,强化水间的混合。适用于 Orbal 氧化沟。 (李金根)

转输流量 transported flow from upstream

从上游管段和旁侧管段流入本设计管段的生活污水量。从上游转输来的平均流量,即为上游和旁侧各管段沿线污水平均流量之和。 (孙慧修)

转刷曝气机 brush aerator

以转刷作曝气器的一种水平推流式表面曝气设备。转刷是用矩形窄条刷片沿圆周均匀分布(通常6~12片为一个组合),径向放射状紧箍在轴上,每组合刷相距约一个刷片宽度,以螺旋状或错列式排列。转刷直径的1/3~1/4淹没于水中,转刷旋转,把空气导入水内充氧,旋转速度不仅要使水体有足够充氧量,又要推动水体向下游流动,保持池底有足够的水流速度(0.15~0.3m/s),不使污泥沉积。 (李金根)

转刷曝气装置 brush aeration device

由水平转轴和固定在轴上的叶片所制成的卧轴式机械曝气装置。这种曝气装置主要用于氧化沟(渠)。装置安装在水面上并浸没一定深度(约10~30cm),由驱动装置带动,以40~70 r/min的速度转动,叶片转动将表面液体抛向空中,呈滴状落下,空气中的氧即通过不断更新的气液界面而转移到液体中。该装置的另一项作用是推动沟内的混合液以不低于4 m/s的速度流动。这种曝气装置设备简单,易于管理。 (张自杰 戴爱临)

转刷网算式清污机

见网算式格栅除污机(288页)。

转速变化率 relative speed variation

在某一调节转速下,负载由空载到额定负载变化,空载下转速 n_0 与额定负载下的调节转速 n 之差的相对值。 (许以傅)

转弯人孔 turning manhole

设在管道路由转弯处的人孔。
(薛 发 吴 明)

转型(离子交换剂) transformation(ion exchanger)

改变离子交换剂中可交换离子类型的措施。为便于保存,一般将新生产的氢型的树脂,转为钠型。再生时用食盐将失效的钙型树脂转成钠型等。
(潘德琦)

转轴 axles of RBC

穿以盘片固定在生物转盘氧化槽两端的托架轴承上的轴。为生物转盘装置的组成部分。长度一般介于0.5~7m,贯穿盘片中心,盘片固定其上并随其在氧化槽内转动。转轴中心高度应高出水位150mm以上。多采用实心钢轴,也有采用无缝钢管。 (张自杰)

转子泵 rotary pump

通过旋转元件挤压液体而将液体排到泵体排出的泵。其排液特性是在理论上排出量与转速成正比,而与压头无关。是容积泵的一种。类似于往复泵,然而其容积效率较低,与往复泵显著不同点是没有阀门只需进出孔口。适宜于输送高黏度液体,因排出液流没有脉动,故也适用于机械的油压装置系统、燃料系统的供油。因转子泵有自吸能力故可用作油罐等的抽吸泵。转子泵大致包括:挠性叶片泵、齿轮泵、转子泵、螺杆泵、刮片泵、液环泵、凸轮叶片泵、滚动叶片泵、游动叶片泵等。 (刘逸龄)

转子加氯机 variable-area chlorinator

用转子流量机作计量器的加氯机。由旋风分离器、弹簧、膜阀、控制阀、转子流量计、中转玻璃罩和平衡水箱和水射器等组成。具有加氯量稳定、控制较准;水源中断时能自动破坏真空,防止压力水倒流入氯瓶等易腐蚀部件。 (李金根)

转子流量计 variable-area flowmeter

由PC型流量指示玻璃锥管、转子、针形阀、水射器等组成流量检测装置。PC型管为上大、下小的截锥形玻璃管,管身有流量刻度指示。转子,上端为圆柱体,下端为圆锥体,芯部中空,可加注水银等作配重。在流体(气体或液体)自下而上的流速作用下,转子起浮并旋转,转子上标线与PC管刻度重合处即可换算成流量值。调节介质流速或增减转子配重即可调整流量,从而达到定量加药的目的。
(李金根)

zhuang

装煤车 charging car

从料仓受煤后向炭化室投煤的机械设备。由煤斗、下煤闸板、启动机构、振动机构、上升管清扫及车体行走机构等部分组成。装煤车行走在炉顶钢轨上。为防止冒烟、喷火污染环境,可用蒸汽在上升管引射加煤所产生的废气,并将之洗涤除尘后排至大气,以实现无烟加煤。 (曹兴华 闻 望)

zhuo

灼烧减重 weight loss on ignition

见挥发性固体(133页)。

浊度计 turbidity analyzer

根据光线通过水样时,水中悬浮物质对光的散射、吸收和透射与悬浮物质呈一定关系的原理制作的测量水的混浊程度的仪器。测量范围:低量程:0~1、2、20、30、50ppm,高量程:0~100、200、500、2000ppm,精度±1%~±5%,响应时间10s~5min不等。有在线连续监测和实验室仪表两大类。
(刘善芳)

浊循环给水系统 turbid recirculating cooling water system

水质受到污染,经处理后再使用的循环给水系统。按处理方式分为一次沉淀循环,二次沉淀循环,混凝沉淀冷却后循环及沉淀、过滤循环等。

（姚国济）

Zi

资源综合利用 multipurpose use of resources

通过资源在生产过程中的循环利用和重复利用,以及"三废"资源化等,以提高资源的转化率和利用率,从而减少污染物排放的一种途径。它是促使生态系统保持良性循环的一项重要措施,已成为中国发展工业经济的一项重要的技术经济政策。

（徐康富）

子钟 secondary clock

受母钟发生脉冲控制与调整的时钟。

（薛 发 吴 明）

紫外线消毒 disinfection by ultraviolet rays

采用紫外线在水中反应进行的消毒。紫外线为光谱中波长为 2 000～3 000A 的光线,细菌体经紫外线照射,菌体细胞中的核酸吸收紫外线,由于激发而使能量逸散,造成核肪的尿圈嘌呤和嘧啶中不饱和链的破坏,而导致细菌死亡。紫外线中杀菌效率最高的是 2 500～2 600A 部分,一般汞灯产生的紫外线主要部分为 2 537A。灯管用石英玻璃或特殊玻璃制成,以保证紫外线充分透过。该消毒设备有敞开式和密闭式两种。敞开式在水池上部装抛物线形反射罩,紫外灯位于抛物线的焦点处,紫外线经反射罩投射到被消毒水中;密闭式消毒器紫外线密封于管状容器内,用石英玻璃管将紫外灯与水隔开,水在夹层中流过,经紫外线照射而被消毒。 （岳舜琳）

自备发电机房

见油机房(344 页)。

自闭式停泵水锤消除器 self-closing type water hammer eliminator

正常工作时重锤被管内工作水压承托,管道水通向消除器阀瓣上部活塞,使消除器关闭,突然停泵,管内压力下降,上托力随之下降,重锤下落,活塞工作压力通路阻断,阀瓣的工作压力将消除器阀门开启,释放管道回冲水锤高压被消除的水锤消除器。而后工作压力将重锤逐渐举起(举起时间可调)通向活塞压力使活塞下移,阀瓣慢慢自动关闭。该种水锤消除器只适用于管长大于 300m 停泵水锤的消除,不适宜关阀水锤消除。 （肖而宽）

自动电话局 automatic telephone office

安装自动交换设备的电话局。有关通话过程中的接线、拆线等动作,由靠拨号(按键)来控制安装在电话局里的电话交换机自动地进行,不需要话务员人工转接。 （薛 发 吴 明）

自动灌瓶秤 automatic scales for filling cylinders

钢瓶灌装达规定数量时能自动切断液化石油气通路的称重装置。根据工作原理的不同,可分为机械灌瓶秤、气动灌瓶秤、射流灌瓶秤。自动灌瓶秤灌装量误差小,气密性好,操作方便。

（薛世达 段长贵）

自动开关 automatic switch

主要用于保护交直流电路内电气设备的元件。分油浸式自动开关、空气式自动开关、真空式自动开关等三大类。用途极为广阔,可用于配电、电动机保护、照明、漏电保护和特殊用途等。 （陈运珍）

自动售票机 automatic ticket machine

客户只须向投币口中投入足够数量的硬币不用人工操作就会自动给出相应币值的邮票(或信封、信纸)的设备。 （薛 发 吴 明）

自动调节阀的灵敏区 sensitivity zone of automatic regulating valve

能使调节阀动作的最小输入信号值域。它是衡量自动调节阀性能的重要指标。自力式调节阀(直接作用式)调节性能不如电动调节阀的主要原因就是不灵敏区较大。为提高调节阀的灵敏度,并具有较大的输出功率,以便使较小的控制信号推动较大的执行机构或传送较远距离,一般非直接作用式调节阀的测控机构都配置有放大环节。

（石兆玉 贺 平）

自动雨量计 automatic raingauge

又称自记雨量计。能自动连续地记录降雨全过程的雨量计。常用容积式自动雨量计。自动记录纸上所绘出的是一条累积雨量曲线。其纵坐标表示累积降雨量(H),横坐标表示降雨时间(t)。曲线的斜率 dh/dt 表示瞬时暴雨强度。曲线最陡处即斜率最大处,表示暴雨强度最大。曲线水平延伸时,表示无雨。在分析暴雨资料时,必须选用对应各降雨历时的最陡那段曲线,即最大降雨量。但由于在各降雨历时内每一时刻的暴雨强度是不同的,因此计算出的各历时的暴雨强度称为最大平均暴雨强度。从自动记录纸上,可以确定降雨的起讫时间、降雨量的大小和降雨强度的变化过程等。在雨水管渠设计中最基本的数据是暴雨强度,该值利用它才能获得较准确的数值。 （孙慧修）

自动转报室 automatic transit room of telegram

安装能使甲、乙两地直接发、收报,使转报过程自动化的程控或布控自动转报机的房间。

（薛 发 吴 明）

自灌充水 self-priming

将离心水泵的泵顶设于最低吸水位以下,借重力将水充满泵体以启动水泵的引水方式。

（王大中）

自激喷雾洗涤器 impingement-entrainment scrubber

依靠气流自身的动能,冲击液体表面而激起水滴和水花的除尘器。其优点是含尘浓度高时能维持高的气流量,气液比小(一般低于 $0.3L/m^3$),压力损失范围为 $500\sim4000Pa$。颗粒的捕集机理主要是颗粒与液体表面和雾化液滴之间的惯性碰撞,液滴的大小和洗涤器内的液气比取决于洗涤器的结构和气体流速,切割直径变化范围从低速气流冲击的几微米到高速气流冲击的十分之几微米。在这类洗涤器中,液体的流动是由气体诱导的,供水主要用于补充水和清洗水。固体在洗涤器底部和不能很好冲击的器壁上的沉积可能是一个问题。一般需要性能良好的雾沫分离装置。图示的冲击水浴除尘器是自激喷雾洗涤器的一种结构形式。

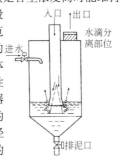

（郝吉明）

自流进水管 gravity intake pipe

将河床式取水头部的进水以重力流方式导入集水井的管道。由于自流管淹没于水中,河水靠重力自流,工作可靠。但敷设自流管的土石方量较大,故宜在自流管埋深不大时采用。它应设置不少于两条,当一条因清理、检修停止工作时,其余进水管的通过流量应满足事故用水的要求。 （王大中）

自耦变压器起动 auto-transformer starting

用自耦变压器降低起动电压的起动方式。一般在鼠笼型异步电动机的定子回路中串联一个自耦变压器,降低加在电动机定子上的端电压(起动电压) U_Q 和限制起动电流,随着电动机转速的升高接近稳定转速时,切换线路,将自耦变压器从电路中切除,使 U_Q 等于电动机的额定电压。 （许以傅）

自然气化 unforced vapourization

液态液化石油气吸收本身的显热或通过器壁吸收周围介质热量而进行气化的过程。自然气化多用于居民和用气量不大的公共事业及小型工厂的供应系统中。其特点为:①由两种或两种以上成分组成的液化石油气,在气化过程中气相组分随液相组分的变化而变化,容器内的蒸气压也在改变;②由于开始气化时利用一部分自身显热进行气化,故短时间内可产生较大量的气体;③如果液温与环境温度相同,气化后的气体压力就相当于该环境温度下的饱和蒸气压。因此,只要从容器的出口至调压入口的高压管道也在同样的环境温度下,气态液化石油气就不会在这段管段内出现再液化现象。

（薛世达 段长贵）

自然生物处理 natural biotreatment

在人工控制的近似天然条件下分解污水、污泥中有机物的污水生物处理。在自然条件下全部生物处理过程进行得不够强烈。氧化塘和土地处理是属于污水自然生物处理。化粪池、双层沉淀池和堆肥是属于在自然条件下的污泥消化。氧化塘对污水的净化过程和自然水体的自净过程很近似,是一种古老的污水处理技术。根据氧化塘内生长繁殖的微生物的类型和供氧方式的不同分为:好氧氧化塘、兼性氧化塘、厌氧氧化塘、曝气氧化塘等。污水灌溉是污水的土地处理,可充分利用污水中的水肥资源,有利于农业增产和改良土壤,是一种古老的利用污水的方法。土壤对污水的处理是物理、化学和生物作用的一个十分复杂的综合过程。土地处理系统是由若干部分组成的整体,其核心部分是土地处理田。根据不同的目的、方式和自然条件(土壤、气候),而建设和运行的多种形式的污水土地处理,其中有慢速渗滤、快速渗滤、地表漫流、湿地处理和地下渗滤等。经土地处理的污水必须符合接受水体对水质的要求,如向地下回灌和补充地下水时,应符合《生活饮用水卫生标准》;排入地面水体时应符合《地面水环境质量标准》规定的水质标准,不同水域执行不同水质标准;排入渔业水体时,应符合《渔业水质标准》。

（肖丽娅 孙慧修）

自然通风冷却塔 natural draft ventilation cooling tower

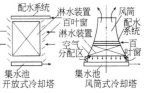

依靠风筒抽力或自然风力通风的冷却构筑物。有风筒式和开放式两种。具有维护方便,节省动力的优点;但占地面积大,一次投资多。在自然条件较好,能满足冷却要求时,宜于采用。 （姚国济）

自应力钢筋混凝土管 self-stress reinforced concrete pipe

用铝酸盐或硅酸盐自应力水泥配制的钢筋混凝土管。在钢模中成型时,由于自身的膨胀使钢筋获得预应力。当管壁吸水饱和及管内的压力为 $0.8MPa$ 时压降值与压降率能达到钢管的试压标准。管材的性质较脆,承载能力较低,有干缩湿胀的特点。管材的气密性不稳定,宜敷设在地下水位较高

和土壤湿度较大的地区。　　　　　　（李猷嘉）

自用水量　private water consumption

一般指给水厂生产工艺过程和其他用途所需用的水量。单位以 m^3/d 表示。　　　　（魏秉华）

自由沉淀　free sedimentation

当悬浮物浓度不高时,在沉淀过程中,颗粒之间互不碰撞,呈单颗粒状态,各自独立完成的沉淀过程。该过程可用斯托克斯公式描述。砂粒在沉砂池中的沉淀以及悬浮物浓度较低的污水在初次沉淀池中的沉淀过程便是其典型例子。　　（孙慧修）

自由沉淀的沉淀试验　settleability test for free sedimentation

污水中的悬浮物在自由沉淀时的沉淀试验。试验方法一:用 6～8 只直径为 80～100mm,高度为

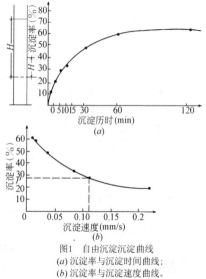

图1　自由沉淀沉淀曲线
(a) 沉淀率与沉淀时间曲线;
(b) 沉淀率与沉淀速度曲线。

1 500～2 000mm 的沉淀筒,各注入已知悬浮物浓度为 c_0 与水温的污水样,搅拌均匀后同时开始沉淀。取样点在水深 $H = 1 200$mm 处。经沉淀历时 t_1 后,在第一只沉淀筒取样 100mL,经 t_2 历时后在第二个沉淀筒取等量水样,依次类推取样并分析各水样的悬浮物浓度为 $c_1, c_2 \cdots c_n$。在直角坐标纸上,作沉淀率 $\eta = \dfrac{c_0 - c_i}{c_0} \times 100\%$ 与沉淀历时 t_i 或与沉淀速度 $u_i = \dfrac{H}{t_i}$ 的关系曲线,即沉淀曲线图(图1)。若已知沉淀历时或已知需要去除的颗粒沉淀速度,便可从曲线查出其相应的悬浮物去除率。试验方法二与试验方法一不同的是取沉淀筒内 H 以上全部水样,其余相同。各取出水样的悬浮物浓度分别为 $c_1, c_2, \cdots c_n$,在直角坐标纸上,以纵坐标为悬浮物剩余量 $p_0 = \dfrac{c_i}{c_0}$,横坐标为沉降速度 u_t,作 p_0 与

u_t 关系曲线图(图2)。如已知沉淀历时,或已知需要去除的颗粒沉降速度 u_0,可按该图求出去除该沉淀速度时的总沉淀量或总去除率。总沉淀量为 $(1 - p_0) + \dfrac{1}{u_0} \int_0^{p_0} u_t \mathrm{d}p$,总去除率 $\eta = (100 - p_0) + \dfrac{100}{u_0} \int_0^{p_0} u_t \mathrm{d}p (\%)$。式中 p_0 为沉速 u_0 时的悬浮物剩余量。该试验法比试验法一准确,悬浮物沉淀量中包括了沉速小于 u_0 的颗粒被沉淀去除的重量 $\dfrac{1}{u_0} \int_0^{p_0} u_t \mathrm{d}p$。

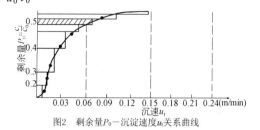

图2　剩余量 P_0 — 沉淀速度 u_t 关系曲线

　　　　　　　　　　　　　　　（孙慧修）

自由大气层　free atmosphere

行星边界层以上的大气层。层内大气运动受摩擦力的作用可以忽略,因而接近于气压梯度力和地转偏向力相平衡的地转风。　　　　（徐康富）

zong

综合环境规划　environmental comprehensive planning

针对环境系统的多个要素或全部要素的保护而对人类活动和环境要素自身所作的总体安排和部署。与单要素环境规划相区别,在综合环境规划中,不单纯考虑某一个环境要素,而是综合考察各种环境要素之间的相互联系和相互影响;不追求单一环境要素的最优,而是追求环境系统结构与功能的总体最优,是按整体最优原则对系统进行优化控制的过程。目前中国比较常见的综合环境规划包括:城市环境规划、创建环境保护模范城市规划、城市生态规划、环境优美乡镇规划等等。　　（杜鹏飞）

综合生物塘　multi-organism biological pond

除细菌与藻类外,还繁殖有各种水生生物的污水处理工艺,系一种资源回收型的稳定塘。适于在这种稳定塘内生长的水生生物有:漂浮生物中的水花生、水浮莲、凤眼莲等;底栖生物的水蚯蚓、螺、贝等;自游动物的各种鱼类和放养动物鹅、鸭等。图示为较完整的本生物塘内的食物链。这种工艺的生物组成复杂,运行稳定,为污染物质提供了多种降解途径。因此,本工艺对多种污染物有较强的去除功能。

这种生物塘中的生态构成可以是图中所示食物链中的一部分或全部，这样本工艺又可分为以水生生物为主的水生植物塘，以鱼类为主的鱼塘等。

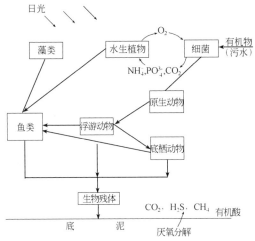

（张自杰）

总泵站　general pump station

在城市排水管网中，承受并抽升若干分泵站来水的抽升设施。往往即为终点泵站，有时也可能是中途泵站。　　　　　　　　　　　（张中和）

总变化系数　peaking variation factor

最高日最大时污水量与平均日平均时污水量的比值。污水量的变化程度，通常用变化系数表示，分为小时、日及总变化系数。由于根据设计人口和生活污水定额计算得到的是平均污水流量，而通常污水管道的设计断面是按最高日最大时的污水流量确定，所以需要求出总变化系数。即

$$K_z = K_d K_h$$

K_z为总变化系数；K_d为日变化系数；K_h为时变化系数。综合生活污水量的总变化系数在《室外排水设计规范》GB 50014 中规定：当污水平均日流量（L/s）为 5、15、40、70、100、200、500、$\geqslant 1\,000$ 时，分别为 2.3、2.0、1.8、1.7、1.6、1.5、1.4、1.3。它与平均流量之间有一定关系，平均流量愈大，K_z愈小。因此，在城镇缺乏日、小时变化系数资料时，可按下式求得居住区生活污水总变化系数，即

$$K_z = \frac{2.7}{Q^{0.11}}$$

Q 为平均日平均时污水流量（L/s）。　（孙慧修）

总传质系数　overall coefficient of mass transfer

在吸收过程中，根据双膜理论，采用两相主体浓度的某种差值来表示总推动力而写出吸收速率方程，其中的系数，以 K 表示。它的倒数为总阻力，为气、液两膜传质阻力之和。以气相主体浓度和与液相主体浓度成平衡的气相浓度之差为总传质推动力的吸收速率方程，其中系数为气相总传质系数。以液相主体浓度和与气相主体浓度成平衡的液相浓度之差为总传质推动力的吸收速率方程，其中系数为液相总传质系数。它可由气、液膜传质系数求得。因此，影响气、液膜系数诸因素对它均有影响。

（姜安玺）

总大肠菌群　total coliform group

能在 37℃、48h 之内使乳糖发酵产酸产气的革兰氏染色阴性的无芽孢杆菌的总数。它们包括埃希氏杆菌（Escherichia coli.，简写为 E. coli.）、枸橼酸杆菌（Coli. citrovorum）、产气杆菌（Aerobacter aerogenes）等需氧及兼性厌氧的细菌。大肠菌群的生理习性与肠道传染病菌基本一致，若检出水中有过多的大肠菌数，则表明水被粪便所污染，也说明有被病原菌污染的可能性。总大肠菌群的检验方法有多管发酵法和滤膜法。多管发酵法可用于各种水样（包括底泥），但较繁琐费时；滤膜法简便快速，但不适用于混浊水样。检验结果以个/L 计。　（蒋展鹏）

总氮　total nitrogen

水中有机氮和各种无机氮的总和。即

　　总氮 = 有机氮 + 氨氮 + 亚硝酸盐氮 + 硝酸盐氮

式中各项均以氮（N）的 mg/L 计。

或 总氮 = 有机氮 + 0.78（NH_4^+） + 0.30（NO_2^-） + 0.23（NO_3^-）

式中总氮和有机氮以 N 的 mg/L 计，其余几项以各自离子的 mg/L 计。　　　　　（蒋展鹏）

总固体　total solids

又称蒸发残渣。是在一定的温度下（常用 103～105℃）将水样蒸发至干时所残余的固体物质总量。

（蒋展鹏）

总含盐量　total dissolved salts

又称总矿化度。水中所含各种溶解性矿物盐类的总量。在数值上等于水中阳离子和阴离子的总和（以 mg/L 计）。对于天然水，总含盐量约等于同一水样测得的溶解固体量再加上 HCO_3^- 含量的一半，即总含盐量 = 溶解固体 + $\frac{1}{2}$ HCO_3^-，因为在溶解固体的测定中约有一半的 HCO_3^- 变成 H_2O 和 CO_2 逸失了。　　　　　　　　　　　　（蒋展鹏）

总交换容量　total exchange capacity

单位重量或单位体积的交换剂，其中所含可交换离子的总量。是交换剂重要性能指标之一。前者为重量交换容量，单位以 mmol/g 干树脂表示；后者为体积交换容量，单位以 mmol/L 湿树脂表示。它代表交换剂交换能力的绝对值，用以比较各种交换剂性能的优劣，也是检查交换剂产品质量的一个指标。

（刘馨远）

总控制室 master control room

对节目进行预选、放大、选择、分配和监听的房间。是电视台内外信号联络接口的场所。它按播出时间表分配各种广播节目，分别馈入各条电缆或微波系统，传送到各发射台去。它既可以人工操作，也可用计算机程序进行自动控制。设有各种控制信号以及通话联络装置。 （薛 发 吴 明）

总矿化度

见总含盐量(173页)。

总量控制 total quantity control of pollutant discharge

污染物排放总量控制或污染负荷总量控制的简称。按指定的环境目标对地区污染源群体进行优化控制而不管单源排放是否达标的一种控制方式。其环境目标或是由上一层控制规划确定的某局部地区或综合性企业的许可总排放量，或是一组控制点的环境目标值，或两者兼而有之。它是中国环境保护的基本制度之一，是针对污染物浓度控制中存在的缺陷而采取的一种污染控制方式。在污染源比较密集、污染负荷高的区域，单纯的浓度控制无法保障环境质量控制目标的实现。为此，必须根据环境容量的要求，实行总量控制。与浓度控制相比，总量控制有如下优点：①可将污染物的排放指标化，从而把区域性的环境目标转变为总量指标分配到每个排污单位，方便了环境管理；②着眼于生产的全过程，有利于促进清洁生产，更能体现预防为主、防治结合的环境管理理念；③比浓度控制更真实地反映污染物进入环境的情况，把污染物的排放与其对环境质量的影响及生态平衡的破坏结合起来，实行总量控制更利于环境保护部门对所辖区域进行有效的宏观环境管理；④可以杜绝企业对污染源进行稀释的行为。它的实质是在环境质量要求与技术经济条件之间寻求最佳的结合点。环境目标和污染源是环境管理的两个基本对象，通常采用浓度指标来衡量环境目标，采用排放总量指标来控制污染源的排放。在一项具体的环境规划工作中，可以通过建立环境目标与污染源排放之间的定量响应关系。在仅受环境目标值约束时，可着重于利用污染源之间因地域和空间分布的不同所产生的环境影响的显著差异，按总削减量最少进行优化控制；也可进一步利用污染源因排放规模和适用技术设备的不同所造成的单位削减费用的差异，按总削减费用最小作优化控制。在总排放量受限定时则按最小费用作优化。从而达到合理利用环境容量，经济有效地防治污染。 （杜鹏飞 徐康富）

总配线架 main distribution frame

一端与引入电话局的局外线路相接，另一端与局内电缆相接的配线架，设在总配线室内。一般布置成单排，与平行墙之间距离不应小于1.4m。也可双排布置，双排线架间距离不少于1.8m。 （薛 发 吴 明）

总配线室 main distributing frame room

又称测量室。将外线电缆通过配线架分配为局内机键电缆，测定电缆障碍、质量等的房间。主要设备是总配线架和测量台。总配线架的位置决定于电缆进线室的位置、电缆进线的方式和机键室设备布置的情况。当总配电室、机键室同一层时，一般将总配线架布置在靠近机键室一边。测量台布置位置主要满足测量人员和维修人员的维护要求。 （薛 发 吴 明）

总热效率

见燃料利用系数(224页)。

总悬浮颗粒物 total suspended particle，TSP

又称总悬浮微粒。能悬浮在空气中，空气动力学当量直径(指在几何学、光学、电学或空气动力学等的性能上与被研究的颗粒相当的球形颗粒直径) $\leqslant 100\mu m$ 颗粒物的总称。常用的测定方法是大流量采样-重量法，即用抽气动力抽取一定体积的空气通过一已恒重的滤膜，使空气中的悬浮颗粒物截留在滤膜上，根据采样前后滤膜重量之差和采样体积计算可得，结果以 mg/m^3 计。一个地区大气中TSP的浓度值，反映了该地区受粉尘污染的程度。中国的《大气环境质量标准》中规定了TSP的浓度限制和监测分析方法。 （蒋展鹏 马广大）

总有机碳测定仪

见TOC测定仪(379页)。

总有机碳和总需氧量 total organic carbon (TOC) and total oxygen demand (TOD)

近年来发展起来的用以间接表示水中有机物质含量的综合性指标。它们都需要在专门的仪器中测定。这种仪器分别称为总有机碳测定仪或总需氧量测定仪。在总有机碳测定仪中，将水样在 $900\sim 950℃$ 高温下燃烧，有机碳即氧化成 CO_2，量测所产生的 CO_2 量，即可求出水样的总有机碳值，单位以碳(C)的mg/L计。水样中的无机碳在此高温下也会转化成 CO_2，故测定时须采取措施去除无机碳的干扰。现代的总有机碳测定仪中已安装了去除干扰的装置。总需氧量是指水样中的有机物在900℃高温下燃烧变成稳定的氧化物时所需的氧量，结果以氧(O)的mg/L表示。TOC和TOD都几乎可以反映水中有机物质的总量。但个别相当耐久的有机化合物不易被燃烧氧化，故均略稍低于理论值。它们的测定简便快速，且可连续自动监测，但仪器较为昂贵。 （蒋展鹏）

纵横制交换局 crossbar automatic telephone office

安装纵横制交换机的电话局。它的交换机的接续部分采用纵横接线器，控制部分使用继电器。这种交换方式具有接通效率高、元件磨损轻、杂音小、故障少等特点。 （薛 发 吴 明）

ZOU

走线架 iron frame

安装电缆的铁架顶端的铁件。 （薛 发 吴 明）

ZU

阻垢剂 scale inhibitor

又称缓垢剂。控制、阻缓循环冷却水产生水垢以及泥垢的药剂。有阴离子型、阳离子型和非离子型三类。 （姚国济）

阻力特性系数 coefficient of resistance

简称阻力数。表示热网中通过管段的流量与其相应的阻力损失之间关系的一个系数。通常以 S 表示。室外热网中蒸汽或热水的流动状态多处于阻力平方区，其阻力损失 ΔP 与流量 V 的关系服从二次方规律，即 $\Delta P = SV^2$。阻力数 S 即表示管段流过单位流量时的阻力损失值。在一定的热媒参数条件下，S 值只取决于管段的管径、管长、管壁粗糙度和管段局部阻力系数的大小，而与管段通过的流量大小无关。 （盛晓文 贺 平）

zui

最不利环路 most unfavorable circuit

在热水网路的各相互并联环路中，平均比压降最小的一个环路。一般是指距热源最远的环路。进行网路水力计算时，应首先计算最不利环路，然后根据计算结果，按并联环路压差相等的原理计算其他环路。 （盛晓文 贺 平）

最大比底物利用速率 maximum specific substrate utilization rate

表示单位微生物量的最大底物利用速率。用 k 表示。为活性污泥反应动力学常数之一。是在微生物以最大比增长速率进行增殖时的比底物利用速率。单位为 t^{-1}。其数值的大小在一定程度上能反映该底物被降解的难易程度及降解速率。 （彭永臻 张自杰）

最大比增长速率常数 maximum specific growth rate constant

表示单位微生物量的最大增长速度。为活性污泥反应动力学常数之一，用 μ_m 表示。单位为 t^{-1}。是在限制微生物增长的底物浓度达到饱和，即底物浓度不再成为微生物增长的限制因素时的比增长速率。 （彭永臻 张自杰）

最大频度直径

见众径(365 页)。

最大热负荷年利用小时数 annual utilization hours of maximum heating load

全年各类热用户热负荷总和 Q_a(GJ/a) 与供热设备最大出力 q_B(GJ/h) 的比值。即 $h_B = Q_a/q_B$(h/a)。因此，它是计算年供热量的依据。 （李先瑞 贺 平）

最大日降雨量法 method of maximum daily rainfall

根据最大日降雨量来推求暴雨强度公式的方法。其公式为

$$q = \frac{(20+b)^n q_{20}(1 + c\lg T)}{(t+b)^n}$$

q 为暴雨强度〔$L/(s \cdot 10^4 m^2)$〕；t 为降雨历时(min)；T 为降雨重现期(a)；b、n、c 为地方参数，可参照附近地区参数采用；q_{20} 为重现期为 1a、历时为 20min 时的当地暴雨强度〔$L/(s \cdot 10^4 m^2)$〕。q_{20} 可按下式推求：

$$q_{20} = ah_d^{\beta}$$

h_d 为多年平均最大日降雨量(mm)；α、β 为地区参数。为取得可靠结果，最大日降雨量资料应不少于 10a。 （孙慧修）

最高日供水量 daily maximum amount of water supply

又称最大日供水量。在一年的日数(365 日)内，用水量最高的一日(即一昼夜)的供水量。单位为 m^3/d 最高。 （魏秉华）

最高水位频率 highest water level frequency

河水高水位相应出现的几率。为防止洪水对取水工程及洪泛区内构筑物造成危害，根据水文资料推算工程所在位置的高水位及其各年间的变动，直接关系到构筑物的安全。它是根据工程的重要程度及高水位对工程的危害程度择定的。是工程设计防洪标准之一。 （朱锦文）

最少削减模型 minimum reduction model

以总削减量最小为目标函数的一种总量控制模型。其实质是充分利用大气环境容量，使复合地面

浓度在总体上尽量接近环境目标值。一般不需考虑各污染源控制的具体措施，但需加上各类控制措施极限削减水平的约束，包括对高烟囱排放作出总体上的选择。只要通过大气污染模拟计算求得各污染源单位排放量所产生的浓度值，即可用单纯图形法求得线性规划的最优解。

（徐康富）

最小费用削减模型 reduction model of minimum expense

以总控制费用最小为目标函数的一种总量控制模型。由于考虑控制费用总要涉及到具体的控制措施，一个污染源往往又只能选用一种控制措施，一般需有各种适用控制措施的技术经济指标作约束，并需通过整数规划或动态规划来求解。

（徐康富）

最小管径 designed diameter

又称最小允许管径。为了维护工作方便，对管道管径规定的最小允许尺寸。按设计流量计算所得的管径，如小于最小管径时，不采用计算所得的管径，而采用规定的最小管径。在街道下污水管最小管径为 300mm，在街坊和厂区内为 200mm；雨水管和合流管为 300mm；雨水口连接管为 200mm。污水管道的最小管径一般发生在管道系统的上游部分。

（孙慧修）

最小可调流量 minimum controllable flowrate

调节阀的阀瓣在将关未关时的流量。此值是衡量调节阀调节特性的重要指标。数值愈小，阀门的可调性愈好。该值与调节阀的可调比（最大流通截面与最小流通截面之比）有关。可调比愈大，阀门调节性能愈好。线性调节阀与等百分比调节阀的可调比分别在 30：1 和 50：1 左右，因此调节性能较好。最小可调流量还与调节阀阻力占系统总阻力的百分比有关。比值愈大，最小可调流量愈小。选择调节阀时，推荐调节阀阻力为系统总阻力的 30% 为宜，即采用较小口径的调节阀。

（石兆玉 贺 平）

最小设计坡度 minimum designed slope

保证管道内不发生淤积的坡度。从流速公式可知，流速和坡度存在一定关系，它是指相应于最小允许流速的坡度值。但它也与水力半径有关，不同口径的管道应有不同的最小坡度；同口径的管道，因充满度不同，也可有不同的最小坡度，但通常对同口径的管道只规定一个最小坡度，以满流或半满流时的最小坡度作为最小允许坡度。如污水管在街道下最

小管径为 300mm 时，其相应的最小设计坡度为 0.002；雨水管和合流管最小管径为 300mm 时，其相应的最小设计坡度为 0.002。

（孙慧修）

最终产物 end product

通过微生物代谢作用，污水、污泥中的有机物质最后分解的产物。它不再继续被分解。有机物好氧分解的最终产物是稳定而无臭的物质，包括二氧化碳、水、硝酸盐、硫酸盐、磷酸盐等，其分解反应可以概括地表示：$C \rightarrow CO_2 +$ 碳酸盐和重碳酸盐；$H \rightarrow H_2O$；$N \rightarrow NH_3 \rightarrow HNO_2 \rightarrow HNO_3$；$S \rightarrow H_2SO_4$；$P \rightarrow H_3PO_4$。亚硝酸、硝酸、硫酸和磷酸可与水中的碱性物质作用，形成相应的盐类。有机物厌氧分解的最终产物主要是甲烷、二氧化碳、氨、硫化氢等，其氧化还原反应可概括地表示：$C \rightarrow RCOOH$（有机酸）$\rightarrow CH_4 + CO_2$；$N \rightarrow RCHNH_2COOH$（氨基酸）$\rightarrow NH_3 +$ 胺；$S \rightarrow H_2S +$ 有机硫化物；$P \rightarrow PH_3$（磷化氢）$+$ 有机磷化物。由于厌氧分解散发了硫化氢等物质，所以污水、污泥产生臭气；硫化氢可与铁作用形成硫化铁，所以水呈现黑色。

（肖丽娅 孙慧修）

最终处置

见固体废物处置（107 页）。

ZUO

做功能力法

见㶲法（344 页）。

作业面潜水电泵 operative area submersible pump

用可靠的密封，防止被输送的液体进入电动机，从而可以把泵和电动机组装在一起，制成移动式生产作业用的潜水电泵。这种泵没有吸入管和底阀，启动时无需灌水，也不必建设泵房，移动方便，无振动，无噪声，操作简单。机组结构电动机在上面，泵在下面，分为内装式，即用泵抽送的水对电动机周围进行全面冷却；半内装式，即泵抽送的水对电动机部分外围进行冷却；外装式，泵抽送的水与电动机冷却无关。这种潜水电泵多半采用干式电机结构，泵中间设置油室，其中封入润滑油，轴封装置采用油封和机械密封。可以根据施工现场被抽送的水内混入的淤渣、砂石、泥浆等要求，对泵的零件、叶轮等采用耐磨材料或衬胶措施。

（刘逸龄）

外文字母·数字

ABFT

见曝气生物流化池(211 页)。

ABF 工艺

见活性生物滤池(137 页)。

AB 法污水处理工艺　adsorption-biodegradation mode of sewage treatment

由吸附(adsorption)及生物降解(biodegradation)两种工艺相组合的污水处理工艺(如图)。本法在工

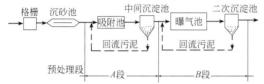

艺方面的主要特点有:①未设初沉池,由吸附池和中间沉淀池组成 A 段,由曝气池和二次沉淀池组成 B 段;②A、B 段拥有各自独立的污泥回流系统,各自形成具有特性的微生物群体。A 段的效应:①充分利用排水系统及原污水中的微生物,这些微生物经过适应、淘汰、优选,培育、诱导出活性极强的种属;②污泥产率高,吸附能力强,对重金属、难降解物质、氮、磷有较强的去除功能;③对毒物、pH 值以及负荷的变动有一定的适应性;④经 A 段处理后,污水的可生化性有所提高。B 段的效应:①进水水质、水量稳定,可生化性强,净化功能得以充分发挥;②具有硝化的工艺条件;③曝气池容积可减少 40% 左右。

A 段的运行参数:BOD 负荷 2 ~ 6kg BOD/(kgMLSS·d);污泥龄 0.3~0.5d;水力停留时间 30min;吸附区容积不应小于生物反应池总容积的 1/4;溶解氧浓度 0.2~0.7 mg/L。B 段的运行参数:BOD 负荷 0.15~0.30kgBOD/(kgMLSS·d);污泥龄 15~20h;水力停留时间 2~3h;溶解氧含量 1~2mg/L。　　　　　　　　　　　(张自杰)

A-O 工艺

见缺氧-好氧活性污泥(脱氮)系统(224 页)。

A 杆　A-pole

由两根电杆或接杆组成形如"A"字的电杆。
　　　　　　　　　　　　　　　(薛发 吴明)

BET 方程　BET equation

由 Brunauer、Emmett 和 Teller 三人在朗格谬尔方程基础上提出的描述多分子层吸附理论的方程。

其表达式为 $\dfrac{x}{m} = \dfrac{a_m C P^*}{(P_0 - P^*)\left[1 + (C+1)\dfrac{P^*}{P_0}\right]}$,$\dfrac{x}{m}$ 为吸附平衡时,吸附剂上吸附吸附质的量;a_m—饱和的单分子层吸附量;C—与吸附热有关的常数;P^*—吸附平衡时吸附质在气相的平衡分压;P_0—平衡温度下吸附质在气相的饱和蒸气压。该方程表明吸附平衡时,$\dfrac{x}{m}$ 与 P^* 和 P_0 的关系。它是应用范围较广的吸附方程式。　　　　　　　　(姜安玺)

BMTS 型一体化氧化沟　BMTS integral oxidation ditch

将沉淀区直接设在一个沟渠内的氧化沟(如图)。在沉淀区的两侧设隔墙,其底部设一排三角形的导流板,在水面设集水管收集澄清处理水。混合液从沉淀区底部流过,部分混合液从导流板间隙上

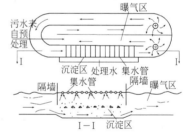

升进入沉淀区,沉淀污泥则从间隙下降流回混合液。
　　　　　　　　　　　　　　　　(张自杰)

BOD-容积负荷　BOD-volume loading, BOD volume loading of biofilter

单位有效曝气池容积在单位时间内所承受的 BOD 数量。计算公式为

$$N_v = \frac{QS_0}{V} = N_s X$$

N_v 为 BOD-容积负荷;Q 和 S_0 分别为进水流量及进水 BOD 浓度;V 为曝气池有效容积;X 为混合液污泥浓度;N_s 为 BOD-污泥负荷。为了充分利用曝气池的有效容积 V,有时通过提高混合液污泥浓度 X 来实现。

生物滤池的单位体积滤料在单位时间内所承受的 BOD 量。一般用 gBOD/(m³ 滤料·d)表示。高负荷生物滤池的 BOD 容积负荷可达 1 000g/(m³·d)以上,是普通生物滤池的几倍。　　(彭永臻　张自杰)

CA 膜

见醋酸纤维素反渗透膜(37 页)。

F:M 值　food:microorganism ratio

曝气池内底物(食料)与微生物量的比值。当微生物浓度近似地以 MLSS 表示时,F:M 值和 BOD-污泥负荷率相等。单位为 kgBOD/(kgMLSS·d)。计算公式为

$$F:M = N_s = \frac{QS_0}{XV}$$

式中 N_s 为 BOD-污泥负荷;Q 和 S_0 分别为进水流量和进水 BOD 浓度;V 和 X 分别为曝气池容积和混合液污泥浓度。F:M 值对微生物增长速率、底物利用速率、氧的利用速率、污泥的凝聚吸附性能等都有决定性的影响。　　　　　(彭永臻　张自杰)

Gt 值　value of Gt

絮凝时间与速度梯度的乘积。是絮凝过程的重要参数。在反应池中,从反应开始的颗粒总数到反应结束 t 时间时的颗粒总数,为时间 t 的指数衰减曲线关系。同时颗粒的接触碰撞的颗粒数变化率的比例系数 $K_s = \frac{6}{\pi}\varphi \alpha G$,因而速度梯度 G 和颗粒的体积浓度 φ 又是控制絮凝反应速度的重要因素。如 K_s 值增大,颗粒增长越大,K_s 值增一倍时,为达到同一粒径所需反应时间可缩短一倍。为此当体积浓度不变时,絮凝反应池的设计只要保持 Gt 值的乘积相同,可达到相同的絮凝效果。因此,很多工程师认为絮凝池的效果控制指标应以无因次 Gt 值来衡量,Camp 等人并规定反应池的设计控制指标 Gt 值应在 $10^4 \sim 10^5$ 之间。　　　(张亚杰)

H 杆　H-pole

由两根电杆或接杆组成像"H"形排列的电杆。一般用在负荷较大,需要加强杆时,如跨越铁路、河流等处。　　　　　　　　(薛　发　吴　明)

H₂S 气体检测系统　H_2S gas detection system

连续检测硫化氢气体的仪器。由电化学极谱电池有关电路组成,被测气体通过隔爆片以及探头表面塑料薄膜以扩散方式进入极谱电池采样区,极谱电池使硫化氢氧化为硫酸,利用这种氧化过程与取样区内硫化氢分压成比例的原理来测量的。适用于连续检测硫化氢气体浓度,当浓度达到设定值系统报警。可连续检测 1~5 个点硫化氢气体。

　　　　　　　　　　　　　　(周　红)

HPA 室

见高功放室(94 页)。

K 理论　K theory

见梯度输送理论(278 页)。

K 型叶轮曝气机　K type vertical shaft aerator

叶轮构造相似于离心泵的一种垂直提升表面曝气机。叶轮由后轮盘、叶片和法兰组成,后轮盘近似于圆锥体、母线呈流线型,与若干双曲率叶片相交成液流通道。通道从始端(下部锥顶)至末端(上部盖板外缘)旋转至出水角为 90°后轮盘端部外缘与盖板相接,盖板大于后轮盘及叶片,外伸部分与后轮盘出水端构成压水罩。叶轮旋转,水被离心力从液流通道甩出呈水幕状,形成水跃,导入空气充氧。叶轮的提升作用,使水体快速上下循环,回流混合。

　　　　　　　　　　　　　　(李金根)

K 值控制　control on the value of K, K amount control

参照以 ppm 计的许可落地浓度,根据地区大气污染的程度,选取相应的 K 值来控制污染源排污量的一种浓度控制方式。主要用于 SO_2 排放控制。K 值大小事先经地区大气污染模型计算按落地浓度分档列表给出。许可排放量 $Q(\text{Nm}^3 \cdot \text{h}^{-1})$ 与 $K(\text{m} \cdot \text{h}^{-1})$ 值成正比,与烟囱有效高度 $H_e(\text{m})$ 的平方成正比。　　　　　　　　　　(徐康富)

L 杆　triangular pole

由三根电杆组成,如"L"形排列的电杆,一般用在线路直角转弯或线路分支处。

　　　　　　　　　　(薛　发　吴　明)

M 型煤气发生炉　M type of gas producer

仿苏 Д 形炉箅的煤气发生炉。其内径为 1.6、2.4、3.0(m)。内径 3m 的有两种:①3M21 型:双钟罩式机械加煤,不带搅拌装置,适用于气化贫煤、无烟煤和焦炭等不黏结燃料;②3M13 型:双滚筒式机械加煤,带有搅拌装置,适于气化弱黏结性烟煤。炉子总高约 9m,金属总重约 40t。炉体固定而灰盘同炉箅一起转动。搅拌耙在煤层转动,并可上、下移动一定距离;耙内通入冷却水,以免在高温下烧坏。Д 形炉箅由四个偏心的鱼鳞状炉条相互重叠,上置帽盖,下设底座而组成;由于炉箅偏心且表面呈鱼鳞状,转动时有很强的搅动、破碎和排除炉渣的能力。灰盘盛水,以防炉内煤气泄出。因炉渣经过灰盘排出,带水,故称湿法排渣。炉内料层总高约 1.1m,最大鼓风压力约为 6 000Pa,煤气出口压力不超过 500Pa,处理煤量约为 1.8t/h。

　　　　　　　　　　(闻　望　徐嘉森)

pH　hydrogen ion exponent

溶液中氢离子浓度(确切地说应该是氢离子活度)的负对数。水的 pH 值是最常用的水质指标之一,用来表示水中酸、碱性的强度。一般 pH 值越小酸性越强,pH 值越大碱性越强,中性水的 pH 值应在 7 左右。水的 pH 值常用根据电位法原理制成的各类 pH 计来测定,也可用 pH 试纸作较粗略的测定。　　　　　　　　　　　　(蒋展鹏)

P 参数控制　parameter P control

见排污数量控制(205 页)。

SBR 活性污泥法　sequencing bach reactor activated sludge process

简称 SBR。又称序批式活性污泥法。只设曝气池,兼行二次沉淀池功能,间歇进出水的活性污泥法处理工艺。其运行程序是:污水在短时间内充满曝气池后,开始曝气(也可以在进水开始时就开始曝气),待水质达到要求,即停止曝气,进行静置沉淀,然后分别排出上清液和增长的部分污泥,至此完成一个周期,之后再放进污水,开始下一个周期。由于它具有连续流活性污泥法系统不具备的若干优点和功能,非常适用于中小型污水处理系统,是一种有待进一步研究和开发的有前途的污水处理工艺。

(彭永臻　张自杰)

S 杆

见分区杆(82 页)。

TOC 测定仪　TOC analyzer

又称总有机碳测定仪。根据有机碳通过化学反应可转化为 CO_2,CO_2 浓度和总有机碳含量成一定关系的原理制作的测定总有机碳含量的仪器。CO_2 浓度用红外气体分析仪测定。测量范围:0～20、100、200、500、1000ppm,重现性为 ±3%,响应时间:1min。

(刘善芳)

TOD 测定仪　TOD analyzer

根据水样在含氧氮气中高温燃烧,其总耗氧量和水样中无机化合物及有机化合物总量成一定关系的原理制作的测定总需氧量的仪器。测量范围:0～10、100、1000、3000ppm,重现性 ±3%,响应时间:1～2min。水样的总需氧量(TOD),是评价水质的综合指标之一。同一水样 TOD 测定值和 BOD 及 COD 值有良好的相关性。该测定仪结构简单,快速,重现性好;缺点是影响测量值的干扰物质多,有的还呈负干扰性质。

(刘善芳)

U 形压力仪　U type pressure meter

利用液位差显示测量压力的一种液柱式压力表。测量范围:100～2000mm 液柱,精度 2.5 级。适用于测气体或蒸汽的压力、真空或差压。其结构简单,但易破损。

(刘善芳)

U 型管式壳管换热器　shell and U-bend tube heat exchanger

管束弯成 U 形固定在一个管板上的壳管式换热器。管束可自然变形以适应热补偿。该换热器结构简单,重量轻;但管板上排列管束根数较少,管束中心附近的管子不便拆换,管束弯管处无法用机械方法清洗。这种换热器一般用于温差大,管内流体比较干净的场合。

(盛晓文　贺　平)

wenner 法

见四极法(273 页)。

WG 型煤气发生炉　WG type of gas producer

仿美国威尔曼-格鲁夏(Wellman-Galusha)型的煤气发生炉。炉子内径为 3m,通常用于气化无烟煤、褐煤和焦炭等不黏结燃料;当使用黏结性烟煤时,炉内加搅拌装置。炉子总高约为 14m,金属总重约为 80t。燃料从贮料箱通过四根加料管卸入炉内。三层偏心锥形炉算由齿轮减速转动。灰渣从炉算落入底部灰箱,定期干法排出。炉内料层总高约为 2.7m,最大鼓风压力约为 20 000Pa,煤气出口压力为 5 000～6 000Pa,处理煤量约为 3t/h。

(闻　望　徐嘉森)

ζ 电位　zeta potential

参照双电层图,其中 Gouger-Chapman 电层,这层区域的电位坡降,称为"扩散双电层"的 ζ 电位。胶体颗粒的 ζ 电位取决于其组成的物质性质、形成条件和介质条件。一般天然水中胶体颗粒 ζ 电位多为负值。地面水中的石英和黏土颗粒,其 ζ 电位大致在 -5～40mV;一般河流、湖泊水中,其值在 -15～25mV;受有机物污染时,可达 -50～ -60mV。

(张亚杰)

词目汉语拼音索引

说　明

一、本索引供读者按词目汉语拼音序次查检词条。

二、词目的又称、旧称、俗称、简称等,按一般词目排列,但页码用圆括号括起,如(1)、(9)

三、外文、数字开头的词目按外文字母与数字大小列于本索引末尾。

外文字母·数字

词目汉字笔画索引

说　明

一、本索引供读者按词目的汉字笔画查检词条。

二、词目按首字笔画数序次排列；笔画数相同者按起笔笔形，横、竖、撇、点、折的序次排列，首字相同者按次字排列，次字相同者按第三字排列，余类推。

三、词目的又称、旧称、俗称简称等，按一般词目排列，但页码用圆括号括起，如(1)、(9)。

四、外文、数字开头的词目按外文字母与数字大小列于本索引的末尾。

十画

十一画

[一]

[乛]

十三画

[一]

词目英文索引

后　记

　　经过土木建筑界一千余位专家、教授、学者的不懈努力,《中国土木建筑百科辞典》先后出版了建筑、建筑设备工程、桥梁工程、建筑结构、工程施工、工程机械、工程力学、经济与管理、城市规划与风景园林、交通运输工程、工程材料(上、下)、水利工程、隧道与地下工程、城镇基础设施与环境工程,共 14 卷 15 册,约 1800 万字。原计划编撰出版的"建筑人文"卷(原称综合卷)因收词内容与其他各卷重复较多,若删除重复内容又难以成册,故决定不再出版。至此,《中国土木建筑百科辞典》第一版的编撰、出版工作暂告一段落。

　　《中国土木建筑百科辞典》的出版,结束了我国土木建筑界没有大型专科辞典的历史,相信本书的出版、发行对我国土木建筑行业的科技进步与发展必将起到积极的推动作用。

　　《中国土木建筑百科辞典》的编撰出版,始终得到住建部(原建设部)科学技术委员会和全国各省(市、区)建设部门的关心和帮助。同济大学、清华大学、西南交通大学、哈尔滨建筑大学、重庆建筑大学、湖南大学、东南大学、武汉理工大学(原武汉工业大学)、河海大学、浙江大学、天津大学、西安建筑科技大学等全国重点大学承担了各分卷的主编任务,所有的编审人员亦付出了大量心血、数易其稿,精益求精,使本书得以顺利出版。为此,谨向所有为本书作出贡献的单位和个人表示崇高的敬意和衷心感谢。

　　编撰出版如此大型的专科辞典,我社亦是首次尝试,尽管编委会及编辑部的各位同仁做了不懈努力,一直把辞书的质量放在首位,但是书中难免出现错误和疏漏之处,我们殷切期待广大读者将发现的问题与错误拨冗函告我社《中国土木建筑百科辞典》编辑部(北京西郊百万庄中国建筑工业出版社,邮编 100037)以便再版时订正、补充。

《中国土木建筑百科辞典》编辑部

2011 年 12 月